中国林业有害生物概况

——2003～2007年全国林业有害生物普查成果汇编

国家林业局森林病虫害防治总站　编

中国林业出版社

图书在版编目(CIP)数据

中国林业有害生物概况:2003～2007年全国林业有害生物普查成果汇编/国家林业局森林病虫害防治总站编.—北京:中国林业出版社,2008.10

ISBN 978-7-5038-5357-9

Ⅰ.中…　Ⅱ.①国…　Ⅲ.①森林植物－有害动物－普查－中国－2003～2007　②森林植物－有害植物－普查－中国－2003～2007　Ⅳ.S763

中国版本图书馆CIP数据核字(2008)第158142号

出　版　中国林业出版社(100009　北京西城区刘海胡同7号)

网　址:www.cfph.com.cn

E-mail:forestbook@163.com　电话:(010)66162880

发　行:中国林业出版社

印　刷　沈阳市北陵印刷厂有限公司

版　次:2008年10月第1版

印　次:2008年10月第1次

开　本:787mm×1092mm　1/16

印　张:43

字　数:1100千字

印　数:1～1000册

定　价:98.00元

《中国林业有害生物概况》

编　委　会

主　　编　马爱国

副 主 编　吴　坚　潘宏阳　宋玉双　李永成

编　　委　（按姓氏笔画为序）

王晓华　王　宝　王广山　王明旭　王培新
牛　勇　叶学斌　冯晓锋　朱建华　朱福华
李　淳　李占鹏　李贵玉　刘宏屏　许效仁
邢铁牛　宋　钢　张立志　邸济民　来建华
段自安　陈沐荣　林庆源　周茂建　胡学兵
赵丰钰　孟庆远　高发祥　徐克勤　陶万强
寇明君　康长华　黄以黔　崔永三　蒋　平
漆　波　熊起明

编写人员　（按姓氏笔画为序）

吴　俊　吴成洪　李　娟　初　冬　张　阔
周茂建　邱立新　胡学兵　郑　华　赵　俊
赵宇翔　崔永三　郭　斌　常国彬　覃庆锋
董晓波

序

林业有害生物引发的森林生物灾害是一类重要的自然灾害，有“不冒烟的森林火灾”之称。近些年来，我国每年林业有害生物发生面积都在1.6亿亩以上，造成的直接经济损失和生态服务功能损失达880亿元。林业有害生物的猖獗发生，已对我国生态安全和森林资源构成了严重威胁，因此，全力开展林业有害生物的预防和除治已成为全行业乃至全社会面对的共同课题。

我国林业有害生物种类繁多、分布广泛。在20世纪80年代初期，林业部曾组织开展了首次全国范围内的森林病虫害普查，初步查清了我国森林病虫害种类和分布。改革开放以来，伴随着我国林业建设布局和森林资源结构的变化以及全球经济一体化和贸易、旅游业的蓬勃发展以及全球气候的变化等因素，我国林业有害生物的发生情况和发生特点也随之发生了明显变化。本土重要的林业有害生物种类增多，松毛虫、杨树食叶害虫等常发性种类发生面积居高不下；外来有害物种入侵频次增加，灾害损失严重，松材线虫、美国白蛾、薇甘菊等外来入侵种类扩散蔓延势头难以遏制，并已严重威胁着我国的生态安全；鼠兔害在三北地区猖獗危害，极大威胁着退耕还林和三北地区的防护林工程的造林成果。为此，国家林业局决定，2003~2007年再次开展全国林业有害生物普查，以便准确掌握现阶段我国林业有害生物的发生状况，为进一步制定新时期林业建设规划、维护林业建设成果奠定坚实的基础。本次普查工作的重点是外来入侵种类以及本土发生最为严重的种类，对危及天然次生林、荒漠林以及速生丰产林等安全的主要有害生物种类进行了详细普查。通过普查，摸清了34种境外入侵的、365种省际传播的、251种本土严重危害的以及139种林业有害植物的分布、危害等基本情况；对全国70种(类)主要林业有害生物开展了危险性分析，按危险性等级分类，提出了极度危险的2种，高度危险的18种，中度危险的30种，低度危险的20种。这次普查所取得的成果，为我国制定未来林业有害生物的防治战略提供了科学依据，同时，对于实现建设生态文明的目标，维护森林健康、保护生态安全具有重要的经济、生态和社会意义。

灾害重在预防，普查就是做好预防工作的重要手段，开展林业有害生物普查、生态学等基础性研究，掌握其发生规律和动态，对于做好林业有害生物预防工作，实现控灾减灾的目标具有重要意义。国家林业局森林病虫害防治总站将这次普查结果编辑成《中国林业有害生物概况(2003～2007 年全国林业有害生物普查成果汇编)》一书，全书分上下篇，涵盖了当前我国主要林业有害生物的种类、分布范围以及危险性程度等内容。上篇详细描述了各类林业有害生物的学名、寄主植物种类、分布地点，尤其对第一次列入普查内容的外来林业有害生物种类、省际传播的有害生物种类以及有害植物等进行了系统归类；下篇汇集了各地根据普查结果开展的综合分析，重点对主要林业有害生物的危险性进行了科学评估。本书凝聚了近 3 万森防干部职工的智慧和心血，既可作为生产、科研、教学的可靠技术资料，也可作为制定林业有害生物防控战略的基础性资料。希望本书的出版，能够在我国林业有害生物的防控工作中起到应有的作用。

李育材

2008 年 9 月 18 日

前　言

我国是林业生物灾害多发国家，表现为有害生物种类多，发生频繁，危害严重，近10年来，全国主要林业有害生物年发生面积均达1亿亩以上，造成经济损失高达880亿元。1980年林业部曾组织开展了第一次林业有害生物普查工作，初步查清了我国森林病虫害的种类和分布。但随着改革开放的不断深入以及社会主义市场经济的迅速发展，物流不断增多，外来林业有害生物入侵频次增加，同时一些本土林业有害生物也在不断扩散蔓延，不仅对当地生态和林业生产造成严重危害，而且对我国生态和林业建设构成极大威胁。

为全面掌握全国林业有害生物发生、危害情况，并为今后防治工作提供科学依据，国家林业局于2003年5月下发了《关于在全国开展林业有害生物普查工作的通知》，部署了全国第二次林业有害生物普查工作。本次普查主要调查境外入侵的林业有害生物、省际传播的林业有害生物和本土危害严重的林业有害生物。为保质保量完成普查任务，使普查工作取得实效，国家林业局森林病虫害防治总站随后印发了《林业有害生物普查技术要点》，并在杭州举办了“全国林业有害生物普查技术培训班”。

各省(自治区、直辖市)林业厅(局)对本次普查工作高度重视，认真按照国家林业局统一部署要求，把普查工作纳入当地林业工作重要议事日程，成立以主管领导为组长的普查工作领导小组，负责普查工作的领导、协调、资金的筹集和督查等工作。各级森防部门认真制定普查工作方案和普查技术方案，组成以森防检疫技术人员为主的普查专业队，开展林业有害生物的野外调查、标本采集等工作。为更好地做好本次普查工作，不少地方还从林业院校、科研院所聘请专家，组成专家组指导普查技术工作。各地还根据当地实际情况，对参与普查技术骨干进行了集中培训。据统计，全国各级森防检疫机构举办普查技术培训班300多个，培训专业技术人员15000余人，通过培训，大大提高了参与普查工作人员的理论水平和基本技能，在普查工作中发挥了重要作用。在外业调查过程中，普查人员克服了重重困难，深入林间，取得了第一手有害生物发生的资料，采集有害生物标本，并进行分类、编号、鉴定和保存。在普查期间，全国共拍摄林业有害生物生物学和生态学照片10万余张，采集标本60万余号，其中成套生活史标本4万多套。有关普查数据先采用由基层统计汇总，最后上报至国家林业局森林病虫害防治总站进行集中汇总，再反馈到各省(自治区、直辖市)进行核实，确保了普查数据的真实可靠。

本次全国林业有害生物普查工作历时四年，现已圆满地完成了任务，达到了预期的效果，查清了34种境外入侵的有害生物在国内发生、分布基本情况；查清了省际传播的365种林业有害生物分布、危害的基本情况；查清了251种本土严重危害的林业有害生物以及139种林业有害植物分布、危害的基本情况。在普查的基础上，国家林业局还组织专业技术人员对全国70种(类)主要林业有害生物开展了重要性(危险性)分析(包括外来的、检疫性的及本土发生面积超过100万亩的林业有害生物)，并得出分析结果：极度危险的2种，高度危险的18种，中度危险的30种，低度危险的20种。

为进一步发挥普查成果的作用，现将全国林业有害生物普查成果汇编整理成册，以便为各地开展林业有害生物防治工作提供参考。

本书在汇编整理过程中得到了各省(自治区、直辖市)森防站(防治检疫局)的鼎力支持，孙江华、熊惠龙、赵杰、阎峻、张春美、陈国发等专家对本书进行了认真审定，在此一并致谢。

国家林业局森林病虫害防治总站

2008年6月

目　录

下篇 林业有害生物普查技术报告

上　篇

全国林业有害生物普查名录

第一部分　外来林业有害生物种类

一、害　虫　类

（一）同翅目 Homoptera

1. 苹果绵蚜 ***Eriosoma lanigerum*** **（Hausmann）**

【寄主】苹果属、梨属、山楂属、花楸属、李属、榆属、桑树属等。

【分布地点】

河北：衡水市（桃城区、冀州市、深州市、武邑县、饶阳县、安平县、故城县、景县、阜城县）；

保定市（定州市、安国市、曲阳县、阜平县、清苑县、顺平县）；

秦皇岛市（海港区、抚宁县、青龙满族自治县）；

石家庄市（井陉矿区、辛集市、新乐市、鹿泉市、晋州市、藁城市、赞皇县、高邑县、平山县、井陉县、灵寿县、元氏县、行唐县、无极县、正定县、深泽县、赵县）；

邢台市（沙河市、邢台县、清河县、临西县、南和县、宁晋县、威县、隆尧县、临城县、内丘县）；

沧州市（泊头市、孟村回族自治县、盐山县、东光县、青县）；

唐山市（丰润区、迁安市、玉田县、乐亭县、滦县）。

辽宁：大连市（瓦房店市、庄河市）；

葫芦岛市（连山区、南票区、兴城市、绥中县、建昌县）；

营口市（老边区、鲅鱼圈区、盖州市、大石桥市）；

锦州市（北镇市）。

安徽：宿州市（埇桥区、砀山县、萧县）。

山东：莱芜市（莱城区、钢城区）；

临沂市（沂水县）；

烟台市（莱山区、牟平区、芝罘区、莱州市、招远市、龙口市）；

潍坊市（坊子区、昌乐县）；

日照市（东港区、岚山区、五莲县、莒县）；

威海市（环翠区、荣成市、文登市、乳山市）；

菏泽市（牡丹区、定陶县、巨野县、鄄城县、东明县、曹县、成武县）；

德州市（德城区、乐陵市、禹城市、陵县、平原县、夏津县、武城县、齐河县、临邑县、宁津县、庆云县）；

滨州市（沾化县、邹平县、博兴县）；

淄博市(临淄区、沂源县);
青岛市(平度市);
济宁市(曲阜市、邹城市、金乡县、泗水县、嘉祥县)。
河南:三门峡市(灵宝市);
安阳市(龙安区、滑县、汤阴县);
鹤壁市(鹤山区、淇县);
洛阳市(孟津县、栾川县、宜阳县);
郑州市(中原区、管城回族区、新密市)。
云南:丽江市(永胜县、宁蒗彝族自治县)。
陕西:渭南市(临渭区、白水县、大荔县)。

2. 松突圆蚧 *Hemiberlesia pitysophila* Takagi

【寄主】马尾松、黑松、湿地松、火炬松、加勒比松、南亚松等松属植物。

【分布地点】

福建:福州市(马尾区、福清市、长乐市、闽侯县、平潭县);
莆田市(涵江区、荔城区、秀屿区、城厢区、仙游县);
泉州市(洛江区、泉港区、鲤城区、丰泽区、南安市、晋江市、石狮市、惠安县、安溪县);
厦门市(海沧区、翔安区、湖里区、思明区、同安区、集美区);
漳州市(龙海市、漳浦县、东山县、长泰县、诏安县)。
江西:赣州市(全南县、龙南县)。
广东:广州市(天河区、白云区、黄埔区、番禺区、花都区、萝岗区、增城市、从化市);
韶关市(翁源县、新丰县);
深圳市(宝安区、龙岗区、南山区);
珠海市(香洲区、斗门区、金湾区);
佛山市(南海区、顺德区、三水区、高明区);
江门市(蓬江区、江海区、新会区、台山市、开平市、鹤山市、恩平市);
茂名市(茂南区、茂港区、高州市、化州市、信宜市、电白县);
肇庆市(端州区、鼎湖区、高要市、四会市、德庆县、封开县);
惠州市(惠城区、惠阳区、博罗县、惠东县、龙门县);
梅州市(五华县);
汕尾市(陆丰市、海丰县、陆河县);
河源市(源城区、紫金县、龙川县、连平县、和平县、东源县);
阳江市(江城区、阳春市、阳西县、阳东县);
清远市(清城区、英德市、佛冈县、清新县);
揭阳市(普宁市、揭西县);
云浮市(云城区、罗定市、新兴县、郁南县、云安县);
东莞市;
中山市。

广西：玉林市（北流市、容县、陆川县）；
梧州市（岑溪市）。

3. 日本松干蚧 *Matsucoccus matsumurae*（Kuwana）

【寄主】马尾松、黑松、赤松、油松、黄山松等松属植物。

【分布地点】

辽宁：丹东市（振兴区、元宝区、振安区、东港市、凤城市、宽甸满族自治县）；
大连市（庄河市）；
沈阳市（沈河区、皇姑区、和平区、大东区、铁西区、苏家屯区、东陵区、沈北新区、法库县）；
本溪市（平山区、明山区、溪湖区、南芬区、本溪满族自治县、桓仁满族自治县）；
辽阳市（白塔区、文圣区、宏伟区、太子河区、弓长岭区、灯塔市、辽阳县）；
抚顺市（顺城区、东洲区、望花区、抚顺县、清原满族自治县、新宾满族自治县）；
铁岭市（银州区、清河区、调兵山市、开原市、铁岭县、昌图县、西丰县）；
营口市（站前区、西市区、鲅鱼圈区、老边区、大石桥市、盖州市）；
鞍山市（铁东区、铁西区、立山区、千山区、海城市、台安县、岫岩满族自治县）。

吉林：通化市（东昌区、二道江区、梅河口市、集安市、辉南县、柳河县、通化县）；
辽源市（龙山区、西安区、东丰县、东辽县）；
四平市（铁西区、铁东区、梨树县、伊通满族自治县）；
长春市（朝阳区、南关区、宽城区、二道区、绿园区、双阳区、九台市）；
吉林市（桦甸市、磐石市、永吉县）。

江苏：连云港市（连云区、新浦区、海州区、东海县、赣榆县）；
苏州市（常熟市）。

浙江：杭州市（西湖区、拱墅区、余杭区、萧山区、临安市、富阳市、建德市、桐庐县）；
金华市（婺城区、兰溪市）。

安徽：池州市（青阳县）。

山东：烟台市（福山区、牟平区、莱山区、芝罘区、莱州市、招远市、栖霞市、莱阳市、龙口市）；
日照市（东港区、岚山区、莒县、五莲县）；
威海市（环翠区、荣成市、文登市、乳山市）；
青岛市（崂山区、黄岛区、城阳区、即墨市、胶南市、莱西市、平度市、胶州市）。

4. 湿地松粉蚧 *Oracella acuta*（Lobdell）

【寄主】湿地松、火炬松、长叶松、裂果沙松、萌芽松、矮松、马尾松、加勒比松等松属植物。

【分布地点】

江西：赣州市（定南县、寻乌县）。
湖南：郴州市（北湖区、苏仙区、桂阳县、宜章县、嘉禾县、临武县、汝城县）。
广东：广州市（天河区、白云区、番禺区、花都区、萝岗区、增城市、从化市）；
韶关市（武江区、浈江区、曲江区、乐昌市、南雄市、始兴县、仁化县、翁源县、乳源瑶族自治县、新丰县）；
深圳市（宝安区、龙岗区）；
珠海市（香洲区、金湾区、斗门区）；
佛山市（南海区、高明区、三水区、顺德区）；
江门市（蓬江区、江海区、新会区、台山市、开平市、鹤山市、恩平市）；
湛江市（廉江市、雷州市、吴川市、遂溪县）；
茂名市（茂南区、茂港区、电白县、高州市、化州市、信宜市）；
肇庆市（端州区、鼎湖区、高要市、四会市、广宁县、怀集县、封开县、德庆县）；
惠州市（惠城区、惠阳区、博罗县、惠东县、龙门县）；
汕尾市（陆丰市、海丰县、陆河县）；
河源市（源城区、紫金县、连平县、和平县、东源县）；
阳江市（江城区、阳春市、阳西县、阳东县）；
清远市（清城区、英德市、佛冈县、阳山县、连南瑶族自治县、清新县、连山壮族瑶族自治县）；
东莞市；
中山市；
揭阳市（普宁市、揭西县）；
云浮市（云城区、罗定市、新兴县、郁南县、云安县）。
广西：贵港市（港北区、港南区、覃塘区、桂平市、平南县）；
梧州市（万秀区、蝶山区、长洲区、岑溪市、苍梧县）；
贺州市（八步区）；
玉林市（玉州区、陆川县、博白县、容县、兴业县）。

5. 温室白粉虱 *Trialeurodes vaporariorum* (Westwood)

【寄主】桂花、女贞、金叶女贞、一品红等200余种植物。
【分布地点】
北京：丰台区、大兴区。
河北：石家庄市（长安区、桥东区、桥西区、新华区、裕华区、井陉矿区）。
安徽：亳州市（涡阳县）。
广西：贵港市（港南区、港北区）。

（二）异翅目 Heteroptera

6. 悬铃木方翅网蝽 *Corythucha ciliata* (Say)

【寄主】悬铃木属。
【分布地点】

浙江：杭州市（拱墅区、西湖区、上城区、下城区、江干区、滨江区、余杭区、萧山区、临安市、淳安县、桐庐县）；
湖州市（吴兴区、安吉县）；
嘉兴市（桐乡市）；
金华市（婺城区、金东区、永康市、东阳市、义乌市、兰溪市、武义县、浦江县、磐安县）；
衢州市（柯城区、江山市）；
丽水市（莲都区、缙云县、松阳县、遂昌县、青田县、云和县）。

（三）蓟马目 Thysanoptera

7. 西花蓟马 *Frankliniella occidentalis* (Pergande)

【寄主】火鹤等多种植物及花卉。

【分布地点】

北京：朝阳区、丰台区。

（四）鞘翅目 Coleoptera

8. 椰心叶甲 *Brontispa longissima* (Gestro)

【寄主】椰树、大王椰子、克利椰子、华盛顿椰子、孔雀椰子、西谷椰子、酒瓶椰子、红棕榈、椰枣、桄榔、油棕、糖棕、贝叶棕、海枣、假槟榔、槟榔、蒲葵、光叶加州蒲葵、刺葵、散尾葵、山葵、鱼尾葵属、巴拉卡棕属、肖斑棕属、省藤属等棕榈科植物。

【分布地点】

福建：福州市（台江区、晋安区、仓山区）。
广东：广州市（番禺区）；
深圳市（福田区、盐田区、罗湖区、宝安区、龙岗区）；
珠海市（香洲区、斗门区、金湾区）；
佛山市（顺德区）；
湛江市（赤坎区、霞山区、坡头区、麻章区、遂溪县、徐闻县、廉江市、吴川市）；
茂名市（茂南区、茂港区）；
阳江市（江城区、阳西县）；
清远市（英德市）；
东莞市；
中山市；
江门市（新会区、开平市、台山市）；
惠州市（惠阳区、博罗县）；
汕头市（金平区、龙湖区、濠江区、潮阳区、潮南区、澄海区）；
汕尾市（城区）；
揭阳市（榕城区、普宁市）。

广西：北海市(海城区、银海区、铁山港区)。

海南：海口市、三亚市；文昌市、琼海市、万宁市、五指山市、东方市、儋州市、屯昌县、澄迈县、陵水黎族自治县、定安县、保亭黎族苗族自治县、临高县、乐东黎族自治县、琼中黎族苗族自治县、白沙黎族自治县、昌江黎族自治县。

9. 红脂大小蠹 *Dendroctonus valens* LeConte

【寄主】油松、白皮松、华山松、樟子松、华北落叶松、白杄等。

【分布地点】

北京：门头沟区。

河北：石家庄市(赞皇县、井陉县、平山县)；
邢台市(沙河市、邢台县、内丘县、临城县)。

山西：临汾市(大宁县、翼城县、安泽县、乡宁县、吉县、蒲县、古县、浮山县，吕梁山森林经营局)；
阳泉市(郊区、盂县、平定县)；
太原市(娄烦县、古交市、阳曲县)；
吕梁市(方山县、交城县、中阳县、岚县、兴县，黑茶山森林经营局、关帝山森林经营局)；
长治市(郊区、长子县、沁源县、沁县、长治县、屯留县)；
晋中市(榆次区、太谷县、祁县、平遥县、寿阳县、灵石县、昔阳县、榆社县、左权县、和顺县，太行山森林经营局、太岳山森林经营局)；
晋城市(高平市、沁水县、阳城县、陵川县、泽州县，中条山森林经营局)；
忻州市(忻府区、定襄县、五台县、宁武县、静乐县、岢岚县、代县，五台山森林经营局、管涔山森林经营局)；
运城市(夏县、垣曲县)；
大同市(杨树丰产林实验局)。

河南：安阳市(林州市)；
新乡市(辉县市)；
焦作市(修武县)；
济源市。

陕西：渭南市(韩城市)；
铜川市(印台区、宜君县)；
咸阳市(旬邑县)。

10. 双钩异翅长蠹 *Heterobostrychus aequalis* (Waterhouse)

【寄主】白格、香须树(黑格)、合欢、楹树、榆绿木、簕竹、洋椿、黄牛木、黄檀、凤凰木、龙竹、山荔枝、黄桐、翅果麻、厚皮树、杧果、桑、柳安、大沙叶、紫檀、海南苹婆、柚木、榄仁树、榆属、翻白叶、龙脑香属、木棉属、橄榄树属、琼楠属等植物及其木材和制品。

【分布地点】

上海：嘉定区。

湖北：武汉市(武昌区)。

广东：广州市(番禺区)；
深圳市(福田区)；
佛山市(顺德区)；
东莞市。
广西：崇左市(凭祥市)。
海南：三亚市；儋州市、万宁市、文昌市、琼海市、东方市、保亭黎族苗族自治县、临高县。
贵州：贵阳市(云岩区、南明区)。
云南：德宏傣族景颇族自治州(瑞丽市)。

11. 水椰八角铁甲 *Octodonta nipae* (Maulik)

【寄主】华盛顿棕榈、加拿利海枣等棕榈科植物。

【分布地点】

广西：南宁市(兴宁区)。
海南：东方市、万宁市。

12. 褐纹甘蔗象 *Rhabdoscelus lineaticollis* (Heller)

【寄主】大王椰子、假槟榔、黄椰子、海桃椰子、棍棒椰子、槟榔和禾本科的甘蔗等。

【分布地点】

广东：广州市(花都区)；
深圳市(龙岗区、宝安区、南山区、盐田区、罗湖区)；
中山市；
佛山市(顺德区)；
江门市(蓬江区、台山市)；
惠州市(惠城区)；
揭阳市(榕城区)。
广西：南宁市(西乡塘区)。

13. 锈色棕榈象 *Rhynchophorus ferrugineus* (Oliver)

【寄主】椰树、椰枣、海枣、台湾海枣、银海枣、西谷椰子、桄榔、油棕、贝叶棕、糖棕、鱼尾葵、王棕、槟榔、假槟榔、酒瓶椰子、三角椰子等棕榈科植物。

【分布地点】

上海：松江区。
福建：泉州市(南安市、惠安县)。
广东：中山市；
湛江市(麻章区、廉江市、遂溪县)；
茂名市(茂南区)；
深圳市(宝安区)；
梅州市(丰顺县)；
惠州市(博罗县)。
广西：柳州市(鱼峰区、城中区)；
贵港市(桂平市)；

梧州市(岑溪市);
北海市(海城区、银海区、铁山港区);
南宁市(新城区、兴宁区、城北区、隆安县);
崇左市(凭祥市)。

海南:海口市、三亚市;文昌市、琼海市、万宁市、东方市、五指山市、儋州市、屯昌县、澄迈县、陵水黎族自治县、定安县、保亭黎族苗族自治县、临高县、澄迈县、乐东黎族自治县、昌江黎族自治县、白沙黎族自治县、琼中黎族苗族自治县。

贵州:贵阳市(云岩区)。

云南:西双版纳傣族自治州(景洪市、勐腊县);
临沧市(临翔区、沧源佤族自治县);
红河哈尼族彝族自治州(河口瑶族自治县)。

(五)双翅目 Diptera

14. 枣实蝇 *Carpomyia vesuviana* Costa

【寄主】枣属。

【分布地点】

新疆:吐鲁番地区(吐鲁番市、鄯善县、托克逊县)。

15. 美洲斑潜蝇 *Liriomyza sativae* Blanchard

【寄主】菊花、月季、一串红、海棠等。

【分布地点】

新疆:乌鲁木齐市(天山区、沙依巴克区、新市区、水磨沟区、头屯河区、达坂城区、米东区、乌鲁木齐县)。

16. 刺槐叶瘿蚊 *Obolodiplosis robiniae* (Haldemann)

【寄主】刺槐。

【分布地点】

北京:顺义区、朝阳区、怀柔区。

河北:秦皇岛市、廊坊市、保定市、沧州市、承德市、唐山市、张家口市。

辽宁:沈阳市(苏家屯区、东陵区、沈北新区、于洪区、新民市、法库县、辽中县、康平县);
铁岭市(清河区、银州区、开原市、调兵山市、西丰县、铁岭县、昌图县);
朝阳市(凌源市、北票市、喀喇沁左翼蒙古族自治县、朝阳县);
抚顺市(东洲区、望花区、顺城区、清原满族自治县、新宾满族自治县、抚顺县);
丹东市(振安区、振兴区、元宝区、凤城市、东港市、宽甸满族自治县);
大连市(甘井子区、旅顺口区、金州区、瓦房店市、普兰店市、庄河市、长海县);
葫芦岛市(连山区、南票区、龙港区、兴城市、绥中县、建昌县);
辽阳市(弓长岭区、太子河区、宏伟区、灯塔市、辽阳县);

本溪市(桓仁满族自治县、本溪满族自治县)；
营口市(老边区、鲅鱼圈区、盖州市、大石桥市)；
鞍山市(千山区、海城市、岫岩满族自治县、台安县)；
阜新市(细河区、新邱区、太平区、清河门区、海州区、阜新蒙古族自治县、彰武县)；
盘锦市(兴隆台区、双台子区、盘山县、大洼县)；
锦州市(太和区、凌海市、北镇市、义县、黑山县)。
山东：济南市(商河县)；
烟台市(芝罘区)。

(六)鳞翅目 Lepidoptera

17. 曲纹紫灰蝶 *Chilades pandava* (Horsfield)

【寄主】苏铁。

【分布地点】

福建：厦门市(湖里区、思明区、海沧区)。
广东：深圳市(宝安区、罗湖区)；
佛山市(顺德区)；
江门市(台山市)；
惠州市(惠城区、惠阳区)；
揭阳市(普宁市、揭东县)；
广州市(天河区)。
广西：柳州市(柳北区、柳南区、城中区、柳城县)；
来宾市(兴宾区、合山市、象州县)；
贵港市(港北区)；
北海市(海城区、银海区、铁山港区)。

18. 苹果蠹蛾 *Cydia pomonella* L.

【寄主】主要危害苹果、花红、海棠、沙梨、香梨、山楂、野山楂、李树、杏树、巴旦杏、桃树、核桃、石榴、栗树属、榕树属、花楸属等经济林植物。

【分布地点】

甘肃：嘉峪关市；
酒泉市(肃州区、玉门市、敦煌市、金塔县、肃北蒙古族自治县)；
张掖市(高台县)。
新疆：博尔塔拉蒙古自治州(博乐市、温泉县、精河县)；
巴音郭楞蒙古自治州(和静县)；
阿克苏地区(阿克苏市、温宿县、库车县、沙雅县、新和县、拜城县、乌什县、阿瓦提县、柯坪县)；
喀什地区(喀什市、疏勒县、英吉沙县、泽普县、莎车县、叶城县、伽师县、巴楚县)；
克孜勒苏柯尔克孜自治州(阿图什市、阿克陶县、阿合奇县)；

和田地区(皮山县、和田县);
乌鲁木齐市(沙依巴克区、天山区)。

19. 美国白蛾 *Hyphantria cunea* (Drary)

【寄主】在我国寄主植物种类达49科108属170多种，主要危害糖槭、元宝槭、三球悬铃木、桑树、白桦、榆树、柿树、梧桐、樱桃、李属、梨属、苹果属、连翘、杨属、刺槐、槐树、紫穗槐、臭椿、香椿、板栗、山楂、水曲柳、美国白蜡树、枫杨、毛泡桐、核桃楸、紫丁香、柳属、枣树、葡萄、文冠果等植物。

【分布地点】

北京：平谷区、顺义区、通州区、大兴区、昌平区、朝阳区、怀柔区、丰台区、密云县。

天津：汉沽区、塘沽区、大港区、津南区、武清区、宝坻区、西青区、东丽区、北辰区、蓟县、宁河县、静海县。

河北：沧州市(黄骅市、任丘市、青县、沧县、献县、海兴县);
秦皇岛市(山海关区、北戴河区、海港区、抚宁县、卢龙县、昌黎县);
廊坊市(广阳区、安次区、三河市、霸州市、大厂回族自治县、香河县、大城县、固安县、永清县、文安县);
唐山市(路北区、路南区、古冶区、开平区、丰润区、丰南区、遵化市、迁安市、滦南县、玉田县、唐海县、乐亭县、滦县);

辽宁：鞍山市(海城市、台安县、岫岩满族自治县);
本溪市(本溪满族自治县);
大连市(甘井子区、旅顺口区、金州区、瓦房店市、普兰店市、庄河市、长海县);
丹东市(振兴区、元宝区、振安区、东港市、凤城市、宽甸满族自治县);
葫芦岛市(龙港区、连山区、兴城市、绥中县);
锦州市(太和区、凌海市、北镇市);
辽阳市(宏伟区、太子河区、弓长岭区、灯塔市、辽阳县);
盘锦市(盘山县、大洼县);
沈阳市(苏家屯区、东陵区、沈北新区、于洪区、新民市、辽中县);
营口市(鲅鱼圈区、老边区、大石桥市、盖州市)。

山东：烟台市(牟平区、福山区、芝罘区、莱山区、栖霞市、莱阳市、龙口市、蓬莱市、海阳市、长岛县);
潍坊市(寿光市);
威海市(环翠区、荣成市、文登市、乳山市);
东营市(河口区、东营区、利津县、垦利县、广饶县);
青岛市(崂山区、黄岛区、城阳区、即墨市、胶南市、莱西市)。

陕西：咸阳市(秦都区、兴平市)。

20. 蔗扁蛾 *Opogona sacchari* (Bojer)

【寄主】我国已查到14科50多种。主要有香龙血树(巴西木)、金边香龙血树、马拉巴栗(发财树)、巨丝兰、苏铁、巴关河苏铁、海南铁、一品红、天竺葵、笔筒树、鱼尾葵、散尾葵、大王椰子、国王椰子、鹅掌柴、木棉、合欢、木槿、橡皮树、菩提树、构树、黄杨、小叶女贞、棕竹、香蕉等。

【分布地点】

北京：丰台区。

河北：石家庄市(长安区、桥东区、桥西区、新华区、裕华区、井陉矿区)。

辽宁：鞍山市(海城市)。

上海：徐汇区、长宁区、普陀区、闸北区、虹口区、杨浦区、闵行区、宝山区、嘉定区、浦东新区、金山区、松江区、青浦区、南汇区、奉贤区、崇明县。

浙江：杭州市(萧山区、临安市、富阳市、建德市)；
绍兴市(嵊州市、上虞市、绍兴县)；
舟山市(定海区、普陀区)；
金华市(婺城区、金东区、永康市、东阳市、义乌市)；
丽水市(莲都区、景宁县)。

福建：福州市(仓山区)。

江西：赣州市(章贡区、南康市、赣县、信丰县、龙南县、寻乌县、会昌县、石城县)。

山东：济南市(市中区、历下区、天桥区、槐荫区、章丘市、商河县、济阳县)；
泰安市(泰山区)；
枣庄市(市中区、薛城区)；
潍坊市(潍城区、奎文区)；
东营市(东营区、广饶县)；
济宁市(市中区、邹城市)；
烟台市(龙口市)；
青岛市(平度市)。

广东：佛山市(顺德区)；
惠州市(惠阳区)；
江门市(台山市)；
深圳市(龙岗区、宝安区、南山区、盐田区)。

广西：柳州市(柳北区、城中区、柳南区、柳城县、柳江县)；
来宾市(兴宾区、合山市、象州县)；
贵港市(港北区、港南区)；
梧州市(万秀区、蝶山区、长洲区)；
贵港市(港北区、港南区)；
玉林市(玉州区、北流市、陆川县)；
南宁市(兴宁区、新城区、城北区)；
北海市(海城区、银海区、铁山港区)。

海南：海口市、三亚市。

新疆：伊犁哈萨克自治州(伊宁市、新源县)；
克拉玛依市(克拉玛依区、独山子区、白碱滩区、乌尔禾区)；
乌鲁木齐市(天山区、沙依巴克区、新市区、水磨沟区、头屯河区、达坂城区、米东区、乌鲁木齐县)；

石河子市。

21. 茶藨子兴透翅蛾 *Synanthedon tipuliformix* Clerc

【寄主】黑加仑。

【分布地点】

新疆：伊犁哈萨克自治州(巩留县、新源县)。

(七)膜翅目 Hymenoptera

22. 刺桐姬小蜂 *Quadrastichus erythrinae* Kim

【寄主】刺桐、杂色刺桐、金脉刺桐、珊瑚刺桐、鸡冠刺桐、毛刺桐、马提罗亚刺桐。

【分布地点】

福建：厦门市(湖里区、思明区、海沧区、同安区)；
漳州市(漳浦县)。

广东：广州市(天河区)；
深圳市(宝安区、福田区、罗湖区、南山区、龙岗区、盐田区)；
珠海市(香洲区、斗门区、金湾区)；
汕头市(濠江区)；
惠州市(惠阳区)；
东莞市；
中山市；
湛江市(麻章区、坡头区、廉江市、吴川市、遂溪县)；
揭阳市(普宁市)。

海南：海口市、三亚市；万宁市、琼海市、五指山市、儋州市、琼中市、保亭黎族苗族自治县、陵水黎族自治县、乐东黎族自治县。

23. 红火蚁 *Solenopsis invicta* Buren

【危害】农林植物的种子、果实、幼芽、嫩茎与根系。

【分布地点】

湖南：张家界市(永定区)。

广东：湛江市(吴川市)。

广西：南宁市(西乡塘区)；
玉林市(北流市、陆川县)；
梧州市(岑溪市)；
柳州市(鹿寨县)。

二、病 原 类

(一)真　菌

1. 落叶松枯梢病菌 *Botryosphaeria laricina* (Sawada) Shang

【寄主】落叶松属。

【分布地点】

内蒙古（含森工）：呼伦贝尔市［鄂伦春自治旗（阿里河林业局、大杨树林业局）、根河市（金河林业局）、额尔古纳市、莫力达瓦达斡尔族自治旗］。

辽宁：鞍山市（海城市、岫岩满族自治县）；
丹东市（振兴区、元宝区、振安区、东港市、凤城市、宽甸满族自治县）；
抚顺市（顺城区、抚顺县、新宾满族自治县、清原满族自治县）；
营口市（大石桥市、盖州市）；
本溪市（平山区、溪湖区、明山区、南芬区、本溪满族自治县、桓仁满族自治县）；
铁岭市（清河区、银州区、调兵山市、开原市、铁岭县、西丰县、昌图县）；
大连市（金州区、庄河市）。

吉林：吉林市（船营区、龙潭区、昌邑区、丰满区、磐石市、桦甸市、蛟河市、舒兰市、永吉县）；
白城市（洮北区）；
延边朝鲜族自治州（延吉市、图们市、敦化市、珲春市、龙井市、和龙市、汪清县、安图县）；
通化市（集安市、柳河县）；
白山市（临江市、江源区、抚松县、靖宇县）；
辽源市（东丰县、东辽县）；
四平市（双辽市、公主岭市、梨树县）。

黑龙江（含森工）：哈尔滨市［尚志市、五常市（山河屯林业局）、阿城区、方正县、巴彦县、木兰县、通河县、宾县、延寿县］；
黑河市［北安市（通北林业局）、五大连池市、嫩江县、逊克县］；
伊春市［南岔区（南岔林业局）、友好区、新青区、五营区、乌马河区（乌马河林业局）、汤旺河区（汤旺河林业局）、带岭区（带岭林业实验局）、乌伊岭区（乌伊岭林业局）、红星区（红星林业局）、上甘岭区、美溪区（美溪林业局）、翠峦区（翠峦林业局）、铁力市（朗乡林业局）］；
鹤岗市［萝北县（鹤北林业局）］；
佳木斯市［桦南县（桦南林业局）、汤原县（鹤立林业局）］；
双鸭山市（集贤县、友谊县、宝清县）；
七台河市（勃利县）；
鸡西市［虎林市（迎春林业局）、密山市、鸡东县］；
牡丹江市［穆棱市（穆棱林业局）、海林市（大海林林业局）、宁安市（东京城林业局）、东宁县、林口县］；
绥化市（庆安县、绥棱县）；
大兴安岭地区（西林吉林业局、图强林业局、阿木尔林业局、塔河林业局、十八站林业局、新林林业局、韩家园林业局、呼中林业局、加格达奇林业局、松岭林业局）。

山东：烟台市（福山区、牟平区、海阳市、蓬莱市）；

威海市(荣成市、乳山市、文登市);
淄博市(徽山县);
泰安市(徂徕山林场)。
陕西：西安市(长安区)。
甘肃：甘南藏族自治州(合作市、临潭县);
陇南市(宕昌县，岷江林业总场、康南林业总场);
武威市(天祝藏族自治县)。
宁夏：中卫市(海原县);
固原市(原州区)。

2. 松疱锈病菌 *Cronartium ribicola* J. C. Fischer ex Rabenhorst

【寄主】红松、华山松。

【分布地点】

山西：晋城市(阳城县)。
内蒙古(含森工)：兴安盟(阿尔山市);
呼伦贝尔市[根河市(阿龙山林业局)、牙克石市(乌尔旗汉林业局、库都尔林业局)、鄂伦春自治旗(吉文林业局、红花尔基林业局)]。
辽宁：铁岭市(开原市、西丰县、铁岭县);
丹东市(凤城市、宽甸满族自治县);
大连市(甘井子区、旅顺口区、金州区、庄河市);
本溪市(明山区、平山区、溪湖区、南芬区、石桥子开发区、本溪满族自治县、桓仁满族自治县);
鞍山市(岫岩满族自治县)。
吉林：吉林市(船营区、昌邑区、龙潭区、丰满区、磐石市、蛟河市、舒兰市、桦甸市、永吉县);
延边朝鲜族自治州(延吉市、和龙市、敦化市、安图县、汪清县);
通化市(辉南县);
白山市(长白朝鲜族自治县、靖宇县);
四平市(梨树县、伊通满族自治县)。
黑龙江(含森工)：黑河市(孙吴县);
双鸭山市(宝清县、双鸭山林业局);
七台河市(勃利县);
鸡西市(鸡冠区、恒山区、城子河区、滴道区、梨树区、麻山区、密山市、虎林市、鸡东县);
哈尔滨市[五常市、阿城市、巴彦县、宾县、延寿县、依兰县、木兰县、方正县、尚志市(苇河林业局、亚布力林业局)];
伊春市[南岔区(南岔林业局)、金山屯区(金山屯林业局)、翠峦区(翠峦林业局)、上甘岭区(上甘岭林业局)、汤旺河区(汤旺河林业局)、红星区(红星林业局)、五营区(五营林业局)、乌伊岭区(乌伊岭林业局)、带岭区(带岭林业实验局)、铁力市(双丰林业局、桃山林业局、朗乡林业局)];

牡丹江市[海林市(大海林林业局、柴河林业局)、宁安市(东京城林业局)、穆棱市(穆棱林业局、八面通林业局)、东宁县(绥阳林业局)、林口市(林口林业局)；

佳木斯市[汤原县(鹤立林业局)、桦南县(桦南林业局)、虎林市(东方红林业局)]；

大兴安岭地区。

安徽：安庆市(潜山县、岳西县、太湖县)；

六安市(霍山县、金寨县)。

山东：威海市(环翠区)；

泰安市(泰山区)。

河南：三门峡市(卢氏县)。

湖北：十堰市(竹山县、竹溪县、郧县)；

宜昌市(兴山县)。

重庆：奉节县、巫山县。

四川：凉山彝族自治州(西昌市、会理县、会东县、冕宁县、木里藏族自治县、雷波县、越西县、喜德县、布拖县、金阳县)；

广元市(利州区、元坝区、朝天区、剑阁县、旺苍县、青川县、苍溪县)；

绵阳市(江油市、平武县、北川羌族自治县)；

巴中市(巴州区、南江县、通江县)；

雅安市(汉源县)；

阿坝藏族羌族自治州(茂县)；

达州市(达县、开江县、大竹县、渠县)；

甘孜藏族自治州(丹巴县)。

云南：昆明市(禄劝彝族苗族自治县、东川区)；

昭通市(巧家县)；

大理白族自治州(洱源县)。

陕西：宝鸡市(陈仓区、陇县、眉县)；

汉中市(宁强县、略阳县、城固县)；

商洛市(镇安县、洛南县)；

安康市(平利县、汉阴县)。

甘肃：天水市(秦州区)；

甘南藏族自治州(舟曲县)。

新疆：阿勒泰地区(哈巴河县、布尔津县)。

3. 松针褐斑病菌 *Lecanosticta acicola* Sydow

【寄主】火炬松、湿地松、长叶松、马尾松、黑松、萌芽松、美国沙松、黄山松、赤松、华山松等松属植物。

【分布地点】

浙江：丽水市(莲都区、庆元县、松阳县)；

温州市(鹿城区、龙湾区、瓯海区、瑞安市、乐清市、永嘉县、洞头县、平阳县、苍南县、文成县、泰顺县)。

安徽：安庆市(潜山县)；
六安市(霍山县)；
宣城市(绩溪县)；
滁州市(琅琊区、南谯区、天长市、明光市、全椒县、来安县、定远县、凤阳县)。

福建：龙岩市(漳平市、上杭县、长汀县、连城县)；
泉州市(丰泽区、鲤城区、洛江区、泉港区、石狮市、晋江市、南安市、惠安县、永春县、安溪县)；
莆田市(城厢区、涵江区、仙游县)；
福州市(晋安区、马尾区、长乐市、罗源县、永泰县、连江县、闽清县、闽侯县)；
漳州市(平和县、华安县、长泰县、云霄县)；
宁德市(蕉城区、福安市、寿宁县、古田县、屏南县、柘荣县、周宁县)；
三明市(梅列区、明溪县、大田县、宁化县、沙县、尤溪县、泰宁县)；
厦门市(湖里区、思明区、同安区、翔安区、集美区、海沧区)。

江西：赣州市(章贡区、定南县、宁都县、大余县、龙南县、南康市、崇义县、会昌县、全南县、于都县、寻乌县、瑞金市、安远县、信丰县、兴国县、赣县、上犹县)；
宜春市(丰城市、靖安县、高安市、上高县)；
南昌市(湾里区)；
抚州市(临川区、崇仁县、广昌县、乐安县、黎川县、南丰县)；
吉安市(吉安县、永新县、井冈山市、泰和县)。

河南：驻马店市(确山县、泌阳县)。

湖南：怀化市(靖州苗族侗族自治县)；
永州市(江华瑶族自治县)。

广东：梅州市(五华县、平远县)。

广西：梧州市(岑溪市、苍梧县)；
贺州市(八步区、钟山县、昭平县、富川瑶族自治县)；
崇左市(凭祥市、宁明县、扶绥县)。

(二)病　毒

4. 杨树花叶病毒 *Poplar mosaic virus* (PopMV)

【寄主】杨属。

【分布地点】

辽宁：盘锦市(盘山县、大洼县、兴隆台区、双台子区)。

山东：聊城市(东阿县)；
菏泽市(牡丹区、东明县)；
济宁市(金乡县)。

河南：郑州市（中牟县）；
新乡市（封丘县、长垣县）；
焦作市（沁阳市、博爱县）；
商丘市（民权县）；
周口市（西华县、商水县、扶沟县、太康县）；
濮阳市（濮阳县）；
许昌市（许昌县）；
南阳市（内乡县）。
湖南：常德市（安乡县、汉寿县）。
陕西：西安市（阎良区）。
甘肃：嘉峪关市；
白银市（平川区）；
甘南藏族自治州（卓尼县、临潭县）。
宁夏：银川市（灵武市）；
中卫市（沙坡头区）。

（三）线　虫

5. 松材线虫 *Bursaphelenchus xylophilus*（Steiner et Buhrer）Nickle

【寄主】马尾松、黑松、赤松、黄山松、华山松、湿地松、火炬松等松属植物。

【分布地点】

江苏：南京市（江宁区、六合区、雨花台区、栖霞区、浦口区、玄武区、溧水县、高淳县）；
镇江市（润州区、京口区、丹徒区、新区、句容市）；
常州市（溧阳市、金坛市）；
无锡市（滨湖区、惠山区、宜兴市）；
扬州市（仪征市）；
淮安市（盱眙县）；
苏州市（常熟市）；
连云港市（连云区）；
南通市（崇川区）。
浙江：杭州市（西湖区、富阳市）；
宁波市（江北区、北仑区、镇海区、鄞州区、余姚市、慈溪市、奉化市、象山县、宁海县）；
温州市（乐清市）；
嘉兴市（平湖市、海盐县）；
湖州市（吴兴区、长兴县）；
绍兴市（越城区、绍兴县、诸暨市、新昌县、上虞市）；
舟山市（定海区、普陀区、岱山县、嵊泗县）；
台州市（温岭市、临海市）。

安徽：合肥市（肥东县）；
芜湖市（南陵县、芜湖县）；
马鞍山市（雨山区、花山区、当涂县）；
铜陵市（郊区、狮子山区）；
安庆市（大观区、宜秀区）；
滁州市（南谯区、明光市、全椒县、来安县、定远县）；
巢湖市（居巢区、含山县）；
宣城市（广德县、郎溪县）。
福建：福州市（连江县）；
厦门市（湖里区、思明区）；
泉州市（丰泽区）。
漳州市（东山县、云霄县）；
江西：赣州市（章贡区）；
九江市（庐山区、湖口县、彭泽县）。
山东：烟台市（长岛县）。
湖北：恩施土家族苗族自治州（恩施市）。
湖南：益阳市（资阳区、沅江市）；
郴州市（北湖区、苏仙区）；
常德市（汉寿县）。
广东：广州市（白云区、天河区、黄埔区、萝岗区、花都区、从化市、增城市）；
韶关市（乳源瑶族自治县）；
深圳市（宝安区、龙岗区）；
肇庆市（封开县）；
惠州市（惠城区、惠阳区、博罗县、惠东县）；
东莞市；
汕头市（濠江区）。
重庆：涪陵区、长寿区、万州区、江北区、忠县。
贵州：遵义市（遵义县）；
毕节地区（金沙县）。
云南：德宏傣族景颇族自治州（瑞丽市）。

三、植　物　类

1. 凤眼莲（水葫芦）*Eichhornia crassipes* （Mart.）

【分布地点】

北京：丰台区。
浙江：全省各地。
江西：九江市（修水县）；
吉安市（吉水县）。

湖南：邵阳市(洞口县)。

广东：广州市(天河区、白云区、黄埔区、番禺区、花都区、南沙区、萝岗区、增城市、从化市)；

深圳市(南山区、宝安区、龙岗区、盐田区)；

珠海市(香洲区、斗门区、金湾区)；

汕头市(濠江区、潮阳区、潮南区、澄海区、南澳县)；

韶关市(浈江区、武江区、曲江区、乐昌市、南雄市、始兴县、仁化县、翁源县、新丰县、乳源瑶族自治县)；

佛山市(南海区、顺德区、三水区、高明区)；

江门市(江海区、蓬江区、新会区、台山市、开平市、鹤山市、恩平市)；

湛江市(麻章区、廉江市、雷州市、吴川市、遂溪县)；

茂名市(茂南区、茂港区、高州市、化州市、信宜市、电白县)；

肇庆市(端州区、鼎湖区、高要市、四会市、广宁县、怀集县、封开县、德庆县)；

惠州市(惠城区、惠阳区、博罗县、惠东县、龙门县)；

梅州市(梅江区、兴宁市、梅县、大埔县、丰顺县、五华县、平远县、蕉岭县)；

汕尾市(陆丰市、海丰县、陆河县)；

河源市(源城区、紫金县、龙川县、连平县、和平县、东源县)；

阳江市(江城区、阳春市、阳西县、阳东县)；

清远市(清城区、英德市、佛冈县、阳山县、清新县、连山壮族瑶族自治县、连南瑶族自治县)；

东莞市；

中山市；

潮州市(湘桥区、潮安县、饶平县)；

揭阳市(榕城区、普宁市、揭东县、揭西县、惠来县)；

云浮市(云城区、罗定市、新兴县、郁南县、云安县)。

重庆：全市零星发生。

四川：自贡市(自流井区、大安区、贡井区、沿滩区、荣县、富顺县)；

南充市(阆中市、高坪区、嘉陵区、蓬安县、西充县、南部县)；

泸州市(纳溪区、叙永县、古蔺县)；

资阳市(雁江区、简阳市、安岳县、乐至县)。

云南：楚雄彝族自治州(楚雄市、双柏县、牟定县、禄丰县、永仁县)；

玉溪市(通海县、峨山彝族自治县、元江哈尼族彝族傣族自治县)；

文山壮族苗族自治州(文山县)；

临沧市(临翔区)。

陕西：铜川市(耀州区)。

2. 紫茎泽兰 *Eupatorium adenophorum* Spreng.

【分布地点】

广西：百色市(右江区、靖西县、那坡县、德保县、凌云县、田林县、乐业县、隆林各族自治县、西林县、乐业县)；
河池市(南丹县、天峨县、东兰县、凤山县、巴马瑶族自治县、大化瑶族自治县)。

重庆：江北区、长寿区、巴南区、渝中区、沙坪坝区、南岸区、渝北区。

四川：雅安市(石棉县、汉源县)；
凉山彝族自治州(西昌市、德昌县、冕宁县、宁南县、木里藏族自治县、昭觉县、甘洛县、越西县、喜德县、普格县、布拖县、金阳县)；
泸州市(纳溪区、江阳区)；
自贡市(荣县)；
乐山市(沙湾区、金口河区、夹江县、犍为县、沐川县、峨边彝族自治县)；
攀枝花市(米易县、盐边县、仁和区、东区、西区)；
宜宾市(翠屏区、宜宾县、屏山县、筠连县、南溪县、长宁县、江安县)；
甘孜藏族自治州(九龙县)。

贵州：黔西南布依族苗族自治州(兴义市、安龙县、册亨县、望谟县、兴仁县、贞丰县、普安县、晴隆县)；
六盘水市(六枝特区、盘县、水城县)；
贵阳市(云岩区、南明区、花溪区、小河区、乌当区、白云区、清镇市)；
毕节地区(黔西县、大方县、毕节市、威宁彝族回族苗族自治县、赫章县、纳雍县、织金县、金沙县)；
黔南布依族苗族自治州(罗甸县、惠水县、平塘县、长顺县、龙里县)；
安顺市(平坝县、镇宁布依族苗族自治县、紫云苗族布依族自治县、关岭布依族苗族自治县、普定县、西秀区)。

云南：昆明市(五华区、盘龙区、东川区、西山区、官渡区、呈贡县、安宁市、晋宁县、富民县、禄劝彝族苗族自治县、嵩明县、宜良县、石林彝族自治县、寻甸回族彝族自治县)；
曲靖市(麒麟区、宣威市、沾益县、马龙县、罗平县、富源县、师宗县、陆良县、会泽县)；
楚雄彝族自治州(楚雄市、双柏县、牟定县、南华县、姚安县、大姚县、永仁县、元谋县、武定县、禄丰县)；
玉溪市(红塔区、江川县、通海县、峨山彝族自治县、澄江县、华宁县、新平彝族傣族自治县、易门县、元江哈尼族彝族傣族自治县)；
红河哈尼族彝族自治州(个旧市、开远市、蒙自县、建水县、石屏县、弥勒县、泸西县、元阳县、红河县、金平苗族瑶族傣族自治县、绿春县、屏边苗族自治县、河口瑶族自治县)；
文山壮族苗族自治州(文山县、砚山县、丘北县、广南县、富宁县)；
普洱市(思茅区、景谷彝族傣族自治县、景东彝族自治县、镇沅彝族哈尼族拉祜族自治县、墨江哈尼族自治县、澜沧拉祜族自治县、江城哈尼族彝族自治县、西盟佤族自治县、孟连傣族拉祜族佤族自治县)；
大理白族自治州(大理市、巍山彝族回族自治县、弥渡县、漾濞彝族自治县)；

保山市（隆阳区、施甸县、腾冲县、龙陵县、昌宁县）；
怒江傈僳族自治州（泸水县、福贡县、兰坪白族普米族自治县、贡山独龙族怒族自治县）；
临沧市（耿马傣族佤族自治县、双江拉祜族佤族布朗族傣族自治县、沧源佤族自治县、凤庆县、镇康县）。

3. 飞机草 *Eupatorium odoratum* L.

【分布地点】

福建：厦门市（湖里区、思明区、同安区、翔安区、集美区、海沧区）；
三明市（三元区）。

广东：湛江市（坡头区、徐闻县、雷州市、遂溪县、廉江市、吴川市）；
茂名市（茂南区、茂港区、信宜市、高州市、化州市、电白县）；
阳江市（江城区、阳春市、阳东县、阳西县）；
云浮市（云城区）。

广西：百色市（田东县、乐业县、平果县、德保县、靖西县、那坡县）；
河池市（南丹县、天峨县、巴马瑶族自治县、大化瑶族自治县、东兰县）；
南宁市（马山县）；
崇左市（江州区、凭祥市、天等县、扶绥县、宁明县）。

海南：海口市、三亚市；五指山市、琼海市、儋州市、文昌市、万宁市、东方市、定安县、屯昌县、澄迈县、临高县、白沙黎族自治县、昌江黎族自治县、乐东黎族自治县、陵水黎族自治县、保亭黎族苗族自治县、琼中黎族苗族自治县。

云南：楚雄彝族自治州（双柏县、武定县）；
玉溪市（元江哈尼族彝族傣族自治县、新平彝族傣族自治县、峨山彝族自治县）；
红河哈尼族彝族自治州（个旧市、蒙自县、石屏县、元阳县、红河县、金平苗族瑶族傣族自治县、绿春县、屏边苗族自治县、河口瑶族自治县）；
保山市（隆阳区、施甸县、腾冲县、龙陵县、昌宁县）；
怒江傈僳族自治州（泸水县、福贡县、兰坪白族普米族自治县、贡山独龙族怒族自治县）；
临沧市（耿马傣族佤族自治县、镇康县）；
普洱市（思茅区、镇沅彝族哈尼族拉祜族自治县、景谷彝族傣族自治县、墨江哈尼族自治县、宁洱哈尼族彝族自治县、澜沧拉祜族自治县、江城哈尼族彝族自治县、西盟佤族自治县、孟连傣族拉祜族佤族自治县）。

4. 薇甘菊 *Mikania micrantha* H. B. K

【分布地点】

广东：广州市（天河区、黄埔区、花都区、番禺区、增城市）；
深圳市（罗湖区、福田区、南山区、盐田区、宝安区、龙岗区）；
珠海市（香洲区、金湾区）；
汕头市（潮阳区、潮南区）；
东莞市；
佛山市（高明区）；

江门市(蓬江区、江海区、新会区、台山市、开平区、鹤山市)；
惠州市(惠城区、惠阳区、博罗县、惠东县)；
梅州市(丰顺县)；
汕尾市(海丰县、陆丰县)；
揭阳市(榕城区、揭东县、惠来县)；
中山市；
湛江市(吴川市)；
茂名市(茂港区)；
阳江市(阳东县)。
云南：德宏傣族景颇族自治州(盈江县、陇川县、瑞丽市、潞西市)。

5. 加拿大一枝黄花 *Solidago canadensis* L.

【分布地点】

河北：石家庄(长安区、桥东区、桥西区、新华区、裕华区、井陉矿区)；
保定市(新市区、南市区、北市区、定州市)；
沧州市(运河区、新华区、海兴县)；
廊坊市(广阳区)。
上海：闵行区、奉贤区、浦东区、松江区、宝山区、嘉定区、金山区。
江苏：南京市(溧水县、高淳县、江宁区、六合区、雨花台区、栖霞区、浦口区)；
苏州市(张家港市、常熟市、太仓市、昆山市、吴江市、吴中区)；
无锡市(宜兴市)。
浙江：杭州市(拱墅区、西湖区、上城区、下城区、江干区、滨江区、余杭区)；
湖州市(吴兴区、南浔区、长兴县、德清县、安吉县)；
绍兴市(嵊州市、上虞市、诸暨市、新昌县)；
金华市(金东区、婺城区、兰溪市、武义县、永康市、东阳市、义乌市、浦江县)；
衢州市(柯城区、衢江区、江山市、龙游县、常山县、开化县)；
舟山市(定海区、普陀区、岱山县、嵊泗县)。
安徽：淮南市(田家庵区、大通区、谢家集区、八公山区、潘集区、凤台县)；
芜湖市(镜湖区、弋江区、鸠江区、三山区、芜湖县、南陵县、繁昌县)；
合肥市(庐阳区、瑶海区、蜀山区、包河区、长丰县、肥东县、肥西县)；
宣城市(宁国市、广德县)；
六安市(舒城县)；
蚌埠市(市区)；
滁州市(南谯区、明光市)；
池州市(贵池区)。
福建：南平市(延平区、武夷山市)；
龙岩市(长汀县)；
厦门市(同安区、集美区、海沧区)。
江西：景德镇市(浮梁县)；

南昌市（经济开发区、东湖区、红谷滩新区）；
鹰潭市（月湖区）。
山东：济南市（市中区）；
威海市（环翠区）；
聊城市（东昌府区）。
河南：郑州市（中原区、二七区、管城回族区、金水区、上街区、惠济区、中牟县）；
许昌市（许昌县）；
驻马店市（新蔡县）；
洛阳市（嵩县）；
济源市；
濮阳市（南乐县）；
信阳市（光山县、浉河区、平桥区）；
商丘市（民权县）。
湖南：湘潭市（湘潭县、岳塘区、雨湖区）；
陕西：汉中市（汉台区、城固县）；
渭南市（临渭区）；
延安市（宝塔区）。
甘肃：定西市（临洮县）。
新疆：乌鲁木齐市（天山区、沙依巴克区、新市区、水磨沟区、头屯河区、达坂城区、东山区、乌鲁木齐县）。

6. 大米草 *Spartina anglica* C. E. Hubb.

【分布地点】

山东：东营市（河口区、垦利县）。
广东：珠海市（香洲区）。

第二部分　普查新发现的林业有害生物种类

（根据 1988 年出版的《中国森林病虫普查名录》核对）

一、害　虫　类

（一）直翅目 Orthoptera

1. 懒螽 *Deracantha onos* (Pallas)

【寄主】槐树。

【分布地点】

北京：延庆县。

河北：张家口市(赤城县)。

辽宁：锦州市(闾山保护区)。

2. 蒙古疣蝗 *Trilophidia annulata mongolica* Saussure

【寄主】草坪、地被植物。

【分布地点】

河北：石家庄市(长安区、桥东区、桥西区、新华区、裕华区、井陉矿区)。

（二）等翅目 Isoptera

3. 桉树乳白蚁 *Coptotermes eucalyptus* Ping

【寄主】桉树属。

【分布地点】

广东：梅州市(兴宁市)。

4. 尖唇散白蚁 *Reticulitermes aculabialis* Tsai et Huang

【寄主】核桃(枯立木)、松材。

【分布地点】

安徽：黄山市(屯溪区、黄山区、徽州区、休宁县、歙县、祁门县、黟县)。

甘肃：陇南市(徽县、两当县、文县，白水江自然保护区)。

5. 圆唇散白蚁 *Reticulitermes labralis* Hsia et Fan

【寄主】侧柏、刺槐。

【分布地点】

安徽：黄山市(屯溪区、黄山区、徽州区、休宁县、歙县、祁门县、黟县)。

陕西：西安市(临潼区)。

（三）同翅目 Homoptera

6. 桑木虱 *Anomoneura mori* Schwarz

【寄主】桑树。

【分布地点】

天津：蓟县。

辽宁：阜新市(细河区、新邱区、太平区、清河门区、海州区、阜新蒙古族自治县、彰武县)。

安徽：合肥市(庐阳区、瑶海区、蜀山区、包河区、长丰县、肥东县、肥西县)；

安庆市(迎江区、大观区、宜秀区、桐城市、宿松县、枞阳县、太湖县、怀宁县、岳西县、望江县、潜山县)；

宣城市(宣州区、宁国市、广德县、郎溪县、泾县、旌德县、绩溪县)；

黄山市(屯溪区、黄山区、徽州区、休宁县、歙县、祁门县、黟县)；

芜湖市(镜湖区、弋江区、鸠江区、三山区、芜湖县、南陵县、繁昌县)。

7. 榕片圆蚧 *Aonidiella sotetsu* (Takahashi)

【寄主】新银合欢。

【分布地点】

安徽：合肥市(肥西县)。

四川：凉山彝族自治州(宁南县、金阳县)。

8. 苹果黄蚜 *Aphis pomi* DeGeer

【寄主】苹果、梨树、杏树、山楂。

【分布地点】

北京：密云县、平谷区、海淀区、怀柔区。

河北：廊坊市(永清县、固安县、文安县、大城县)。

9. 兰圆蚧 *Aspidiotus chinensis* Kuwana et Muramatsu

【寄主】兰草。

【分布地点】

安徽：合肥市(肥西县)。

10. 栗链蚧 *Asterolecanium castaneae* Russell

【寄主】板栗。

【分布地点】

北京：怀柔区。

浙江：金华市(浦江县)。

湖北：孝感市(大悟县)。

广西：百色市(乐业县)。

四川：雅安市(石棉县)。

11. 异喀木虱 *Cacopsylla peregrina* (Förster)

【寄主】梨属。

【分布地点】

甘肃：临夏回族自治州(临夏市、临夏县、东乡族自治县)。

12. 浙江朴盾木虱 *Celtisaspis zhejiangana* Yang et Li

【寄主】朴树属。

【分布地点】

安徽：合肥市(庐阳区、瑶海区、蜀山区、包河区、长丰县、肥东县、肥西县)；
安庆市(迎江区、大观区、宜秀区、桐城市、宿松县、枞阳县、太湖县、怀宁县、岳西县、望江县、潜山县)。

13. 梨黄粉蚜 *Cinacium iakusuiensis* Kishida

【寄主】梨树。

【分布地点】

河北：廊坊市(安次区、三河市、永清县、大城县、固安县、文安县、大厂回族自治县)。

14. 松大蚜 *Cinara pinitabulaeformis* Zhang et Zhang

【寄主】油松、马尾松、赤松、红松、落叶松。

【分布地点】

北京：门头沟区、海淀区、怀柔区。

辽宁：铁岭市(开原市、铁岭县)；
抚顺市(顺城区、东洲区、望花区、清原满族自治县、新宾满族自治县、抚顺县)；
沈阳市(沈北新区、苏家屯区、东陵区、康平县、法库县)；
葫芦岛市(南票区、龙港区、连山区、兴城市、绥中县、建昌县)；
本溪市(桓仁满族自治县、本溪满族自治县)；
鞍山市(千山区、海城市、岫岩满族自治县)；
锦州市(太和区、凌海市、北镇市、义县、黑山县)。

吉林：延边朝鲜族自治州(敦化市、汪清县)；
吉林市(桦甸市、舒兰市、永吉县)；
辽源市。

安徽：合肥市(肥西县)。

福建：福州市(闽侯县、罗源县、闽清县)；
南平市(顺昌县)；
龙岩市(永定县)；
厦门市(湖里区、思明区、同安区、翔安区、集美区、海沧区)；
泉州市(晋江市)；
三明市(宁化县)；
莆田市(涵江区、城厢区、秀屿区、荔城区、仙游县)。

广东：广州市(天河区、白云区、黄埔区、番禺区、花都区、南沙区、萝岗区、增城市、从化市)；
深圳市(南山区、宝安区、龙岗区、盐田区)；
珠海市(香洲区、斗门区、金湾区)；

汕头市(濠江区、潮阳区、潮南区、澄海区、南澳县);

韶关市(浈江区、武江区、曲江区、乐昌市、南雄市、始兴县、仁化县、翁源县、新丰县、乳源瑶族自治县);

佛山市(南海区、顺德区、三水区、高明区);

江门市(江海区、蓬江区、新会区、台山市、开平市、鹤山市、恩平市);

湛江市(麻章区、廉江市、雷州市、吴川市、遂溪县);

茂名市(茂南区、茂港区、高州市、化州市、信宜市、电白县);

肇庆市(端州区、鼎湖区、高要市、四会市、广宁县、怀集县、封开县、德庆县);

惠州市(惠城区、惠阳区、博罗县、惠东县、龙门县);

梅州市(梅江区、兴宁市、梅县、大埔县、丰顺县、五华县、平远县、蕉岭县);

汕尾市(陆丰市、海丰县、陆河县);

河源市(源城区、紫金县、龙川县、连平县、和平县、东源县);

阳江市(江城区、阳春市、阳西县、阳东县);

清远市(清城区、英德市、佛冈县、阳山县、清新县、连山壮族瑶族自治县、连南瑶族自治县);

东莞市;

中山市;

潮州市(湘桥区、潮安县、饶平县);

揭阳市(榕城区、普宁市、揭东县、揭西县、惠来县);

云浮市(云城区、罗定市、新兴县、郁南县、云安县)。

四川:阿坝藏族羌族自治州(九寨沟县、松潘县、汶川县)。

陕西:延安市(宝塔区、黄龙县、黄陵县、吴旗县)。

15. 黑龙江粒粉蚧 *Coccurra ussuriensis* Borchs

【寄主】白蜡、海棠、丁香。

【分布地点】

青海:西宁市(城东区、城中区、城西区、城北区、大通回族土族自治县)。

16. 龙眼角颊木虱 *Cornegenapsylla sinica* Yang et Li

【寄主】龙眼。

【分布地点】

四川:泸州市(龙马潭区、江阳区、泸县)。

17. 仙人掌盾蚧 *Diaspis echinocacti* (Bouché)

【寄主】仙人掌、仙人指、仙人球、令箭荷花、蟹爪兰、昙花。

【分布地点】

河北:石家庄市(长安区、桥东区、桥西区、新华区、裕华区、井陉矿区)。

安徽:阜阳市(颍泉区)。

18. 长翅蜡蝉 *Diostrombus politus* Uhler.

【寄主】小叶榕、槐树、天竺桂等。

【分布地点】

四川：成都市（温江区、高新区、金牛区、成华区、青羊区、武侯区、新都区、郫县、双流县）。

19. 叉茎叶蝉 ***Dryadomorpha pallida*** **Kirkaldy**

【寄主】喜树、紫薇。

【分布地点】

上海：松江区、崇明县、浦东新区、青浦区、宝山区。

20. 桃一点叶蝉 ***Erythroneura sudra*** **Distant**

【寄主】松属、柏树属。

【分布地点】

河北：石家庄市（长安区、桥东区、桥西区、新华区、裕华区、井陉矿区）。

21. 栗绛蚧 ***Kermes nawae*** **Kuwana**

【寄主】板栗。

【分布地点】

安徽：六安市（金安区、裕安区、寿县、霍山县、霍邱县、舒城县、金寨县）；
宣城市（宣州区、宁国市、广德县、郎溪县、泾县、旌德县、绩溪县）；
黄山市（屯溪区、黄山区、徽州区、休宁县、歙县、祁门县、黟县）；
安庆市（迎江区、大观区、宜秀区、桐城市、宿松县、枞阳县、太湖县、怀宁县、岳西县、望江县、潜山县）；
池州市（贵池区、东至县、石台县、青阳县）。

浙江：金华市（武义县、浦江县）。

22. 松针牡蛎蚧 ***Lepidosaphes piniphilus*** **Borchsenius**

【寄主】柳杉。

【分布地点】

辽宁：沈阳市（东陵区、苏家屯区、沈北新区、法库县、康平县）。

四川：乐山市（峨眉山市）。

23. 杨蛎盾蚧 ***Lepidosaphes yanagicola*** **Kuwana**

【寄主】白蜡。

【分布地点】

辽宁：沈阳市（苏家屯区、东陵区、沈北新区、于洪区、新民市、法库县、辽中县、康平县）。

宁夏：银川市（永宁县、贺兰县）。

24. 菊小长管蚜 ***Macrosiphoniella sanborni*** **Gillette**

【寄主】菊属。

【分布地点】

北京：海淀区。

河北：石家庄市（长安区、桥东区、桥西区、新华区、裕华区、井陉矿区）。

25. 栗新链蚧 ***Neoasterodiaspis castaneae*** **（Russell）**

【寄主】板栗。

【分布地点】

安徽：合肥市（蜀山区）；
　　　宣城市（广德县）。

26. 刺洋圆盾蚧 *Oceanaspidiotus spinosus* (Comst.)

【寄主】仙人掌、山茶、马蹄莲、玫瑰、无花果、悬铃木。

【分布地点】

河北：石家庄市（长安区、桥东区、桥西区、新华区、裕华区、井陉矿区）。

27. 枸杞木虱 *Paratrioza sinica* Yang et Li

【寄主】枸杞。

【分布地点】

青海：海西蒙古族藏族自治州（德令哈市）。

宁夏：中卫市（中宁县）。

28. 橄榄片盾蚧 *Parlatoria oleae* (Colvee)

【寄主】苹果、梨树、杏树、桃树、李树、酸梅、巴旦杏、核桃、石榴、葡萄。

【分布地点】

新疆：阿克苏地区（阿克苏市、温宿县、库车县、沙雅县、新和县、拜城县、乌什县、阿瓦提县、柯坪县）；
　　　喀什地区（喀什市、疏附县、疏勒县、泽普县、莎车县、叶城县、麦盖提县、巴楚县）。

29. 糖槭蚧 *Parthenolecanium orientalis* Borchs.

【寄主】榆树、杨属、杏树、巴旦杏、桃树、酸梅、沙枣、葡萄、苹果、柳树、李树、梨树、锦鸡儿、枣树、核桃、复叶槭、刺槐、白蜡。

【分布地点】

辽宁：鞍山市（千山区、岫岩满族自治县）。

安徽：宣城市（绩溪县）。

新疆：博尔塔拉蒙古自治州（博乐市、温泉县、精河县）；
　　　吐鲁番地区（鄯善县）；
　　　哈密地区（哈密市、伊吾县）；
　　　巴音郭楞蒙古自治州（轮台县、和硕县）；
　　　阿克苏地区（阿克苏市、温宿县、库车县、沙雅县、新和县、拜城县、乌什县、阿瓦提县、柯坪县）；
　　　喀什地区（疏附县、疏勒县、莎车县、泽普县、叶城县、伽师县、麦盖提县、岳普湖县、巴楚县、英吉沙县）；
　　　克孜勒苏柯尔克孜自治州（阿图什市、阿克陶县、阿合奇县）；
　　　和田地区（和田县、洛浦县、于田县）；
　　　乌鲁木齐市（天山区、沙依巴克区、新市区、水磨沟区、头屯河区、达坂城区、米东区、乌鲁木齐县）。

30. 华山松球蚜 *Pineus armandicola* Zhang

【寄主】华山松、云南松、思茅松。

【分布地点】

四川：凉山彝族自治州(西昌市、会理县、冕宁县、昭觉县、甘洛县、越西县、喜德县)；

雅安市(汉源县)。

云南：昆明市(东川区、官渡区、西山区、安宁市、呈贡县、晋宁县、富民县、禄劝彝族苗族自治县、嵩明县、宜良县、石林彝族自治县、寻甸回族彝族自治县)；

昭通市(昭阳区)；

曲靖市(宣威市、师宗县)；

玉溪市(红塔区、澄江县、新平彝族傣族自治县、华宁县)；

楚雄彝族自治州(楚雄市、双柏县、牟定县、南华县、姚安、大姚县、永仁县、元谋县、武定县、禄丰县)；

红河哈尼族彝族自治州(蒙自县)；

大理白族自治州(鹤庆县、南涧彝族自治县)；

保山市(隆阳区、施甸县、昌宁县、龙陵县)；

丽江市(永胜县)；

临沧市(临翔区、永德县)。

31. 杨树绵蚧 *Pulvinaria populi* Sign.

【寄主】杨属。

【分布地点】

河北：廊坊市(永清县、固安县)。

重庆：酉阳土家族苗族自治县。

32. 苹果球蚧 *Rhodococcus sariuoni* Borchsenius

【寄主】海棠、苹果。

【分布地点】

辽宁：营口市(鲅鱼圈区、盖州市、大石桥市)；

鞍山市(千山区、海城市)。

青海：西宁市(城东区、城中区、城西区、城北区)。

33. 咖啡黑盔蚧 *Saissetia coffeae* Walker

【寄主】苏铁、夹竹桃、九里香、大叶黄杨。

【分布地点】

河北：石家庄市(长安区、桥东区、桥西区、新华区、裕华区、井陉矿区)。

34. 台湾角圆盾蚧 *Selenomphalus euryae* (Takahashi)

【寄主】杨属、柳树、槐树、栎属等。

【分布地点】

安徽：合肥市(肥西县、肥东县)。

35. 中华松梢蚧 *Sonsaucoccus sinensis* (Chen)

【寄主】油松。

【分布地点】

辽宁：鞍山市(千山区、海城市、台安县、岫岩满族自治县)。

山东：济南市（章丘市）。

陕西：西安市（蓝田县）；

渭南市（华县）。

甘肃：陇南市（文县）。

36. 梨二叉蚜 *Toxoptera piricola* Matsurmura

【寄主】梨树。

【分布地点】

河北：廊坊市（永清县、大厂回族自治县、固安县、大城县、三河市、香河县、文安县）。

安徽：合肥市（肥西县）。

重庆：黔江区、大足县、石柱土家族自治县。

37. 樟叶木虱 *Trioza camphorae* Sasaki

【寄主】樟树。

【分布地点】

上海：闵行区、浦东新区、金山区、宝山区、松江区、嘉定区、青浦区、南汇区、奉贤区、崇明县。

安徽：池州市（青阳县）。

38. 桃瘤蚜 *Tuberocephalus momonis*（Matsumura）

【寄主】桃树、梨树。

【分布地点】

河北：廊坊市（广阳区、安次区、三河市、霸州市、永清县、大城县、文安县）。

四川：雅安市（荥经县）。

39. 卫矛矢尖蚧 *Unaspis euonymi*（Comstock）

【寄主】大叶黄杨、卫矛。

【分布地点】

河北：石家庄市（长安区、桥东区、桥西区、新华区、裕华区、井陉矿区）。

安徽：宣城市（绩溪县）。

山东：聊城市（东昌府区、莘县、阳谷县、茌平县、东阿县）；

枣庄市（峄城区、台儿庄区、山亭区、薛城区）；

临沂市（兰山区、罗庄区、郯城县、平邑县、蒙阴县）；

潍坊市（潍城区、奎文区、寒亭区、坊子区、青州市）。

40. 葡萄根瘤蚜 *Viteus vitifolii*（Fitch ）

【寄主】葡萄。

【分布地点】

河北：廊坊市（香河县）。

（四）蓟马目 Thysanoptera

41. 大腿管蓟马 *Mesothrips jordani* Zimmermann

【寄主】小叶榕。

【分布地点】

云南：大理白族自治州（大理市、漾濞彝族自治县、祥云县、宾川县、弥渡县、永平县、云龙县、洱源县、剑川县、鹤庆县、南涧彝族自治县、巍山彝族回族自治县）。

（五）鞘翅目 Coleoptera

42. 花椒窄吉丁 *Agrilus zanthoxylumi* Hou

【寄主】花椒。

【分布地点】

四川：宜宾市（宜宾县）。

陕西：渭南市（韩城市、富平县）；

铜川市（印台区、耀州区、新区、宜君县）。

43. 八角长足象 *Alcidodes illcuim* Yerum Hook.

【寄主】八角。

【分布地点】

云南：红河哈尼族彝族自治州（绿春县）。

44. 核桃长足象 *Alcidodes juglans* Chao

【寄主】核桃。

【分布地点】

辽宁：锦州市（闾山保护区）。

湖北：恩施土家族苗族自治州（建始县）。

四川：巴中市（南江县、通江县）；

广元市（元坝区、市中区、朝天区、旺苍县）；

达州市（万源市、宣汉县）；

宜宾市（兴文县）。

陕西：汉中市（宁强县、略阳县、镇巴县）。

45. 杞柳跳甲 *Altica weisei* Jacobson

【寄主】柳树。

【分布地点】

河北：承德市（围场满族蒙古族自治县）。

46. 栎旋木柄天牛 *Aphrodisium sauteri* Matsushita

【寄主】青冈、栎属等。

【分布地点】

安徽：宣城市（绩溪县）。

江西：上饶市（玉山县）。

47. 桤木叶甲 *Chrysomela adamsi ornaticollis* Chen

【寄主】桤木。

【分布地点】

四川：巴中市（平昌县、南江县）；

德阳市(旌阳区、中江县);

凉山彝族自治州(会理县、昭觉县、美姑县、甘洛县、越西县、喜德县);

广元市(利州区、元坝区、朝天区、青川县、旺苍县、剑阁县、苍溪县);

达州市(通川区、万源市、达县、大竹县、宣汉县、渠县、开江县);

南充市(顺庆区、高坪区、嘉陵区、阆中市、营山县、蓬安县、仪陇县、南部县、西充县);

乐山市(沙湾区、金口河区、峨眉山市、峨边彝族自治县、马边彝族自治县);

攀枝花市(米易县、盐边县);

甘孜藏族自治州(泸定县)。

48. 建庄油松梢小蠹 *Cryphalus tabulaeformis chienzhuangensis* Tsai et Li

【寄主】油松。

【分布地点】

北京:延庆县、平谷区、门头沟区。

陕西:咸阳市(旬邑县);

延安市(桥山局)。

甘肃:庆阳市(华池县)。

49. 二色弯颈象 *Cyrtotrachelus dichrous* Faimaire

【寄主】刚竹属。

【分布地点】

云南:红河哈尼族彝族自治州(蒙自县)。

50. 明亮长脚金龟子 *Hoplia spectibilis* Medvedev

【寄主】沙棘、水柏枝、金露梅。

【分布地点】

青海:海北藏族自治州(海晏县、刚察县);

海西蒙古族藏族自治州(天峻县);

海南藏族自治州(共和县、贵南县);

西宁市(湟源县)。

51. 萧氏松茎象 *Hylobitelus xiaoi* Zhang

【寄主】湿地松、火炬松、马尾松、华山松。

【分布地点】

福建:南平市(建瓯市、邵武市、武夷山市、浦城县);

三明市(三元区、梅列区、永安市、宁化县、建宁县、泰宁县、将乐县、沙县、大田县、明溪县);

龙岩市(新罗区、漳平市、永定县、武平县、连城县、上杭县、长汀县)。

江西:赣州市(瑞金市、定南县、宁都县、大余县、龙南县、崇义县、于都县、会昌县、石城县、上犹县、全南县、赣县、寻乌县、信丰县、兴国县);

吉安市(青原区、井冈山市、吉安县、安福县、永新县、泰和县、万安县、遂川县、新干县、峡江县、永丰县、吉水县);

景德镇市(浮梁县,枫树山林场);

萍乡市(湘东区、安源区、莲花县、芦溪县)；
南昌市(安义县)；
上饶市(德兴市、上饶县、玉山县、横峰县、铅山县)；
宜春市(袁州区、奉新县、宜丰县、铜鼓县、靖安县)；
新余市(渝水区、仙女湖区、分宜县)；
抚州市(广昌县、南丰县、资溪县)；
九江市(庐山区、永修县、武宁县、修水县)。

湖南：永州市(冷水滩区、东安县、双牌县、新田县、宁远县、蓝山县、江永县、江华瑶族自治县)；
怀化市(鹤城区、洪江市、通道侗族自治县、靖州苗族侗族自治县、会同县、中方县、芷江侗族自治县)；
娄底市(娄星区、涟源市)；
长沙市(浏阳市)；
郴州市(北湖区、苏仙区、资兴市、桂阳县、宜章县、嘉禾县、临武县、汝城县、桂东县)；
邵阳市(武冈市、邵阳县、邵东县、绥宁县、隆回县、洞口县、新宁县、新邵县、城步苗族自治县)；
湘西土家族苗族自治州(永顺县)；
衡阳市(南岳区)。

广东：广州市(从化市)；
韶关市(乐昌市、南雄市、曲江县、始兴县、仁化县、翁源县、乳源瑶族自治县、新丰县)；
肇庆市(怀集县、封开县)；
梅州市(平远县、蕉岭县)；
清远市(英德市、阳山县、连南瑶族自治县、清新县、连山壮族瑶族自治县)；
河源市(和平县)。

广西：桂林市(叠彩区、雁山区、象山区、全州县、兴安县、灌阳县、资源县、平乐县、荔浦县、灵川县、永福县、临桂县、阳朔县、龙胜各族自治县、恭城瑶族自治县)；
柳州市(融安县)；
百色市(田林县)；
贺州市(八步区、昭平县、富川瑶族自治县、钟山县)。

贵州：黔东南苗族侗族自治州(凯里市、施秉县、天柱县、榕江县、丹寨县、黎平县、剑河县、锦屏县、麻江县、岑巩县、从江县、黄平县、三穗县、雷山县)；
铜仁地区(万山特区、铜仁市、印江土家族苗族自治县、松桃苗族自治县、思南县、江口县、玉屏侗族自治县、德江县、沿河土家族自治县、石阡县)；
贵阳市(清镇市、修文县)；
遵义市(绥阳县、遵义县、道真仡佬族苗族自治县、余庆县)；

安顺市（西秀区）；
黔南布依族苗族自治州（都匀市、福泉市、贵定县、罗甸县、长顺县、龙里县、三都水族自治县、瓮安县、长顺县、福泉县、独山县、平塘县）。
四川：巴中市（南江县）。

52. 松瘤象 *Hyposipalus gigas* Linnaeus

【寄主】马尾松。
【分布地点】
安徽：合肥市（肥西县）；
宣城市（广德县）。
江西：赣州市（信丰县）。
重庆：渝北区、巴南区、黔江区、长寿区、酉阳土家族苗族自治县、开县、彭水苗族土家族自治县。

53. 黑绒鳃金龟 *Maladera orientalis* Motschulsky

【寄主】槐树、刺槐、杨属、柳树、苹果、梨树、山桃、山杏、华北落叶松、油松、青海云杉等。
【分布地点】
北京：顺义区、房山区、大兴区、昌平区、怀柔区、延庆县、密云县。
辽宁：铁岭市（清河区、银州区、开原市、调兵山市、西丰县、铁岭县、昌图县）；
沈阳市（苏家屯区、东陵区、沈北新区、于洪区、新民市、法库县、辽中县、康平县）；
辽阳市（弓长岭区、太子河区、宏伟区、灯塔市、辽阳县）；
葫芦岛市（连山区、南票区、龙港区、兴城市、绥中县、建昌县）；
本溪市（本溪满族自治县）；
鞍山市（千山区、海城市、台安县、岫岩满族自治县）；
盘锦市（兴隆台区、双台子区、盘山县、大洼县）；
锦州市（太和区、北镇市、凌海市、义县、黑山县）。
吉林：白城市（洮南市、通榆县、镇赉县）；
松源市（宁江区）。
安徽：池州市（东至县）。
陕西：榆林市（榆阳区、定边县、横山县、米脂县、府谷县）。
宁夏：石嘴山市（大武口区）；
吴忠市（利通区、盐池县）；
固原市（隆德县，六盘山林业局）。

54. 双滴斑芫菁 *Mylabris bistillata* Tan

【寄主】刺槐、梨树。
【分布地点】
安徽：池州市（青阳县）。

55. 黄栌胫跳甲 *Ophrida xanthospilota* Baly

【寄主】黄栌。

【分布地点】

北京：怀柔区、昌平区、延庆县、平谷区、门头沟区、海淀区、密云县。

56. 三星黄萤叶甲 *Paridea angulicollis* Motschulsky

【寄主】板栗等。

【分布地点】

安徽：宣城市(广德县)。

57. 卷树叶象 *Phyllobius armatus* Roelofs

【寄主】板栗。

【分布地点】

安徽：宣城市(广德县)。

58. 小叶女贞木蠹象 *Pissodes piniphilus*（Herbst）

【寄主】小叶女贞。

【分布地点】

云南：保山市(腾冲县)。

59. 华山松木蠹象 *Pissodes punctatus* Langor et Zhang

【寄主】华山松、云南松、思茅松。

【分布地点】

贵州：六盘水市(盘县、水城县)；
毕节地区(威宁彝族回族自治县)。

云南：昆明市(东川区、寻甸回族彝族自治县、宜良县)；
昭通市(昭阳区、彝良县、永善县、鲁甸县、巧家县、大关县)；
曲靖市(富源县、会泽县)；
楚雄彝族自治州(楚雄市、双柏县、南华县、禄丰县、武定县)；
玉溪市(澄江县、华宁县)；
红河哈尼族彝族自治州(个旧市、建水县)；
大理白族自治州(祥云县、弥渡县)；
保山市(隆阳区、施甸县、龙陵县)；
临沧市(临翔区、双江拉祜族佤族布朗族傣族自治县)。

60. 云南木蠹象 *Pissodes yunnanensis* Langor et Zhang

【寄主】华山松、云南松、高山松。

【分布地点】

云南：昭通市(巧家县)；
曲靖市(会泽县)；
楚雄彝族自治州(楚雄市、双柏县、南华县、永仁县、武定县、禄丰县)；
玉溪市(江川县)；
思茅市(澜沧拉祜族自治县)；
保山市(腾冲县)；
丽江市(古城区、玉龙纳西族自治县)；
迪庆藏族自治州(香格里拉县)；

临沧市(凤庆县)。
贵州：毕节地区(威宁彝族回族苗族自治县)。

61. 杨潜叶跳象 *Rhynchaenus empopulifolis* Chen

【寄主】杨属。

【分布地点】

北京：顺义区、延庆县、密云县、怀柔区、房山区、大兴区。

辽宁：沈阳市(新民县、辽中县)；
阜新市(细河区、新邱区、太平区、清河门区、海州区、阜新蒙古族自治县、彰武县)。

(六)双翅目 Diptera

62. 柑橘小实蝇 *Bactrocera dorsalis* Hendel

【寄主】龙眼。

【分布地点】

福建：泉州市(丰泽区)；
龙岩市(永定县)。

63. 枣叶瘿蚊 *Dasineura datifolia* Jiang

【寄主】枣树。

【分布地点】

北京：丰台区、房山区。

河北：石家庄市(高邑县)。

辽宁：葫芦岛市(南票区、龙港区、连山区、兴城市、绥中县、建昌县)。

安徽：合肥市(肥东县)。

宁夏：银川市(灵武市、永宁县、贺兰县)。

新疆：阿克苏地区(阿克苏市、温宿县、库车县、沙雅县、新和县、拜城县、乌什县、阿瓦提县、柯坪县)；
伊犁哈萨克自治州(霍城县)；
哈密地区(哈密市)。

64. 日本鞘瘿蚊 *Thecodiplosis japonensis* Uchida et Inouye

【寄主】马尾松。

【分布地点】

福建：龙岩市(永定县)。

(七)鳞翅目 Lepidoptera

65. 煤色滴苔蛾 *Agrisius fuliginosus* Moore

【寄主】桑树、山核桃、板栗等。

【分布地点】

安徽：六安市(金寨县)。

66. 滴苔蛾 *Agrisius guttivitta* Walker

【寄主】杨属、柳属、槐树、栎属等。

【分布地点】

安徽：六安市（裕安区）。

67. 白叉地夜蛾 *Agrotis trifurcula* Staudinger

【寄主】榆树。

【分布地点】

河北：张家口市（沽源县）。

68. 竹织叶野螟 *Algedonia coclesalis* Walker

【寄主】斑竹、慈竹、水竹、毛竹、麻竹、甜竹、罗汉竹。

【分布地点】

安徽：安庆市（潜山县）；
亳州市（涡阳县）；
六安市（裕安区、金安区、金寨县、舒城县）。

福建：三明市（永安市、沙县）；
南平市（武夷山市）；
龙岩市（新罗区、漳平市）；
宁德市（福安市）。

江西：九江市（瑞昌市、湖口县）；
赣州市（南康市、赣县、上犹县、于都县）；
吉安市（安福县、泰和县）；
抚州市（宜黄县）。

广西：桂林市（象山区、雁山区、平乐县、永福县）。

四川：自贡市（自流井区、大安区、贡井区、沿滩区、富顺县、荣县）；
眉山市（东坡区、仁寿县、彭山县、洪雅县、丹棱县、青神县）；
雅安市（雨城区、名山县、荥经县）。

69. 广鹿蛾 *Amata emma*（Butler）

【寄主】茶树。

【分布地点】

北京：延庆县、顺义区、怀柔区、门头沟区。

安徽：宣城市（宣州区）；
六安市（舒城县）。

70. 闪光鹿蛾 *Amata hoenei* Obrazitsov

【寄主】阔叶树。

【分布地点】

辽宁：锦州市（闾山保护区）。

安徽：六安市（金寨县）。

71. 折纹殿尾夜蛾 *Anuga multiplicans* Walker

【寄主】无花果、柑橘、葡萄等。

【分布地点】

安徽：宣城市（宣州区）。

72. 柠条坚荚斑螟 ***Asclerobia sinensis*** **（Caradja）**

【寄主】柠条、小叶锦鸡儿。

【分布地点】

青海：西宁市（城东区、城中区、城西区、城北区）；
海东地区（互助土族自治县）。

73. 白线尖须夜蛾 ***Bleptina albovenata*** **Leech**

【寄主】桑树、山核桃、板栗等。

【分布地点】

安徽：六安市（舒城县）。

74. 并线尖须夜蛾 ***Bleptina parallela*** **Leech**

【寄主】杨属、柳属、槐树、栎属等。

【分布地点】

安徽：六安市（金寨县）。

75. 张卜馍夜蛾 ***Bomolocha rhombalis*** **Guenée**

【寄主】板栗等。

【分布地点】

辽宁：丹东市（东港市、宽甸满族自治县）；
本溪市（桓仁满族自治县）。

安徽：宣城市（宣州区）。

76. 柳丽细蛾 ***Caloptilia chryadampra*** **（Meyrick）**

【寄主】柳属。

【分布地点】

北京：昌平区、延庆县、大兴区、丰台区、海淀区。

77. 柿杆袋蛾 ***Canephora unicolor*** **（Hübner）**

【寄主】柿树。

【分布地点】

河北：石家庄市（长安区、桥东区、桥西区、新华区、裕华区、井陉矿区）。

78. 臀珠斑凤蝶 ***Chilasa slateri*** **Hewitson**

【寄主】灯台树、樟树。

【分布地点】

四川：乐山市（峨眉山市）。

79. 落叶松鞘蛾 ***Coleophora laricella*** **（Hübner）**

【寄主】落叶松。

【分布地点】

河北：承德市（围场满族蒙古族自治县）。

辽宁：铁岭市（开原市、西丰县、铁岭县）；
抚顺市（顺城区、清原满族自治县、新宾满族自治县、抚顺县）；

丹东市(振安区、振兴区、元宝区、凤城市、东港市、宽甸满族自治县);
沈阳市(苏家屯区、东陵区、沈北新区、于洪区、新民市、法库县、辽中县、康平县);
本溪市(桓仁满族自治县、本溪满族自治县);
鞍山市(海城市、岫岩满族自治县)。

黑龙江(含森工):伊春市[乌马河区(乌马河林业局)、美溪区(美溪林业局)、红星区(红星林业局)、五营区(五营林业局)、汤旺河区(汤旺河林业局)、迎春区(迎春林业局)、带岭区(带岭林业实验局)、铁力市(铁力林业局、朗乡林业局、桃山林业局)];
牡丹江市[海林市(海林林业局、大海林林业局)、林口县(林口林业局)、东宁县(绥阳林业局)、宁安市(东京城林业局)、穆棱市(八面通林业局、穆棱林业局)];
哈尔滨市[尚志市(苇河林业局、亚布力林业局);
黑河市[北安市(通北林业局)、五大连池市(沾河林业局)];
绥化市[绥棱县(绥棱林业局)];
双鸭山市(双鸭山林业局);
佳木斯市[汤原县(鹤立林业局)];
鹤岗市[萝北县(鹤北林业局)];
大兴安岭地区(加格达奇林业局、松岭林业局、新林林业局、塔河林业局、十八站林业局、呼中林业局、韩家园林业局、阿木尔林业局、图强林业局、西林吉林业局)。

甘肃:临夏回族自治州(康乐县)。

80. 栎小透翅蛾 ***Conopia quercus*** **Matsumura**

【寄主】栎属。

【分布地点】

湖北:黄冈市(罗田县)。

81. 荔枝细蛾 ***Conopomorpha sinensis*** **Bradley**

【寄主】荔枝、龙眼。

【分布地点】

广西:南宁市(邕宁县、横县)。

四川:泸州市(龙马潭区、江阳区、泸县)。

82. 斑冬夜蛾 ***Cucullia maculosa*** **Staudinger**

【寄主】榆树。

【分布地点】

河北:廊坊市(文安县)。

辽宁:本溪市(桓仁满族自治县)。

83. 橘红雪苔蛾 ***Cyana interrogationis*** **(Poujade)**

【寄主】杨属、柳属、槐树、栎属等。

【分布地点】

安徽:六安市(舒城县)。

84. 草雪苔蛾 *Cyana pratti*（Elwes）

【寄主】桑树、山核桃、茶树、板栗等。

【分布地点】

辽宁：丹东市（东港市）。

安徽：六安市（舒城县）；
　　　宣城市（广德县）。

85. 槐树小卷蛾 *Cydia trasias*（Meyrick）

【寄主】槐树、龙爪槐。

【分布地点】

北京：丰台区、昌平区、海淀区。

河北：廊坊市（大厂回族自治县）。

86. 松茸毒蛾 *Dasychira axutha* Collenette

【寄主】马尾松、湿地松、杉木。

【分布地点】

辽宁：铁岭市（昌图县）；
　　　沈阳市（沈北新区、苏家屯区、东陵区、康平县、法库县）。

安徽：宣州市（宣州区、广德县、宁国市、泾县、旌德县、绩溪县）。

江西：宜春市（宜丰县）；
　　　赣州市（崇义县）；
　　　吉安市（吉安县、泰和县、新干县、永丰县）；
　　　萍乡市（莲花县）。

广西：桂林市（叠彩区、资源县、平乐县、荔浦县、灵川县）；
　　　柳州市（柳北区、城中区、鱼峰区、柳城县、柳江县、鹿寨县）；
　　　来宾市（兴宾区、合山市、忻城县、象州县、武宣县、金秀瑶族自治县）；
　　　百色市（凌云县）；
　　　贵港市（港北区、港南区、覃塘区、桂平市、平南县）；
　　　河池市（宜州市、环江毛南族自治县、大化瑶族自治县、都安瑶族自治县）；
　　　防城港市（上思县）；
　　　钦州市（钦北区、钦南区、浦北县）；
　　　贺州市（富川瑶族自治县、钟山县）；
　　　玉林市（玉州区、兴业县、北流县、容县、陆川县、博白县）；
　　　南宁市（武鸣县、横县、宾阳县、上林县、邕宁区）；
　　　崇左市（江州区、扶绥县、宁明县）。

重庆：涪陵区、南岸区、北碚区、巴南区、垫江县。

四川：乐山市（市中区、五通桥区、夹江县、犍为县、井研县）。

贵州：黔东南苗族侗族自治州（黎平县、锦屏县、台江县、凯里市）；
　　　遵义市（仁怀市、余庆县、桐梓县）；
　　　黔南布依族苗族自治州（惠水县、独山县、罗甸县）。

87. 八角尺蠖 *Dilophodes elegans sinica* Prout

【寄主】八角。

【分布地点】

广西：来宾市(金秀瑶族自治县)；
百色市(右江区、凌云县)；
河池市(凤山县、东兰县)；
防城港市(防城区、上思县)；
梧州市(苍梧县、藤县)；
贺州市(八步区)；
玉林市(玉州区、兴业县、北流县、容县)；
南宁市(上林县、武鸣县、邕宁区)；
崇左市(龙州县)；
柳州市(融安县、柳江县、融水苗族自治县)。

88. 松球果螟 *Dioryctria splendidella* Herrich-Schaeffer

【寄主】红松、油松、赤松、马尾松、红皮云杉。

【分布地点】

辽宁：丹东市(凤城市、宽甸满族自治县)；
抚顺市(顺城区、东洲区、望花区、抚顺县、新宾满族自治县、清原满族自治县)；
葫芦岛市(连山区、兴城市、绥中县)；
营口市(鲅鱼圈区、盖州市、大石桥市)；
辽阳市(弓长岭区、宏伟区、灯塔市、辽阳县)；
阜新市(新邱区、太平区、细河区、清河门区、海州区、阜新蒙古族自治县、彰武县)；
朝阳市(凌源市、北票市、朝阳县、建平县、喀喇沁左翼蒙古族自治县)；
铁岭市(清河区、银州区、开原市、调兵山市、西丰县、铁岭县、昌图县)；
沈阳市(沈北新区、东陵区、苏家屯区、康平县、法库县)；
鞍山市(千山区、海城市、岫岩满族自治县)；
锦州市(闾山保护区)。

黑龙江(含森工)：牡丹江市[海林市(大海林林业局、柴河林业局、海林林业局)、宁安市(东京城林业局)、穆陵市(穆棱林业局、八面通林业局)、林口市(林口林业局)]；
佳木斯市[虎林市(东方红林业局)、桦南县(桦南林业局)、汤原县(鹤立林业局)]；
伊春市[铁力市(朗乡林业局)]；
鹤岗市[萝北县(鹤北林业局)]；
哈尔滨市[尚志市(亚布力林业局)、方正县(方正林业局)]。

湖南：永州市(宁远县、江永县)；
怀化市(鹤城区、会同县、中方县、新晃侗族自治县、芷江侗族自治县)；

邵阳市(大祥区、北塔区、双清区、邵阳县、邵东县、绥宁县、洞口县、新宁县、武冈市、新邵县、城步苗族自治县)；
长沙市(宁乡县)；
岳阳市(岳阳县、华容县、湘阴县)；
湘潭市(湘乡市、湘潭县)；
郴州市(北湖区、资兴市、桂阳县、宜章县、嘉禾县、临武县、汝城县、桂东县、安仁县)。
海南：昌江黎族自治县。
四川：自贡市(荣县、富顺县)。
贵州：黔西南布依族苗族自治州(兴义市)；
六盘水市(盘县)；
毕节地区(威宁彝族回族苗族自治县)。
云南：昆明市(官渡区、西山区、东川区、安宁市、呈贡县、晋宁县、富民县、禄劝彝族苗族自治县、嵩明县、宜良县、石林彝族自治县、寻甸回族彝族自治县)；
曲靖市(富源县、沾益县、陆良县、师宗县)；
文山壮族苗族自治州(广南县)；
保山市(隆阳区、施甸县、腾冲县、龙陵县、昌宁县)；
丽江市(永胜县)；
临沧市(临翔区、永德县、镇康县、双江拉祜族佤族布朗族傣族自治县)。
陕西：宝鸡市(麟游县、岐山县、凤县)；
延安市(宝塔区、宜川县、洛川县、富县)；
汉中市(南郑县、城固县、洋县、镇巴县)。
宁夏：银川市(贺兰山林管局)。

89. 刺槐外斑尺蛾 *Ectropis excellens* Butler

【寄主】刺槐、核桃。

【分布地点】

辽宁：葫芦岛市(连山区、南票区、龙港区、兴城市、绥中县、建昌县)；
鞍山市(海城市)。
山东：泰安市(徂徕山林场)；
济宁市(曲阜市、泗水县)。

90. 中华斑水螟 *Eoophyla sinensis* (Hampson)

【寄主】桑树、山核桃、板栗等。

【分布地点】

安徽：六安市(金寨县)。

91. 达光裳夜蛾 *Ephesia davidi* Oberthur

【寄主】蒙古栎。

【分布地点】

北京：延庆县。

河北：承德市（围场满族蒙古族自治县）。

92. 油松叶小卷蛾 *Epinotia gansuensis* (Liu et Nasu)

【寄主】油松。

【分布地点】

河北：承德市（围场满族蒙古族自治县）。
陕西：宝鸡市（太白县）；
延安市（宝塔区、宜川县、洛川县、富县）；
榆林市（榆阳区、靖边县、横山县、佳县）。

93. 高山毛顶蛾 *Eriocrania semipurpurella alpina* Xu

【寄主】白桦。

【分布地点】

青海：海东地区（乐都县）。
海北藏族自治州（门源县）。

94. 油茶毒蛾 *Euproctis pseudoconspersa* Strand

【寄主】山枇杷、油茶。

【分布地点】

安徽：六安市（金安区、裕安区、寿县、霍山县、霍邱县、舒城县、金寨县）；
宣城市（宣州区、宁国市、广德县、郎溪县、泾县、旌德县、绩溪县）；
黄山市（屯溪区、黄山区、徽州区、休宁县、歙县、祁门县、黟县）。
江西：赣州市（上犹县、龙南县、全南县、兴国县）；
宜春市（宜丰县、万载县、上高县）；
九江市（瑞昌市、湖口县）；
抚州市（南城县）。
四川：自贡市（荣县、富顺县）。

95. 灰翅串珠环蝶 *Faunis eumeus* (Drury)

【寄主】攀枝花苏铁。

【分布地点】

重庆：江津区、万盛区、永川区、南川区、璧山县、北碚区、彭水苗族土家族自治县、綦江县、云阳县、秀山土家族苗族自治县、城口县。
四川：攀枝花市（西区）。

96. 傲白蛱蝶 *Helcyra superba* Leech

【寄主】桑树、山核桃、板栗等。

【分布地点】

安徽：宣城市（宣州区）。
重庆：武隆县、万盛区、彭水苗族土家族自治县等。

97. 花实夜蛾 *Heliothis ononis* Schiffermüller

【寄主】亚麻。

【分布地点】

河北：张家口市（沽源县）。

98. 角斑绢网蛾 *Herdonia papuensis* Warren

【寄主】石榴。

【分布地点】

山东：泰安市(泰山区)；
　　枣庄市(峄城区、台儿庄区、山亭区)。

99. 白脉青尺蛾 *Hipparchus albovenaria* Bremer

【寄主】板栗等。

【分布地点】

北京：延庆县。

辽宁：丹东市(振安区、振兴区、元宝区、凤城市、东港市、宽甸满族自治县)。

安徽：宣城市(广德县)。

100. 沙棘木蠹蛾 *Holcocerus hippophaecolus* Hua, Chou, Fang et Chen

【寄主】沙棘。

【分布地点】

河北：保定市(涞源县、阜平县)。

山西：朔州市(平鲁区、右玉县)；
　　大同市(杨树丰产林实验局)。

内蒙古(含森工)：赤峰市(红山区、松山区、敖汉旗、克什克腾旗)；
　　呼和浩特市(土默特左旗、托克托县、和林格尔县、清水河县、武川县)；
　　乌兰察布市(集宁区、丰镇市、卓资县)；
　　鄂尔多斯市(达拉特旗、东胜区、准格尔旗)。

辽宁：阜新市(太平区、阜新蒙古族自治县、彰武县)；
　　朝阳市(北票市、凌源市、建平县、喀喇沁左翼蒙古族自治县、朝阳县)。

陕西：榆林市(定边县、靖边县、神木县、横山县)；
　　延安市(吴旗县、志丹县、安塞县)。

甘肃：定西市(通渭县)；
　　庆阳市(镇原县)；
　　甘南藏族自治州(合作市、玛曲县、碌曲县、迭部县、卓尼县、临潭县、夏河县)。

青海：海北藏族自治州(祁连县)。

宁夏：固原市(原州区、西吉县、彭阳县)。

101. 日本木蠹蛾 *Holcocerus japonicus* Gaede

【寄主】杨属、柳属、槐树、栎属等。

【分布地点】

北京：昌平区。

安徽：宣城市(绩溪县)。

102. 黑龙江松天蛾 *Hyloicus morio heilongjiangensis* Zhao

【寄主】赤松、落叶松。

【分布地点】

山东：烟台市(昆嵛山林场)。
河北：承德市(围场满族蒙古族自治县)。

103. 木麻黄拟木蠹蛾 *Indarbela quadrinotata* Walker

【寄主】木麻黄。
【分布地点】
广东：湛江市(雷州市、吴川市)；
阳江市(阳东县)。

104. 线蛱蝶 *Limenitis* sp. Fabricius

【寄主】刚竹属。
【分布地点】
北京：房山区。
辽宁：本溪市(桓仁满族自治县)。
安徽：宣城市(广德县)。

105. 褐顶毒蛾 *Lymantria apicebrunnea* Gaede

【寄主】壳斗科等多种阔叶树。
【分布地点】
云南：红河哈尼族彝族自治州(河口瑶族自治县、屏边苗族自治县)；
文山壮族苗族自治州(西畴县、麻栗坡县、马关县)。

106. 绵山天幕毛虫 *Malacosoma rectifascia* Lajonquière

【寄主】桦树属。
【分布地点】
河北：石家庄市(平山县)。

107. 杨小舟蛾 *Micromelalopha troglodyta* (Graeser)

【寄主】杨属、雀舌黄杨、柳树。
【分布地点】
北京：延庆县、房山区、昌平区。
河北：唐山市(丰润区、丰南区、迁安市、唐海县、乐亭县、玉田县、滦县、滦南县)；
衡水市(桃城区、安冀州市、深州市、平县、阜城县、枣强县、武邑县、武强县)；
保定市(定州市、涿州市、安国市、高碑店市、望都县、清苑县、徐水县、定兴县、雄县、曲阳县)；
石家庄市(井陉矿区、新乐市、藁城市、辛集市、正定县、元氏县、赵县、高邑县)。
辽宁：铁岭市(清河区、银州区、开原市、调兵山市、西丰县、铁岭县、昌图县)；
丹东市(振安区、振兴区、元宝区、凤城市、东港市、宽甸满族自治县)；
沈阳市(苏家屯区、东陵区、沈北新区、于洪区、新民市、法库县、辽中县、康平县)；
葫芦岛(建昌县、绥中县)；
本溪市(本溪满族自治县)；

阜新市（细河区、新邱区、太平区、清河门区、海州区、阜新蒙古族自治县、彰武县）；
锦州市（闾山保护区）。

吉林：延边朝鲜族自治州（汪清县）；
四平市（公主岭市、双辽市、梨树县、伊通满族自治县）；
吉林市（舒兰市、永吉县）。

上海：黄浦区、卢湾区、徐汇区、长宁区、静安区、普陀区、闸北区、虹口区、杨浦区、闵行区、浦东新区、金山区、宝山区、松江区、嘉定区、青浦区、南汇区、奉贤区、崇明县。

江苏：徐州市（贾旺区、邳州市、新沂市、沛县、丰县、铜山县）；
连云港市（东海县、赣榆县、灌南县、灌云县）；
淮安市（盱眙县、洪泽县、金湖县、涟水县）；
盐城市（东台市、大丰市、射阳县、阜宁县、滨海县、响水县、建湖县）；
宿迁市（宿豫区、沭阳县、泗阳县、泗洪县）；
扬州市（宝应县、高邮市）；
泰州市（姜堰市、兴化市）；
南通市（如皋市）；
南京市（六合区、高淳县、溧水县）；
镇江市（丹徒区、句容市）；
无锡市（江阴市、宜兴市）。

安徽：马鞍山市（金家庄区、花山区、当涂县）；
宣城市（宣州区、旌德县）；
淮北市（相山区、烈山区、杜集区、濉溪县）；
六安市（金寨县、霍邱县、寿县）；
安庆市（迎江区、大观区、宜秀区、桐城市、宿松县、枞阳县、太湖县、怀宁县、岳西县、望江县、潜山县）；
滁州市（明光市、定远县）；
宿州市（埇桥区、砀山县、萧县、灵璧县、泗县）；
合肥市（肥东县、长丰县、肥西县）；
亳州市（蒙城县）。

山东：枣庄市（山亭区、峄城区、台儿庄区）；
莱芜市（莱城区、钢城区）；
临沂市（罗庄区、河东区、兰山区、沂水县、费县）；
济宁市（邹城市、曲阜市、兖州市、嘉祥县、金乡县、梁山县）；
德州市（德城区、乐陵市、禹城市、陵县、平原县、夏津县、武城县、齐河县、临邑县、宁津县、庆云县）；
淄博市（张店区、淄川区、临淄区、桓台县、高青县）。

河南：郑州市（中原区、二七区、管城回族区、金水区、上街区、邙山区、登封市、新郑市、巩义市、新密市、荥阳市、中牟县）；

开封市(杞县、通许县、尉氏县、开封县、兰考县)；
洛阳市(吉利区、洛北区、厘河区、西工区、涧西区、洛龙区、偃师市、栾川县、嵩县、洛宁县、新安县、孟津县、汝阳县、宜阳县、伊川县)；
平顶山市(汝州市、舞钢市、鲁山县、宝丰县、叶县、郏县)；
安阳市(龙安区、林州市、安阳县、汤阴县、滑县、内黄县)；
新乡市(辉县市、卫辉市、新乡县、获嘉县、原阳县、延津县、封丘县、长垣县)；
焦作市(解放区、马村区、山阳区、中站区、沁阳市、孟州市、修武县、博爱县、武陟县、温县、清丰县)；
漯河市(郾城区、召陵区、源汇区、舞阳县、临颍县)；
商丘市(睢阳区、梁园区、永城市、虞城县、民权县、宁陵县、睢县、夏邑县、柘城县)；
周口市(川汇区、项城市、扶沟县、西华县、商水县、太康县、鹿邑县、郸城县、淮阳县、沈丘县)；
驻马店市(驿城区、泌阳县、遂平县、西平县、上蔡县、汝南县、新蔡县)；
南阳市(卧龙区、宛城区、邓州市、南召县、西峡县、桐柏县、内乡县、唐河县、方城县、镇平县、淅川县、社旗县、新野县)；
信阳市(平桥区、固始县、商城县、罗山县、新县、息县、淮滨县、潢川县、光山县)。

湖南：永州市(冷水滩区、东安县)；
益阳市(资阳区、赫山区、沅江市、南县)；
邵阳市(隆回县)；
常德市(汉寿县)。

陕西：西安市(周至县、户县)。

108. 迷蛱蝶 *Mimathyma chevana* (Moore)

【寄主】桑树、山核桃、板栗等。

【分布地点】

安徽：宣城市(宣州区)。

重庆：涪陵区。

109. 大光腹夜蛾 *Mythimna grandis* Butler

【寄主】地杨梅属植物。

【分布地点】

北京：延庆县。

河北：张家口市(沽源县)。

110. 茉莉野螟 *Nausinoe geometralis* Guenee

【寄主】茉莉。

【分布地点】

河北：石家庄市(长安区、桥东区、桥西区、新华区、裕华区、井陉矿区)。

111. 台湾环蛱蝶 *Neptis taiwana* Fruhstorfer

【寄主】桑树、山核桃、板栗等。

【分布地点】

安徽：宣城市(宣州区)。

112. 黄波花蚕蛾 *Oberthüria oaeca* Oberthür

【寄主】栎属、桑科植物。

【分布地点】

河北：张家口市(沽源县)。

辽宁：丹东市(东港市)。

113. 广州小斑螟 *Oligochroa cantonella* Caradja

【寄主】白骨壤、桐花。

【分布地点】

广西：防城港市(港口区、东兴市)；
钦州市(钦南区)。

114. 江浙垂耳尺蠖 *Pachyodes iterans onerosus* Prout

【寄主】桑树、山核桃、板栗等。

【分布地点】

安徽：六安市(舒城县)。

115. 银杏超小卷叶蛾 *Pammene ginkgoicola* Liu

【寄主】银杏。

【分布地点】

江苏：泰州市(海陵区、泰兴市、姜堰市、兴化市)；
徐州市(邳州市)。

广西：桂林市(灵川县)。

116. 灰顶竹毒蛾 *Pantana droa* Swinboe

【寄主】毛竹。

【分布地点】

湖北：黄冈市(罗田县)。

117. 糙内斑舟蛾 *Peridea trachitso* (Oberthür)

【寄主】板栗等。

【分布地点】

北京：延庆县、门头沟区、怀柔区。

辽宁：丹东市(振安区、振兴区、元宝区、凤城市、东港市、宽甸满族自治县)。

安徽：宣城市(广德县)。

118. 丝点足毒蛾 *Redoa leucoscela* Collenette

【寄主】枫杨。

【分布地点】

广西：桂林市(全州市)。

119. 松实小卷蛾 *Retinia cristata*（Walsingham）

【寄主】马尾松、火炬松。

【分布地点】

安徽：六安市（金安区）；
宣城市（广德县、绩溪县）。

四川：巴中市（南江县）；
自贡市（荣县、富顺县）。

120. 落叶松实小卷蛾 *Retinia perangustana*（Snell）

【寄主】落叶松。

【分布地点】

河北：孟滦林管局。

辽宁：本溪市（桓仁满族自治县）。

121. 淡剑袭夜蛾 *Sidemia depravata*（Butler）

【寄主】海棠、枫杨、柳树、槐树。

【分布地点】

河北：石家庄市（长安区、桥东区、桥西区、新华区、裕华区、井陉矿区）。

安徽：亳州市（涡阳县）；
合肥市（肥西县）。

122. 素饰蛱蝶 *Stibochiona nicea nicea*（Gray）

【寄主】桑树、山核桃、板栗等。

【分布地点】

安徽：宣城市（宣州区）。

重庆：武隆县、万盛区、云阳县、江津区、南川区、巴南区、永川区。

123. 明痣苔蛾 *Stigmatophora micans*（Bremer et Grey）

【寄主】杨属、柳树、槐树、栎属等。

【分布地点】

北京：房山区、门头沟区、怀柔区、延庆县。

辽宁：丹东市（凤城市、宽甸满族自治县）；
葫芦岛市（建昌县）；
本溪市（桓仁满族自治县）；
阜新市（细河区、新邱区、太平区、清河门区、海州区、阜新蒙古族自治县、彰武县）。

安徽：六安市（金寨县、霍邱县）。

124. 桉环小卷蛾 *Strepsicrates holotephras* Meyrick

【寄主】桉树属。

【分布地点】

广西：南宁市（武鸣县、邕宁县、横县）；
柳州市（柳江县、柳城县、鹿寨县）；
钦州市（钦南区、钦北区、浦北县）；

来宾市(兴宾区、合山市、武宣县、忻城县、象州县、武宣县)。

海南：三亚市；琼海市、东方市、昌江黎族自治县、定安县、儋州市。

125. 三色星灯蛾 *Utetheisa pulchella* Linnaeus

【寄主】李树。

【分布地点】

安徽：淮南市(田家庵区)；

铜陵市(铜官山区、狮子山区、郊区)。

(八)膜翅目 Hymenoptera

126. 沙朴锤角叶蜂 *Agenocimbex jucunda* Mocsary

【寄主】沙朴。

【分布地点】

安徽：黄山市(屯溪区、黄山区、徽州区)。

127. 榆叶蜂 *Arge captiva* Smith

【寄主】榆属。

【分布地点】

河北：廊坊市(永清县、文安县、大城县)。

辽宁：丹东市(振安区、振兴区、元宝区、凤城市、东港市、宽甸满族自治县)；

沈阳市(苏家屯区、东陵区、沈北新区、于洪区、新民市、法库县、辽中县、康平县)；

葫芦岛市(连山区、南票区、龙港区、兴城市、绥中县、建昌县)；

本溪市(桓仁满族自治县)；

鞍山市(海城市)；

锦州市(太和区、凌海市、北镇市、义县、黑山县)。

安徽：安庆市(潜山县)。

128. 云杉腮扁叶蜂 *Cephalcia abietis* (L.)

【寄主】云杉。

【分布地点】

四川：甘孜藏族自治州(炉霍县)。

129. 丹巴腮扁叶蜂 *Cephalcia danbaica* Xiao

【寄主】青海云杉、云杉。

【分布地点】

青海：西宁市(大通回族土族自治县)；

海东地区(乐都县、循化撒拉族自治县)。

130. 马尾松腮扁叶蜂 *Cephalcia pinivora* Xiao et Zeng

【寄主】马尾松。

【分布地点】

重庆：沙坪坝区、北碚区、渝北区、长寿区、永川区、大足县、梁平县、丰都县。

四川：达州市(大竹县)。

131. 延庆腮扁叶蜂 *Cephalcia yanqingensis* Xiao

【寄主】油松。

【分布地点】

北京：延庆县。

132. 鞭角华扁叶蜂 *Chinolyda flagellicornis*（F. Smith）

【寄主】柏木。

【分布地点】

重庆：万州区、渝北区、丰都县、忠县、开县、石柱土家族自治县、云阳县。

四川：达州市(渠县、大竹县)；

南充市(顺庆区、高坪区、嘉陵区、营山县、蓬安县、仪陇县、南部县、西充县)；

遂宁市(蓬溪县、船山区、安居区、射洪县)；

广安市(岳池县)。

133. 日本扁足叶蜂 *Croesus japonicus* Takeuchi

【寄主】核桃、枫杨。

【分布地点】

四川：遂宁市(蓬溪县)。

134. 靖远松叶蜂 *Diprion jingyuanensis* Xiao et Zhang

【寄主】油松。

【分布地点】

山西：太原市(古交市、娄烦县、清徐县)；

长治市(沁县、沁源县、襄垣县)；

晋中市(平遥县)；

大同市(杨树丰产林实验局)；

吕梁市(关帝山森林经营局)。

135. 六万松叶蜂 *Diprion liuwanensis* Huang et Xiao

【寄主】松属。

【分布地点】

安徽：宣城市(绩溪县)。

136. 落叶松种子小蜂 *Eurytoma laricis* Yano

【寄主】落叶松。

【分布地点】

吉林：延边朝鲜族自治州(敦化市)；

吉林市(永吉县)。

黑龙江(含森工)：齐齐哈尔市(龙沙区、昂昂溪区、铁锋区、建华区、富拉尔基区、碾子山区、梅里斯达斡尔族区、讷河市、富裕县、拜泉县、甘南县、依安县、克山县、泰来县、克东县、龙江县)；

七台河市(桃山区、新兴区、茄子河区、勃利县)；

哈尔滨市(依兰县)；

大兴安岭地区(加格达奇林业局、新林林业局、十八站林业局、韩家园林业局)。

137. 桃仁蜂 *Eurytoma maslovskii* Nikolskaya

【寄主】山杏、桃树。

【分布地点】

北京：怀柔区、密云县、昌平区。

河北：承德市(双桥区、丰宁满族自治县、滦平县、平泉县)；

张家口市(涿鹿县、蔚县)。

辽宁：朝阳市(凌源市、北票市、喀喇沁左翼蒙古族自治县、朝阳县、建平县)。

山东：济南市(章丘市)；

淄博市(博山区、淄川区、临淄区、沂源县)。

138. 毛竹黑叶蜂 *Eutomostethus nigritus* Xiao

【寄主】刚竹属。

【分布地点】

安徽：宣城市(宁国市)。

139. 荔浦吉松叶蜂 *Gilpinia lipuensis* Xiao et Huang

【寄主】松属。

【分布地点】

安徽：宣城市(宁国市)。

140. 马尾松吉松叶蜂 *Gilpinia massoniana* Xiao

【寄主】马尾松。

【分布地点】

安徽：宣城市(宁国市)。

141. 白蜡哈氏茎蜂 *Hartigia viatrix* Smith

【寄主】白蜡。

【分布地点】

北京：房山区。

142. 红黄半皮丝叶蜂 *Hemichroa crocea* (Geoffroy)

【寄主】桤木。

【分布地点】

四川：遂宁市(蓬溪县)；

南充市(顺庆区、高坪区、嘉陵区)。

143. 李实蜂 *Hoploampa fulvicornis* (Panzer)

【寄主】李树。

【分布地点】

北京：昌平区。

河北：廊坊市(永清县、文安县、大城县)；

衡水市(阜城县)。

144. 蔷薇大痣小蜂 *Megastigmus aculeatus* Swederus

【寄主】蔷薇属。

【分布地点】

安徽：合肥市(庐阳区、瑶海区、蜀山区、包河区、长丰县、肥东县、肥西县)。

山东：烟台市(昆嵛山林场)。

145. 柳杉大痣小蜂 *Megastigmus cryptomeriae* Yano

【寄主】柳杉属。

【分布地点】

安徽：滁州市(琅琊区、南谯区、天长市、明光市、全椒县、来安县、定远县、凤阳县)；

宣城市(宣州区、宁国市、广德县、郎溪县、泾县、旌德县、绩溪县)。

146. 圆柏大痣小蜂 *Megastigmus sabinae* Xu et He

【寄主】圆柏、祁连圆柏、大果圆柏。

【分布地点】

青海：海东地区(互助土族自治县)；

海南藏族自治州(同德县、兴海县)；

黄南藏族自治州(同仁县、泽库县)；

海北藏族自治州(祁连县、门源回族自治县)；

海西蒙古族藏族自治州(德令哈市、都兰县、乌兰县)；

玉树藏族自治州(囊谦县、杂多县)；

果洛藏族自治州(班玛县，玛珂河林业局)。

147. 杨潜叶叶蜂 *Messa taianensis* Xiao et Zhou

【寄主】北京杨、加杨、小叶杨。

【分布地点】

北京：大兴区。

辽宁：铁岭市(清河区、银州区、开原市、调兵山市、西丰县、铁岭县、昌图县)。

148. 丰宁新松叶蜂 *Neodiprion fengningensis* Xiao et Zhou

【寄主】云杉。

【分布地点】

甘肃：天水市(秦州区、麦积区、武山县、甘谷县、清水县、秦安县、张家川回族自治县)。

149. 月季茎蜂 *Neosyrista similis* Moscary

【寄主】月季。

【分布地点】

河北：石家庄市(长安区、桥东区、桥西区、新华区、裕华区、井陉矿区)。

150. 窄胸偏角树蜂 *Tremex simulacrum* Semenov

【寄主】柳树。

【分布地点】

河北：石家庄市(长安区、桥东区、桥西区、新华区、裕华区、井陉矿区)。

二、害　螨　类

1. 枸杞瘿螨 *Aceria macrodonis* Keifer

【寄主】枸杞。

【分布地点】

河北：石家庄市(长安区、桥东区、桥西区、新华区、裕华区、井陉矿区)。

青海：海西蒙古族藏族自治州(德令哈市)。

宁夏：银川市(兴庆区、金凤区、西夏区、灵武市、永宁县、贺兰县)；
石嘴山市(大武口区、惠农区、平罗县)；
吴忠市(红寺堡开发区)；
中卫市(沙坡头区、中宁县)。

新疆：博尔塔拉蒙古自治州(精和县)。

2. 水杉小爪螨 *Oligonychus metasequoiae* Kuang

【寄主】水杉。

【分布地点】

陕西：汉中市(宁强县、勉县、汉台区、南郑县、留坝县、城固县、西乡县、洋县、佛坪)。

3. 竹裂爪螨 *Schizotetranychus bambusae* Reck

【寄主】南竹。

【分布地点】

四川：宜宾市(长宁县、江安县)。

重庆：永川区。

4. 二斑叶螨 *Tetranychus urticae* Koch

【寄主】苹果。

【分布地点】

北京：延庆县、平谷区、昌平区、大兴区、怀柔区、朝阳区。

河北：衡水市(桃城区、冀州市、武邑县、饶阳县、景县、故城县、安平县)；
石家庄市(正定县)；
邢台市(桥东区、桥西区)。

山东：济南市(历城区)。

三、病　原　类

(一)真　菌

1. 桂花叶斑病菌 *Ascochyta eriobotryae* Vogl.

【寄主】桂花。

【分布地点】

安徽：合肥市(肥西县)；

池州市(东至县、青阳县);
滁州市(南谯区);
淮南市(田家庵区)。

2. 草坪白粉病菌 *Blumeria graminis* West

【寄主】冷季型草。

【分布地点】

河北:石家庄市(长安区、桥东区、桥西区、新华区、裕华区、井陉矿区)。

3. 雪松枯梢病菌 *Botrytis latebricola* Jaap.

【寄主】雪松。

【分布地点】

四川:资阳市(雁江区、简阳市、安岳县、乐至县)。

4. 松烂皮病菌 *Cenangium ferruginosum* Fr. ex Fr.

【寄主】日本落叶松、赤松。

【分布地点】

北京:延庆县、门头沟区、海淀区。
辽宁:大连(甘井子区、旅顺口区、金州区、瓦房店市、普兰店市、庄河市、长海县)
本溪市(本溪满族自治县);
营口市(鲅鱼圈区、盖州市)。
山东:烟台市(芝罘区、莱山区、牟平区、莱阳市、海阳市、龙口市、蓬莱市,昆嵛山林场);
潍坊市(临朐县);
济南市(历城区、长清区);
青岛市(市南区、市北区、四方区、李沧区、崂山区、城阳区、黄岛区、胶南市、即墨市、平度市、胶州市)。
湖南:湘西土家族苗族自治州(龙山县)。
四川:甘孜藏族自治州(康定县)。

5. 海棠褐斑病菌 *Cercospora cydoniae* Ell. et Et.

【寄主】海棠。

【分布地点】

河北:石家庄市(长安区、桥东区、桥西区、新华区、裕华区、井陉矿区)。

6. 结香褐斑病菌 *Cercospora edgeworthiae* Hori

【寄主】结香。

【分布地点】

安徽:六安市(金安区、裕安区);
安庆市(迎江区、大观区、宜秀区);
宣城市(宣州区);
合肥市(庐阳区、瑶海区、蜀山区、包河区)。
黄山市(屯溪区、黄山区、徽州区)。

7. 凤仙褐斑病菌 *Cercospora fukushiana* Yamamota

【寄主】凤仙花。

【分布地点】

河北：石家庄市（高邑县）。

8. 木槿叶斑病菌 ***Cercospora hibisci*** **Tracy et Earle**

【寄主】木槿。

【分布地点】

河北：石家庄市（长安区、桥东区、桥西区、新华区、裕华区、井陉矿区）。

9. 葛藤叶斑病菌 ***Cercospora pueraricola*** **Yamam.**

【寄主】葛藤。

【分布地点】

安徽：六安市（金安区、舒城县）。

10. 漆树大角斑病菌 ***Cercospora verniciferae*** **Cupp et Viegas**

【寄主】漆树。

【分布地点】

安徽：合肥市（庐阳区、瑶海区、蜀山区、包河区）；
六安市（金寨县、霍山县）。

11. 结香基腐病菌 ***Colletotrichum dematium*** **（Pers.）Grove**

【寄主】结香。

【分布地点】

安徽：合肥市（庐阳区、瑶海区、蜀山区、包河区）。

12. 桂花炭疽病菌 ***Colletotrichum gloeosporioides*** **Penz.**

【寄主】桂花。

【分布地点】

河北：石家庄市（长安区、桥东区、桥西区、新华区、裕华区、井陉矿区）。

13. 合欢立木腐朽病菌 ***Coriolopsis gallica*** **（F. r）Ryv.**

【寄主】合欢。

【分布地点】

安徽：亳州市（涡阳县）。

14. 葡萄蔓割病菌 ***Cryptosporella viticola*** **（Red.）Shear**

【寄主】葡萄。

【分布地点】

北京：怀柔区。

安徽：亳州市（涡阳县）。

15. 桉树焦枯病菌 ***Cylindrocladium scoparium*** **Morgan**

【寄主】桉树属。

【分布地点】

福建：三明市（永安市）；
泉州市（泉港区）。

广东：江门市（新会市、台山市、鹤山市、恩平市）；

梅州市(五华县、兴宁市)；
阳江市(江城区、阳东县)；
湛江市(坡头区)；
云浮市(新兴县)。
广西：钦州市(钦南区、钦北区、灵山县、浦北县)；
玉林市(玉州区、兴业县、北流县、容县、北流县、陆川县、博白县)；
梧州市(岑溪市)；
崇左市(扶绥县)。
四川：泸州市(泸县)；
乐山市(五通桥区)。

16. 板栗褐腐病菌 *Daedalea quercina* Fr.

【寄主】板栗。

【分布地点】

安徽：安庆市(岳西县、太湖县)；
宣城市(宁国市、广德县)；
六安市(金寨县)。

17. 松针红斑病菌 *Dothistroma pini* Hulbary

【寄主】湿地松、火炬松、樟子松。

【分布地点】

吉林：吉林市(磐石市、桦甸市、蛟河市、舒兰市、永吉县)；
延边朝鲜族自治州(敦化市)；
通化市(辉南县、集安市)；
白山市(临江市、靖宇县、长白朝鲜族自治县、江源县)。
黑龙江(含森工)：黑河市(爱辉区、北安市、五大连池市、逊克县、嫩江县、孙吴县)；
齐齐哈尔市(龙沙区、昂昂溪区、铁锋区、建华区、富拉尔基区、碾子山区、梅里斯达斡尔族区、讷河市、富裕县、拜泉县、甘南县、依安县、克山县、泰来县、克东县、龙江县)；
伊春市[带岭区(带岭林业实验局)、金山屯区(金山屯林业局)、伊春区、乌伊岭区(乌伊岭林业局)、美溪区(美溪林业局)、红星区(红星林业局)、五营区(五营林业局)、汤旺河区(汤旺河林业局)、翠峦区(翠峦林业局)、南岔区(南岔林业局)、铁力市(朗乡林业局、桃山林业局、铁力林业局)]；
大庆市(萨尔图区、红岗区、龙凤区、让胡路区、大同区、林甸县、肇州县、肇源县、杜尔伯特蒙古族自治县)；
双鸭山市(集贤县)；
七台河市(桃山区、新兴区、茄子河区、勃利县)；
鸡西市(鸡冠区、恒山区、城子河区、滴道区、梨树区、麻山区、密山市、虎林市、鸡东县)；
哈尔滨市[尚志市、巴彦县(兴隆林业局)、宾县、延寿县、五常市、依兰县、阿城区、木兰县、方正县(方正林业局)、通河县]；

鹤岗市（兴山区、工农区、南山区、兴安区、向阳区、东山区、萝北县、绥滨县）。

牡丹江市［海林市（大海林林业局、柴河林业局、海林林业局）、林口市（林口林业局）、宁安市（东京城林业局）、穆棱市（八面通林业局、穆棱林业局）］。

大兴安岭地区（加格达奇林业局、松岭林业局、新林林业局、塔河林业局、十八站林业局、呼中林业局、韩家园林业局、阿木尔林业局、图强林业局、西林吉林业局）。

四川：泸州市（泸县、江阳区）；

甘孜藏族自治州（乡城县）。

18. 瓜叶菊白粉病菌 *Erysiphe cichoracearum* DC.

【寄主】瓜叶菊。

【分布地点】

河北：石家庄市（长安区、桥东区、桥西区、新华区、裕华区、井陉矿区）。

19. 槐树腐烂病菌 *Fusarium tricinatum*（Corda）Sacc.

【寄主】槐树。

【分布地点】

北京：昌平区、海淀区、顺义区。

辽宁：沈阳市（苏家屯区、东陵区、沈北新区、于洪区、新民市、法库县、辽中县、康平县）；

鞍山市（千山区）。

甘肃：临夏回族自治州（临夏市、临夏县、康乐县、永靖县、广河县、和政县、东乡族自治县、积石山保安族东乡族撒拉族自治县）。

20. 印度橡皮树炭疽病菌 *Gloeosporium elasticae* Cke. et Mass

【寄主】橡皮树。

【分布地点】

安徽：合肥市（肥东县）；

池州市（东至县）。

21. 大叶黄杨炭疽病菌 *Gloeosporium frigidium* Sate.

【寄主】大叶黄杨。

【分布地点】

河北：石家庄市（长安区、桥东区、桥西区、新华区、裕华区、井陉矿区）。

22. 悬铃木褐斑病菌 *Gloeosporium gheas sinensis* Migake

【寄主】悬铃木、槐树。

【分布地点】

安徽：六安市（裕安区）。

23. 梨锈病菌 *Gymnosporangium haraeanum* Syd.

【寄主】梨树。

【分布地点】

北京：怀柔区。

辽宁：葫芦岛市(南票区、龙港区、连山区、兴城市、绥中县、建昌县)；
本溪市(本溪满族自治县)；
鞍山市(千山区、海城市、岫岩满族自治县)。
安徽：池州市(东至县、青阳县)；
芜湖市(繁昌县)；
六安市(金安区)。
江西：赣州市(会昌县、于都县)；
萍乡市(莲花县)；
抚州市(资溪县、东乡族自治县)；
上饶市(铅山县、弋阳县、万年县、鄱阳县)；
吉安市(井冈山市)；
宜春市(奉新县)；
九江市(瑞昌市、都昌县、武宁县)。
湖南：湘潭市(岳塘区、韶山市、湘潭县)。

24. 肉桂枝枯病菌 *Lasiodiplodia theobromae* (Pat.) Griff. et Maubl

【寄主】肉桂。

【分布地点】

广东：云浮市(罗定市、郁南县)；
揭阳市(榕城区)。
广西：贵港市(港南区、桂平市、平南县)；
贺州市(昭平县)；
玉林市(玉州区、北流市、兴业县、容县、博白县)；
梧州市(岑溪市、苍梧县、藤县、蒙山县)。

25. 棕榈叶枯病菌 *Leptosphaeria trachycarpi* Hara

【寄主】棕榈。

【分布地点】

安徽：合肥市(庐阳区、瑶海区、蜀山区、包河区)；
安庆市(岳西县)；
池州市(东至县)；
黄山市(休宁县)。

26. 桃白锈病菌 *Leucotelium pruni-persicae* (Hori) Tranzsch.

【寄主】桃树。

【分布地点】

安徽：合肥市(庐阳区、瑶海区、蜀山区、包河区)；
安庆市(潜山县)；
芜湖市(繁昌县)；
六安市(金安区)；
滁州市(琅琊区、南谯区)。

27. 油茶黑痣病菌 *Lophodermium camelliae* Teng

【寄主】油茶。

【分布地点】

安徽：六安市（裕安区）。

28. 杉木叶枯病菌 *Lophodermium uncinatum* Dark.

【寄主】杉木。

【分布地点】

安徽：安庆市（岳西县）。

福建：宁德市（屏南县、周宁县）；

莆田市（涵江区、城厢区、仙游县）。

江西：赣州市（瑞金市、上犹县、信丰县、崇义县、会昌县）；

抚州市（乐安县）。

29. 龟背竹灰斑病菌 *Macrophoma philodeaeri* PK

【寄主】龟背竹。

【分布地点】

河北：石家庄市（长安区、桥东区、桥西区、新华区、裕华区、井陉矿区）。

30. 草坪斑秃病菌 *Magnaporthe poae*（Kobayashi. and El-Barrad）

【寄主】冷季型草。

【分布地点】

河北：石家庄市（长安区、桥东区、桥西区、新华区、裕华区、井陉矿区）。

31. 板栗墨迹枝枯病菌 *Melanconium atrum* Lk ex Schlecht.

【寄主】板栗。

【分布地点】

安徽：宣城市（宁国市、广德县）。

32. 板栗表白粉病菌 *Microsphaera sinensis* Yu

【寄主】板栗。

【分布地点】

北京：怀柔区、密云县。

安徽：合肥市（长丰县、肥东县）；

池州市（青阳县）。

陕西：宝鸡市（太白县）。

33. 油桐枝枯病菌 *Nectria aleuritidis* Chen et Zhang

【寄主】油桐。

【分布地点】

安徽：六安市（金安区、裕安区、寿县、霍山县、霍邱县、舒城县、金寨县）。

34. 栾树锈病菌 *Nyssopsora koelreuteriae*（Syd.）Tranz.

【寄主】栾树。

【分布地点】

安徽：淮南市（八公山区）。

35. 海棠白粉病菌 *Oidium begoniae* var. *macrosporum* Mendonxa et de Sequeira

【寄主】海棠。

【分布地点】

河北：石家庄市(长安区、桥东区、桥西区、新华区、裕华区、井陉矿区)。

36. 银杏赤枯病菌 *Pestalotia ginkgo* Hori

【寄主】银杏。

【分布地点】

浙江：金华市(浦江县)。

四川：德阳市(旌阳区)。

37. 罗汉松叶枯病菌 *Pestalotia podocarpi* Laughton

【寄主】罗汉松。

【分布地点】

河北：石家庄市(长安区、桥东区、桥西区、新华区、裕华区、井陉矿区)。

福建：三明市(清流县)。

四川：资阳市(雁江区、简阳市、安岳县、乐至县)。

38. 杉木赤枯病菌 *Pestalotia shiraiana* P. Henn.

【寄主】杉木。

【分布地点】

福建：南平市(顺昌县)。

江西：赣州市(瑞金市、大余县、石城县、会昌县)。

四川：自贡市(荣县、富顺县)。

39. 杉木枯梢病菌 *Pestalotiopsis destruens* Y. R.

【寄主】杉木。

【分布地点】

安徽：安庆市(岳西县)。

40. 松赤枯病菌 *Pestalotiopsis funerea* Desm.

【寄主】马尾松。

【分布地点】

安徽：滁州市(明光市)；

六安市(裕安区)。

福建：全省各地。

江西：赣州市(瑞金市、崇义县、大余县、信丰县、龙南县、寻乌县、于都县、兴国县、会昌县、石城县、南康市)；

景德镇市(枫树山林场)；

南昌市(南昌县)；

吉安市(永新县)；

九江市(瑞昌市、修水县、星子县)。

广西：柳州市(柳北区、柳城县、鹿寨县)；

桂林市(叠彩区、象山区、平乐县、荔浦县、阳朔县、永福县、临桂县)；

玉林市(玉州区、兴业县、北流县、容县、陆川县、博白县);
河池市(环江毛南族自治县、天峨县、东兰县、都安瑶族自治县)。

41. 杉木缩顶病菌 *Pestalotiopsis guepinii* (Desm) Stey

【寄主】杉木、中华猕猴桃、山茶。

【分布地点】

安徽:黄山市(屯溪区、黄山区、徽州区、休宁县、歙县、祁门县、黟县);
安庆市(岳西县)。

福建:福州市(闽侯县)。

四川:乐山市(峨边彝族自治州)。

42. 女贞煤污病菌 *Phaeosaccardinula javanica* (Zimm.) Yamam.

【寄主】女贞。

【分布地点】

辽宁:本溪市(本溪满族自治县)。

安徽:六安市(霍山县)。

江西:九江市(湖口县)。

43. 葡萄褐斑病菌 *Phaeoisariopsis vitis* (Lev.) Sawada.

【寄主】葡萄。

【分布地点】

河北:廊坊市(安次区、广阳区、永清县、文安县 、大厂回族自治县、大城县)。

44. 柿褐斑病菌 *Phoma diospyri* Syd.

【寄主】柿树。

【分布地点】

安徽:铜陵市(铜官山区、狮子山区、郊区)。

45. 杨树拟茎点溃疡病菌 *Phomopsis macrospora* Kobay et Chiba

【寄主】杨属。

【分布地点】

辽宁:葫芦岛市(连山区、南票区、兴城市、绥中县)。

安徽:滁州市(明光市)。

46. 十大功劳叶斑病菌 *Phyllosticta berberidis* Rabenh.

【寄主】十大功劳。

【分布地点】

安徽:合肥市(庐阳区、瑶海区、蜀山区、包河区);
蚌埠市(蚌山区、龙子湖区、禹会区、淮上区)。

47. 橡胶麻点病菌 *Phyllosticta heveae* Zimm

【寄主】橡胶。

【分布地点】

云南:临沧市(永德县)。

48. 梨轮纹病菌 *Physalospora piricola* Nose

【寄主】梨树。

【分布地点】

辽宁：鞍山市(千山区、海城市)。

安徽：池州市(东至县)。

江西：鹰潭市(余江县)；

赣州市(定南县)。

重庆：黔江区。

四川：绵阳市(安县)；

内江市(市中区、东兴区、资中县、威远县、隆昌县)。

49. 山茱萸褐斑病菌 *Pseudocercospora cornicola* (Tracy et Earle) Guo et Liu

【寄主】山茱萸。

【分布地点】

安徽：六安市(霍山县)；

黄山市(歙县)。

50. 山楂褐斑病菌 *Pseudocercospora crataegi* (Sacc. et C. massalongo) Guo et Liu

【寄主】山楂。

【分布地点】

安徽：安庆市(岳西县)。

51. 木瓜褐斑病菌 *Pseudocercospora cydoniae* (Ell. et Ev.) Deighton

【寄主】木瓜。

【分布地点】

安徽：合肥市(庐阳区、瑶海区、蜀山区、包河区)；

六安市(霍山县、金寨县)；

黄山市(休宁县)。

52. 杜仲叶斑病菌 *Pseudocercospora eucommiae* Guo et Liu

【寄主】杜仲。

【分布地点】

安徽：池州市(东至县)；

六安市(霍山县)；

宣城市(绩溪县)；

合肥市(庐阳区、瑶海区、蜀山区、包河区)。

53. 猕猴桃角斑病菌 *Pseudocercospora hangzhouensis* Liu et Guo

【寄主】中华猕猴桃。

【分布地点】

安徽：六安市(金安区、裕安区、寿县、霍山县、霍邱县、舒城县、金寨县)；

安庆市(迎江区、大观区、宜秀区、桐城市、宿松县、枞阳县、太湖县、怀宁县、岳西县、望江县、潜山县)；

合肥市(庐阳区、瑶海区、蜀山区、包河区、长丰县、肥东县、肥西县)。

54. 核桃角斑病菌 *Pseudocercospora pterocaryae* Guo et W. X. Zhao

【寄主】核桃。

【分布地点】

安徽：合肥市(庐阳区、瑶海区、蜀山区、包河区、长丰县、肥东县、肥西县)。

55. 石榴黑斑病菌 *Pseudocercospora punicae* (P. Henn.) Deighton

【寄主】石榴。

【分布地点】

安徽：池州市(东至县)；
淮北市(濉溪县、相山区)。

56. 漆树小角斑病菌 *Pseudocercospora rhonia* (Cooke et Ellis) Deighton

【寄主】漆树。

【分布地点】

安徽：安庆市(迎江区、大观区、宜秀区、桐城市、宿松县、枞阳县、太湖县、怀宁县、岳西县、望江县、潜山县)；
六安市(霍山县)。

57. 香椿角斑病菌 *Pseudocercospora toonae* Mehrotta et Verma

【寄主】香椿。

【分布地点】

安徽：池州市(贵池区)。

58. 板栗溃疡病菌 *Pseudovalsella modonia* (Tul.) Kobayashi

【寄主】板栗。

【分布地点】

辽宁：葫芦岛市(兴城市、绥中县、建昌县)；
本溪市(本溪满族自治县)；
鞍山市(岫岩满族自治县)。

安徽：六安市(金寨县)；
芜湖市(繁昌县)；
宣城市(宁国市、广德县)。

福建：南平市(松溪县)。

广东：肇庆市(封开县)。

重庆：巫山县。

59. 草坪锈病菌 *Puccinia coronata* var. *coronata* Cda.

【寄主】冷季型草。

【分布地点】

河北：石家庄市(长安区、桥东区、桥西区、新华区、裕华区、井陉矿区)。

60. 马蔺叶锈病菌 *Puccinia iridis* Wallr

【寄主】马蔺。

【分布地点】

河北：石家庄市(长安区、桥东区、桥西区、新华区、裕华区、井陉矿区)。

61. 板栗锈病菌 *Pucciniastrum castaneae* Diet.

【寄主】板栗。

【分布地点】

安徽：六安市(裕安区、舒城县、金寨县)；
宿州市(埇桥区、萧县、泗县、砀山县、灵璧县)。

广西：百色市(乐业县)。

62. 南京椴锈病菌 *Pucciniastrum tiliae* Miyabe et Hirats

【寄主】南京椴。

【分布地点】

安徽：合肥市(庐阳区、瑶海区、蜀山区、包河区)。

63. 板栗白腐病菌 *Pycnoporus sanguineus* (L. ex Fr.)

【寄主】板栗。

【分布地点】

安徽：宣城市(宁国市、广德县)；
六安市(金寨县)；
安庆市(太湖县)。

64. 冬青漆斑病菌 *Rhytisma himalense* Sydow et Butler

【寄主】冬青。

【分布地点】

安徽：池州市(青阳县)；
黄山市(屯溪区、黄山区、徽州区、休宁县、歙县、祁门县、黟县)。

65. 杨树褐斑病菌 *Septoria populi* Desm.

【寄主】毛白杨、青杨、山杨。

【分布地点】

辽宁：葫芦岛市(连山区、南票区、龙港区、兴城市、绥中县、建昌县)；
营口市(盖州市、大石桥市、老边区、鲅鱼圈区)；
鞍山市(岫岩满族自治县)。

四川：绵阳市(涪城区、江油县)；
阿坝藏族羌族自治州(茂县)。

青海：海东地区(平安县、民和回族土族自治县、化隆回族自治县)。

66. 松树枯梢病菌 *Sphaeropsis sapinea* (Fr.) Dyko et Sutton

【寄主】黑松、马尾松、黄山松。

【分布地点】

辽宁：葫芦岛市(连山区、南票区、龙港区、兴城市、绥中县、建昌县)；
本溪市(桓仁满族自治县)。

安徽：黄山市(祁门县)；
滁州市(琅琊区、南谯区、天长市、明光市、全椒县、来安县、定远县、凤阳县)。

福建：福州市(永泰县)。

湖北：黄冈市(武穴市)。

广东：广州市(天河区、白云区、黄埔区、番禺区、花都区、南沙区、萝岗区、增城市、从化市）；
深圳市（南山区、宝安区、龙岗区、盐田区）；
珠海市（香洲区、斗门区、金湾区）；
汕头市（濠江区、潮阳区、潮南区、澄海区、南澳县）；
韶关市（浈江区、武江区、曲江区、乐昌市、南雄市、始兴县、仁化县、翁源县、新丰县、乳源瑶族自治县）；
佛山市（南海区、顺德区、三水区、高明区）；
江门市（江海区、蓬江区、新会区、台山市、开平市、鹤山市、恩平市）；
湛江市（麻章区、廉江市、雷州市、吴川市、遂溪县）；
茂名市（茂南区、茂港区、高州市、化州市、信宜市、电白县）；
肇庆市（端州区、鼎湖区、高要市、四会市、广宁县、怀集县、封开县、德庆县）；
惠州市（惠城区、惠阳区、博罗县、惠东县、龙门县）；
梅州市（梅江区、兴宁市、梅县、大埔县、丰顺县、五华县、平远县、蕉岭县）；
汕尾市（陆丰市、海丰县、陆河县）；
河源市（源城区、紫金县、龙川县、连平县、和平县、东源县）；
阳江市（江城区、阳春市、阳西县、阳东县）；
清远市（清城区、英德市、佛冈县、阳山县、清新县、连山壮族瑶族自治县、连南瑶族自治县）；
东莞市；
中山市；
潮州市（湘桥区、潮安县、饶平县）；
揭阳市（榕城区、普宁市、揭东县、揭西县、惠来县）；
云浮市（云城区、罗定市、新兴县、郁南县、云安县）。
广西：来宾市（兴宾区）。
重庆：奉节县。
陕西：西安市（长安区）。

67. 榆树黑斑病菌 *Stegophora oharana* Petrak

【寄主】榆树。
【分布地点】
河北：廊坊市（大城县）。

68. 云杉球果锈病菌 *Thekopsora areo-lata*（Fr.）Magn.

【寄主】云杉。
【分布地点】
四川：阿坝藏族羌族自治州（九寨沟县、松潘县、若尔盖县）。
青海：黄南藏族自治州（泽库县）。

69. 红松流脂病菌 *Tympanis confusa* Nyl.

【寄主】红松。
【分布地点】

辽宁：铁岭市(银州区、开原市、西丰县)；
本溪市(本溪满族自治县)。
黑龙江(含森工)：哈尔滨市[尚志市(亚布力林业局)、巴彦县(兴隆林业局)]；
牡丹江市[海林市(海林林业局、柴河林业局)、宁安市(东京城林业局)、穆棱市(穆棱林业局、八面通林业局)、东宁县(绥阳林业局)]；
伊春市[美溪区(美溪林业局)、伊春区、南岔区(南岔林业局)、铁力市(朗乡林业局、桃山林业局)]。

70. 葡萄白粉病菌 *Uncinula necator* (Schw) Burr

【寄主】葡萄。

【分布地点】

辽宁：铁岭市(清河区、银州区、调兵山市、开原市、西丰县、铁岭县、昌图县)；
葫芦岛市(连山区、南票区、龙港区、兴城市、绥中县、建昌县)。
安徽：淮南市(八公山区)。
宁夏：银川市(永宁县)。

71. 梨黑星病菌 *Venturia nashicola* Tanaka et Yamamoto

【寄主】梨树。

【分布地点】

北京：昌平区、平谷区、丰台区。
辽宁：铁岭市(开原市、西丰县、铁岭县)；
葫芦岛市(南票区、龙港区、连山区、兴城市、绥中县、建昌县)；
本溪市(本溪满族自治县)；
营口市(鲅鱼圈区、盖州市、大石桥市)；
鞍山市(千山区、海城市)。
安徽：宣城市(宣州区)。
江西：赣州市(信丰县、于都县)。
重庆：黔江区、石柱土家族自治县、酉阳土家族苗族自治县。
四川：德阳市(中江县、罗江县)；
达州市(达县、渠县、宣汉县)；
巴中市(南江县)。

72. 石榴果腐病菌 *Zythia versoniana* Sacc.

【寄主】石榴。

【分布地点】

安徽：亳州市(涡阳县)；
合肥市(肥东县)；
蚌埠市(怀远县)；
淮北市(相山区、濉溪县)。

（二）细　菌

73. 油桐细菌性叶斑病菌 *Pseudomonas aleuritidis*（McCulloch et Demaree）Stapp.

【寄主】油桐。

【分布地点】

安徽：六安市（霍山县）；

安庆市（迎江区、大观区、宜秀区、桐城市、宿松县、枞阳县、太湖县、怀宁县、岳西县、望江县、潜山县）。

74. 女贞细菌性叶斑病菌 *Pseudomonas ligustri*（D. oliveira）Savulscu

【寄主】女贞、小叶女贞。

【分布地点】

安徽：淮南市（谢家集区）；

宿州市（埇桥区）；

合肥市（庐阳区、瑶海区、蜀山区、包河区）。

（三）线　虫

75. 菊花叶枯线虫 *Aphelenchoides ritzemabosi*（Schwartz）Steiner

【寄主】菊花。

【分布地点】

贵州：贵阳市（云岩区）；

黔南布依族苗族自治州（都匀市）。

（四）其　他

76. 柑橘黄龙病菌 *Candidatus liberobacter asiaticum* Jagoueix et al

【寄主】柑橘、橙。

【分布地点】

江西：吉安市（青原区、永丰县）；

赣州市（信丰县、定南县）。

广西：南宁市（武鸣县）；

崇左市（扶绥县）。

贵州：黔东南苗族侗族自治州（榕江县、从江县）。

四川：资阳市（简阳市）。

77. 香榧藻斑病菌 *Cephaluros virescens* Kunze.

【寄主】香榧、山茶。

【分布地点】

安徽：黄山市（祁门县、歙县、黟县）。

第三部分　1980 年以来省际传播的林业有害生物种类

（根据 1988 年出版的《中国森林病虫普查名录》核对）

一、害　虫　类

（一）直翅目 Orthoptera

1. 花胫绿纹蝗 *Aiolopus tamulus* Fabricius

【寄主】草坪、地被植物。

【分布地点】

河北：石家庄市(长安区、桥东区、桥西区、新华区、裕华区、井陉矿区)。

2. 短额负蝗 *Atractomorpha sinensis* Bolivar

【寄主】草坪、地被植物。

【分布地点】

北京：丰台区、门头沟区。

河北：石家庄市(长安区、桥东区、桥西区、新华区、裕华区、井陉矿区)。

辽宁：锦州市(太和区、凌海市、北镇市、义县、黑山县)。

吉林：长春市(朝阳区、南关区、宽城区、二道区、绿园区、双阳区)；
白山市(靖宇县)。

安徽：宣城市(绩溪县)。

3. 黑油葫芦 *Gryllus mitratus* Burmeister

【寄主】草坪、地被植物。

【分布地点】

北京：房山区、大兴区。

河北：石家庄市(长安区、桥东区、桥西区、新华区、裕华区、井陉矿区)。

4. 笨蝗 *Haplotropis brunneriana* (Sauss)

【寄主】阔叶树。

【分布地点】

北京：延庆县、丰台区、门头沟区。

河北：张家口市(赤城县)。

辽宁：铁岭市(清河区、银州区、调兵山市、开原市、西丰县、铁岭县、昌图县)；
葫芦岛市(建昌县)；
锦州市(闾山保护区)。

吉林：辽源市（龙山区、西安区）。

5. 东亚飞蝗 *Locusta migratoria manilensis* Meyen

【寄主】草坪、地被植物。

【分布地点】

北京：丰台区、门头沟区。

河北：石家庄市（长安区、桥东区、桥西区、新华区、裕华区、井陉矿区）。

辽宁：铁岭市（清河区、银州区、调兵山市、开原市、西丰县、铁岭县、昌图县）；
朝阳市（凌源市、北票市、喀喇沁左翼蒙古族自治县、朝阳县）；
葫芦岛市（南票区、龙港区、连山区、兴城市、绥中县、建昌县）；
锦州市（闾山保护区）。

（二）同翅目 Homoptera

6. 落叶松球蚜 *Adelges laricis* Vallot

【寄主】落叶松、华山松、青杄、云杉、冷杉。

【分布地点】

北京：延庆县、门头沟区、房山区。

辽宁：铁岭市（清河区、银州区、开原市、西丰县、铁岭县、昌图县）；
抚顺市（顺城区、清原满族自治县、新宾满族自治县、抚顺县）；
丹东市（凤城市、宽甸满族自治县）；
本溪市（明山区、平山区、溪湖区、南芬区、本溪满族自治县、桓仁满族自治县）；
鞍山市（岫岩满族自治县）。

吉林：辽源市；
延边朝鲜族自治州（敦化市、延吉市、和龙市、龙井市、汪清县、安图县）；
吉林市（船营区、昌邑区、龙潭区、丰满区、桦甸市、蛟河市、舒兰市、永吉县）；
通化市（梅河口市、集安市、通化市、辉南县、柳河县）。

黑龙江（含森工）：大兴安岭地区（加格达奇林业局、松岭林业局、新林林业局、塔河林业局、十八站林业局、呼中林业局、韩家园林业局、阿木尔林业局、图强林业局、西林吉林业局）。

甘肃：临夏回族自治州（临夏市、临夏县、康乐县、和政县、积石山保安族东乡族撒拉族自治县）；
平凉市（崆峒区、庄浪县、关山林业总场）；
庆阳市（正宁县、宁县、合水县、华池县）；
天水市（麦积区）；
兰州市（榆中县）。

青海：西宁市（辖区、湟中县、大通回族土族自治县）；
海东地区（平安县、乐都县、互助土族自治县、民和回族土族自治县、化隆回族自治县）；

黄南藏族自治州(泽库县)。

宁夏：固原市(原州区、西吉县、泾源县、彭阳县，六盘山林业局)；

中卫市(海原县)。

7. 橘红片圆蚧 ***Aonidiella aurantii*** **(Maskell)**

【寄主】山茶花、大叶黄杨。

【分布地点】

安徽：合肥市(肥西县)。

8. 夹竹桃蚜 ***Aphis nerii*** **Boyer et Fonscolombe**

【寄主】夹竹桃。

【分布地点】

河北：石家庄市(长安区、桥东区、桥西区、新华区、裕华区、井陉矿区)。

安徽：合肥市(庐阳区、瑶海区、蜀山区、包河区)。

9. 刺槐蚜 ***Aphis robiniae*** **Macchiati**

【寄主】刺槐。

【分布地点】

北京：全市分布。

天津：蓟县。

辽宁：丹东市(振安区、东港市、宽甸满族自治县)；

沈阳市(苏家屯区、东陵区、沈北新区、于洪区、新民市、法库县、辽中县、康平县)；

葫芦岛市(兴城市)；

鞍山市(海城市、岫岩满族自治县)；

阜新市(细河区、新邱区、太平区、清河门区、海州区、阜新蒙古族自治县、彰武县)。

10. 槐蚜 ***Aphis sophoricola*** **Zhang**

【寄主】槐树、刺槐。

【分布地点】

北京：海淀区、昌平区。

辽宁：葫芦岛市(南票区、龙港区、连山区、兴城市、绥中县、建昌县)；

鞍山市(千山区、海城市)。

吉林：通化市(集安市)。

安徽：宿州市(埇桥区)。

陕西：宝鸡市(渭滨区、千阳县、陇县)。

11. 常春藤圆盾蚧 ***Aspidiotus nerii*** **Bouche**

【寄主】臭椿、千头椿、苏铁、鹤望兰、文竹、玉兰、含笑、紫叶李、万年青。

【分布地点】

河北：石家庄市(长安区、桥东区、桥西区、新华区、裕华区、井陉矿区)。

12. 茶花白轮盾蚧 *Aulacaspis crawii* Cockerell

【寄主】山茶、玉兰、木槿、九里香、柚。

【分布地点】

河北：石家庄市(长安区、桥东区、桥西区、新华区、裕华区、井陉矿区)。

四川：绵阳市(安县)。

13. 拟蔷薇轮蚧 *Aulacaspis rosarum* Borchsennius

【寄主】月季。

【分布地点】

安徽：淮北市(相山区)。

14. 紫藤蚜 *Aulacophoroides hoffmanni* (Takahashi)

【寄主】紫藤。

【分布地点】

安徽：阜阳市(颍泉区)。

15. 黑尾大叶蝉 *Bothrogonia ferruginea* Fabricius

【寄主】玉兰。

【分布地点】

辽宁：锦州市(闾山保护区)。

安徽：池州市(青阳县)。

16. 柳二尾蚜 *Cavariella salicicola* Matsumura

【寄主】柳属。

【分布地点】

河北：石家庄市(长安区、桥东区、桥西区、新华区、裕华区、井陉矿区)。

安徽：合肥市(庐阳区、瑶海区、蜀山区、包河区、长丰县、肥东县、肥西县)。

17. 日本龟蜡蚧 *Ceroplastes japonicus* Green

【寄主】柿树、苹果、枣树、大叶黄杨。

【分布地点】

北京：海淀区。

山西：临汾市(尧都区、侯马市、襄汾县、翼城县、吕梁山森林经营局)；
运城市(稷山县、永济县、万荣县、垣曲县、芮城县)；
吕梁市(兴县)。

辽宁：鞍山市(千山区)。

安徽：合肥市(庐阳区、瑶海区、蜀山区、包河区、长丰县、肥东县、肥西县)；
六安市(金安区、裕安区、寿县、霍山县、霍邱县、舒城县、金寨县)；
巢湖市(居巢区、含山县、无为县、庐江县、和县)；
芜湖市(镜湖区、弋江区、鸠江区、三山区、芜湖县、南陵县、繁昌县)；
宣城市(宣州区、宁国市、广德县、郎溪县、泾县、旌德县、绩溪县)；
阜阳市(颍州区、颍东区、颍泉区、界首市、临泉县、颍上县、阜南县、太和县)；
池州市(贵池区、东至县、石台县、青阳县)；

安庆市（迎江区、大观区、宜秀区、桐城市、宿松县、枞阳县、太湖县、怀宁县、岳西县、望江县、潜山县）；
蚌埠市（蚌山区、龙子湖区、禹会区、淮上区、怀远县、固镇县、五河县）；
黄山市（屯溪区、黄山区、徽州区、休宁县、歙县、祁门县、黟县）。
福建：福州市（马尾区、闽侯县）；
龙岩市（永定县、连城县）；
南平市（尤溪县）；
泉州市（鲤城区）。
重庆：长寿区、永川区。

18. 红蜡蚧 *Ceroplastes rubens* Maskell

【寄主】松属。
【分布地点】
安徽：宣城市（郎溪县）。

19. 白毛蚜 *Chaitophorus populialbae*（Boyer de Fonscolombe）

【寄主】杨属。
【分布地点】
北京：全市分布。
河北：承德市（围场满族蒙古族自治县）。
辽宁：沈阳市（苏家屯区、东陵区、沈北新区、于洪区、新民市、法库县、辽中县、康平县）。
安徽：合肥市（庐阳区、瑶海区、蜀山区、包河区、长丰县、肥东县、肥西县）。

20. 杨树毛白蚜 *Chaitophorus populicola* Thomas

【寄主】杨属、柳属。
【分布地点】
河北：廊坊市（永清县、大厂回族自治县、文安县）。

21. 柳黑毛蚜 *Chaitophorus salinigri* Shinji

【寄主】柳树。
【分布地点】
河北：石家庄市（长安区、桥东区、桥西区、新华区、裕华区、井陉矿区）。
辽宁：沈阳市（苏家屯区、东陵区、沈北新区、于洪区、新民市、法库县、辽中县、康平县）。
安徽：宿州市（埇桥区、萧县、泗县、砀山县、灵璧县）。

22. 网籽草叶圆蚧 *Chrysomphalus dictyospermi*（Morgan）

【寄主】苏铁。
【分布地点】
安徽：合肥市（肥西县）。

23. 黑云杉蚜 *Cinara piceae* Panzer

【寄主】云杉。
【分布地点】

河北：承德市（围场满族蒙古族自治县）。

24. 松大蚜 *Cinara pinitabulaeformis* Zhang et Zhang

【寄主】油松、赤松、红松、樟子松、马尾松。

【分布地点】

北京：门头沟区、海淀区、怀柔区。

天津：蓟县。

辽宁：抚顺市（顺城区、清原满族自治县、新宾满族自治县、抚顺县）；
大连市（瓦房店市）；
沈阳市（东陵区、沈北新区、于洪区、苏家屯区、新民市、辽中县、康平县、法库县）；
葫芦岛市（南票区、龙港区、连山区、兴城市、绥中县、建昌县）；
本溪市（明山区、平山区、溪湖区、南芬区、本溪满族自治县、桓仁满族自治县）；
营口市（鲅鱼圈区、盖州市、大石桥市）；
鞍山市（千山区、海城市、岫岩满族自治县）；
阜新市（细河区、新邱区、太平区、清河门区、海州区、阜新蒙古族自治县、彰武县）；
锦州市（太和区、凌海市、北镇市、义县、黑山县）。

吉林：辽源市（龙山区、西安区）；
延边朝鲜族自治州（敦化市、汪清县）；
吉林市（舒兰市、桦甸市、永吉县）。

黑龙江（含森工）：大兴安岭地区（加格达奇林业局、松岭林业局、新林林业局、塔河林业局、十八站林业局、呼中林业局、韩家园林业局、阿木尔林业局、图强林业局、西林吉林业局）。

安徽：合肥市（庐阳区、瑶海区、蜀山区、包河区、长丰县、肥东县、肥西县）；
六安市（金安区、裕安区、寿县、霍山县、霍邱县、舒城县、金寨县）；
巢湖市（居巢区、含山县、无为县、庐江县、和县）；
芜湖市（镜湖区、弋江区、鸠江区、三山区、芜湖县、南陵县、繁昌县）；
宣城市（宣州区、宁国市、广德县、郎溪县、泾县、旌德县、绩溪县）；
池州市（贵池区、东至县、石台县、青阳县）；
安庆市（迎江区、大观区、宜秀区、桐城市、宿松县、枞阳县、太湖县、怀宁县、岳西县、望江县、潜山县）；
黄山市（屯溪区、黄山区、徽州区、休宁县、歙县、祁门县、黟县）。

福建：福州市（闽侯县、罗源县、闽清县）；
南平市（顺昌县），龙岩市（永定县、宁化县）；
厦门市（湖里区、思明区、同安区、翔安区、集美区、海沧区）；
泉州市（晋江市）；
莆田市（仙游县、涵江区、城厢区、秀屿区、荔城区）。

江西：赣州市（全南县、瑞金市、石城县、宁都县）；

抚州市(南丰县)。

重庆：万州区、奉节县、石柱土家族自治县、梁平县、酉阳土家族苗族自治县。

陕西：延安市(宝塔区、吴旗县)。

25. 松白粉蚧 *Crisicoccus pini* (Kuwana)

【寄主】黑松、赤松。

【分布地点】

山东：青岛市(李沧区、市南区、崂山区、黄岛区、胶南市、即墨市)。

重庆：北碚区、南岸区、綦江县、奉节县。

26. 黑蚱蝉 *Cryptotympana atrata* Fabricius

【寄主】杨属、柳属、榆属。

【分布地点】

河北：石家庄市(长安区、桥东区、桥西区、新华区、裕华区、井陉矿区)。

辽宁：丹东市(振安区、振兴区、元宝区、凤城市、东港市、宽甸满族自治县)；
葫芦岛市(连山区、龙港区、南票区、兴城市、绥中县、建昌县)。

安徽：合肥市(庐阳区、瑶海区、蜀山区、包河区、长丰县、肥东县、肥西县)；
六安市(金安区、裕安区、寿县、霍山县、霍邱县、舒城县、金寨县)；
巢湖市(居巢区、含山县、无为县、庐江县、和县)；
芜湖市(镜湖区、弋江区、鸠江区、三山区、芜湖县、南陵县、繁昌县)；
宣城市(宣州区、宁国市、广德县、郎溪县、泾县、旌德县、绩溪县)；
池州市(贵池区、东至县、石台县、青阳县)；
安庆市(迎江区、大观区、宜秀区、桐城市、宿松县、枞阳县、太湖县、怀宁县、岳西县、望江县、潜山县)；
黄山市(屯溪区、黄山区、徽州区、休宁县、歙县、祁门县、黟县)；
蚌埠市(蚌山区、龙子湖区、禹会区、淮上区、怀远县、固镇县、五河县)；
阜阳市(颍州区、颍东区、颍泉区、界首市、临泉县、颍上县、阜南县、太和县)；
宿州市(埇桥区、萧县、泗县、砀山县、灵璧县)；
铜陵市(铜官山区、狮子山区、郊区、铜陵县)。

重庆：各地均有分布。

陕西：宝鸡市(眉县、扶风县、岐山县)。

27. 朝鲜球坚蚧 *Didesmococcus koreanus* Borchsenius

【寄主】碧桃、桃树、李树。

【分布地点】

北京：房山区、大兴区、门头沟区、丰台区。

河北：石家庄市(长安区、桥东区、桥西区、新华区、裕华区、井陉矿区)；
廊坊市(永清县、固安县、大城县)。

辽宁：葫芦岛市(兴城市)；
鞍山市(千山区)；
阜新市(细河区、新邱区、太平区、清河门区、海州区、彰武县、阜新蒙古族自治县）。

28. 草履蚧 *Drosicha corpulenta*（Kuwana）

【寄主】杨属、泡桐、核桃。

【分布地点】

北京：丰台区、怀柔区、朝阳区、平谷区、昌平区、大兴区、门头沟区、海淀区、延庆县、密云县。

辽宁：阜新市（细河区、新邱区、太平区、清河门区、海州区、阜新蒙古族自治县、彰武县）；

锦州市（闾山保护区）。

安徽：阜阳市（界首市、阜南县、太和县、颍上县）；

宿州市（埇桥区、萧县、灵璧县、泗县、砀山县）；

淮南市（潘集区、凤台县）；

淮北市（濉溪县）。

四川：绵阳市（梓潼县）；

乐山市（夹江县）。

陕西：西安市（临潼区、阎良区、周至县、户县、高陵县）；

咸阳市（秦都区、渭城区）。

29. 柿毡蚧 *Eriococcus kaki* Kuwana

【寄主】柿树。

【分布地点】

河北：石家庄市（长安区、桥东区、桥西区、新华区、裕华区、井陉矿区）。

浙江：金华市（兰溪市）。

30. 紫薇绒蚧 *Eriococcus lagerostroemiae* Kuwana

【寄主】紫薇、石榴、女贞。

【分布地点】

北京：昌平区。

河北：石家庄市（长安区、桥东区、桥西区、新华区、裕华区、井陉矿区）。

安徽：阜阳市（颍州区、颍东区、颍泉区、界首市、临泉县、颍上县、阜南县、太和县）；

淮北市（相山区、杜集区、烈山区、濉溪县）。

31. 榆绵蚜 *Eriosoma dilanuginosum* Zhang

【寄主】榆属。

【分布地点】

辽宁：沈阳市（苏家屯区、东陵区、沈北新区、于洪区、新民市、法库县、辽中县、康平县）；

阜新市（细河区、新邱区、太平区、清河门区、海州区、阜新蒙古族自治县、彰武县）。

安徽：合肥市（肥西县）。

32. 葡萄斑叶蝉 *Erythroneura apicalis* Nawa

【寄主】葡萄。

【分布地点】

河北：廊坊市(大城县)。

33. 枣大球蚧 *Eulecanium gigantea* (Shinji)

【寄主】枣树、榆属、杏树、酸梅、苹果、李树、梨树、核桃、合欢、刺槐、巴旦杏、槐树。

【分布地点】

山西：临汾市(侯马市)；
运城市(稷山县)；
吕梁市(兴县)；
晋中市(昔阳县、榆次区、太谷县、祁县、左权县)。

辽宁：沈阳市(苏家屯区、东陵区、沈北新区、于洪区、新民市、法库县、辽中县、康平县)；
鞍山市(千山区、海城市)；
阜新市(细河区、新邱区、太平区、清河门区、海州区、阜新蒙古族自治县、彰武县)。

安徽：阜阳市(颍上县、界首市、临泉县)；
合肥市(肥西县)；
宿州市(埇桥区、萧县)；
滁州市(琅琊区、南谯区、天长市、明光市、全椒县、来安县、定远县、凤阳县)。

山东：德州市(乐陵市、庆云县、夏津县、禹城县)；
济宁市(邹城市、嘉祥县)；
枣庄市(市中区、薛城区)。

宁夏：石嘴山市(平罗县)；
银川市(灵武市)；
中卫市(沙坡头区)。

新疆：伊犁哈萨克自治州(霍城县)；
博尔塔拉蒙古自治州(温泉县)；
巴音郭楞蒙古自治州(库尔勒市、轮台县、且末县)；
阿克苏地区(阿克苏市、库车县、沙雅县、新和县、阿瓦提县)；
喀什地区(泽普县、麦盖提县、疏附县、巴楚县、喀什市、岳普湖县、伽师县、莎车县、叶城县、疏勒县、英吉沙县)；
和田地区(和田县、和田市、皮山县、墨玉县、洛浦县、策勒县、于田县、民丰县)；
克孜勒苏柯尔克孜自治州(阿图什市、阿克陶县、阿合奇县)。

34. 槐花球蚧 *Eulecanium kuwanai* (Kanda)

【寄主】槐树、杨属、柳属、悬铃木、榆属等。

【分布地点】

北京：丰台区、海淀区。

河北：石家庄市(长安区、桥东区、桥西区、新华区、裕华区、井陉矿区)。

内蒙古(含森工)：乌海市(海勃湾区、海南区)。

辽宁：丹东市(宽甸满族自治县、凤城市、东港市、振安区、振兴区、元宝区)；
阜新市(细河区、新邱区、太平区、清河门区、海州区、阜新蒙古族自治县、彰武县)。

青海：西宁市(城东区、城中区、城西区、城北区、大通回族土族自治县)。

宁夏：银川市(兴庆区、金凤区、西夏区、灵武市、永宁县、贺兰县)；
吴忠市(利通区、盐池县)；
石嘴山市(大武口区、平罗县)；
固原市(彭阳县)；
中卫市(沙坡头区)。

35. 日本单蜕盾蚧 *Fiorinia japonica* Kuwana

【寄主】油松、雪松。

【分布地点】

河北：石家庄市(长安区、桥东区、桥西区、新华区、裕华区、井陉矿区)；
廊坊市(固安县、大厂回族自治县)。

辽宁：大连市(金州区)；
阜新市(细河区、新邱区、太平区、清河门区、海州区、阜新蒙古族自治县、彰武县)；
锦州市(闾山保护区)。

安徽：池州市(青阳县)。

36. 碧蛾蜡蝉 *Geisha distinctissima*（Walker）

【寄主】臭椿。

【分布地点】

北京：昌平区 。

安徽：宣城市(宣州区、宁国市)。

37. 吹绵蚧 *Icerya purchasi* Maskell

【寄主】海桐、板栗、金橘。

【分布地点】

北京：丰台区。

天津：东丽区。

辽宁：营口市(老边区、鲅鱼圈区、盖州市、大石桥市)；
阜新市(细河区、新邱区、太平区、清河门区、海州区、阜新蒙古族自治县、彰武县)。

安徽：六安市(裕安区、金安区)。

福建：厦门市(湖里区、思明区、同安区、翔安区、集美区、海沧区)；
宁德市(周宁县)；

莆田市(涵江区、城厢区、秀屿区、仙游县);
泉州市(石狮市、惠安县、晋江市)。
重庆:巴南区、石柱土家族自治县。
四川:雅安市(石棉县)。
甘肃:陇南市(武都区、文县)。

38. 短七松长蛎蚧 *Insulaspis pineti* (Borchsenius)

【寄主】国外松。

【分布地点】

安徽:池州市(青阳县)。

39. 松牡蛎盾蚧 *Insulaspis pini* (Maskell)

【寄主】爬山虎。

【分布地点】

辽宁:本溪市(明山区、平山区、溪湖区、南芬区、本溪满族自治县、桓仁满族自治县)。
安徽:合肥市(肥西县)。

40. 栗绛蚧 *Kermes nawae* Kuwana

【寄主】板栗。

【分布地点】

安徽:池州市(石台县)。

41. 枫杨刻蚜 *Kurisakia onigurumi* (Shinji)

【寄主】枫杨。

【分布地点】

安徽:合肥市(庐阳区、瑶海区、蜀山区、包河区)。

42. 板栗大蚜 *Lachnus tropicalis* (Van der Goot)

【寄主】板栗。

【分布地点】

北京:怀柔区、密云县。
天津:蓟县。
辽宁:丹东市(振安区、宽甸满族自治县);
锦州市(闾山保护区)。
福建:三明市(宁化县);
南平市(松溪县)。
江西:赣州市(上犹县)。
重庆:黔江区、巫山县、垫江县、秀山土家族苗族自治县。
四川:雅安市(汉源县、荥经县、名山县、石棉县);
泸州市(江阳区、泸县);
达州市(宣汉县、大竹县);
巴中市(南江县、通江县);
广安市(广安区、邻水县、岳池县、华蓥市、武胜县)。

43. 白蛾蜡蝉 ***Lawana imitata*** **Melichar**

【寄主】悬铃木、女贞、喜树、柑橘、龙眼、荔枝、八角。

【分布地点】

广西：南宁市(邕宁县、横县)。

云南：怒江傈僳族自治州(泸水县)。

44. 苏铁蛎盾蚧 ***Lepidosaphes cycadicola*** **Kuwana**

【寄主】苏铁。

【分布地点】

河北：承德市(围场满族蒙古族自治县)。

45. 柳蛎盾蚧 ***Lepidosaphes salicina*** **Borchsenius**

【寄主】杨属、旱柳、紫穗槐。

【分布地点】

山西：长治市(郊区、襄垣县)；

晋中市(榆次区、介休市、榆社县、左权县、和顺县、昔阳县、寿阳县、太谷县、祁县、平遥县、灵石县)；

大同市(广灵县，杨树丰产林实验局)；

辽宁：铁岭市(西丰县、开原市、铁岭县、昌图县、调兵山市、清河区、银州区)；

大连市(庄河市)；

沈阳市(苏家屯区、东陵区、沈北新区、于洪区、新民市、法库县、辽中县、康平县)；

葫芦岛市(连山区、南票区、龙港区、兴城市、绥中县、建昌县)；

营口市(大石桥市、盖州市、老边区、鲅鱼圈区)；

鞍山市(铁东区、铁西区、立山区、千山区、海城市、台安县、岫岩满族自治县)；

阜新市(细河区、新邱区、太平区、清河门区、海州区、阜新蒙古族自治县、彰武县)；

锦州市(闾山保护区)。

吉林：延边朝鲜族自治州(汪清县、敦化市)；

辽源市(龙山区、西安区)；

白城市(通榆县)。

46. 长白盾蚧 ***Lophoeucaspis japonica*** **Ckll**

【寄主】梨树、毛白杨、苹果。

【分布地点】

北京：丰台区。

河北：廊坊市(永清县、文安县)。

47. 苹果瘤蚜 ***Myzus malisuctus*** **Matsumura**

【寄主】苹果、沙果。

【分布地点】

北京：平谷区。

河北：廊坊市(永清县、大厂回族自治县、文安县、大城县)；
石家庄市(正定县)。
辽宁：葫芦岛市(兴城市)；
鞍山市(千山区、海城市)。

48. 桃蚜 *Myzus persicae* (Sulzer)

【寄主】桃树、杏树、李树。

【分布地点】

北京：海淀区、丰台区、平谷区、昌平区。
河北：廊坊市(广阳区、安次区、三河市、永清县、固安县、大厂回族自治县、香河县、文安县、大城县)。
辽宁：葫芦岛市(兴城市)；
阜新市(细河区、新邱区、太平区、清河门区、海州区、阜新蒙古族自治县、彰武县)；
锦州市(闾山保护区)。
安徽：合肥市(庐阳区、瑶海区、蜀山区、包河区、长丰县、肥东县、肥西县)。
江西：吉安市(吉水县)。
重庆：酉阳土家族苗族自治县。

49. 杭州新胸蚜 *Neothoracaphis hangzhouensis* Zhang

【寄主】蚊母树。

【分布地点】

安徽：合肥市(庐阳区、瑶海区、蜀山区、包河区)。

50. 雷鸣蝉 *Oncotympana maculaticollis* Motschulsky

【寄主】杨属、柳属、榆属、苹果、梨属等林木和果树。

【分布地点】

河北：廊坊市(永清县)。

51. 黄杨粕片盾蚧 *Parlagena buxi* (Takahashi)

【寄主】小叶黄杨。

【分布地点】

河北：石家庄市(长安区、桥东区、桥西区、新华区、裕华区、井陉矿区)。

52. 糠片盾蚧 *Parlatoria pergandii* Comstock

【寄主】柑橘、大叶黄杨、茉莉、枸杞、樱花、卫矛、山茶。

【分布地点】

河北：石家庄市(长安区、桥东区、桥西区、新华区、裕华区、井陉矿区)。
安徽：安庆市(潜山县)。
江西：赣州市(南康市、全南县、于都县)；
九江市(修水县)。

53. 三角枫多态毛蚜 *Periphyllus acerihabitans* Zhang

【寄主】三角枫。

【分布地点】

安徽：宿州市（埇桥区）。

54. 栾多态毛蚜 *Periphyllus koelreuteriae* (Takahashi)

【寄主】栾树。

【分布地点】

北京：昌平区、海淀区。

河北：石家庄市（长安区、桥东区、桥西区、新华区、裕华区、井陉矿区）。

安徽：淮北市（相山区）；
　　　宿州市（埇桥区）。

55. 白蜡绵粉蚧 *Phenacoccus fraxinus* Tang

【寄主】核桃楸、白蜡。

【分布地点】

北京：昌平区。

内蒙古（含森工）：包头市（青山区）。

辽宁：丹东市（宽甸满族自治县）。

甘肃：金昌市（金川区）。

青海：西宁市（城东区、城中区、城西区、城北区）。

56. 杨平翅绵蚜 *Phloemyzus passerinii* Signoret

【寄主】杨属。

【分布地点】

河北：秦皇岛市（昌黎县）；
　　　唐山市（乐亭县）。

57. 柳倭蚜 *Phylloxerina capreae* Borne

【寄主】柳树。

【分布地点】

河北：石家庄市（长安区、桥东区、桥西区、新华区、裕华区、井陉矿区）。

58. 远东杉苞蚧 *Physokermes jezoensis* Siraiwa

【寄主】云杉、青杄。

【分布地点】

青海：西宁市（城东区、城中区、城西区、城北区）。

59. 百合并盾蚧 *Pinnaspis aspidistrae* Signoret

【寄主】麦冬。

【分布地点】

河北：石家庄市（长安区、桥东区、桥西区、新华区、裕华区、井陉矿区）。

60. 柑橘刺粉蚧 *Planococcus citri* (Risso)

【寄主】一叶兰、蔷薇属、一串红、苏铁、夹竹桃。

【分布地点】

河北：石家庄市（长安区、桥东区、桥西区、新华区、裕华区、井陉矿区）。

61. 考氏白盾蚧 *Pseudaulacaspis cockerelli* Cooley

【寄主】散尾葵、玉兰、麦冬、樟树。

【分布地点】

河北：石家庄市(长安区、桥东区、桥西区、新华区、裕华区、井陉矿区)。

安徽：六安市(金安区)；

　　　阜阳市(颍泉区)。

江西：赣州市(赣县)。

62. 槐树木虱 *Psylla willieti* Wu

【寄主】槐树。

【分布地点】

甘肃：临夏回族自治州(临夏市、永靖县)。

63. 杨圆蚧 *Quadraspidiotus gigas* (Thiem et Gerneck)

【寄主】杨属。

【分布地点】

北京：大兴区。

辽宁：铁岭市(清河区、银州区、调兵山市、开原市、西丰县、铁岭县、昌图县)；

　　　丹东市(宽甸满族自治县)；

　　　营口市(老边区、鲅鱼圈区、盖州市、大石桥市)。

吉林：辽源市(龙山区、西安区)；

　　　延边朝鲜族自治州(敦化市)；

　　　吉林市(永吉县)；

　　　通化市(集安市)。

福建：龙岩市(连城县)。

宁夏：全境分布。

64. 梨圆蚧 *Quadraspidiotus perniciosus* (Comstock)

【寄主】杨属、枣树、梨树、苹果、榆树。

【分布地点】

北京：昌平区。

山西：晋中市(榆次区、介休市、榆社县、左权县、和顺县、昔阳县、寿阳县、太谷县、祁县、平遥县、灵石县)；

　　　晋城市(陵川县)。

辽宁：葫芦岛市(连山区、南票区、龙港区、兴城市、绥中县、建昌县)。

江西：赣州市(信丰县、全南县、定南县)；

　　　宜春市(上高县)；

　　　鹰潭市(贵溪市)。

宁夏：银川市(灵武市)；

　　　固原市(原州区)。

65. 柿广翅蜡蝉 *Ricania sublimbata* Jacobi

【寄主】柿树。

【分布地点】

安徽：安庆市(金寨县、霍邱县)。

66. 落叶松红瘿球蚜 *Sacchiphantes roseigallis* Li et Tsai

【寄主】云杉。

【分布地点】

甘肃：甘南藏族自治州(卓尼县、迭部县、舟曲县、夏河县、临潭县、碌曲县)。

67. 樟修尾蚜 *Sinomegoura citricola* (Van der Goot)

【寄主】樟树。

【分布地点】

安徽：合肥市(庐阳区、瑶海区、蜀山区、包河区)。

68. 中华松梢蚧 *Sonsaucoccus sinensis* (Chen)

【寄主】松属。

【分布地点】

辽宁：鞍山市(铁东区、铁西区、立山区、千山区、海城市、台安县、岫岩满族自治县)。

安徽：池州市(东至县、青阳县)；
宣城市(广德县、绩溪县)。

河南：三门峡市(卢氏县、灵宝市)；
洛阳市(栾川县、嵩县、洛宁县)。

重庆：万州区、涪陵区、綦江县、城口县、奉节县、巫山县、忠县。

四川：凉山彝族自治州(冕宁县、木里藏族自治县、喜德县)；
阿坝藏族羌族自治州(九寨沟县)。

贵州：黔东南苗族侗族自治州(施秉县、榕江县、剑河县、镇远县)；
贵阳市(南明区、小河区)；
毕节地区(毕节市、金沙县、威宁彝族回族苗族自治县)；
安顺市(西秀区、镇宁布依族苗族自治县)；
黔南布依族苗族自治州(都匀市、独山县、瓮安县、长顺县)。

云南：昆明市(官渡区、西山区、呈贡县、安宁市、禄劝彝族苗族自治县、嵩明县、宜良县、石林彝族自治县)；
曲靖市(麒麟区、宣威市、师宗县、会泽县)；
大理白族自治州(巍山县、鹤庆县、洱源县、弥渡县、宾川县)；
丽江市(古城区、永胜县)；
迪庆藏族自治州(香格里拉县、维西傈僳族自治县)。

陕西：西安市(蓝田县)；
渭南市(华县)。

甘肃：陇南市(文县)。

69. 日本纽绵蚧 *Takahashia japonica* Cockerell

【寄主】江南槐、三角枫、椤木石楠。

【分布地点】

北京：大兴区、顺义区。

河北：石家庄市(长安区、桥东区、桥西区、新华区、裕华区、井陉矿区)。

安徽：淮北市（相山区、杜集区、烈山区、濉溪县）；
合肥市（肥西县）；
六安市（金安区）。

70. 秋四脉绵蚜 *Tetraneura akinire* Sasaki

【寄主】白榆。

【分布地点】

北京：丰台区、怀柔区、昌平区、延庆县。

辽宁：鞍山市（海城市）；
阜新市（细河区、新邱区、太平区、清河门区、海州区、阜新蒙古族自治县、彰武县）。

青海：海东地区（平安县）。

71. 梧桐木虱 *Thysanogyna limbata* Enderlein

【寄主】梧桐。

【分布地点】

北京：昌平区。

天津：东丽区。

河北：石家庄市（长安区、桥东区、桥西区、新华区、裕华区、井陉矿区）。

72. 紫薇长斑蚜 *Tinocallis kahawaluokalani* (Kirkaldy)

【寄主】紫薇。

【分布地点】

河北：石家庄市（长安区、桥东区、桥西区、新华区、裕华区、井陉矿区）。

安徽：淮北市（杜集区、烈山区、相山区、濉溪县）。

73. 杧果蚜 *Toxoptera odinae* (Van der Goot)

【寄主】绣球、盐肤木。

【分布地点】

安徽：合肥市（庐阳区、瑶海区、蜀山区、包河区）。

（三）异翅目 Heteroptera

74. 宽铗同蝽 *Acanthosoma labiduroides* Jakovlev

【寄主】柞树。

【分布地点】

河北：承德市（围场满族蒙古族自治县）。

75. 板栗硕蝽 *Eurostus validus* Dallas

【寄主】板栗。

【分布地点】

重庆：巴南区、长寿区、綦江县、奉节县、石柱土家族自治县。

四川：雅安市（名山县）。

76. 膜肩网蝽 *Hegesidemus habrus* Drake

【寄主】杨属、柳树。

【分布地点】

北京：大兴区。

河北：廊坊市(安次区、大厂回族自治县、文安县、大城县、霸州市)。

77. 绿盲蝽 *Lygus lucorum* Meyer-Dur

【寄主】泡桐属、苹果、葡萄。

【分布地点】

安徽：宣城市(广德县)。

山东：济南市(平阴县)。

78. 稻绿蝽 *Nezara viridula* Linnaeus

【寄主】苹果、梨树。

【分布地点】

北京：怀柔区、大兴区、门头沟区。

河北：张家口市(沽源县)。

辽宁：葫芦岛市(建昌县)；

阜新市(细河区、新邱区、太平区、清河门区、海州区、阜新蒙古族自治县、彰武县)；

锦州市(太和区、凌海市、北镇市、义县、黑山县)。

79. 竹后刺长蝽 *Pirkimerus japonicus* (Hidaka)

【寄主】刚竹属。

【分布地点】

安徽：宣城市(绩溪县)。

重庆：黔江区。

80. 珀蝽 *Plautia fimbriata* (Fabricius)

【寄主】榆树、桑树、泡桐、刺槐、臭椿、栎属、桃树、梨树。

【分布地点】

北京：朝阳区、延庆县。

河北：张家口市(怀来县)。

吉林：吉林市(船营区、昌邑区、龙潭区、丰满区)。

安徽：亳州市(涡阳县)。

81. 条蜂缘蝽 *Riptortus linearis* (Fabricius)

【寄主】桑树、山核桃、板栗等。

【分布地点】

北京：平谷区、门头沟区。

安徽：宣城市(宣州区)。

82. 梨网蝽 *Stephanitis noshi* Esaki et Takeya

【寄主】梨树、龙眼、荔枝。

【分布地点】

北京：大兴区。

河北：廊坊市(三河市、大城县、大厂回族自治县)。

辽宁：葫芦岛市(兴城市)；
锦州市(闾山保护区)。
安徽：宣城市(宣州区)；
淮南市(谢家集区)；
池州市(青阳县、石台县)。
江西：赣州市(瑞金市、会昌县、石城县)；
抚州市(南丰县)。
广西：南宁市(上林县)。

(四) 蓟马目 Thysanoptera

83. 拉马雄管蓟马 *Androthrips ramachandrai* Karny

【寄主】小叶榕。

【分布地点】

四川：巴中市(南江县、通江县)。
云南：大理白族自治州(大理市、漾濞彝族自治县、祥云县、宾川县、弥渡县、永平县、云龙县、洱源县、剑川县、鹤庆县、南涧彝族自治县、巍山彝族回族自治县)。

84. 榕树蓟马 *Gynaikothrips uzeli* Zinmerman

【寄主】榕树。

【分布地点】

河北：石家庄市(长安区、桥东区、桥西区、新华区、裕华区、井陉矿区)。
四川：遂宁市(船山区、安居区、蓬溪县、射洪县、大英县)；
乐山市(市中区、五通桥区、峨眉山市、犍为县)；
资阳市(雁江区、简阳市、安岳县、乐至县)。
云南：大理白族自治州(大理市、漾濞彝族自治县、祥云县、宾川县、弥渡县、永平县、云龙县、洱源县、剑川县、鹤庆县、南涧彝族自治县、巍山彝族回族自治县)。

85. 茶黄硬蓟马 *Scirtothrips dorsalis* Hood

【寄主】银杏。

【分布地点】

安徽：淮北市(濉溪县)。

86. 红带滑胸针蓟马 *Selenothrips rubrocinctus* (Giard)

【寄主】小叶榕。

【分布地点】

重庆：荣昌县。
四川：达州市(通川区、宣汉县、大竹县、达县、渠县)。

（五）鞘翅目 Coleoptera

87. 双斑锦天牛 *Acalolepta sublusca* Thomson

【寄主】大叶黄杨、榆树、桑树。

【分布地点】

北京：丰台区。

安徽：宿州市（埇桥区、灵璧县）。

河北：石家庄市（长安区、桥东区、桥西区、新华区、裕华区、井陉矿区）；
邢台市（临城县）。

88. 小灰长角天牛 *Acanthocinus griseus* (Fabricius)

【寄主】油松、华山松、马尾松、樟子松、落叶松、云杉。

【分布地点】

北京：延庆县。

河北：张家口市（怀来县）。

辽宁：阜新市（细河区、新邱区、太平区、清河门区、海州区、阜新蒙古族自治县、彰武县）；
锦州市（闾山保护区）。

黑龙江（含森工）：大兴安岭地区（加格达奇林业局、松岭林业局、新林林业局、塔河林业局、十八站林业局、呼中林业局、韩家园林业局、阿木尔林业局、图强林业局、西林吉林业局）。

安徽：安庆市（潜山县）；
合肥市（肥西县）。

89. 苹果小吉丁虫 *Agrilus mali* Matsumura

【寄主】苹果属。

【分布地点】

辽宁：葫芦岛市（连山区、南票区、龙港区、兴城市、绥中县、建昌县）。

青海：海南藏族自治州（贵德县）。

新疆：伊犁哈萨克自治州（巩留县、新源县、特克斯县、尼勒克县）。

90. 黑缘花天牛 *Anoplodera sequensi* (Reitter)

【寄主】松属。

【分布地点】

河北：张家口市（怀来县）。

辽宁：本溪市（桓仁满族自治县、本溪满族自治县）。

91. 星天牛 *Anoplophora chinensis* (Forster)

【寄主】杨属、柳属、榆属、槭树属等阔叶树。

【分布地点】

北京：怀柔区。

天津：蓟县。

辽宁：锦州市（闾山保护区）。

吉林：吉林市（桦甸市、永吉县）。
安徽：合肥市（庐阳区、瑶海区、蜀山区、包河区、长丰县、肥东县、肥西县）；
六安市（金安区、裕安区、寿县、霍山县、霍邱县、舒城县、金寨县）；
阜阳市（颍州区、颍东区、颍泉区、界首市、临泉县、颍上县、阜南县、太和县）；
宿州市（埇桥区、萧县、泗县、砀山县、灵璧县）；
淮南市（田家庵区、大通区、谢家集区、八公山区、潘集区、凤台县）；
滁州市（琅琊区、南谯区、天长市、明光市、全椒县、来安县、定远县、凤阳县）；
宣城市（宣州区、宁国市、广德县、郎溪县、泾县、旌德县、绩溪县）。
福建：三明市（永安市、宁化县）；
南平市（政和县）；
泉州市（晋江市）。
江西：赣州市（章贡区、瑞金市、赣县、信丰县、龙南县、全南县、定南县、寻乌县、于都县、会昌县、宁都县、石城县）；
宜春市（樟树市、高安市、奉新县、上高县、万载县）；
鹰潭市（余江县）；
吉安市（吉州区、泰和县、遂川县、新干县、峡江县、永丰县、吉水县）；
萍乡市（莲花县）；
九江市（都昌县、九江县、彭泽县、瑞昌市、永修县）。
湖北：孝感市（孝南区、云梦县）；
恩施土家族苗族自治州（恩施市、建始县、来凤县）；
襄樊市（枣阳市、宜城市、襄阳区、南漳县）；
宜昌市（夷陵区、当阳市、枝江市、远安县、长阳土家族自治县）。
广东：广州市（天河区、白云区、黄埔区、番禺区、花都区、南沙区、萝岗区、增城市、从化市）；
深圳市（南山区、宝安区、龙岗区、盐田区）；
珠海市（香洲区、斗门区、金湾区）；
汕头市（濠江区、潮阳区、潮南区、澄海区、南澳县）；
韶关市（浈江区、武江区、曲江区、乐昌市、南雄市、始兴县、仁化县、翁源县、新丰县、乳源瑶族自治县）；
佛山市（南海区、顺德区、三水区、高明区）；
江门市（江海区、蓬江区、新会区、台山市、开平市、鹤山市、恩平市）；
湛江市（麻章区、廉江市、雷州市、吴川市、遂溪县）；
茂名市（茂南区、茂港区、高州市、化州市、信宜市、电白县）；
肇庆市（端州区、鼎湖区、高要市、四会市、广宁县、怀集县、封开县、德庆县）；
惠州市（惠城区、惠阳区、博罗县、惠东县、龙门县）；
梅州市（梅江区、兴宁市、梅县、大埔县、丰顺县、五华县、平远县、蕉岭县）；

汕尾市（陆丰市、海丰县、陆河县）；
河源市（源城区、紫金县、龙川县、连平县、和平县、东源县）；
阳江市（江城区、阳春市、阳西县、阳东县）；
清远市（清城区、英德市、佛冈县、阳山县、清新县、连山壮族瑶族自治县、连南瑶族自治县）；
东莞市；
中山市；
潮州市（湘桥区、潮安县、饶平县）；
揭阳市（榕城区、普宁市、揭东县、揭西县、惠来县）；
云浮市（云城区、罗定市、新兴县、郁南县、云安县）。
广西：崇左市（天等县）；
百色市（乐业县）。
重庆：渝北区、巴南区、江北区、黔江区、长寿区、綦江县、巫山县、奉节县。

92. 光肩星天牛 *Anoplophora glabripennis*（Motsch.）

【寄主】榆属、柳属、杨属、槭、枫杨、苦楝。

【分布地点】

北京：房山区、丰台区、门头沟区、朝阳区、通州区、大兴区、昌平区、延庆县、密云县。
内蒙古（含森工）：巴彦淖尔市（临河区、乌拉特前旗、杭锦后旗、五原县、磴口县）；
乌海市（海勃湾区、海南区、乌达区）；
鄂尔多斯市（杭锦旗、鄂托克旗、达拉特旗、鄂托克前旗）；
阿拉善盟（阿拉善左旗）。
辽宁：铁岭市（清河区、银州区、开原市、调兵山市、西丰县、铁岭县、昌图县）；
朝阳市（凌源市、北票市、喀喇沁左翼蒙古族自治县、朝阳县、建平县）；
丹东市（凤城市、东港市、宽甸满族自治县）；
大连市（甘井子区、金州区、瓦房店市、庄河市、长海县）；
沈阳市（苏家屯区、东陵区、沈北新区、于洪区、新民市、法库县、辽中县、康平县）；
辽阳市（弓长岭区、太子河区、宏伟区、灯塔市、辽阳县）；
葫芦岛市（连山区、南票区、龙港区、兴城市、绥中县、建昌县）；
本溪市（桓仁满族自治县、本溪满族自治县）；
营口市（老边区、鲅鱼圈区、大石桥市、盖州市）；
鞍山市（千山区、海城市、台安县、岫岩满族自治县）；
阜新市（细河区、新邱区、太平区、清河门区、海州区、阜新蒙古族自治县、彰武县）；
盘锦市（兴隆台区、双台子区、盘山县、大洼县）；
锦州市（太和区、开发区、南站新区、凌海市、北镇市、义县、黑山县）。
吉林：长春市（朝阳区、南关区、宽城区、二道区、绿园区、双阳区）；
延边朝鲜族自治州（图们市、延吉市、汪清县）；

四平市（公主岭市、双辽市、梨树县、伊通满族自治县）；
吉林市（船营区、昌邑区、龙潭区、丰满区、磐石市、桦甸市、舒兰市）；
白山市。

黑龙江（含森工）：大兴安岭地区（松岭林业局、韩家园林业局）。

安徽：合肥市（庐阳区、瑶海区、蜀山区、包河区、长丰县、肥东县、肥西县）；
六安市（金安区、裕安区、寿县、霍山县、霍邱县、舒城县、金寨县）；
阜阳市（颍州区、颍东区、颍泉区、界首市、临泉县、颍上县、阜南县、太和县）；
宿州市（埇桥区、萧县、泗县、砀山县、灵璧县）；
淮南市（田家庵区、大通区、谢家集区、八公山区、潘集区、凤台县）；
滁州市（琅琊区、南谯区、天长市、明光市、全椒县、来安县、定远县、凤阳县）；
宣城市（宣州区、宁国市、广德县、郎溪县、泾县、旌德县、绩溪县）。

福建：泉州市（晋江市、惠安县）；
莆田市（涵江区、城厢区、秀屿区、荔城区、仙游县）。

江西：赣州市（南康市、瑞金市、上犹县、崇义县、全南县、兴国县）；
抚州市（宜黄县、南丰县、崇仁县）；
南昌市（南昌县）；
九江市（湖口县、九江县、彭泽县、修水县、永修县）。

陕西：西安市（户县、高陵县）；
铜川市（王益区、耀州区、印台区、宜君县）；
榆林市（榆阳区、定边县、靖边县、横山县、绥德县、神木县、米脂县、府谷县、佳县、清涧县、吴堡县、子洲县）；
汉中市（台区、留坝县、镇巴县、城固县、南郑县、洋县、宁强县、佛坪县、勉县、西乡县、略阳县）；
安康市（汉阴县）。

青海：西宁市（城东区、城中区、城西区、城北区、湟中县）；
海东地区（平安县、乐都县、互助土族自治县、民和回族土族自治县、循化撒拉族自治县）；
海南藏族自治州（共和县）。

宁夏：全自治区分布。

新疆：伊犁哈萨克自治州（伊宁市、巩留县、新源县）；
巴音郭楞蒙古自治州（和静县、焉耆回族自治县、博湖县）。

93. 梨花象 *Anthonomus pomorum* L.

【寄主】梨树、苹果。

【分布地点】

河北：廊坊市（大城县）。

辽宁：葫芦岛市（兴城市）。

94. 桑天牛 *Apriona germari*（Hope）

【寄主】白榆、杨属、桉树属、构树、板栗、苹果、桑树、朴树。

【分布地点】

北京：平谷区、房山区、大兴区、昌平区、门头沟区。

辽宁：丹东市（振安区、振兴区、元宝区、凤城市、东港市、宽甸满族自治县）；
锦州市（太和区）。

安徽：合肥市（庐阳区、瑶海区、蜀山区、包河区、长丰县、肥东县、肥西县）；
六安市（金安区、裕安区、寿县、霍山县、霍邱县、舒城县、金寨县）；
阜阳市（颍州区、颍东区、颍泉区、界首市、临泉县、颍上县、阜南县、太和县）；
宿州市（埇桥区、萧县、泗县、砀山县、灵璧县）；
淮南市（田家庵区、大通区、谢家集区、八公山区、潘集区、凤台县）；
滁州市（琅琊区、南谯区、天长市、明光市、全椒县、来安县、定远县、凤阳县）；
宣城市（宣州区、宁国市、广德县、郎溪县、泾县、旌德县、绩溪县）；
黄山市（屯溪区、黄山区、徽州区、休宁县、歙县、祁门县、黟县）。

福建：南平市（浦城县）；
莆田市（涵江区、城厢区、秀屿区、荔城区、仙游县）。

江西：吉安市（青原区、永新县、泰和县、吉安县、万安县、永丰县、吉水县）；
抚州市（东乡族自治县）；
赣州市（章贡区、崇义县、信丰县、全南县）；
上饶市（弋阳县、余干县）；
南昌市（南昌县）；
九江市（永修县）；
宜春市（袁州区、丰城市、高安市）。

湖北：武汉市（蔡甸区、黄陂区、新洲区、江夏区、东西湖区、洪山区）；
荆州市（沙市区、松滋市、洪湖市、石首市、公安县、监利县、江陵县）；
荆门市（东宝区、掇刀区、钟祥市、京山县、沙洋县）；
孝感市（孝南区、应城市、汉川市、安陆市、孝昌县、大悟县、云梦县）；
黄冈市（黄州区、麻城市、武穴市、罗田县、黄梅县、浠水县）；
襄樊市（枣阳市、襄阳县、宜城市、南漳县、谷城县）；
潜江市；
咸宁市（赤壁市、崇阳县）；
仙桃市；
天门市；
随州市（曾都区、广水市）；
鄂州市（梁子湖区、鄂城区、华容区）。

重庆：万州区、渝北区、巴南区、黔江区、石柱土家族自治县、荣昌县、彭水苗族土家族自治县。

陕西：安康市(汉阴县、石泉县)。

95. 锈色粒肩天牛 ***Apriona swainsoni*** **(Hope)**

【寄主】槐树。

【分布地点】

河北：唐山市(玉田县)。

辽宁：葫芦岛市(南票区、龙港区、连山区、兴城市、绥中县、建昌县)。

安徽：合肥市(庐阳区、瑶海区、蜀山区、包河区、长丰县、肥东县、肥西县)；
阜阳市(颍州区、颍东区、颍泉区、界首市、临泉县、颍上县、阜南县、太和县)；
宿州市(埇桥区、萧县、泗县、砀山县、灵璧县)；
淮南市(田家庵区、大通区、谢家集区、八公山区、潘集区、凤台县)；
滁州市(琅琊区、南谯区、天长市、明光市、全椒县、来安县、定远县、凤阳县)。

重庆：长寿区。

新疆：巴音郭楞蒙古自治州(库尔勒市)。

96. 杨红颈天牛 ***Aromia moschata*** **(Linnaeus)**

【寄主】杨属、泡桐。

【分布地点】

辽宁：铁岭市(开原市、西丰县)；
沈阳市(苏家屯区、东陵区、沈北新区、于洪区、新民市、法库县、辽中县、康平县)；
葫芦岛市(连山区、兴城市、绥中县)；
本溪市(本溪满族自治县)；
锦州市(太和区、凌海市、北镇市、义县、黑山县)。

吉林：通化市(梅河口市)；
白山市(靖宇县)；
延边朝鲜族自治州(敦化市)；
吉林市(永吉县、磐石市、桦甸市、蛟河市)。

安徽：六安市(霍邱县)。

江西：赣州市(全南县)。

山东：青岛市(市南区、市北区、城阳区、四方区、李沧区、黄岛区、崂山区)。

重庆：綦江县、奉节县。

97. 松幽天牛 ***Asemum amurense*** **Kraatz**

【寄主】落叶松、油松、云杉。

【分布地点】

北京：门头沟区、海淀区 。

辽宁：铁岭市(昌图县)；
丹东市(振安区、振兴区、元宝区、凤城市、东港市、宽甸满族自治县)；
葫芦岛市(兴城市、建昌县)；

阜新市（细河区、新邱区、太平区、清河门区、海州区、阜新蒙古族自治县、彰武县）；
锦州市（闾山保护区）。
黑龙江（含森工）：大兴安岭地区（新林林业局、西林吉林业局）。
安徽：黄山市（黄山风景区）。

98. 红缘天牛 *Asias halodendri* (Pallas)

【寄主】沙棘、枣树、榆树、槐树、梨树、刺槐、苹果、枸杞。

【分布地点】

北京：平谷区、密云县、昌平区、丰台区、怀柔区、门头沟区。
山西：朔州市（右玉县）；
运城市（万荣县、闻喜县、稷山县、夏县）；
吕梁市（汾阳市、中阳县、临县）；
大同市（左云县）；
晋城市（沁水县）；
大同市（杨树丰产林实验局）。
辽宁：朝阳市（朝阳县）；
丹东市（宽甸满族自治县）；
葫芦岛市（连山区、兴城市）；
营口市（老边区、鲅鱼圈区、盖州市、大石桥市）；
鞍山市（海城市、岫岩满族自治县）；
锦州市（太和区、凌海市、北镇市、义县、黑山县）。
黑龙江（含森工）：大兴安岭地区（新林林业局）。
宁夏：银川市（灵武市、永宁县、贺兰县）；
石嘴山市（大武口区、惠农区）；
吴忠市（青铜峡市）；
中卫市（中宁县）；
固原市（彭阳县、西吉县）。

99. 樟萤叶甲 *Atysa marginata cinnamomi* Chen

【寄主】樟树。

【分布地点】

安徽：六安市（金安区、裕安区、寿县、霍山县、霍邱县、舒城县、金寨县）；
巢湖市（居巢区、含山县、无为县、庐江县、和县）。

100. 梨眼天牛 *Bacchisa fortunei* (Thomson)

【寄主】梨树。

【分布地点】

四川：内江市（隆昌县）；
达州市（宣汉县、渠县、达县）。
宁夏：固原市（原州区、泾源县）。

101. 云斑白条天牛 *Batocera horsfieldi* (Hope)

【寄主】杨属、柳属、核桃、榆属、白蜡、板栗、泡桐。

【分布地点】

天津：蓟县。

安徽：合肥市(庐阳区、瑶海区、蜀山区、包河区、长丰县、肥东县、肥西县)；
六安市(金安区、裕安区、寿县、霍山县、霍邱县、舒城县、金寨县)；
巢湖市(居巢区、含山县、无为县、庐江县、和县)；
芜湖市(镜湖区、弋江区、鸠江区、三山区、芜湖县、南陵县、繁昌县)；
宣城市(宣州区、宁国市、广德县、郎溪县、泾县、旌德县、绩溪县)；
阜阳市(颍州区、颍东区、颍泉区、界首市、临泉县、颍上县、阜南县、太和县)；
池州市(贵池区、东至县、石台县、青阳县)。

江西：赣州市(全南县、寻乌县、石城县)；
上饶市(铅山县、弋阳县、横峰县、万年县、余干县、鄱阳县)；
九江市(瑞昌市)；
鹰潭市(余江县)；
吉安市(吉安县、万安县)。

重庆：渝北区、巴南区、綦江县、荣昌县、奉节县、石柱土家族自治县。

102. 绿豆象 *Callosobruchus chinensis* Linnaeus

【寄主】刺槐、紫穗槐。

【分布地点】

河北：石家庄市(长安区、桥东区、桥西区、新华区、裕华区、井陉矿区)。

103. 竹绿虎天牛 *Chlorophorus annularis* (Fabr.)

【寄主】刚竹属。

【分布地点】

重庆：长寿区。

四川：内江市(隆昌县)。

104. 杨沟胸跳甲 *Crepidodera pluta* (Latrelle)

【寄主】杞柳。

【分布地点】

安徽：六安市(霍邱县)。

105. 杨干象 *Cryptorrhynchus lapathi* Linnaeus

【寄主】杨属。

【分布地点】

内蒙古(含森工)：赤峰市(红山区、松山区、元宝山区、喀喇沁旗、敖汉旗)。

辽宁：铁岭市(清河区、银州区、调兵山市、开原市、西丰县、铁岭县、昌图县)；
朝阳市(凌源市、北票市、喀喇沁左翼蒙古族自治县、朝阳县、建平县)；
抚顺市(顺城区、东洲区、望花区、抚顺县、清原满族自治县、新宾满族自治县)；

丹东市（振安区、振兴区、元宝区、凤城市、东港市、宽甸满族自治县）；
大连市（甘井子区、金州区、瓦房店市、普兰店市）；
沈阳市（苏家屯区、东陵区、沈北新区、于洪区、新民市、法库县、辽中县、康平县）；
辽阳市（弓长岭区、太子河区、宏伟区、灯塔市、辽阳县）；
葫芦岛市（连山区、南票区、龙港区、兴城市、绥中县、建昌县）；
本溪市（明山区、平山区、溪湖区、南芬区、本溪满族自治县、桓仁满族自治县）；
营口市（老边区、鲅鱼圈区、大石桥市、盖州市）；
鞍山市（铁东区、铁西区、立山区、千山区、海城市、台安县、岫岩满族自治县）；
阜新市（细河区、新邱区、太平区、清河门区、海州区、彰武县、阜新蒙古族自治县）；
盘锦市（兴隆台区、双台子区、大洼县、盘山县）；
锦州市（太和区、凌海市、北镇市、义县、黑山县）。

吉林：长春市（朝阳区、南关区、宽城区、二道区、绿园区、双阳区）；
白城市（通榆县、洮北区）；
辽源市（龙山区、西安区）；
延边朝鲜族自治州（珲春市、敦化市、汪清县）；
松源市（宁江区、长岭县）；
四平市（公主岭市、梨树县、伊通满族自治县）；
通化市（集安市、通化市、辉南县）；
吉林市（磐石市、桦甸市、蛟河市、舒兰市、永吉县）。

黑龙江（含森工）：大兴安岭地区（加格达奇林业局、松岭林业局、新林林业局、韩家园林业局）。

陕西：商洛市（商南县）。

106. 栗实象 *Curculio davidi* Fairmaire

【寄主】板栗、茅栗。

【分布地点】

北京：平谷区、密云县。

辽宁：丹东市（振安区、振兴区、元宝区、凤城市、东港市、宽甸满族自治县）；
本溪市（桓仁满族自治县、本溪满族自治县）；
鞍山市（岫岩满族自治县）；
锦州市（闾山保护区）。

吉林：延边朝鲜族自治州（敦化市）；
四平市（公主岭市、梨树县、伊通满族自治县）。

江西：赣州市（瑞金市、于都县、会昌县）；
九江市（修水县）；
抚州市（黎川县）；

萍乡市(上栗县)。

湖北：荆门市(京山县)；
孝感市(孝昌县、大悟县)；
恩施土家族苗族自治州(恩施市、建始县、鹤峰县)；
黄冈市(黄州区、蕲春县、团风县、红安县、罗田县、浠水县)；
襄樊市(宜城市、南漳县)；
随州市(曾都区)。

重庆：石柱土家族自治县、巫山县、酉阳土家族苗族自治县。

四川：宜宾市(兴文县)。

陕西：西安市(蓝田县、长安区)；
宝鸡市(陈仓区、眉县)；
汉中市(汉台区、留坝县、镇巴县、城固县、南郑县、洋县、宁强县、佛坪县、勉县、西乡县、略阳县)；
安康市(白河县、石泉县、镇坪县、汉滨区)；
商洛市(商州区、镇安县、山阳县、洛南县、商南县、丹凤县、柞水县)。

107. 剪枝栎实象 *Cyllorhynchites ursulus* (Roelofs)

【寄主】栎属、板栗。

【分布地点】

北京：平谷区。

辽宁：铁岭市(开原市、调兵山市、西丰县、铁岭县、昌图县)；
鞍山市(岫岩满族自治县)。

湖北：孝感市(大悟县)；
宜昌市(夷陵区、秭归区)；
黄冈市(麻城市、罗田县、浠水县)；
武汉市(黄陂区、新洲区)；
黄石市(阳新县)。

重庆：巫山县。

贵州：黔东南苗族侗族自治州(天柱县、剑河县、三穗县、台江县、镇远县、雷山县)；
铜仁地区(铜仁市、印江土家族苗族自治县、松桃苗族自治县、思南县、江口县、玉屏侗族自治县、德江县、沿河土家族自治县、万山特区、石阡县)；
黔西南布依族苗族自治州(兴义市、安龙县、贞丰县、普安县)；
六盘水市(盘县、水城县)；
贵阳市(花溪区、白云区、修文县、清镇市)；
遵义市(遵义县、道真仡佬族苗族自治县)；
毕节地区(毕节市)；
黔南布依族苗族自治州(瓮安县、三都水族自治县)。

安徽：六安市(金安区、裕安区、舒城县、霍山县、金寨县)；
合肥市(肥东县)；

宣城市（宁国市）；
池州市（石台县）。

108. 长足大竹象 *Cyrtotrachelus buqueti* Guer

【寄主】刚竹属。

【分布地点】

广西：南宁市（宾阳县、武鸣县、马山县、邕宁县）；
玉林市（玉州区、兴业县、容县、北流县）。

重庆：巴南区、渝北区、石柱土家族自治县、璧山县。

云南：红河哈尼族彝族自治州（蒙自县）。

109. 大竹象 *Cyrtotrachelus longimanus* Fabricius

【寄主】青皮竹、粉单竹、毛竹、甜竹。

【分布地点】

上海：黄浦区、卢湾区、徐汇区、长宁区、静安区、普陀区、闸北区、虹口区、杨浦区、闵行区、浦东新区、金山区、宝山区、松江区、嘉定区、青浦区、南汇区、奉贤区、崇明县。

江西：鹰潭市（余江县）。

广东：肇庆市（广宁县）。

广西：南宁市（宾阳县）；
桂林市（象山区）。

重庆：万州区、涪陵区、巴南区、黔江区、长寿区、开县。

110. 华山松大小蠹 *Dendroctonus armandi* Tsai et Li

【寄主】华山松。

【分布地点】

重庆：城口县。

四川：巴中市（南江县、通江县）。

陕西：西安市（长安区、蓝田县、周至县、户县）；
宝鸡市（凤县、眉县）；
渭南市（华县）；
汉中市（汉台区、宁强县、略阳县、镇巴县、南郑县、留坝县）；
安康市（宁陕县、岚皋县、平利县）；
商洛市（镇安县、柞水县）。

111. 疱瘤横沟象 *Dyscerus pustulatus*（Kono）

【寄主】火炬树。

【分布地点】

北京：怀柔区。

112. 沟眶象 *Eucryptorrhynchus chinensis*（Olivier）

【寄主】千头椿、臭椿。

【分布地点】

北京：延庆县、密云县、通州区、房山区、大兴区、昌平区、怀柔区、丰台区、海淀区、朝阳区。

辽宁：朝阳市(北票市、喀喇沁左翼蒙古族自治县、朝阳县)；
葫芦岛市(兴城市)；
阜新市(细河区、新邱区、太平区、清河门区、海州区、阜新蒙古族自治县、彰武县)；
锦州市(太和区、北镇市、凌海县、义县、黑山县)。

安徽：阜阳市(颍州区、颍东区、颍泉区、界首市、临泉县、颍上县、阜南县、太和县)；
宿州市(埇桥区、萧县、泗县、砀山县、灵璧县)；
淮南市(田家庵区、大通区、谢家集区、八公山区、潘集区、凤台县)。

陕西：宝鸡市(扶风县)。

宁夏：银川市(兴庆区、金凤区、西夏区、永宁县、贺兰县)；
固原市(彭阳县)。

新疆：巴音郭楞蒙古自治州(库尔勒市、轮台县)。

113. 臭椿沟眶象 *Eucryptorrhynchus brandti* (Harold)

【寄主】臭椿、千头椿。

【分布地点】

北京：朝阳区、密云县、通州区、房山区、大兴区、昌平区、怀柔区、丰台区、门头沟区、海淀区。

辽宁：朝阳市(北票市、喀喇沁左翼蒙古族自治县、朝阳县)；
丹东市(凤城市、宽甸满族自治县)；
沈阳市(苏家屯区、东陵区、沈北新区、于洪区、新民市、法库县、辽中县、康平县)；
葫芦岛市(连山区、龙港区、兴城市、绥中县)；
营口市(老边区、鲅鱼圈区、盖州市、大石桥市)；
鞍山市(铁东区、铁西区、立山区、千山区)；
锦州市(闾山保护区)。

黑龙江(含森工)：大兴安岭地区(新林林业局)。

安徽：阜阳市(颍州区、颍东区、颍泉区、界首市、临泉县、颍上县、阜南县、太和县)；
宿州市(埇桥区、萧县、泗县、砀山县、灵璧县)；
淮南市(田家庵区、大通区、谢家集区、八公山区、潘集区、凤台县)；
淮北市(相山区、杜集区、烈山区、濉溪县)。

陕西：宝鸡市(扶风县、陇县)。

青海：海东地区(民和回族土族自治县、循化撒拉族自治县)。

宁夏：银川市(兴庆区、金凤区、西夏区、永宁县、贺兰县)；
固原市(彭阳县)。

114. 樟彤天牛 *Eupromus ruber* (Dalman)

【寄主】樟树。

【分布地点】

安徽：六安市(金寨县)。

115. 核桃扁叶甲 *Gastrolina depressa* Baly

【寄主】核桃、核桃楸。

【分布地点】

北京：延庆县、怀柔区。

辽宁：铁岭市(西丰县、开原市、清河区)；
抚顺市(清原满族自治县、新宾满族自治县、抚顺县)；
本溪市(明山区、平山区、溪湖区、南芬区、本溪满族自治县、桓仁满族自治县)；
鞍山市(千山区、海城市、岫岩满族自治县)；
锦州市(闾山保护区)。

吉林：白山市(靖宇县)；
长春市(朝阳区、南关区、宽城区、二道区、绿园区、双阳区)；
辽源市(龙山区、西安区)；
通化市(辉南县)；
延边朝鲜族自治州(敦化市)；
吉林市(船营区、昌邑区、龙潭区、丰满区、磐石市、桦甸市、蛟河市、舒兰市、永吉县)。

重庆：黔江区、万州区、垫江县、石柱土家族自治县、奉节县。

四川：乐山市(峨眉山市)；
宜宾市(屏山县)。

116. 暗黑鳃金龟 *Holotrichia parallela* Motschulsky

【寄主】桑树、杨属、柳属、榆属。

【分布地点】

北京：延庆县、门头沟区。

河北：廊坊市(文安县)。

辽宁：葫芦岛市(南票区、龙港区、连山区、兴城市、绥中县、建昌县)；
锦州市(闾山保护区)。

吉林：四平市(公主岭市、双辽市、梨树县、伊通满族自治县)；
延边朝鲜族自治州(敦化市)。

黑龙江(含森工)：大兴安岭地区(加格达奇林业局、松岭林业局、新林林业局、塔河林业局、十八站林业局、呼中林业局、韩家园林业局、阿木尔林业局、图强林业局、西林吉林业局)。

安徽：宣城市(宣州区、广德县、绩溪县)。

重庆：巴南区、黔江区。

117. 落叶松十二齿小蠹 *Ips sexdentatus* Boerner

【寄主】落叶松、樟子松、云杉。

【分布地点】

北京：丰台区。

辽宁：鞍山市(千山区、海城市、岫岩满族自治县)；
锦州市(太和区)。

吉林：延边朝鲜族自治州(敦化市)。

黑龙江(含森工)：大兴安岭地区(加格达奇林业局、松岭林业局、新林林业局、塔河林业局、十八站林业局、呼中林业局、韩家园林业局、阿木尔林业局、图强林业局、西林吉林业局)。

青海：西宁市(大通回族土族自治县)。

118. 落叶松八齿小蠹 *Ips subelongatus* Motschulsky

【寄主】落叶松、樟子松、云杉。

【分布地点】

北京：大兴区、丰台区。

河北：承德市(丰宁满族自治县、围场满族蒙古族自治县、宽城满族自治县)。

内蒙古(含森工)：赤峰市(克什克腾旗、巴林左旗)。

辽宁：铁岭市(西丰县、开原市、铁岭县、昌图县、调兵山市、清河区、银州区)；
抚顺市(顺城区、清原满族自治县、新宾满族自治县、抚顺县)；
丹东市(振安区、东港市)；
葫芦岛市(兴城市)；
本溪市(本溪满族自治县)；
鞍山市(千山区、海城市、岫岩满族自治县)；
阜新市(阜新蒙古族自治县)。

吉林：长春市(朝阳区、南关区、宽城区、二道区、绿园区、双阳区)；
白山市(长白朝鲜族自治县)；
辽源市(龙山区、西安区)；
延边朝鲜族自治州(敦化市、安图县、汪清县)；
四平市(铁西区、铁东区)；
通化市(集安市)；
吉林市(桦甸市、舒兰市、永吉县)。

黑龙江(含森工)：大兴安岭地区(加格达奇林业局、松岭林业局、新林林业局、塔河林业局、十八站林业局、呼中林业局、韩家园林业局、阿木尔林业局、图强林业局、西林吉林业局)。

119. 柠条豆象 *Kytorhinus immixtus* Motschulsky

【寄主】柠条。

【分布地点】

山西：大同市(杨树丰产林实验局)。

辽宁：阜新市(细河区、新邱区、太平区、清河门区、海州区、阜新蒙古族自治县、彰武县)。

陕西：延安市（延长县、延川县、子长县、安塞县、志丹县、吴旗县）；
榆林市（榆阳区、定边县、靖边县、横山县、神木县、米脂县、府谷县、佳县、吴堡县、子洲县、清涧县）。

青海：西宁市（城中区、城东区、城西区、城北区、湟中县、大通回族土族自治县）；
海东地区（平安县、乐都县、互助土族自治县、化隆回族自治县）；
海南藏族自治州（共和县、贵南县）。

宁夏：吴忠市（盐池县，红寺堡开发区）；
石嘴山市（平罗县）；
银川市（灵武市、永宁县）；
中卫市（沙坡头区）；
固原市（彭阳县）。

120. 双带粒翅天牛 *Lamiomimus gottschei* Kolbe

【寄主】杨属、柳属、榆属、松属。

【分布地点】

天津：蓟县 。

辽宁：丹东市（凤城市）；
葫芦岛市（兴城市）；
本溪市（本溪满族自治县）；
阜新市（细河区、新邱区、太平区、清河门区、海州区、阜新蒙古族自治县、彰武县）；
锦州市（义县、北镇市，闾山保护区）。

吉林：长春市（朝阳区、南关区、宽城区、二道区、绿园区、双阳区）；
白山市（江源县、抚松县、靖宇县）；
延边朝鲜族自治州（珲春市、图们市、敦化市、汪清县）；

辽源市（东丰县）；
四平市（梨树县、伊通满族自治县）；
通化市（柳河县）；
吉林市（船营区、昌邑区、龙潭区、丰满区、蛟河市、桦甸市、舒兰市、永吉县）。

安徽：黄山市（屯溪区、黄山区、徽州区、休宁县、歙县、祁门县、黟县）；
宣城市（宣州区、广德县）；
六安市（金寨县、裕安区）。

121. 栗山天牛 *Mallambyx raddei* Blessig

【寄主】栗树属、栎属、桑树属、泡桐属。

【分布地点】

内蒙古（含森工）：赤峰市（宁城县）。

辽宁：铁岭市（开原市、调兵山市、西丰县、铁岭县、昌图县）；
朝阳市（凌源市、北票市）；

抚顺市(清原满族自治县、新宾满族自治县、抚顺县);
丹东市(振安区、振兴区、元宝区、凤城市、东港市、宽甸满族自治县);
大连市(甘井子区、旅顺口区、金州区、长海县);
沈阳市(皇姑区、于洪区);
辽阳市(辽阳县、灯塔市、弓长岭区);
葫芦岛市(连山区、南票区、龙港区、兴城市、绥中县、建昌县);
本溪市(本溪满族自治县、桓仁满族自治县);
鞍山市(岫岩满族自治县、千山区);
阜新市(太平区、阜新蒙古族自治县)
锦州市(义县、北镇市、闾山保护区)。
吉林：吉林市(蛟河市、桦甸市、舒兰市、磐石市、永吉县);
通化市(集安市、梅河口市、辉南县、柳河县、通化县);
辽源市(东丰县);
白山市(靖宇县、抚松县);
延边朝鲜族自治州(敦化市)。
黑龙江：哈尔滨市(宾县)。
安徽：合肥市(肥西县);
六安市(金寨县、裕安区)。
重庆：南川区。

122. 四点象天牛 *Mesosa myops* (Dalman)

【寄主】杨属、苹果、山柳。
【分布地点】
北京：平谷区、门头沟区。
天津：蓟县。
辽宁：铁岭市(清河区、银州区、调兵山市、开原市、西丰县、铁岭县、昌图县);
朝阳市(喀喇沁左翼蒙古族自治县、朝阳县);
丹东市(凤城市、东港市);
葫芦岛市(兴城市);
本溪市(溪湖区);
阜新市(细河区、新邱区、太平区、清河门区、海州区、阜新蒙古族自治县、彰武县);
锦州市(北镇市)。
吉林：通化市(通化县);
长春市(朝阳区、南关区、宽城区、二道区、绿园区、双阳区);
延边朝鲜族自治州(龙井市、珲春市、敦化市);
白山市(靖宇县、抚松县);
松源市(宁江区、乾安县);
辽源市(东丰县);
四平市(公主岭市、梨树县、伊通满族自治县);

吉林市(船营区、昌邑区、龙潭区、丰满区、蛟河市、桦甸市、舒兰市、磐石市、永吉县)。

黑龙江(含森工):大兴安岭地区(加格达奇林业局、松岭林业局、新林林业局、塔河林业局、十八站林业局、呼中林业局、韩家园林业局、阿木尔林业局、图强林业局、西林吉林业局)。

安徽:宣城市(绩溪县)。

123. 松墨天牛 *Monochamus alternatus* Hope

【寄主】油松、黑松、马尾松、湿地松。

【分布地点】

河北:秦皇岛市(北戴河区)。

上海:松江区、南汇区、宝山区。

安徽:六安市(金安区、裕安区、寿县、霍山县、霍邱县、舒城县、金寨县);

合肥市(庐阳区、瑶海区、蜀山区、包河区、长丰县、肥东县、肥西县);

巢湖市(居巢区、含山县、无为县、庐江县、和县);

滁州市(琅琊区、南谯区、天长市、明光市、全椒县、来安县、定远县、凤阳县);

安庆市(迎江区、大观区、宜秀区、桐城市、宿松县、枞阳县、太湖县、怀宁县、岳西县、望江县、潜山县);

宣城市(宣州区、宁国市、广德县、郎溪县、泾县、旌德县、绩溪县);

黄山市(屯溪区、黄山区、徽州区、休宁县、歙县、祁门县、黟县);

马鞍山市(雨山区、花山区、金家庄区、当涂县);

芜湖市(镜湖区、弋江区、鸠江区、三山区、芜湖县、南陵县、繁昌县)。

福建:全省分布。

江西:赣州市(章贡区、南康市、赣县、上犹县、信丰县、龙南县、全南县、寻乌县、石城县、宁都县);

宜春市(袁州区);

萍乡市(芦溪县);

南昌市(进贤县);

上饶市(德兴市、广丰县、玉山县、鄱阳县、婺源县);

景德镇市(昌江区);

抚州市(广昌县、东乡县);

九江市(庐山区、瑞昌市、德安县、都昌县、湖口县、九江县、彭泽县、修水县、星子县);

吉安市(遂川县、永丰县、吉水县)。

湖北:武汉市(蔡甸区、黄陂区、江夏区);

荆州市(沙市区、荆州区、洪湖市、石首市、松滋市、监利县、公安县、江陵县);

孝感市(安陆市、应城市、汉川市、孝昌县、大悟县);

黄冈市(黄州区、麻城市、武穴市、罗田县、黄梅县、浠水县);
襄樊市(南漳县、谷城县);
宜昌市(夷陵区、猇亭区、宜都市、枝江市、秭归县、长阳土家族自治县);
恩施土家族苗族自治州(恩施市、利川市、建始县、咸丰县、鹤峰县);
咸宁市(赤壁市)。

广东:广州市(天河区、白云区、黄埔区、番禺区、花都区、南沙区、萝岗区、增城市、从化市);
深圳市(南山区、宝安区、龙岗区、盐田区);
珠海市(香洲区、斗门区、金湾区);
汕头市(濠江区、潮阳区、潮南区、澄海区、南澳县);
韶关市(浈江区、武江区、曲江区、乐昌市、南雄市、始兴县、仁化县、翁源县、新丰县、乳源瑶族自治县);
佛山市(南海区、顺德区、三水区、高明区);
江门市(江海区、蓬江区、新会区、台山市、开平市、鹤山市、恩平市);
湛江市(麻章区、廉江市、雷州市、吴川市、遂溪县);
茂名市(茂南区、茂港区、高州市、化州市、信宜市、电白县);
肇庆市(端州区、鼎湖区、高要市、四会市、广宁县、怀集县、封开县、德庆县);
惠州市(惠城区、惠阳区、博罗县、惠东县、龙门县);
梅州市(梅江区、兴宁市、梅县、大埔县、丰顺县、五华县、平远县、蕉岭县);
汕尾市(陆丰市、海丰县、陆河县);
河源市(源城区、紫金县、龙川县、连平县、和平县、东源县);
阳江市(江城区、阳春市、阳西县、阳东县);
清远市(清城区、英德市、佛冈县、阳山县、清新县、连山壮族瑶族自治县、连南瑶族自治县);
东莞市;
中山市;
潮州市(湘桥区、潮安县、饶平县);
揭阳市(榕城区、普宁市、揭东县、揭西县、惠来县);
云浮市(云城区、罗定市、新兴县、郁南县、云安县)。

广西:南宁市(邕宁区、武鸣县);
柳州市(柳北区、柳江县、柳城县、鹿寨县);
桂林市(荔浦县);
钦州市(钦南区、钦北区、灵山县、浦北县);
玉林市(玉州区、北流市、博白县、陆川县、容县、兴业县);
河池市(金城江区);
百色市(田林县、隆林各族自治县);
来宾市(兴宾区、合山市、忻城县、象州县、武宣县、金秀瑶族自治县);
崇左市(凭祥市)。

重庆：涪陵区、万州区、江北区、沙坪坝区、九龙坡区、渝北区、巴南区、黔江区、长寿区、永川区、南川区、武隆县、忠县、巫山县、酉阳土家族苗族自治县、彭水苗族土家族自治县。

陕西：汉中市（汉台区、留坝县、镇巴县、城固县、南郑县、洋县、宁强县、佛坪县、勉县、西乡县、略阳县）。

甘肃：临夏回族自治州（临夏市、永靖县、康乐县、积石山保安族东乡族撒拉族自治县）。

124. 板栗雪片象 *Niphades castanea* Chao

【寄主】板栗。

【分布地点】

安徽：合肥市（肥西县）。

重庆：石柱土家族自治县。

陕西：商洛市（商州区、镇安县、山阳县、洛南县、商南县、丹凤县、柞水县）。

125. 短足筒天牛 *Oberea ferruginea* Thunberg

【寄主】青冈、栎属等。

【分布地点】

安徽：池州市（青阳县）。

126. 柏肤小蠹 *Phloeosinus aubei* Perris

【寄主】侧柏、柏木。

【分布地点】

北京：丰台区。

山西：临汾市（大宁县）。

安徽：合肥市（包河区、肥西县）；
亳州市（涡阳县）。

四川：成都市（龙泉驿区、新津县）。

127. 松黄星象 *Pissodes nitidus* Roel.

【寄主】油松。

【分布地点】

北京：怀柔区、延庆县。

吉林：白山市（抚松县）；
辽源市（龙山区、西安区）；
延边朝鲜族自治州（敦化市）；
通化市（柳河县、辉南县）。

128. 中穴星坑小蠹 *Pityogenes chalcographus* Linnaeus

【寄主】白皮松、落叶松、樟子松、云杉。

【分布地点】

北京：昌平区。

黑龙江（含森工）：大兴安岭地区（加格达奇林业局、松岭林业局、新林林业局、塔河林业局、十八站林业局、呼中林业局、韩家园林业局、阿木尔林业局、图强林业局、西林吉林业局)。

129. 柳蓝叶甲 *Plagiodera versicolora* (Laicharting)

【寄主】柳属、杨属、夹竹桃、泡桐等。

【分布地点】

北京:顺义区、通州区、房山区、大兴区、怀柔区、平谷区、丰台区、海淀区、密云县。

辽宁:铁岭市(清河区、银州区、调兵山市、开原市、西丰县、铁岭县、昌图县);
抚顺市(清原满族自治县、抚顺县);
沈阳市(苏家屯区、东陵区、沈北新区、于洪区、新民市、法库县、辽中县、康平县);
葫芦岛市(连山区、南票区、龙港区、兴城市、绥中县、建昌县);
营口市(老边区、鲅鱼圈区、盖州市、大石桥市);
鞍山市(铁东区、铁西区、立山区、千山区、海城市、台安县、岫岩满族自治县);
锦州市(太和区、凌海市、北镇市、义县、黑山县)。

吉林:长春市(朝阳区、南关区、二道区、宽城区、绿园区、双阳区);
白山市(靖宇县);
辽源市(龙山区、西安区);
白城市(洮北区);
松源市(宁江区、前郭县);
四平市(公主岭市、梨树县、伊通满族自治县);
通化市(辉南县);
延边朝鲜族自治州(敦化市、汪清县);
吉林市(桦甸市、磐石市、永吉县)。

浙江:杭州市(桐庐县)。

安徽:阜阳市(颍州区、颍东区、颍泉区、界首市、临泉县、颍上县、阜南县、太和县);
合肥市(肥西县、长丰县、肥东县);
六安市(裕安区);
宣城市(绩溪县)。

重庆:黔江区。

130. 青杨天牛 *Saperda populnea* Linnaeus

【寄主】杨属。

【分布地点】

北京:延庆县、丰台区、怀柔区。

辽宁:铁岭市(清河区、银州区、调兵山市、开原市、西丰县、铁岭县、昌图县);
朝阳市(凌源市、北票市、喀喇沁左翼蒙古族自治县、朝阳县、建平县);
抚顺市(顺城区、清原满族自治县、新宾满族自治县、抚顺县);
丹东市(凤城市、宽甸满族自治县);

大连市(普兰店市);
沈阳市(苏家屯区、东陵区、沈北新区、于洪区、新民市、法库县、辽中县、康平县);
辽阳市(弓长岭区、太子河区、宏伟区、灯塔市、辽阳县);
葫芦岛市(连山区、南票区、龙港区、兴城市、绥中县、建昌县);
本溪市(明山区、平山区、溪湖区、南芬区、本溪满族自治县、桓仁满族自治县);
营口市(老边区、鲅鱼圈区、大石桥市、盖州市);
鞍山市(铁东区、铁西区、立山区、千山区、海城市、台安县、岫岩满族自治县);
阜新市(细河区、新邱区、太平区、清河门区、海州区、阜新蒙古族自治县、彰武县);
锦州市(太和区、凌海市、北镇市、义县、黑山县)。

吉林:白城市(洮北区、洮南市、大安市、镇赉县、通榆县);
松源市(宁江区、乾安县、前郭县、长岭县、扶余县);
四平市(公主岭市、梨树县、伊通满族自治县);
延边朝鲜族自治州(敦化市);
通化市(集安市);
吉林市(桦甸市、蛟河市、舒兰市、永吉县)。

安徽:合肥市(肥东县)。

四川:雅安市(名山县)。

陕西:宝鸡市(陈仓区、岐山县);
铜川市(耀州区、王益区、印台区、宜君县);
延安市(宝塔区、安塞县、洛川县、子长县、黄陵县、延川县、富县、延长县、甘泉县、宜川县、志丹县、黄龙县、吴起县)。

宁夏:全境分布。

131. 脐腹小蠹 *Scolytus schevyrewi* Semenov

【寄主】榆树。

【分布地点】

内蒙古(含森工):呼伦贝尔市(满洲里市)。

132. 枣芽象甲 *Scythropus yasumatsui* Kono et Morimoto

【寄主】枣树。

【分布地点】

河北:廊坊市(大城县)。

133. 双条杉天牛 *Semanotus bifasciatus* (Motschulsky)

【寄主】侧柏、圆柏、龙柏、刺柏、杉木。

【分布地点】

北京:全市分布。

天津:蓟县。

内蒙古(含森工)：通辽市(科尔沁区)。
辽宁：锦州市(太和区、凌海市)；
辽阳市(弓长岭区、宏伟区、太子河区、灯塔市、辽阳县)；
鞍山市(千山区、海城市、岫岩满族自治县、台安县)；
大连市(金州区、甘井子区、旅顺口区、庄河市)；
丹东市(东港市)；
营口市(大石桥市、盖州市)；
抚顺市(顺城区、抚顺县)；
阜新市(细河区、新邱区、太平区、清河门区、海州区、阜新蒙古族自治县、彰武县)；
葫芦岛市(连山区、兴城市、绥中县、建昌县)；
朝阳市(龙城区、双塔区、北票市)；
沈阳市(于洪区、苏家屯区、东陵区、辽中县)；
铁岭市(开原市、铁岭县)；
本溪市(本溪满族自治县、桓仁满族自治县)。
上海：青浦区。
安徽：宣城市(宣州区、绩溪县)；
合肥市(肥东县、肥西县、长丰县)。
江西：赣州市(南康市、赣县、上犹县、寻乌县、石城县、于都县、信丰县、龙南县、全南县、会昌县)；
上饶市(信州区、广丰县)；
吉安市(安福县、遂川县)。
重庆：万州区、黔江区、忠县、云阳县。
陕西：咸阳市(秦都区、渭城市、乾县、三原县、泾阳县)；
渭南市(韩城市)。
新疆：伊犁哈萨克自治州(伊宁市、察布查尔锡伯自治县、伊宁县、霍城县)。

134. 双棘长蠹 *Sinoxylon anale* Lesne

【寄主】杨属、柳属、槐树、柿树。

【分布地点】

河北：沧州市(泊头市、任丘市、南皮县)。

135. 日本双棘长蠹 *Sinoxylon japonicus* Lesne

【寄主】槐树、刺槐、柿树、紫荆、栾树、核桃。

【分布地点】

北京：房山区、昌平区、海淀区。
天津：蓟县。
河北：石家庄市(长安区、桥东区、桥西区、新华区、裕华区、井陉矿区)。
山西：临汾市(尧都区、吕梁山森林经营局)；
运城市(闻喜县)。

136. 台湾狭天牛 *Stenhomalus taiwanus* Matsushita

【寄主】花椒。

【分布地点】

北京：房山区。

河北：石家庄市(长安区、桥东区、桥西区、新华区、裕华区、井陉矿区)。

137. 榆卷叶象 *Tomapoderus ruficollis* Fabricius

【寄主】榆树。

【分布地点】

北京：昌平区。

河北：石家庄市(长安区、桥东区、桥西区、新华区、裕华区、井陉矿区)。

内蒙古(含森工)：呼伦贝尔市(满洲里市)。

辽宁：铁岭市(清河区、银州区、调兵山市、开原市、西丰县、铁岭县、昌图县)。

吉林：辽源市(龙山区、西安区)；
　　　四平市(铁西区、铁东区)；
　　　吉林市(永吉县)。

138. 刺角天牛 *Trirachys orientalis* Hope

【寄主】柳属、杨属、榆属、枣树、刺槐。

【分布地点】

北京：海淀区、门头沟区。

河北：石家庄市(长安区、桥东区、桥西区、新华区、裕华区、井陉矿区)。

安徽：合肥市(肥西县)；
　　　黄山市(祁门县)；
　　　宣城市(宣州区、宁国市、绩溪县)。

139. 桑枝小天牛 *Xenolea tomentosa asiatica* (Pic)

【寄主】马褂木、合欢。

【分布地点】

安徽：池州市(青阳县)。

(六) 双翅目 Diptera

140. 枸杞实蝇 *Neoceratitis asiatica* Becker

【寄主】枸杞。

【分布地点】

甘肃：白银市(景泰县)。

141. 柑橘大实蝇 *Tetradacus citri* (Chen)

【寄主】柑橘、枇杷、桃树、梨树、葡萄。

【分布地点】

上海：闵行区、金山区。

湖南：益阳市(沅江市、安化县)；
　　　怀化市(洪江市、会同县)；

常德市（鼎城区、桃源县、澧县）；
郴州市（资兴市）。
重庆：巫山县。
四川：达州市（宣汉县、万源市）。

（七）鳞翅目 Lepidoptera

142. 碧皑蓑蛾 *Acanthopsyche bipars* Walker
【寄主】法国梧桐。
【分布地点】
北京：昌平区。

143. 毛赤杨长翅卷蛾 *Acleris submaccana*（Filipiev）
【寄主】白桦、杨属。
【分布地点】
河北：承德市（围场满族蒙古族自治县）。
安徽：六安市（裕安区、金寨县、霍邱县）。

144. 桦剑纹夜蛾 *Acronicta alni*（L.）
【寄主】桤属、悬钩子属。
【分布地点】
河北：张家口市（沽源县）。
吉林：白山市（长白朝鲜族自治县）；
吉林市（磐石市）。

145. 白斑剑纹夜蛾 *Acronicta catocaloida* Graeser
【寄主】杨属、柳属、槐属、栎属等。
【分布地点】
辽宁：丹东市（宽甸满族自治县、凤城市、东港市、振安区、振兴区、元宝区）；
沈阳市（苏家屯区、东陵区、沈北新区、于洪区、新民市、法库县、辽中县、康平县）；
锦州市（闾山保护区）。
吉林：延边朝鲜族自治州（敦化市）；
吉林市（永吉县）。
安徽：六安市（舒城县）。

146. 桃剑纹夜蛾 *Acronicta incretata*（Hampson）
【寄主】桃树、梨树、杏树。
【分布地点】
北京：延庆县、丰台区。
河北：张家口市（赤城县）。
辽宁：丹东市（东港市）；
沈阳市（苏家屯区、东陵区、沈北新区、于洪区、新民市、法库县、辽中县、康平县）；

葫芦岛市(建昌县);

锦州市(闾山保护区)。

吉林:延边朝鲜族自治州(敦化市);

吉林市(磐石市、桦甸市)。

安徽:安庆市(潜山县);

巢湖市(居巢区)。

147. 大三角鲁夜蛾 *Amathes kollari* Lederer

【寄主】柳属。

【分布地点】

北京:怀柔区。

河北:张家口市(沽源县)。

辽宁:阜新市(细河区、新邱区、太平区、清河门区、海州区、阜新蒙古族自治县、彰武县)。

安徽:安庆市(太湖县)。

148. 黄星尺蛾 *Arichanna melanaria fraterna* Butler

【寄主】桑树、山核桃、板栗等。

【分布地点】

辽宁:丹东市(振安区、振兴区、元宝区、凤城市、东港市、宽甸满族自治县);

锦州市(闾山保护区)。

黑龙江(含森工):大兴安岭地区(加格达奇林业局、新林林业局、十八站林业局、塔河林业局)。

安徽:六安市(舒城县)。

149. 大造桥虫 *Ascotis selenaria dianaria* (Hübner)

【寄主】核桃、苹果、刺槐、枣树、桉树属、漆树、黄檀。

【分布地点】

北京:延庆县、丰台区、怀柔区。

辽宁:丹东市(振安区、振兴区、元宝区、凤城市、东港市、宽甸满族自治县);

锦州市(太和区、凌海市、北镇市、义县、黑山县)。

吉林:白山市(江源县);

延边朝鲜族自治州(敦化市);

吉林市(磐石市、桦甸市)。

安徽:亳州市(涡阳县)。

广东:湛江市(廉江市、遂溪县)。

四川:宜宾市(屏山县)。

150. 清新鹿蛾 *Caeneressa diaphana* (Kollar)

【寄主】阔叶树。

【分布地点】

安徽:六安市(金寨县)。

151. 优雪苔蛾 *Chionaema hamata*（Walker）

【寄主】桑树、山核桃、板栗等。

【分布地点】

安徽：六安市(舒城县)。

152. 金黄镰翅野螟 *Circobotys aurealis*（Leech）

【寄主】刚竹属。

【分布地点】

安徽：宣城市(广德县、绩溪县)。

153. 大袋蛾 *Clania variegata* Snellen

【寄主】马褂木。

【分布地点】

北京：海淀区、延庆县。

辽宁：鞍山市(海城市、岫岩满族自治县)。

154. 南方豆天蛾 *Clanis bilineata bilineata*（Walker）

【寄主】印度木豆、葛属、刺槐。

【分布地点】

辽宁：锦州市(闾山保护区)。

安徽：安庆市(潜山县)；
合肥市(庐阳区、瑶海区、蜀山区、包河区、长丰县、肥东县、肥西县)；
黄山市(祁门县)；
淮南市(田家庵区、大通区)。

四川：宜宾市(翠屏区)。

155. 黄刺蛾 *Cnidocampa flavescens*（Walker）

【寄主】李树、苹果、梨树、枣树、杨属、柳树、榆树、枫香、板栗、樟树、核桃。

【分布地点】

北京：大兴区、朝阳区、房山区、平谷区、丰台区、怀柔区、门头沟区、海淀区、延庆县、密云县。

辽宁：铁岭市(清河区、银州区、调兵山市、开原市、西丰县、铁岭县、昌图县)；
朝阳市(凌源市、北票市、喀喇沁左翼蒙古族自治县、朝阳县)；
丹东市(振安区、振兴区、元宝区、凤城市、东港市、宽甸满族自治县)；
沈阳市(苏家屯区、东陵区、沈北新区、于洪区、新民市、法库县、辽中县、康平县)；
葫芦岛市(南票区、龙港区、连山区、兴城市、建昌县、绥中县)；
本溪市(本溪满族自治县)；
营口市(老边区、鲅鱼圈区、盖州市、大石桥市)；
鞍山市(铁东区、铁西区、立山区、千山区、海城市、台安县、岫岩满族自治县)；
阜新市(新邱区、太平区、清河门区、海州区、细河区、阜新蒙古族自治县、彰武县)；

盘锦市（兴隆台区、双台子区、盘山县、大洼县）；
锦州市（太和区、凌海市、北镇市、义县、黑山县）。

吉林：长春市（朝阳区、南关区、宽城区、二道区、绿园区、双阳区）；
白山市（长白朝鲜族自治县、抚松县）；
通化市（通化市、集安市、柳河县）；
白城市（洮北区、大安市、洮南市、镇赉县、通榆县）；
辽源市（龙山区、西安区、东辽县、东丰县）；
松源市（宁江区）；
四平市（公主岭市、双辽市、梨树县、伊通满族自治县）；
延边朝鲜族自治州（敦化市、汪清县）；
吉林市（船营区、昌邑区、龙潭区、丰满区、桦甸市、蛟河主市、舒兰市、永吉县）。

安徽：合肥市（庐阳区、瑶海区、蜀山区、包河区、长丰县、肥东县、肥西县）；
六安市（金安区、裕安区、寿县、霍山县、霍邱县、舒城县、金寨县）；
巢湖市（居巢区、含山县、无为县、庐江县、和县）；
芜湖市（镜湖区、弋江区、鸠江区、三山区、芜湖县、南陵县、繁昌县）；
宣城市（宣州区、宁国市、广德县、郎溪县、泾县、旌德县、绩溪县）；
池州市（贵池区、东至县、石台县、青阳县）；
安庆市（迎江区、大观区、宜秀区、桐城市、宿松县、枞阳县、太湖县、怀宁县、岳西县、望江县、潜山县）；
黄山市（屯溪区、黄山区、徽州区、休宁县、歙县、祁门县、黟县）；
蚌埠市（蚌山区、龙子湖区、禹会区、淮上区、怀远县、固镇县、五河县）；
阜阳市（颍州区、颍东区、颍泉区、界首市、临泉县、颍上县、阜南县、太和县）；
宿州市（埇桥区、萧县、泗县、砀山县、灵璧县）。

江西：赣州市（上犹县、全南县、兴国县）；
宜春市（袁州区）；
萍乡市（安源区）；
鹰潭市（余江县）；
南昌市（南昌县）；
抚州市（黎川县）。

广西：桂林市（永福县）。

重庆：涪陵区、万盛区、巴南区、黔江区、长寿区、荣昌县、梁平县、石柱土家族自治县、酉阳土家族苗族自治县。

陕西：宝鸡市（千阳县、扶风县、岐山县、凤县）。

新疆：伊犁哈萨克自治州（特克斯县）；
阿克苏地区（阿克苏市、温宿县）。

156. 苹果透翅蛾 *Conopia hector*（Butler）

【寄主】苹果、桃树、梨树。

【分布地点】

河北：承德市(承德县)。

辽宁：铁岭市(调兵山市)；

葫芦岛市(兴城市)；

阜新市(细河区、新邱区、太平区、清河门区、海州区、阜新蒙古族自治县、彰武县)；

锦州市(闾山保护区)。

吉林：四平市(公主岭市、双辽市、梨树县、伊通满族自治县)。

安徽：宣城市(广德县)。

157. 光穿孔尺蛾 *Corymica specularia* (Moore)

【寄主】桑树、山核桃、板栗等。

【分布地点】

安徽：宣城市(宣州区)。

158. 蒙古木蠹蛾 *Cossus mongolicus* Erschoff

【寄主】杨属、柳属、榆属、香椿、苹果、梨树、桃树、葡萄。

【分布地点】

河北：廊坊市(永清县、文安县)。

辽宁：铁岭市(清河区、银州区、调兵山市、开原市、西丰县、铁岭县、昌图县)；

沈阳市(苏家屯区、东陵区、沈北新区、于洪区、新民市、法库县、辽中县、康平县)；

营口市(老边区、鲅鱼圈区、大石桥市、盖州市)；

鞍山市(铁东区、铁西区、立山区、千山区、海城市、台安县、岫岩满族自治县)；

阜新市(细河区、新邱区、太平区、清河门区、海州区、阜新蒙古族自治县、彰武县)；

锦州市(闾山保护区)。

安徽：六安市(裕安区)。

陕西：延安市(宝塔区、安塞县、洛川县、子长县、黄陵县、延川县、富县、延长县、甘泉县、宜川县、志丹县、黄龙县、吴起县)。

159. 小蜻蜓尺蛾 *Cystidia couaggaria* Guenèe

【寄主】板栗等。

【分布地点】

吉林：吉林市(船营区、昌邑区、龙潭区、丰满区、桦甸市)。

安徽：宣城市(广德县)。

160. 青豹蛱蝶 *Damora sagana sagana* (Doubleday)

【寄主】刚竹属。

【分布地点】

吉林：长春市(朝阳区、南关区、宽城区、二道区、绿园区、双阳区)；

延边朝鲜族自治州(龙井市、珲春市)；

白山市(靖宇县、长白朝鲜族自治县);
吉林市(船营区、昌邑区、龙潭区、丰满区、桦甸市、永吉县、磐石市、蛟河市);
通化市(梅河口市)。
黑龙江(含森工):大兴安岭地区(加格达奇林业局、新林林业局、呼中林业局、塔河林业局、阿木尔林业局、韩家园林业局)。
安徽:宣城市(宣州区、广德县)。
重庆:巫山县、万州区、梁平县、长寿区、涪陵区、江津区、黔江区、万盛区、南川区、永川区、北碚区、石柱土家族自治县、武隆县、彭水苗族土家族自治县、綦江县、酉阳土家族苗族自治县、城口县。

161. 线茸毒蛾 *Dasychira grotei* Moore

【寄主】悬铃木、泡桐。

【分布地点】

山东:济南市(历下区、市中区、天桥区、槐荫区)。

162. 明纹柏松毛虫 *Dendrolimus suffuscus illustratus* Lajonquiere

【寄主】侧柏、白皮松、油松。

【分布地点】

河北:张家口市(沽源县)。

163. 黄杨绢野螟 *Diaphania perspectalis* (Walker)

【寄主】大叶黄杨、小叶黄杨、圆柏。

【分布地点】

北京:顺义区、通州区、平谷区。
河北:石家庄市(长安区、桥东区、桥西区、新华区、裕华区、井陉矿区)。
辽宁:大连市(金州区);
葫芦岛市(连山区、龙港区、兴城市、绥中县)。
安徽:合肥市(庐阳区、瑶海区、蜀山区、包河区、长丰县、肥东县、肥西县);
六安市(金安区、裕安区、寿县、霍山县、霍邱县、舒城县、金寨县);
巢湖市(居巢区、含山县、无为县、庐江县、和县);
芜湖市(镜湖区、弋江区、鸠江区、三山区、芜湖县、南陵县、繁昌县);
宣城市(宣州区、宁国市、广德县、郎溪县、泾县、旌德县、绩溪县);
池州市(贵池区、东至县、石台县、青阳县);
安庆市(迎江区、大观区、宜秀区、桐城市、宿松县、枞阳县、太湖县、怀宁县、岳西县、望江县、潜山县);
黄山市(屯溪区、黄山区、徽州区、休宁县、歙县、祁门县、黟县);
蚌埠市(蚌山区、龙子湖区、禹会区、淮上区、怀远县、固镇县、五河县);
阜阳市(颍州区、颍东区、颍泉区、界首市、临泉县、颍上县、阜南县、太和县);
宿州市(埇桥区、萧县、泗县、砀山县、灵璧县);
铜陵市(铜官山区、狮子山区、郊区、铜陵县)。

164. 云杉梢斑螟 *Dioryctria reniculelloides* Mutuura et Munroe

【寄主】云杉。

【分布地点】

青海：西宁市(大通回族土族自治县、湟源县)；
海东地区(循化撒拉族自治县)。

宁夏：银川市(贺兰山林管局)；
吴忠市(罗山林管局)。

165. 落叶松尺蛾 *Erannis ankeraria* Staudinger

【寄主】落叶松。

【分布地点】

北京：房山区。

辽宁：铁岭市(西丰县、开原市、铁岭县、昌图县、调兵山市、清河区、银州区)；
沈阳市(苏家屯区、东陵区、沈北新区、于洪区、新民市、法库县、辽中县、康平县)；
本溪市(本溪满族自治县)；
鞍山市(海城市、岫岩满族自治县)；
阜新市(阜新蒙古族自治县)。

吉林：延边朝鲜族自治州(汪清县)；
吉林市(永吉县)；
长春市(九台市)。

166. 西藏翠蛱蝶 *Euthalia thibetana* (Poujade)

【寄主】桑树、山核桃、板栗等。

【分布地点】

安徽：宣城市(宣州区)。

重庆：万州区、涪陵区、江津区、南川区、万盛区、永川区、北碚区、武隆县、彭水苗族土家族自治县。

167. 蓝灰蝶 *Everes argiades* (Pallas)

【寄主】苏铁等。

【分布地点】

北京：丰台区 。

辽宁：丹东市(振安区、振兴区、元宝区、凤城市、东港市、宽甸满族自治县)；
葫芦岛市(建昌县)；
锦州市(太和区、凌海市、北镇市、义县、黑山县)。

黑龙江(含森工)：大兴安岭地区(松岭林业局)。

重庆：均有分布。

168. 李小食心虫 *Grapholitha funebrana* Treitscheke

【寄主】红叶李 。

【分布地点】

辽宁：营口市(盖州市、大石桥市、老边区、鲅鱼圈区)。

安徽：池州市(东至县、青阳县)；
　　　滁州市(明光市、定远县)。
四川：内江市(资中县)。

169. 梨小食心虫 *Grapholitha molesta* Busck

【寄主】苹果、梨树、桃树、杏树、枣树、山楂、海棠、枇杷。

【分布地点】

北京：大兴区、房山区、平谷区、丰台区、怀柔区、昌平区。
辽宁：铁岭市(清河区、银州区、调兵山市、开原市、西丰县、铁岭县、昌图县)；
　　　本溪市(本溪满族自治县)；
　　　营口市(老边区、鲅鱼圈区、盖州市、大石桥市)；
　　　鞍山市(千山区)。
上海：黄浦区、卢湾区、徐汇区、长宁区、静安区、普陀区、闸北区、虹口区、杨浦区、闵行区、浦东新区、金山区、宝山区、松江区、嘉定区、青浦区、南汇区、奉贤区、崇明县。
安徽：宣城市(宁国市、旌德县)；
　　　合肥市(肥东县、肥西县、长丰县)。
重庆：渝北区。
宁夏：银川市(兴庆区、金凤区、西夏区、灵武市、永宁县、贺兰县)；
　　　中卫市(沙坡头区)。
天津：蓟县。
四川：绵阳市(三台县)。

170. 柳杉长卷蛾 *Homona issikii* Yasuda

【寄主】柳杉等。

【分布地点】

安徽：宣城市(绩溪县)。

171. 青辐射尺蛾 *Iotaphora admirabilis* (Oberthur)

【寄主】核桃楸、桃树、李树、板栗等。

【分布地点】

北京：怀柔区、门头沟区、延庆县、密云县。
河北：张家口市(赤城县)。
辽宁：丹东市(振安区、振兴区、元宝区、凤城市、东港市、宽甸满族自治县)；
　　　本溪市(本溪满族自治县)。
安徽：六安市(裕安区)。

172. 黄辐射尺蛾 *Iotaphora iridicolor* Butler

【寄主】核桃楸。

【分布地点】

北京：门头沟区、延庆县。
辽宁：丹东市(振安区、振兴区、元宝区、凤城市、东港市、宽甸满族自治县)；

鞍山市(海城市、岫岩满族自治县)。

吉林：白山市(江源县、靖宇县、长白朝鲜族自治县)；

通化市(东昌区、二道江区、集安市、柳河县)；

延边朝鲜族自治州(图们市、敦化市、安图县、汪清县)；

吉林市(船营区、昌邑区、龙潭区、丰满区、磐石市、桦甸市、蛟河市、永吉县)。

安徽：六安市(金寨县、舒城县)。

173. 玻璃尺蛾 *Krananda semihyalina* Moore

【寄主】茶树等。

【分布地点】

安徽：宣城市(宣州区)。

174. 褐袖刺蛾 *Latoia consocia* (Walker)

【寄主】海棠、樱花、冬青、悬铃木、刺槐、桃树、李树。

【分布地点】

河北：石家庄市(长安区、桥东区、桥西区、新华区、裕华区、井陉矿区)。

175. 杨白潜蛾 *Leucoptera susinella* Herrich-Schäffer

【寄主】杨属。

【分布地点】

北京：延庆县、大兴区、丰台区、海淀区。

辽宁：铁岭市(西丰县、开原市、铁岭县、昌图县、调兵山市、清河区、银州区)；

沈阳市(苏家屯区、东陵区、沈北新区、于洪区、新民市、法库县、辽中县、康平县)；

葫芦岛市(连山区、南票区、龙港区、兴城市、绥中县、建昌县)；

营口市(老边区、鲅鱼圈区、盖州市、大石桥市)；

鞍山市(铁东区、铁西区、立山区、千山区、海城市、台安县、岫岩满族自治县)；

阜新市(细河区、新邱区、太平区、清河门区、海州区、阜新蒙古族自治县、彰武县)；

盘锦市(兴隆台区、双台子区、盘山县、大洼县)；

锦州市(太和区、凌海市、北镇市、义县、黑山县)。

吉林：白城市(洮北区、通榆县)；

松源市(宁江区、长岭县)。

重庆：酉阳土家族苗族自治县。

四川：绵阳市(游仙区)。

176. 哑铃带钩蛾 *Macrocilix mysticata* (Walker)

【寄主】桑树、山核桃、板栗等。

【分布地点】

安徽：六安市(舒城县)。

177. 棕色天幕毛虫 *Malacosoma dentata* Mell

【寄主】枫香、桦树属、朴树、栎属、楮、栲属。

【分布地点】

安徽：宣城市(广德县、郎溪县、绩溪县)。

江西：鹰潭市(贵溪市)。

重庆：巴南区、酉阳土家族苗族自治县。

四川：绵阳市(安县)。

陕西：延安市(宝塔区、安塞县、洛川县、子长县、黄陵县、延川县、富县、延长县、甘泉县、宜川县、志丹县、黄龙县、吴起县)。

178. 栗摩夜蛾 *Maurilia iconica* Walker

【寄主】麻栎。

【分布地点】

安徽：铜陵市(铜官山区、狮子山区、郊区、铜陵县)。

179. 刺槐眉尺蛾 *Meichihuo cihuai* Yang

【寄主】刺槐、梨树、杨属、苹果、臭椿、杏树、皂角、枣树。

【分布地点】

北京：昌平区。

河北：廊坊市(大城县)；
石家庄市(平山县)。

辽宁：丹东市(振安区、振兴区、元宝区、凤城市、东港市、宽甸满族自治县)；
大连市(普兰店市、庄河市)；
沈阳市(东陵区、沈北新区、于洪区、苏家屯区、新民市、辽中县、康平县、法库县)；
葫芦岛市(南票区、龙港区、连山区、兴城市、绥中县、建昌县)；
鞍山市(铁东区、铁西区、立山区、千山区、海城市、台安县、岫岩满族自治县)；
锦州市(太和区、凌海市、北镇市、义县、黑山县)。

重庆：石柱土家族自治县。

陕西：宝鸡市(凤翔县、岐山县、千阳县、陈仓区)；
咸阳市(秦都区、渭城区、杨陵区、兴平市、礼泉县、泾阳县、永寿县、三原县、彬县、旬邑县、长武县、乾县、武功县、淳化县)；
铜川市(耀州区、宜君县)；
延安市(宝塔区、安塞县、洛川县、子长县、黄陵县、延川县、富县、延长县、甘泉县、宜川县、志丹县、黄龙县、吴起县)。

180. 杨小舟蛾 *Micromelalopha troglodyta* (Graeser)

【寄主】杨属、柳属。

【分布地点】

北京：延庆县、房山区、昌平区。

天津：蓟县。

辽宁：铁岭市(清河区、银州区、调兵山市、开原市、西丰县、铁岭县、昌图县)；
丹东市(振安区、振兴区、元宝区、凤城市、东港市、宽甸满族自治县)；
沈阳市(苏家屯区、东陵区、沈北新区、于洪区、新民市、法库县、辽中县、康平县)；
葫芦岛市(南票区、龙港区、连山区、兴城市、绥中县、建昌县)；
本溪市(本溪满族自治县)；
阜新市(细河区、新邱区、太平区、清河门区、海州区、阜新蒙古族自治县、彰武县)；
锦州市(闾山保护区)。
吉林：延边朝鲜族自治州(汪清县)；
四平市(公主岭市、双辽市、梨树县、伊通满族自治县)；
吉林市(蛟河市、舒兰市)。
安徽：阜阳市(颍州区、颍东区、颍泉区、界首市、临泉县、颍上县、阜南县、太和县)；
宿州市(埇桥区、萧县、泗县、砀山县、灵璧县)；
淮南市(田家庵区、大通区、谢家集区、八公山区、潘集区、凤台县)；
淮北市(相山区、杜集区、烈山区、濉溪县)；
蚌埠市(蚌山区、龙子湖区、禹会区、淮上区、怀远县、固镇县、五河县)；
六安市(金安区、裕安区、寿县、霍山县、霍邱县、舒城县、金寨县)；
合肥市(庐阳区、瑶海区、蜀山区、包河区、长丰县、肥东县、肥西县)；
巢湖市(居巢区、含山县、无为县、庐江县、和县)。
江西：九江市(瑞昌市、永修县)。
陕西：西安市(周至县、户县)。

181. 光腹夜蛾 *Mythimna turca* L.

【寄主】杂草、地杨梅属。

【分布地点】

河北：张家口市(沽源县)。
辽宁：丹东市(振安区、凤城市、东港市、宽甸满族自治县)；
锦州市(太和区、凌海市、北镇市、义县、黑山县)。
吉林：延边朝鲜族自治州(敦化市、汪清县)；
通化市(柳河县)。
黑龙江(含森工)：大兴安岭地区(加格达奇林业局)。
安徽：安庆市(潜山县)；
宣城市(广德县)。

182. 红云翅斑螟 *Nephopteryx semirubella* Scopoli

【寄主】苜蓿等花卉。

【分布地点】

辽宁：丹东市(振安区、振兴区、元宝区、凤城市、东港市、宽甸满族自治县)。
安徽：六安市(金寨县)。

183. 重环蛱蝶 *Neptis alwina* (Bremer et Grey)

【寄主】杏树。

【分布地点】

北京：房山区、门头沟区、延庆县。

河北：承德市(围场满族蒙古族自治县)。

辽宁：葫芦岛市(建昌县)；

阜新市(细河区、新邱区、太平区、清河门区、海州区、阜新蒙古族自治县、彰武县)；

锦州市(太和区、凌海市、北镇市、义县、黑山县)。

重庆：南川区、江津区、巫山县、巫溪县、城口县、奉节县。

184. 朱蛱蝶 *Nymphalis xanthomelas* L.

【寄主】柳树、杨属、白桦、榆树。

【分布地点】

北京：门头沟区。

河北：承德市(围场满族蒙古族自治县)。

辽宁：丹东市(振安区、凤城市、东港市)；

沈阳市(苏家屯区、东陵区、沈北新区、于洪区、新民市、法库县、辽中县、康平县)；

葫芦岛市(建昌县)；

阜新市(细河区、新邱区、太平区、清河门区、海州区、阜新蒙古族自治县、彰武县)；

吉林：延边朝鲜族自治州(珲春市、和龙市、敦化市、安图县)；

吉林市(船营区、昌邑区、龙潭区、丰满区、磐石市、桦甸市、蛟河市)；

白山市(临江市、靖宇县)。

黑龙江(含森工)：大兴安岭地区(加格达奇林业局、松岭林业局、新林林业局、塔河林业局、十八站林业局、呼中林业局、韩家园林业局、阿木尔林业局、图强林业局、西林吉林业局)。

185. 灰白蚕蛾 *Ocinara varians* Walker

【寄主】小叶榕、高山榕。

【分布地点】

重庆：涪陵区、开县。

四川：广安市(广安区、华蓥市、岳池县、武胜县、邻水县)；

乐山市(市中区、五通桥区、峨眉山市、夹江县、犍为县)。

186. 苹果枯叶蛾 *Odonestis pruni* Linnaeus

【寄主】苹果、李树等。

【分布地点】

北京：丰台区、怀柔区、延庆县。

辽宁：铁岭市(清河区、银州区、调兵山市、开原市、西丰县、铁岭县、昌图县)；

丹东市(振安区、振兴区、元宝区、凤城市、东港市、宽甸满族自治县)；
沈阳市(苏家屯区、东陵区、沈北新区、于洪区、新民市、法库县、辽中县、康平县)；
葫芦岛市(兴城市)；
锦州市(太和区、北镇市、凌海市、义县、黑山县)。
吉林：吉林市(船营区、昌邑区、龙潭区、丰满区、磐石市、桦甸市)；
延边朝鲜族自治州(珲春市、敦化市、汪清县)；
白山市(靖宇县、长白朝鲜族自治县、江源区、抚松县)；
长春市(朝阳区、南关区、宽城区、二道区、绿园区、双阳区)；
白城市(通榆县)；
松源市(宁江区、乾安县)；
四平市(公主岭市、双辽市、梨树县、伊通满族自治县)。
黑龙江(含森工)：大兴安岭地区(加格达奇林业局、松岭林业局、新林林业局、塔河林业局、图强林业局)。
安徽：六安市(裕安区)。
重庆：双桥区。

187. 楸螟 *Omphisa plagialis* Wileman

【寄主】楸树。

【分布地点】

北京：海淀区、大兴区。
辽宁：朝阳市(朝阳县)；
鞍山市(海城市)。
安徽：宣城市(绩溪县)；
池州市(青阳县)。
重庆：巴南区。

188. 樟叶瘤丛螟 *Orthaga achatina* Butler

【寄主】樟树。

【分布地点】

安徽：六安市(金安区、舒城县)。

189. 刚竹毒蛾 *Pantana phyllostachysae* Chao

【寄主】刚竹属。

【分布地点】

安徽：安庆市(岳西县)；
黄山市(黄山区、休宁县)。
福建：南平市(延平区、顺昌县、浦城县、建瓯市、邵武市、武夷山市、建阳市、政和县)；
龙岩市(新罗区、漳平市、上杭县、武平县)；
漳州市(南靖县)；

福州市(闽清县);
三明市(梅列区、三元区、永安市、宁化县、泰宁县、沙县、尤溪县、大田县、明溪县、建宁县、将乐县);
宁德市(柘荣县、屏南县);
莆田市(涵江区、城厢区、仙游县)。
江西:九江市(庐山区、都昌县、修水县);
宜春市(靖安县、奉新县、宜丰县、铜鼓县);
上饶市(德兴市、上饶县、广丰县、玉山县、万年县、婺源县);
景德镇市(乐平市);
新余市(渝水区、高新区);
鹰潭市(贵溪市);
赣州市(信丰县)。
广西:桂林市(兴安县);
柳州市(三江侗族自治县)。
重庆:永川区。
云南:红河哈尼族彝族自治州(屏边苗族自治县、绿春县、元阳县)。

190. 柑橘凤蝶 *Papilio xuthus* Linnaeus

【寄主】花椒、柑橘。

【分布地点】

北京:大兴区、门头沟区、丰台区、房山区、密云县。
辽宁:鞍山市(海城市);
锦州市(黑山县、闾山保护区)。
安徽:黄山市(屯溪区、黄山区、徽州区、休宁县、歙县、祁门县、黟县);
宣城市(宣州区、宁国市、广德县、郎溪县、泾县、旌德县、绩溪县);
六安市(金安区、裕安区、寿县、霍山县、霍邱县、舒城县、金寨县);
巢湖市(居巢区、含山县、无为县、庐江县、和县);
安庆市(迎江区、大观区、宜秀区、桐城市、宿松县、枞阳县、太湖县、怀宁县、岳西县、望江县、潜山县)。
江西:上饶市(弋阳县、横峰县、鄱阳县);
南昌市(南昌县);
抚州市(南丰县);
鹰潭市(余江县);
宜春市(万载县);
赣州市(崇义县、信丰县、全南县、寻乌县、于都县);
九江市(瑞昌市);
吉安市(吉州区、永丰县、吉水县)。
重庆:全市分布。
四川:泸州市(龙马潭区、江阳区、泸县);
自贡市(沿滩区)。

191. 葡萄透翅蛾 *Parathrene regalis* Butler

【寄主】葡萄。

【分布地点】

河北：承德市（双桥区、宽城满族自治县）；
廊坊市（大厂回族自治县）。

辽宁：铁岭市（开原市、铁岭县）。

安徽：亳州市（涡阳县、利辛县）；
合肥市（肥西县）。

192. 白杨透翅蛾 *Parathrene tabaniformis* Rottenberg

【寄主】欧美杨。

【分布地点】

北京：大兴区、平谷区、丰台区、昌平区。

辽宁：铁岭市（清河区、银州区、调兵山市、开原市、西丰县、铁岭县、昌图县）；
朝阳市（凌源市、北票市、喀喇沁左翼蒙古族自治县、朝阳县、建平县）；
抚顺市（顺城区、清原满族自治县、新宾满族自治县、抚顺县）；
丹东市（振安区、振兴区、元宝区、凤城市、东港市、宽甸满族自治县）；
大连市（甘井子区、金州区、普兰店市）；
沈阳市（苏家屯区、东陵区、沈北新区、于洪区、新民市、法库县、辽中县、康平县）；
辽阳市（弓长岭区、太子河区、宏伟区、灯塔市、辽阳县）；
葫芦岛市（南票区、龙港区、连山区、兴城市、绥中县、建昌县）；
本溪市（明山区、平山区、溪湖区、南芬区、本溪满族自治县、桓仁满族自治县）；
营口市（老边区、鲅鱼圈区、大石桥市、盖州市）；
鞍山市（铁东区、铁西区、立山区、千山区、海城市、台安县、岫岩满族自治县）；
阜新市（细河区、新邱区、太平区、清河门区、海州区、阜新蒙古族自治县、彰武县）；
盘锦市（兴隆台区、双台子区、盘山县、大洼县）；
锦州市（太和区、凌海市、北镇市、义县、黑山县）。

吉林：辽源市（龙山区、西安区）；
延边朝鲜族自治州（敦化市、汪清县）；
松源市（宁江区）；
吉林市（磐石市、桦甸市、蛟河市、舒兰市、永吉县）；
通化市（通化县）。

上海：嘉定区、崇明县、宝山区。

安徽：合肥市（肥西县）；
亳州市（蒙城县）；
宿州市（砀山县、萧县）。

福建：南平市（浦城县）。

江西：赣州市（石城县）。

陕西：西安市（阎良区、灞桥区）；

宝鸡市（岐山县、陈仓区）；

渭南市（临渭区、韩城市、华阴市、蒲城县、潼关县、白水县、澄城县、华县、合阳县、富平县、大荔县）；

榆林市（榆阳区、靖边县）；

咸阳市（秦都区、渭城区、杨陵区、兴平市、礼泉县、泾阳县、永寿县、三原县、彬县、旬邑县、长武县、乾县、武功县、淳化县）；

延安市（宝塔区、安塞县、洛川县、子长县、黄陵县、延川县、富县、延长县、甘泉县、宜川县、志丹县、黄龙县、吴起县）。

宁夏：银川市（兴庆区、金凤区、西夏区、灵武市、永宁县、贺兰县）；

石嘴山市（平罗县）；

吴忠市（利通区、青铜峡市、盐池县、同心县）；

中卫市（沙坡头区、中宁县）；

固原市（原州区、西吉县、泾源县、彭阳县）。

193. 蜀柏毒蛾 *Parocneria orienta* Chao

【寄主】侧柏、圆柏、龙柏。

【分布地点】

天津：蓟县 。

重庆：万州区、涪陵区、北碚区、渝北区、巴南区、长寿区、綦江县、铜梁县、荣昌县、梁平县、丰都县、垫江县、忠县、开县、巫山县、石柱土家族自治县、合川市、南川市、大足县、潼南县。

194. 星白尺蛾 *Percnia albinigrata* Warren

【寄主】茶树等。

【分布地点】

安徽：宣城市（宣州区）。

195. 柳蝙蛾 *Phassus excrescens* Butler

【寄主】暴马丁香、杨属、柳属、刺槐、花曲柳。

【分布地点】

山西：晋中市（昔阳县）。

辽宁：铁岭市（清河区、银州区、调兵山市、开原市、西丰县、铁岭县、昌图县）；

抚顺市（顺城区、东洲区、望花区、清原满族自治县、新宾满族自治县、抚顺县）；

丹东市（振安区、振兴区、元宝区、凤城市、东港市、宽甸满族自治县）；

大连市（庄河市）；

沈阳市（苏家屯区、东陵区、沈北新区、于洪区、新民市、法库县、辽中县、康平县）；

葫芦岛市（南票区、龙港区、连山区、兴城市、绥中县、建昌县）；

本溪市(桓仁满族自治县);
营口市(老边区、鲅鱼圈区、盖州市、大石桥市);
鞍山市(铁东区、铁西区、立山区、千山区、海城市、台安县、岫岩满族自治县);
阜新市(细河区、新邱区、太平区、清河门区、海州区、阜新蒙古族自治县、彰武县)。
吉林:延边朝鲜族自治州(敦化市、汪清县);
吉林市(磐石市、桦甸市、蛟河市、舒兰市、永吉县);
通化市(辉南县)。
上海:闵行区。

196. 疖蝙蛾 *Phassus nodus* Chu et Wang

【寄主】小叶女贞。

【分布地点】

云南:保山市(腾冲县)。

197. 樗蚕 *Philosamia cynthia walkeri* Felder

【寄主】臭椿、冬青、梧桐、悬铃木、核桃、刺槐、泡桐。

【分布地点】

北京:大兴区、通州区、房山区、平谷区、顺义区、怀柔区、昌平区、延庆县。
天津:大港区 。
辽宁:铁岭市(调兵山市、开原市、西丰县、铁岭县、昌图县);
沈阳市(苏家屯区、东陵区、沈北新区、于洪区、新民市、法库县、辽中县、康平县);
葫芦岛市(南票区、龙港区、连山区、兴城市、绥中县、建昌县);
营口市(盖州市、大石桥市)。
安徽:安庆市(潜山县);
合肥市(庐阳区、瑶海区、蜀山区、包河区、长丰县、肥东县、肥西县);
宣城市(宣州区、广德县、绩溪县)。
重庆:涪陵区、双桥区、渝北区、荣昌县、大足县、长寿区。

198. 红棕灰夜蛾 *Polia illoba* (Butler)

【寄主】桑树、菊花等。

【分布地点】

河北:张家口市(沽源县)。
辽宁:丹东市(振安区、振兴区、元宝区、凤城市、东港市、宽甸满族自治县)。
吉林:白城市(洮南市、通榆县、镇赉县);
辽源市(龙山区、西安区)。
安徽:巢湖市(居巢区)。

199. 长眉眼尺蛾 *Problepsis diazoma* Prout

【寄主】灌木。

【分布地点】

北京：房山区、怀柔区、门头沟区、延庆县。
吉林：长春市(朝阳区、南关区、二道区、宽城区、绿园区、双阳区)；
　　白山市(长白朝鲜族自治县、靖宇县)。
安徽：宣城市(广德县)。

200. 弯月小卷蛾 *Saliciphaga archris* (Butler)

【寄主】杞柳。
【分布地点】
辽宁：丹东市(振安区、东港市)。
安徽：六安市(舒城县)。

201. 纵带球须刺蛾 *Scopelodes contracta* Walker

【寄主】元宝槭。
【分布地点】
辽宁：丹东市(东港市)。
四川：宜宾市(兴文县)。

202. 槐尺蠖 *Semiothisa cinerearia* Bremer et Grey

【寄主】槐树。
【分布地点】
北京：全市分布。
内蒙古(含森工)：通辽市(科尔沁区)。
辽宁：丹东市(振安区、振兴区、元宝区、凤城市、东港市、宽甸满族自治县)；
　　沈阳市(苏家屯区、东陵区、沈北新区、于洪区、新民市、法库县、辽中县、康平县)；
　　葫芦岛市(南票区、龙港区、连山区、兴城市、绥中县、建昌县)；
　　营口市(老边区、鲅鱼圈区、盖州市、大石桥市)；
　　鞍山市(铁东区、铁西区、立山区、千山区、海城市、台安县、岫岩满族自治县)；
　　阜新市(细河区、新邱区、太平区、清河门区、海州区、阜新蒙古族自治县、彰武县)；
　　盘锦市(兴隆台区、双台子区、盘山县、大洼县)。
宁夏：石嘴山市(大武口区、惠农区、平罗县)；
　　银川市(兴庆区、金凤区、西夏区、灵武市、永宁县、贺兰县)；
　　吴忠市(盐池县)。

203. 赤腰透翅蛾 *Sesia molybdoceps* Hampson

【寄主】板栗。
【分布地点】
河北：承德市(宽城满族自治县)。
安徽：池州市(石台县)。

204. 黑条沙舟蛾 *Shaka atrovittata* (Bremer)

【寄主】槭。

【分布地点】

北京：怀柔区、延庆县。

河北：张家口市（赤城县）。

辽宁：阜新市（细河区、新邱区、太平区、清河门区、海州区、阜新蒙古族自治县、彰武县）。

吉林：延边朝鲜族自治州（敦化市）；
吉林市（磐石市）。

205. 淡剑袭夜蛾 *Sidemia depravata* (Butler)

【寄主】碧桃、海棠、枫杨、柳树、槐树。

【分布地点】

河北：石家庄市（长安区、桥东区、桥西区、新华区、裕华区、井陉矿区）。

安徽：亳州市（涡阳县）；
合肥市（肥西县）。

206. 麦蛾 *Sitotroga cerealella* Olivier

【寄主】蜀柏、圆柏。

【分布地点】

安徽：淮南市（田家庵区、凤台县）。

207. 杨干透翅蛾 *Sphecia siningensis* Hsu

【寄主】杨属。

【分布地点】

河北：廊坊市（香河县）。

安徽：亳州市（蒙城县）。

江西：抚州市（黎川县）。

四川：凉山彝族自治州（盐源县、冕宁县、会理县）；
甘孜藏族自治州（乡城县）。

陕西：宝鸡市（辛家山、岐山县、千阳县、陇县、凤县）；
延安市（宝塔区、安塞县、洛川县、子长县、黄陵县、延川县、富县、延长县、甘泉县、宜川县、志丹县、黄龙县、吴起县）。

青海：西宁市（西宁市辖区、湟中县、大通回族土族自治县、湟源县）；
海东地区（平安县、乐都县、互助土族自治县、民和回族土族自治县、循化撒拉族自治县、化隆回族自治县）；
海南藏族自治州（贵德县、贵南县、兴海县、同德县、共和县）；
海西蒙古族藏族自治州（格尔木市、德令哈市、都兰县、乌兰县）；
黄南藏族自治州（同仁县）。

宁夏：银川市（永宁县、贺兰县）；
吴忠市（青铜峡市）；
固原市（西吉县）。

208. 杨毒蛾 *Stilpnotia candida* Staudinger

【寄主】杨属、柳属、榛树属。

【分布地点】

北京：大兴区、通州区、朝阳区、房山区、密云县、丰台区、昌平区、门头沟区、海淀区、延庆县。

辽宁：铁岭市(清河区、银州区、调兵山市、开原市、西丰县、铁岭县、昌图县)；
丹东市(振安区、振兴区、元宝区、凤城市、东港市、宽甸满族自治县)；
沈阳市(苏家屯区、东陵区、沈北新区、于洪区、新民市、法库县、辽中县、康平县)；
葫芦岛市(连山区、南票区、龙港区、兴城市、绥中县、建昌县)；
营口市(老边区、鲅鱼圈区、盖州市、大石桥市)；
鞍山市(铁东区、铁西区、立山区、千山区、海城市、台安县、岫岩满族自治县)；
阜新市(细河区、新邱区、太平区、清河门区、海州区、阜新蒙古族自治县、彰武县)；
盘锦(兴隆台区、双台子区、盘山县、大洼县)；
锦州市(凌海市、义县、北镇、黑山县、太和区、开发区、南站新区、闾山保护区)。

吉林：白城市(洮北区、洮南市、大安市、镇赉县、通榆县)；
松源市(宁江区、前郭县、长岭县、扶余县)；
四平市(公主岭市、双辽市、梨树县、伊通满族自治县)；
延边朝鲜族自治州(敦化市、龙井市、珲春市、延吉市、汪清县、安图县)；
通化市(集安市、通化县)；
吉林市(船营区、昌邑区、龙潭区、丰满区、桦甸市、永吉县)；
白山市(抚松县、江源县)；
长春市(朝阳区、南关区、宽城区、二道区、绿园区、双阳区)；
辽源市(龙山区、西安区)。

黑龙江(含森工)：大兴安岭地区(加格达奇林业局、松岭林业局、图强林业局)。

安徽：宣城市(广德县)。

四川：雅安市(芦山县)。

青海：海东地区(循化撒拉族自治县、化隆回族自治县)。

宁夏：银川市(兴庆区、金凤区、西夏区、灵武市、永宁县、贺兰县)；
石嘴山市(惠农区、平罗县)；
吴忠市(利通区、青铜峡市)；
中卫市(沙坡头区、中宁县、海原县)；
固原市(西吉县)。

209. 斜线网蛾 *Striglina scitaria* Walker

【寄主】板栗等。

【分布地点】

安徽：宣城市(宣州区、广德县)。

210. 素刺蛾 *Susica pallida* Walker

【寄主】板栗等。

【分布地点】

安徽：宣城市(广德县)。

211. 黑星麦蛾 *Telphusa chloroderces* Meyrick

【寄主】桃树、李树、杏树、梨树、苹果。

【分布地点】

河北：石家庄市(长安区、桥东区、桥西区、新华区、裕华区、井陉矿区)。

212. 三角尺蛾 *Trigonoptila latimarginaria* (Leech)

【寄主】桑树、山核桃、板栗等。

【分布地点】

安徽：宣城市(宣州区)。

213. 玉臂黑尺蛾 *Xandrames dholaria sericea* Butler

【寄主】柿树、板栗等。

【分布地点】

安徽：宣城市(宣州区)。

214. 松线小卷蛾 *Zeiraphera grisecana* (Hübner)

【寄主】落叶松。

【分布地点】

河北：承德市(围场满族蒙古族自治县)。

山西：忻州市(五台县)。

青海：西宁市(大通回族土族自治县)。

宁夏：固原市(六盘山林业局)。

215. 六星黑点豹蠹蛾 *Zeuzera leuconotum* Butler

【寄主】白蜡、柳树、刺槐等。

【分布地点】

北京：门头沟区。

天津：东丽区。

216. 梨豹蠹蛾 *Zeuera pyrina* L.

【寄主】杨属、柳属、苹果。

【分布地点】

安徽：六安市(舒城县)。

(八) 膜翅目 Hymenoptera

217. 松阿扁叶蜂 *Acantholyda posticalis* Matsumura

【寄主】马尾松、红松、油松。

【分布地点】

辽宁：抚顺市(清原满族自治县、新宾满族自治县、抚顺县)；
辽阳市(弓长岭区、辽阳县)；

本溪市(桓仁满族自治县)。

安徽:安庆市(潜山县)。

河南:三门峡市(灵宝市、卢氏县)。

四川:泸州市(泸县)。

218. 落叶松腮扁叶蜂 *Cephalcia lariciphila* (Wachtl)

【寄主】落叶松。

【分布地点】

河北:承德市(围场满族蒙古族自治县)。

219. 板栗瘿蜂 *Dryocosmus kuriphilus* Yasumatsu

【寄主】板栗。

【分布地点】

北京:怀柔区、密云县。

辽宁:丹东市(振安区、振兴区、元宝区、凤城市、东港市、宽甸满族自治县);
鞍山市(岫岩满族自治县)。

安徽:六安市(金安区、裕安区、寿县、霍山县、霍邱县、舒城县、金寨县);
安庆市(迎江区、大观区、宜秀区、桐城市、宿松县、枞阳县、太湖县、怀宁县、岳西县、望江县、潜山县);
宣城市(宣州区、宁国市、广德县、郎溪县、泾县、旌德县、绩溪县);
黄山市(屯溪区、黄山区、徽州区、休宁县、歙县、祁门县、黟县);
池州市(贵池区、东至县、石台县、青阳县)。

福建:南平市(建瓯市、政和县);
宁德市(周宁县);
龙岩市(宁化县)。

江西:赣州市(崇义县、龙南县、宁都县);
抚州市(宜黄县、资溪县、东乡族自治县);
宜春市(丰城市、高安市、奉新县、靖安县);
鹰潭市(贵溪市、余江县、龙虎山);
九江市(瑞昌市、都昌县)。

广西:柳州市(柳北区、柳江县、柳城县、鹿寨县);
桂林市(资源县、阳朔县);
河池市(天峨县)。

重庆:万州区、万盛区、巴南区、黔江区、綦江县、荣昌县、垫江县、武隆县、奉节县、巫山县。

四川:巴中市(南江县、平昌县、通江县);
雅安市(雨城区、石棉县、名山县、荥经县);
凉山彝族自治州(会理县、冕宁县、甘洛县、喜德县);
眉山市(东坡区、丹棱县);
泸州市(江阳区、纳溪区、泸县、叙永县);
达州市(万源市、达县、大竹县、宣汉县、开江县);

乐山市(沐川县、马边彝族自治县);
宜宾市(兴文县、高县、珙县、南溪县、长宁县、筠连县、屏山县)。
陕西:宝鸡市(陈仓区);
安康市(宁陕县、紫阳县);
商洛市(镇安县、柞水县、山阳县、洛南县)。

220. 梨实蜂 *Hoplocampa pyricola* Rohwer

【寄主】梨树、李树。

【分布地点】

河北:廊坊市(安次区、永清县、文安县、大厂回族自治县、大城县)。
辽宁:葫芦岛市(兴城市)。
江西:赣州市(石城县)。

221. 梨茎蜂 *Janus piri* Okamoto et Muramatsu

【寄主】梨树。

【分布地点】

河北:廊坊市(永清县、文安县、固安县、安次区、广阳区、大城县)。
安徽:合肥市(肥东县)。
江西:赣州市(会昌县)。
重庆:渝北区。
宁夏:银川市(灵武市)。

222. 枸杞负泥虫 *Lema decempunctata* Gebler

【寄主】枸杞。

【分布地点】

辽宁:阜新市(阜新蒙古族自治县)。
甘肃:白银市(景泰县)。
青海:海西蒙古族藏族自治州(格尔木市)。
宁夏:银川市(兴庆区、金凤区、西夏区、灵武市、永宁县、贺兰县);
石嘴山市(大武口区、惠农区、平罗县);
吴忠市(利通区、青铜峡市、盐池县、同心县);
中卫市(沙坡头区、中宁县);
固原市(原州区)。

223. 伊藤厚丝叶蜂 *Pachynematus itoi* Okutani

【寄主】落叶松属。

【分布地点】

辽宁:丹东市(凤城市、宽甸满族自治县);
本溪市(本溪满族自治县、桓仁满族自治县);
抚顺市(新宾满族自治县、清原满族自治县、抚顺县);
沈阳市(康平县);
铁岭市(清河区、开原市、昌图县、西丰县、铁岭县);
鞍山市(岫岩满族自治县)。

吉林：辽源市（龙山区、西安区）；
延边朝鲜族自治州（汪清县）；
四平市（公主岭市、双辽市、梨树县、伊通满族自治县）；
吉林市（永吉县）。

224. 柳瘿叶蜂 *Pontania dolichura* (Thomson)

【寄主】柳树、垂柳。

【分布地点】

北京：昌平区、海淀区。
河北：廊坊市（永清县、文安县、固安县）。
辽宁：鞍山市（千山区、海城市、台安县）。
甘肃：酒泉市（肃州区、敦煌市、安西县、肃北蒙古族自治县）；
庆阳市（西峰区、宁县、正宁县、镇原县）。
青海：西宁市（城东区、城中区、城西区、城北区、湟源县）。

225. 杨黄褐锉叶蜂 *Pristiphora conjugata* (Dahlbom)

【寄主】杨属。

【分布地点】

河北：廊坊市（广阳区、永清县）。
青海：海南藏族自治州（贵南县）。

226. 落叶松锉叶蜂 *Pristiphora laricis* (Hartig)

【寄主】落叶松。

【分布地点】

河北：承德市（围场满族蒙古族自治县）。
四川：巴中市（南江县）。
甘肃：平凉市（崆峒区、庄浪县）；
天水市（秦州区、麦积区、武山县、甘谷县、清水县、秦安县、张家川回族自治县）；
庆阳市（西峰区、正宁县、宁县、合水县、华池县）。

227. 魏氏锉叶蜂 *Pristiphora wesmaeli* Tischbein

【寄主】落叶松。

【分布地点】

河北：承德市（围场满族蒙古族自治县）。

228. 杨直角叶蜂 *Stauronematus compressicornis* (Fabricius)

【寄主】杨属。

【分布地点】

河南：南阳市（内乡县、西峡县、淅川县、南召县）。

229. 烟角树蜂 *Tremex fuscicornis* (Fabricius)

【寄主】杨属、柳属。

【分布地点】

北京：门头沟区、大兴区。

河北：承德市（丰宁满族自治县、隆化县）。

吉林：白城市（镇赉县、通榆县）；

延边朝鲜族自治州（延吉市、安图县）。

青海：西宁市（城东区、城中区、城西区、城北区）。

230. 泰加大树蜂 *Urocerus gigas taiganus* Beson

【寄主】云杉、冷杉、落叶松、华北落叶松。

【分布地点】

河北：承德市（丰宁满族自治县、围场满族蒙古族自治县）。

山西：晋中市（昔阳县）。

内蒙古（含森工）：锡林郭勒盟（锡林浩特市、西乌珠穆沁旗）。

辽宁：抚顺市（清原满族自治县、新宾满族自治县）；

本溪市（本溪满族自治县）。

吉林：长春市（朝阳区、南关区、宽城区、二道区、绿园区、双阳区）；

延边朝鲜族自治州（敦化市、汪清县）；

四平市（公主岭市、双辽市、梨树县、伊通满族自治县）。

黑龙江（含森工）：大兴安岭地区（新林林业局、塔河林业局）。

二、害 螨 类

1. 枸杞刺皮瘿螨 *Aculops lycii* Kuang

【寄主】枸杞。

【分布地点】

甘肃：白银市（景泰县）。

2. 柳刺皮瘿螨 *Aculops niphocladae* Keifer

【寄主】柳属。

【分布地点】

北京：昌平区。

辽宁：沈阳市（苏家屯区、东陵区、沈北新区、于洪区、新民市、法库县、辽中县、康平县）；

葫芦岛市（南票区、龙港区、连山区、兴城市、绥中县、建昌县）。

3. 葡萄缺节瘿螨 *Colomerus vitis*（Pagenstecher）

【寄主】葡萄。

【分布地点】

河北：廊坊市（大厂回族自治县）。

4. 杨始叶螨 *Eotetranychus populi*（Koch）

【寄主】杨属、柳属。

【分布地点】

河北：廊坊市（大厂回族自治县）。

辽宁：沈阳市（苏家屯区、东陵区、沈北新区、于洪区、新民市、法库县、辽中县、康平县)。

5. 针叶小爪螨 *Oligonychus ununguis* (Jacobi)

【**寄主**】云杉、侧柏、油松、黑松、栎属、板栗、落叶松。

【**分布地点**】

北京：怀柔区、平谷区、昌平区、延庆县。

河北：承德市(丰宁满族自治县)。

安徽：宣城市(广德县、绩溪县)。

甘肃：天水市(秦州区、麦积区、武山县、甘谷县、清水县、秦安县、张家川回族自治县)。

6. 山楂红蜘蛛 *Tetranychus viennensis* Zacher

【**寄主**】苹果、梨树、桃树、杏树、李树。

【**分布地点**】

北京：丰台区、昌平区、大兴区、怀柔区、海淀区、延庆县。

河北：廊坊市(三河市、永清县、文安县、大厂回族自治县、香河县、固安县、大城县)。

辽宁：铁岭市(开原市、西丰县、铁岭县)；
葫芦岛市(连山区、南票区、龙港区、兴城市、绥中县、建昌县)。

宁夏：全自治区分布。

三、病　原　类

(一) 真　菌

1. 竹丛枝病菌 *Aciculosporium take* Miyake

【**寄主**】毛竹、粉单竹。

【**分布地点**】

安徽：安庆市(潜山县)；
黄山市(歙县、黟县)；
芜湖市(繁昌县)；
合肥市(肥西县)；
六安市(裕安区、金安区、舒城县、霍山县、金寨县)。

江西：赣州市(赣县、崇义县、兴国县、会昌县)；
九江市(瑞昌市、修水县)；
吉安市(永新县、遂川县)；
鹰潭市(余江县)；
抚州市(资溪县)；
宜春市(奉新县)。

湖北：恩施土家族苗族自治州(恩施市)；
随州市(神农架自然保护区)；
天门市。

湖南：湘潭市(湘潭县)。
广东：韶关市(仁化县)。
广西：桂林市(全州县、兴安县、资源县、平乐县、荔浦县、临桂县、灵川县、临朔县)；
南宁市(邕宁县)；
贺州市(昭平县)。
重庆：渝北区、永川区、梁平县。
陕西：安康市(旬阳县)。

2. 蔷薇叶斑病菌 *Actinonema rosae* (Lib.) Fr.

【寄主】野蔷薇、月季。

【分布地点】

北京：朝阳区、海淀区、丰台区。
安徽：铜陵市(铜官山区、狮子山区、郊区)；
合肥市(庐阳区、瑶海区、蜀山区、包河区)。

3. 小叶女贞锈病菌 *Aecidium klugkidstianum* Diet

【寄主】小叶女贞。

【分布地点】

安徽：合肥市(庐阳区、瑶海区、蜀山区、包河区)。

4. 野花椒锈病菌 *Aecidium zanthxyli-schinifolii* Diet

【寄主】野花椒。

【分布地点】

安徽：合肥市(庐阳区、瑶海区、蜀山区、包河区)。

5. 牵牛花白锈病菌 *Albugo ipomoeae-panduranae* (Schw.) Swingle

【寄主】牵牛。

【分布地点】

河北：石家庄市(长安区、桥东区、桥西区、新华区、裕华区、井陉矿区)。

6. 杨树叶枯病菌 *Alternaria alternata* (Fr.) Keissl

【寄主】杨属、核桃、银杏、圆柏、蜀柏、刺柏、刺槐。

【分布地点】

北京：大兴区、延庆县。
福建：龙岩市(连城县)。
安徽：合肥市(庐阳区、瑶海区、蜀山区、包河区、长丰县、肥东县、肥西县)；
六安市(金安区、裕安区、寿县)；
亳州市(涡阳县)；
宿州市(泗县)；
池州市(贵池区、东至县、石台县、青阳县)。
湖北：孝感市(安陆市、孝昌县、大悟县、云梦县)。

7. 蜡梅叶斑病菌 *Alternaria calycanthi* (Car.) Joly

【寄主】蜡梅。

【分布地点】

安徽：六安市（金寨县）。

8. **梨黑斑病菌** ***Alternaria kikuchiana* Tanaka**

【寄主】梨树。

【分布地点】

辽宁：丹东市（宽甸满族自治县）。

安徽：六安市（霍山县）。

9. **根腐病菌** ***Armillariclla mellea* (Vahl. ex Fr.) Karst.**

【寄主】仙人掌、银杏、中华猕猴桃、棕榈、杜仲、刺槐。

【分布地点】

河北：石家庄市（高邑县）；
廊坊市（大城县）。

安徽：六安市（金寨县、霍山县）；
安庆市（岳西县）；
合肥市（肥西县）。

10. **冬青煤污病菌** ***Asterina formosana* Yamam**

【寄主】冬青。

【分布地点】

安徽：黄山市（屯溪区、黄山区、徽州区、休宁县、歙县、祁门县、黟县）。

11. **桉树枯梢病菌** ***Botryodiplodia theobromae* Pat**

【寄主】桉树属。

【分布地点】

广东：广州市（天河区、白云区、黄埔区、番禺区、花都区、南沙区、萝岗区、增城市、从化市）；
汕头市（濠江区、潮阳区、潮南区、澄海区、南澳县）；
韶关市（浈江区、武江区、曲江区、乐昌市、南雄市、始兴县、仁化县、翁源县、新丰县、乳源瑶族自治县）；
佛山市（南海区、顺德区、三水区、高明区）；
江门市（江海区、蓬江区、新会区、台山市、开平市、鹤山市、恩平市）；
湛江市（麻章区、廉江市、雷州市、吴川市、遂溪县）；
茂名市（茂南区、茂港区、高州市、化州市、信宜市、电白县）；
肇庆市（端州区、鼎湖区、高要市、四会市、广宁县、怀集县、封开县、德庆县）；
惠州市（惠城区、惠阳区、博罗县、惠东县、龙门县）；
梅州市（梅江区、兴宁市、梅县、大埔县、丰顺县、五华县、平远县、蕉岭县）；
汕尾市（陆丰市、海丰县、陆河县）；
河源市（源城区、紫金县、龙川县、连平县、和平县、东源县）；
阳江市（江城区、阳春市、阳西县、阳东县）；
清远市（清城区、英德市、佛冈县、阳山县、清新县、连山壮族瑶族自治县、连南瑶族自治县)；
潮州市(湘桥区、潮安县、饶平县)；
揭阳市(榕城区、普宁市、揭东县、揭西县、惠来县)；
云浮市(云城区、罗定市、新兴县、郁南县、云安县)。
广西：南宁市(马山县)。
海南：儋州市 。

12. 干腐病菌 *Botryosphaeria dothidea* (Moug. ex Fr.) Ces. et Not.

【寄主】中华猕猴桃、核桃、杨属、蜡梅、柿树、桃树、板栗、漆树。

【分布地点】

北京：海淀区。
辽宁：锦州市(太和区、凌海市、义县、北镇市、黑山县)。
安徽：安庆市(岳西县、潜山县)；
池州市(贵池区)；
六安市(霍山县)；
亳州市(涡阳县、利辛县)；
蚌埠市(怀远县)；
滁州市(天长市)；
合肥市(庐阳区、瑶海区、蜀山区、包河区、肥东县)；
淮北市(濉溪县)；
芜湖市(繁昌县)；
宣城市(宁国市、广德县)。

13. 杨树溃疡病菌 *Dothiorella gregaria* Sacc.

【寄主】杨属。

【分布地点】

北京：全市分布。
辽宁：铁岭市(清河区、银州区、开原市、调兵山市、西丰县、铁岭县、昌图县)；
丹东市(振安区、振兴区、元宝区、凤城市、东港市、宽甸满族自治县)；
沈阳市(苏家屯区、东陵区、沈北新区、于洪区、新民市、法库县、辽中县、康平县)；
辽阳市(弓长岭区、太子河区、宏伟区、灯塔市、辽阳县)；
葫芦岛市(连山区、南票区、龙港区、兴城市、绥中县、建昌县)；
本溪市(本溪满族自治县)；
营口市(老边区、鲅鱼圈区、大石桥市、盖州市)；
鞍山市(铁东区、铁西区、立山区、千山区、海城市、台安县、岫岩满族自治县)；
阜新市(细河区、新邱区、太平区、清河门区、海州区、阜新蒙古族自治县、彰武县)；
盘锦市(兴隆台区、双台子区、盘山县、大洼县)；
锦州市(太和区、凌海市、义县、北镇市、黑山县)。

吉林：长春市(朝阳区、南关区、宽城区、二道区、绿园区、双阳区、九台市、德惠市)；
白城市(洮北区、洮南市、大安市、通榆县、镇赉县)；
延边朝鲜族自治州(延吉市、汪清县)；
白山市(靖宇县)；
吉林市(船营区、昌邑区、龙潭区、丰满区、桦甸市、舒兰市、蛟河市)。
黑龙江(含森工)：大兴安岭地区(加格达奇林业局、塔河林业局、西林吉林业局)。
安徽：合肥市(庐阳区、瑶海区、蜀山区、包河区、长丰县、肥东县、肥西县)；
蚌埠市(蚌山区、龙子湖区、禹会区、淮上区、怀远县、五河县、固镇县)；
亳州市(谯城区、涡阳县、蒙城县、利辛县)；
宿州市(埇桥区、砀山县、萧县、灵璧县、泗县)；
芜湖市(镜湖区、弋江区、鸠江区、三山区、芜湖县、繁昌县、南陵县)；
淮南市(田家庵区、大通区、谢家集区、八公山区、潘集区、凤台县)；
六安市(金安区、裕安区、寿县、霍邱县、舒城县、金寨县、霍山县)；
滁州市(琅琊区、南谯区、天长市、明光市、来安县、全椒县、定远县、凤阳县)；
淮北市(相山区、杜集区、烈山区、濉溪县)；
宣城市(宣州区、宁国市、郎溪县、广德县、泾县、绩溪县、旌德县)。
湖南：益阳市(沅江市)。
江西：九江市(永修县)；
吉安市(新干县、吉安县)；
宜春市(宜丰县)。
重庆：酉阳土家族苗族自治县、黔江区。
陕西：宝鸡市(陈仓区、扶风县、麟游县、渭滨区、凤县、岐山县)；
渭南市；
延安市(南七县)；
榆林市(榆阳区、神木县、府谷县)。
宁夏：银川市 (西夏区、永宁县)；
石嘴山市(平罗县)；
固原市(隆德县)。

14. 桉苗灰霉病菌 *Botrytis cinerea* Pers.

【寄主】一品红、桉树属。

【分布地点】

河北：石家庄市(高邑县)。
广西：玉林市(玉州区、兴业县、容县、北流县、陆川县、博白县)。
四川：乐山市(市中区、五通桥区、沙湾区、峨眉山市、夹江县、犍为县、井研县)。

15. 毛竹枯梢病菌 *Ceratosphaeria phyllostachydis* Zhang

【寄主】麻竹、毛竹。

【分布地点】

安徽：宣城市(广德县)。

福建：福州市(晋安区、马尾区、长乐市、罗源县、永泰县、连江县、闽清县、闽侯县)；

南平市(延平区)；

龙岩市(永定县)；

漳州市(平和县、南靖县)；

宁德市(古田县、福安市、柘荣县、蕉城区、周宁县、寿宁县)；

莆田市(涵江区、仙游县)；

泉州市(德化县、南安市、永春县)。

江西：赣州市(南康市、崇义县、大余县、信丰县、龙南县、定南县、于都县、兴国县、会昌县、赣县、上犹县)；

吉安市(万安县)；

萍乡市(上栗县)；

宜春市(袁州区、丰城市、上高县、万载县)；

上饶市(广丰县)。

广东：韶关市(仁化县)。

四川：雅安市(天全县)。

陕西：安康市(白河县)。

16. 泡桐叶斑病菌 *Cercospora catalpae* Wint.

【寄主】泡桐。

【分布地点】

安徽：阜阳市(颍州区、颍东区、颍泉区)；

淮南市(凤台县)；

六安市(霍山县)。

17. 紫荆角斑病菌 *Cercospora chionea* Ell. et Ev.

【寄主】紫荆。

【分布地点】

安徽：合肥市(庐阳区、瑶海区、蜀山区、包河区)；

安庆市(潜山市)；

池州市(东至县)；

淮南市(八公山区)；

宿州市(埇桥区)；

六安市(金安区)。

18. 香樟叶斑病菌 *Cercospora cinnamomi* Saw. et Kats.

【寄主】樟树。

【分布地点】

安徽：合肥市(庐阳区、瑶海区、蜀山区、包河区)。

19. 石楠叶斑病菌 *Cercospora eriobotryae* (Enj.) Saw.

【寄主】石楠。

【分布地点】

安徽：合肥市（肥西县）；
池州市（东至县）；
淮南市（田家庵区）；
六安市（金安区、霍山县、舒城县）；
宿州市（埇桥区）。

20. 桉树叶斑病菌 *Cercospora eucalypti* Cooke et Massee

【寄主】桉树属。

【分布地点】

福建：三明市（明溪县）。

湖南：永州市（道县、宁远县、江永县，回龙圩管理区）。

广西：玉林市（玉州区、北流县、兴业县、博白县）。

21. 柿角斑病菌 *Cercospora kaki* Ell. et Ev.

【寄主】柿树。

【分布地点】

北京：海淀区。

安徽：黄山市（歙县）；
池州市（东至县）；
滁州市（琅琊区、南谯区）；
宿州市（埇桥区）；
亳州市（蒙城县）；
阜阳市（颍州区）。

22. 女贞叶斑病菌 *Cercospora ligustri* Roum.

【寄主】女贞。

【分布地点】

安徽：合肥市（庐阳区、瑶海区、蜀山区、包河区）；
池州市（东至县）。

23. 紫薇叶斑病菌 *Cercospora lythracearum* Heald et Wolf

【寄主】紫薇。

【分布地点】

安徽：六安市（金寨县）。

24. 黄连木叶斑病菌 *Cercospora pistaciae* Chupp.

【寄主】黄连木。

【分布地点】

安徽：池州市（东至县）。

25. 杨树角斑病菌 *Cercospora populina* Ell. et Ev.

【寄主】杨属。

【分布地点】

安徽：合肥市（庐阳区、瑶海区、蜀山区、包河区）；

安庆市(潜山县);
蚌埠市(怀远县、固镇县);
滁州市(天长市);
淮北市(濉溪县);
六安市(裕安区、寿县、霍邱县);
宿州市(萧县、砀山县、泗县)。
福建: 三明市(沙县)。

26. 青檀叶斑病菌 *Cercospora spegazzinii* Sacc.

【寄主】青檀。

【分布地点】

安徽: 池州市(青阳县)。

27. 猕猴桃霉斑病菌 *Cladosporium herbarum* (Pers.) Link.

【寄主】中华猕猴桃。

【分布地点】

安徽: 合肥市(庐阳区、瑶海区、蜀山区、包河区);
安庆市(岳西县)。

28. 桃霉斑穿孔病菌 *Clasterosporium carpophilum* (Lev.) Aderh.

【寄主】桃树。

【分布地点】

安徽: 合肥市(庐阳区、瑶海区、蜀山区、包河区);
安庆市(潜山县)。

29. 枇杷污叶病菌 *Clasterosporium eriobotryae* Hara

【寄主】枇杷。

【分布地点】

安徽: 池州市(东至县)。

30. 炭疽病菌 *Colletotrichum* sp.

【寄主】香榧、月季、板栗、杜英、杜仲、柑橘、广玉兰、核桃、厚朴、山茱萸、柿树、桃树、枣树、木瓜、葡萄、野山茶、银杏、吴茱萸、桂花、漆树、山茶、油桐、枇杷、漆树、杨属、樟树、油茶。

【分布地点】

北京: 海淀区、丰台区、昌平区。
河北: 廊坊市(固安县、大城县)。
安徽: 黄山市(休宁县);
池州市(东至县、石台县、青阳县);
合肥市(庐阳区、瑶海区、蜀山区、包河区、长丰县、肥东县、肥西县);
六安市(金安区、舒城县、霍山县、金寨县);
安庆市(潜山县);
宣城市(宁国市、绩溪县、宣州区、广德县);
亳州市(蒙城县、涡阳县、利辛县);

　　　　淮南市(八公山区)。
福建：三明市(泰宁县、明溪县)；
　　　　龙岩市(连城县)。
江西：赣州市(会昌县)。
湖南：湘潭市(湘乡市、湘潭县)；
　　　　长沙市(浏阳市)；
　　　　邵阳市(邵阳县)；
　　　　郴州市(永兴县)。
四川：雅安市(汉源县)；
　　　　南充市(南部县)；
　　　　达州市(宣汉县、万源县)；
　　　　巴中市(南江县、通江县)。
陕西：安康市(岚皋县、紫阳县、石泉县)。

31. 竹霉病菌 *Coniosporium bambusae* (Thun. et Bolle.) Sacc.

【寄主】刚竹属。

【分布地点】

安徽：六安市(裕安区)。

32. 葡萄白腐病菌 *Coniothyrium diplodiella* (Speg.) Sacc.

【寄主】葡萄。

【分布地点】

北京：朝阳区、延庆县、海淀区。
辽宁：葫芦岛市(南票区、龙港区、连山区、兴城市、绥中县、建昌县)。
安徽：合肥市(肥西县)。
江西：赣州市(于都县)。

33. 桉树褐斑病菌 *Coniothyrium kallangurense* Sutton et Alcorn

【寄主】桉树属。

【分布地点】

湖南：永州市(东安县)。
广东：广州市(天河区、白云区、黄埔区、番禺区、花都区、南沙区、萝岗区、增城市、从化市)；
　　　　汕头市(濠江区、潮阳区、潮南区、澄海区、南澳县)；
　　　　韶关市(浈江区、武江区、曲江区、乐昌市、南雄市、始兴县、仁化县、翁源县、新丰县、乳源瑶族自治县)；
　　　　佛山市(南海区、顺德区、三水区、高明区)；
　　　　江门市(江海区、蓬江区、新会区、台山市、开平市、鹤山市、恩平市)；
　　　　湛江市(麻章区、廉江市、雷州市、吴川市、遂溪县)；
　　　　茂名市(茂南区、茂港区、高州市、化州市、信宜市、电白县)；
　　　　肇庆市(端州区、鼎湖区、高要市、四会市、广宁县、怀集县、封开县、德庆县)；

惠州市(惠城区、惠阳区、博罗县、惠东县、龙门县);
梅州市(梅江区、兴宁市、梅县、大埔县、丰顺县、五华县、平远县、蕉岭县);
汕尾市(陆丰市、海丰县、陆河县);
河源市(源城区、紫金县、龙川县、连平县、和平县、东源县);
阳江市(江城区、阳春市、阳西县、阳东县);
清远市(清城区、英德市、佛冈县、阳山县、清新县、连山壮族瑶族自治县、连南瑶族自治县);
潮州市(湘桥区、潮安县、饶平县);
揭阳市(榕城区、普宁市、揭东县、揭西县、惠来县);
云浮市(云城区、罗定市、新兴县、郁南县、云安县)。

34. 漆树褐斑病菌 *Coniothyrium olivaceum* Bon.

【寄主】漆树。

【分布地点】

安徽:合肥市(庐阳区、瑶海区、蜀山区、包河区);
安庆市(岳西县、太湖县);
六安市(金寨县)。

35. 杨立木腐朽病菌 *Coriolopsis gallica* (Fr.) Ryv.

【寄主】柳属、杨属。

【分布地点】

北京:海淀区。

辽宁:铁岭市(清河区、银州区、调兵山市、开原市、西丰县、铁岭县、昌图县)。

安徽:合肥市(庐阳区、瑶海区、蜀山区、包河区);
六安市(金安区、舒城县)。

36. 香樟苗白绢病菌 *Corticium centrifugum* Bers.

【寄主】樟树。

【分布地点】

安徽:池州市(东至县)。

37. 金叶女贞叶斑病菌 *Corynespora* sp.

【寄主】金叶女贞。

【分布地点】

河北:石家庄市(长安区、桥东区、桥西区、新华区、裕华区、井陉矿区)。

38. 板栗枝枯病菌 *Coryneum kunzei corda* var. *castaneae* Sacc. et Roam

【寄主】板栗。

【分布地点】

辽宁:本溪市(本溪满族自治县)。

黑龙江(含森工):大兴安岭地区(加格达奇林业局)。

安徽:宣城市(宁国市);
合肥市(庐阳区、瑶海区、蜀山区、包河区);
六安市(金安区、霍山县、金寨县)。

39. 二针松疱锈病菌 ***Cronartium flaccidum*** **(Alb. et Schw.) Wint.**

【寄主】黄山松、樟子松。

【分布地点】

安徽：六安市(金寨县)；
安庆市(岳西县、潜山县)。

重庆：梁平县。

四川：广元市(元坝区、朝天区、剑阁县、平武县、青川县、苍溪县)；
达州市(达县、开江县、大竹县、渠县)；
凉山彝族自治州(西昌市、会理县、会东县、喜德县)；
巴中市(南江县)。

40. 松瘤锈病菌 ***Cronartium quercuum*** **(Berk.) Miyabe**

【寄主】马尾松、黄山松。

【分布地点】

安徽：巢湖市(含山县)。

陕西：汉中市。

41. 板栗疫病菌 ***Cryptonectria parasitica*** **(Murr.) Barr**

【寄主】板栗。

【分布地点】

北京：怀柔区、平谷区。

辽宁：丹东市(凤城市、振安区、宽甸满族自治县)；
大连市(金州区)；
葫芦岛市(绥中县、建昌县)；
本溪市(桓仁满族自治县)；
鞍山市(岫岩满族自治县)。

安徽：宣城市(广德县)；
六安市(霍山县、金寨县)；
安庆市(岳西县)；
合肥市(肥西县)；
池州市(石台县)；
滁州市(南谯区)。

福建：南平市(建瓯市、邵武市、武夷山市、建阳市、政和县、顺昌县、浦城县、光泽县)；
三明市(宁化县、泰宁县、沙县)；
福州市(闽清县)；
龙岩市(武平县、长汀县、漳平市、连城县)。

江西：宜春市(靖安县、宜丰县、铜鼓县)；
萍乡市(湘东区)；
鹰潭市(龙虎山管理局)；
上饶市(上饶县、弋阳县、万年县、余干县)；

抚州市(宜黄县、广昌县、资溪县、黎川县)；
赣州市(全南县、会昌县)；
九江市(彭泽县、永修县)；
吉安市(新干县)；
新余市(渝水区、分宜县)。
湖南：永州市(冷水滩区、道县、江永县、江华瑶族自治县)；
娄底市(冷水江市)；
张家界市(桑植县)；
长沙市(浏阳市)；
郴州市(北湖区、资兴市、桂东县、安仁县)。
广西：南宁市(永新区、武鸣县)；
柳州市(柳北区、融安县、柳江县、柳城县、鹿寨县)；
桂林市(七星区、永福县、全州县、资源县、平乐县、灵川县、临桂县、阳朔县、恭城瑶族自治县)；
河池市(东兰县、巴马瑶族自治县)；
百色市(东业县)；
贺州市(富川瑶族自治县、钟山县)；
崇左市(扶绥县)。
重庆：梁平县、武隆县、酉阳土家族苗族自治县、万州区。
四川：巴中市(南江县、通江县)；
眉山市(东坡区)；
内江市(资中县、威远县、隆昌县)；
泸州市(古蔺县、叙永县)；
达州市(开江县、宣汉县、大竹县)；
乐山市(马边彝族自治州、沐川县)；
绵阳市(平武县、江油市)；
成都市(崇州市、都江堰市、彭州市、邛崃市、大邑县)。
贵州：黔东南苗族侗族自治州(施秉县、天柱县)。
陕西：西安市(长安区)；
渭南市(华县)；
汉中市(镇巴县、西乡县、佛坪县)；
安康市(汉滨区、紫阳县、石泉县、宁陕县、旬阳县)；
商洛市(镇安县、柞水县)。

42. 杨树烂皮病菌 *Cytospora chrysosperma* (Pers.) Fr.

【寄主】杨属、柳树。

【分布地点】

北京：丰台区、昌平区、怀柔县、延庆县、海淀区。
辽宁：沈阳市(苏家屯区、东陵区、沈北新区、于洪区、新民市、法库县、辽中县、康平县)；

铁岭市(清河区、银州区、调兵山市、开原市、西丰县、铁岭县、昌图县);
朝阳市(凌源市、北票市、喀喇沁左翼蒙古族自治县、朝阳县、建平县);
葫芦岛市(龙港区、连山区、南票区、兴城市、绥中县、建昌县);
本溪市(本溪满族自治县);
营口市(老边区、鲅鱼圈区、大石桥市、盖州市);
鞍山市(铁东区、铁西区、立山区、千山区、海城市、台安县、岫岩满族自治县);
阜新市(细河区、新邱区、太平区、清河门区、海州区、阜新蒙古族自治县、彰武县);
盘锦市(兴隆台区、双台子区、盘山县、大洼县);
抚顺市(顺城区、东洲区、望花区、清原满族自治县、新宾满族自治县、抚顺县);
丹东市(振安区、振兴区、元宝区、东港市、凤城市、宽甸满族自治县);
大连市(甘井子区、金州区、庄河市);
辽阳市(弓长岭区、太子河区、宏伟区、灯塔市、辽阳县);
锦州市(太和区、凌海市、义县、北镇市、黑山县)。

吉林:长春市(朝阳区、南关区、宽城区、二道区、绿园区、双阳区、九台市、德惠市、榆树市);
白城市(洮北区、洮南市、大安市、镇赉县、通榆县);
松源市(宁江区、长岭县、扶余县、乾安县);
辽源市(东丰县);
白山市(临江市、靖宇县、抚松县);
四平市(公主岭市、双辽市、梨树县);
吉林市(船营区、昌邑区、龙潭区、丰满区、永吉县、磐石市、桦甸市、蛟河市、舒兰市);
延边朝鲜族自治州(延吉市、敦化市、汪清县)。

黑龙江(含森工):大兴安岭地区(加格达奇林业局、松岭林业局、新林林业局、塔河林业局、十八站林业局、呼中林业局、韩家园林业局、阿木尔林业局、图强林业局、西林吉林业局)。

安徽:宿州市(埇桥区、砀山县、萧县、灵璧县、泗县)。

江西:上饶市(万年县);
萍乡市(上栗县)。

湖北:荆州市(公安县、石首市、江陵县)。

湖南:益阳市(资阳区、赫山区、沅江市、南县、桃江县、安化县)。

四川:自贡市(大安区、贡井区、沿滩区、荣县、富顺县);
甘孜藏族自治州(石渠县、稻城县)。

陕西:宝鸡市(岐山县、陈仓区)。

甘肃:酒泉市(肃州区、金塔县、玉门市、安西县、敦煌市、肃北蒙古族自治县、阿克塞哈萨克族自治县);

天水市(秦州区)。

青海：西宁市(城中区、城东区、城西区、城北区、大通回族土族自治县、湟中县、湟源县)；

海东地区(平安县、乐都县、互助土族自治县、民和回族土族自治县、循化撒拉族自治县、化隆回族自治县)；

海南藏族自治州(贵德县、同德县、贵南县、兴海县、共和县)；

黄南藏族自治州(同仁县)；

海北藏族自治州(祁连县、门源县、海晏县)；

海西蒙古族藏族自治州(格尔木市、德令哈市、都兰县、乌兰县)；

玉树藏族自治州(玉树县)。

43. 叶斑病菌 *Discosia artocreas* (Tode) Fr.

【寄主】厚朴、漆树、山楂、中华猕猴桃。

【分布地点】

安徽：六安市(霍山县)；

合肥市(庐阳区、瑶海区、蜀山区、包河区)；

宣城市(绩溪县)；

安庆市(岳西县)。

44. 核桃溃疡病菌 *Dothiorella gregaria* Sacc.

【寄主】核桃、香榧。

【分布地点】

北京：全市分布。

河北：廊坊市(永清县、文安县、固安县)。

内蒙古(含森工)：通辽市(科尔沁左翼后旗)。

辽宁：锦州市(北镇市)。

安徽：宣城市(宁国市、绩溪县)；

黄山市(黟县)；

安庆市(迎江区、大观区、宜秀区)。

45. 白粉病菌 *Erysiphe polygoni* DC.

【寄主】田旋花、枸杞、柞树、花曲柳、胡枝子。

【分布地点】

河北：石家庄市(长安区、桥东区、桥西区、新华区、裕华区、井陉矿区)。

辽宁：锦州市(太和区、北镇市、凌海市、义县、黑山县)。

安徽：亳州市(涡阳县)；

池州市(青阳县)。

46. 桃木腐病菌 *Fomes fulvus* (Scopes)

【寄主】桃树。

【分布地点】

安徽：合肥市(庐阳区、瑶海区、蜀山区、包河区)。

47. 煤污病菌 *Fumago vagans* Pers.

【寄主】结香、吴茱萸、黄檀。

【分布地点】

北京：丰台区。

安徽：合肥市(庐阳区、瑶海区、蜀山区、包河区)；
六安市(舒城县、霍山县)；
黄山市(屯溪区、黄山区、徽州区、休宁县、歙县、祁门县、黟县)。

48. 结香立枯病菌 *Fusarium equiseti* (Corda)

【寄主】结香。

【分布地点】

安徽：合肥市(庐阳区、瑶海区、蜀山区、包河区)。

49. 腐朽病菌 *Ganoderma applanatum* (Pert.)

【寄主】乌桕、枣树。

【分布地点】

安徽：池州市(石台县)；
芜湖市(繁昌县)；
宣城市(宣州区)。

50. 桑芽枯病菌 *Gibberella baccata* (Wallr.)

【寄主】桑树属。

【分布地点】

安徽：六安市(金寨县)。

51. 白玉兰炭疽病菌 *Gloeosporium magnoliac* Pass.

【寄主】玉兰。

【分布地点】

安徽：池州市(东至县)；
宿州市(埇桥区)。

52. 石榴果锈病菌 *Gymnosporangium japonicum* Syd.

【寄主】石榴。

【分布地点】

安徽：淮北市(相山区、濉溪县)。

53. 梨锈病(梨赤星病) *Gymnosporangium haraeanum* Syd.

【寄主】刺柏、苹果、梨树、圆柏、木瓜、山楂。

【分布地点】

北京：怀柔区。

辽宁：铁岭市(清河区、银州区、调兵山市、开原市、西丰县、铁岭县、昌图县)；
丹东市(凤城市)；
葫芦岛市(南票区、龙港区、连山区、兴城市、绥中县、建昌县)；
营口市(鲅鱼圈区、大石桥市、盖州市)；
鞍山市(铁东区、铁西区、立山区、千山区、海城市、台安县、岫岩满族自治县）。

安徽：宣城市（宣州区）；
安庆市（潜山县、岳西县）；
宿州市（埇桥区）；
六安市（霍山县）。

湖南：永州县（祁阳县）。

重庆：北碚区、万州区、梁平县、忠县、酉阳土家族苗族自治县、永川区、黔江区、綦江县、石柱土家族自治县、奉节县。

四川：绵阳市（游仙区）；
遂宁市（蓬溪县）；
达州市（达县、渠县、宣汉县）；
广元市（市中区）；
巴中市（南江县）。

云南：红河哈尼族彝族自治州（个旧市）。

甘肃：定西市（临洮县）；
临夏回族自治州（临夏市）。

54. 海棠锈病菌 *Gymnosporangium yamadai* Miyabe

【寄主】海棠、月季。

【分布地点】

安徽：合肥市（肥东县）；
六安市（金寨县）。

55. 紫纹羽病菌 *Helicobasidium mompa* Tanaka

【寄主】板栗、杨属、榆树。

【分布地点】

北京：丰台区。

安徽：六安市（霍山县）；
宿州市（埇桥区）。

56. 杉木叶枯病菌 *Lophodermium uncinatum* Dark.

【寄主】杉木。

【分布地点】

安徽：黄山市（屯溪区、黄山区、徽州区、歙县、休宁县、黟县、祁门县）；
池州市（贵池区、东至县、石台县、青阳县）；
安庆市（迎江区、大观区、宜秀区、桐城市、怀宁县、枞阳县、潜山县、太湖县、宿松县、望江县 岳西县）；
六安市（金安区、裕安区、寿县、霍邱县、舒城县、金寨县、霍山县）；
马鞍山市（雨山区、金家庄区、花山区、当涂县）；
芜湖市（镜湖区、弋江区、鸠江区、三山区、芜湖县、繁昌县、南陵县）；
铜陵市（铜官山区、狮子山区、郊区、铜陵县）；
巢湖市（居巢区、庐江县、无为县、含山县、和县）。

57. 茎腐病菌 *Macrophomina phaseoli* (Maubl.)

【寄主】乌桕、枫香。

【分布地点】

安徽：六安市(金安区、裕安区)；
黄山市(屯溪区、黄山区、徽州区)。

58. 杨树黑斑病菌 *Marssonina brunnea* (Ell. et Ev.) Magn.

【寄主】杨属。

【分布地点】

北京：大兴区、密云县、延庆县、怀柔区。

辽宁：铁岭市(西丰县、开原市、铁岭县、昌图县、调兵山市、清河区、银州区)；
大连市(庄河市)；
葫芦岛市(兴城市、绥中县、连山区、建昌县、南票区、龙港区)；
营口市(盖州市、大石桥市、老边区、鲅鱼圈区)；
鞍山市(台安县)；
阜新市(阜新蒙古族自治县、细河区、新邱区、太平区、清河门区、海州区、彰武县)；
盘锦市(盘山县、大洼县、兴隆台区、双台子区)。

安徽：合肥市(肥西县)；
亳州市(利辛县、涡阳县)；
阜阳市(颍泉县、临泉区)；
宿州市(埇桥区)。

江西：九江市(永修县)。

陕西：宝鸡市(凤翔县、凤县、陈仓区、岐山县、太白县)。

59. 山核桃褐斑病菌 *Marssonina juglandis* (Lib) Magn.

【寄主】山核桃。

【分布地点】

辽宁：铁岭市(西丰县、开原市)。

安徽：宣城市(宁国市、绩溪县)。

陕西：宝鸡市(凤翔县)；
安康市(宁陕县)。

60. 杨锈病菌 *Melampsora* sp.

【寄主】杨属。

【分布地点】

北京：昌平区。

辽宁：铁岭市(清河区、银州区、调兵山市、开原市、西丰县、铁岭县、昌图县)；
抚顺市(顺城区、东洲区、望花区、抚顺县、清原满族自治县、新宾满族自治县)；
辽阳市(弓长岭区、太子河区、宏伟区、灯塔市、辽阳县)；
葫芦岛市(南票区、龙港区、连山区、兴城市、绥中县、建昌县)；

营口市（老边区、鲅鱼圈区、盖州市、大石桥市）；
鞍山市（台安县）；
盘锦市（兴隆台区、双台子区、盘山县、大洼县）；
锦州市（太和区、北镇市、凌海市、义县、黑山县）。
福建：南平市（光泽县）；
龙岩市（新罗区）。

61. 山核桃干枯病菌 *Melanconium juglandinum* Kunze.

【寄主】山核桃。

【分布地点】

辽宁：本溪市（桓仁满族自治县）。
安徽：宣城市（宁国市、绩溪县）。

62. 青冈栎白粉病菌 *Microsphaera alphitoides* Griff. et Maubl.

【寄主】青冈栎。

【分布地点】

安徽：宣城市（泾县）；
池州市（东至县）。

63. 桃褐腐病菌 *Monilinia fructicola* (Wint.)

【寄主】桃树。

【分布地点】

安徽：池州市（东至县）。

64. 杨树灰斑病菌 *Coryenum populinum* Bres.

【寄主】杨属。

【分布地点】

辽宁：铁岭市（清河区、银州区、调兵山市、开原市、西丰县、铁岭县、昌图县）；
大连市（庄河市）；
葫芦岛市（南票区、龙港区、连山区、兴城市、绥中县、建昌县）；
本溪市（本溪满族自治县、桓仁满族自治县）；
鞍山市（台安县）；
阜新市（细河区、新邱区、太平区、清河门区、海州区、阜新蒙古族自治县、彰武县）；
盘锦市（兴隆台区、双台子区、大洼县、盘山县）。
安徽：宿州市（埇桥区）。
湖南：益阳市（沅江市）。

65. 杨梅褐斑病菌 *Mycosphaerella myricae* Saw.

【寄主】杨梅。

【分布地点】

安徽：黄山市（屯溪区、黄山区、徽州区）。

66. 柿树圆斑病菌 *Mycosphaerella nawae* Hiura et Ikata

【寄主】柿树。

【分布地点】

北京：房山区。

安徽：亳州市（涡阳县）；
池州市（东至县）。

67. 榆树烂皮病菌 *Nectria cinnabarina* (Tode)

【寄主】榆树。

【分布地点】

河北：廊坊市（大城县）。

辽宁：铁岭市（清河区、银州区、调兵山市、开原市、西丰县、铁岭县、昌图县）；
本溪市（本溪满族自治县）。

安徽：滁州市（琅琊区、南谯区）。

四川：资阳市（雁江区、简阳市、安岳县、乐至县）。

68. 柿煤污病菌 *Neocapnodium tanake* (Shirai et Hara)

【寄主】柿树。

【分布地点】

安徽：六安市（霍山县）。

69. 大叶黄杨白粉病菌 *Odium euonymijaponicae* (Are.) Sacc.

【寄主】大叶黄杨。

【分布地点】

北京：丰台区、海淀区。

安徽：亳州市（利辛县）；
六安市（金寨县）；
滁州市（琅琊区）；
宿州市（萧县）。

四川：资阳市（雁江区、简阳市、安岳县、乐至县）。

70. 猕猴桃青霉病菌 *Penicillium italicum* Wehmer

【寄主】中华猕猴桃。

【分布地点】

安徽：合肥市（庐阳区、瑶海区、蜀山区、包河区）；
安庆市（迎江区、大观区、宜秀区）。

71. 石榴绿霉病菌 *Penicillium purpurogenum* Stoll

【寄主】石榴。

【分布地点】

安徽：池州市（贵池区）。

72. 黄杨灰斑病菌 *Pestalotia breviseta* Sacc.

【寄主】大叶黄杨。

【分布地点】

安徽：合肥市（庐阳区、瑶海区、蜀山区、包河区）；
池州市（东至县）。

73. 苏铁叶斑病菌 *Pestalotia cycadis* Allesch.

【寄主】苏铁。

【分布地点】

安徽：池州市（东至县）。

74. 杜鹃叶斑病菌 *Pestalotia rhododendri* Guba

【寄主】杜鹃花。

【分布地点】

安徽：六安市（裕安区）。

75. 枣锈病菌 *Phakopsora ziziphi-vulgaris*（P. Henn.）Diet.

【寄主】枣树。

【分布地点】

北京：丰台区、怀柔区。

安徽：合肥市（庐阳区、瑶海区、蜀山区、包河区）；
池州市（东至县）；
淮南市（田家庵区）；
宿州市（埇桥区）。

陕西：宝鸡市（陈仓区）；
渭南市（大荔县、蒲城县）。

76. 桉树溃疡病菌 *Phoma eucalyptica* Sacc.

【寄主】桉树属。

【分布地点】

四川：资阳市（雁江区、简阳市、安岳县、乐至县）。

77. 蔷薇锈病菌 *Phragmidium mucronatum*（Pers.）Schlecht.

【寄主】蔷薇属。

【分布地点】

安徽：六安市（金安区）。

78. 黄檀黑痣病菌 *Phyllachora dalbergiicola* Henn.

【寄主】黄檀。

【分布地点】

安徽：安庆市（潜山县）。

79. 板栗白粉病菌 *Phyllactinia corylea*（Pers）Karst

【寄主】板栗、毛白杨、臭椿。

【分布地点】

北京：海淀区、丰台区。

江西：萍乡市（上栗县）；
赣州市（瑞金市、石城县）。

广西：百色市（东兰县）。

四川：绵阳市（江油县）；
达州市（大竹县）。

陕西：宝鸡市(太白县)。

80. 柿白粉病菌 *Phyllactinia kakicola* Saw.

【寄主】柿树。

【分布地点】

安徽：安庆市(迎江区、大观区、宜秀区)；
六安市(霍山县)。

81. 板栗赤斑病菌 *Phyllosticta castaneae* Ell. et Not.

【寄主】板栗。

【分布地点】

安徽：六安市(舒城县、金安区)。

82. 山楂圆斑病菌 *Phyllosticta crataegicola* Sacc.

【寄主】山楂。

【分布地点】

安徽：安庆市(岳西县)；
六安市(霍山县)。

83. 栀子花圆斑病菌 *Phyllosticta gardeniae* Tassi

【寄主】栀子。

【分布地点】

安徽：六安市(金寨县)。

84. 银杏叶斑病菌 *Phyllosticta ginkgo* Brun.

【寄主】柿树、银杏。

【分布地点】

安徽：合肥市(庐阳区、瑶海区、蜀山区、包河区)；
池州市(贵池区)；
六安市(金寨县)；
安庆市(潜山县)；
亳州市(涡阳县)；
池州市(青阳县)；
宿州市(埇桥区)；
滁州市(琅琊区、南谯区)。

85. 山核桃叶枯病菌 *Phyllosticta juglandis* (DC.) Sacc.

【寄主】山核桃。

【分布地点】

安徽：六安市(金寨县)。

86. 女贞褐斑病菌 *Phyllosticta ligustrina* Sacc. & Speg.

【寄主】女贞、小叶女贞。

【分布地点】

安徽：六安市(金寨县)；
合肥市(庐阳区、瑶海区、蜀山区、包河区)；

池州市(东至县)。

87. 紫玉兰叶斑病菌 *Phyllosticta magnoliae* Sacc

【寄主】紫玉兰。

【分布地点】

安徽：池州市(东至县)。

88. 桂花褐斑病菌 *Phyllosticta osmanthicola* Trinchieri

【寄主】桂花。

【分布地点】

安徽：合肥市(庐阳区、瑶海区、蜀山区、包河区)。

89. 柳叶斑病菌 *Phyllosticta populina* Sacc.

【寄主】柳树。

【分布地点】

安徽：铜陵市(铜官山区、狮子山区、郊区)；
阜阳市(颍上县)。

90. 杏叶斑病菌 *Phyllosticta purnicola* Sacc.

【寄主】杏树。

【分布地点】

安徽：合肥市(庐阳区、瑶海区、蜀山区、包河区)；
池州市(贵池区)。

91. 水杉叶斑病菌 *Phyllosticta theicola* Petch

【寄主】水杉。

【分布地点】

安徽：池州市(青阳县)。

92. 柑橘苗疫病菌 *Phytophthora citrophthora*（R. et E. Smith）Leon

【寄主】柑橘。

【分布地点】

安徽：亳州市(涡阳县)。

93. 雪松根腐病菌 *Phytophthora* sp.

【寄主】雪松、刺槐。

【分布地点】

北京：丰台区。

安徽：合肥市(庐阳区、瑶海区、蜀山区、包河区)。

94. 漆树叶锈病菌 *Pileolaria shiraiana*（Diet. et Syd.）Ito

【寄主】漆树。

【分布地点】

安徽：宣城市(绩溪县)。

95. 葡萄霜霉病菌 *Plasmopara viticola*（Berk. et Curt.）Berl. et de Toni

【寄主】葡萄。

【分布地点】

北京：丰台区、昌平区、大兴区、密云县、延庆县、海淀区。
辽宁：铁岭市(清河区、银州区、调兵山市、开原市、西丰县、铁岭县、昌图县)；
　　营口市(老边区、鲅鱼圈区、大石桥市、盖州市)；
　　锦州市(太和区、凌海市、北镇市、义县、黑山县)。
安徽：合肥市(肥西县、长丰县)。
宁夏：银川市(西夏区、永宁县)。

96. 苹果白粉病菌 *Podosphaera leucotricha* (Ell. et Ev.) Salm.

【寄主】苹果。

【分布地点】

辽宁：葫芦岛市(南票区、龙港区、连山区、兴城市、绥中县、建昌县)；
　　本溪市(本溪满族自治县)；
　　锦州市(太和区、凌海市、北镇市、义县、黑山县)。

97. 山楂白粉病菌 *Podosphaera oxyacanthae* (DC.) De Bary

【寄主】山楂。

【分布地点】

北京：密云县。
辽宁：锦州市(太和区、凌海市、北镇市、义县、黑山县)。
安徽：安庆市(岳西县)。

98. 松树腐朽病菌 *Poria cocos* (Fr.) Wolf.

【寄主】松属。

【分布地点】

辽宁：铁岭市(铁岭县)；
　　葫芦岛市(南票区、龙港区、连山区、兴城市、绥中县、建昌县)。
安徽：合肥市(肥西县)。

99. 喜树角斑病菌 *Pseudocercospora camptothecae* Liu et Guo

【寄主】喜树。

【分布地点】

安徽：安庆市(潜山县)。

100. 竹叶锈病菌 *Puccinia longicornis* Pat. et Har.

【寄主】刚竹属。

【分布地点】

安徽：巢湖市(和县)。

101. 立枯病菌 *Rhizoctonia solani* Kühn

【寄主】侧柏、一品红、松属、草皮。

【分布地点】

北京：怀柔区、大兴区。
天津：东丽区。
河北：石家庄市(高邑县)。
辽宁：抚顺市(顺城区、抚顺县、清原满族自治县、新宾满族自治县)；

营口市(老边区、鲅鱼圈区、大石桥市、盖州市)。
上海：浦东区。
安徽：淮北市(烈山区)；
安庆市(岳西县、潜山县)；
合肥市(庐阳区、瑶海区、蜀山区、包河区)；
六安市(金安区、霍山县、裕安区)。

102. 软腐病菌 *Rhizopus stolonifer* (Ehrenb. ex Fr.) Vuill.

【寄主】桃树、枣树。

【分布地点】

北京：平谷区。
安徽：合肥市(庐阳区、瑶海区、蜀山区、包河区)；
滁州市(宣州区)；
安庆市(潜山县)；
芜湖市(繁昌县)；
六安市(金安区)；
宣城市(宣州区)。

103. 槭树漆斑病菌 *Rhytisma acerinum* (Pers.) Fries

【寄主】槭树。

【分布地点】

辽宁：阜新市(细河区、新邱区、太平区、清河门区、海州区、阜新蒙古族自治县、彰武县)。
安徽：六安市(裕安区)。

104. 山苍子黑痣病菌 *Rhytisma punctatum* (Pers.) Fries

【寄主】山苍子。

【分布地点】

安徽：黄山市(祁门县)。

105. 板栗白纹羽病菌 *Rosellinia necatrix* (Hart.) Berl.

【寄主】板栗。

【分布地点】

安徽：宣城市(广德县)；
六安市(霍山县)。

106. 漆树腐朽病菌 *Schizophyllum commune* Fr.

【寄主】漆树。

【分布地点】

安徽：六安市(霍山县)；
合肥市(庐阳区、瑶海区、蜀山区、包河区)。

107. 白绢病菌 *Sclerotium rolfsii* Sacc.

【寄主】香榧、刺槐、结香、泡桐、杉木、桃树、枣树、棕榈。

【分布地点】

安徽：黄山市（歙县）；
　　　合肥市（肥东县、长丰县）；
　　　六安市（金寨县）；
　　　安庆市（太湖县、潜山县、宿松县）；
　　　淮北市（相山区、杜集区、烈山区）；
　　　铜陵市（铜官山区、狮子山区、郊区）；
　　　阜阳市（颍州区、颍东区、颍泉区）；
　　　宣城市（宁国市）。

108. 膏药病菌 *Septobasidium* sp.

【寄主】枫杨、酸梅、木瓜、漆树、山茱萸、吴茱萸、樱花、榆树、紫荆、桃树、小叶女贞。

【分布地点】

安徽：合肥市（庐阳区、瑶海区、蜀山区、包河区）；
　　　滁州市（琅琊区、南谯区）；
　　　宣城市（宣州区、宁国市、广德县、绩溪县）；
　　　安庆市（岳西县）；
　　　六安市（舒城县、霍山县、金寨县）；
　　　黄山市（歙县）；
　　　池州市（青阳县）。
陕西：安康市（岚皋县）。

109. 桑树叶斑病菌 *Septoria mori* Hara

【寄主】桑树属。

【分布地点】

安徽：合肥市（肥西县）；
　　　池州市（东至县）。

110. 桉树紫斑病菌 *Septoria mortarlensis* Penz. et Sacc.

【寄主】桉树属。

【分布地点】

福建：福州市（闽清县）。
四川：成都市（温江区、新都区、邛崃市、崇州市、彭州市、新津县、蒲江县、金堂县、双流县、大邑县、郫县）；
　　　乐山市（市中区、五通桥区、沙湾区、峨眉山市、夹江县、犍为县、井研县）；
　　　资阳市（雁江区、简阳市、安岳县、乐至县）。
湖南：永州市（蓝山县）。

111. 葡萄黑痘病菌 *Sphaceloma ampelinum* de Bary

【寄主】葡萄。

【分布地点】

辽宁：营口市（老边区、鲅鱼圈区、盖州市、大石桥市）。
湖北：孝感市（大悟县）。

安徽：合肥市(庐阳区、瑶海区、蜀山区、包河区)；
亳州市(涡阳县)。

112. 凤仙白粉病菌 *Sphaerotheca fuliginea* (Schlecht)

【寄主】凤仙花。

【分布地点】

河北：石家庄市(高邑县)。

113. 月季白粉病菌 *Sphaerotheca pannosa* (Wallr. ex Fr.) Lev.

【寄主】月季。

【分布地点】

北京：海淀区、丰台区。

辽宁：阜新市(细河区、新邱区、太平区、清河门区、海州区、阜新蒙古族自治县、彰武县)。

安徽：合肥市(肥东县)；
黄山市(歙县)。

114. 竹秆锈病菌 *Stereostratum corticioides* (Berk. et Br.) Magn.

【寄主】刚竹属。

【分布地点】

安徽：合肥市(庐阳区、瑶海区、蜀山区、包河区)；
池州市(石台县)；
宣城市(宣州区、宁国市、广德县、绩溪县)。

福建：南平市(松溪县)；
福州市(晋安区、闽侯县、罗源县、闽清县)。

江西：九江市(修水县)；
赣州市(大余县、会昌县)。

广西：桂林市(灵川县)。

115. 悬铃木霉斑病菌 *Stigmina platani* (Fuckel.) Sacc.

【寄主】悬铃木。

【分布地点】

安徽：淮南市(八公山区)；
池州市(东至县)。

116. 桃缩叶病菌 *Taphrina deformans* (Berk) Tul.

【寄主】桃树。

【分布地点】

北京：海淀区。

安徽：合肥市(长丰县)；
滁州市(琅琊区、南谯区)。

江西：赣州市(于都县、信丰县)。

四川：绵阳市(平武县)；
巴中市(平昌县、南江县、平昌县)。

陕西：安康市(岚皋县)。

117. 膨叶病菌 *Taphrina mume* Nish.

【寄主】酸梅、杏树。

【分布地点】

安徽：池州市(东至县)；
宣城市(宁国市)；
六安市(金寨县)。

118. 枫杨腐朽病菌 *Trametes suaveolens* L.

【寄主】枫杨。

【分布地点】

安徽：合肥市(庐阳区、瑶海区、蜀山区、包河区)。

119. 紫薇白粉病菌 *Uncinuliella australiana* (Mcalp) Zheng et Chen

【寄主】紫薇。

【分布地点】

北京：西城区。

河北：石家庄市(长安区、桥东区、桥西区、新华区、裕华区、井陉矿区)。

安徽：合肥市(庐阳区、瑶海区、蜀山区、包河区、肥西县)；
六安市(金安区)。

四川：资阳市(雁江区、简阳市、安岳县、乐至县)；
雅安市(芦山县、宝兴县、石棉县)。

120. 柑橘溃疡病菌 *Xanthomonas citri* (Hasse)

【寄主】柑属、金橘属、枳。

【分布地点】

福建：福州市(闽侯县)。

安徽：宣城市(旌德县)；
黄山市(歙县)。

江西：赣州市(章贡区、赣县、南康市、信丰县、大余县、龙南县、定南县、安远县、寻乌县、于都县、兴国县、瑞金市、宁都县)；
宜春市(高安市、上高县、万载县、宜丰县)；
抚州市(广昌县、东乡族自治县)；
鹰潭市(余江县)；
新余市(分宜县、渝水区、仙女湖区、高新区)；
吉安市(吉州区、青原区、吉安县、万安县、遂川县、新干县、峡江县、吉水县)。

湖南：永州市(双牌县)。

广西：南宁市(武鸣县)；
百色市(右江区)；
崇左市(扶绥县)。

四川：资阳市(简阳市)。

贵州：黔东南苗族侗族自治州(榕江县、从江县)。
陕西：安康市(岚皋县)。

(二)细　菌

1. 冠瘿病菌 ***Agrobacterium tumefaciens*** **(Smith et Towns.) Conn**

【寄主】刺槐、蜡梅、梨树、李树、青檀、柿树、桃树、杨属、樱花、月季、柳树、榆树、龙爪槐、朴树、板栗、油茶、枣树、山杏。

【分布地点】

北京：东城区、西城区、崇文区、宣武区、朝阳区、海淀区、丰台区、石景山区、门头沟区、房山区、通州区、顺义区、昌平区、大兴区、怀柔区、平谷区、密云县、延庆县。
辽宁：丹东市(凤城市、东港市)；
大连市(甘井子区、旅顺口区、金州区、瓦房店市、普兰店市、庄河市、长海县)；
葫芦岛市(南票区、龙港区、连山区、兴城市、绥中县、建昌县)；
本溪市(桓仁满族自治县)；
营口市(老边区、鲅鱼圈区、大石桥市、盖州市)；
鞍山市(台安县、千山区)；
阜新市(细河区、新邱区、太平区、清河门区、海州区、阜新蒙古族自治县、彰武县)。
吉林：白城市(洮北区、洮南市、大安市、镇赉县、通榆县)；
松源市(宁江区、前郭县、长岭县)；
吉林市(磐石市、舒兰市)。
安徽：合肥市(庐阳区、瑶海区、蜀山区、包河区、肥西县)；
宿州市(萧县、泗县)；
池州市(东至县)；
滁州市(明光市)；
六安市(金安区)。
福建：福州市(长乐市)；
宁德市(古田县)。
江西：赣州市(大余县、信丰县)。
湖北：黄冈市(麻城市)。
重庆：万州区、渝北区、黔江区、长寿县、武隆县、梁平县、云阳县、巫山县、石柱土家族自治县、酉阳土家族苗族自治县、彭水苗族土家族自治县、合川区、江津区、永川区。
四川：遂宁市(安居区、射洪县、蓬溪县)；
资阳市(简阳市)。
云南：楚雄彝族自治州(楚雄市、牟定县、武定县、禄丰县)。
陕西：西安市(灞桥区、周至县、户县)；

咸阳市(秦都区、杨陵区、渭城区、兴平市、三原县、泾阳县、乾县、礼泉县、永寿县、彬县、长武县、旬邑县、淳化县、武功县);

榆林市(定边县、靖边县、神木县)。

新疆：伊犁哈萨克自治州(霍城县);

巴音郭楞蒙古自治州(尉犁县);

和田地区(和田市);

阿克苏地区(温宿县)。

2. 桉树青枯病菌 *Ralstonia solanacearum* (E. F. Smith) Yabuuch

【寄主】桉树属。

【分布地点】

福建：漳州市(云霄县)。

广东：广州市(天河区、白云区、黄埔区、番禺区、花都区、南沙区、萝岗区、增城市、从化市);

汕头市(濠江区、潮阳区、潮南区、澄海区、南澳县);

韶关市(浈江区、武江区、曲江区、乐昌市、南雄市、始兴县、仁化县、翁源县、新丰县、乳源瑶族自治县);

佛山市(南海区、顺德区、三水区、高明区);

江门市(江海区、蓬江区、新会区、台山市、开平市、鹤山市、恩平市);

湛江市(麻章区、廉江市、雷州市、吴川市、遂溪县);

茂名市(茂南区、茂港区、高州市、化州市、信宜市、电白县);

肇庆市(端州区、鼎湖区、高要市、四会市、广宁县、怀集县、封开县、德庆县);

惠州市(惠城区、惠阳区、博罗县、惠东县、龙门县);

梅州市(梅江区、兴宁市、梅县、大埔县、丰顺县、五华县、平远县、蕉岭县);

汕尾市(陆丰市、海丰县、陆河县);

河源市(源城区、紫金县、龙川县、连平县、和平县、东源县);

阳江市(江城区、阳春市、阳西县、阳东县);

清远市(清城区、英德市、佛冈县、阳山县、清新县、连山壮族瑶族自治县、连南瑶族自治县);

潮州市(湘桥区、潮安县、饶平县);

揭阳市(榕城区、普宁市、揭东县、揭西县、惠来县);

云浮市(云城区、罗定市、新兴县、郁南县、云安县)。

广西：桂林市(荔浦县);

柳州市(柳城县、柳江县、柳北区、鹿寨县);

来宾市(兴宾区、象州县、武宣县、合山市);

百色市(隆林各族自治县、田林县);

贵港市(港北区、港南区、覃塘区、桂平市);

防城港市(港口区、防城区、东兴市);

钦州市(钦北区、钦南区、灵山县、浦北县);

贺州市(八步区、钟山县、昭平县、富川瑶族自治县);
玉林市(玉州区、北流县、容县、陆川县、博白县、兴业县);
南宁市(武鸣县、宾阳县、上林县、邕宁区、横县、江南区);
崇左市(江州区、宁明县、扶绥县)。
四川:泸州市(江阳区、泸县)。

3. 猕猴桃细菌性溃疡病菌 *Pseudomonas syringae* pv. *actinidiae* Takikawa et al.

【寄主】猕猴桃属。

【分布地点】

北京:房山区。
安徽:安庆市(岳西县)。
山东:威海市(荣成市)。
湖北:恩施土家族苗族自治州(建始县)。
四川:凉山彝族自治州(昭觉县);
广元市(苍溪县)。
陕西:西安市(长安区、灞桥区、蓝田县、户县、周至县);
宝鸡市(陈仓区、眉县、太白县);
商洛市(商南县);
咸阳市(武功县)。
重庆:武隆县。

4. 丁香细菌性叶枯病菌 *Pseudomonas syringae* pv. *syringae* Van. Hall

【寄主】丁香。

【分布地点】

安徽:铜陵市(铜官山区、狮子山区、郊区)。

5. 山核桃叶斑病菌 *Xanthomonas juglandis* (Pieke)

【寄主】山核桃。

【分布地点】

安徽:黄山市(歙县)。

6. 穿孔病菌 *Xanthomonas pruni* (Simth)

【寄主】桃树、杏树、酸梅、樱花。

【分布地点】

北京:昌平区、丰台区。
安徽:合肥市(庐阳区、瑶海区、蜀山区、包河区);
安庆市(潜山县);
巢湖市(庐江县);
池州市(东至县);
宿州市(萧县);
六安市(金安区、舒城县、裕安区)。
四川:资阳市(雁江区、简阳市、安岳县、乐至县)。

(三) 线 虫

1. 松材线虫 *Bursaphelenchus xylophilus* (Steiner et Buhrer) Nickle

【寄主】马尾松、黑松、赤松、黄山松、华山松、湿地松、火炬松等松属植物。

【分布地点】

江苏：南京市(江宁区、六合区、雨花台区、栖霞区、浦口区、玄武区、溧水县、高淳县)；
镇江市(润州区、京口区、丹徒区、新区、句容市)；
常州市(溧阳市、金坛市)；
无锡市(滨湖区、惠山区、宜兴市)；
扬州市(仪征市)；
淮安市(盱眙县)；
苏州市(常熟市)；
连云港市(连云区)；
南通市(崇川区)。

浙江：杭州市(西湖区、富阳市)；
宁波市(江北区、北仑区、镇海区、鄞州区、余姚市、慈溪市、奉化市、象山县、宁海县)；
温州市(乐清市)；
嘉兴市(平湖市、海盐县)；
湖州市(吴兴区、长兴县)；
绍兴市(越城区、绍兴县、诸暨市、新昌县、上虞市)；
舟山市(定海区、普陀区、岱山县、嵊泗县)；
台州市(温岭市、临海市)。

安徽：合肥市(肥东县)；
芜湖市(南陵县、芜湖县)；
马鞍山市(雨山区、花山区、当涂县)；
铜陵市(郊区、狮子山区)；
安庆市(大观区、宜秀区)；
滁州市(南谯区、明光市、全椒县、来安县、定远县)；
巢湖市(居巢区、含山县)；
宣城市(广德县、郎溪县)。

福建：福州市(连江县)；
厦门市(湖里区、思明区)；
泉州市(丰泽区)；
漳州市(东山县、云霄县)。

江西：赣州市(章贡区)；
九江市(庐山区、湖口县、彭泽县)。

山东：烟台市(长岛县)。

湖北：恩施土家族苗族自治州(恩施市)。
湖南：益阳市(资阳区、沅江市)；
郴州市(北湖区、苏仙区)；
常德市(汉寿县)。
广东：广州市(白云区、天河区、黄埔区、罗岗区、花都区、从化市、增城市)；
韶关市(乳源瑶族自治县)；
深圳市(宝安区、龙岗区)；
肇庆市(封开县)；
惠州市(惠城区、惠阳区、博罗县、惠东县)；
东莞市；
汕头市(濠江区)。
重庆：涪陵区、长寿区、万州区、江北区、忠县。
贵州：遵义市(遵义县)；
毕节地区(金沙县)。
云南：德宏傣族景颇族自治州(瑞丽市)。

2. 根结线虫病 *Meloidogyne incognita* (Kofoid et White) Chitwood

【寄主】结香、中华猕猴桃。

【分布地点】

北京：房山区。
安徽：黄山市(休宁县)；
安庆市(迎江区、大观区、宜秀区)。

第四部分　林业有害植物

1. 金合欢 *Acacia farnesiana* L.

【分布地点】

重庆：城口县、开县、奉节县、巫山县。

云南：楚雄彝族自治州(双柏县、永仁县)；

红河哈尼族彝族自治州(红河县、蒙自县)；

临沧市(耿马傣族佤族自治县、镇康县)。

2. 刺苞果 *Acanthospermum australe* (L.)

【分布地点】

云南：临沧市(耿马傣族佤族自治县)；

楚雄彝族自治州(双柏县)。

3. 藿香蓟 *Ageratum conyzoides* L.

【分布地点】

福建：厦门市(湖里区、思明区、同安区、翔安区、集美区、海沧区)。

重庆：全市分布。

云南：楚雄彝族自治州(双柏县、禄丰县)；

玉溪市(红塔区、元江哈尼族彝族傣族自治县、峨山彝族自治县)；

红河哈尼族彝族自治州(红河县、金平苗族瑶族傣族自治县、绿春县、河口瑶族自治县、蒙自县)；

临沧市(耿马傣族佤族自治县、镇康县)。

4. 空心莲子草 *Alternanthera philoxeroides* (Mart.)

【分布地点】

辽宁：葫芦岛市(兴城市)。

浙江：杭州市(余杭区)；

衢州市(柯城区、衢江区、江山市、龙游县、常山县、开化县)；

金华市(东阳市、义乌市)。

安徽：全省分布。

福建：厦门市(湖里区、思明区、同安区、翔安区、集美区、海沧区)；

南平市(武夷山市)。

江西：抚州市(乐安县)。

湖南：张家界市(永定区)；

益阳市(资阳区、赫山区、沅江市、南县、桃江县、安化县)；

岳阳市(湘阴县)；

长沙市(宁乡县)。

重庆：全市分布。

四川：巴中市(通江县)；
资阳市(雁江区、简阳市、安岳县、乐至县)。
云南：楚雄彝族自治州(双柏县、牟定县)；
文山壮族苗族自治州(文山县)；
临沧市(耿马傣族佤族自治县、镇康县)。

5. 刺花莲子草 *Alternanthera pungens* H. B. K.

【分布地点】

辽宁：葫芦岛市(兴城市)。
云南：楚雄彝族自治州(双柏县、永仁县、元谋县)。

6. 反枝苋 *Amaranthus retroflexus* L.

【分布地点】

河北：沧州市(任丘市、肃宁县、河间市、献县、泊头市、沧县、南皮县、东光县、吴桥县、青县、盐山县、海兴县、孟村回族自治县、黄骅市、新华区、运河区)；
张家口市(张北县)；
承德市(双桥区、双滦区、鹰手营子矿区、承德县、平泉县、兴隆县、滦平县、隆化县、宽城满族自治县、丰宁满族自治县、围场满族蒙古族自治县)；
衡水市(饶阳县、景县)；
廊坊市(大厂回族自治县、三河市、永清县、文安县、大城县)。
辽宁：葫芦岛市(兴城市)；
阜新市(阜新蒙古族自治县、细河区、新邱区、太平区、清河门区、海州区、彰武县)；
锦州市(闾山保护区)。
黑龙江(含森工)：大兴安岭地区(加格达奇林业局、松岭林业局、新林林业局、塔河林业局、十八站林业局、呼中林业局、韩家园林业局、阿木尔林业局、图强林业局、西林吉林业局)。
安徽：全省分布。
山东：全省分布。
重庆：大足县、南川区、綦江县、合川区、铜梁县。
云南：楚雄彝族自治州(双柏县)；
临沧市(耿马傣族佤族自治县、镇康县)。

7. 刺苋 *Amaranthus spinosus* Linn

【分布地点】

辽宁：葫芦岛市(兴城市)。
重庆：渝北区、巴南区、九龙坡区、潼南县。
四川：资阳市(雁江区、简阳市、安岳县、乐至县)。
云南：红河哈尼族彝族自治州(绿春县)；
文山壮族苗族自治州(文山县)；
临沧市(镇康县)。

8. 皱果苋 *Amaranthus viridis* L.

【分布地点】

河北：沧州市（运河区、任丘市、泊头市、河间市、黄骅市、肃宁县、献县、沧县、南皮县、东光县、吴桥县、青县、盐山县、海兴县、孟村回族自治县、新华区）。

重庆：全市分布。

云南：楚雄彝族自治州（双柏县）；
红河哈尼族彝族自治州（个旧市）；
临沧市（耿马傣族佤族自治县）。

9. 豚草 *Ambrosia artemisiifolia* Linn.

【分布地点】

北京：房山区、密云县。

辽宁：沈阳市（苏家屯区、东陵区、沈北新区、于洪区、新民市、法库县、辽中县、康平县）；
朝阳市（双塔区、龙城区、朝阳县）；
丹东市（振兴区、元宝区、振安区、东港市、凤城市、宽甸满族自治县）；
铁岭市（清河区、银州区、调兵山市、开原市、西丰县、铁岭县、昌图县）；
辽阳市（弓长岭区、太子河区、宏伟区、灯塔市、辽阳县）；
葫芦岛市（连山区、南票区、龙港区、兴城市、绥中县、建昌县）；
本溪市（明山区、平山区、溪湖区、南芬区、本溪满族自治县、桓仁满族自治县）；
鞍山市（铁东区、铁西区、立山区、千山区、海城市、台安县、岫岩满族自治县）；
盘锦市（兴隆台区、双台子区、盘山县、大洼县）。

吉林：长春市（朝阳区、南关区、宽城区、二道区、绿园区、双阳区）；
吉林市（船营区、昌邑区、龙潭区、丰满区、蛟河市）。

浙江：杭州市（西湖区、富阳市、临安市）；
金华市（金东区、东阳市、浦江县）；
台州市（路桥区、玉环县）；
温州市（乐清市）。

安徽：淮南市（田家庵区）；
六安市（霍山县）；
滁州市（琅琊区、南谯区）；
巢湖市（无为县、和县、庐江县）；
马鞍山市（雨山区、花山区、当涂县）；
芜湖市（芜湖县、繁昌县）；
铜陵市（铜陵县）；
安庆市（迎江区、望江县、枞阳县）；
池州市（东至县）。

福建：泉州市(晋江市、石狮市)。
江西：萍乡市(安源区)；
九江市(永修县、彭泽县)；
宜春市(高安市)。
湖北：黄冈市(麻城市、武穴市)。

10. 三裂叶豚草 *Ambrosia trifida* L.

【分布地点】

北京：房山区、海淀区、顺义区、密云县。
辽宁：抚顺市(顺城区、东洲区、望花区、清原满族自治县、新宾满族自治县、抚顺县)；
阜新市(彰武县)；
锦州市(闾山保护区)。
浙江：杭州市。

11. 落葵薯 *Anredera cordifolia* (Tenore)

【分布地点】

重庆：全市分布。
云南：楚雄彝族自治州(双柏县、牟定县、永仁县)；
红河哈尼族彝族自治州(绿春县、河口瑶族自治县)；
文山壮族苗族自治州(文山县)；
临沧市(镇康县)。

12. 细叶芹 *Apium leptophyllum* (Pers.)

【分布地点】

重庆：北碚区、沙坪坝区、大足县、璧山县。
四川：攀枝花市(仁和区)。
云南：楚雄彝族自治州(双柏县)；
文山壮族苗族自治州(文山县)。

13. 平托花生 *Arachis pintoi* cv. Amarillo

【分布地点】

福建：厦门市(思明区)。

14. 油杉寄生 *Arceuthobium chinense* Lecomte

【分布地点】

四川：凉山彝族自治州(木里藏族自治县)。
甘肃：甘南藏族自治州(迭部县、碌曲县、夏河县)。
青海：海东地区(互助土族自治县)；
海南藏族自治州(同德县)；
黄南藏族自治州(尖扎县、同仁县、泽库县)；
海北藏族自治州(门源回族自治县)；
玉树藏族自治州(囊谦县、玉树县)；
果洛藏族自治州(班玛县、玛沁县)。

15. 黄花蒿 *Artemisia annua* L.

【分布地点】

北京：延庆县、大兴区、顺义区、丰台区、海淀区、怀柔区。

河北：沧州市（任丘市、肃宁县、河间市、献县、泊头市、沧县、南皮县、东光县、吴桥县、青县、盐山县、海兴县、孟村回族自治县、黄骅市、新华区、运河区）；

廊坊市（永清县、大城县、霸州市、固安县、大厂回族自治县）；

邢台市（临西县）；

张家口市（张北县）；

承德市（双桥区、双滦区、鹰手营子矿区、承德县、平泉县、兴隆县、滦平县、隆化县、宽城满族自治县、丰宁满族自治县、围场满族蒙古族自治县）；

唐山市（迁安市）；

保定市（定州市、涿州市、安国市、高碑店市、满城县、清苑县、高阳县、博野县、蠡县、徐水县、雄县、容城县、安新县、定兴县、唐县、望都县、顺平县、易县、涞水县、涞源县、曲阳县、阜平县）；

石家庄市（正定县、平山县、鹿泉市、深泽县、井陉矿区、栾城县、赵县、灵寿县、晋州市、无极县、新乐市、藁城市）。

辽宁：铁岭市（清河区、银州区、调兵山市、开原市、西丰县、铁岭县、昌图县）；

朝阳市（北票市、凌源市、建平县、朝阳县、喀喇沁左翼蒙古族自治县）；

丹东市（振安区、东港市、凤城市、宽甸满族自治县）；

大连市（普兰店市、庄河市）；

辽阳市（弓长岭区、太子河区、宏伟区、灯塔市、辽阳县）；

本溪市（本溪满族自治县、桓仁满族自治县）；

鞍山市（海城市）；

阜新市（细河区、新邱区、太平区、清河门区、海州区、阜新蒙古族自治县、彰武县）；

盘锦市（兴隆台区、双台子区、盘山县、大洼县）；

锦州市（闾山保护区）。

黑龙江（含森工）：牡丹江市［海林市（大海林林业局、柴河林业局）；

哈尔滨市［尚志市（苇河林业局）、巴彦县（兴隆林业局）］；

黑河市［五大连池市（沾河林业局）］；

伊春市［翠峦区（翠峦林业局）、乌马河区（乌马河林业局）、友好区（友好林业局）、汤旺河区（汤旺河林业局）、南岔区（南岔林业局）、带岭区（带岭林业实验局）、铁力市（桃山林业局）］；

大兴安岭地区（加格达奇林业局、松岭林业局、新林林业局、塔河林业局、十八站林业局、呼中林业局、韩家园林业局、阿木尔林业局、图强林业局、西林吉林业局）。

浙江：全省分布。

安徽：全省分布。
福建：三明市(清流县)；
龙岩市(连城县)；
南平市(延平区、武夷山市、建阳市)；
泉州市(泉港区)。
山东：枣庄市(滕州市、山亭区、薛城区、峄城区)；
泰安市(宁阳县)；
烟台市(招远市、龙口市、蓬莱市)；
青岛市(崂山区、城阳区、黄岛区、即墨市、胶州市、胶南市、平度市、莱西市)。
湖北：恩施土家族苗族自治州(巴东县、咸丰县)。
湖南：永州市(道县、蓝山县)；
郴州市(资兴市)；
湘西土家族苗族自治州(吉首市、泸溪县、凤凰县、古丈县、花垣县、保靖县、永顺县、龙山县)。
重庆：全市分布。
四川：自贡市(富顺县、荣县)；
南充市(阆中市)；
广安市(广安区、邻水县、华蓥市、武胜县、岳池县)。
陕西：宝鸡市(渭滨区、扶风县)；
延安市；
榆林市(榆阳区、靖边县、神木县、米脂县、府谷县)。
甘肃：定西市(安定区、通渭县、陇西县、渭源县、临洮县、漳县、岷县；兴隆山保护区)；
陇南市(宕昌县、武都区、文县、康县、成县、礼县、西和县、徽县、两当县)；
甘南藏族自治州(舟曲县、迭部县)；
金昌市；
临夏回族自治州(太子山自然保护区)。
青海：西宁市(大通回族土族自治县)；
海南藏族自治州(兴海县)。
宁夏：全省分布。

16. 钻形紫菀 *Aster sublatus* Michx

【分布地点】

浙江：全省分布。
安徽：全省分布。
重庆：全市分布。
云南：楚雄彝族自治州(双柏县)；
文山壮族苗族自治州(文山县)。

17. 野燕麦 *Avena fatua* L.

【分布地点】

云南：楚雄彝族自治州（楚雄市、双柏县、永仁县）。

重庆：全市分布。

18. 地毯草 *Axonopus compressus* (Swartz)

【分布地点】

云南：临沧市（耿马傣族佤族自治县、镇康县）；
楚雄彝族自治州（双柏县）；
红河哈尼族彝族自治州（绿春县、蒙自县、河口瑶族自治县）。

19. 大狼把草 *Bidens frondosa* L.

【分布地点】

安徽：全省分布。

20. 三叶鬼针草 *Bidens pilosa* Linn.

【分布地点】

北京：昌平区、密云县、延庆县。

福建：厦门市（翔安区、集美区、海沧区）。

重庆：全市分布。

四川：资阳市（雁江区、简阳市、安岳县、乐至县）。

云南：昆明市（五华区、盘龙区、西山区、官渡区、东川区、安宁市、呈贡县、晋宁县、富民县、禄劝彝族苗族自治县、嵩明县、宜良县、石林彝族自治县、寻甸回族彝族自治县）；
曲靖市（麒麟区、陆良县、师宗县）；
楚雄彝族自治州（双柏县、禄丰县、武定县、姚安县、大姚县、牟定县）；
玉溪市（红塔区、江川县、华宁县、元江哈尼族彝族傣族自治县、峨山彝族自治县）；
红河哈尼族彝族自治州（开远市、个旧市、蒙自县、绿春县、红河县、河口瑶族自治县）；
文山壮族苗族自治州（富宁县、文山县）；
临沧市（耿马傣族佤族自治县、镇康县）。

21. 节毛飞廉 *Carduus acanthoides* L.

【分布地点】

青海：西宁市（大通回族土族自治县）。

22. 无根藤 *Cassytha filiformis* Linn.

【分布地点】

辽宁：本溪市（本溪满族自治县）。

福建：泉州市（安溪县、丰泽区、惠安县、晋江市、鲤城区、洛江区、南安市、泉港区、石狮市）；
龙岩市（连城县）；
三明市（宁化县、大田县）。

湖南：郴州市(临武县、安仁县)；
邵阳市(洞口县)。
广西：玉林市(玉州区、博白县)；
崇左市(凭祥市)；
南宁市(邕宁区)。
海南：儋州市、定安县、临高县。
陕西：汉中市(西乡县、镇巴县)。
甘肃：甘南藏族自治州(舟曲县、迭部县)。

23. 乌蔹莓 *Cayratia japonica* (Thunb.) Gagnep.

【分布地点】

浙江：全省分布。

24. 南蛇藤 *Celastrus orbiculatus* Thunb.

【分布地点】

北京：延庆县。
辽宁：铁岭市(开原市、调兵山市、西丰县、铁岭县、昌图县)；
锦州市(闾山保护区)。

25. 光梗蒺藜草 *Cenchrus calyculatus* Cavan

【分布地点】

内蒙古(含森工)：通辽市(科尔沁区、开鲁县、奈曼旗、库伦旗、科尔沁左翼后旗、科尔沁左翼中旗)。

26. 蒺花蒺藜草 *Cenchrus pauciflorus* Benth.

【分布地点】

辽宁：朝阳市(双塔区、龙城区、北票市、朝阳县)；
阜新市(彰武县)。

27. 大刺儿菜 *Cephalanoplos setosum* (Willd.)

【分布地点】

辽宁：阜新市(细河区、新邱区、太平区、清河门区、海州区、阜新蒙古族自治县、彰武县)。
黑龙江(含森工)：大兴安岭地区(加格达奇林业局、松岭林业局、新林林业局、塔河林业局、十八站林业局、呼中林业局、韩家园林业局、阿木尔林业局、图强林业局、西林吉林业局)。
青海：西宁市(大通回族土族自治县)。
宁夏：银川市(兴庆区、金凤区、西夏区、灵武市、永宁县、贺兰县)；
石嘴山市(平罗县、惠农区)；
吴忠市(利通区、青铜峡市)。

28. 藜 *Chenopodium album* L.

【分布地点】

北京：海淀区、房山区、顺义区、丰台区、平谷区、怀柔区、延庆县。

河北：沧州市(任丘市、肃宁县、河间市、献县、泊头市、沧县、南皮县、东光县、吴桥县、青县、盐山县、海兴县、孟村回族自治县、黄骅市、新华区、运河区)；
张家口市(张北县)；
承德市(双桥区、双滦区、鹰手营子矿区、承德县、平泉县、兴隆县、滦平县、隆化县、宽城满族自治县、丰宁满族自治县、围场满族蒙古族自治县)；
唐山市(迁安县、乐亭县、唐海县、玉田县、迁西县、滦县)；
保定市(定州市、涿州市、安国市、高碑店市、满城县、清苑县、高阳县、博野县、蠡县、徐水县、雄县、容城县、安新县、定兴县、唐县、望都县、顺平县、易县、涞水县、涞源县、曲阳县、阜平县)；
石家庄市(鹿泉市、正定县、辛集市、晋州市、赵县、新乐市、平山县、井陉矿区)。

辽宁：朝阳市(北票市、凌源市、建平县、朝阳县、喀喇沁左翼蒙古族自治县)；
丹东市(东港市、振安区、凤城市、宽甸满族自治县)；
大连市(金州区、庄河市)；
辽阳市(宏伟区、弓长岭区、太子河区、灯塔市、辽阳县)；
本溪市(本溪满族自治县、桓仁满族自治县)；
阜新市(细河区、新邱区、太平区、清河门区、海州区、阜新蒙古族自治县、彰武县)；
盘锦市(兴隆台区、双台子区、盘山县、大洼县)；
锦州市(闾山保护区)。

黑龙江(含森工)：大兴安岭地区(加格达奇林业局、松岭林业局、新林林业局、塔河林业局、十八站林业局、呼中林业局、韩家园林业局、阿木尔林业局、图强林业局、西林吉林业局)。

浙江：全省分布。

安徽：全省分布。

福建：龙岩市(连城县)；
泉州市(丰泽区、鲤城区、泉港区、晋江市、永春县)。

江西：赣州市(瑞金市、赣县、于都县、会昌县)。

山东：烟台市(招远市、龙口市、栖霞市)；
青岛市(崂山区、城阳区、黄岛区、即墨市、胶州市、胶南市、平度市、莱西市)。

湖南：湘西土家族苗族自治州(吉首市)。

四川：自贡市(富顺县)；
南充市(阆中市)；
广安市(广安区、邻水县、华蓥市、武胜县、岳池县)。

陕西：宝鸡市(扶风县)；
延安市。

甘肃：白银市(景泰县)；
定西市(安定区、通渭县、陇西县、渭源县、临洮县、漳县、岷县；兴隆山保护区)。
青海：西宁市(大通回族土族自治县)。
宁夏：银川市(兴庆区、金凤区、西夏区、灵武市、永宁县、贺兰县)；
石嘴山市(平罗县、惠农区)；
固原市(原州区、彭阳县)；
吴忠市(利通区、青铜峡市、盐池县、同心县)；
中卫市(沙坡头区、中宁县)。

29. 土荆芥 *Chenopodium ambrosioides* L.

【分布地点】
安徽：全省分布。
福建：厦门市(集美区、海沧区)；
泉州市(泉港区、晋江市)。
重庆：全市分布。
四川：资阳市(雁江区、简阳市、安岳县、乐至县)；
眉山市(东坡区、仁寿县、彭山县、洪雅县、丹棱县、青神县)。
云南：楚雄彝族自治州(双柏县、牟定县、武定县)；
红河哈尼族彝族自治州(绿春县)；
临沧市(耿马傣族佤族自治县、镇康县)。

30. 菊叶香藜 *Chenopodium foetidum* Chrad

【分布地点】
河北：承德市(双桥区、双滦区、鹰手营子矿区、承德县、平泉县、兴隆县、滦平县、隆化县、宽城满族自治县、丰宁满族自治县、围场满族蒙古族自治县)。
辽宁：朝阳市(北票市、凌源市、建平县、朝阳县、喀喇沁左翼蒙古族自治县)；
丹东市(凤城市)；
本溪市(本溪满族自治县)。
甘肃：陇南市(武都区、康县、文县)。
青海：海北藏族自治州(祁连县)。

31. 灰绿藜 *Chenopodium glaucum* L.

【分布地点】
北京：丰台区、大兴区、顺义区、延庆县。
河北：承德市(围场满族蒙古族自治县)；
石家庄市(晋州市、新乐市、藁城市、正定县、平山县、深泽县、栾城县、赵县、灵寿县、无极县)；
沧州市(新华区、运河区、泊头市、任丘市、肃宁县、河间市、献县、沧县、南皮县、东光县、吴桥县、青县、盐山县、海兴县、孟村回族自治县、黄骅市)；
张家口市(张北县)；

承德市（双桥区、双滦区、鹰手营子矿区、承德县、平泉县、兴隆县、滦平县、隆化县、宽城满族自治县、丰宁满族自治县、围场满族蒙古族自治县）；
唐山市（乐亭县、唐海县、滦县）。

辽宁：朝阳市（北票市、凌源市、建平县、朝阳县、喀喇沁左翼蒙古族自治县）；
丹东市（凤城市、宽甸满族自治县）；
辽阳市（弓长岭区、太子河区、宏伟区、灯塔市、辽阳县）；
葫芦岛市（南票区、龙港区、连山区、兴城市、绥中县、建昌县）；
本溪市（本溪满族自治县）；
阜新市（细河区、新邱区、太平区、清河门区、海州区、阜新蒙古族自治县、彰武县）；
盘锦市（兴隆台区、双台子区、盘山县、大洼县）；
锦州市（闾山保护区）。

黑龙江（含森工）：哈尔滨市［尚志市（亚布力林业局）、巴彦县（兴隆林业局）］；
绥化市［绥棱县（绥棱林业局）］；
伊春市［乌伊岭区（乌伊岭林业局）、乌马河区（乌马河林业局）、翠峦区（翠峦林业局）、南岔区（南岔林业局）、铁力市（朗乡林业局、桃山林业局）］；
大兴安岭地区（加格达奇林业局、松岭林业局、新林林业局、塔河林业局、十八站林业局、呼中林业局、韩家园林业局、阿木尔林业局、图强林业局、西林吉林业局）。

湖南：郴州市（资兴市）。

四川：广安市（广安区、邻水县、华蓥市、武胜县、岳池县）。

陕西：延安市（黄陵县、洛川县、富县、宝塔区、宜川县）；
榆林市（神木县、米脂县、府谷县）。

甘肃：金昌市（金川区、永昌县）；
白银市（景泰县、白银区）；
天水市（秦州区；小陇山林业实验局）；
陇南市（宕昌县、武都区、文县、康县、成县、礼县、西和县、徽县、两当县）；
定西市（兴隆山保护区）。

青海：西宁市（大通回族土族自治县）；
海东地区（民和回族土族自治县）；
海南藏族自治州（兴海县）；
海北藏族自治州（门源回族自治源县、祁连县）。

宁夏：银川市（兴庆区、金凤区、西夏区、灵武市、永宁县、贺兰县）；
石嘴山市（平罗县、惠农区）；
吴忠市（利通区、青铜峡市、盐池县）；
中卫市（沙坡头区、中宁县）；
固原市（彭阳县）。

32. 配藜 *Chenopodium hybridum* L.

【分布地点】

辽宁：阜新市(阜新蒙古族自治县)；
锦州市(闾山保护区)。

重庆：北碚区、巫山县、巫溪县、秀山土家族苗族自治县、酉阳土家族苗族自治县。

33. 香丝草 *Conyza bonariensis*（L.）Cronq

【分布地点】

浙江：全省分布。

重庆：全市分布。

四川：资阳市(雁江区、简阳市、安岳县、乐至县)。

34. 小蓬草 *Conyza canadensis*（L.）

【分布地点】

河北：石家庄市(赵县)；
沧州市(运河区、新华区、黄骅市、泊头市、任丘市、河间市、肃宁县、献县、沧县、南皮县、东光县、吴桥县、青县、盐山县、海兴县、孟村回族自治县)；
廊坊市(安次区、三河市、霸州市、大厂回族自治县、大城县)；
衡水市(武强县)。

辽宁：锦州市(闾山保护区)。

浙江：全省分布。

安徽：全省分布。

福建：厦门市(翔安区、集美区、海沧区)。

重庆：全市分布。

四川：资阳市(雁江区、简阳市、安岳县、乐至县)。

云南：楚雄彝族自治州(双柏县、禄丰县)。

35. 苏门白酒草 *Conyza sumatrensis*（Retz.）

【分布地点】

福建：泉州市(洛江区、泉港区)。

江西：九江市(九江县)。

云南：楚雄彝族自治州(双柏县)；
临沧市(耿马傣族佤族自治县、镇康县)。

36. 剑叶金鸡菊 *Coreopsis lanceolata* L.

【分布地点】

山东：青岛市(崂山区、黄岛区、胶南市、即墨市、莱西市)。

37. 臭荠 *Coronopus didymous*（Linn.）

【分布地点】

安徽：全省分布。

38. 波斯菊 *Cosmos bipinnatus* Cav.

【分布地点】

四川：凉山彝族自治州（盐源县）。

39. 野茼蒿 *Crassocephalum crepidioides* (Benth.)

【分布地点】

福建：厦门市（翔安区、集美区、海沧区）。

重庆：全市分布。

云南：楚雄彝族自治州（双柏县）；
玉溪市（红塔区、江川县、元江哈尼族彝族傣族自治县、峨山彝族自治县）；
红河哈尼族彝族自治州（红河县、河口瑶族自治县、蒙自县）；
文山壮族苗族自治州（文山县）；
保山市（龙陵县）；
临沧市（耿马傣族佤族自治县、镇康县）。

40. 南方菟丝子 *Cuscuta australis* R. Br.

【分布地点】

浙江：杭州市（萧山区）；
台州市（天台县）；
金华市（磐安县）。

41. 中国菟丝子 *Cuscuta chinensis* Lamb

【分布地点】

北京：大兴区、怀柔区。

河北：沧州市（新华区、运河区、任丘市、河间市、泊头市、黄骅市、肃宁县、献县、沧县、南皮县、东光县、吴桥县、青县、盐山县、海兴县、孟村回族自治县）；
承德市（双桥区、双滦区、鹰手营子矿区、承德县、平泉县、兴隆县、滦平县、隆化县、宽城满族自治县、丰宁满族自治县、围场满族蒙古族自治县）；
唐山市（丰南区、迁安市、乐亭县、滦县）。

辽宁：铁岭市（清河区、银州区、调兵山市、开原市、西丰县、铁岭县、昌图县）；
葫芦岛市（南票区、龙港区、连山区、兴城市、绥中县、建昌县）；
锦州市（太和区、凌海市、北镇市、义县、黑山县）。

浙江：全省分布。

山东：济宁市（市中区、任城区、曲阜市、兖州市、邹城市、鱼台县、金乡县、嘉祥县、微山县、汶上县、泗水县、梁山县）；
聊城市（茌平县、东阿县）；
德州市（乐陵市、临邑县）。

湖南：湘西土家族苗族自治州（小溪自然保护小区）。

广西：玉林市（玉州区、北流市、博白县、陆川县、容县、兴业县）。

重庆：南川区、云阳县、潼南县、巫山县、巫溪县、城口县。

四川：自贡市（荣县、富顺县）；
遂宁市（船山区、安居区、射洪县、蓬溪县）；
攀枝花市（东区、西区、盐边县、仁和区）；

达州市(通川区、大竹县、开江县、万源市、渠县、宣汉县、达县);
巴中市(南江县、通江县、平昌县)。
陕西:宝鸡市(凤县、陈仓区、渭滨区);
延安市(宜川县);
安康市(石泉县、岚皋县)。
宁夏:银川市(兴庆区、金凤区、西夏区、永宁县、贺兰县、灵武市);
石嘴山市(平罗县、惠农区);
吴忠市(利通区、青铜峡市、盐池县、同心县);
中卫市(沙坡头区、中宁县)。

42. 日本菟丝子 *Cuscuta japonica* Choisy.

【分布地点】

北京:大兴区。
河北:承德市(双桥区、双滦区、鹰手营子矿区、承德县、平泉县、兴隆县、滦平县、隆化县、宽城满族自治县、丰宁满族自治县、围场满族蒙古族自治县);
邢台市(临西县);
石家庄市(井陉矿区、新乐市、藁城市、鹿泉市、晋州市、正定县、平山县、深泽县、栾城县、赵县、无极县)。
内蒙古(含森工):鄂尔多斯市(伊金霍洛旗)。
辽宁:抚顺市(顺城区、清原满族自治县、新宾满族自治县、抚顺县);
营口市(老边区、鲅鱼圈区、大石桥市、盖州市)。
浙江:杭州市(萧山区);
丽水市(松阳县、遂昌县、云和县);
金华市(浦江县、武义县);
台州市(黄岩区、玉环县)。
安徽:六安市(金寨县);
宣城市(宣州区);
合肥市(长丰县)。
福建:南平市(武夷山市)。
江西:九江市(彭泽县、修水县);
赣州市(瑞金市、南康市、上犹县、赣县、崇义县、信丰县、龙南县、于都县、兴国县、会昌县、石城县、宁都县);
抚州市(南城县、资溪县);
吉安市(青原区、新干县);
广西:来宾市(兴宾区、武宣县、象州县、金秀瑶族自治县、合山市)。

43. 曼陀罗 *Datura stramonium* L.

【分布地点】

北京:西城区。
河北:衡水市(饶阳县、景县);
石家庄(井陉矿区、晋州市、新乐市、藁城市、正定县、深泽县、栾城县、赵县、无极县）；

廊坊市（安次区、霸州市、大厂回族自治县、文安县、大城县）。

辽宁：锦州市（太和区、北镇市、凌海市、义县、黑山县）。

安徽：淮南市（田家庵区、大通区、谢家集区、八公山区、潘集区、凤台县）；

合肥市（庐阳区、瑶海区、蜀山区、包河区、长丰县、肥东县、肥西县）。

云南：楚雄彝族自治州（楚雄市、双柏县、牟定县、禄丰县、永仁县）；

文山壮族苗族自治州（文山县）；

玉溪市（元江哈尼族彝族傣族自治县、峨山彝族自治县）；

红河哈尼族彝族自治州（蒙自县）。

宁夏：银川市（兴庆区、金凤区、西夏区、灵武市、永宁县、贺兰县）；

石嘴山市（平罗县、惠农区）；

吴忠市（利通区、青铜峡市、盐池县、同心县）；

中卫市（沙坡头区、中宁县）。

44. 野胡萝卜 *Daucus carota* L.

【分布地点】

河北：张家口市（张北县）。

重庆：全市分布。

四川：资阳市（雁江区、简阳市、安岳县、乐至县）。

云南：临沧市（耿马傣族佤族自治县、镇康县）。

45. 牛筋草 *Eleusine indica* （L. ）

【分布地点】

福建：厦门市（湖里区、思明区、同安区、翔安区、集美区、海沧区）。

46. 密花香薷 *Elsholtzia densa* Benth.

【分布地点】

北京：延庆县。

河北：承德市（围场满族蒙古族自治县）。

辽宁：丹东市（凤城市）；

本溪市（本溪满族自治县）；

锦州市（太和区、凌海市、义县、北镇市、黑山县）。

重庆：南川区、城口县、巫山县、巫溪县。

甘肃：甘南藏族自治州（舟曲县、迭部县）；

定西市（兴隆山保护区）；

临夏回族自治州（太子山自然保护区）。

青海：西宁市（大通回族土族自治县）；

海北藏族自治州（祁连县）。

47. 一年蓬 *Erigeron annuus* （Linn. ）

【分布地点】

辽宁：锦州市（闾山保护区）。

浙江：全省分布。

安徽：全省分布。
云南：楚雄彝族自治州（双柏县）。
重庆：全市分布。

48. 刺芹 *Eryngium foetidum* L.

【分布地点】
云南：临沧市（耿马傣族佤族自治县、镇康县）；
红河哈尼族彝族自治州（绿春县、河口瑶族自治县）。

49. 假臭草 *Eupatorium catarium* Veldk

【分布地点】
福建：泉州市（丰泽区、晋江市、洛江区、泉港区、南安市、石狮市、惠安县）。
云南：文山壮族苗族自治州（文山县）。

50. 飞扬草 *Euphorbia hirta* Linn.

【分布地点】
云南：楚雄彝族自治州（双柏县）；
临沧市（耿马傣族佤族自治县、镇康县）。

51. 斑地锦 *Euphorbia maculala* L.

【分布地点】
云南：临沧市（耿马傣族佤族自治县、镇康县）。

52. 檗荔 *Ficus pumila* Linn.

【分布地点】
浙江：全省分布。

53. 黄顶菊 *Flaveria bidentis* （L.）

【分布地点】
河北：邢台市（桥西区、巨鹿县、邢台县、平乡县、广宗县）；
衡水市（冀州市）；
沧州市（泊头市、献县、南皮县）。

54. 牛膝菊 *Galinsoga parviflora* Cav.

【分布地点】
福建：厦门市（海沧区）。
重庆：全市分布。

55. 野老鹳草 *Geranium caroliniamum* L.

【分布地点】
辽宁：锦州市（闾山保护区）。
安徽：全省分布。
重庆：北碚区。

56. 野西瓜苗 *Hibiscus trionum* L.

【分布地点】
河北：廊坊市（大厂回族自治县）。
辽宁：锦州市（闾山保护区）。

重庆：北碚区、巴南区、合川区。

宁夏：银川市(兴庆区、金凤区、西夏区、灵武市、永宁县、贺兰县)；
石嘴山市(平罗县、惠农区)；
中卫市(沙坡头区、中宁县)；
吴忠市(利通区、青铜峡市、盐池县、同心县)。

57. 葎草 *Humulus scandens* (Lour.) Merr.

【分布地点】

北京：全市分布。

河北：沧州市(任丘市、肃宁县、河间市、献县、泊头市、沧县、南皮县、东光县、吴桥县、青县、盐山县、海兴县、孟村回族自治县、黄骅市、新华区、运河区)；
承德市(双桥区、双滦区、鹰手营子矿区、承德县、平泉县、兴隆县、滦平县、隆化县、宽城满族自治县、丰宁满族自治县、围场满族蒙古族自治县)；
邢台市(临西县)；
廊坊市(大厂回族自治县、大城县、安次区、文安县、霸州市)；
唐山市(乐亭县、唐海县、滦县、迁安市)；
石家庄市(井陉矿区、新乐市、藁城市、正定县、深泽县、栾城县、赵县、晋州市、无极县)。

辽宁：本溪市(本溪满族自治县)；
营口市(老边区、鲅鱼圈区、盖州市、大石桥市)；
锦州市(闾山保护区)。

浙江：全省分布。

江西：赣州市(章贡区、赣县)。

山东：济南市(济阳县、商河县、章丘市)；
淄博市(张店区、周村区、临淄区)；
济宁市(任城区、兖州市、曲阜市、邹城市、梁山县、金乡县、嘉祥县、汶上县)；
临沂市(蒙阴县、平邑县)；
聊城市(东昌府区、阳谷县、东阿县、冠县、高唐县)。

重庆：全市分布。

四川：遂宁市(蓬溪县、船山区、安居区、射洪县、大英县)；
资阳市(雁江区、简阳市、安岳县、乐至县)。

陕西：咸阳市(秦都区、杨陵区、渭城区、兴平市、三原县、泾阳县、乾县、礼泉县、永寿县、彬县、长武县、旬邑县、淳化县、武功县)。

58. 山香 *Hyptis suaveolens* (L.)

【分布地点】

云南：楚雄彝族自治州(楚雄市、牟定县)。

59. 白茅草 *Imperata cylindrica* (L.)

【分布地点】

江西：赣州市（瑞金市、赣县、会昌县）；
九江市（瑞昌市）。

湖南：永州市（祁阳县、新田县、道县、蓝山县）；
张家界市（永定区、武陵源区）；
岳阳市（华容县）；
湘西土家族苗族自治州（吉首市、泸溪县、凤凰县、花垣县、保靖县、古丈县、永顺县、龙山县）；
郴州市（北湖区、资兴市、宜章县、嘉禾县）；
邵阳市（洞口县）；
常德市（安乡县、汉寿县、临澧县）。

60. 五爪金龙 ***Ipomoea cairica*** **（Linn.）**

【分布地点】

福建：厦门市（思明区）；
泉州市（洛江区、晋江市）。

广东：广州市（天河区、白云区、黄埔区、番禺区、花都区、南沙区、萝岗区、增城市、从化市）；
深圳市（南山区、宝安区、龙岗区、盐田区）；
珠海市（香洲区、斗门区、金湾区）；
汕头市（濠江区、潮阳区、潮南区、澄海区、南澳县）；
韶关市（浈江区、武江区、曲江区、乐昌市、南雄市、始兴县、仁化县、翁源县、新丰县、乳源瑶族自治县）；
佛山市（南海区、顺德区、三水区、高明区）；
江门市（江海区、蓬江区、新会区、台山市、开平市、鹤山市、恩平市）；
湛江市（麻章区、廉江市、雷州市、吴川市、遂溪县）；
茂名市（茂南区、茂港区、高州市、化州市、信宜市、电白县）；
肇庆市（端州区、鼎湖区、高要市、四会市、广宁县、怀集县、封开县、德庆县）；
惠州市（惠城区、惠阳区、博罗县、惠东县、龙门县）；
梅州市（梅江区、兴宁市、梅县、大埔县、丰顺县、五华县、平远县、蕉岭县）；
汕尾市（陆丰市、海丰县、陆河县）；
河源市（源城区、紫金县、龙川县、连平县、和平县、东源县）；
阳江市（江城区、阳春市、阳西县、阳东县）；
清远市（清城区、英德市、佛冈县、阳山县、清新县、连山壮族瑶族自治县、连南瑶族自治县）；
东莞市；
中山市；
潮州市（湘桥区、潮安县、饶平县）；
揭阳市（榕城区、普宁市、揭东县、揭西县、惠来县）；
云浮市（云城区、罗定市、新兴县、郁南县、云安县）。

云南：红河哈尼族彝族自治州（金平苗族瑶族傣族自治县）。

61. 假苍耳 *Iva xanthifolia* Nutt

【分布地点】

辽宁：朝阳市（双塔区、龙城区、朝阳县）；
铁岭市（清河区、银州区、调兵山市、开原市、西丰县、铁岭县、昌图县）；
阜新市（细河区、太平区、阜新蒙古族自治县）。

福建：龙岩市（永定县）。

62. 马缨丹 *Lantana camara* Linn.

【分布地点】

福建：泉州市（丰泽区、晋江市、洛江区、石狮市）。

重庆：渝中区、南岸区、江北区、北碚区、渝北区、永川区。

云南：楚雄彝族自治州（楚雄市、双柏县、永仁县）；
红河哈尼族彝族自治州（开远市）；
文山壮族苗族自治州（文山县）；
临沧市（耿马傣族佤族自治县、镇康县）。

63. 宽叶独行菜 *Lepidium latifolium* L.

【分布地点】

河北：承德市（双桥区、双滦区、鹰手营子矿区、承德县、平泉县、兴隆县、滦平县、隆化县、宽城满族自治县、丰宁满族自治县、围场满族蒙古族自治县）；
保定市（定州市、涿州市、安国市、高碑店市、满城县、清苑县、高阳县、博野县、蠡县、徐水县、雄县、容城县、安新县、定兴县、唐县、望都县、顺平县、易县、涞水县、涞源县、曲阳县、阜平县）。

江西：赣州市（瑞金市）。

甘肃：金昌市（金川区、永昌县）。

青海：西宁市（大通回族土族自治县）；
海北藏族自治州（祁连县）；
海西蒙古族藏族自治州（都兰县、乌兰县、德令哈市）。

宁夏：吴忠市（利通区）；
固原市（彭阳县）；
中卫市（中宁县）。

64. 北美独行菜 *Lepidium virgicum* L.

【分布地点】

河北：承德市（围场满族蒙古族自治县）。

安徽：全省分布。

云南：楚雄彝族自治州（武定县）。

65. 银合欢 *Leucaena leucocephala*（Lam.）

【分布地点】

云南：楚雄彝族自治州（双柏县）；
红河哈尼族彝族自治州（开远市、蒙自县）；

临沧市(耿马傣族佤族自治县、镇康县)。

66. 赖草 *Leymus secalinus* (Georgi)

【分布地点】

北京：延庆县。

辽宁：丹东市(凤城市、宽甸满族自治县)。

甘肃：金昌市(金川区、永昌县)；

定西市(安定区、通渭县、陇西县、渭源县、临洮县、漳县、岷县；兴隆山保护区)；

陇南市(武都区、宕昌县、文县、康县、成县、礼县、西和县、徽县、两当县)。

青海：西宁市(大通回族土族自治县)；

海东地区(化隆回族自治县)；

海南藏族自治州(兴海县)；

海北藏族自治州(门源回族自治县、祁连县、海晏县)。

67. 毒麦 *Lolium temulentum* L.

【分布地点】

河北：张家口市(张北县)。

云南：楚雄彝族自治州(双柏县)。

68. 稠树桑寄生 *Loranthus delavayi* Van Tiegh

【分布地点】

浙江：丽水市(遂昌县、松阳县、龙泉市、庆元县、景宁畲族自治县)；

温州市(泰顺县)。

69. 桑寄生属 *Loranthus* sp.

【分布地点】

福建：龙岩市(武平县、连城县、上杭县)。

湖北：恩施土家族苗族自治州(利川市、咸丰县、来凤县)；

荆门市(钟祥市)。

70. 樟寄生 *Loranthus yadoriki* Sieb.

【分布地点】

安徽：黄山市(屯溪区、黄山区、徽州区)；

安庆市(太湖县)。

江西：吉安市(青原区)。

71. 冬葵 *Malva verticillata* L

【分布地点】

北京：大兴区、延庆县。

辽宁：朝阳市(北票市、凌源市、建平县、朝阳县、喀喇沁左翼蒙古族自治县)；

本溪市(本溪满族自治县)；

阜新市(细河区、新邱区、太平区、清河门区、海州区、阜新蒙古族自治县、彰武县)；

盘锦市(兴隆台区、双台子区、盘山县、大洼县)；

锦州市(闾山保护区)。

浙江：杭州市(拱墅区、上城区、下城区、江干区、西湖区、滨江区、萧山区、余杭区、建德市、富阳市、临安市、桐庐县、淳安县)；

宁波市(海曙区、江东区、江北区、北仑区、镇海区、鄞州区、余姚市、慈溪市、奉化市、象山县、宁海县)；

丽水市(龙泉市)。

江西：赣州市(瑞金市)。

湖北：孝感市(孝昌县)。

四川：自贡市(荣县)；

南充市(高坪区、阆中市、蓬安县)；

广安市(广安区、华蓥市、邻水县、武胜县、岳池县)。

陕西：延安市(宜川县、洛川县)。

甘肃：白银市(景泰县)；

陇南市(徽县、两当县)；

定西市(兴隆山保护区)。

青海：西宁市(大通回族土族自治县)；

海北藏族自治州(门源回族自治县、祁连县)。

72. 赛葵 *Malvastrum coromandelianum* (L.)

【分布地点】

福建：厦门市(海沧区)。

73. 白香草木樨 *Melilotus alba* Medic ex Desr.

【分布地点】

北京：延庆县。

河北：张家口市(张北县)；

廊坊市(霸州市)；

承德市(双桥区、双滦区、鹰手营子矿区、承德县、平泉县、兴隆县、滦平县、隆化县、宽城满族自治县、丰宁满族自治县、围场满族蒙古族自治县)；

保定市(定州市、涿州市、安国市、高碑店市、满城县、清苑县、高阳县、博野县、蠡县、徐水县、雄县、容城县、安新县、定兴县、唐县、望都县、顺平县、易县、涞水县、涞源县、曲阳县、阜平县)。

辽宁：朝阳市(北票市、凌源市、建平县、朝阳县、喀喇沁左翼蒙古族自治县)；

辽阳市(弓长岭区、太子河区、宏伟区、灯塔市、辽阳县)；

葫芦岛市(建昌县)；

阜新市(细河区、新邱区、太平区、清河门区、海州区、阜新蒙古族自治县、彰武县)。

陕西：延安市(宜川县)；

商洛市。

甘肃：天水市(麦积区、张家川回族自治县)；

陇南市(宕昌县、武都区、文县、康县、成县、礼县、西和县、徽县、两当县)；

定西市(兴隆山保护区);
临夏回族自治州(太子山自然保护区)。

74. 黄香草木樨 *Melilotus officinalis* (Linn.)

【分布地点】

北京:延庆县、丰台区。
河北:唐山市(乐亭县、唐海县);
张家口市(张北县);
沧州市(新华区、运河区、任丘市、泊头市、黄骅市、河间市、肃宁县、献县、沧县、南皮县、东光县、吴桥县、青县、盐山县、海兴县、孟村回族自治县);
承德市(双桥区、双滦区、鹰手营子矿区、承德县、平泉县、兴隆县、滦平县、隆化县、宽城满族自治县、丰宁满族自治县、围场满族蒙古族自治县);
保定市(定州市、涿州市、安国市、高碑店市、满城县、清苑县、高阳县、博野县、蠡县、徐水县、雄县、容城县、安新县、定兴县、唐县、望都县、顺平县、易县、涞水县、涞源县、曲阳县、阜平县)。
辽宁:朝阳市(北票市、凌源市、建平县、朝阳县、喀喇沁左翼蒙古族自治县);
辽阳市(弓长岭区、太子河区、宏伟区、灯塔市、辽阳县);
阜新市(细河区、新邱区、太平区、清河门区、海州区、阜新蒙古族自治县、彰武县)。
浙江:杭州市(临安市);
宁波市(余姚市);
衢州市(开化县);
台州市(临海市);
温州市(鹿城区、龙湾区、瓯海区、瑞安市、乐清市、洞头县、永嘉县、平阳县、苍南县、文成县、泰顺县)。
安徽:合肥市(庐阳区、瑶海区、蜀山区、包河区、长丰县、肥东县、肥西县);
福建:泉州市(石狮市)。
陕西:延安市(宝塔区、洛川县、宜川县);
商洛市。
甘肃:庆阳市(合水县);
陇南市(武都区、宕昌县、文县、康县、成县、礼县、西和县、徽县、两当县);
定西市(兴隆山保护区);
临夏回族自治州(太子山自然保护区)。
宁夏:中卫市(中宁县);
吴忠市(同心县);
固原市(彭阳县)。

75. 野薄荷 *Mentha haplocalyx* Briq.

【分布地点】

河北:廊坊市(霸州市、永清县、大厂回族自治县、大城县);

承德市（双桥区、双滦区、鹰手营子矿区、承德县、平泉县、兴隆县、滦平县、隆化县、宽城满族自治县、丰宁满族自治县、围场满族蒙古族自治县）；
唐山市（乐亭县、唐海县、丰南县）；
保定市（定州市、涿州市、安国市、高碑店市、满城县、清苑县、高阳县、博野县、蠡县、徐水县、雄县、容城县、安新县、定兴县、唐县、望都县、顺平县、易县、涞水县、涞源县、曲阳县、阜平县）；
石家庄市（灵寿县）。

辽宁：丹东市（宽甸满族自治县、凤城市）；
辽阳市（辽阳县、灯塔市、弓长岭区、太子河区、宏伟区）；
本溪市（明山区、平山区、溪湖区、南芬区、本溪满族自治县、桓仁满族自治县）；
鞍山市（铁东区、铁西区、立山区、千山区、海城市、台安县、岫岩满族自治县）。

黑龙江（含森工）：大兴安岭地区（十八站林业局）。

浙江：全省分布。

安徽：全省分布。

福建：南平市（武夷山市）；
三明市（宁化县、建宁县）；
龙岩市（连城县）；
宁德市（屏南县）。

江西：赣州市（兴国县、瑞金市）。

湖北：咸宁市（通城县）。

四川：自贡市（荣县）；
南充市（阆中市、蓬安县、南部县）；
甘孜藏族自治州（康定县、丹巴县、炉霍县、九龙县、甘孜县、雅江县、新龙县、道孚县、白玉县、理塘县、德格县、乡城县、石渠县、稻城县、色达县、巴塘县、泸定县、得荣县）；
广安市（广安区、邻水县、华蓥市、武胜县、岳池县）。

陕西：延安市（宝塔区、延长县、延川县、子长县、安塞县、志丹县、吴旗县、甘泉县、富县、洛川县、宜川县、黄龙县、黄陵县）。

甘肃：金昌市（金川区、永昌县）；
白银市（景泰县）；
天水市（麦积区、张家川回族自治县）；
陇南市（武都区、宕昌县、文县、康县、成县、礼县、西和县、徽县、两当县）；
定西市（兴隆山保护区）；
临夏回族自治州（太子山自然保护区）。

青海：西宁市（大通回族土族自治县）；
海西蒙古族藏族自治州（乌兰县）。

宁夏：银川市（兴庆区、金凤区、西夏区、灵武市、永宁县、贺兰县）；

石嘴山市(惠农区、平罗县);
吴忠市(利通区、青铜峡市);
中卫市(沙坡头区、中宁县、海原县);
固原市(原州区、西吉县)。

76. 金钟藤 *Merremia boisiana* (Gagnep.)

【分布地点】

广东:广州市(天河区、白云区、萝岗区);
惠州市(博罗县、惠东县)。

海南:儋州市、万宁市、五指山市、白沙黎族自治县、琼中黎族苗族自治县、保亭黎族苗族自治县。

77. 含羞草 *Mimosa pudica* L.

【分布地点】

云南:红河哈尼族彝族自治州(绿春县、河口瑶族自治县、蒙自县)。

78. 紫茉莉 *Mirabilis jalapa* L.

【分布地点】

辽宁:锦州市(闾山保护区)。

重庆:全市分布。

云南:楚雄彝族自治州(双柏县、牟定县、永仁县);
文山壮族苗族自治州(文山县);
临沧市(耿马傣族佤族自治县、镇康县)。

79. 梨果仙人掌 *Opuntia ficus-indica* (L.)

【分布地点】

云南:楚雄彝族自治州(双柏县);
红河哈尼族彝族自治州(开远市、蒙自县);
文山壮族苗族自治州(文山县);
临沧市(临翔区)。

80. 单刺仙人掌 *Opuntia monacantha* (Willd.)

【分布地点】

云南:临沧市(耿马傣族佤族自治县)。

81. 红花酢浆草 *Oxalis corymbosa* DC.

【分布地点】

辽宁:锦州市(闾山保护区)。

安徽:全省分布。

重庆:全市分布。

云南:楚雄彝族自治州(楚雄市);
文山壮族苗族自治州(文山县);
临沧市(镇康县)。

82. 鸡屎藤 *Paedria scandens* (Lour.) Merr.

【分布地点】

浙江：全省分布。

83. 大黍 *Panicum maximum* Jacq.

【分布地点】

云南：楚雄彝族自治州（双柏县）。

84. 铺地黍 *Panicum repens* L.

【分布地点】

云南：楚雄彝族自治州（双柏县）。

85. 银胶菊 *Parthenium argentatum* Gray

【分布地点】

福建：厦门市（思明区、集美区、海沧区）。

云南：楚雄彝族自治州（元谋县）；
文山壮族苗族自治州（文山县）。

86. 两耳草 *Paspalum conjugatum* Berg.

【分布地点】

云南：楚雄彝族自治州（楚雄市、双柏县、牟定县、禄丰县）；
玉溪市（江川县、峨山彝族自治县、元江哈尼族彝族傣族自治县）；
红河哈尼族彝族自治州（蒙自县）；
文山壮族苗族自治州（文山县）；
临沧市（耿马傣族佤族自治县、镇康县）。

87. 小果西番莲 *Passiflora suberosa* Linn.

【分布地点】

福建：厦门市（思明区）。

88. 裂叶牵牛 *Pharbitis nil*（L.）

【分布地点】

河北：沧州市（新华区、运河区、任丘市、河间市、泊头市、黄骅市、肃宁县、献县、沧县、南皮县、东光县、吴桥县、青县、盐山县、海兴县、孟村回族自治县）。

安徽：全省分布。

89. 圆叶牵牛 *Pharbitis purpurea*（L.）

【分布地点】

河北：承德市（双桥区、双滦区、鹰手营子矿区、承德县、平泉县、兴隆县、滦平县、隆化县、宽城满族自治县、丰宁满族自治县、围场满族蒙古族自治县）；
沧州市（新华区、运河区、任丘市、河间市、泊头市、黄骅市、肃宁县、献县、沧县、南皮县、东光县、吴桥县、青县、盐山县、海兴县、孟村回族自治县）；
石家庄（井陉矿区、鹿泉市、藁城市、正定县、深泽县、栾城县、赵县、无极县、新乐县）；
邢台市（广宗县）。

辽宁：营口市（盖州市、大石桥市、老边区、鲅鱼圈区）。

山东：全省分布。
重庆：巫溪县。
四川：资阳市(雁江区、简阳市、安岳县、乐至县)。
云南：楚雄彝族自治州(楚雄市、双柏县、禄丰县、永仁县)；
玉溪市(红塔区、峨山彝族自治县)；
红河哈尼族彝族自治州(个旧市、蒙自县)；
文山壮族苗族自治州(文山县)；
临沧市(耿马傣族佤族自治县、镇康县)。

90. 垂序商陆 *Phytolacca americana* L.

【分布地点】
重庆：沙坪坝区、北碚区、秀山土家族苗族自治县。
云南：楚雄彝族自治州(双柏县)；
玉溪市(红塔区、通海县)。

91. 车前草 *Plantago depressa* Willd.

【分布地点】
北京：密云县、延庆县、大兴区、房山区、顺义区、朝阳区、平谷区、通州区。
河北：唐山市(迁安市、唐海县、玉田县、迁西县、乐亭县、滦县)；
承德市(围场满族蒙古族自治县)；
张家口市(张北县)；
保定市(定州市、涿州市、安国市、高碑店市、满城县、清苑县、高阳县、博野县、蠡县、徐水县、雄县、容城县、安新县、定兴县、唐县、望都县、顺平县、易县、涞水县、涞源县、曲阳县、阜平县)；
廊坊市(永清县、大城县、霸州市、固安县、大厂回族自治县)；
石家庄市(井陉矿区、新乐市、藁城市、晋州市、鹿泉市、正定县、平山县、深泽县、栾城县、赵县、灵寿县、无极县)。
辽宁：朝阳市(北票市、凌源市、建平县、朝阳县、喀喇沁左翼蒙古族自治县)；
丹东市(振安区、振兴区、元宝区、凤城市、东港市、宽甸满族自治县)；
辽阳市(弓长岭区、太子河区、宏伟区、灯塔市、辽阳县)；
葫芦岛市(南票区、龙港区、连山区、兴城市、绥中县、建昌县)；
本溪市(明山区、平山区、溪湖区、南芬区、本溪满族自治县、桓仁满族自治县)；
营口市(老边区、鲅鱼圈区、盖州市、大石桥市)；
鞍山市(铁东区、铁西区、立山区、千山区、海城市、台安县、岫岩满族自治县)；
盘锦市(盘山县、大洼县、兴隆台区、双台子区)；
锦州市(太和区、北镇市、凌海市、义县、黑山县)。
黑龙江(含森工)：哈尔滨市[尚志市(苇河林业局、亚布力林业局)、巴彦县(兴隆林业局)]；
绥化市[绥棱县(绥棱林业局)]；
牡丹江市[海林市(柴河林业局)]；

伊春市(伊春区、带岭区、南岔区、金山屯区、西林区、美溪区、乌马河区、翠峦区、友好区、上甘岭区、五营区、红星区、新青区、汤旺河区、乌伊岭区、铁力市、嘉荫县)；

大兴安岭地区(加格达奇林业局、松岭林业局、新林林业局、塔河林业局、十八站林业局、呼中林业局、韩家园林业局、阿木尔林业局、图强林业局、西林吉林业局)。

浙江：全省分布。

江西：赣州市(南康市、瑞金市、上犹县、崇义县、信丰县、龙南县、寻乌县、于都县、兴国县、会昌县)。

山东：烟台市(招远市、龙口市、蓬莱市、芝罘区)；

青岛市(崂山区、城阳区、黄岛区、即墨市、胶州市、胶南市、平度市、莱西市)；

济宁市(市中区、任城区、曲阜市、兖州市、邹城市、鱼台县、金乡县、嘉祥县、微山县、汶上县、泗水县、梁山县)。

湖北：恩施土家族苗族自治州(利川市、巴东县、咸丰县、来凤县)；

宜昌市(夷陵区、长阳土家族自治县、当阳市、秭归县)；

十堰市(郧县)；

咸宁市(通城县)。

重庆：全市分布。

四川：自贡市(自流井区、大安区、贡井区、沿滩区、荣县、富顺县)；

南充市(阆中市、高坪区、蓬安县、南部县)；

甘孜藏族自治州(康定县、丹巴县、炉霍县、九龙县、甘孜县、雅江县、新龙县、道孚县、白玉县、理塘县、德格县、乡城县、石渠县、稻城县、色达县、巴塘县、泸定县、得荣县)；

广安市(广安区、邻水县、华蓥市、武胜县、岳池县)。

云南：临沧市(云县、沧源佤族自治县)。

陕西：宝鸡市(陈仓区、扶风县)；

延安市(全市)；

安康市(岚皋县、平利县)。

甘肃：金昌市(金川区、永昌县)；

白银市(白银区、会宁县、景泰县)；

定西市(安定区、通渭县、陇西县、渭源县、临洮县、漳县、岷县)；

天水市(秦州区、麦积区、张家川回族自治县)；

陇南市(宕昌县、武都区、文县、康县、成县、礼县、西和县、徽县、两当县)；

临夏回族自治州(太子山自然保护区)。

青海：西宁市(大通回族土族自治县)；

海北藏族自治洲(门源回族自治县、祁连县)；

海西蒙古族藏族自治州(乌兰县)。

宁夏：全自治区分布。

92. 北美车前 *Plantago virginica* L.

【分布地点】

安徽：巢湖市（无为县、和县、庐江县）；
马鞍山市（雨山区、花山区、当涂县）；
芜湖市（芜湖县、繁昌县）；
铜陵市（铜陵县）；
安庆市（迎江区、望江县、枞阳县）；
池州市（东至县）。

浙江：杭州市（拱墅区、上城区、下城区、江干区、西湖区、滨江区、萧山区、余杭区、建德市、富阳市、临安市、桐庐县、淳安县）；
金华市（婺城区、金东区、兰溪市、义乌市、东阳市、永康市、武义县、浦江县、磐安县）；
温州市（永嘉县）。

93. 贯叶蓼 *Polygonum perfoliatum* Linn.

【分布地点】

浙江：全省分布。

四川：自贡市（富顺县、荣县、自流井区、大安区）；
南充市（蓬安县）。

94. 碱茅 *Puccinellia distans*（L.）

【分布地点】

北京：延庆县。

河北：承德市（双桥区、双滦区、鹰手营子矿区、承德县、平泉县、兴隆县、滦平县、隆化县、宽城满族自治县、丰宁满族自治县、围场满族蒙古族自治县）；
沧州市（新华区、运河区、河间市、泊头市、黄骅市、献县、沧县、南皮县、东光县、盐山县、海兴县、孟村回族自治县）；
廊坊市（霸州市、永清县、大城县）；
邢台市（南宫市）；
唐山市（丰南区、迁安市、乐亭县、唐海县）；
保定市（定州市、涿州市、安国市、高碑店市、满城县、清苑县、高阳县、博野县、蠡县、徐水县、雄县、容城县、安新县、定兴县、唐县、望都县、顺平县、易县、涞水县、涞源县、曲阳县、阜平县）；
石家庄市（井陉矿区、新乐市、藁城市、正定县、鹿泉市、深泽县、栾城县、赵县、晋州市、无极县）。

辽宁：盘锦市（兴隆台区、双台子区、盘山县、大洼县）；
锦州市（太和区、凌海市、北镇市、义县、黑山县）。

福建：三明市（宁化县、明溪县）。

江西：赣州市（寻乌县）。

陕西：延安（吴起县、宜川县）。

甘肃：金昌市(金川区、永昌县)；
白银市(景泰县)；
陇南市(文县、武都区、宕昌县、礼县、西和县)；
临夏回族自治州(太子山自然保护区)。

95. 葛藤 *Pueraria lobata* (Willd.)

【分布地点】

辽宁：抚顺市(清原满族自治县、新宾满族自治县、抚顺县)；
本溪市(本溪满族自治县)；
鞍山市(铁东区、铁西区、立山区、千山区、海城市、台安县、岫岩满族自治县)。

浙江：全省分布。

安徽：全省分布。

福建：南平市(建阳市)。

江西：九江市(瑞昌市、都昌县、修水县)；
赣州市(大余县、宁都县)；
吉安市(新干县)。

山东：青岛市(崂山区)；
烟台市(牟平区、栖霞市、招远市)；
济宁市(曲阜市、邹城市)；
临沂市(蒙阴县、平邑县、沂水县)。

湖南：常德市(安乡县)。

广东：广州市(天河区、白云区、黄埔区、番禺区、花都区、南沙区、萝岗区、增城市、从化市)；
深圳市(南山区、宝安区、龙岗区、盐田区)；
珠海市(香洲区、斗门区、金湾区)；
汕头市(濠江区、潮阳区、潮南区、澄海区、南澳县)；
韶关市(浈江区、武江区、曲江区、乐昌市、南雄市、始兴县、仁化县、翁源县、新丰县、乳源瑶族自治县)；
佛山市(南海区、顺德区、三水区、高明区)；
江门市(江海区、蓬江区、新会区、台山市、开平市、鹤山市、恩平市)；
湛江市(麻章区、廉江市、雷州市、吴川市、遂溪县)；
茂名市(茂南区、茂港区、高州市、化州市、信宜市、电白县)；
肇庆市(端州区、鼎湖区、高要市、四会市、广宁县、怀集县、封开县、德庆县)；
惠州市(惠城区、惠阳区、博罗县、惠东县、龙门县)；
梅州市(梅江区、兴宁市、梅县、大埔县、丰顺县、五华县、平远县、蕉岭县)；
汕尾市(陆丰市、海丰县、陆河县)；
河源市(源城区、紫金县、龙川县、连平县、和平县、东源县)；
阳江市(江城区、阳春市、阳西县、阳东县)；

清远市(清城区、英德市、佛冈县、阳山县、清新县、连山壮族瑶族自治县、连南瑶族自治县);
东莞市;
中山市;
潮州市(湘桥区、潮安县、饶平县);
揭阳市(榕城区、普宁市、揭东县、揭西县、惠来县);
云浮市(云城区、罗定市、新兴县、郁南县、云安县)。
重庆:全市分布。
四川:巴中市(南江县、通江县、平昌县);
泸州市(叙永县、古蔺县);
眉山市(东坡区、仁寿县、彭山县、洪雅县、丹棱县、青神县)。
陕西:安康市(石泉县、汉阴县、平利县)。
甘肃:天水市(小陇山林业实验局)。

96. 炮仗花 *Pyrostegia ignea* Presl.

【分布地点】
福建:厦门市(思明区)。

97. 红毛草 *Rhynchelytrum repens* (Willd.)

【分布地点】
云南:临沧市(耿马傣族佤族自治县、镇康县)。

98. 蓖麻 *Ricinus communis* L.

【分布地点】
辽宁:葫芦岛市(南票区、龙港区、连山区、兴城市、绥中县、建昌县);
营口市(老边区、鲅鱼圈区、盖州市、大石桥市);
鞍山市(铁东区、铁西区、立山区、千山区、海城市、台安县、岫岩满族自治县);
锦州市(凌海市、义县、北镇市、黑山县、太和区)。
安徽:全省分布。
重庆:全市分布。
云南:昆明市(五华区、东川区、盘龙区、官渡区、西山区、呈贡县、晋宁县、安宁市、富民县、禄劝彝族苗族自治县、嵩明县、宜良县、石林彝族自治县、寻甸回族彝族自治县);
楚雄彝族自治州(楚雄市、双柏县、牟定县);
玉溪市(红塔区、元江哈尼族彝族傣族自治县、峨山彝族自治县);
红河哈尼族彝族自治州(个旧市、蒙自县);
文山壮族苗族自治州(文山县);
临沧市(耿马傣族佤族自治县、镇康县)。

99. 茜草 *Rubia cordifolia* L.

【分布地点】
河北:廊坊市(大厂回族自治县);

石家庄市（井陉矿区、新乐市、藁城市、正定县、深泽县、栾城县、赵县、无极县）。

辽宁：锦州市（闾山保护区）。

黑龙江（含森工）：大兴安岭地区（加格达奇林业局、松岭林业局、新林林业局、塔河林业局、十八站林业局、呼中林业局、韩家园林业局、阿木尔林业局、图强林业局、西林吉林业局）。

四川：巴中市（巴中区、南江县、平昌县、通江县）。

100. 羊蹄 *Rumex japonicus* Houtt.

【分布地点】

福建省：南平市（武夷山市）；

厦门市（翔安区、海沧区）。

101. 巴天酸模 *Rumex patientia* L.

【分布地点】

北京：延庆县、丰台区、怀柔区。

河北：沧州市（新华区、运河区、任丘市、泊头市、黄骅市、肃宁县、河间市、献县、沧县、南皮县、东光县、吴桥县、青县、盐山县、海兴县、孟村回族自治县）；

承德市（双桥区、双滦区、鹰手营子矿区、承德县、平泉县、兴隆县、滦平县、隆化县、宽城满族自治县、丰宁满族自治县、围场满族蒙古族自治县）；

唐山市（迁安市、乐亭县、唐海县、玉田县）；

保定市（定州市、涿州市、安国市、高碑店市、满城县、清苑县、高阳县、博野县、蠡县、徐水县、雄县、容城县、安新县、定兴县、唐县、望都县、顺平县、易县、涞水县、涞源县、曲阳县、阜平县）。

辽宁：丹东市（凤城市、东港市、宽甸满族自治县）；

辽阳市（弓长岭区、太子河区、宏伟区、灯塔市、辽阳县）；

葫芦岛市（建昌县）；

本溪市（本溪满族自治县）；

阜新市（细河区、新邱区、太平区、清河门区、海州区、阜新蒙古族自治县、彰武县）；

锦州市（凌海市、义县、北镇市、黑山县、太和区）。

黑龙江（含森工）：大兴安岭地区（加格达奇林业局、松岭林业局、新林林业局、塔河林业局、十八站林业局、呼中林业局、韩家园林业局、阿木尔林业局、图强林业局、西林吉林业局）。

安徽：全省分布。

福建：三明市（宁化县）。

四川：自贡市（富顺县）；

南充市（阆中市）；

眉山市（东坡区、仁寿县、彭山县、洪雅县、丹棱县、青神县）。

山东：青岛市(崂山区、胶南市、胶州市)；
烟台市(芝罘区、招远市)。
湖南：岳阳市(平江县)。
陕西：延安市(宜川县)。
甘肃：陇南市(宕昌县、武都区、文县、康县、成县、礼县、西和县、徽县、两当县)；
定西市(兴隆山保护区)。
青海：西宁市(大通回族土族自治县)；
海北藏族自治州(祁连县)；
海西蒙古族藏族自治州(都兰县)。
宁夏：银川市；
石嘴山市(惠农区、平罗县)；
吴忠市(利通区、青铜峡市)；
中卫市(沙坡头区、中宁县、海原县)；
固原市(原州区、西吉县)。

102. 野甘草 *Scoparia dulcis* L.

【分布地点】
云南：临沧市(镇康县)。

103. 欧洲千里光 *Senecio vulgaris* L.

【分布地点】
辽宁：锦州市(闾山保护区)。
云南：楚雄彝族自治州(双柏县)。

104. 大狗尾草 *Setaria faberi* Herm

【分布地点】
浙江：全省分布。

105. 棕叶狗尾草 *Setaria palmifolia* (Koen)

【分布地点】
重庆：全市分布。

106. 狗尾草 *Setaria viridis* (L.) Beauv

【分布地点】
北京：大兴区、房山区、顺义区、丰台区、平谷区、通州区、海淀区、密云县、延庆县。
辽宁：铁岭市(清河区、银州区、调兵山市、西丰县、开原市、铁岭县、昌图县)；
朝阳市(北票市、凌源市、建平县、朝阳县、喀喇沁左翼蒙古族自治县)；
丹东市(振安区、振兴区、元宝区、凤城市、东港市、宽甸满族自治县)；
大连市(金州区、普兰店市、庄河市)；
辽阳市(弓长岭区、太子河区、宏伟区、灯塔市、辽阳县)；
葫芦岛市(南票区、龙港区、连山区、兴城市、绥中县、建昌县)；
本溪市(明山区、平山区、溪湖区、南芬区、本溪满族自治县、桓仁满族自治县)；

营口市（老边区、鲅鱼圈区、大石桥市、盖州市）；
鞍山市（铁东区、铁西区、立山区、千山区、海城市、台安县、岫岩满族自治县）；
阜新市（细河区、新邱区、太平区、清河门区、海州区、阜新蒙古族自治县、彰武县）；
盘锦市（兴隆台区、双台子区、盘山县、大洼县）；
锦州市（太和区、凌海市、北镇市、义县、黑山县）。
黑龙江（含森工）：大兴安岭地区（加格达奇林业局、松岭林业局、新林林业局、塔河林业局、十八站林业局、呼中林业局、韩家园林业局、阿木尔林业局、图强林业局、西林吉林业局）。
浙江：全省分布。
福建：全省分布。
江西：赣州市（赣县、上犹县、崇义县、南康市、信丰县、龙南县、寻乌县、于都县、兴国县、瑞金市、会昌县）；
吉安市（永丰县）。
湖北：恩施土家族苗族自治州（恩施市、巴东县、利川市、咸丰县、来凤县）；
咸宁市（通城县、赤壁市）；
宜昌市（夷陵区、当阳市、长阳土家族自治县、宜都市、秭归县）。
湖南：永州市（新田县、蓝山县）；
常德市（安乡县）。
重庆：全市分布。
四川：自贡市（自流井区、大安区、贡井区、沿滩区、荣县、富顺县）；
南充市（阆中市、高坪区、蓬安县、南部县）；
广安市（广安区、邻水县、华蓥市、武胜县、岳池县）。
陕西：宝鸡市（渭滨区、扶风县）；
延安市（全市）；
安康市（平利县）。
甘肃：金昌市（金川区、永昌县）；
白银市（景泰县、白银区）；
天水市（秦州区、麦积区、张家川回族自治县）；
陇南市（宕昌县、武都区、文县、康县、成县、礼县、西和县、徽县、两当县）；
定西市（兴隆山保护区）；
临夏回族自治州（太子山自然保护区）。
青海：西宁市（湟源县）。
宁夏：全自治区分布。

107. 刺果瓜 *Sicyos angulatus* Linn

【分布地点】

山东：青岛市（崂山区）。

108. 喀西茄 *Solanum aculeatissimum* Jacq.

【分布地点】

重庆：渝北区、巫溪县、奉节县、巴南区 。

云南：楚雄彝族自治州(双柏县、牟定县、禄丰县、永仁县、姚安县、大姚县)；
玉溪市(红塔区、峨山彝族自治县)；
红河哈尼族彝族自治州(绿春县、蒙自县、河口瑶族自治县)；
文山壮族苗族自治州(文山县)；
临沧市(耿马傣族佤族自治县、镇康县)。

109. 颠茄 *Solanum capsicoides* All.

【分布地点】

重庆：渝北区。

110. 假烟叶树 *Solanum erianthum* Don

【分布地点】

云南：楚雄彝族自治州(双柏县)；
红河哈尼族彝族自治州(个旧市、蒙自县、绿春县)；
文山壮族苗族自治州(文山县)；
临沧市(耿马傣族佤族自治县、镇康县)。

111. 刺萼龙葵 *Solanum rostratum* Dun

【分布地点】

辽宁：辽阳市(白塔区、文圣区、宏伟区、太子河区、弓长岭区、灯塔市、辽阳县)；
朝阳市(朝阳县、喀喇沁左翼蒙古族自治县)。

112. 牛茄子 *Solanum surattense* Burm

【分布地点】

云南：楚雄彝族自治州(楚雄市、双柏县、禄丰县、永仁县)；
文山壮族苗族自治州(文山县)；
临沧市(云县)。

113. 水茄 *Solanum torvum* Swartz

【分布地点】

四川：资阳市(雁江区、简阳市、安岳县、乐至县)。

云南：临沧市(耿马傣族佤族自治县、镇康县)。

114. 互花米草 *Spartina alterniflora* Lois.

【分布地点】

浙江：全省沿海滩涂。

115. 阔叶丰花草 *Spermacoce latifolia* Aublet

【分布地点】

云南：临沧市(耿马傣族佤族自治县、镇康县)。

116. 假马鞭草 *Stachytarpheta jamaicensis* (L.)

【分布地点】

云南：楚雄彝族自治州（楚雄市）。

117. 繁缕 *Stellaria media*（L.）

【分布地点】

辽宁：锦州市（闾山保护区）。

黑龙江（含森工）：大兴安岭地区（加格达奇林业局、松岭林业局、新林林业局、塔河林业局、十八站林业局、呼中林业局、韩家园林业局、阿木尔林业局、图强林业局、西林吉林业局）。

四川：资阳市（雁江区、简阳市、安岳县、乐至县）。

118. 金腰箭 *Synedrella nodiflora*（L.）

【分布地点】

重庆：全市分布。

云南：临沧市（耿马傣族佤族自治县、镇康县）。

119. 孔雀草 *Tagetes patula* L.

【分布地点】

四川：攀枝花市（仁和区、东区、西区、米易县、盐边县）。

120. 华东松寄生 *Taxillus kaempferi*（D. C.）Danser

【分布地点】

浙江：丽水市（遂昌县、龙泉市、庆元县、缙云县）；
金华市（武义县）；
台州市（仙居县）。

121. 锈毛寄生 *Taxillus levinei*（Merr.）H. S. Kiu

【分布地点】

浙江：丽水市（庆元县、松阳县、遂昌县、龙泉市）；
金华市（永康市）；
杭州市（临安市、建德市）；
绍兴市（诸暨市）；
温州市（泰顺县、平阳县）。

122. 四川桑寄生 *Taxillus sutchuenensis*（Lecomte）Danser

【分布地点】

浙江：金华市（义乌市）；
丽水市（松阳县、庆元县、景宁畲族自治县、缙云县）。
温州市（平阳县）。

123. 金光菊 *Tithonia diversifolia*（Hemsl.）

【分布地点】

云南：玉溪市（红塔区、华宁县、新平彝族傣族自治县、元江哈尼族彝族傣族自治县、峨山彝族自治县、易门县）。

124. 肿柄菊 *Tithonia rotundifolia*（Mill.）

【分布地点】

福建：泉州市(丰泽区、晋江市、洛江区、泉港区、石狮市)。

125. 络石 *Trachelospermum jasminoides* (Lindl.) Lem.

【分布地点】

浙江：全省分布。

126. 羽芒菊 *Tridax procumbens* L.

【分布地点】

云南：楚雄彝族自治州(双柏县)。

127. 荆豆 *Ulex europaeus* L.

【分布地点】

重庆：城口县。

128. 松萝 *Usnea diffracta* Vain.

【分布地点】

青海：玉树藏族自治州(囊谦县、玉树县)；
果洛藏族自治州(玛珂河、班玛县)。

129. 婆婆纳 *Veronica didyma* Tenore

【分布地点】

辽宁：锦州市(闾山保护区)。

重庆：全市分布。

云南：楚雄彝族自治州(双柏县、禄丰县)。

130. 阿拉伯婆婆纳 *Veronica persica* Poir

【分布地点】

浙江：全省分布。

安徽：全省分布。

重庆：全市分布。

云南：楚雄彝族自治州(双柏县、禄丰县)。

131. 香根草 *Vetiveria zizanioides* (L.)

【分布地点】

云南：临沧市(耿马傣族佤族自治县、镇康县)；
楚雄彝族自治州(双柏县)。

132. 窄叶野豌豆 *Vicia angustifolia* L.

【分布地点】

北京：顺义区。

河北：廊坊市(永清县)；
邢台市(南宫市)；
承德市(双桥区、双滦区、鹰手营子矿区、承德县、平泉县、兴隆县、滦平县、隆化县、宽城满族自治县、丰宁满族自治县、围场满族蒙古族自治县)；
保定市(定州市、涿州市、安国市、高碑店市、满城县、清苑县、高阳县、博野县、蠡县、徐水县、雄县、容城县、安新县、定兴县、唐县、望都县、顺平县、易县、涞水县、涞源县、曲阳县、阜平县)；
唐山市(乐亭县)。
辽宁：丹东市(凤城市)；
大连市(庄河市)。
福建：南平市(浦城县)。
陕西：延安市(宜川县、延长县、延川县、宝塔区)；
安康市(岚皋县)。
宁夏：银川市；
石嘴山市(大武口区、惠农区、平罗县)；
吴忠市(利通区、青铜峡市、盐池县)；
中卫市(沙坡头区、中宁县、海原县)；
固原市(彭阳县、原州区、西吉县)。
甘肃：金昌市(金川区、永昌县)；
白银市(景泰县喜泉镇)；
陇南市(武都区、文县、康县、成县、徽县、两当县)；
定西市(兴隆山保护区)；
临夏回族自治州(太子山自然保护区)。
青海：西宁市(大通回族土族自治县)。

133. 野豌豆 *Vicia cracca* Linn

【分布地点】

辽宁：锦州市(闾山保护区)。
黑龙江(含森工)：大兴安岭地区(加格达奇林业局、松岭林业局、新林林业局、塔河林业局、十八站林业局、呼中林业局、韩家园林业局、阿木尔林业局、图强林业局、西林吉林业局)。
安徽：全省分布。
四川：自贡市(荣县)；
南充市(高坪区、阆中市、蓬安县)；
达州市(大竹县)；
广安市(广安区、邻水县、华蓥市、武胜县、岳池县)。

134. 槲寄生 *Viscum coloratum*（Kom）Nakai

【分布地点】

北京：延庆县。
河北：承德市(双桥区、围场满族蒙古族自治县、滦平县、隆化县)。
山西：临汾市(安泽县、翼城县、浮山县、古县、吉县、隰县、大宁县、蒲县)；
忻州市(原平市)。
辽宁：抚顺市(清原满族自治县、新宾满族自治县、抚顺县)；
铁岭市(西丰县、开原市、铁岭县)；
朝阳市(凌源市)；
丹东市(振安区、凤城市、宽甸满族自治县)；

大连市(普兰店市)；
辽阳市(辽阳县)；
本溪市(本溪满族自治县、桓仁满族自治县)；
鞍山市(铁东区、铁西区、立山区、千山区、海城市、台安县、岫岩满族自治县)；
锦州市(闾山保护区)。

黑龙江(含森工)：伊春市[伊春区、南岔区(南岔林业局)、铁力市(朗乡林业局、桃山林业局)]；
哈尔滨市[尚志市(亚布力林业局)、北安市(通北林业局)、方正县(方正林业局)]；
佳木斯市[虎林市(迎春林业局)、桦南县(桦南林业局)；
鹤岗市[萝北县(鹤北林业局)]。
大兴安岭地区(十八站林业局)。

安徽：全省分布。

浙江：全省分布。

江西：宜春市(宜丰县)；
吉安市(吉水县)；
赣州市(于都县、兴国县、瑞金市、会昌县、龙南县)；
抚州市(宜黄县)。

山东：青岛市(崂山区、城阳区、胶南市)；
济宁市(曲阜市、邹城市、泗水县)。

湖北：恩施土家族苗族自治州(恩施市、利川市)；
随州市(神农架自然保护区)。

重庆：城口县、石柱土家族自治县、巫山县、开县、忠县、黔江区、酉阳土家族苗族自治县、秀山土家族苗族自治县、北碚区。

四川：达州市(开江县)；
广元市(剑阁县)；
广安市(邻水县、广安区、华蓥市、武胜县、岳池县)。

甘肃：甘南藏族自治州(迭部县、白水江林业局)；
天水市(小陇山林业实验局)。

135. 棱枝槲寄生 *Viscum diospyrosicolum* Hayata

【分布地点】

辽宁：朝阳市(凌源市、建平县、喀喇沁左翼蒙古族自治县)。

浙江：丽水市(松阳县、遂昌县、龙泉市、庆元县、景宁畲族自治县、缙云县)；
温州市(永嘉县、泰顺县)。

福建：泉州市(鲤城区)。

136. 枫香寄生 *Viscum liquidambaricolum* Hayata

【分布地点】

浙江：温州市（平阳县）。

137. 蛇婆子 *Waltheria indica* L.

【分布地点】

云南：楚雄彝族自治州（双柏县）。

138. 苍耳 *Xanthium sibiricum* Patrin

【分布地点】

北京：大兴区、房山区、顺义区、丰台区、平谷区、通州区、海淀区、密云县、延庆县。

河北：承德市（双桥区、双滦区、鹰手营子矿区、承德县、平泉县、兴隆县、滦平县、隆化县、宽城满族自治县、丰宁满族自治县、围场满族蒙古族自治县）；

沧州市（新华区、运河区、黄骅市、任丘市、河间市、泊头市、肃宁县、献县、沧县、南皮县、东光县、吴桥县、青县、盐山县、海兴县、孟村回族自治县）；

廊坊市（霸州市、永清县、大城县、固安县、大厂回族自治县）；

邢台市（临西县）；

张家口市（张北县）；

唐山市（丰南区、迁安市、乐亭县、唐海县、玉田县、滦县）；

保定市（定州市、涿州市、安国市、高碑店市、满城县、清苑县、高阳县、博野县、蠡县、徐水县、雄县、容城县、安新县、定兴县、唐县、望都县、顺平县、易县、涞水县、涞源县、曲阳县、阜平县）；

石家庄市（井陉矿区、鹿泉市、藁城市、晋州市、正定县、深泽县、栾城县、赵县、灵寿县、无极县、新乐市）。

辽宁：铁岭市（清河区、银州区、调兵山市、开原市、西丰县、铁岭县、昌图县）；

朝阳市（北票市、凌源市、建平县、朝阳县、喀喇沁左翼蒙古族自治县）；

丹东市（凤城市、宽甸满族自治县）；

大连市（金州区、普兰店市、庄河市）；

辽阳市（弓长岭区、太子河区、宏伟区、灯塔市、辽阳县）；

葫芦岛市（南票区、龙港区、连山区、兴城市、绥中县、建昌县）；

本溪市（明山区、平山区、溪湖区、南芬区、本溪满族自治县、桓仁满族自治县）；

鞍山市（铁东区、铁西区、立山区、千山区、海城市、台安县、岫岩满族自治县）；

阜新市（细河区、新邱区、太平区、清河门区、海州区、阜新蒙古族自治县、彰武县）；

盘锦市（盘山县、大洼县、兴隆台区、双台子区）；

锦州市（凌海市、义县、北镇市、黑山县、太和区）。

黑龙江（含森工）：大兴安岭地区（加格达奇林业局、松岭林业局、新林林业局、塔河林业局、十八站林业局、呼中林业局、韩家园林业局、阿木尔林业局、图强林业局、西林吉林业局）。

浙江：全省分布。
安徽：全省分布。
福建：三明市(三元区、永安市、宁化县、建宁县、泰宁县、将乐县、明溪县)；
龙岩市(连城县)；
厦门市(翔安区、集美区、海沧区)；
宁德市(柘荣县、屏南县、周宁县)；
南平市(延平区、武夷山市、建阳市、光泽县、松溪县)；
泉州市(洛江区、晋江市、丰泽区、安溪县、泉港区、永春县)。
江西：抚州市(资溪县、崇仁县、乐安县、宜黄县)；
景德镇市(浮梁县)；
新余市(分宜县、渝水区)；
赣州市(瑞金市、赣县、上犹县、龙南县、兴国县、宁都县)；
九江市(湖口县、修水县)；
吉安市(新干县、永丰县)。
山东：全省分布。
湖北：恩施土家族苗族自治州(巴东县、咸丰县、来凤县)；
荆门市(掇刀区、钟祥市)；
咸宁市(通城县、赤壁市)；
孝感市(安陆市、孝昌县、大悟县)；
宜昌市(当阳市、长阳土家族自治县、秭归县)。
重庆：全市分布。
四川：巴中市(巴中区)；
自贡市(自流井区、大安区、贡井区、沿滩区、荣县、富顺县)；
南充市(阆中市、高坪区、蓬安县)；
广安市(广安区、邻水县、华蓥市、武胜县、岳池县)。
陕西：延安市(宝塔区、延长县、延川县、子长县、安塞县、志丹县、吴起县、甘泉县、富县、洛川县、宜川县、黄龙县、黄陵县)。
甘肃：金昌市；
白银市(会宁县、景泰县、白银区)；
定西市(安定区、通渭县、陇西县、渭源县、临洮县、漳县、岷县)；
天水市(秦州区)；
陇南市(武都区、宕昌县、文县、康县、成县、礼县、西和县、徽县、两当县)。
青海：西宁市(大通回族土族自治县)。
宁夏：银川市(兴庆区、金凤区、西夏区、灵武市、永宁县、贺兰县)；
石嘴山市(平罗县、惠农区)；
吴忠市(利通区、青铜峡市、盐池县、同心县)；
固原市(原州区、彭阳县)；
中卫市(沙坡头区、中宁县)。

139. 刺苍耳 *Xanthium spinosum* L.

【分布地点】

辽宁：营口市（老边区、鲅鱼圈区、盖州市、大石桥市）。

云南：临沧市（耿马傣族佤族自治县、镇康县）；
红河哈尼族彝族自治州（绿春县）；
楚雄彝族自治州（双柏县）。

第五部分　危害严重的本土林业有害生物种类

（根据各省、自治区、直辖市提出汇总）

一、害虫类

1. 松阿扁叶蜂 *Acantholyda posticalis* Matsumura
2. 枸杞瘿螨 *Aceria macrodonis*（Keifer）
3. 落叶松球蚜 *Adelges laricis* Vallot
4. 杨毛臀萤叶甲东方亚种 *Agelastica alni orientalis* Baly
5. 竹广肩小蜂 *Aiolomorphus rhopaloides* Walker
6. 核桃长足象 *Alcidodes juglans* Chao
7. 竹织叶野螟 *Algedonia coclesalis* Walker
8. 赭红葡萄天蛾 *Ampelophaga rubigi* Hremer
9. 枣镰翅小卷蛾 *Ancylis sativa* Liu
10. 铜绿丽金龟 *Anomala corpulenta* Motschulsky
11. 星天牛 *Anoplophora chinensis*（Forster）
12. 光肩星天牛 *Anoplophora glabripennis*（Motsch.）
13. 春尺蠖 *Apocheima cinerarius* Erschoff
14. 桑天牛 *Apriona germari*（Hope）
15. 锈色粒肩天牛 *Apriona swainsoni*（Hope）
16. 桃红颈天牛 *Aromia bungii* Faldermann
17. 红缘天牛 *Asias halodendri*（Pallas）
18. 核桃举肢蛾 *Atrijuglans hitauhei* Yang
19. 云斑白条天牛 *Batocera horsfieldi*（Hope）
20. 黄翅缀叶野螟 *Botyodes diniasalis* Walker
21. 油桐尺蛾 *Buzura suppressaria* Guenée
22. 梨卷叶象 *Byctiscus betulae* Linnaeus
23. 白裙赭夜蛾 *Carea subtilis* Walker
24. 桃蛀果蛾 *Carposina niponensis* Walsingham
25. 枣实心虫 *Carposina sasakii* Matsumura
26. 马尾松腮扁叶蜂 *Cephalcia pinivora* Xiao et Zeng
27. 延庆腮扁叶蜂 *Cephalcia yangingensis* Xiao
28. 黄脊竹蝗 *Ceracris kiangsu* Tsai
29. 杨二尾舟蛾 *Cerura menciana* Moore

30. 鞭角华扁叶蜂 *Chinolyda flagellicornis*（F. Smith）
31. 棉蝗 *Chondracris rosea rosea*（De Geer）
32. 大青叶蝉 *Cicadella viridis*（Linnaeus）
33. 大袋蛾 *Clania variegata* Snellen
34. 杨扇舟蛾 *Clostera anachoreta*（Fabricius）
35. 分月扇舟蛾 *Clostera anastomosis*（Linnaeus）
36. 兴安落叶松鞘蛾 *Coleophora dahurica* Falkovitsh
37. 华北落叶松鞘蛾 *Coleophora sinensis* Yang
38. 栎小透翅蛾 *Conopia quercus* Matsumura
39. 桉树乳白蚁 *Coptotermes eucalyptus* Ping
40. 家白蚁 *Coptotermes formosanus* Shiraki
41. 高山小毛虫 *Cosmotriche saxosimilis* Lajonquiére
42. 芳香木蠹蛾 *Cossus cossus* L.
43. 蒙古木蠹蛾（东方亚种）*Cossus cossus mongolicus* Erschoff
44. 杨干象 *Cryptorrhynchus lapathi* Linnaeus
45. 黄连木尺蛾 *Culcula panterinaria*（Bremer et Grey）
46. 油茶象 *Curculio chinensis* Chevrolat
47. 栗实象 *Curculio davidi* Fairmaire
48. 云南杂毛虫 *Cyclophragma latipennis* Walker
49. 云杉顶芽小卷蛾 *Cydia* sp.
50. 板栗剪枝象 *Cyllorhynchices cumulatus*（Voss）
51. 长足大竹象 *Cyrtotrachelus buqueti* Guer
52. 黛袋蛾 *Dappula tertia* Templeton
53. 松茸毒蛾 *Dasychira axutha* Collenette
54. 华山松大小蠹 *Dendroctonus armandi* Tsai et Li
55. 云南松毛虫 *Dendrolimus houi* Lajonquiére
56. 思茅松毛虫 *Dendrolimus kikuchii* Matsumura
57. 马尾松毛虫 *Dendrolimus punctatus* Walker
58. 德昌松毛虫 *Dendrolimus punctatus tehchangensis* Tsai et Liu
59. 文山松毛虫 *Dendrolimus punctatus wenshanensis* Tsai et Liu
60. 赤松毛虫 *Dendrolimus spectabilis* Butler
61. 落叶松毛虫 *Dendrolimus superans*（Butler）
62. 油松毛虫 *Dendrolimus tabulaeformis* Tsai et Liu
63. 黄杨绢野螟 *Diaphania perspectalis*（Walker）
64. 桃蛀螟 *Dichocrocis punctiferalis* Guenée
65. 银杏大蚕蛾 *Dictyoploca japonica* Moore
66. 八角尺蠖 *Dilophodes elegans sinica* Prout
67. 柽柳条叶甲 *Diorhabda elongata deserticola* Chen
68. 果梢斑螟 *Dioryctria pryeri* Ragonot

69. 云杉梢斑螟 *Dioryctria reniculelloides* Mutuura et Munroe
70. 微红梢斑螟 *Dioryctria rubella* Hampson
71. 松球果螟 *Dioryctria splendidella* Herrich-Schaeffer
72. 靖远松叶蜂 *Diprion jingyuanensis* Xiao et Zhang
73. 南华松叶蜂 *Diprion nanhuaensis* Xiao
74. 祥云新松叶蜂 *Neodiprion xiangyunicus* Xiao et Zhou
75. 草履蚧 *Drosicha corpulenta*（Kuwana）
76. 板栗瘿蜂 *Dryocosmus kuriphilus* Yasumatsu
77. 茶尺蠖 *Ectropis obliqua hypulina* Wehrli
78. 李始叶螨 *Eotetranychus pruni*（Oudem.）
79. 松针小卷蛾 *Epinotia rubiginosana*（Herrich-Schaffermuller）
80. 紫薇绒蚧 *Eriococcus lagerostroemiae* Kuwana
81. 高山毛顶蛾 *Eriocrania semipurpurella alpina* Xu
82. 沟眶象 *Eucryptorrhynchus chinensis*（Olivier）
83. 槐花球蚧 *Eulecanium kuwanai*（Kanda）
84. 落叶松种子小蜂 *Eurytoma laricis* Yano
85. 斑点黑蝉 *Gaeana maculata* Doury
86. 核桃扁叶甲 *Gastrolina depressa* Baly
87. 梨小食心虫 *Grapholitha molesta* Busck
88. 油松球果小卷蛾 *Gravitarmata margarotana*（Hein.）
89. 卵圆蝽 *Hippota dorsalis*（Satl）
90. 沙棘木蠹蛾 *Holcocerus hippophaecolus* Hua，Chou，Fang et Chen
91. 榆木蠹蛾 *Holcocerus vicarius* Walker
92. 东北大黑鳃金龟 *Holotrichia diomphalia* Bates
93. 明亮长脚金龟子 *Hoplia spectabilis* Medvedev
94. 绿鳞象甲 *Hvpomeces squamosus* Herbst
95. 萧氏松茎象 *Hylobitelus xiaoi* Zhang
96. 焦艺夜蛾 *Hyssia adusta* Draudt
97. 木麻黄拟木蠹蛾 *Indarbela quadrinotata* Walker
98. 落叶松八齿小蠹 *Ips subelongatus* Motschulsky
99. 云杉八齿小蠹 *Ips typographus* Linnaeus
100. 栗绛蚧 *Kermes nawae* Kuwana
101. 蠕须盾蚧 *Kuwanaspis vermiformis*（Takahashi）
102. 柠条豆象 *Kytorhinus immixtus* Motschulsky
103. 板栗大蚜 *Lachnus tropicalis*（Van der Goot）
104. 落叶松球果花蝇 *Lasiomma lariciola*（Karl）
105. 松瘿小卷蛾 *Laspeyresia zebeana*（Ratzeburg）
106. 杨毒蛾 *Stilpnotia candida* Staudinger
107. 杨白潜蛾 *Leucoptera susinella* Herrich-Schäffer

108. 竹镂舟蛾 *Loudonta dispar*（Kiriakoff）
109. 斑衣蜡蝉 *Lycorma delicatula*（White）
110. 褐顶毒蛾 *Lymantria apicebrunnea* Gaede
111. 舞毒蛾 *Lymantria dispar* Linnaeus
112. 木麻黄毒蛾 *Lymantria xylina* Swinhoe
113. 黄翅大白蚁 *Macrotermes barneyi* Light
114. 黄褐天幕毛虫 *Malacosoma neustria testacea* Motschulsky
115. 栗山天牛 *Mallambyx raddei* Blessig
116. 日本松干蚧 *Matsucoccus matsumurae*（Kuwana）
117. 圆柏大痣小蜂 *Megastigmus sabinae* Xu et He
118. 樟叶蜂 *Mesoneura rufonota* Rohwer
119. 杨小舟蛾 *Micromelalopha troglodyta*（Graeser）
120. 松墨天牛 *Monochamus alternatus* Hope
121. 云杉小墨天牛 *Monochamus sutor* Linnaeus
122. 云杉大墨天牛 *Monochamus urussovi* Fisher
123. 刺槐尺蠖 *Napocheima robiniae* Chu
124. 中带齿舟蛾 *Odontosia arnodiana*（Kandskoff）
125. 黑翅土白蚁 *Odontotermes formosanus*（Shiraki）
126. 八角叶甲 *Oides leucomeluena* Weise
127. 竹笋禾夜蛾 *Oligia vulgaris*（Butler）
128. 广州小斑螟 *Oligochroa cantonella* Caradja
129. 黄古毒蛾 *Orgyia dubia*（Tauscher）
130. 灰斑古毒蛾 *Orgyia ericae* Germar
131. 樟叶瘤丛螟 *Orthaga achatina* Butler
132. 杨梦尼夜蛾 *Orthosia incerta* Hufnagel
133. 二疣犀甲 *Oryctes rhinoceros* L.
134. 一字竹象 *Otidognathus davidis* Fabricius
135. 银杏超小卷叶蛾 *Pammene ginkgoicola* Liu
136. 榆全爪螨 *Panonychus ulmi* Koch
137. 刚竹毒蛾 *Pantana phyllostachysae* Chao
138. 白杨透翅蛾 *Parathrene tabaniformis* Rottenberg
139. 橄榄片盾蚧 *Parlatoria oleae*（Colvee）
140. 侧柏毒蛾 *Parocneria furva* Leech
141. 蜀柏毒蛾 *Parocneria orienta* Chao
142. 糖槭蚧 *Parthenolecanium orientalis* Borchs.
143. 桦尺蠖 *Phigalia djakonvi* Moltrecht
144. 柏肤小蠹 *Phloeosinus aubei* Perris
145. 华山松球蚜 *Pineus armandicola* Zhang
146. 松黄星象 *Pissodes nitidus* Roel.

147. 华山松木蠹象 *Pissodes punctatus* Langor et Zhang
148. 樟子松木蠹象 *Pissodes validirostris* Gyllenhyl
149. 云南木蠹象 *Pissodes yunnanensis* Langor and Zhang
150. 漆树叶甲 *Podontia lutea*（Olivier）
151. 梢杉小卷蛾 *Polychrosis cunninghamiacola* Liu et Pai
152. 落叶松叶蜂 *Pristiphora erichsonii*（Hartig）
153. 榆毛胸萤叶甲 *Pyrrhalta aenescens*（Fairmaire）
154. 杨圆蚧 *Quadraspidiotus gigas*（Thiem et Gerneck）
155. 梨圆蚧 *Quadraspidiotus perniciosus*（Comstock）
156. 丝点足毒蛾 *Redoa leucoscela* Collenette
157. 杨潜叶跳象 *Rhynchaenus empopulifolis* Chen
158. 樗蚕 *Philosamia cynthia walkeri* Felder
159. 锈斑楔天牛 *Saperda balsamifera* Motschulsky
160. 青杨天牛 *Saperda populnea* Linnaeus
161. 竹裂爪螨 *Schizotetranychus bambusae* Reck
162. 南京裂爪螨 *Schizotetranychus nanjingensis*（Ma et Yang）
163. 双条杉天牛 *Semanotus bifasciatus*（Motschulsky）
164. 粗鞘双条杉天牛 *Semanotus sinoauster* Gressitt
165. 槐尺蠖 *Semiothisa cinerearia* Bremer et Grey
166. 椎木竹节虫 *Sinophasma* sp.
167. 松瘤象 *Hyposipalus gigas* Linnaeus
168. 蓝目天蛾 *Smerinthus planus planus* Walker
169. 中华松梢蚧 *Sonsaucoccus sinensis*（Chen）
170. 杨干透翅蛾 *Sphecia siningensis* Hsu
171. 龙眼蚁舟蛾 *Stauropus alternus* Walker
172. 柳毒蛾 *Stilpnotia salicis*（Linnaeus）
173. 桉小卷蛾 *Strepsicrates coriariae* Oku
174. 荔枝椿象 *Tessaratoma papillosa*（Drury）
175. 横坑切梢小蠹 *Tomicus minor* Hartig
176. 纵坑切梢小蠹 *Tomicus piniperda* Linnaeus
177. 樟叶木虱 *Trioza camphorae* Sasaki
178. 柳脊虎天牛 *Xylotrechus namangensis*（Heyden）
179. 青杨脊虎天牛 *Xylotrechus rusticus* Linnaeus
180. 松线小卷蛾 *Zeiraphera grisecana*（Hübner）
181. 落叶松线小卷蛾 *Zeiraphera lariciana* Kawabe
182. 咖啡豹蠹蛾 *Zeuzera coffeae* Nietner

二、病 原 类

1. 竹丛枝病菌 *Aciculosporium take* Miyake

2. 油茶软腐病菌 *Agaricodochium camelliae* Liu，Wei et Fan
3. 冠瘿病菌 *Agrobacterium tumefaciens*（Smith et Towns.）Conn
4. 落叶松枯梢病菌 *Botryosphaeria laricina*（Sawada）Shang
5. 松烂皮病菌 *Cenangium ferruginosum* Fr. ex Fr.
6. 云杉锈病菌 *Chrysomyxa deformans*（Diet.）Jacz.
7. 油茶炭疽病菌 *Colletotrichum gloeosporioides* Penz.
8. 杉木炭疽病菌 *Colletotrichum gloeosporioides* Penz.；有性型：*Glomerella cingulata*（Stonem.）S. et S.
9. 八角炭疽病菌 *Colletotrichum gloeosporioides* Penz.；有性型：*Glomerella cingulata*（Stonem.）S. et S.
10. 杧果炭疽病菌 *Colletotrichum gloeosporioides* Penz.
11. 板栗枝枯病菌 *Coryneum kunzei corda* var. *castaneae* Sacc. et Ro 阿 m
12. 二针松疱锈病菌 *Cronartium flaccidum*（Alb. et Schw.）Wint.
13. 松瘤锈病菌 *Cronartium quercuum*（Berk.）Miyabe
14. 板栗疫病菌 *Cryptonectria parasitica*（Murr.）Barr
15. 桉树焦枯病菌 *Cylindrocladium scoparium* Morgan
16. 杨树烂皮病菌 *Cytospora chrysosperma*（Pers.）Fr.
17. 杨树溃疡病菌 *Dothiorella gregaria* Sacc.
18. 松针红斑病菌 *Dothistroma pini* Hulbary
19. 油桐枯萎病菌 *Fusarium oxysporum* Schl. Emend. Snyd. & Hane
20. 杨树炭疽病菌 *Colletotrichum gloeosporioides* Penz.
21. 梨锈病菌(梨赤星病菌）*Gymnosporangium haraeanum* Syd.
22. 苹果锈病菌 *Gymnosporangium yamadai* Miyabe
23. 松赤落叶病菌 *Hypoderma desmazierii* Duby
24. 落叶松癌肿病菌 *Lachnellula willkommii*（Hartig）Dennis
25. 肉桂枝枯病菌 *Lasiodiplodia theobromae*（Pat.）Griff. et Maubl
26. 云杉落针病菌 *Lophodermium piceae*（Fuckel）Höhnel
27. 杨树黑斑病菌 *Marssonina brunnea*（Ell. et Ev.）Magn.
28. 青杨叶锈病菌 *Melampsora larici-populina* Kleb.
29. 毛白杨锈病菌 *Melampsora magnusiana* Wagner
30. 油茶煤污病菌 *Meliola camelliae*（Gatt.）Sacc.
31. 落叶松落叶病菌 *Mycosphaerella lariciIeptolepis* Ito et al.
32. 杨树灰斑病菌 *Coryenum populinum* Bres.
33. 橡胶白粉病菌 *Oidium heveae* Steinmann
34. 松赤枯病菌 *Pestalotiopsis funerea* Desm.
35. 槟榔黄化病 Phytoplasmas
36. 桉树青枯病菌 *Ralstonia solanacearum*（E. F. Smith）Yabunch
37. 木麻黄青枯病菌 *Pseudomonas solanacearum* E. F. Smith
38. 板栗溃疡病菌 *Pseudovalsella modonia*（Tul.）Kobayashi

39. 板栗膏药病菌 *Septobasi-dium bogoriense* spp.
40. 松树枯梢病菌 *Sphaeropsis sapinea*（Fr.）Dyko et Sutton
41. 落叶松苗立枯病菌 *Rhizoctonia solani* Kuhn
42. 草坪草褐斑病菌 *Rhizoctonia solani* Kuhn
43. 红松流脂病菌 *Tympanis confusa* Nyl.
44. 苹果腐烂病菌 *Valsa mali* Miyabe et Yamada
45. 樟子松衰退病菌
46. 南洋楹枝枯病菌

三、鼠 兔 类

1. 大林姬鼠 *Apodemus peninsulae* Thomas
2. 赤腹松鼠 *Callosciurus erythraeus* Pallas
3. 棕背䶄 *Clethrionomys rufocanus* Sundevall
4. 红背䶄 *Clethrionomys rutilus* Pallas
5. 草兔 *Lepus capensis* Linnaeus
6. 子午沙鼠 *Meriones meridianus* Pallas
7. 东方田鼠 *Microtus fortis* Buchner
8. 莫氏田鼠 *Microtus maximowiczii* Schrenck
9. 根田鼠 *Microtus oeconomus* Pallas
10. 高原鼢鼠 *Myospalax baileyi* Thomas
11. 甘肃鼢鼠 *Myospalax cansus* Lyon
12. 中华鼢鼠 *Myospalax fontanieri*（Milne-Edwards）
13. 东北鼢鼠 *Myospalax psiluras* Milne-Edwards
14. 罗氏鼢鼠 *Myospalax rothschildi* Li et Chen
15. 高山鼠兔 *Ochotona alpina* Pallas
16. 达乌尔鼠兔 *Ochotona daurica* Pallas
17. 大沙鼠 *Rhombomys opimus* Licht

四、有害植物类

1. 油杉寄生 *Arceuthobium chinense* Lecomte
2. 无根藤 *Cassytha filiformis* Linn.
3. 白茅草 *Imperata cylindrica*（L.）
4. 金钟藤 *Merremia boisiana*（Gagnep.）
5. 葛藤 *Pueraria lobata*（Willd.）
6. 狗尾草 *Setaria viridis*（L.）Beauv
7. 桑寄生属 *Loranthus* sp.

下　篇

林业有害生物普查技术报告

全国林业有害生物普查技术总结报告

随着我国造林绿化事业的发展，森林面积和森林覆盖率不断增加，第六次全国森林资源清查结果表明，我国森林面积已超过26亿亩，如何保护好珍贵的森林资源已经摆到了当前林业工作的重要议事日程。我国仍然属于一个缺林少林的国家，而且森林的质量和生产率相对较低，主要表现在人工林面积较大，木材蓄积量和健康程度不高，生物灾害发生频繁。目前我国人工林面积已达7亿余亩，占全国有林地面积的31.51%，中幼龄林面积较大(占人工林面积的77.40%)，而且树种比较单一，杉木、马尾松、杨树类树种占人工林总面积的59.41%，混交林仅占3%，天然林在很大程度上受到了人为的干预，实际上大部分是天然次生林，生态平衡遭到了不同程度的破坏，致使森林的生物多样性水平降低。在我国已有分布的8000余种林业有害生物当中，虫害5020种，病害2918种，鼠类160种，有害植物145种，造成灾害的有100多种，近年来我国林业有害生物每年发生面积超过1亿亩，影响林木生长量达1700万立方米，经济损失达880亿元，其中直接经济损失达120亿元，间接经济损失达760亿元。

外来有害生物入侵已成为一个世界性的问题，我国林业所面临的形势也是十分严峻的，以松材线虫、美国白蛾、红脂大小蠹、椰心叶甲、松突圆蚧、湿地松粉蚧等为代表的一些危险性外来林业有害生物入侵我国以后，不断地扩散蔓延，其潜在的威胁不断增长。由于国内林木种子、苗木、木材及其他林产品调运频繁，给危险性林业有害生物的传播蔓延提供了有利条件，这些有害生物不仅使林业生产蒙受巨大损失，也使生态环境遭受了严重破坏。随着气候、植被的不断变化和人为活动的不断加剧，一些本土林业有害生物的分布和危害也不断地发生变化，有的已经突破了原有的分布区域，酿成新的灾害。自20世纪80年代全国进行了一次林业有害生物普查以来，没有进行过大规模的林业有害生物普查，多年来，有关普查资料一直作为森防工作的基础性资料在应用，鉴于当前外来林业有害生物频繁入侵以及本土有害生物频发的新形势，为全面掌握林业有害生物的发生、分布和危害的基本情况，建立我国林业有害生物数据库，开展对重要有害生物的风险分析，国家林业局于2003年5月组织开展了这次全国林业有害生物普查工作。

在国家林业局的统一部署下，各级森防检疫机构以科学发展观为指导，经4年多的不懈努力，使普查工作取得了丰硕的成果，各地全面地掌握了所辖区域内外来有害生物和本土重要有害生物分布、发生的基本情况，这对于在全球气候变暖的新形势下全面分析我国林业有害生物的发生趋势，制订今后预防和除治的规划和措施，保护林业生产乃至生态的安全具有重要意义。

一、普查工作的开展情况

作为全国大规模的林业有害生物普查，特别是对外来林业有害生物和有害植物的普查在全国尚属首次，这次普查工作时间紧、任务重、工作量大、涉及面广，不仅要查清各类有害生物的种类，而且要查清其分布和对森林植物的危害情况，在国家林业局的统一部署和领导下，各级森防检疫部门和技术干部通力合作，使普查工作取得了显著的成果。

（一）普查工作的组织领导

2003 年 5 月，国家林业局印发了《关于在全国开展林业有害生物普查工作的通知》，通知中明确要求各省、自治区、直辖市林业主管部门切实重视这项工作，加强对普查工作的组织领导，组织一支高素质、高水平的普查工作队伍，力争在较短的时间内彻底查清外来林业有害生物和本土严重危害的有害生物发生、分布和危害情况。各省（自治区、直辖市）林业厅（局）对这次普查工作非常重视，把普查工作列入当地林业工作的重点计划，根据国家林业局的通知精神，成立了普查工作领导小组，做好普查的指挥、协调、资金的筹集和检查验收等项工作，有的省（自治区、直辖市）还从市、县级森防检疫站抽调业务骨干，充实到领导小组中来，有的省（自治区、直辖市）成立了普查专家指导小组，聘请科研、教学、管理部门的专家担任普查顾问，有关专家直接参与实施方案的制订、普查技术指导、标本制作和鉴定等项工作，在技术上严格把关，各市（地）、县（区）也普遍成立了相应的普查机构，主要以市、县级森防检疫站成员为主成立了普查专业调查队，专门负责野外调查、标本采集等项工作，有的省（自治区、直辖市）还从森林调查队或科研部门借调部分技术干部参加普查工作，由于各级领导的重视，使这项工作有了组织保障。

（二）普查任务的落实

本次普查涉及境外入侵的有害生物、省际间传播的有害生物、本土严重危害的有害生物以及危害木材类的有害生物，为贯彻好国家林业局关于普查的通知精神，切实把普查工作落实到位，森林病虫害防治总站下发了《关于印发全国林业有害生物普查技术要点的通知》，规定了本次普查的范围、内容和方法。根据有关林业有害生物防治检疫法规和信息化管理的要求，制订了林业有害生物的分布地点、分布面积、发生规模、寄主植物种类和危害程度等疫情数据的统计方法，并就这次普查工作中林业有害生物标本的采集和野外生态学照片的拍摄提出了具体技术指标。各省（自治区、直辖市）首先根据各自森林资源和林业有害生物发生的具体情况组织专业技术人员制订林业有害生物普查实施方案，为使实施方案更加科学、合理，各地普查领导小组协同有关专家认真查阅了 1980 年的普查资料和之后历次单一物种的普查资料，并反复的研究论证，寻求最佳的普查路线和计划，一些省（自治区、直辖市）的普查实施方案拟出后，组织专家进行反复修改，在广泛征求基层林业局和森防站的意见后发布实施，有的省（自治区、直辖市）还在制订实施方案的基础上制订了本地林业有害生物普查技术标准，规定了普查的各项技术指标，为有害生物普查工作标准化打下了基础。普查方案作为普查工作的指南，规定了普查的方法、步骤、时间、人员安排等项内容，使普查工作有章可循，各地（市）、县（区）根据省（自治区、直辖市）实施方案的要求制订了本地区的普查计划或细则，把普查任务落实到每个乡镇、林场、苗圃。

在普查工作的管理方面各地也积累了不少经验，通过建立岗位责任制等方式，增加了各级领导和普查人员的责任感。如有的省（自治区、直辖市）采取技术人员定点、包干的方式，有的省（自治区、直辖市）采取先试点，后推广的方式，有的省（自治区、直辖市）还制订了奖惩措施，在检查验收时，普查领导小组根据普查工作完成的数量和质量进行奖惩，调动了广大干部群众的积极性。

（三）普查工作的业务培训

林业有害生物普查是一项技术性、专业性很强的工作。这次普查需要一大批懂业务、会管理的技术干部，由于多年来没有进行大规模的普查，一些业务人员对此项工作比较生疏，特别是基层的一些业务干部缺乏这方面的知识和实践，各地在普查实施方案制订后，对参加普查的人员进行了业务培训。2003 年 9 月国家林业局在杭州举办了“林业有害生物监测预警及普查培训班”，参加人员包括各省（自治区、直辖市）的业务主管或业务骨干，在这次全国普查工作培训班上，国家林业局对全国林业有害生物普查工作进行了统一部署，聘请专家授课并就普查的关键技术问题进行了认真研讨，学员在熟悉本地森林资源（包括森林的分布、林种及其构成）的基础上，掌握了各类林业有害生物的分布、形态特征、危害状、寄主种类和发生规律等基本知识，掌握了各类林业有害生物的识别和标本采集的基本技能。各地根据普查工作的实际需要，对县（区）级普查人员进行了培训，通过邀请专家授课和编写多媒体教材等多种形式，使普查人员快速掌握普查的基本知识和技能，有的还带领学员进行实地教学，边实践、边学习。据初步统计，全国各级森防检疫机构举办各级普查培训班 300 多个，培训各级专业人员 15000 余人，普查培训工作以科技为先导，充分吸收了国内外先进实用手段和技术，提高了普查人员的理论水平和基本技能，使更多的人能够胜任本项工作并在普查中发挥作用。

（四）普查物资的准备

这次林业有害生物普查国家没有安排专项经费，各地不同程度地存在着资金短缺问题，如果普查资金不能及时到位，将会影响普查工作的顺利开展，面对困难，各地克服了等、靠、要的思想，积极筹措资金，在普查领导小组和各级森防机构的共同努力下，普查经费陆续到位，经费的筹集渠道主要有三个方面：一是来自各级财政部门的支持，二是从各省（自治区、直辖市）森林植物检疫收费中提取，三是从各地的林木保护费中提取。经初步统计全国共筹集普查经费 2000 余万元，针对一些基层单位普查工具缺乏、设备简陋的实际情况，一些省（自治区、直辖市）森防检疫站为基层购置了部分普查仪器、设备，一些财政比较困难的单位，本着花钱少，多办事的原则，自己动手制作普查工具，投入普查工作。各级林业主管部门也给予了人力物力方面的支持，积极为野外调查人员解决交通和食宿等实际问题，使普查工作顺利开展。

二、普查对象与内容

本次普查的范围包括各省、自治区、直辖市（不含台湾省和西藏自治区）所辖区域的有林地（含荒漠植被、经济林）、苗圃、贮木场、木材加工厂、花圃等。调查的重点是重要的生态保护区域、有害生物易发生区域以及过去有害生物调查涉及不多的区域。

（一）普查对象

境外入侵的林业有害生物，省际间传播的林业有害生物，危害性大的本土林业有害生物，危害木材的林业有害生物，包括危害森林植物及其产品的病原微生物、有害昆虫、有害植物及有害动物（鼠、兔、螨类）等。

（二）普查内容

普查内容包括以下4个方面：

1. 寄主植物的种类

指有害生物危害的植物种类（包括乔木、灌木、花卉等），原则上要查到种。寄主植物种类多于20种的，按照不同科、属，至少列出主要的20种。

2. 有害生物的分布地点

发生区域大的（指发生地点超过所辖县级行政区域1/3以上的），以县级行政区（包括相当于县级行政级别的林业局）进行统计；新发现的或发生区域小的（指发生地点等于或小于所辖县级行政区域1/3的），以乡镇级行政级别进行统计（汇总资料包括乡镇级名称及所隶属的县级名称）。分布地点应注明所隶属的地区（市）。

3. 有害生物的发生面积

发生面积是指林业有害生物对林木造成轻度以上危害的面积。发生于经济林（果园）以及苗圃、花圃、温室及其他种苗繁育基地的，以寄主植物的实际种植面积计算；发生于其他林地的，以林业小班为单元计算。具体按《森林病虫害预测预报管理办法》的规定进行危害程度分级和面积统计，其中发生面积又分为轻、中、重三级。

三、普查的步骤和方法

（一）收集林业有害生物发生的历史资料

林业有害生物的发生和扩散蔓延一般都有一个过程，这个过程在人们的生产实践当中不断地被记录下来。有害生物发生的历史资料是开展普查工作的重要依据和参考，本次普查主要以1988年林业部保护司《中国森林病虫普查名录》和李振宇等人编写的《中国外来入侵种》等资料为依据来确定新入侵种或新记录种，同时根据有害生物分布、危害的历史资料以及森林资源和树种的分布情况，确定普查的方式和方法。

（二）确定普查的重点

我国幅员辽阔，不同区域植被不同，树种各异，各地根据森林资源情况来确定普查工作的重点。在东北的天然林和天然次生林区，把危害红松、落叶松、桦木、栎树、黄波罗等主要树种的有害生物作为普查重点。在西南天然林区和次生林区，把危害云南松、华山松、思茅松、柚木等树种的有害生物作为普查重点。在华北天然次生林和农田防护林，以油松、侧柏、毛白杨、槐树和泡桐等树种的有害生物作为主要的调查对象。在华中、华南地区，以马尾松、湿地松、杉木、毛竹、油茶和椰子等树种的有害生物作为主要调查对象。在三北防护林地区，以杨、柳、榆、槐等造林树种的有害生物作为主要的调查对象。对西北的荒漠林，则以沙棘、柠条等灌木林的有害生物作为主要的调查对象。除此之外，还把近年来境外入侵的有害生物分布区及其毗邻地区作为主要的调查区域，如松材线虫病、美国白蛾、红脂大小蠹、椰心叶甲等外来有害生物的分布区，调查这些有害生物扩展蔓延的情况，新疫点出现的数量，对林木的危害程度等。引进林木、花卉的栽培区，如苗圃、新植林地也作为本次普查的重点区域，主要是调查有没有新的有害生物传入。另一个普查的重点区域是风景名胜区和重要生态区，因为它们常常是人为活动比较频繁的区域，传播危险性林业有害生物的可能性大。另外，由于很多重要的有害生物都是通过木材及其制品进行传播的，所以在这次普查中还把贮木场、木材加工厂等场所作为普查的重点区域之一。

（三）外业调查

外业调查是普查工作的核心，林业有害生物的分布区域、对林木形成的危害等基本情况都来源于外业调查，因此，各地抽调了业务骨干从事这项工作，在开始外业调查之前首先进行调查设计，根据有害生物的种类、应施调查的寄主植物面积和分布状况，按普查方案的基本要求，在县、乡、镇(场) 林业作业图或林相图上设计科学、合理的调查路线，设立有代表性的调查点，列出每个调查点所在的小班位置以及所代表的面积，同时设定调查的时间，每一种有害生物都有一个最适的调查时间，外业调查时间基本安排在有害生物的发生盛期或在有害生物的显露期，如美国白蛾可在幼虫结网危害期(网幕出现期)，日本松干蚧可在卵期或初孵若虫期(卵囊出现期)，在有害生物的发生盛期调查有利于症状观察和标本的采集。

1. 踏　查

踏查是以林业作业小班为基本单位进行调查，没有划分小班的林分以自然山头或地块为调查单位调查，四旁树则按村(居委会) 为调查单位、绿色通道以路段为调查单位进行调查，在踏查时按预先设计好的踏查线路进行，踏查的面积一般不少于应施调查面积的5%。

在踏查前，一般要有目的地访问或咨询当地的林业技术员、护林员，查阅当地森防部门的有害生物发生档案，了解有害生物的种类、分布和发生情况。踏查线路一般是利用林间大小道路或林班线，但必须经过应调查的主要林分和有害生物的发生地，踏查的线路还包括人为活动频繁的港口、口岸、铁路、公路、通讯设施、重要风景名胜点周围，相对封闭的岛屿以及洪灾、火灾过后的林地。踏查线路一般间隔在300～1000米，而对外来林业有害生物则需要增加调查的密度，在对天然林、天然次生林以及面积较大的人工林的调查中，采用了GPS卫星定位仪确定踏查的线路和调查地点的位置，确定调查地点的海拔、经度和纬度。

2. 标准地调查

在踏查的基础上，为进一步摸清林业有害生物的发生数量、危害程度，需设立标准地或样方进行详查，按林地或苗圃面积的大小设置不同数量的标准地或样方，标准地或样方应设在有害生物发生区域内具有代表性的地段，人工林标准地或样方的累计面积不应少于有害生物寄主面积的3%，天然林不少于0.2%。调查危害木材的有害生物时，抽样率不少于应调查木材量的3%。同一类型的标准地尽可能设3次以上的重复调查，每块标准地的面积1～5亩，在标准地内寄主植物的数量不少于100株，以面积设立标准地比较困难时，应设立标准株进行调查，标准株的数量不少于100株。在标准地或样方内调查每一棵树木或花卉感染林业有害生物的情况，并将林业有害生物的种类、寄主植物、有害生物的发生密度和树木受害程度等项内容填入调查表格中。对不能确定的有害生物种类或寄主植物种类须采集标本带回标本室或实验室进行进一步鉴定。

苗圃地踏查和标准地调查一般是结合在一起进行的。通过踏查了解了苗圃有害生物的概况后，再在危害程度不同的苗圃地中分别设立标准地(靠近苗圃边缘的标准地应离开边缘2～3米)，标准地的数量(以累计面积计算) 不少于调查总面积的0.1%～5%，标准地大小根据苗木种类和苗龄而定，针叶树播种苗一般以0.1～0.5平方米作为标准地，也可以1～2

米长的播种行作为一个标准地，阔叶树苗的标准地应在1平方米以上，每个标准地上的苗木应在100株以上，在标准地内按对角线方式（或棋盘式）抽取样株进行检查。

贮木场、木材加工厂有害生物的调查主要包括现场查看和抽样调查两部分。检查现存木材（含成品、半成品、包装材料等）是否感染了有害生物，主要检查木材表层及缝隙间是否有新鲜蛀孔、蛀屑和爬行的活虫，检查木材是否腐朽，了解采伐时间和地点（加工厂要了解木材原产地）。一旦发现有害生物寄生，就要进行抽样调查，采用表层随机抽样法或分层抽样法抽样，抽样率不少于应调查数量的3%，记载贮木厂、木材加工厂的所在地名称及企业单位名称、有害生物及寄主名称（包括拉丁学名），木材的种类（包括原木、板材、方材、木质包装材料、垫脚木和人造板等）和危害数量，危害数量以立方米（原木、板材、方材）或件（木质包装材料）或张（人造板）为单位。调查时还要注意检查是否有来自危险性林业有害生物疫区的疫木。

对于不同的有害生物来说，它们不但分布区域不同、寄主植物不同、危害的部位和危害方式不同，而且为害的程度也不同，因此我们对各类有害生物的危害程度分别制订了统计标准（详见附录），根据每一类有害生物的危害特点，按林木病害、林木虫害、有害植物和有害动物分别进行调查统计。

（1）林木病害调查

林木病害指危害叶子、枝条和树干的各类病害，包括落叶病、枯梢病、溃疡病、腐烂病等，根据病原物危害部位的不同，将林木病害区分为叶部、枝梢、果实病害和干（根）部病害分别进行调查统计。

林木病害的发生程度通常以百分率来表示，但对于局部病害来讲，各植株之间感病程度往往差异较大，用感病百分率（被害株率）则不能反映这种差别，因此，可用感病指数来表示，计算公式如下：

$$\text{感病指数}=\frac{\sum(\text{病级株树}\times\text{该级代表数值})}{\text{总株树}\times\text{最高一级代表数值}}\times 100$$

① 叶部、枝梢、果实病害调查：每100～1000亩设置1块标准地，每块标准地面积3亩左右，标准地至少要有100株以上寄主植物，在每块标准地随机抽取30株以上的寄主植物，以枝梢、叶片、果实为单位进行检查，统计枝梢、叶片、果实的感病率和感病指数。

② 干（根）部病害调查：每100～500亩设置1块标准地，每块标准地面积3亩左右，标准地至少要有100株以上寄主植物，在每块标准地随机抽取30株以上的寄主植物进行调查，以植株为单位统计健康、感病和死亡的数量，计算感病率和感病指数。

（2）林木虫害的调查

根据害虫危害部位的不同，将林木害虫区分为叶部害虫、枝梢害虫、蛀干害虫、种实害虫及地下害虫分别进行调查。

① 叶部、枝梢害虫调查：叶部害虫包括松毛虫、杨扇舟蛾、舞毒蛾等主要危害叶子的害虫。枝梢害虫包括杨圆蚧、柳蛎蚧、青杨天牛、透翅蛾等主要危害枝条的害虫。每100～1000亩设置1块标准地，每块标准地面积3亩左右，标准地至少要有100株以上的寄主植物，在每块标准地内按对角线抽样法抽查30株以上的寄主植物，统计每株树上害虫数量，调查叶子、树冠、枝梢的受害程度。

②蛀干害虫调查：这类有害生物是指危害干部、根部的钻蛀性害虫，包括光肩星天牛、

沙棘木蠹蛾、泰加大树蜂、柳扁蛾、锈色粒肩天牛、双条杉天牛等害虫。每50～100亩设置1块标准地，每块标准地面积3亩左右，标准地至少要有100株以上寄主植物，在每块标准地内按对角线抽样法抽查30株以上的寄主植物，统计每株树上害虫数量，调查主干、枝干的受害程度。

③种实及地下害虫调查：种实害虫是指危害林木种子及果实的害虫，包括苹果蠹蛾、落叶松种子小蜂、大痣小蜂、杏仁蜂等害虫，地下害虫是指在土层下危害树木根部的害虫，包括蝼蛄、金龟子等。

种实害虫调查主要在果园、种子园、母树林和其他采种林分进行，通常750亩以下设置1块标准地，750亩以上每增加150亩的面积增设1块标准地。每块标准地的面积为1亩，在标准地内按对角线取样法抽取5株以上样树，每样株在树冠上、中、下不同部位分别采集种实10～100个，解剖调查种实被害率。对已经采收的种子，要了解其产地，并按森林植物检疫技术规程的规定进行抽样检查。地下害虫的调查主要是在苗圃、退耕还林地、荒漠林以及其他新植林地进行，调查方法是挖土坑调查，同一类型林地至少设置1块标准地，在每个标准地内设置样坑，样坑应在标准地内均匀分布，通常每3亩设1个，样坑的大小一般为1米×1米(或0.5米×0.5米)，深度一般要求到达害虫能够寄生的深度。

(3) 木材有害生物调查

这类有害生物包括危害原木、板材、方材、木质包装材料及人造板等木制品的有害生物，主要种类有小蠹虫、天牛、白蚁以及侵害木材的木腐菌类。调查对象包括贮木场、木材加工厂等。

(4) 林业有害动物调查

危害林木的动物包括鼠、兔、螨、红蜘蛛和软体动物等，目前危害严重的主要是鼠、兔类，其中害鼠又包括地下鼠和地上鼠两类。

①鼠口密度调查：

地下害鼠的调查：目前在地下危害的害鼠主要是鼢鼠，鼢鼠危害林木的根部，对苗木或新植林木常常形成毁灭性的危害。调查时间选择在春季土壤解冻后(3～5月份）或秋季鼢鼠储粮期(9～10月份)。调查方法有以下两种：

土丘系数法：在每种立地类型中选择一块面积15亩的辅助标准地，统计标准地内的新土丘数。在土丘上挖开鼠洞，每间隔2昼夜检查一次，凡封洞者即为有效洞，在有效洞布设弓箭(地箭)，箭与洞口的距离为切开洞口直径的2倍，1昼夜检查一次，及时重复设置弓箭(地箭)，连续捕杀2昼夜，然后统计捕获的鼢鼠数量，计算出土丘系数和捕获率，根据下式计算土丘系数：

土丘系数 = 实捕鼢鼠数/土丘数

然后在各种立地类型标准地内分别统计土丘数，乘以土丘系数，即为鼢鼠的相对数量。捕获率亦可作为鼢鼠密度的相对指标。

鼠口密度(只/公顷) = 标准地内鼢鼠数/标准地面积

捕获率计算公式如下：$p = [n/(N \times H)] \times 100\%$

式中：p—捕获率；n—捕获鼢鼠数；N—设置弓箭数；H—捕鼠昼夜数。

切洞堵洞法：在土丘不明显的情况下，利用鼢鼠的堵洞习性采取切洞堵洞法进行调查比较适宜。具体方法是：每种立地类型选择一块面积为15亩的辅助标准地，对怀疑有鼢鼠活动的洞道切开洞口100个(根据甘肃省的调查经验，每亩切开6~7个洞口，不包括废弃洞，不足100个者按实际切洞数计算)，在切洞1昼夜后调查堵洞数，凡堵洞者即为有效洞口。然后采取弓箭(地箭)射杀和挖捕相结合的方法进行调查，将鼢鼠全面捕尽，以实捕鼢鼠数与有效洞口数相比较，得出其相关系数。在固定标准地内以有效洞口数乘以相关系数即可得出鼠口密度。

地上害鼠的调查：地上害鼠主要包括䶄鼠、田鼠、绒鼠、鼠兔等，这类害鼠主要是啃食树木的地茎部分，切断树木的表皮和韧皮部，使树木枯萎死亡。

䶄鼠于4月或9月进行调查，田鼠、鼠兔于4月下旬至5月下旬或8月下旬至9月下旬进行调查，绒鼠于2~3月或7~8月进行调查。䶄鼠、田鼠和绒鼠采用中号板铗，鼠兔采用中号或大号板铗捕杀。选择当地害鼠喜食的食料为饵料，一般䶄鼠用炒熟的白瓜子，田鼠用新鲜的胡萝卜，绒鼠用玉米粒，鼠兔用黄豆，在整个调查过程中，对同一鼠种采用板铗的型号、饵料是统一的。在每块标准地内设置100个鼠铗，按铗距5米、行距20米的平行线、或按Z字形、棋盘形线路布放。鼠铗布放后，间隔24小时进行检查，用空铗将已捕获的鼠铗替换，48小时后将捕鼠铗全部收回，为获得更准确的捕获率，收铗时间可延长至72小时，并间隔12小时检查一次，逐日统计捕获害鼠的数量并按雌雄分别记载，计算捕获率。

捕获率=[捕获鼠数/(鼠铗数×2)]×100%

或捕获率=[捕获鼠数/(鼠铗数×3)]×100%

注：鼠铗数为实际收回的鼠铗数量。

沙鼠在4月或10月进行调查，在15亩的辅助标准地内，设置100个10厘米×15厘米的鼠铗，以新鲜胡萝卜为食饵，堵洞后在洞口附近布设鼠铗，统计堵洞数、有效洞数、百铗捕获数，计算百铗捕获率和鼠口密度，连续调查5天。

有效洞口系数=有效洞数/堵洞数

校正百铗捕获率(%)=百铗捕获数×有效洞口系数(%)

调查日辅助标准地害鼠数量=堵洞数×校正百铗捕获率

鼠口密度(只/公顷)=∑逐日辅助标准地害鼠数量/辅助标准地面积

②危害程度调查：在标准地内逐株调查。地下鼠(鼢鼠)：以树下有鼠洞，树叶变灰色或黄色，顶芽生长缓慢判定为受害。地上鼠：对于䶄鼠、绒鼠，以树干四周皮部1/4以上被啃食或侧枝被啃断1~4枝为林木受害的统计起点；对于田鼠、鼠兔，以树干四周皮部1/4以上被啃食，或侧根际被挖啃1/4为林木受害的统计起点；沙鼠以树干、树枝被啃食为受害起点。

(5) 林业有害植物调查

这类有害生物主要包括薇甘菊、紫茎泽兰、豚草、加拿大一枝黄花等有害生物。每100~1000亩设置1块标准地，每块标准地面积3亩左右，在标准地内调查有害植物的种类，对于侵占林地的种类，如豚草、飞机草等，计算侵占林地的面积和比例，对于一些藤本攀缘类有害植物，如薇甘菊、紫茎泽兰等，调查林木的受害情况。

(6) 外来林业有害生物

由于外来林业有害生物多属于检疫性有害生物，其潜在的危险性比较大，因此对这些种类的分级标准分别进行了界定。

3. 有害生物标本的采集和照片的拍摄

采集林业有害生物标本和拍摄林业有害生物生物学和生态学照片是外业调查的重要内容之一，此举可填补各级森防机构馆藏标本的数量和影像资料。有害生物标本室建设是开展有害生物普查、检疫、教学和行业培训的基础性工作，因此，本次普查注重采集各类林业有害生物标本，特别是成套的有害生物生活史标本，对采集的标本进行分类，同时做好采集记录，标本记录由采集人员填写，内容有标本编号、采集时间、地点、寄主植物、采集人姓名等，标本编号由12位数字和字母组成，前6位是所在省、市、县的行政区编码(即身份证前6位)，第7~8位为采集地点所在乡镇名称拼音字母的前2个字母，最后4位是标本的流水编号，采集地点填写到林业小班，寄主植物名称要求填写植物的通用中文名，对同一采集人在同一时间、地点和寄主植物上采集的同一种类有害生物标本，不论数量多少都作为同一编号编排。

林业有害生物生态学照片是其野外生存状态的真实写照，也是建立林业有害生物数据库的重要材料，在这次普查中，根据有害生物的分布情况安排各地拍摄高清晰度的林业有害生物危害状照片，特别是外来林业有害生物的危害状照片，以便今后对这些有害生物开展生物学和生态学研究。

4. 内业整理和普查资料汇总

将外业调查的笔录、数据、照片等进行整理、归档，将林间采集的林业有害生物标本进行分类、鉴定、保存，对当地不能确定名称的种类请专家鉴定，首次发生的外来林业有害生物送国家林业局有害生物鉴定中心进行鉴定，采集的标本由各级森防检疫机构妥善保存，当地不具备长期保存条件的，送省级以上森防检疫部门统一保存。

普查资料真实反映了林业有害生物的自然发生状况，不仅具有很高的学术价值，而且具有很高的应用价值，对今后开展森防工作具有指导作用。根据建立林业有害生物数据库的需要，本次普查对外来林业有害生物、省际间传播的有害生物、本土严重危害的有害生物和林业有害植物分别进行了统计，汇总采用逐级统计上报的方法，先由基层县(区)开始，然后是地(市)、省(自治区、直辖市)，最后由国家林业局森防总站集中汇总，各省(自治区、直辖市)在认真总结、汇总的基础上，填报了林业有害生物分布、发生情况汇总表，撰写了林业有害生物普查技术总结报告。

四、普查结果与分析

本次普查全面掌握了我国林业有害生物发生的基本情况。包括有害生物种类、分布的范围、寄主植物的种类等基本疫情信息。在34种外来林业有害生物当中包括虫害23种，病害5种，有害植物6种；全国有害生物新记录种233种(与1980年普查资料对比)，省际间传播蔓延的林业有害生物368种，其中1980年以后扩散蔓延到其他省级行政区域的林木害虫237种，林木病害131种；本土危害严重的主要林业有害生物102种(包括林木虫害和病害)；林业有害植物145种。在普查中，全国共拍摄林业有害生物照片10万余张，采集各类林业有害生物标本600000余号，其中成套的有害生物生活史标本45000余套。这些普查成果既是对1980年以来森林病虫普查成果的补充，也是新时期林业有害生物疫情数据和防控工作的最新资料。下面就外来林业有害生物、省际间传播的有害生物、本土严重危害的有害生物以及林业有害植物的发生危害情况分别作一分析。

（一）我国外来林业有害生物的主要种类和发生情况

1. 外来林业有害生物的种类

外来林业有害生物包括林木病害、虫害、有害植物和有害动物，所谓外来林业有害生物是就某一国家或地区而言的，在普查中我们把外来林业有害生物区分为境外传入的和省际间传播的林业有害生物。

境外传入的林业有害生物 34 种，其中 1980 年以后入侵的种类有如下 18 种：松材线虫、椰心叶甲、水椰八角铁甲、红脂大小蠹、褐纹甘蔗象、锈色棕榈象、松突圆蚧、湿地松粉蚧、蔗扁蛾、茶藨子兴透翅蛾、美洲斑潜蝇、枣实蝇、曲纹紫灰蝶、西花蓟马、刺槐叶瘿蚊、刺桐姬小蜂、红火蚁、悬铃木方翅网蝽。

1980 年以前入侵的主要外来林业有害生物有如下 16 种：松疱锈病、松针褐斑病、落叶松枯梢病、杨树花叶病毒、双钩异翅长蠹、美国白蛾、苹果蠹蛾、日本松干蚧、苹果绵蚜、温室白粉虱、紫茎泽兰、薇甘菊、加拿大一枝黄花、飞机草、凤眼莲(水葫芦)、大米草。

2. 外来林业有害生物的来源和传播途径

境外传入的林业有害生物来源于世界各大洲，其中美洲和亚洲占有很大的比例，还有一部分来自非洲，这主要与贸易往来有关。如美国白蛾、红脂大小蠹、松突圆蚧、湿地松粉蚧、松材线虫病、松针褐斑病、薇甘菊、加拿大一枝黄花、飞机草等来源于美洲；日本松干蚧、苹果绵蚜、椰心叶甲、茶藨子兴透翅蛾、紫茎泽兰等有害生物来源于亚洲；蔗扁蛾、落葵薯、野茼蒿等有害生物来源于非洲。

外来林业有害生物的传播方式主要有以下两种：一是人为传播，二是自然传播。有害生物在其原产地的传播主要是通过自然的途径进行的，而从原产地到新的国家或地区的传播有人为传播的因素，也有自然传播的因素，但以人为传播的因素为主。从松材线虫病、美国白蛾等有害生物在国内的发生、发展的过程来看，跨地区的远距离传播，不通过人为携带是基本不能实现的，因为这些有害生物每年靠自身传播的距离有限，疫情的发生地点，多数是在公路、铁路沿线和旅游区附近，这与人为活动有明显的相关性。外来林业有害生物传播到新区后，能否定殖的前提条件是有没有适宜的寄主植物和适宜的气候条件，而定殖的本质是生物链的建立，定殖后的有害生物，其发生发展状况取决于食物来源的多少、寄主植物的抗性、种群竞争的强弱、天敌的控制能力以及人为管理方式等，外来林业有害生物定殖和再扩散的过程是一个自然选择的过程。在人为传播的途径上，有的是随引进种苗传入的，有的是随木材、木质包装材料等林木产品传入的，如湿地松粉蚧原来分布于美国大西洋沿岸的湿地松种植区，1988 年随引种材料传入我国广东省台山市，之后在广东省扩展蔓延，继而传播到广西壮族自治区。红脂大小蠹原产于美国，通过松树木材或木制品携带传入我国，1998 年首先在山西省的沁水县和阳城县发现，之后河南、河北、陕西等省也相继发生。外来林业有害生物通过自然渠道传播主要发生于毗邻的国家或地区，因为有害生物本身有一定的活动能力，可以通过飞翔、爬行等方式不断地扩散，也可借助于自然力，如气流、雨水等进行扩散，如松突圆蚧就是从香港地区蔓延到广东省的。

外来林业有害生物在入侵的时间上大致可分为三个阶段：第一阶段是 20 世纪初至改革开放前这一时期，由于这一时期国内经济欠发达，与国外的交往和贸易比较少，因而传入的有害生物种类也比较少，代表性的种类有日本松干蚧、紫茎泽兰等。第二阶段是 20 世纪 80

年代到20世纪末，此时期是我国经济快速发展的时期，也是我国林业快速发展时期，其间从国外引进了大量的树种，包括火炬松、湿地松、油橄榄以及很多杨树品种，在大量引进种苗用于造林的同时，也把有害生物携带进来，比较重要的种类有松突圆蚧、湿地松粉蚧、松材线虫病、红脂大小蠹、松针褐斑病、杨树花叶病毒等。第三个阶段是20世纪末到21世纪初，随着人们生活水平的不断提高，美化生活环境成为社会的普遍需求，庭院绿化和花灌木栽培迅速发展，一些观赏树木、花卉的有害生物也随着繁殖材料传入，代表性的种类有加拿大一枝黄花、椰心叶甲、刺桐姬小蜂等。

3. 我国外来林业有害生物的发生情况

松材线虫病自1982年在我国江苏省南京市发现以来，先是在江苏省、浙江省、安徽省等地区蔓延，之后传入华东地区，继而向华南、华中和西南地区扩展，目前有疫情的地区包括江苏、浙江、安徽、福建、江西、山东、湖北、湖南、广东、广西、重庆、四川、云南、贵州等省(自治区、直辖市)的185个县(区、市)，近年来各有关省(自治区、直辖市)加大了除治的力度，拔除了一些疫情发生点，使疫情得到了一定的控制，实现了连续4年发生面积和病死树数量的双下降，没有造成大面积扩散，这是多年控制、封锁和除治的成效。目前有疫情分布的县(区)基本上属于点状或小片状分布，但其潜在的威胁还是相当大的，由于这种病害的传播途径难以控制，致使一些地区仍有新的疫点出现。松树是我国主要的用材和绿化树种，面积达9亿余亩，很多地区松树集中连片，一旦大规模发生，其损失将是不可估量的；红脂大小蠹目前已经扩展到北京、河北、山西、河南、陕西等省(直辖市)的74个县(区、市、林业经营局)，发生面积221.80万亩，其中北京市的门头沟区是新发现的疫点；美国白蛾目前已扩展到北京、天津、河北、辽宁、山东、陕西等省(直辖市)的179个县(区、市)，在河北、山东、北京地区都有不同程度的扩展；松突圆蚧在广东省继续向西南及东北方向扩展蔓延，2003年从广东省茂名市蔓延至广西壮族自治区的玉林市、岑溪市，江西省赣州的龙南县和全南县发现了新的疫情，目前分布于福建、江西、广东、广西等省(自治区)的101个县(区、市)，发生面积2322.12万亩；日本松干蚧不断突破东北部的分布区边缘，对吉林省长春市、长白山自然保护区和龙井国家级松茸保护区构成严重威胁，目前分布区涉及辽宁、吉林、江苏、浙江、山东、安徽等省的119个县(区、市)，发生面积106.65万亩；湿地松粉蚧在广东省主要向北和西北方向扩展，2001年蔓延到广西壮族自治区，2003年入侵湖南省，目前已扩展到江西、湖南、广东、广西等省(自治区)的112个县(区、市)，发生面积812.26万亩，其中江西省赣州市的寻乌县和定南县是首次发现；椰心叶甲2002年在海南省、广东省部分地区发生，后在海南省的万宁、澄迈、定安等县(市)迅速扩散，至2005年广东省已有11个市级行政区的23个县(区)发生，海南省分布已较普遍，之后传入广西壮族自治区和云南省，现在分布范围涉及广东、广西、海南、云南等省(自治区)的64县(区、市)，发生面积16.16万亩；苹果绵蚜目前已扩展至河北、辽宁、山东、安徽、河南、陕西、云南等省的135个县(区、市)，发生面积66.59万亩；蔗扁蛾传入地点包括北京、河北、辽宁、浙江、福建、江西、山东、广东、广西、海南、新疆等省(自治区、直辖市)的99个县(区、市)；苹果蠹蛾传入地点包括甘肃、新疆、辽宁等省(自治区)的45个县(区、市)，发生面积57.69万亩，该虫有从东部向西部蔓延的趋势；刺桐姬小蜂目前分布于福建、广东、海南等省的36个县(区、市)；松疱锈病传入地点包括辽宁、吉林、黑龙江、山东、安徽、四川、云南、陕西、甘肃等省的120个县(区、市)，发生面积36.45万亩；落叶松枯梢病发生区域包括大兴安岭地区及辽宁、吉林、黑龙江、山东、陕西、甘肃等省的105个县(区、市、森林经营局)，发生面积40.70万亩；松针褐斑病发生区域包括浙江、安徽、福建、江西、河南、湖南、广东、广西等省(自治区)的121个县(区、市、森林经营局)，发生面积77.52万亩；双钩异翅长蠹发生区域包括上海、湖北、广东、广西、海南、贵州、云南等省(自治区、直辖市)的18个县(区、市)，该虫在我国南方有进一步传播危害的危险性。除此以外，一些种类如茶蔗子兴透翅蛾、锈色棕榈象、锈色棕榈象、褐纹甘蔗象、美洲斑潜蝇、水椰八角铁甲、红火蚁、西花蓟马、曲纹紫灰蝶、温室白粉虱、杨树花叶病毒、枣实蝇等外来有害生物虽然目前分布范围和危害面积不大，但依然存在着很大的潜在威胁。

（二）省际间传播的林业有害生物种类和发生情况

1. 省际间传播的林业有害生物种类

由于造林绿化以及物资交流的需要，国内林木及其产品的调运十分频繁，省际间传播林业有害生物的现象也很普遍，因此，普查也把这类有害生物作为一项重要内容。本次普查共发现省际间传播蔓延的有害生物种类368种(1980年以后扩散蔓延到其他省份的)，其中林业害虫237种，病害131种。通过普查，各省(自治区、直辖市）全面掌握了本地区有害生物入侵的基本情况，包括入侵的种类、寄主植物、分布地点、发生规模等疫情数据。

2. 省际间传播的林业有害生物发生情况

这部分有害生物的传播方式与境外入侵的有害生物的传播方式基本相同，有人为传播和自然传播两种方式，在传播几率上可以说比境外传入的更高，因为各省(自治区、直辖市）之间调运苗木或其他林产品的几率比从国外调入的更大，另外相临省(自治区、直辖市）之间往往山水相连，自然传播的现象也时常发生，仅北京市近年来就从外省(自治区、直辖市）传入有害生物35种。由于相临省(自治区、直辖市）之间气候条件和植被情况相类似，因而增加了有害生物定居的可能性，而这些有害生物一旦传入，将会对当地森林生态系统造成长期、持久的破坏和威胁。

这部分有害生物危害的树种往往是当地造林绿化的主要树种，如日本双棘长蠹传入北京和山西等地后，严重危害槐树、栾树等绿化树种。多年防治的实践证明，一种有害生物一旦传入新区，控制和根除的难度是相当大的。很多有害生物是随其寄主树木的引进而传入的，双条杉天牛原来在辽宁省没有分布，大连市从关内引进侧柏时首次发现，目前分布区包括沈阳、辽阳、鞍山、锦州、朝阳、阜新、营口和丹东9个市；桉树焦枯病1994年在广东省雷州林业局首次发现，2004年11月在海南省儋州市发现，现已成为威胁海南桉树的一种重要病害；青海省在从华北引进华北落叶松时，传入了落叶松-青杨锈病和落叶松球蚜，在从内蒙古自治区引进柠条这一树种时，传入柠条豆象和柠条种子小蜂；宁夏回族自治区在引种臭椿时，导致臭椿沟眶象的大发生；在四川省传入的61种林业有害生物中多数是由于引种而传入的，尤其是那些栽培面积比较大的经济林木，包括板栗、花椒、核桃、桉树、竹子、榕树、杨树等树种，如危害板栗的板栗疫病、危害核桃的核桃炭疽病、危害桉树的桉树焦枯病、危害竹子的竹枯梢病、危害梨树、桃树、李树的冠瘿病、危害杨树的杨干透翅蛾等。有的种类是随木材及其制品传播的，如青海省的光肩星天牛首先在西宁市的火车站货场附近发现，而后逐渐扩散到其他县(区、市)，这类有害生物往往沿着公路、铁路、河流等人为活动频繁的区域传播扩散。

一些新的林业有害生物传入某地后，逐渐扩大危害而成为当地重要的林业有害生物，如北京市随绿化苗木传入的锈色粒肩天牛、蔗扁蛾，对绿化树种、苗圃、花圃造成了较大的经济损失，门头沟区引进的小叶黄杨，由于根结线虫的危害，经济损失达40万元；伊藤厚丝叶蜂从吉林省传入辽宁省后，很快蔓延到本溪、丹东、抚顺等市的10多个县(区)，2004年发生面积达11.6万亩，辽宁1995年在朝阳市首次发现沙棘木蠹蛾，之后传播蔓延到阜新市，目前几乎遍及辽宁省的沙棘栽培区，发生面积达160万亩，严重发生60万亩，直接经济损失达3亿元。

(三)本土主要林业有害生物种类和发生情况

本土林业有害生物属于一个大的类群，包括虫害、病害、有害植物和有害动物，本次普查共查明我国本土主要林业有害生物种类102种。由于我国各省(自治区、直辖市)的气候条件不同，因而各地本土林业有害生物的种类也不同，这是有害生物与其寄主长期自然选择的结果。各地围绕着当地的主要森林资源开展普查，摸清了本土严重危害的有害生物种类、分布和发生的基本情况。

1. 东北天然林和防护林有害生物发生情况

本区位于我国东北部，包括黑龙江省、吉林省、辽宁省全部和内蒙古自治区的呼伦贝尔盟、兴安盟、通辽市和赤峰市的部分地区，总面积124万平方千米，占国土面积的12.9%。本区自然资源丰富，森林主要分布于大、小兴安岭和长白山地区，森林面积约占全国的1/4。中西部主要是以杨树类树种为主体的防护林，本区主要树种有落叶松、红松、油松、赤松、樟子松、白桦、黑桦、栎树、水曲柳、杨树等。本区主要的林业有害生物种类有落叶松毛虫、油松毛虫、赤松毛虫、黄褐天幕毛虫、杨扇舟蛾、分月扇舟蛾、舞毒蛾、杨毒蛾、柳毒蛾、白杨透翅蛾、松瘿小卷蛾、松球果螟、落叶松球蚜、青杨脊虎天牛、栗山天牛、青杨天牛、杨干象、落叶松八齿小蠹、云杉八齿小蠹、落叶松枯梢病菌、落叶松落叶病菌、松针红斑病菌、杨树溃疡病菌、杨灰斑病菌、红背䶄、棕背䶄、大林姬鼠、东方田鼠等。

在东北天然林或天然次生林区，生物多样性保持相对完好，天敌种类较多，曾经长期保持有虫不成灾的状态。近年来由于人为的干预和气候异常等原因，落叶松毛虫、落叶松鞘蛾、黄褐天幕毛虫、舞毒蛾等食叶性害虫危害成灾。落叶松毛虫主要危害兴安落叶松、长白落叶松，东北三省发生面积达400多万亩，其中大兴安岭地区和黑龙江森工总局发生面积较大；油松毛虫在辽宁省西部的朝阳市、阜新市危害严重；落叶松鞘蛾在大兴安岭、黑龙江、内蒙古等地区严重发生，仅大兴安岭地区发生面积就达260万亩。危害松树的蛀干性害主要有落叶松八齿小蠹、云杉八齿小蠹、纵坑切梢小蠹等次期性害虫。危害松树的病害主要有落叶松枯梢病和落叶松落叶病等，落叶松枯梢病在东北大部分地区都有分布，但危害程度有所减缓，落叶松落叶病近年在东北地区的天然林和天然次生林发生面积扩大，危害加剧。在东北地区对杨树类树种危害较重的食叶性害虫主要有分月扇舟蛾、杨毒蛾、杨扇舟蛾等，分月扇舟蛾在黑龙江省、吉林省局部地区危害严重。蛀干性害虫主要有杨干象、白杨透翅蛾、青杨天牛、青杨脊虎天牛等，其中杨干象、白杨透翅蛾对杨树苗木和低龄林木危害严重，而青杨脊虎天牛对中老龄林木危害严重，目前该虫还属于局部分布，发生面积8万多亩，由于该虫的潜在威胁较大，已被列为国家检疫性有害生物进行管理。吉林省发生白杨透翅蛾、青杨天牛危害，面积达90万亩。杨树腐烂病在辽宁省局部地区危害成灾。栗山天牛是一种严重危害天然次生林的蛀干性害虫，主要危害辽东栎和蒙古栎，1992年首先在辽宁省宽甸满族自治县发生，之后丹东市、本溪市、鞍山市、锦州市、阜新市、葫芦岛市、朝阳市和大连市部分地区相继发生，目前分布区涉及上述8市的23个县(区)。吉林省于1993年在集安市首次发现，此后，柳河县、辉南县、梅河口市、东丰县、东辽县、蛟河市、磐石市、舒兰市、桦甸市、永吉县相继发生严重危害，两省发生面积均超过100万亩，直接经济损失上亿元。另外，有害动物棕背䶄等害鼠在部分地区对中幼龄林危害严重，这些害鼠早春或晚秋啃食幼树树皮，导致林木死亡，黑龙江省、辽宁省、吉林省、内蒙古自治区都有发生，其中黑龙江森工总局所辖各林业局发生面积达560万亩，大兴安岭地区发生面积达202万亩，幼龄林受害最为严重。

2. 华北生态林和用材林有害生物发生情况

该区包括北京市、天津市、山东省的全部和河北省、河南省、山西省大部，江苏省、安徽省的淮北地区，陕西省、宁夏回族自治区中部及青海省东部，总面积95万平方千米，占全国总面积的9.9%。本区约有种子植物3500余种，山区、丘陵主要有油松、栎树以及杨、桦等树种组成的混交林，平原绿化主要是以杨树、泡桐等树种组成的防护林，主要的森林植物种类有油松、赤松、华北落叶松、侧柏、麻栎、栓皮栎、毛白杨、槐树、旱柳、泡桐、榆树等。本区主要的林业有害生物种类有油松毛虫、赤松毛虫、杨扇舟蛾、杨小舟蛾、春尺蠖、舞毒蛾、侧柏毒蛾、大袋蛾、光肩星天牛、桑天牛、青杨天牛、锈色粒肩天牛、双条杉天牛、白杨透翅蛾、杨干透翅蛾、靖远松叶蜂、杨树溃疡病菌、杨树烂皮病菌、冠瘿病菌等。

由于连年干旱等原因，该区食叶类害虫危害严重，主要造成灾害的种类有油松毛虫、落叶松叶蜂、杨扇舟蛾、春尺蠖、槐树尺蠖、舞毒蛾等。危害杨树的食叶性害虫主要是杨扇舟蛾和杨小舟蛾，杨扇舟蛾在河北省、山东省等地发生面积超过100万亩。对松树危害严重的食叶性害虫主要是油松毛虫和赤松毛虫，油松毛虫在山西、河北、北京、内蒙古和河南等省(自治区、直辖市)局部地区危害较重，赤松毛虫在山东省和苏北地区危害较重，其中山东省发生面积达72万亩。危害杨树的病害主要有杨树烂皮病菌和杨树溃疡病，主要发生地区有山东、河南、北京、河北等省(直辖市)。蛀干性害虫主要有光肩星天牛、桑天牛、双条杉天牛、锈色粒肩天牛等，对杨树类树种危害严重的是光肩星天牛和桑天牛。光肩星天牛在华北地区寄主范围广，分布面积大，就品种来说，黑杨派、青杨派和白杨派树种几乎无一幸免，只是受害程度不同，其中大官杨、加隆杨、I-214杨、尤金杨、钻天杨等树种受害尤为严重，其中河北、山西、山东、安徽、河南等省部分地区危害成灾；桑天牛是另一个危害杨树中、幼龄林的重要蛀干害虫，在华北地区发生比较普遍，如果说白杨派树种对光肩星天牛具有一定抗性的话，那么这些白杨派树种对桑天牛的抗性却是比较弱的，桑天牛个体大，对树木造成的伤口及对木材造成的破坏性也大，树木受害后生长不良，树势衰弱，严重时成片死亡，并使木材的价值大为降低，山东、江苏、安徽、河南、河北等省部分地区受害严重，据山东省临沂市罗庄区的调查，受害株率高达20%；双条杉天牛分布面积和危害程度逐步扩大，其原因主要与城乡造林绿化有关，由于近年来采用侧柏、桧柏、槐树等绿化树种增多，导致该虫危害加重，其中山东省受害面积达35万亩。

3. 西北生态林有害生物发生情况

本区位于我国西北部，包括新疆维吾尔自治区全部和内蒙古、宁夏、甘肃、陕西、山西、河北等省(自治区)的一部分，总面积约269万平方千米，占国土总面积的28%，是防护林面积最大的一个地区。本区主要的针叶树有刺柏、冷杉、落叶松、云杉、华山松等，阔叶树主要有桦、栎、杨、椴、柳、榆、槭、臭椿等，荒漠林主要有柠条、沙棘、柽柳等。本区主要有害生物有光肩星天牛、青杨天牛、华山松大小蠹、云杉八齿小蠹、杨干透翅蛾、白杨透翅蛾、沙棘木蠹蛾、核桃举肢蛾、春尺蠖、油松毛虫、松阿扁叶蜂、板栗疫病菌、杨树烂皮病菌、高原鼢鼠、大沙鼠、达乌尔鼠兔等。

在西北地区对杨树造成严重危害的蛀干性害虫主要有光肩星天牛、杨干透翅蛾等，杨树作为西北防护林的重要树种，遭到了光肩星天牛的严重危害，近年该虫分布范围进一步扩大。青海省1992年首次在西宁市的东城区发现，目前已扩展到西宁市及湟中县、平安县、乐都县、互助土族自治县、民和回族土族自治县、循化撒拉族自治县、共和县。新疆维吾尔自治区是2002年首次发现，目前已扩展至伊宁市、焉耆回族自治县、和静县、新源县、博湖县、巩留县6个市(县)。陕西省、甘肃省、宁夏回族自治区是光肩星天牛的老发生区，大部分地区都有分布，经过多年的治理，危害程度有所减轻，发生面积有所下降，其中甘肃省发生面积32万亩，陕西省20万亩，宁夏回族自治区42万亩；杨干透翅蛾在甘肃省、青海省和宁夏回族自治区部分地区发生，其中青海省部分地区受害严重。危害针叶树的蛀干性害虫主要有华山松大小蠹、云杉大小蠹，华山松大小蠹在陕西省的西安市、汉中市、安康市、宝鸡市等地区危害较重，发生面积60多万亩，是秦岭林区华山松死亡的主要原因，云杉大小蠹在青海局部地区危害较重。沙棘木蠹蛾在西北地区分布面积加大，危害严重，成为危害荒漠林最重要的害虫之一，在陕北的榆林市、延安市等地区发生普遍，严重受害达30多万亩，该虫随苗木传入青海省，目前发生面积1.3万亩，平均有虫株率达46%，受害严重区域沙棘死亡率达47%。食叶性害虫主要有油松毛虫和叶蜂类(包括松阿扁叶蜂、黄松叶蜂和落叶松叶蜂)，油松毛虫、叶蜂类害虫在陕西省、甘肃省局部地区危害成灾，其中陕西省叶蜂类发生31万亩。在该区杨树食叶性害虫以春尺蠖、杨毒蛾、杨蓝叶甲为主，在新疆维吾尔自治区春尺蠖大面积发生，面积达800多万亩。鼢鼠是西北地区危害最为严重的有害动物，在甘肃、宁夏、青海、陕西等省(自治区)的发生面积分别是306万亩、272万亩、139万亩、113万亩，针、阔叶树均遭到严重危害，严重降低了造林成活率，在陕西省，造林地平均被害率达10.7%，幼树被害死亡率达3.1%，平均鼠口密度7.0~8.2只/公顷，在新疆维吾尔自治区大沙鼠、子午沙鼠危害严重，其中大沙鼠发生面积超过1000万亩，另外野兔类在西北地区危害呈上升趋势，其中内蒙古自治区的鄂尔多斯市危害成灾。

4. 中南、西南 生态林和用材林有害生物发生情况

本区位于秦岭以南，包括贵州省全部，四川省、重庆市、云南省大部和陕西省、甘肃省、河南省、湖南省、湖北省的部分地区，面积91万平方千米，占国土面积的9.5%。本区植物群落组成复杂，物种丰富。北部秦巴山地的植被主要是以青冈、润楠、栎属为优势树种组成的北亚热带常绿阔叶混交林和以华山松和栎树组成的混交林，低山丘陵是以杨、柳、榆、槐、构树、侧柏等树种组成的混交林；东部是以喜湿的栲、青冈、樟、石栎、楠木为优势树种组成的亚热带常绿阔叶林；西部云贵高原是以云南松、思茅松、云南油杉和华山松为主的针叶林和以栲、栎类为主组成的亚热带常绿阔叶林，南部是以栲、青冈、琼楠、樟、石栎属为优势树种的南亚热带季风常绿阔叶林。本区主要有害生物种类有马尾松毛虫、云南松毛虫、思茅松毛虫、德昌松毛虫、文山松毛虫、蜀柏毒蛾、舞毒蛾、萧氏松茎象、纵坑切梢小蠹、云南木蠹象、华山松木蠹象、栗实象、松墨天牛、云斑白条天牛、粗鞘双条杉天牛、黄脊竹蝗、板栗瘿蜂、松赤枯病菌、云杉落针病菌、油桐枯萎病菌等。

该区危害松树的食叶害虫主要有云南松毛虫、思茅松毛虫、德昌松毛虫和文山松毛虫，云南松毛虫在西南各省(直辖市)都有发生，在云南、贵州、四川等省局部地区危害严重，其中云南省发生面积达104万亩，思茅松毛虫在云南省和贵州省部分地区发生。松树蛀干性害虫主要有纵坑切梢小蠹、华山松木蠹象、云南木蠹象、松墨天牛等，其中纵坑切梢小蠹在云南省的昆明、曲靖、楚雄、玉溪、红河、大理等地区普遍发生，发生面积达186万亩，并造成部分松树死亡，四川省发生110万亩，寄主主要有云南松、华山松、思茅松等松属植物；华山松木蠹象、云南木蠹象在云南省和贵州省危害亦很严重，其中云南木蠹象在贵州省对飞播的中幼龄松林危害严重，造成218万株松树死亡，华山松木蠹象在云南省造成了部分树木死亡；萧氏松茎象在贵州省呈上升趋势，发生面积达94万亩；松墨天牛广泛分布于西南各省(直辖市)，它可以携带传播拟松材线虫，拟松材线虫对松树的影响尚不十分清楚，贵州省每年死树几十万株，可能是松墨天牛和拟松材线虫的共同危害所致。蜀柏毒蛾是四川省和重庆市危害严重的食叶性害虫，主要危害柏木、墨西哥柏，四川省发生面积达428万亩。华山松疱锈病在云南省局部地区危害较重，松赤枯病和云杉落针病在四川省呈明显上升的趋势，油桐枯萎病在贵州省成为油桐的毁灭性病害，经济损失较大。

5. 东南生态林和用材林有害生物发生情况

本区位于我国东南部，包括江西省、浙江省、上海市的全部和河南、安徽、江苏、湖北、湖南、福建、广东、广西等省(自治区)的大部或部分地区，总面积143万平方千米，占国土面积的11.4%。本区处于亚洲东部温带至亚热带植物区系的中心区。主要树种有马尾松、杉木、杨树、桉树、木麻黄、竹子等，在局部地方存留一些古老的珍贵植物，如水杉、金钱松、银杉、伯乐树、珙桐、罗汉松、长苞铁杉、黄杉及樟树、楠木等，经济林主要有橡胶、油茶、椰子等。本区主要林业有害生物有马尾松毛虫、杨扇舟蛾、杨小舟蛾、侧柏毒蛾、松茸毒蛾、微红梢斑螟、桃蛀螟、木麻黄毒蛾、木麻黄拟木蠹蛾、刚竹毒蛾、松墨天牛、桑天牛、云斑天牛、双条杉天牛、萧氏松茎象、栗实象、铜绿丽金龟、卵圆蝽、竹广肩小蜂、板栗瘿蜂、黑翅土白蚁、黄脊竹蝗、松枯梢病菌、毛竹枯梢病菌、竹丛枝病菌、杉木炭疽病菌、桉树焦枯病菌、木麻黄青枯病菌、油茶炭疽病菌、油茶软腐病菌、板栗疫病菌、板栗溃疡病菌、柑橘溃疡病菌等。

马尾松属于该区乡土树种，马尾松毛虫是该区分布广、危害严重的食叶性害虫，各省(自治区、直辖市)都有不同程度的发生，其中湖北、湖南、福建、江西等省发生面积均超过100万亩，该虫的危害不仅造成林木生长不良、松脂减产，而且能引发松墨天牛或小蠹虫类蛀干性害虫危害。松墨天牛在该区普遍分布，寄主包括马尾松、湿地松、火炬松、赤松等多种松属植物，它不但能够对寄主形成严重危害，而且是松材线虫病的重要传播媒介，由于其本身危害也可造成松树枯死，因此，在松材线虫病发生的边缘区，可能疑似为松材线虫病，如果没有分离到松材线虫，则可确定是松墨天牛危害致死；萧氏松茎象属本区危害严重的种类，寄主有湿地松、火距松、马尾松、华山松等，国外松受害更为严重，目前福建、湖南、广西、江西、广东等省(自治区)均有分布，由于没有非常有效的防治措施，该虫仍在不断地扩展蔓延，发生面积达400多万亩，其中福建省发生面积达212万亩，江西省发生面积达到110万亩，受害严重的林分，树木死亡率可达30%，该虫有进一步扩展蔓延的趋势。

杨树具有生长快、适应性强、经济效益好的特点，近年在一些地区广泛栽培，江苏省杨树面积占全省森林总面积的55%，杨树有害生物发生面积约70万亩，占全省各类有害生物发生面积的60%左右，其中，以舟蛾类为主的害虫发生面积约60万亩，占全省各类主要害虫发生面积的80%以上。桑天牛、云斑白条天牛也成为该区发展杨树的威胁，湖北、湖南、安徽等省发生严重，其中桑天牛在湖北省、安徽省发生面积达50多万亩。竹子是南方主要的用材树种之一，竹类害虫有进一步上升的趋势，竹蝗在江西省、广东省严重发生，刚竹毒蛾、竹织叶野螟、一字竹象等在局部地区危害成灾，对竹产业发展造成很大影响。危害桉树的病害主要有桉树青枯病、桉树焦枯病等，桉树青枯病在广东、海南、广西等省(自治区)都有发生，感病严重的地区出现树木枯死。另外，该区经济林病虫害明显上升，由于板栗、核桃、柑橘等果树在低山丘陵区栽培面积比较大，引发了一些有害生物的发生，栗实象在江西省发生面积达49万亩，危害率达13.6%，板栗瘿蜂在湖北省发生面积48万亩，平均危害率15.1%；油茶的经济价值逐渐被人们认识，但油茶的病虫害也有加重的趋势，主要危害的种类有油茶炭疽病、油茶软腐病、油茶煤污病、油茶毒蛾等，油茶炭疽病在江西省的56个县(区、市)都有不同程度的发生，面积达17万亩。

(四) 林业有害植物

1. 林业有害植物的主要种类

近年来有害植物对林业的危害逐渐引起人们的重视，它对林业的危害已不仅仅局限在苗圃地，人工林、天然次生林危害亦很严重。在林业有害植物当中，一些有害植物侵害林地，降低林地有效利用率，一些有害植物攀缘或寄生在寄主植物上，直接影响林木生长。各地普查共记录林业有害植物145种，其中紫茎泽兰、薇甘菊、加拿大一枝黄花、飞机草、凤眼莲、大米草已明确为外来有害植物。由于以前没有对林业有害植物进行过普查，一部分有害植物属于林业新记录种，其来源还有待进一步鉴定，这些种类主要有日本菟丝子、阿拉伯婆婆纳、豚草、三裂叶豚草、喀西茄、颠茄、水茄、反枝苋、刺苋、皱果苋、土荆芥、配藜、波斯菊、牛膝菊、香丝草、野燕麦、毒麦、紫茉莉、北美独行菜、北美车前、欧洲千里光、钻形紫菀、空心莲子草、落葵薯、红花酢浆草、藿香蓟、金腰箭、马缨丹、繁缕、蓖麻、荆豆、金合欢、臭荠、一年蓬、小蓬草、细叶芹等。

2. 主要林业有害植物的发生情况

紫茎泽兰是一种世界性的恶性杂草，20世纪40~50年代从缅甸和越南边境传入我国云南省，之后每年以20~30千米的速度不断向东北方向扩展，现已扩展至广西、重庆、四川、贵州、云南等省(自治区、直辖市)的178个县(区、市)，分布区的北缘已经到达四川省、重庆市的中北部，这种有害植物的繁殖能力很强，高密度生长的地方可达30株/平方米，它们通过侵占林地、与寄主竞争养分、水分和光线，影响林木生长，由于紫茎泽兰占据了其他动物饲草的自然生态位，致使牛羊饲草缺乏，数量锐减，直接影响了人类的生产和生活，另外，这种植物含有的毒素还能够引起马匹的气喘病，云南省曾在一年内出现发病马匹5015匹，死亡3486匹。飞机草密集成片丛生，在植被受破坏的地段形成优势种群，不仅破坏了原生态的生物多样性，而且也破坏了原生态的自然景观，分布区域涉及福建、广东、云南、海南等省的94个县(区、市)。豚草和三裂叶豚草首先在我国东南沿海发生，随后向其他地方扩展蔓延，现已分布到东北、华北、华东和华中的8个省(自治区、直辖市)，豚草所产生的花粉是引起人类花粉过敏的主要病原物，可导致“枯草热”症，每到豚草开花散粉的季节，体质过敏者可发生哮喘、打喷嚏、流鼻涕等症状，严重者可引起其他综合症甚至死亡。薇甘菊1996年在广东省深圳市的内伶仃岛发现，之后在广东省的深圳、珠海、广州、东莞、番禺、中山、顺德、阳江、新会、湛江等地陆续发现，现已扩展至广东、海南、四川、云南等省的52个县(区、市)，这种藤本植物能够攀缘上乔木、灌木的枝干并迅速覆盖树冠，使树木光合作用受到破坏，生长衰弱甚至死亡。

五、我国林业有害生物的发生特点与分析

从普查的有关数据可以看出我国林业有害生物发生的形势依然很严峻，主要表现在外来有害生物和本土有害生物两个方面。

我国外来林业有害生物的发生有如下特点：一是入侵种类增加，1980年以来入侵的种类已超过1980年以前近一个世纪入侵的所有种类，在普查期间又有刺桐姬小蜂、红火蚁、刺槐叶瘿蚊、西花蓟马4种外来林业有害生物入侵，在我国现已公布的20种检疫性林业有害生物当中，有50%以上是外来有害生物，包括松材线虫、美国白蛾、松突圆蚧、薇甘菊等入侵历史比较长的有害生物，也有刺桐姬小蜂、锈色棕榈象等入侵不久的有害生物。二是扩展蔓延速度快，分布范围和发生面积逐步扩大，一些地区不断出现新的疫情。三是危害趋于严重，据统计，入侵我国并已造成危害的外来有害生物年均发生面积达4200万亩，造成的经济损失已超过560亿元，占林业有害生物所造成经济损失总量的70%，在对外来林业有害生物的除治方面，不仅耗费了大量的人力、物力，而且耗费了大量的财力。随着全球贸易、旅游和运输业的发展，有害生物会被无意识地带到世界各地，由于现在检测和除害处理技术还不能达到完全控制有害生物传播的水平，入侵的威胁会不断增长。据报道，已有4500种非本土有害生物入侵美国，而目前入侵我国的有害生物种类约400种，因此还有很多有害生物尚未传入我国，由于我国地域范围广，生态类型多样，一旦传入新的种类，定植和扩散的可能性很大。

在本土有害生物当中，虽然部分种类经过治理发生规模有所下降，但很多种类的分布范围和发生面积仍然较大，所造成的危害也是很严重的。主要表现在以下几个方面：一是人工林有害生物发生规模呈上升趋势，主要造林树种受害比较严重，其中松树和杨树类主要造林树种的有害生物发生面积占总发生面积的70%以上。除松毛虫类害虫发生面积较发生最高年份明显下降以外，另一些食叶性害虫明显上升，危害进一步加剧，其中蜀柏毒蛾等常灾性害虫仍然保持较大的发生面积，春尺蠖、杨树舟蛾、松小卷叶蛾、天幕毛虫、舞毒蛾等食叶害虫在局部地区酿成灾害；林木蛀干性害虫仍然是一个比较突出的问题，光肩星天牛、双条杉天牛在西北、华北地区的分布范围进一步扩大，桑天牛在华北、华东、华中地区危害加重；鼠、兔害严重发生，高原鼢鼠、达乌尔鼠兔等森林害鼠(兔)在西北地区对新植林地、退耕还林地和未成林地的危害相当严重，棕背䶄等森林害鼠在东北地区对樟子松、落叶松的危害程度有所增加；萧氏松茎象等松树钻蛀性害虫对南方火炬松、湿地松和马尾松幼龄林危害进一步加重；青杨脊虎天牛等杨树蛀干害虫在东北地区发生面积上升；杨树烂皮病、溃疡病等杨树病害在黄淮、辽东等地大面积发生；有害植物发生呈上升的趋势，以紫茎泽兰和薇甘菊为代表的有害植物在南方部分地区扩大分布范围。二是经济林有害生物的危害加重，黄脊竹蝗等竹类有害生物在南方对竹林形成严重危害；枣大球蚧、板栗疫病等经济林有害生物

在华北、西北、华中地区发生面积增加；桉树有害生物种类增加，危害加重。三是天然次生林、荒漠植被的有害生物危害进一步上升，落叶松八齿小蠹、云杉小蠹、华山松大小蠹等松树钻蛀性害虫在东北、西北地区危害进一步加重；栗山天牛在辽宁省和吉林省的天然次生林传播扩散，危害面积扩大；纵坑切梢小蠹、云南松木蠹象等蛀干性害虫在西南地区危害趋于严重；沙棘木蠹蛾、春尺蠖等害虫在三北地区对灌木林造成严重威胁；大沙鼠等森林害鼠（兔）在西北地区对荒漠植被的危害面积进一步扩大。

有害生物风险分析(PRA) 是确定某种有害生物是否予以管理以及管理所采取植物卫生措施的过程，是评价有害生物生物学、经济学及其他学科的重要依据，在本次普查的基础上，国家林业局组织专业技术人员对全国主要林业有害生物开展了风险分析(包括外来的、检疫性的及本土发生面积超过 100 万亩的林业有害生物)，分析采取定性和定量相结合的方法，从现有分布状况、潜在危险性、寄主植物的经济重要性、定植扩散的可能性、危险性管理的难度等几个方面进行综合评估，把林业有害生物的危险度分为 4 个等级，即极度危险、高度危险、中度危险和低度危险。评估结表明，具有中等以上危险性的林业有害生物达 50 种，其中极度危险的有松材线虫、美国白蛾 2 种，具有高度危险的有光肩星天牛、松突圆蚧、红脂大小蠹、松疱锈病菌等 18 种，具中等危险性的有松毛虫、落叶松枯梢病菌、栗山天牛、萧氏松茎象、红火蚁、紫茎泽兰和飞机草，林业害兔等 30 种。

林业有害生物严重发生的原因是多方面的，人工林比例较大是有害生物严重发生的原因之一，随着我国六大林业重点工程和西部大开发战略的实施，全国人工林的面积不断增加，众所周知，人工林所处的生态环境与天然林相比是比较脆弱的，特别是中幼龄林，由于人工林的林相比较单一，生物链较简单，生物多样性较差，天敌种类较少，易导致生物灾害发生。对于天然林和天然次生林来说，由于人为的不断干预或生态环境的改变，致使林内的食物链发生了变化，一些有害生物的自然抑制因子减弱，使得一些种类扩大种群而成为优势种类。全球气候持续变暖，有利于多种有害生物发生，据有关部门预测，由于温室效应等原因，21 世纪上半叶全球气候将持续变暖，极端天气事件发生频率增多，这样的气候为多种生物灾害的大发生创造了条件，由于林木对气候变化的适应速度低于其有害生物对气候变化的适应速度，气候的某些变化都可能对森林生态系统的结构和演替过程产生巨大影响，高温、干旱、极度降雨等气象因子会直接影响树木的生长发育，致使森林生态系统失去平衡，树木生长衰弱，抵御有害生物侵袭的能力下降，冬、春季的长期高温和干燥会导致一些食叶害虫和蛀干害虫发生，次期性害虫种群数量也会迅速增加，危害加重，而夏季的高温和高湿为病菌孢子的存活和繁殖提供了合适的温床，造成病害的传播和流行。生态环境恶化也是引起生物灾害发生的重要原因之一，生态环境是人类生存与发展的基本条件，但长期以来，随着人口的迅速增长、工农业的不断发展，人类不断地砍伐森林和侵占林地，致使森林以惊人的速度减少，已严重危及人类的生存环境，全球环境问题如温室效应增加、生物多样性锐减、水土流失、沙漠化扩大、土地退化、水资源危机、大气污染、臭氧层破坏等都与陆地生态系统主体的森林资源有着直接或间接的关系，由此诱导的生物灾害将不可避免地频繁发生。根据“预防为主、科学防控、依法治理、促进健康”的方针，建议加大对林业有害生物的控制力度，进一步遏制林业有害生物严重发生的势头。

六、对策及建议

1. 加强林业有害生物的普查和监测

林业有害生物普查是及时掌握有害生物分布、发生动态最重要的步骤和方法，面对外来林业有害生物频繁入侵的严峻形势，加强普查工作势在必行，不仅要定期开展区域性全面的有害生物普查，而且要进行单一物种的有害生物普查，《植物检疫条例实施细则(林业部分)》第九条第一款明确指出："地方各级森检机构应当每隔三至五年进行一次森检对象普查"，只有准确掌握疫情信息，才能提出科学的应对措施，目前我国林业有害生物普查工作与生物灾害频发的形势不相适应，主要表现在普查资金严重不足，由于没有专项普查经费，使基层在普查工作中遇到了很大的困难，这会对普查工作的质量和成效造成严重影响，建议设立林业有害生物普查的专项经费；林业有害生物普查是一项技术性很强的工作，从有害生物调查取样到其分布区域和危害程度的统计，都要制订统一的技术标准，加快普查工作标准化、制度化建设非常必要。

林业有害生物监测预警体系是林业有害生物防治工作的基础，它是由国家、省、市、县(区)四级测报网络构成，应当利用这次普查的基本数据，依靠在 GIS 平台和 Web 支撑下的具有高效信息处理、决策和反馈功能的全国林业有害生物数据库(包括影像库)、空间决策支持系统以及重大林业有害生物监测预报和中心处理系统，形成一个快速准确的信息采集、传递、处理和决策反馈机制，及时掌握全国林业有害生物发生动态和发展趋势，为防治决策提供科学依据。

2. 加强林业有害生物防治的战略研究

面对全球气候变暖对生态环境带来的不利影响，国际环保组织不断出台一些控制措施，但这种局面可能在短期内难以逆转。环境的任何改变无疑都会对生物群落产生影响，林业有害生物也不例外，因此，加强林业有害生物防治的战略研究势在必行，在关注气候变暖对生态产生影响的同时，要密切关注森林昆虫区系、微生物种群区系的变化，分析重要林业有害生物的分布和发生趋势。气候变暖之后，生物入侵可能变得更加广泛和便捷，应提提前制订预警方案，以便应对突入其来的生物灾害。

3. 健全法律法规，逐步实现依法控制

近年来，我国在森林保护的法规建设方面取得了很大进展，首先是《植物检疫条例》和《森林病虫害防治条例》的颁布使我们的林业有害生物防治工作有了可靠的法规依据，各省(自治区、直辖市)也相继制订和颁布了相应的地方法规或规章，从而形成了一个从中央到地方的法规体系，林业植物检疫防治执法队伍也有了很大的发展，但林业有害生物防控的形势和执法的效果不容乐观，必须加强立法和执法的力度。目前还有相当数量的危险性林业有害生物在不断地扩散蔓延，造成这种局面的原因从客观上来说是交通运输和人为活动的加剧，从主观上来说是执法力度不够，表现在公众对植物检疫的认知程度不高，调运植物及其产品时不能主动报检。据初步统计，现在通过检疫的林木及其产品的数量只占调运总量的30%左右，大量的林木及其产品得不到有效的检疫，如安徽省黄山市森林植物检疫站曾多次截获带有松材线虫病的货物包装材料，这些木质包装材料多数没有取得植物检疫证书。另外，一些部门受地方保护主义的驱使，在检疫检验中存在着敷衍塞责、走过场的现象，这就增加了传播危险性林业有害生物的几率。我国加入 WTO 之后，贸易发展迅速，加快货物的流通，减少关税壁垒是世界贸易发展的必然趋势，但这无疑会加速危险性有害生物传播蔓延的速度，国内的植物检疫工作也应主动适应 WTO 的要求，但目前国内植物检疫的一些做法和理念与国际 IPPC 和 SPS 的要求还有一定差距，主要表现在疫区的划分、危险性有害生物的管理、疫情的监测和发布等方面，因此，相关法律法规应作出相应的调整，以便与国际接轨。《中华人民共和国行政许可法》颁布以后，各级森防机构需要根据《中华人民共和国行政许可法》重新规范各自的执法职能，植物检疫措施是属于强制性的，如引进种苗或其他繁殖材料的检疫审批，隔离试种，发生疫情时的封锁、除治和扑灭，对携带有危险性有害生物的植物及其产品进行检疫处理或限制调运等，没有强有力的法律保障是很难实施的，当某地发生疫情时，检疫机构要求相关单位或个人进行除治，如果这些单位或个人不予配合，又没有强制他们执行的法规依据，除治工作难以实施，从保护生态和人类生活环境的角度来说，植物防疫也是全社会的事情，特别是发生重大疫情时，各级政府、各行各业及公民都要紧急行动起来，采取措施，进行控制和扑灭，现行的植物检疫法规尚未将各级政府的责任和公民的义务纳入到法规中去，致使发生疫情时，只是林业部门孤军作战，这样势必影响封锁和扑灭的效果。

4. 加强对危险性林业有害生物的检疫管理

开展森林植物检疫是防止危险性林业有害生物入侵和进一步传播的重要措施。一些危险性外来林业有害生物的传入主要是引种不慎造成的，由于贸易的发展，有害生物入境的频率在增加，据国家检验检疫部门统计，2002 年全国海关截获各类有害生物 1310 种，涉及货物 22448 批次，2003 年截获各类有害生物 1900 种，涉及货物 48139 批次。可见，入境货物携带有害生物的几率是很大的，因此，要进一步加强引种检疫审批和监管，严格检疫审批程序，做好引进物种的风险评估。近年来，我国从世界各地引进了大量的花卉品种，丰富了花卉市场，但由于对某些品种的风险评估工作不够充分，出现了野外逸生现象，导致生物入侵，有些花卉在我国没有自然分布，当进入自然生态系统后，由于缺乏天敌等制约因素，肆意生长，成为杂草，加拿大一枝黄花就是一例。做好引进物种的后续管理亦很重要，对于引进的品种，入境后要进一步隔离试种和观察，隔离试种必须在省级以上森防检疫机构指定的检疫隔离苗圃进行，由省级以上植物检疫机构监管或由省级以上植物检疫机构直接委托的机构监管，在隔离试种期间要定期调查林木的健康状况，直到确定没有有害生物寄生时，方可进行种植和推广。一些有害生物是随着木材及其制品传播的，加强对木制品以及木质包装材料的管理是检疫御灾的有效措施之一，一些外来林业有害生物入境定居后，进一步传播的主要途径仍然是人为传播，从松材线虫病的传播情况看，多数是通过带疫的木材及其制品(包括木质包装箱、电缆盘等）进行传播的，森检工作应紧紧依靠各级政府和森防检疫机构，根据有害生物的风险分析结果，因害设防，分类施策，抓好产地检疫和复检，组织现有的技术力量，对于新发生的疫点及时进行封锁和扑灭。

5. 加强防灾控灾的力度，减少灾害损失

健全林业有害生物防灾减灾体系对于遏制林业有害生物严重发生的局面很有必要。在完善森防基础设施的基础上，运用现代化的防治手段，增强防治能力，提高防治效率，减轻灾害损失，实现灾害的可持续控制。要实现重大外来有害生物的有效防控，在防止进一步传播的基础上，加大除治力度，进一步压缩分布范围和发生规模，对常灾性有害生物要提高防治率，在加强营林措施的基础上，运用各种防治措施，不断提高对林业有害生物的综合除治能力。

在指导思想上要遵循森林健康的科学理念，所采取的防治措施应围绕着维护和促进森林健康的目标。林业有害生物的防治措施应贯穿于营林工作的每一个环节，要预防生物灾害的大面积发生，从造林开始，就要采用良种壮苗，应尽量避免营造大面积纯林，大幅度提高混交林的比例，优化林分结构，丰富森林生物多样性，另外，要遵循适地适树的原则，宜乔则乔、宜灌则灌，如果违背了适地适树原则，树木长势差，自身抵抗不良环境的能力弱，也容易引起有害生物发生。

从全国林业有害生物的发生情况看，人工林发生危害比较严重，天然林和天然次生林发生相对较轻，在人工林当中，要注意生态防护林和荒漠林的有害生物的防治，按照生态防护林的设计要求，因地制宜，运用生态、物理、化学以及生物的措施，把有害生物控制在生态阈值允许的范围之内。森林公园、风景名胜区、自然文化遗产保护区是重要的生态区域，人为活动频繁，保护意义重大，必须加强监测和防治，把有害生物控制在萌芽状态。对于天然林和天然次生林，应结合天然林资源保护工程，采取封山育林等措施，尽量减少人为干预，对于局部发生的有害生物，应尽量采用生物制剂进行防治，以便减少对天敌和环境的损害，保护森林内部的生态平衡。发展速生丰产林、短周期工业原料林是解决木材来源短缺，减少采伐天然林的重要措施，根据分类经营的理念，应把商品林和经济林的有害生物防治纳入经营的成本核算，用经济阈值的理念指导防治工作，把经济损失减少到最低程度。

附录 林业有害生物危害程度分级标准

（表1至表13）

表1 林木病害危害分级标准

种类	单位	发生（危害）程度			备注
		轻度	中等	严重	
丛枝病	发病株率	5% ~15%	16% ~30%	31% 以上	7 年生以下
		10% ~20%	21% ~40%	41% 以上	8 年生以上
落叶松落叶病	感病指数	20 ~ 40	41 ~ 65	66 以上	
落叶松枯梢病	感病指数	5 ~ 20	21 ~ 40	41 以上	
松针褐斑病	感病指数	5 ~ 20	21 ~ 40	41 以上	
溃疡病、烂皮病、流脂病等	发病株率	5% ~10%	11% ~20%	21% 以上	
毛竹枯梢病	发病株率	5% ~10%	11% ~20%	21% 以上	
其他叶部病害	感病指数	10 ~ 30	31 ~ 50	51 以上	
	树叶被害率	10% ~30%	31% ~60%	61% 以上	
其他树干、枝梢病害	被害株率	20% 以下	21% ~50%	51% 以上	
其他根部、主梢病害	被害株率	10% 以下	11% ~20%	21% 以上	

表 2　松毛虫类危害分级标准

种类	虫态	单位	发生(危害)程度			备注
			轻度	中等	严重	
马尾松毛虫	幼虫	条/株	1～5	6～15	16 以上	10 年生以下
			5～10	11～30	31 以上	11 年生以上
油松毛虫 赤松毛虫	幼虫	条/株	1～5	6～20	21 以上	10 年生以下
			5～15	16～40	41 以上	11 年生以上
落叶松毛虫	幼虫	条/株	5～20	21～40	41 以上	10 年生以下
			10～30	31～50	51 以上	10～20 年生

表 3　其他鳞翅目类危害分级标准

种类	虫态	单位	发生(危害)程度			备　注
			轻度	中等	严重	
大袋蛾	虫袋	个/株	0.5～2	2.1～6	6.1 以上	
落叶松鞘蛾	幼虫	条/10cm 枝	1～2.5	2.6～5	5.1 以上	
尺　蠖	幼虫	条/50cm 枝	2～5	5～8	8 以上	
	蛹	个/株	1～3	3～6	6 以上	
针叶树毒蛾	卵	粒/株	50～200	201～400	401 以上	
		卵块/株	0.1～0.3	0.4～0.9	1 以上	
	幼虫	条/株	5～15	6～30	31 以上	松树
			10～30	31～50	51 以上	其他
阔叶树毒蛾	幼虫	条/株	20～40	41～80	81 以上	
舟蛾	幼虫	条/50cm 枝	1～4	5～8	9 以上	

表 4　竹蝗危害分级标准

虫　期	单　位	林　相	发生(危害)程度		
			轻度	中度	重度
三龄	只/株	好	13～78	79～130	131 以上
		中	10～60	61～100	101 以上
		差	6～38	39～64	65 以上
四龄	只/株	好	11～66	67～110	111 以上
		中	8～50	51～84	85 以上
		差	5～32	33～52	55 以上
五龄	只/株	好	11～64	65～107	108 以上
		中	8～49	50～81	82 以上
		差	5～31	32～52	53 以上
成虫	只/株	好	11～52	53～103	104 以上
		中	8～47	48～78	79 以上
		差	5～20	21～30	31 以上

表5　其他叶部害虫危害分级标准

种类	虫态	单位	发生(危害)程度			备注
			轻度	中等	严重	
叶　甲	卵	粒/100 叶	15 ~ 25	26 ~ 45	46 以上	
	1 龄幼虫	只/100 叶	10 ~ 20	21 ~ 35	36 以上	
其他叶部害虫	幼虫	只/株	20 ~ 40	41 ~ 80	81 以上	
		树叶被害率*	20% 以下	21 – 50%	51% 以上	

注：以上如没注明，幼虫以3龄以上为准。统计时四舍五入(下同)。

*树叶被害率指样株平均值(下同)。

表6　枝梢类害虫危害分级标准

种类	虫态	单位	发生(危害)程度			备注
			轻度	中等	严重	
杨圆蚧	若虫	只/cm^2	2 ~ 5	6 ~ 10	11 以上	
柳蛎盾蚧	若虫	只/$10cm^2$	5 ~ 15	6 ~ 30	31 以上	
杨透翅蛾	幼虫	只/株	2 ~ 5	6 ~ 15	16 以上	
青杨天牛	虫瘿	个/1m 枝	0.1 ~ 0.3	0.4 ~ 0.6	0.7 以上	
其他枝梢害虫	幼虫	被害率*	20% 以下	21% ~50%	51% 以上	

*被害率指样株平均值。

表7　蛀干害虫危害分级标准

种类	虫态	单位	发生(危害)程度			备　注
			轻度	中等	严重	
光肩星天牛等	幼虫	有虫株率	10% 以下	11% ~20%	21% 以上	中小型天牛
桑天牛等	幼虫	有虫株率	2% ~5%	6% ~15%	16% 以上	大型天牛
萧氏松茎象	幼虫	有虫株率	5% 以下	6% ~10%	11% 以上	
杨干象	幼虫	只/株	2 ~ 5	6 ~ 15	16 以上	
吉丁虫	幼虫	有虫株率	5% ~10%	11% ~20%	21% 以上	
其他蛀干害虫	幼、成虫	被害株率	10% 以下	10% ~20%	21% 以上	

表8　种实、地下害虫危害分级标准

种类	虫态	单位	发生(危害)程度			备注
			轻度	中等	严重	
种实害虫	幼、成虫	种实受害率	5% 以下	5% ~10%	11% 以上	
地下害虫	幼、成虫	被害率	1% 以下	2% ~10%	11% 以上	

表9 木材有害生物危害分级标准

树种类别	轻 度	中 等	严 重
阔叶树	边材无腐朽，心材小头无腐朽，大头腐朽小于1%；无蛀孔，仅在树皮下危害。	边材腐朽1%～10%；心材腐朽1%～16%；任意1米材长蛀孔1～5个。	边材腐朽10%以上；心材腐朽16%以上；任意1米材长蛀孔6个以上。
针叶树	边材无腐朽，心材小头无腐朽，大头腐朽小于1%；无蛀孔，仅在树皮下危害。	边材腐朽1%～10%；心材腐朽1%～16%；任意1米材长蛀孔1～20个。	边材腐朽10%以上；心材腐朽16%以上；任意1米材长蛀孔21个以上个。

表10 以捕获率统计森林鼠害发生程度的分级标准

鼢 鼠			鼠 兔				䶄鼠和绒鼠			田鼠		
轻	中	重	轻	中	重		轻	中	重	轻	中	重
1～5	6～15	>16	9～24	25～49	>50	春	<1	1～1.3	>1.4	1～2	3～4	>5
						秋	1～4	5～14	>15	1～4	5～14	>15

表11 以林木受害情况划分森林鼠害危害程度的分级标准

	鼢鼠、䶄鼠、绒鼠、田鼠、鼠兔			沙 鼠		
	轻	中	重	轻	中	重
危害率%	3～10	11～20	>21	10～30	31～60	>61
死亡率%	1～3	4～10	>11			

表12 有害植物危害分级标准

轻 度	中 等	严 重
侵害林业用地小于5%，或对树木生长、森林更新构成影响。	侵害林业用地5%～20%之间，或明显影响树木生长、森林更新。	侵害林业用地大于20%，或严重影响树木生长、森林更新，或导致树木死亡。

表13 外来林业有害生物危害分级标准

种类	单位		发生(危害)程度			备 注
			轻度	中等	严重	
美国白蛾	幼虫	有虫株率	2%以下	2.1%～5%	5.1%以上	
松突圆蚧	雌成虫	只/针束	3以下	4～6	7以上	
	若、成虫	有虫针束	30%以下	30%～50%	50%以上	
日本松干蚧	固定若虫	只/10cm^2	2以下	3～6	7以上	
湿地松粉蚧	雌蚧或蜡包	有虫株率	30%以下	30%～50%	50%以上	
		(只)个/枝	5以下	5～10	10以上	
红脂大小蠹	被害株率		5%以下	6%～10%	11%以上	
松材线虫病	感病株率		1%以下	2%～5%	6%以上	
松疱锈病	发病株率		5%以下	6%～10%	11%以上	

（续）

种类	单位		发生（危害）程度			备　注
			轻度	中等	严重	
其他叶部害虫	树叶被害率		10% 以下	11% ~30%	31% 以上	
其他枝梢害虫	幼虫	被害率	10% 以下	11% ~20%	21% 以上	
其他蛀干害虫	幼、成虫	被害株率	5% 以下	6% ~10%	11% 以上	
种实害虫	幼、成虫	种实受害率	5% 以下	5% ~10%	11% 以上	
地下害虫	幼、成虫	被害率	1% 以下	2% ~10%	11% 以上	
叶部病害	感病指数		5 ~20	21 ~40	41 以上	
	被害率		5% ~20%	21% ~40%	41% 以上	
树干、枝梢病害	被害株率		10% 以下	11% ~30%	31% 以上	
根部、主干病害	被害株率		5% 以下	6% ~15%	16% 以上	
有害动物	受害株率%		1 ~5	6 ~10	11 以上	
	死亡株率%		1 ~2	3 ~5	6 以上	

北京市林业有害生物普查技术报告

根据《国家林业局关于在全国开展林业有害生物普查工作的通知》(林造发《2003》73号)精神，为全面掌握北京市林业有害生物，特别是林业外来有害生物的种类、分布及危害情况，补充和完善林业有害生物疫情数据，制订和完善林业有害生物预警方案，巩固首都绿化造林成果，维护生态安全，自2003年底至2005年底在全市范围内开展林业有害生物普查工作。在各级领导的大力支持和全体工作人员的共同努力下，圆满地完成了普查任务，现将有关工作总结如下：

一、概　况

1. 自然概况

北京市位于东经116°20′，北纬39°56′；与河北省、天津市毗邻；总面积1.7万平方千米，山区面积占总面积的62%，平原占38%；东南是永定河、潮白河等河流冲积而成的、缓缓向渤海倾斜的平原，西、北、东三面环山；主要河流有永定河、潮白河、北运河等。

北京地区为暖温带半湿润大陆性季风气候，四季分明，春秋短促，冬夏较长。年平均气温13℃，年平均降水量506.7毫米，无霜期189天。

2. 林业资源情况

目前，全市林地面积达1580万亩，林木绿化率50.5%，森林覆盖率35.47%，活立木总蓄积量1521.3万立方米；城市绿化覆盖率42%，城市人均绿地46平方米。全市基本建成了绿色生态体系、林业产业体系和森林资源安全保障体系，山区、平原、城市绿化隔离地区三道绿色生态屏障基本形成。全市森林资源的生态服务价值达3107亿元。初步呈现出城市青山环抱、市区森林环绕、郊区绿海田园的优美景观。

3. 林业有害生物发生情况

近年来，林业有害生物发生面积平均48.57万亩，有害生物发生特点主要表现在：一是防治困难的病虫害，如延庆腮扁叶蜂、杨潜叶叶蜂、杨潜叶跳象、双条杉天牛、日本双棘长蠹等，发生危害面积不断扩大；二是新的病虫害，如松黄星象、火炬树螟蛾、梧桐木虱、落叶松早期落叶病、落叶松尺蛾、刺槐眉尺蛾、松幽天牛、黄杨绢野螟、蔗扁蛾等不断出现；三是检疫性、危险性林木病虫，特别是红脂大小蠹、美国白蛾、锈色粒肩天牛、苹果蠹蛾、苹果绵蚜、杨干象、日本松干蚧以及松材线虫病等正在成为北京地区林木资源的潜在威胁，有些已经“兵临城下”。

二、普查的范围和普查的对象

(一) 普查范围

北京市所辖区域的所有林地、绿地及贮木场、木材加工厂等。调查的重点是林业重点保护区域、有害生物已发生区域，以及过去调查涉及不多的区域。

（二）普查对象

(1)所有外来林业有害生物：包括从国(境）外和1980年以后从外省(自治区、直辖市)传入的危害林业植物及其产品的病原微生物、有害昆虫、有害植物及鼠、兔、螨类。

(2)危害性大的本土有害生物：包括林业病原微生物、有害昆虫、有害植物及鼠、兔、螨等。

三、普查内容与技术方法

（一）普查内容包括

1. 寄主植物普查

有害生物危害的植物种类(包括乔木、灌木、花卉及其他植被），原则上查到种。寄主植物种类大于20种的，按照不同科、属，至少列出主要的20种，并注明中文名和拉丁学名。

2. 普查对象分布地点统计

发生地点超过所辖县级行政区域1/3以上的乡镇，统计县级名称。

发生地点等于或小于所辖县级行政区域1/3的乡镇，统计乡镇级名称。

市直属单位按林场、苗圃为单位统计。

3. 有害生物发生面积统计

发生有害生物的各类林地及树木，记入统计面积。危害经济林(果园)、苗圃、花圃、温室等种苗繁殖基地的，以危害寄主植物的实际种植面积计算；危害其他林地的，以林业小班为单元计算发生面积。

危害程度分为轻微、中等、严重三个等级统计，具体分级标准见下表：

有害生物危害程度分级标准

等级	叶部病虫	枝梢病虫	干、根部病虫	种实害虫	鼠、兔、螨类	有害植物	木 材
轻微	被害率≤1/3	被害率≤20%	受害株率≤10%	被害率≤10%	被害株率≤10%	侵害林业用地≤5%，或对树木生长、森林更新造成影响	被害率≤5%
中等	1/3＜树叶被害率≤2/3	20%＜枝梢被害率≤50%	10%＜受害株率≤20%	10%＜被害率≤20%	10%＜被害株率≤20%	5%＜侵害林业用地≤20%，或明显影响树木生长、森林更新	5%＜被害率≤10%
严重		枝梢被害率＞50%	受害株率＞20%	被害率＞20%	被害株率＞20%	林地＞20%，或严重影响树木生长、森林更新，或导致树木死亡。	被害率＞10%

4. 危害木材的有害生物统计

统计危害木材的有害生物种类，被危害木材的种类(包括原木、板材、方材、木质包装材料、垫脚木和人造板等)，危害数量(以立方米为单位）及危害程度。统计发生地点(贮木场、木材加工厂等所在地名称及单位名称)。

5. 外来有害生物来源调查

了解并记录传入地、传入时间、传入途经及方式等。

6. 外来有害生物入侵对当地经济、生态、社会影响的调查

（二）普查方法

1. 普查前期准备

2003 年底开始进行普查的前期准备，收集普查范围的自然地理和社会经济概况、林业生产情况，了解掌握辖区内木材加工厂、贮木场等的位置。

查阅本辖区和邻近省(自治区、直辖市)历史上有害生物发生与防治情况以及有关图片、资料等，根据市普查领导小组办公室确定的普查参考名单，各区(县)确定本辖区内可能发生的林业外来有害生物和危险性本土有害生物的重点调查种类。

根据重点调查种类查找林业外来有害生物和危险性本土有害生物的有关资料，结合林木资源情况，确定调查时间和调查路线。

组建调查队伍，培训普查人员。以区(县)为单位做好普查前的各项准备和技术培训，14 个区(县)共举办 16 期区级业务骨干培训班，培训人员 1181 人。市普查领导小组办公室组织市级业务培训班，各区县 70 余名技术骨干参加培训。

市、区两级林业保护站投入资金，购置 19 台台式或手提电脑、26 台数码相机(数码摄像机)、诱虫灯 1400 台。

北京市林业保护站为全市普查配备了标本盒 2050 个、工具箱 60 套、昆虫展翅板 70 个、指形管 6000 个、昆虫针 400 盒及各种化学药剂 106000 毫升。

2. 外业调查

以乡、镇(场)为单位，根据林业作业图、林相图以及种苗繁育基地、贮木场、木材加工厂等的分布情况，选择有代表性的寄主植物，制订调查路线，设立具有代表性的调查点，列出每个点的所在位置以及所代表的面积，在有害生物发生盛期或症状显露期开展了深入细致的外业调查。

核查、登记本地区林业有害生物寄主植物分布至林业小班的资料。没有小班划分的按寄主植物的分布地点和区域进行核查、登记，作为普查的基础资料。

踏查和标准地调查：对有寄主植物分布的林业小班或区域逐一进行调查。按照设计的调查路线，开展踏查，发现有危害症状时，设立标准地、设立样方开展详查。林地或种苗繁育基地每块标准地或样方调查株数为 30 ~ 50 株，其中人工林标准地或样方累计调查面积不少于普查对象发生面积的 3%，天然林等不少于 0.2%；调查木材危害状况时，抽样率不少于 3%。调查时详细记录有害生物的种类、寄主、虫口密度和树木受害程度，采集标本、拍摄有害生物生物学及危害状的照片，将数据填入对应的调查表。

3. 资料整理及汇总

对外业调查的笔录、数据、照片等资料进行整理、归档，对采集的有害生物标本进行分类、鉴定，汇总全市资料。

4. 标本制作与鉴定

在普查过程中及时采集有害生物制成标本。标本要求完整、成套、典型，标签清晰，并配彩色生态照片。有些不能鉴定的有害生物种类，我们多次请李镇宇教授、徐公天教授指导，并送相关专家鉴定。

四、普查结果

此次对全市14个区(县)、199个乡(镇)、1623个村进行了普查，普查面积928.5万亩，普查小班13153个，共调查主要林木、果树和园林绿化树种200余种，采集昆虫标本18440份，病害标本1000多份，有害植物标本500多份，饲养并制作北京市林业主要害虫生活史标本48套；拍摄有害生物及其危害状照片18050张。

经对标本鉴定、图片鉴定和相关资料补充，确定有昆虫13目149科1306种，其中有害虫10目127科1202种、天敌昆虫9目28科104种；确定病害159种；确定有害植物21种。完成了北京市林业昆虫、林业病害、有害植物的调查和标本采集、制作、鉴定及历史资料收集，制作了相关的实物标本；基本摸清了主要林木的有害生物在北京市的发生和分布情况。

(一) 调查结果综述

1. 病 害

通过鉴定已初步定名各种病害159种，涉及寄主植物62种。

2. 虫害及鼠害

初步定名的害虫共1202种，属于昆虫纲9目125科和蛛形纲1目2科；林地害鼠2种。其中：

昆虫纲：
革翅目1科1种；
直翅目5科22种；
缨翅目2科7种；
同翅目24科217种；
半翅目16科62种；
鞘翅目24科205种；
双翅目2科3种；
鳞翅目43科653种；
膜翅目8科22种；
蛛形纲蜱螨目2科10种。

3. 害虫天敌

结合林业有害生物普查，调查了部分害虫的天敌情况。已初步定名的天敌昆虫有104种，属于9目28科；其中：

蜻蜓目3科6种；
螳螂目1科5种；
半翅目2科13种；
鞘翅目6科48种；
直翅目1科2种；
脉翅目3科9种；
膜翅目10科18种；

双翅目1科2种；

鳞翅目1科1种。

（二）主要树种的主要病虫害

初步查清北京市主要树种的主要病虫种类、分布范围及危害程度。初步查出主要病害有8种，主要虫害27种。

主要病害分别是杨树溃疡病、杨树烂皮病、杨树炭疽病、杨树黑斑病、黄栌白粉病、板栗疫病、冠瘿病、苹果锈病，其中杨树烂皮病、杨树溃疡病全市均有分布。

主要虫害有双条杉天牛、光肩星天牛、桑天牛、柏肤小蠹、沟眶象、臭椿沟眶象、柞树吉丁虫(未定种)、油松毛虫、春尺蠖、舞毒蛾、槐树尺蠖、黄连木尺蠖、栎掌舟蛾、延庆腮扁叶蜂、落叶松叶蜂、黄褐天幕毛虫、柳毒蛾、杨扇舟蛾、杨小舟蛾、松梢螟、杨潜叶跳象、梨卷叶象、杨树叶蜂、草履蚧、榆兰叶甲、核桃举肢蛾、柿蒂虫等。

（三）国外传入的有害生物

此次普查，发现国外传入的外来有害生物4种，分别为美国白蛾、红脂大小蠹、蔗扁蛾、西花蓟马。

（四）外地传入的有害生物

发现近年来从外地传入林业有害生物35种。

疱瘤横沟象，寄主为火炬树，分布于怀柔区；

日本双棘长蠹，寄主为柿、槐树、栾树，分布于房山区、海淀区；

星坑小蠹，寄主为白皮松，分布于昌平区；

松黄星象，寄主为油松，分布于怀柔区、延庆县；

台湾狭天牛，寄主为花椒，分布于房山区；

双斑锦天牛，寄主大叶黄杨，分布于丰台区；

白蜡哈氏茎蜂，寄主为白蜡，分布于房山区；

锥象甲(未定种)，寄主为千头椿，分布于房山区；

松幽天牛，寄主为油松、落叶松，分布于海淀区、门头沟区；

锈色粒肩天牛，寄主为槐树、柳，分布于海淀区、房山区；

杨潜叶跳象，寄主为杨，分布于怀柔区、大兴区、房山区；

榆锐卷叶象，寄主为榆，分布于昌平区；

黄栌胫跳甲，寄主为黄栌，分布于昌平区、海淀区、密云县、延庆县；

楸螟，寄主为楸树，分布于海淀区；

杨潜叶叶蜂，寄主为北京杨、加杨、小叶杨，分布于大兴区；

柳卷叶蜂(未定种)，寄主为柳树，分布于大兴区、海淀区、通州区、朝阳区、怀柔区；

黄杨绢野螟，寄主为黄杨，分布于朝阳区、房山区、海淀区、怀柔区、延庆县；

落叶松尺蛾，寄主为落叶松，分布于房山区；

刺槐眉尺蛾，寄主为小皂角、刺槐；分布于昌平区；

柳丽细蛾，寄主为柳树，分布于延庆县、大兴区、丰台区、昌平区、海淀区；

大蓑蛾，寄主为栎、马褂木，分布于延庆县、海淀区；

皑碧蓑蛾，寄主为法国梧桐，分布于昌平区；

蓝灰蝶，寄主为苏铁，分布于丰台区；

碧蛾蜡蝉，寄主为臭椿，分布于昌平区；

白蜡绵粉蚧，寄主为核桃楸，分布于昌平区；

吹绵蚧，寄主为海桐，分布于丰台区；

石榴囊毡蚧，寄主为紫薇、柿，分布于丰台区、昌平区；

梧桐木虱，寄主为青桐，分布于昌平区；

栾多态毛蚜，寄主为栾树，分布于昌平区、海淀区；

柳刺皮瘿螨，寄主为柳树，分布于昌平区；

根结线虫病，寄主为小叶黄杨，分布于房山区、门头沟区、丰台区；

冠瘿病，寄主为桃、杨、柳、樱花、樱桃等，全市均有分布；

猕猴桃细菌性溃疡病菌，寄主为猕猴桃，分布于房山区；

豚草和三裂叶豚草，分布于房山区、密云县、顺义区、门头沟区。

（五）本土危害性大的有害生物

根据有害生物普查资料分析，确定北京地区危害性大的病害有杨树溃疡病、杨树烂皮病、杨树炭疽病、冠瘿病、苹果锈病等；虫害有双条杉天牛、光肩星天牛、柏肤小蠹、油松毛虫、春尺蠖、舞毒蛾、槐树尺蠖、黄连木尺蛾、延庆腮扁叶蜂、落叶松叶蜂、雪毒蛾、杨扇舟蛾、杨潜叶跳象、草履蚧、梨卷叶象等20种。

（六）有害植物

普查中发现列入林业危险性有害生物名单的有害植物有17种，分别为巴天酸模、藜、灰绿藜、冬葵、白香草木犀、黄香草木犀、窄叶野豌豆、密花香薷、野薄荷、车前草、苍耳、黄花蒿、狗尾草、碱茅、赖草、凤眼莲、槲寄生植物。

另外发现菟丝子、日本菟丝子、三裂叶豚草、豚草4种有害植物。

（七）危害木材的有害生物

此次普查，共发现危害木材的有害生物8种，分别为落叶松八齿小蠹、六齿小蠹、十二齿小蠹、中穴星坑小蠹、黑根小蠹、云杉小墨天牛、云杉大墨天牛、家茸天牛。除家茸天牛外，其他7种有害生物均随木材运输而传入。

（八）林业检疫性有害生物

普查中发现全国林业检疫性有害生物6种，分别为红脂大小蠹、美国白蛾、猕猴桃细菌性溃疡病菌、蔗扁蛾、冠瘿病菌、草坪草褐斑病菌；发现北京市林业补充检疫性有害生物4种，分别为锈色粒肩天牛、根结线虫病、梨圆蚧、白蜡窄吉丁。针对发现的林业检疫性有害生物迅速采取果断措施，扑灭了疫情，防止了疫情扩散、蔓延，做到及时发现，及时处理，保障植物性商品的正常流通。

五、普查对象发生现状及其趋势分析

根据普查结果及近几年北京市林业有害生物发生情况分析，预测北京市今后几年林业有害生物发生趋势。

（一）林业有害生物发生现状及特点

“十五”期末，北京市林业有害生物发生面积54.03万亩，发生及危害情况主要呈现以下几个特点：

(1)随着北京市林木资源的迅速增加，林业有害生物的数量和种类在增加。常规林业有害生物发生面积不断扩大，但受害等级逐年降低，成灾面积明显减少。

(2)常发性病虫害得到了有效控制并逐渐趋于稳定，如松毛虫、舞毒蛾等；次要害虫逐渐成为新的主要防治对象，如杨潜叶跳象、杨潜叶叶蜂等。

(3)暴食性食叶害虫在局部地区危害严重，且灾情发生从以片林、林网为主向有林单位、弃管苗圃和公路两侧绿化带为主转移，如春尺蠖、柳毒蛾等。

(4)新的病虫害不断出现，如松幽天牛、纵坑切稍小蠹。

(5)危险性林业有害生物入侵形势严峻，已经在北京监测到美国白蛾、红脂大小蠹、白蜡窄吉丁等检疫性害虫。

（二）林业有害生物发生趋势分析

预计，今后几年，北京市林业有害生物发生趋势：

1. 检疫性林业有害生物发生形势严峻

目前，对北京市林木资源构成严重威胁的检疫性林业有害生物主要有美国白蛾、红脂大小蠹、松材线虫病、青杨脊虎天牛、杨干象等。其中美国白蛾、红脂大小蠹的发生范围和发生数量还会进一步扩大，且有在局部地区暴发成灾的可能。

2. 食叶类害虫发生面积略有增加

由于林木资源总量增加，食叶类害虫春尺蠖、舞毒蛾、柳毒蛾、杨扇舟蛾、槐树尺蠖、落叶松叶蜂、油松毛虫等发生面积增加。

3. 蛀干害虫发生范围扩大、危害程度加重

双条杉天牛、吉丁虫类、蠹虫类等蛀干害虫种群增长稳定，天敌控制弱，同时又缺乏简便有效的控制技术，故预测其发生范围扩大、危害程度也将呈上升趋势。

4. 有些林业有害生物具有反弹上升的趋势

黄栌胫跳甲、纵坑切梢小蠹、柏肤小蠹、膜肩网蝽发生面积增加。此外，草履蚧、梨卷叶象、杨潜叶跳象、黄连木尺蛾、杨潜叶叶蜂、杨树溃疡病等在局部地区也可能造成危害。

5. 林木病害危害程度呈加重趋势

林木病害很难预见，而且一旦发生，大多是毁灭性的。根据目前气候持续干旱、林地的立地条件、林木健康状况等综合因素分析，溃疡病、干腐病、枯萎病等病害发生范围和危害程度将进一步扩展。

6. 外来危险性有害生物入侵机率和危害将不断增大

随着北京市与外地货运物流、贸易往来等活动的发展，给外来有害生物的入侵带来可乘之机。近年来，自外地传入北京市的病虫害已造成严重的经济损失，若无有效的控制方法，北京市外来有害生物的种类将进一步增多，危害程度也将进一步增大。

七、林业有害生物危害成因分析

1. 纯林比例大，生物多样性差，有利于林木病虫发生危害

由于栽植地点立地条件所限，北京市林地多为人工纯林，树种组成单一、林层及林龄结构简单，生物多样性差，鸟类、捕食性和寄生性天敌种类少，数量少，对林地内虫害的自然控制能力差；加之纯林中没有其他树种的阻隔，十分有利于林木病虫的发生或暴发。

2. 气候条件影响着林木病虫害的发生和危害

由于近年来高温干旱少雨，个别年份山区降水量仅200mm左右，林木严重缺水导致树势衰弱，给双条杉天牛、柏肤小蠹等弱寄生性害虫的发生提供了条件；在高温干旱情况下，叶螨类的发生也比较严重。杨柳腐烂病、合欢枯萎病等病害的发生程度与气候条件的变化密切相关，干旱天气相对湿度低，杨柳腐烂病则发病重；而个别降水稍多的年份，则合欢枯萎病的危害程度较重。

3. 过熟林更新缓慢，卫生状况差，易感染林木病虫

目前，对于过熟林更新没有相应的政策，林政部门对林木采伐限额控制也比较严格，导致大部分过熟林不能及时更新，成为虫源、病源。

此外，部分有林单位对林木养护管理工作不够重视，管护资金投入不多，抚育管理不到位，或根本没有对林木进行必要的管护，树势逐年衰弱，林相不整齐，卫生状况差，极易感染有害生物并逐渐扩散蔓延。

4. 与相邻地区人员、车辆往来频繁，导致有害生物人为传播

随着对内、对外交往和交流的进一步增加，与相邻地区人员、车辆往来频繁，流动量大，使有害生物随植物、植物产品的调运、物资和包装物品远距离运输而人为传播。目前，入侵北京市的美国白蛾疫点发生主要表现在沿干线公路、铁路和旅游景区分布。

八、外来有害生物对生态、经济和社会的影响

1. 对生态环境的影响

普查发现近年来从外地传入林业有害生物35种。外来有害生物入侵既破坏生物的多样性，也对生态系统具有长期、持久的破坏和威胁。当松黄星象、杨潜叶叶蜂、日本双棘长蠹等外来物种入侵后，要控制或清除往往十分困难。也会因为缺少天敌控制而大肆繁殖和扩散，在一定情况下会暴发成灾，破坏绿色景观完整，若进行大面积喷洒农药预防和除治，将直接或间接导致环境污染。

2. 对经济的影响

外来物种入侵对经济发展的影响巨大，由此造成的经济损失也相当严重。

近年来，随调运苗木带入的锈色粒肩天牛、蔗扁蛾等对个别花圃、苗圃等造成较大的经济损失。2004年，门头沟区形象工程栽植的小叶黄杨12万株，由于根结线虫的侵染，各种费用损失达40万元。

3. 对社会的影响

外来物种严重影响社会稳定和人们身体健康。如豚草和三裂叶豚草所产生的花粉能引起

人类花粉过敏症；美国白蛾除取食农林植物外，还进村入户，影响人们正常生活秩序，严重危害社会公共卫生安全。

九、防控外来有害生物的对策

1. 实施综合营林措施，将有害生物防控工作纳入到造林全过程

进行科学的造林设计；选用良种壮苗，推广抗病虫、速生丰产的优良品种；营造块状混交林或带状混交林，合理改造现有纯林，做到适地适树，针阔叶混交，乔、灌、草结合；改善林地卫生状况，加强抚育管理等。综合营林措施的实施，提高林木自控能力，实现可持续控灾。

2. 进一步加大检疫执法力度，控制危险性有害生物的传播和蔓延

危险性林业有害生物从国外到国内、从外省市到北京市的远距离、迅速传播，主要是人为活动造成的，因此加强对所调运植物及植物产品的检疫、加强调入植物的复检，进一步规范植物检疫执法，是控制危险性、检疫性病虫传播、扩散和蔓延的有效措施。

3. 加快外来有害生物监测预警体系和风险分析体系建设

进一步加强有害生物的监测预警，完善国家、市、区、乡、村五级监测网络建设，采取高新技术监测与人工调查相结合的方法，对外来有害生物进行监测，为有害生物的预防和治理工作提供可靠依据。及时确定新的危险性外来有害生物名单，避免在首都北京发生重大灾情和疫情。

制订和完善北京市外来有害生物突发事件应急预案，一旦发现重大外来有害生物侵入，立即启动应急预案，采取有力措施尽快控制和扑灭外来有害生物疫情。

4. 坚持预防为主，实行综合治理

认真贯彻落实“预防为主，科学防控，依法治理，促进健康”的方针，将预防措施做到位；从维护生态平衡的角度出发，协调运用与环境和其他有益物种的生存和发展相和谐的综合防治和生态控制措施，充分发挥害虫天敌的作用，将有害生物控制在有虫不成灾的水平，从而逐渐达到可持续控制的效果。

积极开展森林生态系统中有益物种资源的调查，加强害虫天敌利用的实验研究，寻求生物防治的新方法；推广使用生物制剂，采取物理防治，合理施用化学农药，尽可能保持林间生态平衡，减少环境污染，降低防治成本。

5. 加大宣传力度，提高领导的重视程度和全民的防控意识

采用各种形势进一步加大对法律法规、生态灾害、危险性林业有害生物等的宣传力度，使人们充分认识外来有害生物入侵、林业有害生物灾害等对生态、经济和社会的危害，强化人们自觉维护生态安全的意识；提高全民的防控意识。

6. 坚持依法行政，进一步加强防控工作

（1）认真做好四个结合。群防群治与专业防治相结合、行业管理与属地管理相结合、飞机防治与人工地面防治相结合、重点防治与普遍预防相结合，全面实现林业有害生物防治工作由重防治向重预防为主的转移。

（2）努力做到三个转移和三个联防。针对美国白蛾等检疫性有害生物努力做到：从以行业严防为主向以政府严防为主转移；从以专业查防为主向村镇基层查防为主转移；从以行业部门检查抽查为主向政府部门督察通报为主转移。

在地域联合治理方面切实做到3个联防：省市间的联防、部门间的联防和区县之间的联防。

北京市的林业有害生物普查工作取得了一定的成绩，下一步在对主要有害生物的发生规律、防治方法，危险性病虫的监测预警，检疫性有害生物的检疫检查等方面还要进一步加大工作力度并探讨新的防控机制，进一步提高北京市林业有害生物防治水平。

天津市林业有害生物普查技术报告

一、开展林业有害生物普查的目的意义

近年来，随着国际人员交流和国际贸易的日益频繁，已知或潜在的外来林业有害生物如美国白蛾等，随着人员、货物、交通工具的进出，已经进入或逼近天津市，加上一些本土危险性林业有害生物的危害，给天津市城市景观、人民群众日常生活、国内外贸易、旅游业等带来重大损失。但是，由于种种原因，林业有害生物的底码不十分清楚。通过这次普查，进一步掌握目前外来林业有害生物及本土危害严重的林业有害生物的危害状况，为今后加强区域间联防联治、制订预警方案、确定优先实施的国家级工程治理项目及林业检疫性有害生物、林业检疫性有害生物补充名单和林业危险性有害生物疫情数据提供科学依据。这次普查是新中国成立以来规模最大的一次。特别是这次普查将外来林业有害生物入侵情况作为重点，这在我国、天津市还是第一次，它将直接关系到今后一个时期如何有效地开展外来林业有害生物防治工作。

二、林业有害生物普查范围

过去我们搞的几次调查，大多为专项调查，如检疫对象的调查、光肩星天牛危害情况的调查，范围小，面比较窄。这次林业有害生物普查范围大、涉及面较广。此次调查涉及我市所辖区域的有林地。即天然林(含荒漠植被、灌木林)、人工林(生态林、防护林、经济林、森林公园、自然保护区、绿色通道、四旁绿化树等)、苗圃、花圃以及木材市场、木材加工厂等。调查的重点是天津市确定的林业重点保护区域、有害生物易发生区域，以及过去调查涉及不多的区域。从天津市的实际情况来讲，不光要调查病虫、调查鼠(兔)害，还要调查过去很少涉及的影响树木正常生长的有害植物及危害木材的病虫害。

从地理位置、林地面积、生物多样性等诸方面因素考虑，蓟县为天津市重点普查单位。

三、林业有害生物普查内容

(一) 外来林业有害生物

(1)从国(境)外传入的林业有害生物。指原产地为国(境)外，传入天津市后，已在天津市造成危害的林业有害生物，如美国白蛾。已经传入国内，并在其他地区已造成危害的，如松材线虫病、红脂大小蠹等也列为本次普查内容。

(2)从外地传入的林业有害生物。指原产地为国内其他省(自治区、直辖市)，1980 年后传入本地，在当地已造成危害的林业有害生物。

(二)本土危害性大的有害生物

指对森林植物及其产品造成危害的 1980 年以前在天津市定植的林业有害生物，包括林

业病原微生物、有害昆虫、有害植物及鼠、兔、螨类等。

四、普查技术方法

（一）建立普查组织，加强对普查工作的领导

此次普查规模大、涉及范围广、时间紧、工作量大。为确保这次普查任务的完成，必须加强领导。天津市林业局成立领导小组，由助理巡视员张宝恕同志为组长，成员有孙铁环、齐崇辉、李果丰。同时，成立技术指导小组，孙铁环同志为组长，李庆海同志为成员，并聘请南开大学李后魂教授等为顾问。普查领导小组下设普查办公室，孙铁环同志为主任，成员有：李庆海、李玲、尹鸿刚、张喆。普查办公室设在市森保站，负责对全市的普查工作进行组织、协调、技术指导和检查。

此次普查，区县任务很重。要成立相应的组织对本区县的普查工作进行技术指导和检查，要负责对乡镇上报的林业有害生物情况的核实、初步鉴定；具体执行对木材市场、苗圃、花圃等单位的普查任务；完成普查工作有关数据、材料的总结、汇总、上报。还要以区县为单位组织普查小分队，工作任务主要是调查本区县林木主要病虫害的分布情况。各乡镇要充分发挥乡镇林业站的作用，成立乡镇普查组，要结合监控、测报网的建设，将监测工作和林业有害生物普查工作有机结合起来。乡镇普查组要切实做好本乡镇范围的踏查，发现林业有害生物，要及时报告。

除各乡镇普遍开展普查以外，各区县也建立一支精干的小分队，选择一、两处条件较好、能代表本地区主栽树种的苗圃、林场、森林公园或较大面积的片林、宽林带等地作为本区县的普查基地或中心，利用黑光灯、性诱剂、人工等手段采集、制作标本。普查小分队对各乡镇查到的有害生物要及时组织力量进行复查，确定发生范围和发生程度。

（二）普查内容

(1)寄主植物普查。

(2)普查对象分布地点统计。

(3)有害生物发生面积统计，发生面积分为轻、中、重三个等级统计。

(4)危害木材的有害生物统计。

(5)外来有害生物来源调查。了解并记录传入地、传入时间、传入的途径及方式等。

(6)外来有害生物入侵对当地经济、生态、社会影响的调查。

（三）普查时间及进度安排

1. 普查时间

2004 年 3 月至 2005 年 12 月。

2. 准备工作阶段

(1)时间：2004 年 3 月前。

(2)收集查阅普查范围的自然地理和社会经济概况，林业生产情况，历史上有害生物发生与防治情况以及有关图片、资料等(如 1982 年《天津市昆虫普查汇总资料》、《天津农林志》及历年来简报、报表等)。

(3)配备必要的仪器、设备、工具、药品。

(4)拟订普查实施方案(计划)。根据普查目的、任务和要求；结合本地森林资源特点分别划分调查类型，在寄主分布图上预先进行部署，确定调查区(点)、调查路线、标准地和调查面积。

(5)组织和培训普查队伍：以区县为单位，抽调4~8位业务能力强的专业技术人员，组成普查小分队，并报市林业主管部门备案。

天津市林业局于2004年2月底举办了一期培训班，由各区、县普查小分队成员和其他技术骨干参加。

3. 外业调查

2004年3~10月，主要任务是有害生物种类调查、寄主植物种类调查、分布范围调查、危害程度调查、标本采集、制作与鉴定、图片拍摄。2005年3~10月，又进行补充调查。

(1)应用黑光灯对具有趋光性的森林害虫进行诱测，这是林业有害生物普查的最有效的方法之一。

(2)采集了大量的标本，并对所采集的有害生物进行了编号，同时做好采集记录。

(3)对所采集的有害生物标本进行了及时鉴定，区县无法鉴定的送到市森防站，由南开大学生物系进行了鉴定。2005年6月，对有争议的、疑似的“松材线虫病”标本，按“首次发生的林业外来有害生物送国家林业局鉴定中心进行鉴定”的要求，送到国家林业局鉴定中心请杨宝君先生进行了鉴定，否定了天津发现“松材线虫病”。

(4)对标本进行了妥善的处理和保存。

4. 普查内业整理

进行了林业有害生物分布地点统计、林业有害生物发生面积统计、危害木材有害生物统计。拍摄了林业有害生物标本、整体和局部危害现场生态照片。静海县森防站还将普查成果印制了《静海县主要林业病虫害图谱》，用来指导林业有害生物的防治工作。

五、查到的林业有害生物的种类、分布、发生规模和危害程度

通过此次普查，外来林业有害生物有：美国白蛾、黑星六点豹蠹蛾、日本长棘小蠹等。美国白蛾分布在天津市12个区(县)，发生面积约为30万亩左右，除个别村庄发生较重外，绝大多数以轻度发生为主；黑星六点豹蠹蛾主要分布在东丽、西青、津南、北辰4个区，发生面积约为0.7万亩，除东丽区发生较重外，其他3区发生很轻。日本长棘小蠹发生在蓟县，主要危害柿子树幼树，面积较小、危害较重。其他发生较严重的本土林业有害生物有：光肩星天牛、桑天牛、花曲柳窄吉丁、春尺蠖、杨扇舟蛾、榆蓝叶甲、松毛虫、侧柏毒蛾、杨树烂皮病、杨树溃疡病等。光肩星天牛分布在宝坻、武清、宁河、静海、东丽、西青、北辰、塘沽、汉沽、大港11个区(县)，发生面积大约为6万亩左右，发生较为严重的是京津塘高速公路、环绕天津市区的外环线及主要交通要道两侧的以柳树为主的林带；桑天牛主要分布在蓟县，发生面积1.7万亩左右，中轻度危害；花曲柳窄吉丁主要分布在宁河、东丽、西青、津南、北辰、大港等区(县)，发生面积为0.3万亩左右，其中以大港区官港公园一带发生较为严重。其他区(县)发生较轻；春尺蠖主要分布在宝坻、武清、静海、西青等区(县)，发生面积约为4万亩，其中以武清区的港北森林公园和京津塘高速公路武清段发生较为严重；杨扇舟蛾主要分布在蓟县、宝坻、武清、宁河、静海等区(县)，发生面积约为6

万亩，中轻度发生；榆蓝叶甲主要分布在宁河、静海、东丽、西青、津南等区(县)发生面积约为0.3万亩，中轻度发生；松毛虫主要分布在蓟县发生面积约为0.4万亩，轻度发生；侧柏毒蛾主要分布在蓟县，发生面积约为1万亩，中轻度发生；杨树溃疡病主要分布在蓟县、宝坻、静海、东丽、北辰等区(县)发生面积约为5万亩，中轻度发生。

六、发生趋势分析

天津市于1995年8月在塘沽区市区发现美国白蛾，1998年发生面积达到28万亩，全市12个有农业的区(县)，除蓟县外，其余11个区(县)程度不同地发生危害，1999年开始实施“京津冀美国白蛾工程治理项目”，经过全市上上下下、方方面面的努力，据统计，从1999年开始到2001年三年间的工程治理，全市农村重复治理林地面积155万亩。除个别区域因喷药不细致，防治效果稍差外，大多数地区防治效果都十分理想。发生面积从1999年的18.29万亩，到2001年下降为2.73万亩，其中重度发生面积不足1000亩，基本达到了有虫无灾的要求。在2001年由国家林业局森防总站组织的“美国白蛾工程治理中期评估”检查中，天津市美国白蛾工程治理基本达到了预定指标，取得了阶段性成果。

但是自2003年以来，受“非典”和气候的影响，美国白蛾虫情出现反弹。各级政府对此是重视的，加上近几年来，在防治中采取了生物、仿生的方法，保护了天敌，使天敌的数量增加，因此，美国白蛾的危害，尽管发生面积扩大，但是预计危害程度不会非常严重。

六星黑点豹蠹蛾是2004年普查时，东丽区森防站在天津市外环线东丽段首先发现的，随即市森防站就组织力量进行了调查，通过调查，在外环线西青、津南、北辰管辖的地段或多或少的发现六星黑点豹蠹蛾的危害。从一年多的观察情况看，该虫扩散蔓延的速度较快，尤其是其寄主较多，因此，必须加强对其监测和除治。预计主要道路两侧以喜食树种白蜡、柳树、槐树、法桐等为主栽品种的林带将会发生危害。

其他的病虫害，除光肩星天牛、杨扇舟蛾有扩散、蔓延的趋势外，其余的病虫害将维持目前的情况。

七、外来有害生物入侵对本地区生态、经济和社会的影响及今后拟采取的对策、措施

(一) 外来有害生物入侵对本地区生态、经济和社会的影响

(1)美国白蛾从1995年8月17日在天津市首次发现，到1995年年底统计，有6个区(县)的30个乡镇(街)有不同程度疫情发生；到了1998年已蔓延到天津市津南区、东丽区、汉沽区、大港区、塘沽区、西青区、宝坻县、宁河县、武清县等共15个区(县)，142个乡镇(街)；2002年天津市蓟县也发生美国白蛾，至此全市有12个区(县)168个乡镇(街)发生美国白蛾危害。

美国白蛾对天津市社会、生态、经济诸方面带来很大的损失。天津地处环渤海湾中心，是我国北方最大的沿海开放城市，具有较强的吸引和辐射能力，国内生产总值、财政收入、工业总产值、利用外资等在北方沿海城市中均居前列。天津港、开发区、保税区和重化工业区形成一定规模，世界上最大的100家跨国公司就有60家在这里落户。美国白蛾的发生严重地影响了天津市的改革开放、国民经济的繁荣发展，对经济开发、商品流通、贸易往来、

开放搞活的影响、对天津市的农林生产、对外交流、经济往来、旅游事业和沿海大都市的形象都构成严重威胁。

天津市地处九河下梢，地势低洼，沿海地区盐碱含量高，植树造林相当困难，存活率低，广大人民群众辛辛苦苦奋斗几十年，营造100多万亩林地，实属不易。但是，美国白蛾的发生蔓延严重地破坏我市生态。在美国白蛾严重发生区，单株树有虫达数千头。一些行道树叶被食光，林木呈现一片残败景象。

老熟幼虫为寻找化蛹场所，大批下树转移时爬入民宅、商店、工厂等处，严重干扰了人民群众的正常生产和生活秩序。美国白蛾1995年8月我市发生以来，报章上不时见到虫害扰民的消息和群众打来要求治虫的电话。对工农业生产的损失、给人民生活的带来的不便和恐慌，城市景观也遭到严重的破坏。

除了虫害危害林木带来的损失外，美国白蛾查治工作牵扯了大量的人力、物力、财力，其损失也是相当大的。

(2)美国白蛾的发生也严重威胁了北京及周边地区的绿化成果和政治活动的成功举办。天津是首都北京的门户，搞好天津市的美国白蛾工程治理还具有重大的政治意义。举办2008年“绿色奥运、人文奥运、科技奥运”等政治活动，都需要有一个良好的绿色环境，如果天津控制不住美国白蛾的扩散蔓延，那将对北京市及周边地区的绿化成果和政治活动的成功举办，造成极大的威胁。

(二) 今后拟采取的对策、措施

今后，要突出抓好国家六大林业重点工程中的京津风沙源治理工程、三北防护林工程和沿海防护林工程以及天津市林业重点工程“625”工程所涉及的重点防护林、高速公路两侧、主要国道两侧、外环线绿化带和速生丰产用材林建设基地等林业有害生物发生频繁、危害较严重的地区。治理对象仍以美国白蛾、六星黑点豹蠹蛾等外来林业有害生物为主，其次为光肩星天牛、杨扇舟蛾和杨树干部病害等本土发生较为严重的林业有害生物。在治理中，坚持“预防为主、依法治理、科学防控、促进健康”方针，以营林措施为基础，以监控、测报为先导，以生物防治为主要手段，科学区划，分类施策，专业队除治与群防群治有机结合，引进、推广先进的防治技术和方法，做到有虫不成灾，实现对林业有害生物的可持续控制。主要措施有：

1. 充分发挥监控、测报网点的作用

在监控区、治理区内，建立健全监控、测报网点，以国家级中心测报点为龙头，市级测报点为骨干，区县级测报点为基础，形成监控、测报网络。通过运用黑光灯、性引诱剂和相关的高新技术，结合人工调查，科学地获取真实可靠的病虫情数据，并及时发布病虫情信息；完善测报信息网络，实现信息共享。

2. 加强检疫

抓好调运检疫，建好、用好检疫检查站。加强苗木产地检疫，全面开展“无检疫对象苗圃”建设，把好苗木关。同时进一步对新植树木实施跟踪检疫，对采伐下来的疫木进行严格除害处理。

3. 夯实基础，狠抓营林措施

要改变观念，切实从营林措施抓起。把林业有害生物的防治贯穿于育苗、造林、管理的全过程。大力营造混交林。对过熟林要及时抚育、修枝及卫生伐，提高林木的生长势，从根本上增强抵御病虫害的能力。

4. 引进、推广抗病虫的树种、品种

要引进、推广抗病虫的树种、品种和适宜天津地区生长的优良树种。如抗虫12号、双抗741杨、廊坊杨及三倍体毛白杨等。逐渐替代原有的表现不佳的树种。

5. 引进、开发、应用新技术

引进新的性信息素、引诱剂等防治技术；引进、试验、筛选无公害农药防治技术；引进、繁殖、利用天敌昆虫。

6. 保护环境，采用无公害防治技术

重点采用生物防治技术；推广使用仿生药剂、植物性农药防治；合理应用毒环、注射、埋根、插毒签、刷涂等局部施药防治技术，合理使用高效、低毒的菊酯类农药，迅速控制个别地区突发性病虫种群数量；应用物理和人工的方法防治病虫害；有效保护和利用天敌昆虫和鸟类。

河北省林业有害生物普查技术报告

根据《国家林业局关于在全国开展林业有害生物普查工作的通知》(林造发[2003]73号)精神和《全国林业有害生物普查技术要点》要求，河北省自2003年起开展了全省林业有害生物普查工作，现将有关情况报告如下：

一、普查区域基本概况

河北省地处东经113°27′~119°50′，北纬36°03′~42°40′之间的华北平原的北部，东临渤海，环绕北京市和天津市，北与内蒙古自治区接壤，东北与辽宁省相邻，西靠山西省，南邻河南省、东南与山东省毗邻。海岸线长487千米。总面积19万平方千米。全省地势西北高东南低，由西北向东南倾斜，西北部为山区、丘陵和高原，其间分布有盆地和谷地，占全省总面积的56.6%，海拔最高处为2882米，中部和东南部为广阔的平原，海拔多在50米以下，占全省总面积的43.4%。河北省是中国唯一兼有高原、山地、丘陵、平原、湖泊和海滨的省份。全省总人口6939万，共有11个地级市、22个县级市、114个县(含6个自治县)、36个市辖区、910个乡(镇)。

河北省属温带大陆性季风气候，年日照时数2500~3100小时；年无霜期120~200天；年均降水量524.4毫米；1月平均气温在3℃以下，7月平均气温18℃至27℃，雨热同季，四季分明。

由于河北省地域辽阔，气候、地貌差异显著，据海远近不同，水热条件沿经度方向显示出自东南向西北的变化规律，植被呈现沿经度方向自东向西更替，自然形成了丰富的植物群落，全省现有植物3000多种，其中森林植物700余种。全省林业用地面积1.28亿亩，其中有林地面积6800万亩；森林覆盖率23.25%；每年森林病虫害发生面积1200万亩左右。

二、普查目的

由于河北省现有林面积中多以人工林为主，树种单纯，林相简单，生物多样性较差，生态系统脆弱，为林业有害生物的发生繁衍提供了条件；重点林业生态建设工程的实施和树种、林种结构的调整以及频繁的跨区域调运森林植物和林产品，为外来林业有害生物入侵提供了机会，使有害生物的种类和分布区系都发生了很大变化。适时开展林业有害生物普查，查清和掌握河北省林业有害生物发生现状，为今后进行林业有害生物预防监测和治理提供翔实的科学依据非常必要。本次林业有害生物普查目的，一是查清河北省从国(境)外、省外传入的林业有害生物和本土危害严重的林业有害生物种类、分布、寄主、危害，建立林业有害生物数据库；二是通过普查确定和调整河北省主要林业有害生物防治和监测对象，制订林业有害生物预警方案；三是为国家和河北省确定检疫性有害生物名单、合理提出检疫要求以及划定有害生物保护区域提供准确数据。四是通过普查广泛收集和积累河北省林业有害生物种类的实物标本，加强森防检疫基础工作，同时通过普查锻炼和提高森防队伍业务素质，宣传林业有害生物识别方法和防范知识。

三、普查任务和范围

（一）普查任务

(1)调查河北省从国(境)外传入的林业有害生物(含有害微生物、害虫、植物、鼠、兔、螨类)的种类、寄主植物、分布地点、发生面积、传入时间、传入地点、传入的途径和方式。

(2)调查河北省1980年以后从外省(自治区、直辖市)传入的林业有害生物的种类、寄主植物、分布地点、发生面积、传入时间、传入地点、传入的途径和方式。

(3)调查河北省危险性大、危害严重的本土林业有害生物的种类、寄主植物、分布地点、发生面积和危害程度。

(4)采集制作林业有害生物种类和被害状标本，拍摄林业有害生物形态和生态照片。

(5)统计汇总普查结果，绘制林业有害生物分布图。

（二）普查范围

(1)河北省境内的有林地(包括用材林、防护林、薪炭林、特种用途林、经济林、灌木林、四旁及散生树)和未成林造林地。

(2)苗圃、花圃、药用植物生产基地。

(3)果品、花卉、木材集散地和交易市场。

(4)种子库、贮木场、木材加工厂。

调查的重点区域是林木、果树、花卉集中分布区；林业重点生态工程建设区；种苗、花卉繁育生产基地集中区域；具有一定规模的种子、木材、木质包装材料、垫脚木、人造板存放加工交易场点、果品批发交易场所；外来有害生物易发生区域；过去调查涉及较少的区域。

四、普查技术路线

我们采取踏查和标准地调查相结合，访问调查和现场调查相结合，重点区域和场所调查与全面调查相结合，调查主要资源树种与调查所有林业植物相结合，单纯有害生物种类调查与有害生物系统生活和危害分析调查相结合，重要有害生物种类调查与次要有害生物种类调查相结合，专业人员调查与群众协助普查相结合，总体部署，试点先行，全面推进的技术路线，确保普查工作顺利完成。

五、普查技术方法

（一）科学确定普查时间及步骤

由于国家此次安排的普查工作时间紧、任务重，为了确保河北省全面、高效地完成普查任务，稳步推进各项工作的开展，我们确定了“分阶段、分类型、先试点、再推广”的总体思路，首先于2003年确定了滦平、昌黎、涞源、沧县4个县进行先期试点普查，这4个县分别代表了河北省燕山山区、太行山区、沿海丘陵区、平原区4个主要地理生态类型，在这

4 个县先期普查试点的基础上，全省普查工作于 2003 年 11 月至 2005 年 1 月全面铺开，因部分有害生物生物学方面等原因需补充调查，全部普查工作于 2005 年底结束。

（二）制订普查技术方案

根据《全国林业有害生物普查技术要点》的要求，结合河北省实际，我们制订了《河北省林业有害生物普查技术方案》和《河北省林业有害生物普查技术要点》，对全省的普查工作提出了统一的技术要求，各市、县林业局根据统一要求结合本地实际也都制订了本地的普查技术方案和技术要点，为取得丰硕的普查成果提供了很好的技术保证。

（三）层层进行技术培训

由于此次林业有害生物普查规模大范围广，技术含量高，专业性强，而各级森防工作人员基本上都没有经历过该项工作，普遍缺乏普查经验，为了扎实有效地开展普查工作，取得预期成果，在 2003 年底和 2004 年初，省、市、县都层层举办了普查技术培训班，参加培训人员不仅有基层森防站专业人员，还涉及到了各乡村护林员。据不完全统计，全省各级共举办培训班 20 期，培训普查技术人员 2000 余人，为普查工作顺利开展奠定了良好的基础。

（四）确定普查技术方法

根据国家林业局普查技术要点的要求和河北省实际，我们将普查工作分为外业和内业两大块，外业和内业有机结合，外业是普查的关键，内业是普查的补充和升华，为此，我们对这两个环节的技术进行了认真研究部署。

1. 外业调查

根据林业有害生物的分布特点，外业调查以两种调查类型进行，即基础调查和标准地调查。

（1）基础调查：在进行外业基础调查之前，根据当地的林业资源现状图和地形图，确定普查重点区域和调查路线。

山区所确定的调查路线应经过当地主要森林类型，确保不同海拔高度、地貌类型、林分种类、人为活动频繁区，外来有害生物易发生区（公路、工地、仓库等周边的林地）、过去调查涉及较少的地区，生物多样性差、生态环境简单的林地，受突发性灾害干扰（火灾、干旱、水灾）的林地。调查线路以乡镇为单位设定，从线路起点开始布设调查点，在地形图上做出标记，调查点间距不能大于 3 千米，为了确保调查点具有代表性，每个调查点要根据森林资源分布和林地类型、坡向等具体情况，团状设立面积为 50 米 × 50 米的调查样地 3 ~ 4 块进行样地调查。具体要求是：每块样地要确保调查 30 ~ 50 株树；样地累计面积要达到所在乡镇有林地资源面积的 0.5% 。基础调查发现有害生物时设立标准地进行调查。

平原地区的调查是以村为单位，根据每个村的有林地面积和树种结构设立 3 ~ 5 块（条）调查样地，每块调查样地调查 30 ~ 50 株树，样地调查时，发现外来有害生物或本土危险性大的有害生物时直接进行标准地调查。

对果园、种苗（花卉、药用植物）繁育生产基地、贮木场、果品、花卉、木材集散地和交易场所、种子库进行逐园、逐地的调查。发现有害生物的危害症状或直接发现有害生物时，特别是外来有害生物时，直接设置标准地进行详查。

有害植物调查时通过踏查和访问座谈，初步掌握调查地是否有新传入的外来植物种类，是否有被攀援覆盖或形成局部优势、单优势和寄生的危害状况。我们对国家林业局公布的24种林业有害植物进行了有针对性的调查。

（2）标准地调查：在进行标准地调查时，有林地、人工未成林造林地标准地代表面积不大于1500亩。标准地内要有100株以上寄主植物，调查时均匀抽取20~30株进行调查。人工林累计调查面积不少于有害生物寄主植物总面积的3%，天然林不少于0.2%。

果园、种苗(花卉、药用植物）繁育生产基地、设施花灌木、面积在50亩以下的设标准地3~5块，超过50亩的设5~7块，每块标准地选15株进行调查。

果品、花卉、木材集散地和交易场所、种子库、贮木场和木材加工厂等实行抽样检查，抽样率不少于3%。

有害植物调查样地一般不小于100平方米，样地内采取对角线法设5块以上的样方调查统计，草本植物设置1米×1米样方，丛生的亚灌木样方为5米×5米，匍匐和攀援的样方为3米×3米。

鼠、兔害主要在发生区域内选择鼠、兔害的常灾区和偶灾区，并按不同的立地类型和林分类型选设面积为15亩的地块20~30块进行调查。

（3）林木病害标准地调查：

①叶部、枝梢、果实病害标准地调查。每100~1000亩设一块标准地，每块标准地面积3亩左右，标准地至少要有100株以上寄主植物，每块标准地随机调查30株以上。以枝梢、叶片、果实为单位，随机抽取一定数量的枝梢、叶片、果实调查其感病率。

②干(根）部病害标准地调查。每100~500亩设1块标准地，每块标准地面积3亩左右，标准地至少要有100株以上寄主植物，每块标准地随机调查30株以上。在标准地内，通常以植株为单位进行调查，统计健康、感病和死亡的植株数量，计算感病率。

（4）林木害虫标准地调查：

①食叶、枝梢害虫标准地调查。每100~1000亩地设1块标准地，每块标准地面积3亩左右，标准地至少要有100株以上寄主植物，每块标准地内按对角线或“Z”线抽样法抽取30株以上，统计每株树上害虫数量，或目测叶部害虫危害树冠、枝梢的严重程度。

②蛀干害虫标准地调查。每50~100亩设1块标准地，每块标准地面积3亩左右，标准地至少要有100株以上寄主植物，每块标准地内按对角线或“Z”线抽样法抽取30株以上，统计每株树上害虫数量，或目测蛀干害虫危害树木的严重程度。

③种实害虫标准地调查。种实害虫调查主要在种子园、母树林和其他采种林分进行。通常750亩以下设1块标准地，750亩以上每增加150亩增设1块。每块标准地面积为1亩，按对角线取样法或“Z”线取样法抽取5株以上样株，每样株在树冠上、中、下不同部位采种实10~100个，解剖调查被害率。

④地下害虫标准地调查。采用挖土坑的方法进行调查。同一类型林地设1块标准地，每块标准地土坑总数不超过10个，每3亩地设1个土坑，土坑大小为1米×1米(或0.5米×0.5米），深度到无害虫为止，土坑应分布均匀，设在已发生危害的苗圃或新造林地的被害地段上。

（5）林业鼠(兔）害标准地调查：地下鼠密度的调查方法一般采用土丘系数法和切洞堵洞法。地上鼠(兔）则采用捕获法进行调查。

(6) 林业有害植物调查：主要调查有害植物对林地的占据情况和对林木的侵害情况，如攀援覆盖、缠绕、寄生、占据等。

每100～1000亩设一块标准地，每块标准地面积3亩左右，标准地内采取对角线法设5块以上的样方进行调查，对于草本植物设置1米×1米样方，丛生的亚灌木样方为5米×5米，匍匐和攀援的样方为3米×3米。

2. 内业汇总

普查内业工作主要包括标本的鉴定整理，分类记录，外业调查资料的汇总分析、绘制林业有害生物分布图、提交普查报告等，能够将普查成果如实地反映出来，内业工作发挥了关键作用。

六、普查成果

河北省共采集林业有害生物标本183373号(份)，已鉴定出的种类2544种。其中全省共采集害虫标本169910号，已鉴定出1981种，隶属11个目138个科；采集病害标本10000余份，已鉴定387种，涉及88种植物；采集蜱螨类标本180余份，已鉴定28种；采集有害植物标本3260份，已鉴定126种，隶属26科；采集林业有害鼠兔标本89只，鉴定20种，隶属6科；还鉴定了2种有害软体动物。

(一) 查清了河北省当前严重危害林木的有害生物种类

经过汇总统计，危害林木面积超过10万亩的有害生物种类有50种，危害严重的前30种为：杨扇舟蛾、美国白蛾、油松毛虫、光肩星天牛、天幕毛虫、桑天牛、柳毒蛾、松线小卷蛾、舞毒蛾、落叶松毛虫、杨树烂皮病、春尺蠖、黄连木尺蛾、红脂大小蠹、白杨透翅蛾、杨树溃疡病、杨小舟蛾、杨白潜蛾、杨二尾舟蛾、青杨天牛、赤松毛虫、落叶松尺蛾、槐树尺蠖、核桃举肢蛾、落叶松腮扁叶蜂、杨干象、双条杉天牛、樗蚕、根癌病、兔(鼠)害，其中害虫26种，病害3种，其余为兔(鼠)害。

(二) 查清了河北省当前严重危害经济林的主要有害生物种类

经过汇总统计，严重危害经济林的前30种有害生物生物种类主要有：山楂叶螨、梨木虱、绿盲蝽象、顶梢卷叶蛾、梨小食心虫、梨黑星病、苹果腐烂病、桃小食心虫、黄刺蛾、枣缩果病、金纹细蛾、茶翅蝽、截形叶螨、梨干腐病、苹毛丽金龟、梨黄粉蚜、苹果轮纹病、枣瘿蚊、苹果红蜘蛛、苹果小卷蛾、大青叶蝉、铜绿丽金龟、苹果小卷蛾、枣尺蛾、二斑叶螨、桃瘤蚜、苹果绵蚜、枣疯病、葡萄霜霉病、柿蒂虫等。

其中虫害为19种，螨类4种，病害7种。

(三) 初步调查了严重危害园林花卉植物的有害生物种类

经汇总统计，河北省严重危害园林花卉植物的主要有害生物种类有：小地老虎、铜绿金龟子、中华弧丽金龟、绿盲蝽象、黑绒鳃金龟、华北大黑鳃金龟、暗黑鳃金龟、二斑叶螨、日本菱蝗、中华蚱蜢、黄地老虎、大地老虎、桃天蛾、斜纹夜蛾、甘蓝蚜、大青叶蝉、冬青白粉病、蓝目天蛾、冬青根腐病、玫瑰巾夜蛾、玫瑰白粉病、玫瑰黑斑病、玫瑰灰霉、双班锦天牛、蓟马等100余种。

（四）对河北省外来林业有害生物种类进行了调查分析

(1)根据汇总分析，从国(境）外传入的林业有害生物种类主要有：美国白蛾、红脂大小蠹、苹果绵蚜、葡萄根瘤蚜、蔗扁蛾、反枝苋、北美独行菜、野西瓜苗、野胡萝卜、曼陀罗、小蓬草、毒麦、加拿大一枝黄花、菟丝子、黄顶菊等。

(2)从外省传入的林业有害生物种类主要有157种，造成危害的主要有：落叶松锉叶蜂、落叶松腮扁叶蜂、落叶松鞘蛾、松线小卷蛾、侧扁锉叶蜂、竹蛱蝶、二斑叶螨、黑龙江松天蛾、落叶松八齿小蠹、梨茎蜂、梨二叉蚜、重环蛱蝶、白毛蚜、杞柳跳甲、沙棘木蠹蛾、达光裳夜蛾、毛赤杨长翅卷蛾、葡萄缺节瘿螨、枣炭疽病、杨绵蚧、杨毛白蚜、膜肩网蝽、长白盾蚧、李实蜂、杨平翅绵蚜、双斑锦天牛、绵山天幕毛虫、日本双棘长蠹、日本围盾蚧等。

（五）查清了河北省危害木材的主要有害生物种类

经汇总分析，河北省危害木材的有害生物种类主要有24种：落叶松八齿小蠹、泰加大树蜂、家茸天牛、纵坑切梢小蠹、槐黑星虎天牛、双条杉天牛、油松六齿小蠹、光肩星天牛、油松横坑切梢小蠹、钻具木蠹蛾、松十二齿小蠹、油松纵坑切梢小蠹、杨锦纹吉丁、柳蛎盾蚧、杨十斑吉丁虫、巨胸虎天牛、柳木蠹蛾、松天牛、臭椿沟眶象、桑天牛、桃红颈天牛、档案窃蠹、梳角窃蠹、抱扁蠹等。

（六）进一步调查了国家和河北省补充的林业检疫性有害生物在全省的分布和危害情况

(1)国家林业检疫性有害生物在河北省有分布的种类为：红脂大小蠹、杨干象、美国白蛾、蔗扁蛾、枣大球蚧、冠瘿病菌、草坪草褐斑病菌等7种。

(2)河北省补充的林业检疫性有害生物在全省有分布的种类为：柳蝙蛾、双条杉天牛、双斑锦天牛、花曲柳窄吉丁、板栗疫病、梨园蚧、苹果绵蚜、桃仁蜂、菊花叶枯线虫病、新刺轮蚧、加拿大一枝黄花等11种。

（七）编写了《河北省林业有害生物普查工作总结》、《河北省林业有害生物普查技术报告》

七、结果分析

（一）有害生物种类增加较多

1980年森林病虫害普查统计河北省有害生物种类为1867种(病、虫），此次普查共查到有害生物2544种，其中病、虫、螨类共计2396种，比1980年增加了529种，根据分析，有以下主要原因：

(1)河北省有林地面积的增加和森林植物种类的增多，与之相依存的有害生物种类也相应增多。1980年全省有林地面积仅为3678万亩，2005年有林地面积为6800余万亩，有林地面积的增加促进了森林生态环境的改善，促进了森林生态系统生物多样性水平的提高，植物种类的丰富，必然伴随着有害生物种类的丰富。

(2)河北省交通便利，贸易活跃，旅游资源丰富，导致外来林业有害生物传入的机会多。从1980年到现在，传入河北省的外来林业有害生物种类近200种，平均每年以8~9种的速度传入。大部分地区都查到了一些1980年普查时当地没有记载的病虫种类，如衡水新发现李实蜂、双条杉天牛、绿盲蝽象、白条赛天蛾、康氏粉蚧、红缘天牛、杏树根癌病等，邯郸市发现侧柏种子银蛾、油松扁叶蜂，邢台市发现了油松扁叶蜂、梨圆蚧、松褐天牛，秦皇岛发现了姬松叶蜂、杨平翅绵蚜，石家庄市发现了蔗扁蛾、双斑锦天牛、绵山天幕毛虫、苹果绵蚜，张家口发现了黄褐野螟、槐黑星虎天牛、四点象天牛等，廊坊市发现了日本双棘长蠹、侧柏毒蛾、日本围盾蚧、杨绒毛瘿螨、花曲柳窄吉丁、榆叶蜂、杨黄星象、杨黄卷叶蛾、根结线虫、杨黑腥病等，其中李实蜂、杨平翅绵蚜、蔗扁蛾、双斑锦天牛、绵山天幕毛虫、日本双棘长蠹、日本围盾蚧、榆叶蜂、美国白蛾、红脂大小蠹、苹果绵蚜等都是河北省1980年普查时没有发现的，此外对发生在唐山市、秦皇岛市、廊坊市、沧州市的美国白蛾，发生在邯郸市、邢台市、石家庄市的红脂大小蠹，以及发生在除承德市、张家口市、廊坊市以外的全省其他地区的苹果绵蚜等近年来新传入河北省的有害生物在有关地区的分布情况也进一步得到了的核实。

(二) 造成灾害的有害生物种类和数量增加

此次普查统计，面积超过10万亩，严重危害林木的有害生物种类达50种，面积超过10万亩，严重危害经济林的有害生物种类达到57种，造成灾害的有害生物种类比1980年的35种有大幅度的增加，一方面是成灾有害生物种类数量的增加，另一方面，与1980年相比，成灾有害生物的种类发生了明显变化。

1980年发生最严重的杨树食叶害虫是舞毒蛾，而目前是杨扇舟蛾、杨小舟蛾、春尺蠖、柳毒蛾等，仅杨扇舟蛾发生面积已达到了123万亩；杨树蛀干害虫也已不仅是1980年的光肩星天牛，目前危害严重的还有桑天牛和杨干象等；严重危害杨树的病害也已不仅是腐烂病、烂皮病等，现在还有杨树溃疡病和叶部的杨树圆斑病、杨树角斑病、杨树褐斑病、杨树黑斑病、杨树枯斑病、锈病等。

目前严重危害油松的虫害已不仅是1980年的油松毛虫、赤松毛虫和落叶松毛虫，而红脂大小蠹、松幽天牛、各种小蠹虫等干枝类害虫已上升为主要害虫。

当前危害落叶松的有害生物也已不仅是1980年的落叶松毛虫、落叶松球蚜、落叶松花蝇等，松线小卷蛾、落叶松线小卷蛾、落叶松尺蛾、落叶松叶蜂和鳃扁叶蜂等上升为主要害虫。

1980年严重危害榆树的榆兰金花虫发生面积已不足11万亩，远远低于1980年的52万亩。

1980年危害臭椿的主要害虫为臭椿皮蛾和斑衣腊蝉，目前主要是樗蚕。

1980年危害桦树的主要害虫主要是舞毒蛾，目前主要是天幕毛虫。

1980年危害刺槐的主要害虫是刺槐种子小蜂，目前主要是桑折翅尺蠖。

目前严重危害枣树的绿盲蝽象、桃小食心虫、枣缩果病、皮暗斑螟、截形叶螨、枣粉蚧、枣瘿蚊、棉铃虫、枣锈病等病虫害，都比1980年有大幅度的增加，特别是绿盲蝽象、枣缩果病、皮暗斑螟、截形叶螨、枣粉蚧、棉铃虫等在1980年对枣树根本不造成危害，绿盲蝽象和棉铃虫过去是纯粹的农作物害虫，现在已成为主要的林业有害生物。

同样，苹果、梨、桃等其他果树病虫害种类也是发生了很大变化。

根据分析，造成林业有害生物种类及危害变化的主要原因是：河北省主要造林树种和栽培面积的变化，使造成危害的有害生物种类发生了相应的变化；1980 年全省杨树品种主要是杂交杨类，毛白杨很少，因此主要危害毛白杨的桑天牛则很少；1980 年全省榆树面积较大，榆兰叶甲危害就严重；当年规模造林工程项目较少，新造林面积较少，鼠兔害就较轻。

（三）有害生物发生危害面积明显加大

根据统计，目前河北省林业有害生物发生面积在 1000 万亩左右，比 1980 年的 675 万亩增加了近 400 万亩，特别是杨扇舟蛾、鼠(兔）害、油松毛虫、美国白蛾、天幕毛虫、光肩星天牛、桑天牛、松线小卷蛾、杨树烂皮病、春尺蠖、红脂大小蠹、杨树溃疡病等发生面积都超过了 20 万亩，杨扇舟蛾、鼠害等都超过了百万亩。

根据分析，造成危害面积增加的主要原因：一是由于寄主树种面积的单纯增加，而没有进行树种的合理搭配，纯林面积过大，为有害生物大面积发生创造了有利条件；二是由于外来有害生物的入侵，在较短时间内缺乏天敌的有效自然控制，造成了有害生物的暴发成灾。美国白蛾、红脂大小蠹等都在较短时期内大面积发生。

（四）外来有害生物种类大幅度增加，危害极其严重

此次普查，共查到外来有害生物 193 种，其中从国外传入 15 种，从外省传入的林业有害生物种类主要有 178 种，目前危害最为严重的有美国白蛾、红脂大小蠹、苹果绵蚜、二斑叶螨、蔗扁蛾等，美国白蛾目前已扩散到河北省的秦皇岛、唐山、廊坊、沧州 4 市，发生面积达 94 万多亩(其中：轻度发生 28. 54 万亩，中度发生 29. 10 万亩，重度发生 36. 36 万亩)，涉及 41 县(市、区) 296 个乡镇，4955 个疫点(村、路段、片林)。其中：廊坊市发生面积 37. 4 万亩，疫点数 748 个，涉及 10 个县(市、区) 54 个乡镇；唐山市发生面积 39 万亩，疫点数 3810 个，涉及 13 个县(市、区) 151 个乡镇；秦皇岛市发生面积 12. 36 万亩，疫点数 271 个，涉及 10 个县(市、区、林场) 53 个乡镇(街道、林场)；沧州市发生面积 5. 244 万亩，疫点数 126 个，涉及 8 个县(市、区) 38 个乡镇(农场)。红脂大小蠹至今发生涉及面积已达 92 万亩，苹果绵蚜目前已扩散到全省除承德市、张家口市以外的所有地区，给当地的苹果生产带来巨大影响。二斑叶螨、蔗扁蛾等也在一定区域内形成严重灾害。

此外，外来的有害植物也已对河北省林业资源造成危害，如黄顶菊 2001 年传入河北省，目前在邢台市、邯郸市、沧州市、衡水市、廊坊市等地快速扩散，对苗圃地和新造林地造成危害，影响林木生长。

（五）有害植物危害严重

此次普查，首次对林业有害植物进行了系统调查，除了国家危险性林业有害生物名单中列出的有害植物外，还查出了另外一些能够形成单优势、缠绕、覆盖等危害的植物，主要包括：葎草、黄顶菊等。

八、存在问题

由于普查工作是一项知识、技术性很强的专业性工作，各地虽采取多种措施对普查组的

成员进行短期培训，但专业技术熟练程度各异，又缺少必要的普查工具和参考资料，给普查工作带来很大的难度，致使小型、隐蔽性昆虫采集较少；生活史标本采集较少；有的虫种鉴定不准或不能鉴定；标本的制作保存均存在问题等等，使普查工作的质量受到一定的影响。另外，本次普查是在1980年普查基础上进行的，河北省1980年普查时对果树和花卉病虫害的普查进行的很不充分，普查名录中基本不包括果树和花卉病虫害，因此，以1980年普查结果来断定有害生物是否由省外传入，对全省来说误差较大。

山西省林业有害生物普查技术报告

为了了解山西省80年代第一次森林病虫害普查以来林业有害生物的发展变化情况，掌握现在林业有害生物的种类及危害状况，保护森林资源，服务生态建设，在国家林业局的统一安排下山西省进行了林业有害生物普查。现将有关技术方面的情况报告如下：

一、自然概况

山西省地处黄河中游，总面积约16万平方千米。

1. 地貌

山西省属黄土高原，境内自然环境复杂，地貌多种多样，有山地、丘陵、盆地、平川等。

东部，为土石山地，山峦起伏，沟谷纵横大致呈南北走向。其北段有恒山、五台山，中段是太行山、太岳山山系，南端为中条山，中间插花分布着河谷阶地和黄土丘陵区。这里是滹沱河、沁河、漳河的发源地。

中部，从北到南，大同、忻定、太原、临汾、运城五个盆地纵贯全省。自北而南海拔逐渐降低，水源比较丰富，是山西省主要产粮区。

西部，为吕梁山系，亦呈南北走向。山西省最大的河流——汾河发源于此山系的芦芽山。由于森林植被在古代遭到破坏，导致这里的黄土丘陵区水土流失十分严重，造成沟壑纵横，零乱破碎的地形。

多种多样的地形地貌为发展农林牧多种经营，提供了良好的条件。

2. 气候条件

山西省处于中纬度大陆性季风气候区，中、南部属暖温带，内长城以北属寒温带。由于山峦起伏，地形复杂，致使气温、降水等主要气候要素时空变化剧烈。多数地区水资源不足，风、雹、洪、旱等自然灾害比较频繁。

全省各地的年平均气温差别很大，在4～12℃之间，≥10℃年积温大多在2200～4400℃，无霜期120～220天。

年平均降水量一般为400～650毫米。特点是夏季多雨，山地多雨。7～9月的降水量占全年降水量的65%。全省以东部降水量较大，为600～650毫米；北部较少，仅400～450毫米。山区年降水量多在500～600毫米以上。由于森林覆盖率低，涵养水源能力差，山区降水多变为迳流，常造成严重的水土流失。

多风是山西气候的主要特点之一。太原以北地区，每年六级以上大风达40～60天。晋北一带，春季沙随风起，常形成沙尘暴。

3. 森林植被

山西省森林以天然次生林为主，自然植被有分布不均和树种众多两大特点。天然林主要分布在吕梁、太岳、太行、中条等山区。在这几条山脉两侧占全省总面积18%的土地上，分布了全省40%的森林。西部，从乡宁县、吉县开始，沿吕梁山蜿蜒而北，直达五寨县。

主要树种的顺序为：暖温带的栎类、杨、桦阔叶杂木林，夹有少数油松、侧柏、白皮松，往北到关帝山，逐渐过渡到落叶松、油松为主的针阔混交林，再北到管涔山，是云杉、落叶松针叶林。东部，中条山一带分布有栎类、鹅耳枥、杨、桦阔叶林，向北到太岳山、太行山，为油松、杨、桦、栎类针阔混交林，再往北过渡到五台山，恒山以落叶松、云杉为主的针叶林。在盆地、平川、河谷，则是杨类占优势的人工林。

从垂直分布来看，在亚高山草甸之下，1750～2600 米为云杉和落叶松林，间有少数红桦。1200～1800 米则为白桦、山杨、云杉和华北落叶松混交林，间有油松、辽东栎，偏南部则混有白皮松、华山松、栓皮栎和侧柏也较多。再过渡到盆地，则杨树占了绝对优势。此外，柳、榆、槐、椿及各种经济树在全省各地也有零星分布。

就昆虫区系来说，具有东方昆虫区系和中亚细亚昆虫区系过渡地带的特点。在北部，特别是高海拔区的昆虫种类具有中亚细亚区系和欧洲-西伯利亚区系的特点。在低海拔的盆地，也渗透了印度、马来亚区系的种类。

二、普查依据

根据《国家林业局关于在全国开展林业有害生物普查工作的通知》(林造发[2003]73号)，开展这次全省林业有害生物普查。

三、普查目的

以前的森林植物检疫对象普查，局限于国家规定的森林植物检疫对象，仅涉及害虫和病原微生物，范围较窄。这次普查范围较广，除检疫对象外，还包括其他病虫种类、有害植物、有害动物(鼠、兔、螨）等，这对防止外来有害生物入侵，促进山西省林业生产可持续发展，巩固造林绿化成果，保护森林资源，维护生态平衡具有十分重要的意义。通过普查：

(1)进一步摸清山西省林业外来有害生物及本土森林病虫害的种类、分布及危害情况，建立和完善林业有害生物数据库。

(2)详细掌握已传入的外来有害生物及本土危害严重的林业有害生物对山西省森林资源、生态环境造成的损失，为今后加强区域间联防联治、制订预警方案、确定和实施工程治理项目提供科学依据。

(3)为今后国家确定森林植物检疫性有害生物、山西省确定补充检疫性有害生物、危险性有害生物、合理提出检疫要求提供科学依据。

(4)为今后增加测报主测对象，使测报工作更加完善，提供科学依据。

(5)为制订更加有效的控制、封锁和扑灭措施，更好地开展林业有害生物的治理工作提供科学依据。

四、普查内容与方法

(一) 普查内容

1. 普查范围的划分

(1) 山西省境内各种类型的森林(含荒漠植被、经济林)，以及绿化树种、观赏植物等。

(2) 种苗繁育和交易场所，如苗圃、花圃、花木市场等。

（3）木材贮存、加工和交易场所，如贮木场、木材加工厂、木材市场等。

2. 普查对象的确立

（1）境外传入的林业有害生物，包括林业病原微生物、有害昆虫、有害植物及鼠、兔、螨类等，如红脂大小蠹。

（2）1980 年以后从外省（自治区、直辖市）传入的林业有害生物，包括林业病原微生物、有害昆虫、有害植物及鼠、兔、螨类等。

（3）危险性大的本土林业有害生物，即对森林植物及其产品造成危害最严重的本土有害生物（最多统计 20 种），包括林业病原微生物、有害昆虫、有害植物及鼠、兔、螨类等。

3. 林业有害生物的分布地点

县级普查汇总记载到乡镇，省直林区普查汇总记载到林场；省级汇总记载到县级，省直林局。

4. 寄主植物种类

普查对象危害的植物种类（包括乔木、灌木、花卉等），要求查到种。寄主植物种类大于 20 种的，按照不同科、属，至少列出主要的 20 种。

5. 林业有害生物的发生面积

危害经济林（果园）、苗圃、花圃、温室等种苗繁育基地的，以危害寄主植物的实际种植面积计算；四旁树依有关规定按比例折算成面积；危害其他林地的，以林业小班为单元计算发生面积。发生面积分为轻、中、重三个等级统计。

6. 危害木材的有害生物调查

调查危害木材（包括原木、板材、方材、木质包装材料、垫脚木和人造板等）的有害生物种类、危害数量（以立方米为单位）及危害程度，以及发生有害生物的贮木场、木材加工厂等的所在地名称及单位名称。

7. 外来有害生物来源调查。

了解并记录传入地、传入时间、传入的途径及方式等。

8. 林业有害生物风险评估

外来有害生物入侵对当地经济、生态、社会影响与控制的调查。

（二）普查方法

1. 外业调查

市（县）、省直林局组织普查队伍，在有害生物发生盛期或表现症状期，以乡镇（林场）为单位，在林业作业图或林相图上以及根据种苗繁育基地、贮木场、木材加工厂等的所在地的分布情况，确定踏查线路。重点区域及经过踏查发现有疫情的区域，设立具有代表性的调查点或样方进行详查，并列出每个调查点或样方所在的位置以及所代表的面积。

踏查：按照设计的调查路线，开展踏查。当发现有危害症状或有害生物时，开展详查。

详查：林地或种苗繁育基地每块标准地或样方调查株数为 30～50 株，其中人工林标准地或样方累计调查面积不应少于普查对象寄主植物分布面积的 3%，天然林应不少于 0.2%；调查木材危害状况时，抽样率不应少于 3%。需详细记录有害生物的种类、寄主、虫口密度和树木受害程度，采集相关标本及拍摄有害生物生物学或危害状的照片，并将有关数据填入《林业有害生物调查表》。

专业队核查：省普查办公室从各地抽调部分有经验的专业人员，和有关专家组成有害生物普查专业队，对各地的普查情况和一些重点区域进行核查，解决普查中遗留的技术难点和疑点问题。

2. 标本制作和鉴定

普查过程中发现的有害生物制成标本，妥为保管，积极鉴定。对于不能鉴定的种类，逐级上报直至“国家林业局外来林业有害生物检验鉴定中心”鉴定。

3. 内业整理和普查资料汇总

各县对外业调查的笔录、数据、照片等进行整理、归档；对采集的有害生物标本进行分类、鉴定。各市(地)和省直林局汇总各县(林场）的普查资料后上报省森防站。省森防站组织专业技术人员汇总完成全省的普查资料，经省林业厅核准后向社会公布普查结果。

五、普查的技术保障措施

1. 统一技术标准，制订了林业有害生物普查方案

为了统一标准，山西省森防站起草了《山西省林业有害生物普查方案》，就普查的目的依据、组织领导、资金预算、技术要求、进度安排等作出了较为详尽的规定，保障了普查的实施。省森防站组织有关专家和技术人员，通过查阅大量资料，并在深入研讨和认真分析的基础上，制订了《山西省林业有害生物普查对象参考名单》，重点列出了普查中需注意的有害生物 101 种，作为本次普查的重要参考资料。其中昆虫和螨类 65 种，病原微生物 7 种，有害动物 10 种，有害植物 19 种，并且明确区分出 44 种是 80 年代普查已有记载的种类，23 种是 80 年代普查后记载的种类，5 种是可能从境外或外省传入山西省的种类。对于已记载分布于省内的有害生物，将其在各地的分布情况予以注明，以便于本次普查对照。这个普查参考名单为基层普查人员提供了一个指导性的参考资料，推进了普查工作的顺利开展。

2. 培训普查队伍

为了适应本次普查的需要，山西省组织有关专家编写了详细实用的书面培训教材和形象生动的多媒体资料，专门在运城市对各市、省直林局和重点县的普查技术骨干约 70 余人集中进行了培训。邀请有关方面的专家，讲授了普查的目的意义、范围内容、方法步骤、标本采集制作、内业整理，以及有害昆虫、鼠兔、植物、病原微生物的识别和普查方法，取得了良好的效果。在此基础上，各市和省直林局也邀请有关专家对所属县、林场的普查技术人员进行了集中培训，有部分县还对参与普查的乡镇林业站人员和苗圃、林场技术人员也进行了培训。全省总计培训普查人员 1200 人次，为完成普查任务打下了坚实基础。

3. 成立普查专家指导组

鉴于这次普查技术要求高，为保证质量，山西省林业厅同时成立省林业有害生物普查专家指导组，具体指导有害生物的普查技术工作和有害生物的鉴定、标本制作、信息收集和整理工作。特聘请山西大学谢映平教授，省林业科学研究院刘随存高工、省林业职业技术学院梁和印教授，省自然保护区管理站张龙胜教授级高工，省森防站王立忠教授级高工为专家指导组成员，专家指导组组长由王立忠担任。

六、普查结果与分析

（一）普查结果

(1)普查到林业有害生物47种。按种类分昆虫37种；病原微生物5种；有害动物3种；有害植物2种。按来源分国外传入1种；外省传入11种；本土种31种；危害木材的4种。

国外传入林业有害生物1种，即红脂大小蠹，分布于9个市的49个县和9个省直林局，发生面积136万亩。

外省传入林业有害生物11种：日本龟蜡蚧、枣大球蚧、柳蛎盾蚧、梨圆蚧、柏肤小蠹、日本双棘长蠹、红缘天牛、柠条豆象、松线小卷蛾、柳蝙蛾、泰加大树蜂。发生面积45万亩。

危害严重的本土有害生物31种，发生面积达398万亩。其中害虫21种：光肩星天牛、桑天牛、双条杉天牛、锈色粒肩天牛、纵坑切梢小蠹、杨锦纹吉丁、油松毛虫、杨干透翅蛾、白杨透翅蛾、舞毒蛾、桃蛀果蛾、核桃举肢蛾、松瘿小卷蛾、松针小卷蛾、沙棘木蠹蛾、华北落叶松鞘蛾、侧柏毒蛾、木撩尺蠖、枣黏虫、靖远松叶蜂、刺槐种子小蜂、发生面积271万亩；病害5种：二针松疱锈病、板栗疫病、冠瘿病、泡桐丛枝病、枣疯病、发生面积3万亩；有害动物3种：草兔、中华鼢鼠、棕背鼦，发生面积124万亩；有害植物2种：槲寄生、桑寄生，发生面积0.1万亩。

危害木材有害生物4种：光肩星天牛、杨干透翅蛾、纵坑切梢小蠹、落叶松八齿小蠹，受害木材110立方米。

(2) 通过普查，山西省还制作了标本12000余套，拍摄图片10000余张，拍摄录像片2部，积累和丰富了山西省的森防技术资料。

（二）普查结果分析

(1)本次普查与第一次全省森林病虫害普查比较，从国外传入一种危险性林业有害生物——红脂大小蠹。此虫在国外一般为次期性害虫，传入山西省后可能由于气候的原因，生活习性发生改变，危害部位由干部转移到根部，危害程度增大，防治难度大大增加，给山西省脆弱的生态环境构成极大的威胁。经达近几年的工程治理，危害程度有所下降，目前发生面积仍达136万亩。此虫的传入与山西省80年代经济飞速发展，与国际间的物资交流日益增多有很大关系。在市场经济逐步完善的过程中，我们要加强林业有害生物监测网络体系建设，开展跟踪观测及时发现新的危害性林业有害生物的暴发成灾。

(2)本次普查与第一次全省森林病虫害普查比较，原来没有发现或记载的本次调查推定为外省传入的林业有害生物11种，在某些树种上危害严重，造成的损失惨重。目前发生面积为45万亩。这与近二十年来经济快速发展，检疫信息交流缓慢，复检不到位，检疫执法力度弱有很大关系。当前这些种类的危害有进一步扩大的趋势。主要原因是这些种类大多是随种子、苗木、木材及木制品的调运传入山西省，不少种类现呈零星分布，随时间的推移，某些种类生活习性将会发生转变，寄主植物种类、部位都可能产生变化而造成新的危害或由于种群数量的上升零星分布的转为片状分布。其次随着我国经济政策的调整，西部大开发，中部崛起战略的实施，山西省经济的迅猛发展，随物资交流携带现有传入的这些林业有害生物或新的种类形成新的疫情的可能性极大，为此要加大投入建设山西省林业有害生物预警体系建设，建议国家有关部门尽快修定植物检疫法规，提高检疫执法水平，加大检疫处罚力度，扩大检疫队伍提高复检率防止疫情扩散或产生新的疫情。

(3)本次普查与第一次全省森林病虫害普查比较，本土林业有害生物的危害有升有降，如油松毛虫的危害面积有了大幅度的下降，天牛的危害也轻了许多，这与多年的防治和树种的更新有很大关系。兔害、鼠害的发生面积上升较快，这与近几年六大林业重点工程的实施，野生动物种群恢复很快，天敌跟不上，而同期造林面积大幅上升有关。今后要在搞好监测的基础上，充分发挥天敌的控制作用，尽可能地采用无公害的防治方法，保护好环境。

(4)本次普查对兔害进行了调查，这是以前普查未涉及的种类，且发生面积达99.95万亩，危害严重，在今后的监测防治工作中要重视有害动物危害的治理工作。

(5)本次普查山西省有害植物的危害比其他省份较轻，可能与山西省生态条件恶劣，降水量少有很大关系，今后要重视这方面的工作，增加人才储备，注重监测。

(6)本次普查对危害严重或危害趋势增加的种类进行了风险评估，这是以前普查不曾涉及的内容，为检疫性林业有害生物名单的确定、引种管理、林业有害生物防治等工作提供了技术支持。

(7)由于普查的时间短，某些多年一代的种类虫态不全或未能进入普查的内容，如山猪的危害、胡蜂袭击人的危害等；由于资金、人力资源有限可能有些地域普查未能到达，有些危害严重但种群数量极小还未产生重大灾害的种类普查中可能遗漏；有些种类在普查时虽有发现，但当时还未能搞清与树木死亡的关系而未纳入汇总，如白蚁。不能不说是此次普查的遗憾。在今后适当的时机可组织专门调查以作补充，为林业有害生物的检疫、监测、防治服务。

内蒙古自治区林业有害生物普查技术报告

根据国家林业局《关于在全国开展林业外来有害生物普查工作的通知》(林造发[2003]73号)精神，结合内蒙古自治区的实际，于2003年6月至2005年4月，在全区开展了林业有害生物普查工作。内蒙古自治区林业有害生物普查工作，是在国家林业局的统一部署和直接领导下，由自治区林业主管部门牵头，地方各级林业主管部门负责组织，以各级森林病虫害防治检疫部门具体实施开展的。在各级林业主管部门的支持下，经过全体普查人员的艰苦工作和辛勤劳动，以及相关部门的大力配合，全区林业有害生物普查工作已基本结束。现将此次林业有害生物普查工作完成情况报告如下：

一、内蒙古自治区森林资源基本情况

内蒙古自治区东与黑龙江、吉林、辽宁，南与河北、山西、陕西、宁夏，西与甘肃等8省(自治区)相邻，北与蒙古、俄罗斯接壤。全区地域辽阔，东西跨经度29°10′，全长2000多千米，南北跨纬度15°50′，最宽处1200多千米，总面积约118万平方千米。在内蒙古高原四周分布着大兴安岭、阴山和贺兰山等山脉，平均海拔1000米左右。

内蒙古自治区现有森林3.1亿亩(相当于20.67万平方千米)。其中人工林1.1亿亩，森林覆盖率为17.5%。全区除大兴安岭林区外从东向西还有11片次生林区(即岭南次生林区、宝格达山林区、迪彦庙林区、克什克腾林区、罕山林区、茅荆坝林区、大青山林区、蛮汗山林区、乌拉山林区、贺兰山林区、额济纳次生林区)。全区草场面积居全国五大牧场之首，其中可利用草场面积68.18万平方千米，占全国可利用草场面积1/5以上。呼伦贝尔、锡林郭勒、科尔沁、乌兰察布、鄂尔多斯和乌拉特是全国著名草原。内蒙古高原西端分布有巴丹吉林、腾格里、乌兰布和、库布其等沙漠，总面积15万平方千米。

内蒙古自治区森林资源虽然十分丰富，但分布很不均衡，从东向西呈递减状态。大兴安岭由东北部的呼伦贝尔市经过兴安盟、通辽市的北部一直向西南延伸到赤峰市，内蒙古自治区的森林资源大部分集中在这一带。在这一带树种主要有兴安落叶松(8000万亩)、桦树(7500万亩)、蒙古栎(2300万亩)、杨树(2000万亩)、山杏(900万亩)、樟子松(400万亩)、油松(300万亩)、柳树(200万亩)、榆树(150万亩)等。在内蒙古自治区的中西部森林资源主要以小乔木和灌木林为主，在中西部的荒漠和半荒漠地区包括锡林郭勒盟、乌兰察布市、鄂多斯市、乌海市、巴彦淖尔市西北部、阿拉善盟等地区主要以梭梭(1650万亩)、柠条(1270万亩)、西北沙柳(760万亩)、旱柳(120万亩)、沙棘(120万亩)、杨柴(180万亩)、柽柳(230万亩)、沙冬青(100万亩)、四合木(30万亩)等树种为主。在黄河上中游阴山山脉和贺兰山山脉的北麓零星点片状分布着一些乔木树种，主要有杨树(500万亩)、华北落叶松(100万亩)、油松(90万亩)、白桦(44万亩)、青海云杉(32万亩)等，在阿拉善盟额济纳旗有胡杨(44万亩)。

二、普查工作的组织领导

内蒙古自治区林业厅全面负责这次林业有害生物普查工作的组织领导工作，专门召开会议研究部署普查工作的相关事宜，并成立了“内蒙古自治区林业外来有害生物普查工作领导小组”和“内蒙古自治区林业外来有害生物普查工作专家技术指导小组”，以保证这次普查工作的顺利完成。

各盟市、旗县林业主管部门负责本辖区的林业外来有害生物的普查工作，并负责本辖区普查工作的组织、领导、协调、资金筹集和检查验收等事宜，同时成立相应的林业外来有害生物普查工作领导小组和林业外来有害生物普查工作专家技术指导小组，编制林业外来有害生物普查工作实施方案。

三、普查的目的和意义

在国家六大林业重点工程全面实施的推动下，林业建设事业得到了快速发展，随之而来的是林业有害生物对森林资源的危害也呈加剧之势。同时，全球贸易活动的迅猛发展，外来林业有害生物入侵的威胁也日趋严重。加之我国地域辽阔，生态环境多样，生物多样性丰富，外来林业有害生物很容易找到适宜的栖息地而扩散。外来有害生物一旦入侵成功，治理代价巨大，费用极为昂贵。据不完全统计，森林有害生物发生面积新中国成立之初只有数百万亩，现在已经上升到 800 万公顷以上，其中外来有害生物发生面积达 90 万公顷，造成的经济、社会和生态损失约 1275 亿元，其中外来有害生物造成的损失达 560 亿元。

内蒙古自治区地处“三北”地区，与蒙古和俄罗斯及国内多个地区接壤，林业有害生物的入侵也非常严重。据 2003 年统计，全区林业有害生物发生面积达 100 万公顷，全自治区每年因此蒙受巨大的经济、社会和生态损失。因此，保护内蒙古自治区珍贵的森林资源已是当务之急。

通过开展林业有害生物普查，可以建立林业有害生物数据库，能够进一步掌握目前外来林业有害生物及本土危害严重的林业有害生物的危害情况，为今后加强区域间联防联治、制订预警方案、确定优先实施的国家级和自治区级工程治理项目，以及完善森林植物检疫有害生物、补充检疫有害生物和危险性有害生物疫情数据等工作奠定基础，提供科学依据。同时，掌握了全自治区林业有害生物发生和分布等基础情况，对于调整和完善全自治区林业有害生物防治检疫工作思路，制订一些具体的对策，都将起到积极的推动作用。

四、普查工作要求

(1)各级林业主管部门的领导，必须对林业有害生物普查引起高度重视，确保林业有害生物普查任务的顺利完成。这次普查是新中国成立以来规模最大的一次，涉及的调查种类最多。通过这次普查，可以进一步摸清我国林业有害生物危害基本情况，对科学地制订保护我国森林资源和国土生态安全的方针政策具有重要的意义。特别是这次普查将林业外来有害生物入侵情况作为重点，这在我国还是第一次，这将直接关系到今后一个时期我国如何有效地开展外来林业有害生物防治工作。

(2)认真负责，确保普查质量。各地在普查前，结合自己的实际情况，制订具体的实施方案，加强培训工作，确保此次普查不流于形式，保证普查质量。在开展普查过程中，层层确定责任人，把好技术关，做到普查数据准确，资料翔实。通过开展这次普查工作，全面准确掌握内蒙古自治区外来林业有害生物及已造成危害的本土危险性森林病虫的种类、分布及危害情况，为今后搞好防治检疫工作奠定坚实的基础。

五、普查范围与对象

（一）普查范围

各盟市及大兴安岭林林管理局所辖区域的有林地（含荒漠植被、经济林）、苗圃、贮木场、木材加工厂、花圃等。调查的重点是国家和自治区确定的林业重点保护区域、有害生物易发区域生区域以及过去调查涉及不多的区域。

（二）普查对象

(1)所有外来有害生物。包括从国（境）外和 1980 年以后从外省（自治区、直辖市）传入的危害森林植物及其产品的病原微生物、有害昆虫、有害植物及鼠、兔、螨类等。

(2)危险性大的本土有害生物。指对森林植物及其产品造成危害最严重的本土有害生物，包括林业病原微生物、有害昆虫、有害植物及鼠、兔、螨类等。

(3)危害木材的林业有害生物。

(4)林业检疫性有害生物。

(5)内蒙古自治区林业补充检疫性有害生物。

（三）普查时间安排

普查工作分三个阶段开展。普查准备时间：2003 年 6 月至 2004 年 2 月；外业调查时间：2004 年 3 ~ 10 月；内业整理和普查资料汇总：2004 年 11 月至 2005 年 2 月。因有害生物学方面等原因需补充调查的，可顺延 1 ~ 2 年，但不影响各项资料的汇总，汇总资料要求在规定日期前报上。顺延普查时间结束后，必须报送补充普查报告及相关资料。普查各项材料包括普查工作总结、普查技术报告，以及各项统计表和有害生物标本及数码照片。内蒙古自治区普查材料汇总时间安排在 2005 年 3 ~ 4 月。

六、普查内容和技术方法

（一）普查内容

(1)寄主植物普查。普查对象危害的植物种类（包括乔木、灌木、花卉等），原则上要求查到种。寄主植物种类大于 20 种的，按照不同科、属，至少列出主要的 20 种。

(2)普查对象分布地点统计。发生区域大的（指发生地点超过所辖县级行政区域 1/3 以上的乡镇），统计县级（包括相当于县级行政级别的林业局）名称；新发现的或发生区域小的（指发生地点等于或小于所辖县级行政区域 1/3 以上的乡镇），统计乡镇级名称（报送汇总资料时，包括乡镇级名称及所隶属的县级名称）。以上分布地点统计，要求注明所隶属的盟市、旗县。大兴安岭林业管理局在分布地点统计时，请备注所辖林业局、苗圃所在地隶属的行政区名称（盟市、旗县名称）。

(3)有害生物发生面积统计。危害经济林(果园)、苗圃、花圃、温室等种苗繁育基地的，以危害寄主植物的实际种植面积计算；危害其他林地的，以林业小班为单元计算发生面积。发生面积分为轻、中、重三个等级统计，按照具体分级标准划分。

(4)危害木材的有害生物统计。须统计危害木材的(包括原木、板材、方材、木质包装材料、垫脚木和人造板等)有害生物种类、危害数量(以立方米为单位)及危害程度，以及有害生物危害的贮木场、木材加工厂等的所在地名称及单位名称。

(5)林业检疫性有害生物和内蒙古自治区林业补充检疫性有害生物，根据《植物检疫条例》的有关规定和疫情数据信息化管理的要求，结合其他林业有害生物的普查工作开展普查，具体内容为分布地点、寄主植物、危害部位和发生面积。

(6)外来有害生物来源调查。了解并记录传入地、传入时间、传入的途径及方式等。

(7)外来有害生物入侵对当地经济、生态、社会影响的调查。

(二)普查方法

1. 外业调查

在有害生物发生盛期或表现症状期，以乡、镇(场)为单位，在林业作业图或林相图上以及根据种苗繁育基地、贮木场、木材加工厂等的所在地的分布情况，确定踏查线路。重点区域及经过踏查发现有疫情的区域，要设立具有代表性的调查点或样方进行详查，并列出每个调查点或样方所在的位置以及所代表的面积。

(1)踏查：按照设计的调查线路，开展踏查。当发现有为害症状或有害生物时，应开展详查。

(2)详查：林地或种苗繁育基地每块标准地、或样方调查株数为30～50株，其中人工林标准地或样方累积调查面积不应少于普查对象寄主面积的3%，天然林等应不少于0.2%；调查木材危害状况时，抽样率不应少于3%。需详细记录有害生物的种类、寄主、虫口密度和树木受害程度，采集相关标本及拍摄有害生物生物学或危害装的照片，并将有关数据填入“有害生物详查情况统计表”。对不能确定的有害生物或寄主植物要及时予以鉴定。

2. 内业整理和普查资料汇总

对外业调查的笔录、数据、照片等进行整理、归档；对采集的有害生物进行分类、鉴定。整理后的普查资料由旗县级逐级报送至内蒙古自治区森防站，由森防站统一保存。

七、普查工作完成情况

从2003年6月开始的林业有害生物普查工作，在全自治区所辖3盟9市、2个计划单列市和大兴安岭林业管理局全面开展，两年多共普查100余个旗、县、市(区)，27个林业经营局，占内蒙古自治区旗、县、市(区)的100%。普查森林面积27000万亩，占全自治区现有森林面积的87.1%。全自治区在普查中共设立线路调查点153928个，标准地86559块，共采集各类标本356643号次，制作林业有害生物标本1859套。各盟、市向自治区送交标本216套，林业有害生物数码照片刻录的光盘8份。同时提交了普查工作实施方案、普查工作技术报告、普查工作总结，以及各项林业有害生物普查结果汇总表。

八、林业有害生物发生现状

通过对全自治区林业有害生物普查材料的汇总分析，我们发现林业有害生物的发生、分布都直接与东西部的地形、气候、环境和植被类型有着紧密的联系。在东部区大兴安岭主脉所在的呼伦贝尔市、兴安盟林业有害生物的种类主要有落叶松落叶病、落叶松毛虫、落叶松鞘蛾、落叶松八齿小蠹、桦尺蠖、黄褐天幕毛虫、白桦锤角叶蜂。森林鼠害主要有棕背鼾、东北鼢鼠、莫氏田鼠等。大兴安岭向西南延伸到通辽市的北部和赤峰市，这一带林业有害生物主要有黄褐天幕毛虫、落叶松毛虫、油松毛虫、赤松毛虫、杨柳毒蛾、青杨天牛、栗山天牛、白杨透翅蛾、分月扇舟蛾、榆紫叶甲和杨树烂皮病等。在中西部的锡林郭勒盟、乌兰察布市、呼和浩特市主要以鼠害为主，有中华鼢鼠、棕背鼾、草原黄鼠等，呼和浩特市、包头市南部、乌海市、鄂尔多斯市北部、巴彦淖尔市南部主要虫种有光肩天牛(黄河沿岸)、杨十斑吉丁、大青叶蝉，鄂尔多斯市主要有沙棘木蠹蛾、柠条豆象、柠条小蜂、春尺蠖、蒙古跳甲、杨柳毒蛾和灰斑古毒蛾等。巴彦淖尔市的北部和阿拉善盟的大部主要以大沙鼠为主，阿拉善盟还有柽柳条叶甲、胡杨天幕毛虫、云杉异色卷蛾和梭梭白粉病等。

九、国境外传入林业有害生物普查情况

经过普查，仅在满洲里市发现有2种国境外传入的林业有害生物，分别是脐腹小蠹和榆卷叶象，该2种外来林业有害生物的寄主均为榆树，危害部位分别为干、枝梢和叶部。脐腹小蠹发生情况为轻0.2万亩、中0.26万亩、重0.19万亩，合计发生0.65万亩。榆卷叶象发生情况为轻度发生，合计0.42万亩。该两种外来林业有害生物，均认为原产地在俄罗斯，是从俄罗斯传入满洲里市的，传入的时间、传入方式和传入途径均不清楚。

十、外省(自治区、直辖市)传入林业有害生物普查情况

经过普查共发现14种外省(自治区、直辖市)传入的林业有害生物，但有个别林业有害生物，有些地方认为是外省(自治区、直辖市)传入的，有些地方认为是本土生长的。比如落叶松八齿小蠹，在大兴安岭地区就认为是本土生长的，而在赤峰市则认为是外来传入的。类似的还有光肩星天牛、沙棘木蠹蛾等。我们认为，这种情况也是符合内蒙古自治区的实际。因为内蒙古自治区面积较大，横跨东北、华北和西北，与多个省(自治区、直辖市)接壤，在一个地方为本土生长的，在另一个地方有可能是外省(自治区、直辖市)传入的。在该技术报告中，我们只以各地普查材料为准。

(一) 白蜡绵粉蚧

(1)分布地点：包头市青山区。
(2)寄主植物：白蜡。
(3)危害部位：叶。
(4)发生情况：为轻度发生，合计8.6万亩。
(5)传入情况：传入的时间、传入方式和传入途径均不清楚。

(二) 栗山天牛

(1)分布地点：赤峰市宁城县。
(2)寄主植物：柞树。
(3)危害部位：枝、干。

(4)发生情况：轻1.84万亩、中0.11万亩、重1.26万亩，合计3.21万亩。

(5)传入情况：传入的时间、传入方式和传入途径均不清楚。

(三)落叶松八齿小蠹

(1)分布地点：赤峰市克什克腾旗、巴林左旗。

(2)寄主植物：落叶松。

(3)危害部位：干。

(4)发生情况：轻0.9万亩、中0.1万亩、重0.4万亩，合计1.4万亩。

(5)传入情况：1994由辽宁省木材运输时传入。

(四)杨干象

(1)分布地点：赤峰市红山区、松山区、喀喇沁旗、元宝山区、敖汉旗。

(2)寄主植物：杨树。

(3)危害部位：枝、干。

(4)发生情况：轻1.64万亩、中0.94万亩、重0.41万亩，合计2.99万亩。

(5)传入情况：1982年由辽宁省苗木运输时传入。

(五)沙棘木蠹蛾

(1)分布地点：赤峰市红山区、松山区、敖汉旗、克什克腾旗。

(2)寄主植物：沙棘。

(3)危害部位：根。

(4)发生情况：轻14.22万亩、重0.62万亩，合计14.84万亩。

(5)传入情况：1995年由辽宁省苗木运输时传入。

(六)槐花球蚧

(1)分布地点：乌海市海勃湾区、海南区。

(2)寄主植物：霸王。

(3)危害部位：枝。

(4)发生情况：轻度发生0.85万亩。

(5)传入情况：1986年左右传入，传入途径和传入方式不详。

(七)光梗蒺藜草

(1)分布地点：通辽市科尔沁区、开鲁县、奈曼旗、库伦旗、科尔沁左翼后旗、科尔沁左翼中旗。

(2)寄主植物：占据林地，使林木无法生长。

(3)危害部位：尚未发现在林木上寄生。

(4)发生情况：轻84.79万亩、中13.63万亩、重4.1万亩，合计102.52万亩。

(5)传入情况：不详。

（八）双条杉天牛

(1)分布地点：通辽市科尔沁区。
(2)寄主植物：桧柏、侧柏。
(3)危害部位：枝、干。
(4)发生情况：轻度发生 0.008 万亩。
(5)传入情况：1998 年河北省调运苗木时传入。

（九）槐树尺蠖

(1)分布地点：通辽市科尔沁区。
(2)寄主植物：槐树。
(3)危害部位：叶。
(4)发生情况：中度发生 0.02 万亩。
(5)传入情况：2001 年由河北省调运苗木时传入。

（十）槐树烂皮病

(1)分布地点：通辽市科尔沁左翼后旗甘旗卡镇。
(2)寄主植物：槐树。
(3)危害部位：主干。
(4)发生情况：轻度发生 1 亩。
(5)传入情况：2002 年山东省调运时传入。

（十一）光肩星天牛

(1)分布地点：巴彦淖尔市临河区、乌拉特前旗、五原县、杭锦后旗、磴口县；乌海市海勃湾区、海南区、乌达区；鄂尔多斯市杭锦旗、鄂托克旗、达拉特旗、鄂托克前旗；阿拉善盟阿拉善左旗。

(2)寄主植物：小叶杨、新疆杨、河北杨、合作杨、加杨、旱柳、榆。

(3)危害部位：枝、干。

(4)发生情况：轻 16.16 万亩、中 6.27 万亩、重 2.17 万亩，合计 24.61 万亩。

(5)传入情况：该 4 个盟、市均认为是在 80 ~ 90 年代由宁夏回族自治区调运木材时传入。

（十二）日本菟丝子

(1)分布地点：鄂尔多斯市伊金霍洛旗。
(2)寄主植物：沙柳。
(3)危害部位：整株。
(4)发生情况：轻 0.01 万亩、重 0.01 万亩，合计 0.02 万亩。
(5)传入情况：不详。

（十三）泰加大树蜂

(1)分布地点：锡林郭勒盟锡林浩特市、西乌珠穆沁旗。
(2)寄主植物：华北落叶松、云杉。
(3)危害部位：树干。
(4)发生情况：轻0.01万亩、中0.01万亩、重0.02万亩，合计0.04万亩。
(5)传入情况：由大兴安岭林区调运木材时传入，时间不详。

（十四）红脂大小蠹

(1)分布地点：鄂尔多斯市准格尔旗魏家峁镇四分子村。
(2)寄主植物：油松。
(3)危害部位：未发现。
(4)发生情况和传入情况：在调查时，只诱捕到2个成虫，未发现受害木和危害症状。发生地为交通要道边，极可能通过过往车辆从山西省传入。

十一、危害严重的本土有害生物普查情况

经过全体普查人员的辛勤劳动，共查出1500多种林业有害生物，根据国家林业局的要求，按照危害程度予以排序，现将危害程度较大的前20种林业有害生物报告如下：

（一）青杨天牛

(1)分布地点：
呼和浩特市托克托县、和林格尔县、清水河县、武川县、新城区、赛罕区；
包头市达尔罕茂明安联合旗、土默特右旗、固阳县；
乌海市海勃湾区、乌达区、海南区；
赤峰市宁城县、敖汉旗、红山区、阿鲁科尔沁旗、巴林右旗、翁牛特旗；
鄂尔多斯市达拉特旗、乌审旗、准格尔旗、鄂托克旗、杭锦旗；
巴彦淖尔市临河区、磴口县、五原县、乌拉特前旗、杭锦后旗、乌拉特中旗、乌拉特后旗；
阿拉善盟阿拉善左旗、额济纳旗；
通辽市科尔沁左翼后旗、开鲁县、库伦旗、科尔沁区、科尔沁左翼中旗、奈曼旗；
兴安盟扎赉特旗、科尔沁右翼中旗；
锡林郭勒盟西乌珠穆沁旗、太仆寺旗、正蓝旗、锡林浩特市；
乌兰察布市察哈尔右翼前旗、丰镇市、兴和县、卓资县、察哈尔右翼中旗、化德县、四子王旗。
(2)寄主植物：杨。
(3)危害部位：枝、干。
(4)发生情况：轻180.40万亩、中7.49万亩、重12.69万亩，合计200.58万亩。

（二）松毛虫类

1. 落叶松毛虫

(1)分布地点：

呼和浩特市土默特左旗、武川县；

呼伦贝尔市鄂温克族自治旗、牙克石市；

兴安盟五岔沟林业局、白狼林业局(该两个林业局在阿尔山市和科尔沁右翼前旗境内)，阿尔山市；

赤峰市宁城县、巴林左旗、松山区、阿鲁科尔沁旗、林西县、巴林右旗、克什克腾旗；

锡林郭勒盟西乌珠穆沁旗、东乌珠穆沁旗、多伦县。

(2)寄主植物：兴安落叶松、油松、华北落叶松。

(3)危害部位：针叶。

(4)发生情况：轻 6.77 万亩、中 8.51 万亩、重 9.81 万亩，合计 25.09 万亩。

2. 赤松毛虫

(1)分布地点：通辽市扎鲁特旗、奈曼旗、库伦旗、科尔沁左翼后旗、科尔沁左翼中旗。

(2)寄主植物：落叶松、油松、樟子松。

(3)危害部位：叶。

(4)发生情况：轻 75 万亩、中 20 万亩、重 8 万亩，合计 103 万亩。

3. 油松毛虫

①分布地点：赤峰市宁城县、巴林左旗、松山区、红山区、元宝山区、喀喇沁旗、敖汉旗。

②寄主植物：油松。

③危害部位：针叶。

④发生情况：轻 10.85 万亩、中 12.67 万亩、重 4.11 万亩，合计 27.63 万亩。

松毛虫类总计发生情况：轻 92.62 万亩、中 41.18 万亩、重 21.92 万亩，合计 155.72 万亩。

(三) 野　兔

(1)分布地点：

鄂尔多斯市达拉特旗、东胜区、鄂托克旗、乌审旗、伊金霍洛旗、准格尔旗；

包头市九原区、固阳县；

呼和浩特市清水河县、土默特左旗。

(2)寄主植物：杨柴、柠条、大白柠条、樟子松、油松、花棒、杨属、沙棘。

(3)危害部位：根、茎、叶、顶芽。

(4)发生情况：轻 69.34 万亩、中 56.63 万亩、重 27.61 万亩，合计 153.58 万亩。

(四) 黄褐天幕毛虫

(1)分布地点：

呼和浩特市清水河县、和林格尔县、回民区；

包头市石拐区、九原区、土默特右旗、固阳县；

赤峰市宁城县、巴林左旗、松山区、阿鲁科尔沁旗旗、巴林右旗、元宝山区、喀喇沁旗、敖汉旗、林西县；

兴安盟扎赉特旗、科尔沁右翼中旗、科尔沁右翼前旗；

通辽市扎鲁特旗、开鲁县、奈曼旗、库伦旗、科尔沁左翼后旗、科尔沁区、科尔沁左翼中旗；

巴彦淖尔市乌拉特中旗、乌拉特前旗；

鄂尔多斯市东胜区、准格尔旗；

阿拉善盟阿拉善左旗。

(2)寄主植物：杨、榆、柳、胡杨以及山杏、蒙古扁桃等果树类。

(3)危害部位：叶部。

(4)发生情况：轻59.49万亩、中46.08万亩、重45.11万亩，合计150.68万亩。

(五) 杨树烂皮病

(1)分布地点：

呼和浩特市赛罕区、玉泉区、回民区、土默特左旗、托克托县；

赤峰市巴林左旗、元宝山区、喀喇沁旗、敖汉旗；

呼伦贝尔市海拉尔区、满洲里市；

兴安盟扎赉特旗；

乌兰察布市四子王旗、察哈尔右翼前旗、察哈尔右翼中旗、凉城县、丰镇市、察哈尔右翼后旗、兴和县；

巴彦淖尔市临河区、乌拉特后旗、乌拉特中旗、乌拉特前旗；

通辽市科尔沁左翼后旗、开鲁县、库伦旗、科尔沁区、科尔沁左翼中旗、奈曼旗。

(2)寄主植物：杨、柳、榆。

(3)危害部位：主干、大枝及树干分叉处。

(4)发生情况：轻119万亩、中3.12万亩、重4.46万亩，合计126.58万亩。

(六) 杨毒蛾

(1)分布地点：

呼伦贝尔市鄂温克族自治旗、牙克石市、海拉尔区、扎兰屯市、莫力达瓦达斡尔族自治旗；

兴安盟突泉县、科尔沁右翼中旗、乌兰浩特市；

通辽市科尔沁左翼后旗、开鲁县、库伦旗、科尔沁区、科尔沁左翼中旗、奈曼旗、扎鲁特旗；

乌兰察布市察哈尔右翼前旗、卓资县、兴和县、丰镇市、四子王旗、凉城县、化德县、集宁区、察哈尔右翼后旗。

(2)寄主植物：杨、柳、榆、山杏。

(3)危害部位：叶。

(4)发生情况：轻98.04万亩、中4.2万亩、重1.9万亩，合计104.14万亩。

（七）白杨透翅蛾

(1)分布地点：
呼和浩特市托克托县、武川县；
包头市土默特右旗、九原区；
乌海市海勃湾区；
赤峰市宁城县、元宝山区、喀喇沁旗、巴林右旗；
通辽市科尔沁左翼后旗、开鲁县、科尔沁区、科尔沁左翼中旗、奈曼旗、扎鲁特旗；
兴安盟扎赉特旗；
锡林郭勒盟锡林浩特市、东乌珠穆沁旗；
乌兰察布市四子王旗、凉城县、察哈尔右翼中旗、察哈尔右翼前旗、察哈尔右翼后旗；
鄂尔多斯市鄂托克旗、达拉特旗、准格尔旗；
巴彦淖尔市临河区、磴口县、杭锦后旗、五原县、乌拉特前旗、乌拉特中旗、乌拉特后旗；
阿拉善盟阿拉善左旗。
(2)寄主植物：杨树。
(3)危害部位：干。
(4)发生情况：轻92.11万亩、中1.73万亩、重0.07万亩，合计93.9万亩。

（八）沙棘木蠹蛾

(1)分布地点：
呼和浩特市土默特左旗、托克托县、和林格尔县、清水河县、武川县；
乌兰察布市丰镇市、卓资县、集宁区；
赤峰市红山区、松山区、敖汉旗、克什克腾旗；
鄂尔多斯市达拉特旗、东胜区、准格尔旗。
(2)寄主植物：沙棘。
(3)危害部位：根、干。
(4)发生情况：轻18.99万亩、中12.19万亩、重26.5万亩，合计57.68万亩。

（九）大沙鼠

(1)分布地点：
阿拉善盟阿拉善左旗、阿拉善右旗、额济纳旗；
巴彦淖尔市乌拉特后旗、乌拉特中旗、磴口县。
(2)寄主植物：梭梭、沙冬青、白刺、花棒、沙拐枣、柠条。
(3)危害部位：根、枝、干。
(4)发生情况：轻30.45万亩、中34.48万亩、重15.07万亩，合计80万亩。

（十）春尺蠖

(1)分布地点：

呼和浩特市托克托县、土默特左旗；

包头市石拐区、九原区、固阳县；

锡林郭勒盟镶黄旗、多伦县；

乌兰察布市察哈尔右翼中旗、察哈尔右翼后旗、四子王旗、化德县、商都县；

巴彦淖尔市乌拉特前旗、乌拉特中旗、杭锦后旗；

鄂尔多斯市达拉特旗、东胜区、鄂托克旗、鄂托克前旗、杭锦旗、乌审旗、伊金霍洛旗；

阿拉善盟阿拉善左旗。

(2)寄主植物：柠条、北京旱柳、杨属、柳属、榆属、锦鸡儿属。

(3)危害部位：叶、芽、花。

(4)发生情况：轻20.05万亩、中19.4万亩、重9.52万亩，合计48.97万亩。

(十一) 光肩星天牛

(1)分布地点：

呼和浩特市赛罕区、回民区、玉泉区、和林格尔县、清水河县、土默特左旗；

包头市九原区、石拐区、土默特右旗、青山区、东河区、昆都仑区；

巴彦淖尔市临河区、乌拉特前旗、五原县、杭锦后旗、磴口县；

赤峰市元宝山区、松山区、敖汉旗、红山区；

乌兰察布市丰镇市、集宁区；

阿拉善盟阿拉善左旗；

通辽市科尔沁左翼后旗、奈曼旗、库伦旗、科尔沁区；

乌海市海勃湾区、海南区、乌达区；

鄂尔多斯市杭锦旗、鄂托克旗、达拉特旗、鄂托克前旗。

(2)寄主植物：小叶杨、新疆杨、河北杨、合作杨、加杨、旱柳、榆。

(3)危害部位：枝、干。

(4)发生情况：轻23.58万亩、中8.2万亩、重3.93万亩，合计35.7万亩。

(十二) 大青叶蝉

(1)分布地点：

包头市达尔罕茂明安联合旗、土默特右旗、九原区；

鄂尔多斯市鄂托克旗、杭锦旗、乌审旗；

巴彦淖尔市临河区、磴口县、五原县、乌拉特前旗、杭锦后旗、乌拉特中旗、乌拉特后旗。

(2)寄主植物：杨、柳、榆、梨。

(3)危害部位：叶肉韧皮。

(4)发生情况：轻22.37万亩、中8.79万亩、重3.57万亩，合计34.73万亩。

(十三) 柽柳条叶甲

(1)分布地点：阿拉善盟额济纳旗。

(2)寄主植物：柽柳。
(3)危害部位：叶。
(4)发生情况：轻 6 万亩、中 6 万亩、重 18 万亩，合计 30 万亩。

（十四）樟子松球果象(樟子松木蠹象)

(1)分布地点：呼伦贝尔市鄂温克族自治旗、陈巴尔虎旗、新巴尔虎左旗。
(2)寄主植物：樟子松。
(3)危害部位：果实。
(4)发生情况：轻 20 万亩、中 4 万亩、重 3 万亩，合计 27 万亩。

（十五）杨干象

(1)分布地点：
赤峰市红山区、松山区、喀喇沁旗、元宝山区、敖汉旗；
通辽市科尔沁左翼后旗、奈曼旗、库伦旗；
呼伦贝尔市扎兰屯市、莫力达瓦达斡尔族自治旗、阿荣旗、牙克石市；
兴安盟扎赉特旗。
(2)寄主植物：杨树。
(3)危害部位：枝、干。
(4)发生情况：轻 14.52 万亩、中 6.3 万亩、重 4.08 万亩，合计 24.9 万亩。

（十六）舞毒蛾

(1)分布地点：
呼和浩特市土默特左旗、托克托县、和林格尔县、清水河县、武川县；
通辽市科尔沁左翼后旗、开鲁县、库伦旗、科尔沁区、科尔沁左翼中旗、奈曼旗、扎鲁特旗；
乌兰察布市丰镇市、兴和县、卓资县、四子王旗、凉城县、察哈尔右翼前旗、集宁区。
(2)寄主植物：杨、柳、榆、落叶松、油松、果树。
(3)危害部位：叶。
(4)发生情况：轻 19.62 万亩、中 1.51 万亩、重 0.5 万亩，合计 21.63 万亩。

（十七）兴安落叶松鞘蛾

(1)分布地点：
呼伦贝尔市扎兰屯市、牙克石市、阿荣旗；
兴安盟五岔沟林业局(在科尔沁右翼前旗和阿尔山市境内)；
呼和浩特市新城区、和林格尔县、武川县、土默特左旗；
乌兰察布市兴和县、丰镇市、卓资县。
(2)寄主植物：兴安落叶松、华北落叶松。
(3)危害部位：叶部。
(4)发生情况：轻 5.68 万亩、中 7.3 万亩、重 8 万亩，合计 20.98 万亩。

（十八）中华鼢鼠

(1)分布地点：

呼和浩特市清水河县、武川县、和林格尔县、土默特左旗；

乌兰察布市丰镇市、卓资县、中察哈尔右翼旗、化德县、兴和县、凉城县；

鄂尔多斯市伊金霍洛旗、准格尔旗；

兴安盟乌兰浩特市、科尔沁右翼前旗、科尔沁右翼中旗、突泉县、扎赉特旗、阿尔山市。

(2)寄主植物：华北落叶松、樟子松、油松、山杏、杨属、柳属。

(3)危害部位：根部。

(4)发生情况：轻8.94万亩、中1.58万亩、重8.9万亩，合计19.42万亩。

（十九）分月扇舟蛾

(1)分布地点：

呼伦贝尔市鄂温克族自治旗；

兴安盟突泉县、科尔沁右翼中旗、科尔沁右翼前旗、乌兰浩特市、扎赉特旗、阿尔山市；

赤峰市巴林左旗、元宝山区、林西县、巴林右旗。

(2)寄主植物：桦树、杨树。

(3)危害部位：叶。

(4)发生情况：轻0.61万亩、中2万亩、重6.2万亩，合计8.81万亩。

（二十）棕背䶄

(1)分布地点：

呼和浩特市回民区、清水河县、武川县、和林格尔县、土默特左旗；

包头市石拐区、达尔罕茂明安联合旗、土默特右旗；

兴安盟五岔沟林业局、白狼林业局(该两个林业局在阿尔山市和科尔沁右翼前旗境内)，阿尔山市；

呼伦贝尔市满洲里市。

(2)寄主植物：油松、沙棘、柠条、山杏、兴安落叶松。

(3)危害部位：根茎、种实。

(4)发生情况：轻3.8万亩、中1.7万亩、重0.7万亩，合计6.2万亩。

十二、危害木材有害生物普查情况

经过普查，发现10种林业有害生物危害木材。

（一）家茸天牛

(1)危害木材种类：原木、方木、板材。

(2)分布地点：阿拉善盟额济纳旗；鄂尔多斯市鄂托克前旗；包头市东河区、九原区、青山区、昆都仑区；通辽市科尔沁左翼后旗、开鲁县、库伦旗、扎鲁特旗、科尔沁区、科尔沁左翼中旗、奈曼旗；巴彦淖尔市乌拉特前旗、乌拉特中旗。

(3)发生场所：贮木场、加工厂、木材点。

(4)本土或传入：本土。

(5)发生情况：轻743.2立方米、轻300立方米，合计1043.2立方米。

(二) 泰加大树蜂

(1)危害木材种类：松原木、杉原木。

(2)分布地点：阿拉善盟阿拉善右旗额肯呼都格镇；锡林郭勒盟锡林浩特市、西乌珠穆沁旗。

(3)发生场所：木材加工点、木材加工厂。

(4)本土或传入：由大兴安岭传入，时间不详。

(5)发生情况：轻350立方米、中200立方米、重400立方米，合计950立方米。

(三) 落叶松八齿小蠹

(1)危害木材种类：落叶松原木。

(2)分布地点：呼伦贝尔市鄂温克族自治旗，免渡河林业局。

(3)发生场所：木材加工厂。

(4)本土或传入：本土。

(5)发生情况：轻2.34立方米、中260立方米，合计262.34立方米。

(四) 松十二齿小蠹

(1)危害木材种类：落叶松原木。

(2)分布地点：呼伦贝尔市鄂温克族自治旗巴彦托海镇。

(3)发生场所：木材加工厂。

(4)本土或传入：本土。

(5)发生情况：轻度发生0.13立方米。

(五) 云杉小黑天牛

(1)危害木材种类：松原木。

(2)分布地点：呼伦贝尔市免渡河林业局；包头市九原区。

(3)发生场所：贮木场。

(4)本土或传入：在呼伦贝尔市是本土林业有害生物，在包头市九原区认为是从大兴安岭林区调入的，调入时间不详。

(5)发生情况：中度发生，合计490立方米。

(六) 松小蠹

(1)危害木材种类：松原木。

(2)分布地点：包头市九原区、石拐区。

(3)发生场所：木材加工点。

(4)本土或传入：本土。

(5)发生情况：中度发生 310 立方米。

(七) 松墨天牛

(1)危害木材种类：松原木。

(2)分布地点：包头市石拐区。

(3)发生场所：木材加工点。

(4)本土或传入：认为是从湖南省调运木材时传入，传入时间不详。在复检时查出，当时连同寄主一起销毁，现在已经没有松墨天牛的存在。

(5)发生情况：重度发生 80 立方米。

(八) 光肩星天牛

(1)危害木材种类：原木。

(2)分布地点：鄂尔多斯市杭锦旗；包头市土默特右旗；巴彦淖尔市杭锦后旗、磴口县。

(3)发生场所：林地、木材加工点。

(4)本土或传入：包头市土默特右旗认为是本土林业有害生物，鄂尔多斯市杭锦旗和巴彦淖尔市磴口县、杭锦后旗均认为该虫是在 80 ~ 90 年代从宁夏回族自治区传入的。

(5)发生情况：轻 518. 3 立方米、中 2395 立方米、重 314 立方米，合计 3227. 3 立方米。

(九) 榆边材小蠹

(1)危害木材种类：原木。

(2)分布地点：鄂尔多斯市杭锦旗。

(3)发生场所：木材加工点。

(4)本土或传入：本土。

(5)发生情况：轻度发生 6. 5 立方米。

(十) 杨十斑吉丁

(1)危害木材种类：原木。

(2)分布地点：鄂尔多斯市杭锦旗；巴彦淖尔市乌拉特前旗。

(3)发生场所：木材加工点、贮木场。

(4)本土或传入：本土。

(5)发生情况：轻度发生 101. 2 立方米。

经过普查，全区查出危害木材的林业有害生物共计 10 种，木材受害情况为：轻度发生 1721. 67 立方米，中度发生 3955 立方米，重度发生 794 立方米，合计危害木材 6470. 67 立方米。

十三、林业检疫性有害生物普查情况

2004 年国家林业局第 4 号公告公布了《林业检疫有害生物名单》，结合这次林业有害生物普查工作，对林业检疫性有害生物也进行了普查，结果发现内蒙古自治区有 4 种林业检疫性有害生物，其分布、发生、危害情况如下：

（一）冠瘿病

(1)分布地点：通辽市开鲁县、科尔沁区、科尔沁左翼中旗、奈曼旗、扎鲁特旗。
(2)寄主植物：杨、柳、榆、山杏。
(3)危害部位：根、干、枝。
(4)发生情况：轻度发生 11.1 万亩。

（二）杨干象

(1)分布地点：
赤峰市红山区、松山区、喀喇沁旗、元宝山区、敖汉旗；
通辽市科尔沁左翼后旗、奈曼旗、库伦旗；
呼伦贝尔市扎兰屯市、莫力达瓦达斡尔族自治旗、阿荣旗、牙克石市；
兴安盟扎赉特旗。
(2)寄主植物：杨树。
(3)危害部位：枝、干。
(4)发生情况：轻 14.52 万亩、中 6.3 万亩、重 4.08 万亩，合计 24.9 万亩。

（三）松疱锈病

(1)分布地点：呼伦贝尔市红花尔基林业局(在鄂温克族自治旗境内)。
(2)寄主植物：樟子松。
(3)危害部位：枝干。
(4)发生情况：轻度发生 0.004 万亩。

（四）落叶松枯梢病

(1)分布地点：呼伦贝尔盟鄂伦春自治旗、根河市、额尔古纳市。
(2)寄主植物：兴安落叶松。
(3)危害部位：叶、梢。
(4)发生情况：有分布、未造成危害。

十四、补充林业检疫性有害生物普查情况

2004 年内蒙古自治区林业厅公告文件公布了《内蒙古自治区补充林业检疫有害生物名单》，该名单中补充了 5 种林业检疫性有害生物，这次结合林业有害生物普查工作，对补充林业检疫性有害生物也进行了普查，基本上掌握了其发生发展、危害变化情况。

（一）双条杉天牛

(1)分类地位：鞘翅目、叶甲总科、天牛科。
(2)分布地点：包头市固阳县、石拐区；通辽市科尔沁区。

(3)寄主植物：桧柏、侧柏。

(4)危害部位：枝、干。

(5)发生情况：轻0.008万亩、中0.02万亩、重0.002万亩，合计0.03万亩。

(6)危害症状：树干上半部枯黄死亡、树皮翘裂易脱落、有少量白色树脂流出。

(7)传播途径：利用人为调运可能携带有双条衫天牛的苗木、种条、幼树、原木、木材时传播。

(8)检疫措施：调运中发现带疫的苗木，应集中销毁；木材采用溴甲烷或磷化铝熏蒸处理，在20~25℃时用药量分别为20~30克/立方米和12~15克/立方米，熏蒸时间分别为24小时和72小时。

产地检疫时发现带疫苗木，应集中销毁；怀疑带疫的应采用50%的对硫磷乳剂1000倍液或40%的氧化乐果800倍液，喷射树干杀幼虫。

(二) 光肩星天牛

(1)分类地位：鞘翅目、叶甲总科、天牛科。

(2)分布地点：

呼和浩特市赛罕区、回民区、玉泉区、和林格尔县、清水河县、土默特左旗；

包头市九原区、石拐区、土默特右旗、青山区、东河区、昆都仑区；

巴彦淖尔市临河区、乌拉特前旗、五原县、杭锦后旗、磴口县；

赤峰市元宝山区、松山区、敖汉旗、红山区；

乌兰察布市丰镇市、集宁区；

阿拉善盟阿拉善左旗；

通辽市科尔沁左翼后旗、奈曼旗、库伦旗、科尔沁区；

乌海市海勃湾区、海南区、乌达区；

鄂尔多斯市杭锦旗、鄂托克旗、达拉特旗、鄂托克前旗。

(3)寄主植物：小叶杨、新疆杨、河北杨、合作杨、加杨、旱柳、榆。

(4)危害部位：枝、干。

(5)发生情况：轻23.58万亩、中8.2万亩、重3.929万亩，合计35.7万亩。

(6)危害症状：受害寄主木质部被蛀空，树干风折、枯梢或整株枯死。

(7)传播途径：利用人为调运可能携带有光肩星天牛的苗木、种条、幼树、原木、木材时传播；同时也可能利用交通工具和水流进行传播。

(8)检疫措施：

带虫苗木禁止出圃；

对调运的苗木、种条、幼树、原木、木材，检验有无天牛的刻槽、入侵孔、羽化孔、虫道和活虫体。若有，可进行熏蒸或破板处理。

药物熏蒸：在常温下，用硫酰氟或溴甲烷每立方米用药20~40克，帐幕熏蒸，密闭处理1~2天；用磷化铝片，每立方米施药15~30克，密闭处理4~7天。

(三) 青杨天牛

(1)分类地位：鞘翅目、叶甲总科、天牛科。

(2)分布地点：

呼和浩特市托克托县、和林格尔县、清水河县、武川县、新城区、赛罕区；

包头市达尔罕茂明安联合旗、土默特右旗、固阳县；

乌海市海勃湾区、乌达区、海南区；

赤峰市宁城县、敖汉旗、红山区、阿鲁科尔沁旗、巴林右旗、翁牛特旗；

鄂尔多斯市达拉特旗、乌审旗、准格尔旗、鄂托克旗、杭锦旗；

巴彦淖尔市临河区、磴口县、五原县、乌拉特前旗、杭锦后旗、乌拉特中旗、乌拉特后旗；

阿拉善盟阿拉善左旗、额济纳旗；

通辽市科尔沁左翼后旗、开鲁县、库伦旗、科尔沁区、科尔沁左翼中旗、奈曼旗；

兴安盟扎赉特旗、科尔沁右翼中旗；

锡林郭勒盟西乌珠穆沁旗、太仆寺旗、正蓝旗、锡林浩特市；

乌兰察布市察哈尔右翼前旗、丰镇市、兴和县、卓资县、察哈尔右翼中旗、化德县、四子王旗。

(3)寄主植物：杨。

(4)危害部位：枝、干。

(5)发生情况：轻 180.4 万亩、中 7.49 万亩、重 12.69 万亩，合计 200.58 万亩。

(6)危害症状：以幼虫蛀食枝干，特别是枝梢部分，被害处形成纺锤状瘤，使枝梢干枯，易遭风折，或造成树干畸形，呈秃头状，影响成材。如在幼树主干髓部危害，可使整株死亡。

(7)传播途径：利用人为调运可能携带有青杨楔天牛的苗木、种条、幼树、原木、木材时传播。

(8)检疫措施：剪除虫瘿，集中烧毁。禁止带虫瘿苗条外运。

(四) 白杨透翅蛾

(1)分类地位：鞘翅目、吉丁总科、吉丁科。

(2)分布地点：

呼和浩特市托克托县、武川县；

包头市土默特右旗、九原区；

乌海市海勃湾区；

赤峰市宁城县、元宝山区、喀喇沁旗、巴林右旗；

通辽市科尔沁左翼后旗、开鲁县、科尔沁区、科尔沁左翼中旗、奈曼旗、扎鲁特旗；

兴安盟扎赉特旗；

锡林郭勒盟锡林浩特市、东乌珠穆沁旗；

乌兰察布市四子王旗、凉城县、察哈尔右翼中旗、察哈尔右翼前旗、察哈尔右翼后旗；

鄂尔多斯市鄂托克旗、达拉特旗、准格尔旗；

巴彦淖尔市临河区、磴口县、杭锦后旗、五原县、乌拉特前旗、乌拉特中旗、乌拉特后旗；

阿拉善盟阿拉善左旗。

(3)寄主植物：杨。

(4)危害部位：干。

(5)发生情况：轻92.11万亩、中1.73万亩、重0.07万亩，合计93.9万亩。

(6)危害症状：枝梢被害后枯萎下垂，抑制顶芽生长，徒生侧枝，形成秃梢，尤其是苗木主干被害形成虫瘿，易遭风折。

(7)传播途径：随寄主苗木调运时传播。

(8)检疫措施：结合苗木管理把好挖苗、割条和苗木调入后剪条、插条、栽苗等关，剪除发现的虫瘿，集中烧毁。在幼虫孵化期，选用药剂毒杀初孵幼虫。

(五) 杨十斑吉丁

(1)分类地位：鳞翅目、巢蛾总科、透翅蛾科。

(2)分布地点：包头市土默特右旗；乌海市海勃湾区；乌兰察布市四子王旗；鄂尔多斯市达拉特旗、杭锦旗；巴彦淖尔市五原县、临河区、乌拉特前旗；阿拉善盟阿拉善左旗、阿拉善右旗。

(3)寄主植物：杨。

(4)危害部位：干。

(5)发生情况：轻1.15万亩、中0.1万亩、重1.71万亩，合计2.96万亩。

(6)危害症状：幼虫在树干内危害，破坏输导组织，使树木长势衰弱，形成小老树。严重危害者造成风折或成片死亡。

(7)传播途径：远距离依靠寄主大苗或木材调运时传播；近距离依靠其自身飞翔能力传播。

(8)检疫措施：严格履行苗木检疫措施，带虫苗木禁止出圃。从疫区调运木材时，需经剥皮、火燎或熏蒸处理。

十五、林业有害生物发生特点分析

(1)根据普查要求，对本土有害生物按照危害程度进行了排序，青杨楔天牛发生面积达200.577万亩，被列为1号林业有害生物。前20种林业有害生物发生情况为轻度发生905.633万亩、中度发生273.87万亩、重度发生221.73万亩，合计发生1401.23万亩。但有些发生面积比较大的并没有列入20种的名单内，如白桦捶角叶蜂发生面积达167.42万亩，但因为是突发性灾害，代表意义不大。杏叶斑蛾发生面积22.3万亩，为偶发性害虫，也没有列入。再比如豆荚螟发生面积37.18万亩，因主要危害草本植物，同样没有列入。

(2)常发性食叶害虫发生呈部分下降、总体上升、多点暴发、局部成灾态势。由于暖冬、干旱，越冬虫口基数高，以春尺蠖、分月扇舟蛾、毒蛾类(包括舞毒蛾、杨毒蛾、柳毒蛾和灰斑古毒蛾)为主。食叶害虫，在东西部地区普遍发生，发生面积达304.23万亩。尤其是分月扇舟蛾，没有引起各地高度的重视，发生面积有上升的趋势。榆紫叶甲发生面积也非常大，达到77.85万亩。松毛虫类害虫，由于自治区开展了工程治理，发生面积得到控制，但也达155.72万亩。

(3)杨树蛀干害虫发生总体得到控制，个别虫种有上升的趋势。对于光肩星天牛，由于国家开展了工程治理，发生面积大幅下降，已基本得到控制，发生相对平稳，发生面积仅

35.7 万亩。但是，杨树的另外一种蛀干性害虫青杨楔天牛，发生面积却急剧上升，达200.577 万亩，成为内蒙古自治区危害最严重的林业有害生物。对此应该引起高度重视，给以重点治理。还有林业检疫性有害生物杨干象，发生趋势也在扩大，面积达 24.9 万亩。

(4)森林鼠、兔害发生个别得到控制，整体危害加剧。鼠害的发生在全自治区普遍存在，在鼠害工程治理区的大沙鼠发生面积已明显下降，工程治理的成效比较显著。而在普查时发现的其他鼠害还有三趾跳鼠、子午沙鼠、草原黄鼠、棕背䶄、中华鼢鼠、东北鼢鼠、草原鼢鼠、东方田鼠等，发生面积却在整体上升，全自治区鼠害发生总面积达 446.5 万亩，危害十分惊人。随着退耕还林面积大幅度的增加，野兔在林地发生面积也大幅度上升，仅在内蒙古西部地区发生面积就达 153.58 万亩，对林木的危害十分严重。就鼠、兔害的整体而言，在内蒙古自治区实际上已成为危害严重的第一大林业有害生物。

(5)种实类害虫危害依然严重。普查中发现种实类害虫柠条豆象、柠条广肩小蜂发生面积特别大，这也是对柠条的经济意义和生态意义重视不够，特别是没有能力防治造成的，以至于发生面积如此之大。樟子松球果象(樟子松木蠹象)发生在东北樟子松林区，对樟子松球果危害十分严重应引起高度重视。3 种种实害虫合计发生 289.84 万亩。

(6)林木病害发生形势形势严峻。杨树烂皮病发生面积达 126.65 万亩，已成为危害杨树正常生长的一大灾害。此外还有杨灰斑病和冠瘿病，对它们的危害也应引起高度重视。西部地区的梭梭白粉病，发生面积也达 12 万亩，这对在脆弱的生态环境中能够茁壮生长的梭梭来说，也是致命的灾害。

(7)偶发性害虫局部成灾。白桦捶角叶蜂为典型的偶发性害虫，在呼伦贝尔市发生面积达 167.42 万亩，危害白桦，已严重成灾。黄褐天幕毛虫在全自治区均有发生，危害灌木林，发生面积达 150.68 万亩，成为内蒙古自治区危害比较严重的第 4 号林业有害生物。沙棘木蠹蛾的危害呈上升趋势，发生面积 57.68 万亩，该虫的发生之处，沙棘已成片死亡，严重地影响了生态环境建设，应该引起高度重视，开展工程治理。

(8)林业有害植物的危害呈上升趋势。在通辽市普查发现的光梗蒺藜草，已在通辽市的科尔沁区、开鲁县、奈曼旗、库伦旗、科尔沁左翼后旗、科尔沁左翼中旗普遍发生，发生面积已达 102.52 万亩。经鉴定该草分布在亚热带，但在通辽市却能入侵成功，并在几年内疯狂扩展，局部形成单优群落，可见其危害的严重性。现在，该林业有害生物，在通辽市已经大肆排挤当地其他草本植物的生存，正在向林地挺进，严重影响林木生长、更新和生物多样性，威胁着当地的生态平衡。此外在这次普查中还发现以下林业有害植物：车前草、狗尾草、黄花蒿、窄叶野豌豆、野薄荷、灰绿藜、藜、密花香薷、巴天酸模、冬葵、碱茅、苍耳、黄香草木犀、宽叶独行菜等。

(9)苗圃地害虫发生居高不下。白杨透翅蛾，虽然年年开展检疫，年年开展防治，但发生面积仍高达 93.90 万亩，对苗木出圃造成影响，损失很大。此外还有东方金龟子，发生面积为 38.45 万亩，对此虫也不能掉以轻心，应加强防治。另外杨圆蚧、小地老虎等也榜上有名。

(10)外来有害生物的入侵，存在潜在威胁。这次普查，除光梗蒺藜草之外，没有发现危害严重的其他外来入侵种，但从外省(自治区、直辖市)传入的林业有害生物也在 14 种之多。特别是危险性、检疫性的林业有害生物红脂大小蠹，在普查时只诱捕到两个成虫，未发现受害木和危害症状。但发生地为交通要道边，毗邻山西省偏关县，这说明极可能是通过过往车辆从山西省传入的，虽然没有入侵成功，但已到了内蒙古自治区的门口，若不引起高度重视，放松了警惕，一旦入侵成功，肯定会给自治区的经济、社会和生态造成巨大的损失。类似的松墨天牛，在包头市石拐区复检时查出，虽然当时连同寄主一起销毁，现在已经没有松墨天牛的存在，但也让森防工作者吃惊不小。

还有2004年5月份，包头市进出口检验检疫局，在内蒙古北方重工业集团有限公司从德国进口的设备木质包装箱上，发现了虫孔和霉变现象，虽然有明显的热处理标志，但工作人员仍然进行了取样，并在显微镜下发现了活的虫体，经南京进出口检验检疫局鉴定，检出了活体松材线虫。包头市进出口检验检疫局工作认真负责，当即对木质包装材料进行了烧毁，并对现场附近进行了药物处理。类似事件，今后难免不再发生。因此我们必须加强森林植物检疫工作，严防外来有害生物的入侵。

十六、普查技术要点总结

（一）标准地调查

1. 基本要求

(1)在踏查的基础上，对有危害症状的、或有有害生物的林地，设立标准地进行详细调查。

(2)标准地设在有害生物发生区域内具有代表性的地段。

(3)每块标准地面积1~5亩，主要寄主植物不少于100株。有时设立标准株调查，主要寄主植物也不少于100株。

(4)人工林内设立标准地累计面积一般不少于有害生物发生面积的3%，天然林一般不少于0.2%。

(5)同一类型的标准地不少于3次以上的重复。

2. 林木病害标准地调查

(1)叶部、枝梢、果实病害标准地调查。每100~1000亩设一块标准地，每块标准地面积3亩左右，标准地有100株以上寄主植物，每块标准地随机调查30株以上寄主植物，计算感病率。

(2)干(根)部病害标准地调查。每100~500亩设一块标准地每块标准地面积3亩左右，标准地有100株以上寄主植物，每块标准地随机调查30株以上寄主植物，计算感病率。

(3)林木感病率表示方法。以百分率表示，对于局部病害的，根据林木感病指数分级标准，用感病指数表示。

(4)将林木病害标准调查结果，填入调查表。

3. 林木害虫标准地调查

(1)食叶、枝稍害虫标准地调查。每100~1000亩设一块标准地，每块标准地面积3亩左右，标准地有100株以上寄主植物，每块标准地采用对角线抽样法抽查30株以上寄主植物，统计每株树上的害虫数量，或目测叶部害虫危害树冠、枝稍的严重程度，结果填入记录表。

(2)蛀干害虫标准地调查。每50~100亩设一块标准地，每块标准地面积3亩左右，标准地有100株以上寄主植物，每块标准地采用对角线抽样法抽查30株以上寄主植物，统计每株树上害虫数量，或目测蛀干害虫危害树木的严重程度，结果填入调查表。

(3)种实害虫调查。主要在种子园、母树林和其他采种基地进行。750 亩以下设一块标准地，750 亩以上每增加 150 亩增设一块。每块标准地面积为 1 亩，按对角线法抽取 5 株以上，每株树在树冠上中下不同部位采种实 10 ~ 100 个，解剖调查被害率，结果填入调查表。对于已经采收的种子，不仅了解其产地，而且均按检疫技术规程的规定进行调查。

(4)地下害虫调查。一般采用挖土坑的方法进行调查，同一类型林地设一块标准地，每个标准地 30 亩，样坑数量不超过 10 个。土坑大小一般为 1 米 ×1 米或 0.5 米 ×0.5 米，深度达到无害虫。调查时，土坑均分布均匀，设在被害地段上，而且对调查结果进行详细记录。

4. 苗圃地有害生物调查

苗圃踏查和标准地调查是结合在一起进行的。先进行苗圃有害生物踏查，通过踏查了解苗圃有害生物的概况后，在危害程度不同的苗圃地分别设立标准地。

在每块苗圃地上按对角线的位置(或棋盘式)设置若干个标准地。标准地的数量累积总面积占调查总面积的 0.1% ~0.3%。标准地的大小一般根据苗木种类和苗龄来定，真叶播种苗一般 0.1 ~0.5 平方米，或以 1 ~2 米长播种行作为一个标准地。阔叶树苗的标准地定在 1 平方米以上，每个标准地上的苗木必须有 100 株以上，按对角线的位置(或棋盘式)抽取样株(针叶树 300 株、阔叶树 100 株)，进行检查，结果填入调查表。

(二) 贮木场(木材加工厂)有害生物调查

(1)现场查看。查看贮木场等现存的木材(含半成品、成品、包装材料等)是否有有害生物，认真查看表层及缝隙间是否有新鲜蛀孔、蛀屑和活虫爬行。同时对贮木场木材树种、采伐时间和地点、产地，以及过去、目前有害生物发生情况调查。若有，进行抽样检查。

(2)抽样调查。对木材危害状况，采用表层随机抽样的方法，抽样率占应调查总数的 3%。调查时，特别注意了是否有来自松材线虫病等林业危险性有害生物疫区的疫木。

(三) 林业鼠、兔害调查

1. 调查时间

(1)地下鼠：在春季土壤解冻后(3 ~5 月份)和秋季鼢鼠储粮期间(8 ~10 月份)开展调查。

(2)地下鼠：鼢鼠于 4 月或 9 月进行调查；田鼠和兔于 4 月下旬至 5 月下旬和 8 月下旬至 9 月下旬进行调查；沙鼠在 4 月和 10 月进行调查。

2. 地下鼠密度调查

(1)土丘系数法：每种立地类型选择一块面积 15 亩的标准地，统计标准地内的新土丘数。根据土丘挖开洞道，间隔两昼夜进行检查，凡封洞者即为有效洞，对有效洞进行连续两昼夜的捕杀，统计捕获的鼢鼠数量，计算出土丘系数和捕获率。

(2)切洞堵洞法：在土丘不明显的情况下，利用鼢鼠的堵洞习性采取切洞堵洞法开展调查，以实捕鼢鼠数与有效洞口数相比较，得出其相关系数。在固定标准地内以有效洞口数乘以相关系数即可得出鼠口密度。

3. 地上鼠、兔密度调查

(1)鼢鼠、田鼠和兔：选择当地害鼠喜食的饲料为诱饵，在标准地内，将100个鼠铗按铗距5米、行距20米平行线、或按Z字型、棋盘式顺势布放，逐日统计捕获害鼠的数量并记录雌雄，计算捕获率。

(2)沙鼠：在15亩的标准地内，设置100个10厘米×15厘米鼠铗。以新鲜胡萝卜为诱饵，堵洞后在洞口附近布设鼠铗。统计堵洞数、有效洞数、百铗捕获数，计算捕获率和鼠口密度，连续调查5天。

4. 林木受害情况调查

采取样株调查法，结合春季鼠口密度开展调查。将标准地大致划分为10~15块样方，从中随机抽取3块，所选样方内林木总株数在100株以上。然后，在样方内逐株调查，计算出危害率。

5. 林木受害标准判定

(1)地下鼠：以树下有鼠洞，且树木叶片发黄、发灰，顶芽生长缓慢判定为受害。

(2)地上鼠：对于鼢鼠，以树干四周皮部1/4以上被啃食或侧枝被啃断1~4枝为林木受害的统计起点；对于田鼠和兔的危害，以树干四周皮部1/4以上被啃食，或侧枝际被挖啃1/4为林木受害的统计起点。沙鼠：树干、树枝被啃食即为受害。调查结果，填入调查表。

（四）林木有害植物调查

每100~1000亩设一块标准地，每块标准地3亩左右，调查有害植物对林地的占据情况和对林木的侵害情况，结果填入调查表。

十七、普查过程中的重要发现

(1)与1980年普查结果比较，内蒙古自治区仅发现14种外地传入的林业有害生物，其他种类的林业有害生物变化不大，基本上维持原状。

(2)以前有记录的种类，经过这次普查没有发现，可能是这些林业有害生物不再有危害性或者记录存在错误。比如包头市，以前记录有花曲柳窄吉丁，就属于这种情况。

(3)一些生活在与内蒙古自治区完全不同生态环境中的林业有害生物，也能够在内蒙古自治区入侵成功。比如光梗蒺藜草，能够在通辽市入侵成功，就是典型的事例。

(4)国家级林业检疫性有害生物，在内蒙古自治区分布有4种，分别是冠瘿病、杨干象、松疱锈病和落叶松枯梢病，未发现其他的危险性外来林业有害生物。

十八、林业有害生物发生原因分析

(1)生态环境恶化，加剧了林业有害生物的发生。目前我国生态环境形势严峻，生态环境恶化的趋势还未得到有效遏制。生态破坏的范围在扩大，程度在加剧，危害在加深，并呈现出区域性破坏、结构性解体和功能性紊乱的发展态势。森林人为破坏严重，生态功能不强、效益下降。植被大幅退化，物种分布区缩小。另外，破坏森林、挤占林地的现象屡禁不止。土地退化、沙化严重。人们的滥垦、滥采、过度放牧及资源的不合理利用等，也是破坏生态平衡的重要原因。水平衡也出现失调，旱涝灾害、沙尘暴频繁。生态环境的恶化加剧了各种自然灾害的发生，特别是全国性大范围林业有害生物的发生。

(2)持续暖冬及灾害性天气频发有利于林业有害生物的繁衍。连续多年的暖冬，造成了越冬虫存活率较高，而且使一些喜温偏阳性害虫生长速度加快。导致原本就很脆弱的森林生态系统中的食物链失衡。气候的异常，导致林木生长不良。树势衰弱，抵御病虫能力下降，为林业有害生物的严重发生提供了有利的条件。

(3)人工林比重大，树种单一，系统功能脆弱。随着全国范围内六大林业重点工程的实施，新植林的加大，森林面积也在大幅度增加，但在植树造林中，所造林分森林自控调节能力还比较差，且多为纯林结构，生物多样性程度低，一旦感染了林业有害生物，容易造成传播蔓延。

(4)监测手段落后，基层测报准确率不高。目前，我国对林业有害生物的监测，主要是采取人工林地面调查，灯诱、性诱技术尚未得到大面积推广和应用。人工调查对于交通比较便利的林地，能够及时掌握林业有害生物的发生情况，但对于远离人烟，山高林密的地方，人工调查无法涉及，成为了监测死角。这些地方如果有林业有害生物的发生，被发现时往往是大面积的。

(5)外来有害生物监测预警工作滞后，检疫技术、设备、仪器陈旧。由于国际贸易频繁物流增加，外来有害生物传入剧增，加之检疫手段落后，造成疫情扩散。缺乏国外疫情信息，对入侵的有害生物种类、造成的危害不熟悉。不掌握调查方法，不能及时发现有害生物的危害，发现时疫情已大面积发生，造成疫区封锁和扑灭工作难度加大。

十九、林业有害生物的入侵对当地经济、生态和社会的影响

1. 对经济的影响

外来林业有害生物对人类的经济活动有许多不利的影响。有害杂草的入侵，占据林地，影响林木正常生长，增加林木管护费用。比如在通辽市入侵成功的光梗蒺藜草，已经大肆排挤当地其他草本植物的生存，正在向林地挺进，严重影响林木生长、更新和生物多样性，威胁着当地的生态平衡。有害昆虫光肩星天牛在巴彦淖尔市、鄂尔多斯市和阿拉善盟入侵的成功，使当地辛辛苦苦斗风沙、战旱涝种植的杨树防护林，变的千疮百孔，枯枝败叶，损失惨重，几乎毁灭。为此国家不得不花费巨资开展工程治理，现在发生面积虽然得到了基本控制，但并不能完全清除危害。

与直接经济损失相比，间接损失的计算十分困难。外来林业有害生物通过改变生态系统所带来的一系列火灾、水土及气候不良后果而产生的间接经济损失更大。尽管这些损失难以准确计算，但却不容忽视。

2. 对生态环境的影响

林业有害生物的入侵，通过竞争或占据本地物种生态位，排挤本地物种；或与当地物种竞争食物；或直接扼杀当地物种；或分泌释放化学物质，抑制其他物种生长，减少当地物种的种类和数量，甚至导致物种濒危或灭绝。

由于直接减少了当地物种种类和数量，形成了单优群落，间接地使依赖于这些物种生活的当地其他物种种类和数量减少，最后导致生态系统单一和退化，改变或破坏了当地的自然景观。外地种的入侵还能污染当地的遗传多样性，对当地遗传资源造成污染。

值得注意的是，与人类对环境的破坏不同，外来林业有害生物对生态系统的破坏及威胁是长期的、持久的。当人类停止对某一环境的污染后，该环境会逐渐恢复，而当外来林业有

害生物物种入侵后，即使停止继续引入，已传入的个体并不会自动消失，而会继续大肆繁殖和扩散，要控制或清除十分困难，而由于外来物种的排斥、竞争导致灭绝的本地特有物种则是不可恢复的。因此，外来林业有害生物威胁生物多样性的问题必须引起高度重视。

3. 对社会的影响

外来林业有害生物的入侵，会改变当地的自然生态系统，降低物种多样性，从而严重地危害当地的社会和文化，甚至危害人类健康，导致疾病。我国是一个多民族的国家，特别是内蒙古自治区，是边疆少数民族地区，各民族聚居地区周围都有其特殊的动植物资源和各具特色的生态系统，对当地特殊的民族文化和生活方式的形成具有重要作用。比如鄂尔多斯市的"油松王"，在当地被认为神树，成为人们信仰的一部分。阿拉善盟巴音浩特镇有几株古柳，是解放前当地王爷所栽，不幸受到光肩星天牛危害，当地森防部门采用了截干的保守治理方法，没想到也引起轩然大波。可见，生态系统的改变，必然会影响到当地的社会和文化结构。

二十、林业有害生物普查收获

(1)掌握了外来林业有害生物的种类、分布和发生情况，以及外来林业有害生物的原产地、传入时间、传入的途径和方式。并了解了外来林业有害生物的侵入对当地经济、生态和社会的影响等。

(2)掌握了危害严重的本土林业有害生物的种类、发生和分布情况，并以危害程度进行了排序。基本掌握了林业有害生物对木材的危害情况。

(3)查清了国家级林业检疫性有害生物在内蒙古自治区分布的种类、发生和分布情况。同时，对内蒙古自治区补充林业检疫性有害生物，也开展了普查，基本掌握了补充林业检疫性有害生物的发生、分布以及它们的发展变化情况，为今后科学地制订森检对象的除治方案、设立检疫检查站、设立预测预报点和搞好森防工作，奠定了良好的基础。同时也为自治区补充森林植物检疫对象的及时修订，提供了科学的依据。

(4)各级森检机构的普查人员，在进行林业有害生物普查时，掌握了当地经常发生的林业有害生物的生活习性、生活史以及今后的发生发展趋势，并采集和制作了大量的林业有害生物标本。这不仅充实和完善了当地林业有害生物发生发展及变化情况的资料库，个别地方还借此机会建立了林业有害生物技术档案，同时也充实了标本室。

(5)在林业有害生物普查过程中，由于开展了技术培训，加上业务骨干的带领和言传身教，相当一部分在普查前业务基础相对薄弱的普查人员，得到了锻炼和提高，培养造就了一大批森防技术骨干力量，加强和壮大了林业有害生物防治检疫队伍。

(6)利用这次普查的机会，森防检疫人员广泛宣传林业有害生物防治检疫工作的重要意义，不但引起了领导的重视，教育了群众，同时也提高了林业有害生物防治检疫工作的知名度和社会地位，为今后搞好林业有害生物防治检疫工作，创造了良好的社会条件和社会基础。

二十一、普查工作中存在的问题

(1)普查时间短。由于内蒙古自治区属于三北地区，生长期较短，林业有害生物危害的时间也较短，一般是集中危害。如果普查时间也较短，势必在有限的时间内，无法采集全林业有害生物生活史标本，无法全部了解其生物学特性。同时，采集的林业有害生物种类，也是不全的。这样就达不到普查的预期目的，普查工作难免有遗漏。

(2)普查经费短缺。在开展林业有害生物普查时，虽然各级政府和各级林业行政主管部门都给予大力支持，森防部门也广泛筹集普查资金，除个别地方(如鄂尔多斯市政府拨款93万元用于林业有害生物普查)能筹集到资金，满足普查需要。大部分地方筹集到的资金非常微薄，不能满足普查的需要。又由于没有专项普查经费，这样购买普查工具、资料都很困难，更不用说开展技术培训了。个别地方采取了有限的钱，办有限的事的态度，严重地影响了普查工作的开展。

(3)普查技术力量薄弱。在普查工作开始前，大部分盟、市围绕普查内容，都开展了技术培训，明确了技术要求，为普查工作了奠定一定的基础。但由于本身基础差，底子薄，技术水平不高，即使开展技术培训，也是临阵磨枪，作用不大。有些基层森防机构，名曰普查，实际就是做做采集标本，抓抓虫子的基础工作，技术报告都撰写不了。这些情况严重的制约了普查工作的开展。

(4)普查要求有不科学的地方。对于本土林业有害生物的普查，上级仅要求统计20种，这样自上而下也要求统计20种。结果统计的都是当地危害比较严重的林业有害生物，而在一个地方危害比较严重的，在另一个地方未必危害严重。这样上一级统计的数据，有可能存在不准确、不完善的地方。

二十二、对策建议

1. 进一步加强对重大林业有害生物的监测预警工作

近年来，我国林业有害生物的发生呈逐年增加之势，但对重大林业有害生物的监测预警能力较滞后，是造成当前林业有害生物防不胜防被动局面的一个重要原因。因此，建立完善对重大林业有害生物的监测预警系统势在必行。应当在资金上加大投入，在管理上进一步强化，在人员素质上加强培训，在工作内容上建立岗位规范，在技术方法上大力应用测报新方法、新技术。

2. 高度重视新造林、幼龄林和荒漠林的林业有害生物治理工作

随着我国造林绿化步伐的加快，退耕还林、封山育林和“三北”防护林，使新造林面积持续递增。然而，新造林、幼龄林恰是林业有害生物的易感期。此外，在内蒙古自治区西部地区起到防风固沙第一道屏障的荒漠林(胡杨林、梭梭林)，近年来林业有害生物危害严重，亟待治理。

3. 强化森林植物检疫工作，防范外来有害生物入侵

当前国际贸易的频繁，加强森林植物检疫工作已是当务之急。当前我国一方面在检疫管理体制、法律法规、检疫手段、风险评估等方面难以适应形势要求，亟待强化相应的基础工作，同国际标准接轨；另一方面国内危险性林业有害生物扩散蔓延迅速，有害生物相继入侵造成巨大损失，表明了我国森林植物检疫工作的薄弱。必须加大投入，强化管理，加强基础设施建设，装备先进的仪器设备，提高从业人员的素质，全面提高发现、封锁、控制疫情的能力。争取做到对已传入的疫情封堵在局部，并得到控制压缩；未传入的危险性林业有害生物，不再继续传入。

4. 加大投入，并建立一个稳定的投入机制

随着造林面积的增加，林业有害生物发生面积也将快速激增。虽然近年来国家增加了林业有害生物防治的投入，但就目前而言还远远落后于形势的发展和生产的需求，建议加大林业有害生物防治的投入。同时，建立一个相对稳定的、多渠道的林业有害生物防治投入机制，确保林业有害生物防治工作的正常开展。

5. 依靠科技进步，开展重大林业有害生物治理关键技术的科学研究工作

从目前的生产实际出发，有针对性的开展蛀干类害虫的综合治理技术；森林鼠害防治技术；危险性林业有害生物快速检疫检验技术；重大林业有害生物监测预警技术等科学研究工作。开发林业有害生物管理决策系统；建立重大林业有害生物查询图文数据库，进一步完善林业有害生物信息管理系统。

辽宁省林业有害生物普查技术报告

遵照国家林业局《关于在全国开展林业有害生物普查工作的通知》(林造发[2003]73 号)精神要求。辽宁省从 2003 年 6 月始至 2005 年 4 月开展了全省林业有害生物普查。在省林业厅高度重视和领导下，在国家林业局指导和帮助下，在省财政厅支持下，经过全省普查人员共同艰苦努力，科学实施，圆满完成了普查任务，达到了预期目标。

通过这次普查进一步全面详实查清了辽宁省林业外来有害生物及本土林业有害生物的种类、分布、危害及发生发展趋势，为防范林业外来有害生物的侵入，为我国及辽宁省森林植物检疫对象、补充检疫对象的确定，为掌握危险性病虫、害草疫情信息等工作提供了可靠的科学依据，同时也为今后确立和实施地区性林业突发有害生物防治策略和制订林业突发有害生物事件应急预案奠定了良好的基础。

通过这次普查，为控制辽宁省本土重大林业有害生物的发生和危害，有效遏制辽宁省林业有害生物高发势头，保护森林资源安全、保护国土生态安全、保护生态建设安全，对于辽宁省实现林业跨越式发展和倍增计划，实现振兴辽宁老工业基地，加快全面建设小康社会具有十分重大的意义。

一、辽宁省自然状况

林业有害生物对林木和森林造成的灾害属于一种自然性灾害，具有生物灾害的时空不确定性、反复性、复杂性、危险性和防治控制的艰巨性等特殊性。它取决于林业有害生物的种类、寄主植物状况、生态环境质量、气候条件变化和人为活动影响等复杂综合因素。林业有害生物发生与发展趋势和自然状况紧密相关。

（一）地理位置

辽宁省地处东北地区南部，西南与河北省接壤，西北与内蒙古自治区为邻，东南以鸭绿江为界与朝鲜隔江相望，东北与吉林省毗连，南部辽东半岛插入黄海和渤海之间，隔海与山东省遥相呼应。

地理坐标为东经 118°53′~125°46′，北纬 38°43′~43°26′。全省总面积 15 万平方千米，全省行政区划为 14 个市 100 个县(区、市)，人口 4210 万。

（二）地势地貌

辽宁省地势由东、西、北三面向中部和南部倾斜，从 800 米左右山地和 500 米以下丘陵，到 50~100 米的平原。全省分为辽东山地丘陵区、辽西山地丘陵区，占总面积的 2/3，北部低山丘地，中部辽河平原区占总面积的 1/3。辽宁省最高山峰为东部山区的龙岗山脉牛毛大山海拔 1350 米，辽西努鲁儿虎山脉的大青山、西大山在海拔 1000 米以上。辽河、浑河、太子河、大凌河、绕阳河五大河流水系下游平原海拔 50 米。辽宁省有大小岛屿数百个，近海一带台田海拔 10~50 米。

（三）气候特点

辽宁省属于大陆性气候，分属季风暖温带和季风中温带，由于辽宁省跨5个半纬度，积温北部2800～3200℃，南部3400～3800℃。降水量由西北到东南400～1200毫米。南北冷热显著，东西干湿悬殊，四季温差季相明显，季风较大。

（四）森林植被

森林植被类型是长白植物区系、蒙古植物区系和华北植物区系交汇地区，由于辽宁省特殊地理植被条件，因此，辽宁省生物种类丰富，仅木本植物有548种，隶属68科167个属。

长白植物区系和华北植物区系分界，以沈阳到长春以东、沈阳到丹东铁路线为界以北，为长白区植物系，以西、以南均为华北植物区系，华北植物区系占据辽东半岛和辽西低山丘陵。蒙古植物区系植被以西辽河为界渗透到辽西北地区。由于胶东半岛和辽东半岛之间黄海、渤海陷落不久，一些亚热带植物在辽宁省南端一些地区得以保存。

辽宁植被区在全国植被区跨3个植被区域，辽东山地植被属于温带针阔叶混交林区最南端，辽宁南部和西部地区植被属于暖温带落叶林向东延伸的一部分，辽宁北部属于温带草原区南界边缘。

辽宁省森林分为五个自然类型区：

东部山区包括抚顺市、本溪市、丹东市和铁岭市东部。森林主要代表树种，针叶树种有红松、沙松、油松、赤松、红皮云杉、长白落叶松、日本落叶松及紫杉等，主要阔叶树种有蒙古栎、辽东栎、花木兰、核桃楸、黄波罗、水曲柳、糠椴、紫椴、臭椿、槭树、山杨、黑桦、赤杨、枫杨、毛榛子等。森林覆被率40%以上，天然次生林面积大，植被丰富，种类繁多。

辽东半岛区包括辽阳市、鞍山市、营口市东部和大连市。森林主要代表树种，针叶树种有赤松、油松、黑松。阔叶树种有辽东栎、大叶朴、小叶朴、灯台树、酸枣、枫杨、荆条等，还有一定数量亚热带植物如海州常山、天女木兰、刺楸、八角枫、玉铃花、五味子、三桠钓樟、盐肤木等。森林覆被率较好，植被较丰富，种类较多。

西部低山丘陵区包括朝阳市、阜新市南部和锦州市、葫芦岛市。森林主要代表树种，针叶树种有油松、华北落叶松、樟子松（引进），阔叶树种有辽东栎、大叶朴、小叶朴、虎榛子、侧柏、臭椿、灯台树、栾树、酸枣、枫杨、山杏、荆条、锦鸡及杨（平原引进）等。除闾山山系保留教好，其他地区植被贫乏，种类贫少，森林覆被率低，人工林占80%以上。

西北部风沙区包括朝阳市北部、阜新市西北部、沈阳市西北部和铁岭市北部。森林主要代表树种，针叶树种有油松、樟子松（引进），阔叶树种有黄榆、蒙古椴、百里香、欧李、山杏、沙棘、沙枣、荆条等。森林覆被率低，人工林占90%以上，植被贫乏，种类少。

中部平原地区大多为农田防护林、固沙林和护岸林。绿化树种主要、杨（引进）、柳、刺槐（引进）、榆树等。

（五）森林演替和资源现状

辽宁省在200年前，大部山区生长着茂密的原始森林，树密林深，蔽遮千里，鸟兽争鸣，林茂粮丰。但是，经清末、民国时期，以及日本、沙俄帝国主义侵略，进行肆意掠夺式的采伐，森林资源遭到残重的破坏，辽西地区森林资源被破坏殆尽，东部绝大部分森林变为以柞树和杂木林为主的中、幼天然次生林。生物多样性和森林多种功能已不复存在。到 1949 年，森林林地面积仅剩 188.4 万公顷，覆被率仅为 12.9%。

建国以后，全省人民积极开展造林绿化活动，特别是“十五”期间，全省林业实现了跨越发展和林业倍增计划，每年造林面积达 400 万亩，2004 年全省森林面积达到 6986 万亩，覆被率达到 30.9%。

天然林 2577 万亩，人工林 2309 万亩，经济林 2100 万亩。针叶林 1333 万亩，其中，油松 855 万亩，落叶松 350 万亩，樟子松 80 万亩、红松 30 万亩，赤松 18 万亩；阔叶林 5653 万亩，其中杨树 1500 万亩，栎林 1200 万亩，槭、桦、花曲柳、椴树、山杨等 453 万亩，刺槐 400 万亩，其他为经济林。

“十五”期间取得了造林林重大突破，取得了历史上林业建设最好的成绩，成为林业发展历史最好时期。

（六）林业有害生物历史状况

辽宁省森林有害生物病、虫种类繁多，1984～1987 年全省开展森林病虫区系调查，采集昆虫标本 26.6772 万号，鉴定出 1596 种，分属 19 个目 142 个科 1463 个属。以林木为寄主的昆虫有 1115 种，主要害虫 7 个目 48 科 141 种，造成严重危害的 53 种。天敌昆虫 361 种，分属 11 个目 40 个科。采集病害标本 3.1 万号次，林木病害 720 种，分属 4 个亚门、9 个纲、44 个科、100 个属，直接造成经济损失的有 20 余种。这些资料均作为这次普查的主要参考资料。

二、林业有害生物发生现状

辽宁省由于开发较早，原始植被已几乎破坏殆尽，天然次生林也受到不同程度的破坏。建国以来一直是全国森林有害生物高发省份，60～80 年代发生危害面积平均每年占全国 10% 左右。1986 年、1987 年发生面积超过 1000 万亩以上。我国十大病虫害，辽宁省就有六种，松毛虫、日本松干蚧、美国白蛾、杨树蛀干害虫、树溃疡病、鼠害。“十五”期间每年病虫害发生面积在 600 万～800 万亩。每年减少林木生长量 60 万～70 万立方米，造成直接经济损失 4.0 亿～5.4 亿元。每年防治面积 450 万～600 万亩，投入 2200 万～3000 万元。

目前辽宁省森林有害生物处于“三大一低一高”形势，“三大”是指人工纯林面积过大，新植林面积过大，人工林中幼林面积占比例过大；“一低”是指森林林分质量低；“一高”是指正处在病虫害高发期。

特别是从 20 世纪 80 年代以来受全球变暖、气候异常、连年干旱的影响，常发性的病虫害，松毛虫、日本松干蚧、美国白蛾、杨树溃疡病、杨干象、白杨透翅蛾等还没有得到彻底有效的控制，近年来突发性病虫害栗山天牛、沙棘木蠹蛾、樟子松枯死病、落叶松枯死病、伊藤后丝叶蜂等大面积暴发成灾，造成了重大损失对辽宁省林业发展构成了极大的威胁。

随着经济全球化，对外开放不断的扩大，国际和地区间经贸频繁，物流增加，运输快捷，林业各类有害生物传播扩散机率加大，威胁加剧。最具危险性检疫害虫松材线虫、红脂大小蠹已逼近省门，2006 年林业有害植物加拿大一枝黄花在辽宁省部分地区发现，也对辽宁省构成了一定的潜在威胁。

三、普查方案

（一）普查范围

全省 14 个市所辖 74 个县区林地。其中包括天然林(旱荒漠植被、灌木丛)、人工林(生态林、防护林、经济林、森林公园、自然保护区、绿色通道、四旁绿化)、苗圃、花圃以及贮木场、木材加工厂等。

（二）普查对象

(1)所有外来林业有害生物。包括从国(境) 外和 1980 年以后从外省(自治区、直辖市)传入的危害森林植物及其产品的林业病原微生物、有害昆虫、有害植物及鼠、兔、螨类等有害生物种类、发生地点、分布范围、危害程度、传播扩散途径、发生规律及趋势、科学防控措施和策略。

(2)危险性大的本土原有常发有害微生物、有害昆虫、有害植物及鼠、兔、螨类等有害生物种类、发生地点、分布范围、危害程度、发生趋势(最多统计 20 种)。

（三）普查内容

(1)寄主植物普查。有害生物危害的植物种类(包括乔木、灌木、花卉及其他植物)，原则上要查到种。寄主植物种类大于 20 种的，按照不同科、属，至少列出主要的 20 种。

(2)有害生物分布地点：指有害生物分布的县级行政区域。

(3)有害生物发生面积统计。危害林地的，以林业小班为单元计算发生面积；危害苗圃、花圃、温室等种苗繁育基地的，以危害寄主植物的实际种植面积计算。发生面积分为轻、中、重三个等级。

(4)危害木材的有害生物统计。统计发生地点(贮木场、木材加工企业等的所在地及单位名称)；危害木材(包括原木、板材、方材、木质包装材料、垫脚木和人造板等) 的有害生物种类及危害程度。

(5)外来有害生物的调查统计。对外来有害生物在调查中要记录传入地、传入时间、传入途径及传入方式等；要调查该外来有害生物入侵后对当地经济、生态、社会所造成的影响。

(6)采集种类标本和主要种类生活史标本，拍摄生态照片。

四、普查方法

（一）外业调查

以乡、镇、林场为单位，在林业作业图或林相图上，以及根据所在地的种苗繁育基地、贮木场、木材加工企业等的分布情况，设计科学、合理的调查路线，选择具有代表性的调查点，列出每个调查点所在地的位置以及所代表的面积，在有害生物发生盛期或症状显露期开展外业调查。

(1)访问调查；结合调查对象、内容，有目的地对当地有经验，熟悉情况有关专家、技术人员、群众访问。

(2)踏查：按照设计的调查路线进行踏查。如发现有害生物，应及时采集典型的症状标本并进行拍照和鉴定，设立标准地(或样方）进行详查。

(3)标准地(或样方）调查：全省均参照省重点生态公益林区森林病虫普查方案中标准地(或样方）调查进行。

(二）内业整理和普查资料汇总

以县(市）区为单位对外业调查的笔录、数据、照片等进行整理、归档，对采集的有害生物标本进行分类、鉴定。整理后的普查资料报市森防站；各市汇总资料，填写分布地点，发生面积统计，收集、整理有关照片，完成本地区林业外来有害生物普查技术报告和工作总结，统一上报省森防站。

(三）标本制作及鉴定

制作的标本要求完整、成套、典型，标签清晰，并配彩色生态照片。各地所采集的标本，自行进行鉴定、制作，对普查过程中各市不能鉴定的有害生物种类(包括生活史标本、被害状标本多套及照片、资料、调查记录等)，由辽宁省森防站统一组织有关专家鉴定。

五、普查成果与分析

(一）普查成果

(1)本次普查基本查清辽宁省外来林业有害生物6种，危险性大的本土林业常发有害生物20种，同时查清了寄主、发生地点、分布范围、危害程度。确定突发性有害生物9种，常发性有害生物48种。

(2)本次普查全省共采集各类有害生物标本125131号次，其中昆虫标本118737号次，病害标本4725号次，有害植物标本1653号次，鼠、兔16号次。制作生活史标本1220套，病害标本1106套，有害植物标本931套，鼠、兔标本6个。拍摄林业有害生物形态及生态照片11230张。14个市建立和完善了市级标本室。为科学普及，科技培训奠定了物资基础。

(3)全省共踏查路线13219条，长190371千米，踏查林地面积3636万亩。设各类标准地19437块，代表面积5.8万亩，完成了89种病虫种类的标准地调查。

(4)这次普查是辽宁省间隔20年开展一次有组织有计划的大规模林业有害生物科学普查。是对20年来辽宁省林业有害生物的一次科学总结。

(5)普查重要成果是通过这次普查结果，确定辽宁省目前没有发现重点普查对象松材线虫、红脂大小蠹、蔗蝙蛾、薇甘菊、紫茎泽兰的侵入。加拿大一枝黄花普查结果，发现有人为以经营花卉形式引进和栽植。此次普查成果为制订科学防治策略提供积累了宝贵的数据和资料，是辽宁省林业建设的一项重大科技成果。

(6)在这次普查工作中，培养、锻炼、提高了普查队伍500余人的专业技术水平和专业素质，成为今后林业有害生物防控技术骨干队伍。

（二）结果分析

1. 辽宁省外来有害生物发生危害现状

辽宁省普查查出外来有害生物有日本松干蚧、美国白蛾、双条杉天牛、沙棘木蠹蛾、伊藤厚丝叶蜂、刺槐叶瘿蚊6种。

（1）日本松干蚧：

寄主赤松、油松，也危害日本黑松。

1942年在辽宁省大连旅顺口首次发现，据分析为日本帝国主义侵占东北时从日本物资运输传入的。此后每年以20华里左右速度由西南向东北蔓延。

1958年蔓延至盖县、庄河、东沟一线，发生危害加剧。

1966年扩散蔓延至鞍山、辽阳、岫岩、凤城一线。

1970年传播蔓延到辽阳市太子河以南地区。1973年扩散到辽阳市的灯塔和丹东市的宽甸满族自治区，1975年进入沈阳、本溪、抚顺地区，1976年到达抚顺市大伙房水库南端。

1980年日本松干蚧分布于大连、营口、辽阳、鞍山、沈阳、抚顺、本溪、丹东8市22个县(区)，发生面积150万亩。1988~1989年传入到铁岭市的铁岭县、开原市、西丰县。2004年新传入本溪市桓仁满族自治县。

1994年跨省扩散到吉林省边界地区。

1997年发生面积70万亩。到90年代中期，由于危害造成大片松林枯死，毁林面积100多万亩。危害造成最低直接经济损失3亿元以上，给辽宁省生态造成了严重破坏。辽南地区赤松林几乎殆尽。

目前分布在抚顺、本溪、铁岭、辽阳、沈阳、丹东、营口、鞍山、大连9市36个县（区）。

1963~1964年辽宁省林业科学研究所、沈阳农学院等单位开展了专题研究，1964~1965年省林业厅在海城、岫岩等地组织进行大区域大面积集中防治。80年代以后，防治策略逐步科学，防治技术不断提高完善。经过20余年，连续采取大面积封山、抚育、补植、纯林改造等营林措施，采取生物防治释放瓢虫等和保护利用自然界天敌措施，树干局部打孔注药化学防治措施，采取严格检疫措施，控制效果显著。当前，林间天敌种群不断增加，自然控制能力不断提高，虫口密度大幅度下降，危害逐年减轻。

日本松干蚧传播扩散途径，根据多年观察试验，以卵囊靠风力和鸟的活动羽毛携带有一定自然传播能力，但主要靠人为活动，带活体疫材为载体车辆运输使其远距离传播。

2004年普查发生面积66.24万亩。重度发生仅4.73万亩，为下降和减轻趋势，基本达到控制和持续控制的水平。

（2）美国白蛾：

在辽宁省喜食寄主有糖槭、桑、白蜡、榆、臭椿、花曲柳、山楂、悬铃木、泡桐、杏、杨、柳、枫杨、核桃楸、核桃、桃、李、苹果、樱桃、赤杨等百余种植物。

美国白蛾原发于北美，1922年加拿大首次发现。分布加拿大、美国、及墨西哥部分地区。由于杂食性可以取食几百种寄主植物。后相继传入欧洲、亚洲。美国白蛾繁殖力强，辽宁省一年发育两个世代，适生范围广，危害重，防治难度大。

1979 年我国在辽宁省丹东地区首次发现美国白蛾，经论证是由朝鲜传入。1979 年调查，发生在辽宁省丹东、大连、本溪 3 个市 9 个县(区)。

1984 年传播蔓延到辽阳市，1986 年到营口市，1987 年到锦州市，1988 年到葫芦岛市，1989 年到鞍山市、盘锦市，1994 年传到沈阳市，2001 年铁岭市发现，2002 年抚顺市发现。目前美国白蛾在全省分布 12 个市 50 余个县(区)。

1998 年美国白蛾列为辽宁省省级工程治理项目，生物防治和生态措施防治率达到 90% 以上。省多年全面推行仿生农药灭幼脲、释放白蛾周氏啮小蜂等生物防治，采取人工剪网、树干绑草诱集，性激素诱扑器等生态防治措施，全面监测，区域联防治理。

近年自然界天敌控制能力逐渐增强，主要是舞毒蛾黑瘤姬蜂、白蛾周氏啮小蜂、寄生蝇等天敌，寄生率可达到 25% ~45%。

到目前为止，美国白蛾在辽宁省发生 26 年期间，还没有发现美国白蛾进入大片集中林地危害。限于发生危害在路树、村屯四旁树木、城市行道树和社区内的绿化树木。主要是在城区、村镇大发生时，影响绿化景观和人民正常生活环境。

70 ~80 年代美国白蛾第一代发育较为整齐，近年，随着全球气候变暖，发生期也越来越不整齐，两代白蛾同堂，给防治增加了新的难度。个别高温年份出现两代半或三代现象。

美国白蛾自然传播扩散能力不强，雌蛾飞行扩散距离 400 米左右，主要以人为活动的物资运输交通工具携带远距离传播扩散。

从 2004 年调查结果，辽宁省美国白蛾发生面积 107. 62 万亩(2 代)，重度发生仅 8. 89 万亩。目前除“辽河、浑河、太子河、大凌河、绕阳河 ”五大河流中下游的沈阳、辽阳、鞍山地区，锦州沿海地区和丹东地区发生较重外，其他地区趋于稳定和下降趋势。但做到彻底消灭在短时间内还不可能做到。

（3）双条杉天牛：

在辽宁省主要危害寄主桧柏、侧柏。1986 年大连市金洲开发区，在从河北省调入栽植的侧柏苗上首次发现了双条杉天牛。1993 年鞍山市从河南省引进侧柏苗带入，1994 年辽阳市发生，1995 年朝阳市发现，90 年代后期传入丹东市，2000 年营口市从北京市调运苗木传入，2004 年锦州市发现。目前已扩散分布在辽宁省抚顺市、阜新市、沈阳市、葫芦岛市等地区。发生面积 0. 09 万亩。

双条杉天牛自然扩散能力不强，主要靠苗木运输传播。

研究总结有效防治方法，严格苗木调运检疫是根本措施，及时发现清除虫源树，成虫期药物喷杀和成虫期用饵木诱杀。

2004 年调查，在部分苗圃和新植林地发生危害较重，有继续扩散趋势。

（4）沙棘木蠹蛾：

寄主沙棘。1995 年辽宁省首次发现在朝阳地区，1997 年阜新地区发现。2002 年朝阳地区大面积暴发成灾。目前沙棘木蠹蛾发生在朝阳市的建平县、北票市、朝阳县，阜新市的阜新县，几乎辽宁省沙棘分布区均有发生危害，发生面积 120 万亩，严重发生 60 余万亩，严重发生林分有虫株率最多达 100%，单株虫口密度最多达 70 ~80 头。造成大面积沙棘林死亡。

分析主要原因：

①上百万亩沙棘人工纯林集中连片。

②立地条件土壤贫瘠，营林水平低。

③沙棘树龄已30余年，长势衰弱，适宜发生危害。

④辽西地区遭受4年连续大旱，造成加重危害。

沙棘木蠹蛾原发地在我国西北地区的甘肃省、青海省。成虫飞翔能力较强，迁飞距离较远。据分析是由毗邻内蒙古自治区传入辽宁省的。

防治策略：通过采取抚育、改造、封山营林措施，根部施药措施，灯光诱杀成虫，性信息素诱杀雄成虫等物理措施等综合治理，已取得初步成效。

经过连续3年治理，基本遏止了严重发生危害势头。

2004年普查，发生面积136.92万亩。

(5) 伊藤厚丝叶蜂：

寄主日本落叶松、兴安落叶松、长白落叶松。1990年由吉林省传入铁岭地区西丰县，1992年后先后传入本溪市、丹东市、抚顺市的10多个县(区)、发生面积超过百万亩。危害严重林分，落叶松针叶全部被吃光。针叶被吃光的林分生长量受到一定影响，但没有造成死树情况。在东部山区部分落叶松林有周期性发生和危害特点，一般在辽宁省每次相隔4~6年。每次暴发虫口密度非常大，但到发生高峰期过后种群密度迅速下降。

辽宁省主要采取加强监测，营林预防措施。

2004年调查发生面积11.6万亩。中度发生3.75万亩，重度发生3.02万亩。

(6) 刺槐叶瘿蚊：

寄主刺槐。刺槐叶瘿蚊为辽宁省最新发现的外来有害生物入侵种。2005年首次在大连市甘井子区国家森林公园发现危害，又相继在丹东、葫芦岛、锦州、抚顺等市发现。2006年全省范围全部发生，面积达60万亩。并有继续扩散蔓延加重危害趋势。

从目前观察数据资料分析，刺槐叶瘿蚊5~9月发生4代，刺槐叶单株被害率最高达50%~90%。瘿纹幼虫(蛆)白色，活跃，危害以口沟吸食叶片汁液，被害叶缘向背面反卷，幼虫隐蔽在卷叶内持续危害15~20余天，造成叶脱水褪色变硬干枯，并且很快感染白粉病，被害叶后期纷纷落地。成虫羽化时，将蛹壳留在卷叶一端，成虫褐红色，足各节均长，足长相当成虫体3倍，触角念珠状，雄虫触角17节。成虫趋光性较强。幼虫期不抗雨淋，2006年7月27日，8月4日，沈阳市两次较大降雨将卷叶中幼虫淋涮落地，使虫口密度急剧下降。

目前已成为辽宁省一个传播快，发生面广，危害重，新的外来林业有害生物。

2. 本土主要林业有害生物

辽宁省本土主要林业有害生物20种分别是：

(1) 松毛虫：

在辽宁省寄主：油松、樟子松、赤松、落叶松等。

建国以来一直是辽宁省森林害虫危害之首。在辽宁省分布有1属3种，即赤松毛虫、油松毛虫、落叶松毛虫。赤松毛虫在辽宁省各地均有分布，赤松毛虫主要在华北植物区分布为优势种群、落叶松毛虫在长白植物区为优势种群，油松毛虫分布在华北植物区辽西的朝阳、阜新地区已成为优势种群。

1980~1990年每年发生面积都在300万亩以上，90年代后，发生面积在250万~350万亩之间，占辽宁省每年发生病虫害总面积的40%以上，松毛虫在60~80年代辽宁省年年发生，年年有灾，将大片松林针叶吃光，致使松林枯死，50年代至80年代有十几万亩松林毁于松毛虫危害。

主要原因：辽宁省松林基本都是人工林，辽西、辽西北、辽南地区的油松、樟子松林集中连片，立地条件差，植被贫乏，生态脆弱。50～80年代由于超强度修枝和林下过度滥牧等人为严重干扰破坏，生长势弱，生物种群少，植被贫乏，林分质量低。

1982～1984年林业部在辽宁省建平县开展《松毛虫综合防治试点》工作，积累了大量技术资料，总结出系统先进的实用防治技术。1998～2000年在辽宁省西部松毛虫常发区开展了国家级松毛虫工程防治，采取了目标管理，集中连片、区域规模治理，建立监测预测预报网络，实行，采用配套先进的综合治理技术。大力推行Bt、灭幼脲、阿维菌素、苦参碱、挂人工鸟巢等无公害和生物防治措施，2000～2002年又开展了巩固扩大工程治理。取得了预期效果，达到了持续控制的目的。

目前，辽东、辽中、辽南及辽北10余个市大部分地区，松毛虫从90年代逐步得到控制，危害减轻，多年已不发生大的危害，仅限在辽西的朝阳、阜新及葫芦岛、锦州部分地区仍有发生危害。

①赤松毛虫。寄主是赤松、油松、樟子松及黑松。全省均有分布。

赤松毛虫60～80年代在全省各地均为优势种群，辽西地区尤为严重。目前在辽南、辽中、辽西北及辽西锦州地区为优势种群

②油松毛虫。寄主主要为油松、樟子松、华山松及白皮松。主要分布在朝阳、阜新、葫芦岛、锦州市。

辽宁省油松毛虫是1962年中国科学院动物所蔡邦华、刘友樵先生在辽西调查研究期间采集到的标本鉴定确认，主要分布在华北地区，当时仅限靠近河北省边界朝阳地区。80年代油松毛虫由西向西北阜新扩散，60年代赤松毛虫在辽西为优势种群，80年代后期朝阳、阜新油松毛虫逐步成为了优势种群。油松毛虫目前主要在辽西地区分布危害。经多年调查分析与80年代以来气候变暖相关。

③落叶松毛虫。寄主是落叶松、红松、油松、黑松、樟子松及云杉、冷杉、臭冷杉。省内主要分布在辽东山区(长白植物区系)的丹东市，本溪市，抚顺市，鞍山市东部，大连市的庄河，铁岭市的西丰县、开原市、昌图县，以及靠近内蒙古自治区边界的辽西北地区(蒙古植物区系)朝阳市的建平县、北票市，阜新市的彰武县北部地区。

落叶松毛虫50年代辽宁省称为西伯利亚松毛虫，1958年刘友樵先生鉴定定名为落叶松毛虫。

1954年落叶松毛虫在辽宁省本溪市达贝沟、抚顺市猴石沟地区严重成灾。1960～1970年在东部山区松林大面积严重发生。同期进行大规模人工捕杀防治和氯制剂农药喷洒。90年代以后没有发生过大的灾害。近年趋于稳定下降趋势。

(2)栗山天牛：

栗山天牛寄主柞树。在辽宁省主要危害辽东栎、蒙古栎。

栗山天牛在辽宁省是原生种类，1992年在辽宁省宽甸满族自治县首次发现大面积严重危害，到1998年调查全省发生100多万亩，严重发生30余万亩。

栗山天牛是危害柞树的蛀干性害虫。在辽宁省三年一代，跨四个年度。

该虫对柞树危害严重，在柞树树干蛀食坑道造成内外千疮百孔，严重被害致使树木枯

死，对林木价值造成重大损失、对生态环境造成重大破坏。每亩受害林木直接经济损失为636元，依此估算，全省35万亩重灾林分其直接经济损失就高达上亿元。已对辽宁省辽东、辽西水源涵养林、水土保持林的天然柞树林构成致命的威胁。是辽宁省近年来主要突发性严重危害的森林害虫之一。

当前，分布在10个市23县(区)：丹东市的宽甸满族自治县、凤城市；本溪市的桓仁满族自治县、本溪满族自治县；抚顺市的抚顺县、新宾满族自治县、清原满族自治县；鞍山市的岫岩满族自治县、千山风景区；锦州市的义县、北镇市；阜新市的阜新蒙古族自治县；葫芦岛市的兴城市、连山区；朝阳市的北票市；大连市的金州区、长海县、甘井子区。丹东市发生面积最大，为110.5万亩，占全省总发生面积的72%。

分析主要原因：

①受全球气候变暖，辽宁省80年代以后年平均气温上升较大，使栗山天牛发育，生物学特性受到影响发生改变。

②目前辽宁省栗山天牛危害严重柞树林分，处在高山远山的山脊和山中上部，立地条件差，山石裸露，土层浅薄。林龄大多40年以上，生长势衰弱，处于适宜发生环境。

③因栗山天牛属蛀干性害虫，隐蔽性强，发育一个世代1000余天，只有60余天暴露，防治难度大。到目前尚无高效快捷易行的防治技术和方法，使全省大面积发生的栗山天牛危害无法在短时间内得到根治。

④虫源地的虫源木不能得到及时清除，造成扩散蔓延，加重了危害。

治理对策：

经过1998、2002、2005年3次成虫期防治栗山天牛总结，各地结合本地实际，实施“治轻、伐中、更(新改造)重”的防治策略。治理工作实行以营林措施为主，采取营林措施、物理措施、生物措施与人工捕虫相结合的综合治理方法，掌握防治最佳时期，组织集中人力、物力，集中时间，统一行动。2005年全省采取人工扑捉、灯光诱集成虫达45吨，取得了很好的防治效果。同时采取初令幼虫期林间释放管氏肿腿蜂，对受害重的林木进行卫生伐及时清理，对严重枯死的林分采取更新改造。

2004年全省栗山天牛的发生面积为187.43万亩，其重度发生41.66万亩，发生趋势依然严重。

(3) 杨干象：

寄主主要是杨、柳树。目前在辽宁省各地区均有分布，特别是平原地区。

杨干象1962年传入辽宁省，20世纪70年代初在台安、法库等县与白杨透翅蛾、青杨天牛混合发生危害，致使杨树造林全部毁林，成为辽宁省林业毁灭性、危险性害虫之一。中国科学院沈阳生态研究所李亚杰研究员和省内科研所、有关单位多年开展科学研究试验，实施强化苗木产地检疫和进行及时有效防治，使发生危害逐年下降。

从2000年起，辽宁省开展大面积营造杨树速生丰产林、农田防护林、绿色通道工程等，杨干象发生又逐年扩大和危害逐年加重，成为新植林、幼林最大威胁。根据最近几年观察，“3930”、“辽宁杨”等速生杨品种最易遭其危害。

目前在铁岭市、沈阳市、辽阳市、鞍山市、盘锦市、锦州市等平原地区发生危害较为严重。近年在锦州市、盘锦市、本溪市、沈阳市等地已造成毁林几万亩。

杨干象自然扩散能力很低，主要靠人为苗木调运传播扩散和从虫源地逐步扩散。

治理对策：

①加强苗圃防治，严格出圃苗木调运检疫和幼林地跟踪检疫，是最有效的根本性措施。

②全面开展虫情监测，做到及时发现，及时防治，及时消灭虫源地。

③对发生林木内幼虫，采取氧化乐果、敌敌畏等药剂虫孔点涂、幼树树干涂药环防治。

④条件较好林分可挂木段招引啄木鸟。

2004 年普查，杨干象发生面积 73.98 万亩，有扩大蔓延危害加重趋势。

（4）白杨透翅蛾：

寄主是杨树、柳树。白杨透翅蛾在辽宁省各地区均有分布，70 年代初在台安、法库等县与杨干象、青杨天牛混合发生危害，造成全县杨树造林全部毁林。成为辽宁省杨树幼林毁灭性、危险性害虫之一。

80 年代后开展实施严格苗木产地检疫，及时有效防治，逐年下降。

白杨透翅蛾从 2000 年起，在新营造的大面积杨树速生丰产林、农田防护林、绿色通道工程林地中发生危害，而且呈逐年扩大和危害加重趋势。

白杨透翅蛾自然扩散能力很低，主要靠人为苗木调运传播扩散和从虫源地逐步扩散。

治理对策：

①最有效措施，做到及时发现，及时防治，消灭虫源地。

②严格苗木检疫，做到圃内无疫苗，疫苗不出圃、不上山、不外运、不栽植。调入苗木必须全部实施检疫。

③对幼林地进行全面跟踪检疫，做到全面监测，及时预防，发现一株清除一株。采取点涂药剂防治。

④条件较好林分可挂木段招引啄木鸟。

2004 年普查发生 23.02 万亩，危害较为严重，全省各地均有扩大蔓延危害加重趋势。

（5）青杨天牛：

寄主为杨树。在辽宁省各地普遍发生，是杨柳树新植林、幼林的最大威胁，对 5 年生以上杨树影响不大。

从 2000 年，开展大面积营造杨树速生丰产林、农田防护林、绿色通道工程等，青杨天牛发生逐年扩大和危害逐年加重。

青杨天牛自然扩散能力很低，主要靠人为苗木调运传播扩散，靠虫源地逐步扩散。

治理对策：

①苗木检疫，作到圃内无疫苗、疫苗不出圃、不上山、不外运、不栽植。

②幼林地进行全面跟踪检疫，作到全面监测，及时预防。

③最有效措施，做到及时发现，及时防治，消灭虫源地。采取点涂、涂干药剂防治。

④条件较好林分可挂木段招引啄木鸟。

⑤结合修枝，剪除虫瘿，集中烧毁。

2004 年普查，全省发生 29.95 万亩，目前呈上升加重趋势。

（6）光肩星天牛：

寄主为杨、柳、榆、糖槭，最喜食糖槭。

50～60 年代在辽宁省丹东市、本溪市、沈阳市、锦州市、葫芦岛市等地区栽植的糖槭树，因光肩星天牛危害几乎全部淘汰。之后，光肩星天牛以柳、杨树为主要危害对象。70～

80 年代初在葫芦岛市绥中县、兴城市，锦州市的凌海市发生危害较重。仅绥中县严重危害农田防护林就有 5 万亩。王宝乡的 50 万株 10 ~ 12 年生北京杨，几乎全部被害砍伐。由于辽宁省及时加大采取营林措施消灭虫源地，人工扑杀成虫，截头改造等，目前光肩星天牛除个别地区外，全省基本得到了控制。

治理对策：

①及时砍伐成过熟林，尤其是生长势衰弱的过熟林。避免形成虫源地。

②成虫期可采取人工扑捉，树冠喷洒“绿色威雷”触杀。

③卵期人工用木锤轧产卵痕处。

④幼虫期可采用磷化铝毒签堵孔。

⑤发生在行道树可截头更新。

⑥可在伐根嫁接抗性品种毛白杨更新。

2004 年普查，全省均有分布，发生 24. 27 万亩。

(7) 舞毒蛾：

寄主植物达 500 余种。在辽宁省主要寄主柞、杨、杏、柳、榆、苹果、山楂等。

舞毒蛾为世界性害虫，在美国、加拿大曾有几十年连续造成灾害的历史，1974 ~ 1976 年在辽宁省南部曾大发生，将许多蚕场的栎叶吃光，造成柞蚕大量减产。1999 年在新民市机械林场舞毒蛾将几百亩 10 年生以上杨树叶吃光，平均每株 500 头以上。2000 年台安县农田林带，路树舞毒蛾大发生，有 3 万余亩杨树被吃光。2001 年危害面积又有所扩大，并在辽东、辽南及全省范围普遍发生。大连市庄河、瓦房店、金州、普兰店等地发生 5 万亩。2003 年鞍山市的千山区、岫岩满族自治县也有大面积发生危害。舞毒蛾喜光、喜温，故在林网、疏林地、路树危害较重。

2002 ~ 2003 年营口、辽阳、鞍山、大连等地发生面积几十万亩，重度发生 4 万亩。

主要原因：

①辽宁省柞蚕场面积较大，易发生舞毒蛾。

②舞毒蛾幼虫有较强爬行转移能力，1 分钟爬行 2 米，有较大范围扩散能力。

③1999 年以来连续 4 年干旱，对舞毒蛾繁殖，种群数量加大有利。

防治对策：

①在秋冬季节或早春刮下树上卵块集中，最好待寄生天敌飞出后再深埋或烧毁。

②在 7 月间，在成虫羽化期利用其趋光性强，进行灯光诱杀成虫，如大面积连片灯组诱杀效果更好。

③幼虫期喷洒 50% 杀螟松 8000 ~ 1000 倍液、60% 敌马合剂 800 倍液。

④舞毒蛾自然界天敌种类很多，寄蝇，姬蜂，茧蜂、捕食性昆虫、病毒、食虫鸟类，应加以保护利用。

⑤可利用舞毒蛾性诱剂诱杀雄成虫。

2004 年普查，发生面积 85 万亩，中度以上发生 25. 1 万亩。仅大连市发生 26 万亩，中度以上 14 万亩。

(8) 蒙古木蠹蛾(东方亚种)：

寄主柳、杨、榆、槐、桦、丁香。主要发生在辽宁省营口市、锦州市、沈阳市、盘锦市、辽阳市等地区，其他地区均有分布。

50~80年代曾在营口市、沈阳市、辽阳市、铁岭市等地区造成灾害。目前只在盘锦市、营口市个别地区个别林分和行道树危害较重。全省趋于稳中有降，主要原因是形成虫源树的过熟杨、柳、榆树减少。2004年调查发生面积1.2万亩中度以上0.79万亩。

(9) 柳干木蠹蛾：

柳干木蠹蛾主要寄主柳树、榆树，在辽宁省和蒙古木蠹蛾混合发生。

(10) 松稍螟(球果螟)：

寄主油松、樟子松、赤松、红松主侧梢。在辽宁省普遍分布，一般两种混合发生。主要发生危害在辽阳市、鞍山市、营口市、大连市、葫芦岛市、锦州市、阜新市、朝阳市等地区。葫芦岛市绥中县小庄子地区几万亩樟子松、油松海防林，1988~1989年松稍螟被害率达到90%以上。

1995年在葫芦岛市、辽阳市、营口市、大连市等发生区危害较重，松梢被害率30%以上。从2004年以来在沈阳、抚顺等地球果螟呈上升大发生趋势。球果螟危害新梢和球果。

2004年普查，全省发生41.2万亩，中度发生4.0万亩，重度发生1.9万亩。总体有所缓解。但局部林分仍然危害较重。

(11) 纵坑切梢小蠹(松纵横坑切梢小蠹)：

寄主油松、赤松、樟子松、红松。分布在辽宁省铁岭市、辽阳市、鞍山市、营口市、大连市、葫芦岛市、锦州市、抚顺市、丹东市等地区。

70~80年代，小蠹虫危害较重，主要是一些采伐原木不能从林地中楞场及时运出，成为了松纵(横)坑切梢小蠹虫寄主木和形成虫源地(木)，成虫期转向松林健康树梢取食补充营养造成危害。60~80年代松毛虫危害严重地区造成的衰弱木，作为林区烧材的松树枝桠梢头堆积在林间、林缘，水库被淹松林枯萎木不能及时伐除，都成了为小蠹虫寄生木，都为小蠹虫发生造成适宜条件。

近几年由于造成上述发生危害条件减少或消除，目前在辽宁省趋于稳定，只在辽阳市、营口市、鞍山市、铁岭市少部分地区轻度发生。

2004年普查，发生5.9万亩，中度以上0.62万余亩。近几年趋于下降趋势。

(12) 落叶松八齿小蠹：

寄主落叶松。2001~2003年由于连续3年特大干旱，造成铁岭、抚顺等地处于岗地立地条件的落叶松林分，生长势衰弱枯黄。致使落叶松八齿小蠹造成猖獗发生，危害严重被害林木造成树皮脱落，单株虫口最多达数千头。发生面积30万亩以上，造成成片落叶松林枯死。

防治对策：

①加强经营管理，增强林木生长势。

②加强监测，发现虫源地，及时清理。

2004年由于降水量恢复正常，有较大缓解。目前发生6.44万亩，中度以上0.52万亩。

(13) 黄连木尺蛾(木橑尺蛾)：

寄主落叶松、刺槐、核桃、臭椿、泡桐、山楂等。2002年在丹东市、抚顺市黄连木尺蠖暴发成灾，严重林分落叶松、刺槐树叶全部被吃光。岫岩满族自治县发生近20个乡(镇)，落叶松受害严重面积5万余亩。

2004年普查，黄连木尺蛾发生4.68余亩，中度以上发生面积3.8万亩。全省东部、南部部分地区仍有暴发成灾的危险。

(14)核桃楸扁叶甲：

只危害核桃楸、核桃。在1983年在辽宁省铁岭市西丰县发生危害，一般有相隔4～5年周期性发生规律。1999年发生10.4万亩，重度发生8.9万亩。2002～2003年在东部山区暴发，发生面积20余万亩，有的核桃楸林地树叶全被吃光。分布在抚顺市、铁岭市、本溪市、丹东市、鞍山市等地区。

2004年普查，全省发生1.05万亩，呈大幅度下降趋势。

(15)银杏大蚕蛾：

寄主核桃楸、核桃、栗、银杏、蒙古栎。分布在辽宁省丹东市、本溪市、抚顺市、铁岭市等地区。经常在核桃楸、核桃、板栗、栎林发生和危害、2001～2003年严重被害栎林林分树叶全被吃光。银杏大蚕蛾有相隔3～4年再度发生规律。

全省2004年调查发生1.2万亩，呈下降趋势。

(16)兔、鼠害：

草原鼢鼠、沼泽田鼠、棕背䶄、红背䶄主要发生在辽宁省阜新市、盘锦市、本溪市、鞍山市、丹东市等地区。本溪市、鞍山市、丹东市等地区发生的种类是棕背䶄、红背䶄，主要危害落叶松幼林，啃食树皮，干部一周树皮被害造成死树。盘锦发生的是沼泽田鼠危害新植林。阜新地区发生的是草原鼢鼠危害新植林。晚秋、早春危害，冬季雪大，危害加重。

2003年全省发生3.3万亩，2004年全省各种鼠害发生30多万亩，仅棕背䶄发生15.5万亩。本溪满族自治县、岫岩满族自治县等地发生危害较重，目前有上升加重趋势。

山兔危害山杏、刺槐和杨树新植林。

2002年在朝阳市大发生。2004年阜新市大发生，发生面积10万亩。

山兔由于受到辽西地区大面积沙棘林的自然保护和野生动物禁猎人为的保护，近些年山兔种群大幅度增加，又没有有效天敌的制约，形成多者为患的局面。各级林业主管部门应当抓紧研究制订相关政策和采取控制措施，把种群控制在一定数量。

(17)杨树溃疡病：

寄主杨树。在辽宁省各地均有分布，曾造成大面积幼林毁林和成林不成材，是辽宁省杨树主要危险性检疫性病害。在辽宁省被害较重是青杨派杨树、黑杨派及黑杨派、杂交品种具有一定抗病性。近几年，大面积营造杨树速生丰产林，杨树溃疡病发生危害趋势不断加重。

采取对策：

①加强经营管理，促进生长，增强树势，防止冻害。

②增强抗性，选育栽植抗病品种。

③造林时加强苗木检疫。造林前必须尽可能保持苗木的含水量。

④林地发现病株及时采取药物防治。如发病严重林分要及时清除病树和皆伐改造。

2004年普查，发生25.8万亩，中度以上发生4.91万亩。

(18)杨树烂皮病：

全省分布，主要发生在平原地区杨树速生丰产林、防护林、行道树。

1999年4月在全省范围内，柳(杨)烂皮病突然暴发，仅城乡路树的柳树、杨树发病就达20万株，发病严重的树木被伐除了10万余株，造成了几百万元经济损失，给城乡绿化造成较大破坏。

2006年杨树烂皮病，又一次在辽宁省各地大暴发，发生面积60余万亩，伐出病死树几万亩。

其主要原因：

①早春倒春寒，气温骤变，温差较大，在树干西南面造成冻裂，极易病菌侵入。

②由于暖冬现象，树叶落叶时间比常年晚，树木蒸腾量加大，造成树木含水降低，同时木质化程度减弱，抵御低温能力降低。

③春季降水量较大，空气湿度高，极利于烂皮病菌发病。

④城乡路树地面板结土壤含水量少，又加之城区气温相对较高，蒸发量较大，树木含水量更低，更易感病。

⑤杨树107、108、3930品种不抗寒，在中北部地区易受冻害树皮开裂，发病危害重。

防治对策：

①加强经营管理，促进生长，增强树势，树干涂白防止冻害，增强抗性。

②做好预防工，掌握气象资料，作常年定期观测。

③对发病较轻树木进行杀菌药物刮皮涂干防治。对发病较重树木清除集中烧毁处理，消除病原。

④新植林栽植前一定要防止苗木失水，栽植时和栽植后浇足水，尤其是干旱年份。

⑤栽前要严格检查苗木，检出带病苗木烧毁。

2006年调查，全省发生60万亩，其中中度以上发生10万亩以上，发生危害有加重趋势。

（19）樟子松衰退(病)：

樟子松是自1955年辽宁省开始从内蒙古自治区红花尔基引种培育的喜光、耐寒、耐干旱树种，目前全省樟子松林已有80万亩。尤其是在辽西干旱风沙地区发挥了重要的绿色屏障作用。

90年代初以来发生了衰退病，造成大片樟子松针叶和小枝枯死现象，严重危害造成成片死树。

主要原因：

①由于樟子松适生地理位置南移到辽宁省西北地区相距6个纬度，每年生长期延长了30天。这样生长节律加快使其早熟、早衰。

②樟子松早衰诱发了枯梢病的发生，也是致林木枯死的激化因素。

③辽宁省西北地区气候干旱，其蒸发量高于红花尔基0.45倍，干燥度大0.12，也是造成樟子松提早衰退的原因。

④辽宁省樟子松人工林栽植密度过大，单位面积水分、营养和生长空间严重不足，致使林木生长衰弱。

防治对策：

①科学抚育间伐，合理调整林分密度。

②对衰退严重林分，采取高强度卫生伐，伐除枯死木、频死木，清除侵染源。

③加强营林抚育，提高林分质量，增强树势。

④发病林分可采用多菌灵、本来特、甲基托布津内吸性杀菌剂喷洒树冠。

⑤樟子松不宜在辽宁省中、南部栽植。

2004 年调查发生危害面积已达 15 万亩，并有继续扩大趋势。

（20）落叶松枯梢病：

落叶松枯梢病是辽宁省落叶松主要病害。1978 年在辽宁省发生面积达 26 万亩。每年约损失立木材积 3 万立方米，70～90 年代，年年发生。“九五”期间开始逐年减轻。目前基本稳定有降。防治最有效措施，严格苗圃落叶松苗木检疫，及时除治。

2004 年发生 8.53 万亩，90% 以上轻度发生。

（21）落叶松早期落叶病：

主要危害落叶松幼林。辽宁省最早 1945 年发现在东部山区发生危害，1968 年发生面积达 450 万亩，占当时落叶松林面积的 62%。90 年代以后逐年减轻，2000 年以后基本不发生。

但 2004 年由于东部山区降水较多，部分落叶松幼林又发生了落叶病，发生面积 10.96 万亩。因此要加强监测预防。

3. 近年本土林业新突发害虫

近 5～10 年本土林业新突发害虫 10 种：

（1）土蝗（虫）长翅燕蝗：

分布在本溪市、丹东市、鞍山市、抚顺市及丹东市等地区。

蝗虫 1999 年在岫岩满族自治县 3 个乡（镇）大发生，最多每平方分米达千头，清原满族自治县亦有发生。2000 年本溪满族自治县发生 3 万亩，宽甸满族自治县、凤城市亦有发生。2001 年本溪满族自治县、桓仁满族自治县发生近 10 万亩，抚顺市、铁岭市各发生 0.2 万亩。

本溪满族自治县蝗虫大发生时经专家鉴定出 8 个种类，为长翅燕蝗为主、黄颈小车蝗、亚洲小车蝗、轮纹痂蝗、短星翅蝗、中华稻蝗、菱蝗、笨蝗等混合发生。4 月初开始孵化，多集中在山间沟塘，取食核桃楸、榆树、黄波罗、水曲柳、花曲柳、柞树及其他灌木、杂草。小蝗（蝻）虫密布整个树干、树枝、树叶，将全树叶片吃光。6 月下旬分散到大片林中。1999、2000 年观察蝗虫分散后不造成危害。

2001 年葫芦岛市的蝗虫大发生，面积达 40 余万亩，锦州市亦相继发生。经沈阳农业大学专家鉴定为东亚飞蝗，此种主要分布于河北、山东、河南、江苏、安徽 5 省，繁殖量大，有群居性，迁飞能力强，是我国历史上危害最为严重的害虫。目前发生在锦州市、盘锦市、葫芦岛市。主要危害农作物，大发生时为害所有绿色植物，林业部门必须要严加防范。

2004 年蝗虫全省发生 5.7 万亩，中度以上发生 2.8 万亩。由于 2004 年秋季以后全省降水趋于正常，2005 年蝗虫发生有明显的下降。

主要原因：

①气温变暖，气候异常，持续干旱高温造成的。近几年辽宁省连续高温干旱，对蝗虫发生极为适宜，繁殖量加大，种群密度迅速增大，并有群栖危害习性，形成了大小不等的蝗蝻群，加重危害。

②由于降水少，河流断流，尤其是中小水库水位大幅度下降，造成干湿地，最适于蝗虫繁殖。

③建国以来辽宁省从未发生东亚飞蝗蝗灾，可能 2000 年由华北地区借气流流动迁飞而

来。

防治对策：

①辽宁省几十年没发生出现蝗虫灾害，因此要严密监测，加强预测预报，及时掌握发生发展动态，尤其是对东亚飞蝗。

②防治蝗虫要采取“治早、治小、治了”的原则，消灭在蝗蝻期，消灭在危害前，蝗虫卵孵化蝗蝻出现期应及时进行防治，可取得最佳效果。可用敌马合剂、菊脂类农药等杀虫剂喷雾或制作毒饵施撒均可。

③蝗虫迁移性较强，防治必须要联防联治，进行区域性治理。

④蝗虫产卵主要在水位不定的河滩、芦苇塘、湖泊、水库、内涝洼地、河入海口的盐碱滩是发生虫源地，是监测、防治重点地区。

（2）油松巢蛾：

1998 年沈阳市辉山地区大片油松针丛枯黄。经专家鉴定是在辽宁省首次发现的油松巢蛾。资料记载，国内仅在山东省崂山地区发生过。经调查新城子、苏家屯、东陵区及抚顺市高官台等地均有发生，面积达 8 万亩，葫芦岛市也发生了 3 万余亩。此虫发生密度大，在针叶内部取食危害，防治难度较大，并有扩大蔓延趋势，毗邻地区应加强防范。

主要原因：

①初步分析主要原因是受全球气候变暖影响，适宜油松巢蛾发生。

②该地区有油松巢蛾种群原始群落分布，大面积油松纯林又适宜种群增殖。

防治对策：

①加强普查，预测预报，及时掌握发生情况，毗邻地区要严密监测。

②在成虫发生期和卵期、幼虫初孵期，树冠喷洒氧化乐果杀虫剂 800 倍液。兴城市 2000 年飞机喷雾 100 倍液，效果达到 100%。林间释放杀虫烟剂每亩 0.5 千克，杀虫效果可达 80%～90%。

③成虫发生期可用灯光诱杀。

（3）松针蚧：

1999 年在大连地区首先发现，2000 年在沈阳市北陵地区发现，目前发生分布在大连市、阜新市、本溪市、沈阳市、鞍山市等地区。阜新市 2003 年发生 8 万亩，造成大片油松针丛枯黄。2004 年调查发生 5 万亩，中度以上 1.4 万亩，有进一步扩散趋势。

（4）小齿短肛棒䗛：

寄主核桃楸、千金榆、春榆、山里红、珍珠梅、胡枝子、稠李、拧筋槭、糠椴、卫矛、玉米、蔬菜等树叶和嫩枝。大发生时将整片林子树叶吃光。目前调查发生在抚顺市、本溪市。

在 1993～1994 年在抚顺市新宾满族自治县、抚顺县、清原满族自治县等地发生 4.5 万亩，2001 年在本溪市 8 月中旬竹节虫相隔 5 年又在 4 个乡(镇)大发生。

（5）松阿扁叶蜂：

2001 年辽宁省首次发现松阿扁叶蜂，目前在辽宁省仅危害红松。传入途径不明。主要分布在铁岭市、抚顺市、辽阳市、鞍山市、本溪市、丹东市等地区。危害严重林分针叶全部吃光，远看火烧状，对红松种实产量造成减产和绝产。2004 年发生 0.5 万亩，有扩大蔓延趋势。

（6）桑折翅尺蛾：

2003～2004年朝阳市喀喇沁左翼蒙古族自治县首次发生几千亩，并将刺槐叶全部吃光。辽宁省历史上没有其危害记录。2004年葫芦岛市建昌县发生0.45万亩，大连市普兰店市0.65万亩，有扩大发生趋势。

（7）花布灯蛾：

寄主柞树，主要发生在辽南柞蚕场。2003年大连市、营口市大发生，其发生有一定的周期性。冬季大连人工摘花布灯蛾越冬虫包达2000多千克。由于防治力度较大，2004年调查，发生4.2万亩，中度以上2.3万亩。呈下降趋势。

（8）栎粉舟蛾：

分布在丹东市、锦州市、鞍山市、辽阳市、大连市等地区。50～60年代一直在辽宁省东部、南部柞蚕场经常性大发生，吃光柞树叶，造成柞蚕大幅度减产。其发生有一定的周期性。2001～2002闾山地区栎纷舟蛾大发生，几万亩柞树叶子被吃光。2004年全省发生4.7万亩，中度以上1.4万亩，趋于稳定。

（9）花曲柳窄吉丁：

寄主花曲柳、水曲柳、白蜡树。50～60年代，花曲柳窄吉丁危害严重，大量死树，在街道、路树基本不栽植花曲柳、水曲柳、白蜡树，因此此虫也消声灭迹。

2003年10月本溪市东营房子地区公路行道树发现。据来访的美国专家介绍目前是美国检疫对象，对美国白蜡树造成较重危害，列为检疫害虫。目前在黑龙江省发生危害较重，因此，辽宁省作为重点监测对象，严加防范。

（10）蒙古象甲：

蒙古象甲在辽宁省全省均有分布，在苗圃成虫危害幼树和嫩芽，造成缺苗断垄。辽宁省2001～2004年，在杨树埋根造林地普遍暴发，单株虫口密度最大的达到30头以上，对埋根新植林造成毁灭性威胁。

4. 辽宁省应重点关注的其他林业有害生物

重点关注的其他林业有害生物虫害40种，病害9种。

下述有害生物有的种类在辽宁省历史上大发生或猖厥发生造成过严重危害，有的种类曾在部分地区大发生造成过严重危害，有的种类具有不定期潜在威胁，因此对其要长期进行监测和监控。

害虫种类：

（1）樟子松梢斑螟。寄主红松，对红松生长和材质影响较大，有一定的潜在威胁。分布在本溪市桓仁满族自治县。

（2）青杨虎天牛。寄主杨树，对成过熟杨树木材材质危害较大。分布在沈阳市、本溪市。

（3）红缘天牛。寄主枣树，危害枣园枣树干部。分布锦州市、朝阳市、阜新市、葫芦岛市。

（4）玉米螟。寄主杨树，是造成杨树幼林危险性害虫。分布沈阳市、鞍山市、辽阳市、锦州市，尤其是林粮间作幼林应加强防控。

（5）杨大透翅蛾。寄主杨树，是辽宁省威胁性较大潜在害虫。发现在阜新市。

（6）栗实象。寄主板栗，分布丹东地区，大发生年份，严重影响板栗质量。

（7）落叶松尺蛾。寄主落叶松，个别年份大发生将落叶松吃光。分布抚顺市、本溪市、铁岭市、鞍山市、辽阳市、丹东市。

（8）榛实象。寄主榛，是影响榛子质量和减产主要害虫。分布铁岭市、本溪市、抚顺市、丹东市、鞍山市、辽阳市。

（9）泰加大树蜂。寄主落叶松、云杉、冷杉，主要危害衰弱木和采伐原木木材。分布抚顺市和东部山区。

（10）杨圆蚧。寄主杨、柳，70～80年代在大连市、锦州市、营口市、辽阳市造成过严重危害。分布沈阳市、辽阳市、营口市、大连市、锦州市、葫芦岛市。

（11）栗瘿蜂。寄主板栗，在60～80年代是辽宁省板栗树主要害虫。分布丹东市。

（12）刺槐尺蛾。寄主刺槐、榆、杨，个别年份大发生，可将刺槐叶吃光。分布大连市、营口市。

（13）落叶松球蚜。寄主落叶松，虫口发生密度较大林分，严重影响新梢生长。分布丹东市、抚顺市、本溪市。

（14）松大蚜。寄主油松，危害严重造成枝梢、针叶枯黄和枯梢。分布朝阳市、沈阳市、阜新市、锦州市、葫芦岛市、鞍山市、辽阳市、营口市。

（15）白蜡蚧。寄主白蜡、水蜡及花曲柳，危害严重造成死树。分布在沈阳市、辽阳市、鞍山市、抚顺市、锦州市、葫芦岛市。

（16）松沫蝉。寄主油松，危害造成枯稍。分布阜新市、鞍山市、辽阳市、锦州市、营口市。

（17）桃仁蜂。寄主山杏、杏，取食核仁，是对山杏造成减产和绝产重要害虫。分布朝阳市、阜新市、葫芦岛市。

（18）落叶松种果花蝇。寄主落叶松，危害落叶松种子，发生严重造成种子减产。分布本溪市、抚顺市、丹东市。

（19）落叶松种子小蜂。寄主落叶松，分布本溪市、抚顺市、丹东市。

（20）刺槐种子小蜂。寄主刺槐，危害刺槐种子，发生严重造成种子减产和绝产。分布全省。

（21）杨锤角叶蜂。寄主杨树，对苗圃苗木和新植林有危害。分布铁岭市、沈阳市、辽阳市、鞍山市等平原地区。

（22）带岭松黄叶蜂。寄主油松，80年代曾在抚顺市、鞍山市、辽阳市、营口市等地区发生危害。分布本溪市、抚顺市、鞍山市。

（23）落叶松双肩尺蛾。寄主落叶松，70～80年代曾在抚顺市、本溪市、丹东市等地区发生严重危害。分布抚顺市、丹东市、本溪市。

（24）东北大黑金龟。寄主各种苗木。分布丹东市、本溪市、抚顺市、铁岭市、沈阳市。

（25）铜绿金龟。寄主落叶松，曾在鞍山市、辽阳市、营口市等地区大发生，将落叶松针吃光。分布全省。

（26）东方蝼蛄。寄主各种苗木，主要在苗圃危害苗木根部。分布葫芦岛市、锦州市、大连市、营口市。

（27）非洲蝼蛄。寄主各种苗木，主要在苗圃危害苗木根部。分布全省。

（28）大灰象。寄主各种苗木，主要在苗圃危害苗木。分布全省。

（29）黄刺蛾。2004～2005 年，黄刺蛾、青刺蛾在朝阳市的北票市、沈阳市的新城子区大发生，将上万亩山杏等树叶吃光。分布全省。

（30）兴安落叶松鞘蛾。寄主落叶松，兴安落叶松鞘蛾是辽宁省东部山区落叶松主要害虫。分布丹东市、本溪市、抚顺市。

（31）杨毒蛾。寄主杨柳，大发生年份个别地区，可将成片杨柳树叶吃光。分布全省。

（32）柳毒蛾。寄主杨柳，大发生年份个别地区，可将成片杨柳树叶吃光。分布全省。

（33）杨扇舟蛾。寄主杨柳，大发生年份个别地区，可将成片杨柳树叶吃光。分布全省。

（34）白杨潜叶蛾。寄主杨树，主要在苗圃危害苗木。分布全省。

（35）杨银潜叶蛾。寄主杨树，主要在苗圃危害苗木。分布全省。

（36）杨叶甲。寄主杨树，大发生年份个别地区，可将成片杨柳树叶吃光。分布全省。

（37）柳蛎盾蚧。寄主杨树，曾在铁岭市、沈阳市、辽阳市、鞍山市、营口市大发生，对幼树危害较大。分布全省。

（38）榆紫叶甲。寄主榆树，在辽宁省历史上和目前榆树毁灭性害虫。分布全省。

（39）榆毒蛾。寄主榆树，个别地区大发生年份，可将成片榆树树叶吃光。分布全省。

（40）黑绒鳃金龟。黑绒金龟在辽宁省全省均有分布，在苗圃成虫危害幼树和嫩芽，造成缺苗断垄。辽宁省 2001～2004 年，在杨树造林地普遍暴发，单株虫口密度最大的达到数十头，新植杨树新芽和新梢造成严重危害。要作为重点监测对象，掌握发生发展趋势，及时预防。

病害：

（1）冠瘿病。寄主杨、柳、果树，近几年在全省传播扩散较快，对幼树危害较大。分布阜新、大连地区。

（2）红松落针病。寄主红松，在 2002～2005 年在抚顺市、本溪市、丹东市部分红松林发生危害。分布丹东市、本溪市、抚顺市、铁岭市、鞍山市、辽阳市。

（3）油松落针病。寄主油松，在部分地区危害较重。分布丹东市、本溪市、抚顺市、铁岭市、阜新市、朝阳市、营口市。

（4）红松流脂病。寄主红松，在部分地区林分中发生危害较重。分布丹东市、本溪市、抚顺市、铁岭市。

（5）杨树黑斑病。寄主杨树，主要在苗圃危害苗木。分布全省。

（6）杨树灰斑病。寄主杨树，主要在苗圃危害苗木。分布全省。

（7）杨树锈病。寄主杨树，主要危害苗圃苗木，新植林幼树，也危害大树。分布全省。

（8）栗疫病。寄主板栗，是板栗毁灭性病害。分布丹东市。

（9）枣疯病。寄主枣，是枣树毁灭性病害。分布朝阳市、葫芦岛市、锦州市。

六、林业有害生物发生趋势分析

（一）外来有害生物发生趋势分析

1. 日本松干蚧

日本松干蚧在辽宁省近五年呈稳定下降趋势，主要表现在发生面积有明显下降，虫口密度大幅度下降，重度发生面积大幅度下降。大多日本松干蚧发生林分天敌种类和种群数量增加，控制能力逐步提高。重点地区采取了有效综合防治措施，收到明显成效。虽然2004年本溪市桓仁满族自治县新发现。但疫区仍然没有大的变化。辽西、辽西北地区仍然为安全区。目前以加强监测预防为主。

2. 美国白蛾

辽宁省是全国美国白蛾发生老疫区，目前，发生区域有所扩大，但危害程度普遍减轻，虫口密度明显下降。部分地区天敌有所增加，自然控制能力有一定的提高。从在全省20余年发生危害历史，不会对大片森林造成威胁。但是，短期内得到彻底控制还很难，到今后会有一定的反复，还将在城镇、村屯四旁，路树、绿地发生造成危害。

3. 双条杉天牛

在辽宁省发生危害主要在苗圃和城市绿地、行道、公路两侧栽植的侧柏、桧柏、圆柏树。由于近年城市绿化速度较快，规模较大，大量栽植柏树，有扩散加重危害趋势。城市园林部门、公路部门要加强监测，调运苗木一定要严格检疫。加大对苗圃管理，加强苗木检疫。林业部门给予协助。

4. 沙棘木蠹蛾

目前，发生危害仅限在朝阳、阜新地区沙棘林分布区。通过逐步治理和加大防治投入，危害程度明显减轻，不会继续扩散。今后还要坚持持续治理，巩固扩大治理成果。

5. 伊藤厚丝叶蜂

在辽宁省发生有一定的周期性，2004年预示一个周期增殖阶段，所以要作为重点监测对象，本溪及抚顺、铁岭、丹东发生重点地区要做好预防工作。

6. 重点普查对象松材线虫、红脂大小蠹、蔗扁蛾

辽宁省对松材线虫、红脂大小蠹(强大小蠹）作为重点普查对象，进行专项调查，尤其对沿海地区码头、铁路、公路等重点物资集散地，作为调查重点。做出单独的普查计划和方案。从普查结果看，目前在辽宁省还没有发现松材线虫、红脂大小蠹。蔗扁蛾曾有报道，但本次普查未发现。

7. 外来有害植物

2005年，通过普查，在辽宁省花卉市场发现有加拿大一枝黄花以插花形式销售。在抚顺、大连等地有人工栽培，立即进行全部清除销毁。在普查中还发现葛藤，冬青在辽宁省东部山区对林木有为害，建议将其列为有害植物名单。

在国家林业局列出的15种林业有害植物，这次普查发现辽宁省分布的有黎草、车前草、苍耳、草木犀、黄花蒿、狗尾草、槲寄生、野薄荷、赖草，除槲寄生外均未发现对林木有危害。因此，建议不列为林业有害生物名单。

普查同时发现了豚草，从美国传入，80年代初在沈阳周围地区发生蔓延。目前传入朝阳市、丹东市等地区。主要生长在路边、沟塘边，没有发现对林地林木造成影响。

此外普查发现了疏花蒺藜草1999年传入朝阳地区，刺萼龙葵1992年传入朝阳市，假苍耳2001年传入朝阳地区。三种外来有害植物原产地均为北美洲。目前，没发现对林木有危害。

但是，对国内重大危险性有害生物的防范必须时刻警惕，山东省松材线虫疫区长岛距离辽宁省大连长海县直线距离只有80海里。红脂大小蠹目前扩散到河北省廊坊市，已逼近辽宁省西大门葫芦岛市。辽宁省在地理纬度和气候都是属于适生区。因此，辽宁省防范松材线虫、红脂大小蠹侵入，必须放在各项工作首位，列入每年工作计划，高度警惕。

（二）本土重要有害生物发生趋势分析

1. 松毛虫

松毛虫仍然是辽宁省主要森林害虫，通过两期工程治理，有80%发生区连续3~5年趋于稳定有降趋势，但在朝阳市、阜新市与河北省、内蒙古自治区交接地区有十几万亩松林，仍然没有得到控制，虫口密度较大，不断向周围地区扩散。因此必须要采取省际联防问题才能解决。省内其他地区以监测预防为主要措施加以监控。

2. 杨树蛀干害虫及干部病害

近年，杨树蛀干害虫发生面积、危害程度肯将呈上大幅度上升趋势。2004年光肩星天牛发生13.3万亩、青杨天牛20.8万亩，杨干象57.2万亩，加上白杨透翅蛾超过百万亩亩，达到历史最高级记录。杨树溃疡病发生17.3万亩、杨树烂皮病10.2万亩，也创历史新高。由于“十五”期间新栽植几百万亩杨树林，目前正置杨树蛀干害虫危害期。而且新植杨树每年以300多万亩增加，杨树蛀干害虫及干部病害发生、防治形势严峻。必须高度重视，加大监测力度，加大防治力度，加大造林苗木检疫力度，坚决做到及时发现，科学及时有效控制。

3. 突发的松针蚧、油松巢蛾、蝗虫、松阿扁叶蜂、桑折翅尺蛾、花布灯蛾、刺蛾

这些突发、新发林业有害生物，在辽宁省发生时有突发性、有的种类有一定的周期性。目前松针蚧、桑折翅尺蛾、花布灯蛾、刺蛾处于种群增殖期。所以，在辽宁省必须作为监测预防重点对象。

七、存在的问题和原因

(1)普查时间比较短，因此普查还不够深入，不够全面。

(2)普查技术有待进一步提高，培训档次要进一步加强，尤其是分类基础比较薄弱。

(3)各地普查开展的不平衡，与各地技术队伍素质差异和领导重视程度相关。

吉林省林业有害生物普查技术报告

一、吉林省自然概况

（一）地理位置

吉林省位于我国东北地区的中部，地处北温带，地理坐标为东经121°38″~131°19″、北纬40°52″~46°18″。全境东西最长约750千米，南北最宽约600千米，总面积约19万平方千米，约占全国总面积的2%，居全国第14位。

吉林省处于日本、俄罗斯、朝鲜、韩国、蒙古与中国东北部组成的东北亚的腹心地带，东部与俄罗斯接壤，东南部以图们江、鸭绿江为界，与朝鲜民主主义人民共和国相望，边境线总长1438.7千米。其中：中俄边境线232.7千米，中朝边境线1206千米。南连辽宁省，西接内蒙古自治区，北邻黑龙江省。

（二）地形地貌

吉林省地貌形态差异明显。地势由东南向西北倾斜，呈现明显的东南高、西北低的特征。以中部大黑山为界，可分为东部山地和中西部平原两大地貌区。东部山地分为长白山中山低山区和低山丘陵区，中西部平原分为中部台地平原区和西部草甸、湖泊、湿地、沙地。地貌类型种类主要由火山地貌、侵蚀剥蚀地貌、冲洪积地貌和冲积平原地貌构成。主要山脉有大黑山、张广才岭、哈达岭、老岭、牡丹岭等。平原主要以松辽分水岭为界，以北为松嫩平原，以南为辽河平原。吉林省地貌形成的外应力以冰川、流水、风和其他气候气象因素的作用为主。第四纪冰川在长白山的冰川剥蚀遗迹至今仍然可见。现代流水侵蚀作用对地貌的影响很广泛，山地、丘陵、台地、平原、盆地、谷地多受侵蚀、剥蚀、堆积、冲积等综合作用，形成了各种流水地貌，如河漫滩、冲积洪积平原、冲沟等。火山地貌占吉林省总面积的8.6%，流水地貌占83.5%，湖成地貌占2.6%，风沙地貌约占5.2%。

（三）气候特点

吉林省处于北半球的中纬地带，欧亚大陆的东部，相当于我国温带的最北部，接近亚寒带。东部距黄海、日本海较近，气候湿润多雨；西部远离海洋而接近干燥的蒙古高原，气候干燥，全省形成了显著的温带大陆性季风气候特点，四季分明，雨热同季。有明显的四季更替，春季干燥风大，夏季高温多雨，秋季天高气爽，冬季寒冷漫长。全省大部分地区年平均气温为2~6℃，全年日照2200~3000小时，年活动积温平均在2700~3200℃，可以满足一季作物生长的需要。全省年降水量一般在400~900毫米，自东部向西部有明显的湿润、半湿润和半干旱的差异。全省无霜期中部以西150天左右，东部山区130天左右。初霜期一般在9月下旬，终霜在4月下旬至5月中旬。全省气温年较差为35~42℃，日较差一般为10~14℃，夏季最小，春秋季最大，全省极端最高气温在34~38℃间，最高(1965年)的白城市为40.6℃。年极端最低气温，中部的长春市为－36.5℃，1970年桦甸市最低为－45℃。

（四）林业概况

吉林省是我国的重要林业基地，目前，全省森林覆盖率已达42.5%，有林地面积达到12143.5万亩，活立木蓄积达到8.6亿立方米。吉林省境内的长白山是我国东北地区的第一高峰，以长白山主峰为中心，伸向东北、西北、西南等方向，山势依次低缓，形成高山、峡谷、台地、丘陵、漫岗、盆地、平原等复杂地形，森林群落多种多样，具有十分明显的森林垂直分布带。它北接完达山林区和牡丹江林区，南邻辽宁省东部的山地森林，向西延伸到松嫩平原，与大兴安岭南坡的森林遥遥相对，期间茂密的森林，构成了吉林省的森林体系。长白山区素有“长白林海”之称，是我国六大林区之一。在欧亚大陆同一纬度带上，长白山的森林具有景观多样、物种丰富、原始状态保存完整等特点，其蓄水保土、调节气候、改善环境等方面的作用越来越突出。长白山森林垂直带谱在欧亚大陆北半部最具代表性，为研究北半球生物圈的演变提供了良好的条件，为此，联合国教科文组织人和生物圈委员会把长白山自然保护区列为“世界生物圈自然保护地段”。长白山森林作为天然生物物种的基因库，对推进世界林业科研发挥着重要作用。

（五）森林分布

由于吉林省东高西低的地形地势，因自东而西水热状态的不同及复杂的自然环境条件，致使吉林省的森林分布因地域不同产生明显差异。森林的地理分布规律主要表现在经度地带性和垂直地带性，吉林省的纬度地带性自北而南虽有所表现，但不太显著。经度地带性由于季风影响和大陆性因素增强，明显表现出由东到西出现森林地带和平原地带的水平分布规律，即森林—森林草原过渡带—草原；垂直分布规律十分明显，随着海拔的增高，出现不同森林垂直分布带。

1. 吉林省森林的水平分布

（1）东部山地森林区：行政区域包括延边朝鲜族自治州、白山市和通化市的集安市、通化县。地理位置大体在东经126°～131°，北纬41°～44°之间。气候上由于直接受日本海湿气团的影响，年降水量大，湿润度高，适于森林生长，区内树种组成丰富多彩、种类繁多、生长茂盛，地带性森林植被类型为红松针阔混交林，主要树种有红松、沙松、红皮云杉、鱼鳞云杉、冷杉、长白落叶松、赤松、长白松等针叶树种和水曲柳、核桃楸、蒙古栎、白桦、黄波罗、紫椴、大青杨、香杨以及槭属、榆属等乔木阔叶树种与丁香、忍冬以及蔷薇科等多种多样的灌木。本区的森林覆被率列全省之冠，平均达60%以上，对松花江、鸭绿江、图们江上游地区的水源涵养、水土保持发挥着重要作用。

（2）西部平原草原区：本区地处京哈铁路吉林省段附近及其以西地区，包括松辽平原、松嫩平原的一部分。地理位置大体在东经122°～125°，北纬43°～46°之间。行政区域包括白城市、松原市、四平市的梨树县、双辽市、公主岭市和长春市、德惠市、农安县、榆树市。本区由于受长白山山脉走向的影响和蒙古高原冷寒气候东侵的作用，大陆性气候比较显著，蒸发量明显大于降水量，春季风大干旱，由于森林植被生长的自然条件较为严酷，森林资源较为匮乏，森林面积1800余万亩，森林覆被率仅10%左右。除杨树之外的主要树种有蒙古黄榆、家榆、山杏、蒙古桑、蒙古柳、旱柳、兴安胡枝子。本区的人工林建国后发展较快，但造林树种单一，主要以杨树为主，此外还有榆、柳、樟子松等，是我国“三北”防护林重要组成部分。

（3）中部低山丘陵草原过渡区：本区地处东部山地森林区和西部平原草原区之间，地理位置大体在东经125°～128°，北纬42°～45°之间，行政区域包括吉林市，辽源市，通化市的柳河县、梅河口市、辉南县，长春市的九台市、双阳区，四平市的伊通满族自治县。树种多为次生阔叶林和针叶人工林，主要树种为蒙古栎、山杨、白桦、水曲柳、核桃楸，此外还有槭属、榆属、椴属等数种；人工林主要以长白落叶松为主，面积大、分布广，遍及全区，另外，还有红松、赤松、樟子松、水曲柳和杨树人工林，数量较少，与次生林、农田交错分布。

2. 森林资源特点

（1）长白山林区树种资源丰富：长白山林区由于临近海洋，降水量较为充沛，气候适宜，林木种类丰富，其木本植物近30科250多种，既有耐寒湿的树种，如云杉、冷杉、落叶松，又有喜温的红松、沙松、椴树、春榆、核桃楸和各种槭树，还有耐干旱的蒙古栎、黑桦，又有喜湿的水曲柳、钻天柳。

（2）森林分布不均匀：吉林省的森林主要分布于东南部山区和半山区，森林覆被率自东向西逐渐降低，即便是森林分布较集中的东部山区，森林分布也不均匀，一般集中于偏远的山区，而交通沿线和城镇附近，往往在大范围内无森林覆盖。

（3）森林具有明显的过伐林特征：吉林省林区经过长期开发，绝大部分原生林经过不同程度的采伐，有的林分已经经过2～3次的择伐，形成了过伐林和次生林，过伐林与原生林相比，林分结构上具有较大改变，从前的原生林由以红松为优势的针阔混交林绝大部分演替为阔叶林、萌生柞树林和杨桦林等。有的森林经过长期反复破坏，森林环境发生较大变化，引起非主要和不良树种的滋生和蔓延，森林退化，林分树木的成材率严重降低，蓄积严重减少。

（4）人工林树种单一：目前，吉林省人工林保存面积高达3114万亩（不包括经济林），占全省森林总面积的25.6%，其中人工落叶松林面积占40.6%，杨树人工林面积占45.1%，其余为其他树种，人工造林树种单一，又几乎多为纯林，造林后产生的问题较多，如存在病虫害发生为害严重、树木生长不良、林地土壤肥力降低等弊端。

二、全省林业有害生物 普查依据、任务及方法

（一）国家林业局对普查工作的总体要求

此次全省林业有害生物普查工作依据是《国家林业局关于在全国开展林业有害生物普查工作的通知》（林造发[2003]73号）。近一个时期以来，我国林业有害生物发生危害一直呈上升趋势，危害严重，造成的损失十分巨大，再加上外来林业有害生物的入侵，使我国森林资源遭到了十分严重的破坏，甚至在局部地区形成了难以逆转的生态灾难。为了准确掌握我国林业有害生物分布、发生、危害详细情况，为防控林业有害生物灾害提供科学决策，通过在全国范围内进行一次全面、详尽的林业有害生物普查工作，进一步掌握目前本土和外来入侵的林业有害生物分布、发生和危害情况，为今后加强区域间联防联治、制订预警方案、确定优先实施的国家级工程治理项目及检疫性林业有害生物、危险性森林病虫疫情数据等工作

奠定基础，提供依据，为此，国家林业局决定，自2003年起，利用1~2年时间，在全国范围内开展一次全面的林业有害生物普查工作，并在浙江省杭州市举办了林业有害生物普查技术培训班。为了进一步明确和统一普查技术标准，建立和完善林业有害生物数据库，根据国家林业局关于普查工作通知精神，国家林业局森林病虫害防治总站编制了《全国林业有害生物普查技术要点》，并以国家林业局森林病虫害防治总站（林防总检字［2003］67号）文件印发实施。《全国林业有害生物普查技术要点》对此次普查范围、普查内容、林业有害生物的确定、普查方法等进行了明确和规范。

（二）普查工作任务

1. 普查范围

各省（含自治区、直辖市）所辖区域的有林地（含荒漠植被、经济林）、苗圃、贮木场、木材加工厂、花圃等，普查的重点是各省确定的林业重点保护区域、有害生物与发生区域，以及过去调查涉及不多的区域。

2. 普查对象

（1）所有外来林业有害生物。包括从国（境）外和1980年以后从外省（自治区、直辖市）传入的危害森林植物及其产品的病原微生物、有害昆虫、有害植物及鼠、兔、螨类等。

（2）危险性大的本土有害生物。指对森林植物及其产品造成危害最严重的本土有害生物（最多统计20种），包括林业病原微生物、有害昆虫、有害植物及鼠、兔、螨类等，

3. 普查内容

（1）寄主植物普查。普查对象危害的植物种类（包括乔木、灌木、花卉等），原则上要查到种。寄主植物种类大于20种的，按不同科、属，至少列出主要的20种。

（2）普查对象分布地点统计。发生区域大的（指发生地点超过所辖县级行政区域1/3以上的乡镇），统计县级（包括相当于县级行政级别的林业局）名称；新发现的或发生区域小的（指发生地点等于或小于所辖县级行政区域1/3的乡镇），统计乡镇级名称（报送汇总资料时，包括乡镇级名称及所隶属的县级名称）。以上分布地点统计，必须注明所隶属的地区（市）、县。

（3）有害生物发生面积统计。危害经济林（果园）、苗圃、花圃、温室等种苗繁育基地的，以危害寄主植物的实际种植面积计算；危害其他林地的，以林业小班为单元计算发生面积。发生面积按轻、中、重三个等级统计。

（4）危害木材的有害生物统计。须统计危害木材的（包括原木、板材、方材、木质包装材料、垫脚木和人造板等）有害生物种类、危害数量（以立方米为单位）及危害程度，以及有有害生物危害的贮木场、木材加工厂等的所在地名称及单位名称。

（5）外来有害生物来源调查。了解并记录传入地、传入时间、传入的途径及方式等。

（6）外来有害生物入侵对当地经济、生态、社会影响的调查。

4. 调查方法

（1）外业调查：在有害生物发生盛期或表现症状期，以乡镇（林场）为单位，在林业作业图或林相图上以及根据种苗繁育基地、贮木场、木材加工厂等所在地的分布情况，确定踏查线路。重点区域及经过踏查发现有疫情的区域，要设立具有代表性的调查点或样方进行详查，并列出每个调查点或样方所在的位置以及所代表的面积。

（2）详查方法：林地或种苗繁育基地每块标准地或样方调查株数为 30～50 株，其中人工林标准地或样方累计调查面积不应少于普查对象寄主植物分布面积的 3%，天然林等应不少于 0.2%；调查木材危害状况时，抽样率不应少于 3%。需详细记录有害生物的种类、寄主、虫口密度和树木受害程度，采集相关标本及拍摄有害生物生物学或危害状的照片，并将有关数据填入统计表。

（三）吉林省林业有害生物普查要求

根据国家林业局对林业有害生物普查工作的要求，结合吉林省实际情况，编制了《全省开展林业有害生物普查工作实施方案》，经广泛征求意见，在专家组反复修改论证基础上，最后以吉林省林业厅文件印发实施。具体要求如下：

1. 普查范围

全省现有人工林、天然林、经济林、行道树、城镇绿化树以及苗圃、花圃、贮木场、木材加工厂等。

2. 普查对象

（1）所有林业外来有害生物。

（2）所有本土能对森林、林木、苗木、木材及其制品造成危害的病、虫、鼠、兔类及杂草。

3. 普查内容

（1）寄主植物普查：普查对象危害的植物种类（包括乔木、灌木、苗木、花卉等），原则上要普查到种。寄主植物大于 20 种的，按照不同科、属，至少列出主要的 20 种。

（2）普查对象分布地点统计：分布地点以乡镇为点位进行统计。林场和其他绿化单位施业区跨乡镇的，其具体普查地点出标记林场和绿化单位名称外，还要注明所在乡镇名称。

（3）普查对象发生面积统计：经济林（果园）、苗圃、花圃、温室等以实际种植面积计算，绿化树以 60 株 1 亩计算，人工林和天然林以小班为单位计算发生面积。发生面积分轻、中、重三个等级统计。

（4）危害木材类的有害生物统计：木材类包括原木、板方材、木质包装材料、垫脚木和人造板等。须普查统计其有害生物种类、危害数量和危害程度。

4. 普查方式方法

采取踏查和标准地调查相结合的普查方式方法。

（1）踏查：普查实施过程中，普查人员在有害生物发生盛期或表现症状期对普查对象进行踏查。对于林分的踏查要求以自然块（面积 5～100 公顷之间）为单位，选择一条最长的对角线（为兼顾林班内的小班也可采用折线）观察线路两边 20 米范围内树木受害情况、有害生物种类，尽可能采集有害生物标本。对采集的有害生物要进行规范化编号，详细记载采集地点、寄主、采集人、采集时间，及时制成标本并妥善保存。拍摄的有害生物生物学和危害状照片其编号必须和标本相一致。对于其他普查范围则沿道路进行踏查。踏查过程中要充分注意普查范围出现的各种不正常现象，确定是否为有害生物所致。填写《××林场（乡镇）林业有害生物××踏查及标准地调查记录表》（表略）。并记载有害生物是否达到发生及发生时间、何时何地从何处传入、传入的途径和方式等以及对当地经济、生态、社会的影响。

（2）标准地调查对踏查过程中发现的林业有害生物发生的普查范围应进行标准地（样

方、样株）调查，林分标准地调查要以小班为单位，标准地面积0.1公顷，随机抽取40株样树进行详查；苗木类调查样方面积为1～5平方米不等，但样方累计调查面积不应少于有害生物寄主发生面积的3%；行道树、园林绿化树木、经济林等调查样株不应少于有害生物寄主株数的3%；木材类抽样率不应少于受害数量的3%。详细记录有害生物种类、寄主、虫口密度和受害部位以及受害程度，并将有关数据填入《××林场(乡镇）林业有害生物标准地调查记录表》(表略)。

三、普查结果

（一）普查的范围

全省9个市(州)、40个县(市)、20个市辖区、18个国有林业局、4个森林经营局，覆盖的乡镇行政区划723个，占应施普查乡镇总数的93.8%，普查的代表林分面积12138.77万亩，占全省应施普查林分总面积的87.6%。

（二）查清了主要树种林业有害生物种类分布和发生危害情况

1. 全省林业有害生物发生危害情况

根据此次全省林业有害生物普查汇总结果，全省普查到的林业有害生物种类总计为949种，其中：虫害756种，病害149种，鼠害12种，害草32种。林业有害生物总发生面积548.66万亩，占全省有林地面积的4.52%。其中：轻度发生271.85万亩，中度发生144.06万亩，重度发生132.93万亩。

其中：病害发生面积127.05万亩，占林业有害生物发生总面积的23.16%；虫害发生面积399.10万亩，占林业有害生物总发生面积的72.74%；鼠害发生面积22.51万亩，占林业有害生物发生总面积的4.10%；兔害和害草只有分布，没有发生面积。

（三）普查到的主要林业有害生物种类

1. 达到发生统计起点的林业有害生物种类

（1）森林病害：落叶松落叶病、杨树烂皮病、杨树溃疡病、落叶松枯梢病、松落针病、松针红斑病、红松烂皮流脂病、红松松针锈病、红松疱锈病、落叶松癌肿病共10种。

（2）森林虫害：栗山天牛、青杨天牛、十六星直脊天牛、云杉八齿小蠹、落叶松八齿小蠹、纵坑切梢小蠹、黄褐天幕毛虫、杨干象、杨锦纹截尾吉丁、东方金龟子、榆紫叶甲、黑绒鳃金龟、核桃扁叶甲黑胸亚种、杨潜叶跳象、柳蛎盾蚧、烟扁角树蜂、帕克阿扁叶蜂、日本松干蚧、红松球蚜、白杨透翅蛾、春尺蠖、杨毒蛾、松瘿小卷蛾、黄刺蛾、落叶松毛虫、黄二星舟蛾、落叶松球蚜、柳毒蛾、杨扇舟蛾、褐边绿刺蛾、微红梢斑螟、兴安落叶松鞘蛾、柳蝙蛾、分月扇舟蛾共34种。

（3）森林鼠害：棕背䶄、红背䶄、大林姬鼠、黑线姬鼠、东方田鼠共5种。

2. 达到万亩发生面积的林业有害生物种类

（1）森林病害：落叶松落叶病、杨树烂皮病、杨树溃疡病、落叶松枯梢病、松落针病共5种。

（2）森林虫害）：栗山天牛、青杨天牛、云杉八齿小蠹、黄褐天幕毛虫、白杨透翅蛾、日本松干蚧、杨锦纹截尾吉丁、春尺蠖、杨毒蛾、柳毒蛾、松瘿小卷蛾、东方金龟子、黄刺蛾、落叶松毛虫、黄二星舟蛾、杨潜叶跳象、落叶松球蚜、烟扁角树蜂、榆紫叶甲共19种。

(3) 森林鼠害：棕背䶄、东方田鼠共2种。

(四) 检疫性林业有害生物种类、分布、发生及危害情况

(1)国家林业局2004年7月29日发布的共19种检疫性林业有害生物在吉林省有分布的共6种，包括：杨干象、松疱锈病、落叶松枯梢病、青杨脊虎天牛、冠瘿病、草坪草褐斑病。

(2)吉林省林业厅发布的吉林省补充森林植物检疫对象(吉林防检[2005]44号)共8种，包括：日本松干蚧、白杨透翅蛾、柳蝙蛾、杨锦纹吉丁虫、落叶松癌肿病、落叶松种子小蜂、红木蠹象、加拿大一枝黄花。

(五) 外来林业有害生物种类、分布、发生及危害情况

此次普查发现的外来林业有害生物种类包括：日本松干蚧、双条山天牛、桑白蚧。

四、上一次普查情况概要

上一次普查的起始时间是从1979年6月开始到1981年6月末止，历经2年时间，根据林业部(79) 林经字14号《关于开展森林病虫普查的通知》精神和(80) 林护字11号《全国森林病虫普查实施要点》的要求，在全省进行了一次病虫害普查工作。当时全省森林面积9118.5万亩，全省森林覆被率35.9%，其中人工林面积2500万亩，天然林面积6618.5万亩。在全省森林面积中，用材林面积占72.5%，防护林面积占15.5%，经济林面积占0.8%，特种用材林面积占3.2%，薪炭林面积(包括灌木林没有划林种的) 8.0%，其林龄组构成是幼龄林占林地总面积的15.4%，中龄林占52.7%，成龄林占31.9%，林木总蓄积量为7.11亿立方米。普查的重点对象是对用材林、防护林、经济林、苗圃幼林的主要树种、主要病虫害种类的危害情况、分布范围以及自然天敌情况作了详细调查。在普查方法上，采取了线路调查与标准地调查相结合、以标准地调查为主；目测与实测相结合、以实侧为主；以走访群众与现场调查相结合、以现场调查为主的方法，共选择63个贮木场进行定点观察，林分调查共设标准地9063块，每块标准地株数30~50株，标准地代表面积940.9万亩，占全省有林地总面积的9.51%，基本上代表了全省的各种森林类型。经过为期2年的普查，共普查到各种林木病虫害1443种，其中：害虫930种，病害513中，病虫害净发生面积1148.89万亩，占全省有林地面积的12.8%，其中：病害发生面积247.09万亩(轻度发生140.84万亩，中度发生69.93万亩，重度发生36.32万亩)，占病虫害发生总面积的21.51%；虫害发生总面积901.80万亩(轻度发生718.64万亩，中度发生93.61万亩，重度发生89.55万亩)，占病虫害总发生面积的78.49%。基本查清了全省主要树种的主要病虫害96种，其中危害成灾的45种，造成危害的51种。同时还普查到主要害虫的自然天敌210种。

五、主要林业有害生物分布、发生、危害规律及特点

(一) 此次普查发现的林业有害生物灾害分布、发生、危害规律和特点

由于全省地形地势和水热资源分布的差异，导致森林呈现区域性分布的特点，分为东部、中部、西部三个区域的森林类型，其林业有害生物发生为害有着自身的规律和特点。

东部地区：主要生长着天然林、天然次生林和以落叶松为主的针叶人工林。主要病虫害是落叶松早期落叶病、落叶松枯梢病、红松疱锈病、红松烂皮流脂病、落叶松癌肿病、松落针病等。这6种病害发生面积大，危害严重，是全省针叶树病害的重灾区。森林虫害多为耐高寒种类，主要为栗山天牛、云杉八齿小蠹、落叶松八齿小蠹、纵坑切梢小蠹、松瘿小卷蛾、红松球蚜、落叶松毛虫、柳蝙蛾、分月扇舟蛾、森林鼠害等。

中部地区：以人工针叶林和天然次生林为主，森林病害主要为落叶松早期落叶病和落叶松枯梢病；森林虫害主要有纵坑切梢小蠹、松瘿小卷蛾、杨干象、柳毒蛾、杨毒蛾、落叶松八齿小蠹、十六星直脊天牛、核桃扁叶甲、帕克阿扁叶蜂等。

西部地区：建国后营造了大面积杨树人工纯林和防护林，病虫种类多，危害严重。森林病害主要有杨树烂皮病和杨树溃疡病。森林虫害主要有青杨天牛、青杨虎天牛、黄褐天幕毛虫、杨潜叶跳象、白杨透翅蛾、榆紫叶甲、黑绒金龟子等。

(二) 主要林业有害生物灾害种类发生危害情况

1. 森林病害

(1) 落叶松早落病：该病属于本土落叶松常发性病害，在全省中、东部落叶松栽培区普遍分布，发生危害程度与气候条件呈明显相关性，如果遇到6~7月份降水量大、湿度高的年份，发病就重，否则发病则轻。该病能够造成落叶松提前落叶30~45天，导致次年落叶松晚放叶5天左右，严重发病的林分其树高、胸径和材积平均生长率分别比正常林分降低31.3%、44.8%和64.7%。

(2) 落叶松枯梢病：该病属于国家规定的检疫性林业有害生物，是落叶松人工林的一种危险性传染病害，在吉林省东部山区分布较为普遍，以6~15年生幼林受害最重，如连年发病，树干呈扫帚状丛枝，树木高生长和材积生长量会明显下降。该病的发生与当年6~8月份降水量大、湿度大有密切关系，在山脊、山口、山坡上腹、河谷两岸的迎风地带，或者土壤瘠薄、黏重、排水不良、造林密度过大，已经经营管理不善的林分发病均重。

(3) 杨树烂皮病：该病主要对造林苗木和新植林造成危害。杨树烂皮病的病原菌本属弱寄生菌，当苗木受到冻害、低温冷害、日灼伤、干旱失水、非适地适树造林、抚育管理不善等不利条件影响，导致生长势衰弱后，该病就会发生，烂皮病的症状就会表现出来。只要注意克服上述不利条件因素，就可避免该病发生。因此，可以说，发病的主要原因不在病原菌，而在于树木生长势是否旺盛。生长势旺盛的树木，对烂皮病具有明显的抗性。

(4) 松落针病：该病主要危害二针松和五针松，从幼树到大树都可危害，中、幼龄林发病严重时，主要危害二年生针叶，通常针叶上的病斑在春末夏初出现，夏末秋初即有部分针叶开始脱落，但大部分针叶在秋末冬初脱落，可引起树木提早落叶，影响生长。该病的发生与气候因子有密切关系，在孢子释放期间，当日平均气温25℃，相对湿度90%以上时，病

原孢子的侵染率高、发病重。此外，本病的发生还与树木生长状况密切相关。一般认为，当针叶细胞膨胀压降低时，最易感染。细胞膨胀压降低的原因主要有林地干旱、土壤瘠薄、林木受害、抚育管理不良等。又据国外报道，松落针病的发生还与空气污染有关，因空气污染影响土壤和气候，进而使林木生长衰退，诱发该病发生。

（5）松针红斑病：该病属于外来入侵林业有害生物物种，主要危害樟子松、赤松、油松、红松、红皮云杉等针叶树种，可危害苗木、幼树和大树，病害多发生在2年生及以上的寄主树木针叶上，产生段斑，严重时，导致针叶枯黄，提早落叶，树木生长衰弱，逐渐枯死。目前，该病在全省分布分布范围较广，在局部危害十分严重，应引起高度重视。

2. 森林虫害

（1）栗山天牛：栗山天牛是吉林省本土害虫，但过去一直没有成灾记载。该虫害1993年在吉林省通化集安市首次被发现，此后，柳河县、辉南县、梅河口市、东丰县、东辽县、蛟河市、磐石市、舒兰市、桦甸市、永吉县等相继发现该害虫严重危害。该害虫3年1代，主要危害近、成、过熟柞树，以幼虫在柞树主干内部钻蛀危害，造成树干内部主导密布，木材降级降等，甚至失去利用价值。该害虫目前在吉林省呈区域性严重暴发趋势，在部分县级行政区域，对天然次生柞树林造成了毁灭性灾害，损失巨大，已经成为吉林省头号林业有害生物灾害，必须引起高度重视。

（2）青杨天牛：是吉林省本土害虫，在吉林省1年发生1代，主要危害杨树2年生树干或枝条，严重发生时，在受害枝条上形成"糖葫芦"状虫瘿，对苗圃、新植林、幼林地危害十分严重，常常幼树主干风折，呈"帕拉棵"状，不能成林成材；对中龄以上林分，虽然有一定的虫口密度，但由于主干已经形成，危害将趋于减轻。目前，青杨天牛在吉林省西部地区广泛分布，虫口密度呈稳步上升阶段。

2000年冬季，吉林省出现了50年一遇的极端低温年份，最低气温达到－40℃；2001年早春3月份，气温快速回升，白天20℃高温持续5天后又突然下降到－10℃。此间的气温大幅度剧烈变化，导致了西部地区青杨天牛老熟幼虫发生区域性死亡，2002年在林间寻找有虫虫瘿十分困难，但2003年以后，虫口密度开始逐年稳步上升，2005年以后基本上又恢复到2000年以前的虫口密度。

（3）云杉八齿小蠹：该害虫主要生活在天然云冷杉林中的风折、风倒木及采伐剩余物上，对健康的云冷杉林分不构成危害，属本土害虫次期性害虫。但是1999年以来，我国北方气候持续干旱、风灾纷繁，由于干旱和暖冬气候因素的影响，天然云冷杉林分的最佳生活的"荫"、"冷"、"湿"环境条件受到破坏，又由于风灾的危害，使部分天然云冷杉林木发生风折风倒，林分出现天窗，云冷杉林分密度突然降低，导致成过熟云冷杉林生长势区域性下降。林分中的风折风倒木由于受采伐指标限制不能及时清理，成为云杉八齿小蠹滋生繁衍的最佳寄主，皮下虫口密布，由此在林分中形成了庞大的云杉八齿小蠹种群。当风折风倒木皮下营养被云杉八齿小蠹耗尽后，为了生存，云杉八齿小蠹开始攻击生长呈衰弱状态的成过熟云冷杉林木，从而导致天然云冷杉林分发生区域性云杉八齿小蠹灾害。

（4）黄褐天幕毛虫：目前该害虫主要发生在吉林省西部地区，危害杨树、榆树、山杏等，食性杂。该害虫发生具有典型的周期性，当害虫暴发后，核型多角体病毒和天幕毛虫抱寄蝇等天敌常常也跟随其发生，能够在一定时间内控制该害虫种群数量，由此呈现出该害虫周期性发生危害规律和特点。2003～2004年，吉林省西部地区害虫大发生，由于人为防治和天敌寄生，2005 年虽然害虫分布面积依然较大，但虫口密度很低，该害虫得到了较为全面的控制，到达了有虫不成灾的状态。

（5）白杨透翅蛾：是吉林省补充规定的检疫性林业有害生物。该害虫在 20 世纪 70 ~ 80 年代在吉林省西部地区曾一度严重发生危害，当时由于人工造林面积大，虫害发生危害面积也大。进入 90 年代，造林数量明显减少，以前所造的林分陆续进入中龄林，因此，发生面积明显减少。2000 年以来，随着退耕还林工程和“三北”四期工程的全面铺开，造林面积骤然增大，该害虫又死灰复燃，发生面积逐年增加，危害日渐严重。目前该害虫主要发生在危害省西部地区各县，在局部县危害十分严重，造成新植林不能成林，是一种危险性较大的害虫种类，应引起高度警惕。

（6）日本松干蚧：1994 年首次发现该害虫侵入吉林省，对于吉林省来说属于典型的外来入侵林业有害生物。该害虫 1 年 2 代，在吉林省主要危害赤松、油松和黑皮油松（简称黑松），以固定寄生若虫在寄主树木枝干固定寄生危害，刺吸树木汁液，造成树木生长衰弱，导致其他次期性害虫合并危害，寄主树木最终因病虫害合并症死亡。日本松干蚧疫情侵入吉林省后，省政府和省林业主管部门高度重视，疫情发生区林业主管部门采取各种措施进行大力封锁除治，但由于日本松干蚧特有的传播扩散特性，疫情封锁除治始终未达到预期目标，疫情扩散迅速，截止到 2005 年，日本松干蚧疫情从 1994 年的梅河口市、东丰县、东辽县的 7 个乡（镇），扩散蔓延到通化地区各县，辽源地区各县、四平地区的四平市区、梨树县、伊通县以及吉林地区的桦甸县的 104 个乡（镇）。日本松干蚧疫情如此快速的扩散蔓延除了其自身具有的传播特性之外，还与其是外来入情物种有直接关系。疫情入侵后，由于本地天地对其不认识，短时间内不能建立控制与被控制关系，一旦定殖后，加上其自身特有的超强繁殖能力，因此，能够在短时间内种群快速增殖繁衍，形成的危害十分严重。特别是赤松林，对日本松干蚧基本上不表现任何抗性，树体上下常常虫口密布，很快即能将赤松危害致死。因此，日本松干蚧对赤松的危害可以说是毁灭性的。

（7）杨锦纹截尾吉丁：该害虫主要分布在吉林省西部地区，主要危害小青杨、青杨及小叶杨。该害虫的发生和危害除与杨树品种有密切关系之外，还与林分生长状况、郁闭度、林龄、林带朝向等密切相关。一般情况下，林木生长状况好、抚育管理水平高的林分被害轻，反之则重；小青杨被害最重，小叶杨次之，加杨等品种基本不受害，；15 ~ 25 年生林分受害最重，幼树及 30 年以上大树受害轻；林分（林带）西南向受害重、北向次之、东向最轻；林缘树木受害重、林内树木受害轻。

（8）春尺蠖：过去，吉林省没有春尺蠖害虫分布及危害记载，也从类没有过蒙古黄榆受到任何病虫害危害记载。但是，2005 年通榆县兴隆山林场蒙古黄榆景观林发生 9 万亩左右的大面积春尺蠖虫害，将蒙古黄榆树叶大部分吃光。由此断定，危害蒙古黄榆的春尺蠖对于吉林省来说属于外来入侵林业有害生物。

（9）杨毒蛾和柳毒蛾：上述两种害虫常常会和发生危害，主要危害杨树和柳树，大发生时，可将大面积杨树林和杨树防护林带的树叶全部吃光，严重影响树木生长。

（10）松瘿小卷蛾：该害虫以幼虫危害落叶松当年生主梢和主干上新生侧枝基部的皮层及韧皮部，引起流脂和瘿状膨大，被害部位以上枝条枯死，导致主干分叉、干型不良或形成多梢现象。一般主要以危害幼树为主，在吉林省东部林区分布较为广泛。

（11）黑绒鳃金龟：该害虫主要分布在吉林省西部地区，以成虫取食树木早春发出的新叶叶片，食性杂，对杨树、果树新植林及幼树危害严重。

（12）黄刺蛾：该害虫杂食性，以幼虫取食多数树木叶片，将叶片吃成许多孔洞、缺刻，大发生时，能将叶片吃光，影响树木生长，是林木、果树重要害虫。

（13）落叶松毛虫：该害虫在吉林省中东部地区针叶林栽植区广泛分布，连续20余年在吉林省中东部地区没有大发生的记载，但是2003年和2004年在延边地区的和龙林业局广坪林场、白河林业局的东方红林场和长白县林业局突发成灾，其中：在广坪林场和东方红林场危害的都是天然落叶松林，在长白县危害的是人工落叶松林。在广坪林场连续2年将树叶吃光，延边州林管局对此采取了飞机防治，在2005年全面控制了灾情。

（14）黄二星舟蛾：该害虫主要危害天然柞树林，取食柞树叶片，大发生时，能将大面积柞树叶片吃光，危害十分严重。

（15）杨潜叶跳象：该害虫在吉林省西部地区广泛分布，1年发生1代，虫口密度大时，对树木生长有一定的危害。

（16）落叶松球蚜：该害虫的第一寄主是红皮云杉，第二寄主是落叶松，但是单独在云杉或落叶松上也能完成发育。在落叶松和云杉栽植区广泛分布，对云杉和落叶松均具有一定的危害。

（17）烟扁角叶蜂：该害虫主要分布在白城地区的镇赉县，危害生长势衰弱的成过熟杨树，以幼虫钻蛀树干，形成纵横交错的坑道，造成树干中空，导致树木死亡。是吉林省西部杨树栽植区值得警惕的一种危险性害虫。

（18）杨干象：该害虫是国家规定的森林植物检疫对象，在吉林省危害杨树和柳树幼树主干，严重发生时主干韧皮部和木质部蛀道密布，易导致树木枯死和风折，使林分不能成林成材，具有毁灭性危害，对近年来吉林省退耕还林工程的杨树幼林危害十分严重。

（19）红松球蚜：危害天然更新和人工更新的红松针叶和嫩梢，个别苗圃留床红松老苗也有受害现象。红松球蚜的发生与林内光照度有关，林缘、疏林、采伐迹地以及人工纯林等阳光充足的林分发生危害重。

（20）落叶松八齿小蠹：主要危害落叶松，在红松和云杉上偶有发现。本种作为北方落叶松用材林的蛀干害虫的先锋种，攻击力强，能够侵害健康或半健康活立木，对落叶松近、成、过熟林威胁或危害严重，需引起高度重视。

该害虫特别喜欢在窝风向阳处的林分中危害，立木生长势越弱，倒木越新鲜，该虫就越喜欢危害。林分间伐后往往造成该害虫的发生。此外，林分过火、风折风倒、叶部病虫害暴发成灾、干旱和洪涝等灾害因素发生后，往往会导致该害虫泛滥成灾。

（21）纵坑切梢小蠹：该害虫主要危害樟子松、油松、黑松、红松等树种，属松林的次期害虫，但在猖獗发生时可直接危害健康木。在成虫期补充营养时具有危害当年新梢的特性。该害虫交尾、产卵在树干皮下蛀道进行，破坏树木的输导组织，猖獗发生时可造成林木成片枯死。

该害虫的发生危害规律是：阳坡重于阴坡，衰弱的林分重于健康林分，林缘重于林内。林分遭受其他病虫害严重危害、过火、干旱、洪涝、低温冻害等灾害造成树木生长势衰弱的受害重；林分内卫生条件不良，风倒木、衰弱木较多，采伐后林内遗留大量的采伐剩余物及伐根过高等，均能诱发该害虫的猖獗发生和危害。

黑龙江省林业有害生物普查技术报告

一、自然概况

（一）地理位置与行政区划

黑龙江省位于东经121°25′~135°5′，北纬43°25′~53°13′，处于我国东北部边疆。全省总面积45.46万平方千米，约占全国面积的4.7%，列全国第6位。南邻吉林省，西靠内蒙古自治区，北部和东部分别以黑龙江、乌苏里江和兴凯湖及一部分陆域边界与俄罗斯相望，边境线长3045千米，其中陆陆接壤248千米，水域接壤2797千米，是亚洲及太平洋地区通向欧洲大陆的重要通道。绥芬河、黑河、同江等城市是沟通俄罗斯、东欧各国以至整个东北亚地区经济贸易往来的窗口和桥梁。

全省行政区辖13个地市，128个县(区、市)，386处国有林场。

（二）自然地理概况

1. 地形地貌

黑龙江省的地貌基本格局由松嫩、三江两大平原以及大兴安岭、小兴安岭和东部山地等五大山系构成。北部为大兴安岭、小兴安岭，东南部为张广才岭、完达山和老爷岭，西部是松嫩平原，东部为三江平原。地貌类型复杂多样，有辽阔的平原，起伏的山前台地，高峻的山岭和低缓的丘陵。其中，山地占优势，海拔高度300米以上，相对高度100米以上的丘陵、低中山面积约占60%；平原台地面积约占40%。地势南北高，东西低。

根据大地形态、构造上的区域分异，分为山区和平原。山区包括大兴安岭山区、小兴安岭山区和东部山区；平原包括松嫩平原区和三江平原区。

2. 气　候

黑龙江省地处中纬度地带，气候特点是四季分明。气候类型从东到西依次为湿润、半湿润、半干旱。除大兴安岭属于寒温带，全省大部分地区属中温带。气候属大陆性季风气候，冬季漫长、严寒、干燥，夏季短暂、高温、多雨。全省气温多为-4~4℃，由南向北降低；大部分地区≥10℃的积温为2000~2700℃，西南部≥10℃积温达2800~3100℃，平原地区每增高一个纬度，积温减少116℃；无霜期100~150天，南部和东部140~150天。年降水量400~650毫米，中部山区多，东部次之，西北部少。年内生长季节降水量约占全年降水量的83%~94%。

大兴安岭是防御西北风冷气团的头道屏障，也是东西气候的分区线。大兴安岭西部是半干旱的大陆性气候，东部是受海洋气候影响的半湿润或湿润的季风性气候。由小兴安岭和张广才岭组成的第二道屏障，降低了风速，增加了降水量，提高了空气湿度，储存了大量的淡水资源，为东北乃至华北平原提供了良好的生态环境。

3. 土 壤

黑龙江省土壤共分17个土类。从土壤分布来看，从北到南为棕色针叶林土，温带的暗棕壤、温带半湿润地区的黑土、草甸土、黑钙土以及灰色森林土。

4. 植 被

黑龙江省南北跨温带、寒温带，东西跨湿润区、半湿润区、半干旱区，独特的自然生态条件为多种植物提供了适宜的生存、扩展种群的环境。全省有野生高等植物2050余种，主要乔木100多种，材质优良且经济价值高的林木50种，用材树种30种。其中，国家级保护树种17种，有东北红豆杉、红松、黄波罗、水曲柳、紫椴、钻天柳、兴凯湖松等；药用植物600多种，如防风、人参、刺五加、平贝、黄芩等；食用山产品植物上千种，其中已开发利用的蕨菜、薇菜、黄花菜等达100余种；山核桃、松子、榛子等野果20多种；制酒原料山葡萄、蓝靛果、都柿等10多种；木耳、元蘑、松茸、猴头等食用菌20多种。

二、林业生产建设情况

建国以来，经过50多年来的努力，地方国有林区在林业生态体系和林业产业体系建设上有了长足发展，为国民经济和社会可持续发展做出了巨大贡献。一是封山育林，积极培育天然林资源。建国以来，大力开展封山育林，积极进行天然林抚育，全省封山育林达4500万亩，抚育天然次生林3000万亩，使森林质量得到有效提高。同时为国家经济建设提供了4000多万立方米木材。二是植树造林，大力发展人工林。建国以来，累计更新造林7500万亩，造林保存面积3540万亩。其中，3060万亩已郁闭成林，蓄积达1.16亿立方米。现在桦南县孟家岗、勃利县通天一、林口县青山、鸡东县宝泉、鹤岗市红旗等10多个国有林场人工林保存面积达10万亩以上，许多林场山山相连，林林相接，形成了集中连片的大面积人工用材林基地。在大力造林的同时，先后两批利用世行贷款和国内配套资金建设商品林基地7处，在156个国有林场中营造速生丰产林7.5万公顷。三是三北防护林建设成绩显著。在国家和省里的关怀下，黑龙江省参与了国家三北防护林建设体系工程，营造农田防护林和防风固沙林2250万亩，以农田防护林为基本框架，山、水、林、田、路综合治理，多林种、多树种并举，网带片、乔灌草结合，农、林、牧彼此镶嵌，互为补充，互为一体，县县毗连的综合防护林体系已初步形成。此外，防沙治沙工程、平原绿化工程和林业基础设施建设工程等也先后启动，并取得较大成绩。四是产业建设发展迅速。现已建设各类木材加工企业270处，产品有15类、200多个品种；建设多种经营厂点300多处；建立森林公园47处，其中国家级17处，省级30处。

三、林业有害生物普查目的及技术要点

（一）林业有害生物普查目的及意义

此次普查范围广、规模大，除国家规定的检疫对象外，还包括其他病虫种类及有害植物、鼠、兔、螨等有害生物。通过普查：一是可以进一步摸清黑龙江省林业外来有害生物及本土森林病虫害的种类、分布及危害情况，建立和完善林业有害生物数据库。二是能够详细掌握已传入的外来林业有害生物，及本土危害严重的森林病虫害对黑龙江省森林资源、生态环境造成的损失，为今后加强区域间联防联治、制订预警方案、确定和实施工程治理项目，

及控制封锁、扑灭措施提供科学依据。三是为今后国家和省确定和补充森林植物检疫性有害生物、危险性有害生物，合理提出检疫要求提供科学依据。四是为今后增加测报主测对象、使测报工作更加完善，提供科学依据。为防止外来有害生物入侵，促进黑龙江省林业生产可持续发展，巩固造林绿化成果，保护森林资源，维护生态平衡具有十分重要的意义。

本次林业有害生物普查工作的指导思想是：始终贯彻实事求是、精益求精的科学态度，以林业可持续发展和建立森林生态安全为目的，掌握主要林业有害生物的发生发展规律，防止外来林业有害生物的入侵和控制本地有害生物的种群密度，实现林业有害生物防治工作的标准化、规范化、科学化、法制化、信息化。

（二）林业有害生物普查技术要点

这次林业有害生物普查是自1980年森林病虫鼠害普查工作后，一次具有时间短、范围广、任务重、要求严之特点的一项系统性林业有害生物普查工作。

1. 普查范围

（1）黑龙江省内的森林，包括防护林、用材林、经济林、薪炭林、特种用途林、荒漠植被，以及绿化树种、观赏植物等。

（2）种苗繁育基地、苗圃等。

（3）木材加工和交易场所，如贮木场、木材加工厂、木材市场等。

2. 普查对象

（1）境外传入的外来林业有害生物，如松材线虫病、日本松干蚧等。

（2）1980年以后从省外传入的林业有害生物，包括病原微生物、有害昆虫、有害植物及鼠、兔、螨类等。

（3）危险性大的本土有害生物。即对森林植物及其产品造成危害最严重的本土有害生物，包括林业病原微生物、有害昆虫、有害植物及鼠、兔、螨类等。

3. 普查方法

设置普查点：本次普查设置样点的原则是，人工林每2000亩设1个样点，次生林每5000亩设1个样点。全省共设置6788块样地确定为基本普查点，并加设了13931块临时标准地作为辅助普查点，每到一个普查点必须先做好GPS定位工作。

调查方法：每到一个普查点后，首先查看道路两旁的林业有害植物分布情况；再瞭望道路两侧森林生长情况，查看林木是否有异常现象(林木死亡情况、叶子颜色等)；到普查点近看林木叶子是否有缺刻、穿孔、卷叶、病斑，树干是否流脂、淌树液、木瘤、孔洞等。凡是发现异常现象之地块必须设一个临时普查点，对基本普查点和临时普查点要认真进行调查，然后把所发现情况及发生面积等记入普查野帐(调查表格)。

调查时间：根据林业有害生物一般发生发展规律，于春季(4～7月)、秋季(8～9月)进行调查。对苗圃一般4月结合检疫进行调查。个别有害生物要冬季调查比较方便。

调查项目：对那些林业有害生物造成灾害或具有潜在性灾害的普查点，必须进行详细调查。调查登记林分因子、林业有害生物种类、种群密度、危害程度、危害面积及提出控制措施等。

4. 标本采集

每采集一种标本必须先行编号，编号的基本原则是分病、虫、鼠、植物及天敌分别编号。如害虫标本落叶松毛虫的编号是CBLZYZ001(C代表虫害，B代表本地害虫，L代表鳞翅目，Z代表针叶树，Y代表叶部害虫，Z代表主要害虫，001代表流水号)。主要采取生态和实物照片、蜡叶标本、灯诱、捕捉等方式采集各类有害生物标本。

四、林业有害生物普查成果

通过两年的林业有害生物普查工作，共查清黑龙江省林业有害生物520多种，其中有害昆虫460种，有害病源近30种，有害动物8种，有害植物30多种。

1. 林业有害生物

危害较为严重的20种林业有害生物是白杨透翅蛾、分月扇舟蛾、柳毒蛾、落叶松尺蛾、落叶松毛虫、落叶松叶蜂、落叶松种子小蜂、落叶松鞘蛾、青杨脊虎天牛、青杨天牛、松瘿小卷蛾、舞毒蛾、杨毒蛾、杨干象、落叶松落叶病、松针红斑病、五针松疱锈病、二针松疱锈病、杨灰斑病、红背䶄、棕背䶄、黑线姬鼠、东方田鼠等。外来有害生物有栗山天牛。黑龙江省天敌生物资源主要以微生物、寄生蝇、寄生蜂、捕食性昆虫、益鸟、益兽等组成，近50种。

2. 新发现林业有害生物

本次林业有害生物普查新发现林业有害生物有5种。其中东北新分布有2种，即梨豹蠹蛾、肖剑心银斑舟蛾。其中梨豹蠹蛾、肖剑心银斑舟蛾确定为新分布的根据是：在《中国蛾类图鉴》中，该虫主要分布在南方，黑龙江省尚志市和五常市在2004年7~8月，灯诱采集得到该成虫，幼虫主要危害阔叶树。黑龙江省新分布1种，为栗山天牛，根据“北京市农林科学院信息中心虫害数据库”记载该虫主要分布在辽宁以南地区，宾县森林病虫害防治站于2005年7月在大泉子林场采到栗山天牛的成虫。新品种2种，一是杨红腹叶蜂，另一种为月形透目大蚕蛾，确定新品种的根据是：在《中国蛾类图鉴》与《中国森林昆虫》中无记载，前一种主要危害杨树叶部，一年2~3代；后一种的中文名，根据该虫的形态特征而定。

3. 林业有害生物普查科研成果

由黑龙江省林业厅、尚志市林业局、哈尔滨市林业局、五常市林业局合作创建了图文并茂的林业有害生物管理数据库，并结合林业有害生物防治工作实际，形成了“黑龙江省林业有害生物管理系统”。该系统收集黑龙江省林业有害生物600多种，基本囊括了省内的绝大部分林业有害生物资源，并于2004年10月进行了科研成果鉴定，受到了专家们的好评。虽然成果已鉴定，但该成果在多方面还需不断充实和改进。所以，不仅对那些不清晰的扫描照片进行了更新(168种的298幅实物生态照片)，而且还根据实际修正了生活史；在版面设计上也进行了很大修正；通过这次普查现已基本完善了该成果。

五、主要林业有害生物各论

根据本次林业有害生物普查，针对黑龙江省森林危害较重的20多种林业有害生物的分布、危害程度及生活历史描述如下：

(一) 林业病害

(1)落叶松早落病。是落叶松人工林的主要病害，特别是对10年生左右的幼龄落叶松林造成灾害更为严重。该病最早发现于1964年，当时仅个别林分少量林木患此病，到1974

年该病在部分地区发生严重，感病指数高达94，后来逐渐蔓延扩散，凡是落叶松人工林均可不同程度地发生此病。落叶松早落病是由日本落叶松球腔菌引起的。全省均有分布。

防治措施：加强新造林地及幼林地的经营管理，及时清理林分、修枝和调整林分密度；利用杀菌烟剂防治，方法简便，效果良好。

(2)红松疱锈病。是红松林的危险性病害，也是木材外运检疫工作的主要对象之一。该病最早发生于1976年，主要分布在鸡西市以及哈尔滨市的尚志、五常、延寿、巴彦、木兰、阿城、宾县、方正、依兰，黑河市的孙吴，双鸭山市的宝清，七台河市的勃利等县(区、市)，发病率达2%～5%。

防治措施：这一病害的治理要体现生态调节森林病害发生发展的作用。即采用修枝、间伐，清理林内下木。在5月上旬孢子飞散前，对锈孢子生长部位的树干采用涂1厘米左右厚的黄泥等方法，也可用百菌清涂抹剂进行化学防治。

(3)樟子松红斑病。是二针松林的主要叶部病害，由松穴褥盘孢菌引起。最早发生于20世纪80年代，主要分布在黑河市、七台河市、鸡西市、鹤岗市以及哈尔滨市的依兰县。

防治措施：对危害较重的林分进行清理，可采取百菌清杀菌烟剂防治。

(4)杨树灰斑病。从苗木、幼树到老龄树都能发病，但以苗期危害严重。病源是杨棒盘孢菌，是苗圃最严重的病害之一，全省均有分布。

防治措施：注意合理密植，苗床内苗木不能密集，要及时间苗，或打去叶片，以通风降湿，6月末可用80%代森锌500倍液、50%多菌灵100倍液、10%双效灵100倍液等15天喷1次，共3～4次。

(5)松针红斑病。是松树叶部上的一种重要病害，主要危害苗木，人工林、天然林中的幼树也能危害。轻者影响林木生长，重者能使苗木和幼树整株死亡。此病在黑龙江省大、小兴安岭林区广为流行，每年都有数千万株苗木因该病危害而不能如期上山造林。发病严重的苗圃，感病株率常达100%，春季撤去防寒土后，松苗呈现一片枯黄，多数苗木死亡。

黑龙江省主要分布在黑河市、齐齐哈尔市、大庆市、七台河市、鸡西市、鹤岗市以及双鸭山市的集贤，哈尔滨市的尚志、巴彦、宾县、延寿、五常、依兰、阿城、木兰、方正、通河等县(区、市)。寄主植物樟子松、湿地松、火炬松、云南松、红松、赤松、加勒比松、油松、长白松、偃松、红皮云杉、欧洲落叶松、西特喀云杉、北美黄杉等植物。

该病多从松树下部枝条上的针叶感病，逐渐向上发展。因此，及时修枝可以减轻病害的发生。在大、小兴安岭林区，苗圃内常用樟子松作行道树和防风林、感病的樟子松病叶落到苗床上，为病原菌的侵染创造了一定的条件，加重了苗木病害的发生。发病苗圃，连年重茬，也是病害严重发生的重要原因。

治理措施：① 法规措施：禁止到该病发生区引种苗木和采集接穗。② 清除病源：加强苗圃管理，及时清除病苗病叶，运出圃外集中销毁。对发病苗木可喷洒75%百菌清可湿性粉剂600～1000倍液或50%福美双可湿性粉剂500～800倍液进行防治，每隔15天喷洒1次。

(二) 林业害虫

(1)落叶松毛虫。是落叶松人工林主要害虫，最早于1964年大发生在尚志市一面坡林场，后来在全省其他县(区、市)不同程度发生，全省各县(区、市)均有分布。

防治措施：招引益鸟、释放赤眼蜂、烟剂防治、飞机超低量防治、毒环防治等。

(2)落叶松鞘蛾。是落叶松人工林的主要食叶害虫，最早大面积发生于1971年，1982年第二次大发生，全省均有分布。

防治方法：发生面积较大时可用烟剂防治。

(3)松瘿小卷蛾。主要危害落叶松幼林，特别是危害主梢时将严重影响落叶松材质，要引起注意，主要分布在黑河市、牡丹江市、齐齐哈尔市、七台河市以及绥化市的绥棱、哈尔滨市的尚志、阿城、宾县、五常、方正、木兰、呼兰等县(区、市)。该虫属于鳞翅目卷蛾科。

防治方法：幼虫期在虫瘿处涂抹杀虫剂。

(4)分月扇舟蛾。是杨树人工林的主要虫害，主要分布在齐齐哈尔市、鹤岗市以及双鸭山市的宝清、集贤、饶河，七台河市的勃利等县。该虫属于鳞翅目舟蛾科。

防治方法：摘卵块集中处理；摘除带有蛹的卷叶；幼虫期喷洒80%敌敌畏1000倍液；诱虫灯诱杀；保护赤眼蜂等天敌。

(5)杨干象。是国家确定的森林植物检疫对象，主要危害杨树干部，严重影响杨树材质，全省均有分布。

防治措施：对杨树苗木和3年生以上幼树进行严格的检疫，发现害虫要及时销毁或熏蒸处理；对有害虫危害的苗木可用4.9%氧化乐果微胶囊剂等点涂坑道排粪处，老熟幼虫、蛹宜采用56%磷化铝片剂放入虫孔道内，每孔0.05克并密封。

(6)青杨脊虎天牛。是1997年首先在双城市五家果园发现，后在大庆市以及哈尔滨市的郊区、呼兰、宾县、五常、阿城、巴彦、尚志，绥化市的青冈、安达、肇东等县(区、市)发现其危害，到2000年该虫已经危害十分严重，经国家林业局批准开展了国家级天牛工程治理项目，经过近3年治理，有效地压制了天牛种群，遏制了天牛虫害在黑龙江省加速蔓延的趋势。

防治方法：可采取伐除虫害木除害处理，绿野旺1号喷干防治成虫，加强调运木材的检疫，防止天牛活体传播蔓延。

(7)白杨透翅蛾。主要危害杨树枝干，是黑龙江省检疫性害虫，成年树木危害较轻，苗木和幼林危害较重，全省均有分布。

防治措施：严格检疫，造林前将有虫瘿的苗木检出集中销毁；使用性诱剂诱杀雄蛾，从而达到治虫的目的。

(8)舞毒蛾。是鳞翅目毒蛾科害虫，别名秋千毛虫，由于产卵量大，极易发生大面积危害。全省各地均有分布，主要危害阔叶树，食性较杂，一般用材林发生较重。

防治措施：营造混交林并防止林相破坏；招引益鸟；灯光诱杀成虫；也可利用杀虫药剂喷雾防治。

(9)落叶松绶尺蛾及双肩尺蛾。一般同时发生，绶尺蛾个体稍大一些，是尚志市森防站于1974年新发现的落叶松人工林食叶害虫。

防治方法：① 烟剂防治。② 50%辛硫磷乳油1500~2000倍液喷雾，最好在阴天(但不要下雨)或傍晚使用效果更佳。

(10)落叶松叶蜂。该害虫于1992年较大面积发生，2003年又大面积发生，针叶被吃光，严重影响了落叶松人工林的健康生长。

(11)青杨天牛。又名山杨天牛、青杨楔天牛、杨枝天牛，属鞘翅目天牛科。分布于大庆市、齐齐哈尔市以及哈尔滨市的尚志、巴彦、延寿、五常、阿城、方正、双城，双鸭山市的宝清、集贤、饶河，七台河市的勃利等县(区、市)。危害杨树，以幼虫蛀食枝干，特别是枝梢部分，被害处形成纺锤状瘤，阻碍养分的正常运输，以致枝梢干枯，或遭风折，造成树干畸形，呈秃头状，影响成材。如在幼树主干髓部危害，可使整株死亡。

(12)落叶松种子小蜂。分布在齐齐哈尔市、七台河市以及哈尔滨市的依兰县。寄主植物为落叶松种子。

加强检疫：有虫种子外调前，必须进行熏蒸处理，或在40~45℃室内进行干燥处理。

成虫期：成虫羽化期施放林用烟剂或飞机喷洒80%敌敌畏乳油100倍稀释液；可用糖醋液(水200毫升、糖40克、白醋10毫升、白酒10毫升)诱杀。

(13)柳毒蛾。全省均有分布。主要危害杨树、柳树。

防治方法：①5月中旬，越冬幼虫上树时是防治适宜时期。用80%敌敌畏乳油，或50%辛硫磷1000倍液，或2.5%溴氰菊酯7000~10000倍液喷冠。②大面积发生时可进行飞机防治，采用50%二溴磷乳剂，或50%杀螟松乳剂各400倍液；苏云金杆菌每毫升5亿孢子浓度加90%敌百虫，或每毫升4亿~6亿孢子浓度的松毛虫杆菌vu-17号菌药喷冠。③黑光灯诱杀成虫。④营造混交林。⑤积极开展生物防治，招引并保护食虫鸟类。

(14)杨毒蛾。全省均有分布，危害杨、柳，是杨树人工林和防护林的重要害虫。

防治方法：①营造混交林以减轻危害。②5月中旬，当越冬幼虫上树时是防治适宜时期。用80%敌敌畏乳油或50%辛硫磷1000倍液，或2.5%溴氰菊酯7000~10000倍液，或20%沙菊酯乳油3000~5000倍液等化学药剂喷冠。③利用幼虫昼夜上下徙习性，在树干胸径处用拟除虫菊酯毒笔围树干涂两个闭合环，进行阻杀或利用绿色微雷(触破式微胶囊)300倍液用家用喷壶围树干胸径处喷洒一周，幼虫触破胶囊时间内释放出高效原药杀死幼虫，未被踩触的微胶囊却完好保存下来，具有药效高和持效期长的双重优点，也避免了因农药重复使用造成的浪费和环境污染。④设置黑光灯或其他光源诱杀成虫。

(15)栗山天牛。危害栗树、苹果、梨、梅等果树，栎树、柞等林木。分布很广，辽宁、河北、山东、河南、山西、江苏、浙江、福建、江西、四川和台湾等省栗产区均有发生，本次普查在宾县大泉子林场采到成虫标本。幼虫危害枝干皮层和木质，造成树势衰弱、枝干枯死，被害枝干易风折，对树木生长影响较大。

防治措施：捕杀成虫；虫口密度大时喷药防治，在成虫羽化期喷1000倍辛硫磷、敌敌畏、敌百虫等杀死成虫，毒化树皮，毒杀咬产卵槽的成虫或槽内初孵幼虫；产卵槽涂药；堵虫孔等。

(三) 林业有害动物

黑龙江省林业有害动物种类有8种，主要有䶄鼠、鼢鼠、花鼠、姬鼠和田鼠，对林木危害较大的只有䶄鼠、姬鼠和田鼠等，全省均有分布。

(1)棕背䶄。是东北林区的优势鼠种之一，适应性较强，地形较高，比较干旱的地方数量较多，常居于枯枝落叶层、倒木和草丛灌木丛内，有向洞内拖食的习性，冬季雪下啃树皮，昼夜活动，但夜间活动频繁。喜食绿色植物，从秋到翌年早春青草发芽之前，以啃树皮为主，但也吃种子。4~5月开始繁殖，6~7月达到高峰，每窝产仔5~7只。

(2)东方田鼠。喜居低湿地、塔头甸子或新垦的草伐子下面，喜食绿色植物，特别嗜食苔草和大、小叶樟。鼠洞内常有苔草、小叶樟等，有迁移和贮备之习性，到秋季迁移到平地或岗地过冬，从晚秋到翌年早春青草未发芽时，危害林木，啃食树皮和根皮，特别喜欢啃食杨树插条、樟子松、赤松、黑松等。繁殖在春、夏季，每窝产仔5～11只。

(3)红背䶄。是典型的林栖鼠类，森林草原中，数量很多，是东北林区的优势鼠种之一。喜栖居于低洼潮湿的地方，它们常在枯枝落叶层下或倒木旁筑造洞穴。营昼夜活动，以夜活动为主。喜食植物的嫩枝、嫩叶，有时亦食植物的花及果实。更喜食树木种子。多在4月开始繁殖，5～7月为其繁殖盛期，约10月结束。每年产2～3胎，每胎4～9只，平均5～6只。

(4)大林姬鼠。活动范围广，主要栖息于林区。在东北林区，几乎各种植被类型的生境中，均有它的踪迹。它们栖息于混交林、阔叶疏林、杨桦林、柞林及农田中。林区边缘以及稻田等地亦有发现。筑巢于森林地面、枯枝落叶中，若洞口被破坏时它会修补。冬季活动于雪被下，表面有洞口，地面与雪层之间有纵横的洞道。以夜间活动为主，白天也出入洞穴。4月开始繁殖，以5、6月最盛，每胎怀仔4～9只，5～7只居多。大林姬鼠喜食种子、果实等营养价值较高的食物，有时亦食昆虫，很少吃植物的绿色部分。因该鼠有挖掘食物的能力，嗜食种子，所以是直播造林的极大危害者。它有掩盖食物的习惯，将未食尽的食物，用枯枝落叶等加以掩埋。

(四) 林业有害植物

林业有害植物造成灾害的种类不多，特别是外来入侵有害植物在黑龙江省并没有发现。

(1)槲寄生。在全省均有分布，它寄生在树木嫩枝上，吸取树液，使树势衰弱。

(2)黄花蒿(臭蒿)。全省均有分布。

(3)菟丝子。又名中国菟丝子、黄丝、豆寄生、豆阎王、无根草、无叶藤等。全省均有分布，主要危害苗圃和绿化带。

六、林业有害生物的科学治理

林业有害生物治理工作在近10多年来有了很大的发展，特别在防治策略与防治技术方面发生了划时代的变化。从过去的化学农药万能阶段，经过化学农药的疑问期，进入了综合治理时期；从林业有害生物综合治理理论发展变化来看，由"害虫综合治理"的IPM学说到"大面积种群治理"的APM学说及"全部种群治理"的TPM学说的相继出现，为林业有害生物的科学管理奠定了理论基础。

林业有害生物的科学管理是以种群动态探讨为基础的，在掌握林业有害生物发生发展规律的基础上，把森林、气象、天敌、林业有害生物的四大关系摆正，加强林业有害生物预测预报，实行预防为主、科学防控、依法治理、促进健康的方针，实现林业有害生物治理的标准化、规范化、科学化、法制化、信息化，从而提高林业有害生物的自控能力，保证森林生态安全，保护森林资源健康，促进生态平衡。

(一) 林业有害生物发生规律

为了科学管理林业有害生物，必须掌握林业有害生物的发生发展规律，利用生态系统内各个因子之间的关系，探讨和制订林业有害生物的管理系统工程方案。

林业有害生物的发生发展与森林植物、气象因子、天敌数量、自身特性与人为干涉密切相关。因此，要弄清它们之间的关系，了解和掌握林业有害生物发生发展规律是建立健全合理管理系统的关键。

1. 林业有害生物与寄主植物的关系

森林是林业有害生物发生、蔓延、栖息的场所和主要食物之一。所以，森林是林业有害生物栖息环境的主导因素。如在自然界众多(29 个目）昆虫中，只有 8～9 个目的昆虫以森林植物为食，在漫长的自然演替过程中，植物种群的发生变化引起了昆虫种群的发生变化(协同进化)。蝼蛄为了挖掘隧道，前足发展成开掘足；蚜虫为了吸取植物汁液口器变为刺吸式；天牛幼虫为了取食木质部形成了坚硬的咀嚼式口器等。

由于森林可以创造一系列森林气候和形成微气候，为不同物种的有机体提供了不同的生态位。如植食性昆虫与其他昆虫(腐蚀性昆虫）相比，对干旱的适应性和忍耐性有所提高。且叶表狭窄的边缘，造成风速减弱，湿度增高，所以有利于森林昆虫的生长发育。

从营养学角度来看，由于植物本身含有的有机物，如含氮量远比动物少，昆虫干重中有 40%～60% 为蛋白质，而植物的叶子和种子中蛋白质量很少超过 30%，且动物所需的一些氨基酸，在植物中的含量非常少。由于植物的能量低于动物，故植食性昆虫在摄取植物后其转换效率也低。所以，大多数植食性昆虫把一生中的大部分时间用在取食上，故成为危害的重点。

昆虫在取食和产卵之前或病菌在侵入之前，必须在众多植物中找到它们的寄主或遇到它们的寄主，不仅要与寄主植物的生活节律相吻合，而且还必须找到寄主植物特定发育阶段时期的某一组织器官。可见林业有害生物的生活史必须与寄主植物的生活周期同步。所以，昆虫根据不同寄主所具有的独特气味、颜色及形状，利用触角、视觉、嗅觉、口器及足等感受器来寻找寄主植物，如蚜虫对黄色敏感，松毛虫对立木敏感等。而对森林病害来讲，病菌孢子大量飞散来弥补无寻找寄主之能力，从而完成它们的生命繁衍过程，并对某种寄主的专一性及对不同寄主的症状反应也是各异的。

2. 林业有害生物与气象因子的关系

对林业有害生物发生发展影响较大的气象因子有温度、湿度、降水、光和风等。但在自然界中这些因子对生物体的影响是综合的。下面分述各气象因子对林业有害生物的影响。

(1) 温度。温度是气象因子中最主要的一种。它对生物体的影响主要表现在两个方面，一是对发育速率的影响，另一方面是对生物体生存的影响。

对林业有害生物来讲，它们的生长发育和繁殖都需要一定的温度范围(适温区)，低于或高于适温区时往往生长缓慢或不能生存，而在最适温区它们的生长、发育最快且最好，在适温区中温度的升高引起发育速率的加快。由于生物体对温度的要求必须达到某一最低温度以上时才能生长发育，这一有效温度的下限叫发育起点温度，所以研究有效积温知识有利于掌握有害生物发育规律。

温度的突变，如突然升高或降低对昆虫的影响较大，往往造成昆虫对高、低温的适应范围缩小，而昆虫在低温影响下致死的原因，在于昆虫组织细胞中的水分流入细胞间隙而结冻所致。林业有害生物对高、低温的适应有滞育、活动与生长的快慢、寿命的长短、体色、取食等诸方面。

(2) 湿度和降水量。水分对林业有害生物的生理活动影响较大，直接影响新陈代谢作用，如消化、排泄、营养物质的循环、体温的调节及后代的繁衍等。

林业有害生物获得水分的途径有吸收地下或空气中的水分、从食物中直接吸收、利用体内代谢水分等。它们对湿度的要求较广，一般要求相对湿度 70% ~90%，也有一些森林昆虫是具有抗旱性或喜湿性的。一般低湿条件下森林病虫的寿命较长，但生殖期需要较高湿度。

降水量对林业有害生物的影响是多方面的，如 6、7 月份的适当降水对早落病孢子的萌发有利，但暴雨对林业有害生物影响较大，有时会造成大量死亡。

(3) 光。光虽然不是林业有害生物生存的必要条件，但光作为绿色植物(自养生物)生存的必备条件而影响植物生长，所以林业有害生物与光有直接和间接的关系。如昆虫的趋光性、林业有害生物对光强度的不同反应及对光周期变化的反应，表现在滞育特性、世代交替等方面；如多数鳞翅目蛾类成虫在黄昏或晨曦活动与光强度有关，而蚜虫的季节多型现象则与光周期有关等。

(4) 风。风虽然不是林业有害生物生存的必要条件，但风起传播媒介作用，如早落病孢子的传播靠气流的卷扬，一些幼虫被风吹落到远方等。

3. 林业有害生物与天敌因子的关系

林业有害生物的天敌种类繁多，在自然情况下天敌对林业有害生物的控制作用是明显的，只有在人为干涉比较严重的情况下，才把天敌作用降低到最低限度。如 1982 年尚志地区落叶松毛虫蛹期寄生率逾 90%。2002 年双城市的分月扇舟蛾大发生后，病毒大量繁殖，从而控制了虫害进一步发生。在一般情况下，林业有害生物种群数量的上升会导致天敌数量的增加，只要充分利用和保护天敌资源就能起到自然防治作用。

4. 林业有害生物种内密度制约关系

林业有害生物在自然界为了生存进行争夺性竞争和分摊性竞争外，还存在着种内种群密度的制约。当林业有害生物的种群密度达到一定程度后，由于种群密度的增加造成拥挤，导致个体生育能力降低、性比改变、个体发育不全等。

5. 林业有害生物与人为控制的关系

人们为了免受林业有害生物引起的经济损失，当林业有害生物种群密度超过防治指标或种群密度有上升趋势时进行防治，从而降低种群密度，达到预防目的。因此，在人为干涉下，主要林业有害生物的种群密度基本控制在“经济受害允许水平”以下。

(二) 加强测报

林业有害生物的测报工作是防治工作的耳目，也是搞好科学管理的关键。种群数量估计是林业有害生物科学管理的首要任务。为了提高预测水平，在掌握林业有害生物的发生发展规律的基础上，必须建立适合当地实际情况的测报模式。为此，首先要掌握一手资料；其次是用科学的方法建立预测模式；再次是把模式预报和实际调查相结合，不断提高预报的准确率。

1. 资料收集

在建立预报模式的过程中，一般采用统计学原理和方法，而统计工作的基础就是原始数据。要想搞好测报工作，必须准确无误地逐年积累和收集林业有害生物的发生量及其他有关历史资料。为此，设立了永久性标准地和数量不定的临时性标准地于不同林分、树种的人工林中，并定期、按时调查来代表该地区林业有害生物发生情况。

2. 建立预测模式

根据历史资料和调查资料进行综合的定性、定量分析，并利用现代先进技术，建立合理、切合实际的预测模式，同时把模式预报和实地调查相结合，不断提高预测准确率。

(三) 经济管理

由于林业有害生物的大发生造成了经济损失，带来了灾害，所以人们为了避免林业有害生物引起的损失而进行防治时，首先要衡量由林业有害生物造成的损失价值，防治用的经费及收益的得失关系，当人们有所获得时才能进行防治，从而涉及"经济受害允许水平"及防治指标等管理指标问题。

(四) 综合治理

有害生物综合治理(IPM)的基本原则是把林业有害生物的种群数量控制在"经济受害允许水平"以下，因此，要贯彻和执行"预防为主、科学防控、依法治理、促进健康"的方针，建立林业有害生物管理系统，实现林业有害生物的综合治理。首先要加强测报工作，根据发生期、发生量预报(特别是动态预报)发生趋势，掌握不同林业有害生物的发展动态。然后制订合理的治理措施，要对不同灾区采取分治措施，对无灾区要继续保持和维护生态安全，做到自然防治；对偶灾区要监视其动态，适当采取生物防治和补助性营林措施，不断提高天敌数量，增强自控能力，促进生态安全；对常灾区要认真监视其种群数量的变化动态，尽早查明发生基地，做到"预防为主、科学防控"，用标本兼治方法，适当采取小面积无公害防治或破坏基地生境等方法，控制林业有害生物种群数量或破坏大发生规律，提高自控能力，力求生态安全，保证森林健康；对检疫性林业有害生物也可利用 TPM 理论进行彻底消灭；对危害较大的常发性林业有害生物可用 APM 理论进行大面积种群治理。

(五) 保障措施

1. 建立林业有害生物防治目标管理责任制度

把林业有害生物的治理工作纳入到林业工作的全过程，坚持推行森林健康理念，以培育和恢复健康森林为目标，促进形成稳定的森林生态系统。加强对防治工作的领导，实行"双线目标管理责任制"和市、县、乡镇目标责任制度，把"成灾率"、"无公害防治率"、"测报准确率"、"产地检疫率"纳入到森防站的防治目标管理责任之中。本着"谁经营、谁防治"的原则，逐级落实责任、落实防治任务，国家、地方等多方筹集资金的原则积极筹措资金；同时，每年都要认真进行考核、检查、评比工作，以促进林业有害生物治理工作的全面顺利完成。

2. 加大森防工作宣传力度

开展对中央 9 号文件精神、林业外来有害生物的危害、林业有害生物防治法律法规等进行宣传，提高各级领导和全社会对林业有害生物防治工作重要性的认识。

3. 加强防治减灾体系建设

加大无公害防治力度，维护森林生态平衡，确保黑龙江省经济可持续发展。保护天敌、利用微生物杀虫剂或寄生性天敌昆虫防治林业有害生物，减少环境污染，保证防治效果。重点推广招引益鸟、防生制剂、抗病诱导剂、树木防冻保护剂、不育剂和拒避剂等进行防治。

4. 加强监测预警体系建设

对区域内林业有害生物进行重点监测，随时发现疫情随时处理，及时发布主要有害生物危害情况的预报、警报，充分发挥监测的预警作用。

5. 强化森林植物检疫御灾体系建设

以苗木产地检疫和杨树天牛虫害木调运检疫为重点，严格控制危险性病虫的传播蔓延。

6. 建立应对林业灾害快速反应机制

根据国家、省《突发林业有害生物处置办法》的要求，在当地政府的领导下，制订本地《林业有害生物灾害应急预案》，做好应对突发林业生物灾害事件的准备工作。

7. 全面贯彻国家法律法规，依法开展防治工作

要严格按照法律法规办事，加强行风政风建设，规范行政执法行为和办事程序，逐步将林业有害生物防治工作引向健康发展的轨道。

8. 加强森防队伍能力建设

为提高黑龙江省林业有害生物防治工作水平，定期举办各类业务培训班，提高森防人员的业务素质，开展以无公害防治技术为主要内容的科学实验，为林业有害生物防治工作提供科技支撑，保证和促进黑龙江省林业有害生物防治工作的顺利开展。

上海市林业有害生物普查技术报告

一、普查目的及意义

1. 全国林业有害生物现状

近年来，外来林业有害生物入侵已对我国的森林资源、生态环境和林业可持续发展构成严重威胁，给我国的经济建设造成重大损失，甚至在局部地区造成难以逆转的生态灾难。我国每年仅几种主要外来有害生物入侵造成经济损失就达574亿元。

2. 周边省份林业有害生物现状

浙江省是遭受外来有害生物危害较严重的省份之一，全省现有外来林业有害生物有5种，分别为：松材线虫病、日本松干蚧、松针褐斑病、蔗扁蛾和大米草。仅松材线虫病一种已累计造成直接损失8亿多元。近几年来，为防治松材线虫病每年耗费专项资金在1200万元以上，并对该省的森林资源、生态环境、绿化成果、经济建设、对外开放、可持续发展造成的损失无法估算。

3. 上海市林业有害生物现状

随着上海市造林面积的成倍增长，加之绿化造林工程大规模从国内外引进苗木。增加了外来有害生物的传入几率。近来时有新的外来病虫害在上海市发现，而且造成严重的经济损失。

根据国家林业局林造发〔2003〕73号文件《关于开展林业有害生物普查工作的通知》要求，上海市农林局立即进行工作部署，开展全市林业有害生物普查。通过普查，建立和完善有害生物数据库，为开展林业病虫害情况监测、防治和检疫提供可靠的科学依据；制订切实有效的控制、封锁和扑灭措施，巩固造林绿化成果，促进上海市经济贸易和绿化造林的健康发展。

二、林业有害生物普查范围与对象

（一）林业有害生物普查范围

上海市所辖区域的有林地。人工林（生态林、防护林、经济林、森林公园、自然保护区、绿色通道、四旁绿化树等）、苗圃、花圃以及贮木场、木材加工厂等。调查的重点是林业重点保护区域、有害生物易发生区域，以及过去调查涉及不多的区域。

（二）林业有害生物普查对象

1. 林业外来有害生物

（1）从国（境）外传入的林业有害生物。指原产地为国（境）外，传入本地后已在当地造成危害的林业有害生物。但已经传入国内，并在其他地区已造成危害的必须列为本次普查内容，如松材线虫病、美国白蛾、红脂大小蠹、松突圆蚧、日本松干蚧、湿地松粉蚧、椰心叶甲等。

(2) 从外地传入的林业有害生物。指原产地为国内其他省(自治区、直辖市)，1980 年后传入上海市，在当地已造成危害的林业有害生物。

2. 本土有害生物

指对森林植物及其产品造成危害的 1980 年以前在本地定殖的林业有害生物，包括林业病原微生物、有害昆虫、有害植物及鼠、兔、螨类等。

（三）林业有害生物的确定

(1)本土危害性大的有害生物。是指危害最大的前 20 种本土有害生物名单，按危害程度排序，1 号为危害最严重(区、县分别根据普查统计结果得出本辖区危害最大的本土有害生物名单和排序)。

(2)从国(境) 外传入的林业有害生物。确定是否是从国(境) 外传入的林业有害生物，通过查阅历史文献、咨询专家等办法。

(3)从外地传入的林业有害生物。确定是否是外地传入的林业有害生物，以 1980 年森林病虫普查结果为准(但 1980 年普查时没有记录，后定名的新种，如萧氏松茎象，原属本土昆虫，不应列为外来有害生物)。

三、林业有害生物普查内容及技术方法

（一）普查内容

(1)有害生物危害的植物种类：乔木、灌木、花卉及其他植物。

(2)有害生物分布地点：是指有害生物分布的县级行政区域。

(3)有害生物发生面积：危害林地的，以林业小班为单元计算发生面积；危害苗圃、花圃、温室等种苗繁育基地的，以危害寄主植物的实际种植面积计算。发生面积分为轻、中、重三个等级统计。

(4)危害木材的有害生物：统计发生地点(贮木场、木材中转站、木材加工企业等的所在地及单位名称)；危害木材的种类(包括原木、板材、方材、木质包装材料、垫脚木和人造板等)、危害量(以立方米为单位) 及危害程度。

(5)外来有害生物来源调查：了解并记录传入地、传入时间、传入途径及方式等。

(6)外来有害生物入侵对当地经济、生态、社会影响的调查。

（二）普查技术方法

此次普查上海市分成四片统一开展工作，以便集中人力、物力和财力。嘉定片，由嘉定林业站负责，包括嘉定区、宝山区和闵行区；浦东片，由浦东林业站及外环绿带负责，包括浦东区、南汇区和奉贤区；松江片，由松江林业站负责，包括松江区、青浦区和金山区；崇明独立片，崇明县。各个片应根据此技术要点撰写本片的具体普查实施方案。

1. 前期准备工作

(1) 有关资料的查询。查询的资料主要有：上海市林业资源情况(最新林业资源分布图和文字材料)、上海市林业有害生物发生分布情况(1980 年森林病虫普查资料、森林植物检

疫对象普查资料、历年林业有害生物监测档案、工作总结、调查报告、专题研究报告等），此外还要了解历史、地理、自然和经济情况。

（2）制订普查实施方案。结合实际情况，制订出普查实施方案。方案具体内容包括：目的意义、组织领导、技术要求、时间安排、经费筹集和预算、采取的措施等等。

（3）开展普查培训。各县（区）要对下级森防部门开展培训，为普查工作培养骨干；各县（区）也要对参加普查的工作人员开展普查业务培训。培训的主要内容为：林业有害生物普查技术，野外调查方法（踏查、标准地调查取样技术等），标本采集和制作，林业有害生物的鉴定和识别，危害特征图、有害生物形态图的摄制方法，内业汇总要求等。

（4）准备普查工具。野外调查、采集工具、室内标本鉴定、制作工具等。如毒瓶、指形管、捕虫器、采集箱、高枝剪、望远镜、调查表、记录本以及地形图、GPS 等。

2. 野外调查

（1）访问调查。是针对某个地区（林区）、苗圃、贮木场、木材加工厂、花圃等，或某种植物、某种病虫害，有目的地对当地群众、技术人员、业主、有关专家等进行访问咨询，了解当地林业有害生物种类、分布、发生等情况。访问调查一般是结合线路踏查、标准地调查时进行，也可以单独进行。

（2）野外踏查：

踏查路线设置：

①踏查路线可利用林间大小道路、林班线等。

②踏查路线应经过当地主要森林类型、林业有害生物发生地。

③设置踏查路线应考虑重要的港口、口岸、铁路、公路、建设工地、特别是新近架设通信电缆和电力线附近的林地；受人为干扰严重，生物多样性差、生态环境简单的林地（如岛屿）；受突发性灾害（如火灾、洪水）干扰后的林地。

踏查注意事项：

①设计踏查路线时，对外来有害生物容易侵入区域的踏查线路间距相对密一些。可根据具体情况，300～1000 米不等。对本土危害严重的有害生物，可根据历史资料进行踏查路线设计。

②开展野外调查时，在时间选择上应根据林业有害生物的生物学特性，在发生期（症状显露期）进行。

③踏查时，应选取制高点，通过目测或借助望远镜观察林业有害生物发生情况。

有害生物分布情况：

①单株：个别虫害（或感病）树木（或苗木）、受害植物单株散生于林分或苗圃。

②簇状：少数虫害（或感病）树木（或苗木）、受害植物成簇状分布。

③块状：较多虫害（或感病）树木（或苗木）、受害植物成块状分布。

④片状：虫害（或感病）树木（或苗木）、受害植物连成一片。通常在林分中的分布面积达 5 亩以上；苗圃中达 100 平方米以上。

林业有害生物小班踏查记录：

踏查以林业小班为基本单位，没有划分小班的以自然山头，林分、四旁绿化树按村（居委会），绿色通道按路段为代表。开展小班踏查时，沿事先设计的路线进行，发现有害生物做好记录。以每种有害生物为一张表填写。森林调查因子和林业有害生物分布情况均用目测估计。

（3）标准地调查。

有关要求：

①在踏查的基础上，对有危害症状的、或有有害生物的林地、设立标准地进行详细调查。

②标准地应设在有害生物发生区域内具有代表性的地段。

③每块标准地面积 1～5 亩，且标准地内主要寄主植物不得少于 100 株。以面积设标准地较困难时，可设标准株进行调查。标准株不得少于 100 株。

④人工林标准地累计面积不应少于有害生物发生面积的 3%，天然林不应少于 0.2%。

⑤同一类型的标准地应尽可能有 3 次以上的重复。

林木病害标准地调查：

①叶部、枝梢、果实病害标准地调查。每 10～50 亩设 1 块标准地，每块标准地面积 1 亩左右，标准地至少要有 50 株以上寄主植物，每块标准地随机调查株数 30 株以上。以枝梢、叶片、果实为单位，随机抽取一定数量的枝梢、叶片、果实，统计枝梢、叶片、果实的感病率。

②干（根）部病害标准地调查。每 10～50 亩设 1 块标准地，每块标准地面积 1 亩左右，标准地至少要有 100 株以上寄主植物，每块标准地随机调查株数 30 株以上。在标准地上，通常以植株为单位进行调查，统计健康、感病和死亡的植株数量，计算感病率。

③林木感病率表示方法。通常以百分率来表示。但对局部病害来讲，各植株感病轻重差异较大，用植株感病百分率不能反映它们的差别，因此要用感病指数来表示，计算公式如下：

$$感病指数 = \frac{\sum(病级株树 \times 该级代表数值)}{总株树 \times 最高一级代表数值} \times 100$$

林木害虫标准地调查：

①食叶、枝梢害虫标准地调查。每 10～50 亩设 1 块标准地，每块标准地面积 1 亩左右，标准地至少要有 100 株以上寄主植物，在每块标准地内按对角线抽样法抽查 30 株以上，统计每株树上害虫数量，或目测叶部害虫危害树冠、枝梢的严重程度。

②蛀干害虫标准地调查。每 10～50 亩设 1 块标准地，每块标准地面积 1 亩左右，标准地至少要有 100 株以上寄主植物，在每块标准地内按对角线抽样法抽查 30 株以上，统计每株树上害虫数量，或目测蛀干害虫危害树木的严重程度。

③种实害虫调查。种实害虫调查主要在种子园、母树林和其他采种林分进行。通常 70 亩以下设 1 块标准地，70 亩以上每增加 10 亩增设 1 块。每块标准地面积为 1 亩，按对角线取样法抽取样树 5 株以上，每样株在树冠上、中、下不同部位采种实 10～100 个，解剖调查被害率。已经采收的种子害虫调查，要了解其产地，并按森林植物检疫技术规程的规定进行调查。

④地下害虫调查。地下害虫调查方法进行挖土坑调查。同一类型林地设 1 块标准地，每个标准地上的样坑数量，通常每 3 亩设 1 个，每块标准地土坑总数不超过 10 个。土坑大小一般为 1 米 ×1 米（或 0.5 米 ×0.5 米），深度到无害虫为止。土坑应分布均匀，设在已发生危害的苗圃或新造林地的被害地段上。

苗圃(花圃)地调查:

苗圃踏查和标准地调查一般是结合在一起开展。先进行苗圃有害生物踏查，通过踏查了解苗圃有害生物的概况后，在危害程度不同的苗圃地分别设立标准地。

在每块苗圃地上按对角线的位置(或棋盘式)设置若干个标准地(靠近田地边缘的标准地应距离边缘2~3米)。标准地的数量以其总面积不少于调查总面积0.1%~0.3%。标准地大小根据苗木种类和苗龄而定，针叶树播种苗一般0.1~0.5平方米，或以1~2米长播种行作为一个标准地。阔叶树苗的标准地应在1平方米以上，每个标准地上的苗木应在100株以上，按对角线的位置(或棋盘式)抽取样株(针叶树播种苗300株以上、阔叶树苗100株以上)进行检查。

贮木场(木材加工场)有害生物普查:

①现场查看。现场查看贮木场等现存木材(含成品、半成品、包装材料等)是否有有害生物，主要通过表层及缝隙间看是否有新鲜蛀孔、蛀屑和活虫爬行。同时要了解贮木场木材树种、采伐时间和地点(加工厂等要了解产地)和过去、目前有害生物发生情况。一旦发现有害生物，进行抽样调查。

②抽样调查。调查木材危害状况时，采用表层随机抽样(正在归楞时实行分层抽样)，抽样率不少于应调查数的3%。地点要详细写明贮木场、木材加工厂等的所在地名称及单位名称。有害生物、被害木树种名称要注上拉丁学名。品名指原木、板材、方材、木质包装材料、垫脚木和人造板等，危害数量以立方米(原木、板材、方材)、件(木质包装材料)、张(人造板)为单位。调查时，还要注意查看是否有来自松材线虫病等林业危害性有害生物疫区的疫木。此外，如果木材腐朽严重的，也要进行腐朽情况调查。

林业有害植物调查:

每10~100亩设1块标准地，每块标准地面积1亩左右，调查有害植物对林地占据情况和对林木的侵害情况。

3. 标本采集

(1)进行林业有害生物普查时要注意采集标本。应尽量采集生活史标本。

(2)所采集的有害生物应进行编号，同时做好采集记录。标本标签编号原则如下:

①采集标本记录由采集人员填写，同时写上编号、采集时间、地点、寄主植物、采集人姓名，放入存放容器，将标签系上，同时在记载表上登记。

②标本编号为13位数，前6位是所在县(区、市)的行政区编码(即身份证前6位:31××××)，第7~8位为采集地点所在乡镇名称前2个字的首位拼音字母，最后四位数是标本的流水编号。

③调查地点填到林业小班。

④植物名称:要求填写该植物的通用中文名。

⑤同一采集时间、地点、寄主植物、采集人姓名，采集同一种有害生物，不论数量多少，为同一编号。

(3)所采集的有害生物标本应及时鉴定，当地无法鉴定的逐级上送，首次发生的林业外来有害生物送国家林业局鉴定中心进行鉴定。

(4)标本应采集妥善保存，当地无法长期保存的，由市林业病虫害防治检疫站统一保存。

4. 林业有害生物调查时间

2004 年 4～11 月，每月 2～3 次集中调查；重点有害生物根据其发生时间临时确定调查时间。

5. 林业有害生物发生(危害) 程度分级。

参见林业有害生物发生(危害) 程度分级标准。

6. 普查内业整理

(1) 林业有害生物分布地点统计。统计本土危害严重的有害生物、外来有害生物。全国分布地点按 1 栏为省份，2 栏为市级，3 栏为县级填写；省级按 1 栏为市级，2 栏为县级，3 栏为乡镇填写；市级按 1 栏为县级，2 栏为乡镇级，3 栏为村(林场) 填写；县级按 1 栏为乡镇，2 栏为村(林场)，3 栏为林业小班填写。

(2) 林业有害生物发生面积统计：

①林业有害生物发生面积计算。危害经济林(果园)、苗圃、花圃、温室等种苗繁育基地的，以危害寄主植物的实际种植面积计算。对无法按实际面积计算的林网等，按当地实际情况或传统计算方法折算成面积。

②林业有害生物发生面积统计。按林业有害生物种类统计。国家统计到省级，各省(自治区、直辖市) 统计到县级，各县统计到村级。

③危害木材有害生物统计。按林业有害生物种类统计。国家统计到省级，各省(自治区、直辖市) 统计到县级，各县统计到具体地点(发生场所)。危害木材种类指原木、板材、方材、木质包装材料、垫脚木和人造板等。

四、上海市林业有害生物发生现状及分析

(一) 上海市森林资源概况

上海市的森林资源以经济林、防护林、特用林和四旁树为主，1999 年，全市林地面积为 76. 8 万亩，森林覆盖率 8. 08%，随着上海市对生态环境建设的重视，林业建设加速发展，2004 年全市林地面积 104. 9 万亩，森林覆盖率达到 11. 04%。上海市造林绿化树种种类增加很快，常绿树种以香樟为主，落叶阔叶树种以杨树、悬铃木为主，落叶针叶树以水杉为主。这两年又引进种植了以含笑、杜英、栾树、桤木、重阳木等为主的 300 多个品种，改变了树种单一的局面，丰富了城市森林景观。

(二) 林业有害生物发生现状及原因分析

随着造林绿化步伐的加快，林业面积快速增长等原因，林业有害生物的孳生进入了高发期。其主要表现为：病虫害种类多、食叶性害虫发生面积大、钻蛀性害虫逐年加重、小型刺吸性害虫种类繁多、部分地区出现了新的病虫害。2004 年全市有林地面积 98. 91 万亩，林业有害生物发生面积 23. 77 万亩，发生率 24. 03%，轻度 21. 05 万亩，中度 2. 68 万亩，重度 0. 04 万亩，其中病害发生 2. 55 万亩，虫害发生 21. 22 万亩。2005 年全市有林地面积 104. 9 万亩，林业有害生物发生面积 20. 82 万亩，发生率 19. 85%，成灾率 0. 38%，轻度 18. 76 万亩，中度 2. 02 万亩，重度 0. 04 万亩，其中病害发生 1. 64 万亩，虫害发生 19. 18 万亩。

1. 本次普查全市的林业有害生物种类

有害动物2门3纲632种、病害680种、杂草121种，查得天敌30种。树种种类多、气候适宜是有害生物种类繁多的主要原因。

2. 本土林业有害生物

本土发生较严重的有害生物种类有：樟巢螟、樟叶蜂、樟木虱、杨扇舟蛾、杨小舟蛾、分月扇舟蛾、杨二尾舟蛾、黄刺蛾、桃蛀螟、梨小食心虫、黄杨绢野螟、茶尺蛾、斜纹夜蛾、星天牛、桑天牛、桃红颈天牛、杨树黑斑病、杨树锈病、狭叶十大功劳白粉病、广玉兰炭疽病。

杨树作为当今迅速崛起的一个优良造林树种，以其速生丰产、适应性强、用途广泛，深受人们欢迎。杨树在上海市的四旁树种植量达19万株，占全市四旁树1.14%，在全市种植面积达6.2万亩，成片林占阔叶树面积的34.62%。给食叶性害虫、蛀干害虫的发生创造了条件，杨树食叶性害虫，如舟蛾类和刺蛾类的危害日益加重，在夏末初秋已成为影响道路景观的首要因素，严重威胁上海市生态林、防护林和用材林建设；桑天牛、星天牛由于较难防治，危害也有逐年加重的趋势，杨树锈病、黑斑病在全市的发生量较高、分布较普遍。樟树是上海市大力引进和发展的造林绿化树种，樟巢螟、樟叶蜂和樟木虱在上海市发生较为严重。水杉在上海市四旁树造林量为934万株，占全市四旁树的56%，在片林中水杉面积为4.2万亩，占针叶林面积的82.35%，随着种植数量迅速上升，发生过油桐尺蠖、茶长卷蛾和茶尺蠖等大面积暴发为害。梨、桃等经济林病虫害如桃蛀螟、梨小食心虫、桃红颈天牛的发生危害逐年加重。

3. 传入外来林业有害生物

传入的林业有害生物种类有：锈色棕榈象、大竹象、双条杉天牛、松墨天牛、女贞瓢跳甲、橘小食蝇、柳扁蛾、叉茎叶蝉、白杨透翅蛾、草坪草褐斑病菌、加拿大一枝黄花。

其中蛀干害虫5种、叶部害虫2种、果实害虫1种、病害1种、杂草1种。一枝黄花发生率较高，尤其是在闲置地；对市区20个公园进行了调查，在15个有慈孝竹的公园均发生大竹象危害，被害率大多超过50%；双条杉天牛目前在青浦区局部区域造成危害；其他种类发生数量小且程度轻。

4. 危害木材有害生物

危害木材有害生物种类有：双钩异翅长蠹。是在木材加工厂发现的，随着木材运输传入上海市，为零星分布。

江苏省林业有害生物普查技术报告

根据国家林业局《关于在全国开展林业有害生物普查工作的通知》要求，江苏省于2004～2005年在全省范围内开展了林业有害生物普查，有关技术总结如下：

一、普查意义和目的

近年，江苏省委、省政府提出了建设“绿色江苏”的目标，造林面积连年迅猛增加。预防与控制林业有害生物危害是保护造林绿化成果、推进“绿色江苏”建设的重要措施之一。掌握全省林业有害生物种类、分布范围、发生情况等资料，是做好全省林业有害生物防治工作的基础，对全省林业规划、有害生物科学防控、保护造林绿化成果、促进“绿色江苏”建设都具有重要的现实意义和科学价值。

通过普查，进一步掌握江苏省林业外来有害生物及本土危害严重的林业有害生物发生情况，建立和完善林业有害生物数据库，为今后制订林业有害生物预防与监控方案、确定优先实施的省级林业有害生物工程治理项目及补充检疫有害生物名录等工作奠定基础，提供科学依据。

二、普查范围和内容

本次普查范围是对全省辖区内的有林地、苗圃、木材加工厂等进行全面调查。调查的重点是生态林、速生丰产林及当地主要造林树种分布区域、林业有害生物易发区域以及过去调查涉及不多的区域。普查主要内容是林业有害生物种类、分布地点、寄主植物种类、发生面积和危害木材的有害生物。普查的对象是：

(1)境外传入的外来林业有害生物，如松材线虫病、日本松干蚧等。

(2)1980年以后从外省(自治区、直辖市)传入的林业有害生物。

(3)杨树、银杏、苗圃的所有有害生物。

(4)其他主要造林树种如松树、竹类、柳树、侧柏、香樟、泡桐、杉木、水杉等的主要有害生物。

三、普查方法

(一)前期准备工作

1. 有关资料的查询

查询的资料主要有：当地林业资源情况(最新林业资源分布图和文字材料)、当地林业有害生物发生分布情况(1980年森林病虫普查资料、历年林业有害生物监测档案、工作总结、调查报告、专题研究报告等)。此外，还了解当地历史、地理、自然和经济情况。

2. 制订普查实施方案

根据国家林业局《关于在全国开展林业有害生物普查工作的通知》要求，结合江苏省实际情况，成立了全省林业有害生物普查领导小组，下设办公室和专家指导小组，制订了《江苏省林业有害生物普查技术实施方案》。方案具体内容包括：目的意义、组织领导、技术要求、时间安排、经费筹集和预算、采取的措施等。

3. 开展普查技术培训

江苏省森林病虫害防治检疫站对县级以上森防部门开展培训，为各地普查工作培养骨干。各县(市)对参加普查的工作人员开展了普查业务培训。培训的主要内容为：林业有害生物普查技术，野外调查方法(踏查、标准地调查取样技术等)，标本采集和制作，林业有害生物的鉴定和识别，危害特征图、有害生物形态图的摄制方法，内业汇总要求等。

4. 提供普查技术资料

根据全省林业有害生物的历史资料，提供了全省常见森林病虫害生物学特性及采集技术简表，编制了杨树、银杏等主要造林树种的主要有害生物名录，作为普查工作的参考资料。

5. 准备普查工具

准备野外调查、采集工具、室内标本鉴定、制作工具等。如毒瓶、指形管、捕虫器、黑光灯、采集箱、高枝剪、望远镜、调查表、记录本以及地形图、GPS 等。

(二) 开展野外调查

1. 野外线路踏查

在开展野外线路调查时，根据历史资料进行了踏查路线设计。时间选择上根据林业有害生物的生物学特性，主要在春、夏、秋三季病、虫害发生期(症状显露期)进行。踏查路线应经过当地主要森林类型、林业有害生物发生地。对外来有害生物容易侵入区域的踏查线路间距相对密一些。对重要的港口、口岸、铁路、公路，建设工地，特别是新近架设通信电缆和电力线附近的林地；受人为干扰严重，生物多样性差、生态环境简单的林地(如岛屿)；受突发性灾害干扰后的林地，如火灾、洪水发生地进行了特别调查。

踏查以林业小班为基本单位，没有划分小班的以自然山头，林分、四旁绿化树按村(居委会)，绿色通道按路段为基本单位，每种有害生物填写一张表。森林调查因子和林业有害生物分布情况均用目测估计。

本次野外线路踏查涉及全省 68 个县(区、市) 的 2185 个乡(镇)、104 个国有林业场(圃)，行程总计达 27 万多千米。

2. 标准地调查

在踏查的基础上，对有危害症状的、或有林业有害生物分布的林地，设立标准地或标准株进行详细调查。全省共设标准地 6390 个，代表面积 2000 万余亩；苗圃标准地 351 个，代表面积 70 多万亩。标准地设在有害生物发生区域内具有代表性的地段。每块标准地面积 1～5亩，且标准地内主要寄主植物不得少于 100 株。以面积设标准地比较困难的，设标准株进行调查，标准株不少于 100 株。

3. 灯诱调查

灯光诱集是林业有害生物普查的重要手段之一。这次普查，全省共设灯诱固定观察点 31 个。诱点设在视野比较开阔、树种多、林相比较复杂、其他光源干扰少的林区。对收集到的害虫及时进行整理、烘干、防腐、分装、贴标签，以免部分害虫躯体遭到损坏，影响标本质量和鉴定。

4. 贮木场(木材加工场)有害生物调查

现场查看贮木场等现存木材(含成品、半成品、包装材料等)是否有有害生物危害，同时了解贮木场木材树种、采伐时间和地点(加工厂等了解产地)。特别注意调查是否有来自松材线虫病等林业危险性有害生物疫区的疫木。

5. 林业有害植物调查

在野外调查中每100～1000亩设1块标准地，每块标准地面积3亩左右，调查有害植物对林地的占据情况和对林木的侵害情况。

6. 标本采集

进行林业有害生物普查时采集标本并注意保持标本的完整性。尽可能采集生活史标本，或通过人工饲养获取生活史标本。在采集标本的同时，拍摄数码照片。对所采集的有害生物进行编号，做好采集记录，填好标签，进行展翅、打包、浸泡、干燥等处理，防止发霉变质。及时鉴定，当地无法鉴定的统一送省森防站保管送鉴。

(三) 内业整理

各市在外业调查工作的基础上，对外业调查的笔录、数据、照片等进行了整理，归档。对采集制作的有害生物标本进行了初步分类鉴定，或统一送到省站进行保管和鉴定。各地在认真汇总的基础上完成了林业有害生物普查技术报告和总结，填写了有关汇总表。省森防站对全省普查资料进行了汇总和总结。对各地送鉴的标本，请有关专家进行了集中鉴定，并制成名录。

四、普查主要成果

(一) 掌握了全省林业有害生物分布情况

江苏省地处亚热带北缘，地貌以平原为主，平原占全省国土面积的68.8%，丘陵占14.2%，水面占17%。地带性植物以落叶阔叶林和常绿阔叶林为主。平原地区主要造林树种为杨树、柳树、水杉等；丘陵地区主要造林树种是松树、杉木、竹子、侧柏等；城乡绿化主要树种为樟树、悬铃木、广玉兰等。

林业有害生物的分布与主要造林树种的分布和数量密切相关。在平原及沟渠路旁杨树种植区，有害生物以杨小舟蛾、杨扇舟蛾、草履蚧、桑天牛、杨树溃疡病为主；在丘陵地区，有害生物以松材线虫病、松毛虫、竹蝗为主；在城乡绿化树种上，有害生物以刺蛾、樟巢螟、溃疡病为常见。

(二) 查清了全省林业有害生物危害现状

1. 外来林业有害生物危害现状

在江苏省造成严重危害的外来林业有害生物是松材线虫病。该病1982年秋在南京市东郊首次被发现，25年来松材线虫病江苏省已致死松树750多万株，减少森林面积约9万亩，部分山头重现荒山秃岭，短期内难以恢复。目前，松材线虫病在江苏省发生面积为26.8万亩，年致死松树30万株。经过多年的艰苦除治，基本遏制了松材线虫病严重发生危害的势头，疫情发生面积与病死树数量逐年下降，受害林分逐渐恢复。

日本松干蚧是从外省(自治区、直辖市)传入江苏省的林业有害生物。20 世纪 70 年代曾在江苏省局部松林分布区发生，90 年代初，在江苏省沿海的云台山地区严重发生，经过治理及林相改造，目前未发现大面积危害，有虫地区多为无灾状况。

加拿大一枝黄花是近年来从省外传入江苏省的林业有害生物。目前主要分布于南京市及苏州市、无锡市等沿太湖地区，发生面积 2 万余亩，但尚未对林木生长构成危害。

美国白蛾、蔗扁蛾等危险性林业有害生物在江苏省周边一些省份有发生，本次普查在有关毗邻地区作了重点部署，但仍未发现美国白蛾和蔗扁蛾。

2. 本土重要有害生物危害现状

江苏省本土重要的林业有害生物是：危害杨树的杨小舟蛾、杨扇舟蛾、草履蚧、桑天牛、杨树溃疡病；危害松树的松毛虫；危害竹子的黄脊竹蝗；危害银杏的超小卷叶蛾；危害侧柏的侧柏毒蛾；危害樟树的樟巢螟。杨树面积占江苏省森林总面积的 55%，常年杨树病虫害发生面积约 70 万亩，占全省各类病虫害发生面积的 60% 左右。其中，以舟蛾类为主的害虫发生面积约 60 万亩，占全省各类主要害虫发生面积的 80% 以上。危害程度比例也大体相当。其他本土有害生物为局部发生，小面积偶然成灾。

由于江苏省杨树种植面积每年以 100 万亩左右的速度增加，且杨树栽植区树种单一，生物多样性较差，易遭有害生物危害。预计以舟蛾为主的杨树食叶性害虫将在相当长的时间内是江苏省重点防控的林业有害生物之一。

（三）重要发现

1. 新记载一批林业有害生物

根据本次普查及有关文献记载，发现了 153 种危害林木的昆虫、病菌为 20 世纪 80 年代普查时未记载的。较重要的有松材线虫病、锈色粒肩天牛、危害杨树顶梢的刺皮瘿螨、危害竹笋的淡竹笋夜蛾、危害喜树的一种溃疡病菌、杨树丛枝症状等。目前，有关鉴定工作正在进行中。

2. 一些林业有害生物种群发生重大变化

20 世纪 70～80 年代，大袋蛾曾连续数年在江苏省的泡桐、刺槐、悬铃木上严重危害，发生面积达 20 万亩以上，而本次普查中未发现大袋蛾。杨尺蠖种群密度也有类似变化。松毛虫以前是江苏省防控的重点，近几年来也只在局部地区小面积发生。而杨小舟蛾、草履蚧、樟巢螟等由过去的次要害虫转变成目前的主要害虫。其主要原因与寄主数量变化密切相关。

五、主要存在问题

一是由于普查工作时间紧、季节性强、工作量大，而专业技术人员相对缺乏，在一定程度上影响普查工作质量；二是有害生物鉴定困难。受专业技术水平及经费、人员等因素限制，对所采集的部分标本鉴定困难，在一定程度上影响普查工作进度；三是普查经费缺乏。虽然江苏省自筹了 100 万元普查经费，但与工作量及要求相比仍然有较大的差距。

今后工作的重点是：一是继续做好重点补充调查；二是系统地整理、分析、利用普查资料；三是根据普查结果，调整江苏省各地主要有害生物监测对象，制订相应的技术规程，编辑《江苏省主要林业有害生物图谱》和《江苏省主要林业有害生物防治手册》等实用书籍。

浙江省林业有害生物普查技术报告

林业有害生物普查是林业生产中的一项基本建设，浙江作为率先实现林业现代化的试点省，做好林业有害生物普查工作，全面摸清浙江省林业有害生物的种类、分布及危害情况，建立和完善浙江省林业有害生物数据库，并详细评估其造成的损失，有助于浙江省今后控制和治理林业有害生物及加强省际的联防联治、制订预警方案、确定和实施工程治理项目提供科学依据，对保障浙江省森林资源和生态安全，巩固造林绿化成果，促进林业可持续发展具有十分重要的意义。

这次普查，是根据国家林业局林造发[2003]73号《关于在全国开展林业有害生物普查工作的通知》，以及浙林防[2003]102号《关于全省开展林业有害生物普查工作的通知》精神，省林业厅、省森林病虫害防治检疫站有关领导高度重视精心组织开展的。从2003年7月起开展前期准备工作，到2003年9月全省普查工作全面展开，经过8个多月的外业调查和4个多月的内业整理、普查资料汇总等工作，于2005年2月结束。历时一年半，基本达到了预期目的，现将技术报告整理如下：

一、自然概况

1. 地形与气候

浙江省位于我国东南沿海长江三角洲南翼，其地理坐标为东经118°00′~123°00′，北纬27°12′~31°31′。全省陆域面积10.18万平方千米。全省面积中，山地和丘陵占70.4%，平原和盆地占23.2%，河流和湖泊占6.4%，故有“七山一水二分田”之说。浙江地形复杂，整个地势由西南向东北倾斜。西南山地的主要山峰海拔多在1000米以上。中部以丘陵为主，大小盆地错落分布于丘陵山地之间。东北部是低平的冲积平原。浙江属典型的亚热带季风气候区。冬季受蒙古冷高压控制，盛行西北风，以晴冷、干燥天气为主，是全年低温、少雨季节。夏季受太平洋副热带高压控制，以东南风为主，海洋带来充沛的水汽，空气湿润，是高温、强光照季节。春秋两季为冬夏季风过渡时期，气旋活动频繁，锋面降水甚多，冷暖变化亦大。总的特点是：季风显著，四季分明，年气温适中，光照较多，雨量丰沛，空气湿润，雨热季节变化同步，气候资源配制多样，气象灾害繁多。

2. 森林资源及其分布

据1999年全省森林资源连续清查，全省林业用地9821.85万亩，有林地8308.8万亩，其中松林面积3557万亩，占全省林分面积的55.9%；杉木1644.9万亩，阔叶林1155.45万亩，绿化程度92.4%，森林覆盖率59.4%，名列全国前茅。活立木总蓄积量13846.75万立方米。全省竹种资源丰富，竹林总面积1200多万亩，毛竹总株数11.43亿株，经济林面积近2000万亩。森林植被十分丰富，全省有高等植物288科，1471属，4600余种，素有“中国东南植物宝库”之称。野生动物种类繁多，已知脊椎动物有1241种。

3. 林业有害生物发生概况

近年来，浙江省林业有害生物发生情况比较严重。主要表现为：松材线虫病等危险性有害生物(森林病虫害)扩散蔓延迅速，对森林资源和自然景观构成巨大威胁；竹林、经济林有害生物(病虫害)发生面积居高不下；偶发性有害生物(森林病虫害)在局部地区时有暴发；花卉病虫害呈上升趋势。统计资料表明，全省各类林业有害生物年均发生面积约129万亩，其中病害约占总发生面积的40%，虫害占总发生面积的60%。主要林业有害生物有松材线虫病、板栗疫病、毛竹枯梢病、竹丛枝病、马尾松毛虫、柳杉毛虫、日本松干蚧、栗绛蚧、松墨天牛、黄脊竹蝗、一字竹象甲、竹卵圆蝽、栗瘿蜂、杨扇舟蛾、刚竹毒蛾等。

二、普查的任务和方法

1. 普查范围

这次普查主要按照《关于在全国开展林业有害生物普查工作的通知》和《关于全省开展林业有害生物普查工作的通知》文件精神，对浙江省境内的森林，包括防护林、用材林(包括竹林)、经济林、薪炭林、特种用途林、绿化树种、观赏植物，以及种苗繁育和交易场所(如苗木基地、花圃、花木市场等)、木材加工和交易场所(如贮木场、木材加工厂、木材市场等)的主要树种(材种)的林业有害生物种类、危害程度和分布范围等作详细调查，对其中危害较大的病虫种类还要了解其发生规律和传播方式，对次要树种的主要病虫种类进行概括性调查。

2. 普查对象

普查对象主要包括三大类:

(1)境外传入的外来林业有害生物，如松材线虫、日本松干蚧、蔗扁蛾、松针褐斑病等。

(2)1980年以后从省外传入的林业有害生物，包括病原微生物、有害昆虫、有害植物及鼠、兔、螨类等。

(3)危险性大的本土有害生物。即对森林植物及其产品造成危害最严重的本土有害生物(最多统计20种)，包括林业病原微生物、有害昆虫、有害植物及鼠、兔、螨类等。

浙江省森防站在及时下发了详细普查对象参考名录，各地区结合本区实际情况，适当减少或增添参考名录以外的种类。

3. 普查内容

这次普查较之1980年普查涉及范围更广，工作量更大，普查的内容已不局限于对主要的病虫种类的调查，而是包括以下几方面的内容:

(1)寄主植物普查。普查对象危害的植物种类(包括乔木、灌木、花卉等)，原则上要查到种。寄主植物种类大于20种的，按照不同科、属，至少列出主要的20种。

(2)普查对象分布地点统计。发生区域大的(指发生地点超过所辖县级行政区域1/3以上的乡镇)，统计县级名称；新发现的或发生区域小的(指发生地点等于或小于所辖县级行政区域1/3的乡镇)，统计乡镇级名称(报送汇总资料时，包括乡镇级名称及所隶属的县级名称)。以上分布地点统计，必须注明所隶属的县(市)。

(3)有害生物发生面积统计。危害经济林(果园)、苗圃、花圃、温室等种苗繁育基地的，以危害寄主植物的实际种植面积计算；危害其他林地的，以林业小班为单元计算发生面积。发生面积分为轻、中、重三个等级统计。

(4)危害木材的有害生物统计。须统计危害木材的(包括原木、板材、方材、木质包装材料、垫脚木和人造板等）有害生物种类、危害数量（以立方米为单位）及危害程度，以及有有害生物危害的贮木场、木材加工厂等的所在地名称及单位名称。

（5）外来有害生物来源调查。了解并记录传入地、传入时间、传入的途径及方式等。

（6）外来有害生物入侵对当地经济、生态、社会影响的调查。

4. 普查方法

（1）外业调查。在有害生物发生盛期或表现症状期，以乡、镇（场）为单位，在林业作业图或林相图上以及根据种苗繁育基地、贮木场、木材加工厂等所在地的分布情况，确定踏查线路。重点区域及经过踏查发现有疫情的区域，要设立具有代表性的调查点或样方进行详查，并列出每个调查点或样方所在的位置以及所代表的面积。

踏查：按照设计的调查路线，开展踏查。当发现有危害症状或有害生物时，应开展详查。

详查：林地或种苗繁育基地每块标准地或样方调查株数为30～50株，其中人工林标准地或样方累计调查面积不应少于普查对象寄主植物分布面积的3%，天然林等应不少于0.2%；调查木材遭受危害状况时，抽样率不应少于3%。需详细记录有害生物的种类、寄主、虫口密度和树木受害程度，采集相关标本及拍摄有害生物生物学或危害症状的照片。对不能确定的有害生物或寄主植物及时送交有关专家鉴定。

（2）内业整理和普查资料汇总。对外业调查的笔录、数据、照片等进行整理、归档；对采集的有害生物标本进行分类、鉴定。各地要在认真汇总的基础上，完成林业外来有害生物普查技术报告和工作总结。

（3）标本鉴定。为便于标本保藏和下一阶段全省林业有害生物普查资料汇总，在全省林业有害生物普查外业调查和内业整理工作结束之后，各地应将采集的标本按要求送交到省森防站，由省森防站组织相关人员做好储放、整理和资料汇总等工作。同时联系有关专家对标本进行分类鉴定，并对各地的普查工作进行综合考评、优秀者予以奖励。

三、普查任务完成情况

本次普查工作自2003年7月开始在全省11市铺开到2005年2月结束，外业调查覆盖浙江省绝大部分的乡镇。全省共调查林地4838万亩，寄主植物3000种。通过采用踏查、标准地调查、网捕，夜间灯诱等多种方法，采集并制作了30余万件标本。经初步统计有昆虫3000多种，制作害虫生活史标本240多套。共采集制作林业有害生物病害标本200种。有害植物标本30种。有害动物标本有12种。目前已发现新种10种，新记录种20种。调查中发现林业检疫性有害生物5种（按2004年第4号公告），分别是松材线虫病、冠瘿病、草坪草褐斑病、蔗扁蛾和加拿大一枝黄花。浙江省危害严重的林业有害生物66种，另有5000多件三角纸片针插标本。因时间有限，尚有部分标本还未最终鉴定，有待今后继续研究。全省除个别地区没有按规定及时上交标本外，其他各地区基本完成或超额完成了任务。

四、普查成果综述

本次普查从准备工作、实施到结束历时一年半。由于全省上下普查有力，领导高度重视，取得了显著的成绩。

1. 浙江省林业有害生物的种类、分布及危害情况

全省共调查林地 4838 万亩，寄主植物 3000 种。统计各地调查数据可知 2004 年浙江省主要林业有害生物发生面积为 132.72 万亩，其中病害发生面积 53.72 万亩，虫害发生面积 79.00 万亩(加拿大一枝黄花发生情况由农业主管部门统计)。外来林业有害生物危害仍然严重，以松材线虫病最为突出，发生面积达 45.29 万亩；竹子害虫大幅上升，总发生面积为 29.78 万亩，主要害虫有竹蝗、卵圆蝽、一字竹象甲、竹螟、刚竹毒蛾等；偶发性害虫柳杉毛虫等危害近 11 万亩，马尾松毛虫、思茅松毛虫等常发性害虫仍保持历史较低水平；板栗病虫害发生面积 10.70 万亩。

2. 标本数量、种类及制作质量

这次普查，许多地区采集标本的数量、种类和制作质量都远胜 1980 年的森林病虫害普查，不仅有林业有害生物还有许多害虫天敌。如临安、常山、景宁、衢江等县(区、市)制作了不少天敌昆虫标本。通过统计，全省各地共采集标本 30 多万号。通过省森防站组织有关专家对各地送交的标本进行鉴定，现已鉴定有昆虫约 16 目 116 科 2139 种，制作害虫生活史标本 120 套。病害有 100 多种，有害植物 20 种，有害动物 12 种。

3. 建立了浙江省林业有害生物档案数据库

经过整理，将全省各地普查上报的资料汇总。通过分析，可以得出浙江省林业有害生物的发展趋势，对制订浙江省林业可持续发展战略具有指导性意见。将全省各地提供的林业有害生物图片及其危害状图片等排编储存，制作成光盘，为今后浙江省林业有害生物的鉴别、鉴定和查阅提供了极为宝贵的第一手资料。

4. 提高了认识、提升了全省森防队伍整体水平

普查工作的开展，引起了各级领导对林业有害生物防治工作的重视，提高了全社会对森防检疫工作重要性的认识，普及了林业有害生物基础知识，扩大了森防检疫工作的影响。通过普查，培养和锻炼了一大批森防技术人员，有力提升了浙江省森防队伍的整体水平。普查设备、仪器的购置，实验室、标本室的完善装修，加强了森防基础设施建设，有力推动了浙江省森防事业的发展。

安徽省林业有害生物普查技术报告

一、目的及意义

随着全球贸易活动的迅速发展和内外交流的日趋频繁，以及交通便捷带来的地域相对缩小，给外来有害生物的入侵提供了机会。外来有害生物入侵后，入侵地域的生态系统和生物多样性将受到严重破坏，甚至在局部地区造成难以逆转的生态灾难，给当地的经济、社会的可持续发展造成一定的影响。安徽省也是受外来有害生物严重危害的省份，松材线虫病1988年传入，安徽省投入了大量人力、物力、财力，还是造成了严重的经济损失和生态灾难，目前难以根治，并直接威胁着黄山、九华山等风景名胜区松林和古树名木的安全。大量外来林业有害生物、植物也已传入安徽省，对林地造成了危害，形势十分严峻。为及时采取有效措施，防止、控制和扑灭安徽省外来有害生物，摸清外来有害生物入侵的种类、分布区域和危害程度，开展生物学特性、危害性分析、建立安徽省有害生物防治数据库，为今后确立防治重点、拟定防治计划、制订检疫措施，开展科学治理病虫害提供依据。

二、自然概况

安徽省地处我国东南部，东邻江苏省、浙江省，南接江西省，西界湖北省、河南省，北与山东省为邻，是南来北往的重要交通枢纽。全省总面积13.9万平方千米，山区、丘陵、平原面积各占1/3，境内有长江、淮河穿过，天然地将安徽省划分为淮北、江淮和江南三大自然区域。安徽省属暖温带和亚热带季风气候区，气候温暖湿润，地貌复杂多样，森林植被从北到南具有明显的过渡特征，境内树种繁多(约有1200余种植物)，昆虫资源丰富，皖南山区和皖西大别山区为安徽省主要森林分布地区，淮北地区为主要农田林网生态区，全省有林地面积5100万亩，森林覆盖率28%。

三、普查范围和对象

(一) 普查范围

(1)各县(区、市) 所辖区域内的有林地、国有林场、集体林场、苗圃、绿色长廊、农田林网、退耕还林以及花卉基地。

(2)长江、淮河两岸堤防林，以及风景名胜区、国家级和省级自然保护区、世界文化遗产地周边林地。

(3)贮木场(点)、木材加工厂(点)、木材集散地。

(4)主要公路、铁路、水运沿线的有林地。

(5)大型工业生产区、商品流通频繁地区、大型公园等。

(二) 普查对象

(1)外来林业有害生物。以入侵后对已造成危害的种类为普查重点，对那些已经在其他地区造成危害的而在本地尚未造成危害的林业外来物种也作为本次普查对象。

(2)危险性大的本土有害生物。指对森林植物及其产品危害严重的本土有害生物，包括林业有害昆虫、病原微生物、有害植物及鼠、兔、螨类等。

(3)外来有害生物的确定。省级以从国(境)外和1980年以后从外省(自治区、直辖市)传入的危害森林植物及其产品的病原微生物、有害昆虫、有害植物及鼠、兔、螨类等作为划分对象；市级以从国(境)外和1980年以后从外省(自治区、直辖市)、外市传入的危害森林植物及其产品的病原微生物、有害昆虫、有害植物及鼠、兔、螨类等作为划分对象；县(区、市)从国(境)外和1980年以后从外省(自治区、直辖市)、外市、外县(区、市)传入的危害森林植物及其产品的病原微生物、有害昆虫、有害植物及鼠、兔、螨类等作为划分对象。

是否为从国(境)外传入。通过查阅有关文献、咨询专家等获知；是否为外省(自治区、直辖市)、外市、外县(区、市)传入，以1980年森林病虫普查结果为准，凡1980年普查时没有记录，后来发现鉴定的本土新种，不应列为外来有害生物。

四、普查内容

(1)寄主植物。指每种林业有害生物危害的植物种类(包括乔木、灌木、花卉等)，原则上查到种，对危害种类超过20种的，按照不同科、属列出主要的20种。

(2)林业有害生物分布地点。摸清所普查到的各种林业有害生物的详细分布区域。发生区域大(指发生点超过所辖县的行政区域1/3以上的乡镇)统计到县级；发生区域小的，统计到乡镇。

(3)林业有害生物发生面积统计。调查所普查到的各种林业有害生物的分布面积，发生面积按轻、中、重三个等级统计。

(4)危害木材的有害生物的普查。调查危害木材(包括原木、板材、方材、木质包装材料、垫脚木和人造板等)的有害生物的种类、危害数量、危害程度以及危害地点和单位名称。

(5)外来有害生物传入的历史资料追溯。了解并记录传入地、传入时间、传入途径、扩散模式等。

(6)外来有害生物入侵对当地经济、生态、社会影响的调查。

五、普查技术方法

(一)外业调查

(1)踏查线路的设计。根据本地森林资源分布类型特点，确定普查重点区域并设计出科学、合理的调查线路，设立具有代表性的调查点，列出每个调查点所在的位置以及所代表的面积，在有害生物发生盛期或症状显露期开始外业调查。

(2)踏查。按照事先设计好的调查线路进行踏查，踏查时要做到细观察、细搜索，发现有病虫时，应及时采集标本进行鉴定，如果确定是有害生物时，需设立标准地进行详查。

(3)标准地调查。为进一步了解病虫害的发生、危害的详细情况，应选择有代表性的地段，设立标准地进行详查。林分标准地调查，标准地面积不小于1亩，样木不少于100株；

苗木类调查样方面积为 1 平方米，标准地和样方累计调查面积应不少于普查对象寄主植物分布面积的 3%；种实害虫在标准地内取样 10 株，在每株树冠的上、中、下不同部位采集 20～100粒，解剖调查为害情况；地下害虫按危害状 0.5 平方米的土坑进行调查，深度至无害为止，同一类型林地调查不超过 10 个。

(4)贮木场、木材集散地、木材加工厂等生产性单位的普查。现场查看贮木场、木材集散地、木材加工厂现存的木材(包括原木、成品、半成品、包装材料等)，查看是否有有害生物，查看表层是否有新鲜蛀孔、蛀屑和活虫爬行。抽样比例不少于调查数的 3%。

在外业调查时要做到实地调查与查访相结合，踏查与标准地调查相结合，上山采集与灯诱相结合，真实、客观反映调查情况。

(二) 标本采集与制作

在外业普查的同时要采集标本，采集的标本应具有代表性，尽可能采集生活史标本，并拍摄其生物学和生态学照片，对采集的有害生物进行编号。详细记载采集的地点、寄主、采集人、采集时间，带回室内及时制成标本并妥善保管。

(三) 内业整理

一是县级对外业调查的记录表、数据、标本、照片等要规范进行整理，编写林业有害生物普查工作总结和技术报告，并逐级上报。

二是对各地上报的病虫、有害植物标本、资料等，省级抽专人进行分类、整理、汇总，请有关专家、教授进行室内审核、鉴定标本，病虫按系统进行分类、排列。

三是省级汇总普查成果。编写安徽省本土林业有害生物分布地点统计表、安徽省外来林业有害生物分布地点统计表、安徽省林业有害植物分布地点统计表、安徽省林业有害生物发生面积统计表、安徽省木材类林业有害生物发生情况表、安徽省林业有害生物普查工作总结和技术报告。此外，还编写《安徽省主要林业有害生物防治图册》，建立安徽省林业有害生物信息数据库，供广大生产、科研、教学人员参考、使用。

六、普查任务完成情况

这次对全省 17 个市范围内的 105 个县(区、市) 85% 有林地乡镇、国有林场以及集体林场、苗圃、国家级和省级自然保护区、长江和淮河堤岸、绿色长廊、农田林网以及贮木场(点)、木材加工厂(点)、木材集散地等进行了全面普查。普查寄主植物 1300 多种，调查有代表性的有林地面积 1900 多万亩，占全省有林地面积 37%，全省共设置标准地 73457 个，普查林业有害生物 2104 种。其中，本土病害 133 种、本土虫害 1347 种；外来病害 452 种，外来虫害 115 种。木材类病虫 19 种，查出林业有害植物 38 种，其中国家林业局公布的有害植物 9 种，国家环保局公布的外来有害植物 3 种(本土和外来的区别是以安徽省 1980 的普查资料以及有关资料为参考依据来评判的)，并初步摸清了绝大部分种类的分布范围、分布面积和危害情况。对一些重要种类进行了重点观察和研究。制作实物标本 550 盒，其中病害 130 盒，有害植物 45 盒，虫害 375 盒(针插标本 240 盒，生活史标本 105 盒，浸渍标本盒 30 盒)。拍摄生物学和生态学照片 8000 余张，并整理出一套相对完整的相册(近 1000 张)。编制《安徽省林业有害生物普查指导手册》一本。全省各类虫害发生面积 4374735 亩，其中轻度3505677亩、中度650435亩、重度218623亩；全省各类病害发生面积650926亩，其中轻度506742亩、中度114031亩、重度30153亩。在全省危害严重、分布范围广的病虫种类约33种。分别为马尾松毛虫、思茅松毛虫、杨小舟蛾、杨扇舟蛾、杨黄卷叶螟、光肩星天牛、桑天牛、星天牛、松墨天牛、双条杉天牛、板栗剪枝象、栗实象、板栗瘿蜂、草履蚧、松黄叶蜂、松梢螟、松梢小卷蛾、微红梢斑螟、桃蛀螟、黄脊竹蝗、黄刺蛾、铜绿金龟、黑绒鳃金龟、小地老虎、松材线虫病、松落针病、桃流胶病、杨树黑斑病、杨树锈病、杨树溃疡病、板栗疫病、板栗膏药病。

七、主要林业有害生物发生现状及趋势分析

（一）本土主要林业有害生物危害情况

1. 主要林业有害生物危害情况

经初步统计，全省林业有害生物约2047种，能造成危害的主要林木害虫约109种，林木病害近50种，绝大部分为本土病虫害，在不同的年份和地区引起灾害，但真正造成危害，每年发生且分布范围广的病虫只有32种(除松材线虫病)，占总数的2.16%，其中虫害25种，病害7种。在本次普查统计中，危害面积在10万亩以上的主要病虫是：马尾松毛虫、思茅松毛虫、杨小舟蛾、杨扇舟蛾、光肩星天牛、星天牛、桑天牛、板栗剪枝象、栗实象、黑绒鳃金龟、杨树锈病、杨树溃疡病、板栗疫病。从这些病虫分布情况看，马尾松毛虫广泛分布在安徽省各松林区，思茅松毛虫主要分布在黄山市以及宣城市的绩溪县、旌德县、泾县，安庆市的岳西县、太湖县等，常和马尾松毛虫混合发生，是最主要的针叶树食叶害虫；杨小舟蛾、杨扇舟蛾、光肩星天牛、星天牛、桑天牛、杨树锈病、杨树溃疡病主要分布在安徽省淮河以北和江淮丘陵地区，是杨树最主要的病虫害；板栗剪枝象、栗实象、板栗疫病广泛分布在安徽省各板栗产区，板栗剪枝象、栗实象是板栗的主要种实害虫，防治非常困难。

2. 主要树种发生主要有害生物病虫种类情况

安徽省主要用材林树种和经济林树种主要病虫如下：

（1）杨树(包括各类杨属树种)为安徽省淮河以北和江淮丘陵地区主要用材林、防护林树种，病虫种类113种，其中虫害93种，病害20种。主要虫害是：杨扇舟蛾、杨小舟蛾、杨二尾舟蛾、杨黄卷叶螟、白杨透翅蛾、光肩星天牛、星天牛、桑天牛、青杨天牛、云斑天牛、杨圆蚧、铜绿金龟子、大黑鳃金龟等。主要病害是：杨树锈病、杨树溃疡病、杨树褐斑病、杨树烂皮病、杨树白粉病、杨树煤污病、杨树叶枯病、杨树冠瘿病等。

（2）松树(包括马尾松、黑松、火炬松、湿地松、黄山松)为安徽省淮河以南地区主要用材林，松林面积约占全省有林地面积近一半。病虫种类58种，其中虫害43种，病害15种。主要虫害是：马尾松毛虫、思茅松毛虫、松条毒蛾、松针毒蛾、松茸毒蛾、松毒蛾、松叶蜂、松黄叶蜂、松墨天牛、松梢小卷蛾、松梢螟、松球螟、松大蚜、纵坑切梢小蠹、黑翅土白蚁、黄翅大白蚁等。主要病害是：松针褐斑病、松树叶枯病、松针锈病、松落针病、松瘤锈病、松树枯梢病、松树赤枯病、松疱锈病、松树腐朽病等。

（3）杉木为安徽省长江以南主要用材林，病虫种类18种，其中虫害14种，病害4种。主要虫害是：粗鞘双条杉天牛、杉棕天牛、杉梢小卷蛾、杉梢小蠹、黑翅土白蚁、黄翅大白蚁等。主要病害是：杉木黄化病、杉木炭疽病、杉木细菌性叶枯病、杉木落针病。

(4) 榆树为安徽省四旁主栽树种之一，病虫种类 76 种，其中虫害 66 种，病害 10 种。主要虫害是：榆绿叶甲、榆黄叶甲、榆紫叶甲、榆掌舟蛾、褐边绿翅蛾、樟蚕、铜绿金龟子、豹纹木蠹蛾、光肩星天牛、星天牛等。主要病害是：榆树白粉病、榆树煤污病、榆树黑粉病、榆树丛枝病、榆树杆枯病、榆树枯梢病、榆树基腐病等。

(5) 柳树为安徽省四旁主栽树种之一，病虫种类 86 种，其中虫害 76 种，病害 10 种。主要虫害是：光肩星天牛、云斑天牛、柳毒蛾、柳大蚜、柳瘿蚊、柳兰叶甲、柳干木蠹蛾、大袋蛾、大黑鳃金龟等。主要病害是：柳树煤污病、柳树白粉病、柳树漆斑病、柳树褐斑病、柳树烂皮病、柳树冠瘿病、柳树溃疡病、柳树叶斑病等。

(6) 栎树(包括青冈栎、小叶栎、麻栎、栓皮栎等) 为安徽省主要用材林、经济林，病虫种类 88 种，其中虫害 82 种，病害 6 种。主要虫害是：栎掌舟蛾、栎褐舟蛾、栎黄枯叶蛾、花布灯蛾、银二星舟蛾、栓皮栎尺蛾、栎实象、麻栎象、栎大蚜、天幕毛虫、云斑天牛、黑翅土白蚁等。主要病害是：栎树白粉病、紫粉病、煤污病、丛枝病、毛毡病等。

(7) 竹类(包括毛竹、园竹、淡竹、箭竹等) 为安徽省主要用材林、经济林，病虫种类 65 种，其中虫害 52 种，病害 13 种。主要虫害是：竹螟、竹缕舟蛾、竹笋夜蛾、刚竹毒蛾、华竹毒蛾、竹织叶野螟、竹笋泉蝇、黄脊竹蝗、青脊竹蝗、竹一字象甲、竹小蜂、竹长片盾蚧、竹巢粉蚧等。主要病害是：竹黑痣病、竹黑粉病、竹煤污病、竹秆枯病、竹丛枝病、竹枯梢病、竹叶斑病、竹叶锈病、竹基腐病等。

(8) 板栗系安徽省重要经济林之一，病虫种类 77 种，其中虫害 46 种，病害 31 种。主要虫害是：板栗剪枝象、栗实象、板栗瘿蜂、板栗球坚蚧、栗大蚜、栗新链蚧、栎掌舟蛾、栎褐舟蛾、黄二星舟蛾、花布灯蛾、黄刺蛾、铜绿金龟子、云斑天牛等；主要病害是：板栗疫病、板栗膏药病、板栗褐斑病、板栗溃疡病、板栗干腐病、板栗煤污病、板栗白粉病、板栗枯萎病、板栗炭疽病、板栗轮斑病等。

(9) 油茶系安徽省重要经济林之一，病虫种类 70 种，其中虫害 53 种，病害 17 种。主要虫害是：油茶尺蠖、油茶尺蛾、油茶毒蛾、油茶枯叶蛾、油茶棉蚧、油茶黑胶粉虱、小袋蛾、扁刺蛾、茶籽象等。主要病害是：油茶软腐病、油茶藻斑病、油茶炭疽病、油茶叶肿病、油茶白绢病、油茶白皮干枯病、油茶膏药病、油茶肿瘤病、油茶裂叶病等。

(10) 山核桃(包括核桃) 为安徽省重要经济林，病虫种类 45 种。其中，虫害 28 种，病害 17 种。主要虫害是：山核桃刻蚜、青胯白舟蛾、紫光盾天蛾、山核桃举肢蛾、山核桃星尺蛾、橙斑天牛、云斑天牛、刺角天牛、山核桃碎斑天牛等；主要病害是：山核桃炭疽病、山核桃溃疡病、山核桃果实霉烂病、山核桃细菌性黑斑病、山核桃煤污病、山核桃褐斑病、山核桃白粉病、山核桃枝枯病、山核桃茎腐病等。

3. 苗圃主要有害生物发生情况

苗圃地下虫害有蛴螬(金龟子幼虫)、蝼蛄、地老虎、金针虫、蟋蟀等，主要造成苗木根部、茎部被咬断并取食发芽的种子。全省各地苗圃均有分布。在蛴螬中以大黑鳃金龟甲、黑绒金龟甲和铜绿金龟幼虫发生量最大，个别严重地方每平方米样方中有蛴螬 2 ~ 3 头，多达 5 头；地老虎中以小地老虎发生量大，每平方米样方中有幼虫 1 ~ 3 头；蝼蛄中以非洲蝼蛄为害严重，每平方米样方中有幼虫 1 ~ 2 头；金针虫以沟金针虫发生量大，主要在北方地区苗圃危害严重。全省各类地下虫害危害面积 10494 亩。病害以松、杉立枯病，叶枯病以及苗木茎腐病为主；地上虫害主要有袋蛾、杨卷叶螟、杨扇舟蛾、刺蛾、青阳天牛、日本龟蜡蚧等。

4. 木材类主要有害生物危害情况

本次普查各类原木、板材、半成品、竹材类等材种 12604 立方米，主要树种为松树、杉木、杨树、桑树、栎树、柳树等。危害松原木、板材、半成品的主要虫害有松墨天牛、松瘤象、纵坑切梢小蠹虫、粉蠹虫、黑翅土白蚁；危害杉原木、板材、半成品的主要虫害有粗鞘双条杉天牛、杉肤蠹虫；危害杨树、桑树、栎树、柳树原木、板材、半成品的主要虫害有光肩星天牛、星天牛、桑天牛以及木材腐朽病；危害竹类原材及制品的主要虫害有竹长蠹虫、竹霍须盾蚧、竹粉蚧等。

5. 林业有害生物种类所占比例情况

经统计、汇总，安徽省林木虫害中，叶部虫害种类约占 61%，蛀干虫害约占 20%，枝梢虫害约占 14%，果实、种子以及地下虫害约占 5% 左右；病害以真菌性病害占绝大多数，细菌性病害占少数。在国家林业局公布的 236 种林业有害生物中，安徽省约有 109 种病虫，占 46.7%。

（二）外来有害生物危害情况

(1)和 1980 年全省病虫普查资料对比，有 567 种外来病虫从外省(自治区、直辖市)，先后传入安徽省各地。虫害 115 种、病害 452 种，以病害增幅最大，是本土病害的 3 倍，这些病虫主要传入在宣城市(68 种)、池州市(46 种)、马鞍山市(13 种)、合肥市(40 种)、巢湖市(32 种)、六安市(55 种)、蚌埠市(4 种)、阜阳市(23 种)、宿州市(21 种)、亳州市(13 种)、淮北市(14 种) 等。虫害以鳞翅目最多，其次为鞘翅目、同翅目。寄主植物主要为板栗、山核桃、桑、柿、桃、李、茶、悬铃木、枫杨、杨、柳、槐等。在病害中以经济林发生种类最多，如猕猴桃病害 17 种，漆树病害 16 种，山核桃病害 10 种，柿树病害 11 种。其他病害多以杨树、柳树、松树、榆树等。

(2)根据国家林业局公布的 24 种有害植物以及国家环保局公布的 16 种外来有害生物中，安徽省发现有 12 种，其中 9 种为有害植物，分别是藜、窄叶野豌豆、苍耳、狗尾草、黄花蒿、黄香草木犀、槲寄生、松寄生、空心莲子草。3 种境外传入有害植物，分别是豚草、凤眼莲、加拿大一枝黄花。其中藜、窄叶野豌豆、苍耳、狗尾草、黄花蒿在全省各地都有分布；黄香草木犀分布在合肥市等沿江丘陵地区，槲寄生主要分布在黄山风景区周边林区；空心莲子草主要分布阜阳市；豚草主要分布宿州市的泗县、淮南市的田家庵区、滁州市等沿江丘陵地区；凤眼莲在全省各地都有分布；加拿大一枝黄花目前只在合肥市、芜湖市、淮南市发现。以上有害植物在安徽省均造成了一定的危害。

（三）发生趋势

通过普查，安徽省林业有害生物发生呈以下趋势：一是以人工纯林发生病虫面积逐年扩大。随着人工林造林比重增大，营林树种单一，形成纯林多、单层林多、针叶林多、幼林多的局面。如安徽省淮河以北地区近几十年来几乎更替了原有的泡桐、刺槐等乡土树种，大力营造杨树连片纯林，江淮地区山岗、丘陵也营造了大量杨树，成为当今主栽树种，长江以南地区大量营造火炬松、湿地松等针叶树种，这类林分结构简单、生物多样性差，给一些专食性、专化性病虫提供了生存、繁殖、蔓延的条件；二是林业有害生物发生种类逐年增多。为适应新时期的林业发展，苗木、种子、木材调运频繁，特别是引进种子、苗木、花卉在品种、数量上逐年增多，木质包装物随货物不断流入国内，由于检疫不力，致使外来病虫不断入侵，安徽省各地在近20年里就传入有害生物567种；三是次要性有害生物逐步上升为主要有害生物。草履蚧、松黄叶蜂、桃蛀螟、松茸毒蛾、臭椿沟眶象、板栗膏药病等，过去被认为是次要性病虫，近年来逐步上升为主要病虫，并造成危害。如，草履蚧过去在安徽省北方地区分布范围很小，是次要性虫害，而今上升为主要虫害，且扩散至北方地区几乎所有县（区、市），危害严重，是防治的重点对象；板栗膏药病过去发病范围小，发病率低，现在全省范围普遍发生，病害有逐年加重趋势，部分地区发病较为严重，在舒城县鲁镇板栗产区，板栗膏药病发病率达90%，严重的整株死亡。四是钻蛀性有害生物日趋严重。由于过去长期只注重食叶害虫防治，钻蛀性害虫防治力度小，虫口密度逐年累积，以致发展日趋严重。这次普查，光肩星天牛、星天牛、桑天牛等，全省17个市均有危害，发生面积达742648亩，其中严重发生面积53971亩，在安徽省北方地区虫株率一般都在20%～25%，虫口密度1～3头/每株，造成树木易折断，材质下降；松墨天牛在安徽省松林区普遍发生，不仅危害松树，而且是松材线虫病的主要传播媒介；双条杉天牛在安徽省广泛危害刺柏、龙柏、铅笔柏等柏类树种，在安徽省北方地区有虫株率一般在14%，严重的有虫株率40%，轻者造成枝干枯死，重者造成整株死亡，是柏类树木的重要蛀干害虫；松梢螟、松梢小卷蛾、微红梢斑螟、松大蚜在安徽省火炬松、湿地松以及马尾松种植区广泛危害枝梢，造成枝梢丛生，针叶脱落，严重影响松树生长。五是今后仍以本土生物危害为主，造成经济损失最大，在淮河以北地区今后主要病虫防治对象是：杨扇舟蛾、杨小舟蛾、杨二尾舟蛾、杨黄卷叶螟、黄翅缀叶螟、黄刺蛾、褐边绿刺蛾、草履蚧、光肩星天牛、星天牛、桑天牛、双条杉天牛、杨树锈病、杨树溃疡病、杨树黑斑病等。江淮地区今后主要病虫防治对象是：马尾松毛虫、松条毒蛾、松毒蛾、松叶蜂、松黄叶蜂、松梢螟、松墨天牛、板栗剪枝象、栗实象、栗瘿蜂、桃蛀螟、杨扇舟蛾、杨小舟蛾、光肩星天牛、星天牛、桑天牛、杨树锈病、杨树溃疡病、杨树黑斑病等。长江以南地区今后主要病虫防治对象是：马尾松毛虫、思茅松毛虫、松叶蜂、松黄叶蜂、松茸毒蛾、黄脊竹蝗、竹舟蛾、刚竹毒蛾、竹织叶野螟、竹笋夜蛾、板栗剪枝象、栗实象、板栗瘿蜂、栗降蚧、咖啡木蠹蛾、重阳木斑蛾、棕色天幕毛虫、松墨天牛、粗鞘双条杉天牛、油桐尺蛾、山核桃刻蚜、山核桃炭疽病、山核桃溃疡病、板栗疫病、板栗溃疡病等。一些偶发性的病虫在特定年份内也可暴发成灾，如松扁叶蜂、淡娇异蝽、栗大蚜、竹泉笋蝇、叶甲类等必须引起注意。

八、成因分析

（1）与气候原因有关。随着全球气温变暖，特别近年来暖冬，加上春秋季节经常干旱，为病虫的发育创造了有利条件，使各种病虫在短期内有充分发育的条件和空间，形成暴发性的灾害。

（2）与防治措施不当有关。长期单一、大量、反复使用化学农药，其带来的是生物多样性被破坏，天敌被大量杀死，而一些个体病虫经过喷药后存活下来，通过自身遗传和不断适应，逐步产生抗体，导致越防越多的局面，最终用药浓度逐年加大，防治效果越来越差。

（3）与营林措施不当有关。随着造林步伐的加快，单一树种大面积人工造林日益扩展，集约经营强度加大，林地杂灌清除干净，森林生物群落结构简单，失去森林对病虫的自控能力，给病虫猖獗创造了有利条件。

(4)与检疫工作力度不大有关。目前虽然检疫工作在开展，但不扎实，漏检现象时有发生，一些未经检疫的种苗频繁调运，直接进入造林地，造成病虫传入危害，另外无证运输森林植物及其产品现象经常发生。

九、外来有害生物对安徽省造成的危害和影响

在安徽省遭受外来有害生物入侵，造成重大经济损失的首属松材线虫病，松材线虫病于1988年首次传入安徽省，当年仅有3个以乡镇为单位的疫情点，发病面积1777亩，随着疫情逐年扩散蔓延，目前以扩散到了滁州、马鞍山、合肥、芜湖、宣城、六安、巢湖、铜陵、池州、安庆等市的17个县(区)，涉及松林面积400多万亩，病死松树累计140余万株，因清理病区松树和销毁的病木直接造成的经济损失达2亿多元，不仅造成了生态灾难，而且自然景观也遭到了严重破坏，对当地的经济、生活环境也带来了无法弥补的损失，如，马鞍山市过去素有"九山环一湖、翠螺出大江"之誉，由于受松材线虫病的破坏，市区内山场松树被皆伐，失去原有的自然美丽风光，芜湖市市区的松树也被砍伐一光，市民意见极大，滁州市琅琊山森林公园醉翁亭周边几十株百年苍翠挺拔的高大松树，因感病后不得不实行皆伐，公园山场的松树也逐年被砍伐，昔日苍山翠绿的大山显得萧条，靠松树为生的林农也失去了"绿色银行"，与此同时，个别发病点也接近皖西大别山区，宁国市松材线虫病疫点距黄山风景区和九华山风景区不足100千米，逐步形成威逼态势。为此，国家多名主要领导人都作了专题指示，安徽省委省政府也高度重视，把松材线虫病的治理作为一项重要工作来抓，国家和省直接先后投入防治专项资金2亿多元，开展工程治理和预防，目前疫情虽然初步得到控制，但形势依然严峻。除松材线虫病以外，从20世纪80年代中期至今，又有大量外来林业有害生物传入安徽省各地，同样引发巨大经济损失。如：白杨透翅蛾、马尾松吉叶蜂、毛白杨瘿螨、板栗溃疡病、干腐病、枝枯病，杉木黄化病、叶枯病以及油茶炭疽病、煤污病等，于80年代先后传入安徽省，蔓延成灾。板栗透翅蛾、剪枝栗实象、枣大球蚧、日本钮绵蚧、柳杉大痣小蜂在省内各地扩散，危害面积越来越大。安徽省普查到的有害植物38种中，有12种是国家公布的有害植物，可以看出外来有害生物的入侵已给安徽省的经济、生态平衡带来了一定的损失。

十、今后开展防治工作的几点意见

1. 真正重视营林技术措施

几十年来的实践证明，病虫成灾无不是在大面积纯林及残林地区发生，凡是混交林或植被茂密的地区病虫种类多，天敌资源丰富，自然抑制病虫的效果明显。因此从营林角度是一项即治标又治本的根本措施，所以在今后的造林中要大力营造混交林，实行多林种、多树种混交，定向培育多层次的林相，改造疏林地和残林地，保护植被，造成有利于植物生长，而不利于病虫滋生的环境，是抑制病虫猖獗的根本措施。

2. 加强依法防治的力度

依法防治林业有害生物是法律赋予我们一项重要职责，因此我们要抓住这一利器，强化行政执法，不断提高依法防治工作的管理水平。

3. 加强产地检疫、严格引种审批

认真开展产地检疫是有效防止危险性林业有害生物传播蔓延的主要措施，因此对调入、调出的森林植物及其产品要严格检疫，做好市场的复检工作，努力创建无检疫对象苗圃，及时了解国内外林业有害生物信息，严格引种审批，引种前必须做到先评估，再审批的原则，并做好引进后的定点隔离、观察工作。

4. 加强有害生物预防体系建设

做好预防工作是有效预防林业有害生物成灾的一项根本性措施，要不断充实完善现有测报、检疫网络体系，加强技术人员培训，掌握先进的检疫、测报技术，在第一时间内快速、准确地做好预报，彻底改变灾后救灾的被动局面，真正做到防灾和控灾的目的。

5. 加大防治新技术的示范、推广、应用。

加快对现有科技成果转化为生产力的力度，对新技术要做好示范推广，特别是在重点工程治理上，要率先应用，并做好防治工作中的经验积累，逐步在各防虫战场上推广、应用。

6. 普及森林健康新理念，推行无公害防治。

由于过去长期以化学防治为主，虽然降低了虫口密度，但也杀死了大量有益天敌，同时对环境也产生了严重污染。因此，大力推行无公害生物防治是当今世界的潮流，无公害生物防治不仅可以起到很好的防治效果，而且对环境不产生任何污染，也有利于森林生态体系的稳定，对培育出健康、稳定的森林生态群落是大有益处的，真正做到构建人与自然共同和谐发展。

福建省林业有害生物普查技术报告

一、基本概况

（一）自然地理

福建省地处我国东南部，东海之滨。陆地介于东经155°56′~120°44′，北纬23°33′~28°20′，西南与广东省相连，西北邻江西省，东北与浙江省毗邻，东南隔台湾海峡与台湾省相望。全省土地面积18210万亩，约占全国土地总面积的1.3%。其中林业用地面积13996万亩，占全省土地总面积的76.9%；耕地面积1815万亩，占全省土地总面积的9.97%。

1. 地　形

福建省境内山峦起伏，河谷、盆地穿插其间。其地形特征：一是地势自西北向东南降低，横断面略呈马鞍形。东部沿海为丘陵、平原地带。二是多山丘，少平原。山地面积约占全省土地总面积的75%，丘陵面积约占15%，平原仅占10%，三是多断层地貌，多河谷盆地。四是海岸曲折，多港湾，岛屿星罗棋布。大陆海岸线长3324千米，居全国第二位，岛屿1546个，岛屿岸线总长度约2804千米，大小港湾125个。

2. 土　壤

全省林地土壤类型有赤红壤、红壤、黄壤、黄红壤、山地草甸土、紫色土、泥炭土、风沙土、盐土，共9个土类、19个亚类、93个土属。

全省林地土壤为6个区：闽东沿海低山丘陵红壤区；闽东山地红壤、黄壤、紫色土区；闽北山地黄壤、黄壤、紫色土区；闽西南山地红壤、黄壤、紫色土区；闽东南山地红壤、黄壤区；闽东南滨海丘陵台地砖红壤性红壤、红壤、沙土区。

3. 气　候

福建省属典型的亚热带季风气候，全年温和湿润。内陆地区寒暑变化较大、雨量充沛，沿海地区温和、少雨。全省各地年平均气温16~22℃，由西北向东南递升，绝对最高气温为43.2℃。日均温≥10℃的年活动积温5000~7700℃。霜期较短，霜日少。全省雨量充足，年平均降水量为1100~9000毫米，由东南向西北递增，雨季3~6月，降水量占全年的50%~60%，10月至翌年2月干旱而少雨，7~9月的雨量视台风影响大小而异。

全省气候的主要特征，大体上夏长而热，冬短而凉，热量资源丰富，霜冻威胁较轻，生长期一般达到全年。水分条件充足，植物生长的水热条件和许多喜暖植物越冬条件都较好，南亚热带和中亚热带的经济作物和林木等的栽培大有发展前途。

4. 森林植被

全省植被划分为2个地带、3个林区和6个小区。即：南亚热带雨林地带，闽粤沿海丘陵平原南亚热带雨林区(闽南博平岭东南湿热南亚热带雨林小区、闽东南戴云山东部温暖南亚热带雨林小区、闽江口鹫峰山南部潮暖南亚热带雨林小区)。中亚热带照叶林地带，南岭东部山地常绿槠类照叶林区(闽西博平岭山地常绿槠类照叶林小区、闽中东戴云山—鹫峰山常绿槠类照叶林小区）；闽浙赣山地丘陵常绿槠类、半常绿栎类照叶林区（闽北武夷山常绿槠类、半常绿、栎类照叶林小区）。

水平分布：亚热带季风雨林地带，原生植被遭受破坏，保存极少，多数被逆行演替为次生植被，其主要特点是次生植被代替原生植被，人工植被代替天然植被。山地人工种植多为马尾松、杉木；平原绿化造林有桉树、木麻黄、相思树等；台地及“四旁”种植有热带、亚热带果树，如龙眼、荔枝、橄榄、柑橘等。此外，热带海岸植物的红树林也较发达，主要有秋茄等4科5种。

亚热带常绿阔叶林地带，主要植被类型有：亚热带常绿阔叶林，是典型的原生植被，组成种类以壳斗科为主，其次是樟树、山茶科等；常绿针叶林，组成种类以马尾松、杉木为主，多系人工林；落叶阔叶林，是人为影响的次生林；常绿灌木林，是原生植被受严重破坏后退化而致；还有栽培植被。

垂直分布：植被有明显的垂直变化规律。在海拔1000米以下，森林植被显现出以水平分布特征为主；海拔1000～1500米地带为山地矮林和常绿落叶阔叶混生林带，树木低矮，针叶树种主要是黄山松；海拔1500米以上为山地灌木草本植被带。

（二）社会基本情况

全省下辖福州、厦门、泉州、漳州、莆田、南平、三明、龙岩、宁德9个地级市，45个县，14个县级市，26个市辖区，938个乡（镇）（不含城关镇），14969个村民居委会。全省总人口3409万人，面积约12万平方千米。

（三）林业基本情况

福建省是一个多山的省份：全省现有林业用地面积13996万亩，占全省土地总面积的76.9%，其中有林地面积12598万亩，森林覆盖率为68.7%，居全国第一位。在有林地面积中，林分面积为9890万亩，所占比重最大，占有林地面积78.5%；经济林面积为1367万亩（其中果树林面积达941万亩），占有林地面积10.85%；竹林面积为1341万亩，占有林地面积10.65%，居全国首位，约占全国竹林面积的1/5。全省林木总蓄积量为36990万立方米，其中林分蓄积量为35236万立方米，占95.3%。竹类株数188744万株（其中毛竹166723万株）。全年完成木材生产450万立方米，完成人造板生产70.35万立方米，松香生产4.72万吨。

优越的自然条件，孕育了丰富的生物资源。全省有木本植物1943种，有陆生野生动物824种，种类占全国的1/3。为加强对生物多样性的保护，全省已建成森林和野生动物类型国家级自然保护区7处（武夷山、梅花山、龙栖山、虎伯寮、梁野山、天宝岩、漳江口红树林）、省级25处，省级以下自然保护区、保护小区3322处，保护面积80.26万公顷，占全省国土面积的6.55%，居华东地区首位。

马尾松、杉木、毛竹和其他一些阔叶树是森林资源的重要组成部分。按优势树种划分，马尾松（含国外松）面积为5028万亩，占林分面积的50.9%；蓄积量15066万立方米，占林分蓄积42.7%。杉木（含柳杉）面积为2516万亩，占林分面积的25.4%；蓄积10024万立方米，占林分蓄积28.5%。阔叶树面积为2313万亩，占林分面积23.4%；蓄积10033万立方米，占林分蓄积28.5%。木麻黄面积33万亩，占林分面积0.3%；蓄积114万立方米，占林分蓄积 0.3%。

南平市、三明市、龙岩市（即闽西北）是福建省的重点林区，有林地面积占全省的 62%，其大部分县财政从林业中获得的收入占全部收入的 30% 左右，有的高达 50% ~60%，林业成为这些地方的支柱产业。

福建省是集体林区，山权的 90%、林权的 80% 为村民集体所有，森林经营主要依靠村民委员会或乡村集体林场，全省拥有乡村集体林场 3500 多个。

国有山林在福建省的比重虽然不大，但却是经营最好的部分。全省共有国有林场 107 个、国有林经营所 8 个、林业采育场 117 个，经营森林面积近 1400 万亩，在林业发展中起骨干、带头和示范作用。

全省以木竹等资源为主要原材料的人造板、木浆造纸、林产化工、干鲜果保鲜与加工业已初具规模，其中有一定规模的大中型企业有 20 多家，初步形成福州市、南平市、三明市、龙岩市四大林产工业中心，涌现出如福州人造板厂、永安林业集团等一批产品产量、质量创全国一流的企业。

全省各县（区、市）均设有林业主管部门，95% 的乡镇设有林业站，总数达 972 个，96% 的县（区、市）都设立了林业科技推广站（中心），总数达 77 个，还配备了林业公检法队伍。福建农林大学和福建林业职业技术学院（原福建林业职业技术学校）、三明林业职业技术学校、福建省林业干部（技工）学校每年可培养林业专业人才 3000 余人。全省现有林业企事业单位 2071 个，在岗职工 7.04 万人，占全省在岗职工总数的 2.2%。

（四）森防检疫工作情况

1. 病虫害发生、防治和检疫情况

据普查统计，福建省森林病虫害达 1000 多种，其中发生普遍、危害严重的病虫害有近 30 种之多，主要森林病虫害有马尾松毛虫、柳杉毛虫、云南松毛虫、木麻黄毒蛾、刚竹毒蛾、竹蝗、竹镂舟蛾、竹叶害螨、毛竹枯梢病、湿地松褐斑病、板栗疫病、杉木缩顶病、竹笋期害虫等。近年又相继发现了三种外来的松树危险性病虫害，即松材线虫病、松突圆蚧和萧氏松茎象。

近年来，由于松突圆蚧在沿海五市普遍发生后，福建省森林病虫害年均发生总面积增至 400 多万亩，总有效防治率近 60%（其中目标管理的病虫种类有效防治率为 90% 以上）。全省应施监测累计面积达 6046 万亩，监测覆盖率近 92%；每年开展种苗产地检疫约 1000 亩，花卉繁育基地检疫约 800 亩，产地检疫率达 98% 以上。

2. 森防检疫机构和队伍建设

经过近 20 年的努力，福建省建立了省、地、县三级森防检疫机构，建立了一支具有较高森防检疫专业技术的队伍。九个设区市均设有森防检疫机构，拥有县级森防检疫机构 88 个。全省拥有森防人员 326 人，专职森林植物检疫员 848 人，专职测报员 360 人，兼职森林植物检疫员 535 人，兼职测报员 1162 人。近几年，森防检疫体系建设日趋完善，基础设施不断加强，全省现有国家级中心测报点 40 个，省级中心测报点 20 个，国家级森防检疫标准站 23 个，国家级无检疫对象苗圃 11 个，林业白僵菌等生物制剂厂 15 个。全省所有森防检疫站及检疫办证点均配备了计算机，拥有轻型飞机 1 架，机动喷雾（烟）机 488 台，20 个县（区、市）森防检疫机构拥有检疫汽车，一些地方还建设了药剂药械储备仓库。初步形成了

机构健全、技术力量雄厚、基础设施完善，基本上能适应森防检疫工作需要的森防检疫体系。

二、林业有害生物普查的目的、意义

随着经济的发展、贸易全球化进程的不断推进、交通运输的日益发达、物流的日益频繁，林业危险性有害生物随森林植物及其制品传入的风险加大，传入的频率越来越高，严重威胁林业生产、生态环境和武夷山等著名风景区景观的安全，影响福建省对外贸易的健康发展。近年来，一些危害性较大的林业有害生物，如松材线虫、松突圆蚧给福建省局部区域的森林资源带来严重的破坏，并直接威胁全省松林资源与国土生态安全。随着气温的回暖和大面积中、幼龄林纯林化、针叶化的出现，主要病虫害的种类有所增多，突发性病虫灾害时有发生。

通过林业有害生物普查，进一步摸清林业外来有害生物的入侵情况，了解本土林业有害生物的种类、分布范围及危害程度，为今后确定林业检疫性有害生物名单，制订检疫防范措施；为明确预测预报主测报对象；为制订和实施危险性林业有害生物预防和除治方案；为实现林业有害生物的可持续控灾提供可靠的科学依据。对促进福建省林业事业的发展，巩固造林绿化成果，推进林地林权经营制度改革，促进林地林木经营单位和个人建立林业有害生物联防联治新机制，保护森林资源和维护生态平衡具有十分重要的意义。

三、普查范围、对象与内容

普查范围：全省各县（区、市）所辖区域的有林地。包括天然林（含荒漠植被、灌木林）、人工林（生态林、防护林、经济林、森林公园、自然保护区）、绿化带（绿色通道、四旁绿化树等）、苗圃、花圃以及贮木场、木材加工厂等。调查的重点是林业重点保护区域，沿海等人流、物流频繁、有害生物易侵入或发生的区域，国外引种种植地，以及过去调查涉及不多的区域。

普查对象：原35种森林植物检疫对象、20种林业检疫性有害生物、236种林业危险性有害生物、福建省潜在的危险性有害生物、进境或外检森林植物检疫对象。分为外来林业有害生物和危险性大的本土林业有害生物。

普查内容：所有林业外来有害生物和危害性大的本土有害生物（至少20种）在福建省的分布地点、发生面积、危害程度和寄主植物。

四、普查技术方法

（一）外业调查的准备工作

（1）制订具体的实施方案。结合本地的实际情况，制订具体的实施方案。

（2）收集本省林业资源情况：最新林业资源分布图、林业基本图、林相图和文字材料，有林地面积、树种面积、林相分布、自然地理概况等有关资料；本县（区、市）苗圃、花圃、绿化带的基本情况及贮木场、木材加工厂相关资料。

（3）收集当地林业有害生物发生分布情况和分布图：1980年森林病虫普查资料、当地森林植物检疫对象普查资料、历年林业有害生物监测档案、工作总结、调查报告等。

(4)了解当地历史、地理、自然和经济情况。

(5)普查工具：包括野外调查工具(地形图、检疫工具箱、GPS、望远镜、相机、高枝剪、手摇钻、喷漆料、柴刀等)、采集工具(捕虫网、镊子、扩大镜、小毛笔、毒瓶、吸水纸、高枝剪、小刀、小锯、小铲、纸袋、小玻瓶、采集标签和记录本等)、室内标本鉴定、制作工具(显微镜、双筒解剖镜、活虫采集盒、指型管、标本夹、标本箱等)。

(6)普查记录表格：有关外业普查表和内业汇总表(由福建省林业厅统一格式，各设区市自行印制)。

(7)举办培训班：为使普查工作能够顺利开展、做到统一方法和标准，先由省厅组织培训，再由各地、市组织举办普查人员培训班，并进行野外普查实习。

(8)劳保用品、交通工具。

(二) 外业调查

1. 踏　查

按照设计的调查路线，开展踏查，查明调查区域内的林业有害生物种类、数量、分布情况和寄主范围、危害程度。贮木场、林业有害植物、鼠(兔)害以踏查为主，不开展标准地调查。

(1) 线路设计：

①在有害生物发生盛期或表现症状期，在林业作业图或林相图上根据种苗繁育基地、贮木场、木材加工厂等所在地的分布情况，确定踏查线路。

②踏查路线可利用林间大小道路、林班线等。踏查路线应穿过当地主要森林类型、林业有害生物发生地。

③设计踏查路线时应考虑外来有害生物容易侵入的区域，如重要的港口、口岸附近，铁路、公路两侧；人为干扰严重的森林、草场；物种多样性较低、生境较为简单的岛屿、水域、牧场；受突发性的自然干扰如火灾、洪水破坏后的生境。

④设计踏查路线时，对外来有害生物容易侵入的区域的踏查线路间距要相对密一些。可根据具体情况，间距为300~1000米或更大一些。对天然林、荒漠植被区的踏查，由于其受人类干预相对较少，踏查线路间距可以相对大一些。

⑤对本土危害严重的有害生物，可根据历史资料进行踏查路线设计。

(2) 踏查记录：

①林业有害生物小班踏查记录。踏查时分别小班或不同森林因子和立地条件的林分，做好记录。以踏查线路经过各小班为主线，每种有害生物为一栏填写。有害生物、被害植物名称要注上拉丁学名。记载有关森林调查因子(林分组成、林龄、疏密度、平均胸径、平均树高、下木、地被物、坡位、坡向、海拔、地形地势等) 和林业有害生物发生情况(种类、分布情况和林木被害程度)。死树量以当年死亡为准。

②贮木场(木材加工场) 踏查记录。现场查看贮木场等现存木材(含成品、半成品、包装材料等) 是否有有害生物，主要通过表层及缝隙间看是否有新鲜蛀孔、蛀屑和活虫爬行。同时要了解贮木场木材树种、采伐时间和地点(加工厂等了解产地) 和过去、目前有害生物发生情况。

贮木场调查一般不进行标准地调查，一旦发现有害生物，进行抽样调查，并把调查结果填入表。调查时，还要注意查看是否有松材线虫病等林业危险性有害生物的疫木。此外，如果木材腐朽严重的，也要进行腐朽情况调查。调查木材危害状况时，采用表层随机抽样(正在归楞时实行分层抽样)，抽样率不少于应调查数的3%。

2. 标准地调查

在踏查基础上，对有危害症状或外来有害生物的，设立标准地进行详细调查。采集相关标本及拍摄有害生物生物学或危害状的照片，对不能确定的有害生物或寄主植物要及时予以鉴定。标准地设置时应用喷漆涂上颜色或其他方法标记以备检查。

(1) 人工林或天然林标准地调查。其中人工林标准地或样方累计调查面积不应少于有普查对象发生危害的寄主植物分布面积的3%，天然林等应不少于0.2%；调查木材受危害状况时，抽样率不应少于3%。每块标准地面积为3亩左右，且主要寄主树木不得少于100株。叶部、枝梢病虫害每100~1000亩设1块标准地，每块标准地调查20株以上；蛀干害虫每50~100亩设1块标准地，每块标准地调查30株以上；干(根)部病害，每100~500亩设1块，每块标准地调查30株以上。标准地设立后，可用目测调查林分因子，然后进行样株调查，详细记录有害生物的种类、寄主、虫口密度、感病率或感病指数和树木受害程度。

(2) 种子园、母树林标准地调查。在种子园、母树林和其他采种林分，可按危害情况设立标准地，通常750亩以下设1块，750亩以上每增加150亩增设1块。每块标准地面积为1亩，按对角线取样法抽取样树5株以上，每样株在树冠上、中、下不同部位采种实10~100个，解剖调查被害率。调查表格与人工林或天然林标准地相同。

(3) 苗圃(花圃)地调查。苗圃(花圃)、绿化带踏查和标准地调查一般是结合在一起开展。先进行苗圃有害生物踏查，通过踏查了解苗圃有害生物的概况后，在危害程度不同的苗圃地或不同植物种类的花圃、绿化带分别设立标准地。

在每块苗圃地上按对角线的位置(或棋盘式)设置5~10个标准地(靠近田地边缘的标准地应距离边缘2~3米)。标准地大小根据苗木种类和苗龄而定，针叶树播种苗一般0.1~0.5平方米，或以1~2米长播种行作为一个标准地。阔叶树苗的标准地应在1平方米以上，每个标准地上的苗木应在100株以上。按对角线的位置(或棋盘式)抽取样株针叶树播种苗300株以上、阔叶树苗100株以上进行检查。花圃或绿化带同一植物品种300株以下设1个标准地，300株以上每100株增设1块，随机抽查30株。

(4) 地下害虫调查。地下害虫调查一般设在已发生危害的苗圃或新造林地的被害地段上。按各立地类型挖土坑进行调查，样坑数量，通常每3亩设1个，土坑应分布均匀，同一类型林地土坑总数不超过10个。土坑大小一般为1米×1米左右，深度到无害虫为止。统计每土坑虫口数。调查表格与人工林或天然林标准地相同。

(三) 标本鉴定

有害生物及其寄主植物标本要求鉴定到种，在普查中对现场难以鉴别的害虫或病症，需采集至少10份的典型标本带回室内鉴定或保存，并做好标本记录(寄主、采集地点、采集时间、采集人)。若不能鉴定的，送专家技术指导小组鉴定，专家技术指导小组不能鉴定的，由福建省森防总站送国家林业局外来林业有害生物检疫鉴定中心鉴定。

（四）内业汇总

1. 寄主植物普查

普查对象危害的植物种类(包括乔木、灌木、花卉等)，原则上要查到种。主要包括：马尾松、湿地松、火炬松、黑松等松类、杉木、柳杉、板栗、锥栗、毛竹、桉树、木麻黄、杨树、悬铃木、泡桐以及相思树类、柏类、蔷薇科、棕榈科植物等，重点要做好1980年以后引进植物的普查。

2. 普查对象分布地点统计

发生区域大的(指发生地点超过所辖县级行政区域1/3以上的乡镇)，统计县级名称；新发现的或发生区域小的(指发生地点等于或小于所辖县级行政区域1/3的乡镇)，统计乡镇级名称(报送汇总资料时，包括乡镇级名称及所隶属的县级名称)。以上分布地点统计，必须注明所隶属的设区市、县。

3. 有害生物发生面积统计

危害经济林(果园)、绿化带、苗圃、花圃、温室等种苗繁育基地的，以危害寄主植物的实际种植面积计算；危害其他林地的，以林业小班为单元计算发生面积。对无法按实际面积计算的林网等，按下表折算成面积。发生面积分为轻、中、重三个等级统计。

4. 危害木材的有害生物统计

须统计危害木材的(包括原木、板材、方材、木质包装材料、垫脚木和人造板等)有害生物种类、危害数量(以立方米为单位)及危害程度，以及发现有害生物危害的贮木场、木材加工厂等的所在地名称及单位名称。

5. 外来有害生物来源调查

了解并记录传入地、传入时间、传入途径及方式等。

6. 外来有害生物入侵对当地经济、生态、社会影响的调查

五、普查结果

本次普查共发现228种林业有害生物，危害林木的224种，发生总面积1000.8545万亩(轻度724.2841万亩，中度203.3005万亩，重度72.2209万亩)。木材害虫4种。从来源看，危害林木的外来林业有害生物41种，本土林业有害生物183种。从有害生物类群看，昆虫及螨类118种，病原微生物57种，有害植物47种，鼠害2种。各林业有害生物具体发生危害情况如下：

（一）昆虫及螨类

（1）白杨透翅蛾：外来有害生物，发生面积58亩，分布于浦城县。

（2）柑橘小实蝇：外来有害生物，发生面积860亩，分布于泉州市丰泽区。

（3）锈色棕榈象：外来有害生物，发生面积57.7亩，分布于惠安县、南安市、厦门市思明区。

（4）光肩星天牛：外来有害生物，发生面积455.6亩，分布于浦城县、政和县、松溪县、武夷山市、建阳市。

（5）松突圆蚧：外来有害生物，发生面积1740702亩，分布于闽侯、福清、平潭、长乐、湖里、思明、同安、翔安、集美、海沧、龙海、漳浦、诏安、东山、长泰、安溪、丰泽、惠安、晋江、鲤城、洛江、南安、泉港、石狮、仙游、涵江、城厢、秀屿、荔城等县(区、市)。

(6) 杨圆蚧：外来有害生物，发生面积6亩，分布于连城县。

(7) 蔗扁蛾：外来有害生物，零星分布于仓山区。

(8) 萧氏松茎象：本土有害生物，发生面积2126053亩，分布于浦城、建瓯、邵武、武夷山、宁化、建宁、泰宁、将乐、永安、沙县、大田、三元、梅列、明溪、永定、武平、漳平、连城、上杭、新罗、长汀等县(区、市)。

(9) 马尾松毛虫：本土有害生物，发生面积118169亩，分布于全省各地。

(10) 松大蚜：本土有害生物，分布于闽侯、罗源、闽清、顺昌、永定、湖里、思明、同安、翔安、集美、海沧、晋江、宁化、仙游、涵江、城厢、秀屿、荔城等县(区、市)。

(11) 黄脊竹蝗：本土有害生物，发生面积268277亩，分布于全省各地。

(12) 松墨天牛：本土有害生物，发生面积255791亩，分布于全省各地。

(13) 刚竹毒蛾：本土有害生物，发生面积106043亩，分布于延平、顺昌、浦城、建瓯、邵武、武夷山、建阳、政和、漳平、新罗、上杭、武平、南靖、闽清、宁化、泰宁、沙县、尤溪、大田、梅列、明溪、建宁、将乐、永安、三元、柘荣、屏南、仙游、涵江、城厢等县(区、市)。

(14) 日本鞘瘿蚊：本土有害生物，发生面积99176亩，分布于永定县。

(15) 黑翅土白蚁：本土有害生物，发生面积82968亩，分布于全省各地。

(16) 木麻黄毒蛾：本土有害生物，发生面积61851亩，分布于长乐、福清、平潭、漳浦、云霄、诏安、东山、湖里、思明、同安、翔安、丰泽、惠安、晋江、洛江、泉港、石狮、秀屿等县(区、市)。

(17) 柳杉毛虫：本土有害生物，发生面积29545亩，分布于闽侯、永泰、闽清、将乐、永安、上杭、蕉城、福安、柘荣、周宁、福鼎、寿宁、涵江等县(区、市)。

(18) 南京裂爪螨(竹叶螨)：本土有害生物，发生面积26233亩，分布于安溪、周宁、沙县、梅列、尤溪、三元、永安、永定、武平、漳平、新罗、闽侯等县(区、市)。

(19) 马尾松松梢螟：本土有害生物，发生面积25019亩，分布于周宁、屏南、仙游、涵江、城厢、秀屿、荔城等县(区)。

(20) 竹广肩小蜂：本土有害生物，发生面积23567亩，分布于政和、松溪、浦城、宁化、沙县、尤溪、大田、梅列、建宁、永安、蕉城、古田、寿宁、屏南等县(区、市)。

(21) 双条杉天牛：本土有害生物，发生面积23106亩，分布于宁化、屏南、周宁、仙游、涵江、城厢等县(区)。

(22) 星室木虱：本土有害生物，发生面积22183亩，分布于闽清县、闽侯县。

(23) 脊纹异丽金龟：本土有害生物，发生面积17192亩，分布于永泰、闽清、闽侯、蕉城、柘荣、周宁、屏南等县(区)。

(24) 焦艺夜蛾：本土有害生物，发生面积12227亩，分布于永泰、古田、新罗、仙游、涵江、城厢、秀屿、荔城等县(区)。

(25) 竹织叶野螟：本土有害生物，发生面积11065亩，分布于沙县、永安、武夷山、漳平、新罗、福安等县(市)。

（26）纵坑切梢小蠹：本土有害生物，发生面积10568亩，分布于永定县、连城县。

（27）橘小实蝇：本土有害生物，发生面积9249亩，分布于永定县。

（28）长鞘卷叶甲：本土有害生物，发生面积906亩，分布于永定县。

（29）竹笋禾夜蛾：本土有害生物，发生面积8576亩，分布于松溪、宁化、将乐、新罗、屏南、罗源、闽清、仙游、涵江、城厢等县(区)。

（30）松牡蛎蚧：本土有害生物，发生面积7195亩，分布于闽侯县、永泰县。

（31）大竹笋象：本土有害生物，发生面积663亩，分布于永泰、新罗、松溪、永安等县(区、市)。

（32）桉树棉蚜(未定名)：本土有害生物，发生面积5236亩，分布于闽清县。

（33）思茅松毛虫：本土有害生物，发生面积4953亩，分布于明溪、宁化、松溪、漳平、周宁等县(市)。

（34）家白蚁：本土有害生物，发生面积4828亩，分布于宁化县、丰泽区、晋江市。

（35）松针金龟：本土有害生物，发生面积4631亩，分布于新罗区、漳平市。

（36）光肩星天牛：本土有害生物，发生面积4605亩，分布于惠安、晋江、仙游、涵江、城厢、秀屿、荔城等县(区、市)。

（37）松梢斑螟：本土有害生物，发生面积4189亩，分布于丰泽、晋江、洛江、安溪等县(区、市)。

（38）竹笋象：本土有害生物，发生面积4073亩，分布于永安、梅列、政和、古田等县(区、市)。

（39）竹镂舟蛾：本土有害生物，发生面积3182亩，分布于沙县、梅列、明溪、三元、新罗等县(区)。

（40）桑天牛：本土有害生物，发生面积2559亩，分布于浦城、仙游、涵江、城厢、秀屿、荔城等县(区、市)。

（41）一字竹象：本土有害生物，发生面积247亩，分布于罗源、永泰、宁化、建宁、大田、梅列等县(区)。

（42）杉梢小卷蛾：本土有害生物，发生面积2254亩，分布于闽侯、闽清、松溪、沙县、屏南等县(市)。

（43）蠕须盾蚧：本土有害生物，发生面积1611亩，分布于罗源县、闽清县。

（44）松点卷蛾：本土有害生物，发生面积1332亩，分布于洛江区。

（45）基夜蛾：本土有害生物，发生面积1147亩，分布于永泰县、建瓯市。

（46）微红梢斑螟：本土有害生物，发生面积1047亩，宁化县。

（47）黄刺蛾：本土有害生物，发生面积1045亩，分布于闽侯县。

（48）松蚜虫：本土有害生物，发生面积1045亩，分布于晋安、马尾、长乐、罗源、永泰、闽清、闽侯等县(区)。

（49）桉袋蛾：本土有害生物，发生面积977亩，分布于闽清县。

（50）浙江黑松叶蜂：本土有害生物，发生面积779亩，分布于新罗区。

（51）竹绒野螟：本土有害生物，发生面积731亩，分布于松溪县、福安市。

（52）樟莹叶甲：本土有害生物，发生面积450亩，分布于福安市。

（53）星天牛：本土有害生物，发生面积346亩，分布于宁化、永安、政和、晋江等县

(市)。

(54) 栗实象：本土有害生物，发生面积33亩，分布于宁化县、浦城县。

(55) 竹萤甲：本土有害生物，发生面积256亩，分布于漳平市。

(56) 珊毒蛾 ：本土有害生物，发生面积82亩，分布于松溪县。

(57) 红蜘蛛：本土有害生物，发生面积65亩，分布于闽侯县。

(58) 尺蛾：本土有害生物，发生面积57亩，分布于罗源县。

(59) 矢尖蚧：本土有害生物，发生面积29亩，分布于顺昌县。

(60) 橙斑星天牛：本土有害生物，发生面积10亩，分布于福安市。

(61) 云斑天牛：本土有害生物，发生面积3亩，分布于武平县。

(62) 榕管蓟马：本土有害生物，发生面积14亩，分布于湖里、思明、同安、翔安、集美、海沧等区。

(63) 吹绵蚧：本土有害生物，发生面积6414亩，分布于湖里、思明、同安、翔安、集美、海沧、周宁、仙游、涵江、城厢、秀屿、石狮、惠安、晋江等县(区、市)。

(64) 日本龟蜡蚧：本土有害生物，发生面积5815亩，分布于闽侯、马尾、永定、连城、尤溪、鲤城等县(区)。

(65) 凤凰木同纹夜蛾：本土有害生物，发生面积115亩，分布于湖里、思明、集美、同安等区。

(66) 曲纹紫灰蝶：本土有害生物，发生面积85亩，分布于湖里区、思明区、海沧区。

(67) 斑喙丽金龟：本土有害生物，发生面积30亩，分布于周宁县。

(68) 灰白毒蛾：本土有害生物，发生面积7亩，分布于思明区。

(69) 壮铗普瘿蚊：本土有害生物，发生面积32亩，分布于湖里、思明、同安、翔安、集美等区。

(70) 菩提粉虱：本土有害生物，发生面积12亩，分布于思明区。

(71) 褐圆盾蚧：本土有害生物，发生面积20亩，分布于湖里、思明、集美、同安等区。

(72) 褐叶圆蚧：本土有害生物，发生面积23.5亩，分布于湖里、思明、集美、同安等区。

(73) 建柏毒蛾：本土有害生物，发生面积425亩，分布于德化县。

(74) 泡桐叶甲：本土有害生物，发生面积351亩，分布于武夷山市。

(75) 黄翅大白蚁(桉白蚁、杉白蚁)：本土有害生物，发生面积7031亩，分布于建瓯、永安、顺昌、邵武、武夷山、政和、松溪等县(市)。

(76) 小黄卷叶蛾：本土有害生物，发生面积11874亩，分布于 闽侯县、闽清县。

(77) 栗瘿蜂：本土有害生物，发生面积13860亩，分布于政和、建瓯、周宁、宁化等县(市)。

(78) 棉蝗：本土有害生物，发生面积5292亩，分布于长乐市、福清市。

(79) 两色绿刺蛾：本土有害生物，发生面积3125亩，分布于漳平市。

(80) 中华松梢蚧：本土有害生物，发生面积1061亩，分布于仙游、涵江、城厢、秀屿、荔城等区(县)。

(81) 杉梢小卷蛾：本土有害生物，发生面积1033亩，分布于仙游、涵江、城厢等县

（区）。

（82）波纹杂毛虫：本土有害生物，发生面积2122亩，分布于宁化县、沙县、大田县。

（83）大袋蛾：本土有害生物，发生面积2082亩，分布于仙游、涵江、城厢、秀屿等县（区）。

（84）杉木梢小卷蛾：本土有害生物，发生面积2032亩，分布于周宁县。

（85）松梢螟：本土有害生物，发生面积1769亩，分布于沙县、永安市。

（86）松针蚧：本土有害生物，发生面积1753亩，分布于宁化县、大田县、永安市。

（87）横坑切梢小蠹：本土有害生物，发生面积1502亩，分布于宁化县。

（88）红树林丽绿刺蛾：本土有害生物，发生面积1318亩，分布于云霄县。

（89）中华松针蚧：本土有害生物，发生面积1061亩，分布于周宁县、古田县、屏南县。

（90）马尾松松白粉蚧：本土有害生物，发生面积1033亩，分布于周宁县。

（91）毛竹一字象鼻虫：本土有害生物，发生面积952亩，分布于周宁县。

（92）松梢螟：本土有害生物，发生面积557亩，分布于顺昌县。

（93）雷公藤卷叶蛾：本土有害生物，发生面积548亩，分布于泰宁县。

（94）沫蝉：本土有害生物，发生面积503亩，分布于宁化县、沙县。

（95）柑橘潜叶蛾：本土有害生物，发生面积475亩，分布于明溪县。

（96）毛竹后刺长蝽：本土有害生物，发生面积421亩，分布于周宁县。

（97）竹笋绒茎蝇：本土有害生物，发生面积379亩，分布于永安市。

（98）多纹豹蠹蛾：本土有害生物，发生面积364亩，分布于秀屿区。

（99）板栗大蚜：本土有害生物，发生面积333亩，分布于宁化县、松溪县。

（100）云南松毛虫：本土有害生物，发生面积270亩，分布于光泽县、洛江区、涵江区。

（101）粗鞘双条杉天牛：本土有害生物，发生面积269亩，分布于云霄县。

（102）铜花金龟子：本土有害生物，发生面积227亩，分布于屏南县。

（103）桃蛀螟：本土有害生物，发生面积197亩，分布于松溪县。

（104）铜绿异丽金龟：本土有害生物，发生面积18亩，分布于周宁县。

（105）杨树天牛：本土有害生物，发生面积176亩，分布于永安市。

（106）松瘤象：本土有害生物，发生面积109亩，分布于宁化县。

（107）长足大竹象：本土有害生物，发生面积97亩，分布于宁化县。

（108）板栗红蚧：本土有害生物，发生面积81亩，分布于松溪县。

（109）杉肤小蠹：本土有害生物，发生面积57亩，分布于宁化县。

（110）竹虎天牛：本土有害生物，发生面积30亩，分布于武夷山市。

（111）油茶象：本土有害生物，发生面积22亩，分布于尤溪县。

（112）马尾松桉袋蛾：本土有害生物，发生面积13亩，分布于周宁县。

（113）重阳木斑蛾：本土有害生物，发生面积8亩，分布于建瓯市。

（114）绿竹卯园蝽：本土有害生物，发生面积5亩，分布于周宁县。

（115）樟叶蜂：本土有害生物，发生面积1亩，分布于周宁县。

（116）樟翠尺蛾：本土有害生物，发生面积0.5亩，分布于沙县。

(117) 青脊竹蝗：本土有害生物，零星分布于宁化县。

(118) 松叶蜂：本土有害生物，零星分布于尤溪县。

(二) 病原微生物

(1) 松材线虫病：外来有害生物，发生面积34482亩，分布于沙县以及梅列、湖里、思明、同安、翔安等区。

(2) 冠瘿病：外来有害生物，零星分布于长乐市、古田县。

(3) 桉树焦枯病：外来有害生物，发生面积2190亩，分布于永安市、泉港区。

(4) 松针褐斑病：外来有害生物，发生面积566334亩，分布于上杭、长汀、漳平、连城、安溪、丰泽、惠安、晋江、鲤城、洛江、南安、泉港、石狮、永春、仙游、涵江、城厢、晋安、马尾、长乐、罗源、永泰、连江、闽清、闽侯、云霄、平和、华安、长泰、古田、福安、柘荣、蕉城、周宁、寿宁、屏南、宁化、泰宁、沙县、尤溪、大田、梅列、明溪、湖里、思明、同安、翔安、集美、海沧等县(区、市)。

(5) 杨树黑星病：外来有害生物，发生面积3亩，分布于连城县。

(6) 杨树炭疽病：外来有害生物，发生面积6亩，分布于连城县。

(7) 杨树叶枯病：外来有害生物，发生面积6亩，分布于连城县。

(8) 杨锈病：外来有害生物，发生面积30亩，分布于光泽县。

(9) 杨树锈病：本土有害生物，发生面积5亩，分布于新罗区。

(10) 杨树叶斑病：本土有害生物，发生面积176亩，分布于永安市。

(11) 杨树角斑病：本土有害生物，发生面积2亩，分布于沙县。

(12) 板栗疫病：本土有害生物，发生面积94842亩，分布于顺昌、浦城、建瓯、邵武、武夷山、建阳、政和、光泽、宁化、泰宁、沙县、闽清、武平、长汀、漳平、连城等县(区、市)。

(13) 罗汉松叶枯病：外来有害生物，发生面积30亩，分布于清流县。

(14) 马尾松赤枯病：本土有害生物，发生面积124332亩，分布于全省各地。

(15) 毛竹枯梢病：本土有害生物，发生面积92037亩，分布于晋安、马尾、长乐、罗源、永泰、连江、闽清、闽侯、延平、永定、平和、南靖、古田、福安、柘荣、蕉城、周宁、寿宁、涵江、仙游、德化、南安、永春等县(区、市)。

(16) 松瘤锈病：本土有害生物，发生面积1147亩，分布于宁化、尤溪、政和、周宁等县。

(17) 杉木炭疽病：本土有害生物，发生面积83807亩，分布于全省各地。

(18) 杉木赤枯病：本土有害生物，发生面积75084亩，分布于顺昌县。

(19) 杉木缩顶病：本土有害生物，发生面积488亩，分布于闽侯县。

(20) 竹秆锈病：本土有害生物，发生面积67384亩，分布于松溪、晋安、闽侯、罗源、闽清等县(区)。

(21) 柳杉赤枯病：本土有害生物，发生面积1583亩，分布于永泰县、思明区。

(22) 油桐角斑病：本土有害生物，发生面积1512亩，分布于永泰县、连城县。

(23) 龙眼锈病：本土有害生物，发生面积422亩，分布于闽侯县。

(24) 柑橘溃疡病：本土有害生物，发生面积284亩，分布于闽侯县。

（25）油杉枝瘤病：本土有害生物，发生面积 229 亩，分布于丰泽区、洛江区。

（26）油杉枝锈病：本土有害生物，发生面积 228 亩，分布于丰泽区。

（27）油茶肿瘤：本土有害生物，发生面积 22 亩，分布于闽清县。

（28）松落针病：本土有害生物，发生面积 217 亩，分布于上杭县。

（29）桉树紫斑病：本土有害生物，发生面积 188 亩，分布于闽清县。

（30）白粉病：本土有害生物，发生面积 156 亩，分布于闽侯县。

（31）相思树白粉病：本土有害生物，发生面积 200 亩，分布于云霄县。

（32）煤污病：本土有害生物，发生面积 74 亩，分布于罗源县。

（33）罗汉松叶枯病：本土有害生物，发生面积 3 亩，分布于清流县。

（34）油桐黑斑病菌：本土有害生物，发生面积 4 亩，分布于思明区、政和县。

（35）黑蜕白轮蚧：本土有害生物，发生面积 17 亩，分布于寿宁县。

（36）松枯梢病：本土有害生物，发生面积 763 亩，分布于永泰县。

（37）竹丛枝病：本土有害生物，发生面积 3804 亩，分布于闽侯、永泰、宁化、永安、连城、安溪、石狮、洛江、政和等县(区、市)。

（38）篓竹枯萎病：本土有害生物，发生面积 5189 亩，分布于晋安区、永泰县。

（39）杉木细菌性叶枯病：本土有害生物，发生面积 2811 亩，分布于屏南、周宁、仙游、涵江、城厢等县(区)。

（40）桉树青枯病：本土有害生物，发生面积 1898 亩，分布于云霄县。

（41）桉树叶斑病：本土有害生物，发生面积 869 亩，分布于明溪县。

（42）厚朴根腐病：本土有害生物，发生面积 717 亩，分布于泰宁县。

（43）竹黑粉病：本土有害生物，发生面积 675 亩，分布于松溪县。

（44）肉桂炭疽病：本土有害生物，发生面积 392 亩，分布于华安县。

（45）毛竹丛枝病：本土有害生物，发生面积 176 亩，分布于武夷山市、仙游县、涵江区。

（46）板栗溃疡病：本土有害生物，发生面积 99 亩，分布于松溪县。

（47）栗炭疽病：本土有害生物，发生面积 20 亩，分布于屏南县。

（48）天竺桂茎腐病：本土有害生物，发生面积 9 亩，分布于沙县。

（49）石榴青枯病：本土有害生物，发生面积 3 亩，分布于沙县。

（50）柳杉苗赤枯病：本土有害生物，发生面积 2 亩，分布于周宁县。

（51）松苗叶枯病：本土有害生物，发生面积 1 亩，分布于宁化县、尤溪县。

（52）柳瘿病：本土有害生物，发生面积 0. 5 亩，分布于沙县。

（53）茶花炭疽病：本土有害生物，零星分布于泰宁县、明溪县。

（54）大叶黄杨叶斑病：本土有害生物，零星分布于建宁县。

（55）红豆杉白绢病：本土有害生物，零星分布于明溪县。

（56）红豆杉赤枯病：本土有害生物，零星分布于明溪县。

（57）梨黑斑病：本土有害生物，发生面积 15 亩，分布于周宁县。

（三）有害植物

（1）飞机草：外来有害生物，发生面积 4064 亩，分布于厦门市的湖里区、思明区、同安区、翔安区、集美区、海沧区，三明市的三元区。

（2）黄香草木犀：外来有害生物，发生面积1亩，分布于石狮市。

（3）霍香蓟：外来有害生物，发生面积255547亩，分布于湖里、思明、同安、翔安、集美、海沧等区。

（4）加拿大一枝黄花：外来有害生物，发生面积1692亩，分布于延平、武夷山、长汀、同安、集美、海沧等县(区、市)。

（5）假臭草：外来有害生物，发生面积115790亩，分布于惠安、丰泽、晋江、洛江、南安、泉港、石狮等县(区、市)。

（6）空心莲子草：外来有害生物，发生面积4726.5亩，分布于湖里、思明、同安、翔安、集美、海沧、武夷山等区(市)。

（7）棱枝槲寄生：外来有害生物，发生面积1亩，分布于鲤城区。

（8）牛筋草：外来有害生物，发生面积10527亩，分布于湖里、思明、同安、翔安、集美、海沧等区。

（9）牛膝菊：外来有害生物，发生面积3亩，分布于海沧区。

（10）炮仗花：外来有害生物，发生面积0.5亩，分布于思明区。

（11）平托花生：外来有害生物，发生面积19亩，分布于思明区。

（12）日本菟丝子：外来有害生物，零星分布于武夷山市。

（13）赛葵：外来有害生物，发生面积3亩，分布于海沧区。

（14）三叶鬼针草：外来有害生物，发生面积44105亩，分布于翔安区、集美区、海沧区。

（15）苏门白酒草：外来有害生物，发生面积8204亩，分布于洛江区、泉港区。

（16）土荆芥：外来有害生物，发生面积4026亩，分布于集美、海沧、晋江、泉港等区(市)。

（17）豚草：外来有害生物，发生面积53164亩，分布于晋江市、石狮市。

（18）无根藤：外来有害生物，分布于安溪、丰泽、惠安、晋江、鲤城、洛江、南安、泉港、石狮、连城等县(区、市)。

（19）五爪金龙：外来有害生物，发生面积1262.5亩，分布于思明区、晋江市、洛江区。

（20）小果西番莲：外来有害生物，发生面积1亩，分布于思明区。

（21）小蓬草：外来有害生物，发生面积400亩，分布于翔安区、集美区、海沧区。

（22）羊 蹄：外来有害生物，发生面积24亩，分布于武夷山市、翔安区、海沧区。

（23）银胶菊：外来有害生物，发生面积177亩，分布于思明区、集美区、海沧区。

（24）窄叶野豌豆：外来有害生物，发生面积10亩，分布于浦城县。

（25）肿柄菊：外来有害生物，发生面积6668亩，分布于丰泽、晋江、洛江、泉港、石狮等区(市)。

（26）狗尾草：本土有害生物，发生面积3269488亩，分布于全省各地。

（27）马尾松赤落叶病菌：本土有害生物，发生面积226723亩，分布于湖里、思明、同安、翔安、集美、海沧、闽侯等县(区)。

（28）苍耳：本土有害生物，发生面积188327亩，分布于宁化、建宁、三元、泰宁、将乐、永安、明溪、连城、翔安、集美、海沧、柘荣、屏南、周宁、延平、光泽、松溪、武夷山、建阳、洛江、晋江、丰泽、安溪、泉港、永春等县(区、市)。

(29) 黄花蒿：本土有害生物，发生面积 13535 亩，分布于清流、连城、延平、武夷山、建阳、泉港等县(区、市)。

(30) 马缨丹：本土有害生物，发生面积 12465 亩，分布于丰泽区、晋江市、洛江区、石狮市。

(31) 车前草：本土有害生物，发生面积 25365 亩，分布于宁化、建宁、大田、梅列、柘荣、屏南、仙游、涵江、城厢、秀屿、荔城、延平、松溪、武夷山、建阳等县(区、市)。

(32) 葛藤：本土有害生物，发生面积 469 亩，分布于建阳市。

(33) 野葛：本土有害生物，发生面积 234 亩，分布于湖里、思明、同安、翔安、集美、海沧等区。

(34) 藜：本土有害生物，发生面积 62 亩，分布于连城、晋江、丰泽、鲤城、泉港、永春等县(区、市)。

(35) 蟛蜞菊：本土有害生物，发生面积 153 亩，分布于新罗区、永定县、思明区、海沧区。

(36) 桑寄生：本土有害生物，发生面积 1 亩，分布于武平县、连城县、上杭县。

(37) 葎草：本土有害生物，发生面积 2 亩，分布于集美区。

(38) 假苍耳：本土有害生物，发生面积 1 亩，分布于永定县。

(39) 猫爪藤：本土有害生物，发生面积 1 亩，分布于思明区。

(40) 钮子瓜：本土有害生物，发生面积 5 亩，分布于思明区。

(41) 锈毛桑寄生：本土有害生物，发生面积 102 亩，分布于清流县。

(42) 巴天酸模：本土有害生物，零星分布于宁化县。

(43) 碱茅：本土有害生物，零星分布于宁化县、明溪县。

(44) 平车前：本土有害生物，零星分布于连城县。

(45) 无根藤：本土有害生物，零星分布于宁化县、大田县。

(46) 野薄荷：本土有害生物，发生面积 1106 亩，分布于武夷山、宁化、建宁、连城、屏南等县(市)。

(47) 野茼蒿：本土有害生物，发生面积 149 亩，分布于思明、集美、海沧等区。

(四) 鼠害

(1)松鼠：本土有害生物，发生面积 1648 亩，分布于古田、周宁、屏南等县。

(2)鼠害：本土有害生物，发生面积 17766 亩，分布于建宁、大田、明溪、武夷山、漳平等县(市)。

(五) 木材害虫

(1)横坑切梢小蠹：本土有害生物，分布于晋安、马尾、长乐、罗源、永泰、连江、闽清、闽侯、漳平等县(区、市)，危害木材 17.85 立方米。

(2)杉棕天牛：本土有害生物，分布于晋安、马尾、长乐、罗源、永泰、连江、闽清、闽侯等县(区、市)，危害木材 1.8 立方米。

(3)松墨天牛：本土有害生物，分布于晋安、马尾、长乐、罗源、永泰、连江、闽清、闽侯、漳平、连城、武夷山、蕉城等县(区、市)，危害木材269.1立方米。

(4)纵坑切梢小蠹：武平、漳平、上杭、长汀、连城、顺昌等县，危害木材237立方米。

六、普查对象发生现状及相应预防除治

(一)普查对象的发生现状

1. 外来林业有害生物

本次普查共查出外来林业有害生物共41种，其中随着杨树引种种植传入的有：白杨透翅蛾、黄斑星天牛、杨树黑星病、杨树炭疽病、杨树叶枯病、杨锈病、杨圆蚧等7种；桉树：桉树焦枯病；龙眼：柑橘小实蝇；棕榈科：蔗扁蛾、锈色棕榈象；蔷薇科：冠瘿病菌；罗汉松：罗汉松叶枯病；杂草：飞机草、黄香草木犀、霍香蓟、加拿大一枝黄花、假臭草、空心莲子草、棱枝槲寄生、牛筋草、炮仗花、平托花生、日本菟丝子、赛葵、三叶鬼针草、苏门白酒草、土荆芥、豚草、无根藤、五爪金龙、小果西番莲、小蓬草、羊蹄、窄叶野豌豆、肿柄菊等23种。

属于林业检疫性有害生物的有松材线虫病、松突圆蚧、锈色棕榈象、蔗扁蛾、冠瘿病菌、刺桐姬小蜂。松材线虫病：2001年松材线虫病在福建省厦门市首次发现以来，先后在永春县(2003年)、三明市三元区(2003年)、梅列区(2003、2004年)、沙县(2004年)、东山县(2005年)发生，面积3.4482万亩。松突圆蚧2001年在福建省平潭发生以来，在沿海的福州市(福清市、长乐市、闽侯县、平潭县)，莆田市(涵江区、秀屿区、荔城区、城厢区、仙游县)，泉州市(洛江区、鲤城区、丰泽区、泉港区、惠安县、安溪县、南安市、石狮市、晋江市)，厦门市(集美区、海沧区、同安区、翔安区、湖里区、思明区)，漳州市(漳浦县、东山县、长泰县)等5个设区市28县(区、市)发生，面积174.0702万亩。锈色棕榈象在泉州市的惠安县、南安市，厦门市的思明区发生，面积57.7亩。蔗扁蛾在福州市仓山区发生(零星分布)，冠瘿病菌在福州市的长乐市、宁德市的古田县发生(零星分布)，刺桐姬小蜂在厦门市的湖里区、思明区、同安区、海沧区和漳州市的漳浦县发生，面积20.46亩。

2. 本土危险性大的林业有害生物

经普查，福建省共发现183种本土林业有害生物危害林木或侵占林地，其中马尾松毛虫、刚竹毒蛾、木麻黄毒蛾、南京裂爪螨(竹叶螨)、黄脊竹蝗、萧氏松茎象、板栗疫病、黑翅土白蚁、杉木炭疽病、柳杉毛虫、竹广肩小蜂、焦艺夜蛾、竹织叶野螟、竹笋禾夜蛾、松针金龟、竹镂舟蛾、松墨天牛、蠕须盾蚧、星天牛、棉蝗等20种在福建省危害严重。

3. 危害木材的林业有害生物

经对贮木场、木材加工厂调查发现，危害木材的有横坑切梢小蠹、杉棕天牛、松墨天牛、纵坑切梢小蠹。

（二）发生原因

1. 违章调运、人为携带是外来林业有害生物入侵的主要原因

一是随着交通运输的发展、往来贸易的频繁，带有松材线虫仪器设备的包装材料，携带有危险性林业有害生物的苗木、盆景、植株调入福建省的机会日益增多。二是植物检疫体制及管理不健全，由于我国引种、内检由农、林两大部门承担，长期以来存在机构职能交叉，部门间缺少良好的沟通，造成不少的管理漏洞。三是检疫基础设施薄弱，技术人员少。在福建省至今尚未建立省级检疫隔离试种苗圃，引种监管只能由检疫员定期检查，由于各森防检疫机构人员疲于应付各项日常工作，未建立并落实一套完善的检疫方法和技术，造成一些潜伏的检疫对象传入。四是公众检疫意识淡薄，不了解检疫相关法规，不按规定引种或擅自从国外或省外携带新品种，人为造成疫情传入或扩散。

2. 适合的环境条件是林业有害生物发生的重要条件

危险性林业有害生物到新生境具有很强的扩散蔓延能力，近年来福建省气候条件异常，暖冬、持续干旱、有效积温高等气候原因，不仅使本地常发性有害生物发生危害严重，也造成一些偶发性有害生物频繁发生。一些有害生物被人为引进后，由于没有天敌，更容易定殖、扩散蔓延，造成比原产地更大的破坏。

3. 现代森林经营方式是有害生物发生的主要根源

由于追求速生丰产，较大面积营造单一树种和纯林，造成单一的简单的生态系统，食物链单纯，应对环境变化的能力减弱，一些食叶害虫易暴发成灾；一些树种种植在沿海等条件恶劣的地方，无法适地适树，树势生长弱；在病虫害发生时，不合理使用化学农药，造成大量害虫的天敌死亡，减少对林间林业有害生物的制约。

（三）预防与除治

1. 加强组织领导，落实责任制度

福建省委、省政府及各级党政和林业部门一贯重视森林病虫害防治检疫工作，把森防检疫工作当作加快林业发展、加强生态建设的一项重要内容来抓。首先，为切实保护森林资源，把森林病虫害防治指标与森林防火、林木采伐限额等一起纳入省政府下达县（区、市）《保护和发展森林资源责任制》内容，实行各级政府领导负责制。其次，为进一步落实国家林业局森防目标管理和松材线虫病除治任务，省厅与各设区市、各设区市与各县（区）林业主管部门签订了责任状，并下发了《关于下达松材线虫病预防与除治工作责任制的通知》，对森防检疫工作和危险性病虫的除治实行目标责任管理，层层抓落实。第三，为防止有害生物的扩散传播，切实做好危险性森林病虫害的预防与除治工作，省政府多次召开省长办公会议和全省防治专题会议研究部署预防与除治工作，并及时成立了省重大动植物疫情防治指挥部，由省政府刘德章副省长担任林业指挥部指挥长，协调解决工作中存在的实际问题。第四，针对局部地区严重的病虫灾情和疫情，省委、省政府及有关市、县党政领导多次作出批示，要求下一级政府及相关部门采取有效措施，加强防治工作，确保不成灾。

2. 加强监测预警，提高测报精度

为充分发挥预测预报在防治中的作用，福建省不断加强预测预报体系建设，健全和完善测报管理。一是加强预测预报体系建设。在国家林业局的支持和带动下，福建省加大中心测报点建设步伐，成立并投资省级中心测报点，目前已建成40个国家级、20个省级中心测报点，覆盖了全省近70%的县(区、市)，中心测报点配备了较系统、先进的仪器设备，基础设施建设得到了进一步的提高。二是建立健全预测预报队伍。各级林业主管部门把测报员队伍建设作为一项重要任务来抓，要求每个乡、镇林业站(林场)必须配备一位兼职测报员，从事病虫情监测调查，并加强测报员业务技术培训，建立岗位责任制，把病虫监测任务落实到乡(镇、场)，责任落实到人，初步形成了省、市、县、乡四级测报网络。三是严密监测、准确掌握病虫害发生动态。各地认真抓好福建省22种主要森林病虫害和国家林业局主测对象的监测调查和预测预报，充分发挥国家级、省级中心测报点的骨干和示范辐射作用，及时准确掌握森林病虫的发生趋势和动态，逐步实现测报工作的规范化、制度化和科学化管理，提高预测预报精度。四是严格病虫灾情联系报告制度。各地严格按照《森林病虫害预测预报管理办法》要求，积极坚持一般调查与系统调查、专业调查与群众调查、常规病虫调查与危险性有害生物调查相结合，建立病虫监测调查档案信息，建立病虫灾情联系报告制度，有效提高森林病虫害的监测预警能力。五是建立健全疫情监测网络。各地进一步建立和完善危险性有害生物监测预警网络，利用先进的航空监测和GPS监测技术，通过固定监测调查和危险性有害生物的定期普查，建立了全省面上整体监控和重点区域、重要地段宏观预防相结合的全方位立体式疫情监测预警网络。

3. 突出重点，狠抓落实

福建省各地认真贯彻“预防为主，科学防控，依法治理，促进健康”的方针，坚持突出重点、统筹兼顾，集中力量抓好主要森林病虫害的防治和重大危险性外来有害生物的除治工作。一是严格按照省政府的责任指标和国家林业局的“四率”指标，采取以白僵菌等生物防治为主，物理、化学和营林技术相结合的防治措施，集中力量抓好马尾松毛虫、刚竹毒蛾、竹蝗、木麻黄毒蛾、竹叶螨和毛竹枯梢病、板栗疫病等病虫害的防治，从根本上扭转了主要森林病虫害严重危害的局面。二是有计划、有步骤地组织实施松材线虫病工程治理国债项目和马尾松毛虫工程治理项目建设，松材线虫病疫情和项目区内马尾松毛虫得到有效的控制，遏制其严重发生和危害的势头。三是引入防治承包新机制，组织除治专业队，重点采取清除松病枯死树、濒死树，结合林分改造、挂设天牛诱捕器和喷洒化学农药等多种办法，同时对三明市、永春县疫木利用严格实行按《松材线虫病疫木安全利用特别通行证》上路，一车一证，专人押送车辆，保证限期安全利用，使发生区松材线虫病发生面积和病枯死树有较大幅度的下降，疫区范围进一步缩小。四是松突圆蚧综合治理迈出了可喜的一步，通过营林措施、化学防治和释放天敌生物防治建立起来的综合治理小区，取得了一定的防治效果，特别是从日本引进的松突圆蚧天敌花角蚜小蜂2003年在6个点进行放蜂推广，释放花角蚜小蜂10417头，2004年又在36个点进行推广，放蜂18017头，控制面积达2660亩，为今后大面积开展生物防治奠定了良好的基础。

4. 加强检疫管理，杜绝危险性病虫的传播蔓延

首先是加强检疫执法队伍的教育培训。二年来共举办四期检疫员岗前培训和二期松材线虫病检疫检验培训班，在全省林业检查员轮岗培训班上讲授检疫检验知识，受训人员近400多人次，全面提高检疫队伍的综合素质和检疫执法水平。其次是规范检疫执法行为。省厅把各级森防检疫站列为林业系统面向社会、接受监督的民主行风评议单位，实行检疫执法行为的责任追究制和满意度评分制；同时，一些市、县与公安、工商部门紧密联系，开展了市场检疫检查，建立木材加工经营、种苗花卉生产单位（个人）档案管理制度，实行微机信息管理，有效提高检疫执法质量和服务意识。第三是加大产地检疫和无检疫对象苗圃建设力度，制订了《林业无危险性病虫害种苗繁育基地建设技术规程》，加快了种苗繁育基地规范化、标准化、现代化建设进程。第四是加大检疫监管力度。对疫区和疫木实行严格的检疫封锁制度，严禁带疫苗木、疫木及制品调出，严防疫情传出；严格实行省外应检物的检疫审批制度；定期开展复检，加大省外尤其是来自疫区的木质包装材料的检疫检查，严防疫情从省外传入。第五是利用省政府批准增设检疫职能的22个林业检查站、厦门市12个临时检疫检查站和各地现有的林业检查站，严格实行检疫证书的验证检查，严厉打击各种检疫违章行为。

5. 广筹资金，加大防治投入

近年来，福建省坚持地方投入为主，采取多渠道、多层次、多形式的筹资方式。一是各级政府把主要森林病虫害尤其是危险性有害生物的预防与除治工作列入政府防灾减灾体系建设，安排专项资金用于防治，确保了防治措施落到实处，保障了危险性有害生物的预防与除治工作按计划顺利实施。二是各级政府把病虫害防治工作列入财政和计划部门的预算，加大防治的投入，2002年以来，福建省计划部门把病虫疫情监测列入本省十大防御体系之一给予重点投资，至今已投资430万元用于森防基础设施建设，各级计划部门也有不同程度的投入，推动了福建省的森防体系及中心测报点的建设步伐，大大改善了病虫监测及防治条件。三是各级林业主管部门积极筹措防治资金，据统计全省筹集近500多万元用于病虫害防治，有效地提高了防治效果，进一步增强了防治管理水平。

6. 开展科研攻关，逐步提高森防科技水平

近年来，福建省各地紧密联系生产实际，加强科研院校、森防部门和生产单位的科研协作与攻关，取得了可喜的成果。在各级科技部门的大力支持下，省森防检疫总站与福建农林大学、省林科院联合对松材线虫病和松突圆蚧综合治理技术进行攻关，已逐步摸索出松材线虫病发生发展规律和媒介昆虫——松墨天牛的生活规律，对防治工作具有现实的指导意义，尤其是松突圆蚧天敌昆虫花角蚜小蜂繁育的成功，为大面积的生物防治积累了先进的经验。大力推广飞机超低容量喷洒作业和航空监测技术、施药肥和释放捕食螨防治竹叶害螨、挂设引诱剂诱杀天牛等先进适用的技术成果，增加森防科技含量，进一步提高福建省森林病虫害防灾减灾整体水平。

（四）外来林业有害生物入侵影响

经济：因松材线虫病、松突圆蚧危害，福建省松树枯死1000多万株，直接经济损失1亿元以上，同时经过近几年松材线虫病、松突圆蚧以及加拿大一枝黄花的预防和除治，省级和地方共耗费了几千万元用于除治工作，已除治后的发生区尚需3～5年的经济投入，才能防止再度出现疫情。

生态：由于林业有害生物的发生，严重破坏了福建省的森林资源，影响了沿海防护林的防风固沙，绿化树种的城市绿化、水源涵养和气候调节作用。有害植物在福建省沿海种类多，分布较广，将对整个森林生态系统构成巨大威胁。

社会：林业有害生物的除治使用的一些化学药剂，将对周边环境、生物造成一定的影响。因除治需要大片皆伐松木，给当地群众造成经济损失。除治后的发生区，山上熏蒸袋、处理后的松木、皆伐后的山头、绿化树种的防治处理和一些有害植物均给城市景观造成不良影响。林业有害生物除治后树种未及时更新补种，将引起水土流失等现象发生。

七、林业有害生物在福建省发生趋势分析

新20种林业检疫性有害生物中，寄主是马尾松、黑松的松材线虫、松突圆蚧在福建省已发生；寄主是棕榈科植物的椰心叶甲、蔗扁蛾、锈色棕榈象，福建省有蔗扁蛾、锈色棕榈象。寄主是绿化树种的美国白蛾、刺桐姬小蜂，福建省已发生刺桐姬小蜂。寄主是杨树的杨干象、杨树花叶病毒、青杨脊虎天牛，福建省尚未发现；寄主是果树的苹果蠹蛾、枣大球蚧、冠瘿病，福建省有冠瘿病菌；寄主是红松的红脂大小蠹、松疱锈病菌，福建省尚未发现；寄主是落叶松的落叶松枯梢病菌，福建省尚未发现；危害板材的双钩异翅长蠹，福建省尚未发现；危害草坪的草坪草褐斑病的致病菌在福建省广泛分布，但未见严重发生；杂草薇甘菊在福建省这次林业有害生物普查中尚未发现。根据福建省的树种分布和适生性，椰心叶甲、美国白蛾、薇甘菊对福建省威胁较大。

现阶段福建省林业有害生物发生的趋势主要有以下特点：

一是松突圆蚧发生趋于平稳。2001年疫情发生以来，福建省将松突圆蚧的综合治理作为森防工作的重中之重，把松突圆蚧的防治作为防灾减灾工作的一项重要任务来抓，坚决遏制松突圆蚧的危害和扩散蔓延，保护森林资源安全和造林绿化成果，促进经济和生态环境建设的可持续发展。全省松突圆蚧综合治理的科学研究也顺利开展，并取得一定的成效，松突圆蚧总体发生趋于平稳。

二是松材线虫病将多点跳跃发生。2001年11月厦门岛内在福建省首次发现特大检疫对象松材线虫病，通过几年的除治，到2004年松材线虫病枯死木仅发现1株，下降到0.2/100000以下，取得了显著成效。永春县、三元区也已基本拔除疫点。但由于沙县、梅列区疫情未得到控制，松木包装材料、松木制品等违规调运源头没有得到控制，松墨天牛在福建省林间普遍存在，松材线虫病极有可能在省内其他地方新发生。

三是马尾松毛虫在部分乡镇成灾趋势明显。经过10多年的综合治理，马尾松毛虫的发生面积有明显的减少，危害程度明显降低，但在部分乡镇可能由于测报员的监测和预防不力，加上近年的气候反常，马尾松毛虫周期性暴发趋势未得到控制，“虫源地”未得到根本拔除。

四是刚竹毒蛾、木麻黄害虫不容忽视。随着纯竹林面积的扩大，闽西北刚竹毒蛾发生越来越严重，发生面积不断增大，暴发周期不断缩短，已成为限制竹业发展的重要害虫之一。近年来，随着果农对果树生产管理的不重视，木麻黄毒蛾在果树上大量暴发。此外，木麻黄星天牛、多纹豹蠹蛾蛀干害虫危害隐蔽，难于被发现，防治难度大，是不可忽视的一类害虫。

五是新的有害生物不断传入。随着近年来的城市绿化工程的不断扩大，各种苗木调运频繁，加上有些检疫工作不到位，几种重要的检疫性有害生物已不断传人和随时有可能传人福建省。在这次普查中，福建省新发现棕榈科、绿化植物的检疫性有害生物锈色棕榈象、蔗扁蛾、刺桐姬小蜂。同时还发现杨树7种外来的有害生物，随着对外贸易的发展，城市绿化树种的大量引进种植，将有更多的林业有害生物，如美国白蛾、椰心叶甲、薇甘菊等可能随森林植物及其产品传入福建省。

江西省林业有害生物普查技术报告

近年来，林业有害生物已对我国的森林资源、生态环境和林业可持续发展构成严重威胁，给我国的经济建设和生态安全造成重大损失，根据我国林业专家估算，近年来每年因森林病虫害造成的损失约 880 亿元。其中，直接经济损失为 145.2 亿元，生态价值损失为 734.6 亿元。

为全面查清江西省林业有害生物发生现状，建立和完善林业有害生物数据库，为江西省今后林业有害生物的监测预警和有效防控林业有害生物提供科学依据，根据国家林业局《关于在全国开展林业有害生物普查工作的通知》(林造发[2003]73 号)，江西省及时制订了《江西省林业有害生物普查工作实施方案》(赣林造字[2003]209 号)，从 2003 年 8 月至 2005 年 6 月，经过一年多的工作，如期完成了普查任务，现提出技术报告如下：

一、普查范围与对象

此次普查范围包括江西省所辖区域的有林地。即天然林(灌木林)、人工林(生态林、防护林、经济林、森林公园、自然保护区、绿色通道、四旁绿化树等)、苗圃、花圃以及贮木场、木材加工厂等。调查重点是各地确定的林业重点保护区域、有害生物易发生区，以及过去调查涉及不多的区域。普查对象包括：

(1)所有林业外来有害生物，包括从国(境) 外及 1980 年以来从外省(自治区、直辖市)传入的危害森林植物及其产品的病原微生物、有害昆虫、有害植物、鼠、兔和螨类。其中重点调查：松材线虫病、蔗扁蛾、冠瘿病、日本松干蚧、松突圆蚧、湿地松粉蚧、加拿大一枝黄花、拟松材线虫病、杨树溃疡病、杨树烂皮病等。

(2)危险性大的本土林业有害生物，包括林业病原微生物、有害昆虫、有害植物、鼠、兔、螨类。其中，重点是调查危害杉树、杨树、油茶以及松类、竹类等森林植物的有害生物。

二、普查内容与方法

(一) 普查内容

(1)全省林业有害生物分布地点。

(2)全省林业有害生物发生情况。

(二) 普查方法

在充分利用过去普查资料的基础上，以线路调查为主，访问调查与实地调查相结合、专业技术人员普查与群众举报相结合、线路踏查与标准地调查相结合的方法进行。

1. 访问调查

对应施调查的区域，有目的地访问咨询当地群众、农林技术人员、业主、有关专家，以了解当地的林业有害生物种类、分布、发生等情况。

2. 线路踏查

线路踏查以林业小班为基本单位，依据森林资源分布和地形、地貌等情况，利用林间大小道路、林班线、山脊线、防火线等线路进行调查，没有划分小班的以自然山头、林分、四旁绿化树按村(居委会)，绿色通道按路段为代表。根据林业区划图和小班卡片，按小班选择有代表性的标准株10~20株进行详查，如发现有害生物，则开展标准地调查。

3. 标准地调查

按照国家林业局森防总站印发的《全国林业有害生物普查技术要点》中的规定，以小班为单位，选择具有代表性的地块，设立一至多块标准地，详细查清以小班为统计单位的各种林业有害生物种类、分布状况、面积和危害程度等。

4. 苗圃(花圃)地及木材加工厂调查

苗圃(花圃)踏查和标准地调查一般结合在一起开展。对发生有害生物的，设立标准地进行调查。每个标准地的苗木数量不少于100株，标准地累计面积不少于调查总面积的0.1%~0.3%；对木材加工厂则采取现场查看和抽样调查同时进行，主要通过对表层及缝隙看是否有新鲜蛀孔、蛀屑或活虫等。

5. 林业有害生物发生危害程度分级

林业有害生物发生(危害)程度的判定划分以森防总站印发的技术要点中的《林业有害生物发生(危害)程度分级》标准来划分。

三、普查对象发生现状(包括规模与危害程度)

本次普查全省共采集标本20000余号次，其中虫害标本14200余号次，病害标本5300余号次，植物标本600余号次，拍摄照片3300余帧。全省共查出林业有害生物472种，其中：林业外来有害生物6种，分别是松材线虫病、冠瘿病、蔗扁蛾、加拿大一枝黄花、杨树溃疡病、杨树烂皮病；本土林业有害生物466种，其中虫害类291种、病害类117种、植物类55种、动物类3种。危害最大的前20种本土林业有害生物排序为：马尾松毛虫(131.72万亩)、萧氏松茎象(110.75万亩)、黄脊竹蝗(35.67万亩)、黑翅土白蚁(26.21万亩)、油茶炭疽病(17.78万亩)、松针褐斑病(15.33万亩)、思茅松毛虫(12.01万亩)、白茅(10.66万亩)、星天牛(7.23万亩)、黄翅大白蚁(6.5万亩)、松墨天牛(6.34万亩)、杨扇舟蛾(6.24万亩)、松梢螟(6.16万亩)、油茶煤污病(5.85万亩)、刚竹毒蛾(5.35万亩)、一字竹象(4.2万亩)、油茶软腐病(4.1万亩)、光肩星天牛(3.89万亩)、杉梢小卷蛾(3.75万亩)、桑天牛(3.7万亩)，这20种林业有害生物发生总面积为423.53万亩，其中轻度发生面积为279.83万亩，中度发生面积为76.59万亩，重度发生面积为67.11万亩。

(一) 林业外来有害生物发生现状

1. 松材线虫病

该病于2003年入侵江西省赣州市章贡区城郊水西、湖边和水东3个乡(镇)，发生面积0.1216万亩，经过两年的工程治理，其扩散蔓延趋势得到了有效控制。此次普查统计该病发生面积0.0948万亩，均为轻度发生。

2. 蔗扁蛾

该虫于2001年由广东省、福建省随花卉调运传入江西省的赣州市和南昌市，在赣州市的15个县(区、市)有发生，且在崇义、兴国等县巴西木的株危害率达100%。经过几年的防治，发生面积及危害程度均得到了有效的控制。本次普查查出该虫在赣州的8个县(区、市)有发生，并在黄杨上发现其危害，发生面积为0.0059万亩，均为轻度发生。

3. 冠瘿病

近年来，由于果树、经济林等栽培业迅速发展，苗林调运频繁，此病有继续发展的趋势。该病目前在江西省赣州市的信丰县、大余县有发生，发生面积为0.1122万亩，其中轻度发生面积0.1083万亩，严重0.004万亩。

4. 加拿大一枝黄花

此次普查在江西省南昌市、景德镇市、鹰潭市等地首次发现，其中南昌市的发生面积为201.98亩，景德镇市、鹰潭市为零星分布，主要分布在道路两旁和城郊结合部，尚未在林间发现。

5. 杨树溃疡病

该病于20世纪90年代随苗木调运进入江西省，目前在江西省的吉安市、九江市、宜春市等地的4个县有发生，此次普查统计发生面积为0.15万亩，其中轻度0.1万亩，中度0.03万亩，重度0.02万亩。

6. 杨树烂皮病

该病于2003年在上饶市万年县发现，由苗木调运传入。目前仅在江西省上饶市的万年县、萍乡市的上栗县有轻度发生，发生面积为0.03万亩。

(二) 本土主要林业有害生物发生现状

1. 马尾松毛虫

马尾松毛虫是江西省历史性松林害虫，发生范围广面积大，全省11个设区市，85个县(区、市)都有发生，发生面积131.72万亩，其中轻度101.09万亩，中度21.79万亩，重度8.84万亩。

2. 萧氏松茎象

该虫自1988年在江西省安福县武功山林场首次发现后，发生面积每年均以较大幅度上升，目前在全省除鹰潭市外的10个设区市，53个县(区、市)均有发生。发生面积为110.75万亩，其中轻度发生面积为37.45万亩，中度27.22万亩，重度46.08万亩。

3. 黄脊竹蝗

该虫是江西省主要毛竹害虫，在江西省的毛竹主产区呈周期性发生。江西省的11个设区市，62个县(区、市)有发生，发生面积为35.67万亩，其中轻度发生面积为22.9万亩，中度8.43万亩，重度4.34万亩。

4. 黑翅土白蚁

该白蚁在江西省的赣州市、吉安市、上饶市、九江市、萍乡市、新余市、抚州市7个设区市，37个县(区、市)有发生，其中吉安市、上饶市、九江市3个设区市发生较为严重，全省发生面积为26.21万亩，其中轻度发生面积为25.68万亩，中度0.44万亩，重度0.09万亩。

5. 油茶炭疽病

为江西省油茶产区的主要病害，在江西省除景德镇以外的10个设区市的56个县(区、市）均有不同程度发生，普查发生面积为17.78万亩，其中轻度发生面积为17万亩，中度0.69万亩，重度0.09万亩。

6. 松针褐斑病

该病是20世纪70年代末开始在江西省陆续发生和流行的一种危险性病害，在江西省的分布、发生面积呈扩大趋势，对经济效益高，无性繁殖容易的五针松作砧木的嫁接小苗也会感病，致使成活率极低，对花木的生产与推广造成极大障碍，全省赣州市、吉安市、抚州市、宜春市、南昌市5个设区市的32个县(区、市）有发生，发生面积为15.33万亩，其中轻度发生面积为11.18万亩，中度3.94万亩，重度0.21万亩。

7. 思茅松毛虫

在江西省除南昌市外的10个设区市的46个县(区、市）有发生，发生面积为12.01万亩，其中轻度发生面积为8.77万亩，中度1.79万亩，重度1.45万亩。

8. 白茅

在江西省九江市的瑞昌市、赣州市的会昌县、赣县、瑞金市有发生，发生面积为10.66万亩，其中轻度发生面积为1.61万亩，中度5.65万亩，重度3.4万亩。

9. 星天牛

在江西省的九江市、吉安市、赣州市、宜春市、萍乡市、鹰潭市6个设区市的32个县(区、市）有发生，发生面积达7.23万亩，其中轻度发生面积为6.01万亩，中度0.85万亩，重度0.37万亩。

10. 黄翅大白蚁

在江西省的九江市、南昌市、吉安市、宜春市、赣州市5个设区市的19个县(区、市）有发生，发生面积为6.5万亩，其中轻度发生面积为5.83万亩，中度0.61万亩，重度0.06万亩。

11. 松墨天牛

松墨天牛是松材线虫病的自然传播媒介，自20世纪90年代以来在江西省的发生范围及发生面积逐年加大，目前在江西省除鹰潭市、新余市外的9个设区市的35个县(区、市）有发生，发生面积为6.34万亩，其中轻度发生面积为5.54万亩，中度0.63万亩，重度0.17万亩，重度0.01万亩。

12. 杨扇舟蛾

杨扇舟蛾是危害江西省杨树的一种重要食叶害虫，在江西省的九江市、吉安市、南昌市、上饶市、宜春市、赣州市、景德镇市7个设区市的25个县(区、市）有发生，发生面积为6.24万亩，其中轻度发生面积为5.39万亩，中度0.53万亩，重度0.32万亩。

13. 松梢螟

这是危害江西省松林的一种常见枝梢害虫，江西省除景德镇市外，其他10个设区市的49个县(区、市）有发生，发生面积为6.15万亩，其中轻度发生面积为5.55万亩，中度0.6万亩。

14. 油茶煤污病

在江西省上饶市、吉安市、萍乡市、九江市、鹰潭市5个设区市的14个县(区、市）有发生，发生面积为5.85万亩，其中轻度发生面积为5.33万亩，中度0.52万亩。

15. 刚竹毒蛾

刚竹毒蛾是江西省毛竹产区的一种突发性害虫，在上饶市、宜春市、九江市、景德镇市、赣州市、新余市7个设区市的17个县(区、市）有发生，发生面积为5.35万亩，其中轻度发生面积为4.83万亩，中度0.43万亩，重度0.09万亩。

16. 一字竹象

在江西省九江市、宜春市、赣州市、萍乡市、抚州市5个设区市的20个县(区、市）有发生，发生面积为4.2万亩，其中轻度发生面积为1.65万亩，中度1.28万亩，重度1.27万亩。

17. 油茶软腐病

在江西省除南昌市、抚州市、景德镇市外的8个设区市的23个县(区、市）有发生，发生面积为4.1万亩，其中轻度发生面积为3.81万亩，中度0.29万亩。

18. 杉梢小卷蛾

这是江西省杉木林的一种常见害虫，在赣州市、吉安市、萍乡市、宜春市、上饶市5个设区市的23个县(区、市）有发生，发生面积为3.75万亩，其中轻度发生面积为3.72万亩，中度0.03万亩。

19. 光肩星天牛

在江西省九江市、南昌市、赣州市、抚州市4个设区市的16个县(区、市）有发生，发生面积为3.89万亩，其中轻度发生面积为3.78万亩，中度0.01万亩，重度0.1万亩。

20. 桑天牛

在江西省吉安市、宜春市、赣州市、上饶市、南昌市、抚州市、九江市7个设区市的21个县(区、市）有发生，发生面积为3.7万亩，其中轻度发生面积为2.71万亩，中度0.86万亩，重度0.13万亩。

四、林业有害生物发生趋势评估

江西省是南方林业有害生物多发省份之一，“八五”以来全省年均发生面积在25万公顷左右。此次普查结果表明，江西省林业有害生物种类繁多，常发性种类没有得到有效控制，突发性种类日益增多，因此，今后江西省林业有害生物发生形势将更加严峻，防治任务将更加艰巨。

（一）造成江西省林业有害生物发生日益严峻的原因

江西省是南方重点林业省份之一，森林资源非常丰富，全省林业用地面积1.57亿亩，森林面积1.43亿亩，活立木蓄积量3.53亿立方米，森林覆盖率达60.05%，居全国第二。从树种组成看，针叶纯林占75%以上；从树龄结构看，中幼龄林占近90%，而且这些中、幼龄多是1989~2000年营造的人工林，且针叶林的比重高达98%。江西省的主要树种为松树、竹类、杉树、油茶、杨树等，其中松林面积380万公顷，占江西省有林地面积的40%，主要是马尾松和以湿地松为主的国外松；竹类面积80万公顷，杉树林面积130万公顷、油茶80万公顷。2005年江西省委、省政府提出了“希望在山”和“在全国率先跨入林业可持续发展新阶段”的战略思想，把发展竹产业、油茶产业、以杨树为主的工业原料林基地建设作为突破口。计划到2010年建成1000万亩的工业原料林基地，大力扶持20个竹产业重点县、100个重点乡，2005年确保建设竹产业基地150万亩。

江西省危害严重的外来林业有害生物有松材线虫病，常发性林业有害生物有马尾松毛虫、萧氏松茎象、黄脊竹蝗、思茅松毛虫、黑翅土白蚁、油茶炭疽病、松针褐斑病、杨树蛀干害虫等；突发性有害生物有刚竹毒蛾、竹织叶野螟、竹织叶绒螟、一字竹象、黄褐天幕毛虫等。由于江西省现有林分以针叶林、中幼龄林为主，林种单一，且多为纯林，因此其稳定性差，功能脆弱，病虫容易暴发成灾；加上科学管理和监测防治水平低，森林病虫发生隐患难以消除，与1982年的普查相比，江西省的病虫害发生面积与危害程度和人工林发展面积呈同步增长的态势，这充分说明江西省林业有害生物的高发期即将到来。

（二）江西省林业有害生物发生趋势预测

1. 林业外来有害生物

松材线虫病在江西省的发生将呈扩散趋势。松材线虫病于2003年首次在赣州市章贡区发生，系由松类包装材料传入。江西省为松材线虫病的适生区，且全省松林面积达380万公顷，给松材线虫病的发生发展提供了最适宜的条件。同时随着市场经济的繁荣，地区间经贸频繁，生物灾害传播加剧，松材线虫病等外来有害生物传播几率大大增加，为此松材线虫病在江西省扩散蔓延的形势非常严峻，防范工作迫在眉睫。另外，加拿大一枝黄花目前在江西省虽然发生面积很小，但点多面广，如在鹰潭市，加拿大一枝黄花最大一处的发生面积不足1亩，但在全市的2县1区25个点上有零星发生，若不能采取有力措施进行除治，待其扩散开来将会对本地种造成巨大影响。

2. 松树蛀干害虫

发生面积将持续扩大，松树蛀干害虫萧氏松茎象、松墨天牛等由于缺乏有效防治措施，每年仍在以较快的速度扩散蔓延。

3. 松树食叶害虫

马尾松毛虫经过20多年的综合治理，发生周期明显延长，危害程度有所下降，但尚未得到根本控制，局部地区仍成灾严重；思茅松毛虫原为江西省高海拔山区的偶发性害虫，20世纪中后期开始逐渐向低海拔地带发展，近几年发生比较普遍，常在丘陵地区暴发成灾，发生面积还将持续扩大。

4. 竹类害虫

竹蝗近年来在江西省呈暴发态势，尤其是2005年达到了35.3973万亩，是20世纪80年代以来的最大值，预计今年的发生面积将稳中有升；刚竹毒蛾、竹织叶野螟、竹一字象甲等竹类害虫常在一些竹产区暴发成灾，对江西省竹产业的发展造成重大威胁，随着江西省竹产业的大发展，竹类害虫的发生面积将持续扩大。

5. 杨树病虫害

星天牛、光肩星天牛、云斑天牛、桑天牛等杨树蛀干害虫的发生面积将随江西省杨树栽培面积的迅速增加而扩大，并对江西省的杨树产业造成严重灾害；以杨扇舟蛾为代表的食叶害虫发生面积也将持续增加；杨树溃疡病、杨树烂皮病等病害发生面积也将扩大，成为影响江西省杨树大发展的重要因素之一。

6. 油茶病虫害

随着江西省油茶栽培面积的扩大，油茶病害的发生面积将呈上升的趋势，食叶、蛀茎害虫的发生面积也将呈上升趋势，对江西省的油茶产业势必造成重大影响。

（三）防范技术措施

(1)建立健全监测防范预警机制，切实加强能力建设。首先，要制订适合本省林业有害生物防治能力体系建设规划和防治预案，建立组织保障，成立重大林业有害生物突发和重大事件应急指挥机构，保障林业有害生物防治工作有序进行，构筑重大外来林业有害生物的封锁、监测和拔除防线；其次，对已发生的高危有害生物应从系统监测入手，积极开展林业有害生物工程治理，加强联防联治，建立信息通报交换机制，努力控制生物灾害发生危害。

(2)积极开展科学防控。要根据普查成果，切实贯彻预防思想，开展预防工作。要合理布局测报点，切实提高测报准确率，努力实现全面监测、早期预警、准确测报、适时处置的目标。要协调防治和营林工作，坚持适地适树的原则，大力提倡乡土树种造林和营造混交林，以丰富生物多样性。要适时清理有害生物感染木和火烧迹地的过火林木，提高林分健康水平。加强检疫工作，强化应施检材料的复检和产地检疫，特别是对松木及其制品，要进行100% 的复检，以防范危险性有害生物传播蔓延。要加强防治工作管理，及时提供防治信息和提出防治意见，抓早治小，监督、跟踪和指导防治工作的实施。

(3)加强科学研究，建立防治技术储备库。要根据林业有害生物对林业生产的危害，确定主控对象。根据生物灾害的适生环境，开展预警评估分析，根据不同情况进行分类施策。除了储备常发性林业有害生物防治技术外，还要增加突发性、危险性和重大外来林业有害生物的防治技术储备。

五、存在问题

(1)经费保障不够。本次普查经费筹措主要由当地自筹解决，不少地方因普查经费落实不够，影响普查质量的正常开展。

(2)技术保障不够。本次普查技术方案几经反复，技术要求变动较大。江西省各地在总站制订下发《全国林业有害生物普查技术要点》之前就已制订了普查方案，并完成了相应的技术培训，因此在具体实施过程中还是造成了一些影响；由森林病虫害普查延伸为林业有害生物普查，森防专业技术人员信息量偏小，又没有时间进行全面系统培训，以致普查执行难度较大，影响林业有害生物普查质量。

(3)技术指导不够。普查技术要点的高标准与实际工作时间短、基层技术水平低、普查人员素质较差、各种技术资料欠缺的反差还是相当突出的。本次普查历时一年多，在上下沟通、技术服务、技术指导等方面存在不足，从而影响了林业有害生物普查精度。

(4)普查时间不够。林业有害生物的种类多、分布广、寄主复杂，要保证普查质量，基本的要求就是要保证有足够的时间。这次普查虽历时一年多，但真正用于外业调查的时间有限，要在这么短的时间内完成如此规模的普查是很困难的。

山东省林业有害生物普查技术报告

一、前　言

（一）立项背景

1. 森林资源树种单一，生态环境脆弱

近20年来山东省的林业资源结构，随着市场经济的建立发生了巨大的改变，经济林发展迅速、生态防护林体系基本建成。但是山东省森林树种单一问题依然突出，平原以杨树为主，山区基本是松柏当家，山东省的森林生态十分脆弱，极易暴发林业有害生物灾害。近几年的杨树食叶害虫、杨树溃疡病的暴发，已表现出树种单一的危害性，林业资源存在着严重危机，生态环境脆弱。

2. 国际国内贸易发展，加大了林业有害生物的传入几率

改革开放以来，特别是近10年来，随着国际国内贸易发展，林业产品的交流，林业有害生物越来越多传入，如刺桐姬小蜂、红火蚁、椰心叶甲、蔗扁蛾等有害生物对森林资源、林业生产构成了巨大威胁。

3. 经济林发展速度快，有害生物发生严重

目前，山东省经济林已发展到2062万亩，经济林树种18种，果品产量达133亿千克，产值过133亿元，在经济林迅猛发展的同时，有害生物发生愈来愈重，如苹果绵蚜、板栗疫病、板栗红蜘蛛、冬枣黑斑病等经济林病虫害成灾。每年造成经济损失上亿元，这在过去是少见的。

4. 林业有害植物研究是个空白

由于近几年来，紫茎泽兰、大米草、加拿大一枝黄花、意大利苍耳等入侵并形成危害，得到有关部门的高度重视，有害植物研究、治理的问题提了出来。但是目前还没有对林业有害植物进行系统研究，也没有确定有害植物种类，治理工作极为被动。

总之，林业有害生物的入侵、蔓延、发展，已对山东省林业生产、森林资源和生态建设构成严重威胁。

（二）植物资源概况

山东省的植物区系属于温暖带针叶、阔叶林区。据调查，全省有林地面积达到4400万亩，森林蓄积量8800万立方米，森林覆盖率达到23%；野生及常见的栽培树种，木本植物457种，74科，209属，660余种。其中有乔木，灌木，藤本。用材防护林树种主要有赤松、黑松、刺槐、麻栎、毛白杨、欧美杨、榆、泡桐、旱柳等。经济树种主要有苹果、梨、樱桃、桃、杏、枣、葡萄、板栗、山楂、石榴、紫穗槐、香椿、无花果、银杏、桑、茶、猕猴桃等。观赏树种、花卉主要有雪松、龙柏、侧柏、垂柳、悬铃木、槐树、合欢、紫薇、冬青、牡丹、芍药、月季、菊花、兰花、杜鹃等。

（三）林业有害生物发生情况

山东省大约有有害生物1331种，其中林业害虫766种、林业病害536种、林业有害植物29种。1982年山东省首次森林病虫害普查，共查到森林昆虫154科906种；1987年第一次检疫性林业有害生物普查，查出国内检疫性林业有害生物12种，省补充检疫性林业有害生物15种；2000年第二次检疫性林业有害生物普查，查到国内检疫性林业有害生物17种，省补充检疫性林业有害生物12种。

二、研究内容材料及方法

（一）研究内容

(1)查清外来(国外、境外)、外省(自治区、直辖市)传入；本土危害严重；危害木材四类林业有害生物的种类、分布、发生与危害情况、传入途径和时间。

(2)根据研究信息，建立和完善林业有害生物数据库。

(3)根据林业有害生物数据库，编制林业有害生物疫情分布图，划分疫区、制订预警方案，加强区域间的联防联治，更好地开展林业有害生物检疫、封锁、扑灭工作。

(4)对1980年以来新传入(或新发现)，对山东省林业生产造成重大影响的林业有害生物进行系统调查研究，摸清其生物学特性、发生发展规律，研究切实可行的防治措施。

(5)为确定林业检疫性有害生物、补充检疫性有害生物、危险性有害生物，实施林业有害生物工程治理项目提供科学依据。

(6)根据研究成果编制《山东省重大林业有害生物灾害应急预案》。

(7)根据调查信息编制山东省林业有害昆虫名录。

（二）林业有害生物危害程度分级标准

(1)外来林业有害生物的概念。通过自然或人为活动被传入到非原产地区；在当地生态系统中建立了可自我维持的种群；对当地生态、森林资源和林业生产造成破坏及经济损失的生物。

(2)外来林业有害生物的确定。本地原先没有分布，经人为和自然因素传入的。

国(境)外传入的林业有害生物：指凡是从国外传入(没有时间限制)在当地生态系统中建立了可自我维持的种群；对当地生态、森林资源和林业生产造成破坏及经济损失的病原微生物、有害昆虫、有害植物及鼠、兔、螨类生物。

外省(自治区、直辖市)传入林业有害生物：凡1980年以后从外省(自治区、直辖市)传入在当地生态系统中建立了可自我维持的种群；对当地生态、森林资源和林业生产造成破坏及经济损失的病原微生物、有害昆虫、有害植物及鼠、兔、螨类生物。以1980年普查结果为准。

(3)树木被害程度。一般分为三级：轻度(代号“+”)、中度(代号“++”)、重度(代号“+++”)表示。

（三）材 料

(1)1980～1982 年森林病虫普查资料。

(2)1987、2000 年检疫性林业有害生物普查资料。

(3)最近几年林业有害生物发生情况资料。

(4)1980 年以来的有关科技期刊、通讯、论文等。

(5)调查用的仪器、工具、化学药品、药物等。

(6)《山东省林业有害生物研究实施方案》。

(7)林木、经济林、苗木、花卉、木材、中草药等林业有害生物寄主。

(8)对森林资源、林业生产和生态环境造成危害，具有潜在威胁的林业有害生物种类。

（四）研究方法

(1) 座谈访问。针对某个地区(林区)、苗圃、贮木场、木材加工厂、花圃等或某种植物、某种病虫害，有目的地对当地群众、技术人员、业主、有关专家等进行访问咨询，了解当地林业有害生物种类、分布、发生等情况。

(2) 踏查。为了初步了解研究区域内林业有害生物的种类、数量、分布、危害情况，沿着预定的路线进行踏查。设置踏查路线以乡镇为单位，在林业作业图或林相图上根据所在地的种苗繁育基地、有林地、贮木场、木材加工厂等地分布情况，利用公路、河流、林间道路、林班线等，设计出科学、合理的调查路线。拟定路线时，以树木种类多、交通方便，易于传入危险性病虫并能代表当地林业有害生物资源的林地为重点，设立具有代表性的调查点进行调查。

按照设计的调查路线，在林业有害生物发生盛期或症状显露期开展踏查，每种林业有害生物填写一张表，内容见林业有害生物踏查记录表。当发现有危害症状时，及时采集标本进行鉴定，每种有害生物要拍摄各虫态及危害症状照片。如确定是有害生物的，设立标准地或样方开展详查。

(3) 微波监测。有条件的林场，利用防火微波监视监控器首先在监控室内通过遥控探头进行观测，发现死树或被害症状时，再到野外设立标准地或样方开展详查。

(4) 标准地研究。在踏查和微波监测的基础上发现林业有害生物时，选择有代表性的林地设置标准地，利用 GPS 定位仪测量标准地的中心点经纬度，确定标准地的方位。详细调查林业有害生物，记录林业有害生物的种类、寄主、虫口密度(感病指数)、危害部位和树木(木材) 受害程度，将有关数据填入标准地有害生物发生情况调查表。

(5) 标准地设置。林场、育苗基地、大面积片林和公园一般每 300 亩设一块标准地，不足 300 亩的设一块标准地。标准地面积为 300～500 平方米，“Z”或“ S”字形随机抽取 30 株标准树，逐株进行病虫情况调查；行政村的调查，每个乡镇选择有代表性的行政村作为标准地进行调查，每 10 个行政村选择 1 个，每村选择 2～3 条街道进行每株调查，调查样株不少于 30 株；沟渠、路旁(包括城镇主要大道)、林网按 2000 米设一调查段或标准地进行调查，不足 2000 米设一调查段。调查段或标准地面积为 600 平方米，逐株调查，调查株数不少于 30 株；林粮间作，每 1000 亩设一标准地，标准地面积 600 平方米，逐株调查，调查样株不少于30株；贮木场(木材加工厂)病虫害调查：每个乡镇调查2个贮木场(木材加工厂)，一般不进行标准地调查，一旦发现有害生物，按总件数的20%抽样调查；林业有害植物调查：各地根据实际情况全面调查有害植物种类、分布、危害树木及侵占林地情况，每100～500亩设立1块标准地，每块标准地2～4亩，将调查数据填入林业有害植物调查表。

(6)标准地林业有害生物研究方法：

叶、枝、干有害生物调查：对于树形矮小、虫口密度不大的采取全株调查。树形高大、虫口密度大的食叶害虫、蚧虫、蚜虫类可分上、中、下或东、西、南、北四个方位选取代表性的树干、枝条、枝梢、叶片小样方进行调查，详细记录标准树株数、总虫数，计算出有虫株率和平均虫口密度。

种子、果实有害生物：调查随机抽取总量的3%～5%，查清被害种子、果实数量。

线虫类研究：砍伐后在树干上、中、下(有的在根部)三个部位取样进行分离镜检调查，确认病株。

根部有害生物研究：对于大树在树的东、西、南、北分别挖根取样调查；对于小树(1～3年生)挖出整体树根进行调查。

木材(成品、半成品、木质包装箱等木制品)有害生物调查。检查是否有蛀孔、蛀屑、死活虫体及木材腐朽情况。

三、研究结果

本项研究共查到主要林业有害生物71种(害虫42种、病害14种、有害植物15种)，其中：国(境)外传入林业有害生物10种(害虫4种、病害2种、有害植物4种)；外省(自治区、直辖市)传入12种(害虫11种、病害1种)；本土发生危害严重的42种(害虫20种、病害11种、有害植物11种)；危害木材的7种(全是害虫)。查清了其分布范围、危害程度、传入时间及传入途径。

(一)国(境)外传入的种类

1. 美国白蛾

分布范围：青岛市的城阳区、胶州市、崂山区、黄岛区、即墨市、胶南市、莱西市以及崂山林场；烟台市的福山区、长岛县、海阳市、莱阳市、栖霞市、芝罘区、蓬莱市、牟平区、龙口市、莱山区、烟台经济技术开发区、昆嵛山林场；威海市的环翠区、荣成市、文登市、乳山市；潍坊市的寿光市；东营市的河口区、垦利县、利津县、东营区；滨州市的沾化县。

发生危害：国家级检疫对象，危害多种阔叶乔木、灌木、花卉、农作物、蔬菜、杂草等近100种植物，其中以糖槭、桑树、悬铃木、榆树、杨树、柳树、泡桐、刺槐，以及多种果树受害较重。发生面积5.18万亩，其中，轻度发生3.15万亩，中度发生1.24万亩，重度发生0.79万亩；1978年，通过调运果品、木材及包装物传入山东省荣成市。

2. 蔗扁蛾

分布范围：济南市的历下区、市中区、天桥区、槐荫区、商河县、济阳县、章丘市，烟台市的招远市、龙口市、芝罘区、莱州市以及昆嵛山林场，泰安市的泰山区，潍坊市的奎文区、潍城区；东营市的东营区、广饶县。

发生危害：国家级检疫对象，是一种危害性极大，被世界上许多国家确定为检疫对象的钻蛀性害虫。主要危害巴西木、马拉巴栗、铁树、合欢、虎皮兰等25科，近60多种植物。发生面积79.86万亩，轻度发生24.06万亩，中度发生35.00万亩，重度发生20.80万亩。1987年传入广州，20世纪90年代传入山东省，调运巴西木、马拉巴栗、铁树等花卉苗木传入。

3. 日本松干蚧

分布范围：青岛市的崂山区、城阳区、黄岛区、即墨市、胶南市，烟台市的栖霞市、莱阳市、龙口市、牟平区、莱州市、芝罘区、福山区、招远市、莱山区以及龙门寺林场、昆嵛山林场，威海市的环翠区、荣成市、文登市、乳山市，日照市的东港区、五莲县、岚山区、莒县。

发生危害：危害赤松、黑松。发生面积28.31万亩。其中，轻度24.54万亩；中度3.04万亩；重度0.73万亩。20世纪50年代，通过调运苗木传入。

4. 苹果绵蚜

分布范围：青岛市的平度市；淄博市的沂源县、临淄区；烟台市的莱州市、招远市、龙口市、莱山区、牟平区；济宁市的曲阜市、金乡县、泗水县、邹城市、嘉祥县；潍坊市的坊子区、昌乐县；日照市的东港区、岚山区；威海市的荣成市、文登市、乳山市、环翠区；临沂市的沂水县；聊城市的东昌区、冠县、茌平县、阳谷县、东阿县、莘县、临清市、高唐县；莱芜市的莱城区、钢城区；德州市的德城区、陵县、平原县、武城县、夏津县、宁津县、临邑县、乐陵县、庆云县、禹城市、齐河县以及经济技术开发区；滨州市的博兴县、邹平县、沾化县；菏泽市的牡丹区、定陶县、成武县、巨野县、鄄城县、东明县、曹县、

发生危害：国家级检疫对象，危害苹果属、山楂属、梨属、李属。发生面积27.17万亩，其中，轻度发生17.56万亩，中度发生6.69万亩，重度发生2.92万亩。1914年，随调运苗木传入山东省。

5. 松材线虫病

分布范围：烟台市的长岛县；青岛市的市南区。

发生危害：国家级检疫对象，危害赤松、黑松。发生面积0.7万亩，均为轻度发生。青岛市南区属于首次发现，对疫情株进行清理，至今未发现新疫株。20世纪80年代初首次在南京发现，80年代末，传入山东省的长岛县，通过木质包装箱传入。

6. 杨树花叶病毒病

分布范围：泰安市的泰山区、岱岳区；潍坊市的寿光市；德州市的德城区、陵县、齐河县；菏泽市的单县、东明县；济宁市的鱼台县、金乡县、梁山县。

发生危害：国家级检疫对象，危害杨属；发生面积0.62万亩，均为轻度发生。1972年随引进的意大利杨树苗、插条传入山东省。

7. 加拿大一枝黄花

分布范围：聊城市的东昌府区；济南市的市中区、威海市的环翠区。

发生危害：省补充级检疫对象，发现于聊城环城公园，已铲除烧毁；济南市、威海市作为鲜花经营出售，两地检疫部门共查获1200株。20世纪80年代作为观赏花卉引进，2004年随调运建筑物资传入山东省聊城市东昌府区。

8. 大米草

分布范围：东营市的河口区、垦利县孤岛林场。

发生危害：禾本科米草属。1993 年引进时面积仅 30 平方米，2002 年面积扩展到 6000 亩左右，2005 年调查发现面积已达 1.03 万亩，以这样的速度发展下去，几年以后，该区浅海、滩涂将被大米草侵食殆尽，不但侵占了大片优良近海生物栖息地，而且还导致贝类、蟹类、鱼类、藻类等多种生物窒息死亡，已成为当地近海养殖业的“头号杀手”，破坏湿地生态平衡。该植物为了保护沿海滩涂而引进东营。

9. 刺果藤

分布范围：2003 年中国科学院植物研究所徐克学研究员，在青岛崂山进行植物野外考察时，在崂山林场北九水管理处停车场首次发现该植物。2006 年普查时，在北九水管理处辖区内多处发现。

发生危害：目前还未形成危害，若不及时控制，一旦蔓延开，势必造成大危害。发生面积达 200 亩，2000 年传入。刺果藤的传入主要有两个渠道：一是带刺的果附着在游客的衣物上被带入；二是随农产品、苗木进口输入。

今后要进一步观察其生态习性，摸清其生长规律，为进一步提出治理对策提供依据。

10. 剑叶金鸡菊

分布范围：青岛市的市南区、黄岛区、胶南市、即墨市、莱西市、崂山区以及崂山林场，烟台市的芝罘区。

发生危害：路旁、沟边及山脚处有分布，对树木及其他植物生长造成一定影响，发生面积 5000 亩。原产北美，2002 年青岛园林部门为绿化美化庭院而引进。

（二）外省（自治区、直辖市）传入的种类

1. 黑龙江松天蛾

分布范围：烟台市的昆嵛山林场。

发生危害：主要危害赤松、落叶松、樟子松、红松、云杉、冷杉等。这次仅在昆嵛山林场三分场赤松上发现该虫危害。发生面积 600 亩，均为轻度发生。传入时间不详，随调运苗木传入。

2. 合欢巢蛾

分布范围：济南市的历下区、市中区、天桥区、槐荫区；烟台市的芝罘区、牟平区以及昆嵛山林场。

发生危害：主要发生在公园、道路及庭院树木。严重时，满树虫巢，叶片的叶肉被啃光或咬成残缺不全，树冠呈现一片枯干景象。发生面积 0.25 万亩，均为轻度发生。随调运苗木传入。

3. 刺槐外斑尺蛾

分布范围：济宁市的曲阜市、泗水县、邹城市；泰安市的徂徕山林场。

发生危害：危害刺槐、杨、柳、枫杨、梨、杜梨、麻栎、枣、山槐、荆条、柿、泡桐、桃、杏、核桃、卫矛、柘树、白蜡、苦楝。发生面积为 0.91 万亩，其中危害轻的有 0.38 万亩，中度的有 0.27 万亩，重度的有 0.26 万亩。该虫随苗木调运传入。

4. 线茸毒蛾

分布范围：济南市的历城区、市中区、天桥区、槐荫区；泰安市的泰山区；菏泽市。

发生危害：危害泡桐。发生面积0.6万亩。20世纪80年代末传入山东省。

5. 松白粉蚧

分布范围：青岛市的黄岛区、胶南市、即墨市、崂山区以及崂山林场。

发生危害：寄主植物有黑松、赤松。若虫、成虫在粘连在一起的松针间取食危害，并分泌大量蜜露，导致煤污菌寄生，远看去松树灰黑一片，严重影响树木生长。发生面积0.6万亩，其中，轻度发生0.5万亩，中度发生0.1万亩。随调运苗木传入。

6. 松针蚧

分布范围：济南市的章丘市

发生危害：危害赤松、黑松、白皮松。发生面积0.10万亩，均为中度发生。随苗木调运传入山东省

7. 枣大球蚧

分布范围：德州市的乐陵市、庆云县、夏津县、禹城市；济宁市的邹城市、嘉祥县；枣庄市的市中区、薛城区。

发生危害：国家级检疫对象，危害杏属、枣属、杨属、柳属、核桃属。发生1.71万亩，均为轻度发生。随苗木从安徽省传入。

8. 杨红颈天牛

分布范围：青岛市的平度市。

发生危害：以幼虫危害树干部，呈扩散蔓延趋势，发生面积50亩。其生物学习性、发生规律不详，今后进行研究。该虫随苗木调运传入。

9. 绿盲蝽

分布范围：泰安市、潍坊市、临沂市以及济南市的平阴县。

发生危害：主要危害泡桐、苹果和葡萄及农作物；发生面积达5.61万亩，1985年随苗木调运传入山东省。

10. 二斑叶螨

分布范围：德州市以及济南市的历城区、青岛市、烟台市。

发生危害：危害苹果属、李属。发生面积2.70万亩，其中轻度发生2.50万亩，中度发生0.20万亩。随苗木调运传入山东省

11. 桃仁蜂

分布范围：济南市的章丘市，淄博市的博山区、沂源县、临淄区、淄川区，泰安市的泰山区。

发生危害：省补充检疫对象，危害杏、桃。发生面积1.59万亩，其中轻度发生1.28万亩，中度发生0.25万亩、重度发生0.06万亩。随果品调运传入山东省。

12. 猕猴桃溃疡病

分布范围：威海市的荣成市。

发生危害：国家级检疫对象，发生面积4100亩，轻度发生。1999年随苗木调运传入山东省。

（三）本土危害严重的林业有害生物

1. 赤松毛虫

分布范围：济南市的章丘市、历城区、长清区、平阴县；青岛市的黄岛区、城阳区、即墨市、胶南市、胶州市、平度市、崂山区以及崂山林场；淄博市的淄川区、博山区、临淄区、沂源县以及鲁山林场、原山林场；枣庄市的滕州市、山亭区、峄城区；烟台市的长岛县、莱阳市、福山区、莱山区、牟平区、栖霞市、招远市、莱州市以及昆嵛山林场；潍坊市的临朐市、青州市、诸城市、安丘市；济宁市的曲阜市、泗水县、邹城市；泰安市的泰山区、岱岳区、新泰市、肥城市、宁阳县以及泰山林场、徂徕山林场；威海市的荣成市、环翠区、乳山市、文登市；日照市的东港区、岚山区、莒县、五莲县；莱芜市的莱城区、钢城区；临沂市的沂水县、沂南县、费县、郯城县、平邑县、莒南县、苍山县、蒙阴县。

发生危害：赤松、黑松。发生面积 72. 82 万亩。其中，轻度发生 62. 57 万亩，中度发生 6. 86 万亩，重度发生 3. 38 万亩。

2. 杨小舟蛾

分布范围：枣庄市的山亭区、峄城区、台儿庄区；莱芜市的莱城区、钢城区；临沂市的罗庄区、沂水县、河东区、兰山区、费县；济宁市的嘉祥县、金乡县、邹城市、梁山县、曲阜市、兖州市；德州市的德城区、乐陵市、禹城市、陵县、平原县、夏津县、武城县、齐河县、临邑县、宁津县、庆云县；淄博市的张店区、淄川区、临淄区、桓台县、高青县。

发生危害：危害杨树。发生面积 32. 31 万亩；其中，轻度发生 26. 64 万亩，中度发生 3. 76 万亩，重度发生 2. 06 万亩。

3. 杨扇舟蛾

分布范围：济南市的章丘市、历城区、长清区、平阴县、济阳县、商河县；青岛市的黄岛区、城阳区、即墨市、胶南市、胶州市、平度市、莱西市；淄博市的张店区、淄川区、博山区、周村区、临淄区、桓台县、高青县、沂源县；枣庄市的滕州市、薛城区、市中区、峄城区、台儿庄区；东营市的东营区、河口区、广饶县、垦利县、利津县；烟台市的海阳市、莱阳市、福山区、龙口市、牟平区、招远市、莱州市；潍坊市的潍城区、寒亭区、坊子区、奎文区、昌乐市、青州市、诸城市、寿光市、安丘市、高密市、昌邑市；济宁市的市中区、任城区、兖州市、曲阜市、泗水县、邹城市、微山县、鱼台县、金乡县、嘉祥县、汶上县、梁山县；泰安市的肥城市、宁阳县、东平县；威海市的荣成市、环翠区、乳山市、文登市；日照市的东港区、岚山区、莒县、五莲县；临沂市的兰山区、罗庄区、河东区、沂水县、沂南县、莒南县、蒙阴县、临沭县；德州市的德城区、乐陵市、禹城市、陵县、平原县、夏津县、武城县、齐河县、临邑县、宁津县、庆云县；聊城市的东昌府区、莘县、阳谷县、茌平县、东阿县、冠县、高唐县、临清市；滨州市的阳信县；菏泽市的牡丹区、曹县、定陶县、成武县、单县、巨野县、鄄城县、郓城县、东明县。

发生危害：幼虫取食叶片，常常猖獗成灾，把叶片吃光，对树木的生长影响极大。发生面积 113. 26 万亩。其中，轻度发生 90. 95 万亩，中度发生 12. 99 万亩，重度发生 8. 92 万亩。

4. 春尺蠖

分布范围：菏泽市的牡丹区、成武县、单县、巨野县、郓城县、鄄城县、东明县、曹县、定陶县；淄博市的张店区、淄川区、周村区、临淄区、桓台县、高青县、沂源县；济宁市的嘉祥县、金乡县。

发生危害：危害杨树，发生面积29.36万亩。其中，轻度发生24.76万亩，中度发生3.82万亩，重度发生0.78万亩。

5. 大袋蛾

分布范围：全省所有县(区、市)均有分布。

发生危害：危害泡桐、悬铃木、麻栎、白榆、刺槐、垂柳、苹果、梨、桃、板栗、核桃等32科60多种植物。发生28.20万亩，其中，轻度发生20.47万亩，中度发生5.81万亩，重度发生1.92万亩。

6. 侧柏毒蛾

分布范围：济南市的章丘市、历城区、长清区、平阴县；淄博市的淄川区、博山区、临淄区、沂源县以及原山林场；枣庄市的滕州市、山亭区、峄城区；潍坊市的临朐市、青州市、安丘市；济宁市的曲阜市、泗水县、邹城市、微山县；泰安市的泰山区、岱岳区、东平县、肥城市；莱芜市的莱城区、钢城区；临沂市的沂水县、沂南县、费县、郯城县、平邑县、莒南县、苍山县、蒙阴县。

发生危害：主要危害侧柏，发生面积达25.89万亩。其中，轻度发生10.82万亩，中度发生5.77万亩，重度发生9.30万亩。

7. 杨毒蛾

分布范围：烟台市的海阳市、日照市的东港区、岚山区、五莲县、莒县；淄博市的张店区、淄川区、博山区、周村区、临淄区、桓台县、高青县；青岛市的城阳区、黄岛区、即墨市、胶州市、胶南市、平度市、莱西市；潍坊市的诸城市、临朐市、安丘市、昌乐市。

发生危害：危害杨树，发生面积14.39万亩。其中，轻度发生10.99万亩，中度发生2.64万亩，重度发生0.76万亩。

8. 柳毒蛾

分布范围：青岛市的城阳区、黄岛区、即墨市、胶州市、胶南市、平度市、莱西市；淄博市的张店区、淄川区、博山区、周村区、临淄区、桓台县、高青县；烟台市的栖霞市、福山区、招远市、海阳市；潍坊市的临朐市、诸城市、安丘市、昌乐市；日照市的东港区、岚山区、五莲县、莒县。

发生危害：危害杨属，发生面积16.29万亩。其中，轻度发生12.49万亩，中度发生2.94万亩，重度发生0.66万亩

9. 白杨透翅蛾

分布范围：莱芜市的莱城区、钢城区；烟台市的龙口市、牟平区、招远市、栖霞市；潍坊市的潍城区、寒亭区、坊子区、寿光市、诸城市、高密市、昌邑市；威海市的环翠区；菏泽市的单县、东明县、成武县、郓城县；淄博市的张店区、淄川区、博山区、周村区、临淄区、桓台县、高青县、沂源县；青岛市的胶州市、平度市。

发生危害：危害杨属，发生面积10.54万亩。其中，轻度发生7.16万亩，中度发生2.31万亩，重度发生1.07万亩。

10. 角斑绢网蛾

分布范围：泰安市的泰山区、岱岳区；枣庄市的峄城区、台儿庄区、山亭区。

发生危害：危害石榴树，发生面积 8.00 万亩。其中，轻度发生 7.20 万亩，中度发生 0.50 万亩，重度发生 0.30 万亩。

11. 枣尺蠖

分布范围：济宁市的邹城市；枣庄市的山亭区、滕州市；德州市的乐陵市、宁津县、庆云县、夏津县；滨州市的沾化县、无棣县。

发生危害：危害枣树，发生面积 37.40 万亩。其中，轻度发生 8.80 万亩，中度发生 13.30 万亩，重度发生 15.30 万亩。

12. 咖啡豹蠹蛾

分布范围：烟台市的蓬莱市；潍坊市的寿光市；枣庄市的山亭区、峄城区。

发生危害：省补充检疫对象，主要危害水杉、刺槐、咖啡、核桃、悬铃木、苹果、梨等 24 科 34 种以上农林植物。发生面积 0.63 万亩，轻度发生 0.45 万亩、中度发生 0.18 万亩。

13. 栗瘿蜂

分布范围：枣庄市的山亭区；莱芜市的莱城区、钢城区；泰安市的新泰市以及徂徕山林场；临沂市的临沭县、郯城县、平邑县、蒙阴县；日照市的五莲县、东港区、莒县、岚山区；济宁市的邹城市、曲阜市；淄博市的博山区、沂源县以及鲁山林场。

发生危害：省补充检疫对象，危害板栗、茅栗、锥栗。发生面积 3.97 万亩，轻度发生 2.32 万亩，中度发生 0.78 万亩，重度发生 0.87 万亩，危害率 7.2%。

14. 蔷薇大痣小蜂

分布范围：烟台的昆嵛山林场。

发生危害：蔷薇大痣小蜂，此种已经中国林业科学研究院杨忠岐教授鉴定，属膜翅目小蜂总科大痣小蜂亚科。主要危害野蔷薇种子。发生面积 500 亩，均为中度发生。由于本次普查，只采集到蔷薇大痣小蜂的幼虫，其主要生物学特性、危害程度及其分布范围有待于在以后调查研究。

15. 卫矛矢尖蚧

分布范围：省补充检疫对象，枣庄市的峄城区、台儿庄区、山亭区、薛城区；临沂市的兰山区、罗庄区、郯城县、平邑县、蒙阴县；潍坊市的潍城区、奎文区、青州市、寒亭区、坊子区。

发生危害：危害冬青卫矛、桃叶卫矛、华北卫矛、枸橘、李子。发生面积 6.00 万亩，轻度发生 4.20 万亩、中度发生 1.30 万亩、重度发生 0.50 万亩。

16. 桑天牛

分布范围：青岛市的平度市、胶州市；淄博市的张店区、淄川区、博山区、周村区、临淄区、桓台县、高青县、沂源县；枣市庄的市中区、滕州市、薛城区、峄城区；莱芜市的莱城区、钢城区；泰安市的肥城市、新泰市、东平县；临沂市的郯城县、费县；潍坊市的奎文区、潍城区、寒亭区、坊子区、青州市、诸城市、安丘市、高密市、昌乐县；菏泽市的牡丹区、成武县、单县、定陶县、巨野县、郓城县、鄄城县、东明县、曹县；济宁市的市中区、嘉祥县、金乡县、邹城市、鱼台县、任城区、汶上县、微山县、兖州市。

发生危害：危害杨、柳、榆、桑。发生面积 90.00 万亩，其中，轻度发生 60.50 万亩，中度发生 18.00 万亩，重度发生 11.50 万亩。

17. 光肩星天牛

分布范围：济南市的长清区、平阴县、济阳县、商河县；淄博市的张店区、淄川区、博山区、周村区、临淄区、桓台县、高青县、沂源县；枣庄市的滕州市、薛城区、市中区、峄城区、台儿庄区；烟台市的海阳市、莱阳市、福山区、龙口市、牟平区、招远市、莱州市；济宁市的泗水县、邹城市、梁山县；聊城市的东昌府区、莘县、阳谷县、茌平县、东阿县、冠县、高唐县、临清市。

发生危害：危害杨、柳。发生面积 70.3 万亩，其中：轻度发生 2.00 万亩，中度发生 56.10 万亩，重度发生 12.20 万亩。

18. 松墨天牛

分布范围：济南市的长清区 ；泰安市的肥城市及徂莱山林场 、泰山林场；烟台市的昆嵛山林场及长岛县；威海市的荣成市、文登市、乳山市、环翠区。

发生危害：危害赤松、黑松。发生面积 3.74 万亩，其中，轻度发生 3.07 万亩，中度发生 0.67 万亩。

19. 双条杉天牛

分布范围：济南市的历城区、长清区、平阴县；淄博市的张店区、淄川区、博山区、周村区、临淄区、沂源县；枣庄市的滕州市、薛城区、市中区、峄城区；烟台市的龙口市、牟平区、招远市；济宁市的泗水县、邹城市、梁山县。

发生危害：危害侧柏、圆柏。发生面积 319.00 万亩，其中轻度发生 93.00 万亩，中度发生 141.00 万亩，重度发生 85.00 万亩。

20. 锈色粒肩天牛

分布范围：济南市的平阴县、章丘市、历下区、市中区、天桥区、槐荫区；枣庄市的滕州市、薛城区、市中区、峄城区；济宁市的泗水县、邹城市、梁山县；菏泽市的牡丹区、曹县、定陶县、成武县、单县、巨野县、鄄城县、郓城县、东明县。

发生危害：危害槐树。发生面积 13.91 万亩；其中，轻度发生 9.03 万亩，中度发生 3.92 万亩，重度发生 0.96 万亩。

21. 板栗疫病

分布范围：莱芜市的莱城区、钢城区；泰安市的新泰市以及徂徕山林场；临沂市的郯城县、沂水县、莒南县、蒙阴县、费县；枣庄市的山亭区、市中区；淄博市的博山区、沂源县以及鲁山林场；威海市的环翠区、荣成市、文登市、乳山市；日照市的五莲县、东港区、莒县、岚山区；济宁市的邹城市。

发生危害：危害板栗、茅栗、锥栗。发生面积 8.68 万亩，轻度发生 7.78 万亩、中度发生 0.89 万亩，重度发生 0.01 万亩，危害率 9.00% 。

22. 根结线虫病

分布范围：枣庄市各市区；淄博市各市区；烟台市的栖霞市；济宁市的鱼台县、金乡县；泰安市的新泰市、东平县；日照市的东港区、莒县；临沂市的苍山县、蒙阴县、沂水县、沂南县、费县；菏泽市的牡丹区、成武县。

发生危害：危害楸树、梓树以及泡桐属、悬铃木属的植物等。发生面积 0.92 万亩，轻度发生 0.60 万亩、中度发生 0.21 万亩、重度发生 0.11 万亩。

23. 松烂皮病

分布范围：济南市的历城区、长清区；青岛市的崂山区以及崂山林场；烟台市的海阳市、莱阳市、龙口市、牟平区、芝罘区、莱山区、蓬莱市及昆嵛山林场。

发生危害：危害赤松、黑松。发生面积 10.10 万亩，其中，轻度发生 9.30 万亩，中度发生 0.66 万亩，重度发生 0.14 万亩。

24. 杨树溃疡病

分布范围：济南市的商河县；青岛市的莱西市、胶南市、胶州市、平度市、即墨市、城阳区；枣庄市的峄城区、薛城区、台儿庄区、山亭区；东营市的广饶县、东营区、垦利县、利津县、河口区；临沂市的苍山县、郯城县、平邑县、沂水县、莒南县、兰山区、费县、河东区；莱芜市的钢城区、莱城区；泰安市的宁阳县、新泰市、东平县；烟台市的龙口市、海阳市、莱州市、牟平区、栖霞市、莱阳市及昆嵛山林场；潍坊市的寒亭区、坊子区、青州市、寿光市、诸城市、安丘市、高密市、昌乐县；济宁市的金乡县、任城区、泗水县、兖州市、鱼台县、嘉祥县、梁山县、微山县、曲阜市、邹城市、汶上县；威海市的文登市；日照市的东港区、岚山区、莒县区、五莲县；菏泽市的牡丹区、巨野县、郓城县、东明县、曹县、单县；聊城市的东昌府区、莘县、阳谷县、茌平县、东阿县、冠县、高唐县、临清市。

发生危害：危害杨树。发生面积 59.40 万亩，其中，轻度发生 33.88 万亩，中度发生 19.29 万亩、重度发生 6.23 万亩。

25. 杨树黑斑病

分布范围：枣庄市的滕州市、薛城区、市中区、峄城区、台儿庄区；临沂市的河东区、寿光市、临朐县、诸城市、高密市；菏泽市的牡丹区、定陶县、成武县、巨野县、鄄城县、郓城县、东明县、曹县、单县；济宁市的金乡县、任城区、嘉祥县、梁山县、泗水县、微山县、兖州市、鱼台县；德州市的德城区、乐陵市、禹城市、陵县、平原县、夏津县、武城县、齐河县、临邑县、宁津县、庆云县以及经济开发区；东营市的河口区、东营区、利津县、垦利县、广饶县，滨州市的邹平县；青岛市的即墨市、胶南市。

发生危害：危害杨树。发生面积 145.25 万亩，其中：轻度发生 72.09 万亩，中度发生 44.41 万亩、重度发生 28.75 万亩。

26. 冠瘿病

分布范围：全省普遍发生。

发生危害：国家级检疫对象，主要危害杨树、柳树。发生面积 13.97 万亩，其中轻度生 8.86 万亩，中度发生 3.46 万亩，重度发生 1.65 万亩。

27. 泡桐丛枝病

分布范围：枣庄市的滕州市、山亭区、薛城区；临沂市的蒙阴县；烟台市的龙口市、莱州市；潍坊市的寒亭区、坊子区、高密市、昌乐县；菏泽市的牡丹区、成武县、单县、定陶县、巨野县、郓城县、鄄城县、东明县、曹县；济宁市的汶上县、嘉祥县。

发生危害：危害泡桐。发生面积 16.99 万亩。其中轻发生 10.80 万亩，中度发生 4.24 万亩，重度发生 1.95 万亩。

28. 落叶松枯梢病

分布范围：烟台市的蓬莱市、牟平区、海阳市、福山区，以及崑嵛山林场；威海市的荣成市、乳山市、文登市；淄博市的鲁山林场；泰安市的徂徕山林场。

发生危害：国家级检疫对象，危害落叶松。分布面积 70.86 万亩，发生面积 1.08 万亩，其中轻度发生 0.08 万亩，中度发生 1.00 万亩。平均感病株率 60%，最低感病株率 50%，最高感病株率 80%。

29. 松疱锈病

分布范围：威海市的环翠区；泰安市的泰山林场。

发生危害：国家级检疫对象，赤松、华山松、转主寄主茶藨子属；分布面积 8.52 万亩，发生面积 0.13 万亩，均为轻度发生。

30. 冬枣黑斑病

分布范围：德州市的乐陵市、庆云县；滨州市的无棣县、沾化县；东营市的河口区、垦利县。

发生危害：省补充检疫对象，危害冬枣、小枣。发生面积 13.80 万亩。其中轻发生 12.20 万亩，中度发生 1.26 万亩，重度发生 0.34 万亩。

31. 草坪草褐斑病

分布范围：全省所有县(区、市)有分布。

发生危害：国家级检疫对象，危害早熟禾、雀稗、狼牙根、剪股颖、紫羊茅、高羊茅、黑麦草、结缕草。发生面积 3 万亩，均为轻度发生。

32. 葎草

分布范围：济南市的济阳县、商河县、章丘市；淄博市的张店区、周村区、临淄区；济宁市的任城区、梁山县、邹城市、金乡县、嘉祥县、汶上县、兖州市、曲阜市；临沂市的蒙阴县、平邑县；聊城市的东昌府区、莘县、阳谷县、东阿县、冠县、高唐县。

发生危害：林业上危害各种树木及苗木，特别是公路两侧绿化带受害严重，爬满树冠，影响树木光合作用，使树木枯死。发生面积 14.04 万亩。其中轻发生 11.74 万亩，中度发生 2.20 万亩，重度发生 0.10 万亩。

33. 野苋菜

苋科有凹头苋、反枝苋、白苋、刺苋、皱果苋等种，以反枝苋、皱果苋为常见。现以反枝苋为代表。

分布范围：全省各县(区)均有分布。

发生危害：主要生长在苗圃地，与苗木争养分，影响苗木生长。发生面积 66.00 万亩，其中轻发生 28.00 万亩，中度发生 30.00 万亩，重度发生 8.00 万亩。

34. 菟丝子(中国菟丝子)

分布范围：济宁全市均有分布；聊城市的茌平县、东阿县；德州市的乐陵县、临邑市、平原县。

发生危害：危害林木、花卉、果树、桑等植物。尤其对苗木、幼树和低矮的灌木危害严重。菟丝子依其茎缠绕攀附幼树、幼苗，使幼树、幼苗枝叶不能舒展。以吸器侵入茎、枝的导管和筛管吸取养分。幼树、幼苗被缠绕的茎枝常有明显的缢痕，容易折断。受害树木生长发育不良，生长衰弱，严重的会整株枯萎死亡。发生面积 38 万亩。其中，轻发生 18.00 万亩，中度发生 15.00 万亩，重度发生 5.00 万亩。

35. 圆叶牵牛花

分布范围：全省大部分县有分布。

发生危害：苗圃、道路两侧绿化带危害较重。发生面积 20 万亩，均为轻度发生。

36. 藜

分布范围：全省各县有分布。

发生危害：发生面积 61.44 万亩，其中轻度发生 47.83 万亩，中度发生 10.11 万亩，重度发生 3.50 万亩。苗圃、果园、道路两侧危害严重。

37. 车前草

分布范围：青岛市的城阳区、黄岛区、崂山区、即墨市、胶州市、胶南市、平度市、莱西市及崂山林场；烟台市的龙口市、芝罘区、蓬莱市，招远市及昆嵛山林场。

发生危害：发生面积 54.79 万亩。其中，轻度发生 41.18 万亩，中度发生 10.11 万亩，重度发生 3.50 万亩。苗圃、果园有发生，危害轻。

38. 黄花蒿

分布范围：青岛市的城阳区、黄岛区、崂山区、即墨市、胶州市、胶南市、平度市、莱西市及崂山林场；烟台市的龙口市、芝罘区、蓬莱市、招远市及昆嵛山林场；枣庄市的滕州市、山亭区、薛城区、峄城区；泰安市的宁阳县及泰山林场、徂徕山林场。

发生危害：发生面积 65.00 万亩。其中轻度发生 49.64 万亩，中度发生 11.86 万亩，重度发生 3.50 万亩。影响果树和幼林生长；也是蚜虫等害虫的越冬场所。

39. 槲寄生

分布范围：青岛市的崂山区、城阳区、胶南市以及崂山林场；泰安市的泰山林场、徂徕山林场；济宁市的曲阜市、邹城市、泗水县。

发生危害：危害古树名木，发生面积 3.00 万亩，均为轻度发生。

40. 苍耳

分布范围：全省各地均有分布，集中在道路两侧，果园、苗圃、山林。

发生危害：发生面积 108 万亩，均为轻度发生。危害道路两侧新栽幼树、苗木、果树，也是棉蚜、棉铃虫和向日葵菌核病的寄主。

41. 葛藤

分布范围：常见于山坡及疏林地。青岛市的崂山区、烟台市的牟平区、栖霞市、招远市；济宁市的曲阜市、邹城市；临沂市的蒙阴县、平邑县、沂水县；泰安市的泰山林场、徂莱山林场。

发生危害：发生面积 10 万亩，均为轻度发生。对树木形成缠绕，影响树木光合作用，严重时造成树木死亡。

42. 巴天酸模

分布范围：青岛市的崂山区及崂山林场、胶南市、胶州市；烟台市的招远市、芝罘区以及昆嵛山林场。

发生危害：生于水沟、路旁、田边、荒地，也见于山区的沟边潮湿处、山地针叶林林缘地带。发生面积 1.20 万亩，均为轻度发生。

（四）危害木材的林业有害生物

1. 纵坑切梢小蠹

分布范围：烟台市的龙口市。危害木材 171 立方米，均属轻度危害。

发生危害：危害赤松、油松、黑松、华山松等树种原木。

2. 褐幽天牛

分布范围：烟台市的龙口市以及昆嵛山林场。

发生危害：危害赤松等松原木及板材。危害木材83立方米，均为轻度危害。

3. 刺槐绿虎天牛

分布范围：烟台市的龙口市以及昆嵛山林场。

发生危害：危害刺槐板材等，轻度危害。

4. 隐脊薄翅天牛

分布范围：烟台市的招远市。

发生危害：轻度危害柳树原木。

5. 家茸天牛

分布范围：济南市的章丘市、历城区、长清区、平阴县、济阳县、商河县；菏泽市的牡丹区、定陶县、成武县。

发生危害：危害阔叶树种原木、板材。受害木材81420立方米，轻度危害30000立方米、中度危害51420立方米。

6. 云杉八齿小蠹

分布范围：枣庄市的市中区。

发生危害：轻度危害原木500立方米。

7. 芳香木蠹蛾东方亚种

分布范围：枣庄市的市中区。

发生危害：危害原木，轻度200立方米。

四、重要成果

(1)首次对林业有害植物种类、分布、形态特征、生物学特性、传播途径、危害情况；进行了系统研究，确定15种林业有害植物种类。填补了国内空白。

(2)查清了国内检疫性林业有害生物10种、省补充检疫性林业有害生物10种的分布范围、危害程度、传播途径、蔓延趋势。

国内检疫性林业有害生物10种：美国白蛾、蔗扁蛾、枣大球蚧、松材线虫病、草坪草褐斑病、杨树花叶病毒病、冠瘿病、猕猴桃溃疡病、落叶松枯梢病、松疱锈病。

省补充检疫性林业有害生物10种：日本松干蚧、角斑绢网蛾、桃仁蜂、栗瘿蜂、卫矛矢尖蚧、咖啡豹蠹蛾、松墨天牛、冬枣黑斑病、根结线虫病、加拿大一枝黄花。

(3)发现林业有害生物新记录种6种。

蔷薇大痣小蜂、刺槐外斑尺蛾、加拿大一枝黄花、大米草、刺果瓜、剑叶金鸡菊。

(4)编制林业有害生物分布范围、发生面积统计表、疫情分布图，划分疫区、制订预警方案，对加强区域间的联防联治，更好地开展林业有害生物检疫、封锁、扑灭工作。

(5)调查发现山东省林业有害昆虫8目63科516种，并进行了编目。

(6)根据调查结果，编制完成了《山东省重大林业有害生物灾害应急预案》。

五、结论与防治对策

（一）结　论

（1）摸清了山东省林业主要有害生物的分布范围、发生危害情况及传播途径为今后开展检疫、测报、治理及检疫法规的制订提供了科学依据。

（2）通过该项研究确定了山东省林业主要有害生物共计 69 种；车前草、葛藤、野薄荷对森林资源及林业生产没有危害，故不列为有害生物种类。

（3）调查发现山东省林业有害昆虫 516 种，并对其种类进行了编目。目前，516 种林业有害生物对森林资源有一定的危害性，某些种类具有潜在的危害性，今后要对这部分有害生物实施有效监测。一旦发生危害，组织治理。

（4）通过该项研究确定了 13 种林业有害植物种类。并对其分布、形态特征、生物学特性及传播途径进行了系统研究，为今后更加深入研究林业有害植物打下了理论基础。

（5）编制林业有害生物疫情分布图，划分疫区、制订预警方案，对加强区域间的联防联治，更好地开展林业有害生物检疫、封锁、扑灭工作。

（6）为确定林业检疫性有害生物、补充检疫性有害生物、危险性有害生物，实施林业有害生物工程治理，编制《山东省重大林业有害生物灾害应急预案》提供科学依据。

（二）防治对策

（1）各级森保机构根据本项研究成果，建立林业有害生物疫情数据库，根据疫情分布范围划分疫情区和保护区；轻发区和重灾区。制订主要林业有害生物测报、检疫、除治方案和突发性危险林业有害生物应急处置方案。

（2）加大对引进的林木种子、苗木及其他繁殖材料的隔离试种监管力度，防止国外危险性林业有害生物的传入。引进后，注意观察、跟踪，严格按照《森林植物检疫技术规程》的规范要求，实施监控，一旦发现有入侵林业有害生物，及早控制，彻底除治，防止其扩散。

（3）对部分地区发生的林业有害生物，如国外传入的 10 种和省内新发现的 7 种林业有害生物，要加强检疫，封锁控制疫情，防止传播蔓延。在疫情区内运用综合防治措施，降低虫口的密度，直至扑灭。

（4）对于松材线虫病、美国白蛾、蔗扁蛾、加拿大一枝黄花列为山东省重大危险性林业有害生物，启动紧急防治预案，实施预防除治。

（5）由于松材线虫病危害性大，难防治，易传播的特点，建议将泰山、蒙山、鲁山、沂山、崂山、昆嵛山及沿海松树防护林带划为重点保护区实施常年检疫、检测，一旦发现疫情就地扑灭。

（6）对于外省市传入的 12 种林业有害生物，抓住分布范围小、发生面积少、危害轻的有利时机，采取有效措施尽快扑灭，防止其扩散蔓延。

（7）鉴于大多数危险性病虫在其寄主生长期间有明显的危害症状，容易发现和识别，检疫检查快速、准确、简便易行这一特点，应重点抓源头，积极开展产地检疫，以无检疫对象苗圃为样板，逐渐建立完善的产地检疫体系，从根本上预防和除治危险性林业有害生物。

（8）各地根据研究资料，编制培训方案，对检疫员进行执法培训，提高检疫员执法水平和业务素质，确保每个检疫员都能熟悉林业检疫性有害生物的生活史、鉴别特征和检疫技术，并能在现场检疫中准确应用，真正把检疫工作做到实处。

(9)在研究中发现有些有害生物的种类的划分，特别是植物种类，因为地域，土壤、气候等因素的影响不同，各生物生长繁殖情况、危害程度也不同，所以有害生物的种类的划分要有地域性。如葎草(拉拉秧）分布广泛，对农林生产危害十分严重，而且防治困难；大米草耐盐碱，适应性强，难除治；菟丝子难除治，严重危害苗木生产；刺果藤生长快，适应性强是具有危险性的有害植物，所以建议把此种类作为林业有害植物。对那些有药用价值、经济利用价值的植物种类，如葛藤、藜(灰菜)、车前、苍耳、野薄荷等应根据山东省的情况不作为林业有害生物。

(10)对于本土严重发生的林业有害生物，如杨树食叶害虫、经济林病虫害、松墨天牛、双条杉天牛、杨树溃疡病列为山东省重点有害生物，实施工程治理，把经济损失减低到最小水平。

(11)对这次研究的林业有害植物种类，建议请有关专家进行论证评估后，确定山东省的有害植物名单，对社会公布。

河南省林业有害生物普查技术报告

根据国家林业局《关于在全国开展林业有害生物普查工作的通知》(林造发[2003]73 号)和森防总站《关于印发全国林业有害生物普查技术要点的通知》(林防总检字[2003]67 号) 等两个文件的要求，河南省于 2004 ~ 2005 年在全省范围内开展了林业有害生物普查工作，圆满完成了任务。现将林业有害生物普查情况报告如下：

一、普查目的和意义

(一) 普查目的

通过普查，掌握林业外来和本土有害生物在河南省的种类、分布、危害状况；建立和完善林业有害生物数据库；为今后确定林业检疫性有害生物、补充林业检疫性有害生物、危险性林业有害生物提供基础性数据；为河南省制订主要林业有害生物防治预案、林业危险性有害生物预警方案和实施林业有害生物工程治理提供可靠依据。

(二) 普查意义

近年来，林业有害生物尤其是外来林业有害生物的入侵，严重破坏了我国的森林资源，在局部地区造成了生态系统的失衡，带来了不可逆转的生态灾难。为了控制和防止林业有害生物的危害，就必须掌握翔实的数据。因此，林业有害生物普查势在必行。普查对促进全省森防事业的发展，巩固造林绿化成果，保护森林资源，维护生态平衡具有十分重大的意义。

二、河南省自然概况和森林资源现状

(一) 河南省自然概况

河南省是农业大省，位于我国的中部，地处东经 110°21′ ~ 116°39′，北纬 31°23′ ~ 35°22′。东西长约 580 千米，南北宽约 530 千米。河南省共辖郑州、开封、洛阳、三门峡、许昌、漯河、周口、商丘、南阳、平顶山、信阳、驻马店、焦作、新乡、安阳、濮阳、鹤壁 17 个市，全省总国土面积为 16.7 万平方千米，占全国总面积的 1.74%。地貌处于第二级地貌台阶向第三级地貌台阶的过渡带，总的地势为西高东低。分属于黄河、淮河、长江和海河等四大水系。河南省大致以伏牛山主脊与淮河干流的连线为界，界南属北亚热带湿润区，界北为暖温带半湿润区，全年气候特点是：春季干寒多风沙，夏季炎热多雨水，秋季晴朗日照长，冬季寒冷少雨雪。全省年平均气温 13 ~ 15℃，无霜期为 190 ~ 230 天。年平均降水量 600 ~ 1200 毫米，年平均相对湿度为 59% ~77%。

(二) 森林资源现状

根据 2003 年河南省第四次森林资源清查的统计数字，全省林业用地面积 6846 万亩，占全省国土总面积的 27. 33%；在林业用地中，有林地面积 4055 万亩，占林业用地面积的 59. 22%；全省森林覆盖率为 16. 19%，灌木林地覆盖率为 3. 85%，四旁树覆盖率为 2. 87%；全省活立木蓄积量为 133. 70 万立方米，四旁 341 万亩。主要树种为杨、泡桐、刺槐、槐树、柳、栎类、马尾松、油松等绿化树种，板栗、枣、苹果、桃、杏、梨、李、山楂、花椒、柿、葡萄、石榴等经济林树种，还有部分黑松、苦楝、栾树、黄连木、毛竹等。

三、普查范围和对象

（一）普查范围

全省所辖区域内的有林地。即天然林(含荒漠植被、灌木林)、人工林(生态林、防护林、经济林、森林公园、自然保护区、绿色通道、四旁绿化树等)、苗圃、花圃、贮木场、木材和果品加工厂、木材和果品交易市场、花卉经营场所等。普查的重点为省级以上森林公园和自然保护区、各大中型林场等林业重点保护区以及林业有害生物易发生区，还有过去调查涉及不到的区域。

（二）普查对象

根据全国林业有害生物普查技术要点的规定，结合河南省实际，应列入普查对象的，主要包括以下三类：

(1)本土危害性大的有害生物。指在 1980 年以前就在河南省发生危害，对河南省森林植物及其产品造成较大危害的病原微生物、有害昆虫、有害植物、鼠、兔、螨等。由河南省林业厅根据本省危害的实际情况进行排序，确定了前 20 种。

(2)1980 年以后从外省(自治区、直辖市)传入的外来林业有害生物。

(3)从国(境)外传入的原产地在国(境)外，已在河南省危害的林业有害生物。

四、普查内容、方法和技术路线

（一）普查内容

(1)查清普查对象在河南省的寄主植物、分布范围、发生面积。寄主植物种类多于 20 种的，至少要列出主要的 20 种。普查对象发生地点的基本单位为县，如果是新发生的或者发生区域较小的，要点到乡镇名称；对原木、板材、方材、木质包装材料、垫脚木、人造板等的统计填写为调查所在地名称和单位名称。

发生面积的统计分为轻、中、重三个等级，如果是在经济林、苗圃、花圃、温室等地调查的，以寄主植物的实际种植面积算；在其他林地调查的，以林业小班为单元计算发生面积。

(2)查清林业外来有害生物的传入时间、首次传入地点、传入的途径、传入的方式等，并分析其入侵对当地经济、生态、社会的影响。

（二）普查方法

为完成国家林业局下达的林业有害生物普查任务，结合河南省实际，普查队伍的组成由两种方式，一种是采取以市森防站为中心，抽调各县级森防人员，再将人员分成若干组，每组负责一定行政区域，由指定组长带领进行外业普查，采集的标本由市里统一整理、归类；另一种是“各自为政”，即各县级森防站负责本辖区内的外业调查和内业整理，市站以1～2人为一组，分派到1～3个县进行全程的技术指导和监督。

不论采取哪一种方式，都要做好普查前的准备工作，查阅1980年左右的普查文献和大量的专业资料，制订切实可行的林业有害生物普查技术实施方案，开展技术培训，准备普查工具等。

外业调查主要采取线路踏查和标准地详查相结合的方法，同时采集一定数量的标本并拍照有害生物的危害特征；内业整理包括标本的整理、鉴别、鉴定以及外业调查数据的统计、汇总，普查工作总结和技术报告的编写。

（三）普查技术

1. 访问调查

普查人员在外业调查时，通过走访相关人员，了解当地林木病虫害发生和危害情况。

2. 线路踏查

根据走访情况和当地森林资源分布状况，各普查技术小组确定有代表性的路线进行踏查，查明踏查范围内林业有害生物的种类、数量、寄主植物的情况，再根据这些情况，对有危害症状的设立标准地进行详查。

3. 标准地调查

各市根据本地情况，首先将有林地进行划分，为平原有林地类型、山区林地类型、经济林、苗圃、木材加工类型等五类，对照人工林标准地设置累计面积不少于有害生物发生面积的3%、天然林不少于0.2%、贮木场抽样率是应查数的3%的标准，再根据踏查时有害生物是病是虫是植物还是其他种类，选取有代表性的地块设置标准样地，进行详细的调查。每标准样地内的寄主植物必须达100株以上，按随机抽查的方式调查30株。标准样地的面积和代表面积按国家林业局森防总站《关于印发全国林业有害生物普查技术要点的通知》中的林木病害、害虫、花圃地标准地调查的要求设置。

普查小组对每一个标准样地都用GPS定位，认真调查并按要求如实填写各种表格。用GPS定位标准地，是为了调查数据不够充分说明问题而另设样地时地点不发生重复，也是为了一次采集标本不全时，下次在同一地点补充，更是为了保证普查质量，便于监督。

4. 标本采集和拍照

普查时，采集林业有害生物标本并拍照或摄相，及时填写采集标签，合理编号。及时鉴定并填写名称；无法鉴定的，及时报送省森防站。

五、普查对象在全省发生现状及趋势分析

经过近两年的林业有害生物普查，全省共设置标准样地17712个，其中病害1594个，虫害13065个，苗圃地1567个，经济林地1128个，贮木场358个。采集标本16350号次，其中，病害3610号次，虫害12080号次，有害植物660号次。共拍摄照片1840张。

目前在河南省尚未发现从国(境)传外入的外来林业有害生物。但有4种从省外传入，分别为中华松梢蚧、杨直角蜂、红脂大小蠹、苹果绵蚜。

（一）普查对象在河南省发生现状

1. 危害严重的20种本土林业有害生物

河南省确定的需要普查的20种本土林业有害生物为杨扇舟蛾、杨小舟蛾、杨白潜叶蛾、春尺蠖、光肩星天牛、桑天牛、刺槐尺蠖、草履蚧、马尾松毛虫、油松毛虫、松阿扁叶蜂、松墨天牛、纵坑切梢小蠹、锈色粒肩天牛、桃小食心虫、板栗剪枝象甲、杨树溃疡病、杨树烂皮病、板栗疫病、松针褐斑病等，全省共发生464.16万亩，轻、中、重度分别为343.77万亩、91.99万亩、28.40万亩。

2. 1980年以后从外省(自治区、直辖市)传入的外来林业有害生物

这类有害生物共4种，分别为：中华松梢蚧、杨直角叶蜂、红脂大小蠹、苹果绵蚜。

中华松梢蚧发生面积为9.77万亩，其中轻度发生4.72万亩，中度发生3.05万亩，重度发生2万亩；杨直角蜂仅轻度发生0.2万亩；红脂大小蠹发生面积为43.9万亩，其中轻、中、重度发生面积分别是34万亩、8.4万亩、1.5万亩；苹果绵蚜发生面积为1.26万亩，其中轻、中、重度发生面积分别是0.81万亩、0.35万亩、0.1万亩。

3. 原产地在国(境)外，从国(境)外传入的已在当地造成危害的林业有害生物

本次普查尚未发现。

（二）初步探索了河南省林业有害生物发生变化规律

20世纪50年代，河南省林木病虫害主要种类是松毛虫、榆兰金花虫等。60年代主要的病虫种类有松毛虫、枣疯病、苗木立枯病等。70年代主要种类有松毛虫、杨树天牛、杨树食叶害虫和泡桐丛枝病、枣疫病等。1978～1983年，全省森林资源状况相对稳定，林木病虫害年发生面积稳定在250万亩左右，主要病虫害为马尾松毛虫、木撩尺蠖、榆兰叶甲、杨梢叶甲、刺槐尺蠖、大袋蛾及大枣等经济林病虫害。从1984年起，平原地区大面积开展农桐间作，泡桐栽植面积逐年增多，全省林木病虫害年发生面积逐年上升，至1987年，全省林木病虫害发生面积达447万亩，与1980年相比，上升了1倍，其中主要是泡桐丛枝病、大袋蛾、泡桐叶甲发生面积的增加。从1988年起，泡桐丛枝病、大袋蛾大面积暴发，涉及全省80多个县(区、市)，使全省林木病虫害发生面积首次突破1500万亩，其中大袋蛾发生面积达到1000万亩。至1997年，全省林木病虫害发生面积控制到1212万亩。进入90年代，受木材价格影响，全省杨树种植面积迅速增加，随着寄主树种面积的增加，杨树病虫害发生面积逐年上升，至1998年，杨小舟蛾、杨扇舟蛾等全省性暴发成灾，发生面积达330万亩，1998年，被称为“北方松材线虫病”的红脂大小蠹由山西省传入河南省太行山区，发生面积120多万亩，该虫既危害濒死松树又危害健康松树，对河南省天然油松林构成很大威胁，被列为国家林业局六大病虫害工程治理项目之一进行治理。

当前，河南省林木病虫害发生的形势依然严峻，其原因是多方面的：一是造林质量不高，重数量轻质量，导致大量人工林的出现。由于树种结构单一，纯林面积过大，直接后果是病虫害呈长周期性暴发。杨树占河南省平原造林树种的70%，由于受杨树天牛等蛀干害虫和杨扇舟蛾、杨小舟蛾、春尺蠖等食叶害虫的危害，严重影响杨树的发展。二是危险性林木病虫害对河南林业生物建设的威胁更加严重。松材线虫病、美国白蛾等世界检疫性林业有害生物在周边省份发生。全国19种检疫性林业有害生物中，有红脂大小蠹、板栗疫病、锈色粒肩天牛等 6 种在河南省局部分布。

六、问题与建议

(1)20 种普查对象的确定方法比较粗放，可能有遗漏之处。对一些有害生物的生活史和生物学特性了解还不清，其生活史标本采集不完整。

(2)大部分普查人员没有从事过普查工作，标准地的设置不会完全符合要求，会出现一些失误和偏差。

(3)外来林业有害生物资料缺乏，对其种类、入侵途径尚未完全掌握。尤其是有害植物种类，对其关注较少，历史记载很少或者没有，无从参考。

针对以上存在的问题建议如下：一是有计划地对尚未掌握生活习性和发生发展规律的林业有害生物开展生物学和生态学特性研究，掌握其生活习性和灾变规律，开展有效防治和科学利用的研究，达到有效控制灾害和有效利用的目的。二是对这种大规模的普查，最好能有充足的专项资金，时间紧、工作量大，建议延长普查时间或者减少普查种类。三是建立健全森防机构，稳定森防人员，加强业务培训，保证森防工作健康顺利地开展。四是加强对普查技术和普查方法的研究，促进普查质量和普查科学技术含量的提高，增加普查数据的科学性。

湖北省林业有害生物普查技术报告

根据国家林业局《关于在全国开展林业有害生物普查工作的通知》(林造发[2003]73号)精神，按照《全国林业有害生物普查技术要点》、《湖北省林业有害生物普查实施方案》的规定和要求，湖北省从2003年6月至2005年4月，在全省范围内开展了林业有害生物普查工作。在国家林业局造林司、国家林业局森防总站的正确领导下，湖北省各级林业主管部门积极支持，全体普查人员共同努力，圆满完成了这次普查任务。通过普查，初步建立了湖北省林业有害生物数据库，掌握了外来林业有害生物及本土危害严重的林业有害生物的分布及危害状况，对湖北省加强区域间联防联治、制订预警方案、确定补充检疫性有害生物，制订防治方案提供了科学依据。

一、基本概况

1. 自然地理及社会经济概况

全省土地总面积27885万亩，林业用地面积12942.77万亩，占46.4%。其中：森林面积9056.02万亩，占70%；疏林地159.66万亩，占1.2%；灌木林地3145.68万亩，占24.3%；无立木林地571.18万亩，占4.4%；园林绿化地2.42万亩、苗圃地7.82万亩，共占0.1%。

2. 地理位置

湖北省位于长江中游，北接河南省，东连安徽省，东南和南邻江西省、湖南省，西靠重庆市，西北与陕西省为邻。位于东经108°21′~116°07′，北纬29°05′~33°20′。东西长约740千米，南北宽约470千米，面积18.59万平方千米，占全国总面积的1.94%，居全国第16位。

3. 地形地貌

全省地形特点是三面高，中央低，略向南敞开的不完整盆地，海拔多在1000米以上；最高峰神农架海拔高达3105米。中部为江汉平原和丘陵区，湖泊星罗棋布，河渠纵横交错，系全省农业基地。东南部为幕阜山地，海拔一般在500米左右，主峰在1600米以上；东北部为大别山山地，地势北高南低，海拔50~1000米，主峰1800米。

4. 气候

湖北省属于亚热带季风气候，春季天气复杂多变，阴晴不定，夏季湿热，秋高气爽，冬季干冷。1月平均气温为1~5℃，为全年最冷月；7月为全年最热月，多数地区7月平均气温27~30℃。从总的趋势看，气温和降水量都是东南高、西北低，由南向北依次递减。

5. 土壤质地

东北部岩石以片麻岩为主，花岗岩和片岩次之，主要土壤为山地棕色森林土和黄棕壤，呈酸性反应；东南部以花岗岩为主，页岩和石灰岩次之，主要土壤有灰化红壤、黄壤与黄棕壤，土层较深厚呈微酸性反应；江汉平原为冲积土；西北部有武当山片岩及砂岩、页岩、板岩等基岩。

6. 树种分布

湖北省地处温带和亚热带之间，森林植物种类丰富，主要树种及分布为：马尾松居全省首位，其次为栎类，两者在全省广泛分布。此外，桦木、巴山松、山毛榉、山杨、杉木、化香等树种主要分布于十堰市、恩施土家族苗族自治州、宜昌市及神农架林区等山区，柏木主要分布于宜昌市、恩施土家族苗族自治州、咸宁市等地，油松主要分布于宜昌市、恩施土家族苗族自治州，日本落叶松、鹅掌楸主要分布于恩施土家族苗族自治州、宜昌市以及神农架林区，黄山松、枫香主要分布于黄冈市，楮栲类主要分布于咸宁市和黄石市，刺槐主要分布于襄樊市和宜昌市，竹类主要分布于咸宁市和黄石市，水杉、池杉主要分布于平原湖区的武汉市、荆州市、孝感市等地，杨树除江汉平原湖区大量栽植外，在丘陵地区已有部分人工栽植。

7. 林业生产及林业有害生物发生情况

建国50多年来，湖北省各级政府非常重视林业生产，广泛开展了植树造林活动，20世纪50年代以营造马尾松纯林为主，60年代以营造杉木纯林较多，70年代开始营造混交林，80年代平原丘陵地区大力发展杨树速生丰产林，90年代开始注重经济林的发展。由于大面积营造人工纯林，一些林业有害生物在湖北省局部地区发生严重，如马尾松毛虫、栗瘿蜂、桑天牛、桃蛀螟、栗透翅蛾、云斑天牛、剪枝栎实象、栗实象、杨扇舟蛾、银杏大蚕蛾、板栗枝枯病、梨赤星病、油桐黑斑病、松赤落叶病、松赤枯病、桃树流胶病、杨树叶锈病、东北鼢鼠、桑寄生等。

二、开展普查的目的、意义

1. 林业有害生物对发展林业生产的影响

近20多年，在提高国土覆盖率、培育森林资源、增加林业生产综合效益的过程中，湖北省和全国一样，先后掀起“种植结构调整”、“平原绿化达标”、“灭荒达标”以及“退耕还林”和“荒山造林”等大规模的林业建设高潮。受工程规划、建设资金、技术准备、组织实施等多种因素的影响，没能做到适地适树，有些树种从定植开始，就表现为病虫缠身。以生态效益为主的林地，由于常年管护投入不足，使得病、虫、有害植物等妨碍林木生长的自然因素演变成为生物灾害，严重影响了树木的健康生长，抑制了森林资源总量的增加。随着林产品的流通，将原本只在小区域内活动的有害生物，扩散到了全新的生存空间，给湖北省局部带来灾害，并对本地森林生态的稳定构成潜在的威胁。

2. 目的意义

通过普查，掌握湖北省林业外来有害生物和危害严重的本土林业有害生物种类、发生、分布情况；建立林业有害生物数据库；科学地开展风险评价，预测其对生物多样性和生态环境的作用程度、经济损失，核算治理的经济、社会成本；为防范有害生物而确定检疫性管理措施，合理提出检疫要求；确定本地主要监测对象和区域，制订经济、有效的防控措施，编制预警方案，确定和实施工程治理项目。

三、普查的范围与内容

1. 普查范围

这次普查涉及全省12个地级市，1个自治州，102个县(区、市)，3个国家级自然保护区所辖区域的有林地(含用材林、经济林、绿色通道)、苗圃、贮木场、木材加工厂、花圃等。调查的重点是省、市林业重点保护区域、有害生物容易发生区域，以及过去调查涉及不多的领域，如木材流通集散地、木材加工和耗材企业等。

2. 普查内容

(1) 林业有害生物的种类和分布。林业有害生物包括林业病原微生物、有害昆虫、有害植物，及鼠、兔、螨类等，并分为外来林业有害生物和本土林业有害生物，以1980年普查结果为基本依据。

(2) 林业有害生物的危害对象。危害对象包括乔木(主要树种)、灌木、花卉和林地、苗圃、湿地等。

(3) 有害生物发生面积。按轻、中、重三个等级统计发生面积。

(4) 危害木材的有害生物。主要指危害贮木场、木材加工厂等木材的有害生物。

(5) 外来有害生物。主要记录传入地、传入时间、传入途径和方式。

3. 普查方法

主要依据是国家林业局《关于在全国开展林业有害生物普查工作的通知》、《全国林业有害生物普查技术要点》、《湖北省林业有害生物普查技术要点》、《湖北省林业有害生物普查有关技术规定》等。

(1) 制订实施方案。结合湖北省林业生产实际，省林业有害生物普查办公室制订了《湖北省林业有害生物普查实施方案》、《湖北省林业有害生物普查技术要点》、《湖北省林业有害生物普查有关技术规定》，都以正式文件下发全省各地。同时，各市(州)、县(区、市)结合本地特点，相应制订具体实施方案，保证普查工作的有效进行。

(2) 收集查询资料。主要包括《1984年湖北省森林病虫普查资料汇编》、《1999年湖北省森林资源二类调查成果资料》，《2004年湖北年鉴》、《中国森林昆虫》(第2版增订本)，《全国森林植物检疫对象发生分布情况统计(1999~2001)》，李振宇和解炎主编的《中国外来入侵种》等资料，以及各市(州)、县(区、市)本次林业有害生物普查汇总资料和行政区划地图等。

(3) 组建普查队伍。全省共组建普查领导小组93个，建立普查专班79个，参加调查人员500多人。

(4) 准备普查工具。为保证林业有害生物普查工作顺利进行，省林业有害生物普查办公室统一购置普查工具箱120多套、资料240本，于普查之前分别下发各级森防站。

4. 外业调查(2004年2~10月)

(1) 采取一般调查与重点调查相结合。根据各市(州)林业树种的分布特点，确定普查重点，江汉平原地区主要调查杨树、柳树、榆树、枫杨、水杉的有害生物。低山丘陵地以调查马尾松、杉木、湿地松、栎类、竹类、乌桕、板栗等树种的有害生物。高山地区主要以调查桦木、铁杉、华山松、日本落叶松、柏木、山毛榉、杉木、化香等树种的有害生物。

(2) 线路踏查与定点调查相结合。以河流沿线、林区边缘等有害生物可能传入或扩散的线路为主进行；定点调查则根据林业资源分布状况，主要以林场、木材生产(加工、经销)点，及苗圃、花圃等资源相对集中地为主进行。

(3) 标准地(株) 调查和抽样调查相结合。标准地或标准株调查主要是对森林病害、虫害等调查。标准地面积3~5亩，且主要寄主植物不少于100株；当以面积设置标准地比较困难时，则设标准株调查，标准株不少于100株。抽样调查主要是对危害木材及其制品有害生物的调查。抽样率不少于应调查数的3%。

（4）现场记录与标本采集相结合。现场记录包括填写记录表、拍摄照片等，标本采集包括采集林业有害生物和危害对象症状标本，不能现场识别的一些有害生物带回室内作进一步鉴定。

（5）资料考证和实地核实相结合。针对积累的林业有害生物资料有限的情况，林业有害植物的调查主要采取野外调查和资料考证，及实地核实的办法进行。

四、内业整理

1. 资料汇总与分析

资料汇总主要包括撰写林业有害生物普查的工作总结、技术报告，填写数据表格、制作有害生物和寄主标本及照片整理，绘制有害生物分布地图等工作。根据本次普查获得的数据，对危害严重的主要林业有害生物进行分析。

2. 标本鉴定与制作

外业调查采集的标本主要由各县（区、市）及时制作，请省内有关专家鉴定。每种林业有害生物，除了标注中文名外，都标注拉丁名。

3. 林业主要有害生物的确定

（1）本土危害性大的林业有害生物。根据普查统计结果，筛选出危害较大的本土林业有害生物前20种。

（2）从国外传入的林业有害生物。主要以《中国外来入侵种》、《1984年湖北省森林病虫普查资料汇编》等资料为依据。

五、普查任务完成情况

湖北省13个市（自治州），102个县（区、市），3个自然保护区，完成了调查面积3678.6万亩，占全省森林面积的40.62%；设置线路调查17910个，标准地8320块；共采集昆虫标本6000号（次），有10个目、90多个科、800多种。病害标本200号，有害植物标本83号。共拍摄各类生活史照片2000多张。

六、普查成果综述

通过这次普查，基本摸清了湖北省外来林业有害生物和本土主要林业有害生物的种类、分布、危害情况、发生面积以及天敌资源等。

（一）外来林业有害生物

这次普查结果表明，直接从国外传入湖北省的林业有害生物还未发现，但从外省（自治区、直辖市）传入湖北省的林业有害生物有：松材线虫、冠瘿病菌、栗链蚧、灰顶竹毒蛾、猕猴桃溃疡病菌、杨树烂皮病菌、圆柏叶枯病菌、国外松落针病菌、国外松枯梢病菌、葡萄黑痘病菌、双钩异翅长蠹。

（二）本土主要有害生物种类和分布

1. 害虫

湖北省危害严重的前20种害虫是：马尾松毛虫、栗瘿蜂、桑天牛、桃蛀螟、栗透翅蛾、铜绿金龟子、斑喙丽金龟、云斑天牛、漆树金花虫、剪枝栎实象、杨扇舟蛾、板栗雪片象、黄脊竹蝗、栗实象、杨小舟蛾、松梢螟、银杏大蚕蛾、萧氏松茎象、分月扇舟蛾、松墨天牛。

2. 病原微生物

湖北省危害严重的前10种病原微生物是：板栗枝枯病菌、梨锈病菌、油桐黑斑病菌、松赤落叶病菌、松赤枯病菌、桃树流胶病菌、杨树叶锈病菌、梨赤星病菌、花椒叶锈病菌、油茶炭疽病菌。

3. 害鼠

湖北省危害严重的鼠害1种，为东北鼢鼠。

4. 有害植物

湖北省危害严重的林业有害植物有桑寄生、苍耳、车前草、狗尾草、槲寄生。

（三）林业有害生物分布

1. 江汉平原地区（海拔100～400米）

主要树种有杨树、柳树、榆树、枫杨、水杉等，主要有害生物有杨树叶锈病菌、杨树黑斑病菌、杨树斑枯病菌、杨树溃疡病菌、杨树花叶病毒、杨树炭疽病菌、杨黑星病菌、干腐病菌、杉木煤污病菌、桑天牛、绿金龟子、云斑天牛、杨扇舟蛾、杨小舟蛾、分月扇舟蛾、黄刺蛾、栎掌舟蛾、梨冠网蝽、光肩星天牛、柳毒蛾、春尺蛾、褐边绿刺蛾等。

2. 低山丘陵地区（海拔400～1000米）

主要树种有马尾松、杉木、湿地松、乌桕、板栗以及栎类、竹类等。主要有害生物有：松栎锈病菌，松赤落叶病菌，松赤枯病菌，松、杉苗立枯病菌，松瘤锈病菌，松梢枯病菌，松针褐斑病菌，杉木煤污病菌，苗木猝倒病菌，马尾松毛虫，松梢螟，松墨天牛，萧氏松茎象，松果梢斑螟，纵坑切梢小蠹，松实小卷蛾，黑翅土白蚁，栎掌舟蛾，栎毛虫，竹绒野螟，竹广肩小蜂，乌桕黄毒蛾，栗实象，剪枝栎实象，栗瘿蜂，栗大蚜等。

3. 高山地区（海拔1000米以上）

主要树种有：桦木、铁杉、华山松、日本落叶松、柏木、山毛榉、杉木、化香等树种。主要有害生物有：黄连尺蛾、杉木炭疽病菌、杉木煤污病菌、苗木猝倒病菌、华山松大小蠹、纵坑切梢小蠹、日本落叶松球蚜、鞭角华扁叶蜂、云南松毛虫、双条杉天牛。

（四）危害严重的前20种本土林业有害生物

湖北省危害严重的前20种本土林业有害生物是：马尾松毛虫、桑天牛、桃蛀螟、栗瘿蜂、云斑天牛、栗实象、剪枝栎实象、杨扇舟蛾、银杏大蚕蛾、栗透翅蛾、黄脊竹蝗、板栗雪片象、铜绿金龟子、漆树金花虫、松球果螟、板栗枝枯病菌、梨锈病菌、松赤落叶病菌、桑寄生、东北鼢鼠。

1. 马尾松毛虫

属鳞翅目枯叶蛾科。松毛虫是湖北省危害森林资源最为严重的有害生物，主要危害马尾松、湿地松和火炬松等的叶部，发生面积达 193. 88 万亩，危害率 10. 3% 。一般丘陵比山区严重、纯林比混交林严重，在丘陵地区一般 3 ~5 年大发生一次。造成马尾松毛虫成灾的主要原因一是纯林面积大，森林群落结构简单，树种组成单一。二是森林生态环境脆弱，能有效抑制松毛虫的鸟类和天敌种群数量有限，加上人为过度经营利用的影响。三是局部地区不合理地施用化学农药，一方面杀伤了有限的天敌，另一方面增强了松毛虫的耐药性，使松毛虫在个别地方一直存在虫源地。

2. 桑天牛

属鞘翅目天牛科。主要危害杨树、板栗、桑、柑橘、油桐等枝干，导致风折，影响造林成活率和主干成材的品质。尤其易发于桑树、构树次生林多的村湾旁和新造的速生杨树上。发生面积 83 万亩，危害率达 24. 8% 。分布在荆州市、荆门市、孝感市、黄冈市、襄樊市、潜江市、仙桃市、武汉市。

3. 桃蛀螟

属鳞翅目螟蛾科。该害虫危害经济林桃、李、板栗的果实。在板栗上常在总苞和幼果之间蛀食，被害果被蛀成孔道，甚至蛀空。发生面积 53. 86 万亩，危害率 60. 5% ，主要分布在孝感市(大悟县、孝南区、孝昌县)；恩施土家族苗族自治州(建始县、来凤县、鹤峰县)；黄冈市(麻城市、黄梅县、罗田县、英山县、浠水县)；仙桃市、武汉市(蔡甸区、黄陂区、新洲区)。

4. 栗瘿蜂

属膜翅目瘿蜂科。板栗是湖北省低山丘陵地区主要经济树种，而栗瘿蜂是危害湖北省板栗的主要害虫，虫口密度大时树势衰弱、枝条枯死，不仅影响当年的产量，往往若干年内产量不易恢复。发生面积 48. 27 万亩，危害率 15. 1% 。主要分布在孝感市(大悟县、孝昌县、安陆市)；恩施土家族苗族自治州(恩施市、巴东县)；黄冈市(麻城市、黄梅县、罗田县、蕲春县、红安县、英山县、浠水县)；神农架林区。特别是利用野生栗、茅栗树嫁接改造的板栗园，由于周边同属寄主植物丰富，易于发生。栗瘿蜂在湖北省 1 年发生 1 代，呈周期性发生，约 5 ~8 年暴发 1 次，大发生时可持续 2 ~3 年，然后自然“消退”，影响消长的主导因子是寄生性天敌的增殖，中华长尾小蜂是其主要天敌。

5. 云斑白条天牛

属鞘翅目天牛科。危害多种树木，尤以速生杨树为甚，有时与桑天牛同时发生。发生面积约 45. 11 万亩，危害率 14. 6% 。分布于荆州市、孝感市、恩施土家族苗族自治州、襄樊市、宜昌市、潜江市、咸宁市、仙桃市、天门市。

6. 栗实象

属鞘翅目象甲科。主要危害板栗、茅栗果实，影响到板栗产品的商品质量和食用价值。发生面积 49. 18 万亩，危害率 13. 6% 。分布于荆门市(京山县)；孝感市(孝昌县、大悟县)；恩施土家族苗族自治州(恩施市、建始县、鹤峰县)；黄冈市(黄州区、蕲春县、团风县、罗田县、红安县、浠水县)；襄樊市(宜城市、南漳县)；随州市(曾都区)。

7. 剪枝栎实象

属鞘翅目象甲科。主要危害板栗果实。成虫咬断产卵果柄，致使落果，造成减产。发生面积28.59万亩，危害率29.8%。分布于孝感市(大悟县)；黄冈市(麻城市、罗田县、浠水县)；宜昌市(夷陵区、秭归县)；武汉市(黄陂区、新洲区)；黄石市(阳新县)。

8. 杨扇舟蛾

属鳞翅目舟蛾科。危害杨树的叶，常与杨小舟蛾混合发生，以杨扇舟蛾为主，一年有4~5代。发生面积31.92万亩，危害率11.6%。分布于荆州市、荆门市、宜昌市、襄樊市、咸宁市、仙桃市、武汉市、天门市、随州市、黄石市、鄂州市、孝感市。

9. 银杏大蚕蛾

属鳞翅目大蚕蛾科。此虫在湖北省一年发生一代，以幼虫危害银杏、核桃、板栗以及栎类等树叶，受害后的银杏、核桃、板栗、栎类产量大减，有的树叶被吃光后不仅毫无收成，还导致整株死亡。全省发生面积9.44万亩，危害率2%。分布在恩施土家族苗族自治州(恩施市、建始县、巴东县、利川市)；孝感市(安陆市)；神农架林区；襄樊市(宜城市、南漳县、谷城县、保康县)；宜昌市(夷陵区、兴山县)。

10. 栗透翅蛾

属鳞翅目透翅蛾科。主要危害板栗枝干，发生面积28.79万亩，危害率通常达20%~40%，严重时达86.4%以上。主要分布在黄冈市(罗田县)；神农架林区。

11. 黄脊竹蝗

属直翅目蝗科。发生面积8.35万亩，危害率20.2%。主要分布在荆州市(石首市、公安县)；咸宁市(崇阳县、通城县、赤壁市)；武汉市(江夏区、黄陂区)；黄石市(阳新县、下陆区)；鄂州市(梁子湖区、鄂城区、华容区)。

12. 板栗雪片象

属鞘翅目象甲科。主要危害板栗果实，发生面积7.43万亩，危害率54.7%。主要分布在黄冈市(罗田县)。

13. 铜绿丽金龟

属鞘翅目金龟子科。全省发生面积54.63万亩，危害率58.3%。寄主植物丰富，影响经济林挂果结实。主要分布在荆州市(监利县)；孝感市(大悟县、云梦县)；黄冈市(罗田县、英山县、浠水县)；咸宁市(通城县)；武汉市(黄陂区、蔡甸区、新洲区、江夏区)；黄石市(市郊、大冶市、阳新县)。

14. 漆树金花虫

鞘翅目叶甲科。危害漆树、黄连木的叶部，发生面积8.88万亩，危害率54.1%。主要分布在恩施土家族苗族自治州(利川市、咸丰县)。

15. 松球果螟

属鳞翅目螟蛾科害虫。主要危害马尾松、湿地松、火炬松等枝梢部，发生面积19.81万亩，危害率3.3%。分布在孝感市(孝昌县、安陆市、应城市)；恩施土家族苗族自治州(恩施市、巴东县)；襄樊市(枣阳市、襄阳县、宜城市、南漳县、谷城县)；宜昌市(秭归县、远安县)；咸宁市(崇阳县)；武汉市(黄陂区、蔡甸区)；随州市(曾都区)；黄石市(阳新县、大冶市)；黄冈市(蕲春县、团风县、英山县、浠水县)。据调查，松球果螟主要危害4~9年生的马尾松和湿地松纯林。

16. 板栗枝枯病菌

病原是半知菌亚门黑盘孢目棒盘孢属的栗棒盘孢，主要危害板栗叶、枝干、花芽和果，发生面积6.2万亩，危害率0.5%。分布在黄冈市(麻城市、浠水县、黄梅县)。

17. 梨赤星病菌

病原是担子菌亚门锈菌目胶柄锈属梨胶锈菌(胶柄锈菌)，主要危害梨树叶部。发生面积5.78万亩，危害率27%，危害严重时达75%以上。分布于恩施土家族苗族自治州(恩施市、咸丰县、鹤峰县)、武汉市(黄陂区、新洲区、东西湖区、汉南区)、孝感市(孝昌县、大悟县、云梦县)、黄冈市(麻城市、浠水县、黄梅县)、潜江市以及神农架林区。

18. 松赤落叶病菌

病原为杉木皮下盘菌和松赤枯病菌混合发生。主要危害马尾松，严重时引起松树死亡。发生面积4.72万亩，危害率1.8%。主要分布于孝感市(安陆市、孝昌县、大悟县)、宜昌市(当阳市、夷陵区、宜都市、枝江市、猇亭区)、黄石市(大冶市)。

19. 桑寄生

属桑寄生科植物。在湖北省主要危害油桐和油茶，寄生于树体上，可使油桐和油茶产量减产1/4以上。发生面积1.6万亩，危害率44%。主要分布于恩施土家族苗族自治州(利川市、咸丰县、来凤县)、荆门市(钟祥市)。

20. 东北鼢鼠

该鼠属地下鼠，主要危害树木的根部。发生面积25万亩，危害率9%。主要分布十堰市(竹山县、竹溪县)。

(五) 林业检疫性有害生物

通过这次普查，国家林业局公布的19种林业检疫性有害生物和湖北省公布的6种补充检疫性有害生物在湖北省的分布基本摸清。

1. 国家林业局公布的19种林业检疫性有害生物在湖北省的分布

(1) 松材线虫，分布于恩施土家族苗族自治州(恩施市)。

(2) 双钩异翅长蠹，分布于武汉市(武昌区)。

(3) 松疱锈病菌，分布于宜昌市(夷陵区、兴山县)。

(4) 落叶松枯梢病菌，分布于恩施土家族苗族自治州(恩施市、宣恩县)。

(5) 猕猴桃细菌性溃疡病，分布于恩施土家族苗族自治州(建始县)。

(6) 冠瘿病菌，分布于黄冈市(麻城市)。

2. 湖北省补充林业检疫性有害生物的分布

(1) 杨树烂皮病菌，分布于荆州市(荆州区、沙市区)。

(2) 栗链蚧，分布于孝感市(孝昌县)、荆门市(钟祥市、京山县)、荆州市(公安县)、鄂州市(大冶市)、恩施土家族苗族自治州(巴东县)。

(3) 鞭角华扁叶蜂，分布于恩施土家族苗族自治州（巴东县)。

(4) 萧氏松茎象，分布于荆门市(东宝区十里牌林场、掇刀区)、襄樊市(宜城市、南漳县)、恩施土家族苗族自治州（鹤峰县)、宜昌市(宜都市、当阳市)。

(5) 圆柏叶枯病菌，分布于孝感市(孝昌县、安陆市、孝南区)、荆州市(江陵区)、荆门市(东宝区)、鄂州市(大冶市)。

(6) 橘大实蝇，分布于宜昌市(秭归县、夷陵区、兴山县)。

七、外来林业有害生物入侵湖北省的影响及对策

（一）湖北省面临林业有害生物入侵严峻形势

湖北省交通便利，经济日益繁荣，但同时也给一些外来有害生物的入侵和传播创造了条件。近年来一些检疫性森林病虫害在湖北省周边相继发生，对湖北省森林资源形成了东西南北围攻之势，尤其是对三峡库区、神农架林区、武当山等一些重点生态区域的生态环境安全构成了潜在威胁。这些危险性病虫一旦传入并为害，将会给湖北省经济建设带来重大损失，而且在国际国内造成严重的政治影响。湖北省各级林业部门高度重视外来有害生物的防范工作，采取了一系列措施，严防外来林业有害生物的入侵。松材线虫病通过5年治理，已取得明显成效，疫情没有外扩。2004年6月，危害性极大的检疫性有害生物双钩异翅长蠹在武汉被发现，通过采取除害处理和严格的封锁措施，未造成传播蔓延。

（二）防止外来有害生物入侵湖北省的对策

(1)加大宣传力度，提高全社会防范意识。通过广播、电视、报纸、网络等新闻媒体进行宣传，使各级领导和社会各界认识到生物入侵的危害性，从而参与到防止生物入侵的行动中。针对不同类群的公众，采取不同的宣传策略。对外来种容易侵入的地区如风景名胜区、自然保护区的工作人员加强防范入侵种意识，提高他们对早期生物入侵的警惕性。

(2)抓好有害生物入侵的预防工作。加强湖北省有害生物的监测预警体系建设，建立专业监测队伍，制订疫情监测普查报告制度，确定重点监测区域。对武汉市、黄石市、宜昌市、黄冈市、襄樊市、十堰市以及神农架林区等重点地区，分别制订有害生物入侵预警方案，及时发现新的入侵物种，力争在外来有害物种暴发前将其消灭，确保不发生疫情。

(3)加强入侵物种的防范和管理。外来生物入侵可通过铁路、公路、航运等渠道人为传播。因此，湖北省将加强检疫封锁，做好植物检疫检查和复检工作。充分利用现有的木材检查站和检疫检查站，严格履行检疫检查职能，坚持杜绝无证调运、逃避检疫、只开证不检疫的现象，严防外来有害生物传入。

(4)加强国外引种审批管理。在引种审批中湖北省将从严把关，严格控制新品种的引进。对引进国外的种子、苗木，采取严格检疫，隔离试种，经过一个周期或几个周期的生长，确认无外来危险性病虫时，才正式引种。

(5)开展对生物入侵的风险性评价和研究。收集国外特别是与湖北省贸易来往频繁国家的一些主要病虫害的资料，结合湖北省的气候特点和森林资源情况，对入侵种在湖北省的适生性进行分析，对其潜在危险性程度作出评价，尤其要评价其带来的生态危害，研究控制对策。对国内几种主要危险性病虫害在湖北省的适生性进行分析，对其在不同气候及地理区域的危险性进行评价。同时，充分掌握本地生物种类，发挥本地种的作用，如在植树造林、退耕还林还草工作中，尽可能利用本地种，建立无检疫对象苗圃。

(6)加大资金投入，建立有害生物疫情信息网。将有害生物疫情信息、防治技术资料及有关法律、法规、规程等上网，使植物检疫工作向着检疫手段现代化、技术标准化、实际操作程序化、执行政策法制化的方向发展，进而提高防止有害生物传播的水平。

八、林业有害生物普查小结

这次普查，有以下特点：一是本次普查范围广，对湖北省内的有林地，包括天然林、人工林、苗圃、花圃，贮木场、木材加工厂等进行普查。二是普查对象明确，重点是林业外来有害生物和危险性大的本土有害生物。三是普查方法科学，通过野外踏查和标准地调查，全面掌握了有害生物的种类、数量、寄主和危害程度等情况。四是获得的数据具有说服力，通过采取统一的普查方法、统一的统计标准，获得的数据比较真实。

普查工作虽已结束，但部分病虫害及有害植物的危害情况及分布尚未彻底弄清，风险分析工作尚未开展，控制其危害的科学方法也没有完全掌握。因此，还需继续开展动态监测与定点调查，根据掌握的数据做好风险分析工作，研究和推广科学的防治方法。

下一步，在林业有害生物防治工作中，湖北省将按照“预防为主，科学防控，依法治理、促进健康”的工作方针，充分应用好普查成果，编制林业有害生物综合治理、工程治理规划，开展主要病虫害的预测预报，有目的、有计划地开展防控工作，使普查成果真正发挥出应有的指导作用。

湖南省林业有害生物普查技术报告

一、基本情况

（一）社会经济基本情况

湖南省位于长江中游，省境绝大部分在洞庭湖以南，故称湖南。湖南省地处东经108°47′~114°15′，北纬24°38′~30°08′，东以幕阜、武功诸山系与江西省交界；西以云贵高原东缘连贵州省；西北以武陵山脉毗四川省；南枕南岭与广东省、广西壮族自治区相邻，北以滨湖平原与湖北省接壤。全省总面积211829平方千米，占全国总面积的2.21%。全省设13个地级市、1个自治州，计14个地级行政单位；设16个县级市、72个县(其中7个自治县)、34个市辖区，计122个县级行政单位。全省总人口6801万人，占全国人口总数的16%，居全国第七位，全省GDP 4638.73亿元，占全国总量的3.97%，城镇居民人均收入7674.2元/年，农村居民人均收入2471.59元/年，随着国民经济的发展，全省进一步推进工业化、农业产业化和城镇化的发展进程，加快发展开放型经济、劳务经济和民营经济，突出产业发展，国民经济运行呈现出速度和效益、生产和需求协调发展的好势头。

（二）自然概况

湖南是我国南方的重点林区省份之一，林业用地18343万亩，占全省国土地总面积的57.73%。湿地面积为8410万亩，占全省国土总面积的26.47%。全省属中亚热带东部太平洋季风区，气候温暖，年平均气温为17.5℃，年平均降水量1700毫米左右，雨量充沛，阳光充足，动植物种类繁多，适宜多种林木生长。地貌格局大体为东西南三面环山，具有凹状复式镶嵌的地貌骨架，自高而低形成中山、低山、丘陵、岗地、平原5级地貌，多样的地貌类型孕育出多样的生态系统，生物多样性高。

（三）森林资源及其分布

湖南省现有高等植物有5500多种，特有种达110个。据调查统计，全省现有种子植物210科，1304属，4859种(含变种)，分别为全国科、属、种总数的61.7%、40.9%和17.8%。在林业生产中，用材树种主要有杉木、马尾松、国外松、楠竹、杨树、檫木、柏木、樟树、楠木、榉木、红豆杉等。经济林树种主要有油茶、油桐、漆树、乌桕、棕榈、五倍子、山苍子、杜仲、厚朴、白蜡、柑橘、柿、枣、香柚、板栗、核桃、猕猴桃、刺梨、杨梅等。珍贵树种主要有珙桐、银杉、水杉、资源冷杉、光叶珙桐、金钱松、独花兰和鹅掌楸等。

全省林分面积中针叶林面积8010万亩，阔叶林面积760万亩。中幼龄林面积5873万亩，成、过熟林面积1931万亩。由于历史原因，全省的林种树种结构不合理，用材林、经济林比重大，防护林比重小；以松杉为主的针叶人工纯林比重大，阔叶混交林比重小；幼林比重大，中成熟林比重小，因而导致森林生态环境脆弱，森林对有害生物自控能力弱，加上地处亚热带季风湿润气候，气候温暖，雨量充沛，适合有害生物发生危害，全省有害生物危害呈现种类多、危害时间长的特点。

二、历年林业有害生物发生危害情况

(一) 常发性林业有害生物发生情况

1978～2002 年，全省发生森林病虫灾害 12315 万亩，年均 493 万亩。按国家林业局测算病虫灾害损失的标准，平均每公顷损失 750 元计算，年均经济损失 24645 万元。成灾面积大的病虫种类有：马尾松毛虫发生面积占历年全省病虫发生面积的 80% 左右，年均发生 300 多万亩。3 年一小灾，5 年一大灾，常灾区(县) 达 50 多个。松树遭受松毛虫严重危害后，影响当年和次年生长量的 70%～100%，且减少松脂产量和其他林副产品产量。人畜接触松毛虫毒毛，会发生松毛虫病。竹蝗占全省发生面积的 10% 左右，年均发生面积约 35 万亩。竹蝗危害后，当年新竹枯死，老竹第二年不发笋，每公顷年均损失 3000 元。其他突发性、间歇性发生的病虫灾害有油茶尺蠖、茶奕刺蛾、油茶毒蛾、油茶叶蜂、竹缕舟蛾、竹毒蛾、竹绿刺蛾、竹广肩小蜂、松毒蛾、松针红蜡蚧、思茅松毛虫、松墨天牛、杨扇舟蛾、桑天牛、星天牛、云斑天牛、萧氏松茎象等，在有些地区突发成灾，损失很大。

据 20 世纪 80 年代森林病虫害普查资料统计，20 世纪 80～90 年代年平均发生面积 600 万亩左右。20 世纪 90 年代至 21 世纪初，由于加大了森林保护的力度，虽然森林生态环境有所改善，但本土林业有害生物年均发生面积仍达 400 万亩左右，居高不下。

(二) 检疫性有害生物发生情况

随着经济贸易和旅游等人为活动的频繁，外来林业有害生物的入侵、扩散和危害的压力加剧，检疫性有害生物扩散蔓延速度加快，对全省森林资源和生态安全造成的威胁日益加大。

1986～1987 年，开展了首次森林植物检疫对象普查。根据普查结果，省林业厅于 1989 年发出文件，公布了湖南省森林植物检疫对象和应施检疫的森林植物及林产品名单。湖南有全国性森林植物检疫对象 3 种：板栗疫病、枣疯病、泡桐丛枝病；省内补充检疫对象 1 种：檫木长足象。

1992 年 7～12 月，省森林病虫防治检疫站组织开展了全省第二次森林植物检疫对象普查。这次普查覆盖了全省 14 个市(州、地)、105 个县(区、市)，占县(区、市) 总数(除城市区) 97.2%。普查寄主面积 54.46 万公顷，占寄主植物分布面积 24%。普查结果，全省有国内森林植物检疫对象 4 种，即泡桐丛枝病、枣疫病、板栗疫病和毛竹枯梢病；省内补充检疫对象 1 种，即檫木长足象。5 种检疫对象发生面积 28 万亩，占全省寄主总面积 0.71%。泡桐丛枝病分布在 68 个县(区、市)，板栗疫病分布在 32 个县(区、市、场)，枣疫病分布在 54 个县(区、市)，毛竹枯梢病分布在 1 个县，檫木长足象分布在 10 个县(区、市)。与 1986～1987 年第一次普查结果比较，检疫对象增加 1 种，发生区域增加 12 个县(区、市)。

1999 年 1 月至 2000 年 12 月，全省开展第三次检疫对象普查。2001 年 5 月，湖南省林业厅公布了普查的结果和省内补充检查对象名单。全省有国内森林植物检疫对象 7 种：柑橘溃疡病、板栗疫病、毛竹枯梢病、松针褐斑病、猕猴桃溃疡病、杨树花叶病毒病、柳蝙蛾。省内补充检疫对象有：檫木长足象。

三、普查方法

（一）普查范围及对象

1. 普查范围

各市县所辖区域的有林地(含荒漠植被、经济林)、苗圃、贮木场、木材加工厂、花圃等。调查的重点是林业重点保护区域、有害生物易发生区域，以及过去调查涉及不多的区域。

2. 普查对象

(1) 所有外来林业有害生物。包括从国(境)外和1980年以后从外省(自治区、直辖市)传入的危害森林植物及其产品的病原微生物、有害昆虫、有害植物及鼠、兔、螨类等。

(2) 危险性大的本土有害生物。指对森林植物及其产品造成危害最严重的本土有害生物，重点调查湖南省防止外来林业有害生物入侵管理办公室森检[2003]02公布的74种林业危险性有害生物和已在本地造成危害国内森林植物检疫对象和省内补充森林植物检疫对象，每个县市只统计危害严重的20种，包括林业病原微生物、有害昆虫、有害植物及鼠、兔、螨类等。本土危险性最大的有害生物名单排序由各地根据危害面积、造成经济、生态损失和潜在的危险性等方面因素综合考虑后确定。

（二）普查内容

(1)寄主植物危害情况。普查对象危害的植物种类(包括乔木、灌木、花卉等)、危害程度和危害范围。

(2)外来有害生物来源调查。了解并记录传入地、传入时间、传入的途径及方式等。

(3)外来有害生物入侵对当地经济、生态、社会影响的调查。

（三）普查方式

1. 二手资料的收集

收集查阅普查范围的自然地理和社会经济概况、林业生产、历史上有害生物发生与防治情况的有关图片、资料等，并根据此做好外来有害生物调查的准备工作。

2. 外业调查

在有害生物发生盛期或表现症状期，以乡、镇(场)为单位，在林业作业图或林相图上以及根据种苗繁育基地、贮木场、木材加工厂等所在地的分布情况，确定踏查线路。重点区域及经过踏查发现有疫情的区域，要设立具有代表性的调查点或样方进行详查，并列出每个调查点或样方所在的位置以及所代表的面积。

(1) 踏查：按照设计的调查路线，开展踏查，并将踏查结果填入《湖南省林业有害生物普查线路踏查表》。当发现有危害症状或有害生物时，应开展详查。

(2) 详查：林地或种苗繁育基地每块标准地或样方调查株数为30~50株，其中人工林标准地或样方累计调查面积不应少于普查对象寄主植物分布面积的3%，天然林等应不少于

0.2%；调查木材危害状况时，抽样率不应少于3%。需详细记录有害生物的种类、寄主、虫口密度和树木受害程度，采集相关标本及拍摄有害生物生物学或危害状的照片，并将有关数据分别填入《湖南省种苗繁育基地有害生物危害标准地调查表》、《湖南省人工林有害生物危害标准地调查表》、《湖南省天然林有害生物危害标准地调查表》、《湖南省木材及其产品有害生物危害标准地调查表》，对不能确定的有害生物或寄主植物要及时予以鉴定。

3. 内业整理和普查资料汇总

（1）危害植物原则上要查到种。寄主植物种类大于20种的，按照不同科、属，至少列出主要的20种。

（2）普查对象分布地点统计。发生区域大的（指发生地点超过所辖县级行政区域1/3以上的乡镇），统计县级（包括相当于县级行政级别的林业局）名称；新发现的或发生区域小的（指发生地点等于或小于所辖县级行政区域1/3的乡镇），统计乡镇级名称（报送汇总资料时，包括乡镇级名称及所隶属的县级名称）。以上分布地点统计，必须注明所隶属的地（市、州）。

（3）有害生物发生面积统计。危害经济林（果园）、苗圃、花圃、温室等种苗繁育基地的，以危害寄主植物的实际种植面积计算；危害其他林地的，以林业小班为单元计算发生面积。发生面积分为轻、中、重三个等级统计。

（4）危害木材的有害生物统计。须统计危害木材的（包括原木、板材、方材、木质包装材料、垫脚木和人造板等）有害生物种类、危害数量（以立方米为单位）及危害程度，以及有有害生物危害的贮木场、木材加工厂等所在地名称及单位名称。

（5）内业资料的整理。对外业调查的笔录、数据、照片等进行整理、归档；对采集的有害生物标本进行分类、鉴定。整理后的普查资料由县级逐级报送至省级森防检疫站，统一保存；各地要在认真汇总的基础上，完成林业外来有害生物普查技术报告和工作总结，填写有关汇总表。

四、普查结果

（一）基本情况

1. 普查覆盖率

（1）行政区域覆盖率：全省参与普查的行政区域有14个市（州）、122个县级行政区域，市、县两级行政区域的普查覆盖率均达到了100%。

（2）林分面积覆盖率：普查实际面积2639.45万亩，代表林分面积10571.25万亩，占全省有林地面积15043.65万亩的70.3%，踏查线路25703条，调查贮木场1162个，苗圃24291.25公顷（全省苗圃4000公顷），标准地数量11351个，采集标本5426份（包括普查行政区域范围、总面积、线路踏查情况、标准地设立和详查情况、采集标本情况、普查发现的有害生物种类、危害的主要寄主树种、发生危害的面积和危害程度）。

2. 有害生物种类

普查结果表明，全省主要林业有害生物危害种类为247种。本土主要林业有害生物年度发生面积775万亩，除去杨树食叶害虫的重复面积，实际发生面积为687万亩。本土有害生物种类有231种，其中昆虫154种，隶属于7个目48个科；病原微生物55种，其中真菌49

种、细菌2种、病毒4种、线虫2种；有害植物18种；有害动物2种。自1997年以来传入外来有害生物16种，其中从境外传入1种、外省(自治区、直辖市)传入15种。

3. 普查结果

(1) 本地常发性有害生物种类(前20种)有：马尾松毛虫、黄脊竹蝗、杨扇舟蛾、杨小舟蛾、杨二尾舟蛾、云斑白条天牛、桑天牛、竹瘿广肩小蜂、油茶炭疽病、松墨天牛、萧氏松茎象、松球果螟、山茶象、狗尾草、星天牛、油茶茶苞病、白茅草、竹缕舟蛾、柑橘溃疡病、竹卵圆蝽。

(2) 外来林业有害生物种类：松材线虫病、橘大实蝇、加拿大一枝黄花、红火蚁、松烂皮病、空心莲子草、湿地松粉蚧、凤眼莲、杨树烂皮病、杨树灰斑病、杨树黑斑病、松针褐斑病、桉树叶斑病、杨树溃疡病、桉树紫斑病、杨树皱叶病、桉树褐斑病、梨锈病、竹丛枝病。

(3) 危害木材的林业有害生物有：横坑切梢小蠹、纵坑切梢小蠹、松墨天牛、杉肤小蠹、家白蚁、云斑白条天牛、竹红天牛、六齿小蠹、松瘤象、双条杉天牛、萧氏松茎象、杉棕天牛、竹长蠹、星天牛、马尾松角胫象、小蠹虫、光肩星天牛。

(二) 主要本土常发性或突发性有害生物种类

1. 马尾松毛虫

马尾松毛虫是湖南省松林中主要的常发性害虫，主要危害马尾松、湿地松、火炬松等松类植物，危害的林分以丘陵区人工林为主，但湘西南山区的天然林发生面积较大。全省14个市(州)都有发生，但根据普查结果分析，除自治州的湘西山区仅局部发生外，其他13个市(州)86县(区、市)普遍发生，是湖南省发生范围最广的森林害虫。普查时发生面积为134万亩，其中轻度发生面积72万亩、中度发生面积35万亩、重度发生面积27万亩，发生面积在1万亩以上的有35个县(区、市)，主要是永州市：东安、祁阳、道县、宁远、江华；怀化市：溆浦、洪江、会同、靖州、通道、麻阳、辰溪；娄底市：双峰、新化；张家界市：慈利；长沙市：浏阳、长沙、宁乡；岳阳市：平江、岳阳；郴州市：桂阳、临武、汝城；常德市：石门、桃源；衡阳；邵阳市：邵阳、邵东、绥宁、隆回、洞口、新宁、武冈、新邵、城步。其中3万亩以上的有东安、宁远、溆浦、会同、靖州、通道、石门、隆回、洞口、新宁、武冈、新邵、城步等13个县(区、市)。以市(州)为单位进行统计，邵阳市发生面积最大为43.3万亩，占全省发生面积的33.8%；其次，怀化市29.8万亩，占全省发生面积的22.2%；其后，依次为永州11.2万亩，占全省发生面积的8.4%；常德市10.3万亩，占全省发生面积的7.7%。娄底市9.6万亩，占全省发生面积的7.2%。以上5市占全省发生面积的79.3%。与1982年普查281.7万亩的结果相比，发生面积下降了52.4%，分布也呈现集中分布的特点。

2. 黄脊竹蝗

黄脊竹蝗是湖南竹产区一种主要的常发性害虫，主要危害毛竹以及其他一些杂竹，有时食料缺乏时，还可危害水产稻及玉米等农作物以及棕榈等植物。在普查中，全省除张家界市、湘西土家族苗族自治州外，其他12个市都有发生，发生面积为62.9万亩，其中轻度发生面积27.2万亩、中度发生25.7万亩、重度发生10.0万亩。发生面积在1万亩以上的有14个县(区、市)，主要是永州市：东安；怀化市：洪江、会同；株洲市：株洲县；长沙市：

浏阳、长沙；岳阳市：平江、岳阳；郴州市：永兴；常德市：桃源；衡阳市：衡南、常宁；湘潭市：湘潭、湘乡。以市(州)为单位进行统计，益阳市、衡阳市发生面积皆为11.0万亩，共占全省发生面积的35.0%；其次岳阳市10.0万亩，占全省发生面积的15.9%；永州市5.1万亩，占全省发生面积的8.1%；湘潭市4.7万亩，占全省发生面积的7.5%；长沙市4.6万亩，占全省发生面积的7.3%。以上6市占全省发生面积的73.8%。与1982年普查相比黄脊竹蝗下降了17.0%，分布的范围相对稳定。

3. 杨树食叶害虫

杨树食叶害虫的主要种类是杨扇舟蛾、杨小舟蛾、杨二尾舟蛾，一般混合发生，寄主为杨属植物。主要危害洞庭湖周围的杨树速生丰产林，分布的地点为益阳市：南县、沅江、资阳、赫山；岳阳市：华容、岳阳、临湘、平江；常德市：澧县、津市、汉寿、鼎城；其他市(州)零星发生，分布在永州市：冷水滩、东安；怀化市：靖州、麻阳、辰溪、中方、芷江；邵阳市：绥宁；湘西土家族苗族自治州：泸溪、吉首、花垣；郴州市：安仁等县(区、市)。全省发生面积为48.1万亩，其中轻度发生10.6万亩、中度发生11.2万亩、重度发生26.3万亩。其中，益阳市自2003年开始大面积营造杨树速生丰产林，3年造林近200万亩，大面积纯林导致杨树食叶害虫发生呈上升趋势，该市发生面积为44万亩，占全省的91.5%。与1982年相比，杨树食叶害虫的发生面积大幅度增加，如杨扇舟蛾1982年普查时发生仅为0.32万亩，而这次普查发生40万亩，增加125倍，发生范围也主要集中在洞庭湖周边县(区、市)，原因主要是寄主面积大幅度增加。

4. 云斑白条天牛

云斑天牛的主要寄主植物是杨属、桉属、柳属、悬铃木、枫杨、乌桕、构树、榆、栲类、泡桐。主要危害人工林、天然林、行道树。在9个市(州)44个县(区、市)发生，主要分布在永州市：芝山、冷水滩、东安、祁阳、新田、道县、宁远、江永、江华以及金洞林场；怀化市：靖州、洪江；长沙市：宁乡、望城；益阳市：南县、沅江、资阳、赫山；岳阳市：华容、湘阴、君山、岳阳；常德市：石门、澧县、安乡、武陵、津市、汉寿、临澧；湘西土家族苗族自治州：龙山、永顺、保靖、古丈、花垣、吉首、泸溪、凤凰；郴州市：苏仙、资兴；邵阳市：邵阳、绥宁、新宁、城步、大祥。发生面积为37.7万亩，其中轻度发生面积13.9万亩、中度发生19.5万亩、重度发生4.3万亩。主要发生在洞庭湖区杨树林，益阳市发生23万亩、常德市9.5万亩、岳阳市3.2万亩，3市占全省发生总面积的94.7%。1982年普查，云斑天牛发生面积为0.2万亩，这次普查发生面积增加188倍，与杨树食叶害虫的发生趋势具有一致性。

5. 桑天牛

桑天牛危害的主要寄主植物有杨树、枫杨、构树、柑橘、榆、泡桐、桑树、刺槐、李树。天然林、人工林都受到危害。在7个市(州)30个县(区、市)发生，主要分布在怀化市：洪江、靖州、通道；益阳市：南县、沅江、资阳、赫山；岳阳市：华容、湘阴、君山、岳阳；常德市：石门、澧县、桃源、汉寿、鼎城、临澧、安乡；湘西土家族苗族自治州：龙山、永顺、保靖、古丈、花垣、吉首、泸溪、凤凰；郴州市：苏仙、永兴、资兴；邵阳市：大祥。发生面积为36.4万亩，其中轻度发生12.8万亩、中度发生19.3万亩、重度发生4.3万亩。主要发生在洞庭湖区杨树林，益阳市发生23万亩、常德市8.6万亩、岳阳市4.4万亩，3市占全省发生总面积的98.9%。在危害杨树时，桑天牛常和云斑天牛混合发生。

6. 竹广肩小蜂

竹广肩小蜂主要危害毛竹，在6个市(州)23个县(区、市)发生，主要分布在永州市：芝山、冷水滩、东安、双牌、新田、蓝山；长沙市：宁乡、望城；益阳市：安化、桃江、赫山、资阳；衡阳市：南岳、耒阳、祁东、衡山、衡阳、常宁；邵阳市：隆回、新宁；郴州市：桂阳、临武、资兴。发生面积为30.5万亩，其中轻度发生24.4万亩、中度发生4.2万亩、重度发生1.9万亩。主要发生在衡阳市12.6万亩、邵阳市11.1万亩、永州市4.05万亩，3市占全省发生总面积的91.0%。集中发生面积3万亩以上的有双牌、衡阳、新宁和隆回4县，发生面积总计为21.4万亩，占全省发生总面积的70.1%。1982年普查，发生面积37.1万亩，主要分布在6个地区20个县(区、市)，这次普查与之相比，发生面积下降了17.8%；发生范围增加了永州市，减少了岳阳市。

7. 油茶炭疽病

油茶炭疽病是危害油茶的历史性病害，主要寄主植物是油茶。主要发生在6市14个县(区、市)，分布在永州市：道县；怀化市：辰溪；湘潭市：湘潭、湘乡；郴州市：宜章、永兴、临武、安仁；岳阳市：平江、汨罗、岳阳；邵阳市：绥宁、武冈；常德市：澧县。发生面积为29.1万亩，其中轻度发生24.4万亩、中度发生3.7万亩、重度发生0.3万亩。发生面积最大的是辰溪县27万亩，占92.8%。1982年油茶炭疽病发生面积205.8万亩，同比发生面积下降了85.9%；分布范围也由全省集中到局部地区。

8. 松墨天牛

松墨天牛既是危害松树的重要植物蛀干害虫，也是松材线虫病的重要媒介昆虫，主要寄主植物有马尾松、湿地松、火炬松、华山松、黑松、雪松等松类植物，在10个市(州)58个县(区、市)发生，分布在永州市：芝山、东安、祁阳、新田、道县、宁远、蓝山、江永、江华；益阳市：安化、桃江、赫山、资阳、沅江；张家界市：永定、武陵源、慈利、桑植，以及张家界国家森林公园；湘西土家族苗族自治州：龙山、永顺、保靖、古丈、花垣、吉首、泸溪、凤凰；邵阳市：邵东、隆回、洞口、新宁、新邵、北塔、双清；长沙市：浏阳、望城、长沙；湘潭市：湘潭、岳塘、韶山、湘乡；郴州市：北湖、桂阳、宜章、嘉禾、临武、资兴；常德市：澧县、汉寿；衡阳市：南岳、耒阳、祁东、衡东、衡山、衡南、衡阳、珠晖、常宁。发生面积为27.3万亩，其中轻度发生面积24.2万亩、中度发生2.2万亩、重度发生0.9万亩。在韶山市，张家界市的永定区、慈利县，衡阳市的南岳区，常德市澧县的局部地区危害严重，导致松树枯死。1982年普查时，松墨天牛分布在23个县(区、市)，危害较轻；与之相比目前不仅分布范围增加了1.52倍，而且在局部地区危害严重，给松材线虫病的自然传播创造了条件。

9. 萧氏松茎象

萧氏松茎象是1994年在湖南省首次在资兴市发现，主要寄主植物为湿地松、火炬松、马尾松，在8个市(州)39个县(区、市)发生，分布在永州市：冷水滩、东安、双牌、新田、宁远、蓝山、江永、江华；怀化市：通道、鹤城、靖州、会同、洪江、中方、芷江；娄底市：娄星、涟源；长沙市：浏阳；郴州市：北湖、资兴、苏仙、桂阳、宜章、嘉禾、临武、汝城、桂东；邵阳市：邵阳、邵东、绥宁、隆回、洞口、新宁、武冈、新邵、城步；湘西土家族苗族自治州：永顺；衡阳市：南岳。发生面积为21.6万亩，其中轻度发生面积9.8万亩、中度发生6.7万亩、重度发生5.1万亩。

10. 松球果螟

松球果螟也是危害马尾松、国外松的历史性害虫，在7个县(市)33个县(区、市)发生，主要分布在永州市：宁远、江永；怀化市：会同、中方、新晃、芷江、鹤城；邵阳市：邵阳、邵东、绥宁、洞口、新宁、武冈、新邵、城步、大祥、北塔、双清；长沙市：宁乡；岳阳市：岳阳、华容、湘阴；湘潭市：湘潭、湘乡；郴州市：北湖、桂阳、宜章、嘉禾、临武、汝城、桂东、安仁、资兴。发生面积为19.2万亩，其中轻度发生面积15.4万亩、中度发生3.5万亩、重度发生0.3万亩。1982年普查时，松球果螟发生面积为138.6万亩；与之相比，此次普查时，发生面积下降了88.9%，并且主要以轻度发生为主，危害程度大幅度下降。

11. 山茶象

山茶象又称油茶果象，主要寄主是油茶、茶树，在7个市(州)22个县(区、市)发生，主要分布在永州市：江永；怀化市：通道、会同、靖州、洪江；娄底市：娄星、涟源；衡阳市：衡南、耒阳、常宁；湘西土家族苗族自治州：龙山、永顺、保靖、古丈、花垣、吉首、泸溪、凤凰；郴州市：安仁、资兴；常德市：澧县、临澧。发生面积为17.7万亩，其中轻度发生面积11.9万亩、中度发生2.8万亩、重度发生3.0万亩。

12. 狗尾草

狗尾草主要生长在杉、杨、水杉林地的人工林中，以及种苗繁育基地、灌木林、荒地中。在7个市(州)23个县(区、市)发生，主要分布在永州市：祁阳、新田、道县、蓝山；张家界市：永定、武陵源；岳阳市：华容；湘西土家族苗族自治州：龙山、永顺、保靖、古丈、花垣、吉首、泸溪、凤凰；常德市：安乡、汉寿、临澧；郴州市：北湖、宜章、嘉禾、资兴；邵阳市：洞口。发生面积为13.7万亩，其中轻度发生面积8.4万亩、中度发生2.0万亩、重度发生3.3万亩。

13. 星天牛

星天牛的主要寄主植物是南方苹果、板栗、小叶栎、蜜橘、胡柚、椪柑、广柑、杨柳、柑橘、杨树、枫杨、意杨、杉、松、刺槐、梨树、马尾松、脐橙。在7个市28市个县(区、市)发生，主要分布在永州市：冷水滩、东安、祁阳、双牌、新田、道县、宁远、蓝山以及金洞林场；怀化市：会同；娄底市：娄星；长沙市：宁乡；常德市：石门、澧县、安乡、津市、汉寿；郴州市：桂阳、永兴、嘉禾、临武、资兴；邵阳市：邵东、新宁、武冈、大祥、北塔、双清。发生面积为11.3万亩，其中轻度发生面积7.1万亩、中度发生2.3万亩、重度发生1.9万亩。

14. 油茶茶苞病

油茶茶苞病菌主要危害油茶。在8个市44个县(区、市)发生，主要分布在湘潭市：韶山、湘潭、湘乡；常德市：澧县、安乡、津市；永州市：东安、祁阳、双牌、江永、江华；岳阳市：平江、岳阳、华容、君山；怀化市：通道、靖州、会同、洪江、麻阳、溆浦、中方、新晃、芷江、鹤城；郴州市：桂阳、宜章、嘉禾、临武、安仁；衡阳市：衡阳、衡南、衡山、衡东、常宁、祁东、耒阳、南岳；邵阳市：绥宁、隆回、洞口、新宁、新邵。发生面积为11.0万亩，其中轻度发生面积10.0万亩、中度发生1.0万亩。

15. 白茅草

白茅草主要在松、杉、油茶的人工林中危害。仅分布在永州市的7个县(市)，即冷水滩、东安、祁阳、新田、道县、宁远、蓝山；发生面积为10.2万亩，其中轻度发生面积4.9万亩、中度发生5.1万亩、重度发生0.2万亩。其中发生面积最大的在宁远县8.6万亩，占全省84.3%。

16. 白蚁

这次普查中造成危害的白蚁，主要有家白蚁、黄翅大白蚁和黑翅大白蚁3种，危害的寄主植物有马尾松、杉、樟、桉树和檫树。发生总面积为8.7万亩，其中家白蚁4.1万亩，在7个市36个县(区、市)发生，主要分布在永州市：冷水滩、祁阳、新田、道县、蓝山、江永、江华以及金洞林场；娄底市：娄星、涟源、冷水江、双峰；长沙市：浏阳、长沙、望城；湘潭市：湘潭、岳塘、湘乡、韶山；常德市：澧县、安乡、汉寿、鼎城、临澧；郴州市：北湖、苏仙、桂阳、永兴、嘉禾、临武、汝城、资兴；邵阳市：洞口、武冈、北塔、双清。黄翅大白蚁0.8万亩，在2市2县发生，主要分布在长沙市：浏阳；常德市：石门。黑翅大白蚁3.7万亩，在6市18个县(区、市)发生，主要分布在常德市：津市；衡阳市：衡阳、衡东；郴州市：宜章、安仁；湘西土家族苗族自治州：吉首、古丈；邵阳市：邵阳、新宁、大祥、绥宁、新邵、城步；岳阳市：平江、岳阳、临湘、华容、湘阴。1982年普查时，黄翅大白蚁发生16.5万亩，黑翅大白蚁发生36.4万亩，全省分布；这次普查2种白蚁的发生面积分别下降了95.1%和89.8%。

17. 竹缕舟蛾

竹缕舟蛾是危害毛竹的一种重要的突发性害虫，在5个市17个县(区、市)发生，主要分布在永州市：祁阳；怀化市：洪江、会同；株洲市：株洲、醴陵、攸县、茶陵、炎陵；衡阳市：南岳、耒阳、祁东、衡山、衡南、常宁、衡阳；郴州市：苏仙、永兴。发生面积为7.3万亩，其中轻度发生面积4.7万亩、中度发生1.7万亩、重度发生0.9万亩。与1982年普查时发生面积16.9万亩相比，发生面积下降了56.8%。

18. 柑橘溃疡病

柑橘溃疡病菌的主要寄主植物是柑橘、橙、柚。在8个市43个县(区、市)发生，主要分布在湘潭市：韶山、湘潭、湘乡；常德市：澧县、安乡、津市；永州市：东安、祁阳、双牌、江永、江华；怀化市：通道、靖州、会同、洪江、麻阳、溆浦、中方、新晃、芷江、鹤城；岳阳市：平江、岳阳、华容、君山；衡阳市：南岳、耒阳、祁东、衡山、衡南、常宁、衡阳；邵阳市：绥宁、隆回、洞口、新宁、新邵；郴州市：桂阳、宜章、嘉禾、临武、安仁。发生面积为5.8万亩，其中轻度发生面积5.0万亩、中度发生0.6万亩、重度发生0.2万亩。柑橘溃疡病在湖南省1929年首次发生，1975年调查有43个县(区、市)发生。20世纪80年代在丘岗开发过程中，由于以柑、橙、柚作为主要的经济林木大面积发展，特别是原柑橘产区大量引进良种进行品种改良，对苗木的需求量大，部分地方对苗木检疫不严，导致疫情扩散，危害加重。2001第三次检疫普查时，柑橘溃疡病分布在全省除岳阳之外的13个市(州)、61个县(区、市)，发生面积为17.4万亩，其中轻度危害面积14.6万亩，中度危害面积1.8万亩，重度危害0.8万亩。近几年来，由于加强检疫和疫区除治工作，受市场价格影响，种植面积减少，其危害也呈下降趋势。

19. 竹卵圆蝽

竹卵圆蝽主要危害毛竹，在3市8个县发生，主要分布在常德市：桃源、鼎城；邵阳市：隆回；衡阳市：常宁、祁东、衡阳、衡山、衡南。发生面积为6.0万亩，其中轻度发生面积4.2万亩、中度发生1.4万亩、重度发生0.4万亩。隆回县发生面积3.1万亩，占总面积的51.7%。1982年普查时，仅在永州市发生轻度危害。

20. 一字竹象

一字竹象的主要寄主是毛竹，在4市(州)8县(区、市)发生，主要分布在郴州市：北湖、资兴；邵阳市：洞口、新邵；湘西土家族苗族自治州：凤凰；衡阳市：衡山、南岳、耒阳。发生面积为5.73万亩，其中轻度发生面积5.1万亩、中度发生0.6万亩、重度发生0.03万亩。洞口县发生面积3.5万亩，占总面积的61.1%。1982年普查时，该虫在桑植县严重发生，桃江县、衡东县中等发生。

21. 松茸毒蛾

松茸毒蛾主要危害马尾松和国外松，在8个市(州)23个县(区、市)发生，主要分布在怀化市：靖州、会同、洪江、麻阳、中方、新晃；娄底市：双峰；长沙市：浏阳；湘潭市：湘潭、湘乡；常德市：石门；衡阳市：南岳、衡山、衡东；湘西土家族苗族自治州：龙山、永顺、保靖、古丈、花垣、吉首、泸溪、凤凰；郴州市：资兴。发生面积为5.1万亩，其中轻度发生面积4.0万亩、中度发生0.9万亩、重度发生0.2万亩。主要发生在怀化1.7万亩、湘西土家族苗族自治州1.2万亩，占全省面积的56.9%。1982年普查时，松茸毒蛾发生32.5万亩，成灾面积仅为0.14万亩，主要分布在怀化市、邵阳市等湘西南山区。

(三) 主要本土危险性有害生物种类

1. 杉肤小蠹

杉肤小蠹主要危害杉树的人工林。在4市7个县(区、市)发生，主要分布在永州市：蓝山；怀化市：洪江；郴州市：苏仙、桂阳、宜章、资兴；衡阳市：衡山、耒阳；发生面积为5.23万亩，其中轻度发生面积3.3万亩、中度发生0.03万亩、重度发生1.9万亩。宜章县发生面积4.5万亩，占总面积的86.0%，严重发生面积1.9万亩，应引起高度重视。1982年普查时，杉肤小蠹发生面积3.3万亩，成灾面积0.035万亩，仅分布在会同县、靖县。

2. 纵坑切梢小蠹

纵坑切梢小蠹危害马尾松和湿地松。2市(州)15个县(区、市)发生，主要分布在湘西土家族苗族自治州：全州分布；邵阳市：隆回、洞口、武冈、新邵、大祥、北塔、双清。发生面积为2.08万亩，其中轻度发生面积1.95万亩、中度发生0.06万亩、重度发生0.07万亩。根据《湖南森林昆虫图鉴》记载，该虫在湘中、湘东和湘西地区皆有分布。1982年普查时，在上述地区的10个县(市)造成中等危害。这次普查主要发生在湘西南地区，并以轻度发生为主。

3. 板栗疫病

板栗疫病的主要寄主有板栗、锥栗。既可危害人工林，也可危害天然林。在8个市(州)32个县(区、市)发生，主要分布在永州市：芝山、冷水滩、东安、双牌、道县、宁远、江永以及金洞林场；岳阳市：平江；怀化市：通道、靖州、洪江、沅陵；张家界市：慈利；湘西土家族苗族自治州：龙山、永顺、古丈、吉首、保靖、花垣；湘潭市：湘潭、湘乡；郴州市：桂阳、宜章、嘉禾、临武；衡阳市：常宁、衡阳；邵阳市：邵阳、绥宁、新宁、城步。发生面积为3.8万亩，其中轻度发生面积2.8万亩、中度发生0.5万亩、重度发生0.5万亩。湘西土家族苗族自治州发生2.2万亩，占全省发生总面积的57.9%。2001年检疫普查时，分布在全省11个市(州)34个县(区、市)，发生面积为3.9万亩，其中轻度危害面积2.8万亩，中等危害面积0.69万亩，重度危害0.36万亩，危害严重的地区主要是衡阳市、邵阳市、湘西土家族苗族自治州、怀化市4个市(州)，其发生面积占全省发生面积的62.1%。2次普查比较发生面积和主要危害区没有明显变化。

4. 柑橘黄龙病

寄主是各类柑橘。发生面积3.20万亩，其中轻度0.60万亩，中度0.60万亩、重度1.60万亩。分布于双牌县的五里牌镇、平福头乡、泷泊镇、泷泊林场4个乡镇场。

(四) 外来有害生物种类

1. 松材线虫

松材线虫是2003年在郴州市苏仙区首次发现，使湖南省成为我国松材线虫病第12个疫情发生省，至2005年底在3市5县(区、市)发生，分布在郴州市：苏仙、北湖；益阳市：资阳；常德市：汉寿。发生面积为1.45万亩，其中轻度发生面积0.9万亩、中度发生0.43万亩、重度发生0.12万亩。松材线虫是普查中发现的重要疫情之一。疫情的传入与从松材线虫疫区调入染疫的松木包装特别是电盘缆材料关系密切。

2. 红火蚁

红火蚁原分布于南美的一种膜翅目蚁科昆虫，20世纪30年代入侵美国后，在世界范围内呈快速扩散趋势，在美国、波多黎各、新西兰、澳大利亚以及中国等地先后发现了入侵红火蚁的危害，已被许多国家列入危险性有害生物名单。2004年底在我国广东省吴川市首次发现，2005年1月张家界市永定区大庸桥公园的发现使湖南省成为第二个疫情省，危害面积达0.016万亩。疫情是通过染疫草皮传入的。

3. 加拿大一枝黄花

加拿大一枝黄花是2004年12月在湘潭市雨湖区首次发现，经过2005年秋季的补充调查，在4市的10个区(市)发生，分布湘潭市：湘潭、雨湖、岳塘；长沙市：雨花、天心；邵阳市：双清；岳阳市：岳阳楼、湘阴。郴州市：资兴、苏仙。发生面积0.7万亩，湘潭市发生0.6万亩，占总面积的85.7%。

4. 湿地松粉蚧

湿地松粉蚧是危害湿地松、火炬松、马尾松等植物的一种重要害虫，2003年6月郴州市宜章县首次发现。分布在郴州市的宜章、临武、嘉禾、桂阳、北湖、苏仙、汝城等县(区)。发生面积4.3720万亩，其中轻度危害面积2.6652万亩，中度危害面积1.2462万亩，严重危害面积0.4606万亩。疫情是通过气流从广东省疫情发生区传入湖南省。

5. 松针褐斑病

松针褐斑病最早于1994年8月在江华瑶族自治县发现，寄主是湿地松、马尾松，危害人工林。通过全省松针褐斑病专题普查，随后分别在江永县、双牌县发现，在江永县主要危害湿地松，在双牌县主要危害华山松。通过1994年至1997年3年的综合治理工程，病害得到了基本控制，发生范围由3个县11个乡镇场的7017亩减少到2个县3个乡镇的340亩。1999年在怀化市的靖州苗族自治县发现危害，寄主为湿地松。这次普查结果病害在2市2县发生，主要分布怀化市的靖州苗族自治县、永州市的江华瑶族自治县。发生面积0.38万亩，其中轻度0.3万亩、中度0.08万亩。该病传入主要是通过感病的苗木传入的。

6. 桉树叶斑病

桉树叶斑病是桉树上一种比较常见的叶部病害，一般危害轻微，严重时引起叶片及枝条枯死。主要寄主是赤桉、邓恩桉。发生在永州市的道县、宁远、江永、回龙圩等4个县(区)的12个乡镇。发生面积0.31万亩，其中轻度0.25万亩、中度0.06万亩。该病是近年来永州市近几年来大面积引种桉树后新发现的一种病害，通过种苗传入的可能性较大。

7. 桉树紫斑病

桉树紫斑病主要危害叶片，引起严重落叶，寄主是赤桉。发生于蓝山县毛俊镇。发生面积0.112万亩，均为重度。该病也为永州市大面积引种桉树后新发现的一种病害，通过种苗传入的可能性较大。

8. 桉树褐斑病

桉树褐斑病的主要寄主是赤桉、柳桉、邓恩桉；植株感病后，引起大量落叶，严重影响植株生长；发生于东安县井头圩镇。发生面积0.022万亩，均为中度危害。该病通过种苗传入的可能性较大。

9. 美国山核桃蚜虫

该虫的寄主是美国山核桃。发生在永州市零陵区，面积0.003万亩，均为重度危害。美国山核桃是著名的油料和干果树种，作为重点引种项目引种我国，项目由中南林学院吕芳德教授主持。1997年开始在永州市国有冷水滩区苗圃进行引种实验，现已种植0.033万亩。2001年6月，发现从浙江调来的一批实生苗叶片上散布有米粒至花生仁大小的虫瘿，划破虫瘿，可在解剖镜下看到淡黄色、暗绿色或紫褐色，扁圆形，大小不一，无翅或有翅的小虫。经中南林学院王问学教授鉴定，认为是蚜虫的一个新种，但尚未正式命名。这批苗木栽植后，该虫迅速扩散蔓延，到2001年8月，全苗圃美国山核桃有虫株率达到80%，有虫株70%的叶片受害。受害叶片畸形，严重影响树木生长发育。后采用吡虫啉喷雾等方法进行了防治，取得了一定的效果。

(五) 主要危害木材有害生物

这次普查中，首次将危害木材的有害生物种类进行专题调查，结果表明危害木材的有害生物有25种，危害木材总量为139144立方米，危害的主要地点是木材加工企业、贮木场、集材场、木材市场、煤矿等，主要是天牛类、小蠹类、象甲类和白蚁类，危害木材1000立方米以上主要种类有5种，危害木材量占全省受害木材总量的99.2%。

1. 松墨天牛

松墨天牛主要危害马尾松、湿地松的原木、板材和方材，在6个市(州)26个县(区、市)的木材经营加工企业、贮木场、集材场、煤矿等发现危害，主要分布在张家界市：永定、武陵源、慈利、桑植；湘西土家族苗族自治州：全州分布；怀化市：沅陵、麻阳、洪江、会同、通道、中方、芷江、新晃、鹤城、辰溪；常德市：石门、安乡；邵阳市：武冈；郴州市：资兴。受害木材总量为40397.7立方米，其中轻度受害30513.2立方米，中度7977立方米，严重受害1907.5立方米。松墨天牛危害木材量占全省木材总受害量的29.0%。

2. 横坑切梢小蠹

横坑切梢小蠹主要危害松原木。在2个市9个县(区、市)的木材市场、贮木场、加工厂发现危害，主要分布在怀化市：中方、芷江、新晃、辰溪；永州市：冷水滩、宁远、东安、邵阳、邵东。受害木材总量为 38956.3 立方米，其中轻度受害 32844.3 立方米，中度 6108 立方米，严重受害 4 立方米。横坑切梢小蠹危害木材量占全省木材总受害量的 28.0%。

3. 纵坑切梢小蠹

纵坑切梢小蠹主要危害马尾松、湿地松的松原木。在 4 个市(州)16 个县(区、市)的木材加工企业、煤矿和木材市场发现危害，主要分布在娄底市：冷水江、新化；郴州市：桂阳；衡阳市：耒阳；湘西土家族苗族自治州：全州分布；邵阳：武冈、洞口、邵东。受害木材总量为 38127.8 立方米，其中轻度受害 31045.8 立方米，中度 6650 立方米，严重受害 72 立方米。纵坑切梢小蠹危害木材量占全省木材总受害量的 27.4%。

4. 杉肤小蠹

杉肤小蠹主要危害杉原木，在 4 个市 8 个县(区、市)的家具厂、贮木场和木材市场发现危害，主要分布在娄底市：冷水江、涟源、新化；常德市：石门；衡阳市：衡山、耒阳；邵阳市：洞口、邵东。受害木材总量为 18274 立方米，其中轻度受害 8939 立方米，中度 9335 立方米。杉肤小蠹危害木材量占全省木材总受害量的 13.1%。

5. 家白蚁

家白蚁主要危害杉、松、樟的原木、方材等木材产品，在 4 个市 6 个县(区、市)的集材场、贮木场、木材加工厂发现危害。主要分布在湘潭市：湘乡；岳阳市：岳阳县；娄底市：双峰；郴州市：桂阳、嘉禾、资兴。受害木材总量为 2387 立方米，其中轻度受害 1832 立方米，中度 454 立方米，严重受害 101 立方米，杉肤小蠹危害木材量占全省木材总受害量的 1.7%。

五、林业有害生物发生趋势与原因分析

全省林业有害生物发生的总体趋势是：与 20 世纪 80 年代相比，在森林面积不断增加的情况下，全省林业有害生物发生面积略有下降，但危害的严重性仍然存在，历史性或突发性的本土有害生物发生面积居高不下，危险性林业有害生物在局部地区危害严重，外来有害生物传入、扩散和危害的压力增大。“六五”、“八五”和“十五”期间全省的有林地分别为 1.13 亿亩、1.34 亿亩和 1.53 亿亩，森林覆盖率分别为 40.1%、50.9% 和 55.0%，全省林业有害生物年平均发生面积分别为 622 万亩、295 万亩和 397 万亩。自 20 世纪 90 年代初开始，外来有害生物入侵的几率增加，目前从外省(自治区、直辖市)入侵湖南省的林业有害生物有 10 种，其中 21 世纪入侵的有 7 种。导致湖南省林业有害生物发生趋势的主要原因是：

(1)温室效应是导致林业有害生物发生趋势增加的重要原因。近年来，全球气候变暖，湖南省暖冬现象明显，年平均气温升高，有利于林业有害生物的发生、发展。湖南省自 20 世纪 90 年代以来冬季气温持续偏暖，如 2004 年是第 12 个冬季气温偏高年，整个冬季没有出现日平均气温低于 0℃的天气，冬季全省平均气温为 7.68℃，较往年平均值偏高 1.12℃，为 90 年代以来第 3 个高值年。目前全省整体气候特征是气温冬春秋偏暖，春季气温异常偏暖。这样的气温条件不仅有利于有害生物越冬，而且更有利于越冬后种群数量的增加。特别是马尾松毛虫、黄脊竹蝗、杨树食叶害虫等种群变化受温度影响较大的有害生物增加趋势明显。

(2)森林结构的不合理是导致林业有害生物发生趋势增加的直接原因。一是树种单一，有害生物优势种类危害严重。湖南省林分面积 1.21 亿亩，杉、松、竹是主要的树种，其中

杉、松等针叶树类面积为8200万亩，占林分面积的67.9%；阔叶树类面积3877.5万亩，占林分面积的32.1%；针叶树在湖南省森林资源中仍占绝对优势。竹林面积为在危害严重的前21种林业有害生物种类中，危害松杉的有7种、竹类5种、杨树4种。二是林分结构差，森林自控能力弱。在用材林中，幼、中龄林面积为5059.2万亩，占湖南省用材林面积的72.4%；幼、中龄林蓄积1.14万立方米，占全省用材林蓄积的52.3%。幼、中龄林不仅处于易受有害生物危害的敏感期，而且自身抵抗有害生物危害的能力弱，因此导致有害生物发生趋势增加。造林时没有进行科学规划，适地适树、选育良种壮苗不够，造成森林植物生长势衰弱，抗病虫能力差。同时，不科学的造林方式形成不合理的林分结构，使人工林过度纯化，使森林生态系统脆弱，抵御病虫灾害的能力下降。

(3)贸易活动的频繁是导致外来林业有害生物扩散蔓延的主要原因。随着经济的快速发展，森林植物及其产品的贸易活动频繁，林业有害生物在国际、省际传播蔓延的几率增加。20世纪90年代开始至20世纪末，松针褐斑病、毛竹枯梢病分别通过苗木和原竹的调运传入湖南省；2003年松材线虫通过松木包装材料的调运传入，红火蚁和加拿大一枝黄花通过寄主的活体植物的调运传入。目前入侵我国的外来生物已达400余种，且以平均每年1~2种的速度递增。在全球公认100种最具威胁性的外来生物中，已有50余种入侵我国，其中11种主要外来生物每年给我国造成的经济损失高达570亿元。我国已成为遭受外来入侵生物危害最严重的国家之一。2006年1~4月，湖南省出入境检验检疫局从长沙黄花国际机场入境旅客携带物中共截获有害生物7批次，其中两次截获国家二类有害生物——被称为水果、蔬菜“头号杀手”的橘小实蝇。在经贸活动活跃的地区，外来有害生物传入的几率更大。如广东省检验检疫局2006年一季度，从进境植物及其产品中截获有害生物和有毒有害物质738种9104次、截获传染病和有毒有害物质7种12批。包括地中海实蝇7次、红火蚁5次、大豆疫病1次、苹果绵蚜1次。截获的有害生物中，批次排在前三位的是瘤背豆象属(四纹豆象和非中国种)(107次)、番石榴果实蝇(46次)以及咖啡果小蠹(43次)；而截获有害生物批次最多的前10种检疫物分别是废纸、大豆、废塑料、原木、橙、集装箱、小麦、针叶树木质包装、龙眼、蕙兰。特别是在贸易活动中，由于检疫监管措施的不到位，极大地增加了有害生物人为传播扩散的几率。在2002年森林植物检疫执法大检查中，检查的1579家单位中，有1072家未办森林植物检疫手续，没有《植物检疫证书》的单位占检查单位的67.9%，而办理检疫的只有507家，占检查单位的32.1%。

广东省林业有害生物普查技术报告

2004年4月至2005年12月，广东省林业部门根据国家林业局《关于在全国开展林业有害生物普查工作的通知》(林造发[2003]73号）和《国务院办公厅转发质检总局关于加强防范外来有害生物传入工作意见的通知》要求，结合本省实际，认真组织开展林业有害生物普查工作。

一、林业有害生物普查的目的和意义

近20多年来，林业有害生物，特别是外来有害生物给广东省森林资源和生态安全带来了严重威胁和造成较大损失，是生态建设的重要障碍。为了更好地贯彻省委、省政府关于构建稳定的生态公益林体系，建立起与国民经济和社会可持续发展相适应的森林生态系统，实现青山、绿水、蓝天和山川秀美的宏伟目标，需加强对林业有害生物的治理和防范。通过开展林业有害生物的专项普查，全面摸清外来的及本土的林业有害生物主要种类、分布范围及危害情况，为确定森林植物检疫对象，制订控制、封锁、扑灭措施和组织实施治理工程项目提供科学依据。

二、普查范围和普查对象

（一）普查范围

(1)广东省内的森林，包括防护林、用材林、经济林、薪炭林、特种用途林，以及绿化林木、观赏植物等。

(2)种苗繁育和交易场所，如苗木基地、花木场圃、花卉市场等。

(3)木材加工和交易场所，如贮木场、木材加工厂、木材市场等。

（二）普查对象

(1)在1980年后从国(境）外和外省(自治区、直辖市)传入的对林业造成危害的病原微生物、有害昆虫、有害植物。

(2)目前对林木造成较大灾害的本土病原微生物、有害昆虫、有害植物。

鉴于各县级行政区已发生的知名种类的调查，属于正常测报工作，在各地(县级行政区）分布、发生、危害情况已清楚的种类不列入本次普查，将已清楚掌握的种类一并汇总到普查结果资料。

三、普查内容和技术方法

（一）普查内容

(1)寄主植物普查。有害生物危害的植物种类(包括乔木、灌木、花卉及其他草本植物)，尽可能查清楚到植物分类学上的种名，必须查清楚到科名，按照不同科、属进行分种类记录。

(2)填报新发现的有害生物分布地点。以县级行政区为单位填报有害生物分布的镇(乡)级行政区域名称和具体地址(村名或山名)。

(3)有害生物发生面积统计。危害林地的，以林业小班为单元计算发生面积；危害苗圃、花圃、温室等种苗繁育基地的，以危害寄主植物的实际种植面积计算；危害绿地或行道树的，按被害株数折算成面积数计算。发生面积分为轻、中、重三个等级统计。

(4)危害木材的有害生物统计。登记发生地点(贮木场、木材转运站、木材加工厂等的所在地及单位名称)；统计危害木材(包括原木、板材、枋材、人造板、木质包装材料和垫脚木等)的有害生物种类、危害数量(以立方米为单位)及危害程度。

(二)普查技术方法

1. 外业调查

(1)设计调查线路。在镇(乡)或林场的林业作业图或林相图上，以及根据林木种苗、花卉繁育基地、贮木场、木材转运站、木材加工厂、公共绿地等所在县级行政区的分布情况，设定调查路线，设立具有代表性的调查点，列出每个调查点所在地的位置以及所代表的面积，在有害生物发生盛期或症状显露期开展外业调查。设计调查路线之前先取得基础线索：一是访问专家、技术员、护林员或林(花)农，请他们提供线索；二是发动和鼓励群众提报疫情。

(2)踏查。按照设定的调查路线，进行踏查。当发现有严重危害症状时，应及时采集标本，并进行详查。

(3)详查。林地或种苗繁育基地每块标准地或样方调查株数为30～50株，标准地或样方累计调查面积不小于调查面积的3%；调查木材危害状况时，抽样本不少于3%。记录有害生物的种类和寄主名称、虫口密度和树木受害程度，拍摄危害状的照片，将采集的标本和有关数据填入标准地调查表。对未知种类名称的标本，贴附标签，送交专家鉴定。

2. 技术工作要点

(1)采用全面踏查和专题调查相结合的方法进行普查。在市、县(场)全面踏查的基础上，由省组织工作组进行专题调查。

(2)采用专业人员与专家相结合的方法进行普查。专业人员主要进行野外踏查和专题调查，对疑难问题和技术性较高的(如鉴定病虫种类等)工作由专家指导或完成。

(3)由专业人员统一制作标本和拍摄照片。在市、县技术人员踏查的基础上，由省级普查工作组人员采集病虫害和寄主标本，由省林业科学研究院森保所专业人员统一制作标本，对一些重要的害虫采取饲养方法，取得其各种虫态标本。在采集标本和饲养昆虫时，拍摄病虫害、寄主、危害状照片。

(4)根据病虫害的生物学特性安排调查的时间。对病害一般是在病症明显时进行调查；虫害分别在危害高峰期和幼虫期与成虫期进行调查。

3. 内业整理和提交普查成果

对外业调查的笔录、数据、照片等进行整理、归档，填写有关汇总表，收集、整理有关照片，对采集的有害生物标本进行分类、鉴定。取得经制作的有害生物实体标本、生活史标本、寄主危害状和典型症状的彩色图照。整理后的普查资料由各普查工作组报省普查办公室，由省普查办公室进行汇总，完成林业有害生物普查技术报告和工作总结。

为了确保采集标本的质量，按不同标本种类、质地作不同的处理。制作尽可能做到完整、成套、新鲜、典型、标签清晰，并配彩色图照。各普查工作组采集的标本尽可能自行鉴定，有疑问的或无法鉴定的标本及时送有关专家鉴定。

四、主要技术成果

（一）普查范围广，基本摸清全省重要有害生物分布发生状况

这次普查范围涵盖全省21市级行政区100多个县级行政区。总计调查了近50种寄主植物，查到重要有害生物种类共44种(病害14种、虫害25种、有害植物5种)，其中：外来种18种，本土种21种，来源不详的5种；采集标本共261个(含各种不同虫态)，拍摄图片共2300多幅。基本摸清了全省主要林业有害生物的分布范围、发生面积。

（二）重要发现

(1)普查时新发现4个县级行政区发生松材线虫病(肇庆市封开县、韶关市乳源瑶族自治县、汕头市濠江区、中山市沙溪镇)。

(2)查清了检疫性或危险性有害生物。掌握了松突圆蚧、湿地松粉蚧、椰心叶甲、锈色棕榈象、褐纹甘蔗象、棕榈小象甲、海枣小象甲、油棕心腐病、蔗扁蛾、双钩异长蠹、刺桐姬小蜂等虫害及有害植物薇甘菊、飞机草、大米草等的分布、发生情况；发现和掌握了新的森林杀手——金钟藤的分布与危害情况；查清了对阔叶树桉树等树种造成灾害的病虫害(尺蠖、天蛾、刺蛾、杂毛虫、木蠹蛾、小卷蛾、桉树焦枯病、枝枯病、青枯病等)的分布、发生和危害情况，为防控阔叶树病虫害打下了良好基础。

(3)属于1997年后发生的种类有14种：萧氏松茎象、椰心叶甲、褐纹甘蔗象、棕榈小象甲、海枣小象甲、油棕心腐病、斑点黑蝉、赭红葡萄天蛾、刺桐姬小蜂、薇甘菊、互花米草、飞机草、金钟藤、无根藤。

(4)发生趋势分析。本省林业有害生物发生总的趋势是：种类逐年增多，分布面积逐渐增大，灾害威胁严重。其中：松材线虫病的威胁仍然严重；松突圆蚧分布范围将继续扩大、发生危害范围将继续维持；湿地松粉蚧的危害程度将较为平稳；马尾松毛虫、竹蝗及其他病虫等相对稳定，松毛虫仍将出现局部灾害；萧氏松茎象的发生基本稳定在现有范围内，危害程度轻与重有交替出现的可能；阔叶树害虫主要危害藜蒴栲、相思树、木荷等树种，存在害虫种类多、危害面积逐渐扩大的趋势；观赏植物特别是棕榈科植物的病虫害日趋严重。预测全省主要病虫害分布、发生面积可能会逐年略有增加。主要病虫害分布面积总计可能达到3300万亩/年、发生面积总计约为1300万亩/年。

五、存在问题

在普查过程中，有的害虫种类，错过某一虫态标本采集的最佳时间，没有采集到完整的生活史标本及难以拍摄到较典型的虫态和危害状图片，使种类鉴定和标本制作工作困难。为此，在普查工作结束后仍需根据历史资料和目前掌握的数据，采取查漏补缺的方法进行补充

调查与采集标本，完善数据资料。

六、广东省目前主要的林业有害生物种类

（一）病害（病原微生物）

1. 松类病害

（1）松材线虫病。是松材线虫寄生在松树体内引起病害，在广东主要危害马尾松；该病的主要传媒是松墨天牛。松材线虫病是松树的毁灭性病害，不论是幼龄小树，还是几十年生的参天大树都可被害致死。病情发展速度快，危害严重，松树感病后一般1~3个月内即可全株枯死；病害传播迅速，短时间内引起松树植株大量枯死，致使大片松林荒芜，造成很大的经济损失，也影响自然景观和森林生态系统的稳定。

松树感染松材线虫病初期，植株外观尚无明显变化时，树体内部已经发生了一系列变化，其中包括木质部内髓射线薄壁组织细胞受到破坏，管胞形成受到抑制，水分疏导受阻，呼吸作用加强，树脂分泌减少至最后停止，蒸腾作用减弱随后停止。蒸腾作用减弱后不久，针叶即行枯萎。病株外部症状的显著特点是针叶变为红褐色，而后全株枯萎死亡，针叶可长时间内不脱落。因松材线虫侵染而枯死的树木，由于真菌寄生，木质部往往呈现蓝（青）灰色亦称木质蓝变。

松材线虫病来源于境外，广东省最早于1988年在深圳市发现；普查前，该病害在东莞全市以及深圳市的龙岗、宝安、盐田，惠州市的惠城、惠阳、大亚湾、博罗、惠东，广州市的天河、萝岗、黄埔、花都、增城、从化等县（区、市）有分布；本次普查在肇庆市封开县、韶关市乳源瑶族自治县、中山市、汕头市的濠江区新发现松材线虫病。目前广东省有8市、19县（区）发生松材线虫病，发生面积共计26.03万亩。

（2）松针褐斑病。境外病害，于20世纪80年代初传入广东省。主要危害湿地松；该病在全省均有分布，主要在幼林期间造成危害。本次普查，该病主要在梅州市的五华县、平远县有发生和造成危害，两县发生面积1.59万亩。

（3）国外松流脂病。是近年来出现的、危害国外松新的病害，具体发现年份和是否外来病害不详。该病在全省均有分布，发生面积较大与危害较为严重的有韶关、江门、肇庆、阳江、河源、珠海、清远等市；本次普查发生面积0.211万亩。

（4）松梢枯病。本土病害，主要危害马尾松，全省均有分布，特别是在松突圆蚧发生区，该病尤其严重。本次调查主要在阳春市、清新县有发现，发生面积49.29万亩。

（5）松树枯萎病。来源不详，主要危害马尾松；本次普查在云浮市的云安县、云城区有发现，发生面积0.06万亩。

（6）松枝枯病。来源不详，危害松树（马尾松、湿地松）。本次普查在恩平市有发现，发生面积0.10万亩。

2. 桉树病害

（1）桉树焦枯病。本土病害，危害桉树，主要是尾叶桉；在全省有分布。本次普查在梅州市的兴宁、五华，阳江市的江城，湛江市的坡头，云浮市的新兴，江门市的新会、台山、开平、鹤山、恩平等县（区、市）有发现，发生面积共0.09万亩。

（2）桉树青枯病。本土病害，危害桉树。本次普查在湛江市的坡头、麻章、遂溪、徐

闻、廉江、雷州等县(区、市)有发现，发生面积0.70万亩。

3. 木麻黄病害

木麻黄青枯病。本土病害，主要危害木麻黄。本次普查在湛江市的坡头、吴川，肇庆市的德庆，阳江市的江城、阳西等县(区、市)有发现，发生面积为1.70万亩。

4. 竹子病害

竹梢枯病。来源不详，危害竹类。本次普查在韶关市仁化县的吊丝麻竹上有发现，发生面积0.003万亩。

5. 经济林类病害

(1) 板栗溃疡病。本土病害，危害板栗。本次普查在肇庆市的封开县有发现。

(2) 肉桂枝枯病。本土病害，危害肉桂。本次普查在云浮市的罗定、郁南，揭阳市的榕城等县(区、市)有发现，分布面积25.7094万亩，其中发生面积0.15万亩。

6. 观赏树木病害

(1) 油棕心腐病。来源不详，危害油棕。本次普查在广州市的花都、从化，珠海市的香洲，江门市的蓬江等区(市)有发现。

(2) 海枣褐斑病。本土病害，危害海枣，主要是加拿利海枣。本次普查在中山市有发现。

7. 其他林木病害

南洋楹枝枯病。来源不详，危害南洋楹。本次普查在广州市的增城市、惠州市的博罗县有发现，发生面积10.08万亩。

(二) 虫 害

1. 松类害虫

(1) 马尾松毛虫。鳞翅目枯叶蛾科松毛虫属。是我国南方各省危害森林最严重的大害虫，其分布范围广，危害面积大，年世代多，繁殖力大，迁飞力强，危害非常严重。马尾松毛虫主要危害马尾松、湿地松等。松树被害后，轻者造成材积损失，松脂减产，种子产量降低；重者针叶被吃光，形如火烧，导致松墨天牛、松白星象鼻虫、松小蠹虫等蛀干害虫大发生，以致松林大面积死亡。同时松毛虫具毒毛，人体接触容易引起皮肤痒、皮炎、关节肿痛，严重时会致残等疾病，影响人民身体健康。

马尾松毛虫属本土历史性大害虫，危害松树，主要的树种有马尾松、湿地松、火炬松、加勒比松、黑松等。该虫全省有分布，每年发生3~4代，据统计，2004年全省寄主面积为6262.85万亩，马尾松毛虫发生面积67.39万亩。

(2) 松突圆蚧。同翅目盾蚧科突圆蚧属。由日本蚧虫学者高木贞夫于1956年在我国台湾省采到标本，1969年在《松村昆虫》(*Insecta Matsumurana*) 上发表为一种新种。1980年日本学者河木省三 编著的《日本介壳虫彩色图鉴》一书中，确认此蚧与长牡蛎蚧混生，对松树造成危害，在日本冲绳、先岛有分布。该蚧群栖于松针基部叶鞘内，吸食松针汁液，致使受害处变色发黑，缢缩或腐烂，从而使针叶枯黄、脱落；也有寄生嫩枝梢、球果；严重影响了树木的生长，连续几年受害，可造成松树枯死。寄主主要有马尾松、湿地松、黑松、加勒比松、南亚松等松属植物。

该蚧属境外害虫，1982年在珠海市、深圳市、惠州市的惠东县首先发现；2003年在全省18个市、66个县级行政单位有分布，本次普查新增加2个县级行政区，即和平县和普宁市。该虫主要寄生于松针叶鞘内，以固定生活的方式，用口针刺吸针叶内树液，造成针叶枯黄，严重影响树木生长，经多年危害会导致松树死亡。据统计，2004年全省寄主(马尾松)面积5165.38万亩，该蚧分布面积2137.27万亩，发生面积816.61万亩。

(3) 湿地松粉蚧(火炬松粉蚧)。同翅目粉蚧科。在美国20世纪30年代已有记录，在大西洋沿岸各州湿地松种植区广为分布。80年代因在种子园和苗圃施用化学农药引起该虫短期暴发流行，才引起注意。1988年中国林业部门从美国佐治亚州引进湿地松优良无性系采穗条，在台山红岭种子园建立改良代采穗圃。1990年6月在该采穗圃中首先发现一种前所未有的蚧虫，经上海昆虫研究所杨平澜先生通过美国农业部研究中心(马里兰)昆虫鉴定和益虫引进研究所粉蚧分类专家米勒博士(Dr. D. R. miller)的鉴定，确认该种粉蚧为分布于美国东南部、危害火炬松、湿地松等多种松树的火炬松粉蚧。中国科学院上海昆虫研究所杨平澜先生建议给予中文名称为“湿地松粉蚧”。

寄主植物主要是湿地松、火炬松、长叶松、裂果沙松、萌芽松、矮松、马尾松、加勒比松等松属植物。

寄主树被大量的湿地松粉蚧寄生，造成松针叶基部大量流脂、变色坏死，继而脱离，严重的脱落针叶达70%～80%。受害严重的嫩梢萎缩，甚至枯死。有的受害株的新梢呈丛枝、短化。普遍引发煤污病态，影响植株生长。受该虫侵害的湿地松，前3年树高年生长量平均损失率达23.7%，侧梢年生长量损失率为25.1%，材积年生长量损失24.2%，松脂减产12%～15%。

该蚧属境外害虫。至2003年全省有17个市76个县级行政区有分布，本次普查发现新增加了1个地级市和7个县级行政单位，即增加揭阳市以及南雄、源城、紫金、和平、东源、揭西和普宁等县(区、市)。据统计2004年全省寄主(国外松)面积1097.47万亩，该蚧分布面积633.16万亩，发生面积264.46万亩。

(4) 萧氏松茎象。鞘翅目象甲科树皮象亚科松茎象属。寄主主要有：湿地松、火炬松等国外松以及马尾松、华山松、黄山松等松属植物。

该虫为省外害虫，危害松类植物，主要危害人工松林和高海拔地区松林。于20世纪90年代造成较大面积的危害，主要分布在与江西、湖南、福建、广西等省(自治区)相邻的韶关、清远、梅州、肇庆、广州等5个市20个县(区、场)林区。该虫主要在松树基部的韧皮部与木质部间造成危害，造成大量松脂流失，严重时造致松树死亡。据2004年统计，全省分布面积26.12万亩，发生面积21.58万亩。

(5) 松茎象。本土害虫，未鉴定到种，主要危害(湿地松与加勒比松)杂交松。在松树的主干、枝条上均有入蛀口。危害症状与萧氏松茎象有相似之处，但个体较小，在肇庆市四会有发现，发生面积0.01万亩。

(6) 松墨天牛。主要危害马尾松、湿地松等生长衰弱的树木或新伐倒木以及枝丫、火烧迹地的松树；在南方各省，由于马尾松毛虫危害使松树生长衰弱后，此虫大量侵入，引起成片松树枯死。松树死亡症状与松材线虫病的类似，该虫是传播松材线虫病的主要媒介；在松材线虫病发生区的边缘地区，因枯死树的症状与松材线虫病极为相似，但尚未分离到松材线虫，这些疑似松材线虫病发生区列为松墨天牛发生区处理。松墨天牛属本土害虫。本次普查在阳江市的阳春，肇庆市的高要、封开以及北岭山林场，惠州市的惠城、惠阳、博罗，韶关市的乐昌、南雄等县(区、市、场)发现有较为危害症状，发生面积为40.27万亩。

2. 竹子害虫

(1) 黄脊竹蝗。俗称竹蝗，属直翅目蝗科，是我国南方竹林的主要食叶害虫，已知其寄主植物有25种，隶属于5科，而以毛竹(又称楠竹)、青皮竹最为其所喜食，大发生时常会影响出笋，严重时可使大面积竹林枯死。在食料缺乏时，还可危害水稻及玉米等禾本科农作物。

该虫属本土害虫。在全省有分布，在广东省一年发生1代，一般在4月初至5月初为卵孵化期；跳蝻和成虫均可造成危害。据统计，2004年全省黄脊竹蝗寄主面积为457.08万亩，发生面积8.64万亩。主要分布在韶关市的始兴、仁化、乐昌、南雄，江门市的新会，肇庆市的广宁，惠州市的龙门，梅州市的大埔、丰顺、平远、兴宁，清远市的连南、清新、连州和清远市属林场等县(区、市、场)。

(2) 竹笋夜蛾。竹笋夜蛾虫情较复杂，一是种类多，且同种夜蛾幼虫虫龄很不整齐，二是幼虫活动场所隐蔽，有多次转移寄主的习性；竹笋夜蛾种类包括：淡竹笋夜蛾、竹笋禾夜蛾、笋秀禾夜蛾和笋连秀夜蛾，其中，淡竹笋夜蛾是危害茶秆竹笋的优势种。竹笋夜蛾是本土害虫，危害茶秆竹的笋，一年发生1代；通过入蛀竹笋，使竹笋被蛀空而枯死，严重时竹笋枯死率高达90%以上；该虫分布在茶秆竹产区，主要在肇庆市的怀集县、广宁县，2004年发生面积为2.60万亩。

3. 木麻黄害虫

木麻黄星天牛。本土害虫，危害木麻黄树干。在全省有分布；本次普查在湛江市的坡头、东海岛、徐闻、雷州、吴川，珠海市的香洲、金湾，揭阳市的惠来县靖海镇绿洲林场等县(区、市、场)有发现，发生面积为4.98万亩。

4. 阔叶树害虫

(1) 赭红葡萄天蛾。本土害虫，危害锥树(白锥、红锥、米锥)，主要取食树叶，严重时可使锥林连片形成火烧状，甚至造成树木枯死。该虫每年一代，以蛹越冬。在全省均有分布，本次普查在韶关市的新丰、乐昌，惠州市的龙门，清远市的连山，汕尾市的陆河，广州市的从化和流溪河林场等县(市、场)有发现，连片发生面积1.68万亩。

(2) 油桐尺蛾。本土害虫，危害阔叶树，主要取食相思(大叶相思、马占相思、台湾相思)、黧蒴栲树叶。本次普查在深圳市的龙岗、宝安、盐田，清远市的英德，东莞，江门市的恩平，广东省直属樟木头林场等区(市、场)有发现，发生面积为1.86万亩。

(3) 杂毛虫。本土害虫，危害阔叶树，主要危害黧蒴栲、白锥树叶，往往与尺蠖同时发生，严重被害时会造成树木干枯而死亡。本次普查在清远市的英德，韶关市的乳源、仁化等县(市)有发现，发生面积为0.02万亩。

(4) 斑点黑蝉。本土害虫，危害阔叶树，主要危害马占相思等。全省均有分布，本次普查在阳江市阳春有发现，发生面积1.72万亩。

5. 桉树害虫

(1) 豹纹木蠹蛾。本土害虫，危害桉树和其他阔叶树，属蛀干害虫。本次普查在江门市的台山、惠州市的惠东、湛江市的坡头、遂溪、廉江、吴川，茂名市的茂港、高州等县(区、市)有发现，发生面积0.45万亩。

(2) 桉乳白蚁。本土害虫，危害桉树。本次普查在梅州市的兴宁市有发现，发生面积

0.03 万亩。

6. 棕榈科植物害虫

(1) 椰心叶甲(又名椰棕扁叶甲，可可椰子红胸叶虫，椰叶铁甲，椰子叶甲，椰心潜甲)。鞘翅目铁甲科潜甲亚科平胸族。寄主有：椰子、西谷椰子、槟榔、大王椰子、克利巴椰子、蒲葵、孔雀椰子、红棕榈等棕榈科植物，还有鱼尾葵属植物，巴拉卡棕属、肖斑棕属植物、省藤属植物等。

自20世纪初，椰心叶甲就成为太平洋岛屿的椰子树及其他棕榈科经济植物的重要害虫。椰心叶甲以成虫、幼虫2种虫态为害，一般喜在4~5年生的幼树上危害，在尚未开放的心叶中取食或在其叶夹层中啃食。将一处心叶吃尽后转向别处心叶。成虫不活跃，飞翔力差，幼虫潜叶，主要是通过苗木的转移而随之扩散。在未开放的心叶部成虫、幼虫沿叶脉咀嚼叶的表皮薄壁组织，导致叶肉细胞死亡。叶表留下与叶脉平行的狭长褐色条纹，这些条纹形成狭长伤疤，又随心叶伸展呈现大型褐色坏死区或呈现失水青枯现象，新叶抽出伸展后为枯黄状；严重时叶子卷曲皱缩呈灼伤状；叶片严重受害后，可表现枯萎、破碎、折枝或仅余下叶脉等被害状，有时顶部几张叶片均呈火燎焦枯，不久树势衰败至整株枯死。

本次普查在广州市的番禺区，深圳市的宝安、龙岗、福田、盐田、罗湖，珠海市的香洲、金湾，佛山市的顺德，湛江市的赤坎、霞山、东海、坡头、麻章、遂溪、徐闻、廉江、吴川，茂名市的茂南、茂港，阳江市的海陵、阳西，清远市的英德、东莞、中山，江门市的开平、台山、新会，惠州市的博罗、大亚湾，揭阳市的榕城、普宁等县(区、市)，以及汕尾市城区、汕头市城区等有发现，发生面积0.48万亩。

(2) 锈色棕榈象。鞘翅目象虫科棕榈象属。在东南亚地区严重危害椰子和油棕。1998年在海南省文昌县发现该虫严重危害椰子，在海口市、琼山区、琼海市、万宁市、三亚市、儋州市有大量椰子树遭受危害；在深圳市和香港特别行政区还发现危害酒瓶椰子。在湛江市等地发现危害大王椰子树、国王椰和油棕等棕榈科植物，以幼虫钻蛀树干内部，取食柔软组织，受害严重的植株可导致死亡。本次普查在深圳市的宝安，湛江市的麻章、遂溪、廉江，茂名市的茂南，中山市，梅州市的丰顺等县(区、市)有发现，发生面积为0.11万亩。

(3) 褐纹甘蔗象。境外害虫，危害棕榈科植物，主要危害大王椰子，属蛀干性害虫，据报道还危害甘蔗。本次普查在中山市以及深圳市的龙岗、宝安、南山、盐田、罗湖，佛山市的顺德，江门市的蓬江、台山，惠州市的惠城，揭阳市的榕城、普宁市的洪阳，梅州市的丰顺县等县(区、市)有发现，寄主植物多为行道树、苗圃、公园、小区等零星绿化树。

(4) 海枣小象甲。境外害虫，危害加拿利海枣，主要在干部危害。本次普查在佛山市的顺德、惠州市的惠阳有发现。

(5) 棕榈小象甲。境外害虫，危害棕榈科植物，主要危害干部。本次普查在湛江市麻章区、徐闻县城区、遂溪县附城，茂名市茂港城区有发现，被害树多为景观树。

7. 观赏植物害虫

(1) 蔗扁蛾。鳞翅目辉蛾科扁蛾属。是我国近年来新发现的一种危险性极大的检疫性害虫。该虫于1995年在北京温室内赏叶花卉巴西木(香龙血树)上首次发现，是一种危害性极大的钻蛀性害虫。该虫寄主范围很广，主要危害巴西木、还危害马拉巴栗、一品红、苏铁树、袖珍椰子、棕竹、喜林芋、凤梨(鹤望兰)、百合、鹅掌柴、甘蔗、香蕉、菠萝等50多种花木和经济作物。

该虫以幼虫在巴西木、马拉巴栗、山海带等皮层内上下蛀食，将内皮层食空剩下表皮层，其间充满粪屑，幼虫咬破树身表皮成为排粪通气孔。受害部位只剩下薄层外表皮和木质部，树皮与木质部极易分开，危害症状轻时不易察觉，但严重时会阻碍植物的正常生长发育，导致木段干枯，不发芽，甚至全株死亡，完全失去观赏价值。幼虫、蛹随巴西木等寄主植物远距离传播。

该虫属外来害虫，主要危害巴西铁树等观赏性植物；属蛀干性害虫。本次普查在深圳市的龙岗区、宝安区、南山区、盐田区，佛山市顺德区(陈村)、惠州市惠阳区(淡水镇) 有分布。

(2) 曲纹紫灰蝶。境外害虫，主要是幼虫期取食苏铁的嫩叶造成危害。本次普查在深圳市的宝安区、罗湖区，佛山市的顺德区(陈村)，江门市的台山市(大江镇)，惠州市的惠城区(小金口镇)、惠阳区(淡水镇)，揭阳市的揭东县、普宁市有发现。

8. 木材害虫

双钩异翅长蠹(又名：细长蠹虫)。钻蛀性害虫，终身几乎在木材等寄主的内部生活，仅在成虫交尾、产卵时在外部活动。一般 1 年 2 ~ 3 代，以老熟幼虫或成虫在寄主内越冬。全年都能找到幼虫和成虫，世代界线不清，冬季也有成虫活动。初羽化成虫 2 ~ 3 天后开始在木材表面蛀食，形成浅窝或虫孔，有粉状物排出较易发现。成虫喜在傍晚至夜间活动，稍有趋光性。钻蛀性强，在环境不适时，不管是尼龙薄膜，还是窗架的玻璃胶均可被其蛀穿。

该虫是热带和亚热带地区常见的重要钻蛀性害虫，食性极杂。被该虫危害的木材、锯材、竹材、原藤表面可明显地看到蛀孔及其附近的排泄物，里面轻则蛀成许多洞与虫道，重则蛀成蜂窝状，极易折断，危害藤料，可降低藤料的韧性，重则使藤料拉断，严重地影响藤料的经济价值。据报道，该虫是马来西亚橡胶木上重要的害虫。在危害伐倒木、新伐原木、木质制品或弃皮藤料时，蛀屑常一起排到蛀道。蛀孔由树皮到边材，其蛀道长度不等；幼虫蛀道大多沿木材纵向伸展，弯曲并互相交错，蛀道直径一般 6 毫米，长达 30 厘米，蛀入深度可达 5 ~ 7 厘米，其中充满紧密的粉状排泄物，蛀道的横截面圆形。幼虫才能熟后在虫道末端化蛹。雌虫产卵时，喜在上述危害材料的缝隙、孔洞处咬一个不规则的产卵窝，卵产其中，卵较分散。远距离以各种虫态通过木竹、藤料、制品和包装铺垫材料及运输工具传播。近距离靠成虫飞行扩散。

该虫属境外害虫。本次普查在东莞市以及广州市番禺区、深圳市福田区、佛山市顺德区发现，主要在木材仓库的板材和装修材料中发现。

9. 观赏树木害虫

刺桐姬小蜂。这是我国新发现的一种专门危害刺桐属植物的检疫性害虫。于 2005 年发现，据调查统计，全省有 8 个市共 14 个县(区、市) 发现刺桐姬小蜂危害，主要分布在珠江三角洲的沿海城市，具体是：深圳市(罗湖、福田、南山、宝安、龙岗、盐田)、广州市(天河)、珠海市(香洲、斗门、金湾)、汕头市(城区、濠江)、揭阳市(普宁)、惠州市(惠阳)、东莞市(城区)、中山市。截至 2005 年 12 月调查统计，发生危害的植株总计 1. 93 万多株。

刺桐属植物遭受刺桐姬小蜂危害后，叶片、嫩枝等处出现畸形、肿大、坏死、虫瘿，嫩梢停止生长或枝梢枯死，树木长势衰退，同时导致其他病虫的为害，严重时引起植物大量落叶、植株死亡。刺桐姬小蜂繁殖能力强，成虫羽化不久即能交配产卵，将卵产于寄主新叶、叶柄、嫩枝或幼芽表皮组织内，幼虫孵出后取食叶肉组织，造成组织肿大、虫瘿，每个虫瘿内害虫数量不等，有些多达20~30头。幼虫在虫瘿内完成发育并在其内化蛹，成虫从羽化孔内爬出。该虫生活周期短，1个世代大约1个月左右，1年可发生多个世代，世代重叠、虫态不一。刺桐姬小蜂成虫具有飞行能力，可进行近距离自然扩散，又可随寄主和运输工具等进行远距离传播。带虫植物及其运输工具等一旦调运到新的地区，该虫就能很快定殖并扩散蔓延。

（三）有害植物

(1)飞机草。境外有害植物。本次普查在湛江市、茂名市、阳江市、云浮市云城区、揭阳市惠来县有分布，发生面积3.46万亩。

(2)薇甘菊。境外有害植物。本次普查在广州市的天河区、黄埔区、花都区、番禺区、增城市，深圳市的龙岗区、宝安区、南山区、盐田区、福田区、罗湖区，珠海市的市辖区、香洲区、金湾区，东莞市的黄江镇、同沙林场、大岭山林场、清溪林场、花灯盏试验场，佛山市的高明区，江门市的蓬江区、江海区、新会区、台山市、开平市、鹤山市，惠州市的惠城区、惠阳区、博罗县、惠东县、大亚湾区，中山市的东风镇、坦洲镇、东区、火炬区、民众镇、五桂山镇、三乡镇、黄圃镇、南朗镇、神湾镇、南区，湛江市的吴川市，茂名市的茂港区，阳江市的阳东县有发现，发生面积7.94万亩。

(3)互花米草。外来有害植物。本次普查在珠海的香洲区有发现，发生面积0.15万亩。20世纪80年代初期珠海市引种了互花米草，初衷是为沿海保堤护岸和滩涂绿化，但由于互花米草具有根系发达、环境适应能力和繁殖能力强等特点，迅速滋生、蔓延，对浅海交通、养殖和滩涂、海岸的生态环境和生物多样性造成严重的不良影响。

(4)金钟藤。藤本植物，连片繁殖、生长茂盛，层层叠叠覆盖在灌木和高大的乔木林冠上层。叶片与番薯叶相似，花艳黄色。藤茎和叶生长发达，覆盖大片林木，被覆盖的树木由于失去光合作用，多数会枯死。金钟藤分布在半山腰的山谷处，近山顶处亦有发生，最高海拔360米左右，连片被害的林木小片的有数亩，大片的有数十亩或百多亩。本次普查发现在广州市的天河区、白云区以及国有龙洞林场，惠州市的博罗县有分布，发生面积0.42亩。

(5)无根藤。藤本植物，属樟科，半寄生性植物。这种有害植物与菟丝子的明显区别是其藤茎较粗，韧性强，青绿色(有些因干旱影响变淡黄色)；花近白色，果为浆果，种子单粒球形。无根藤对林木的危害，主要是通过缠绕寄主植株主干，影响树木水分和养分的输送作用，其次是通过吸器吸收树木的水分和养分。由于无根藤茎韧性强，拉力大，特别是多藤缠绕，紧紧地将树干捆绑，且随着树径的增大，捆绑得愈来愈紧，甚至侵入到树木皮层内。无根藤对幼林小树(1米以下）及生长较差的林木危害特别明显，而对成林危害性小。无根藤是原林地分布的寄生植物，由于造林前没有全面清除杂灌木及炼山就打穴造林，造林后树穴周围的无根藤生长迅速，很快上树缠绕，对新造林生长造成严重损害。

揭阳市的惠来县沿高速公路两旁林地2004年种植的桉树、相思树林，遭受无根藤危害，树干或侧枝被无根藤缠绕，有藤株率约70%~80%；缠绕密度大、对林木生长造成较大影响的植株约占20%，可致树木枯死或濒临枯死，造成幼林地不能成林。据调查，发生无根藤危害范围面积约0.6万亩。

广西壮族自治区林业有害生物普查技术报告

近年来，林业有害生物特别是外来林业有害生物的入侵，使广西壮族自治区局部地区的森林资源遭受严重损失。为了进一步掌握目前本土危害性大的林业有害生物及外来林业有害生物的危害状况，根据国家林业局《关于在全国开展林业有害生物普查工作的通知》(林造发[2003]73号)精神及全国林业有害生物普查要点提出的技术标准，广西壮族自治区于2003年6月至2004年12月，在全自治区范围内开展了林业有害生物的普查工作。通过普查，基本摸清了本土重要的林业有害生物及外来林业有害生物分布危害情况，为今后建立和完善林业有害生物数据库，进一步加强区域间联防联治，制订预警方案，确定优先实施治理项目、制订林业检疫性有害生物名单，做好有效的控制、封锁和扑灭林业有害生物措施等提供了科学依据。

一、森林资源及林业有害生物发生危害基本状况

广西壮族自治区山多平原少，地处亚热带，光热条件充足，雨量充沛，植物种类多，生长季节长，具有发展林业的优越条件。全自治区现有森林面积1089.65万公顷，其中用材林527.94万公顷，竹林20.6万公顷，经济林203.69万公顷，速生桉39.61万公顷。森林活立木蓄积量4.03亿立方米，森林覆盖率41.3%，是我国南方重要林区之一。广西壮族自治区的松香、桂油、茴油、林纸产量居全国首位，茶油、桐油、林板等产量居全国前列，林业已成为广西壮族自治区发展国民经济的八大优势之一。

由于广西壮族自治区特有的自然条件及林业经营状况，林业有害生物种类繁多，发生频繁，危害严重。据1982年森林病虫普查统计，共查到林业害虫1400种，病害1350种。其中分布广，危害严重的有马尾松毛虫，松茸蛾，油茶毒蛾，黄脊竹蝗、竹横锥大象、油桐尺蠖、八角叶甲。

据2003年统计，全自治区森林病虫害发生面积20.53万公顷，其中马尾松毛虫灾害5.73万公顷，萧氏松茎象发生1.19万公顷，毛竹丛枝病2.27万公顷，八角炭疽病发生1.87万公顷，桉树青枯病发生0.26万公顷。近年来，随着速生桉和毛竹种植面积的扩大，国内、国际的商贸活动频繁，物流的加大，桉青枯病、毛竹丛枝病等发生趋势越来越严重；一些过去不太严重的病虫如广州小斑螟出现历史上罕见的大发生，2003年5~6月，北海等市沿海一带红树林受害面积达0.065万公顷。被称为松树"癌症"的松材线虫病，以及危害性极大的松突圆蚧，湿地松粉蚧等十几种外来林业有害生物已入侵广西，正在蔓延扩散。总之，目前广西壮族自治区林业有害生物发生危害严重，本地过去危害较大的有害生物如马尾松毛虫、八角叶甲仍严重；本土原来在局部发生的个别次要害虫，如萧氏松茎象等呈上升发展趋势；外来林业有害生物不断入侵。这些有害生物的危害，给林业生产造成的经济损失及对生态环境的破坏十分严重，制约了林业的健康发展。

二、普查的范围和对象

（一）普查范围

广西壮族自治区各市和自治区直属单位所辖区域的有林地(天然林、人工林)、苗圃、花圃、贮木场、木材加工厂等。调查的重点是：从国(境)外、自治区外输入(引进)植物和植物产品较多的单位；已有外来林业有害生物发生的区域；本土林业有害生物易发生区域；以及过去调查涉及不多的区域。

（二）普查对象

(1)所有外来林业有害生物。包括从国(境)外和1980年以后从外省(自治区、直辖市)传入的危害森林植物及其产品的病原微生物、有害昆虫、螨类、有害植物及鼠类等。

(2)危害较大的林业有害生物。指对森林植物及其产品造成危害严重的本土有害生物[各市普查统计不少于20种，县(区)、自治区直属国有林场普查统计不少于10种]，包括林业病原微生物、有害昆虫、螨类、有害植物及鼠类等。本土危害较大的林业有害生物名单由县(区、市)、自治区直属国有林场，根据本地林业有害生物危害情况自行确定。

(3)桉树病虫。桉树种植区内所有危害桉树的病害和害虫。

三、普查的内容和方法

（一）普查的内容

(1)寄主植物普查。普查对象主要危害的植物种类要查到种，记载的主要受害植物不少于20种。

(2)普查对象分布地点统计。发生区域大的(发生乡镇超过该县总乡镇数1/3以上)统计县级(包括相当于县级行政级别的国有林场)名称；发生区域小的(指发生的乡镇数等于或少于该县乡镇总数的1/3)或新发现的，统计乡镇名称。以上分布地点统计时，须注明所隶属的地级市、县(区、市)，并绘制有害生物分布图。

(3)有害生物发生面积统计。危害经济林(果园)、苗圃、花圃、温室等种苗繁殖基地的，以危害寄主植物的实际种植面积计算；危害其他林地的，以林地小班为单元计算发生面积。发生面积按其危害程度的轻微、中等和严重三个等级分别统计。

有害生物危害程度分级标准如下：

有害生物危害程度分级标准

部位 等级	叶部病害	枝梢病虫	干、根部病虫	种实害虫	鼠、兔、螨类	有害植物	木材
轻微	被害率≤1/3	枝梢被害率≤20%	受害株率≤10%	种实被害率≤10%	被害株率≤10%	侵害林业用地≤5%，或影响树木生长	被害率≤5%

（续）

部位 等级	叶部病害	枝梢病虫	干、根部病虫	种实害虫	鼠、兔、螨类	有害植物	木 材
中等	1/3 < 树叶被害率 ≤2/3	20% <枝梢被害率 ≤ 50%	10% <受害株率≤20%	10% <种实被害率 ≤ 20%	10% <被害株率≤20%	5% <侵害林业用地 ≤20%，或明显影响树木生长、森林更新	5% <被害率≤ 10%
严重	树叶被害率 >2/3	枝梢被害率 >50%	受害株率 > 20%	种实被害率 >20%	被害株率 > 20%	侵占林业用地 > 20%，或严重影响树木生长、森林更新，或导致树木死亡	被害率 >10%

(4)危害木材的有害生物统计。调查时统计危害木材(包括原木、板材、方材、木质包装材料，垫脚木和人造板等）有害生物种类、危害数量(以立方米为单位）及危害程度。记录有害生物危害的贮木场、木板厂等的单位名称及所在地名称。木材有害生物危害程度标准见有害生物危害程度分级标准表。

(5)外来有害生物入侵情况调查。了解并记录传入地点、传入时间、传入途径及方式。入侵后对当地经济、生态和社会影响如何。

（二）普查方法

普查工作采取以市为单位统一领导，统一组织人员，统一方案，内业统一整理，分组开展外业普查的组织形式。普查以路线调查为主，踏查与详查相结合，实际调查与社会调查、目测与实测相结合的方式进行外业调查，对外来和本土危害严重的林业有害生物等重点普查对象的危害程度及分布范围进行详查。

(1)社会调查。通过座谈访问和查阅资料，以乡镇、林场为单位，了解森林面积、主要树种面积、分布以及历年林业有害生物发生的种类、地点、危害情况等；了解有否外来林业有害生物发生危害，为线路调查提供依据。

(2)线路踏查。在林业有害生物发生期或症状显露期，以乡、镇(分场）为单位，以林业小班、自然山头、苗圃、贮木场、木材加工厂为基本单位进行踏查，将结果填入“踏查记录表”。重点区域或踏查发现有危害症状时，设标准地或调查点进行详查。

(3)详查(标准地调查)。林地或种苗繁育基地每块标准地或样方调查株数为 30 ~ 50 株，其中人工林标准地累计面积不应少于普查对象寄主植物分布面积的 3%，天然林等应不少于 0. 2%；调查木材受害状况时，抽样率不少于 3%。调查时，详细记录有害生物的种类、寄主、虫口密度和树木受害程度，采集相关标本，拍摄有害生物的生态及危害状的数码照片，并将调查结果填入调查记录表。

①林木病害标准地调查：

A. 叶部、枝梢、果实病害标准地调查。每 100 ~ 1000 亩设标准地 1 块，面积 3 亩左右，内有寄主植物 100 株以上，在标准地内随机调查 30 株以上。以枝梢、叶片、果实为单位，分别抽取一定数量，统计感病率。

B. 干(根）部病害标准地调查。每 100 ~ 500 亩设标准地 1 块，面积 3 亩左右，内有寄主植物 100 株以上，随机调查 300 株以上。调查以株为单位，统计健康、感病和死亡植物数量，计算感病率。

C. 林木感病率表示方法。以百分率来表示。若植物感病百分率不能反映植株感病轻重差别时，则用感病指数表示。

②林木害虫标准地调查：

A. 食叶、枝梢害虫标准地调查。每 100 ~ 1000 亩设标准地 1 块，面积 3 亩左右，内有寄主植物 100 株以上，在标准地内按对角线抽样法抽查 30 株以上，统计树上害虫种类、数量，或目测树冠、枝梢被害程度。

B. 蛀干害虫调查。每 50 ~ 100 亩设标准地 1 块，面积 3 亩左右，内有寄主植物 100 株以上，按对角线抽样法抽查 30 株以上，统计干上害虫种类及其数量，或目测植株被害严重程度。

C. 种实害虫调查。主要在种子园、母树林和其他采种林分进行。常以 750 亩以下设标准地 1 块，每块面积 1 亩，按对角线取样法抽取样树 5 株以上，每株样树在树冠上、中、下不同部位采种实 10 ~ 100 个，解剖检查虫害率。已经采收的种子，按森林植物检疫技术规程的规定进行调查。

D. 地下害虫调查。在已发生危害的苗圃或新造林地进行，采用挖土坑的方法进行详细调查。在同一类型林地中，每 3 亩设一个土坑样方，并均匀分布于林地间，土坑大小为 1 米 ×1 米(或 0.5 米 ×0.5 米)，深度到无害虫为止，将坑的土逐层取出检查其中害虫种类和数量。

(4)苗圃、花圃地的调查。在苗圃地上按对角线的位置(或棋盘式) 设置若干个标准地，标准地数量以其总面积不少于调查总面积的 0.1% ~0.3%。标准地大小视树种及苗龄而定，针叶树播种苗一般 0.1 ~ 0.5 平方米，或以 1 ~ 2 米长播种行作为一个标准地。阔叶树苗标准地在 1 平方米以上，每个标准地抽取的苗木在 100 株以上。按对角线的位置(或棋盘式) 抽取样株(针叶树苗 300 株以上，阔叶树苗 100 株以上) 进行检查。将结果填入《苗圃有害生物标准地调查表》。

(5)贮木场(木材加工厂) 有害生物调查方法：

①现场查看。对现存木材通过其表皮层及缝隙间看是否有新鲜虫孔、蛀屑和活虫爬行。同时了解其木材树种、采伐时间和地点，过去、目前有害生物发生情况。一旦发现有害生物，进行抽样检查。

②抽样调查。调查木材危害状况采用表层随机抽样，抽样率不少于调查数的 3%。调查结果填入《贮木场调查记录表》。

(6)标本采集鉴定。普查工作中发现有害生物及时进行标本采集，填写标本编号，采集时间、采集地点、寄主植物、寄主部位、采集人等。标本由各市自行鉴定，当地无法鉴定的，送自治区林业有害生物鉴定中心进行鉴定。

四、普查任务完成情况

通过一年多的努力，全部完成了全自治区 14 个市和自治区直属林业单位的普查任务，共调查 111 个县(城区) 1209 个乡镇，14 个区直属林场，561 个苗圃(花圃)，2458 个贮木场、锯木厂；设各种标准地 24070 个、调查点 47025 个；调查代表面积 224.97 万公顷，占森林总面积 22.91%；采集到各类林业有害生物标本 2384 种，已鉴定 1650 份，制成各种标本 1150 份。

通过普查，进一步摸清了广西壮族自治区本土主要林业有害生物以及桉树病虫害的种类、分布及其危害情况，基本查清外来林业有害生物种类、分布危害状况；达到了普查的预期效果。

五、普查成果综述

（一）本土主要林业有害生物发生危害情况

全自治区共发现本土林业有害生物 126 种，按照其危害性、发生范围等情况，确定广西壮族自治区本土重要林业有害生物 20 种。现把部分重要种综述如下：

1. 马尾松毛虫

为广西壮族自治区危害面积最大，分布最广的森林害虫，危害松属植物，以马尾松最为严重，幼虫食害针叶，分布全自治区各地。广西壮族自治区年发生 2～4 代，一般年发生面积 3.33 万～6.67 万公顷，常与松茸毒蛾混合发生造成严重灾害，松树受害后轻者影响生长、松脂减产、种子歉收，严重时大片松林枯死。2003 年全自治区发生马尾松毛虫危害面积 5.73 万公顷，其中柳城县、贵港市的港南区等暴发成灾面积 1.4 万公顷，宁明县发生 0.6 万公顷。

2. 松茸毒蛾.

主要危害马尾松，其他松树亦被害，分布全自治区各地，广西壮族自治区年发生 3～4 代，常与马尾松毛虫混合发生或单独成灾，松树受害后轻者影响生长、松脂减产、种子歉收，严重时造成大片松林枯死。2003 年 10 月，百色市隆林县发生松茸毒蛾危害 0.2 万公顷，虽经防治，虫灾得到及时控制，但已造成了重大损失。

3. 八角叶甲

危害八角树叶及嫩芽，广泛分布于八角栽培区，广西壮族自治区年发生 1 代，常间隔 3～4 年暴发成灾一次，受害后叶片被吃光，造成花蕾减少，果实减产，甚至植株枯死。

4. 黄脊竹蝗

是毛竹的大害虫，常与其他竹类害虫混合发生，将竹叶吃光，受害竹林形似火烧，影响生长势和竹材质量，严重受害后大片竹林枯死。广西壮族自治区年发生 1 代，全区普遍分布，常在桂北、桂中毛竹林中为害成灾。2003 年，桂林市受害面积 0.03 万公顷，柳州市受害 0.029 万公顷。

5. 萧氏松茎象

危害湿地松，马尾松亦被害，幼虫沿树干基部钻蛀韧皮部及边材，使林木枯死，主要分布在桂林市、贺州市。2003 年受害面积 1.19 万公顷。

6. 桉树青枯病

桉树主要病害，多由于带菌苗木上山造林发病并蔓延扩散，病株零星或团状分布在林分圃地内，发病后植株枯死，速生桉栽培区内均有发生，发病严重的林地，可全林感病枯死，损失惨重。

7. 毛竹丛枝病

是近年来危害毛竹日益严重的一种病害，桂林、柳州、梧州、贺州等市均有发生，以桂林市受害较重，2004 年发生面积 0.48 万公顷，受害后病株生长衰弱，新生竹笋少而小，成材竹率低，竹枝变为鸟巢状，连续受害竹林衰败和减产，竹材质量下降，竹产品出口受影响。

8. 八角炭疽病

是八角主要病害，侵染八角的幼枝，梢、叶及果实，引起大量落叶、落果，造成八角减产，严重时植株枯死，八角产区均有此病发生，2003 年全自治区发生面积 1.87 万公顷。

9. 广州小斑螟

北海、钦州、防城港等市有寄主分布的沿海一带均有分布，危害红树林。过去仅在局部林区偶有发生，面积小，受害轻。2003 年 5 月，该虫在以上三市大面积暴发成灾，受害面积 0.065 万公顷，为多年罕见的红树林虫害，受害后树叶枯黄卷曲，状似火烧，影响林木生长及种子繁衍，已成为广西壮族自治区沿海红树林的主要害虫。

（二）外来林业有害生物的分布及危害状况

经过普查，目前发现侵入广西壮族自治区并造成较严重危害的林业外来有害生物有：松材线虫病、松突圆蚧、湿地松粉蚧、锈色棕榈象、栗链蚧、蔗扁蛾、椰心叶甲、水椰八角叶甲、褐纹甘蔗象及紫茎泽兰、飞机草等 17 种。其中，有些是国际、国内植物检疫对象，有些是对林业危害极大的有害生物。

1. 松材线虫病

是一种极具危害性的松树病害，属我国检疫对象之一。原发生在日本等国家，1982 年入侵南京市中山陵，随之在浙江、广东、江苏、安徽、山东等省局部林区相继发现为害。2001 年广西壮族自治区在桂林、贺州及河池等市首次发现此病，当年调查已有 6 个县的 9 个乡镇发生，面积 0.084 万公顷（桂林市 0.08 万公顷，贺州市 0.0025 万公顷，河池市 0.0015 万公顷），已枯死松树 6395 株。经过清理枯死树等防治后，2003 年仍有受害松林面积 0.065 万公顷，2004 年普查时，防城港市港口区新发现此病，危害松林 0.0014 万公顷，并已造成零星植株枯死。

2. 松突圆蚧

危害马尾松针叶和枝梢的一种刺吸性害虫，受害后松针枯黄脱落，枝梢干枯，连续几年受害可造成植株枯死。此害虫原分布在日本，为我国对外检疫对象，1982 年侵入毗邻港澳的广东省沿海地区，并在广东省各地蔓延扩散，2003 年传入广西壮族自治区与广东省毗邻的岑溪、北流，当年受害松林面积 0.327 万公顷，目前仍属初入侵阶段，尚未出现灾害现象。

3. 湿地松粉蚧

是一种刺吸性害虫，主要危害湿地松枝梢，吸食汁液，影响林木正常生长。此虫原分布于美国，1988 年随引进的湿地松接穗入侵广东省台山市，后通过自然传播在广东省内蔓延，2000 年与广东省毗邻的梧州、玉林、贺州三市的 13 个县首次发现此虫危害，至 2003 年全自治区已扩散至 8 万公顷松林，2004 年仅岑溪市就有 0.114 万公顷松林发现有此虫分布。

4. 椰心叶甲

属国家检疫对象和国际公认的危害性害虫、危害椰子树等棕榈科植物，成虫和幼虫在未开放的心叶部位为害，严重受害时植株枯死。此虫原分布于印度尼西亚等热带地区，近年入侵我国广东省和海南省。北海市于2003年从广东省调入大王椰子树时随树入侵广西壮族自治区，由于发现及时，并采取有效的除治扑灭措施，目前尚未发现扩散。

5. 锈色棕榈象

危害椰子树、油棕等棕榈科植物，幼虫蛀食树干及茎部，该虫原分布于亚洲、美洲的热带地区。属林业检疫对象，2002年以后，广西壮族自治区先后在南宁市、贵港市、北海市、梧州市以及崇左市的凭祥市等地发现此虫危害国王椰子、大王椰子树，2002年南宁市财政局从广东省调入加拿利海枣树，由于受到此虫危害，已有11株死亡，损失达百万元。

（三）林业有害生物的危害对生态、经济和社会的影响

1. 对生态的影响

森林是陆地上生态系统中面积最大、结构最复杂、功能最稳定，生物总量最多的一个群体，是陆地生态平衡的维护者。树木花草给人类带来了优美的生活环境，具有涵养水源，制造氧气，防风固沙，调节气候，净化空气，保护鸟兽等改善生态环境的功能，促进农业生产和旅游事业的开展。而林业有害生活的发生危害，轻者影响生长，破坏人居环境，重者则造成大片林木、花草枯死，降低了其固有的生态功能，以及由上述存在而产生的物质和精神方面的所有效益。人们为了控制林业有害生物的危害及降低其所造成的损失，往往使用了农药等有害物质，对非目标物种（如蜜蜂、天敌等益虫）带来影响。这些有毒物质直接污染空气或随水流入江河，导致水质量的恶化，随风飘移扩散，给生态环境造成污染和损害。

2. 对经济的影响

林业有害生物的发生危害，对经济的影响是极大的，马尾松毛虫是广西壮族自治区林业大害虫，食量大，发生代数多，繁殖快，发生区域从南到北遍布全自治区，每年发生13万公顷左右。据林木分析测定，受马尾松毛虫危害的松林，每年每亩减少林木生长量0.46立方米，全自治区每年因马尾松毛虫危害至少减少林木生长量60万立方米，还影响到松脂产量。八角是广西壮族自治区重要的经济树种，其面积和产量均占全国85%，占世界70%以上，一旦发生病虫危害，轻的减产，严重者颗粒无收，影响林农生活巨大。1978年上林县东春大队0.027万公顷八角林遭八角叶甲为害，当年产量比前一年下降近90%，损失极大。松材线虫病自1982年入侵我国至今，已蔓延扩散达8多万公顷，累计致死松树3500万株，直接经济损失超过30亿元。加上每年花在林业有害生物测报和防治方面的费用，其经济损失就更大了。若按木材的效益与生态经济效益之比为1∶9测算，间接的生态效益损失更为惊人，难怪人们把森林病虫害称为“不冒烟的森林火灾”。

3. 对社会的影响

林业有害生物的危害，不但对生态和经济造成影响，而且对社会影响也相当大，当林木受其为害后，致使产量下降或林木枯死，挫伤了群众的造林护林积极性，进而影响到林业的发展和社会的稳定。马尾松毛虫、松茸毒蛾等害虫身上的毒毛对人体有一定危害，当人们直接或间接的接触到活虫、尸体、虫毛，或在被污染的林地，水田中劳动，都可能引起皮肤病和关节肿痛等疾病，在马尾松毛虫等发生的林区及其附近，毛虫遍地爬行，群众不敢进山打柴，下田耕作，直接妨碍群众的生产和生活。为了控制林业有害生物，常常使用杀虫剂等农药进行防治，带来了人畜中毒，影响人畜健康。

（四）林业有害生物的发生趋势及其原因

(1)本土重要有害生物发生基本持平，个别有下降趋势。马尾松毛虫、松茸毒蛾、黄脊竹蝗、八角叶甲、八角尺蠖、油茶毒蛾等是广西壮族自治区用材林和经济林的重要害虫，分布广、面积大、危害严重，近年来这些害虫的发生和危害比前均有下降的趋势，发生周期延长，其原因主要是：①开展了大面积综合治理和工程治理，松毛虫常发区松林基本都经过综合治理和工程治理，经治理的林区，生态条件得到改善，林下植被丰富，天敌生物增多，森林对病虫害的自控能力加强；②大力调整林业结构，疏残林减少，工程林扩大；③毛竹、八角等经济林的经济地位提高，调动了林农对病虫害的预防和除治积极性；④坚持大面积使用生物防治，对改善森林生态环境，提高森林对病虫的抗御能力起到了积极作用。

(2)本土次要病虫危害面积增大，发生呈上升趋势。萧氏松茎象、毛竹丛枝病、广州小斑螟、肉桂枝枯病等过去仅在局部林区发生危害，近年来暴发成灾。萧氏松茎象危害湿地松，幼虫环绕干基蛀食韧皮部和木质部，破坏输导系统，影响水分、养分输送，造成树木枯死，过去仅在桂林市临桂县零星危害，这次普查发现已扩散到桂林市各县以及贺州市，仅桂林市受害面积达 0.4147 万公顷。2003 年八角象甲德保县发生 1 万公顷，其中成灾 0.347 万公顷；广州市小斑螟在沿海一带危害红树林 0.065 万公顷，为多年来罕见。其暴发主要原因有：①有大面积连片纯林的存在，为其提供大量的寄主和蔓延扩散创造条件；②经营管理差，树势衰弱；③气候因子适宜害虫生长或病菌侵染流行条件；④尚未找到有效的预防和除治方案，在发生初期不能及时有效防治。

(3)外来林业有害生物不断入侵，危害日益严重。普查发现，近年来侵入广西壮族自治区的林业有害生物有松材线虫病、松突圆蚧、湿地松粉蚧，椰心叶甲、锈色棕榈象、水椰八角铁甲及紫茎泽兰、飞机草等近 20 种。被称为松树“癌症”的松材线虫病在广西壮族自治区入侵到桂林、贺州、河池和防城港等市，受害松林 0.065 万公顷，已枯死松树近 7000 株；松突圆蚧、湿地松粉蚧已入侵到岑溪、北流、陆川、八步等县(区)，受害松林达 12.18 万公顷；紫茎泽兰入侵河池、百色两市后，很快扩散各县，受害面积近 18.37 万公顷。其入侵并猖獗原因：①随着国际、国内商贸活动日益活跃，货物流通频繁，有害生物随货物的包装材料入侵扩散机会增多；②从境外、外省(自治区、直辖市)引进林木及花卉的种苗及繁殖材料没有经过检疫审批和隔离试种及监管，使有害生物随寄主入侵扩散；③借助气流、风力等自然传播入侵广西壮族自治区边境，并向内地纵深蔓延。

(4)桉树病虫害种类增多，危害频繁。目前广西壮族自治区种植速生桉树约 39.6 万公顷，计划“十五”期间发展 66.67 万公顷，由于桉树品种的增多和面积的扩大，桉树病虫害逐渐突出，种类增多，危害加重，过去危害轻微的杂食性种类猖獗成灾；由零星点状发展成局部片状危害或大片危害，并呈上升趋势。主要种类有：桉树青枯病、白蚁、白裙赭夜蛾、蓑蛾、金龟子、油桐尺蠖。桉树病虫害发生率急剧增加主要原因有：①种苗检疫不严，苗木带病菌上山；②纯林面积迅速扩大，为它们提供大量的食料而迅速繁殖，形成猖獗。③缺乏简便、有效的控制措施。

六、今后拟采取的对策措施

(1)广泛宣传林业有害生物的危害性，提高全民防范意识。林业有害生物是林业的大敌，危害性极大，被称为“不冒烟的森林火灾”。预防和控制有害生物是一项涉及社会、经济和生态诸方面的工作，需要社会各相关部门的通力合作，需要广大林主的共同努力。因此，必须通过各种形式进行广泛宣传教育，提高各级领导的认识，增强责任感和紧迫感，提高全社会的防范意识，积极开展预防和除治工作。

(2)建设完善林业有害生物管理体系，抓好测报、检疫、防治服务。林业有害生物防治是一项专业性，技术性较强、涉及面较广的社会性工作，其种类的调查，发生趋势的预报，防治计划的制订，防治技术的推广，都需要有一个专门的机构负责完成。为了加强防范林业有害生物危害，保持森林资源，各地应尽快健全各级林业有害生物防治机构，配足人员和加强基础设施建设，增加资金投入，提高检疫、防治能力，并通过培训提高人员的技术水平。

(3)加强行政执法和检疫管理工作，防止外来林业有害生物入侵和蔓延。定期和不定期地对种苗、花卉等生产基地进行产地检疫，在源头上堵住有害生物流入市场。抓好对造林绿化苗木、花卉和木制包装材料的调运检疫工作，防止区外危险有害生物传入。

(4)及时采取措施控制和除治外来有害生物。目前已发现的外来有害生物，要进一步查清其侵害范围，立即做好防治和检疫措施，防止向外扩散。

(5)加强对本土重要有害生物的监测和预防，防止出现重大灾情。进一步完善林业有害生物监测系统，加大监测力度，着重开展马尾松毛虫、松茸毒蛾、黄脊竹蝗、桉青枯病等重要有害生物的预测预报和工程治理。一旦出现灾情，及时运用生物、化学等方法进行除治，把有害生物所造成的损失降低到最低点。

(6)加强科学研究，促进防治工作。对某些本土重要有害生物、外来生物及一些未解决的检疫、测报和防治技术问题，组织科研、生产、教育部门进一步开展调查和科学研究，并尽快将科技成果转化为生产力，提高检疫、测报和防治工作水平。

海南省林业有害生物普查技术报告

一、普查的目和意义

我国是世界上受林业有害生物危害最严重的国家之一，而其中外来林业有害生物造成的损失和危害最大，我国目前仅侵入的外来林业有害生物种类已近20种，年均发生面积达130万公顷，造成经济损失达560亿元。据统计，我国每年因林业有害生物危害而减少林木生长量1700万立方米，损失近1000亿元，其中日本松干蚧、红脂大小蠹、松材线虫、美国白蛾、松突圆蚧、湿地松粉蚧、椰心叶甲、锈色棕榈象等外来林业有害生物危害面积占林业病虫害发生总面积不到20%，损失却超过一半，危害十分严重。

近年来，海南省遭受了有史以来最为严重的外来林业有害生物——椰心叶甲的危害，至2004年底，全省有16个县(市)感染疫情，受虫害感染的棕榈科植物株数高达181万株，对海南省的棕榈科植物产业和以棕榈科植物为主题的生态景观造成了严重的破坏。同时，随着海南省林业产业结构调整特别是退耕还林和天然林保护工程、纸浆林、海防林、三边林等造林工程的实施，大量苗木调运和众多林木新品种的引进，加之森林生态系统和气候环境的变化，使海南省林业有害生物的种群结构发生了很大改变。木麻黄青枯病、龙眼蚁州蛾、松毛虫、桉树枯梢病、双钩异翅长蠹等病虫，正在对海南省林业建设构成严重威胁。

海南省林业有害生物普查工作，旨在建立和完善海南省林业有害生物数据库，进一步掌握海南省本土潜在危险性大和外来入侵的林业有害生物种类、分布、危害现状及潜在危害情况，据此对各种林业有害生物进行危险性综合评估，确定海南省林业有害生物风险性管理策略；为今后加强区域间联防联治、制订预警方案、确定优先实施国家级工程治理项目及森林植物检疫有害生物、补充检疫有害生物、危险性有害生物数据奠定基础，提供科学数据。根据普查结果，制订切实有效的控制，封锁和扑灭措施，对促进海南省林业发展，巩固造林绿化成果，保护森林资源和实现生态省建设的目标具有十分重要的意义。

二、普查范围与对象

1. 按森林植物和林种类型划分

(1) 从国(境)外、外省(自治区、直辖市)引种或引进繁殖材料营造的各种人工林。

(2) 重点防范的森林植物检疫对象寄主林木。重点为松林(松科植物)、桉树、木麻黄、相思类(小叶相思、马占相思)、棕榈科植物(椰子、大王棕、槟榔)、橡胶等。

(3) 森林植物繁育基地。重点林业工程造林种苗基地、大型花卉苗圃等。

2. 按地域划分

(1) 各类交通干线。重点为高速公路、国道、省道沿线。

(2) 交通要道、车站码头、商贸场所及人流物流频繁的城镇周围。

(3) 风景名胜、森林公园等林业重点保护区域。

(4) 贮木场及木制品加工厂。重点为橡胶木材加工厂。

3. 按普查对象划分

(1) 从国外、外省(自治区、直辖市)传入的危害森林植物及产品的病原微生物、有害昆虫、有害植物及鼠、兔、螨类等林业有害生物，如松材线虫病、椰心叶甲、锈色棕榈象、双钩异翅长蠹、蔗扁蛾等检疫对象和其他外来危险性有害生物。

(2) 本地潜在危险性大的危害森林植物及产品的病原微生物、有害昆虫、有害植物及鼠、兔、螨类等林业有害生物。

三、普查内容与方法

(一) 普查内容

(1)寄主植物普查。普查对象危害的森林植物种类，包括乔木、灌木、花卉等，原则上要查到种。同种有害生物危害的寄主种类超过 20 种时，要按照不同科、属，至少列出主要的 20 种。

(2)普查对象分布地点统计。实行分级统计上报制度。省级以县(市)级单位统计；县(市)以镇级单位统计。新发现的或发生区域小的，记录到乡(镇) 村级名称，必须注明所隶属的镇。

(3)有害生物发生、危害面积统计。危害经济林(果园)、苗圃、花圃、温室等种苗繁育基地的，以危害寄主植物的实际种植面积计算；危害其他林地的，以林业小班为单元计算发生面积。发生危害面积分为轻、中、重三个等级统计。

(4)危害木(竹) 材的有害生物统计。调查统计危害木(竹) 材的(包括原木、板材、方材、木质包装材料、垫脚木和人造板等)有害生物种类、危害量(以立方米为单位)及危害程度，以及有害生物危害的贮木场、木材加工厂等的所在地名称及单位名称。

(5)外来有害生物来源调查。调查了解并记录有害生物的传入地、传入时间、传入途径及方式等。

(6)外来有害生物入侵对当地经济、生态和社会影响调查。

(二) 普查方法

(1)信息收集及线路设计。普查组以乡镇为单位收集了解当地森林资源类型、林木种类、分布特点、地形地势、交通状况(交通线路图)、病虫害发生历史、现状、外来品种的引种栽植等情况，在此基础上科学确定普查线路。

(2)外业调查。在危害症状表现期或有害生物发生盛期，以乡、镇、林场为单位，根据森林资源分布图、种苗繁育基地、贮木场、木材加工厂、港口、码头、交通道路等的分布情况，确定踏查线路。重点区域及经过踏查发现有危害、疫情的区域，要设典型样方进行详查。

(3)踏查。根据人工林和天然原始林的不同情况科学设计踏查路线，前者线路密度大，后者线路密度小(可视林分状况和地域特点，受人为干扰大小适当设置)。部分种类因生物生态学特殊性要适当增加调查线路和调查次数。

(4)详查。在线路调查的过程中，当发现有不明危害症状的可疑性有害生物时，设立标准样地作详细调查。弄清其种类、数量、危害及损失情况等。同时采集制作标本。

样地设置和抽样数按下列标准进行：林地或种苗繁育基地每块标准地或样方调查株数为30~50株，其中人工林标准地或样方累计调查面积不少于受害寄主面积的0.5%，天然林不少于0.2%；调查木材危害状况时，抽样率不少于3%。详细记录有害生物的种类、寄主、虫口密度和树木受害程度，采集相关标本及拍摄有害生物的生物学或危害状的照片(光学照片)。对不能确定的有害生物及时送请有关专家鉴定。

(5)有害生物及新发生种的来源调查。初步了解为外来入侵种或不明种时，应详细调查并记录其传入地、传入时间、传入途径及方式、发生原因等。

(6)有害生物危害性调查。发现外来有害生物时，同时需调查其对当地经济、生态、社会的影响程度，并分析其潜在危险性。

(7)整理和普查资料汇总。外业调查的笔录、数据、照片等进行整理、归档；对采集的有害生物标本进行分类、鉴定。整理后的普查资料报送至省森防检疫站，统一归档保存。

四、普查对象发生现状及趋势分析

本次普查，海南省共计发现林业主要有害生物30余种，列入统计的林业有害生物22种。其中虫害11种，病害类8种，有害植物3种；外来有害生物6种，本土有害生物16种。

(一) 主要有害生物情况介绍

(1)椰心叶甲。属于鞘翅目叶甲总科铁甲科，原产地为印度尼西亚和巴布亚新几内亚，现广泛分布于太平洋岛国和东南亚等地。该虫于2002年6月首次在海口市风翔路发现，是严重危害椰子树及其他棕榈科植物的外来有害生物。输入种苗是传播椰子叶甲的主要途径，交通工具或其他载体如商品包装随旅客携带传入，也是一种传入方式。另外，椰心叶甲成虫借助风力可以在短距离内自然扩散。

2002年6月海南省首次发现疫情，至目前为止，全省已开展了3次疫情普查工作。2002年7月，全省有海口、三亚两市发生疫情，被害植物株数3.1万株；2003年6月，全省发生疫情的有海口、三亚2市以及文昌、琼海、万宁、定安、陵水、屯昌、澄迈、保亭、儋州等9个县(市)，染虫株数60.4万株；本次普查结果发现，全省有2个市和14个县(市)发生疫情，染虫区面积594万亩，染虫区内棕榈科植物832万株，染虫株数187.6万株。海口、三亚为重度疫情发生区，文昌、琼海、万宁、屯昌、澄迈等县(市)为中度疫情发生区，其他县(市)为轻度疫情发生区。

(2)锈色棕榈象。属鞘翅目象虫科，1998年在海南省文昌市、儋州市发现锈色棕榈象，主要危害10年生以下椰树。这次普查结果显示，锈色棕榈象在海南省主要椰树种植区域均有分布，全省有14个县(市)有发生。受锈色棕榈象危害的椰树叶片发黄，后叶片从基部折下，严重时叶片脱落，仅剩光秃的树干。锈色棕榈象是国内检疫对象，主要通过邻近地区虫体自身的扩散传播，速度较慢，但由于幼虫钻入树干内，钻食柔软组织，严重时可使树干成为空壳，造成植株死亡。可见，该虫传播速度不是很快，但一旦植株被染上该虫，可致植株受到严重的危害，危害程度之严重比椰心叶甲有过之而无不及。因此，做好早期的预防是防控该虫的好方法。

(3)双钩异翅长蠹。该虫是热带和亚热带地区常见的重要钻蛀性害虫，主要危害橡胶树、横桐木、竹林、原藤等，是国内检疫对象，也是严重的外来有害生物。1996 年该虫首先在海南省儋州市两院中南木材厂的未经处理的橡胶废弃料中发现，后相继在万宁、乐东等地的木材厂中发现。本次普查只在三亚市以及儋州、万宁、文昌、琼海、临高、东方等县(市)的木材厂中橡胶木弃料中发现害虫活体或死虫，被害程度为中。双钩异翅长蠹传播途径是远距离以各种虫态通过竹、藤料、橡胶木制品和包装铺垫材料及运输工具传播，近距离靠成虫飞行扩散。双钩异翅长蠹传入海南省，对海南省主要以橡胶木制品的木材产业产生很大的影响，每个生产橡胶木的厂家都要投入大量的资金对橡胶木半成品进行防虫改性处理，因而增加木材加工的成本，而用大量药物处理木材也对厂区与周边的环境造成很大的环境污染，影响了人们的身体健康。该虫从首次发现至今，由于各木材生产厂家，积极对所生产的木材进行防虫处理，所以该虫扩散传播速度很慢，一般经药物处理过的木材都没有发现该虫了，而一些生产技术不过关的小厂家，对木材的防虫处理技术不过关，容易造成该虫的发生，这样很容易造成木材产品质量的信誉损失。所以应加强对一些小木材厂的检疫检查，严禁不合格的木制品调运出厂，从根本上杜绝该虫的传播与蔓延。

(4)蔗扁蛾。海南省 1997 年首次在三亚市发现蔗扁蛾危害巴西木和马拉巴栗，蔗扁蛾成虫飞行能力有限，一般在 10 米左右，为迁飞性害虫，主要通过植物(如花卉盆景)或植物产品(如马铃薯)的流通而进行传播，这是远距离传播的主要方式。这次普查只在海口和三亚两市发现有少量危害发财树。

(5)桉树青枯病。桉树青枯病在海南的桉树种植区广泛分布，主要危害苗木和 3 年生以内的幼树，严重危害时死亡率可达 100%。此病是一种细菌性维管束病害，病原为青枯假单胞杆菌。这次普查未发现危害严重的桉树青枯病，只在文昌、琼海、万宁、昌江、澄迈等县(市)发生面积较小的轻度危害，发生面积合计 320 亩。桉树青枯病目前没有有效的防治方法，主要是种植桉树时做好预防工作，具体方法如下：① 加强检疫，控制病苗入境，杜绝病苗上山；②选育抗病品系：应自繁自育，不要盲目引进外地的良种；③选好苗圃地：避免在种过花生、番茄、辣椒、木麻黄等的地方设置苗圃；④加强管理，及时清除病株：对 3 年生以内的林分要注意观察，发现零星病株要及时连根挖除和烧毁，并用石灰消毒土壤。

(6)桉树枯梢病。该病于 1994 年在广东省雷州市林业局北坡林场首次发现，海南省于 2004 年 11 月首次在儋州市的东成镇发现传入，是严重省外传入的外来有害生物。目前仅在儋州市发生，其中轻度危害面积 1865 亩，中等危害面积 1580 亩，严重危害面积 100 亩。主要分布于儋州市东成、排浦、木棠、雅星、海头等镇。该病的传播途径主要是通过苗木调运传播。桉树枯梢病入侵给海南省主要人工林造林树种桉树造成严重的危害，是可怕的无烟的森林火灾。由于去年及今年来海南省的气候高温干燥，加上金光集团营造大规模的品种单一的桉树纯林，抗病性较差，所以造成该病在局部地区严重暴发，并且有继续扩散和大暴发的可能。因此必须做好几点防控措施：①本病寄生范围广泛，凡造林地曾栽种过染病的甘蔗、杧果、香蕉、木瓜等作物，造林前应彻底消除并集中烧毁。②幼林期发现病株要及时剪除，喷洒 30% 氧化铜 500 ~ 800 倍溶液或 25% 敌力脱 800 ~ 1000 倍溶液，或 70% 托布津 + 75% 百菌清(1∶1) 800 ~ 1000 倍溶液。③选育抗病品种上山造林。

(7)木麻黄青枯病。该病和桉树青枯病一样都是海南省常见病害，病原物也是青枯假单胞杆菌。这次普查未发现危害严重的木麻黄青枯病，只在文昌、琼海、陵水、乐东、东方等县(市)发生面积较小的轻度危害，发生面积合计 4123 亩。

(8)龙眼蚁舟蛾。属鳞翅目舟蛾科，是海南省一种常见的偶发性害虫，一般间隔4年局部地区会产生一次大暴发，发生时间一般在9~10月。其主要分布在海南省北部的海口市以及文昌、临高、澄迈等县(市)，主要危害木麻黄、荔枝、龙眼、桉树等，以木麻黄受害最为严重，它主要危害中龄林。大发生时，木麻黄针叶被全部吃光，呈火烧状。本次普查只是在大发生频繁的文昌市发现危害，发生面积2.5万亩。由于木麻黄龙眼蚁舟蛾的天敌种类较多，因此尽量少采用化学防治方法，保护利用天敌、人工捕杀成虫和人工摘茧除卵都是可行和有效的除治方法。

(9)松毛虫。海南省发生的松毛虫为马尾松毛虫，属鳞翅目枯叶蛾科。该虫在海南省偶见成灾，有松树分布的地方均有发生，大发生时，针叶被吃光。在海南松毛虫主要危害南亚松、湿地松和加勒比松，但对加勒比松危害不严重。近几年由于海南省南亚松和湿地松的数量减少，松毛虫的危害也比较轻微，近几年未大规模暴发。这次普查只在澄迈、屯昌、五指山、定安等县(市)发现松毛虫发生，发生面积5880亩，危害程度轻微。

(10)松梢螟。属鳞翅目螟蛾科。该虫主要危害松树幼林，幼虫钻蛀主梢和侧梢，使枝梢变黄、弯曲、枯死，顶梢被害引起侧梢丛生，树冠成扫帚状。幼虫还蛀食球果。松梢螟在海南省松树种植区均有发生，这次普查只是在昌江黎族自治县发现少量危害，发生面积380亩，属轻度危害。

(11)拟松材线虫病。该病于2003年6月首次在海南省儋州市和庆镇的松树林里发现传入，到目前发生面积为90亩，危害程度为轻度，拟松材线虫病是严重危害松树的外来有害生物。主要的传播途径有自然传播和人为传播。拟松材线虫病传入对海南省松树人工林造成很大的影响，有拟松材线虫病发生的林分都停止采脂，同时有的林分没达到采伐年限，就不得不采伐更新。给海南省儋州市仅有2万多亩松树林带来较大的经济损失。对拟松材线虫病的防治措施除了加强现有松树林监测外，对已发生病害的树林进行采伐改造，改种其他速生丰产树种，疫木采取处理后再用。另外加强检疫检查，对进入海南省的一切松木制品严格检疫检查，杜绝拟松材线虫病或松材线虫病通过人为传播方式进入海南省，以保护海南省松树林木的安全。

(12)橡胶白粉病。该病是危害橡胶树的本土有害生物，全省橡胶主要种植地均有发生。这次普查发现全省各地都有分布，发生面积57763亩，均为轻度危害。该病的大发生与天气以及胶园的管理有很大的关系。因此，应加强预测预报，做好防治措施。

(13)橡胶炭疽病。该病是危害橡胶的本土有害生物。全省分布较为普遍，合计发生面积为60820亩，危害程度轻微。该病主要发生在苗期的苗木上，对苗木生长造成很大的影响，应加强苗木的病害防治管理。

(14)荔枝蝽象。该虫主要危害荔枝等果树，是海南省常见的本土有害生物。全省分布较为普遍，发生面积合计37282亩，危害程度轻微，加强果树的栽培管理可以减少该虫的危害。

(15)杧果炭疽病。该病是本土有害生物。主要危害杧果，全省普遍分布，发生面积合计8540亩，危害程度轻微，该病主要发生在老龄果树上，对林木生长影响不大。

(16)槟榔黄化病。槟榔是海南省热带作物中仅次于橡胶树的第二大支柱产业。近年来，相继有一些地区发现了槟榔黄化病。初步分析，槟榔黄化病是一种支原体病害，具有专性寄生、系统侵染的特点，其病原遍布于槟榔树各个组织器官内。该病是海南省目前危害槟榔的最重要的本土有害生物。这次普查在三亚市以及乐东、保亭、琼海、万宁等县(市)发现，发生面积合计为37000亩，危害程度为轻。目前中国热带农业科学研究院已组织专业人员开展防治槟榔黄化病的研究。

(17)二疣犀甲。该虫是主要危害椰子的本土有害生物。发生面积为1230亩，危害程度为轻，在三亚市以及琼海、儋州、保亭、屯昌、万宁、文昌等县(市)有分布。

(18)桉小卷蛾。属鳞翅目小卷蛾科，是危害桉树的一种常见害虫。在海南省桉树种植区普遍分布。这次普查发现在三亚市以及琼海、东方、昌江、定安等县(市)有分布，危害程度轻微，发生面积合计26610亩。该虫在海南省很少大发生，一般不需防治。

(19)家白蚁。该虫主要危害桉树、橡胶树的本土有害生物。全省发生面积合计为2520亩，危害程度轻微。这次普查在三亚市以及儋州、定安、昌江、东方、琼海、文昌等县(市)发现有分布，该虫不易成灾，一般不需防治。

(20)飞机草。在全省各地均有分布。这次普查统计全省发生面积合计7206亩，危害程度轻微。飞机草是域外传入海南省的外来有害植物，在20世纪60年代作为绿肥从国外引入，传入的主要途径是人为有意识携带传入。飞机草的入侵对海南省的林地，特别是桉树、橡胶园林地造成很大的危害，不但与林木争光争肥，也给林木抚育管理带来很大的麻烦，因为它的生命力特强，被其覆盖之下的本地物种无法生长，致使生态系统失衡。防控飞机草最有效的方法就是建立起责任制，对辖区内的飞机草进行清剿，防止蔓延。最好在秋冬季节，利用干旱晴朗的天气，赶在飞机草开花尚未结籽之时，将它连根刨起清剿掉。

(21)金钟藤。该植物是海南原生植物，在海南到处可见，主要生于低海拔山地疏林或灌木林中，常攀附于树干上，对次生林的生长和恢复造成不利的影响。这次普查在海南省中西部的儋州、白沙、琼中、保亭、五指山以及西部的万宁等县(市)发现，发生面积11210亩。

(22)无根藤。该植物是危害人工林及天然林、灌木林的本土有害生物。在海南省的儋州市、定安县、临高县有分布，发生面积190亩，危害程度轻微。

(二)新发现有害生物情况

本次普查还发现了三种新的有害生物，它们分别是在文昌市铺前镇、翁田镇以及万宁市万城镇新发现的木麻黄危险性病害；万宁市兴隆华侨农场热带花园新发现的危害棕榈科植物金山葵的一种铁甲科害虫；保亭黎族苗族自治县县城新发现的一种危害苏铁的小型象鼻虫。已将该三种有害生物的标本寄往国家林业有害生物鉴定中心鉴定。此外，2003年在东方市发现的水椰八角铁甲，这次普查时未发现分布。

五、普查资金投入和效益分析

这次林业有害生物普查，由省林业局统一组织，省森防站组成专门的普查小组在全省各市(县)统一开展，并且特别聘请海南师范学院生物系、中国热带农科院的教授和专家具体指导普查工作、鉴定和制作标本。本次普查历时一年半，省林业局共投入资金约30万元。

通过本次普查，实地掌握了各类林业有害生物特别是外来有害生物的发生危害状况，为制订海南省危险性的外来有害生物防范和除治策略提供了科学依据，在保护海南省森林生态安全方面具有重大的社会与生态效益。

六、小结及问题讨论

(一) 小 结

本次普查，共计发现林业主要有害生物30种，因普遍分布或危害严重而被列入统计范围的有22中，其中虫害类11种，病害类8种，有害植物3种，全省有害生物累计发生面积526375亩，其中虫害发生面积367568亩，病害发生面积140201亩，有害植物发生面积18606亩；确定了锈色棕榈象、桉树青枯病、木麻黄青枯病、龙眼蚁舟蛾、橡胶白粉病、槟榔黄化病为海南省目前常见的且危害较为严重的6种本土有害生物；明确了椰心叶甲、双钩异翅长蠹、蔗扁蛾、桉树枯梢病、拟松材线虫病、飞机草为外来有害生物，其中椰心叶甲、双钩异翅长蠹、蔗扁蛾、飞机草是国外传入的危险性有害生物，桉树枯梢病、拟松材线虫病为省外传入的危险性有害生物。

(二) 问题讨论

目前，椰心叶甲在海南省传播蔓延最快，是危害棕榈科植物最为严重的外来有害生物，潜在着大暴发的可能，做好椰心叶甲防控工作是当前海南省森防工作重中之重；桉树是海南省人工林中大面积种植的主要树种，桉树枯梢病的发生，将给海南省桉树种植产业带来严重的灾害。桉树枯梢病、桉树及木麻黄青枯病、龙眼蚁舟蛾等是目前海南省人工林中造成危害较为严重的林木病害，是值得加强监测与进行防控研究的一种林木病害。另外，调查发现，海南省部分地区，如文昌、万宁、儋州等市，在木麻黄人工林木中出现不明病原菌危害致死的状况。因此，应加强对桉树、木麻黄林地的监测力度，做到早发现早防治。

由于这次普查工作时间较为紧迫，人员和经费也不十分充足，只能开展重点调查，不能完全了解海南省林业有害生物的全部分布和发生情况，标本的采集也难以达到要求。

由于海南省林业有害生物防治基础设施落后、森防人员业务素质也有待提高，这也给普查工作带来了一些影响。

重庆市林业有害生物普查技术报告

随着经济的发展、贸易全球化进程的不断推进、交通运输的日益发达，物流频繁，林业危险性有害生物随森林植物及其制品传入的风险加大，传入的频率越来越高，严重威胁林业生产、生态环境的安全。特别是重庆市退耕还林和天然林资源保护工程的实施，大量苗木调运和众多林木新品种的引进，一些危害性较大的林业有害生物，如松材线虫病给重庆市的森林资源带来严重的破坏，加之森林生态系统和环境气候的变化，使重庆市林业有害生物的种群结构发生了很大改变，危害的形势日趋严峻。

林业有害生物普查是林业生产中的一项基本建设，通过普查能进一步摸清本土林业有害生物的种类、分布范围及危害程度，以及林业外来有害生物的入侵情况，为今后确定林业检疫性有害生物名单，制订检疫防范措施，明确预测预报对象，为制订和实施危险性林业有害生物预防和除治方案，实现林业有害生物的可持续控灾，对促进重庆市林业的发展，巩固造林绿化成果，推进林地林权经营制度改革，促进林地林木经营单位和个人建立林业有害生物联防联治新机制，保护森林资源和维护生态平衡具有十分重要的意义。为此，根据国家林业局《关于在全国开展林业有害生物普查工作的通知》(林造发[2003]73 号)、国家林业局森林病虫害防治总站《关于印发全国林业有害生物普查技术要点的通知》(林防总检字[2003]67 号）以及《重庆市林业局关于在全市开展林业有害生物普查工作的通知》(渝林造[2004]11 号）文件精神，重庆市于 2003 年 6 月至 2005 年 4 月在全市范围组织开展了林业有害生物普查。

一、重庆市基本概况简介

重庆市，位于青藏高原与长江中下游平原的过渡地带，中国经济发达的东部地区与资源富集的西部地区的结合部，长江三峡库区西段及四川盆地东部。地跨东经 105°17′~110°11′，北纬 28°10′~32°13′，纵横幅度东西长 470 千米，南北宽 450 千米，幅员面积 82403 平方千米。山多河多，众多山脉连绵起伏，大小河流纵横交错，长江从西向东贯穿全境。长江干流流程 669 千米，在境内与南北向的嘉陵江、渠江、涪江、乌江、大宁河等支流及上百条中小河流构成水系。地势沿河流、山脉起伏，形成南北高、中间低，从南、北向长江河谷倾斜的地貌；气候属亚热带湿润季风气候，冬暖夏热，湿润多阴，水热丰富，雨热同季，少霜雪，雾多，日照少，河谷炎热，山地凉爽，东部多伏旱，西部多夏旱。年平均气温 14.9~18.3℃，≥0℃年积温 5454.7~6710.4℃，≥10℃年积温 4625.0~5996.1℃，无霜期 261~337 天，年降水量 1073.5~1389.4 毫米。

重庆直辖市于 1997 年 3 月 14 日八届全国人大五次会议批准设立。目前是全国面积最大、行政管辖最宽、人口最多的直辖市。主要包括渝中区、江北区、沙坪坝区、九龙坡区、南岸区、大渡口区、北碚区、万盛区、双桥区、巴南区、渝北区、万州区、涪陵区、永川区、江津区、合川区、南川区、长寿区、綦江县、璧山县、铜梁县、大足县、荣昌县、潼南县、忠县、开县、云阳县、奉节县、巫山县、巫溪县、梁平县、城口县、丰都县、武隆县、垫江县、黔江区、石柱土家族自治县、彭水苗族土家族自治县、酉阳土家族苗族自治县、秀山土家族苗族自治县等40个县(区)。

重庆市的森林植被有阔叶林、针叶林、针阔混交林、竹林、灌丛、草丛等类型，其中亚热带常绿阔叶林是主要植被类型。全市林业用地5805万亩，占幅员面积的47%，其中有林地3356万亩，灌木林地615万亩，未成林造林地375万亩，疏林地525万亩，森林资源总量超过1亿立方米，森林覆盖率27.1%。主要树种有松、栎、杉、柏等，全市属国家一、二、三级保护高等植物有59科105属127种。其中属国家一级保护的有银杏、钟萼木、水杉、金佛山兰、香果树、木瓜红、连香树、杜仲、厚朴、桫椤等，也有世界上面临绝迹的野生植物资源——崖柏树。

二、普查范围、对象及内容

(一) 普查范围

全市各县(区) 所辖区域的有林地：包括天然林(含荒漠植被、灌木林)、人工林(生态林、防护林、经济林、森林公园、自然保护区)、绿化带(绿色通道、四旁绿化树等)、苗圃、花圃以及贮木场、木材加工厂等。调查的重点是林业重点保护区域，有害生物易侵入或发生的区域，引种种植地，以及过去调查涉及不多的区域。

(二) 普查对象

原35种森林植物检疫对象、20种林业检疫性有害生物、233种林业危险性有害生物、重庆市补充检疫对象、潜在的危险性有害生物、进境或外检森林植物检疫对象，外来林业有害生物和危险性大的本土林业有害生物。

(三) 普查内容

主要包括林业外来有害生物和危害性大的本土有害生物在重庆市的分布地点、发生面积、危害程度和寄主植物种类。

三、普查技术方法

(一) 外业调查

1. 访问调查

针对某个地区(林区)、苗圃、贮木场、木材加工厂、花圃等，或某种植物、某种林业有害生物，有目的地对当地群众、技术人员、有关专家等进行访问咨询，了解当地林业有害生物种类、分布、发生等情况。

2. 线路踏查

沿林间大小道路、林班线进行踏查，或针对主要森林类型、林业有害生物发生地。重要的口岸、铁路、公路，建设工地、特别是新近架设通信电缆和电力线附近的林地，受人为干扰严重，生物多样性差、生态环境简单的林地，受突发性灾害干扰后的林地等进行踏查。

对外来有害生物容易侵入区域的踏查，按300～1000米的间距布设踏查线路，对天然林、荒漠植被区线路间距相对大一些，对本土危害严重的有害生物，根据历史资料有针对性地布设踏查路线。在时间选择上根据林业有害生物的生物学特性，在危害症状显露期进行调查。同时，选取制高点，通过目测或借助望远镜观察林业有害生物发生情况。

对成片林以林业小班为基本单位，对其他林分、四旁绿化树，按村、绿色通道按路段为代表。小班踏查，沿事先设计的路线进行，森林调查因子和林业有害生物分布情况均用目测估计。

3. 标准地调查

在踏查的基础上，对有危害症状的、或有有害生物的林地，设立标准地进行详细调查。标准地设在有害生物发生区域内具有代表性的地段。每块标准地面积 1 ~ 5 亩，标准地内主要寄主植物不得少于 100 株，每块标准地随机调查样株数 30 株以上。标准株不得少于 100 株。人工林标准地累计面积不少于有害生物发生面积的 3%，天然林不少于 0.2%。同一类型的标准地尽可能有 3 次以上的重复。

（1）林木病害调查：

①以枝梢、叶片、果实为单位，随机抽取一定数量的枝梢、叶片、果实，统计枝梢、叶片、果实的感病率。

②以植株为单位进行调查，统计健康、感病和死亡的植株数量，计算感病率。

③林木感病率表示方法。以百分率来表示。对局部病害，各植株感病轻重差异较大，用植株感病百分率不能反映它们的差别，用感病指数来表示，计算公式如下：

$$\text{感病指数} = \frac{\sum(\text{病级株树} \times \text{该级代表数值})}{\text{总株树} \times \text{最高一级代表数值}} \times 100\%$$

（2）林木害虫调查：

①食叶、枝梢害虫调查方法。每块标准地内按对角线抽样法抽样，统计每株树上害虫数量，或目测叶部害虫危害树冠、枝梢的严重程度。

②蛀干害虫调查方法。在每块标准地内按对角线抽样法抽样，统计每株树上害虫数量，或目测蛀干害虫危害树木的严重程度。

③种实害虫调查。种实害虫调查主要在种子园、母树林和其他采种林分中进行。每块标准地面积为 1 亩，按对角线取样法抽取样树 5 株以上，每样株在树冠上、中、下不同部位采种实 10 ~ 100 个，解剖调查被害率，已经采收的种子害虫调查，了解其产地，并按森林植物检疫技术规程的规定进行调查。

④地下害虫调查方法采用挖土坑调查。同一类型林地设 1 块标准地，每个标准地上的样坑总数不超过 10 个，土坑大小一般为 1 米 ×1 米（或 0.5 米 ×0.5 米），深度到无害虫为止。土坑分布均匀，设在已发生危害的苗圃或新造林地的被害地段上。

（3）苗圃（花圃）地调查：

苗圃踏查和标准地调查一起开展。先进行苗圃有害生物踏查，通过踏查了解苗圃有害生物的概况后，在危害程度不同的苗圃地分别设立标准地。

在每块苗圃地上按对角线的位置（或棋盘式）设置若干个标准地（靠近田地边缘的标准地应距离边缘 2 ~ 3 米）。标准地的数量以其总面积不少于调查总面积的 0.1% ~ 0.3%。标准地大小根据苗木种类和苗龄而定，针叶树播种苗一般 0.1 ~ 0.5 平方米，或以 1 ~ 2 米长播种行作为一个标准地。阔叶树苗的标准地应在 1 平方米以上，每个标准地上的苗木应在 100

株以上。按对角线的位置（或棋盘式）抽取样株（针叶树播种苗300株以上、阔叶树苗100株以上）进行检查。

(4) 贮木场（木材加工厂）有害生物调查：

①现场查看：现场查看贮木场等现存木材（含成品、半成品、包装材料等）是否有有害生物，主要通过表层及缝隙间看是否有新鲜蛀孔、蛀屑和活虫爬行。同时了解贮木场木材树种、采伐时间和地点（加工厂等要了解产地）和过去、目前有害生物发生情况。一旦发现有害生物，进行抽样调查。

②抽样调查：调查木材危害状况时，采用表层随机抽样（正在归楞时实行分层抽样），抽样率不少于应调查数的3%。写明详细贮木场、木材加工厂等的所在地名称及单位名称。调查时，查看是否有来自松材线虫病等林业检疫性有害生物疫区的疫木。此外，对木材腐朽严重的，要进行腐朽情况调查。

(5) 林业鼠（兔）害调查：

①调查方法：

地下鼠：于春季土壤解冻后（3~5月份）或秋季鼢鼠储粮期（9~10月份）进行调查。

地上鼠：䶄鼠于4月或9月进行调查；田鼠（鼠兔）于4月下旬至5月下旬或8月下旬至9月下旬进行调查；绒鼠于2~3月或7~8月进行调查；沙鼠在4月或10月进行调查。

②林木受害情况调查：将标准地大致划分为10~15块样方，从中随机确定3块，所选样方内林木总株数不少于100株。然后，在样方内逐株调查。计算出危害率。

$$危害率 = \frac{受害株数}{调查株数} \times 100\%$$

注：受害株数包括死亡株数

③林木受害判定标准：

地下鼠：以树下有鼠洞，且树木叶片发灰、发黄色，顶芽生长缓慢判定为受害。

地上鼠：对于䶄鼠、绒鼠的危害，以树干四周皮部1/4以上被啃食或侧枝被啃断1~4枝为林木受害的统计起点；对于田鼠、鼠兔的危害，以树干四周皮部1/4以上被啃食，或侧根际被挖啃1/4为林木受害的统计起点。沙鼠：树干、树枝被啃食即为受害。

森林害鼠（鼠兔）调查记录：调查结束后，根据林木受害情况统计害鼠（鼠兔）发生程度。

(6) 林业有害植物调查。每100~1000亩设1块标准地，每块标准地面积3亩左右，调查有害植物对林地的占据情况和对林木的侵害情况，采集有害植物标本。

4. 标本采集

每种有害生物采集20件以上。害虫采集生活史标本；病害采集有典型症状的标本，症状有各种不同的表现，均采集，力求标本带有成熟的病原体；有害植物的标本包括根、茎、叶、花、果实等。昆虫标本制作为针插、浸液标本保存，病害和有害植物标本采用标本夹保存。所采集的有害生物进行了编号，同时做好了采集记录。所采集的有害生物标本及时鉴定，当地无法鉴定的逐级上送进行鉴定。标本保存：当地无法长期保存的，由市森防站统一保存。

（二）林业有害生物发生（危害）程度分级

林业有害生物发生（危害）程度分级标准参见国家林业局森林病虫害防治总站《关于印

发全国林业有害生物普查技术要点的通知》(林防总检字[2003])67号)文件附件1。

(三)内业整理汇总

1. 林业有害生物分布地点统计

统计本土危害严重的有害生物、外来有害生物。分布地点县级按1栏为乡镇，2栏为村(林场)，3栏为林业小班填写。重庆市按1栏为省级，2栏为区县(市)级，3栏为乡镇级填写。

2. 林业有害生物发生面积统计

重庆市各县(区)统计到村级。发生面积计算：危害经济林(果园)、苗圃、花圃、温室等种苗繁育基地的，以危害寄主植物的实际种植面积计算；危害其他林地的，以林业小班为单元计算发生面积。对无法按实际面积计算的林网等，按当地实际情况或传统计算方法折算成面积。

3. 危害木材有害生物统计

重庆市各县(区)统计到具体地点(发生场所)。危害木材种类指原木、板材、方材、木质包装材料、垫脚木和人造板等。

4. 寄主植物统计

普查对象危害的植物种类(包括乔木、灌木、花卉等)，要查到种。主要包括：马尾松、湿地松、火炬松、杉木、柳杉、柏类、板栗、毛竹、桉树、杨树、泡桐、蔷薇科、棕榈科等植物，重点做好了1980年以后引进植物的普查。

四、普查结果及分析

(一)普查结果

此次普查，共采集标本4439号，17356件。其中：虫害标本3773号，15942件；病害标本：593号，1144件；生活史标本：45号，117件；拍摄工作及生态照片4254张。全市除个别县(区)外，均制作了林业外来有害生物和本土危害严重的林业有害生物分布情况图。全市共设调查线路4945条；调查点数43442个；标准地13129个；调查面积达722.15万亩；调查苗圃443个，面积33016.5亩；调查木材加工厂(贮木场)837个，329140件，材积28196.6立方米。

基本确定了危害本土的有害生物：虫害286种、病害80种、鼠类7种、兔类1种、植物15种；外来有害生物：病害4种、植物35种；受害的寄主植物145种。

在1980年普查的基础上，新增虫害89种，病害36种。木材类害虫8种：即家白蚁、松墨天牛、粗鞘双条杉天牛、云斑白条天牛、杉棕天牛、马尾松角胫象、横坑切梢小蠹、纵坑切梢小蠹等。重庆市补充检疫对象：纵坑切梢小蠹1种。林业检疫性有害生物：松材线虫病、冠缨病、猕猴桃细菌性溃疡病、松疱锈病等4种。

基本掌握了重庆市有害生物发生面积为682.7989万亩。其中：虫害229.2627万亩，病害120.2732万亩，鼠兔害3.6420万亩，有害植物329.4100万亩。

(二)林业外来有害生物的种类、分布及发生情况

参照1980年普查资料，结合历史有害生物发生状况，确认了外来林业有害生物：病害

4 种，植物 35 种。

1. 松材线虫病

分布：万州、涪陵、沙坪坝、江北、长寿、忠县、云阳等县(区)；寄主植物：马尾松；发生面积 1.56 万亩；发生率：0.52%。于 2000 ~2003 年从浙江省等地传入重庆市，主要途径是通过光纤电缆盘和木质包装箱的远程运输和边界区、县通过松墨天牛携带传播。

2. 冠瘿病

分布：万州、渝北、黔江、长寿、武隆、梁平、云阳、巫山、石柱、酉阳、彭水、合川、江津、永川等县(区)；寄主植物：李、桃、板栗等植物；发生面积 0.51 万亩。于 1995 ~2003 年期间分别从浙江省乐清市、温州市，湖南省邵东县，福建省福清市龙天乡下溪种苗场、西蕉果苗场，四川省遂宁市和简阳市的中石镇传入重庆市，主要途径是通过种苗非法调运。

3. 板栗疫病

分布：万州、梁平、武隆、酉阳等县(区)；寄主：板栗；发生面积：0.40 万亩；发生率：24.02%。于 1993 ~2003 年从湖南省、四川省、河南省传入重庆市，主要途径是通过种苗调运。

4. 猕猴桃溃疡病

分布：武隆；寄主：猕猴桃；发生面积：1.50 万亩；发生率：10.91%。于 1998 ~2003 年期间从四川省苍溪县传入重庆市，主要途径是通过种苗调运。

5. 空心莲子草

分布：全市；发生面积 42.6 万亩；20 世纪 30 年代作为猪饲料引入。

6. 小白酒

分布：全市；发生面积 36.25 万亩；1860 年前随风及其他农作物传入。

7. 辣子草(牛膝菊)

分布：全市；发生面积 28.65 万亩；1915 年前随其他蔬菜种子进入。

8. 棕叶狗尾草

分布：全市；发生面积 26.45 万亩；随其他农作物传入。

9. 落葵薯

分布：全市；发生面积 20.42 万亩；20 世纪 70 年代作为观赏植物或药用植物引入。

10. 三叶鬼针草

分布：全市；发生面积 28.86 万亩；1857 年随人畜及货物带入。

11. 钻形紫菀

分布：全市；发生面积 13.46 万亩；1947 年沿水域传入。

12. 土荆芥

分布：全市；发生面积 9.37 万亩；1864 年随其他蔬菜种子进入。

13. 野胡萝卜

分布：全市；发生面积 27.36 万亩；1406 年前混在胡萝卜种子中传入。

14. 野茼蒿

分布：全市；发生面积 7.67 万亩；1930 年从中南半岛蔓延入境。

15. 一年蓬

分布：全市；发生面积3.42万亩；1886左右随风及其他农作物传入。

16. 十蕊商陆

分布：全市；发生面积6.38万亩；1935年左右作为观赏植物或鸟类引入。

17. 野燕麦

分布：全市；发生面积8.48万亩；19世纪中叶随小麦、大麦等农作物传入。

18. 红花酢浆草

分布：全市；19世纪中叶作为观赏植物引入。

19. 藿香蓟

分布：全市；19世纪随其他农作物传入。

20. 金腰箭

分布：全市；1912年随其他蔬菜种子进入。

21. 紫茎泽兰

分布：江北、长寿、巴南、渝中、沙坪坝等县(区)；1935左右随其他种子进入。

22. 皱果苋

分布：全市；1864年随其他蔬菜种子进入。

23. 反枝苋

分布：大足、南川、綦江、合川、铜梁等多数县(区)；19世纪中叶随其他蔬菜种子进入。

24. 刺苋

分布：潼南、渝北、巴南、九龙坡多数县(区)。

25. 杂配藜

分布：北碚、巫山、巫溪、秀山、酉阳等县(区)；1864年随鸟与家畜携带传播或运输传入。

26. 香丝草

分布：全市；随风及其他农作物传入。

27. 蓖麻

分布：全市；20世纪50年代作油脂作物引入。

28. 婆婆纳

分布：全市；1406年随小麦、大麦与蔬菜等农作物传入。

29. 波斯婆婆纳

分布：全市；1919年左右随小麦、大麦与蔬菜等农作物传入。

30. 紫茉莉

分布：全市；1848年前作为观赏植物引入。

31. 细叶芹

分布：北碚、大足、沙坪坝、璧山等县(区)；20世纪初种子随胡萝卜、旱芹种子传入。

32. 圆叶牵牛

分布：巫溪县；1890年作观赏植物引入。

33. 马缨丹

分布：渝中、南岸、江北、北碚、渝北等多数县(区)；明朝末年作观赏植物引入。

34. 颠茄

分布：渝北区；1895 年可能由鸟类传入。

35. 喀西茄

分布：渝北、巫溪、奉节、巴南等县(区)；19 世纪末可能由鸟类传入。

36. 野老鹳草

分布：北碚区；20 世纪 40 年代随麦类、油菜类作物种子传入。

37. 野西瓜苗

分布：北碚、合川、巴南等区；1406 年随其他农作物传入。

38. 荆豆

分布：城口县；1862 年法国传教士引种栽培。

39. 金合欢

分布：全市；1645 年由荷兰作观赏植物引入。

(三) 危害性大的本土有害生物种类、分布及发生情况

按照林业有害生物发生分布面积、危害程度和所造成的经济损失，确定了重庆市前 20 种危害性大的本土有害生物，其排列顺序为：

1. 马尾松毛虫

分布：涪陵、大渡口、江北、万州、沙坪坝、九龙坡、南岸、北碚、万盛、双桥、渝北、巴南、黔江、长寿、綦江、潼南、铜梁、大足、荣昌、璧山、梁平、丰都、垫江、武隆、忠县、开县、云阳、奉节、巫山、石柱、酉阳、江津、合川、永川、南川、缙云山等县(区)；寄主：马尾松、国外松、华山松、油松等；发生面积 56.85 万亩；发生率 3.66%。

2. 蜀柏毒蛾

分布：万州、涪陵、北碚、渝北、巴南、长寿、綦江、铜梁、荣昌、梁平、丰都、垫江、忠县、开县、巫山、石柱、合川、南川、大足、潼南等县(区)；寄主：柏木；发生面积 11.1755 万亩；危害率 5.85%。

3. 刚竹毒蛾

分布：渝北、永川、南川等区；寄主：楠竹、方竹、竹类；发生面积 4.75 万亩；发生率 18.21%。

4. 黄脊竹蝗

分布：万州、涪陵、九龙坡、北碚、渝北、巴南、万盛、綦江、铜梁、大足、璧山、梁平、忠县、开县、石柱、秀山、江津、永川等县(区)；寄主：竹类；发生面积 10.26 万亩；发生率 9.29%。

5. 松墨天牛

分布：渝北、涪陵、万州、江北、沙坪坝、九龙坡、巴南、黔江、南岸、万盛、长寿、武隆、忠县、巫山、酉阳、彭水、永川、南川、缙云山、开县等县(区)；寄主：马尾松、油松、华山松等；发生面积 20.52 万亩；发生率 2.292%。

6. 鞭角华扁叶蜂(新增)

分布：万州、渝北、丰都、忠县、开县、石柱、奉节、云阳等县(区)；寄主：柏木；发生面积 8.88 万亩；发生率 8.63%。

7. 马尾松腮扁叶蜂(新增)

分布：沙坪坝、北碚、渝北、长寿、大足、梁平、丰都、永川、缙云山等县(区)；寄主：马尾松；发生面积 4.55 万亩；发生率 2.22%。

8. 云南松毛虫

分布：涪陵、巴南、黔江、丰都、武隆、石柱、彭水、长寿、忠县、奉节、酉阳、秀山等县(区)；寄主：柏木；发生面积 2.71 万亩；发生率 1.97%。

9. 云斑白条天牛

分布：万州、涪陵、渝北、黔江、巴南、长寿、綦江、荣昌、城口、奉节、石柱、酉阳、彭水、南川等县(区)；寄主：柳、枫杨、油桐、板栗、栎、榕树、垂柳、旱柳、乌桕、桑、核桃、枇杷、杨树、泡桐、女贞等；发生面积 6.59 万亩。

10. 粗鞘双条杉天牛

分布：九龙坡、渝北、巴南、綦江、丰都、武隆、彭水、南川等县(区)；寄主：杉木；发生面积 4.05 万亩；发生率 5.62%。

11. 分月扇舟蛾

分布：万州、涪陵、黔江、万盛、长寿、石柱、酉阳等县(区)；寄主：杨树；发生面积 0.27 万亩。

12. 青杨叶锈病

分布：万州、巴南、黔江、酉阳、彭水、石柱等县(区)；寄主：杨树；发生面积 22.33 万亩。

13. 杨树溃疡病(新增)

分布：酉阳、黔江等县(区)；寄主：杨树；发生面积 16.73 万亩；发生率 48.61%。

14. 松茸毒蛾(新增)

分布：涪陵、南岸、北碚、巴南、垫江、缙云山等县(区)；寄主：马尾松、湿地松、火炬松、油松；发生面积 0.47 万亩；发生率 0.27%。

15. 舞毒蛾

分布：北碚、渝北、巴南、万盛、长寿、綦江、荣昌、石柱、酉阳等县(区)；寄主：马尾松、黄桷树、小叶榕、栎类、杨树、落叶松、李、樱桃、柿等多种植物；发生面积：0.38 万亩。

16. 一字竹象

分布：长寿、北碚、铜梁、酉阳、梁平、江津、永川等县(区)；寄主：竹类；发生面积 6.05 万亩；发生率 10.03%。

17. 纵坑切梢小蠹

分布：黔江、江北、石柱、酉阳、奉节、开县、武隆等县(区)；寄主：马尾松、华山松；发生面积 0.19 万亩；发生率 0.04%。

18. 松瘤象

分布：渝北、巴南、黔江、酉阳、开县、长寿、彭水等县(区)；寄主：马尾松；发生面积0.11万亩；发生率0.03%。

19. 竹裂爪螨

分布：永川区、大足县；寄主：竹类；发生面积2.80万亩；发生率31.96%。

20. 罗氏鼢鼠

分布：城口县、开县等地；寄主：马尾松、落叶松、漆树、日本松等；发生面积12万亩。

（四）寄主植物种类

根据普查结果受害的植物有145种，即用材林树种79种、经济林树种40种、盆景、花卉苗木26种。主要的20种有：马尾松、湿地松、日本落叶松、华山松、油松、柏木、杉木、柳杉、杨树、樟树、泡桐、油桐、小叶榕、青冈、茶、慈竹、楠竹、梨子、板栗、核桃。

（五）重庆市林业有害生物的发生特点

(1)历史性病虫害发生范围广，面积大。如松毛虫、蜀柏毒蛾、黄脊竹蝗、松赤枯病等常年发生面积在100万亩以上。

(2)偶发性森林病虫害不断暴发成灾。如松茸毒蛾、松白粉蚧、舞毒蛾等在局部地区危害严重。

(3)一些次要病虫害上升为主要病虫害。在一些地方，几种害虫交替连续危害同一林分。如鞭角华扁叶蜂、马尾松腮扁叶蜂、核桃病害在短短的几年时间内发生面积由几十亩上升到20多万亩，发生范围也扩大到10余个县(区)。地处三峡库区腹心地带的云阳县境内10余万亩柏木林，连年发生鞭角华扁叶蜂的严重危害，近几年又重复发生竹节虫危害。对此，引起国家林业局、市委市政府以及国内众多人士的高度关注，市财政连续5年投入400多万元用于防虫救灾工作。

(4)蛀干害虫及森林鼠兔危害日趋严重。如纵坑切梢小蠹、松墨天牛、粗鞘双条杉天牛等蛀干害虫在三峡库区的马尾松林、华山松林和杉木林内发生十分严重，已给局部林区造成毁灭性灾害。森林鼠兔在退耕还林的未成林造林地发生严重，在开县、巫山县等地的部分日本落叶松、马尾松、柏树新造林分受灾株率平均高达70%以上。

(5)经济林病虫害问题日益突出。随着退耕还林工程的实施，全市的经济林面积迅速增加，全市新发展的经济林有50%左右遭受病虫危害，如20世纪80年代发展起来的几十万亩板栗林几乎全军覆灭，90年代营造的布朗李，在部分区县90%以上感染病虫而死亡，城口县的核桃，梁平县的白夹竹多年来遭受世界性食叶害虫银杏大蚕蛾、果实害虫核桃长足象、蛀干害虫云斑天牛、竹笋泉蝇、竹笋夜蛾等的危害，核桃落果率高达70%，竹笋70%坏死，每年损失数百万元。

(6)松材线虫病等危险性森林有害生物对三峡库区的生态安全构成严重威胁。2000年重庆市出入境检疫检验部门从日本进口的货物包装箱中截获了松材线虫。2001年，被称为松树"癌症"的松材线虫病，在重庆3个县(区)相继被确认发生，再次引起市委市府及社会的高度重视和广泛关注。随着退耕还林工程、天然林资源保护工程等林业重点工程的实施，重庆市的生态环境建设步伐进一步加快，冠瘿病、紫茎泽兰等森林有害生物对生态安全的危险不断增加，近几年来全市销毁的被感染危险性病虫害的退耕还林造林用苗木达数百万株。

（六）重庆市林业有害生物发生原因

(1)随着经济的发展，交通运输、贸易往来频繁，带有松材线虫病的包装材料，携带有危险性林业有害生物的苗木、盆景、植株调入的机会日益增多。

(2)植物检疫体制及管理不健全，由于我国引种时，内检由农、林两大部门承担，长期以来存在机构职能交叉，部门间缺少良好的沟通，造成不少的管理漏洞。

(3)检疫基础设施薄弱，技术人员少。重庆市至今尚未建立检疫隔离试种苗圃，由于各森防检疫机构人员疲于应付各项日常工作，未建立一套完善的检疫方法和技术，造成一些潜伏的检疫对象传入。

(4)公众检疫意识淡薄，对林业检疫相关法规缺乏了解，不按规定引种或擅自携带新品种，人为造成疫情传入或扩散。

(5)重庆市的气候条件适宜林业有害生物的繁殖，因而本地常发性有害生物发生危害严重，也造成一些偶发性有害生物频繁发生。特别是外来有害生物被人为引进后，由于没有天敌，更容易定殖、扩散蔓延，造成比原产地更大的破坏。

(6)由于追求速生丰产，较大面积营造单一树种和纯林，造成单一的生态系统，食物链单纯，应对环境变化的能力减弱，一些食叶害虫易暴发成灾。

(7)防治措施不当，如使用农药不当和长期使用单一农药，防治水平低，治理不彻底。在发生有害生物灾害后大量使用化学农药防治，导致天敌昆虫种群数量下降，丧失了自然消长、自然控制的良好条件，往往达不到良好的治理效果。

（七）外来有害生物入侵对重庆市经济、生态、社会的影响

近年来，外来有害生物已对重庆市社会、经济产生了一定的影响，尤其是松材线虫病的危害，造成的直接经济损失达3000万元，万州区、涪陵区、长寿区、江北区和忠县被国家林业局相继公布为疫区后，不仅直接影响了重庆市的经济贸易，制约了重庆市的社会经济发展，同时还严重威胁着库区的生态安全。松材线虫病发生区，大量松树死亡，不仅疫木不能正常利用，还要花费大量的人力、财力和物力进行除害处理，同时松材线虫病皆伐后的山头造成了大量的水土流失。另外一些林业有害生物还直接威胁到人类的生命健康，扰乱了人类正常的生活秩序。

五、小结及建议

通过普查，摸清了重庆市主要林业有害生物种类，特别是重大危险性(含检疫性）林业有害生物的种类、分布和危害程度情况，发生特点、原因及对经济、生态、社会的影响，为科学评估重庆市林分状况和林业有害生物发生发展趋势，制订科学、合理的测报、防治和检疫措施，有效地保护森林资源和生态安全，推进重庆市生态环境建设提供了可靠的依据。同时普查的成果对指导重庆市森防工作提供了大量的基础资料，为林业有害生物防治预案的制订，防治工作的开展提供了大量的信息，为保护重庆市森林资源将起到很好的作用。

根据重庆市有害生物发生的特点及原因，提出以下建议：

(1)加强森防力量，强化检疫监管，注重与周边的横向协作，尽可能地避免危害性林业

有害生物的传播。尽力维持物种多样性，大力推广生物防治技术，减少对生态的不良影响。

(2)加强组织领导，层层落实目标责任制。提高认识，克服麻痹思想，认真搞好林业有害生物的预防工作。

(3)在林业产业结构调整中，要充分考虑林业有害生物因素，优选经济、高效的树种，营造混交林。

(4)加大对林业有害生物知识的技术培训，全面提高森防人员对林业有害生物的分离、鉴定技术水平，力争掌握各类林业有害生物的测报、防治技术。

(5)加大对危险性林业有害生物的宣传力度，变部门行为为政府行为，形成共识，得到全社会的关心和支持。广泛开展林业有害生物预防知识宣传，增强广大群众对林业有害生物预防的意识。要充分利用广播、电视、网络、报刊等新闻媒介，采取印发宣传图片、小册子等形式，大力宣传普及林业有害生物的危害性和预防、除治知识，提高各级领导及林区广大干部群众对林业有害生物危害严重性的认识，确保有害生物的有效预防和除治。

(6)加大林业有害生物普查防治经费的投入。要针对林业有害生物发生的实际情况，开展随时性专项普查与周期性的全面普查，延长全面普查的时间，同时国家要统一划拨专项的普查经费。

四川省林业有害生物普查技术报告

一、概　况

（一）自然地理环境

四川省地处长江上游，位于东经92°21′~108°12′，北纬26°03′~34°19′，处于中国内地地势第一级青藏高原和第二级长江中下游平原的过渡带。地貌东西差异大，地形复杂多样，可分为川西高原和四川盆地两大部分，山地和高原占80%以上；川西高原是青藏高原的组成部分之一，平均海拔在4000米以上；四川盆地以浅丘和平原为主，其中平原占2.97%，其余为丘陵。境内河流1300多条，主要为长江及其支流岷江、沱江、嘉陵江、大渡河、雅砻江，年径流总量约3200亿立方米，约占长江入海口水量的1/3。四川气候垂直变化大，季风明显，雨热同季，东西部差异明显，全年降水量为800~1200毫米，年平均气温16~17℃。

（二）社会经济概况

四川省土地总面积48.5万平方千米，居全国第5位。全省行政区划分为18个市、3个自治州，181个县(区、市)；人口8723万，居全国第3位。四川省自然条件优越，农业发达，工业体系较为完备，经济总量位居全国前列，是中国西部省经济实力最强的省份。2006年全省生产总值达8637.8亿元，人均GDP达到9900元，在全国经济发展格局中处于重要地位。四川省又是我国林业大省，自1998年、1999年率先在全国实施天然林资源保护和退耕还林等林业重点生态建设工程以来，森林覆盖率不断增加，环境保护和生态建设成效显著，长江上游生态屏障初步建成。截至2006年，全省绿化覆盖率58.25%，森林覆盖率30.27%，林业总产值506亿元人民币。

（三）林业基本情况

四川省是全国重点林区和林业发展的重点省份之一，全省林业用地3.4亿亩，森林面积2.2亿亩，居全国第4位；活立木蓄积16.44亿立方米，居全国第2位。全省既有丰富的天然林，又有茂盛的人工林；天然林主要分布在川西高原及川西南山地，面积占全省有林地的80.5%；人工林主要分布在盆周山区及盆地中部，面积占19.5%。全省有高等植物1万种，分属230余科1600余属，约占全国总数的1/3，其中被子植物8450种，裸子植物88种，蕨类植物730余种。木本植物3924种，有乔木1476种，其中460余种为四川省特有。松、杉、柏类植物87种，居全国之首。在全国389种珍稀濒危保护植物中，四川省分布有61种，被列为全国重点保护的野生植物101种。

二、普查目的和意义

近年来，随着四川省天然林资源保护工程和退耕还林工程的实施，森林面积大幅度增加，林业有害生物发生面积不断扩大，危害越来越严重。此外，频繁的商品贸易交流活动，使大量的种子、苗木、木材（边贸材）、木制品和木质包装材料等从国外、省外调入，增加了外来林业有害生物传入四川省的几率，一些适应四川省生态环境的有害生物已在局部地区扩散蔓延。如松材线虫、小蠹虫、松毛虫、蜀柏毒蛾、杉天牛、松疱锈病菌、冠瘿病菌、板栗疫病菌、紫茎泽兰等在四川省已造成了较大的损失，已对四川省林业生产和可持续发展构成了较大威胁，正日益成为阻碍四川省生态建设、破坏生态文明的重要因素。

通过这次普查，以期弄清四川省林业有害生物的分布、发生及危害现状，并重点了解外来林业有害生物的入侵情况及其潜在危险性，为建立全省林业有害生物管理数据库，确定今后四川省林业有害生物防控重点对象，修改和补充四川省林业检疫性有害生物名单，制订科学有效的预防除治机制等提供科学依据。故本次普查结果对今后一个时期内四川省有效地开展林业有害生物防控工作，以及科学制订综合治理措施等都具有十分重要的意义。

三、普查范围、对象与内容

（一）普查范围

1. 按林种类型划分

重点调查从国（境）外引种或本辖区外引进繁殖材料营造的各种人工林（特别是核桃、板栗、花椒等干果，厚朴、黄柏、杜仲等木本药材类经济林木）、苗圃及交易市场、木材加工场所。

2. 按地域划分

重点调查各类交通干线［特别是成昆、成渝、达成、内昆铁路，成渝、成南、成绵（广）、成雅（乐）、内宜高速公路沿线］、车站码头、商贸场所及人流物流频繁的城镇周围（成都、绵阳、乐山、自贡、攀枝花、西昌、宜宾、泸州、德阳、广元、遂宁、达州等商贸活跃、物流量大的大中城市周边）。加大对外来流动人口量大的风景名胜区、森林公园等林业重点保护区域以及过去调查涉及不多或未涉及的区域的调查力度。

（二）普查对象

重点是1980年之后从国（境）外、省外传入的危害森林植物及其产品的林业有害生物（包括病原微生物、有害昆虫、有害植物及鼠、兔、螨类等），以及对本土林木及其产品潜在危险性大的有害生物。各地根据实际情况，进一步明确本地调查的重点范围和区域。着重对辖区内的各种松林资源、板栗、桉树、竹类等寄主植物和大型花卉苗圃、重点林业工程造林用苗等进行全面调查。

（三）普查内容

1. 寄主植物普查

普查对象危害的森林植物种类，包括乔木、灌木、花卉等，原则上要查到种。同种有害生物危害的寄主种类超过20种时，要按照不同科、属，至少列出主要的20种。

2. 普查对象分布地点调查

实行分级统计上报制度。省以市（州），市（州）以县（区、市），县以乡（镇、场、所）

为单位统计。新发现的或发生区域小的，记录到乡(镇)、村级名称，且必须注明所隶属的市(州)、县。

3. 有害生物发生面积调查

危害经济林(果园)、苗圃、花圃、温室等种苗繁育基地的，以危害寄主植物的实际种植面积计算；危害其他林地的，以林业小班为单元计算发生面积。发生面积分为轻、中、重三个等级统计。

4. 危害木(竹)材的有害生物调查

调查统计危害木(竹)材的(包括原木、板材、方材、木质包装材料、垫脚木和人造板等)有害生物种类、危害量(以立方米为单位)及危害程度，以及有害生物危害的贮木场、木材加工厂等所在地名称及单位名称。

5. 外来有害生物调查

调查了解并记录外来林业有害生物的传入地、传入时间、传入途径及方式，入侵后对当地经济、生态和社会的影响。

四、普查技术与方法

(一) 普查组织方式

抽调各级森防检疫机构业务骨干组成普查专业队，由省森防总站牵头，以市(州)林业局为责任单位，每3～4个县(区)为一组，每3～5人组成一个野外调查小组，每年开展2～3次巡回调查。专家技术小组根据各地实际需要提供现场咨询。

(二) 调查步骤与方法

1. 信息收集及线路设计

普查组以县为单位收集了解当地森林资源类型、林木种类、分布特点、地形地势、交通状况(交通线路图)、有害生物发生历史、现状、外来品种的引种栽植等情况，在此基础上科学确定普查线路。

2. 外业调查

在危害症状表现期或有害生物发生盛期，以乡镇(原森工局、林场)为单位，根据森林资源分布图、种苗繁育基地、贮木场、木材加工厂、机场、港口、码头、交通道路等的分布情况，确定踏查线路。重点区域及经过踏查发现有危害、疫情的区域，要设典型样地进行详查。

(1) 踏查。根据人工林和天然原始林的不同情况科学设计踏查路线，前者线路密度大，后者线路密度小(可视林分状况和地域特点，受人为干扰大小适当设置)。每年至少在春、秋两季各进行一次踏查。部分种类因生物生态学的特殊性要适当增加调查线路和调查次数。

(2) 详查。在线路调查的基础上，当发现寄主植物受可疑有害生物危害并产生症状时，应设立标准样地作详细调查。弄清其种类、数量、危害及损失情况等。样地设置和样株调查按下列标准进行：林地或种苗繁育基地每块标准地或样方调查株数为30～50株，其中人工林标准地或样方累计调查面积不少于受害寄主面积的0.5%，天然林不少于0.2%；调查木材危害状况时，抽样率不少于3%。详细记录有害生物的种类、寄主、虫口密度和树木受害程度，采集相关标本及拍摄有害生物的生态学照片，对不能确定的有害生物及时送请有关专家鉴定。

（3）外来及新发现的有害生物来源、危害性调查。在初步了解为外来或不明有害生物时，应详细调查并记录其传入地、传入时间、传入途径及方式、发生原因等，同时需调查其对当地经济、生态、社会的影响程度，并分析其潜在的危险性。

（4）标本采集。现场采集标本时，作好详细的标本采集记录，并进行初步的分类处理。特别是对采集的幼虫标本，用医用小玻瓶加保存液进行分装，贴上临时标签，以免混淆。

（5）普查航迹记录。用 GPS 定位和记录各普查小组调查线路的航迹、调查点和标准地的航点，确定采集有害生物标本地的海拔、经度、纬度。

3. 内业整理和普查资料汇总

对外业调查的笔录、数据、照片等进行整理、归档；对采集的有害生物标本进行分类、鉴定。整理后的普查资料由县级逐级报送至省森防检疫总站，统一归档保存；各地要在认真汇总的基础上，完成外来林业有害生物普查技术报告和工作总结，并报送普查有关汇总表。

4. 普查记录及信息收集

为增强普查的准确性和真实性，每支调查队配备一台 GPS 卫星定位仪和高像素数码相机。用 GPS 卫星定位仪以定位和记录各普查小组调查线路的航迹、调查点和标准地的航点，确定采集有害生物标本地的海拔、经度、纬度，各调查小组在当天普查完成后，应把普查记录在 GPS 卫星定位仪上的记录复制到计算机中，普查完成后，以各市（州）为单位把各普查的航线、航点合成航迹图，为有害生物的复查提供依据。同时，在普查过程中用高像素的数码相机拍摄有害生物照片，作为有害生物辅助鉴定的依据。

5. 标本制作和保存

外业调查完成后，普查小组采集的有害生物标本，送请专家进行统一鉴定后，再按规范制作标本，按小组统一编号，同号标本一式 4 份(国家、省、市、县各 1 份)。

6. 标本鉴定

各普查小组在外业调查中能明确识别的有害生物，可直接进行记录、统计，不能确定的种类，可申请技术咨询专家现场鉴定或采制成标本后统一送交省森防检疫总站。省级技术专家不能准确鉴定的疑难种类，送国家林业局外来林业有害生物检验鉴定中心鉴定。

（三）普查时间及进度安排

2003 年 6 月至 2004 年 3 月，为普查准备阶段。收集查阅普查范围的自然地理和社会经济情况，林业有害生物历史发生与分布、森林资源与交通状况的有关记录及图片资料；拟定普查实施方案；普查队伍组建及人员专题培训；必要的仪器、设备、工具和药品等物资准备。

2004 年 4 ~ 10 月，为外业调查阶段。主要任务是有害生物和寄主植物种类调查、分布范围与危害程度调查、标本采集与鉴定、图片拍摄。

2004 年 11 月至 2005 年 2 月，各专业调查组协助市（州）林业局开展普查资料和标本的收集整理、数据统计、工作总结和技术小结。因有害生物的生物生态学标本特殊习性、给鉴定工作带来困难等原因需要延长时间补充调查的，由普查专业队提出，省普查专家咨询小组确认，经普查领导小组同意，由普查小组提出调查方案后实施。

2005 年 3 ~10 月，部分补充调查，省级统计、汇总全省各市（州）林业局上报的数据，整理资料和标本，并进行普查工作总结和技术总结的撰写。

2005 年 11 ~12 月，全面完成普查的各项任务。

（四）普查遵循的原则

实行以县为基础、省统一组织的原则；坚持以专业队调查为主、群众参与和社会举报相结合的原则；坚持以历史资料为基础，突出重点、分类施策的原则；坚持质量优先、时间服从质量的原则；坚持先行试点，完善方案，稳步推进的原则；坚持以外来有害生物为主，本土有害生物为辅，以危险性病虫为主、有害植物调查为辅，弄清发生种类（特别是新发生种类）为主，危害程度为辅的原则；以人工林（特别是引种造林）为主，兼顾原始林为辅的原则。

五、普查结果及主要林业有害生物发生现状分析

（一）普查结果分析

此次普查出全省有林业有害生物 1902 种，其中外来和（或）“一普”未记录的林业有害生物有 132 种（有害微生物 44 种，害虫 75 种，其他 13 种）；但林业有害生物的总数却比“一普”少 76 种，原因是“一普”总数中计算了原重庆地区林业有害生物的数量；此外，还可能是一些有害生物种类过去数量多而随着时间的变化现在危害性小、数量少而漏查了等原因所致。“一普”与“二普”的林业有害生物类群总数量上的差异主要体现在病原真菌和有害昆虫数量上的变化较大，而其余有害生物类群的数量增减不大。全省林业有害生物“一普”与“二普”类群数量比较的详细情况见表 1。

从表 2 中的有害生物总体分类统计可以看出，全省现有国内林业检疫性有害生物 5 种，省补充林业检疫性有害生物 2 种。国外传入林业有害生物 12 种，外省传入和/或“一普”未记录的林业有害生物 120 种，本土危害严重的林业有害生物 55 种，危害木（竹）材有害生物 29 种。

此次普查出全省有林业有害真菌、细菌、病毒、支原体和线虫等 5 大类群共 577 种，其中新增加和/或新记录 45 种。在 5 大类群有害微生物中，真菌类群数量最多，为 558 种，占有害微生物类群总数的 96. 71%，说明其在四川省有害微生物中处于绝对优势地位；同时其新增加和/或新记录的种数也是最多，达 40 种。而细菌、病毒、支原体和线虫 4 大类群有害微生物的种数在四川省的分布都较少，分别仅为 10 种、2 种、3 种和 4 种。“二普”有害微生物的 5 大类群数量情况见表 3。

此次普查出全省林业有害昆虫 10 目 105 科 1147 种，其中新记录 2 目 10 科 72 种。在有害昆虫中，鳞翅目、鞘翅目的种数分别为 460 种、462 种，分别占害虫总种数的 40. 10%、40. 28%，说明这两目害虫在四川省害虫中处于绝对优势地位。其他 8 目害虫种数均在 10% 以下，但值得注意的是半翅目和同翅目的种数分别为 108 种、50 种，虽然分别仅占害虫总种数的 9. 42% 和 4. 36%，但它们的科数分别为 11 科和 18 科，分别占害虫科数的 10. 48% 和 17. 14%，说明其在四川省有着十分丰富的物种类群。“二普”害虫类群数量情况见表 4。

表 1　全省林业有害生物“一普”与“二普”类群数量比较

比较项目		“一普”数量	“二普”数量	数量增减比较
有害生物总数		1978	1902	-76
有害微生物	真　菌	474	558	84
	细　菌	7	10	3
	病　毒	2	2	0
	支原体	3	3	0
	线　虫	2	4	2
	总　计	488	577	89
非生物性病害		36	16	-20
害　虫	目	9	10	1
	科	107	105	-2
	种	1325	1147	-178
害　螨	目	1	1	0
	科	2	2	0
	种	12	18	6
害鼠、害兔		未统计	8	
有害植物	寄生性植物	22	23	1
	地　衣	2	3	1
	藻　类	3	3	0
	杂　草	未统计	25	
	总　计	27	54	27
未确定的林业有害生物	有害微生物	89	79	
	害　虫	1	3	
	总　计	90	82	

表 2　全省主要林业有害生物总体分类统计情况　　种

国内检疫性有害生物		省补充检疫性有害生物		国外传入			外省传入和/或“一普”未记录的有害生物			本土危害严重的有害生物			危害木(竹)材有害生物	
微生物	线虫	微生物	害虫	微生物	线虫	有害植物	微生物	害虫	其他	微生物	害虫	其他	微生物	害虫
4	1	1	1	6	2	4	38	75	7	17	34	4	2	27
5		2		12			120			55			29	

表3 "二普"有害微生物5大类群种数情况简表

类群	危害部位	种数	新增加和/或新记录种数
真菌	叶部	365	19
	顶芽及枝梢	8	3
	枝干	105	7
	果(种)实	14	7
	苗木及幼树	47	2
	根部	19	2
	总计	558	40
细菌	叶部	3	0
	果实	2	1
	枝、干	4	1
	根、干	1	1
	总计	10	3
病毒	叶部	1	0
	枝梢	1	0
	总计	2	0
支原体	枝梢	3	0
线虫	枝干	2	2
	根部	2	0
	总计	4	2
有害微生物总数		577	45

表4 "二普"有害昆虫类群数量情况简表

目(10)	科数			种数		
	科(105)	占总科数的比例(%)	增加和新记录科数(10)	种(1147)	占害虫总数比例(%)	增加和新记录种数(72)
鳞翅目	36	34.29	2	460	40.10	26
鞘翅目	20	19.05	0	462	40.28	10
膜翅目	7	6.67	1	25	2.18	10
直翅目	5	4.76	0	24	2.09	0
半翅目	11	10.48	1	108	9.42	1
同翅目	18	17.14	1	50	4.36	12
缨翅目★	1	0.95	1	2	0.17	2
双翅目	3	2.86	2	3	0.26	2
竹节虫目★	2	1.9	2	7	0.61	7
等翅目	2	1.9	0	6	0.52	2

注：表中"★"表示此次普查新增加和/或"一普"未记录的目。

此次普查出发生面积超过5万亩的林业有害生物有41种，按有害生物类群分：有害微生物13种，害虫22种，有害植物5种，害鼠1种；按有害生物的原产地分：国外传入6种，省外传入和/或“一普”未记录4种，本土31种；各林业有害生物统计的详细情况见表5。此外，四川省发生面积超过1万亩的林业有害生物有84种（包括发生面积超过5万亩的林业有害生物），其统计情况略。

表5　全省发生面积超过5万亩的林业有害生物统计　　万亩

国外传入林业有害生物(6种)		
有害微生物(2种)	松疱锈病菌 *Cronartium ribicola* J. C. Fischer ex Rabenhorst	9.2900
	桉树紫斑病菌 *Septoria mortarlensis* Penz. et Sacc.	6.0000
有害植物(4种)	紫茎泽兰 *Eupatorium adenophorum* Spreng	635.1100
	波斯菊 *Cosmos bipinnatus* Cav.	30.0000
	凤眼莲 *Eichhornia crassipes*（Mart.）Solma	10.7458
	空心莲子草 *Alternanthera philoxeroides*（Mart.）Griseb.	6.3738
省外传入和/或“一普”未记录的林业有害生物(4种)		
有害昆虫(4种)	松尺蠖 *Bupalus piniparia* Linnaens	11.4600
	鞭角华扁叶蜂 *Chinolyda flagellicornis* Smith	9.5000
	麻点豹天牛 *Coscinesthes salicis* Gressitt	5.1500
	刚竹毒蛾 *Pantana phyllostachysae* Chao	5.1000
本土林业有害生物(31种)		
有害微生物(11种)	松赤枯病菌 *Pestalotia funerea* Desm.	79.4100
	云杉落针病菌 *Lophodermium piceae*（Fuck.）Hähn.	34.9357
	竹子根腐病菌 *Fusarium* sp.；*Rhizoctonia* sp.	15.0100
	煤烟病菌 *Capnorium* sp.；*Melilla* sp.	11.6260
	桉树叶斑病菌 *Pestalotia* sp.	10.0000
	杉木赤枯病菌 *Pestalotia shiraiana* P Henn	5.0000
	松针锈病菌 *Coleosporium solidagi nies*（Schw.）Thum.	5.0000
	杉木褐斑病菌 *Phoma* sp.	5.0000
	松落针病菌 *Lophodermium pinastri*（Shrad.）Chev.	8.8900
	核桃黑斑病菌 *Xanthomonas julandis* Dowson	6.0000
	杉木叶枯病菌 *Lophodermium uncinatum* Darker	5.7800
有害昆虫(18种)	蜀柏毒蛾 *Parocneria orienta* Chao	428.3625
	切梢小蠹 *Blastophagus* sp.	110.9550
	马尾松毛虫 *Dendrolimus punctatus* Walker	91.9380
	云南松毛虫 *Dendrolimus houi*（Lajonquière）	64.8621
	竹象 *Cyrtotrachelus* sp.	58.1000
	竹蝗 *Ceracris* sp.	51.1300

（续）

有害昆虫(18种)	桤木叶甲 *Chrysomela adamsi ornaticollis* Chen	23.5010
	舞毒蛾 *Lymantria dispar*（Linnaeus）	22.4190
	松墨天牛 *Monochamus alternatus* Hope	17.4200
	核桃长足象 *Alcidodes juglans* Chao	15.2500
	松梢螟 *Dioryctria rubella* Hampson	13.1200
	杨扇舟蛾 *Clostera anachoreta*（Fabricius）	11.5410
	板栗瘿蜂 *Dryocosmus kuriphilus* Yasumatus	10.5064
	黑翅土白蚁 *Odontotermes formosanus*（Shiraki）	8.5100
	蜀云杉松球蚜 *Pineus sichuangus* Zhang	5.1740
	一点蝙蛾 *Phassus signifer sinensis* Moore	5.0000
	桃蛀螟 *Dichocrocis punctiferalis* Guenée	5.0000
	核桃横沟象 *Dyscerus juglans* Chao	5.0000
害鼠(1种)	赤腹松鼠 *Callosciurus erythraeus* Pallas	15.4530
有害植物(1种)	葛藤 *Pueraria lobata*（Willd.）Ohwi	12.2000

（二）主要林业有害生物发生现状分析

1. 检疫性林业有害生物种类、分布及发生现状分析

（1）国内林业检疫性有害生物发生现状分析。普查结果表明，在四川省分布有国家林业局公布的林业检疫性有害生物5种，它们是松材线虫，发生面积0.015万亩，重度危害；二针松疱锈病菌和五针松疱锈病菌，发生面积9.29万亩，其中轻度发生6.58万亩，中度发生1.45万亩，重度发生1.26万亩；草坪草褐斑病菌，发生面积2万亩，其中轻度发生1万亩，中度发生0.8万亩，重度发生0.2万亩；猕猴桃细菌性溃疡病菌，发生面积1.02万亩，其中中度发生0.02万亩，重度发生1万亩；冠瘿病菌，发生面积0.01万亩，轻度发生危害。上述5种国内林业检疫性有害生物发生总面积12.34万亩，其中轻度发生7.61万亩，中度发生2.27万亩，重度发生2.46万亩。

在上述5种国内林业检疫性有害生物中，松材线虫是危险性最大的世界性林业检疫性有害生物，具有致病力强、发病快、传播迅速、治理难度大等特点，目前在四川省广安市邻水县和雅安市雨城区相继被发现，通过及时、有效的除治，发生面积和危害程度进一步减小。松疱锈病菌也是世界性的林业检疫性有害生物，尽管在四川省的分布已涉及9个市(州)的31个县级行政区，发生面积达9.29万亩，近年来总发生面积保持相对稳定，但在一些疫区的局部地区有进一步危害加重的趋势，如凉山彝族自治州的越西县，以及广元市、巴中市、绵阳市的一些县(区、市)等；但该病菌在四川省发生时间较久，已组织专家对该有害生物进行了全面深入的研究，并总结出了一套行之有效的预防与除治技术，同时以工程治理为手段，加大除治力度，力争控制其进一步扩散蔓延。而猕猴桃细菌性溃疡病菌、草坪草褐斑病菌、冠瘿病菌在四川省均属零星轻度发生，只要严加防范，其发生面积和危害程度将趋于稳定。

（2）四川省补充林业检疫性有害生物发生现状分析。四川省林业厅公布的补充林业检疫

性有害生物目前在四川省分布的有桉树焦枯病菌和杨干透翅蛾2种，发生总面积0.15万亩，其中轻度发生0.11万亩，中度发生0.03万亩，重度发生0.01万亩。桉树焦枯病菌发生面积0.05万亩，其中轻度发生0.01万亩，中度发生0.03万亩，重度发生0.01万亩；杨干透翅蛾发生面积0.1万亩，均为轻度危害。目前这两种林业有害生物发生面积都不大，但分别从国外和省外传入，且都是危害四川省近年来实施退耕还林等重要林业生态工程所栽培的林木，而这些林木栽培的面积大、地点较为集中，如不严加防范，暴发的可能性较大，一旦这两种有害生物发生将对四川省林业工程的实施效果产生不良影响。

2. 外来主要林业有害生物发生现状分析

（1）国(境) 外传入主要林业有害生物发生现状分析。国外传入四川省的主要林业有害生物有松材线虫、拟松材线虫、松疱锈病菌、猕猴桃细菌性溃疡病菌、紫茎泽兰、凤眼莲、空心莲子草、波斯菊等12种，发生总面积为693.29万亩，其中轻度发生283.51万亩、中度发生266.43万亩、重度发生143.35万亩。在这些有害生物中，以松材线虫和拟松材线虫、松疱锈病菌、紫茎泽兰、凤眼莲在四川省分布较广、危害最为严重。而空心莲子草等外来有害生物，其发生面积较相对较小，危害较轻。

松材线虫原产北美洲，1982年传入我国江苏省南京市，2004年传入四川省，目前四川省仅在邻水县、雨城区有少量分布。但与松材线虫形态相似、亲缘关系相近的拟松材线虫等造成的枯萎死亡松树则在四川省广安、泸州、自贡、达州、宜宾、巴中、遂宁、雅安等市的9个县级行政区有分布，发生面积0.22万亩，其中轻度发生0.15万亩、中度发生0.06万亩、重度发生0.01万亩，有继续扩散蔓延的趋势。拟松材线虫也原产北美洲，20世纪80年代传入我国，21世纪初传入四川省，由于该线虫和松材线虫的蔓延速度快、防治难度大、根除困难，这对四川省丰富的松林资源构成了极大威胁。

紫茎泽兰原产中美洲，20世纪40年代从中缅、中越边境传入我国云南省，80~90年代传入四川省攀西地区，目前已在四川省的雅安、泸州、自贡、乐山、攀枝花、宜宾、凉山和甘孜8个市(州) 的36个县级行政区有分布，发生面积635.11万亩，其中轻度发生244.22万亩、中度发生251.65万亩、重度发生139.24万亩。以与云南省相邻的攀枝花市和凉山彝族自治州受害最为严重，两地发生面积分别为400万亩、132.03万亩，并随河谷、公路、铁路等沿线由攀西地区逐渐向东、向北扩散传播，给当地的农、林、牧业生产和园林绿化等带来极大危害。

凤眼莲原产南美洲墨西哥，20世纪30年代传入我国，传入四川省时间不详，目前已在四川省的成都、自贡、南充、泸州、资阳等5个市的21个县级行政区有分布，其发生面积为10.75万亩，遍布所在地的大小水系，严重危害地方的厚度达1.5米，严重堵塞河道，降低水中的溶解氧致使水生动物死亡，散发恶臭，影响居民生活。

此外，原产北美东北部的加拿大一枝黄花，系四川省补充林业检疫性有害生物，虽然目前在四川省还未发现有人工种植和野外生长的情况，但作为鲜切花人为地从省外调入四川省的情况时有发生，其潜在危险性较大。

（2）外省(自治区、直辖市) 传入和/或“一普”未记录的主要林业有害生物发生现状分析。省外传入和/或“一普”未记录的林业有害生物有120种，发生面积70.28万亩，其中轻度38.42万亩、中度22.87万亩、重度8.99万亩。

其中，有害微生物38种，发生面积19.78万亩，轻度发生12.96万亩、中度发生5.9

万亩、重度发生0.89万亩。发生面积超过1万亩的病原微生物6种，占病原微生物发生总面积的82.05%，它们是桉树紫斑病菌、松树烂皮病菌、花椒根腐病菌、草坪草褐斑病菌、桦木褐斑病菌、杨树烂皮病菌，发生面积分别为6万亩、3.67万亩、2万亩、2万亩、1.43万亩、1.13万亩；发生面积最大的桉树紫斑病菌，分布在成都、乐山、资阳等3个市的22个县级行政区。其余32种有害微生物发生面积都在1万亩以下。

害虫有75种，发生面积50.50万亩，其中轻度发生25.46万亩、中度发生16.94万亩、重度发生8.10万亩。发生面积超过1万亩的有8种，它们是松尺蠖、鞭角华扁叶蜂、麻点豹天牛、刚竹毒蛾、花椒虎天牛、华山松球蚜、柳杉长卷蛾、长翅蜡蝉等，发生面积分别为11.46万亩、9.5万亩、5.15万亩、5.1万亩、3.985万亩、3.58万亩、3.17万亩、1万亩，占害虫发生总面积的85.04%。其他67种发生面积都在1万亩以下。

其他有害生物是杨树皱叶病、柏小爪螨、针叶小爪螨、柑橘全爪螨、竹裂爪螨、山楂红蜘蛛、中国菟丝子7种，虽然此类有害生物在四川省分布很广，但在各地呈零星发生，危害相对较轻。

3. 本土主要林业有害生物发生现状分析

本土主要林业有害生物有55种，发生面积1235.51万亩，其中轻度发生699.50万亩、中度发生333.95万亩、重度发生201.05万亩。

其中，主要有害微生物17种，发生面积201.10万亩，其中轻度发生151.62万亩，中度发生39.42万亩，重度发生10.05万亩。发生面积超过1万亩的有害微生物有15种，它们是松赤枯病菌、云杉落针病菌、竹子根腐病菌、煤烟病菌、桉树叶斑病菌、松落针病菌、核桃黑斑病菌、杉木赤枯病菌、松针锈病菌、杉木褐斑病菌、云杉叶锈病菌、杨树叶锈病菌、花椒叶锈病菌、松瘤锈病菌、云杉球果锈病菌；其中以松赤枯病菌、云杉落针病菌分布广，危害最为严重，占本土主要病原微生物发生面积的56.86%。松赤枯病菌在巴中、雅安、眉山、绵阳、泸州、达州、自贡、乐山、阿坝和甘孜等10个市(州)的53个县级行政区有分布，发生面积79.41万亩(轻度发生55.11万亩、中度发生19.33万亩、重度发生4.97万亩)。云杉落针病菌在雅安、绵阳、阿坝和甘孜等4市(州)的19个县级行政区有分布，发生面积34.94万亩(轻度发生25.96万亩、中度发生7.74万亩、重度发生1.23万亩)。其中竹子根腐病菌、煤烟病菌、桉树叶斑病菌、松落针病菌、核桃黑斑病菌、杉木赤枯病菌、杉木褐斑病菌、松针锈病菌等的发生面积都在5万亩以上。

主要害虫34种，发生面积992.43万亩，其中轻度发生523.54万亩，中度发生285.50万亩，重度发生182.39万亩。发生面积超过10万亩的有13种，它们是蜀柏毒蛾、切梢小蠹、马尾松毛虫、云南松毛虫、竹象、竹蝗、桤木叶甲、舞毒蛾、松墨天牛、核桃长足象、松梢螟、杨扇舟蛾、板栗瘿蜂；其中蜀柏毒蛾危害最严重，发生面积428.38万亩(轻度发生170.89万亩、中度发生131.48万亩、重度发生126.01万亩)，在15个市的70个县级行政区有分布，占本土主要害虫发生面积的43.16%；而切梢小蠹、马尾松毛虫、云南松毛虫、竹象、竹蝗的发生面积都在50万亩以上，分别为110.96万亩、91.91万亩、64.86万亩、58.1万亩、51.13万亩，这几种害虫占本土害虫发生面积的37.99%。

本土主要其他林业有害生物是赤腹松鼠、黑腹绒鼠、葛藤、桑寄生等4种，发生面积41.99万亩，轻度发生24.35万亩、中度发生9.03万亩、重度发生8.61万亩。其中害鼠危害最严重，发生面积25.14万亩，占本土主要其他林业有害生物发生总面积的59.89%。

4. 危害木(竹) 材主要有害生物发生现状分析

危害木(竹) 材主要有害生物有 29 种，受害木(竹) 材 248.77 万立方米，其中轻度受害 41.53 万立方米、中度受害 71.82 万立方米、重度受害 135.42 万立方米。

主要有害微生物有煤污病菌，木腐菌 2 种；主要有害昆虫有松褐天牛、云斑天牛、白蚁、粉蠹等 27 种。

5. 未确定的林业有害生物发生现状分析

在此次有害生物普查中，因为普查时间紧等方面原因，发现了一些暂时还无法确定的林业有害生物 82 种，其中病害 79 种，害虫 3 种。

虽然目前这些有害生物的种类不多，危害还不严重，但大多数是近年来因实施退耕还林等工程而随造林苗木调运传入的，一旦在适生地定殖，将不可避免地大发生，所以在栽培有相应林木的地区应加强监测与预防，防患于未然。

贵州省林业有害生物普查技术报告

近年来，林业有害生物特别是外来有害生物给我国森林资源造成了不可估量的损失，在局部地区严重破坏了原有生态系统的整体功能，带来了不可逆转的生态灾难。为了进一步摸清贵州省主要林业有害生物，特别是外来林业有害生物的发生及危害情况，以便制订切实有效的防范、封锁和扑灭措施，按照国家林业局的统一部署，贵州省从2003年5月至2005年3月进行了全省林业有害生物普查。普查达到了预期目标。

一、基本情况

贵州省地处长江、珠江上游，是全国唯一没有平原支撑的山区省份，全省国土总面积17.6万平方千米。贵州省内地势西高东低，向北、东、南三面倾斜，平均海拔在1100米左右。省内喀斯特地貌发育充分，面积达12.8万平方千米，占全省总面积的73%。贵州省属亚热带湿润季风气候区，气候温暖湿润，年气温变化小，冬暖夏凉，气候宜人。年平均气温15℃左右，最冷月(1月)平均气温一般3~6℃，比同纬度其他地区高，最热月(7月)平均气温一般22~25℃，为典型夏凉地区。降水较多，雨季明显，阴天多，日照少。年降水量1100~1300毫米，受季风影响降水多集中于夏季；全年日照时数约1300小时，无霜期为270天左右，阴天日数一般超过150天，常年相对湿度在70%以上。

贵州省是我国南方集体林区省份之一，肩负着长江和珠江上游重要生态屏障的功能。全省林业用地面积1.1亿亩，占全省总面积的42%。全省森林面积9200多万亩，森林覆盖率34.9%，活立木蓄积量2亿多立方米。按权属分，集体林面积占92.7%，蓄积占87.3%。松林资源广泛分布于全省9个市(州、地)，面积为2600万亩，占全省有林地面积的32%，主要为马尾松、华山松、云南松以及少量的湿地松、火炬松、黑松等。近年来，贵州省作为国家林业局的联系点，通过实施退耕还林工程、天然林资源保护工程、石漠化治理、珠江防护林工程、速生丰产林建设、野生动植物保护等重点林业工程，森林资源大幅增长，林业得到长足发展。贵州省森林和野生动植物及湿地类型自然保护区达到94处，总面积达1300多万亩，占全省国土面积的5%，其中国家级自然保护区7处。全省有森林公园49处，总面积达310万亩。贵州省野生动植物资源十分丰富，全省有脊椎动物900多种，维管束植物6000多种，其中国家重点保护的野生动物97种，重点保护的野生植物71种。

二、普查方法

(一) 组织领导

贵州省林业厅成立了普查领导小组，制订全省普查方案，统一领导全省的普查工作。领导小组由省林业厅徐来富副厅长任组长，领导小组下设办公室，具体负责普查的日常工作。省普查领导小组聘请贵州大学林学院、贵州省林业科学研究院、贵州省林业学校的有关专家任技术顾问，负责指导各地的培训、内外业技术工作及标本鉴定。

全省9个市(州、地)林业主管部门和3个直属场(院)也成立了普查领导小组，由分管领导任组长，负责组织领导本辖区的普查工作。领导小组下设办公室，负责制订本辖区的普查实施方案，组织培训，指导完成外业调查，进行内业资料汇总，撰写普查技术报告和工作总结。

(二) 普查准备工作

1. 经费、物资准备

本次普查，省林业厅给每县补助6000元的设备购置费，不足部分由地方自筹。各地都按相应的要求购置了普查必备的物资，如标本夹、草纸、毒瓶、镊子、放大镜、枝剪、电工刀、剪刀、斧头、锯子、棕绳、柴刀、铅笔、记录本、草帽、酒精、试管、标签、标本瓶、昆虫针、标本盒、地形图及各种试剂等。

2. 资料收集

省普查领导小组办公室在2003年将国家林业局发布贵州省有分布的63种林业有害生物在全省的分布地点(至县)、寄主植物等资料进行收集、整理，发至各地作普查参考。2004年将松材线虫病、美国白蛾、椰心叶甲、锈色粒肩天牛、湿地松粉蚧、日本松干蚧、红脂大小蠹、松突圆蚧、松针褐斑病、薇甘菊等10种危险性外来有害生物列入重点普查对象。各地、县收集本地林业有害生物寄主植物分布情况以及林业有害生物分布、发生情况的资料，并准备行政区划图、林班图等。

3. 技术培训

培训分省、地、县三级进行。省普查领导小组办公室根据国家林业局《全国林业有害生物普查技术要点》制订了《贵州省林业有害生物普查方案》，汇编了《贵州省林业有害生物普查培训教材》。省林业厅分两期对地、县森防站站长统一进行了培训。地级林业主管部门对县级森防站站长和业务骨干进行技术培训，各县又对具体参加普查人员进行培训。培训内容为林业有害生物普查方法、林业有害生物形态特征、生活史、标本制作、资料整理和要求等。省专家组成员和省森防站技术人员分别赴各地参与技术培训和普查指导工作。

(三) 普查方法

本次普查分两年进行，2003年首先完成各级培训工作，然后全面铺开普查。2004年，在上一年的普查基础上进行查漏补缺，对标本采集不全的以及没有普查到的地方进行重点普查。普查主要分为外业调查和内业资料整理两部分。

1. 外业调查

外业调查，根据寄主树种的分布情况确定调查路线，以乡、镇、场为单位，根据所在地的林地、种苗繁育基地、贮木场、木材中转站、木材加工企业等的分布情况，设计出科学、合理的调查路线，发现有外来有害生物分布的设置样地调查，并采集标本，拍摄照片，作好详细记录。

(1) 访问调查。各县(地、市)针对本地区的林地、苗圃、贮木场、加工厂、花圃等，或某种植物、某种病虫害，有目的地对当地群众、技术人员、业主、有关专家等进行访问咨询，了解当地林业有害生物种类、分布、发生等情况。访问调查中同时结合线路踏查、标准地调查一起进行。

（2）踏查。设置踏查路线时尽量利用林间道路、林班线等，并经过当地主要森林类型和林业有害生物发生地，同时考虑铁路、公路、建设工地、特别是新近架设的通信电缆和电力线路附近的林地。对本土危害严重的有害生物，则根据历史资料进行踏查路线设计。在设置调查时间上，根据林业有害生物的生物学特性，尽量选择在发生期（症状显露期间）进行。在线路踏查时，选取制高点，通过目测或借助望远镜观察林业有害生物发生情况，当发现危害症状时，及时采集标本进行鉴定（现场不能鉴定的带回），设立标准地或样方进行详查。

（3）标准地调查。在踏查的基础上，对有危害症状的、或有有害生物的林地，设置标准地进行详查。在有害生物发生区域内具有代表性的地段，每块标准地面积 1 ~ 5 亩，且标准地内主要寄主植物不得少于 100 株。以面积设标准地比较困难的，设标准株进行调查，标准株不得少于 100 株。人工林标准地累计面积不少于有害生物发生面积的 3%，天然林不少于 0. 2%。同一类型的标准地应尽可能有 3 次以上的重复，详细记录有害生物的种类、寄主、虫口密度和树木受害程度，采集标本，拍摄相关有害生物的生物学或危害状的照片，并将有关数据填入标准地调查表。

标准地调查法详见《贵州省林业有害生物普查方案》。

（4）标本采集。在林业有害生物普查时尽量采集完整的生活史标本，对所采集的有害生物标本进行编号，同时做好采集记录。采集标本记录由采集人员填写，同时写上编号、采集时间、地点、寄主植物、采集人，放入存放容器，将标签系上，同时在记载表上登记；同一采集时间、地点、寄主植物、采集人姓名，采集同一种有害生物，不论数量多少，为同一编号。对所采集的标本县检疫站及时进行鉴定，当地无法进行鉴定的往地区和省逐级上送，并妥善保存标本。

2. 内业资料整理和汇总

对外业调查的笔录、数据、照片等整理、归档，对采集的有害生物标本及时进行制作、分类、初步鉴定，以县为单位统计林业有害生物分布地点和发生面积。各县（区）在认真汇总的基础上，撰写林业有害生物普查技术报告和工作总结。

三、普查结果

截止 2004 年 12 月，全省共普查了 92 个国有林场、152 个苗圃（花圃）地、90 个贮木场、1471 个木材加工厂、92 个自然保护区、35 个货场，设置样地 9237 个，共调查森林面积 7461. 83 万亩。

目前贵州省普查到各类林业有害生物共计 85 种，其中国（境）外传入 3 种，省外传入 8 种，本土 74 种（主要的 20 种）。发生总面积 1022. 98 万亩。

外省（自治区、直辖市）传入林业有害生物 8 种，分别是云南木蠹象、华山松木蠹象、板栗疫病、柑橘溃疡病、柑橘黄龙病、菊花叶枯线虫病、泡桐丛枝病、双钩异翅长蠹。发生面积 48. 14 万亩，其中轻度 41. 34 万亩、中度 3. 93 万亩、重度 2. 87 万亩。

国（境）外传入林业有害生物 3 种，分别是松材线虫病、锈色棕榈象和紫茎泽兰。发生面积 426. 89 万亩，其中轻度 129. 30 万亩、中度 106. 45 万亩、重度 191. 14 万亩。

本土林业有害生物 74 种，其中昆虫类有 52 种，分别是星天牛、云斑天牛、光肩星天牛、松墨天牛、马尾松毛虫、文山松毛虫、松毒蛾、粗鞘双条杉天牛、板栗瘿蜂、剪枝栗实象、栗实象、黄脊竹蝗、思茅松毛虫、松横坑切梢小蠹、纵坑切梢小蠹、云南松毛虫、中华松梢蚧、松梢螟、桃红颈天牛、白杨透翅蛾、楸螟、黄缘阿扁叶蜂、小地老虎、松梢小卷蛾、北锯叶甲、侧柏毒蛾、银杏大蚕蛾、竹织叶野螟、松叶蜂、天幕毛虫、竹节虫、竹毒蛾、蟜象、栎黄枯叶蛾、云南油杉毒蛾、板栗天牛、金龟子、叶甲、松瘤象、杉天牛、花椒凤蝶、核桃长足象、黄杉尺蛾、华山松尺蛾、舞毒蛾、杉棕天牛、油桐绒刺蛾、绿尾大蚕蛾、松大蚜、锥天牛、萧氏松茎象、锈色粒肩天牛；病原微生物类有19种，分别是油桐枯萎病、马尾松赤枯病、马尾松赤落叶病、杉木黄化病、松疱锈病、华山松落针病、华山松煤污病、拟松材线虫病、香椿锈病、马尾松落针病、板栗溃疡病、杨树黑斑病、松瘤锈病、柑橘白粉病、松根腐病、流胶病、松栎锈病、二针松疱锈病、杉木炭疽病；有害植物3种分别是桑寄生植物、槲寄生植物和菟丝子以及鼠(兔)害。其中危害严重的本土林业有害生物20种，分别是云斑天牛、松褐天牛、松毒蛾、粗鞘双条杉天牛、板栗瘿蜂、剪枝栗实象、栗实象、松横(纵)坑切梢小蠹、云南松毛虫、中华松针蚧、竹节虫、松梢螟、松叶蜂、萧氏松茎象、桑寄生植物、鼠(兔)害、油桐枯萎病、马尾松赤枯病、马尾松赤落叶病、思茅松毛虫。发生面积481.346万亩，其中轻度293.605万亩、中度103.269万亩、重度84.472万亩。

通过普查，整理出如下资料：

(1)贵州省林业有害生物普查工作总结。

(2)贵州省林业有害生物普查技术报告。

(3)贵州省国(境)外传入林业有害生物普查汇总表。

(4)贵州省省外传入林业有害生物普查汇总表。

(5)贵州省危害严重的本土林业有害生物普查汇总表。

(6)贵州省危害木材有害生物普查汇总表。

(7)贵州省林业有害生物普查标本。

四、面临的形势和采取的措施

1. 面临的形势

由于历史的原因和自然等诸多因素的影响，贵州省森林资源总量不足，质量不高，分布不均，水土流失严重，生态环境脆弱。尤其是近年来林业有害生物的侵袭，已对贵州省林业建设成果构成了直接威胁。

一是林业有害生物发生面积逐年上升。20世纪90年代，贵州省林业有害生物年均发生面积30万亩左右，发生种类以松赤枯病、松赤落叶病、松毛虫、松毒蛾、松叶蜂等叶部病虫害为主，危害损失以降低林木生长量为主要特征。但是，进入21世纪后，发生面积剧增，1998~2004年的7年间，林业有害生物发生面积(单位：万亩)分别为20、43、75、225、351、332、408，年发生面积已接近每年的新造林面积。

二是危险性种类增多，造成损失严重，防治更加困难。进入21世纪后，发生的种类已经由以叶部病虫害为主转变为以蛀干、蛀根等危险性害虫为主，损失特征由以降低林木生长量为主转变为以活立木枯死为主，损失更加严重。在毕节地区、六盘水市、贵阳市等地，新造幼林遭受金龟子、蛴螬、鼠、兔等害虫害兽啃食危害达11万亩，大片幼树枯死，严重影响造林成活率和保存率。威宁县是乌江水系的发源地，2001年暴发的云南木蠹象导致该县当年枯死松树218万株。道真县30多万亩杉木林遭受粗鞘双条杉天牛危害，致死杉树累计达10余万株，直接威胁大宝山、石丫口等国有林场的生存。与云南省接壤的盘县发生松小蠹10万余亩，由于松树不断枯死，林相残缺不全。2003年安顺市普定、西秀等县(区)暴发双条杉天牛，当年造成1500多株柏木枯死。萧氏松茎象危害黔东南苗族侗族自治州、黔南布依族苗族自治州和铜仁地区的松林面积高达95万亩，松林资源遭受严重破坏。松墨天牛并拟松材线虫病广泛分布全省各地，累计致死松树达几十万株，仅贵阳市即有11万株松树枯死，同时松墨天牛为松材线虫病的扩散蔓延提供了条件，拟松材线虫病的存在也干扰了对松材线虫病的检疫和调查监测工作。安顺市和黔西南布依族苗族自治州的油桐枯萎病发生面积高达上百万亩，造成大片桐林毁灭，镇宁县六马油桐品质优良，为国际免检，但其30多万亩桐林已经几近灭绝，农民忌讳栽种桐树。钻蛀性病虫害之所以危险，既是因为它们造成的损失严重，更是由于其栖息的隐蔽性和发展的潜伏性，防治非常困难，至今没有简便易行的防治措施，防治成本也大大高于一般食叶害虫。

三是外来危险性林业有害生物侵袭严重。2003年遵义县和贵阳市小河区相继发生松材线虫病，是外来林业有害生物侵袭贵州的最为严重的事例。遵义县松材线虫病发生于南白、鸭溪、石板、龙坑4镇，面积达8699亩，致死松树4000多株，萎蔫23100多株，当年砍伐的疫木达6万多株，涉及1300多户农民；2004年，松材线虫病又通过自然传播，蔓延到毕节地区金沙县的3个乡，确诊的感病松树为229株，当年砍伐松树8000多株。紫茎泽兰自从云南省侵入后，已迅速扩展到6市(州、地)的37个县(区、市)，侵害林地面积达426万亩，并且正以每年30千米的速度由西南向东南和东北扩展，所到之处，物种退化，林地被侵，牲畜中毒。贵阳市花费数百万元引进的城市绿化树种加拿利海枣，因携带锈色棕榈象甲大多已经枯死。从广东省调入贵州省的家具中查出双钩异翅长蠹，在花店里查到加拿大一枝黄花，还从上海市调入的电缆盘中检出松材线虫活体等。西部大开发加大了贵州省的开放程度，大规模的西电东送、电信等工程全面启动，交通、城市园林绿化进程加快，贵州省从境外和沿海发达省份引进的物资和植物成倍增加，外来物种入侵几率增大，贵州省林业面临危险性有害生物侵袭的问题将更加严峻。

2. 采取的措施

一是继续加强对重点和主要林业有害生物的监测预报工作，逐步提高监测的准确性，进一步完善监测网点的设置，为制订林业有害生物的预防和防治方案提供可靠的基础资料，实现林业有害生物防控的信息化。二是深入开展主要林业有害生物的生物学特性、种群变化与发生规律等科学研究工作，积极探索出针对贵州省经济有效的防治新方法，适时将新方法、新药剂运用到林业有害生物的防控中来，提高预防水平和生物防治比重，加大林业有害生物防治工作的科技含量，实现林业有害生物防控的科学化。三是不断加强林业有害生物防治专业技术人员的业务技能和专业知识培训，增强各级技术人员的业务素质，确保林业有害生物防治工作的开展。四是受贵州省经济、交通和地理条件的限制，普查工作还存在遗漏之处，对尚未调查清楚或未查到的林业有害生物种类，在以后的工作中必须作进一步补充调查。五是对目前已查明，并且危害性或潜在危害性较大的林业有害生物种类实施预防工程，以有效地控制其扩散蔓延。

五、普查成果的应用前景及效益

1. 有利于保护风景名胜古迹、发展生态旅游，扩大对外开放

森林旅游异军突起，方兴未艾。森林资源是森林旅游的重要基础，如贵州省黄果树、梵净山、红军山、雷公山、小七孔、九龙山等森林公园、长坡岭森林公园等国家级风景名胜及旅游区，已成为当地旅游业的重要支柱，这些地区的森林植被不但具有很高的观赏价值，而且具有较高的经济价值。如果风景区森林资源遭到破坏，无疑将给正要兴起的生态旅游以致命的打击。同时生态环境是投资环境的一个重要方面，没有良好的生态环境，势必影响投资环境的改善，影响到对外开放的进程。查清并控制林业有害生物对森林资源的破坏，对保护森林旅游业将起到积极的作用。

2. 有利于地方经济和整个林业的可持续发展

贵州省林业肩负着建设长江和珠江上游生态屏障的重要使命。近年来，通过实施林业六大工程，营造了大量的速生丰产林、生态公益林以及经济林和药用林，如果对贵州省林业有害生物种类、分布和危害程度不清楚，预防控制不力，将会对森林资源及其产业的发展构成严重威胁，直接影响到全省经济社会的可持续发展。

总之，这次普查将为贵州省制订林业有害生物预防控制方案提供更科学的依据，对保护和巩固森林资源、发展林业事业、改善生态环境和农村经济的稳定增长起到积极的作用。

云南省林业有害生物普查技术报告

一、普查的目的和意义

近年来，林业有害生物给森林资源造成了严重损失，在局部地区严重破坏了原有森林生态系统的整体功能，带来了不可逆转的生态灾难。随着林业和林产品的国际国内贸易日益频繁，旅游业的兴起以及交通运输的迅猛发展，国内原有的有害生物扩散蔓延加剧，一些国际重大危险性有害生物频繁入侵，防范控制工作面临着国内国际林业有害生物疫情的双重挑战。通过开展林业有害生物普查，进一步摸清云南省外来林业有害生物及危害大的本土有害生物的种类、分布及危害情况，为今后确定和实施国家级和省级工程治理及预防项目、确定检疫性和补充检疫性有害生物名单、制订切实有效的控制、封锁和扑灭措施提供可靠的科学依据。这对防止外来有害生物入侵，促进云南省林业生产可持续发展，巩固造林绿化成果，保护森林资源，维护生态平衡具有十分重要的意义。

二、普查范围与对象

（一）普查范围

本次普查的范围涉及全省 16 个市（自治州）的 129 个县（区、市）所辖区域的林地、苗圃、贮木场、木材加工企业、花圃。

（二）普查对象

（1）林业外来有害生物：包括从国外传入和 1980 年以后从外省（自治区、直辖市）传入的对当地已造成危害的林业有害昆虫、病原微生物、有害植物及鼠、兔、螨等。

（2）危害性大的本土林业有害生物：包括对森林植物及产品危害大的本土林业有害昆虫、病原微生物、有害植物及鼠、兔、螨等。

三、普查内容与方法

（一）普查内容

（1）林业有害生物种类。林业有害生物种类是指危害林木、木材、花卉、果品等的林业有害昆虫、病原微生物、有害植物及鼠、兔、螨等。

（2）林业有害生物分布地点。分布地点是指林业有害生物分布的县级行政区域，新发现的或发生地点小于所辖县级行政区域 1/3 乡镇的，统计到乡镇。

（3）林业有害生物寄主植物种类。寄主植物种类是指有害生物能够危害的植物种类（包括乔木、灌木、花卉等），原则上要查到种，寄主植物种类多于 20 种的，按照不同科、属，至少列出主要的 20 种。

(4)林业有害生物发生面积。发生面积是指林业有害生物对林木造成轻度危害以上的面积。危害林地的，以林业小班为单元计算发生面积；危害苗圃、经济林(果园)、花圃、温室等种苗繁育地的，以危害寄主植物的实际种植面积计算。将发生面积分为轻、中、重三个等级统计。

① 叶部病虫

树叶被害1/3以下的为轻微(+)

树叶被害1/3~2/3为中等(++)

树叶被害2/3以上为严重(+++)

② 枝梢病虫

枝梢受害率≤20%为轻微(+)

枝梢受害率20%~50%为中等(++)

枝梢受害率>50%为严重(+++)

③ 干、根部病虫

受害率≤10%为轻微(+)

受害率10%~20%为中等(++)

受害率>20%为严重(+++)

④ 种实病虫

种实被害率≤10%为轻微(+)

种实被害率10%~20%为中等(++)

种实被害率>20%为严重(+++)

⑤ 鼠、兔、螨类

被害率≤10%为轻微(+)

被害率10%~20%为中等(++)

被害率>20%为严重(+++)

⑥ 木材

被害率≤5%为轻微(+)

被害率5%~10%为中等(++)

被害率>10%为严重(+++)

⑦ 有害植物

侵害林业用地≤5%，或对树木生长、森林更新构成影响为轻微(+)

侵害林业用地5%~20%，或明显影响树木生长、森林更新为中等(++)

侵占林业用地>20%，或严重影响树木生长、森林更新，或导致树木死亡为严重(+++)

(5)外来林业有害生物来源调查。来源调查是指有害生物由何地传入、传入时间、传入的途径及方式等。

(二) 普查方法

1. 外业调查

在林业作业图或林相图上，以及根据所在地的种苗繁育地、贮木场、木材中转站、木材加工企业等的分布情况及辖区边界状况，合理设计调查路线，根据有害生物的生物学特性制订具体的外业调查时间表，在有害生物发生盛期或症状显露期适时开展外业调查。

(1) 踏查：按照设计的调查路线，进行踏查。踏查线路利用大小道路、林班线等，穿过当地主要森林类型、林业有害生物发生地、外来有害生物易发生的公路和铁路两侧、港口和码头附近、重要城镇周围及人为干扰破坏严重的林地。踏查以小班为单位，没有小班的以自然山头为代表。当发现有危害症状或初步确定是有害生物时，做好踏查记录。

(2) 标准地调查：在线路踏查时，如发现疫情，设立标准地进行调查。标准地设在有害生物发生区域内具有代表性的地段，林地每块标准地内主要寄主植物不少于100株，人工林标准地累计调查面积不小于有害生物发生面积的3%，天然林等不少于0.2%；调查木材危害状况时，抽样率不少于3%。种苗繁育地每块标准地调查株数针叶树播种苗300株以上、阔叶树苗100株以上。详细记录有害生物的种类、寄主、虫口密度和树木受害程度，采集相关标本，拍摄有害生物的生物学或危害状的照片，并将有关数据填入标准地调查表。

2. 内业整理和资料汇总

对外业调查的笔录、数据、照片等进行汇总和整理；将采集的有害生物标本进行分类、鉴定、保存；建立本地有害生物数据库；充实标本室标本；写出普查工作总结和技术报告；建立本次普查资料档案并归档。普查资料(包括汇总表、工作总结、技术报告、生物学和危害状照片等) 汇总采用逐级统计上报的方法，由各县(区、市) 森防站报市(州) 森防站；市(州) 森防站报省森防总站。

四、普查结果与分析

(一) 查清了林业有害生物在全省的发生、分布、危害的基本情况

通过本次普查，进一步查清了全省主要林业有害生物的种类、分布、发生和危害情况。共发现林业有害生物215种，其中外来林业有害生物81种(国外传入70种，省外传入11种)，本土林业有害生物134种。国(境) 外传入的有害生物确定，主要是依据《中国外来入侵种》(李振宇、解焱主编.2002. 北京：中国林业出版社) 书中的记载。

1. 国(境) 外传入的有害生物

紫茎泽兰、飞机草、三叶鬼针草、金光菊、垂序商陆、野茼蒿、藿香蓟、假烟叶树、蓖麻、车前草、皱果苋、圆叶牵牛、两耳草、喀西茄、金合欢、假臭草、牛茄子、空心莲子草、银胶菊、刺苋、凤眼莲、红花酢浆草、紫茉莉、落葵薯、梨果仙人掌、单刺仙人掌、地毯草、曼陀罗、马缨丹、细叶芹、含羞草、钻形紫菀、银合欢、薇甘菊、土荆芥、刺芹、五爪金龙、野甘草、刺苞果、阔叶丰花草、金腰箭、红毛草、反枝苋、水茄、斑地锦、飞扬草、香根草、野胡萝卜、假马鞭草、波斯婆婆纳、婆婆纳、毒麦、北美独行菜、苏门白酒草、山香、欧洲千里光、小蓬草、铺地黍、大黍、刺苞果、羽芒菊、刺苍耳、一年蓬、蛇婆子、阔叶丰花草、野燕麦、褐云玛瑙螺、椰心叶甲。其中多数未造成危害。

2. 省外传入的林业有害生物

八角长足象、刚竹毒蛾、蓟马、橡胶麻点病、白蛾蜡蝉、松材线虫病、竹横锥象、二色弯颈象、小叶女贞木蠹象、疖蝙蛾、梨锈病。

3. 危害严重的19种本土林业有害生物

纵坑切梢小蠹、松针蚧、云南松毛虫、文山松毛虫、华山松木蠹象、松墨天牛、高山小

毛虫、思茅松毛虫、德昌松毛虫、褐顶毒蛾、横坑切梢小蠹、松叶蜂（南华松叶蜂）、祥云新松叶蜂、松尺蠖、绿鳞象、华山松球蚜、云南木蠹象、松球果螟、华山松疱锈病、鼠害。

（二）在一些地方发现了新的外来林业有害生物

在普查中一些市（州）发现了一些原来没有分布的林业有害生物。如德宏傣族景颇族自治州瑞丽市发现了松材线虫病，潞西市、盈江县、陇川县、瑞丽市发现了薇甘菊；红河哈尼族彝族自治州河口瑶族自治县发现了椰心叶甲，绿春县发现了八角长足象，金平苗族瑶族傣族自治县、屏边苗族自治县、绿春县、元阳县发现了刚竹毒蛾，蒙自县发现了竹横锥象、二色弯颈象，个旧市发现了梨锈病；大理白族自治州大理市、祥云县、弥渡县、宾川县、巍山彝族回族自治县、南涧彝族自治县、云龙县发现了蓟马；保山市腾冲县发现了小叶女贞木蠹象和疖蝙蛾；怒江傈僳族自治州泸水县发现了白蛾蜡蝉等。

（三）主要外来有害生物发生、分布情况

1. 松材线虫病

松材线虫病分布于德宏傣族景颇族自治州的瑞丽市，发生面积5400亩，危害思茅松。对发生区的松木进行了清理和严格的除害处理，对疫木的使用按规定管理，扩散蔓延的可能性不大。

2. 薇甘菊

薇甘菊分布于德宏傣族景颇族自治州的潞西市、盈江县、陇川县、瑞丽市，发生面积6249亩，危害幼林、风景林、甘蔗等。薇甘菊种子细小而轻，容易传播，清除植株难度大，有扩散蔓延的可能。

3. 椰心叶甲

分布于红河哈尼族彝族自治州的河口瑶族自治县，发生面积500亩，危害椰子树、假槟榔、油棕，主要危害城镇绿化树。椰心叶甲在河口瑶族自治县发现早，危害程度轻，未出现寄主死亡，发生面积不大，及时采取了综合治理措施，扩散蔓延的可能性不大。

4. 紫茎泽兰

分布于昆明市的五华、盘龙、西山、官渡、呈贡、晋宁、安宁、富民、禄劝、嵩明、宜良、石林、东川、寻甸，曲靖市的麒麟、沾益、马龙、宣威、罗平、富源、师宗、陆良、会泽，楚雄彝族自治州的楚雄、双柏、牟定、南华、姚安、大姚、永仁、元谋、武定、禄丰，玉溪市的红塔、江川、通海、澄江、华宁、新平、易门、元江、峨山，红河哈尼族彝族自治州的个旧、开远、蒙自、建水、石屏、弥勒、泸西、元阳、红河、金平、绿春、屏边、河口，文山壮族苗族自治州的文山、砚山、丘北、广南、富宁，普洱市的景谷、景东、思茅、镇沅、墨江、澜沧、江城、西盟、孟连，大理白族自治州的大理、巍山、弥渡、漾濞，保山市的隆阳、施甸、腾冲、龙陵、昌宁，怒江傈僳族自治州的泸水、福贡、兰坪、贡山，临沧市的耿马、双江、沧源、凤庆、镇康等县（区、市），发生面积3999万亩，广泛分布于林缘、疏林地、新造林地、道路两旁、田边地头、房前屋后等，常形成单优群落，排挤本地植物，影响天然林恢复，与新造幼林争夺养分与空间，影响其正常生长。生长在造林地上，增加造林和抚育成本。紫茎泽兰分布已很广，繁殖力强，除治困难，自然传播速度快，有进一步扩散蔓延的态势。

5. 飞机草

分布于楚雄彝族自治州的双柏、武定，玉溪市的元江、新平、峨山，红河哈尼族彝族自治州的个旧、蒙自、石屏、元阳、红河、金平、绿春、屏边、河口，普洱市的景谷、思茅、镇沅、墨江、宁洱、澜沧、江城、西盟、孟连，保山市的隆阳、施甸、龙陵、昌宁，怒江傈僳族自治州的泸水、福贡、兰坪、贡山，临沧市的耿马、镇康等县(区、市)，发生面积429万亩，主要生长在荒地、未成林造林地、道路两旁等，能产生化感物质，抑制邻近植物生长，生长在造林地上，增加造林和抚育成本。

（四）危害严重的19种本土林业有害生物发生、分布、危害情况

1. 纵坑切梢小蠹

纵坑切梢小蠹分布于昆明市的官渡、西山、呈贡、晋宁、安宁、富民、禄劝、嵩明、宜良、石林、寻甸，曲靖市的麒麟、沾益、马龙、宣威、罗平、富源、师宗、陆良、会泽，楚雄彝族自治州的楚雄、双柏、牟定、南华、姚安、大姚、永仁、元谋、武定、禄丰，玉溪市的红塔、江川、通海、澄江、华宁、峨山、新平、元江、易门，红河哈尼族彝族自治州的个旧、开远、蒙自、弥勒、泸西、建水、石屏，文山壮族苗族自治州的文山、砚山、丘北、西畴，大理白族自治州的祥云、弥渡、漾濞、宾川，保山市的施甸、腾冲、昌宁，丽江市的宁蒗，迪庆藏族自治州的德钦等县(区、市)，发生面积186万亩，危害云南松、华山松、思茅松。该虫为蛀干害虫，蛀食枝梢和主干形成层，被害松树由于输导组织受阻，树木2~3年即枯死。纵坑切梢小蠹危害严重，防治困难，根据历年发生规律分析，今后两年发生面积将会有所扩大。

2. 松针蚧

分布于昆明市的官渡、西山、呈贡、安宁、禄劝、嵩明、宜良，石林，曲靖市的麒麟、宣威、师宗、会泽，大理白族自治州的巍山、鹤庆、洱源、弥渡、宾川，丽江市的古城、永胜，迪庆藏族自治州的香格里拉、维西等县(区、市)，发生面积116万亩，危害云南松、高山松。该虫刺吸针叶汁液，致使松针枯黄，提早脱落，新梢不易抽出，影响树木生长发育，树势衰弱。

3. 云南松毛虫

分布于楚雄彝族自治州的楚雄、双柏，玉溪市的峨山、新平，普洱市的景谷、景东、思茅、镇沅、墨江、宁洱、澜沧、江城，大理白族自治州的永平、南涧，保山市的施甸、腾冲、龙陵、昌宁，怒江傈僳族自治州的贡山，临沧市的临翔、双江、永德、耿马、沧源等县(区、市)。发生面积104万亩，危害云南松、华山松、思茅松、油杉、柏树。

4. 文山松毛虫

分布于昆明市的石林、宜良、呈贡，玉溪市的红塔、江川、澄江、华宁、易门，红河哈尼族彝族自治州的个旧、开远、弥勒、泸西、建水、石屏，文山壮族苗族自治州的文山、砚山、丘北、广南、富宁等县(区、市)，发生面积45万亩，危害云南松。以幼虫取食云南松针叶造成危害，被害松树由于针叶受损，树木光合作用降低，从而影响林木的生长发育，严重时还将造成整株死亡。

5. 华山松木蠹象

分布于昆明市的寻甸、东川、宜良，昭通市的彝良、永善、鲁甸、巧家、大关、昭阳，

曲靖市的富源、会泽，楚雄彝族自治州的楚雄、双柏、南华、禄丰、武定，玉溪市的澄江、华宁，红河哈尼族彝族自治州的个旧、建水，大理白族自治州的祥云、弥渡，保山市的隆阳、施甸、龙陵，临沧市的临翔、双江等县(区、市)，发生面积38万亩，危害华山松、云南松、思茅松。该虫为蛀干性害虫，以成虫在树干上取食树皮皮层组织补充营养、钻蛀产卵形成大量流脂，以幼虫在皮层下钻蛀取食，形成不规则弯曲坑道，随虫体的长大，坑道增大，并逐渐深入到木质部，众多的坑道切断了树木的输导组织，造成树木死亡。该虫隐蔽危害，防治困难，今后发生面积将会有所扩大。

6. 松墨天牛

分布于昆明市的官渡、西山、呈贡、晋宁、安宁、富民、禄劝、嵩明、宜良、石林、寻甸，玉溪市的元江、通海、澄江、新平、峨山、红塔，文山壮族苗族自治州的文山，德宏傣族景颇族自治州的瑞丽，丽江市的永胜、华坪，怒江傈僳族自治州的福贡、贡山，临沧市的耿马等县(区、市)，发生面积30.77万亩，危害云南松、华山松、思茅松。除了钻蛀危害外，同时也是松材线虫病的传播媒介。

7. 高山小毛虫

分布于迪庆藏族自治州的香格里拉、德钦，发生面积30万亩，危害冷杉。该虫危害海拔3800～4400米处的冷杉林，取食针叶，影响树势，难以恢复，严重时树木枯死。

8. 思茅松毛虫

分布于昆明市的官渡、西山、安宁、石林、晋宁、宜良、富民，楚雄彝族自治州的楚雄、双柏、大姚、武定、禄丰，玉溪市的江川、澄江、华宁，红河哈尼族彝族自治州的弥勒、泸西、元阳、红河、绿春，大理白族自治州的南涧，丽江市的永胜等县(区、市)，发生面积24万亩，危害思茅松、雪松、云南油杉、华山松。

9. 德昌松毛虫

分布于楚雄彝族自治州的永仁、元谋、武定、禄丰、牟定，保山市的隆阳、施甸等县(区、市)，发生面积15.6万亩，危害华山松、云南松、思茅松。

10. 褐顶毒蛾

分布于红河哈尼族彝族自治州的河口、屏边，发生面积8.54万亩，危害壳斗科等多种阔叶树。

11. 横坑切梢小蠹

分布于昆明市的官渡、西山、呈贡、晋宁、安宁、富民、禄劝、嵩明、宜良、石林、寻甸，楚雄彝族自治州的楚雄、双柏、牟定、南华、姚安、大姚、永仁、元谋、武定、禄丰，玉溪市的红塔、江川，保山市的施甸，迪庆藏族自治州的维西等县(区、市)，发生面积13万亩，危害华山松、云南松、思茅松。对林木造成的危害与纵坑切梢小蠹虫相似，只是坑道为横坑，致死能力比纵坑切梢小蠹强。

12. 松叶蜂

分布于昆明市的官渡、西山、宜良、呈贡、嵩明、晋宁、寻甸、禄劝，楚雄彝族自治州的楚雄、南华、姚安、大姚，大理白族自治州的祥云、宾川、弥渡、洱源、鹤庆、南涧，保山市的隆阳、施甸、腾冲、龙陵、昌宁，丽江市的永胜等县(区、市)，发生面积12.86万亩，危害华山松、云南松、思茅松。

13. 松尺蠖

分布于昆明市的官渡、西山、宜良、呈贡、嵩明，昭通市的永善，曲靖市的陆良，保山市的隆阳、施甸、腾冲，丽江市的永胜、宁蒗，临沧市的永德等县(区、市)，发生面积12.25万亩，危害华山松、云南松、思茅松。

14. 绿鳞象

分布于红河哈尼族彝族自治州的红河县、元阳县，发生面积11万亩，危害楝属植物。

15. 华山松球蚜

分布于昆明市的官渡、西山、呈贡、晋宁、安宁、富民、禄劝、嵩明、宜良、石林、寻甸、东川，昭通市的昭阳，曲靖市的宣威、师宗，玉溪市的红塔、澄江、新平、华宁，楚雄彝族自治州的楚雄、双柏、牟定、南华、姚安、大姚、永仁、元谋、武定、禄丰，红河哈尼族彝族自治州的蒙自，大理白族自治州的鹤庆、南涧，保山市的隆阳、施甸、昌宁、龙陵，丽江市的永胜，临沧市的临翔、永德等县(区、市)，发生面积9.14万亩，危害华山松、云南松、思茅松。该虫群集在松树嫩梢、针叶上吸食汁液危害，受害针叶上布满白色蜡状物，虫体排出蜜露诱发煤污病。当年生被害嫩梢、幼芽变短或停止生长，受害植株轻者影响生长，重者使树木死亡。

16. 云南木蠹象

分布于昭通市的巧家、会泽，楚雄彝族自治州的楚雄、双柏、南华、永仁、武定、禄丰，玉溪市的江川，普洱市的澜沧，保山市的腾冲，丽江市的古城、玉龙，迪庆藏族自治州的香格里拉，临沧市的凤庆等县(区、市)，发生面积7.28万亩，危害云南松、华山松、高山松。云南木蠹象为蛀干害虫，成虫和幼虫均可造成危害，成虫羽化后在叶鞘基部取食，导致受害针叶干枯失绿。初孵幼虫在树干表皮蛀食，然后进入到茎干或枝梢的木质部蛀食，形成不规则坑道，受害木质部失去正常的生理功能，危害严重时导致树木死亡。该虫隐蔽危害，防治困难，今后发生面积将会有所扩大。

17. 松球果螟

分布于昆明市的官渡、西山、呈贡、晋宁、安宁、富民、禄劝、嵩明、宜良、石林、寻甸、东川，曲靖市的富源、沾益、陆良、师宗，文山壮族苗族自治州的广南，保山市的隆阳、施甸、腾冲、龙陵、昌宁，丽江市的永胜，临沧市的临翔、永德、镇康、双江等县(区、市)，发生面积7.38万亩，危害云南松、华山松、思茅松。以幼虫蛀食松树当年生新梢造成危害，新梢被蛀后，呈钩状垂曲枯死，严重时整株死亡。

18. 华山松疱锈病

分布于昆明市的禄劝、东川，昭通市的巧家，大理白族自治州的洱源等县(区)，发生面积16万亩，危害华山松，严重时树木死亡。

19. 鼠害

分布于昭通市的昭阳、鲁甸、绥江、镇雄，红河哈尼族彝族自治州的绿春、弥勒，保山市的施甸，临沧市的临翔等县(区)，发生面积10.64万亩，危害云南松、华山松、思茅松、杉木、八角、柳杉、刺槐等啃食寄主植物树干、枝梢、树皮，严重时树木死亡。

五、存在的问题及原因分析

（一）存在的问题

这次林业有害生物普查虽然取得了较好的成绩，采集到了大量的有害生物标本和拍摄了照片，基本查清了林业有害生物的发生、分布和危害情况，积累了较为丰富的经验，为今后有效预防和除治林业有害生物打下了坚实的基础。但总的看来，此次普查工作中也存在一些问题，主要表现在以下几个方面：

(1)调查范围和内容不够全面，调查不够详尽，有害生物的种类、分布地点、发生面积等与实际情况有一定出入。

(2)普查的深度不够，标本采集不全，未能获得大部分有害生物的生活史标本和完整的生物学或危害状照片。

(3)普查工作进展较缓慢。

(4)各地对标本、资料的整理和汇总不规范。

(5)缺乏林业害生物相关的图书、资料，给鉴定工作和外来有害生物的确定带来困难。

（二）存在问题的原因

普查任务重，工作量大，时间短；普查工作人员少，缺乏交通工具；没有普查专项经费，各地都是自筹，条件好的地方能争取到一点，但远不能满足普查工作的需要，条件差的地方就没有经费，无经费购置必要的普查用品，无相机拍照片；森防队伍不稳定，人员变动大，普查人员的业务水平参差不齐。

六、小　结

通过这次普查，基本查清了云南省主要外来和本土林业有害生物的种类、发生、分布和危害情况，发现了新的疫情。为今后确定林业检疫性和补充检疫性有害生物名单、制订切实有效的控制、封锁和扑灭措施提供可靠的科学依据，为今后全面开展好林业有害生物预防和除治打下良好的基础，也为今后开展林业有害生物调查和普查积累了经验。

由于受经费、人员、时间等因素的影响，存在调查的广度和深度不够，有害生物生活史和照片不全，汇总统计表不规范和不全面等问题，需不断总结和完善。

陕西省林业有害生物普查技术总结报告

按照国家林业局《关于在全国开展林业有害生物普查工作的通知》(林造发[2003]73号)要求，陕西省从2003年开始进行林业有害生物普查工作，现将普查技术总结报告如下：

一、基本情况

陕西省位于中国西北地区东部的黄河中游，地理坐标为东经105°29′~111°15′，北纬31°42′~39°35′，陕西省设10个市(区)，107个县级行政区。土地总面积20.56万平方千米，占全国土地总面积的2.145%。与山西、河南、湖北、四川、甘肃、宁夏、内蒙古等省(自治区)接壤。

陕西省从北到南跨温带、暖温带和北亚热带三个气候带，属大陆性季风气候。降水集中于7~9月，多雷阵雨和暴雨，年平均气温11.6℃，陕南地区13~15℃，关中地区11~13℃，陕北地区7~10℃。年积温为421℃。平均无霜期205天，其中长城沿线为150~180天，汉水谷地240~269天。年平均降水量653毫米，年蒸发量平均为1608毫米。

根据2005年陕西省森林资源清查公布数据，林业用地1071.78万公顷，其中森林面积670.39万公顷(天然林467.59万公顷，人工林169.21万公顷，经济林124.09万公顷)，森林覆盖率32.55%，森林蓄积30775.77万立方米。主要树种有云杉、冷杉、铁杉、落叶松、油松、华山松、白皮松、马尾松、柏类、栎类、桦类、杨类、刺槐、泡桐等。

二、普查范围与对象

普查范围按照属地管理的原则，各区、县和省直属单位所辖区域的有林地、苗圃、贮木场、木材中转站、木材加工企业、花圃等进行全面普查(经济林主要为核桃、板栗、花椒、枣等林业部门管理的经济林木)。普查的对象：一是国外或1983年以后从省外传入的林业病原微生物、有害昆虫、有害植物及鼠、兔、螨类等。二是对森林植物及其产品造成危害最严重的本土林业有害生物，包括病原微生物、有害昆虫、有害植物及鼠、兔、螨类等。

全省共普查了108个县(区)，4个国家级自然保护区，省森林资源管理局6个直属林业局，市属6个林业局，234个国有林场，187个贮木场，238个木材加工厂。设立踏查路线2858条，设立调查标准地3573块，普查代表面积2012万亩，占有林地面积9552万亩的42%。

三、普查内容与技术方法

普查的内容：一是寄主植物普查，有害生物危害的植物种类(包括乔木、灌木、木本花卉等)，原则上要查到种。一种有害生物危害的寄主植物种类大于20种的，按照不同科、属，至少列出主要的20种。调查的树种主要有油松、华山松、侧柏、刺槐、杨、椿、板栗、核桃等100余种。二是有害生物分布地点，统计有害生物分布的县级行政区域或省直属单位所辖区域名称。新发现的林业有害生物统计乡镇名称。以上分布地点统计，注明所隶属的市

(县)。三是有害生物发生面积，危害林地的(包括经济林)，以林业小班为单元计算发生面积；危害苗圃、花圃、温室等种苗繁育基地的，以危害寄主植物的实际种植面积计算。发生面积分为轻度、中度、重度三个等级统计。四是危害木材的有害生物，统计发生地点(贮木场、木材中转站、木材加工企业等的所在地及单位名称)和危害木材的种类(包括原木、板材、方材、木质包装材料、垫脚木和人造板等)及危害程度。五是外来有害生物来源调查，了解并记录传入地、传入时间、传入的途径及方式等。六是外来有害生物入侵对当地经济、生态和社会影响的调查。

普查的方法以县、省资源局直属各局、自然保护区为单位，对辖区内各乡镇(林场)的林业作业图或林相图上，以及根据所在地的种苗繁育基地、贮木场、木材中转站、木材加工企业等的分布情况，设计出科学、合理的调查路线，设立具有代表性的调查点，列出每个调查点所在地的位置以及所代表的面积，在有害生物发生盛期或症状显露期开展外业调查。

1. 踏　查

按照设计的调查路线，进行踏查。当发现有危险症状时，应及时采集标本进行鉴定，如果确定是有害生物时，需设立标准地或样方进行详查。全省共设立踏查路线2358条，基本上涵盖了主要林区及木材加工厂、贮木场、交易市场等。

2. 标准地调查

林地(含灌木林、经济林、四旁林、未成林造林地)或种苗繁育基地每块标准地或样方调查株数为30~50株，其中人工林标准地或样方累计调查面积不应少于普查对象寄主分布面积的3%，天然林应不少于0.2%；调查木材危害状况时，抽样率不应少于5%。共设立调查标准地2573块，需详细记录有害生物的种类、寄主、虫口密度和树木受害程度和调查时间，采集相关标本，拍摄有害生物的生物学或危害状照片。

对采集的有害生物标本进行分类、鉴定，对外调查的笔录、数据、照片等进行整理、制作软盘、归档。整理后的普查资料由各县(区、市)报市森防站；各市在认真汇总的基础上，完成林业外来有害生物普查技术报告和工作总结，填写有关汇总表，收集、整理有关照片、标本，统一报省森防总站。

四、普查结果分析

普查共采集标本31852号，其中虫害标本24852号，病害标本4938号，有害植物标本2062号，制作生活史标本325余套。拍摄有害生物和危害状照片2531余张，经分类鉴定整理86科1052种。通过普查，摸清了陕西省本土发生较为严重的林木有害生物的发生范围、危害程度及自1983年以来陕西省外来林业有害生物。

全省每年林业有害生物发生面积约600多万亩，其中病害面积100多万亩，虫害面积500多万亩。近年来，全省未成林地森林鼠兔害发生严重，2005年发生340万亩，其中鼠害发生面积113万亩，森林兔害发生面积227万亩。

陕西省分布的森林虫害主要有美国白蛾、红脂大小蠹、松树叶蜂、松针蚧、松毛虫、杨树天牛、杨干象、杨小舟蛾、白杨透翅蛾、杨干透翅蛾、杨大透翅蛾、刺槐尺蠖、草履蚧、白蚁、栗瘿蜂、华山松大小蠹、水杉小爪螨、沙柳木蠹蛾、沙棘木蠹蛾、蓝目天蛾、杏仁蜂、拧条豆象、栗实象、臭椿沟眶象、紫穗槐豆象、桃小食心虫、黄刺蛾、松梢螟、油松球果螟、油松球果小卷蛾、侧柏毒蛾、舞毒蛾、核桃举肢蛾、核桃吉丁虫、花椒吹绵蚧、花椒吉丁虫、枣飞象、枣黏虫、枣大球蚧、刺槐种子小蜂、拧条种子小蜂、大青叶蝉、斑衣蜡蝉等80多种。病害主要有冠瘿病、板栗疫病、松落针病、五针松疱锈病、松针褐斑病、杨树溃疡病、杨树烂皮病、泡桐丛枝病、猕猴桃溃疡病、苗木立枯病、枣疯病、柑橘溃疡病等20多种。中华鼢鼠、甘肃鼢鼠、罗氏鼢鼠、东方田鼠、达乌尔鼠兔、蒙古草兔等鼠兔害。有害植物有黄花蒿、葛藤、菟丝子、狗尾草、葎葎草、藜、车前草、无根藤、灰绿藜、沙生冰草等有害植物。

(一) 国(境) 外传入林业有害生物情况

美国白蛾：危害桑树、元宝槭、臭椿、梧桐、泡桐、槐树、杨树等树种。1984年随包装箱从朝鲜传入陕西省武功5702厂，并迅速蔓延到武功县、兴平市、秦都区、周至县、乾县、礼泉县、扶风县、杨陵区、雁塔区等9个县(区、市)，发生范围700平方千米。对陕西省的农林业生产和经济发展造成了严重威胁，造成直接经济损失达到数亿元。据调查，杨陵农科城，因美国白蛾入侵，科研成果推广受阻，每年造成经济损失约500多万元。周至县是西北地区的花卉、苗木基地，因美国白蛾入侵，仅1986年，外省终止4万余亩花卉、苗木的销售合同，省内的销路中断，经济损失7000余万元。美国白蛾沿陇海铁路迅速扩散蔓延，如不采取措施，将随着铁路运输，直接危及西北、华北、西南、华中等地区农林业生产安全和人民生活。1990年，礼泉县、乾县相继扑灭了美国白蛾。1992～1993年，扶风县、雁塔区、周至县扑灭了美国白蛾。1998年杨陵区扑灭了美国白蛾。2000年武功县扑灭了美国白蛾。2005年美国白蛾在咸阳市的秦都区、兴平市发生范围7个乡镇19个村，呈零星分布，发生网幕数226个。

(二) 外省(市) 传入林业有害生物情况

1. 红脂大小蠹

危害油松、白皮松、华山松等树种。20世纪90年代由山西省传入，2000年普查延安市(宜川县、黄龙县、洛川县、黄陵县及黄龙山林业局)，渭南市(韩城市)，发生面积37万亩。2004年监测调查时在咸阳市(旬邑县)、延安市桥山林业局、铜川市(印台区、宜君县)的9个林场70个林班发现零星发生红脂大小蠹，有虫松树868株。经过几年防治，拔除韩城市、洛川县、黄龙县及宜川县的石台寺、薛家坪林场，黄龙山林业局的官庄、圪台、大岭、石堡林场等疫情区。累计拔除面积23.8万亩，有虫株率降到0.065%以下。2005年零星或轻度发生面积14万亩。

2. 猕猴桃细菌性溃疡病

危害中华猕猴桃，是一种毁灭性细菌病害。主要危害猕猴桃的主干、枝蔓、新梢和叶片，极易造成植株死亡。病原菌的自然传播依靠雨水滴溅完成，远距离传播主要是人为调运接穗来完成。该病来势凶猛，常常大规模暴发，导致大面积毁园，造成严重的经济损失，直接威胁猕猴桃产业的发展。分布西安市(长安区、灞桥区、蓝田县、户县、周至县)，宝鸡市(陈仓区、眉县、太白县)，商洛市(商南县)，咸阳市(武功县)。2004年猕猴桃细菌性溃疡病发生面积20万亩，防治面积18万亩。

3. 加拿大一枝黄花

2005年3月初，西安市森林植物检疫人员在花卉市场检疫时，查获加拿大一枝黄花鲜切花，属于鲜花经营户从昆明市进货。普查结果，汉中市、渭南市、延安市发现有加拿大一枝黄花，其中汉台区气象局院内约2000多株，城固县的柳林镇、崔家山镇、龙头镇16000亩范围内约50多万株，已成扩散蔓延之势。据调查，汉中市气象局院内的一枝黄花是2002年鲜花经营户从山东省引入的。城固县的一枝黄花来源不明。除治采取的措施是喷洒除草剂和人工铲除方法进行除治。

4. 水杉小爪螨

危害水杉羽叶。2004年分布汉中市（西乡县、佛坪县、洋县、城固县、汉台区、留坝县、南郑县、勉县、宁强县）。20世纪70年代从湖北省引进水杉种苗的同时，将水杉小爪螨引入汉中市。水杉小爪螨在汉中干线公路、房前屋后的水杉速生丰产林发生危害，发生面积3.38万亩，受害羽叶5月底6月初开始枯黄，枯黄时间提前3～4个月。由于水杉小爪螨超强的繁殖能力和树体高大防治器械射程不足而导致防治不彻底，造成水杉小爪螨防治不彻底。

5. 苹果绵蚜

危害苹果、梨、山楂、李等。传入时间不详。2005年在渭南市（临渭区、白水县、大荔县）零星发生0.2万亩。

6. 柳小吉丁虫

该虫于2001年首次在榆林市的神木县锦大路新栽垂柳上发现，该垂柳于2000年从河北省保定市调入。该虫主要危害垂柳和旱柳，发生该虫后，引起树势衰弱，引发烂皮病，最终导致树木死亡。2005年发生面积0.05万亩。

7. 圆唇散白蚁

1998年在西安市临潼区发生圆唇散白蚁9000亩，主要危害侧柏、刺槐、构树等，其中危害较重的3000亩。经过积极防治，2005年发生1000亩。传入的时间不详。

（三）危害严重的本土有害生物

1. 草兔

广泛分布于陕西省各地，主要危害油松、华山松、马尾松、日本落叶松、侧柏、刺槐、核桃、杏、枣、梨、苹果、银杏、杉木、云杉、冷杉、紫穗槐、杜仲、漆树等。2004年危害面积227万亩，新造林地平均被害株率11%，幼树被害死亡率4.3%，种群密度在渭北地区平均33只/平方千米，陕北地区平均41只/平方千米，延安市、榆林市部分区域高达58～120只/平方千米。

2. 鼢鼠

包括中华鼢鼠、甘肃鼢鼠、罗氏鼢鼠、秦岭鼢鼠，中华鼢鼠、甘肃鼢鼠广泛分布于陕西省各地，危害油松、华山松、马尾松、日本落叶松、侧柏、刺槐、核桃、杏、枣、梨、苹果、银杏、杉木、云杉、冷杉、紫穗槐、杜仲、漆树等。2004年危害面积113万亩，新造林地平均被害株率10.7%，幼树被害死亡率3.1%，平均7～8.2只/公顷。

3. 杨树天牛类

主要有光肩星天牛、黄斑星天牛、云斑天牛等。主要危害杨、柳、榆、核桃、麻栎、栓皮栎、油桐、板栗、苹果、梨等。光肩星天牛和黄斑星天牛1990年发生范围榆林市、延安市、铜川市、宝鸡市、咸阳市、西安市、渭南市、商洛市的65个县（区），发生面积94万亩，平均被害株率 40% ~50%，严重的达 70% ~80%，最高 100%，单株平均虫口密度 11.23 头。经过综合治理，2004 年发生面积 59.96 万亩，其中轻度发生 39.26 万亩，中度发生 12 万亩，重度发生 8.7 万亩。光肩星天牛危害面积 20.46 万亩，黄斑星天牛危害面积 20.26 万亩，云斑天牛危害面积 19.24 万亩。

4. 小蠹类

华山松大小蠹：危害华山松。主要分布于西安市（蓝田县、长安区、周至县、户县），汉中市（汉台区、宁强县、略阳县、镇巴县、南郑县、留坝县、佛坪县、略阳县），安康市（宁陕县、旬阳县、镇坪县、汉滨区），宝鸡市（凤县、眉县、辛家山和马头滩林业局），发生面积 65.23 万亩。主要以成虫、幼虫危害华山松的健康立木，是陕西省秦岭林区华山松大量枯死的主要原因。华山松大小蠹主要侵害 30 年生以上的华山松，阳坡重于阴坡，过熟林和成熟林受害最重。

纵坑切稍小蠹：包括纵坑切稍小蠹、横坑切稍小蠹及建庄稍小蠹。危害油松、华山松、马尾松、白皮松，2004 年发生面积 33 万亩。主要分布于延安市（黄龙山和桥山林业局），咸阳市（旬邑县），西安市（周至县、户县），宝鸡市（太白县、凤县），汉中市（南郑县、镇巴县、勉县、西乡县、佛坪县、略阳县），安康市（平利县、镇安县、旬阳县、紫阳县、兰皋县、宁陕县），商洛市（山阳县、柞水县、商南县、丹凤县），省属宁东林业局等。

5. 松毛虫类

油松毛虫：危害油松、马尾松、白皮松、华山松、樟子松等。食叶害虫。发生区最广，危害面积最大，经常猖獗成灾的害虫，每 5 ~8 年周期性暴发成灾。分布延安市（黄龙山林区、桥山林区、宜川县），西安市（长安区、周至县、户县、蓝田县），渭南市（韩城市）、铜川市（宜君县、耀州区），宝鸡市（太白县），商洛市（洛南县、镇安县），汉中市（留坝县、略阳县、城固县、佛坪县），安康市（宁陕县、汉阴县、平利县、汉滨区）及陕西省资源局（宁东林业局、宁西林业局）等。2003 年冬，在韩城市雷寺庄林场进行越冬调查，预测发生面积 8 万亩，翌年春天，经过采取塑料薄膜围环控制幼虫上树，取得了很好效果。2005 年陕西省发生面积 18.1 多万亩。采用高压电网、黑光灯、性诱剂诱杀成虫，塑料薄膜围环控制幼虫上树，人工捕捉虫茧，喷洒灭幼脲，保护天敌等综合治理措施，控制有虫不成灾。

马尾松毛虫：危害马尾松，2005 年轻度、中度发生面积 15 万亩。分布于汉中市（南郑县、洋县、城固县、西乡县），安康市（石泉县、白河县、平利县、汉滨区）及省资源局（太白林业局、宁东林业局、宁西林业局）等。1986 年曾在南郑县冷水区成灾，1996 年平利县、汉滨区、西乡县、城固县成灾，1998 年南郑县、洋县成灾。发生严重时，马尾松针叶几乎全部被食光，远看形同火烧，造成生长衰弱和其他次期性害虫的入侵。采用高压电网、黑光灯、性诱剂诱杀成虫，塑料薄膜围环控制幼虫上树，人工捕捉虫茧，喷洒灭幼脲，保护天敌等综合治理措施。

6. 叶蜂类

主要有松阿扁叶蜂、松黄叶蜂和落叶松叶蜂，前两种危害油松，后者危害落叶松，松阿扁叶蜂和松黄叶蜂，发生面积 31.98 万亩，落叶松叶蜂在落叶松人工林内普遍发生。分布于西安市（长安区、周至县、蓝田县、临潼区），宝鸡市（千阳县、凤翔县、岐山县、扶风县、麟游县），商洛市（商州区、洛南县、丹凤县、商南县），咸阳市（永寿县、乾县）。1994 年，西安市的蓝田县、长安区的秦岭林区以松黄叶蜂为主的松树叶蜂暴发成灾，1999 年宝鸡市的千阳县、凤翔县、岐山县、扶风县暴发成灾，2003 年商洛市的商州区、洛南县、丹凤县、商南县暴发成灾，2004 年西安市的长安区、蓝田县暴发成灾。主要采取喷烟防治。

7. 木蠹蛾类

沙棘木蠹蛾：主要危害沙棘。2004 年发生面积 37.3 万亩，主要分布于榆林市(定边县、靖边县、横山县、榆阳区)，延安市(吴起县、志丹县、安塞县)。主要通过低平茬途径来防治，由于近几年沙柳的经济价值不高，群众对沙柳低平茬积极性不高，致使该虫发生面积逐渐增大。

沙柳木蠹蛾：主要危害沙柳、沙棘的根部，常发害虫。发生面积 38.33 万亩，榆阳区发生最严重达 20 万亩。主要分布于榆林市(榆阳区、定边县、靖边县、神木县、横山县)，延安市(吴旗县、志丹县、安塞县)。

8. 蓝目天蛾

陕西省榆林市主要害虫之一，主要危害沙柳。食叶害虫。2003 ~ 2004 年在榆阳区、横山县大面积暴发成灾。共发生面积 22 万亩。主要在榆林市(榆阳区、定边县、神木县、府谷县、横山县) 危害最为严重。

9. 银杏大蚕蛾

危害核桃、银杏、麻柳、五倍子、漆树、李、梨、苹果、楸、柿、樟树、榛等。食叶害虫。在汉中市、安康市、商洛市皆有分布。1997 ~ 1999 年大面积成灾，发生面积 25 万亩，造成核桃减产，受害严重的单株，当年基本绝收。2005 年发生面积减少。多年来一直采取喷雾和人工摘茧的方法进行防治，由于核桃树体高大，分布零散，造成漏防和同一株上防治不彻底。

10. 松针蚧

危害油松、马尾松、樟子松、白皮松、雪松、云杉、桧。虫体固着在针叶上刺吸危害。在商洛市、汉中市、安康市、铜川市普遍发生，其他市零星分布，西安市(蓝田县、长安区、周至县、户县)，渭南市(韩城市)，延安市(黄龙县、宜川县、洛川县、黄陵县、富县、宝塔区)，汉中市(勉县、留坝县、城固县、南郑县、佛坪县)，以商洛市的商州区、山阳县、丹凤县、洛南县，铜川市的耀州区危害最重。松树受害后，造成一年生针叶于翌年春季全部枯黄，逐年发生，造成树势极度衰弱，主梢生长接近停止。2002 年发生面积 60 万亩，2005 年发生 16.8 万亩。个别地方由于连年危害，严重地段已有部分松树濒临死亡，发展趋势呈逐年加重之势。雪松受害后不能萌生新叶，常导致枝条萎缩枯死。采用打孔注药的方法效果较好，但工作效率低，费用大，难以推广。

11. 刺槐尺蠖

主要危害刺槐。分布于咸阳市(永寿县、淳化县、旬邑县)，渭南市(白水县、临渭区、富平县、蒲城县)，铜川市(耀州区、印台区)，宝鸡市(眉县、扶风县、岐山县)。1996 年、2001 年两次暴发，成灾面积 40 多万亩，2005 年发生面积 10 万亩。

12. 杨小舟蛾

主要危害杨、柳树种，分布于西安市(长安区、户县、周至县、临潼区、高陵县)，咸阳市(兴平市、武功县、三原县、杨陵区)，宝鸡市(金台区、扶风县)。1997 年暴发成灾面积 34 多万亩，2005 年发生 15.1 万亩。

13. 油松球果害虫

油松球果小卷蛾：危害油松、华山松、马尾松、白皮松。球果害虫。主要分布于商洛市(镇安县、洛南县、商南县)，汉中市(南郑县、宁强县、留坝县、洋县)，铜川市(耀州区、王益区)，延安市(宜川县、洛川县、富县、宝塔区、黄龙县、黄陵县、黄龙山林业局、桥山林业局)，咸阳市(永寿县)，西安市(蓝田县)，宝鸡市(太白县)。危害球果和嫩梢。当年生球果被害后，提早枯落，先年生球果受害后，多干缩枯死，嫩梢受害后常枝枯顶秃，继而干形弯曲。受害木生长发育不良，种子产量低，木材利用价值低。受害林分的株受害率及主梢受害率均在50%以上。发生面积50多万亩。

油松球果螟：又名松果梢斑螟、球果螟。危害油松、华山松、马尾松、落叶松、白皮松、云杉等。是以幼虫蛀食当年新梢、雌花、幼果和2年生球果，致使枯梢秃顶，影响树木高生长和种子产量。分布于商洛市(商州区、洛南县、柞水县、丹凤县)，宝鸡市(凤县)，铜川市(耀州区)，延安市(宜川县、洛川县、富县、宝塔区、黄龙县、黄陵县及黄龙山林业局、桥山林业局)，西安市(蓝田县)。发生面积50多万亩。

14. 核桃举肢蛾

危害核桃，幼虫钻入核桃青皮内蛀食，受害果逐渐变黑而凹陷，俗称"核桃黑"。在商洛市、汉中市、安康市、延安市、铜川市普遍发生，其他市零星分布，西安市(蓝田县、长安区、周至县、户县)，渭南市(韩城市、澄城县、白水县、临渭区、富平县)，咸阳市(永寿县、长武县、彬县、淳化县、旬邑县)，宝鸡市(凤翔县、太白县、陇县、千阳县、陈仓区、麟游县)。发生面积15.26万亩，果实受害率达10%～20%，严重地带核桃颗粒无收。

15. 栗实象

危害以幼虫危害板栗果实，常与板栗雪片象混合发生。幼虫蛀食栗实。板栗果实受害率达30%～50%，造成难以贮存和远销，降低了板栗的商品价值。分布商洛市，汉中市，安康市(汉滨区、镇坪县、白河县、石泉县)，西安市(蓝田县、长安区)，宝鸡市(陈仓区、眉县)，延安市(黄龙县)。发生面积14.64万亩。

16. 杨干透翅蛾

杨干透翅蛾是杨树的主要蛀干害虫之一，陕西省分布广泛，2005年发生面积12.3万亩。以幼虫蛀食8年生以上中龄杨树的基部，也侵害树干中部以及上部树干分叉处和根部，在树干基部留下孔状洞穴。危害严重时，干基部皮层翘裂，树干木质部直至髓心都被蛀空，致使整个树木枯死或从基部极易风倒、风折。

17. 板栗疫病

板栗枝干病害。板栗嫁接部位发病机会较高，造成板栗成片死亡。分布商洛市，汉中市，安康市，华县，长安区。该病在汉中最早是1984年佛坪县陈家坝通过县多种经营办公室从外地引种时，由接穗带入。2002年在商洛市、汉中市、安康市发生普遍。2005年成灾面积20多万亩。采取主要措施：幼树发病严重时，彻底清除并烧毁；对于发病较轻的树木，在发病初期用甲基托布津200倍液喷干，或用多菌灵100倍液喷干；安康市宁陕县采取的板栗园增肥复壮措施很值得借鉴。从结果看，清除病株效果较好，也较彻底。

18. 杨树花叶病毒病

危害杨树。主要危害幼苗、幼树，致使幼苗高生长、径生长受阻，幼树生长量至少降低30%。该病在自然条件下可通过种条和根部自然接触传播，人为调运种条是最主要的传播方式。西安市(阎良区、户县、周至县),咸阳市(武功县、杨陵区)。根除的办法是将感病植株周围1~3米范围内的植株全部拔除销毁。发生面积5万亩。

19. 冠瘿病菌

危害杨、柳、臭椿、冷杉、桦木、核桃、板栗、猕猴桃、柑橘、槭树等。分布于西安市(周至县、户县、灞桥区),咸阳市(兴平市、乾县、旬邑县),宝鸡市(眉县、凤县、扶风县、麟游县),渭南市(潼关县、白水县、澄城县),榆林市(定边县、神木县、吴堡县、靖边县),商洛市(商州区),汉中市(汉台区)。发生面积20万亩。

20. 松疱锈病

危害华山松、马尾松,通常以五针松受害最为普遍而严重。分布于宝鸡市(陈仓区、陇县、眉县),汉中市(宁强县、城固县),商洛市(镇安县、洛南县),安康市(平利县、汉阴县)。松疱锈病发生面积15万亩。

(四)陕西省补充检疫性林业有害生物

1. 板栗疫病

危害板栗。板栗枝干病害,板栗嫁接部位发病机会较高,造成板栗成片死亡。分布商洛市,汉中市,安康市,渭南市(华县),西安市(长安区)。该病在汉中最早是1994年佛坪县陈家坝通过县多种经营办公室从四川省引种时,由接穗带入。1995~1997年,汉中市镇巴县水保部门实施水土流失治理项目,从湖北省引进良种板栗时,将板栗疫病带入镇巴。2000年西乡县从河南省和安康等地进行板栗良种引进时将板栗疫病带入西乡。2003年上述市县发生面积20多万亩。

2. 双条杉天牛

危害侧柏、桧柏、杉木、松。蛀干害虫。分布西安市(周至县、户县、长安区),延安市(黄陵县、安塞县、志丹县、黄龙县),安康市(平利县、汉滨区),渭南市(韩城市),咸阳市(长武县)。主要以幼虫在寄主树皮下窜食,后进入木质部内进行危害。由于该虫发育周期长,羽化不集中,防治难度大,已对城市园林绿化和山区造林构成严重威胁。树木受害后,树皮极易剥落;衰弱木被害后,上部即枯死,连续受害后可使整株枯死。该种天牛以各虫态借助于寄主的调运作远距离传播。严格产地检疫,加强调运检疫,防止带双条杉天牛疫木远距离调运。

3. 白杨透翅蛾

危害杨树苗木(银白杨、毛白杨、青杨、小叶杨),苗圃主要害虫,蛀食干基部。分布渭南市(大荔县、华县),咸阳市(泾阳县),宝鸡市(岐山县、凤翔县、凤县),商洛市(商州区),铜川市(印台区),榆林市(靖边县),西安市(蓝田县)。严格执行产地检疫制度,带虫苗木不允许出圃,保证工程质量。

4. 杏仁蜂

危害杏、桃、李、扁桃等植物的果实、果仁的一种蛀果害虫。以幼虫危害发育的杏及杏仁,可将杏仁食光,引起大量落果,不仅造成鲜杏减产,也使杏仁失去经济价值。延安市(吴起县、安塞县、志丹县、黄龙县),榆林市(定边县、靖边县、横山县),渭南市(华县)。产地大批量调运时,应在10~20℃条件下,用溴甲烷或56%磷化铝片剂熏蒸处理。食用的杏仁禁止用硫酰氟熏蒸。

(五) 危害严重的林业有害植物

根据资料记载，陕西省主要林业有害植物分布有：豚草、松寄生、巴天酸模、菊叶香藜、灰绿藜、藜、宽叶独行菜、黄香草木犀、白香草木犀、冬葵、密花香薷、野薄荷、车前、黄花蒿、苍耳、赖草、狗尾草(17种)。现列出10种主要林业有害植物。

1. 黄花蒿

生于山坡、林缘、荒地及居民点附近，侵入撂荒地先锋植物。对侧柏、油松、刺槐幼林地造成危害，在干旱年份，使造林成活率下降40%。分布宝鸡市(渭滨区、扶风县)，榆林市(榆阳区、靖边县、神木县、米脂县、府谷县)，延安市。发生面积52.06万亩，其中轻度发生16.63万亩中度发生9.43万亩，重度发生26万亩。

2. 葛 藤

分布安康市(石泉县、汉阴县、平利县)，宝鸡市(太白县、眉县)。发生面积9.07万亩，其中轻度发生6.37万亩，中度发生1.42万亩，重度发生1.28万亩。

3. 菟丝子

对刺槐、油松、侧柏造成危害。分布宝鸡市(凤县、陈仓区、渭滨区)，安康市(石泉县、岚皋县)，榆林市(榆阳区、神木县)，延安市(宜川县、市直属四局)。发生面积8.0万亩，其中轻度发生5.65万亩，中度发生1.8万亩，重度发生0.55万亩。

4. 沙生冰草

分布榆林市(榆阳区)。发生面积8万亩，全部是重度发生。

5. 灰绿藜

生于田边、路旁和水边轻盐碱地。分布全省各地。在榆林市(神木县、米脂县、府谷县)，延安市(黄陵县、洛川县、富县、宝塔区、宜川县)。发生面积5万亩，其中轻度发生3.6万亩，中度发生1.3万亩，重度发生0.1万亩。

6. 狗尾草

生于荒野。分布宝鸡市(渭滨区、扶风县)，安康市(平利县)，榆林市(榆阳区、府谷县、定边县)，延安市全市。发生面积4.29万亩，其中轻度发生3.32万亩，中度发生0.68万亩，重度发生0.29万亩。

7. 车前草

危害刺槐、油松幼林。分布宝鸡市(陈仓区、扶风县)，安康市(岚皋县、平利县)，延安市全市。发生面积3.99万亩，其中轻度发生3.73万亩，中度发生0.26万亩。

8. 无根藤

生于灌木丛中，本植物对寄主有害。分布汉中市(西乡县、镇巴县)。发生面积3.06万亩，其中轻度发生1.82万亩，中度发生1.24万亩。

9. 葎 草

缠绕树冠，造成树木生长受阻。在咸阳市全市发生。发生面积0.79万亩，全部重度危害。

10. 藜

危害刺槐新造幼林，分布宝鸡市(扶风县)，榆林市(府谷县、定边县)，延安市全市。发生面积0.66万亩，其中轻度发生0.05万亩，中度发生0.25万亩，重度发生0.36万亩。

（六）危害木材的有害生物

1. 家茸天牛

危害刺槐原木，发生场所木材市场，分布地点：宝鸡市的陈仓区。

2. 松八齿小蠹

危害松原木、方木。发生场所贮木场，分布地点：铜川市的耀州区。

3. 松十二齿小蠹

危害松原木、方木。发生场所贮木场，分布地点：铜川市的耀州区。

4. 松墨天牛

危害松原木。发生场所贮木场，分布地点：延安市的黄龙山林业局、桥山林业局、桥北林业局、劳山林业局。

5. 盐肤小蠹

危害原木。发生场所贮木场，分布地点：延安市的黄龙山林业局、桥山林业局、桥北林业局、劳山林业局。

甘肃省林业有害生物普查技术报告

林业有害生物普查是开展森林病虫害预测预报、检疫、防治和科学研究的一项基础性工作，近年来，随着西部大开发伟大战略的实施，退耕还林工程、天然林资源保护工程、三北防护林建设工程等林业重点工程项目相继在甘肃省迅速展开，林业生产建设发展势头强劲，同时也给甘肃省的林业有害生物防治带来了前所未有的机遇和挑战，林木种子、苗木的频繁调运，加大了林业有害生物传入的风险，频率越来越高，生物入侵特别是林业有害生物入侵，使甘肃省林业生产建设和森林资源遭受极大的破坏和潜在威胁，甚至在局部区域造成难以逆转的生态灾害。为了全面准确地掌握甘肃省林业有害生物的种类、分布范围、危害程度、传播途径等基础资料，对比分析其动态变化规律，进而为防范和控制林业有害生物入侵制订决策提供科学依据和准确数据，根据国家林业局《关于在全国开展林业有害生物普查工作的通知》(林造发[2003]73号)精神，结合甘肃省实际，我们于2003年7月至2005年9月，在全省14个市(自治州)7个厅直单位开展了林业有害生物普查工作。两年来，在各级林业主管部门的领导和支持下，通过全省森防科技人员的艰苦努力，顺利完成了普查任务。经普查，基本查清了国内危险性林业有害生物及本土主要林业有害生物在甘肃省的种类、分布范围、发生面积、危害程度等，绘制了全省主要林业有害生物分布图，编写了《甘肃省危险性林业有害生物普查名录》，充实了林业危险性、检疫性有害生物标本及技术档案，为今后进行甘肃省检疫技术研究、探索传播途径、制订林业检疫性有害生物扑灭措施、开展检疫工作打下了坚实的基础。

一、基本情况

(一) 自然地理与社会经济概况

甘肃省位于祖国大陆的西北部，地理坐标为东经92°13′~108°46′、北纬32°31′~42°57′之间。东临陕西省，南接四川省，西连青海省、新疆维吾尔自治区，北与内蒙古自治区、宁夏回族自治区接壤，并与蒙古国交界，省境疆域辽阔，东西长南北窄，东西长约1655千米，南北最宽处约530千米，最窄处约25千米，呈狭长带状。全省总面积约43万平方千米，人口2613万。甘肃省行政区划分为14个市(自治州)86个县(区、市)。

甘肃省境内地形复杂，山脉纵横交错，海拔相差悬殊，高山、盆地、平川、沙漠和戈壁等兼而有之，是山地型高原地貌。东南部重峦叠嶂、山高谷深；东中部大都为黄土覆盖，形成了独特的黄土地形；西部河西走廊地势平坦，绿洲、沙漠、戈壁交错分布；北部为内蒙古高原的西端，西南地势高耸，为青藏高原的东北边缘。主要山体呈西北—东南走向，海拔一般在1000~3000米之间。

甘肃省气候类型复杂多样，可划分为北亚热带、暖温带、中温带等气候类型。大部分地区具有气候干燥，气温年、日差较大，大陆性气候显著，光照充足，太阳辐射强，雨热同季等气候特征，冬季漫长寒冷，夏季短暂温热。年平均气温从祁连山地和甘南高原的摄氏4℃

以下，递增到陇南南部的14℃左右，全年无霜期(日最低气温0℃以上)南部地区220天，中部地区180天，河西地区160天。甘肃分属长江和黄河流域。年平均降水量差异很大，东南部约800毫米，西北部的敦煌仅40毫米左右，河西一般小于200毫米，中部200~600毫米，其他地区在500毫米左右。一年中夏季(6、7、8月)降水最多，占全年降水总量的50%~70%，春季降水稀少。年平均风力2~3级，风日多集中在春季，最大风力达10级，部分地区多风和大风，局部地区平均大风日数达3~70天。甘肃省气象灾害的种类繁多，灾情也比较严重。主要的气象灾害有干旱、大风沙尘暴、暴雨、冰雹、霜冻和干热风等。

(二)森林资源概况

据第五次甘肃省森林资源清查结果，至2001年，林地面积1.2亿亩，占总面积的17.85%，其中：有林地面积3438万亩，疏林地面积304万亩，灌木林面积3160万亩，未成林造林地面积206万亩，苗圃地7万多亩，宜林地4928万亩。天然林面积2322万亩，人工林面积1116万亩。活立木总蓄积1.993亿立方米。其中：林分1.772亿立方米，疏林435.77万立方米，散生木505.67万立方米，四旁树1272.38万立方米；天然林蓄积1.628亿立方米，人工林蓄积1439.1万立方米。森林覆盖率(含灌木林)为9.90%，其中有林地5.1%，灌木林4.68%，四旁树0.124%。国有林面积2290万亩，蓄积15744.85万立方米，集体林面积1147万亩，蓄积1972.1万立方米。

甘肃省远离海洋，深居内陆，雨量稀少，气候干旱，森林资源相对贫乏，天然林主要树种有云杉、冷杉、栎类、桦类以及油松、落叶松、华山松等，且集中分布在白龙江、洮河、小陇山、子午岭、太子山、大夏河、岷江、康南、关山、祁连山等10个林区；平原绿化主要树种有杨、柳、榆、槐、椿、沙枣等；经济林主要树种有苹果、梨、桃、杏、柑橘、花椒、核桃等。沙生植物主要有柽柳、红柳、梭梭、毛条、花棒、沙棘、柠条等。特别是中部及河西地区生态环境极其脆弱。森林资源十分稀少，且总量不足，分布不均是造成甘肃省生态问题的主要原因。

(三)林业有害生物发生现状

改革开放以来，在党和政府的领导下，甘肃省人民积极响应“植树造林，绿化祖国”和开发大西北的伟大号召，在保护、发展和合理利用森林资源方面付出了艰辛劳动，使部分荒山秃岭披上了绿装，大部分平川变成了绿洲。近年来三北防护林建设工程、天然林资源保护工程、退耕还林工程等林业重点工程的实施，使甘肃省的林业生产建设出现了转机，发展势头良好。由于甘肃省地域辽阔，气候差异较大，森林植物种类比较丰富，从而为多种林业有害生物的繁衍提供了适宜的生存环境和丰富的食物条件，且有逐年增加的趋势，危害面积亦不断扩大，损失程度日趋严重。特别是近10年来，随着人工林的大面积营造，由于树种单一，立地不宜，栽植过密和粗放管理等原因，使病虫害发生和危害愈加严重，给甘肃省三北防护林建设、长江防护林建设、黄河防护林建设、平原绿化等林业重点工程和甘肃省自然保护区森林资源造成严重威胁。

据本次林业有害生物普查，甘肃省危害林业的主要有害生物有380种，其中病害99种、虫害261种、鼠兔害5种、有害植物15种。查出外来林业有害生物30种，其中病害4种、虫害24种、有害植物2种。

二、普查的内容与方法

（一）普查目的

通过普查，建立和完善林业有害生物数据库，进一步掌握目前甘肃省本土危害严重的林业有害生物及外来林业有害生物的危害状况，为今后加强区域间联防联治、制订预警方案、确定优先实施的国家级工程治理项目，增加测报主测对象，健全监测系统，使监控和预测预报工作更加完善，调整和充实林业检疫性有害生物、林业补充检疫性有害生物、林业危险性病虫疫情数据等工作奠定基础，提供科学依据。

（二）普查范围和对象

普查范围：本次普查范围为甘肃省各市（自治州）、县（区、市）及国有林业局、自然保护区所辖区域的有林地，包括天然林（含荒漠植被、灌木林），人工林（含生态林、防护林、经济林、森林公园、自然保护区、绿色通道、四旁绿化等），苗圃、花圃、花木市场、贮木场、木材加工厂等。

普查对象：本次普查对象为国家林业局发布的233种《林业危险性有害生物名单》和甘肃省本土危险性大的林业有害生物；国（境）外传入的林业有害生物；1980年以后从外省（自治区、直辖市）传入的林业有害生物，包括危害森林植物及其产品的病原微生物、有害昆虫、有害植物及鼠、兔、螨类等。

（三）普查方法

在甘肃甘肃第二次森林病虫害普查（1992年）和森林植物检疫对象普查（1998年）的基础上进行补充调查。以市（自治州）及厅直单位组织实施，外业调查采取访问调查、野外踏查、标准地调查相结合的方法，内业汇总工作由市（自治州）和省两级进行。

1. 外业调查

（1）访问调查。

结合线路调查和标准地调查，有目的地对当地群众、技术人员、业主、有关专家等进行访问咨询，了解当地林业有害生物种类、分布、发生等情况。

（2）野外踏查。

①线路设计：

在有害生物发生盛期或表现症状期，以乡、镇（场）为单位，在林业作业图或林相图上以及根据种苗繁育基地、贮木场、木材加工厂等所在地的分布情况，确定踏查线路。踏查线路应穿过当地主要森林类型、林业有害生物发生地。以林道、河道、渠道、公路、山脊线、林班线等作为踏查线路。外来有害生物容易入侵区域的踏查线路间距一般为1000～2000米；天然林、荒漠植被区的踏查线路间距一般为2000～4000米。

②林业有害生物小班踏查记录：

踏查以林业小班为基本单位，没有划分小班的以自然山头，林分、四旁绿化树按村（居委会），绿色通道按路段为代表。开展小班踏查时，沿事先设计的路线进行，发现有害生物按表1做好记录。以每种有害生物为一张表填写。森林调查因子和林业有害生物分布情况均用目测估计。

表 1　林业有害生物小班踏查记录表

编号

调查地区	省　市(自治州)　县(区、市)		
小班地点	乡(镇)　村(林场)　工区　林班　小班		
小班经度		小班纬度	
小班面积(亩)		造林年代	
种苗来源			
有害生物中名		有害生物学名	
分布情况		危害部位	
被害植物名称			
森林因子 简要记载			
备　注			

调查人:　　　　年　月　日

(3) 标准地调查。

在踏查的基础上，对有危害症状的、或有有害生物的林地，设立标准地进行详细调查。标准地设在有害生物发生区域内具有代表性的地段。每块标准地面积 1 ~ 5 亩，且标准地内主要寄主植物不得少于 100 株。以面积设标准地比较困难时，设标准株进行调查，标准株不得少于 100 株。人工林标准地累计面积不应少于有害生物发生面积的 3% ，天然林不应少于 0. 2% 。详细记录有害生物的种类、寄主、虫口密度和树木受害程度，采集相关标本及拍摄有害生物生物学或危害状照片。

①林木病害标准地调查:

叶部、枝梢、果实病害标准地调查。每 100 ~ 1000 亩设 1 块标准地，每块标准地面积 3 亩左右，标准地至少要有 100 株以上寄主植物，每块标准地随机调查株数 30 株以上。以枝梢、叶片、果实为单位，随机抽取一定数量的枝梢、叶片、果实，统计枝梢、叶片、果实的感病率。

干(根) 部病害标准地调查。每 100 ~ 500 亩设 1 块标准地，每块标准地面积 3 亩左右，标准地至少要有 100 株以上寄主植物，每块标准地随机调查 30 株以上。一般以株为单位进行调查，统计健康、感病和死亡的植株数量，计算感病率。

林木感病率表示方法。一般用百分率表示。对局部危害，因各植株感病轻重差异较大，用植株感病百分率不能反映它们的差别，用感病指数来表示，计算公式如下:

$$\text{感病指数} = \frac{\sum(\text{病级株数} \times \text{该级代表数值})}{\text{总株数} \times \text{最高一级代表数值}} \times 100\%$$

林木病害标准地调查记录。按表 2 要求，记录调查情况。

②林木害虫标准地调查:

表 2　林木病害标准地调查表

编号

<table>
<tr><td>调查地区</td><td colspan="11">省　　市(自治州)　　县(区、市)</td></tr>
<tr><td>标准地地点</td><td colspan="11">乡(镇)　　村(林场)　　工区　　林班　　小班</td></tr>
<tr><td>标准地面积
(亩)</td><td colspan="6"></td><td colspan="2">代表面积
(亩)</td><td colspan="3"></td></tr>
<tr><td>病害中文名</td><td colspan="6"></td><td colspan="2">病害学名</td><td colspan="3"></td></tr>
<tr><td>寄主植物名称</td><td colspan="6"></td><td colspan="2">危害部位</td><td colspan="3"></td></tr>
<tr><td rowspan="3">调查株数</td><td colspan="6">各级感病株树</td><td rowspan="2">感病指数</td><td rowspan="2">感病率
(%)</td><td colspan="3">危害程度</td></tr>
<tr><td>Ⅰ</td><td>Ⅱ</td><td>Ⅲ</td><td>Ⅳ</td><td>Ⅴ</td><td>合计</td><td>轻微</td><td>中等</td><td>严重</td></tr>
<tr><td></td><td></td><td></td><td></td><td></td><td></td><td></td><td></td><td></td><td></td><td></td></tr>
<tr><td>病害症状、危害情况、发生原因等概述</td><td colspan="11"></td></tr>
<tr><td>备　注</td><td colspan="11"></td></tr>
</table>

调查人:　　　　　　　　　　　　　　　　　　　　　　调查日期:　　年　　月　　日

注：如是外来有害生物，在备注栏注明最早发现时间和传入地(下同)

食叶、枝梢害虫标准地调查。每 100～1000 亩设 1 块标准地，每块标准地面积 3 亩左右，标准地至少要有 100 株以上寄主植物，在每块标准地内按对角线抽样法抽查 30 株以上，统计每株树上害虫数量，或目测叶部害虫危害树冠、枝梢的严重程度，将结果填入表 3。

蛀干害虫标准地调查。每 50～100 亩设 1 块标准地，每块标准地面积 3 亩左右，标准地至少要有 100 株以上寄主植物，在每块标准地内按对角线抽样法抽查 30 株以上，统计每株树上害虫数量，或目测蛀干害虫危害树木的严重程度，将结果填入表 3。

表 3　林木害虫标准地调查表

编号

<table>
<tr><td>调查地区</td><td colspan="4">省　　市(自治州)　　县(区、市)</td></tr>
<tr><td>标准地地点</td><td colspan="4">乡(镇)　　村(林场)　　工区　　林班　　小班</td></tr>
<tr><td>标准地面积(亩)</td><td></td><td colspan="2">代表面积(亩)</td><td></td></tr>
<tr><td>害虫中文名</td><td></td><td colspan="2">害虫学名</td><td></td></tr>
<tr><td>虫　态</td><td></td><td colspan="2">危害部位</td><td></td></tr>
<tr><td>寄主植物名称</td><td colspan="4"></td></tr>
<tr><td>调查株数</td><td></td><td rowspan="3">发生(危害)程度</td><td>轻微</td><td></td></tr>
<tr><td>被害株数</td><td></td><td>中等</td><td></td></tr>
<tr><td>被害率(%)</td><td></td><td>严重</td><td></td></tr>
<tr><td>危害情况、发生原因等概述</td><td colspan="4"></td></tr>
<tr><td>备　注</td><td colspan="4"></td></tr>
</table>

调查人:　　　　　　　　　　　　　　　　　　　　　　调查日期:　　年　　月　　日

种实害虫调查。种实害虫调查主要在能够生产种子的林分内进行。通常750亩以下设1块标准地，750亩以上每增加150亩增设1块。每块标准地面积为1亩，按对角线取样法抽取样树5株以上，每样株在树冠上、中、下不同部位采种实10~100个进行解剖调查，记载被害率，将调查情况填入表3。

地下害虫调查。地下害虫调查方法按挖土坑进行调查。同一类型林地设1块标准地，每块标准地上的样坑数量，每3亩设1个，每块标准地土坑总数不超过10个。土坑大小一般为1米×1米或0.5米×0.5米，深度到无害虫为止。土坑应均匀分布在已发生危害的苗圃或新造林地的被害地段上。调查情况填入表3。

③ 苗圃(花圃)地调查:

苗圃(花圃)和绿化带踏查与标准地调查结合在一起开展。先进行苗圃有害生物踏查，通过踏查了解苗圃有害生物的概况后，在危害程度不同的苗圃(花圃)地、绿化带分别设立标准地。在每块苗圃地上按对角线的位置设置5~10个标准地。标准地的数量以其总面积不少于调查总面积的0.1%~0.3%。标准地大小根据苗木种类和苗龄而定，针叶树播种苗一般0.1~0.5平方米，或以1~2米长播种行作为一个标准地。阔叶树苗的标准地在1平方米以上，每个标准地上的苗木应在100株以上。按对角线的位置抽取样株进行检查，针叶树播种苗要在300株以上，阔叶树苗要在100株以上。花圃或绿化带同一植物品种300株以下设1个标准地，300株以上每100株增设1块，随机抽查30株。调查数据填入表4。

表4 苗圃有害生物标准地调查表

调查地区		省 市(自治州) 县(区、市)							
苗圃地址									
苗圃名称									
面积(亩)					种苗来源				
标准地号	代表面积(亩)	有害生物名称	寄主植物名称	调查株数	被害株数	被害率(%)	发生(危害)程度		
							轻微	中等	严重
症状、发生时期、防治经过及效果等简述									
备 注									

调查人: 调查日期: 年 月 日

(4) 贮木场(木材加工厂)有害生物调查。

① 现场察看:

现场察看贮木场现存木材(含成品、半成品、包装材料等)是否有有害生物，主要通过表层及缝隙间看是否有新鲜蛀孔、蛀屑和活虫活动。同时要了解贮木场木材树种、采伐时间和地点以及过去、目前有害生物发生情况。发现有害生物，进行抽样调查。

② 抽样调查:

调查木材危害状况时，采用表层随机抽样，抽样率不少于应调查数的3%，调查结果填入表 5。

表 5　林业有害生物贮木场（木材加工场）调查记录表

编号

<table>
<tr><td>调查地区</td><td colspan="8">省　　市（自治州）　　县（区、市）</td></tr>
<tr><td>贮木场地点</td><td colspan="8">乡（镇）　　村（林场）　　贮木场</td></tr>
<tr><td rowspan="2">有害生物种类</td><td rowspan="2">被害材树种</td><td rowspan="2">品名</td><td rowspan="2">产地</td><td rowspan="2">危害数量
（m3、件、张）</td><td colspan="3">被害程度</td><td rowspan="2">备　注</td></tr>
<tr><td>轻</td><td>中</td><td>重</td></tr>
<tr><td></td><td></td><td></td><td></td><td></td><td></td><td></td><td></td><td></td></tr>
<tr><td></td><td></td><td></td><td></td><td></td><td></td><td></td><td></td><td></td></tr>
</table>

调查人：　　　　　　　　　　　　　　　　　　　调查日期：　　　年　　月　　日

（5）林业鼠（兔）害调查。

①调查时间：

地下鼠：于每年春季土壤解冻后（3～5 月）和秋季鼢鼠储粮期（9～10 月）进行调查。

地上鼠：鼠上鼠于每年 4 月和 9 月进行调查；田鼠（鼠兔）于 4 月下旬至 5 月下旬和 8 月下旬至 9 月下旬进行调查；绒鼠于 2～3 月和 7～8 月进行调查；沙鼠在 4 月和 10 月进行调查。

②地下害鼠密度调查：

土丘系数法。每种立地类型选择一块面积 15 亩的辅助标准地，统计标准地内的新土丘数。根据土丘挖开洞道，间隔 2 昼夜进行检查，凡封洞者即为有效洞。在有效洞布箭，弓箭（地箭）与洞口的距离为切开的洞口直径的 2 倍。一昼夜检查一次，及时重设弓箭（地箭），连续捕杀 2 昼夜，统计捕获的鼢鼠数量，计算出土丘系数和捕获率。根据下式计算土丘系数和捕获率：

$$\text{土丘系数} = \text{实捕鼢鼠数}/\text{土丘数}$$

$$p = [n/(N \times H)] \times 100\%$$

p—捕获率；n—捕获鼢鼠数；N—设置弓箭数；H—捕鼠昼夜数。

捕获率作为鼢鼠密度的相对指标。

然后在各种立地类型标准地内分别统计土丘数，乘以土丘系数，则为鼢鼠的相对数量。

$$\text{鼢鼠密度（只/15 亩）} = \text{标准地内鼢鼠数}/\text{标准地面积}。$$

切洞堵洞法。在土丘不明显的情况下，利用鼢鼠的堵洞习性采取切洞堵洞法进行调查。每种立地类型选择一块面积为 15 亩的辅助标准地，对怀疑有鼢鼠活动的洞道开切洞口 100 个，在切洞一昼夜后调查堵洞数，凡堵洞者即为有效洞口。然后采取弓箭（地箭）射杀和挖捕相结合的方法，将鼢鼠全面捕尽，以实捕鼢鼠数与有效洞口数相比较，得出相关系数。在固定标准地内以有效洞口数乘以相关系数得出鼠口密度。

③地上害鼠兔密度调查：

以鼠兔喜食食料为饵料，进行捕捉。在每块标准地内，将 100 个鼠铗按铗距 5 米、行距 20 米的平行线、或按 Z 字形、棋盘式等形式顺势布放。鼠铗布放后，间隔 24 小时进行检查，用空铗将已捕获鼠的鼠铗替换，48 小时后将捕鼠铗全部收回。逐日统计捕获害鼠的数量并分雌雄记载，计算捕获率。

捕获率 =［捕获鼠数/(鼠铗数 ×2)］×100%

或　　捕获率 =［捕获鼠数/(鼠铗数 ×3)］×100%

其中鼠铗数为实际收回的鼠铗数量。

④ 林木受害情况调查：

采取样株调查法。结合春季鼠口密度调查进行。将标准地大致划分为 10 ~ 15 块样方，从中随机确定 3 块，样方内林木株数不少于 100 株。逐株调查样方内受害株数。计算危害率。

危害率 =(受害株数/调查株数) ×100%

⑤ 林木受害判定标准：

地下鼠：以树下有鼠洞，且松树针叶发灰、发黄色，顶芽生长缓慢判定为受害。

地上鼠：以树干四周皮部 1/4 以上被啃食，或侧枝被啃断 1 ~ 4 枝为林木受害的统计起点。

⑥ 森林害鼠(鼠兔)调查记录：

调查结束后，将调查结果填入表 6。根据害鼠(鼠兔)捕获率和林木受害情况统计害鼠(鼠兔)发生程度，当两种统计方法的结果出现差异时，按"就高不就低"原则处理。

表 6　森林害鼠(鼠兔)调查表

调查地区	省　　市(地区、自治州)　　县(区、市)						
标准地地点	乡(镇)　　村(林场)　　工区　　林班　　小班						
标准地面积（亩）		代表面积（亩）					
害鼠中文名		害鼠学名					
寄主植物名称							
调查株数	被害株数	危害率（%）	死亡率（%）	捕获率（%）	发生(危害)程度		
					轻微	中等	严重
危害情况、发生原因等概述							
备　注							

调查人：　　　　　　　　　　　　调查日期：　　年　　月　日

(6) 林业有害植物调查。

每 100 ~ 1000 亩设 1 块标准地，每块标准地面积 3 亩左右，调查有害植物种类对林地的占据情况和对林木的侵害情况，将结果填入表 7。

2. 普查内业整理

各地以市(自治州)、厅直单位为单位，对外业调查的笔录、数据、照片等进行整理、归档；对采集的有害生物标本进行分类、鉴定。整理后的普查资料由各市(自治州)、厅直单位报送至省森林病虫害防治站，统一保存；各地在认真汇总的基础上，完成林业有害生物普查技术报告和工作总结，填写有关统计表。省林业有害生物普查成果由省森林病虫害防治站汇总，完成省林业有害生物普查技术报告和工作总结，填写有关统计表。

表7 林业有害植物调查表

调查地区	省 市(地区、自治州) 县(区、市)					
标准地地点	乡(镇) 村(林场) 工区 林班 小班					
标准地面积（亩）	代表面积（亩）	有害植物名称	被害植物名称	发生(危害)程度		
				轻微	中等	严重
危害情况、发生原因等概述						
备 注						

调查人： 调查日期： 年 月 日

(1) 林业有害生物分布地点统计。

本土危害严重的有害生物按表8统计，外来有害生物按表9统计。

表8 本土林业有害生物分布地点统计表

填报单位：

有害生物名称	分布地点			寄主植物	备 注
	1	2	3		

填表人： 审核人： 日期： 年 月 日

表9 外来林业有害生物分布地点统计表

填报单位：

有害生物名称	分布地点			寄主植物	原产地	传入时间	传入方式
	1	2	3				

填表人： 审核人： 日期： 年 月 日

(2) 林业有害生物发生面积统计。

①林业有害生物发生面积计算：危害经济林(果园)、苗圃、花圃、温室等种苗繁育基地的，以危害寄主植物的实际种植面积计算；危害其他林地的，以林业小班为单元计算发生面积。对无法按实际面积计算的林网等，按当地实际情况或传统计算方法折算成面积。

②林业有害生物发生面积统计：按林业有害生物种类统计(见表10)。

国家统计到省级，各省(自治区、直辖市)统计到县级，各县统计到村级。

表10 （林业有害生物名称）发生面积统计表

填报单位：

分布地点	寄主植物面积（万亩）	发生面积（万亩）				危害率（%）	备 注
		轻度	中等	严重	合计		

填表人： 审核人： 日期： 年 月 日

注：发生面积保留小数点后两位。

（3）危害木材有害生物统计。

按林业有害生物种类统计（见表11）。国家统计到省级，各省（自治区、直辖市）统计到县级，各县统计到具体地点（发生场所）。危害木材种类指原木、板材、方材、木质包装材料、垫脚木和人造板等。

表11 （木材类林业有害生物名称）发生情况统计表

统计单位：

分布地点	危害程度（立方米）				危害率（%）	危害木材种类	备 注
	轻度	中等	严重	合计			

填表人： 审核人： 日期： 年 月 日

（4）编制甘肃省危险性林业有害生物名录。

（5）绘制地图。

绘制辖区内外来林业有害生物和本土危害严重的林业有害生物分布情况图。

三、普查任务完成情况

甘肃省14个市（自治州）86个县（区、市）和7个厅直单位都开展了普查工作，经对普查资料汇总统计，全省共普查乡（镇）1494个，林业局（总场）86个，苗圃348个。设线路调查点32388个，标准地25252个，固定观察点1360个，普查林地面积7285.88万亩，占应查林地面积9035.77万亩的78.15%，本次参加普查的人数为834人，其中技术干部656人，占总人数的78.66%。共采集各类标本24684号次，其中病害标本2834号次，虫害标本18918号次，有害鼠（兔）标本130号次，林业有害植物标本854号次，天敌标本1948号次。普查任务完成情况见表12。

四、普查成果综述

通过普查，进一步摸清了甘肃省主要林业有害生物的发生危害状况，整理出了一套比较系统的林业有害生物资料和相当数量的林业有害生物标本，为今后开展林业有害生物的综合治理和科学研究工作提供了科学依据。现将普查成果综述如下：

表 12　甘肃省林业有害生物普查任务完成统计表

市(州)单位及厅直属单位	完成普查单位数(个)				调查点(个)	标准地(个)	固定观察点(个)	调查面积(万亩)				参加人数(人)		普查培训人数(人)
	县(市、区)	林业局(总场)	乡(镇)	场(苗圃)				应查面积	已查林地	应查占已查比例(%)	补查林地	共计	其中技术干部	
嘉峪关	1	1	3	1	45	45	7	7.61	4.61	61.00		14	7	7
酒　泉	7	7	76	22	776	726	128	517.28	450.00	87.00	49.00	26	22	50
张　掖	6		91	15	1597	115	6	245.55	211.17	86.00		36	36	40
金　昌	2	4	12	9	109	95	22	78.00	19.90	25.60			17	10
武　威	4	7	116	25	2227	116	6	497.50	449.30	91.20	160.30	12	12	20
兰　州	8	4	83	24	160	570	10	99.90	86.00	86.10	10.00	25	16	18
白　银	5	5	76	11	968	585			154.80			31	31	
定　西	7	10	77	6	1920	88	12	501.60	358.00	71.37	20.50	86	62	62
临　夏	8	8	119	8	934	846		154.83	125.56	81.10				
甘　南	7		78	12	2230	1845	8	950.30	687.64	72.36	53.20	12	10	26
平　凉	7	1	104	20	1304	434		496.94	419.27	84.37		24	24	30
庆　阳	8	12	322	48	12483	10861	36	605.62	549.90	90.80	143.60	104	98	86
天　水	7	8	149	25	3889	1716	48	380.81	346.06	90.87		173	104	100
陇　南	9	11	184	37	325	112	10	975.00	690.00	80.00		30	24	30
祁连山				22	1047	324	66	910.00	888.92	97.68		124	96	120
兴隆山		1		2	62	219	10	37.39	32.53	87.00			5	
莲花山		1	4	5	13	103	5	12.70	8.50	66.93	2.50	13	13	10
小陇山				23	1473	5892	920	564.43	521.32	92.36		56	42	56
白龙江		4		20	580	350	60	1572.00	1009.20	64.20		48	20	80
白水江		1		7	116	80	6	335.50	201.20	60.00		20	17	20
太子山		1		6	130	130		92.80	72.00	87.00				
合计	86	86	1494	348	32388	25252	1360	9035.77	7285.88	78.15	439.10	834	656	765

(一) 林业有害生物发生危害情况

1. 本土主要树种的主要林业有害生物

按照普查方案要求，共查出有危害的林业有害生物 380 种，林业有害生物发生面积 2207.03 万亩(重复发生面积 834.62 万亩)，其中虫害发生面积 1134.70 万亩，病害发生面积 339.96 万亩，鼠(兔) 害发生面积 665.08 万亩，有害植物发生面积 67.29 万亩，成灾面积 412.68 万亩。发生危害情况见表 13。

表13 甘肃省林业有害生物发生面积(发生、成灾、重复)汇总表

市(州)单位及厅直单位	发生面积(万亩)					成灾面积(万亩)	重复发生面积(万亩)
	合计	虫害	病害	鼠(兔)	有害植物		
嘉峪关	2.43	1.10	0.03	1.30			1.27
酒　泉	84.40	80.80	0.73	1.79	1.08	28.83	15.49
张　掖	188.27	89.67	1.25	97.35		5.41	165.13
金　昌	192.10	97.80	10.00	29.00	55.30	14.00	114.10
武　威	45.66	17.36	7.58	20.72		7.44	5.45
兰　州	9.15	6.81	0.60	1.75		0.81	2.89
白　银	90.98	55.22	8.58	26.69	0.48	18.89	
定　西	119.87	16.15	3.46	99.45	0.81	22.59	0.81
临　夏	38.91	27.61	4.78	6.52		27.57	6.80
甘　南	97.71	42.09	50.05	5.57		6.83	58.56
平　凉	175.65	58.85	43.19	73.62		84.43	
庆　阳	102.12	46.95	6.87	48.02	0.28	0.74	27.19
天　水	227.89	22.46	9.49	195.94		76.07	132.12
陇　南	404.39	294.59	78.20	31.60		59.88	242.60
祁连山	52.27	46.20	2.75	3.32		13.96	
兴隆山	6.51	2.99	2.98	0.54		0.09	2.39
莲花山	0.45	0.11	0.32	0.02		0.06	0.18
小陇山	22.10	8.71	3.32	9.77	0.30	0.85	2.14
白龙江	90.09	34.72	48.44	6.90	0.03	6.66	52.40
白水江	230.07	164.07	53.70	3.30	9.00	65.15	5.10
太子山	26.00	20.44	3.66	1.90			
合计	2207.03	1134.70	339.96	665.08	67.29	440.25	834.62

甘肃省危害严重的前20种林业有害生物是:

(1)黄斑星天牛(光肩星天牛)。

(2)中华鼢鼠。

(3)达乌尔鼠兔。

(4)大沙鼠。

(5)落叶松早期落叶病。

(6)落叶松红腹叶蜂。

(7)春尺蠖。

(8)杨树烂皮病。

(9)落针病。

(10)落叶松球蚜。

(11)杨干透翅蛾。

(12)青杨天牛。

（13）云杉锈病。

（14）松梢螟。

（15）杨圆蚧。

（16）柽柳条叶甲。

（17）刺槐眉尺蛾。

（18）沙棘木蠹蛾。

（19）油松毛虫。

（20）白杨透翅蛾。

甘肃省主要林业有害生物种类分为蛀干性害虫、食叶性害虫、病害、鼠害、经济林病虫、苗圃地病虫等，发生危害情况如下：

（1）蛀干性害虫。

黄斑星天牛（光肩星天牛）、杨干透翅蛾、青杨天牛、白杨透翅蛾、芳香木蠹蛾、杨十斑吉丁虫、沙棘木蠹蛾等，主要危害杨、柳、榆、沙棘等树种。杨树是甘肃省造林绿化的主要树种之一，也是三北防护林体系中的重要造林树种，分布广，主要分布于川、原、台地和四旁绿化，农田防护林网及公路林带。在保持水土、涵养水源、调节气候、防风固沙、保障农业稳产高产、促进地方经济发展等方面发挥着十分重要的生态和社会效能。杨树种类多，主要树种有小叶杨、青杨、山杨、北京杨、新疆杨、毛白杨、河北杨、大官杨、箭杆杨、加拿大杨、二白杨等10余种，甘肃省杨树面积653万亩，占有林地面积12040.8万亩的5.42%。此次普查查出的蛀干害虫中大多危害杨树，发生面积149.87万亩，危害率15.08%。

黄斑星天牛（光肩星天牛）在甘肃省均有分布，发生面积72.49万亩（其中轻度发生面积22.09万亩，中度发生面积25.31万亩，重度发生面积25.09万亩），危害率13.3%，其中金昌市、武威市、临夏回族自治州、白银市、定西市、平凉市、庆阳市发生严重，兰州市、天水市、陇南市、甘南藏族自治州等近几年通过工程治理，危害有所减轻。

杨干透翅蛾主要分布在白银市、定西市、临夏回族自治州、天水市、平凉市、庆阳市、陇南市及太子山林区，发生面积5.97万亩（其中轻度发生面积4.79万亩，中度发生面积0.86万亩，重度发生面积0.32万亩），危害率11.75%。

青杨天牛在甘肃省均有分布，杨柳中幼林危害较重，以幼虫蛀食枝干，被害处形成纺锤瘤，阻碍养分的正常运输，致使枝梢干枯，严重时可使整株死亡，发生面积42.47万亩（其中轻度发生面积29.72万亩，中度发生面积7.25万亩，重度发生面积5.5万亩），危害率23.47%，其中酒泉市、张掖市、白银市发生较为严重。

白杨透翅蛾以毛白杨、银白杨、河北杨受害最重，幼虫蛀食树干和顶芽，抑制顶芽生长，形成秃梢，在金昌市、武威市、兰州市、白银市、定西市、平凉市、庆阳市、陇南市、甘南藏族自治州及白水江林区发生，发生面积16.24万亩（其中轻度发生面积12.54万亩，中度发生面积2.85万亩，重度发生面积0.85万亩），危害率11.43%。

芳香木蠹蛾在嘉峪关市、武威市、白银市、定西市、陇南市发生，发生面积7.15万亩（其中轻度发生面积3.85万亩，中度发生面积2.23万亩，重度发生面积1.07万亩），危害率15.68%。

杨十斑吉丁虫在酒泉市、嘉峪关市、张掖市、金昌市、武威市、白银市、庆阳市、甘南藏族自治州发生，发生面积2.49万亩(其中轻度发生面积1.66万亩，中度发生面积0.74万亩，重度发生面积0.09万亩)，危害率1.85%。

沙棘木蠹蛾主要危害沙棘，该虫以幼虫啃食根部的输导组织，造成根部腐烂，严重影响水分和营养物质输导，致使树势衰弱，叶萎蔫，严重时可致10~15年生沙棘死亡。沙棘木蠹蛾在定西市、庆阳市、甘南藏族自治州发生，发生面积3.06万亩(其中轻度发生面积1.79万亩，中度发生面积0.73万亩，重度发生面积0.54万亩)，危害率28.08%。目前甘肃省沙棘人工林在林业部门的大力推动下，以年均10万亩的增长速度迅速发展，沙棘木蠹蛾的危害，对甘肃省沙棘林的发展构成威胁。

(2) 食叶性害虫。

主要有落叶松红腹叶蜂、落叶松球蚜、松梢螟、油松毛虫、春尺蠖、刺槐眉尺蛾、柽柳条叶甲等，此次普查查出的主要食叶性害虫发生面积251.81万亩，危害率27.6%。

落叶松红腹叶蜂主要以幼虫取食落叶松针叶，危害轻时可使落叶松生长量降低30%左右，严重时可使落叶松生长量降低60%以上，大发生时可将成片落叶松针叶食光，若连年危害，能导致树木枯萎死亡，该虫主要在定西市、平凉市、陇南市、甘南藏族自治州及小陇山、白龙江、白水江林区发生，发生面积23.39万亩(其中轻度发生面积12.44万亩，中度发生面积5.54万亩，重度发生面积5.41万亩)，危害率35.34%。

落叶松球蚜除河西地区外，均有发生，发生面积46.63万亩(其中轻度发生面积21.28万亩，中度发生面积17.37万亩，重度发生面积7.98万亩)，危害率39.21%。其中天水市、平凉市、庆阳市、陇南市及小陇山、白龙江、太子山林区发生面积较大，危害较为严重。

松梢螟主要危害云杉、油松、落叶松、华山松等植物，在白银市、定西市、天水市、庆阳市、陇南市、甘南藏族自治州及白龙江、祁连山、白水江林区发生，发生面积46.83万亩(其中轻度发生面积21.05万亩，中度发生面积14.33万亩，重度发生面积11.45万亩)，危害率29.99%；仅祁连山林区发生面积就达24.33万亩，发生区青海云杉被害率达100%，嫩梢、新叶被害率达80%以上，林木枯梢密布，树冠秃顶，林相残败。

油松毛虫主要危害油松、华山松，发生在天水市、陇南市、甘南藏族自治州，发生面积5.47万亩(其中轻度发生面积3.36万亩，中度发生面积1.37万亩，重度发生面积0.74万亩)，危害率25.6%。

松针小卷蛾在甘肃省子午岭林区危害严重，发生面积21.93万亩(其中轻度发生面积15.6万亩，中度发生面积3.54万亩，重度发生面积2.79万亩)，危害率50.12%。

春尺蠖主要危害杨、柳、榆、沙枣、梨、苹果、花棒等植物，幼虫发育快，食量大，常暴食成灾，在甘肃省河西和中部地区发生，发生面积40.31万亩(其中轻度发生面积24.05万亩，中度发生面积6.85万亩，重度发生面积9.41万亩)，危害率9.52%。

刺槐眉尺蛾主要危害刺槐植物叶部，在白银市、定西市、天水市、庆阳市、陇南市发生，发生面积14.83万亩(其中轻度发生面积5.43万亩，中度发生面积4.16万亩，重度发生面积5.24万亩)，危害率23.04%。刺槐具有速生、丰产、耐干旱、用途广泛等优点，是甘肃省主要造林和水土保持的先锋树种，刺槐眉尺蛾可使刺槐林整株叶片被食光，盛期单株虫口在300~1000头以上，该虫繁殖率高，扩散蔓延速度快，对刺槐的生长发育和材积增长造成了严重影响。

柽柳条叶甲危害柽柳，属暴食性害虫，成幼虫皆取食为害，繁殖数量大，危害速度快，发生严重地区叶片全部被食，仅剩光秃的枝条，在酒泉市、张掖市发生，发生面积52.42万亩(其中轻度发生面积24.52万亩，中度发生面积16.18万亩，重度发生面积11.72万亩)，危害率7.94%。

(3) 林木病害。

甘肃省发生严重有主要病害有：落叶松早期落叶病、落针病、云杉锈病、杨树烂皮病等。本次查出主要林木病害发生面积339.96万亩。

落叶松早期落叶病是落叶松的重要病虫之一，据查，甘肃省落叶松人工林受害后提前30天落叶。该病在临夏回族自治州、陇南市及小陇山、白龙江、太子山、白水江林区发生，发生面积10.66万亩(其中轻度发生面积4.18万亩，中度发生面积5.61万亩，重度发生面积0.87万亩)，危害率26.68%。

落针病主要危害油松、华山松、云杉等，在白银市、定西市、天水市、平凉市、庆阳市、陇南市、甘南藏族自治州及小陇山、白龙江、莲花山、太子山、白水江林区发生，发生面积35.42万亩(其中轻度发生面积13.73万亩，中度发生面积20.46万亩，重度发生面积1.23万亩)，危害率15.03%，该病与气候条件关系密切，凡降水量大，湿度高时，病害严重，林木长势与病害发生关系密切，如干旱、林木遭灾其他病虫侵害时有利于该病发生。

云杉锈病主要发生在高湿低海拔云杉林区，为害云杉，苗木、幼树和成年树均可受害，以疏林地带受害较重，幼林比成年林病重。病害发源地发病株率可达70%左右。该病不仅毁坏新梢，消耗树体大量养分和水分，而且阻碍树冠伸展，幼树连年受害则形成“小老树”，幼林难以郁闭，苗木顶梢被害后形成不合格的多头苗。重病植株次年延迟发芽或不发芽，枝梢长度逐年缩短，生长衰退，材积年生长量估计平均损失20%左右，球果产量也逐年下降，影响天然林更新和采种育苗，兰州市、白银市、定西市、陇南市、甘南藏族自治州及白龙江、兴隆山、祁连山、莲花山、白水江林区发生，发生面积35.18万亩(其中轻度发生面积15.96万亩，中度发生面积16.44万亩，重度发生面积2.78万亩)，危害率26.16%。

杨树烂皮病危害杨、柳等树种，甘肃省杨树栽培地区均有发生，是林木病害常见的一种，常引起林木特别是防护林和行道树的大量枯死，发生面积23.16万亩(其中轻度发生面积16.06万亩，中度发生面积4.68万亩，重度发生面积2.42万亩)，危害率6.27%。

(4) 鼠(兔)害。

近年来，由于生态因素，人为因素，加之气候变化，使鼠、兔种群自然平衡状态遭到了破坏，导致了鼠、兔害的严重发生。其中以中华鼢鼠、达乌尔鼠兔、大沙鼠、野兔、草兔、甘肃鼢鼠等数量较大，危害严重。中华鼢鼠、达乌尔鼠兔、野兔、草兔、甘肃鼢鼠主要分布在甘肃省中、东部及天然林区，为害油松、落叶松、云杉、华山松、侧柏、山杏、柠条、沙棘、杨、榆等多种树种，大沙鼠主要在甘肃省河西地区发生，为害花棒、梭梭、毛条、柠条、沙枣、柽柳、杨树等植物。据调查，在退耕还林工程及未成林造林地，鼠(兔)危害林木的地上部分和地下根系，每亩有鼠1~1.5只，每年幼树受害死亡率在13%~17%，严重地段达30%以上。近几年，随着退耕还林工程、三北防护林建设等工程的实施，中华鼢鼠、达乌尔鼠兔等危害日趋严重，呈上升趋势，严重影响全省造林绿化质量，已成为全省发生面积最大，危害最为严重的林业有害生物。据查，全省鼠(兔)害发生面积665.08万亩，危害率27.56%。

中华鼢鼠发生面积306.86万亩(其中轻度发生面积126.62万亩，中度发生面积101.15万亩，重度发生面积79.09万亩，重复发生24.12万亩)，危害率22.86%。

达乌尔鼠兔发生面积66.21万亩(其中轻度发生面积29.80万亩，中度发生面积21.25万亩，重度发生面积15.16万亩，重复发生12.6万亩)，危害率18.46%。

大沙鼠发生面积63.79万亩(其中轻度发生面积30.54万亩，中度发生面积28.94万亩，重度发生面积4.31万亩)，危害率52.06%。

野兔、草兔发生面积258.13万亩(其中轻度发生面积113.43万亩，中度发生面积83.37万亩，重度发生面积61.33万亩，重复发生26.54万亩)，危害率28.58%。

甘肃鼢鼠发生面积33.35万亩(其中轻度发生面积8.75万亩，中度发生面积6.02万亩，重度发生面积18.58万亩)，危害率15.86%。

鼠兔害在甘肃省的“三松”造林区、退耕还林区和天然林区的人工更新造林地普遍发生。如：定西市的岷县、漳县和渭源县、临洮县的南部，以中华鼢鼠、甘肃鼢鼠等危害林木的地下根系为主，主要为害油松、落叶松、沙棘等树种，鼠害种群密度达2.05头/亩，平均被害株率28%，严重受害区被害株率高达84.9%。定西市的通渭县、陇西县和渭源县、临洮县的北部，以达乌尔鼠兔、野兔和中华鼢鼠等危害林木的地上部分和地下的根系为主，主要为害杏树、榆树、柠条、沙棘、侧柏、油松等树种。定西市鼠、兔害发生面积99.45万亩，占寄主面积255.30万亩的38.95%，严重受害区被害株率高达92.4%，成灾面积54.35万亩，成灾率达21.29%；小陇山林区甘肃鼢鼠、达乌尔鼠兔主要危害新造林地段的幼树幼苗，发生面积9.77万亩；平凉市自1999年实施退耕还林以来，累计新造林220.80万亩，但由于受草兔危害，局部未成林地内苗木的韧皮部被其环剥啃食而死亡，致使当年成活和历年保存均达不到要求，已成为该市林业生态建设的主要有害生物。据调查统计，5年平凉市兔害发生面积累计高达72.09万亩，年均发生14.42万亩，平均被害株率34%~84%。

(5)经济林病虫害。

苹果、梨、桃、杏、柑橘、花椒、核桃等经济林，既是村前屋后的庭园经济林树种，又是荒山造林绿化的主要树种。经调查，危害苹果、梨、桃、杏、柑橘、花椒、核桃的虫害有62种，病害21种，主要经济林病害发生面积86.34万亩，危害率为19.86%。

经济林主要病害有：苹果树腐烂病、苹果白粉病、梨腐烂病、梨桧锈病、杏疔病、花椒流胶病、核桃根腐病等，其中以苹果树腐烂病最为普遍和严重。

苹果树腐烂病：该病易侵染树体衰弱的苹果树，果树受害后树皮腐烂坏死，病斑以下的浅层木质部变褐、影响营养输导和贮藏功能，当病斑烂到一圈时，导致病部以上树干全部死亡，重病果园发病株率高达80%以上，有的果园已被此病毁掉。因此，苹果树腐烂病是削弱树势、死枝死树、毁灭果园的重要病害，甘肃省苹果产区均有发生，发生面积15.26万亩(其中轻度发生面积7.49万亩，中度发生面积5.12万亩，重度发生面积2.65万亩)，危害率14.16%。

苹果白粉病：白银市、平凉市、甘南藏族自治州发生，发生面积2.68万亩(其中轻度发生面积2.30万亩，中度发生面积0.27万亩，重度发生面积0.11万亩)，危害率18.05%。

梨腐烂病：白银市、定西市发生，发生面积1.03万亩(其中轻度发生面积0.63万亩，中度发生面积0.28万亩，重度发生面积0.12万亩)，危害率19.19%。

梨桧锈病：定西市、临夏回族自治州、平凉市发生，发生面积1.61万亩(其中轻度发生面积1.25万亩，中度发生面积0.21万亩，重度发生面积0.15万亩)，危害率40.80%。

杏疔病：定西市发生，发生面积1.70万亩(其中轻度发生面积1.01万亩，中度发生面积0.42万亩，重度发生面积0.27万亩)危害率7.9%。

花椒流胶病：定西市、临夏回族自治州、天水市、陇南市及白水江林区发生，发生面积50.21万亩(其中轻度发生面积24.90万亩，中度发生面积17.04万亩，重度发生面积8.27万亩)，危害率24.55%。

核桃根腐病：陇南市发生，发生面积7.50万亩(其中轻度发生面积3.50万亩，中度发生面积2.70万亩，重度发生面积1.30万亩)，危害率15.60%。

经济林主要虫害有：苹果红蜘蛛、梨星毛虫、大青叶蝉、花椒跳甲、桃小食心虫(桃蛀果蛾)、梨小食心虫、朝鲜球坚蚧、核桃扁叶甲、花椒波瘿蚊，主要经济林虫害发生总面积127.83万亩，危害率16.95%。

苹果红蜘蛛主要在金昌市、张掖市、白银市、定西市、平凉市、甘南藏族自治州发生，危害苹果、梨、桃、榆等植物，危害植物叶及小枝，发生面积13.32万亩(其中轻度发生面积8.99万亩，中度发生面积4.03万亩，重度发生面积0.3万亩)，危害率24.21%。

梨星毛虫主要在嘉峪关市、武威市、白银市、平凉市、甘南藏族自治州发生，以管理粗放的果园发生较多。春季果树发芽时，越冬幼虫常将叶芽、花芽食空、直接影响抽梢和开花结果，果树抽梢发叶时，幼虫又转移叶片上为害，形成饺子状虫苞，影响树体生长发育。甘肃省发生面积4.24万亩(其中轻度发生面积2.58万亩，中度发生面积1.22万亩，重度发生面积0.44万亩)，危害率14.58%。

大青叶蝉又名大绿浮尘子，危害杨、柳、苹果、梨桃等多种植物，甘肃省大部分地区均有分布，该虫以其锯状产卵器刺破枝条表皮，产卵其中，轻者导致枝条失水抽条，重者经冬季低温和春季旱风而枯死，发生面积6.34万亩(其中轻度发生面积3.81万亩，中度发生面积1.86万亩，重度发生面积0.67万亩)，危害率6.57%。

花椒跳甲主要在天水市、陇南市、甘南藏族自治州发生，发生面积23.7万亩(其中轻度发生面积13.82万亩，中度发生面积5.68万亩，重度发生面积4.20万亩)，危害率19.80%。

桃小食心虫(桃蛀果蛾)、梨小食心虫，主要危害苹果、梨、桃、杏、李等植物果实，以幼虫咬蛀果实，使果实变形，严重时蛀果率可达60%~70%，严重影响果品质量，全省苹果产区均有分布。发生面积9.53万亩(其中轻度发生面积6.18万亩，中度发生面积2.44万亩，重度发生面积0.91万亩)，危害率13.95%。

近年来，天水市、陇南市大力发展核桃、花椒产业，但核桃扁叶甲、核桃举肢蛾、花椒波瘿蚊、花椒流胶病等林业有害生物对核桃、花椒生产造成了严重损失。据普查资料显示，陇南市核桃扁叶甲发生面积21.10万亩、核桃举肢蛾发生面积14万亩、花椒波瘿蚊发生面积23.7万亩、花椒流胶病38.4万亩，严重影响了广大农民脱贫致富的积极性；苹果、梨、杏、花椒等经济林是定西市分布范围广，栽植面积较大的树种，既是庄前屋后的园林经济林树种，又是荒山造林绿化的主要树种，是定西人民的“宝树”。目前，有林面积11.86万亩(其中苹果和梨的面积3.46万亩，杏树6.24万亩，花椒面积2.16万亩)，占总林地面积的2.36%。危害经济林的主要林业有害生物发生面积4.26万亩，占寄主面积的35.92%。成灾面积1.74万亩，成灾率达14.67%，林业有害生物的发生使部分果园产量降低，果品品质不良，严重影响了广大果农种植经济林的积极性。

(6) 苗圃地病虫害。

本次林业有害生物普查共查苗圃348个，其中国有苗圃275个(处)，育苗总面积12.09万亩，育苗种类主要有油松、落叶松、雪松、侧柏、刺柏、杨、柳、榆、刺槐及苹果、梨、桃、杏等。经普查，为害苗圃地苗木的有害生物主要种类有沟金针虫、细胸金针虫、大云斑鳃金龟、小云斑鳃金龟、大栗鳃金龟、小地老虎、黄地老虎等地下害虫；白杨透翅蛾、青杨天牛、苹果吉丁虫等蛀干害虫；大青叶蝉、梨星毛虫、苹果红蜘蛛、朝鲜球坚蚧等食叶害虫；苹果蠹蛾、桃小食心虫(桃蛀果蛾)、梨小食心虫等果实害虫和苹果树腐烂病、梨腐烂病、花椒流胶病、杏疔病等。据调查，各苗圃都有不同程度的林业有害生物发生，但由于苗圃地面积相对较小，加之管理严格，综防措施到位，所以有害生物为害较轻。

2. 外来林业有害生物危害情况

本次林业有害生物普查共查出外来林业有害生物种类30种，其中：

病害4种：落叶松枯梢病、梨桧锈病、柳树烂皮病、槐树腐烂病。

虫害24种：落叶松叶蜂、落叶松锉叶蜂、柳瘿叶蜂、异喀木虱、槐树木虱、落叶松鞘蛾、柳瘿叶螨、枸杞瘿螨、落叶松小爪螨、建庄油松梢小蠹、落叶松红瘿球蚜、落叶松球蚜、松墨天牛、白蜡绵粉蚧、沙棘木蠹蛾、苹果蠹蛾、尖唇散白蚁、松针蚧、吹绵蚧、枸杞负泥虫、枸杞实蝇、枸杞瘿蚊、斑潜蝇、杏芽蝇。

有害植物2种：加拿大一枝黄花、白香草木犀。

落叶松球蚜、落叶松叶蜂、苹果蠹蛾、沙棘木蠹蛾已在甘肃省造成了严重危害。

3. 甘肃省林业检疫性、危险性有害生物情况

经普查，甘肃省查出国内林业检疫性有害生物有杨干象、苹果蠹蛾、松疱锈病菌、落叶松枯梢病、杨树花叶病毒、冠瘿病菌等6种，发生面积6.56万亩；省内检疫性林业有害生物有：光肩星天牛、双条杉天牛、松墨天牛、白杨透翅蛾、苹果绵蚜、梨圆蚧、尖唇散白蚁、沙棘木蠹蛾、吹绵蚧、云杉大小蠹、大痣小蜂、二针松疱锈病、加拿大一枝黄花等13种，发生面积110.18万亩。

在国家林业局公布的233种林业危险性有害生物名单中，甘肃省有分布的94种，其中虫害62种、病害10种、有害植物22种。

4. 木材类林业有害生物危害情况

由于天然林资源保护工程的实施，甘肃省贮木场和木材加工场有所减少。近几年清理的灾害木多受天牛类、小蠹类危害，主要病虫种类有：光肩星天牛、家茸天牛、松墨天牛、十二齿小蠹、落叶松八齿小蠹、云杉八齿小蠹、重齿小蠹、松瘤象、杨圆蚧、腐烂病等10种，危害木材1398.44立方米。主要在定西市、临夏回族自治州、兰州市、张掖市、金昌市、嘉峪关市危害。临夏回族自治州、定西市、兰州市以松树天牛、小蠹虫为主，张掖市、金昌市、嘉峪关市以黄斑星天牛、杨圆蚧、腐烂病为主。据调查，甘肃省黄斑星天牛传播蔓延主要以天牛疫木调运为主，多由木材市场或交通沿线向四周辐射，新疫区90%是疫木调运造成的。

5. 林业有害植物危害情况

经普查，在国家林业局公布的24种林业有害植物中，甘肃省有22种，其中，发生危害的有油杉寄生、藜、灰绿藜、宽叶独行菜、窄叶野豌豆、冬葵、密花香薷、野薄荷、车前草、苍耳、黄花蒿、碱茅、赖草、狗尾草、无根藤等15种，发生面积67.29万亩，甘肃省各地均有分布。

林业有害植物中，外来的两种：加拿大一枝黄花和白香草木犀，尚未造成危害。

近年来，由于气候变暖，超载放牧，许多有害植物种群数量剧增，不仅对森林草原造成严重危害，而且对未成林造林地、苗圃地、更新地、封山育林区植被的恢复和林业生产构成了一定的威胁。林业有害植物在有林地中危害也很大，特别在育苗地中生长快，与树苗争水争肥，严重影响苗木的生长，造成的经济损失也相当大，广大林业职工和育苗专业户，为此付出了大量的劳力和经费投入。

（二）林业有害生物发生特点

1. 本土常发性林业有害生物种类不断增多，发生面积居高不下，总体呈上升趋势，多种次要害虫在一些地方上升为主要害虫，造成重大危害的病虫种类不断增多

20世纪80年代，在甘肃省能够形成严重危害的林业有害生物只有黄斑星天牛、沙枣木虱、春尺蠖等5~8种，据调查，现在甘肃省每年发生的林业有害生物种类已达80余种，其中以黄斑星天牛(光肩星天牛)、青杨天牛、春尺蠖、杨干透翅蛾、白杨透翅蛾、杨圆蚧、柽柳条叶甲、刺槐尺蠖、沙棘木蠹蛾、杨树烂皮病、鼠兔害等最为严重。近年来，由于实施了林业有害生物工程治理，黄斑星天牛、春尺蠖等得到了有效治理，虽然目前面积居高不下，但危害有所减轻，而一些次要害虫如落针病、云杉锈病、落叶松早期落叶病、落叶松红腹叶蜂、落叶松球蚜、松梢螟、油松毛虫在一些地方已上升为主要害虫，对甘肃省林业生产造成了较大损失，每年造成的经济损失约上亿元。

2. 外来林业有害生物入侵发生面积急剧增加

据查，1985年以后从外省(自治区、直辖市)传入甘肃省的林业有害生物有30种，目前发生严重的主要种类有落叶松叶蜂、落叶松球蚜、沙棘木蠹蛾、苹果蠹蛾、吹绵蚧等，发生面积80.92万亩，发生范围越来越广，危害程度越来越重，造成的损失越来越大，其中落叶松叶蜂、落叶松球蚜、沙棘木蠹蛾已成为甘肃省列入前20种的主要林业有害生物，外来林业有害生物将成为甘肃省林业有害生物防治工作的重中之重。据查，甘肃省外来有害生物多数由陕西、宁夏、四川等邻近省(自治区)传入，传入的主要途径为苗木调运，人为传播。发生趋势是由低海拔向高海拔逐渐扩散、川区向山区扩散，人工林向天然林扩散。近年来，甘肃省在调运检疫中，木材主要从我国东北地区及俄罗斯调入，人造板主要从东北地区以及江苏、浙江、广东等省调入，经济林苗木主要从山东、陕西、山西、河南等省调入，城市绿化用苗、花卉主要从江苏、浙江、广东等省调入，果品主要从湖北、四川、福建、山东、陕西等省调入。调出检疫中，木材类主要通过包装箱调往江苏省，苗木主要调往青海、西藏、新疆等省(自治区)，中药材主要调往广东省，干鲜果品主要调往青海、西藏、新疆、广东、四川等省(自治区)。

3. 林业检疫性危险性病虫害扩散蔓延迅速，对全省森林资源、生态环境和自然景观构成巨大威胁，偶发性林业有害生物危害日益突出损失严重

近年来，甘肃省相继发生了林业检疫性有害生物苹果蠹蛾、松疱锈病、尖唇散白蚁和林业危险性有害生物拟松材线虫病、松墨天牛，其中苹果蠹蛾已由敦煌市传入金塔、安西、玉门、高台等县(市)，面积不断扩大，危害呈扩散加重之势。松疱锈病在天水市秦州区发生，由于发现及时，防治到位，没有造成疫情扩散，但潜在的危害依然存在。拟松材线虫病在小陇山林区发生，由于加强了疫木管理，未能发生新的疫点。但偶发性林业有害生物沙棘木蠹蛾、柽柳条叶甲发生危害严重。黄斑星天牛在河西走廊、景电灌区蔓延危害迅速，并在酒泉市肃州区、敦煌市和张掖市临泽县有新的疫区发生，对甘肃省以杨树为主的农田防护林的生存和发展造成严重威胁。

4. 森林害鼠(兔) 危害日益加剧

随着退耕还林为主的林业生态建设工程的全面推进，新造幼林面积迅速递增，害鼠(兔) 危害面积、危害程度亦呈逐年上升趋势。据 1999 年普查，甘肃省害鼠(兔) 发生面积仅为 102. 45 万亩，主要为中华鼢鼠、达乌尔鼠兔，占病虫鼠害发生总面积的 7. 22%，发生范围小，危害程度轻。目前已扩大到 665. 08 万亩，主要为中华鼢鼠、达乌尔鼠兔、大沙鼠、野兔(草兔)、甘肃鼢鼠等，占病虫鼠害发生总面积的 30. 13%，全省均有分布，发展势头迅猛，危害程度日趋加重，严重地段被害株率达 60% ~70%。除杨树蛀干天牛外，日益猖獗的森林害鼠(兔) 已上升成为甘肃省危害最为严重的林业有害生物，是影响天然林资源保护工程、退耕还林工程和荒山造林工程顺利实施的重要制约因素。

5. 经济林病虫害逐年上升

近年来，甘肃省以苹果、梨、花椒等为主的经济林产业出现了前所未有的发展势头，已逐步成为支撑甘肃省农村经济和帮助农民脱贫致富奔小康的支柱产业，随之而来，危害经济林的林业有害生物也呈上升趋势。经调查，危害苹果、梨、杏、桃、花椒的虫害有 68 种，病害有 29 种，危害苹果的主要林业有害生物有苹果树腐烂病、苹果早期落叶病、苹果红蜘蛛、苹果吉丁虫等；危害梨的主要有梨桧锈病、梨腐烂病、梨圆蚧、梨小食心虫、梨星毛虫等；危害桃的主要有桃小食心虫(桃蛀果蛾) 等；危害花椒的主要有：花椒流胶病、花椒波瘿蚊等；危害核桃的主要有核桃枯枝病、核桃根腐病、核桃扁叶甲、核桃举肢蛾等。全省普遍发生，发生面积呈逐年上升趋势，危害程度亦逐年加重，已对甘肃省经济林的发展构成威胁。发生的主要原因为果园管理粗放。当前经济林有害生物防治已成为甘肃省林业有害防治工作的重点。

6. 人工林病虫害发生严重

甘肃省人工林面积大，树种单一，纯林过度，林业有害生物发生危害远比天然林严重，尤其是杨、柳、榆、落叶松、油松、云杉等树种集中了数量大、危害重的主要林业有害生物种类，造成的损失巨大。随着造林绿化事业的迅速发展，甘肃省人工林比例逐年加大，而且大多数是单一树种的纯林，结构简单，对病虫害的自控能力较低，有利于有害生物的生存、繁衍，并且在林龄结构上大多处于林业有害生物发生高峰期，在客观上给林业有害生物发生、危害、蔓延提供了条件。同时川区由于经济相对发达，交通便利，人为活动频繁，有害生物传入机会加大，扩散速度加快，致使林业有害生物发生面积和危害程度远比山区严重。

（三）林业有害生物发生原因

1. 林业有害生物防治工作尚未得到全社会的认同

对林业有害生物的危害性、防治的重要性和紧迫性认识不足，消极依赖政府防虫治病的现象还比较严重，防治法规、制度建设起步晚，各种配套法规尚不完备，依法防治林业有害生物还没有真正成为全社会的共识，“谁经营，谁防治”的责任制度难以落实，在宏观调控措施上尚未突出政府行为和社会行为。在林业生产各个环节上努力消除或避免引发病虫的各种因素、共同防治病虫灾害发生等方面的预防观念和综合协调观念淡薄，没有真正把林业有害生物防治工作作为生态环境建设的重要内容和林业工作的重要组成部分，贯穿于森林资源保护和林业生产的全过程，形成了森防部门孤军奋战的局面。

2. 林业有害生物防治体系建设相对滞后

尽管甘肃省林业有害生物防治体系建设近几年取得了一些成绩，但与当今社会、经济特别是林业生产建设的飞速发展还存在较大距离，基础薄弱、森防队伍技术力量不足、人员调动频繁，人员知识结构老化、基层森防基础设施建设滞后，测报仪器设备、检疫检验设施、防治器械严重不足，监测、检疫和防治技术手段落后，监测覆盖率不高，除害处理能力低，防治方法单一。甘肃省监测预警体系、检疫御灾体系和防灾减灾体系尚不完善，交通工具缺乏，应对林业有害生物的防控能力不强，监测留有死角，漏检现象时有发生，防治工作缺乏连续性和系统性，制约着林业有害生物预防和除治工作的深入开展。

3. 人工林生态系统脆弱，森林生物类型构成简单

甘肃省自然条件严酷，森林生态系统脆弱，生物类型简单，由于森林生态环境恶化，使林区益鸟、天敌昆虫和害虫致病微生物繁殖存活率降低，种群基数小，对病虫鼠害的制约作用减弱。同时，森林生态系统自我抵御林业有害生物侵害的能力不强，即使是混交林，也普遍存在混交比例不恰当、混交方式不科学、混交树种搭配不合理等问题，混交质量低、抗性差，为林业有害生物种类急剧增殖提供了有利条件。加之全球气候变暖，连续多年出现的暖冬现象，使甘肃省气候干旱，林木生长不良，也为一些林业有害生物种类提供了越冬、滋生、蔓延的适宜环境，使一些常发性林业有害生物发生期提前，危害期延长，发生范围扩大，危害程度加重。

4. 外来林业有害生物入侵途径增多，防范难度增大

随着经济贸易活动的日益频繁和造林绿化的快速发展，外来林业有害生物在物资流通中传入的风险逐年加大，入侵的途径越来越多，防范难度越来越大。一是通过木材、木制品、木质包装材料、运输工具等将有害生物传入。如黄斑星天牛在20世纪80年代仅在甘肃省部分地区发生，90年代通过木材调运已传入甘肃省各地。二是通过调运种苗，在林业生产过程中传入。林业重点工程建设种苗需求量大，种苗流通南来北往、东调西运，客观上加大了林业危险性有害生物的传播和蔓延机会，如苹果蠹蛾、吹绵蚧通过种苗调运传入甘肃省。三是通过引进外来物种传入。如80年代初，从华北、东北等地区引进的落叶松树种，在甘肃省推广栽植后，发生了落叶松球蚜、落叶松鞘蛾等危害。

5. 防治经费严重不足，有效药剂药械和科学易行的防治方法缺乏

森防经费是顺利实施林业有害生物防治工作的基本保障。国家和省政府在财政困难的情况下，每年都拨专项资金用于林业有害生物防治，近年来，甘肃省每年林业有害生物防治面积300多万亩，国家和省上的防治投入与实际相差甚远。甘肃省是一个经济欠发达省份，财政困难，每年用于林业有害生物防治的经费不足，缺乏应付突发性灾害的能力。另外，林业有害生物防治科研工作无专项经费，对一些主要林业有害生物的防治缺乏科学研究，致使减灾和控灾能力相对薄弱，防治工作往往事倍功半。

（四）林业有害生物防治对策

1. 提高认识，进一步增强做好林业有害生物防治工作的责任感和紧迫感

甘肃省森林资源匮乏、生态环境恶劣、自然灾害频繁，林业作为生态环境建设的主体和重要的基础产业，在甘肃省的国民经济和社会可持续发展中，具有不可替代的地位和作用。因此，我们要紧紧围绕大地增绿，农民增收两大目标，以林业建设为中心，坚持“预防为主，科学防控，依法治理，促进健康”的方针，一方面要紧紧抓住造林绿化不放，不断发展和扩大造林绿化成果；另一方面要紧紧抓住森林资源管护特别是林业有害生物防治不放，巩固和提高造林绿化成果，真正做到两手抓、两手都要硬。加强宣传，进一步提高各级领导和全社会对搞好林业有害生物防治工作重要性的认识，牢固树立大局意识、环境意识、忧患意识和防范意识，增强紧迫感、责任感和使命感，激发和调动全社会共同防范林业有害生物侵害的积极性和主动性，努力形成全社会关心森防、支持森防、参与森防，依法治理林业有害生物的良好社会氛围，不断把林业有害生物防治工作推向新的阶段。

2. 明确责任，切实加强对林业有害生物防治工作的领导

加强领导是搞好林业有害生物防治工作的关键，各级地方政府要从落实科学发展观、保障林业可持续发展和保护生态环境的战略高度，充分认识搞好林业有害生物防治工作的重要性，要认真贯彻执行《植物检疫条例》《森林病虫害防治条例》和《甘肃省森林病虫害防治检疫条例》，把林业有害生物防治工作纳入各级政府国民经济和社会发展总体规划及造林绿化目标责任制，建立甘肃省林业有害生物突发事件应急机制。各级林业主管部门要把林业有害生物防治工作纳入工作总体目标和造林绿化达标内容，认真研究，全面部署，加强领导，落实措施，及时研究解决林业有害生物防治工作中存在的重大问题，确保林业有害生物防治工作顺利开展。要把成灾率纳入各级政府的责任目标考核，把无公害防治率、测报准确率和种苗产地检疫率纳入各级林业主管部门的责任目标考核，进一步完善林业有害生物防治责任制度和限期除治通知书制度，建立双项目标管理责任制，层层签订目标责任书，明确任务，靠实责任，严格考核，切实把防治责任落到各级政府和林业主管部门领导的肩上，形成一级抓一级，层层抓落实的局面。各级森防部门要积极当好政府和林业主管部门的参谋和助手，多衔接、多汇报，及时处理解决防治工作中出现的新情况和新问题，保证甘肃省林业有害生物防治工作的健康有序发展。

3. 加强建设，提高林业有害生物防御能力和水平

要加快监测预警体系、检疫御灾体系、防治减灾体系、应急反应体系和防治法规体系建设，实现林业有害生物防治法制化、规范化、科学化、标准化、信息化，不断降低林业有害生物的发生范围和危害程度，有效控制危险性林业有害生物，遏止主要林业有害生物高发势头，培育健康森林，逐步实现林业有害生物可持续控制。按照新时期新阶段对林业有害生物防治工作的新要求，全面加强省、市(自治州)、县三级森防机构建设、森防标准站建设、国家级中心测报点和省级中心测报点建设，尽快形成以国家级中心测报点为龙头，省级中心测报点为骨干，基层监测点为基础的监测预警网络，切实提高对林业有害生物灾害的预警能力。建立健全省、市(自治州)、县检疫检验实验室，加大对检疫除害处理设施的建设力度，加快无检疫对象苗圃建设步伐，不断提高检疫检验水平和检疫除害处理能力。大力加强防治机械器械药械等基础设施建设，完善森防行业防治技术服务体系，不断提高对林业有害生物灾害的应急处理能力。通过持续建设，不断增强全省森防行业对林业有害生物的防御能力和水平。

4. 突出重点，对主要林业有害生物实施工程治理

针对甘肃省主要林业有害生物发生危害严重的实际，根据《森林病虫害防治条例》的有关规定，要严格执行"谁经营，谁防治"的责任制度，依法调动广大林农防治林业有害生物的积极性，按照事权划分、分级管理、分级负责的原则，对重大或危险性林业有害生物，通过划定防治工程区，按照工程项目规划、设计、立项、审批、实施，有步骤、有计划地运用综合治理技术措施，集中力量打歼灭战，要坚持重点突破，整体推进，分类指导，因虫（病）施策，典型示范，抓点带面，以示范带全局，以局部促整体，坚持专群结合，联防联治，大力推行生物防治技术和无公害防治药剂，重视生态环境和林相保护，不断提高防治质量，逐步把林业有害生物发生危害造成的损失控制到最低程度。当前，要突出抓好落叶松虫害（落叶松叶蜂、落叶松球蚜、落叶松鞘蛾）、杨树病虫害（沙枣尺蠖、天幕毛虫、杨树蛀干天牛、杨干透翅蛾、杨树烂皮病）、云杉嫩梢害虫（松梢螟、松小卷蛾、云杉顶芽瘿蚊）、油松害虫（油松毛虫、油松线小卷蛾）、松落针病、刺槐尺蠖、柽柳条叶甲、沙棘木蠹蛾、鼠兔害等重大林业有害生物工程治理的规划设计和立项审批，并尽快制订出台甘肃省林业有害生物应急预案。

5. 抓好源头，建立林业有害生物协同御灾机制

各级林业主管部门要牢固树立森林健康理念，把培育健康的森林作为主要的工作目标，将林业有害生物防治纳入营造林工程实绩核查的重要内容，贯穿于林业生产的全过程。一是各级森林病虫害防治部门要直接参与本地造林规划设计、森林经营方案的论证编制和营造林项目的检查验收，确保林业有害生物预防措施真正落实到营造林生产的各个环节。二是坚持因地制宜、适地适树的原则，积极选育和大力推广使用抗旱抗寒抗病虫能力强的优良乡土树种，减少大调大运，消除病虫隐患，确保造林种苗质量。三是要积极营造多树种、多林种、多形式的混交林，合理配置林种树种结构，彻底解决造林树种单一、人工林过度纯化问题，增强人工林生态系统的稳定性，提高林分的整体抗虫防病功能。四是加强对现有纯林的更新改造和中幼林抚育管理，通过松土除草、水肥管理、抚育间伐、封山育林、改善林地卫生条件等措施，增强树势，提高林木生长量，促进幼林提前郁闭成林，保护森林生物多样性，努力构建生物多样、结构复杂、功能完整的森林生态系统，提高森林生态系统的自我调控能力，促进森林健康成长，从根本上长期实现可持续控灾的目的。进一步完善林业有害生物灾情报告制度和责任追究制度，组织开展好危险性、突发性林业有害生物专项调查。加强林业有害生物监测工作，提高监测预报的科学性、准确性和时效性。制订和完善林业有害生物系统测报和监测办法，建立测报信息传输、处理、分析的网络化平台，准确判断林业有害生物的危害状况和发生趋势，及时发布灾情预报、通报、警报，定期发布林业有害生物发生趋势长、中、短期预报，做到早发现、早除治。切实加强森林植物检疫工作，加大执法力度，规范执法程序，要严格检疫引种审批制度，建立外来林业有害生物风险评估体系，开展风险分析，严防外来林业有害生物传入。要严格按照森林植物检疫技术规程，切实加强调运检疫和产地检疫工作，坚决禁止带有林业检疫性有害生物的寄主植物及其产品擅自调运，对调入的木材、木制品、造林绿化苗木、花卉和可能携带检疫性、危险性林业有害生物的包装材料进行全面复检，对发现有林业检疫性有害生物和其他危险性林业有害生物的，依法进行除害处理和处罚。对种苗生产基地,采取定期和随机抽查相结合的方式开展产地检疫,坚决杜绝病苗、疫苗流入市场和出圃造林,从源头上防范检疫性林业有害生物和其他危险性林业有害生物的传入传出。同时要强化杨树疫木管理,落实灭虫措施,严禁乱拉乱运,严防疫情扩散蔓延。

6. 依靠科技，提高林业有害生物防治水平

坚持科技兴防，为林业有害生物防治提供支撑和保障。要紧紧围绕当前林业有害生物防治工作中的难点和热点问题，有计划的组织科研、教学、生产等方面的专家、技术人员开展联合攻关，准确掌握主要林业有害生物有效防控规律，切实解决防治工作中存在的重大技术难题。加强新技术、新方法、新药剂、新器械和林业有害生物区域性综合治理战略与配套技术的研究。坚持科研与生产相结合，加强适用防治技术与高新技术的组装配套，大力推广以生物防治为主的先进适用技术，建立符合实际的示范样板，充分发挥示范带动作用，使科学技术尽快转化为现实生产力，不断提高防治工作的科技含量。加强林业有害生物防治技术宣传培训工作，普及森防知识和防治技术，提高森检人员、专业技术人员和广大林农群众的科技文化素质和防治技术水平，使林业有害生物防治工作真正建立在依靠科技进步和提高林业经营者素质的基础之上。

7. 广筹资金，加大对林业有害生物防治经费的投入

甘肃省林业有害生物防治要继续坚持地方投入为主，国家扶持为辅的原则和“谁经营、谁防治”的责任制度，实行国家、省、地方、集体、个人多元化、多层次、多渠道、多形式的配套投入机制，保证林业有害生物防治投资稳步增长。一是紧紧抓住国务院颁发的《重大外来林业有害生物灾害应急预案》和国家林业局颁布的《突发林业有害生物事件处置办法》启动实施带来的历史机遇，积极争取林业有害生物预防体系基础设施建设项目和工程治理项目，争取更多的资金支持。二是市(自治州)、县(区、市)两级政府要积极采取措施，拓宽筹集渠道，安排一定数量的防治资金，逐步增加对林业有害生物防治经费的投入。三是要严格执行“谁经营，谁防治”的责任制度，加大自筹资金比例，努力形成国家支持、地方配套、社会多方筹集与群众投工投劳相结合的多元化投入机制。四是积极争取政策支持，按照《甘肃省森林病虫害防治检疫条例》，林业主管部门可从林业生态工程建设费和育林基金中提取一定比例作为专项防治经费。国有林业管理机构可从育林基金、木材销售收入、多种经营收入和事业费中安排森林病虫害防治费用，以解决林业有害生物防治经费的不足。五是对防治经费实行科学管理，建立效益评价、跟踪检查和专项审计制度，坚持专款专用，严禁挤占挪用，保证有限的资金发挥最大的效益。

8. 健全机构，稳定林业有害生物防治队伍

各级林业有害生物防治机构既承担着行政管理职能，又肩负着行业执法重任，既是林业有害生物防治的直接执行者，又是农村社会服务体系的重要组成部分。因此，新旧体制的转换过程中，只能加强，不能削弱。要在人员编制、事业经费、设施建设等方面予以保证。在新世纪，进一步完善以林业有害生物防治站为框架，防治、检疫、测报为网络，专业化、机械化为标志的“一站三网二化”建设。同时要加强林业有害生物防治专业队伍建设，加强岗位技术培训，实行持证上岗制度，抓好行业纠风工作和精神文明建设。通过加强自身建设和发挥行业执法中的窗口作用，努力塑造良好形象，赢得全社会的支持，以保证林业有害生物防治工作的顺利开展，为甘肃省的林业生产建设搞好服务。

青海省林业有害生物普查技术报告

根据国家林业局《关于在全国开展林业有害生物普查工作的通知》（林造发[2003]73号）精神和统一部署，青海省于2003年10月至2006年5月进行了全省林业有害生物普查工作。这次普查是青海省继1980年森林病虫害普查以来又一次重要的大规模普查工作。通过这次普查，进一步摸清了青海省外来林业有害生物及本土危险性林业有害生物的发生、危害状况和发展趋势，建立了比较完善的森林病虫鼠情数据库，为科学制订保护青海省森林资源的方针、政策和今后一个时期开展林业有害生物防治工作提供了科学依据。特别是这次普查将外来林业有害生物的发生情况作为重点，直接关系到今后一个时期青海省开展外来林业有害生物的防治和预防工作，在林业有害生物预防战略工作中具有十分重要的意义。

一、概　况

（一）地理位置和行政区划

青海省位于我国西部，位于有“世界屋脊”之称的青藏高原的东北部，是长江、黄河和澜沧江的发源地，被誉为“三江源”和“中华水塔”。地理坐标为东经89°35′~103°04′，北纬31°39′~39°19′。东西最长约1100千米，南北最宽约820千米，总面积72.12万平方千米；平均海拔3000米以上，西高东低，呈梯形降低，最高海拔6820米，最低海拔1650米，占全国国土总面积的1/13，列全国第四位。青海省辖6自治州、1地区、1市、43个县级行政区。

总人口528.6万人，其中城镇人口199.2万人，乡村人口329.4万人，农业人口占总人口70%以上。国内生产总值为155.5亿元。按产业结构分，第一产业36.2亿元，第二产业52.0亿元，第三产业67.3亿元，分别占国内生产总值的23.3%、33.4%和43.3%。农业总产值37.1亿元，其中，林业产值1.1亿元。

（二）自然概况

青海省相对高差大，气候属高原大陆性气候，干燥、少雨、多风、寒冷、缺氧、温差大、冬长夏短、四季不分明，气候区分布差异大、垂直变化明显。年平均气温－5.8~8.6℃，无霜期1~3个月，年平均降水量300毫米。

青海省土壤受地形、气候、成土母质和植被的综合影响，种类与分布较为错综复杂，有明显的水平和垂直分布规律性。总的来讲可分为栗钙土、荒漠土和高山土壤三个土壤带。

植被受地貌、气候和土壤制约，具有寒旱特点。植被类型以高寒植被为主，其次是荒漠植被和草原植被，森林植被很少。

境内野生动植物资源。野生动物种类多、数量大、价值高，有不少属于国家保护的稀有珍贵品种。据有关资料介绍，全省有鸟类290多种，哺乳兽类109种，平均每平方千米有经济禽兽近60只。

（三）林业概况

根据2002年完成的森林分类区划界定数据，全省划分为公益林用途的林业用地面积11165.48万亩，其中有林地面积748.35万亩，疏林地面积157.43万亩，灌木林面积5404.85万亩，未成林造林地604.39万亩，苗圃地面积3.4万亩，宜林地面积2876.13万亩，灌丛地面积1370.68万亩，林业辅助用地0.25万亩，森林覆盖率为4.4%（含灌木林）。

青海省的天然林资源主要分布在长江、黄河、澜沧江、黑河流域高山峡谷地带，灌木林多，乔木林少，树种和林分结构简单。天然乔木林大多分布在海拔3200～4000米之间，主要以寒温性常绿针叶树和山地落叶阔叶林为主，其次为温性针叶林；灌木林主要以高寒灌丛为主，柴达木盆地和共和盆地分布有荒漠灌丛。

截至2005年底，已建立35个森林病虫防治检疫站，29个国家级中心测报点，一般测报点126个，专业从事森防工作人员206名，专职检疫员175名，测报人员267人。共有机动喷药机械572台，电脑77台，汽车等交通工具43辆。已建立了省、地（市）、县三级林业有害生物测报、检疫、防治网络体系。

二、普查范围与普查对象

（一）普查范围

本次普查覆盖全省6自治州、1地区、1市所辖区域的有林地、疏林地、未成林地、灌木林地、林网、四旁绿化树、苗圃、花圃、贮木场和木材加工厂。依据人为活动较多和保护重点林区的原则，确定以东部黄土丘陵沟壑区的人工林和天然林区、柴达木盆地的荒漠植被区、祁连山地的天然林及三江源地区的人工林和天然林区为普查重点区域。

（二）普查对象

（1）境外传入的林业有害生物，如松材线虫病、日本松干蚧等，以入侵后对当地已造成危害的种类为普查重点。对那些已经在其他地区造成危害的而在本地区尚未造成危害的林业外来生物也是本次普查对象，如美国白蛾、红脂大小蠹、松突圆蚧等。

（2）1980年以后从省外传入的林业有害生物，包括病原微生物、有害昆虫、有害植物及鼠、兔类。

（3）危险性大的本土有害生物。主要是指对森林植物及其产品造成严重危害的本土有害生物。

（4）外来有害生物的确定。

是否为从国（境）外传入，可通过查阅有关文献、咨询专家等获知。

是否为外省（自治区、直辖市）、外市、外县（区、市）传入，以1980年普查结果为准。但1980年普查时没有记录，后来发现鉴定的本土新种，不应列为外来有害生物。

三、普查内容与技术方法

（一）普查内容

（1）有害生物（林业病原微生物、昆虫、有害植物、鼠类）种类普查。

(2)寄主植物普查。普查对象危害的植物种类(包括乔木、灌木、花卉等)。寄主植物种类大于20种的，按不同科、属，列出主要的20种。

(3)普查对象分布地点统计。发生区域大的(发生地点超过所辖县级行政区域1/3以上的乡镇)，统计县级名称；新发现的或发生区域小的(发生地点等于或小于所辖县级行政区域1/3的乡镇)，统计乡镇名称。

(4)有害生物发生面积统计。危害经济林、苗圃、花圃、温室等种苗繁育基地的，以危害寄主植物的实际种植面积计算；危害其他林地的，以林业小班为单位计算发生面积。

(5)危害木材的有害生物统计。统计危害木材的(包括原木、板材、方材、木质包装材料、垫脚木、人造板等)有害生物种类、危害数量及危害程度。

(6)外来有害生物来源调查。了解并记录传入地、传入时间、传入的途径及方式等。

(7)外来有害生物入侵对当地经济、生态、社会影响的调查。

(二) 普查技术方法

1. 外业调查

以乡、镇、林场为单位，根据事先确定的普查重点区域的分布情况，在林相图上或林业作业图上设计出科学、合理的踏查路线，设立具有代表性的调查点，列出每个调查点所在地的位置以及所代表的面积。在有害生物发生盛期或症状显露期开展外业或标准地调查。

(1) 踏查。

按照设计的调查路线，进行踏查。当发现有有害生物危害症状时，应及时采集标本，拍摄相关照片。

(2) 标准地调查。

在踏查的基础上，对有危害症状的，或有有害生物的林地，设立标准地进行详查。标准地面积1~5亩。人工林标准地或样方累计调查面积不小于该林地或种苗繁育基地总面积的3%；天然林标准地或样方累计调查面积不少于0.2%。调查木材危害状况时，抽样率不少于3%。根据调查林地面积的大小，按照一定的取样方式，选取一定数量的样地。采用的取样方式有：棋盘式(面积或长度)、双对角线式、单对角线式(面积或长度)、大五点取样法、抽行取样法、随机取样和Z字形取样法。

2. 组织形式

这次普查主要依靠各县自己的力量，组织人力、物力，在固定的时间内完成。省森林病虫害防治站派1~2名技术人员负责技术监督和各地普查工作进展情况。在具体操作上，西宁市、海东地区和黄南藏族自治州的林业有害生物普查，由所属各县林业局组织专业技术人员进行普查，市、地、州林业局统一协调，按要求统一上报普查成果材料；海北藏族自治州、海西蒙古族藏族自治州、海南藏族自治州林业有害生物的普查，由州林业局抽调技术人员组成专业队，进行统一普查，统一上报成果。玉树藏族自治州和果洛藏族自治州林业有害生物的普查，由省林业局组织技术人员和专家，分别在各州林业局的配合下进行。

四、普查的主要成果

全省共普查6自治州、1地区、1市，43个县(区、市)，400个乡镇(其中115个镇、285个乡)，8个自然保护区，14个森林公园和61个国有林场，苗圃1611个，贮木场和木材加工厂 570 个，花卉基地 20 个 4600 亩，调查面积 4.3 万亩，代表面积 4723.35 万亩，占应普查面积的 91 %，设置普查线路 972 条，标准地 6646 个；共采集有害生物标本 2708 号，其中病害 85 号，虫害 2539 号，有害植物 60 号，害鼠 24 号；鉴定标本 129 种；确定青海省新纪录属(种) 9 种。拍摄林业有害生物生物学和生态学照片 1354 幅，制作林业有害生物成套标本 354 套。通过普查，基本查清了林业有害生物种类及其寄主植物，林业有害生物分布地点和发生面积及危害程度，基本上达到了摸清家底、重点明确、查明灾情的目的，为今后开展林业有害生物的专题研究提供了宝贵资料和科学依据。

(一) 基本查清了全省林业有害生物种类

全省共确定林业有害生物 129 种。其中病害 17 种，包括真菌 14 种，细菌 1 种，非侵染性病害 2 种；昆虫 83 种，隶属 7 目 45 科，其中食叶害虫 34 种，枝梢害虫 23 种，钻蛀性害虫 13 种，地下害虫 9 种，种实害虫 4 种；害鼠 9 种；有害植物 20 种，其中寄生性种子植物 2 种，低等植物 1 种。确定青海省新纪录属(种) 9 种；外来林业有害生物种类 10 种。

(二) 基本查清了有害生物的主要寄主树种

据统计，青海省有害生物的寄主树种主要有 35 种，分属 12 目 16 科 27 属。其中乔木树种有 22 种：青海云杉、青杆、华北落叶松、兴安落叶松、油松、华山松、侧柏、圆柏、青杨、小叶杨、山杨、毛白杨、垂柳、旱柳、红桦、白桦、杏、苹果、山楂、白榆、海棠、白蜡。灌木树种有 13 种：珍珠梅、柠条、紫丁香、盐爪爪、枸杞、白刺、沙棘、沙枣、梭梭、直穗小蘖、绣线菊、杜鹃花、忍冬。

经统计，发生在杨树上的林业有害生物有 55 种，危害柳树的林业有害生物 37 种，危害榆树的林业有害生物 22 种，危害桦树的林业有害生物 8 种，危害柠条的林业有害生物 7 种；危害云杉的林业有害生物 21 种，危害圆柏的林业有害生物 2 种，危害油松的林业有害生物 5 种，危害落叶松的林业有害生物 5 种，危害沙棘的林业有害生物 14 种，其他树种上的林业有害生物 12 种。

(三) 基本查清了主要有害生物的分布地点、发生面积和危害情况

1. 主要林业有害生物的发生面积

据统计，全省主要林业有害生物发生面积为 550 万亩(次)，轻度发生面积 252 万亩(次)，中度发生面积 158 万亩(次)，重度发生面积 140 万亩(次)。其中病害 25.5 万亩(次)，虫害 287.9 万亩(次)，有害植物 39 万亩(次)，鼠害 197.8 万亩(次)。

按寄主统计，柏树上林业有害生物发生面积 103 万亩(次)，杨树上林业有害生物发生面积 87.8 万亩(次)，沙棘上林业有害

生物发生面积 67.6 万亩(次)，白刺上林业有害生物发生面积 65.6 万亩(次)，云杉上林业有害生物病虫害发生面积 57.6 万亩(次)，油松上林业有害生物发生面积 2.2 万亩(次)，桦树上林业有害生物发生面积 18 万亩(次)，柠条上林业有害生物发生面积 14 万亩(次)。

2. 主要林业有害生物的分布地点

青海省森林资源具有明显的垂直分布和水平分布特点，林业有害生物也呈现出明显的地

域分布特点。海西柴达木盆地多为荒漠植被，主要有白刺、枸杞、柽柳、沙棘等，城镇周围分布有杨树农田林网，天然原始林主要有祁连圆柏，因而该地区林业有害生物以灰斑古毒蛾、圆柏大痣小蜂、枸杞木虱和杨树烂皮病、锈斑楔天牛等杨树病虫害为主。

海北藏族自治州的祁连县、门源回族自治县、刚察县、海晏县，海西蒙古族藏族自治州的天峻县和乌兰县的部分地区、海南藏族自治州的共和县和海东地区的互助土族自治县一部分林区属于祁连山山地水源涵养林区，分布有大面积的云杉、圆柏、桦树林和沙棘灌木林，该区林业有害生物以云杉矮槲寄生害、云杉小蠹虫、桦树食叶害虫、沙棘金龟子为主，是青海省有害植物分布最多的地区。

西宁市、海东地区和黄南藏族自治州尖扎县、海南藏族自治州贵德县东部黄土丘陵沟壑区森林是以青杨、桦树、山杨为优势的阔叶林，针叶林有云杉、圆柏、油松等，灌木林主要有柠条。该区林业有害生物种类多、分布集中、危害重。主要以光肩星天牛、杨干透翅蛾、杨木蠹蛾、锈斑楔天牛、大青叶蝉、春尺蠖等杨树病虫害和高山毛顶蛾、桦尺蠖、灰拟桦尺蠖等桦树食叶害虫为主，云杉梢斑螟、油松落针病等局部有分布，柠条豆象、柠条坚荚斑螟是该区柠条种实的重要害虫。该区也是青海省外来林业有害生物分布的主要地区。

黄河上游山地水源涵养林区包括海南藏族自治州的贵南县、同德县、兴海县、共和县部分地区，黄南藏族自治州的同仁县、泽库县等，森林植被类型以圆柏林、云杉林为主，其次为桦树林、油松林，林业有害生物以云杉矮槲寄生害、云杉八齿小蠹、油松横坑切梢小蠹、圆柏大痣小蜂、侧柏毒蛾、云杉顶芽小卷蛾为主，危害十分严重。

果洛藏族自治州、玉树藏族自治州大多为天然林，病虫害发生种类少，主要有松萝、云杉矮槲寄生害、圆柏大痣小蜂等，发生面积52万亩（表1）。

表1 青海省林业有害生物分布状况

地区类型	森林类型及主要树种	包括地区	林业有害生物种类
海西柴达木盆地	荒漠植被、杨树农田林网、天然原始林；以白刺、圆柏、枸杞、柽柳、沙棘、杨树为主	都兰县、乌兰县、德令哈市、格尔木市	灰斑古毒蛾、圆柏大痣小蜂、枸杞木虱、杨树烂皮病、锈斑楔天牛
祁连山山地	水源涵养林；以云杉、圆柏、桦树、沙棘为主	祁连县、门源回族自治县、刚察县、海晏县，天峻县和乌兰县的部分地区、共和县、互助土族自治县部分林区	云杉矮槲寄生害、云杉小蠹虫、化尺蠖、高山毛顶蛾、沙棘金龟子、沙棘木蠹蛾、圆柏大痣小蜂
东部黄土丘陵沟壑区	针、阔混交林；以青杨、桦树、山杨、云杉、圆柏、油松、柠条为主	西宁市、湟中县、湟源县、平安县、乐都县、循化撒拉族自治县、化隆回族自治县、民和土族回族自治县、互助土族自治县、贵德县东部	光肩星天牛、杨干透翅蛾、杨木蠹蛾、锈斑楔天牛、大青叶蝉、春尺蠖、高山毛顶蛾、桦尺蠖、灰拟桦尺蠖、云杉梢斑螟、油松落针病、柠条豆象、柠条坚荚斑
黄河上游水源涵养林	以圆柏林、云杉林为主，其次桦树林、油松林；	贵南县、同德县、兴海县、共和县部分地区，同仁县、泽库县	云杉矮槲寄生害、云杉八齿小蠹、横坑切梢小蠹、圆柏大痣小蜂、云杉顶芽小卷蛾、云杉芽锈病
果洛、玉树	圆柏、云杉天然林；云杉、圆柏	班玛县、玉树县、囊谦县等	松萝、云杉矮槲寄生害、圆柏大痣小蜂

鼠害在全省6自治州、1地区、1市，43个县(区、市)的604.39万亩未成林地(包括退耕还林地）均有发生。

3. 危害情况

全省中度以上林业有害生物发生面积298万亩(次)，占总发生面积的54.2%，其中，病害中度以上发生面积12.3万亩(次)，以杨树烂皮病最为严重；虫害中度以上发生面积149.6万亩(次)，危害严重的有天然林和人工林蛀干类害虫、沙棘等荒漠灌木林害虫和桦树、杨树暴发性食叶害虫为主；鼠害中度以上发生面积121.7万亩(次)，严重危害的有高原鼢鼠和达乌尔鼠兔；有害植物中度以上发生面积14.3万亩(次)，以天然林云杉矮槲寄生害最为严重。

以林业有害生物防治难易程度、传播速度快慢、灾害严重程度、发生面积、分布范围等多项因素分析，青海省本土危险性大的20种主要有害生物依次是：云杉矮槲寄生害、高原鼢鼠、达乌尔鼠兔、云杉八齿小蠹、杨树烂皮病、圆柏大痣小蜂、横坑切梢小蠹、明亮长脚金龟子、沙棘木蠹蛾、锈斑楔天牛、杨干透翅蛾、杨木蠹蛾、大青叶蝉、桦尺蠖、高山毛顶蛾、云杉梢斑螟、松线小卷蛾、云杉顶芽小卷蛾、灰斑古毒蛾、柠条豆象。

(四) 基本查清了危害木材的有害生物种类

通过对全省570个木材站和木材加工厂调查，危害阔叶树木材的有害生物有杨干透翅蛾、光肩星天牛、杨木蠹蛾、烟角树蜂；危害针叶树木材的有害生物有云杉中重齿小蠹、云杉八齿小蠹、落叶松十二齿小蠹、云杉大墨天牛等。

(五) 基本查清了外来林业有害生物的种类及来源

1. 外来林业有害生物种类

根据《青海省病虫害普查资料汇编》(1980~1982年)、《青海经济昆虫》、《中国森林昆虫》、《中国乔、灌木病害》等文献资料和青海省近20年来种子、苗木和木材调运情况，没有发现从境外传入的林业有害生物，而1980年以后从省外传入的林业有害生物(即外来有害生物）有10种，即光肩星天牛、桑天牛、槐花球蚧、柠条坚荚斑螟、落叶松十二齿小蠹、烟角树蜂、黑龙江粒粉蚧、远东苞杉蚧、白蜡绵粉蚧、沙里院褐球蚧。

2. 外来林业有害生物的来源和途径

青海省外来林业有害生物的传入方式主要有两条途径：一是随人类活动无意传入。随着交通环境的改善，人员和物资流动日益频繁，省际间种、苗调运日益扩大，外来林业有害生物借助调运的种子、苗木、木材及其运输工具、包装材料越来越多的传入青海省。这些林业有害生物在青海省境内定居后，又通过自然传播和人为传播进行蔓延。自然传播就是昆虫凭借自身短距离的飞翔、迁飞、爬行等行为或通过风力、水流、鸟类、昆虫等进行传播，在周边地区造成扩散蔓延。如光肩星天牛自1992年从甘肃省通过木质包装材料传入后，10多年内又通过自然扩散和木材及其运输工具进行蔓延，已在青海省1市8县19个乡(区）均有发生；1996年格尔木市从外省调入的垂榆苗木上发现桑天牛后，贵德县、大通回族土族自治县也分别在外地调入青海省的垂榆苗木复检中截获了桑天牛。二是引种造成外来林业有害生物的入侵。20世纪70年代，青海省引进华北落叶松，造成落叶松-青杨锈病和云杉-落叶松球蚜的严重危害，不仅对落叶松造成严重危害，而且对青海省主要造林绿化树种云杉和青杨造成巨大威胁。随着该树种的成功引进和栽培范围的扩大，这两种病虫害的发生危害也逐步扩大，目前在落叶松分布区均有不同程度的发生，落叶松球蚜被害株率达100%，落叶松杨锈病造成提前落叶、叶片焦黄等，严重影响了树木的健康生长和观赏价值；从内蒙古自治区等地调入柠条用于荒山造林，柠条豆象和柠条种子小蜂随即入侵青海省，在青海省柠条分布区发生危害20多年，危害率达10%以上；今年普查中又发现危害柠条的另一种危险性种实害虫——柠条坚荚斑螟，在西宁市、互助土族自治县均有分布；1995年前后西宁市引种郁金香种球，传入郁金香根腐病；1996年西宁市引种白蜡作为街道主要绿化树木，随之白蜡绵粉蚧侵入。

3. 外来林业有害生物入侵地点

林业有害生物首先在交通沿线、风景区、木制品生产和使用单位（木材加工点、木材市场、建筑工地、驻军营房、电站、光缆和电缆架设区）等人为活动频繁地区，特别是与疫区毗邻地带、曾从有疫情分布的地区调入林木及林木制品的地方首先发生。例如，光肩星天牛就是因火车运输疫木包装材料而在西宁市火车站货场附近首次发现；2000年6月，在西宁市儿童公园举办图腾展时，在木质图腾上发现危险性虫害——中华薄翅天牛；白蜡被西宁地区引进后，该地区就成了白蜡绵粉蚧发生危害的主分布区。

4. 外来林业有害生物入侵时间。

青海省外来林业有害生物的传播从20世纪70年代后期就开始了，这也是我国三北及长江中下游地区等重点防护林体系建设工程刚刚启动的时候，那时造林树种单一，大多为本土树种青杨、沙棘和云杉等，这个时期主要引进了华北落叶松和柠条，华北落叶松作为中间寄主造成落叶松杨锈病在引种地湟中县的大发生，并造成落叶松球蚜的多年持续危害，柠条种实害虫——柠条豆象也成为青海省干旱浅山绿化造林的大敌。90年代是经济快速发展的时期，也是全省林业事业蓬勃发展的时期，造林树种趋于多样化，木材及木制品经营活动旺盛，物资调运频繁，青海省种苗需求量大，从外省（自治区、直辖市）调入大量针叶、阔叶苗木、种子，通过这些苗木、种子、花卉、木材等的调运，造成柠条坚荚斑螟、落叶松十二齿小蠹、烟角树蜂等许多外来林业有害生物的入侵。进入21世纪，青海省庭院绿化事业迅速崛起，外省一些优良树种如垂榆、槐树、金丝柳、白蜡等被引进省内，造成桑天牛、槐花球蚧、白蜡绵粉蚧等外来林业有害生物的侵入。

5. 外来林业有害生物发生原因

青海省生态环境十分脆弱，林分大多为纯林，生境较为简单，人类活动频繁（如李家峡大型水电工程建设等），多样性差，物种组成和群落结构简单，天敌种类少，自然抑制力低，这些因素在客观上为外来有害生物的入侵、传播和蔓延创造了机会，使外来物种极易迅速占据大量的生态位而成为优势种。另外，检疫封锁漏洞多，疫木源头管理不严、执法不严，检验检疫手段落后也是造成外来林业有害生物长驱直入的重要原因。

6. 外来林业有害生物对生态的影响

在停止天然林砍伐、严禁人为进一步破坏生态的情况下，外来林业有害生物成为当前生态退化和生物多样性丧失的重要原因。外来林业有害生物具有适宜生活范围广、生态适应能力强、繁殖能力强、传播能力强的特点，其危害性主要表现在以下几个方面：通过竞争、占据本地物种生态位，使本地物种失去生态空间；与当地物种竞争食物或直接杀死当地物种，分泌释放化学物质，抑制其他物种生长；通过形成大面积单优群落，降低物种多样性，使依赖于当地物种多样性生存的其他物种没有适宜的栖息环境；大量利用本地土壤水分，不利于水土保持，破坏景观的自然性和完整性，影响遗传多样性。

青海省遭受外来林业有害生物的入侵和危害，呈现出传入数量增多、传入频率加快、蔓延范围扩大、发生危害加剧、经济损失加重的趋势。光肩星天牛已成为青海省重要的杨树危险性蛀干害虫，使青海省乡土树种的正常生长受到了严重威胁。由于树种更新慢，替代树种少，虫害木砍伐后良好的生态环境难以恢复。黑龙江粒粉蚧、槐花球蚧等一些蚧类害虫虫口密度非常高，危害寄主广泛，尤其对一些花灌木危害十分严重，对青海省庭院和街道绿化造成一定的不良影响。

（六）修订了青海省省内补充检疫对象名单

根据《植物检疫条例》和《森林植物检疫对象确定管理办法》（林策通[1995]83号）的规定，结合国家林业局新公布的全国19种林业检疫性有害生物名单和青海省林业实际情况，依据林业检疫性有害生物评估标准，在全省林业有害生物普查的基础上，经青海省林业补充检疫性有害生物评审专家委员会风险评估和审定，于2005年将光肩星天牛、槐花球蚧、白杨透翅蛾、锈斑楔天牛、臭椿沟眶象修订为青海省补充林业检疫性有害生物，后又增补加拿大一枝黄花为补充林业检疫性有害生物。

（七）初步确定了青海省新纪录属（种）

通过查阅大量文献，初步确定青海省林业有害生物新纪录属（种）9种：即油松木蠹象、桑天牛、远东苞杉蚧、杨潜叶跳象、灰拟桦尺蠖、明亮长脚金龟子、横坑切梢小蠹、沙棘木蠹蛾和杨黄褐锉叶蜂。

（八）澄清和纠正了一些病虫害名称

通过专家鉴定，榆瘿蚜现更名为秋四脉绵蚜，油杉寄生害现定名为云杉矮槲寄生；杨树花叶病毒病在有关文献中曾记载青海有分布，通过这次林业有害生物普查工作，没有发现该病害的分布。

（九）培养了技术力量

在普查中，青海省林业局安排专业技术人员在“全省森林资源二类清查培训班”上对全省林业站、林场、苗圃的300多名技术人员就林业有害生物的重要性、调查任务、调查方法、有害生物标本采集、制作等内容进行了详细讲解；在2004年全省林业有害生物防治工作会议暨林业有害生物普查培训班上，对全省森林病虫害防治站站长及各站技术骨干120人进行了有害生物识别、采集、鉴定等内容的系统培训。之后，各州、地、市、县也相继举办了普查培训班，共培训普查人员300人（次）。经培训后，技术人员基本上掌握了有害生物的调查方法、标本的采集制作和一般病虫的防治技术等，成为青海省今后开展林业有害生物监测、检疫和防治工作的一支重要技术力量。

（十）建立了青海省林业有害生物数据库

通过这次普查，摸清了青海省危险性林业有害生物的发生现状和外来林业有害生物的基本情况，采集并鉴定了大量林业有害生物的标本，掌握了部分危险性林业有害生物的发生发展规律和生物学特性，增加了9种青海省新纪录种，这些成果既是对1982年森林病虫普查成果的补充，也是新时期林业有害生物病虫情发展的宝贵资料。通过这次普查，更进一步补充和完善了青海省林业有害生物资源数据库，是青海省科学制订今后一个时期开展林业有害生物监测预警、检疫检验和综合防治工作的科学依据。

五、本土林业有害生物发生现状及趋势分析

根据统计表，青海省本土有害生物发生面积大，危害重。可以说在有林木的地方，就有林业有害生物的发生和危害。主要危害的林业有害生物有五大类。

（一）天然林区林业有害生物

该区主要林业有害生物种类有云杉矮槲寄生害、云杉八齿小蠹、圆柏大痣小蜂、横坑切梢小蠹、云杉梢斑螟、松线小卷蛾、云杉顶芽小卷蛾、桦尺蠖、高山毛顶蛾、丹巴腮扁叶蜂、侧柏毒蛾、云杉叶锈病、云杉芽锈病、松萝等。发生面积175.89万亩，主要分布于黄南藏族自治州、海西蒙古族藏族自治州、海北藏族自治州、玉树藏族自治州、果洛藏族自治州。

1. 云杉矮槲寄生

分布于互助土族自治县、同德县、尖扎县、泽库县、同仁县、门源回族自治县、囊谦县、玉树县、班玛县、玛沁县县玛珂河林区。发生14.88万亩，其中轻度发生面积7.8万亩，中度发生面积4.63万亩，重度发生面积2.42万亩。寄生于云杉枝干部，被害云杉长势不良，针叶发黄变色，多年危害后云杉呈丛枝状，导致林木死亡。海北藏族自治州、黄南藏族自治州等地因其危害致死云杉蓄积量达5347立方米。由于对该有害植物的防治除砍伐外没有更有效的措施，因而其发生与危害有越来越加重的趋势。

2. 云杉八齿小蠹

发生面积1.91万亩，其中轻度发生面积0.90万亩，中度发生面积0.53万亩，重度发生面积0.47万亩。分布于同仁县、泽库县、化隆回族自治县及玛珂河林区，在尖扎县的冬果、洛哇林场也有少量零星分布。该虫是青海省天然林危害云杉的主要害虫，以同仁县危害最为严重。危害衰弱木或健康木，以树木干部受害较重，成、幼虫在树皮下钻蛀危害，危害严重时可使树皮与木质部剥离，树势衰弱，以致枯死。通过多年防治，危害率有所下降，但新的发生地点增加，扩散范围将进一步扩大。

3. 圆柏大痣小蜂

该虫是青海省常发性种实害虫。幼虫蛀食圆柏种仁。分布于同仁县、泽库县、互助土族自治县、同德县、兴海县、祁连县、门源回族自治县、德令哈市、乌兰县、都兰县、囊谦县、杂多县、班玛县及玛珂河林区，尖扎县冬果林区零星发生。发生面积101.67万亩，其中轻度发生面积68.16万亩，中度发生面积13.06万亩，重度发生面积20.44万亩。以互助北山林区和松多林区最为严重，种子被害率达70%以上，严重影响圆柏种子基地建设和圆柏的天然更新能力。由于防治比较困难，缺乏有效防治技术和防治能力，该虫的危害越来越严重。

4. 横坑切梢小蠹

2003首次在黄南藏族自治州尖扎县和同仁县油松林发生，发生面积2.27万亩，其中轻度发生面积1.49万亩，中度发生面积0.35万亩，重度发生面积0.42万亩，危害率达95.3%。该类虫害的特点是发生迅猛，生物学特性规律不清楚，传播蔓延快，危害严重，在发生后近短短3个月时间就使林木针叶变色、枝梢危害枯黄，整株林木死亡。害虫个体小、在受害枝梢内虫口密度大。

经调查，在黄南藏族自治州危害油松的小蠹虫约有10多种，以横坑切梢小蠹为优势种。若该虫的危害蔓延趋势得不到尽快控制，对以丹霞地貌和油松为裙部的坎布拉国家级森林公园景观及黄南藏族自治州3万多亩油松林将会面临灭顶之灾。

5. 桦尺蠖

分布于大通回族土族自治县、湟中县、湟源县、乐都县、互助土族自治县、化隆回族自治县、兴海县、门源回族自治县和循化撒拉族自治县。发生面积14.55万亩，其中轻度发生面积3.59万亩，中度发生面积4.81万亩，重度发生面积6.16万亩，以门源县发生最严重。该虫是桦树天然林主要虫害之一。该害虫经过潜育期后时常能暴发成灾，近十年来危害十分严重。大通回族土族自治县老爷山林区2004年7月暴发成灾，桦树及林下灌木中危害特别严重，据调查，严重地块多种灌木叶片被吃光，虫口密度达7~8只/10厘米枝；湟中县、湟源县等地区成片桦树林受桦尺蠖多年的危害而干枯和死亡。互助土族自治县北山林区曾于1995~1998年间暴发此虫，害虫密布于桦树叶上，将桦树叶取食成光杆，2002年又暴发成灾，害虫不但取食桦树叶，在吐丝下坠过程中将林下灌木的叶子也取食殆尽，经过连续3年的防治，害虫的危害已大幅度减轻。由于青海省桦树林大多地处高山深沟，防治比较困难，桦树分布集中、面积大，因此，该害虫将在今后一个时期内持续严重危害。

6. 高山毛顶蛾

发生面积3.42万亩，其中轻度发生面积0.52万亩，中度发生面积0.67万亩，重度发生面积2.22万亩，分布于乐都县、循化撒拉族自治县、门源回族自治县、互助土族自治县。危害非常严重，该虫90年代初在乐都发生严重，后立项进行其生物学特性及发生规律研究，并对其防治技术进行了实验研究，通过大面积推广使用其防治研究技术，在一定程度上降低了该害虫的虫口密度和发生率，近十年来一直处于不成灾的状况，自去年开始，先后在循化撒拉族自治县、门源回族自治县仙米林区天然桦树林暴发成灾，严重危害时如火烧一般。目前，是危害桦树的主要害虫之一，也是防治比较困难的一类害虫。

7. 云杉梢斑螟

云杉梢斑螟是通过调运云杉苗木传入的，主要分布在青海省大通回族土族自治县、湟源县和循化撒拉族自治县。发生面积0.26万亩，其中轻度发生面积0.21万亩，中度发生面积0.001万亩，重度发生面积0.05万亩。危害云杉。该虫于1997年在大通回族土族自治县东峡林区首次发生，经严格控制后，连续几年没有发生，2000年又在该县宝库林区的小片天然林发生并成灾，几年来尽管采取了各种措施进行了防治，但由于其繁殖速度快，危害还是比较严重，成灾区虫口密度5~6只/20厘米枝。该虫在湟源、循化危害虽然轻微，但其繁殖速度快，寄主树种广泛，青海省云杉分布面积达300多万亩，很有可能在今后造成较大的发生和危害。

8. 松线小卷蛾

目前仅分布于玛珂河林区和大通回族土族自治县，危害华北落叶松和西南落叶松。该虫取食针叶，常常将针叶缀连危害心叶，致使针叶枯黄，生长缓慢，连续危害导致落叶松干枯，是一种危险性害虫。该虫20世纪90年代发生于大通回族土族自治县东峡林区。大通回族土族自治县采取灯诱成虫、林区施放烟雾剂等措施，经过几年的连续防治，灾情已基本得到控制，危害程度降至轻度。目前，该虫又在青海省玛珂河林区友谊桥林场257、260、263、265、266、269、272林班的西南落叶松(又名红杉)上发生危害，危害面积达12538.5亩，受害株数达40%～90%。其中265林班的7、8、17、18小班林红杉受害尤为严重，针叶局部或全部呈火烧状，成灾面积达933亩，受害株数达70%～90%，林缘受害比林内受害严重。

华北落叶松作为造林树种和行道树及观赏树，广泛栽植于各大林区和机关、庭院，分布集中。青海省落叶松分布面积20.5万亩，其中西南落叶松是我国西南高山的特有种，主要分布于四川、甘肃等省，青海省仅在玛珂河林区有成片分布。该虫具有扩散快，受害面积大，危害期不易防治等特点，干旱少雨有利于其发生，一旦条件适宜，势必造成大的危害。因此，要积极利用杀虫灯等技术手段诱杀成虫，以降低其虫口密度，使其保持在有虫不成灾的水平。

9. 云杉顶芽小卷蛾

发生面积9.29万亩，其中轻度发生面积2.94万亩，中度发生面积3.79万亩，重度发生面积2.56万亩。分布于大通回族土族自治县、平安县、循化撒拉族自治县、同德县、尖扎县、同仁县、祁连县、门源回族自治县，以门源回族自治县最为严重。被害球果有流脂现象，果鳞多数不能张开，严重影响采种量和种子质量，直接影响天然更新，是青海省云杉重要害虫之一。由于防治比较困难，缺乏有效防治技术，该虫害将进一步蔓延危害。

10. 云杉叶锈病

天然林、人工林及苗圃均受害严重。发生面积3.27万亩，其中轻度发生面积1.82万亩，中度发生面积1.82万亩，重度发生面积0.28万亩，分布于平安县、乐都县、互助土族自治县、循化撒拉族自治县、同德县及玛珂河林区。其中玛珂河林区和互助土族自治县发生面积大、危害严重。该病发生后，病株针叶早期脱落，翌年迟发芽或不发芽，新梢年生长只有健株的10%，病情重的林分生长衰弱，叶色黄绿，枝叶稀疏，球果少，种子不饱满，发芽率低，影响天然更新和育苗造林。此病害危害云杉，在海拔2800米以上的地带常构成严重灾害。一旦大发生时很难控制，应注重早期预防。

11. 丹巴鳃扁叶蜂

分布于大通回族土族自治县、乐都县、互助土族自治县和循化撒拉族自治县，发生面积2.20万亩。20世纪90年代随苗木调运传入。危害云杉幼苗。危害程度较轻，在苗圃地、新造林地危害比较严重。主要发生在人工造林区，天然林区目前未发现危害。大通回族土族自治县偶数年不发生，奇数年发生。从发生现状看，它仅分布于青海省东部农业地区人工云杉林及苗圃地，但其寄主分布面积广，若不加强检疫、监测，将是今后云杉新造林地的主要危害虫种。

12. 侧柏毒蛾

危害侧柏。分布于尖扎县、同仁县、泽库县和互助土族自治县。此虫害以20年为周期大发生。2001年在黄南藏族自治州暴发，发生面积达4.38万亩，尖扎县冬果，同仁县兰采、西卜沙，泽库县麦秀林场均有发生，发生区有虫株率达100%，危害木平均幼虫虫口密度为1.2头/10厘米枝，发生时造成大片圆柏林枝叶顶枯秃，树势衰退，数年内不长新枝。经过近几年的有效防治，该虫害蔓延势头已基本控制，现危害周期已过。在互助土族自治县北山林区危害已达4年，发生面积1.62万亩，其中中度、重度以上面积1.3万亩，发生率达51%。蛹期虫口密度达1~2头/平方厘米，幼虫危害期有80%~100%的新叶被取食，当年70%的树木停止新叶萌发，连年危害使树势衰弱甚至死亡。此害虫在门源回族自治县与互助土族自治县交界的圆柏林区危害也比较严重。因此，要严密监测该害虫的发生发展，必要时采取有效防治措施，降低虫口密度和危害率，使之保持在有虫不成灾的水平上。

13. 松　萝

发生面积24.36万亩，其中轻度发生面积17.10万亩，中度发生面积7.26万亩，危害率29.93%。分布于囊谦县、玉树县、班玛县及玛珂河林区。寄主于川西云杉，发生于海拔2000~4000米的针叶林中，附在树上或岩石上。植物体柔软，悬垂，浅蓝灰色或浅绿灰色。班玛县危害率高达60.57%。该有害植物在分布地区发生普遍，对林木的影响、危害有待今后进一步详查。

（二）未成林造林地和退耕还林区鼠害

鼠类作为森林生态系统中的一员，与森林中的其他生物共同维持着森林生态系统的平衡，但同时鼠类通过采食林木果实和种子，啃咬林木的嫩枝和嫩芽，影响林木的更新和生长。青海省主要发生种类有高原鼢鼠、达乌尔鼠兔和根田鼠三种。这些害鼠适生性强，繁殖能力强，天敌数量少，在3~5年内可形成比较稳定的种群，是目前青海省危害最大的林业有害生物之一，在青海省退耕还林地及未成林地严重成灾，是造成林木成活率和保存率低的主要原因之一。

1. 高原鼢鼠

发生面积139.26万亩，其中轻度发生面积58.11万亩，中度发生面积39.47万亩，重度发生面积41.78万亩，主要分布于城中区、城东区、城西区、城北区、湟中县、大通回族土族自治县、湟源县、平安县、乐都县、互助土族自治县、民和回族土族自治县、化隆回族自治县、共和县、贵德县、贵南县、同德县、乌兰县、德令哈市、格尔木市。高原鼢鼠对青海省目前造林树种青海云杉、油松、青杨、桦树、榆树、杏树、枸杞、柠条等都有危害，喜食沙棘，危害林木地下根部分。它们挖掘洞道对造林地土壤和苗木破坏大，常将苗木悬空或将苗木掩埋，洞道纵横交错，可深达2米，对土壤养分、水分的流失也较大。据大通回族土族自治县调查，高原鼢鼠平均密度30只/hm^2。

2. 达乌尔鼠兔

发生面积37.48万亩，其中中度以上发生面积24.0万亩，分布于湟中县、湟源县、乐都县、民和县、化隆回族自治县、共和县、门源回族自治县、海晏县。喜食山杏，常与高原鼢鼠交错发生，在疏林地、苗圃、灌木林地、新造林地普遍发生，危害地上部分，常使苗木树皮被啃食或环剥，造成苗木死亡。经在大通回族土族自治县调查，每公顷鼠洞达150个。

3. 根田鼠，又称经济田鼠、田鼠、青鼠

发生面积20.91万亩，其中轻度发生面积4.46万亩，中度发生面积3.22万亩，重度发生面积 13.22 万亩。分布于平安县、大通回族土族自治县、祁连县和刚察县。以刚察县发生最为严重，其中重度以上发生面积 15.5 万亩，占发生面积的 83.6%。根田鼠栖息于海拔 2000～3800 米的山地、森林、灌丛、草原等潮湿地带。以禾本科植物的绿色部分、草籽及嫩树皮等为食，常呈条带状分布在干渠、支渠、毛渠、塄坎、林间道路旁和小块草地上。深秋、春季啃食，环剥幼苗根茎。鼠洞数高达 20 洞/亩。

上述三种害鼠营地下或洞穴生活，生活环境稳定，天敌少，繁殖快，只有加大人工捕捉力度和其他防治措施，才能减缓继续发展、危害加重的趋势。

（三）人工林病虫害

青海省人工林面积大，且分布在湟水河沿岸支流一、二级台阶、谷地、农田林网、村镇、四旁。这些地区生态环境脆弱，林分结构单纯，同龄林、单层林、纯林多，植被较少，给病虫害的发生及扩散在客观上造成极为有利的条件，使得人工林病虫害危害较为严重，严重影响了青海省林业生产，造成了严重的经济损失，进而影响到森林资源安全。近年来由于受干旱气候影响，青海省人工林病虫害呈暴发态式。危害种类达 55 种，危害杨、柳、榆、桦等，发生面积 138.27 万亩，特别是光肩星天牛、锈斑楔天牛、杨干透翅蛾、杨木蠹蛾、大青叶蝉、杨树烂皮病等危险性病虫害呈扩大蔓延趋势，发生面积居高不下。一些种类已从偶发性灾害转变为常发性灾害，发生地区从低海拔向高海拔地区扩展。

1. 杨树烂皮病

发生面积 10.61 万亩，其中轻度发生面积 5.91 万亩，中度发生面积 2.49 万亩，重度发生面积 2.21 万亩。全省分布。都兰县、民和回族土族自治县、湟源县危害率分别达 45.2%、33%、32%，危害青杨、小叶杨、北京杨和山杨。青杨由于受多种病虫害的侵染危害，树木长势很弱，从而造成烂皮病的发生，出现部分树木的死亡，部分地区死亡率达 30%。从 2005 年开始，烂皮病在互助土族自治县、化隆回族自治县等地的天然山杨林区普遍发生，被害株率 100%，危害程度中度，林木长势极差，很多已致死。杨树烂皮病的发生与冻害、干旱有直接关系，加之青海省杨树多为无性繁殖，遗传品质差，抵抗力弱，容易染病。该病害的危害呈上升趋势。

2. 光肩星天牛

目前，分布于城中区、城东区、城西区、城北区、湟中县、平安县、乐都县、互助土族自治县、民和回族土族自治县、循化撒拉族自治县、共和县。发生面积 5.13 万亩，其中轻度发生面积 1.77 万亩，中度发生面积 2.90 万亩，重度发生面积 0.45 万亩，危害青杨、柳树、白榆、小叶杨和北京杨。通过 3 年的工程治理，拔除了格尔木市、湟中县田家寨等 7 个疫点，危害扩散得到了初步遏制。但由于省际和县、县周边地区联防联治工作不到位，部分天牛发生区治理较困难，造成天牛新疫点不断出现，其发生面积逐年增大，危害逐年严重，面临的形式非常严峻。

3. 锈斑楔天牛

发生面积 15.95 万亩，其中轻度发生面积 7.58 万亩，中度发生面积 5.77 万亩，重度发生面积 2.61 万亩，危害青杨、小叶杨、北京杨。在城中区、城东区、城西区、城北区、湟中县、大通回族土族自治县、湟源县、平安县、乐都县、互助土族自治县、门源回族自治县、格尔木市、德令哈市、都兰县都有不同程度的危害，对幼龄林杨树危害较大。幼虫主要危害杨树枝条及幼苗树干，受害部呈瘤状，严重受害者，被害株率达60%，每株有虫瘤十余个，虫瘤串生，枝条干枯，易受风折，树冠畸形，影响林木的正常生长和成材。近几年经工程治理后，危害程度有所降低，但发生面积有扩大。

4. 杨干透翅蛾

发生面积17.58万亩，其中轻度发生面积10.82万亩，中度发生面积4.57万亩，重度发生面积2.14万亩。全省发生。主要以幼虫危害杨树两米以下的树干或树冠基部的分叉处，行道树、四旁树受害最为严重。两年一代，以幼虫在蛀道内越冬。成虫羽化后在树皮裂缝或伤痕处产卵，初孵幼虫啃食树皮进入韧皮部与木质部中间进行危害。受害严重的杨树树皮形成层受到严重破坏，生长受挫，皮部残落，木质朽露。

5. 杨木蠹蛾

发生面积4.53万亩，其中轻度发生面积2.70万亩，中度发生面积1.40万亩，重度发生面积0.43万亩。分布于城中区、城东区、城西区、城北区、湟中县、大通回族土族自治县、湟源县、平安县、乐都县、民和回族土族自治县、循化撒拉族自治县、化隆回族自治县、贵德县、德令哈市及玛珂河林区。在河滩地及四旁树发生严重，以幼虫危害杨树，主要危害树干种下部位。多年危害后造成树木千疮百孔，易风折。

上述杨树蛀干害虫生活环境稳定，防治难度大，容易随木材和苗木调运传播，其发生危害有加重趋势。

6. 大青叶蝉

发生面积15.84万亩，其中轻度发生面积6.15万亩，中度发生面积7.89万亩，重度发生面积1.79万亩。全省各地均有分布。常常与六点叶蝉、杨树盲蝽混合危害杨树枝梢。该害虫近5年内危害十分严重，它们取食杨树枝梢后，在取食处常留下点状失绿斑，易引起叶锈病危害，到9月份时叶片呈黑褐色，致使叶片提前1~2月脱落。连年危害使杨树树势不断衰弱。另外，其产卵对杨树也造成很大危害，它一般在1~2年生枝条上产卵，每刻槽产卵7~13个不等，产卵刻槽交错排列，严重时30厘米的枝条上产卵刻槽在8个以上，卵孵化后刻槽处膨大，木质部裸露，枝条失水，经过两年的危害，杨树枝条发黑、干枯，树冠呈平顶状，高生长几乎停止。由于干旱和害虫自身繁殖快，虫口密度高等特点，危害特别严重，对青海省乡土树种造成很大的威胁。

7. 青杨叶锈病

分布于城中区、城东区、城西区、城北区、湟中县、大通回族土族自治县、湟源县、平安县、乐都县、互助土族自治县、民和回族土族自治县、化隆回族自治县、贵德县、门源回族自治县。发生面积9.50万亩，其中轻度发生面积4.25万亩，中度发生面积2.17万亩，重度发生面积3.02万亩。其中互助土族自治县发生最严重，其中度以上发生面积达4.22万亩，分布于11个乡和1个苗圃。近几年由于气候异常和杨树品质下降等原因，常在局部地区严重危害。

8. 杨树溃疡病

发生面积2.11万亩，其中轻度发生面积1.03万亩，中度发生面积0.74万亩，重度发生面积0.32万亩。在乐都县、循化撒拉族自治县、贵德县、贵南县、同德县有分布，是杨树重要病害之一。经调查，循化撒拉族自治县被害株率29.8%。

9. 春尺蠖

发生面积 1.72 万亩，其中轻度发生面积 0.60 万亩，中度发生面积 0.80 万亩，重度发生面积 0.32 万亩。分布于平安县、民和回族土族自治县总卜乡、松树乡、巴州镇、核桃庄乡、甘沟乡、转导乡、川口镇、前河乡，循化撒拉族自治县孟达乡，化隆回族自治县。危害杨树和柳树。该虫于 2002 年首先在民和回族土族自治县大发生。虽然连续进行了重点防治，目前该虫危害率仍然持高不下，循化撒拉族自治县和民和回族土族自治县危害率均 50% 以上，是今后发生区重点治理对象，也是非发生区重点预防的害虫。

10. 杨白蚧

发生面积 3.40 万亩，其中轻度发生面积 1.31 万亩，中度发生面积 0.77 万亩，重度发生面积 1.32 万亩。分布于城中区、城东区、城西区、城北区、海东地区以及湟中县、大通回族土族自治县、湟源县、平安县、化隆回族自治县、祁连县、门源回族自治县、海晏县脑山地区。以若虫危害干、枝，以幼树受害最重。严重危害时，可使树势衰弱，或使树皮干裂，已导致烂皮病的发生，随着树龄的增加，危害程度减轻。

11. 柳毒蛾

发生面积 0.94 万亩，其中轻度发生面积 0.49 万亩，中度发生面积 0.41 万亩，重度发生面积 0.04 万亩。分布于循化撒拉族自治县、兴海县和格尔木市。危害轻微。循化撒拉族自治县危害率 47.5%。

12. 杨柳小卷蛾

发生面积 2.15 万亩，其中轻度发生面积 1.06 万亩，中度发生面积 0.81 万亩，重度发生面积 0.26 万亩。在平安县、乐都县、循化撒拉族自治县、贵德县、同德县、兴海县、海晏县有分布。以幼虫危害杨、柳叶片。越冬幼虫蛀入芽内取食，杨树展叶后缀叶危害，危害率达 33%。

随着近几年气候变暖、气温升高，大青叶蝉、春尺蠖、杨柳小卷蛾、柳毒蛾等这些杨树食叶类害虫数量剧增，常造成大发生。此类害虫必须加强监测和防治，把害虫控制在幼虫不成灾的水平上。

13. 柳厚壁叶蜂

危害柳树，危害程度轻，分布于城中区、城东区、城西区、城北区、湟中县，湟源县城郊乡、和平乡、波航乡。20 世纪 80 年代通过柳树苗木调运传入。在发生区，局部地区虫口密度大，严重危害时，柳树整个叶片被取食殆尽，残存叶脉。该虫在条件适宜时大发生，但易防治，不会造成大的灾害。

14. 秋四脉绵蚜

主要危害榆树。分布于西宁市，平安县。危害程度轻。气候干旱有利于其大量发生。

（四）灌木林病虫害

主要发生在海西蒙古族藏族自治州、海北藏族自治州、西宁市、海东地区，尤以海北藏族自治州和海西藏族自治州最为严重，发生面积 97.95 万亩。主要种类有沙棘木蠹蛾、明亮长脚金龟子、灰斑古毒蛾、柠条豆象，其中明亮长脚金龟子、灰斑古毒蛾呈偶发性暴发成灾。

1. 明亮长脚金龟子

危害沙棘，红柳。分布于天峻县、共和县、海晏县、贵德县、贵南县、同德县、兴海县、湟源县。发生面积45.835万亩，其中轻度发生面积19.66万亩，中度发生面积17.65万亩，重度发生面积8.52万亩。以成虫危害沙棘叶部为主，造成沙棘、红柳的叶子全部吃光，使林木生长势下降，造成其他病虫害的侵入，严重时造成沙棘死亡。由于寄主面积大、树势衰弱，此害虫的发生有上升趋势。

2. 沙棘木蠹蛾

分布在海北藏族自治州祁连县和西宁市湟源县，危害8年生以上的沙棘。发生面积1.3万亩，其中中度、重度以上发生面积1.08万亩。该虫通过苗木调运传入。幼虫危害沙棘树干基部，造成根干部腐烂，影响水分和其他营养物质的输导，造成树木长势衰弱，连续危害，造成沙棘大片枯死。经在祁连林场调查，虫株率达46.5%，虫口密度2头/株，沙棘死亡率47%。由于对该害虫的生物学特性及生活史的调查尚未开展，而且该虫危害沙棘根部或根基处，活动隐蔽，危害性大，因而其发生不易发现，容易造成大的危害。沙棘是青海省灌木林的主要树种之一，全省沙棘灌木林面积达4百万余亩，在全省均有广泛分布，极有可能随苗木的调运进行传播。

3. 柠条豆象

随种子引入，主要危害柠条种子。发生面积3.76万亩，其中中度以上发生面积3.07万亩，随着近几年柠条造林面积的不断加大，其分布范围也不断扩大，在柠条分布区均有发生，种子被害率高达59.7%。该虫近距离靠成虫飞翔传播，远距离可随种子调运传播，由于检疫措施及除害措施落后，随着柠条成片林面积的增加，柠条豆象的危害将有进一步发展趋势。

4. 灰斑古毒蛾

是青海省柴达木盆地主要害虫之一，危害白刺等。发生面积65.65万亩，其中轻度发生面积22.71万亩，中度发生面积28.10万亩，重度发生面积14.84万亩。该虫2003年在海西蒙古族藏族自治州下属各县(市)大发生，经过两年的防治和2005年5月低温的影响，目前，虫口密度明显下降，危害程度轻微。

(五) 有害植物

除寄生于云杉上的云杉矮槲寄生害和松萝外，青海省发生在苗圃地、退耕地及新造林地中的有害植物有13种：菊叶香藜、灰绿藜、藜、宽叶独行菜、黄香草木犀、冬葵、密花香薷、车前草、薄荷、黄花蒿、苍耳、赖草、狗尾草。这些有害植物常以单株散生或成片分布，与幼树争光、争肥、争水，由于这些有害植物大多为一年生草本植物，因而一般采取除草措施后，对苗木不造成严重危害。

(六) 其他林业有害生物种类

1. 病　害

通过这次普查，青海省发生的其他病害有：柳树细菌性枯萎、小叶杨红心病、沙棘煤污病、云杉落针病、破腹病、膏药病、杨黑斑病、松针褐斑病、干基褐块腐朽病、杨树褐斑病、红皮柳叶锈病、苗木立枯病、新疆杨锈病、杨树黑星、杨煤污病。

2. 虫 害

蛀干害虫有臭椿沟眶象、华山松大小蠹、云杉中重齿小蠹、白桦小蠹、梳角窃蠹、家茸天牛、柳瘿蚊。

叶部和枝梢害虫有六点叶蝉、松梢螟、榆黄黑蛱蝶、黄檗粉蝶、云杉黑大蚜、柳瘤大蚜、松大蚜、柳沫蝉、杨潜叶蛾、杨牡蛎蚧、杨圆蚧、榆白长翅卷蛾、落叶松球蚜、杨瘿绵蚜、杨叶甲、杨裳夜蛾、杨冬夜蛾、桦树叶蜂、红足真蝽、枸杞负泥虫、杨毒蛾、柳毒蛾、舞毒蛾、黄脉天蛾、杏球蚧、云斑鳃金龟、小云斑鳃金龟、云杉黄卷蛾、沙棘鳃金龟、围绿单爪鳃金龟、庭园丽金龟、毛黄鳃金龟、毛棕鳃金龟、杨树盲蝽、桦树卷叶蛾、斑须蝽、花壮异蝽、谷榆蚜、桦树叶蜂、柳十星叶甲、西伯利亚绿豆象、山杨卷叶象、金足绿象、斑衣蜡蝉、苹果巢蛾、枸杞木虱、沙枣木虱、非洲蝼蛄、杨二尾舟蛾、小地老虎、黄地老虎。

3. 鼠害

有五趾跳鼠、子午沙鼠、甘肃鼠兔、草原鼢鼠、草原鼠兔。

上述这些病、虫、鼠害在全省范围内危害轻微，但也有个别种类在局部地区造成危害，如榆白长翅卷蛾在西宁市、海东地区部分苗圃、行道树严重发生，杨黄褐锉叶蜂在贵南县造成严重危害等，因此，在今后的工作中要加强对这些病虫害的监测、调查和适时防治，将其控制在有虫不成灾的水平。

4. 有害植物

除了国家颁布的14种有害植物外，青海省还分布有巴天酸模、野豌豆、猪毛菜、节毛飞廉、刺儿菜和狼毒等有害植物。

六、青海省林业有害生物的发生特点

林业有害生物的发生发展不仅受寄主环境、自身生物学特性和发生发展规律影响之外，还受到温、湿度、光照等气候因子、立地条件、海拔等的影响。受这些因子的影响，青海省林业有害生物的发生有以下几个特点：

（一）林业有害生物种类不断增加

与20世纪80年代相比，青海省在绿化树种的引种上有了较大的变化，除青杨、柳树、白榆、云杉、圆柏、油松、落叶松、沙棘、柠条等常见的一些树种外，还引进了槐树、白蜡、刺柏、大果沙棘、四翅滨藜等新品种，园林部门引进的一些南方花卉品种更多，如郁金香、福禄考、万寿菊、樱花及各种观赏花卉如橡皮树、苏铁、比利时杜鹃等。随着造林树种和花灌木品种的不断增多，青海省林业有害生物种类也日渐增多，和1982年全省森林病虫害普查相比，20多年来林业有害生物发生种类增加了33种，平均每年增加1.7种，而且外来林业有害生物的入侵成为青海省林业有害生物种类增加的一个主要方面。目前，10种外来有害生物经过短期的生存适应后已成为青海省主要林业有害生物；油松木蠹象、横坑切梢小蠹、桑天牛等9种青海省新纪录属(种）在局部地区已造成一定危害，严重威胁着青海省林业的可持续健康发展。

在鉴定的83种虫害中，按其危害类型来说，叶部害虫(包括食叶害虫和枝梢害虫）共57种，占害虫总数的68.7%，是青海省危害森林的主要危害类型，可以说种类多、分布广，常具有暴发性；其次，蛀干害虫13种，占害虫总数的15.7%，是一类重要的危害类型，种类和数量比80年代都有增加，是严重威胁青海省林木健康发展的重要虫害种类之一，表现出对林木的毁灭性危害；地下害虫9种，占害虫总数的10.8%，种实害虫只有4种，占害虫总数的4.8%；就青海省本土危害最为严重的20种林业有害生物而言，其中叶部害虫7种，蛀干害虫6种，种实害虫2种，鼠害2种，地下害虫、病害和有害植物各1种，可见在青海省危险性林业有害生物中，蛀干害虫和食叶害虫是危害林木的重要种类，且蛀干害虫造成危害严重，损失巨大；就林业有害生物的分类地位来说，同翅目林业有害生物26种，鞘翅目林业有害生物25种，鳞翅目昆虫27种，双翅目昆虫1种，膜翅目昆虫4种，由此可见，鳞翅目、同翅目和鞘翅目害虫在青海省林业有害生物中占据重要位置，是危害青海省森林资源的三大主要种类。

（二）林业有害生物发生面积迅速增加

根据1982年普查资料，青海省有林地19万公顷，疏林地9.4万公顷，灌木林地161.3万公顷，未成林造林地及苗圃地近1万公顷。20多年来，青海省有林地已达49.89万公顷，增加了62个百分点，疏林地10.5万公顷，灌木林360.3万公顷，增加了37.8个百分点，未成林造林地及苗圃地8.3万公顷，增加了88个百分点。随着森林面积的迅速扩大，林业有害生物的发生面积也随之大幅上升。1982年发生森林病虫害面积283万亩，到2004年底青海省森林病虫鼠害发生面积377万亩，发生面积每年以4.3万亩的速度递增。发生面积在100万亩(次)以上的林业有害生物有两种，即高原鼢鼠和圆柏大痣小蜂；发生面积在100万亩(次)以下、10万亩(次)以上的病虫种类达11种；10万亩(次)以下、1万亩(次)以上的林业有害生物达21种。

（三）林业有害生物危害程度日趋严重

(1)常发性的病虫害种类居高不下，危险性的病虫害仍有扩散蔓延趋势，突发性病虫害种类不断增加。由于暖冬、持续干旱，立地条件差等，给林业有害生物的发生发展提供了合适的温床，致使杨干透翅蛾、杨木蠹蛾、杨树烂皮病、云杉顶芽小卷蛾等一些常发性林业有害生物居高不下；松线小卷蛾、丹巴腮扁叶蜂等危险性林业有害生物由发生地的一两个点发展到整个林区，仍呈扩散蔓延趋势；突发性林业有害生物种类不断增加，如2003年侧柏毒蛾在海西蒙古族藏族自治州严重成灾；1998年春尺蠖在民和回族土族自治县、循化撒拉族自治县等地暴发成灾；同年，桦尺蠖在湟中县、湟源县、大通回族土族自治县等地暴发，其幼虫不仅取食桦树叶，而且也危害林下灌木，造成大面积桦树死亡，损失巨大。另外，部分已基本得到控制的林业有害生物反弹，如高山毛顶蛾、灰斑古毒蛾、圆柏大痣小蜂等，20多年前大暴发后一度发生轻微，近年来又在海东地区、海西蒙古族藏族自治州部分地区造成大发生和严重危害。

(2)一些食叶害虫和枝梢类害虫目前已成为青海省重要害虫。1998年以后，大青叶蝉、杨柳小卷蛾、蚜虫等在青海省大部分地区大发生，造成树木平顶、小枝条鸡爪状，严重影响了树木的正常生长；锈斑楔天牛原先在苗圃危害，目前发展到危害林网、成片林，并逐渐成为青海省杨树的主要害虫之一，湟源县申中乡、巴燕乡、和平乡杨树人工林由于遭受锈斑楔天牛、叶蝉等危害，已造成林木大面积枯死。云杉顶芽小卷蛾、桦树卷叶蛾、沙棘金龟子也大面积发生危害。由于这些初期害虫的严重危害，导致小蠹虫等次期害虫的侵染及杨树烂皮病等侵染性病害的严重发生。

(3)天然林区病虫害发生趋于严重。近几年，温室效应明显，大多数地区春季干旱少雨，导致许多天然林区林地立地条件恶化，树势衰退，引起云杉八齿小蠹等害虫的严重危害。同时天然林资源保护工程全面启动后，天然林区病虫严重侵染木和枯立木得不到及时清理，导致天然林区病虫害发生面积扩大，危害程度逐年加重。如坎布拉林区的云杉八齿小蠹、云杉大小蠹的发生面积在短短5年内由2万亩扩散到目前的9万亩。门源回族自治县仙米林场的侧柏毒蛾、云杉矮槲寄生在与其相连的互助土族自治县北山林区巴扎营林区成片发生。近5年来，青海省天然林区病虫害种类迅速增加，由2000年的10种增加为21种，面积扩大21.3万亩，给青海省天然林资源保护工程的建设成果造成严重威胁。

(4)退耕地鼠害严重成灾。随着退耕还林工程的全面推进，青海省森林鼠害的发生面积由2000年的122万亩上升到现在的189万亩，尤以海东地区、西宁市、海北藏族自治州危害最为严重，鼠口密度最高达8只/亩，株被害率30%～40%，死亡株率达20%～50%。目前，退耕地的鼠害成为威胁林业生产和造林成果的大敌。

(5)有害植物危害严重，形势严峻。云杉矮槲寄生、松萝在黄南藏族自治州麦秀林区、玉树藏族自治州、果洛藏族自治州、玛珂河林区、互助土族自治县北山林区、海北藏族自治州仙米几大林区均有发生。由于这些有害植物发生面积大，对它们的生活学特性、发生发展规律及危害性没有做过系统研究，防治技术单一或缺乏，造成这些有害植物的发生蔓延，危害程度加重。目前，云杉矮槲寄生发生面积由2000年的0.6万亩发展到14多万亩。因此，有害植物发生发展规律及防治技术研究是今后青海省亟待解决的课题。

(6)灌木林、荒漠林病虫害暴发成灾。近年来，随着柠条种植面积的不断加大，柠条豆象、柠条豆荚螟危害也日益严重，柠条豆象发生分布于西宁市、海东地区和海南藏族自治州，危害面积12万亩，致使柠条种子质量大幅度下降；祁连林区沙棘木蠹蛾2004年暴发成灾，使成片沙棘林死亡或濒临死亡；海晏县、刚察县高山柳灌丛发生金龟子、食叶害虫危害，叶子全被吃光，林地枯黄一片；天峻县天然次生沙棘灌木林暴发明亮长脚金龟子，发生面积45.83万亩，成灾面积8.52万亩，沙棘叶片被啃食殆尽，严重影响了林分的防风、固土、固沙效益的发挥，对当地生态环境构成严重威胁。

综上分析，当前青海省林业有害生物呈现高发势头。与20世纪80年代相比，除了天然林和人工林病虫害之外，灌木林虫害尤其是天然荒漠林虫害、退耕地鼠害和危害林木的有害植物的严重发生是当前森防工作面临的巨大威胁，如何防治这些林业有害生物的工作是青海省全体森防工作者面临的新的课题、新的任务。因此，在今后的工作中，要做到统筹兼顾，抓住重点，做好规划，加大生物防治和无公害防治力度，逐步改善青海省病虫害严重发生的趋势。

(四)林业有害生物水平和垂直分布比较明显

受青海省森林资源水平分布和垂直分布的影响，青海省林业有害生物也呈显著的水平分布和垂直分布特点，在水平分布上，以西宁市为中心，东北部的祁连山林区、大通河林区、湟水河流域林区，东部的黄河下段林区、隆务河林区、黄河上段林区及柴达木东部林区，东南部的玛珂河林区、多柯河林区，南部的江西林区等均有不同种类不同程度的发生与危害；在垂直分布上，青海省林业有害生物分布于海拔1650～4200米之间，其中云杉、圆柏、油松等针叶病虫害主要分布于海拔 2700 ~ 3800 米之间，杨、柳、榆等阔叶人工林病虫害主要分布于海拔 2000 ~ 2500 米之间，森林鼠害主要分布在海拔 1800 ~ 3200 米之间。

七、林业有害生物发生的原因分析

（一）主观上对森林病虫害防治工作的重要性认识不足

对森林病虫害作为生物灾害的认识不够全面，侧重强调因气候异常、林相单一等因素在病虫害发生中的影响和作用，往往停留在就病虫害论病虫害防治的水平。突出表现为：

(1) 林业生态建设工程缺乏有害生物预防措施。林业生产没有将森林病虫害防治工作真正贯穿于林业过程的始终，在利用适地适树、营造混交林、森林保健、增加林分抗逆性和免疫力等生态观念以预防病虫害发生上仍缺乏实际措施，重造林，轻抚育，造成病虫害发生危害隐患。

(2) 检疫封锁漏洞多，疫木源头管理不严，执法不严、检测手段和设施落后，造成疫情不断扩散。

(3) 监测工作薄弱，疫情发现滞后，给除治工作造成困难。

(4) 除治质量不高，导致连年除治，连年成灾。

（二）客观上多种因素使灾害频繁暴发

(1) 青海省大部分林区立地条件差、土壤瘠薄、降雨量少。自 1998 年以来，青海省持续干旱，气温以每年 0.4℃的温度增加，温室效应明显，导致林木长势衰退，抗病虫能力减弱，致使病虫害大量发生和蔓延。

(2) 青海省人工林树种单一，生物多样性差，天敌种类少，由于气候恶化、林地条件差等原因引起树木严重衰退，诱发森林病虫害的发生和严重危害。青海省天然林中，绝大部分是天然次生林，其组成、结构趋于简单化，纯林多，混交林少，表现为对病虫害的自然控制力下降，易遭受有害生物的侵袭。

(3) 由于生物防治起步晚，长期以来大面积使用化学农药进行防治，防治方法简单，使用农药品种比较单一，产生了严重的“3R”问题，造成林内生物的食物链发生变化，有害生物的天敌减少，导致部分病虫害从次要种类上升为主要病虫种类。由于监测工作滞后，或监测工作与防治工作脱节，防治工作经常处于被动救灾的局面，一些暴食性害虫周期性暴发成灾，使森林病虫鼠害防治陷入越防越多的恶性循环之中。

（三）病虫害控制难度加大

(1) 检疫工作难度较大。随着经济建设的快速发展和省际木材、种苗等林木产品往来频繁，各种有害生物通过货物特别是木质包装材料携带入境，导致危险性森林病虫害传入的情况时有发生，特别是随着林木繁殖材料的引进，新的危险性病虫侵入的几率还会增加，给森林病虫害防治工作带来了新的挑战；受经济利益驱动，违法加工、偷运疫木频次增多，增加了检疫执法的难度。

(2) 缺乏实用有效的监测和控灾技术。青海省林区面积大，分布范围广，立地条件差，由于全省基层森防部门专职测报人员少，设备简陋，缺乏交通工具，监测手段落后，难以实现全省6000多万亩林地有害生物的全面监测。另外，林区山高坡陡，危险性病虫害难以实施防控作业，影响了天然林区病虫害的防治和控制。云杉矮槲寄生、云杉小蠹虫、光肩星天牛、杨树烂皮病等一些危险性病虫害仍然缺乏有效防治技术，很大程度上造成病虫害的肆意蔓延。

八、防治对策探讨

认真贯彻执行《中华人民共和国森林病虫害防治条例》，坚持"预防为主，科学防控，依法治理，促进健康"的方针，以预测预报为基础，检疫和防治为手段，有效保护森林资源为目标，提高对林业有害生物的防灾、控灾、减灾能力为中心，加强基础设施建设，积极开展重大林业有害生物的工程治理，强化目标管理，从源头控制林业有害生物，坚决遏制森林病虫害严重发生的势头，实现对森林病虫害的可持续控灾，为改善生态环境和新世纪林业又好又快的发展提供强有力的保障，为促进森林健康和人与自然的和谐发展而努力。

（1）加强林业有害生物的宣传工作，强化对林业有害生物灾害重要性的认识。认识到位是行为到位的前提，林业有害生物的防治工作是生态环境建设的一个重要环节，是保护林业生态建设可持续发展的战略所需，也是青海省实施生态建设的当务之急，要把林业有害生物防治工作提高到保护生态环境的高度来认识，进一步加大宣传力度，使全社会认识到林业有害生物对林业生产的危害性和对生态环境的破坏性，充分利用各种宣传工具，加强广大干部群众对林业有害生物的认识，增强群防群治意识，进一步在林业行业内部提高有害生物防治工作的地位，提高对林木的保健意识，以促进林木健康为目的，真正把林业有害生物防治工作贯穿到整个造林工作的全过程，为林木生长提供适宜环境。

（2）完善林业有害生物防治体系建设工程，全面提高防治能力。为了有效防范外来林业有害生物的传播和危险性有害生物的发生蔓延，加强以检疫封锁、预警监测和应急救灾能力为重点的林业有害生物基础设施建设，紧密围绕"生态建设、生态安全、生态文明"的总体目标，坚持"预防为主，科学防控，依法治理，促进健康"的方针，树立森林健康的新理念，以检疫封锁体系、监测预警体系和应急救灾体系建设为重点，坚持不懈地实施林业有害生物可持续控灾减灾战略，坚决阻止和遏制林业有害生物传播蔓延和严重发生的势头，维护森林生物多样性，为青海省林业又好又快发展提供强有力的保障。

（3）建立林业有害生物预测预报和防治网络。为了保护森林免遭危险性林业有害生物危害，需要建立林业有害生物监测网和防治网，及时、准确、全面地掌握林分各个时期潜在危险性林业有害生物的发生发展规律和种群动态信息资料，选择有效预测方法进行测报，统一布置防治工作。林业有害生物监测网的建立应以各林业局森防站的各级测报站点为基础，在充实人员、补充必要的仪器装备后，制订测报方案，落实测报人员，按照一定的技术规程和管理制度开展林业有害生物监测，严格病虫鼠情联系报告制度，科学指导防治工作。

（4）检疫先行、标本兼治。森林植物检疫是国家通过法律的形式来控制危险性的林业有害生物的人为传播，是"御敌"于外、防患于未然的根本方法，是有效控制危险性林业有害生物的有效手段之一。因此，必须广泛地、深入而科学地加强森林植物检疫工作，发挥植物检疫在林业有害生物预防体系中的作用，严格贯彻执行我国的检疫法规，抓好苗木、种实及木材的产地检疫和林产品及其附属物的调运检疫，防患于未然，控制危险性有害生物扩大蔓延。

(5) 树立森林健康理念，通过采取针对森林生态系统的综合措施，实现森林健康目标。林业措施是防治林业有害生物发生的根本措施，应贯穿于整个林业生产过程当中。通过分区经营措施，对现有的天然林和人工林进行健康维护，保持和提高现已形成的森林植物群落多样性和微生物多样性，使林分具有比较协调而又相对稳定的生态环境，发挥自我调节的能力，并具有较好的自我补偿能力及自我补偿必要的时间。主要措施有二：一是大力选育推广应用抗病虫的优良品种，营造混交林、避免用遗传基础窄的品种营造大面积的人工纯林，通过适当的森林经营措施，如间伐等，及时清除林分中的病虫木，改善林地卫生条件，减少病原物和害虫的种群数量，促进乡土植物种在人工林的下层定居，从而促进动植物多样性的提高。二是定期封山育林。根据林分经营措施定期封山育林能增加植物、昆虫和其他节肢动物多样性，促进林分中多层次的植被生长，使各种昆虫数量趋于平衡，又使害虫种的数量下降，改变寄主植物的营养状况，诱导寄主植物产生抗虫效应，影响森林小气候，进而影响昆虫的生存、生长和发育，提高对虫害的自然控制力。

(6) 大力推行无公害防治，专群结合，联防联治。以重点工程治理带动全面森防工作，防治必须实行连片工程治理，仅靠一个林区或一个地区的积极防治是不够的，防治也不奏效。要大力提倡无公害防治和生物防治，保护生物多样性，避免杀伤天敌，提高生态环境自然调节平衡的作用。

(7) 积极开展危险性林业有害生物的基础性研究，提高防治水平。各级森防部门要积极争取科技项目，以科研部门、高等院校为依托，针对本地区林业有害生物发生情况，开展对危险性林业有害生物的生物学特性、生活史及发生发展规律、预测预报及防控措施等基础性工作的系统调查和研究，以科研促进森防工作，逐步提高对危险性林业有害生物的预防能力和防治水平。

九、主要有害生物生物学特性及防治对策

(一) 杨树烂皮病

危害杨、柳、榆等。主要发生在树干及枝条上，分干腐和枝枯两种。干腐主要发生在树干、大树及树干分岔处，发病初期病部呈暗褐色水渍状斑，后期病斑部树皮呈龟裂状，且有明显的黑色边缘，后其上长出分生孢子器。病部皮层变暗褐色糟烂。当病斑扩散 7 天，可导致病部以上枝条死亡。

发病规律：每年 3、4.月份发病，5、6 月份发病盛期，7 月份渐弱，9 月份基本停止。

防治方法：干旱时林木适当进行灌溉，造林时苗木根部防止阳光灼伤，可有效预防其发生。对感病初期的林木，可采取剪除病枝和刮除病部，也可用小刀将病部戳破，其范围应达到病斑与健康树皮交界处，然后涂以杀菌剂和废机油混合液进行防治。

(二) 青杨叶锈病

危害青杨、落叶松。幼苗、幼树、大树都可被害，以苗期受害最重。严重影响林木生长，造成提前 1 ~3 个月落叶，易受霜、冻害和其他侵染性病害的发生。

发病规律：早春杨树落叶上的冬孢子萌发产生担子和担孢子，担孢子由风传播到落叶松的针叶上，产生性孢子器和锈孢子堆，锈孢子由风传播到杨树上，在叶正面产生黄绿色斑

点，在叶背面形成夏孢子堆。7~8 月大量发生。8 月以后在杨树叶上形成冬孢子堆。

防治措施：① 禁止落叶松和杨树混交或近距离栽植。② 3 月份用波尔多液喷洒落叶松幼苗，夏季用波尔多液、65% 代森锌 500 倍液喷洒杨树幼苗。③ 选育抗病杨树品种。

(三) 光肩星天牛

危害杨、柳、榆等。主要以幼虫蛀食树干形成虫道，轻者致使树木生长缓慢，重者枯梢断头或整株枯死，木材失去利用价值。

2 年 1 代，跨 3 个年度，当年以小幼虫或卵在皮下越冬，次年以不同龄期幼虫在木质部内越冬。成虫于 6 月下旬开始羽化，7 月底至 8 月为羽化盛期，直到 9 月下旬仍可见成虫。其飞翔力不强，自然扩散弱。雌虫在产卵期需补充营养，对树种选择性很强，主要是取食被害树叶片、嫩枝及木质部表皮层。产卵部位随树龄和直径增加而增高，多选择 6~16 厘米直径树干产卵，雌虫在树干上咬一扁圆形刻槽，每槽内产 1 粒卵。卵在皮下越冬后，翌年 4 月下旬至 5 月上旬孵化。幼虫在木质部内蛀孔为害，并经再一次越冬后，至翌年 5 月下旬，老熟幼虫用木丝堵塞坑道，末端作为蛹室，蛹期为 22 天左右。

防治方法：① 砸卵：在 8~10 月及翌年 2~4 月进行，用木锤砸产卵刻槽上方约 6~10 毫米处，以杀死卵及初孵小幼虫。② 在 7~9 月成虫期，人工震落并捕捉杀灭天牛成虫；用绿色威雷 300 倍液、氯氰菊酯 1500 倍液或 5% 西维因粉剂加水喷干及大枝。③ 成虫羽化前清除天牛虫害木或对虫害木进行修枝平头，烧毁带虫枝条。

(四) 锈斑楔天牛

危害青杨、山杨。2 年 1 代，以幼虫在枝瘤中越冬，年群交替，每年有成虫出现。第一年以 2 龄幼虫越冬，翌年 5 月继续为害，7 月下旬至 8 月上旬长成 4 龄，老熟幼虫越冬，第 3 年春化蛹，6 月前后羽化。成虫羽化后仍静伏瘤中，待躯体呈分骨化化后飞出，不甚活跃，并取食杨树叶补充营养。成虫产卵前先将枝条皮层咬成“ u ”形刻槽，产卵与刻槽顶端，每槽 1 粒，6 月中下旬幼虫孵化。

防治措施：① 5 月上旬，修剪瘤枝，集中烧毁。② 6 月中下旬，喷洒 10% 的绿浪 600~800 倍液毒杀羽化的成虫，用 10% 的林虫敌 100L/亩进行喷烟防治。

(五) 杨干透翅蛾

危害青杨、新疆杨、加杨、箭杆杨、河北杨、柳树等。

2 年 1 代，以当年孵化幼虫在树干皮下或木质部蛀道内越冬，翌年在边材中蛀成“L”形上行蛀道，成虫于 6 月上旬和 8 月中旬盛发，在树干基部粗皮缝中产卵。

防治方法：① 严格检疫。② 用雌性信息素诱杀雄成虫。③ 用 50% 杀螟松加柴油（1∶5 或 1∶10）点滴虫孔，或以 40% 乐果或 80% 敌敌畏堵孔。④ 成虫集中羽化，在树干上静息或爬行时，可趁机捕杀，也可用 40% 氧化乐果 1000 倍液、2.5% 溴氰菊酯 4000 倍液喷杀。

(六) 杨木蠹蛾

危害杨、柳。在西宁地区 3 年 1 代，以幼虫越冬。6 月中旬始羽（个别成虫初见于 4 月下旬），7 月上旬为羽化盛期，7 月上中旬大量产卵。幼虫共有 16 龄。在树干内生活约 25 个月，入土栖居约10个月，共35个月左右，其间越冬3次(2次在树上，1次在土中)。成虫夜间活动，趋光性不强。人为活动频繁区树龄10年左右、胸段高1~1.5米的杨树，因机械伤程度较高，最易招惹成虫产卵，受害也最重。雌虫发生后第2天即产卵，其平均寿命为5天。每雌虫一生可产卵245粒左右。卵粒呈块状产于树皮伤裂处或老蛀孔边缘的缝隙中每块一般含卵50~60粒，无被覆物。

防治方法：① 春季在杨树胸段(离地2米以下）涂白，可阻止成虫产卵。② 5~10月，将40%乐果乳剂25~50倍液、80%敌百虫可湿粉剂20~30倍液注射后封泥注入蛀孔，然后用土封好。③ 打孔注药：4月中旬距地面30厘米相对交错打10~16厘米的两个孔，注入50%久效磷乳油、35%甲基硫环磷内吸剂原液。④磷化铝片堵塞虫孔，封泥。⑤ 黑光灯诱杀成虫。

（七）大青叶蝉

危害杨、柳。1年3代，以卵在树枝表皮内越冬，5月中旬卵孵化，若虫喜群居，成虫趋光性强。

防治措施：5月中旬，在苗圃、林地杂草上用50%的敌敌畏乳油1800~2000倍液化学喷雾。或者用绿浪800倍液喷雾防治。

（八）杨柳小卷蛾

危害杨、柳等。1年1代，以幼龄幼虫在枝条缝隙或芽基附近做薄茧越冬，5月初初龄幼虫蛀芽危害，后缀叶取食7月初成虫出现交尾产卵，10天后卵即孵化。

防治措施：用20%的灭幼脲500~800倍在幼龄幼虫期喷雾防治，或用10%的除虫脲500~1000倍液、40%氯氰菊酯1000倍液喷雾防治。

（九）春尺蠖

又名杨尺蠖、柳尺蠖、榆尺蠖、沙枣尺蠖，是我国华北、西北等地区人工林的主要食叶害虫。

1年1代，以蛹在树冠下的土层内越夏越冬。次年春，当日平均气温0~5℃时开始羽化。雄蛾具有趋光性。雌蛾无翅，产卵于树皮裂缝、枝杈、机械损伤处。幼虫共5龄，初龄幼虫有吐丝下垂转移危害的习性。该虫发生期早，危害期短，幼虫发育快、食量大，在短时间内能将大面积树木的嫩芽、嫩叶吃光，以致影响林木的生长。

防治措施：① 利用灯光诱杀成虫，从而减少成虫产卵数量，减少虫口密度。② 在树干上喷涂30厘米宽的80%敌敌畏20倍药环，或在树干基部撒25%西维因可湿性粉剂药环，毒杀上、下树的幼虫。③ 危害严重时，可喷80%敌敌畏1000~1200倍液或50%辛硫磷乳油1200~1500倍液。

（十）柳毒蛾

又名杨雪毒蛾、杨毒蛾，主要危害杨、柳科的树木。危害严重时，能将叶片吃光，且有大量排粪。

1年2~3代，以2龄幼虫在树皮裂缝处作薄茧越冬，翌年4月上中旬开始活动危害，6

月份为第 1 代幼虫盛发期，9 月为第 2 代幼虫盛发期。

防治措施：① 利用灯光诱杀成虫，从而减少成虫产卵数量，减少虫口密度。② 在树干上喷涂 30 厘米宽的 80% 敌敌畏 20 倍药环，或在树干基部撒 25% 西维因可湿性粉剂药环，毒杀上、下树的幼虫。③ 危害严重时，可喷 80% 敌敌畏 1000 ~ 1200 倍液或 50% 辛硫磷乳油 1200 ~ 1500 倍液。

（十一）云杉八齿小蠹

危害云杉、红皮云杉等。1 年 1 代，以成虫在树干基部和枯枝落叶层下越冬，少数在枯枝幼树皮或旧虫道虫道内越冬，一般越冬成虫 5 月下旬至 6 月上旬开始活动，7 月初侵入危害盛期。成虫侵入 1 ~ 2 天开始产卵，卵期 7 ~ 14 天；幼虫 16 ~ 26 天；蛹期 10 ~ 15 天，新生成虫在树皮下停留 28 ~ 30 天，最长 60 天。

防治措施：① 夏季及时伐除虫害木。冬季结合抚育伐除风倒木、衰弱木等，及时运出或剥皮，将树皮及抚育采伐的剩余物严格处理。② 选择带新鲜树皮的风倒木作饵木诱杀。饵木放置时间以 3 月中下旬至 4 月上中旬为宜，放置高度以 1 米为好，放置地点在林缘和林中空地，每亩放 2 ~ 4 组。③ 用 80% 的敌敌畏乳油 4 月下旬至 5 月中旬 800 倍液喷洒带皮原木和树枝韧皮内的成虫，连续喷洒两次。④ 用植物聚集素诱杀成虫。

（十二）云杉顶芽小卷蛾

危害云杉、落叶松的球果。1 年或 2 年 1 代，以老熟幼虫越冬，翌年春天化蛹，6 月成虫羽化、卵产在幼小的球果上，一般每个着卵 1 ~ 8 粒，幼虫孵化后钻入鳞片内蛀成虫道，食害未成熟的胚乳。

防治方法：①严格检疫。②球果取种后集中烧毁。③6 月份用菊酯类农药 1000 倍液喷雾防治。④幼虫期用烟雾剂进行防治。

（十三）云杉大小蠹

危害云杉。1 年 1 代，以成虫和幼虫在被害树皮下越冬。越冬幼虫于 6 月化蛹，7 月羽化产卵。幼虫蛀孔处有倒漏斗状流出的树脂。

防治方法：云杉八齿小蠹。

（十四）横坑切梢小蠹

危害油松。1 年 1 代，以成虫在松树嫩枝内或土内越冬。次虫主要侵害衰弱木和濒死木，也可危害健康木。多在树干中部的树皮下蛀筑虫道，常使树木迅速枯死。夏季新成虫蛀入健康木当年生枝梢进行补充营养，被害枝易被风吹折断。老熟幼虫在恢复营养期内也危害嫩枝，严重时被“剪切”的枝梢数竟达树冠枝梢的 75% 以上。

防治方法：参照云杉八齿小蠹。

（十五）桦尺蠖

危害白桦、白蜡、复叶槭等。1 年 1 代，以蛹在土内越冬，6 ~ 8 月成虫出现，9 月中旬老熟幼虫陆续下树入土化蛹越冬。

防治措施：①幼虫危害期施放敌马烟剂、敌虫啉、灭幼脲或喷施菊酯类、乐果、灭幼脲、久效磷等。②幼虫下树时喷辛硫磷1000倍液，菊酯类等农药。③9月份翻耕草皮，破坏蛹的生存环境。④10月初地面喷触杀剂辛硫磷、菊酯类农药。

（十六）高山毛顶蛾

分布于青海东部的云杉、桦、山杨次生林，潜叶危害白桦的叶片，潜叶株率90.99%，危害指数41.89%。严重时，被害林分呈一片枯黄，似火烧状，连年危害，严重影响树木的正常生长。

2年1代，有2个年群演替，故而每年可见一批成虫发生。成虫发生期4月28日~5月22日，历时25天，发生盛期为5月6日~16日。主要羽化时刻在9:00~17:00时，占89.23%，其中以13:00~15:00最集中，日间活动，多于13:00~16:00时群飞，17:00~19:00时交尾产卵，卵产于叶内。每雌孕卵54枚左右。卵历期11天，相距与5月16~28日孵化，孵化高峰期为5月20日，适与桦叶展叶期吻合。幼虫有4龄，取食叶肉，可将整片叶片吃光，危害时间约24天，至6月13日前后大部分老熟，6月10~24日离叶钻入树冠下腐殖质层中，作茧蛰伏。幼虫作茧土栖的深度一般在落叶层下0~10厘米。

防治方法：①成虫发生期，灯光诱杀。②成虫期用烟雾剂在早晨和傍晚熏杀，效果明显。③在幼虫潜叶危害期，用灭幼脲、苏云金杆菌制剂等超低量喷雾防治。

（十七）侧柏毒蛾

幼虫危害侧柏、扁柏、圆柏等。可造成圆柏枝叶顶枯秃，树势衰退，数年内不长新枝。

青海省泽库地区1年1代，以卵在叶、小枝、树皮裂缝内越冬。次年4月上旬孵化，5月上旬为幼虫危害盛期，5月中旬化蛹，6月中旬出现成虫。第二代幼虫6月下旬开始出现，7月上旬危害盛期，7月下旬开始化蛹。8月初羽化并产卵，以卵越冬。

防治措施：①林间设置黑光灯，诱杀成虫。②人工喷洒25%灭幼脲Ⅲ号1:15倍液防治幼虫。③保护天敌。用药剂防治时，注重药剂选择，以避免对天敌的杀伤。

（十八）圆柏大痣小蜂

主要危害祁连圆柏，其次是大果圆柏、塔枝圆柏、方枝柏及细枝圆柏。以幼虫取食圆柏种子的种仁，食性专化性强，造成圆柏球果无仁，严重影响寄主树种的育苗和天然更新。

1年1代，以幼虫在种仁内越冬。翌年5月初，越冬幼虫开始取食种仁活动，6月老熟幼虫开始化蛹，7月上旬成虫羽化，下旬为羽化高峰期。成虫羽化后当天便可交尾产卵，雌虫将卵产在当年新生球果种仁内，1粒种子产卵1粒。卵7月下旬开始孵化，幼虫于9月下旬进入越冬状态。

成虫喜光，活动于光照较好、气温较高的枝头和树间，在风、雨或夜间附于树枝和种子上。成虫的飞行力较弱，多在羽化所在树附近活动。

控制措施：在成虫羽化期，早晚用10%林虫敌100~200克/亩或敌马烟剂1千克/亩进行喷烟；在无风或微风的晴好天气用0.5%川保5号高效复合杀虫粉剂，每隔10~15天喷粉一次，适用器械为日本产小松MD431A喷雾喷粉机；隔3~5天用5%高效氯氰菊酯4000倍液或溴氰菊酯2000倍液进行喷雾防治。

（十九）灰斑古毒蛾

幼虫食性杂，危害杨、柳、桦、沙枣、沙棘、花棒、白刺、盐爪爪等。常将叶全吃光，造成大量落果，树势减弱，影响林木生长。

西宁地区1年1代。以卵在雌虫残茧内越冬，6月下旬孵化，老熟幼虫在植物落叶、石块下或枝丛中作茧化蛹，7~8月羽化，雌蛾翅退化，仍留在茧中，待雄虫飞来交尾，雌蛾产卵于残茧中。

防治措施：①冬季或早春摘茧灭卵。②幼虫期用5%高效氯氰菊酯或溴氰菊酯2000倍液进行喷雾防治。

（二十）沙棘木蠹蛾

主要以幼虫钻蛀危害沙棘的干基部和根部，造成腐烂，影响水分和营养物质的输导，致使树势衰弱或死亡。

该虫4年发生1代，世代重叠，发育极不整齐，绝大部分时间在沙棘根部营隐蔽生活。蛹期30天左右。4月下旬，老熟幼虫从根部爬至地表，在4~10厘米深的土层中化蛹。结茧，在茧内度过预蛹期。成虫羽化从5月下旬开始一直持续到8月下旬。每天17:30~18:30进入羽化高峰，成虫羽化时将茧留于土中，带出的蛹壳半露于地面。刚羽化的成虫静立不动，经十几分钟晾翅后，俩翅全部展开呈屋脊状贴于背上，然后，飞于树干上静立，整个羽化过程历时60分钟左右。成虫交尾在21:00~22:00点（高峰期在21:30左右），交尾时间30~70分钟，平均60分钟。雌虫静伏不动，将腹部末节伸出并翘起，雄虫即飞往雌虫处交尾。卵于5月下旬出现。成虫将卵产于树皮缝处，呈块状，雌虫1次或多次（1雌虫可连续3天每天产1次卵）产卵，产卵量320~450粒，卵期的长短与气温有关，一般为10~30天，平均孵化率80%。6月中旬出现幼虫。初孵幼虫在韧皮部和木质部之间危害，取食一段时间后转移至根部。当根部虫口密度较大且食料不足时，幼虫开始转移危害其他林木。

沙棘木蠹蛾的发生及危害程度与沙棘林龄和立地条件有关，幼林及10年生以下的沙棘林危害较轻，老龄林危害较重；立地条件越差、树势越弱、虫害越严重。

控制措施：①平茬更新是控制沙棘林木蠹蛾虫害的有效应急措施。②灯光诱杀成虫。5月下旬至8月中旬，在有虫林分内，应用佳多频振式杀虫灯诱杀成虫。每天开灯时间为20:00~23:00时，每5公顷设置一盏诱虫灯。③药剂防治。于3月下旬至4月中旬在树干基部划5厘米深的环状沟，将3%甲拌磷粉剂撒于其中覆土，雨后药剂渗入地表以下树干的虫孔内和主根，达到毒杀幼虫的目的。也可应用20%中西杀灭菊酯500倍液或50%对硫磷1000倍液，在树干基部划5厘米深的环状沟，浇根毒杀根部和干基部内幼虫。

（二十一）槐花球蚧

1年1代，以2龄若虫固定在当年生枝条上群聚越冬。翌春4月中旬2龄若虫开始雌雄分化。雌虫蜕皮为成虫，雄虫则经2个蛹期于5月初羽化为成虫，雌成虫于5月中下旬怀卵，6月上中旬卵孵化。初孵若虫爬行转移到叶片和嫩枝上刺吸危害，10月间，叶片上的若虫再转移到新枝上越冬。全年危害严重期是4月中旬至5月下旬。雌成虫产卵前，腹下分泌白色蜡粉，粘在产出的卵粒表面。随着卵粒的产出，母体腹面向背面收缩，最后与体背贴在一起，而整个腹腔则被卵粒充满。产卵量达 3241～6367 粒，初孵若虫主要集中在正面主脉两侧。10 月份奇主落叶前，2 龄若虫由叶片转回枝条上越冬，主要固着在细枝基部的芽掖附近。槐花球蚧的发生危害与造林方式密切有关，寄主单一栽植的受害重，混交林则受害轻。

防治方法：①检疫严禁带虫苗木、插条及树木的引入或输出。②营林技术防治：结合抚育剪去病虫枝条，及时清除虫源；加强林果树木管理，以增强树势、提高抗虫力；选用抗性较强的新疆杨、银白杨、北京杨等树种。③生物防治：保护天敌。④化学防治：应用 50% 杀螟松乳油、50% 久效磷乳油 600～800 倍液、40% 氧化乐果乳油等进行防治。

（二十二）沙里院褐球蚧（樱桃朝球蜡蚧、苹果球蚧）

危害梨、山楂、苹果、杏、桃、樱桃、绣线菊等。

1 年 1 代，以 2 龄若虫在一年生（少数在二年生）枝条上越冬。在辽宁 4 月初开始活动，4 月中旬雄虫开始化蛹，4 月下旬至 5 月上旬羽化。交配后的雌虫迅速膨大，雌虫亦可孤雌生殖。5 月中下旬产卵，每雌产卵量多者可达 6000 粒。6 月上旬孵化，若虫爬至叶片背面取食汁液。10 月降霜后陆续转移至当年新枝上蜕皮变 2 龄若虫越冬。雌成虫产卵前及若虫均能分泌黏液，落至叶上、果上呈油珠状，雨季常诱发煤污病。

防治方法：参照槐花球蚧。

（二十三）柠条坚荚斑螟

是危害柠条种子和荚果的重要害虫。

1 年 1 代，个别地区 1 年 2 代，以老龄幼虫在土中结茧越冬。翌年 4 月上旬化蛹，5 月上旬成虫出现，5 月 20 日左右为羽化高峰，5 月中旬成虫产卵，5 月下旬出现第一代幼虫。8 月中旬幼虫入土结茧越冬。

该虫发生与林分状况有关，密林发生较疏林重，林中较林缘重，灌丛中部较上、下部重，东、西面较南、北面重。

防治方法：①灯光诱杀成虫。②成虫期用化学药剂喷雾防治。

（二十四）云杉矮槲寄生

为寄生性种子植物。被寄生后病部常表现丛枝症状，发育畸形，病部以上枝条瘦弱，针叶短小，顶梢逐渐枯萎。严重感染的植株，树冠的大部分、甚至整个树冠均被寄生物所取代。病株生长衰弱，生长量显著下降，结实量及种子发芽率降低、材质变劣。特别是幼树主干遭受侵染后，在 3～5 年内就可能死亡。这一病害扩展蔓延的速度很快。

云杉矮槲寄生为多年生植物，雌雄异株，植株高 2～8 厘米。其果实从 10 月下旬逐渐进入成熟期。粘附在幼嫩枝条上的种子经过 20 多天的生理休眠，在变温和光照条件下自然萌发率为 28% ～35%，从种子萌发到寄主上抽发新的寄生植株约需要 10 个多月的时间。

防治措施：①结合抚育采伐，5～8 月间修枝清除寄生植株。②营造混交林，选育抗病品种。

（二十五）高原鼢鼠

终年生活在地下，洞道复杂。一般地面无洞口。洞道上方地面常形成许多小土丘。不同地点、不同的性别、不同季节洞道构造不同。雌雄分居，雌性洞道较雄性复杂。主要有主洞、仓库窝巢等，秋冬季洞道较春夏季洞道复杂，昼夜均有活动，不冬眠，主要为地下活动，有时到地面觅食、寻偶。每年可繁殖2次，繁殖期大致在6月和9月，每次可产仔4~8只。

防治措施：①人工弓箭捕杀。②用溴敌隆毒饵，每有效洞投饵10克；用克鼠星毒饵，每有效洞投饵5克或用防鼠雷捕杀。③营林措施：营造针针阔混交林，增加造林密度。④保护天敌。

(二十六) 达乌尔鼠兔

一般栖息于退耕地、砂质或半砂质的丘陵、山坡草地。营群居生活。洞穴分为夏季洞和冬季洞。夏季洞穴简单，只有1个洞口；冬季洞穴复杂，有3~6个洞口。不冬眠，有储备粮食的习性，以白天活动为主。1年2胎，每胎产仔5~8只。

防治措施：利用化学方法控制。4~5月为防治最佳时机，可供选择的毒剂有溴敌隆、大隆、氟鼠灵、杀他仗，最佳毒饵药物浓度为0.01%。经试验，在化学饵料中加入诱鼠剂防治，效果更好。

宁夏回族自治区林业有害生物普查技术报告

为了搞好宁夏回族自治区林业有害生物普查工作，我们根据国家林业局《关于在全国开展林业有害生物普查工作的通知》(林造发[2003]73号)文件精神，按照国家有害生物总站的统一部署，于2003年3月~2004年12月对全区5个地级市的22县(区、市)、2个自然保护区进行了普查，共普查林果面积125.3万亩，占普查范围内林果总面积159万亩的78.8%；共设线路调查点4126个、有害生物标准地调查点3018个；共采集昆虫标本12704号次，病害标本552号次、植物标本744号次；共普查记录外来林业有害生物8种、本土形成危害的林业有害生物105种。共填写林业有害生物小班踏查记录表6432份，林木病害标准地调查表816份，林木害虫标准地调查表2136份，苗圃有害生物标准地调查表432份，森林害鼠调查表656份，林业有害植物调查表483份，另设有害生物补查点230个，每标准地详细记录有害生物种类、发育阶段、为害程度、为害面积和分布状况等，普查取得了丰硕的成果。

一、基本情况

宁夏回族自治区，总面积66400平方千米，其中平原占51.5%，山地占23.5%，丘陵占36%，沙漠占9%，约占全国总面积的0.69%。宁夏回族自治区位于黄河中上游，地理坐标为东经104°17′~107°39′，北纬35°14′~39°23′。南接甘肃省，东接陕西省，东北临内蒙古自治区。东西宽50~250千米，长约456千米，南北尖细，东西较宽，形似枣核。宁夏回族自治区深居内陆，气候干燥，属中温带大陆性气候。但南北悬殊较大，具有南凉北暖，南湿北干，雨雪稀少，气候干燥，日照充足，蒸发强烈，无霜期短而多变的特点。宁夏回族自治区地处我国“南北中轴”的北段，海拔1100~2200米，地势南高北低。地理区域上，宁夏回族自治区分为贺兰山地、银川平原、卫宁平原、中部高原、南部山区5部分。全区有耕地1186万亩(人均2.85亩)，其中水田243万亩，占20.5%，旱田943万亩，占79.5%。

(一)自然条件

1. 气　温

全自治区年平均温度为5~9℃，北部地区为8~9℃，中部地区为1~8℃，南部地区为5~7℃，呈北高南低之势，春暖快、秋凉早。气温稳定通过10℃的持续期，中北部为170天左右，活动积温为3100~3300℃，南部为120~140天，活动积温为1900~2500℃，对农作物生长极为有利。

2. 降水量、蒸发量

全自治区年平均降水量在180~650毫米之间，由南向北递减；南部六盘山区为400~650毫米，中部地区为250~500毫米，北部地区为180~200毫米，降水多集中在秋季，6~9月的降水量占全年的50%~73%。

全自治区年平均蒸发量在1300~2400毫米之间，干燥度为1.00~4.68之间，均由北向南递减，相对湿度则反之，在50% ~65%之间。

3. 气候条件

年日照时数为2214 ~3202小时，有由北向南递减的趋势。年太阳总辐射为544.3 ~586.2千焦/平方厘米，比华北平原多41.87千焦/平方厘米，比江南地区多125.6千焦/平方厘米。生长期固原市为200天左右，银川市为200天以上。无霜期固原市为103 ~148天，银川为140 ~162天。平均气温日差为12 ~15℃。风速全区平均为1.8 ~3.0米/秒，8级以上大风年平均日数为31天，持续天数一般为1 ~3天，多出现在春季。方向多为偏北或偏南。

（二）森林资源

宁夏回族自治区地处大陆性气候地带区，干旱少雨，属全国少林省区之一。据自治区林业厅统计，截至“十五”期末，全区林业用地1.3亿亩，其中有林地159万亩。宁夏回族自治区林业主要分人工林和天然林。天然林主要分布在贺兰山、六盘山、罗山等地区。这三大林区天然林地与灌木面积30万亩，活立木积蓄量205.22万立方米。在中卫市及灵武市、盐池县、青铜峡市、海原县，同心县也有少部分天然林，面积约37.5万亩。

宁夏回族自治区现有人工林102万亩，占全区乔、灌木面积的46.1%，木材蓄积量达102万立方米。人工林主要是乔木林，以防护林、用材林、经济林、薪炭林为主。防护林分布全区各市县，北部引黄灌区上造农田防护林为主。用材林主要分布在川区、风沙区和黄土丘陵区；经济林全区各地亦有分布；薪炭林主要分布在南部山区。但是，随着六大林业重点工程的相继启动，宁夏回族自治区新植林面积大幅度增加，再加上重栽轻管以及林业有害生物的严重危害，病虫苗木检疫不严等原因，使一些危险性有害生物不断扩散蔓延，全区林业健康还存在潜在危险。

（三）主要林业有害生物分布状况

根据本次对辖区内主要林业有害生物普查结果，记录本辖区内形成危害的林业有害生物隶属7纲21目57科95属105种，其中，有害昆虫6目39科71属79种，害螨1目2科4属4种，有害真菌4目5科5属6种，害鼠(兔)2目3科4属4种，有害植物8目8科11属12种。本次收录的有害生物名录中，包括病害6种，有害植物12种，有害昆虫79种，害螨4种，害鼠(兔)4种。

二、普查目的和意义

为了防止外来有害生物入侵，保护森林资源，巩固绿化成果，维护生态平衡，促进森林健康，推动宁夏回族自治区经济发展，建立和完善林业有害生物数据库，为确定林业检疫性有害生物名单、林业危险性有害生物疫情数据和林业检疫性有害生物补充名单提供科学依据，全面准确掌握外来林业有害生物及已造成危害的本土危险性林业有害生物的种类、分布及危害情况，根据国家林业局要求，我们进行了这次普查。通过普查，进一步摸清了辖区内林业外来有害生物种类、分布、发生情况，以及林业外来有害生物的原产地、传入时间、传入的途径及方式等，掌握了林业外来有害生物对当地经济、生态、社会影响等，了解了辖区内危害严重的本土林业有害生物种类、发生、分布情况，采集制作了辖区内外来林业有害生物和本土危害严重的林业有害生物的完整标本，拍摄了辖区内林业外来有害生物和本土危害严重的林业有害生物的形态和危害状照片，绘制了辖区内林业外来有害生物和本土危害严重的林业有害生物分布情况图，并结合疫情调查，开展了有害生物的风险分析工作，制订了林业有害生物防控预案，为拟定宁夏回族自治区补充检疫对象，为宁夏回族自治区今后开展科学营林、有效预防林业有害生物、确保宁夏回族自治区林业健康发展，提升宁夏回族自治区林业效益奠定了坚实的基础。

以前的森林植物检疫对象普查，局限于国家规定的森林植物检疫对象，仅涉及害虫和病原微生物，范围较窄。这次普查范围较广，除检疫对象外，还包括其他病虫种类；不仅包含有害病、虫，还包括有害植物、鼠、兔等有害生物，这对防止外来有害生物入侵，促进宁夏回族自治区林业生产可持续发展，巩固造林绿化成果，保护森林资源，维护生态平衡具有十分重要的意义。通过普查实现了如下目标：

(1)进一步摸清了宁夏回族自治区外来林业有害生物及本土林业有害生物的种类、分布及危害情况，建立和完善了林业有害生物数据库。

(2)详细掌握了已传入的外来林业有害生物，及本土危害严重的林业有害生物对宁夏回族自治区森林资源、生态环境造成的损失，为今后加强区域间联防联治、制订预警方案、确定和实施工程治理项目提供了科学依据。

(3)为今后国家确定林业检疫性有害生物、危险性有害生物，宁夏回族自治区确定补充林业检疫性有害生物，合理提出检疫要求，提供了科学依据。

(4)为今后增加测报对象，使测报工作更加完善，提供了科学依据。

(5)为制订更加有效的控制、封锁和扑灭措施，更好地开展林业有害生物的治理工作提供了科学依据。

三、普查范围与对象

（一）普查范围

全自治区各市(区、县）所辖区域的有林地。即天然林(含荒漠植被、灌木林)、人工林(生态林、防护林、经济林、森林公园、自然保护区、绿色通道、四旁绿化树等)、苗圃、花圃以及贮木场、木材加工厂等。调查的重点是各区确定的林业重点保护区域、有害生物易发生区域，以及过去调查涉及不多的区域。

（二）普查对象

1. 林业外来有害生物

(1) 从国(境) 外传入的林业有害生物。指原产地为国(境) 外，传入本地后已在当地造成危害的林业有害生物。如松材线虫、美国白蛾、红脂大小蠹、松突圆蚧、日本松干蚧、湿地松粉蚧、椰心叶甲等。

(2) 从外地传入的林业有害生物。指原产地为国内其他省(自治区、直辖市)，1980 年后传入本区，在当地已造成危害的林业有害生物。

2. 本土有害生物

指对森林植物及其产品造成危害的 1980 年以前在本区定殖的林业有害生物，包括林业病原微生物、有害昆虫、有害植物及鼠、兔、螨类等。

四、普查内容

1. 本土危害性大的有害生物

指危害最大的前20种本土有害生物，按危害程度排序，1号为危害最严重。

2. 从国(境)外传入的林业有害生物

确定是否是从国(境)外传入的林业有害生物，通过查阅有关历史文献、咨询专家等办法。

3. 从外地传入的林业有害生物

确定是否是外地传入的林业有害生物，以1980年森林病虫普查结果为准。

五、普查方法

(一)前期准备工作

1. 查寻相关历史资料

查寻的资料主要有：当地林业资源情况(最新林业资源分布图和文字材料)、当地林业有害生物发生分布情况(1980年森林病虫普查资料、当地森林植物检疫对象普查资料、历年林业有害生物监测档案、工作总结、调查报告、专题研究报告等)。此外，还了解了当地历史、地理、自然和经济情况。

2. 制订普查实施方案

根据国家林业局下发的林业有害生物普查技术要点，结合宁夏回族自治区实际情况，制订出了详实的宁夏林业有害生物普查实施方案。

3. 开展普查技术培训

在接到普查任务后，我们立即组织精干技术力量对市、县级以上有害生物部门的技术人员进行了为期1周的技术培训，为各地普查工作培养了骨干；之后，各市县区也相继举办了各种形式的培训班，对参加普查工作的人员开展普查业务培训。培训的主要内容为：林业有害生物普查技术，野外调查方法(踏查、标准地调查取样技术等)，标本采集和制作，林业有害生物的鉴定和识别，危害特征图、有害生物形态图的摄制方法，内业汇总要求全国林业有害生物普查技术要点、林业有害植物调查方法、林业有害植物科学识别、林业有害植物入侵原因及防治对策、外来物种入侵及管理对策、杨树星天牛监测预报办法、落叶松红腹叶蜂预测预报办法、春尺蛾监测预报办法、森林害鼠(兔)监测预报办法、病虫检索、GPS使用技术、生物摄影技术、林业有害生物监测预报工作展望等课程。

4. 准备普查专用工具

为了搞好这次普查，我们筹措资金集中购买了毒瓶、指形管、捕虫器、采集箱、高枝剪、望远镜、调查表、记录本以及地形图、GPS仪等野外调查、采集工具、标本鉴定、制作工具。

（二）野外调查

1. 访问调查

主要针对某个地区(林区)、苗圃、贮木场、木材加工厂、花圃等或某种植物、某种有害生物，有目的对当地群众、技术人员、业主、有关专家等进行访问咨询，了解当地林业有害生物种类、分布、发生等情况。

2. 野外踏查

（1）踏查路线设置。

踏查路线主要是利用林间大小道路、林班线等，在经过当地主要森林类型、林业有害生物发生地及重要的公路、建设工地，特别是受人为干扰严重，生物多样性差、生态环境简单的林地。

（2）踏查小班记录。

踏查主要以林业小班为基本单位，没有划分小班的以自然山头，林分、四旁绿化树按村(居委会)，绿色通道按路段为代表，沿事先设计的路线进行，发现有害生物记入林业有害生物小班踏查记录表(略)中。

3. 标准地调查

（1）标准地设立。

在踏查的基础上，对有危害症状的、或有有害生物的林地中，在有害生物发生区域内选择具有代表性的地段1~5亩设立标准地进行详细调查，在标准地内选择主要寄主植物100株。

（2）林木病害标准地调查。

①叶部、枝梢、果实病害标准地调查。按每100~1000亩设1块标准地，每块标准地面积3亩左右，在标准地内选择100株寄主植物，每块标准地随机调查30株以上。以枝梢、叶片、果实为单位，随机抽取一定数量的枝梢、叶片、果实，统计枝梢、叶片、果实的感病率，记入林木病害标准地调查表(略)中。

②干(根)部病害标准地调查。按每100~500亩设1块标准地，每块标准地面积3亩左右，标准地内选100株寄主植物，每块标准地随机调查30株以上。在标准地上，通常以植株为单位进行调查，统计健康、感病和死亡的植株数量，计算感病率记入林木病害标准地调查表(略)中。

（3）林木害虫标准地调查。

①食叶、枝梢害虫标准地调查。按每100~1000亩设1块标准地，每块标准地面积3亩左右，标准地内选100株寄主植物，在每块标准地内按对角线抽样法抽查30株以上，统计每株树上害虫数量，或目测叶部害虫危害树冠、枝梢的严重程度，将结果填入林木害虫标准地调查表(略)。

②蛀干害虫标准地调查。按每50~100亩设1块标准地，每块标准地面积3亩左右，标准地内选100株寄主植物，在每块标准地内按对角线抽样法抽查30株以上，统计每株树上害虫数量，或目测蛀于害虫危害树木的严重程度，将结果填入林木害虫标准地调查表(略)。

③种实害虫调查。种实害虫调查主要在种子园、母树林和其他采种林分进行。通常按750亩以下设1块标准地，750亩以上每增加150亩增设1块。每块标准地面积为1亩，按

对角线取样法抽取样树5株以上，每样株在树冠上、中、下不同部位采种实10～100个，解剖调查被害率，并把调查情况填入林木害虫标准地调查表(略)。

④地下害虫调查。地下害虫调查方法以挖土坑调查为主。同一类型林地设1块标准地，每个标准地上的样坑数量，通常每3亩设1个，每块标准地在已发生危害的苗圃或新造林地的被害地段上挖1米×1米(或0.5米×0.5米)土坑数6个，深度到无害虫为止，将调查情况填入林木害虫标准地调查表(略)。

(4)苗圃(花圃)地调查。

先进行苗圃有害生物踏查，通过踏查了解苗圃有害生物的概况后，在危害程度不同的苗圃地分别设立标准地。在每块苗圃地上按对角线的位置(或棋盘式)设置若干个标准地(靠近田地边缘的标准地应距离边缘2～3米)。标准地的数量以其总面积不少于调查总面积的0.1%～0.3%。针叶树播种苗一般0.1～0.5平方米，或以1～2米长播种行作为一个标准地。阔叶树苗的标准地定在1平方米以上，每个标准地上的苗木在100株以上。按对角线的位置(或棋盘式)抽取样株(针叶树播种苗300株以上、阔叶树苗100株以上)进行检查，并将调查结果分别填入苗圃有害生物标准地调查表(略)。

4. 贮木场(木材加工场)有害生物调查

(1)现场查看。

现场查看贮木场等地现存木材(含成品、半成品、包装材料等)是否有有害生物，主要通过表层及缝隙间看是否有新鲜蛀孔、蛀屑和活虫爬行。同时要了解贮木场木材树种、采伐时间和地点和过去、目前有害生物发生情况。一旦发现有害生物，立即进行抽样调查。

(2)抽样调查。

调查木材危害状况时，采用表层随机抽样，抽样率一般在调查数的3%。并把调查结果填入林业有害生物贮木场(木材加工场)调查记录表(略)。

5. 林业鼠(兔)害调查

(1)调查时间。

①地下鼠：于春季土壤解冻后(3～5月)或秋季鼢鼠储粮期(9～10月)进行调查。

②地上鼠：田鼠(鼠兔)于4月下旬至5月下旬或8月下旬至9月下旬进行调查；沙鼠在4月或10月进行调查。

(2)地下害鼠密度调查。

①土丘系数法：每种立地类型选择一块面积15亩的辅助标准地，统计标准地内的新土丘数。根据土丘挖开洞道，间隔2昼夜进行检查，凡封洞者即为有效洞。在有效洞布箭，弓箭(地箭)与洞口的距离为切开的洞口直径的2倍。1昼夜检查1次，及时重设弓箭(地箭)，连续捕杀2昼夜。然后统计捕获的鼢鼠数量，计算出土丘系数和捕获率。

②切洞堵洞法：在土丘不明显的情况下，利用鼢鼠的堵洞习性采取切洞堵洞法进行调查。具体方法是：每种立地类型选择一块面积为15亩的辅助标准地，对怀疑有鼢鼠活动的洞道开切洞口100个，在切洞一昼夜后调查堵洞数，凡堵洞者即为有效洞口。然后采取弓箭(地箭)射杀和挖捕相结合的方法，将其鼢鼠全面捕尽，以实捕鼢鼠数与有效洞口数相比较，得出其相关系数。在固定标准地内以有效洞口数乘以相关系数即可得出鼠口密度。

(3)地上害鼠(鼠兔)密度调查。

①田鼠：采用中号板铗，用新鲜的胡萝卜诱饵。在每块标准地内，将100个鼠铗按铗距

5米、行距20米的平行线、或按Z字形、棋盘式等形式顺势布放。鼠铗布放后，间隔24小时进行检查，用空铗将已捕获鼠的鼠铗替换，48小时后将捕鼠铗全部收回，逐日统计捕获害鼠的数量分雌雄记载，并计算捕获率。

②沙鼠：在15亩的辅助标准地内，设置100个鼠铗，按铗距5米、行距20米排放。以新鲜胡萝卜为食饵，堵洞后在洞口附近布设鼠铗。统计堵洞数、有效洞数、百铗捕获数，计算百铗捕获率和鼠口密度，连续调查5天。

(4) 林木受害情况调查。

采取样株调查法。结合春季鼠口密度调查进行。将标准地大致划分为10~15块样方，从中随机确定3块，所选样方内林木总株数不少于100株。然后，在样方内逐株调查。计算出危害率。

(5) 林木受害判定标准。

①地下鼠：以树下有鼠洞，且树木叶片发灰、发黄色，顶芽生长缓慢判定为受害。

②地上鼠：田鼠的危害以树干四周皮部1/4以上被啃食，或侧根际被挖啃1/4为林木受害的统计起点。沙鼠以树干、树枝被啃食即为受害。

(6) 森林害鼠(鼠兔)调查记录。

调查结束后，将调查情况填入森林害鼠(鼠兔)调查表(略)。根据害鼠捕获率和林木受害情况统计害鼠发生程度。

6. 林业有害植物调查

每100~1000亩设1块标准地，每块标准地面积3亩左右，调查有害植物对林地的占据情况和对林木的侵害情况，将结果填入林业有害植物调查表(略)。

7. 标本采集及内业整理

标本的采集使用扫网、捕网、振动、搜索、灯诱等方法进行收集。内业整理上按林业有害生物普查技术规程分虫种进行数据汇总，对标本的鉴定采取查阅资料，请教资深专家。为了将普查工作抓实抓好，我们采取边普查采集、边制作鉴定的方法建设有害生物标本实验室，目前共制作害虫标本79种，害螨4种，病害标本6种，虫害生活史标本12种，鼠(兔)害标本5种，有害植物标本12种。其中，外来有害生物8种，本土危害严重的林业有害生物39种，包括害虫24种，病害3种，鼠(兔)害5种，有害植物7种。拍摄病虫图片3571张，寄主植物及危害状图片1826张，有害植物图片685张，其他图片900多张，建立了有害生物普查照片档案，并将全部普查资料整理归档，为今后开展有害生物工作积累了大量的实物资料，奠定了良好基础。

六、普查对象发生及分布

根据外业调查和内业整理，目前，宁夏回族自治区尚未发现从国(境)外传入的松材线虫、美国白蛾、红脂大小蠹、松突圆蚧、日本松干蚧、湿地松粉蚧、椰心叶甲等林业有害生物；上次普查时发现的林业有害生物在全区范围内均有分布，只是危害程度不同，过去危害严重的杨枝天牛、光肩星天牛、杨十斑吉丁虫等杨树害虫随着杨树天牛综合治理工程的实施和树种结构比例的调整，危害严重势头得到控制。而木蠹蛾类、透翅蛾类、灰斑古毒蛾、春尺蠖、食心虫类、东方田鼠、甘肃鼢鼠及荒漠害虫等的危害有扩大加重的趋势。在本区内，由于中部干旱带主栽树种为榆树、柠条、花棒等，树种结构单一、连片面积较大，致使春尺蝼、柠条豆象、草地螟等害虫的危害加重，并有向外围扩展的趋势。桃小食心虫在全区范围均有分布，灌区发生较严重，随着经果林种植面积的迅速扩大，管理上相对滞后，气温趋暖，降雨偏少，种群发展较快。

（一）外来林业有害生物

1. 虫 害

（1）落叶松红腹叶蜂。

从甘肃省平凉市传入，具体时间不明，但1997年发现为害，1998年就造成大面积危害，当年危害面积达12万亩，1999年新发生面积在6万亩左右，以后每年以3万亩的速度蔓延。该虫危害对树木生长影响很大，若食叶率超过50%时，高生长和胸径生长缓慢。重点对10～20年生的人工林造成严重危害，20～30年生的人工林危害相对轻，由于虫态、虫龄参差不齐及寄主立地条件复杂，防治作业比较困难。虽然本土天敌种类较多，但数量少，控制效果尚不明显。种群数量消长受食物、气候等环境因素影响较大，在成虫盛发期若遇霜冻，下一代虫口密度、发生面积和危害程度也大幅下降；若冬天降雪少，春旱则发生面积和危害程度又呈上升趋势。目前，主要分布在固原市六盘山林业局及西吉县、泾源县、彭阳县、隆德县、原州区和中卫市海原县，发生面积21.58万亩，成灾面积3.96万亩。

（2）沟眶象和臭椿沟眶象。

主要危害臭椿。2001年首次发现。据调查，银川市的疫情是从河南省民权县调进千头椿时带入，彭阳县的疫情是从毗邻的甘肃省自然扩散传入。经过普查，其已扩散分布至银川市的西夏区、金凤区、永宁县、贺兰县，固原市的彭阳县。之前，石嘴山市平罗县也曾经检疫出带虫臭椿苗木，销毁处理后再未发现。目前，在银川市部分苗圃和臭椿林网为害较为严重，共计发生面积近5千亩，已被宁夏回族自治区确定为补充林业检疫性有害生物。

（3）沙棘木蠹蛾。

主要危害沙棘。重点分布在固原市彭阳县12个乡镇、西吉县9个乡镇、原州区1个乡和六盘山林业局1个林场，发生面积9万余亩，成灾面积1万余亩。2002年在彭阳县首次发现，受害林沙棘被害率超过30%，部分地段沙棘受害已超过80%，并出现批量死亡。

（4）松线小卷蛾。

主要危害落叶松，1989年在六盘山自然保护区王化南林场首次发现。以幼虫危害落叶松嫩梢和叶片，严重危害时使寄主叶片损失殆尽，成片枯黄。受害面积2000余亩。经过科学防控，1993年后再未形成灾害。

（5）落叶松球蚜。

20世纪70年代，六盘山林业局从山西省引进大量种植华北落叶松过程中，随苗木带入。1981年球蚜在部分幼林发生成灾，白色蜡粉布满枝叶，全树霉污，虫情逐年加重，严重影响幼林的发育，但生长郁闭成林后，随着树龄的增大，危害逐渐减弱。

（6）梨茎蜂。

1990年在银川市园艺场首次发现危害，本次普查发现在灵武市和沙坡头区梨园也有危害，推断是20世纪80年代自陕西省调进果苗时传入。

2. 病 害

落叶松枯梢病。

危害落叶松、云杉。主要发生在中卫市海原县1个林场和固原市原州区1个林场的华北落叶松林(部分与云杉混交林)，受害面积近1万亩，成灾面积0.2万亩。从山西省调苗引进，具体时间不详。

(二) 本土危害严重的林业有害生物

1. 害 虫

(1) 光肩星天牛(黄斑星天牛)。

主要危害杨、柳、榆、沙枣等树种，重点分布在银川市兴庆区、金凤区、西夏区、永宁县、贺兰县、灵武市，石嘴山市大武口区、惠农区、平罗县，吴忠市利通区、青铜峡市、盐池县、同心县，固原市原州区、西吉县、彭阳县、隆德县、泾原县，中卫市沙坡头区、中宁县、海原县。以幼虫蛀食木质部形成隧道，被害树木常枯梢或整株枯死。由于该虫的严重危害，使宁夏回族自治区1代林网毁于一旦。目前，发生面积35.81万亩，成灾面积1.6万亩。

(2) 青杨天牛(又名杨枝天牛)。

主要危害杨树枝条和苗干，重点分布在吴忠市的青铜峡市、盐池县，银川市贺兰县、永宁县，中卫市沙坡头区、中宁县及固原市隆德县。受害面积19万亩。多危害直径2厘米以下(二年生)的枝条，被害处膨大呈球型虫瘿，在一个枝条上常两三个相连，造成枝梢萎蔫而干枯。

(3) 红缘天牛。

主要危害苹果、梨、枣树、刺槐、沙棘等，重点分布在银川市西夏区、永宁县、贺兰县、灵武市，中卫市沙坡头区、中宁县，固原市彭阳县、西吉县，发生面积15万亩，为轻度危害。其主要以成虫食害果树花和嫩梢，以幼虫蛀食沙棘根茎等，成虫喜产卵于干枯的果树枝条，并在其内发育至成虫羽化，故及时清理园内及周边枯枝是防治危害的重要措施。

(4) 榆木蠹蛾(柳干木蠹蛾)。

主要危害榆、柳、杨、苹果等。重点分布在吴忠市盐池县、同心县，石嘴山市，银川市西夏区、永宁县、贺兰县，中卫市沙坡头区、中宁县等地，发生面积8.3万亩。以幼虫钻蛀树干，破坏输导组织，树皮上留下由蛀孔排出的虫粪，多从孔中流出树液，使树势衰弱以至死亡。

(5) 芳香木蠹蛾。

危害榆、杨、柳、刺槐、白蜡、苹果等树种，主要分布在石嘴山市惠农区、平罗县，银川市灵武市，中卫市沙坡头区，固原市隆德县。发生面积7.1万亩，成灾面积3.58万亩。为害症状同榆木蠹蛾。

(6) 沙棘木蠹蛾。

主要危害沙棘。重点分布在固原市彭阳县、西吉县和原州区，主要以幼虫危害植物根茎。已成为宁夏回族自治区主要害虫之一，有进一步加重危害的趋势。发生面积15.76万亩，成灾面积10.54万亩。

(7) 杨干透翅蛾。

主要危害杨树，为害部位多集中在干基部。重点分布在固原市西吉县，银川市贺兰县、永宁县，吴忠市青铜峡市。受害面积3万亩。

(8) 白杨透翅蛾。

主要危害杨树，重点分布在石嘴山市平罗县，银川市永宁县、贺兰县、灵武市，吴忠市利通区、青铜峡市、盐池县、同心县，中卫市沙坡头区、中宁县，固原市原州区、彭阳县、泾源县、西吉县。发生面积 12.17 万亩，成灾面积 1.93 万亩。

(9) 春尺蠖(榆尺蛾)。

主要危害榆、杨、柠条、毛条、沙枣等，重点分布在吴忠市盐池县同心县、利通区及红寺堡开发区，中卫市沙坡头区及银川市和石嘴山市的部分地区。以幼虫食害叶片，由于每年发生期早，幼虫发育快，食量大，常暴发成灾，往往将树叶食光，对林业、桑蚕及果树生产威胁甚大。

(10) 槐树尺蠖。

主要危害槐树，重点分布在石嘴山市大武口区、惠农区、平罗县，银川市兴庆区、金凤区、西夏区、贺兰县、灵武市，吴忠市盐池县及红寺堡开发区，城镇街道、主干公路槐树上，槐树尺蠖在宁夏 1 年发生 3 ~4 代，反复危害树木叶片，严重影响林木生长。发生面积 5.3 万亩，为中度危害。

(11) 灰斑古毒蛾(花棒毒蛾)。

主要危害沙枣、花棒、柠条、沙枣拐、沙棘、梭梭、榆、杨、旱柳等。幼虫取食叶片及嫩枝皮层，常将整株叶片全部吃光，造成大量落果，树势减弱，严重影响沙荒地林木生长。广泛分布在石嘴山市、银川市、吴忠市和贺兰山、六盘山地区。发生面积 20.5 万亩，成灾面积为 5.3 万亩。

(12) 云杉尺蠖。

主要危害云杉。重点分布在贺兰山和罗山自然保护区。1999 年首次在罗山自然保护区发生并产生危害，发生面积 20.56 万亩，成灾面积 2.9 万亩。

(13) 云杉梢斑螟。

主要危害云杉。重点发生在贺兰山和罗山自然保护区。危害程度随海拔的升高而降低，成灾率在 40% 以上，幼虫蛀食嫩芽及生长点和针叶，使新梢不能抽出，枯干秃顶，病株树梢外观表现黄色，8 月中旬林木基本恢复，但危害较严重的苏峪口地区林木生长发育受阻，无球果形成。发生面积 63.5 万亩，成灾面积 7.6 万亩。

(14) 梨圆蚧。

主要危害枣、苹果、梨、杏等树种，重点分布在银川市西夏区和灵武市。发生面积 1.3 万亩。对宁夏回族自治区枣产业构成一定威胁。

(15) 槐花球蚧。

主要危害槐树、刺槐、杨、柳、榆、沙枣等枝条。常常造成寄主细枝枯死，树势衰弱。全区均有分布，但在银川市兴庆区、金凤区、西夏区、灵武市、永宁县、贺兰县，吴忠市利通区、青铜峡市、盐池县，石嘴山市大武口区、平罗县，固原市彭阳县，中卫市沙坡头区行道树中槐树、榆受害最重。发生面积 5.83 万亩，为中度危害。由于天敌生物种群出现下降趋势，虽然经常防治仍有再度泛滥之势。

(16) 枣大球蚧。

主要危害枣、苹果、梨、杏、杨树、柳树、榆树、槐树、酸枣、柠条等。分布在石嘴山市平罗县，银川市灵武市，中卫市沙坡头区、中宁县。发生面积 9.4 万亩。

（17）大青叶蝉。

主要危害各类苗木，苗圃地受害最重。重点分布在黄灌区，是影响宁夏回族自治区幼龄树木安全越冬的重要因素，发生面积约32万亩，成灾面积6.9万亩。

（18）杨毒蛾。

主要危害杨、柳树，以幼虫危害叶片。重点分布在银川市西夏区、永宁县、贺兰县，吴忠市同心县，中卫市中宁县，固原市泾源县、六盘山等地。以幼虫危害叶片为主。发生面积8.2万亩，成灾0.8万亩。

（19）舞毒蛾。

主要危害松、榆、杨、柳、等树木。以幼虫蚕食叶片，严重时整个果林叶片被吃光，也舔食果实。在全区均有分布，但在贺兰山自然保护危害较重。发生面积31万亩。

（20）桃小食心虫。

主要危害苹果、梨、枣等经济林果实，重点分布在银川市兴庆区、金凤区、西夏区、灵武市、永宁县、贺兰县，吴忠市同心县，中卫市沙坡头区、中宁县果园均有分布，但以灌区各市县果园发生较重。发生面积21万亩，多为中度危害。

（21）柠条豆象。

主要危害甘草、柠条及其他锦鸡儿属植物的种子。重点分布在吴忠市盐池县、红寺堡开发区，银川市永宁县、灵武市，中卫市沙坡头区，固原市彭阳县，以幼虫蛀食种子，仅剩种皮，严重影响种子收获与繁殖。发生面积22.3万亩，成灾面积10.21万亩。

（22）沙枣木虱。

主要危害沙枣，也为害杨、柳、枣、苹果、桃、杏、梨和葡萄等树种。重点分布在石嘴山市，银川市，吴忠市利通区、青铜峡市、盐池县，中卫市中宁县。被害叶片卷曲皱缩、发黄以至枯萎，致使沙枣林成片枯死。

（23）山楂红蜘蛛。

主要危害苹果、梨、枣等果树，在全区果园均有分布，但在石嘴山市大武口区、平罗县，银川市西夏区、永宁县、贺兰县、灵武市，吴忠市利通区、青铜峡市、盐池县，中卫市中宁县，固原市隆德县等地一些管理粗放的果园发生较重。年发生面积一般在40万亩以上。

（24）枸杞瘿螨。

主要危害枸杞，造成叶片瘿包，严重时叶片提前衰老脱落，受害率为20%左右，重点发生在石嘴山市大武口区、惠农区、平罗县，银川市西夏区、永宁县、贺兰县、灵武市，吴忠市同心县、红寺堡开发区，中卫市中宁县、海原县，固原市原州区，发生面积26.02万亩，成灾面积6.76万亩。

2. 病　害

（1）苹果腐烂病。

主要危害苹果，在全区果园均有发生，但在石嘴山市平罗县，银川市永宁县、贺兰县、灵武市，中卫市等老果园发生较重。年发生面积一般在40万亩以上。

（2）杨树溃疡病。

主要危害杨树。重点发生在银川市永宁县、吴忠市盐池县、固原市原州区等地。危害程度轻微。

（3）葡萄霜霉病。

主要危害葡萄叶片和幼果，在全区葡萄园中均有分布，但以银川市永宁县的玉泉营农场发生最重。

3. 鼠(兔) 害

(1) 甘肃鼢鼠。

主要危害植物根部，多集中于山的中上部海拔 2200 ~ 2600 米土层厚、土质肥沃、土壤相对干燥疏松的地块危害重，而下部较少；重点分布在固原市原州区、彭阳县、西吉县、隆德县、泾原县以及六盘山林业局，中卫市海原县和吴忠市同心县。发生 234.48 万亩，成灾面积 16.34 万亩。干旱年份发生面积大，危害也较重，降水量大的年份发生危害轻；同一海拔高度阳坡危害重于阴坡。

(2) 东方田鼠。

主要危害树种有白蜡、旱柳、新疆杨、沙枣、刺槐、苹果、枸杞、河柳等。重点分布在石嘴山市惠农区、平罗县，银川市兴庆区、金凤区、西夏区、永宁县、贺兰县、灵武市，吴忠市利通区、青铜峡市，中卫市沙坡头区、中宁县的湖泊、退水沟，以及沿黄河两岸的低洼潮湿地。主要危害杨树、柳树、果树等树种。发生面积 24.2 万亩，成灾面积 8.33 万亩。是近年来上升数量最快、危害最重的优势害鼠之一。

(3) 大沙鼠和五趾跳鼠。

主要危害新植灌木幼苗、幼芽及飞播造林的种子，重点分布在山沙区的退耕还林地、天然林资源保护工程项目区，发生面积达 320.45 万亩，成灾面积 20.12 万亩。根据调查山沙区林地每公顷有大沙鼠和五趾跳鼠 1.5 只，在山沙区降雨充足，生态条件较好的情况下，将迅速繁殖。

(4) 蒙古野兔。

主要啃食林木树皮，咬断树根，严重时使之干枯死亡，引起大面积的毁林现象。重点分布在石嘴山市平罗县，银川市，吴忠市，中卫市和固原市的大部分地区。发生面积为 350.48 万亩，成灾面积 87.91 万亩。随着宁夏回族自治区林业重点工程的相继实施，新植林面积大幅度增加，森林兔害日益严重。

4. 有害植物

(1) 灰绿藜。

主要危害苗圃地的苗木及新植幼林，重点分布在贺兰山自然保护区东麓，银川市、吴忠市、中卫市的大部分地区，以及固原市彭阳县。主要生长在盐碱地、田边、路边和荒地，大量密集生长、分蘖，导致植株缺水，造成植株生长缓慢。发生面积 7.4 万亩，为轻度危害。

(2) 黎。

主要生长在苗圃、未成林灌木林地，在全区均有分布，但在贺兰山自然保护区，吴忠市青铜峡市、盐池县、同心县，中卫市沙坡头区、中宁县，固原市原州区、彭阳县发生较重。发生面积 5.6 万亩，为轻度危害。

(3) 苍耳。

主要生长在苗圃、路边林带及有灌溉条件的林地中，在全区均有分布，但在银川市各县(区)，吴忠市利通区、青铜峡市、盐池县、同心县，固原市原州区、彭阳县，中卫市沙坡头区、中宁县分布最多。发生面积 4.7 万亩，为轻度危害。

(4) 黄花蒿。

重点发生在宁夏回族自治区退耕还林地，适生于田边、路边和林地，发生量大，是危害严重的常见杂草。主要分布贺兰山东麓，银川市兴庆区、金凤区、西夏区、永宁县、贺兰县、灵武市，吴忠市利通区、同心县，中卫市沙坡头区、中宁县，固原市原州区、彭阳县。发生面积 13 万亩，为轻度危害。

（5）车前。

主要在苗圃地和灌木未成林地发生危害，在全区均有分布，但在贺兰山自然保护区、石嘴山市、银川市，吴忠市利通区、青铜峡市、同心县，固原市原州区、彭阳县，中卫市沙坡头区、中宁县等地受害最重。发生面积 15 万亩，为轻度危害。

（6）狗尾草。

主要危害小麦、蔬菜、果树等。重点分布在贺兰山自然保护区、银川市，吴忠市，中卫市，固原市彭阳县、隆德县。在宁夏回族自治区农田林网中，耕作粗放地尤为严重，发生面积为 7.4 万亩，为轻度危害。

（7）大刺儿菜。

主要分布在银川市兴庆区、金凤区、西夏区、灵武市、永宁县、贺兰县，在黄河护岸林及宽幅林带普遍发生，耕作粗放的林地发生量大，危害重，发生面积 1.2 万亩，为轻度发生。

（三）主要林业有害生物发生趋势浅析

近年来，宁夏林业有害生物日趋严重，全自治区每年林业有害生物发生面积达 350 多万亩；林木生长量减少近 2 万多立方米，直接经济损失达 1500 多万元。主要表现在危险性有害生物没有完全得到有力的遏制；常发性有害生物发生面积居高不下，总体呈上升趋势；突发性有害生物经常大面积暴发，损失严重；危害已 20 年的光肩星天牛、黄斑星天牛、榆木蠹蛾对全区 2 代林网的生长仍然构成较大威胁，备受专家学者的关注；落叶松叶蜂、透翅蛾、春尺蠖、云杉梢斑螟、云杉尺蠖、灰斑古毒蛾、舞毒蛾彼此交替成灾；沙棘木蠹蛾、臭椿沟眶象等的侵入，发展势头异常迅猛已对银川的 2 代林网和南部山区的沙棘林构成了巨大威胁；森林鼠害发生面积大、毁林严重已构成宁夏回族自治区林业发展的大敌。从普查结果来看，现阶段宁夏回族自治区林业有害生物发生有以下几个特点：

1. 分布广、发展快、危害重、易成灾

根据普查资料统计，2004 年全自治区主要林业有害生物发生种类已超过 100 种，比 1980 年普查资料统计多出近 1 倍。危害较大的种类有近 40 余种，与 25 年前相比也发生了较大变化。近 25 年有害生物危害，无论是蔓延速度还是危害程度与 25 年前是无法相比的。光肩星天牛代替 25 年前的十斑吉丁虫上升为宁夏回族自治区第一大毁灭性害虫，遍布全自治区各地。1980 年普查时，光肩星天牛仅分布在大武口市，平罗县的二闸、渠口；银川市郊区的双渠口等4 ~5 个乡镇 20 几个生产队。1990 年前后就蔓延到引黄灌区 13 个市(县)。10 年时间因该虫的危害就被迫伐除近 1 亿多株林木，引黄灌区 1 代林网几乎全部毁于虫口。木蠹蛾是继光肩星天牛之后的又一大危害性蛀干害虫，发生发展速度急剧上升，目前全自治区均有分布，部分县市危害已经成灾。盐池县 7 万亩榆树林，受害株率均超过 20%，部分林木已开始死亡。古王公路宝塔—高沙窝段，因该虫的危害林木死亡已超过 400 亩。盐惠公路大水坑段，原黑山墩林场 500 亩榆树林地也因该虫的危害几乎留存无几。2002 年 7 月调查，骆驼井林场林木被害率高达80%以上，死亡林木到处可见。盐兴公路马儿庄乡段死亡林木几乎都是木蠹蛾危害致死。灵武市白芨滩林场原场部周围千亩榆树片林和公路林被害诒尽。中卫市7000亩辽河杨被害率高达30%以上；平罗县白蜡被害率超过10%，高庄乡部分地段已超过50%；惠农县的白蜡树被害率超过15%，超过40%以上的林木有500亩；彭阳县的沙棘木蠹蛾危害到了猖獗的地步，已引起了全国森防界的注意。目前为止，因木蠹蛾的危害，辽河杨、白蜡树均有死亡现象，综合治理木蠹蛾已到了刻不容缓的地步。据统计，木蠹蛾危害率超过警戒线10%的面积有20万亩；超过20%的面积有10万亩；超过30%的面积有8万亩；超过40%以上的面积有6万亩，形势十分严峻。

2."蜂、牛、鼠、蛾"是现阶段林业有害生物监测、防治工作重点

1970～1980年，全自治区各地的害虫主要以体形大的食叶害虫和密集性害虫为主，如尺蠖、毒蛾、天蛾、舟蛾等。这些害虫一生营裸露生活，相对数量少，大发生周期长，比较容易防治。随着林业有害生物防治工作的全面展开，这些体形大的食叶害虫逐渐被个体小、繁殖快、数量多的以蚧壳虫为主的各种枝梢、蛀干类隐蔽性害虫所代替。这两类害虫以其数量多和隐蔽性强的特点给防治带来了许多困难。从20世纪80年代中期到现在，以天牛为主的蛀干害虫、鼠类等又逐渐更替了以蚧类、木虱等为主的密集性害虫，给防治带来了更大的困难。目前宁夏回族自治区破坏性最大的是"蜂、牛、鼠、蛾"，即落叶松叶蜂，光肩星天牛，甘肃鼢鼠、东方田鼠、大沙鼠，榆木蠹蛾、芳香木蠹蛾、沙棘木蠹蛾、杨干透翅蛾；另有春尺蠖、灰斑古毒蛾、沟眶象、沙枣木虱等，上述有害生物是当前林业的主要大敌，也是测报防治的重点和中心工作，必须全力以赴力求尽快控制大面积发生。

3. 气象灾害是林业有害生物暴发成灾的诱导因素之一

1981年，同心县下马关镇200余条大型农田防护林，10多万株杨树感病死亡的事例震惊全区。经查，前一年降水量为历史最低点，全年降水不足60毫米，干热失水日烧导致杨树烂皮病暴发成灾。1983年4月28日至5月3日，一场罕见的沙尘暴伴随着急剧的降温，使连年久防不下的槐花球蚧母体，因冻害损伤，尔后又伴随着温度急剧的回升母体内发生流行性病害损伤过半。从此，该虫由主要害虫更替成了次要性害虫。东方田鼠是近10年来危害最大的害鼠。2002年3月，因黄河冰凌的堆积和淹没，平罗县陶乐镇6000亩3年生沙枣林被水泡20余天，退水后，林木恢复了生长，林地内原本危害严重的鼠害却没了踪影。2002年6月上旬，黄河发水淹没平罗县河滩林地数万亩，水泡林地15天，原本危害率在20%以上的鼠害停止了危害。宁夏回族自治区灾害性气候经常出现，要认真观察总结。

4. 有害生物种类彼消此长、相互演替给林业有害生物防治工作带来了困难

森林是自然界中最复杂的生态系统。有害生物作为森林生态的组成部分，必然随着森林生态的变化而变化。原始林中这样的变化缓慢，相对稳定。而在人工林中因人为的干扰，这种变化则十分明显，常出现彼此消长、相互演替的现象，往往在我们全力以赴防治某几个有害生物的同时，却给另一些潜在的有害生物，创造了大发生的环境和生存条件，从而，形成了一种有害生物刚治理下去，另一种又冒了出来的复杂局面。因此，潜在有害生物应引起我们足够的重视。有害生物防治工作要从全局入手，辩证地看问题，要有生态观念，既要看到林业有害生物发生的今天，也要预测到今后发生的其他种类。在我们主防落叶松叶蜂，杨树天牛、春尺蠖，甘肃鼢鼠、大沙鼠，沙棘木蠹蛾、榆木蠹蛾、芳香木蠹蛾的同时，要注意落叶松枯梢病、舟蛾、云杉尺蠖、白杨透翅蛾、青杨天牛、十斑吉丁虫、东方田鼠的死灰复燃，要做好监测预报工作，尽可能防患于未然，不使其成灾。

5. 人类对生态环境的改变和破坏是促使有害生物猖獗危害的直接因素

众所周知，人工林人为干扰多，常出现病虫种类此消彼长的现象。而且潜在的问题也最多。在退耕还林中，种植卫生林直接导致了土地表面载物量的减少，使原有的鼠与稳定的生态环境遭到了破坏，迫使鼠扩大生存空间危害林木。固原县开成乡开成梁的卫生林就是再显著不过的事例了。黄河灌溉区在河水数度淹没、鼠害急剧减少的情况下，部分县不是以生物防鼠的方式去促进环境生态向良性转化，而是以一而再、再而三的投放剧毒灭鼠药，结果鹰、蛇等鼠害的天敌死了不少，环境进一步恶化，鼠害危害依然如故。1985 年盐池县骆驼井林场刚开始建场，由于检疫不严，随苗木带进杨干蚧、十斑吉丁虫等，使原本耗资巨大的一片新开垦的千亩林区，不到 10 年毁于虫口。人类随意改变生态环境，相反招致林业有害生物更猖獗的危害。因此，林业和植保工作者都要从全局出发，要有生态观念，既要看到今天正在发生的有害生物也要预测到明天将要发展的潜在林业有害生物。

（四）林业有害生物严重发生原因探讨

林业有害生物发生发展是多方面原因引起的，不同的地方，诱发的主导因子也不同，分析宁夏回族自治区林业有害生物的发生发展趋势，将面临一个严重而紧迫的局面。宁夏回族自治区人工林多、纯林多、管理粗放，认识跟不上。就全自治区而言，技术力量不算弱，但是懂生态的并不多。从宁夏回族自治区的情况来看，综合起来有以下几个方面：

(1)苗木调运检疫把关不严，同时对苗圃地没有进行严格的检疫检查，致使种苗带来了沟眶象、透翅蛾、花球蚧等害虫。

(2)在一代林网虫害木没有清理彻底，留有死角的情况下，又栽植了新疆杨，使天牛得到了救济粮，得以繁衍。目前，光肩星天牛在局部地区有上升的趋势，而且危害越来越严重。

(3)防治方法的单一性，造成有害生物发生越来越严重，由于受防治经费不足的影响，近年来，宁夏回族自治区林业有害生物防治工作主要停留在人工防治的基础上，只是对危害成灾的叶蜂、尺蠖、光肩星天牛进行了释放烟雾剂、树冠喷药、插毒签、打孔注药等防治，而对危害严重其他害虫，由于受多方面因素影响，没有进行有效的化学及生物防治。

(4)防治经费严重不足是宁夏回族自治区林业有害生物大发生的重要原因。林业有害生物防治需要大量的人力、物力，由于受经费的影响，在害虫大面积发生时，人力、防治工具和农药不能满足防治需要，使防治工作不能及时进行。

(5)一些单位、企业对有害生物防治工作重视不够，不能主动进行防治，只是靠林业部门拨款来防，这也是宁夏回族自治区近几年害虫发生的一个重要方面。

(6)2000 年以前，保护区还没有全面封山禁牧，羊只、大家畜对保护区的破坏，使得树木的生长环境发生逆向改变，树木的生长势整体衰弱，从而容易受到有害生物的感染或侵入。

(7)由于周边群众盲目和不合理的大量使用农药和鼠药，对虫害的天敌和鸟类几乎造成毁灭性的灾难，森林生态环境食物链失去平衡，导致虫害的大量发生。

(8)近几年天气持续干旱，春、夏、秋三季少雨，冬季少雪且较温暖。干旱使得树木的生长势衰弱，有利于虫害的发生和繁衍，少雪温暖不能有效杀死越冬幼虫、卵和蛹，有利于虫害的大量发生并产生严重危害。

七、危险性林业有害生物简要评价

（一）南部山区

海拔高，阴湿多雨，适应喜阴树种和杨、桦以及辽东栎、毛榛子等生长，植物种类多。病虫种类约占全区种类的三分之二，是本区的自然资源宝库。由于人为地毁坏次生林而引种种植乔木纯林，结果导致林业有害生物严重危害和土壤僵化、水土流失。该区危险性有害生物主要是通过引种带进来的。如杨干透翅蛾、落叶松叶蜂、泰加树蜂、落叶松枯梢病等。黄斑星天牛、杨干透翅蛾给本区杨树、柳树带来过灾难性危害，使人们至今记忆犹新，经过20多年的综合治理，杨干透翅蛾、黄斑星天牛种群数量和寄主都下降了，但是潜在的危险一点都没有减轻，主要原因是这两重害虫逐渐适应了对白杨派树种的危害。因此，对于求新换代、以白杨派树种为主的平原、沟汊、公路的林网建设要慎之又慎，乔灌结合、适当补植部分饵木树，适时处理饵木树，防止黄斑星天牛、杨干透翅蛾对白杨派树种的进一步适应。泰加树蜂、落叶松枯梢病是随着苗木调运在本区落户的。泰加树蜂的危害目前还看不出其严重性，但落叶松枯梢病已经显露出严重性。沙棘木蠹蛾的危害日趋严重，几乎到了无法控制的地步。2000年发现50余亩发病；2001年调查300亩发病；2002年调查800亩林木发病，地点由原来的一个发展到5个，危害程度日益加重，有在针叶林区加快蔓延的势头，该病对林区林木危害最大，潜在的危险也最大，对林区的安全构成的威胁也最大，因此要引起足够的重视，进一步加强预测预报和检疫除害力度，尽早尽快采取措施抑制该病的发生蔓延势头。

（二）引黄灌区及荒漠区

降水量少、气候干燥，林网密集，交通等领域发达。近年来随同引进苗木引进了松、柏毒蛾，沟眶象以及冠瘿病等危险性有害生物，再加上本区苗木、果实以及干果等自由流通，又使本区个别潜在的危险性虫害迅速扩大危害范围，如枣大球蚧、梨圆蚧的扩散和危害，由于近年果类价格低迷还看不出危害后果，从长远看这两种密集性害虫不仅是国家检疫对象，一旦果类价格恢复正常，势必严重影响本区果类的生产和出口。沟眶象已在本区落户，对未来的城市园林绿化和农田林网构成了潜在的严重威胁。光肩星天牛是本区一大优势蛀干害虫，严重制约了林业的发展，但是潜在的威胁不是砍了多少林木、降低了虫口密度，而是杨树天牛逐渐适应了白杨派树种，因此，适地适树、合理搭配树种，适当的补植部分饵木树种，招引天敌灭虫，适时处理饵木树灭杀材内幼虫，防治杨树天牛适应新树种、新环境，保护主栽白杨派树种以及白蜡等林木健康迅速生长。近年来，宁夏回族自治区林木有害生物危害十分猖獗，已日愈引起社会各方面人士的关注，实际上这个局面早在1980年以前即已形成，只是没有出现大面积林木枯死现象，因而没有引起足够的重视。林业有害生物不同于森林火灾或乱砍乱伐、牲畜啃食那样而引起人们的关注。而一旦成灾又比其他毁林方式更易造成巨大损失，使人们措手不及，很长时间无法控制。光肩星天牛的成灾就是这样。所以，“预防为主、科学防治、依法治理、促进健康”是人们长期同林业有害生物斗争的经验总结，也是我们认识和开展综合治理工作最重要的正确的指导思想。

八、普查效益浅析

（一）普查结果为宁夏回族自治区科学防控林业有害生物提供了可靠依据

建国以来，宁夏回族自治区林业有害生物防治、科研、教学方面都取得一些成绩，但由于技术力量薄弱，致使全自治区外来林业有害生物发生情况不明，防治盲目，工作被动。通过这次普查不仅初步查明了主要树种主要病虫种类、分布、危害程度，而且对流行成灾的病虫发生原因也有了初步了解。根据普查资料，宁夏回族自治区主要造林树种共有外来林业有害生物8种，其中虫害7种，病害1种；本土形成危害的有害生物105种，其中病害6种，虫害79种，鼠(兔)4种，有害植物12种。其中，过去或目前危害较重的林业有害生物主要有光肩星天牛、榆木蠹蛾、芳香木蠹蛾、沙棘木蠹蛾、杨干透翅蛾、落叶松红腹叶蜂、春尺蠖、槐树尺蠖、灰斑古毒蛾、槐花球蚧、沙枣木虱、枸杞瘿螨、桃小食心虫、大青叶蝉、杨枝天牛、红缘天牛、白杨透翅蛾、云杉尺蠖、云杉松梢螟、梨圆蚧、枣大球蚧、柠条豆象、甘肃鼢鼠、东方田鼠、蒙古野兔、大沙鼠及有害植物藜、灰绿藜、苍耳、黄花蒿、车前草、狗尾草等。从总的情况看，病害不严重，发生面积较小，多属偶发性，而虫害发生严重，且多为几种害虫交错发生。同一地方各年发生的虫种和灾情也不稳定；一些县(区、市)虫害发生尤为严重，分布广，面积宽，受害重，损失大。经济林木除个别病害外，一般发生较轻。上述主要有害生物多分布在新发展的人工纯林，经营管理不善或老熟林以及森林破坏比较严重的林区。然而，外省或邻省发生严重的松材线虫、美国白蛾、红脂大小蠹、松突圆蚧、日本松干蚧、湿地松粉蚧、椰心叶甲等有害生物，目前均未发现。基于对上述基本情况的了解，无疑将为今后确立全区和各市县病虫防治重点，开展有计划科学地防治打下良好的基础，为开展专题研究和制订检疫措施提供了详实的依据。

（二）普查结果为宁夏回族自治区营造健康森林提供了必要的条件

无数事实证明，充分发挥生物潜能的作用，保持生态系的平衡或稳定，可以避免病害流行、害虫猖獗。过去由于调查研究不够，家底不清，如何利用生物自身具有的种种潜能为防治有害生物服务，没有引起应有的重视，因此，防治盲目，方法单一，见病虫就治，得农药就用，不计成本，不讲利弊。通过这次普查，使我们认识到科学防病治虫的重要，宁夏回族自治区发挥生物潜能用于病虫防治不仅有可能，而且潜力大。利用天敌资源和抗病虫树种是发挥生物潜能防治病虫的一个重要方面。而宁夏回族自治区资源丰富，据初步统计，现已采集天敌昆虫36种，其中已鉴定到种的有28种，有的自然寄生率达80%。这些普查结果，无疑将为宁夏回族自治区进行综合防治提供可贵线索，为改变宁夏回族自治区防治工作的落后状态将起到促进作用。

（三）普查工作为全区锻炼了一支能大硬仗的有害生物队伍

过去宁夏回族自治区有害生物防治技术力量薄弱，除宁夏农林科学院、宁夏大学生命科学院园林系、宁夏林业学校以及各市(县、区)为数不多的专业人员从事有害生物防治工作外，多数市(县、区)基本没有专业有害生物防治人员。此次普查是一项专业性较强的工作，没有一定的专业知识是无法胜任的，普查的质量也无法保证，为此，我们狠抓了骨干队伍的培训。由于我们注意了培训方法，其效果比以往任何一次都好，通过讲课和普查工作实践的锻炼，不仅使科班出身、学有专长的同志得到重新学习，有了新的提高，也使不少半路出家的同志成了行家。这些同志不仅在普查工作中起到骨干作用，为保质保量完成普查任务做出了贡献，不少同志在日常有害生物防治工作中也正在发挥骨干作用。有的同志通过普查写出了有一定质量的市县普查报告，并作为晋升考核的论文或报告，得到领导和群众的好评。更可喜的是，有的同志通过普查深深地爱上了有害生物防治这一行，求知急切，克勤克俭，在自己有限的工资中挤出钱来购买病虫专业书籍，刻苦钻研，并结合生产自选病虫课题，收集资料，默默无闻地探索着，走自学成材的路，准备为宁夏回族自治区林业有害生物科研，防治工作做出更大贡献。

（四）普查工作为宁夏回族自治区林业有害生物防治工作营造了良好氛围

因为林业有害生物为害所造成的损失似乎看不见，摸不着，不像火灾那样可把成片树林烧掉，因此，有很多同志，包括一些领导同志，对这个问题认识不足，往往只注重造林的亩数，对森林保护、有害生物悄悄夺走的成千上万立方米的木材损失重视不够。这次普查涉及面广，是宣传的好机会。各市(县、区)都根据情况，抓住时机，采取多种形式开展宣传工作。有的利用到请示、汇报的机会，向领导摆有害生物的危害性，谈防治方法，提建设性意见，收到了汇报宣传的双重效果；有的市(县、区)还举办科普讲座，宣传《中华人民共和国森林法》，以生动的事例和具体的数据宣传发展林业、搞好森林保护的重要性，讲解林业有害生物基本知识，介绍防治方法，使各级领导和群众学到了知识，提高了认识，科学得到了普及，收到了宣传群众，教育群众的良好效果，深受群众欢迎；有的还利用普查总结之机，将初步制作的病虫标本陈列展览，邀请各级领导听取汇报，参观展览，使领导了解了情况，学到了知识，提高了认识，受到了领导的称赞。

（五）普查工作取得了丰硕的成果、积累了宝贵的经验

1. 掌握了甘肃鼢鼠生物学特性，为科学防治提供了可靠的依据

鼢鼠多1年1代，很少1年2代，以成年鼠越冬，广泛栖息于海拔1600～2900米的宜林荒山荒地，农耕地以及草原、林缘与农田交接处较多。集中分布于山的中上部海拔2200～2600米土层厚、土质肥沃、土壤相对干燥疏松，食物充足的草甸草原生境内，下部较少。营挖洞穴居生活，昼夜活动，所过之处把植物的地下部分咬断。年繁殖1～2次，每次2～3仔，最高8仔。3～5月为繁殖期，此时食物匮乏，为了繁殖的需要，鼢鼠进入危害高峰期，6～7月为生育高峰，秋季9～10月要储存越冬、第二年春荒食物及储存皮下脂肪，又进入了第二个危害高峰期。在人工幼林地内危害程度与寄主食物、气候、人为活动因素关系较大，干旱年份发生面积大，危害也较重，降水量大的年份发生危害轻；漏斗式或大鱼坑整地、树种单一、造林地内灌木、草本植被少，发生危害重；原生植被创伤面小、造林密度大、多树种营造的混交林发生危害轻。甘肃鼢鼠的天敌主要有野猫、狼、狐、鼬、蛇类等，在夜间活动时可被以上天敌捕捉。

2. 制订了落叶松叶蜂危害等级划分标准，为监测创造条件

危害等级划分标准：蛹/平方米>20头；幼虫/标准枝>30头；叶部被害率>2/3；属严重危害。9头<蛹/平方米≤19头；15头<幼虫/标准枝≤29头；1/3<叶部被害率≤2/3；

属中等危害。蛹/平方米≤8 头；幼虫/标准枝≤14 头；叶部被害率≤1/3；属轻微危害。

根据调查人工林的虫口密度情况，按危害等级，划分出重度发生区、中度发生区和轻度发生区，对中等以上危害的面积要进行防治。

九、普查小结及问题讨论

从这次有害普查结果来看，宁夏回族自治区查出的外来林业有害生物和本土危害严重的林业有害生物如不严密监测和及时防治，有迅速扩大和蔓延的趋势。例如光肩星天牛榆木蠹蛾、芳香木蠹蛾、沙棘木蠹蛾、杨干透翅蛾、落叶松红腹叶蜂、梨圆蚧、枣大球蚧、灰斑古毒蛾、沙枣木虱、甘肃鼢鼠、东方田鼠、蒙古野兔、五趾跳鼠和大沙鼠等，存在着严重威胁林业生产的危险。根据这些有害生物扩展范围、速度及发生趋势，现对存在问题及发生原因进行浅析：

(1)由于林业有害生物的防治牵扯千家万户，涉及社会各个方面，需广泛宣传有害生物入侵所造成的危害，提高全民防范意识。而现有体制、经济等制约了宣传工作的开展，难以形成良性环境。

(2)随着国家重大林业工程的相继启动，地区间应施检疫的森林植物及产品的调运、交流十分频繁，这些都为林业有害生物传播创造了条件。

(3)自然因素、林业生产力结构布局不合理、树种单一、生物群落构成简单、抗病虫的树种少、树种选择不当以及重栽轻管等，是直接或间接诱发林业有害生物暴发成灾的主要原因。

(4)对于有害生物发生严重的经济林，由于果农防治积极性高，防治效果好。而有害生物发生严重的生态林，由于防治经费的严重不足，难以及时防治。

(5)随着退耕还林工程的不断深入，林草植被大幅度增加，食物资源丰富，害鼠生存压力减轻，繁殖能力趋强，是害鼠大流行的原因之一。

(6)检疫经费不足，检疫设备落后，检疫工作滞后，加速了有害生物传播，给人为有害生物传播蔓延造成了可乘之机。

(7)由于长期大量滥用化学农药，抑制了天敌繁衍，破坏了生态平衡，致使有害生物彼此起伏，给有害生物发生发展创造了条件。

(8)最近几年长期暖冬和持续干旱，致使树势衰弱，给有害生物的发生和危害造成了有利条件，从而使有害生物基数急剧增加，危害加重。

十、对今后林业有害生物防治工作的建议

(1) 要有超前意识，要有懂生态的高素质人员参与林业有害生物防治工作。林业有害生物防治工作要有超前意识，要赶在林业有害生物发生之前，监测预报出发生发展的规律及动向，及时向生产单位发出预报，使生产单位尽早作好防治、检疫的准备工作。林业有害生物防治队伍建设要有懂生态的高素质人员组成，要有从自然生态平衡的全局出发的观念，去维护工程治理区生态系统的整体性及生物的多样性，保护生态的稳定性。

(2) 要结合生态建设，变事后防治为事前预防，孕防治于营林之中。林业有害生物防治工作是林业生产的重要组成部分，因此，必须列入各级主管部门的议事日程。加强领导的关键是加深对林木林业有害生物防治的认识，这种认识有待于专业部门和专业人员提出准确情

报。提出方案当好参谋，争取领导下大的决心，采取有效措施。林业有害生物防治工作要从全局着手，要有生态观念，要把今天的有害生物防治与明天的生态建设、环境保护有机地结合起来。林业有害生物防治部门要协作林业各专业部门按自然条件科学规划，在不破坏原生态植被的情况下，加强营林措施，使生态稳定趋向良性循环。

（3）要健全组织，强化人员素质，努力提高林业有害生物防治工作水平。要保证林木林业有害生物信息的搜集、整理和检疫防治工作的顺利进行，不但要有组织机构而且要努力提高专业人员素质。我们处在高科技时代，素质低下是不能胜任测报、检疫工作的。因此，区、市和有条件的县，要加强科学知识普及，对林业有害生物防治工作人员要每年集中进行科学知识、生态环境知识和执法检疫知识的学习，努力提高林业有害生物防治机构运作水平和工作人员素质。

（4）要健全制度，稳定队伍，确保各项业务工作正常进行。建立健全各项规章制度是十分必要的。林业有害生物防治队伍人员的稳定是保证各项工作顺利进行的关键。各级林业主管部门都要以高度的责任感指派懂专业、有知识、有能力、有干劲的专业人员担任测报、检疫工作。人员确定以后，要及时上报上级主管部门备案，未经上级主管部门的同意，下级主管部门不得随意调动监测、检疫工作人员，以免监测检疫工作脱节，确保林业有害生物防治队伍的稳定和工作的正常进行。

（5）要立普查长效机制，开展“三查、三防、十主攻”，努力控制有害生物高发势头。根据多年综合治理经验，林业有害生物防治工作首先要摸清家底，筛选制订出切实可行的攻关计划。要认真进行“三查”，即查清有害生物种类，查清有害生物分布情况，查清有害生物危害范围和动向。要建立林业有害生物普查长效机制，每3年在全区分区普查一次，按普查结果制订主测和主防对象。“三防”即以营林措施为主的综合防治，以生态为主的生物防治和辅助性的化学防治。以营林为主、保持生态平衡是我们的工作方针，尽管宁夏回族自治区在贯彻、应用综合防治方面有很多困难，但是，必须要朝着这个方向努力。所为综合防治就是以预防为主，营林技术措施为基础，尊重自然规律，减少破坏生态平衡，以生物治理为主导，保护生态环境，把林业有害生物控制在不成灾的范围内。从目前情况看，全区现阶段防治工作要做到“十主攻”，即主攻“蜂、牛、鼠、蛾”的防控，各局部地区要具体决定本地区的主防对象。以“三查”为基础，制订本地区的综合治理方案，争取尽快控制本地区的危险性林业有害生物。

新疆维吾尔自治区林业有害生物普查技术报告

根据国家林业局《关于在全国开展林业有害生物普查工作的通知》和国家林业局森林病虫害防治总站《全国林业有害生物普查技术要点》的要求，新疆维吾尔自治区林业有害生物普查工作于2003年开始至2005年底全部结束，圆满完成普查任务。

一、普查的目的意义

本次林业有害生物普查，是继1980~1982年全国森林病虫普查之后的第二次全国统一普查。普查的目的，是通过普查全面掌握新疆维吾尔自治区林业外来有害生物和本土危害严重的林业有害生物的分布情况、发生面积和危害程度。普查的意义，是为制订森林植物检疫对象和补充检疫对象，制订林业有害生物预警方案和防治规划，建立林业有害生物数据库，防范林业外来有害生物入侵等提供科学、准确依据。

二、普查范围

普查范围是新疆维吾尔自治区所辖区域内的有林地。即天然林(含荒漠植被、灌木林)、人工林(生态林、防护林、经济林、森林公园、自然保护区、绿色通道、四旁绿化树等)、苗圃、花圃以及贮木场、木材加工厂等。普查的重点是林业重点保护区域以及过去调查涉及不多的区域。

三、普查的对象与内容

(一) 普查对象

1. 外来林业有害生物

从国(境)外传入的林业有害生物，是指原产地为国(境)外，传入新疆维吾尔自治区后已造成危害的林业有害生物，如茶藨子透翅蛾。但过去已经传入国内，并在其他省(自治区、直辖市)造成危害的，也必须列为本次普查对象，如松材线虫、美国白蛾、红脂大小蠹、松突圆蚧、日本松干蚧、湿地松粉蚧、椰心叶甲等，也是本次普查的对象。

从外省(自治区、直辖市)传入的林业有害生物，是指原产地为国内其他省(自治区、直辖市)，1980年后传入，已造成危害的林业有害生物。如光肩星天牛、苹果小吉丁虫、枣大球蚧、枣瘿蚊、锈色粒肩天牛、双条杉天牛、沟眶象、野蛞蝓、蔗扁蛾、美洲斑潜蝇、加拿大一枝黄花、凤眼莲、冠瘿病、黄刺蛾等都属外来林业有害生物，是本次普查的对象。

2. 本土林业有害生物

本土林业有害生物，是指1980年以前在新疆维吾尔自治区定殖，并对林业造成危害的有害生物。包括1980~1982年森林病虫普查资料汇编名录记载的413种害虫、6种害螨、203种病原微生物。还有1980~1982年森林病虫普查时未发现的，1982年以后陆续被发现有过报道并经查证属于本土有害生物的，以及本次普查中发现的新种、新记录种等都属于本土林业有害生物，是本次普查的对象。

（二）普查内容

林业有害生物的分布地点、发生面积、发生程度是本次普查的主要内容。其分布地点，县级要统计到林业小班，地州级要统计到村，自治区级要统计到乡(镇)。发生程度分级标准按《全国森林病虫鼠害发生危害程度统计规定》和《全国林业有害生物普查技术要点》附件的规定执行。发生面积以万亩为单位，统计到小数点后2位。

（三）外来有害生物与本土有害生物鉴别方法

鉴别林业有害生物是属外来有害生物还是属于本土有害生物要从3个方面鉴别：

(1)查阅该种有害生物的生物学特性、生活习性、分布范围和寄主植物。

(2)查阅该种有害生物是否随寄主植物及其产品等载体传播。

(3)查阅当地是否引进过该种有害生物或该种有害生物的寄主植物及其产品。

四、普查技术方法

本次林业有害生物普查，实行踏查与标准地调查相结合的调查方法。

（一）野外踏查

踏查路线设置：踏查路线可利用林间道路、林班线；踏查路线要经过当地主要森林类型、林业有害生物发生地；设置踏查路线要考虑重要的口岸、铁路、公路沿线；设置踏查路线要考虑受人为干扰严重、生物多样性差、生态环境脆弱的林地；设置踏查路线要考虑那些受突发性灾害，如火灾、洪水发生地的林地。

踏查单位：踏查以小班为单位进行，没有划分小班的以自然山头、山沟、林分为单位；四旁绿化树以村(居委会)为单位；绿色通道(防护林带)以路段为单位。

踏查记录：发现有害生物，按《林业有害生物小班踏查记录表》的格式和要求，做好记录和填写。一种有害生物填写一张林业有害生物踏查记录表，即一个踏查小班内发现几种有害生物就填几张踏查记录表。

（二）标准地调查

在踏查的基础上，对有危害症状和有有害生物的林地，设立标准地进行详细调查。标准地要设立在有害生物发生区域内具有代表性的地段。每块标准地面积1~5亩，标准地内主要寄主树种不得少于100株。在每块标准地内随机调查样株30株以上。人工林标准地累计面积不应少于有害生物发生面积的3%，天然林不应少于0.20%。

1. 林木病害标准地调查

叶部、枝梢、果实病害标准地调查：在每个样株树冠的东、南、西、北4个方位各随机抽取一个枝梢，统计枝梢、叶片、果实的感病率。填写林木病害标准地调查表。

干(根)部病害标准地调查：检查样株，统计感病和死亡株数，计算感病株率和感病指数。填写林木病害标准地调查表。

2. 林木害虫标准地调查

蛀干害虫标准地调查：统计每个样株树上的害虫数量，目测蛀干害虫危害程度。填写林木害虫标准地调查表。

食叶、枝梢害虫标准地调查：在样株树冠的东、南、西、北四个方位各随机抽取一个样枝，统计害虫数量和叶片、枝梢的危害程度。填写林木害虫标准地调查表。

种实害虫标准地调查：种实害虫调查主要在种子园、母树林和采种林分调查。用对角线法在标准地内选取样株5株以上，在每个样株树冠的上、中、下不同部位采集种实10～100个，解剖种实，统计种实被害率。填写林木害虫标准地调查表。

地下害虫标准地调查：地下害虫调查是挖土坑调查法。同一类型林地，设一块标准地，标准地设在已发生危害的苗圃或新造林地的被害地段上。每块标准地内挖土坑数量不超过10个，土坑在标准地内的分布呈均匀分布，土坑大小为1米×1米，土坑深度为无害虫为止。统计地下害虫数量，填写林木害虫标准地调查表。

（三）苗圃（花圃）地调查

苗圃地踏查和标准地调查是结合在一起进行先进行苗圃地有害生物踏查，了解有害生物概况，然后选设标准地进行详细调查。要在不同危害程度的地段分别设立标准地。也可用棋盘式选设标准地。标准地总面积应不小于苗圃地面积的0.2%～0.3%。标准地的大小，针叶树播种苗一般0.1～0.5平方米，或以1～2米长播种行作为一个标准地；阔叶树苗一般应在1平方米以上。每块标准地上的苗木应在100株以上。在标准地内用对角线抽取样株，详细检查样株上的有害生物种类数量和危害程度，填写苗圃有害生物标准地调查表。

（四）贮木场（木材加工厂）有害生物调查

先进行现场调查再抽样调查。填写林业有害生物贮木场（木材加工厂）调查记录表。

（五）林业鼠（兔）害调查

1. 调查时间

新疆维吾尔自治区林业鼠害主要是田鼠和沙鼠。田鼠调查时间是在4月下旬至5月上旬或8月下旬至9月下旬进行调查。沙鼠调查时间是在4月或10月进行调查。

2. 密度调查

一般选择一块面积15亩左右的辅助标准地。田鼠采用中号板铗，饵料选用新鲜的胡萝卜。在每块标准地内将100个鼠铗按行距20米布放。间隔24小时检查一次，48小时后收回捕鼠铗，计算捕获率。填写森林害鼠（鼠兔）调查表

3. 林木受害情况

在标准地内选取样株，统计危害率。田鼠啃食树干皮层1/4以上或侧根际被啃1/4以上，统计为受害株。沙鼠啃食树干、树枝即统计为受害株。填写森林害鼠（鼠兔）调查表。

（六）林业有害植物调查

每100～1000亩林地设1块标准地，每块标准地面积3亩左右。调查有害植物种类和有害植物对林地的占据情况，调查有害植物对林木的侵害情况，填写林业有害植物调查表。

（七）标本采集

无论踏查还是标准地调查，凡是发现林业有害生物都要采集标本。所有标本都要悬挂标本标签，并填写采集标本记录本。标本要统一编号，但在同一时间、同一地点、同种寄主上采集的标本要采用同一编号。不能鉴定种名的标本要逐级上送鉴定。标本的制作要规范化。

五、普查对象发生现况

（一）外来林业有害生物发生情况现状

外来林业有害生物15种，现将发生现状介绍如下：

1. 茶藨子透翅蛾

1995年从哈萨克斯坦引种黑加仑传入，现已分布伊犁哈萨克自治州的巩留县莫合乡和新源县的野果林改良场。寄主植物是黑加仑。发生面积0.4万亩，发生程度为轻度。

2. 光肩星天牛(黄斑星天牛)

1999年发现，推测是由木质包装箱传入。现已分布伊犁哈萨克自治州的伊宁市、新源县、巩留县，巴音郭楞蒙古自治州的和静县、焉耆回族自治县、博湖县，共计2个自治州，6个县(市)，10个乡(镇)。寄主植物主要是杨、柳、榆、槭等阔叶树。寄主面积23.24万亩。发生面积1.44万亩，其中轻度0.19万亩，中度0.59万亩，重度0.66万亩。发生率6.2%。

3. 双条杉天牛

2003年调运苗木传入，寄主植物侧柏、刺柏，现已分布伊犁哈萨克自治州的察布查尔锡伯自治县、伊宁县、伊宁市、霍城县。共计1个自治州，4个县(市)。寄主面积0.22万亩。发生面积0.03万亩，发生程度为重度。发生率13%。

4. 苹果小吉丁虫

1993年从山东省和陕西省调运苗木传入，寄主植物苹果属。现已分布伊犁哈萨克自治州巩留县、新源县、特克斯县、尼勒克县共计1个自治州，4个县，20个乡(镇)。寄主面积26.52万亩。发生面积9.32万亩，其中轻度5.72万亩，中度2.3万亩，重度1.3万亩。发生率35.14%。

5. 冠瘿病

2000年和2004年从山东省引进苗木传入，寄主植物梨、杨、枣，现已分布伊犁哈萨克自治州的霍城县，巴音郭楞蒙古自治州的尉犁县，和田地区的和田市，共计2个自治州、1地区，3个县(市)，4个乡。寄主面积10.79万亩。发生面积0.1146万亩，其中轻度发生0.0046万亩、重度发生0.11万亩。发生率1.06%。

6. 蔗扁蛾

20世纪90年代初从南方调运花卉传入，寄主植物是巴西木、发财树、鹅掌柴、棕竹等木本花卉。现已分布到伊犁哈萨克自治州的伊宁市、新源县，克拉玛依市，乌鲁木齐市，石河子市，仅限于花卉市场和庭院、花圃的盆栽花卉有发生危害。

7. 锈色粒肩天牛

2003年调运苗木传入，寄主植物槐树，分布在巴音郭楞蒙古自治州库尔勒市。计1个自治州，1个市。

8. 沟眶象

2002年调运苗木传入，寄主植物千头椿、臭椿，现分布巴音郭楞蒙古自治州的库尔勒市、轮台县，共计1个自治州，2个县(市)，1个乡(镇)。

9. 黄刺蛾

1998年和2002年从河南省和山东省引进苗木传入。寄主植物红枣等。现已分布伊犁哈萨克自治州的特克斯县，阿克苏地区的阿克苏市、温宿县，共计1个自治州、1地区，3个县(市)，4个乡(场)。寄主面积2.92万亩。发生面积0.31万亩，其中轻度发生0.19万亩，中度发生0.06万亩，重度发生0.06万亩。发生率3.42%。

10. 野蛞蝓

20世纪90年代中期从南方调运花卉传入。寄主植物是盆栽花卉。现已分布石河子市、奎屯市、乌鲁木齐市。共计1市，2个县(市)。

11. 枣瘿蚊

1995年从河南省调运苗木传入。寄主植物枣属，现已分布阿克苏地区的阿克苏市、温宿县、库车县、沙雅县、新和县、拜城县、乌什县、阿瓦提县、柯坪县，伊犁哈萨克自治州的霍城县，哈密地区的哈密市，共计1个自治州、2地区，11个县(市)，113个乡(镇、场)。寄主面积7.8万亩，发生面积0.48万亩，其中轻度0.43万亩，中度0.05万亩。发生率6.15%。

12. 枣大球蚧

最早是1983年从河南、山东等省引种红枣苗木传入。寄主植物枣属。现已分布至伊犁哈萨克自治州的霍城县，博尔塔拉蒙古自治州的温泉县，巴音郭楞蒙古自治州的库尔勒市、轮台县、且末县，阿克苏地区的阿克苏市、库车县、沙雅县、新和县、阿瓦提县，喀什地区的泽普县、麦盖提县、疏附县、巴楚县、喀什市、岳普湖县、伽师县、莎车县、叶城县、疏勒县、英吉沙县，和田地区的和田县、和田市、皮山县、墨玉县、洛浦县、策勒县、于田县、民丰县，克孜勒苏柯尔克孜自治州的阿图什市、阿克陶县、阿合奇县。共计4个自治州、3地区，36个县(市)，241个乡(镇、场)。寄主面积336.2万亩。发生面积28.62万亩，其中轻度16.2万亩，中度8.46万亩，重度3.96万亩。发生8.51%。

13. 美洲斑潜蝇

20世纪90年代从南方调运花卉传入。寄主植物为菊花、月季、一串红、海棠等。现分布乌鲁木齐市花卉市场、花卉生产基地。

14. 凤眼莲

2000年从南方调运花卉传入。现分布乌鲁木齐市花卉市场。

15. 加拿大一枝黄花

2001年从南方调运花卉传入。现分布乌鲁木齐市花卉市场。

(二) 外来林业有害生物入侵过程现况

外来林业有害生物入侵过程可分为4个阶段，即传入期(引入或逃逸期)、种群建立期、潜滞期(停滞期)、扩散期(扩大蔓延危害期)。

传入期(引入或逃逸期)：有害生物通过各种途径传入、引入或逃逸到以前没有这种有害生物分布的区域以后，还没有在新传入区域的自然条件下建立种群之前，称之为传入期。本次林业有害生物普查发现的林业外来有害生物中有8种处于传入期，即加拿大一枝黄花、凤眼莲、美洲斑潜蝇、蔗扁蛾、野蛞蝓、茶藨子透翅蛾、双条杉天牛、锈色粒肩天牛。其中：凤眼莲、加拿大一枝黄花是作为花卉有意引入的；美洲斑潜蝇、蔗扁蛾、野蛞蝓是引种花卉随寄主植物传入的；茶藨子透翅蛾、双条杉天牛、锈色粒肩天牛是引种园艺、园林绿化植物随寄主植物传入的。这8种林业有害生物处于传入期。因为这8种有害生物原产地和本区的生态环境条件差距较大，故传入期过程要经历较长的时间。

种群建立期：外来有害生物开始适应传入地的气候和环境，在传入地野外自然条件下，依靠有性或无性繁殖形成自然种群，称之为种群建立期。处于种群建立期的林业外来有害生物有沟眶象、黄刺蛾。这两种有害生物是引种苗木随寄主植物传入，已适应传入地的气候和环境，在传入地野外自然条件下依靠有性繁殖在传入地形成了种群。

潜滞期(停滞期)：外来有害生物在传入地建立种群后，并有一定种群数量之后，通常并不会大面积扩散，而是表现为“停滞”状态，称之为潜滞期。有些有害生物要经过几年、十几年才显示入侵性，潜滞期持续时间的长短，因有害生物学特性的不同和传入地生态环境的不同，相差很大。处于潜滞期的林业外来有害生物有光肩星天牛、苹果小吉丁虫、冠瘿病等。苹果小吉丁虫和冠瘿病是引种苗木随寄主植物传入，光肩星天牛是随木质包装箱传入。在传入地的野外环境下建立了种群，有一定的种群数量，已潜滞了较长时间，在传入地虽有危害，但还没能大面积扩散。

扩散期：当外来有害生物形成了适宜于传入地气候和环境的繁殖机制，具备了与传入地物种竞争的强大能力，传入地又缺乏控制该种外来有害生物种群数量的生态调解机制的时候，该种外来有害生物就会大肆扩散蔓延，形成生态暴发，导致生态和经济危害，称之为扩散期。处于扩散期的林业外来有害生物有枣大球蚧、枣瘿蚊。这两种外来有害生物是引种苗木传入的，它们适宜于传入地的气候和环境，具有强盛的繁殖机制，具备与传入地物种竞争的强大能力，传入地又缺乏控制它们的生态调解机制，它们已在传入地扩散蔓延成灾。

（三）本土林业有害生物重要种发生情况现状

新疆林业本土有害生物种类繁多，现仅就23个重要种的发生情况现状介绍如下：

1. 春尺蠖

寄主植物有榆、沙枣、苹果、杏、杨、胡杨、桑、梨、桃、核桃、李、酸梅、海棠等阔叶树。寄主面积2098.9万亩。发生面积882.9万亩，其中轻度207.79万亩，中度166.95万亩，重度508.16万亩。发生率42.06%。

2. 杨毛臀萤叶甲

寄主植物有杨、柳、胡杨、柽柳、沙枣、榆、苹果、巴旦、桃等阔叶树。寄主面积803.31万亩。发生面积169.45万亩，其中轻度64.86万亩，中度48.56万亩，重度56.03万亩。发生率21.09%。

3. 杨毒蛾

寄主植物有杨、柳等阔叶树。寄主面积224.76万亩，发生面积8.27万亩，其中轻度4.79万亩，中度3.21万亩，重度0.27万亩。发生率3.68%。

4. 白杨透翅蛾

寄主植物有杨、胡杨、柳、梨等。寄主面积 168.77 万亩。发生面积 10.74 万亩，其中轻度 7.5 万亩，中度 2.47 万亩，重度 0.77 万亩。发生率 6.36%。

5. 杨二尾舟蛾

寄主植物有杨、胡杨、柳、榆等。寄主面积 81.7 万亩。发生面积 11.35 万亩，其中轻度 7.53 万亩，中度 3.54 万亩，重度 0.28 万亩。发生率 13.89%。

6. 杨梦尼夜蛾

寄主植物有白蜡、复叶槭、杨、柳、苹果、沙枣、榆、杏、核桃、梨等。寄主面积 285.44 万亩。发生面积 18.22 万亩，其中轻度 8.88 万亩，中度 7.7 万亩，重度 1.64 万亩。发生率 6.38%。

7. 柳脊虎天牛

寄主植物有杨、柳。寄主面积 204.75 万亩，发生面积 2 万亩，轻度发生。发生率 0.98%。

8. 青杨天牛

寄主植物有杨、柳。寄主面积 19.08 万亩，发生面积 2.43 万亩，其中轻度 0.82 万亩，中度 1.27 万亩，重度 0.34 万亩。发生率 12.74%。

9. 橄榄片盾蚧

寄主植物有苹果、梨、桃、杏、红枣、李、酸梅、巴旦、核桃、石榴、葡萄等。寄主面积 214.42 万亩。发生面积 37.53 万亩，其中轻度 18.68 万亩，中度 12.46 万亩。重度 6.39 万亩。发生率 17.5%。

10. 梨圆蚧

寄主植物有梨、红枣、苹果、桃、杏、李、酸梅、樱桃等。寄主面积 271.18 万亩。发生面积 33.45 万亩，其中轻度 16 万亩，中度 11.26 万亩。重度 6.19 万亩。发生率 12.33%。

11. 李始叶螨

寄主植物有苹果、梨、桃、杏、红枣、李、酸梅、海棠、榆等。寄主面积 93.64 万亩。发生面积 58.27 万亩，其中轻度 27.61 万亩，中度 19.66 万亩，重度 11 万亩。发生率 62.23%。

12. 苹果蠹蛾

寄主植物有苹果、梨、桃、杏等。寄主面积 111.34 万亩。发生面积 54.45 万亩，其中轻度 24.41 万亩，中度 20.28 万亩，重度 9.76 万亩。发生率 48.9%。

13. 糖槭蚧

寄主植物有杨、柳、榆、刺槐、复叶槭、白蜡、锦鸡儿、沙枣、杏、苹果、梨、红枣、酸梅、巴旦、核桃等。寄主面积 307.94 万亩。发生面积 56.35 万亩其中轻度 28.47 万亩，中度 17.99 万亩，重度 9.89 万亩。发生率 18.3%。

14. 大沙鼠

寄主植物有梭梭、沙拐枣等。寄主面积 2834.18 万亩。发生面积 1060.1 万亩，其中轻度 500.76 万亩，中度 216.88 万亩，重度 342.46 万亩。发生率 37.4%。

15. 子午沙鼠

寄主植物有杨、沙枣、柽柳等。寄主面积 287.53 万亩。发生面积 75.14 万亩，其中轻度1. 11万亩，中度69. 2万亩，重度4. 83万亩。发生率26. 13%。

16. 根田鼠

寄主植物有杨、沙枣、榆、山杏、核桃等。寄主面积185. 33万亩。发生面积12. 46万亩，其中轻度7. 29万亩，中度4. 03万亩，重度1. 14万亩。发生率6. 72%。

17. 柽柳条叶甲

寄主植物柽柳。寄主面积453. 36万亩。发生面积79. 01万亩，其中轻度14. 8万亩，中度23. 98万亩，重度40. 23万亩。发生率17. 43%。

18. 黄古毒蛾

寄主植物梭梭。寄王面积341. 66万亩，发生面积202. 77万亩，其中轻度202. 45万亩，中度0. 07万亩，重度0. 25万亩。发生率59. 35%。

19. 落叶松毛虫

分布在阿尔泰山林业局3个林场。寄主植物新疆落叶松。寄主面积1. 57万亩。发生面积1. 02万亩，其中轻度0. 52万亩，中度0. 24万亩，重度0. 26万亩。发生率64. 97%。

20. 云杉小墨天牛

分布阿尔泰山林业局3个林场。寄主植物新疆落叶松、云杉、冷杉。寄主面积0. 59万亩。发生面积0. 38万亩，其中轻度0. 31万亩，中度0. 07万亩。发生率64. 41%，

21. 新疆落叶松鞘蛾

分布阿尔泰山林业局2个林场。寄主植物新疆落叶松。寄主面积3万亩。发生面积1. 89万亩，其中轻度0. 92万亩，中度0. 73万亩，重度0. 24万亩。发生率63%。

22. 松线小卷蛾

分布阿尔泰山林业局青河林场和天山东部哈密林场。寄主植物新疆落叶松。寄主面积0. 94万亩。发生面积0. 75万亩，其中轻度0. 3万亩，中度0. 45万亩。发生率79. 79%。

23. 落叶松尺蛾

分布天山东部哈密林场。寄主植物新疆落叶松。寄主面积3. 16万亩。发生面积0. 77万亩，轻度发生。发生率24%。

（四）本土林业有害生物重要种危害性排序

本土林业有害生物重要种有23种，究竟哪种有害生物危害性最大？次序如何排列？要计算出其危害性指数，按危害性指数的大小排列之。危害性指数计算公式如下：

$$M = F \cdot J \cdot \frac{\sum a \cdot b}{A \cdot B} \times 100\%$$

M为危害性指数。

F为危害方式系数。蛀干、蛀果、危害根部的有害生物系数为2，刺吸式害虫和危害树皮、木材的病原微生物系数为1.5，危害叶部有害生物系数为1。

J为寄主植物系数。针叶树为2，果树为1.5，阔叶树和荒漠植物为1。

$\sum$为总和数学符号。

a为有害生物发生程度等级代表值。轻度为1，中度为2，重度为3。

b为发生程度等级的发生面积。

A为发生程度最高等级代表值3。

B 为寄主植物总面积。

依据计算结果，按着新疆维吾尔自治区本土林业有害生物重要种的危害性指数的大小，排列出前 20 种有害生物名序如下：

第 1 号：云杉小墨天牛。

第 2 号：松线小卷蛾。

第 3 号：苹果蠹蛾。

第 4 号：李始叶螨。

第 5 号：落叶松毛虫。

第 6 号：落叶松鞘蛾。

第 7 号：大沙鼠。

第 8 号：子午沙鼠。

第 9 号：春尺蠖。

第 10 号：糖槭蚧。

第 11 号：橄榄片盾蚧。

第 12 号：黄古毒蛾。

第 13 号：梨圆蚧。

第 14 号：落叶松尺蛾。

第 15 号：青杨天牛。

第 16 号：杨毛臀萤叶甲东方亚种。

第 17 号：柽柳条叶甲。

第 18 号：根田鼠。

第 19 号：白杨透翅蛾。

第 20 号：杨二尾舟蛾。

六、发生趋势分析

（一）外来林业有害生物发生趋势分析

15 种外来林业有害生物的发生趋势，按其生物学特性、生活习性、分布范围、寄主植物和原产地与新疆维吾尔自治区的生态环境等因素分析，可分为 4 种类型：生态制约型、室内培育局部扩散型、南疆区域扩散型、全区广泛扩散型。

(1)生态制约型：凤眼莲一种。

凤眼莲，又称水葫芦、凤眼蓝，属于雨久花科的一种多年生草本植物，浮水或生于泥沼中。繁殖方式以无性繁殖为主。

依靠匍匐枝与母枝分离方式，植株数量可在 5 天内增加 1 倍。一株花序可产生 300 粒种子，种子沉积水下可存活 5 ~ 20 年。常生于水库、湖泊、池塘、沟渠、流速缓慢的河道、沼泽地和稻田中。原产地在巴西东北部，现分布全世界温暖地区。1901 年我国台湾省从日本作为花卉引入，现分布在我国辽宁省南部和华北、华东、华中、华南地区有栽培，在长江流域以南逸生为杂草，成为入侵种，威胁生物多样性，破坏水域生态环境。新疆维吾尔自治区属入寒温带干旱气候，河流多为时令河，水源为高山冰雪融化，河流湖泊多为冷水型，且在冬季结冰期长达半年之久，新疆维吾尔自治区野外自然环境不适宜凤眼莲生存，室内培育因当地水温低和重金属含量低的原因生长不良，没有观赏价值和饲料价值。凤眼莲在新疆维吾尔自治区受到生态制约，不可能扩散蔓延。

(2)室内培育局部扩散型：蔗扁蛾、美洲斑潜蝇、野蛞蝓等3种。

蔗扁蛾，又称香蕉蛾，属于鳞翅目辉蛾科的外来害虫。1年发生3~4代，在15℃时生活周期约为3个月，在温度较高的条件下可达8代之多。幼虫活动能力极强，蛀食皮层、茎秆，咬食新根。以幼虫在寄主花木的土中越冬，食性广，寄主植物达60多种。原产地非洲热带、亚热带地区。在我国已传播10余个省(自治区、直辖市)，在南方发生严重。

美洲斑潜蝇，属于双翅目潜蛾科的一种外来害虫。原产地是南美洲，在国内在热带、亚热带和温带地区有发生，主要随寄主植物的叶片、茎蔓的调运而传播。寄主植物有110多种，以葫芦科、茄科、豆科为主。在广州1年可发生14~17代。

野蛞蝓，又称鼻涕虫，属于柄眼目蛞蝓科的一种软体动物。原产地欧洲的伊比利亚半岛和非洲西北部。我国自然分布于长江以南的浙江、云南等省，北方在温室内常见。寄主植物为蔬菜瓜果和观赏植物的幼苗、植物成株和果实。

以上3种外来有害生物，原产地都是热带、亚热带地区，对温度要求较高，新疆维吾尔自治区属于寒温带干旱地区，野外的自然条件达不到这3种有害生物的要求。但在室内培育观赏花卉、蔬菜、瓜果等局部人为控制的小环境中，可满足这3种有害生物的生长发育。所以它们可在温室或室内、庭院的盆栽花卉上生存，但不能扩散到野外的大环境中去，野外虽有它们的寄主植物它们也不可能生存，只能在室内培育局部扩散危害。

(3)南疆区域扩散型：黄刺蛾、枣大球蚧、枣瘿蚊、双条杉天牛、锈色粒肩天牛、沟眶象等6种。

黄刺蛾是鳞翅目刺蛾科的一种食叶害虫，多种阔叶树是其寄主，1年1代，以幼虫在树枝上结茧越冬。枣大球蚧是同翅目蚧科的一种蚧虫，多种阔叶树是其寄主，1年1代，以2龄若虫在枝干上越冬。枣瘿蚊是双翅目瘿蚊科的一种卷叶刺吸害虫，寄主是枣、酸枣等，以老熟幼虫在土下越冬。双条杉天牛、锈色粒肩天牛是鞘翅目天牛科的蛀干害虫。双条杉天牛寄主植物是侧柏、桧柏、扁柏、罗汉松等常绿观赏针叶树。锈色粒肩天牛寄主植物槐树等。

这6种外来有害生物的原产地或调运寄主植物的调出地，大多是河南、河北、山东、山西等省。

这6种外来有害生物的寄主植物，在南疆有栽培并适宜生长。

南北疆主要自然特征不同，南疆属于暖温带，北疆属于温带。南疆塔里木盆地年平均气温10~11℃，≥10℃年积温约4000℃，无霜期200天以上，年日照时数2800~3000小时。北疆准噶尔盆地年平均气温6~8℃，≥10℃年积温3000~3500℃，无霜期150~170天，年日照时数3000小时。南疆的自然特征与这6种外来有害生物的原产地或寄主植物的调运调出地基本相近似。

综上所述，这6种外来有害生物的发生趋势会在南疆区域扩散，不会在北疆的广大地区扩散，在北疆的局部地区有少量扩散的可能，如伊犁谷地、博尔塔拉谷地。

(4)全疆广泛扩散型：光肩星天牛、苹果小吉丁虫、冠瘿病、茶藨子透翅蛾、加拿大一枝黄花等5种。

光肩星天牛是鞘翅目天牛科的一种蛀干害虫，分布于陕西、甘肃、宁夏、河北、河南等省(自治区)，主要寄主植物杨、柳、榆、槭等阔叶树，2年1代，以幼虫在树干木质部内越冬。苹果小吉丁虫是鞘翅目吉丁虫科的蛀食皮层害虫，分布于内蒙古、黑龙江、山西、辽宁、河北、陕西、甘肃等省(自治区)寄主植物苹果、沙果、海棠、樱桃、李、桃等果树，1年1~2代，以幼虫在树皮下蛀道内越冬。冠瘿病又称根癌病，是由细菌野杆菌属癌瘤杆菌引起根部、树干、树枝癌瘤，分布河北、辽宁、山西、北京、天津、陕西、山东、河南、湖北、安徽、江苏等省(直辖市)，寄主植物苹果、梨、葡萄、桃、核桃、山楂、沙枣、刺槐、松、云杉、侧柏、杨等多种果树和林木，病菌在土壤中或癌瘤组织的皮层内越冬，病菌主要靠雨水和灌溉水传播，嫁接工具、机具、地下害虫亦能传播，苗木调运是病菌远距离传播的主要途径。茶藨子透翅蛾又称醋栗透翅蛾，是鳞翅目透翅蛾科的一种蛀食枝干木质部的害虫，是伊犁哈萨克自治州从哈萨克斯坦引种黑加仑传入新疆维吾尔自治区，寄主植物红醋栗、醋栗、黑茶藨子(黑加仑) 等，1年1代，以幼虫在枝条髓部越冬，苗木调运是远距离传播的主要途径。加拿大一枝黄花是菊科的一种有害植物，多年生草本，生于城镇庭院、郊野、荒地、河岸、高速公路和铁路沿线等处，花果期7~11月，以种子和根状茎繁殖，繁殖力强，生长迅速，从山坡林地到沼泽地带均可生长，原产地北美洲，在北半球温带栽培和归化，各地作为花卉引种，在我国的浙江、上海、安徽、湖北、江苏、江西等省(直辖市)已有逸生，入侵低山疏林湿地生态系统，花粉量大，可导致人类花粉过敏。

新疆维吾尔自治区南北疆各地对于上述5种外来有害生物来说，都是适生地，南北疆的气候土壤和寄主植物等环境因素都适宜这5种外来有害生物的生存、繁殖和扩散蔓延尤其光肩星天牛的扩散危害潜力最大，杨、柳、榆、槭是新疆维吾尔自治区的主栽树种，又都是大面积纯林，为其提供了充足的食物和扩散条件，一旦扩散蔓延将会对新疆维吾尔自治区林业构成极大威胁。目前光肩星天牛在伊犁谷地和焉耆盆地处于潜滞期，这两个地区是新疆维吾尔自治区生态环境较好的地区，有“塞外江南”和“粮仓”之称。林木引种经验证明这两个地区是外来物种登陆新疆的桥头堡。外来物种在其他地区不能生存发育的，在这两地区能生存发育。外来物种在这两地区适应之后，就会向周边地区扩散。引种植物和随引种带入的有害生物也是同样道理。光肩星天牛在伊犁谷地和耆奢盆地度过传入期、种群建立期、潜滞期。随之在这两个地区进入扩散期，然后向这两个地区周边地区传播、扩大危害。扩大蔓延首当其冲的是北疆天山北麓准噶尔盆地南缘绿洲，即精河县、博乐市、乌苏市、沙湾县、石河子市、玛纳斯县、呼图壁县、昌吉市、乌鲁木齐市、米东区、托克逊县、哈密市、库尔勒市、轮台县等，最后会在全自治区传播蔓延。苹果小吉丁虫和冠瘿病、茶藨子透翅蛾的寄主植物，正是新疆维吾尔自治区要大力发展林果的树种，这些树种在南北疆都能发展种植，苹果小吉丁虫、冠瘿病、茶藨子透翅蛾这3种有害生物又都适宜在全自治区生存发育，寄主和有害生物的重合适宜，必将引起3种有害生物在全自治区扩散。加拿大一枝黄花在新疆维吾尔自治区是适生区，它本身对生境条件要求就不高，加上新疆维吾尔自治区生态系统本身就脆弱，加拿大一枝黄花乘虚而入，切不可等闲视之，需加强防控。

(二) 本土林业有害生物发生趋势分析

本土林业有害生物总的发生趋势是：山区天然林有害生物呈下降趋势，平原防护林有害生物呈持平态势，经济林有害生物呈上升趋势。蛀干害虫和刺吸式害虫呈上升趋势。食叶害虫和病害呈下降趋势。林业有害生物在局部地区成灾，南疆重于北疆。

1. 按森林类型分析

天然林(山区针叶林、平原荒漠林)本土有害生物发生呈下降趋势。随着林业改革步伐的加快，天然林经营管理出现了越来越好的形势，表现为过去采伐为主，变为造林营林为主；由过去的毁林事件频频发生，变为护林爱林时尚；由过去侵占林地变为退耕还林。各级政府和社会各界重视林业，加大了投资力度，使天然林资源保护工程进展迅速，天然林生物多样性和天敌资源丰富，森林生态系统趋向稳定，开始良性循环，所以天然林有害生物的发生趋势呈下降趋势。

平原防护林(生态林、用材林等)本土有害生物发生趋势呈持平态势。20 世纪营造的大面积纯林，现已变成中龄林或成熟林，将会被采伐更新，大面积纯林将变为混交林，过去的"小老头"低产林将被淘汰。平原防护林的质量将会得到提高。当然造林面积要比过去会有大幅度提高。总之，原有的防护林有害生物发生面积缩小，新造林地有害生物发生面积增加，防护林有害生物发生总的趋势呈持平态势。

本土经济林有害生物发生趋势呈上升趋势。经济林在今后将成为新疆维吾尔自治区林业的"重头戏"，本土经济林有害生物本来就有种类多危害重的特点，加快发展经济林，增加经济林的比重，就必然增加经济林有害生物的发生面积，果品市场流通，易引起有害生物的扩散，经济林本土有害生物发生趋势呈上升趋势是必然现象。

2. 按危害方式分析

蛀干害虫发生趋势呈上升趋势。20 世纪营造的人工林已从幼龄林阶段逐步进入中龄林或近熟林、成熟林、过熟林阶段。随着林龄的增长，有害生物优势种类也会发生变化。中龄林之后有害生物优势种就会由蛀干害虫代替食叶害虫。蛀干害虫呈上升趋势是林木发育过程的客观规律。蛀干害虫易随原木和林产品的调运传播蔓延，也会导致蛀干害虫发生趋势上升。

食叶害虫和病害发生趋势呈下降趋势。食叶害虫发生趋势呈下降趋势的原因除了上述林龄改变的原因之外，更重的原因是近期森保技术的发展。近期能进入市场商品化的科技产品，首先是防治食叶害虫的微生物制剂和仿生制剂(Bt、灭幼服、白僵菌、病毒、阿维菌素等)，这些科技产品的大力推广应用，有效地控制了食叶害虫发生。今后的造林设计和营林技术会进一步科学化，会促使林木健康生长，病害减轻。

刺吸式害虫发生趋势呈上升趋势。刺吸式害虫(蚧类)本来就难防治，且繁殖量大自然存活率高。再加上蚧类的寄主树种是以果树为主，今后又要大量发展林果业，刺吸式害虫(蚧类)发生趋势就必然会呈上升趋势。

七、总结普查技术要点

(1)国家林业局森林病虫害防治总站下发的《林业有害生物普查技术要点》具有实用价值。

这次林业有害生物普查时间紧、任务重、难度大，正当基层焦急之时，国家林业局森林病虫害防治总站下发了《林业有害生物普查技术要点》，成为基层普查必备的教材和工具书。可以说新疆维吾尔自治区的林业有害生物普查工作能够顺利进行和圆满完成任务，得益于《林业有害生物普查技术要点》。它规定的普查方法和要求切合实际，易操作，有实用价值。

(2)危害性指数计算公式解决了本土林业有害生物危害性排序问题。

《林业有害生物普查技术要点》要求各省根据普查结果得出本辖区危害性大的本土有害生物名单和前20名排序。有害生物种类繁多，且危害方式不同，危害部位不同，危害的寄主植物不同，发生程度不同，发生面积不同，寄主植物面积不同。要将这些因素综合在一起，必须要有一个计算公式。新疆维吾尔自治区推出的林业有害生物危害性指数及其计算公式解决了危害性排序问题。

八、重要发现

（一）本次普查发现外来林业有害生物 15 种

本次普查发现外来林业有害生物15种，其中有害植物2种：凤眼莲和加拿大一枝黄花。有害昆虫11种：光肩星天牛、双条杉天牛、锈色粒肩天牛、沟眶象、苹果小吉丁虫、黄刺蛾、枣大球蚧、枣瘿蚊、美洲斑潜蝇、茶藨子透翅蛾、蔗扁蛾。有害软体动物1种：野蛞蝓；有害病原微生物1种：冠瘿病。这15种外来有害生物中有1种是从国外传入：茶藨子透翅蛾，其余14种是外省(自治区、直辖市)传入。

（二）本次普查发现 4 个新种和 1 个新记录

这次普查发现4个新种：梭梭漠尺蟆、杨树巢蛾、桦树叶蜂、沼柳斑枯病(待鉴定、待研究)。

这次普查发现新疆林业本土有害生物新记录1种：六星吉丁虫。

（三）本土林业有害生物新增名录 229 种

本土林业有害生物新增名录是指本次林业有害生物普查结果与《1980～1982年森林病虫普查资料汇编》相比，新增加的名录。其中：直翅目树蟋科增加1种；同翅目蜡蝉科增加1种，蝉科增加1种，叶蝉科增加21种，木虱科增加2种，大蚜科增加4种，斑蚜科增加3种，蚜科增加4种，毛蚜科增加2种，盾蚧科增加2种。粉蚧科增加2种，粉虱科增加1种：半翅目蝽亚科增加2种，缘蝽亚科增加2种，扁蝽科增加1种，盲蝽科增加1种；蓟马目蓟马科增加2种；鞘翅目象甲科增加20种，豆象科增加2种，叶甲科增加13种，朽木甲科增加1种，吉丁虫科增加4种，长囊科增加1种，伪步甲科增加1种，叩头甲科增加2种，丽金龟科增加3种。鳃金龟科增加3种，芫菁科增加1种，幽天牛亚科增加4种，花天牛亚科19种，天牛亚科增加18种，沟胫天牛亚科增加9种；双翅目瘿蚊科增加4种，潜蝇科增加1种；鳞翅目麦蛾科增加3种，木蛾科增加1种，黄粉蝶亚科增加2种，锯眼蝶亚科增加1种，峡蝶亚科增加1种，线灰蝶亚科增加1种，眼灰蝶亚科增加1种，谷蛾科增加1种，枯叶蛾科增加1种，潜蛾科增加1种，鹿蛾科增加1种，天蛾科增加3种，尺蛾科增加7种，巢蛾科增加1种，毒蛾科增加3种，卷蛾科增加6种，小卷蛾科增加4种，螟蛾科增加7种，夜蛾科增加10种；膜翅目树蜂科增加2种，叶蜂科增加2种，茎蜂科增加1种，条蜂科增加2种，广肩小蜂科增加1种；真螨目瘤螨科增加2种，叶螨科增加4种；真菌球壳孢目球壳孢科增加1种，球壳菌科增加1种。

九、问题与分析

本次林业有害生物普查结果表明，啮齿类动物大沙鼠、子午沙鼠和根田鼠成为新疆维吾尔自治区重要的林业有害生物。大沙鼠发生面积 868.71 万亩，危害率 30.65%；子午沙鼠发生面积 75.14 万亩，危害率 26.13%；根田鼠发生面积 12.46 万亩，危害率 6.72%。新疆维吾尔自治区荒漠灌木林面积大分市广，啮齿类有害生物鼠(兔) 危害严重。由于历史原因，新疆维吾尔自治区鼠害和蝗虫的防治管理机构设在畜牧厅灭蝗治鼠指挥部，20 世纪 90 年代以前新疆维吾尔自治区林业系统没有防治鼠害和蝗虫的工作任务。啮齿类动物研究及其疫原疫病的研究机构设在卫生厅地方病研究所，新疆维吾尔自治区林业系统没有这方面的专业技术人员，缺乏技术支撑，缺乏防御人与啮齿类动物共患疫病的知识和设备。林业害鼠又都发生在人烟稀少的荒漠地带，交通十分不便，防治和监测林业害鼠的难度相当大，所以林业害鼠日益猖獗。

今后必须加强啮齿类有害生物的调查监测和防治工作，保护荒漠灌木林，促进生态环境的良性循环。

黑龙江省森工林区林业有害生物普查技术报告

根据国家林业局《关于在全国开展林业有害生物普查工作的通知》(林造发[2003]73号)的文件精神和部署，黑龙江省森工总局结合本林区实际情况，制订下发了《黑龙江省森工总局林业有害生物普查方案》，于2004年3月开始到2005年9月在黑龙江省森工林区全面开展了林业有害生物普查的外业调查、内业记录整理、标本制作、普查汇总等项工作，现已全面完成普查任务，达到了预期效果。

一、普查的目的意义

近年来，林业有害生物特别是外来林业有害生物的入侵，使我国森林资源遭到严重破坏，甚至在局部地区形成难以逆转的生态灾难。黑龙江省森工林区是全国最大的国有重点林区和森林工业基地，由于以往长期的过量采伐，原始森林和生态平衡遭到破坏，灾害频繁，使林分抵御森林病虫害的自控能力下降，天敌数量极低，以及连续多年的气候异常变化，导致一些重点公益林区危险性林业有害生物大面积严重发生，使一些区域森林质量和生态系统主体功能受到严重影响。

全面地开展普查工作，进一步摸清黑龙江省森工林区本土危险性林业有害生物和外来林业有害生物的种类、危害程度、分布及传播情况，对防控除治危险性林业有害生物、防止外来林业有害生物入侵，完善疫情监测体系建设，有效保护森林资源，确保黑龙江省森工林区顺利实施天然林资源保护工程和退耕还林工程，促进林区生态环境建设和林区经济发展具有十分重要的意义。也可为加强区域间联防联治，制订预警方案、防治预案提供完善的科学依据。

二、黑龙江省森工林区基本概况

黑龙江省森工林区行政主管部门为黑龙江省森林工业总局，所属伊春市、牡丹江市、松花江、合江4个林管局，40个林业局，614个林场(所)。

森林经营总面积15081万亩，有林地面积12439.5亩，森林覆被率为82.7%。活立木总蓄积6.44亿立方米，林分蓄积6.06亿立方米，疏林和散生木蓄积3768.2万立方米，全区林木总生长量2496.1万立方米，有林地平均公顷蓄积量73.04立方米，林分平均郁闭度0.5；人工林保存面积4156.5万。本区域为多山地形，地势起伏显著，地理坐标为东经120°40′~135°5′，北纬43°41′~53°5′，一般海拔高度为300~800米。

全区江河密布，水资源丰富，区内分布黑龙江、乌苏里江、松花江、牡丹江、绥芬河五大水系。流域面积在1000平方千米以上的江河有29条，100平方千米以上的河流有97条。

本区域属寒温带大陆性气候，温和湿润，由于境内山脉多数由北至南走向，影响西来气流和东进气流的活动，致使东部和西部的湿润程度有明显的差异。年平均气温为-2~-4℃，1月份平均气温为-16~-26℃，7月份平均气温为20℃，无霜期为80~160天，小兴安岭北部无霜期最短。降水量自东向西有减少的趋势，以小兴安岭山地中部降水量为最多，降水量为550~650毫米，夏季(6~8月)的降水量占全年降水量的70%~80%。东部降水量为500~600毫米。

(一) 植被

本区植被种类繁多，约有2000余种。主要植被有：

1. 木本类

乔木有红松、红皮云杉、鱼鳞松、臭冷杉、沙冷杉、兴安落叶松、长白落叶松、樟子松、水曲柳、黄波罗、核桃楸、紫椴、榆树、柞树、桦树、大青杨等。

灌木有达子香、刺嫩芽、刺五加、山里红、蓝靛果等。

2. 藤本类

主要有五味子、山葡萄、猕猴桃等。

3. 草本类

山野菜有薇菜、广东菜、蕨菜、猴腿菜、鳞毛蕨、黄瓜香、刺嫩芽等。

中草药有人参、西洋参、独活、龙胆、黄芩、薄荷、车前、党参、平贝。

杂草类有狗尾草、羊胡子草、荆三棱、乌拉草等。

(二) 食用菌类

主要有：木耳、花脸蘑、猴头蘑、元蘑、黄蘑、冬菇等。

三、普查范围、对象与普查结果

(一) 普查范围

(1)黑龙江省森工总局辖区内的林木，包括生态公益林、防护林、用材林、经济林、薪炭林、特种林，以及绿化树种、观赏乔木、灌木、草本植物等。

(2)种苗繁育和交易场所，如苗圃、花圃、花卉市场等。

(3)木材加工和交易场所，如贮木场、木材加工厂、木材市场等。

(二) 普查对象

(1)查清是否有境外传入的外来林业有害生物，如松材线虫、日本松干蚧、美国白蛾、红脂大小蠹、豚草、黄花蒿、紫茎泽兰等。

(2)1980年以后从外省(自治区、直辖市)传入的林业有害生物。包括病原微生物、有害昆虫、有害植物及鼠、兔、螨类等。

(3)本土有害生物。按对森林植物及其产品造成危害的严重程度依次列出，包括林业病原微生物、有害昆虫、有害植物及鼠、兔、螨类。

(三) 普查成果

黑龙江省森工林区有林地面积12439.5万亩，在本次普中，完成林地踏查面积9181.1万亩，占有林地面积的73.81%。在踏查基础上详查面积3951.35万亩。共调查了614个林场(所)，24829个林班，349224个小班。调查了44个森林公园，186个苗圃，20个个体花圃，绿化区面积8.5万亩。调查贮木场44个，木材加工厂(点)684个，木材交易转运场所2个，共调查木材306.09万立方米。设立标准地59220块，其中固定标准地11040块，临时标准地46180块。通过普查：

(1)未发现境外传入的林业有害生物。

(2)未发现1980年以后从外省(自治区、直辖市)传入的林业有害生物。

(3)共普出本土林业有害生物355种，其中林业病原微生物56种，有害昆虫259种，有害植物26种，鼠类11种，螨类3种。详见《黑龙江省森工林区林业有害生物名录》。

(4)制作出林业有害生物标本6463份。病害标本657份；虫害标本4845份；鼠害标本294份；有害植物标本667份。其中制作虫害生活史标本115份。拍摄了林业有害生物特征及被害状的数码相片和胶片7380张。

(5)林业有害生物发生面积1210.89万亩，其中病害152.2万亩，虫害272.88万亩，鼠害755.49万亩；有害植物30.32万亩。危害木材44859.47万立方米。

(6)危害严重的前22种森林病虫鼠害及几种普遍发生的有害植物种类有：①棕背䶄。②落叶松毛虫。③松梢象甲。④舞毒蛾。⑤落叶松八齿小蠹。⑥云杉大黑天牛。⑦松球果螟。⑧樟子松红斑病。⑨落叶松早落病。⑩落叶松枯梢病。⑪红背䶄。⑫红松疱锈病。⑬落叶松鞘蛾。⑭红松流脂病。⑮东方田鼠。⑯大林姬鼠。⑰落叶松红腹叶蜂。⑱高山鼠兔。⑲云杉八齿小蠹。⑳纵坑切梢小蠹。㉑白杨透翅蛾。㉒东北大黑鳃金龟。㉓槲寄生。㉔黄花蒿。㉕车前。㉖灰绿藜。

四、普查内容与技术方法

(一) 普查内容

(1)寄主植物普查。普查对象危害的植物种类(包括乔木、灌木、花卉等)，要求查到种。寄主植物种类大于20种的，要求按照不同科、属，至少列出主要的20种。

(2)普查对象分布地点统计。发生区域及危害程度大的(指发生地点超过林业局所辖林区1/3以上林场所)，统计林业局名称，同时注明所隶属的行政区域名称及发生地点名称；新发现的或发生区域及危害程度小的(指发生地点等于或小于林业局所辖林区1/3林场所)，统计林场(所)名称(注明林业局名称、乡镇级名称及所隶属的县级行政区域名称)。以上分布地点统计，注明了所隶属的地区(市、县)。

(3)有害生物发生面积统计。危害经济林(果园)、苗圃、花圃、温室等种苗繁育基地的，以危害寄主植物的实际种植面积计算；危害其他林地的，以林业小班为单元计算发生面积。发生面积分为轻度、中度、重度三个等级统计，具体分级标准按《全国林业有害生物普查技术要点》中的林业有害生物发生(危害)程度分级标准，进行详细统计。

(4)危害木材的有害生物统计。统计危害木材的(包括原木、板材、方材、木质包装材料、和人造板等)有害生物种类、危害数量(以立方米为单位)及危害程度，以及有有害生物危害的贮木场、木材加工厂等单位名称和所在地名称(注明所隶属的行政区域名称)。划分危害程度标准按照《全国林业有害生物普查技术要点》中木材害虫危害程度分级标准，进行详细统计。

(5)严密调查是否有外来有害生物传入和分布。要求调查外来有害生物来源，了解并记录传入地、传入时间、传入的途径及方式等及外来有害生物入侵对当地生态、经济、社会影响的调查。

（二）普查方法

1. 咨询调查

针对所调查区域的林分、苗圃、贮木场、木材加工厂、花圃，或某种植物、病虫害，对当地群众、技术人员、经营人员、有关专家进行调研咨询，多方面了解当地林业有害生物的种类、分布、发生等情况。咨询调查一般是结合线路踏查进行。

2. 外业调查

在有害生物发生盛期或表现症状期，以林场(所）为单位，在林业作业图或林相图上以及根据种苗繁育基地、贮木场、木材加工厂等在所在地的分布情况，确定、划出踏查线路。重点区域及经过踏查发现有病虫情的区域，设立具有代表性的标准地进行详查，并列出每个标准地所在的位置(用 GPS 定位，注明林班、小班号）以及所代表的面积(注明发生场所名称)。

(1）踏查：按照设计的调查路线，进行踏查，踏查线路经过当地主要森林类型、林业有害生物发生地。同时设置踏查路线充分考虑了道路、建设工地，受人为干扰严重，生物多样性及结构差的林分，受突发性灾害干扰后的林分，如火灾、洪水发生地的林分。对踏查所经过的路线作了踏查记录。当发现有危害症状或有害生物时，准确进行林业有害生物小班踏查记录，填写林业有害生物小班踏查记录表，同时开展详查。

(2）详查：在踏查的基础上，对有危害症状的、或有有害生物的林地进行详细调查。标准地设立在有害生物发生区域内具有代表性的地带，每块标准地面积 1 ~ 5 亩，且标准地内主要寄主植物不得少于 100 株。以面积设标准地困难时，设标准株进行调查，标准株不少于 100 株。每块标准地调查株数为 30 ~ 50 株。其中人工林标准地累计调查面积不少于普查对象寄主植物分布面积的 3%，天然林不少于 0. 2%。同一类型的标准地尽可能有 3 次以上的重复。

叶部、枝梢、干部、种实病虫害，鼠(兔）害，有害植物标准地设立及调查统计方法均按《全国林业有害生物普查技术要点》中具体要求进行。

(3）苗圃(花圃）地调查：踏查了解苗圃有害生物发生概况，在有危害的圃地设立标准地，在每块苗圃地上按对角线的位置(或棋盘式）设置若干个标准地。标准地的数量以其总面积不少于调查总面积的 0. 1% ~0. 3%。标准地大小根据苗木种类和苗龄而定，针叶树播种苗一般 0. 1 ~0. 5 平方米，阔叶树苗的标准地在 1 平方米以上，每个标准地上的苗木在 100 株以上。

(4）贮木场(木材加工厂）有害生物调查：

①现场查看。现场查看贮木场等现存木材(含成品、半成品、包装材料等）是否有有害生物寄生和携带，同时了解贮木场木材树种、采伐时间、地点和过去、目前有害生物发生情况，对加工厂木材等了解原产地。发现有害生物或被害状，进行抽样调查。

②抽样调查。调查木材危害状况时，采用表层随机抽样(正在归楞的实行分层抽样）抽样率不少于 3%。调查时，还特别注意检查是否有来自松材线虫病等林业危险性有害生物疫区的木材，同时，对木材腐朽病也进行详细调查。

3. 标本采集制作

(1) 进行林业有害生物普查同时，采集有害生物和被害状标本，针对不同种类有害生物的生物学特性、生长发育历期，尽力采集制作生活史标本。

(2) 所采集的有害生物进行编号，同时做好采集记录。标本标签编号采用的方法是：

①采集标本记录由采集人员填写，同时写上编号、采集时间、地点、寄主植物、采集人姓名，放入存放容器，系上标签，在记载表上登记。

②调查地点填写林场(所)、林班、小班。同一采集时间、地点、寄主植物、采集人，采集统一种有害生物，不论数量多少，为同一编号。

(3) 在野外不能鉴定的进行人工饲养，饲养时记录各阶段特点、特征、给鉴定提供依据。

五、普查对象发生现状、分析及防治措施

森工林区危害严重的前22种森林病虫鼠害及几种普遍发生的有害植物发生现状及分析：

(一) 棕背䶄

发生区域及危害程度：在全区均有发生，发生面积566.092万亩。其中轻度危害225.61万亩，中等度危害293.8万亩，重度危害46.68万亩。

1. 发生特点

危害树种有落叶松、樟子松、红松、云杉、柞树、桦树、椴树、榆树、杨树、水曲柳、黄波罗等。该鼠的食性有季节性差异，夏季喜食植物的绿色部分，春、秋季以树木的种子为食，冬季主要啃食树皮。该鼠对不同树龄的同一树种，危害程度有所不同，一般10年生以内的幼林受害最重。10～15年生被害较轻，15年生以上很少被害。10年生以内的林木多在根际处被环状啃皮而死亡，这时树皮较薄，含汁液多，适合鼠的取食，10～15年生的林木多在主干上部和铡枝被害。

2. 原因分析

通过几年的综合治理，森林鼠害的发生和危害与治理前相比明显下降，但由于基层技术力量薄弱，防治资金不足、成本低等因素，影响了治理的效果，致使部分地区的种群发生呈上升趋势。通过逐步加大营林措施、生物防治技术的应用比例，害鼠种群密度将得到可持续控制。

3. 防治措施

(1) 治理对策：

森林鼠害防治要以营林措施为基础，通过生物、生态、化学、抗生育及树木保护等综合措施，实行“预防为主，综合治理”。

①轻度发生区：采用天敌招引、营林措施、林木保护剂涂干等技术进行防治。

②中度发生区：采用物理方法、林木保护剂涂干、化学药剂等措施进行防治。在植苗造林时，用林木保护剂进行预防性处理；同时，辅以封育、营造混交林等营林措施以及物理机械、化学药剂等措施。

③重度发生区：以压低鼠口密度为主，采用化学、生态、生物等技术措施，进行全面防治。首先采用化学药剂进行毒杀，迅速降低鼠口密度，促进其向中度、轻度发生区转化，再

采取生态、生物等技术措施促进对鼠害的可持续控制。

（2）防治技术要点：

①P-1 拒避剂防治鼠(兔）害技术：每年的防治时间与营造林时间同步进行。新植落叶松涂地径以上树干部分，10 年生以下落叶松涂地茎以上部分 50 厘米。

②抗生育技术：按每亩 100 克投放，点行距 5 米 ×10 米。防治时间春季 4 月初必须进行。

③溴敌隆类化学防治：溴敌隆类化学药剂对非靶动物安全，二次中毒现象较少，不易产生抗药性，所以化防时选择此药剂，并在防治方式上加以改进，将药剂按一定剂量用纸包成小药袋，投放在防治地块，既提高适口性，又保护天敌。在春秋两季分别进行。春季用复合型毒饵，秋季用单一型毒饵。按每亩 100 克投放，点行距 5 米 ×10 米。

④生物毒素灭鼠剂应用：在秋季日最高温度低于 18℃以下进行防治。药剂调制方法：用常温自来水适量将 1. 5 毫升 C 型肉毒素原药溶解后，与 1. 5 千克麦粒或磨碎的玉米粒搅拌均匀做成毒饵，按每亩 100 克投放，点行距 5 米 ×10 米，用纸包投放，每包 5 克，每点 1 包。注意事项：配制和投放时要防止人体直接接触药剂，避免人、鸟与其直接接触，防治地块要支杆挂红布条和警示牌。

⑤结合森林抚育防治森林鼠害技术：防治时间在 9 月份进行，结合森林透光抚育将枝丫平铺到林间带上。平铺长 4 ~5 米，厚 20 厘米，宽 1 ~2 米。

⑥人工堆垛招引黄鼬防治森林鼠害技术：在 9 月份结合森林抚育进行。垛长 2 米，垛宽 1.5 米，垛高 1. 5 ~2 米。

⑦设立支架招引猛禽防治森林鼠害技术：3 亩地 1 个，1 公顷 5 个，杆高 2. 5 米，横杆宽 1 米。

（二）落叶松毛虫

1. 发生区域及危害程度

除山河屯等 6 个局外其他森工林区均有发生，发生面积 120. 9572 万亩。其中轻度危害 87. 6913 万亩，中度危害 25. 7074 万亩。重度危害 7. 5585 万亩。

2. 发生特点

落叶松毛虫是黑龙江省森工林区主要发生的害虫之一，每年发生面积较大。大多数 1 年发生 1 代，少数 2 年发生 1 代。落叶松毛虫主要寄主树种是落叶松，也危害红松、樟子松和云冷杉。松毛虫对松林的危害十分严重，被害的松树轻的影响生长，又易引起次期害虫的发生；重的造成枯死，害虫暴发时，松针数日内可被食光，一片翠绿的山林几日后枯黄焦黑，因此又被喻为“不冒烟的森林火灾”。对林业生产和森林生态环境造成严重破坏。松毛虫大发生时，满覆林地地面，以及小河流中，使溪水不能食用，虫体和茧壳上的毒毛散布在林间杂草、灌丛枝叶上，严重影响人们正常生产经营活动和健康，常因接触毒毛，引起中毒，发生炎症，以及关节肿痛。

3. 原因分析

在自然界中，病虫等生物受到外界环境气象因素和天敌的影响，而这些因素本身存在明显的周期现象导致病虫等生物亦存在着周期性发生的现象。多年来，虽然连年除治，但由于林区落叶松松林面积较大，并且人工落叶松林纯林面积大，树种单一，抗逆性弱，综合抗虫能力差，特别是近年一些地区春季受到偏高平均气温的影响，使松毛虫发生危害仍十分严重。

4. 防治措施

根据不同发生类型区内的松林状况、地理气候环境、人为活动以及监测防治技术水平等因素，分类施策，制订防治措施，坚持从生态学角度出发，以虫情监测为依据，将营林措施、生物防治和相应的无公害化学防治方法统筹应用，不断的组合、配套使用先进科研成果和成功经验，在有效控制松毛虫虫口密度的同时，保护和利用天敌资源，提高林分质量，改善生态条件，逐步实现可持续控制。

（1）治理措施：

①重度发生的地区，以压低虫口密度为主，主要采用植物杀虫剂、仿生药剂等措施进行重点治理，使重度危害面积逐步减少，把危害减到最低限度。

②中度发生区，以营林措施、物理、人工、生物防治为主，加大生物防治比例，减少化学防治，协调应用各种措施，使中度危害逐步向轻度危害转变。

③轻度发生区，重点实施监测，采用生物措施与营林措施相结合等方法，一般情况下，通过管护经营、封山育林等措施增加天敌的种群和数量，调节生物间的平衡。

（2）技术措施：

①营造混交林：在常灾区的宜林荒山，遵照适地适树的原则营造混交林；对常灾区的疏残林，保护利用原有地被物，补植阔叶树种。可选用珍贵阔叶树种，还要保留一些长势较弱的阔叶树，以增加天敌的栖息环境条件。混交方式，采用株间、带状、块状均可。林间要合理密植，以形成适宜的林分郁闭度，创造不利于松毛虫生长发育的生态环境，建立自控能力强的森林生态系统。

②封山育林：对林木稀疏、下木较多的成片林地，应进行封山育林，禁止采伐放牧，并培育阔叶树种，逐步改变林分结构，保护冠下植被，丰富森林生物群落，创造有利于天敌栖息的环境。

③抚育、补植、改造：对郁闭度较大的松林，加强松林抚育管理，适时抚育间伐，保护阔叶树及其他植被，增植蜜源植物。对现有纯林、残林和疏林应保护林下阔叶树或适时补植速生阔叶树种，逐步促进、改造为混交林。

④生物防治措施。

苏云金杆菌(Bt)

在各类型区中，均可使用苏云金杆菌(Bt)防治，应用苏云金杆菌防治松毛虫，一般防治2~3龄幼虫。施药林分适宜温度为20~32℃。施菌量每亩40~80万国际单位(IU)。多雨季节慎用。

使用方法：采用飞机或地面喷粉、低量喷雾、超低量喷雾；地面人工放粉炮。预防性措施亦可采用人工敲粉袋、放带菌活虫等方法。

试验推广质型多角体病毒(CPV)防治

用围栏或套笼集虫、集卵增殖病毒、人工饲养增殖病毒、离体细胞增殖病毒或林间高虫口区接毒增殖等方法，收集病死虫，提取多角体病毒，制成油乳剂、病毒液或粉剂。使用时可在病毒液中加入0.06%的硫酸铜或0.1亿孢子/毫升的白僵菌作为诱发剂，提高杀虫率。每亩用药量50亿~200亿病毒晶体。

使用方法：采用飞机或地面低量喷雾、超低量喷雾或喷粉作业。

招引益鸟

在虫口密度较低林龄较大的林分，可设置人工巢箱招引益鸟。每年3月下旬至4月中旬，挂巢箱高度4~5米，巢箱距离50米左右，常用鸟巢设置数量为5个/公顷。巢箱类型根据招引的鸟类而定。山雀式木板巢箱板厚1.5厘米左右，内径12厘米×12厘米，高22厘米，出入口直径3~4.5厘米。招引大斑啄木鸟应用腐巢木，内径17~21厘米，高度60厘米，出入口圆形，直径6~6.5厘米。

释放赤眼蜂

繁育优良蜂种，在松毛虫产卵始盛期，选择晴天无风的天气分阶段林间施放，每亩3万~10万头。亦可使赤眼蜂同时携带病毒，提高防治效果。

⑤人工(物理) 防治。

可采用人工摘除卵块、捕杀虫茧或使用黑光灯诱集成虫的方法降低下一代松毛虫虫口密度。

⑥植物杀虫剂防治。

采用1.2%烟参碱喷烟防治幼虫，烟参碱与柴油的比例为1∶20，每亩使用的药量为0.4升。对于郁闭度较高的林分也可采用烟参碱杀虫烟剂进行防治。

⑦仿生药剂防治。

在虫口密度大的情况下，采用灭幼脲(每亩30克)、杀蛉脲(每亩5克) 等进行飞机低容量、超低容量喷雾，地面背负机低容量、超低容量喷雾，重点防治小龄幼虫。地面用药量要比飞机喷洒增加50%~100%的药量。

⑧化学药剂防治。

在春季越冬幼虫上树和秋季幼虫下树越冬前，可采取在树干上涂、缚拟除虫菊酯类药剂制成的毒笔、毒纸、毒绳等毒杀下树越冬和越冬后上树的幼虫。通过多年的筛选实践，毒绳、毒带防治方法效果好，无污染，同时可以使天敌得到有效保护，制作方法是：以纸绳、纸带为载体，2.5%溴氰菊酯为主剂，机油为保护剂，柴油为稀释剂，配比按1∶2∶8进行混合。在树干地面以上80~100厘米处，用刀清理粗皮5~10厘米宽，但不能伤及树木，然后在树干清理处，将浸药毒绳系紧，对上树或下树松毛虫进行触杀，使其死亡。对中度、重度发生区进行逐株防治。应用此种方法防治效果可达90%以上，同时林地中各种鸟类、寄生蜂类等天敌可以正常栖息繁衍，卵期蜂类寄生率可达85%以上。

⑨自然防治法。

虫口密度虽然大，松叶被害率达70%以上，但松毛虫寄生率高，虫情仍处于下降趋势时，不进行药物防治。安全区发生松毛虫危害时，偶灾区小面积发生时不进行药物防治，通过自然消长进行调控。

(三) 松梢象鼻虫

1. 发生区域及危害程度

主要发生在伊春林区铁力、桃山、朗乡、南岔、金山屯、乌马河、上甘岭、五营、新青、美溪等区林业局及松花江林区的苇河、亚布力等12个林业局。发生面积34.89万亩。其中轻度危害13.42万亩，中度危害21.1万亩。

2. 发生特点

1 年 1 代，以成虫在落叶层下越冬。翌年 5 月中旬开始活动，5 月下旬至 6 月上旬交尾，在树皮上咬一卵坑产卵，6 月中旬孵化为幼虫。幼龄幼虫取食形成层，老龄时取食木质部，6 月下旬开始在坑道内做一蛹室化蛹，7 月中旬开始羽化，9 月末或 10 月上旬进入落叶层下越冬。

以幼虫危害，主要寄主树种是红松，也危害樟子松。在伊春林区人工红松林和天然红松林被此虫危害面积和程度呈扩大态势，小兴安岭林区红松林受到此虫害严重威胁。从 2004 年普查结果和 2005 年调查情况得出，在发生区有虫株率高达 60% ~70%，平均虫口密度为 20 条/株，受害严重时枝梢虫口密度可达 20 头/30 厘米。幼虫先危害红松主梢，然后危害侧梢，被害后主梢和侧梢枯死，引起分叉，形成扫帚状小老树，严重影响红松成材，减少健康红松林数量。由于黑龙江省森工林区主要树种为红松，为了发展培育健康红松林，保护生物多样性，需对红松松梢象甲进行有效的治理。

3. 原因分析

由于红松松梢象甲防治、调查预测难度大，防治经费有限，只能防治部分发生严重林分，在防治上采取的主要措施是应用人工剪梢方法防治，此方法效果好，但防治成本较高，现有的设备落后，所以应用此方法只能在部分区域进行，不利于对种群总体控制，加之气候的异常，2003 年、2004 年气温仍然偏高和干旱，越冬种群基数较大，同时林地环境条件、经营状况如何等也是影响此虫害发生的主要因素。

4. 防治措施

①人工剪梢，将剪下的带虫枝梢集中烧毁。

②在 5 月中旬，越冬后成虫在树上进行补充营养时喷涂药剂进行毒杀。在已郁闭的林内可采用烟剂防治。对树皮下的幼虫用药剂防治时，采用内吸杀虫剂。成虫发生期，可选用 2.5% 溴氰菊酯 3000 倍液；5% 氟氯氰菊酯或 20% 氰戊菊酯等喷雾。也可用 741 插管烟雾剂，用量 30 ~45 千克/公顷，流动放烟，熏杀成虫。在成虫上树危害或下树越冬时，可用 2.5% 溴氰菊酯 3000 倍液做成毒绳围于树干上以毒杀成虫。

③新羽化的成虫当年在侧枝和顶梢上进行补充营养，有假死性，利用成虫的假死性，振落捕杀成虫。

④加强红松成林的管护，红松林分抚育强度不能过大，抚育后上层郁闭度要保持在 0.3 ~0.4 以上，抑制松梢象甲的发生。

⑤营造混交林，适当加大造林密度。

⑥保护利用啄木鸟及寄生蜂等天敌。松梢象甲天敌较多，从红松被害枝梢中已饲养出的寄生性天敌多达 50 余种，其中以广肩小蜂科、茧蜂科种类最多，需保护开发应用。

（四）舞毒蛾

1. 发生区域及危害程度

发生在山河屯、苇河、汤旺河、新青、红星、乌伊岭等 16 个林业局，发生面积 39.7357 万亩。其中轻度危害 35.6156 万亩，中度危害 3.3492 万亩。

2. 发生特点

1 年 1 代，以胚胎发育成熟的幼虫在卵块内在树干、树皮缝、枝丫处、落叶层、石块下等处越冬。可以优势种遍布各种林区，杂食性，具有分布广、危害重、幼虫顺风迁移等特点，幼虫有强大的迁移能力，在饥饿时可以较长距离的转移，以此扩大危害范围。雄成虫白天在林内翩翩飞舞，又称兵团毒蛾，成虫有趋光性。是森林、园林、果树的一大害虫。在黑龙江省森工林区的人工林和天然次生林中大面积发生，危害针叶和阔叶树，即乔灌木及其他植物百余种。猖獗发生时，暴发成灾，被害林分树叶全部殆尽，如同火烧，轻者影响树木生长，重者导致树木死亡，特别是常绿针叶被食光后，当年不能正常木质化，越冬后，因冻害或失水而死亡。

3. 原因分析

发生区域及危害程度由于受干旱少雨、气温偏高的气候因素，以及种群发生基数的影响，在2004年、2005年人工林和天然次生林中呈不同程度大面积发生。从多年发生情况看，舞毒蛾始终存在于天然林内，并逐步过渡到人工林内，虫口密度也从少到多至成灾。由于防治经费不足，各发生区主要对人工林进行防治，所以天然次生林中种群数量得不到有效控制，在天然次生林中仍大面积发生危害。

4. 防治措施

①此虫在郁闭度大及林木组成较复杂的林分内，很少大发生，因此营造混交林可抑制其大发生。

②应用微生物杀虫剂Bt进行防治，经过森工总局与东北林业大学课题试验，所用Bt-MP-342菌剂系由湖北Bt开发中心生产，应用BtMP-342菌剂500倍液在林间防治舞毒蛾幼虫，防治效果在80%～90%之间，是一项较好的生物防治措施，可在生产中推广应用。

③物理机械防治：灯光诱杀，使用450W高压杀虫灯，在成虫期连续诱杀，效果可达80%以上。

④因地制宜选择施药方式：喷雾，多采用高浓度、低喷量、细雾粒超低量或低量喷雾。喷粉，水源缺乏的地方使用，喷粉作业一般在早晚有露水时或小雨后效果较好。喷（放）烟：在人畜活动少、虫口密度大、虫龄小、林分郁闭度大的条件下采用。

⑤对于面积少、林龄小的林分，采用人工采卵的方法进行防治。

⑥结合实际适时采用生物防治，持续控制虫口密度，可采用挂鸟巢招引益鸟进行防治，鸟巢挂放数量为5个/公顷。

⑦利用幼虫昼伏夜出经过树干为害的习性，可用25%滴滴涕乳剂、5%可湿性滴滴涕的50倍液涂毒环（50厘米）；在干基周围撒滴滴涕粉。也可在树干束草、树下堆石块，待幼虫白天下树藏匿其中后，加以消灭。

⑧幼虫期可喷洒25%滴滴涕乳剂或用飞机喷5%可湿性滴滴涕粉或5%～10%滴滴涕柴油溶液，防治1～3龄幼虫。应用微生物杀虫剂Bt进行防治，经过森工总局与东北林业大学课题试验，所用BtMP-342菌剂系由湖北Bt开发中心生产，应用BtMP-342菌剂500倍液在林间防治舞毒蛾幼虫，防治效果在80%～90%之间，是一项较好的生物防治措施，可在生产中推广应用。

（五）落叶松八齿小蠹

1. 发生区域及危害程度

发生在大海林、柴河、穆棱、沾河等20个林业局。发生面积25.84万亩。其中轻度危害 4. 27 万亩，中度危害 3. 58 万亩。重度危害 0. 16 万亩。

2. 发生特点

1 年发生 1 代。在同一林区可同时存在不同的物候群，加上成虫一生中可产卵数次，因此，在同一林分内，整个生长季节随时可见产卵的成虫和看到卵、幼虫、蛹和成虫各个虫态。在立木的分布，可由树干基部直到树干顶端。

3. 防治措施

控制松小蠹虫危害应从改善环境入手，以促进和恢复森林生态平衡为中心，以营林技术措施为基础，以虫情监测为依据，使生物和化学防治相结合，降低虫口密度。对被害木进行检疫封锁和集中熏蒸处理。将防治与检疫、清理与营林措施相结合，大力开展综合治理，减轻危害。

（1）加强监测及检疫：对虫源基地严格监测预警，及时采取治理措施。严禁调运虫害木。对虫害木要及时进行药剂或剥皮处理，防止扩散蔓延。

（2）营林措施：①适地适树，选择抗逆性强的树种，合理营造混交林，集约经营管理，采取有效措施提高树木生长势。②适龄采伐，合理间伐；伐根宜低并剥皮，梢头木及带皮枝丫应及时清理，保持林地卫生；严防森林火灾、乱砍滥伐，及时清除林内风倒木、风折木、枯立木。③结合抚育，在林地中堆落叶松小杆（每堆 3 ~ 4 根，距离 20 米 ×20 米）作饵木至 6 月份，将诱虫饵木集中销毁。

（3）生物防治：小蠹虫天敌主要有线虫、螨类、寄生蜂、捕食性昆虫及鸟类。维护森林生态系统生物多样性、稳定性，减少杀虫剂的使用和人为对森林生态系统的干扰，保护捕食性昆虫及鸟类在森林生态系统内的生存和繁殖，加强天敌的防治作用，有效的降低小蠹虫的危害。

（4）信息素诱杀：将人工合成的信息素设置在特定的诱捕器内进行诱杀，以迅速降低种群密度。在局部区域使用信息素类物质，干扰其入侵和繁殖，降低其侵害的成功率。

（5）化学防治：①对林内寄主树木，要进行 2 ~ 3 次药剂涂干处理，药剂采用氧化乐果乳油 400 倍液等内吸类，第一次施药要在越冬代成虫上树之前进行喷涂树干处理，从越冬代成虫开始除治，定时观测，准确掌握下次喷药时间，防止发生危害。②在成灾地块周围喷洒氯氰菊酯微胶囊 1000 倍液设立 100 ~ 150 米宽隔离带，防止其扩散传播。

（6）原木楞垛的熏蒸处理：选用厚的农用塑料薄膜，粘合成与楞垛相应大小的帐篷，覆盖并密封，投入溴甲烷 10 ~ 20 克/立方米，密闭熏蒸 2 ~ 3 昼夜。本法除可歼灭小蠹虫外，还可兼治注入木质部的天牛幼虫。

（六）云杉大墨天牛

1. 发生区域及危害程度

发生在汤旺河、乌伊岭、山河屯、南岔等 4 个林业局。发生面积 14. 54 万亩。其中轻度危害 12. 76 万亩，中度危害 1. 32 万亩，重度危害 0. 46 万亩。平均有虫株率 35. 1%，平均虫口密度 11. 37 头/株，

2. 发生特点

为害云杉、冷杉、红松。由于对其了解只有 2 年的时间，对其生物学特性和在各地区发生特点还不详细，在山河屯林业局磨盘山水库上游 6 个林场，即凤凰山、铁山、白石砬、工

农、曙光、大河身林场云杉天然林严重发生云杉大墨天牛等蛀干害虫，使7035亩天然云杉林受灾，发生在高海拔区域，且树木为60年生高大树木，治理难度大，因是重点生态区位，应采取以营林措施、生物防治为主的无公害防治方法进行重点治理，保护天然林资源，使其良好发挥涵养水源、防止水土流失、净化空气等生态效益。同时凤凰山国家级森林公园云杉天然林还具有景观效应。亟须进行重点监测治理，保证生态安全和人民生活安全。

3. 防治措施

①营林措施：设立饵木诱集成虫产卵，集中销毁。

②生物防治：啄木鸟对控制天牛危害有较好的效果，招引大斑啄木鸟可控制云杉大黑天牛的危害，

③物理及化学防治：打孔注射乙酰碱胺磷胶囊，每株树4个孔，每隔15厘米一个孔，孔深过木质部5厘米。

（七）松球果螟

1. 发生区域及危害程度

发生在鹤北、林口、海林、朗乡、东方红等14个林业局。发生面积20.46万亩。其中轻度发生6.11万亩；中度发生8.4万亩；重度发生5.95万亩。

2. 发生特点

红松是黑龙江省森工林区的代表树种，也是人工更新的主要优势树种，但进入结实期的人工和天然红松林、母树林基地，受球果害虫严重危害的问题突出，红松球果害虫不仅危害球果也危害枝梢，幼虫有转移危害的习性，即从被危害的旧梢、球果中转移到另一新梢、球果中继续危害，迁移率近50%。此类害虫侵入，使枝梢枯断，千疮百孔，造成果内被蛀如麻，果轻干瘪，种子无仁，严重影响红松种子质量和产量，严重发生区域及危害程度可造成种子绝收，使造林用种得不到保证，也给管护经营红松经济果林的职工造成极大损失。红松球果害虫的大面积严重发生，对林区的造林更新和生态环境建设构成严重威胁。

3. 原因分析

由于球果害虫隐蔽性强，防治难度大，并且不易进行大面积化学防治，其他防治方法成本高，只是防治局部地带，加之2006年平均气温偏高，2004年12月至2005年2月平均气温比历年高0.3℃，种群基数高，虫源基地得不到根本控制，此类害虫又有迁移习性，所以发生量呈加大态势。

4. 防治措施

①营林措施：加强对虫源基地林分的抚育管理，及时清除带虫球果，以压低虫口密度，减少下年发生量。营造混交林以及人工促进更新形成混交林。修枝留桩要短，刀口要平滑，禁止过度放牧，以减少伤口和防止成虫在伤口产卵。

②仿生制剂防治：在虫口密度大的林分施放苦参烟剂，防治产卵前的成虫或未注入枝梢、球果的幼虫。

③人工措施：在越冬幼虫活动前剪去被害的枝梢、球果，尤其要注意不仅要剪去被害的枝梢、球果，而且要剪去已变黄，尚未干枯的被害梢。

④黏虫胶挂膜防治法：此方法效果好，而且随机方便，适用于防治松球果螟。在成虫羽化前挂放，将黏虫胶加热融化后刷在塑料布上，规格10厘米×30厘米，并在其上投入少量

的糖和蜜效果更好，挂放在林内距地面 2 米高处，每 5 片为一组，平均每亩 7 ~ 8 片。此方法无污染，效果好。

（八）樟子松红斑病

1. 发生区域及危害程度

发生在方正、兴隆等 21 个林业局，发生面积 38. 0757 万亩。其中重度危害 3. 1262 万亩。

2. 发生特点

病害可发生在 2 年生以上松树，一般多发生在叶的尖端。病斑布满严重染病的针叶时，致使针叶枯黄，提早落叶。在一株树上，首先树冠下部枝条上的针叶发病，逐渐向树冠上方发展。重病树呈火烧状，只有当年新生针叶保持绿色，病树生长衰弱，逐渐枯死。

3. 除治措施

①加强检疫，严禁从疫区采集病接穗和病苗；严格做好圃地产地检疫，防止病苗上山造林，避免人工林病害的发生。

②加强圃地管理，发现病苗、病叶要集中深埋或烧毁；对人工幼林要搞好监测，适当修枝可以减轻病害发病程度。

③苗木长出叶后可喷洒波尔多液（1∶120），在孢子放散期喷 75% 百菌清 600 ~ 1000 倍液，都可以收到良好的防治效果。

（九）落叶松早落病

1. 发生区域及危害程度

在全林区均有发生，发生面积 78. 9131 万亩。其中轻度危害 46. 3231 万亩，中度危害 30. 2855 万亩，重度危害 2. 3045 万亩。

2. 发生特点

该病可发生在针叶的任何部位。发病初期病部出现淡黄色近圆形小点，外围淡黄色。病斑逐渐扩大相连，针叶表面呈现黄绿相间 1 厘米左右的段斑，当年梢上针叶段斑可达 3 厘米，为害严重时，罹病针叶呈红褐色，整个树冠似火烧。8 月下旬开始落叶，后期在针叶病部隐约可见散生的小黑点，即病原菌性孢子器。

3. 原因分析

近年来对落叶松早期落叶病加大了监测管理，并及时进行了防治，所以该病害在多数地区的病情得到了缓解。但由于异常气候因素的增多，加之发生轻微地块没能防治，不能排除落叶松早期落叶病有扩大发生的趋势。该病可发生在针叶的任何部位。在相同条件下，兴安落叶松易感病，日本落叶松抗病，朝鲜落叶松发病较轻。

4. 防治措施

①大力营造混交林，适度修枝抚育，用人工清除病叶。

②五氯酚钠烟剂防治 7 ~ 10 千克/公顷；未郁闭的林分可用 10% 百菌清喷雾防治。

（十）落叶松枯梢病

1. 发生区域及危害程度

发生在山河屯、通北林业局等 18 个林业局。发生面积 22.03 万亩。其中轻度危害 14.4651 万亩，中度危害 6.612 万亩，重度危害 0.96 万亩。

2. 发生特点

落叶松枯梢病是危害新枝梢，连年发病使树冠呈扫帚状。此病只在霜带区域出现，特别是晚霜易出现地带。危害轻微，种群发生趋势平稳。加强对此病害的监测检疫，确保其不蔓延。

3. 防治措施

①营林措施：秋天清理枯枝落叶，减少病原菌的越冬场所。

②化学防治可用百菌清烟剂 0.5 ~ 1.0 千克/亩，最关键的是抓住子囊孢子飞散的高峰期，大致时间在 6 月下旬至 7 月初。

③发生地区特点是容易发生晚霜的地带易发此病，实行全面监控，杜绝带病苗木、木材运输。

（十一）红背䶄

1. 发生区域及危害程度

发生在山河屯、方正等 25 个林业局，发生面积 93.5502 万亩。其中轻度危害 59.473 万亩，中度危害 22.0849 万亩，重度危害 11.987 万亩。

2. 发生特点

危害树种有落叶松、樟子松、红松、云杉、柞树、桦树、椴树、榆树、杨树、水曲柳、黄波罗等。此鼠在夏季主要以植物的绿色部分为食，冬季主要取食植物的种子，并能储藏大量粮食，冬季和初春除吃储藏的粮食外，还大量啃食杨柳的根系和草根。预计不会有大发生趋势。采伐迹地中数量很多，是东北林区的优势鼠种之一，喜栖低洼潮湿的地方。常在枯枝落叶层下或倒木旁筑洞穴。喜食植物的根、茎、数枝，更喜食树木的种子。红背䶄无论是否与棕背䶄混生于一地，刚落日时是其活动峰值。但以后的活动情况与棕背䶄的活动规律相反，寄主植物同棕背䶄。

3. 防治措施

同棕背䶄。

（十二）红松疱锈病

1. 发生区域及危害程度

发生在朗乡、南岔林业局等 12 个林业局。发生面积 4.435 万亩。其中轻度危害 2.44 万亩，中度危害 0.9 万亩，重度危害 1.09 万亩。朗乡、南岔、金山屯等地比较严重。

2. 发生特点

红松疱锈病主要危害苗木和 20 年生以内树木的枝干皮部，在枝干部形成锈孢子囊，使韧皮部受损，影响生长，严重时导致树木死亡。

3. 防治措施

①此病害为国家检疫对象，由疫区输出苗木等要检疫。在病区附近不设苗圃，如建苗圃时，应在冬孢子萌发之前向苗木上喷洒化学药剂防治。

②造林后加强抚育管理，铲除树旁林内及苗圃周围的杂草和转主寄主。有条件的地区可用五氯酚钠，2,4-D 钠盐或胺盐、二钾二氯、莠去净等药剂。

③对发病率在 10% 以内的林木，可用松焦油原液、焦化蜡或 875 水刷剂（氢氧化钠 1% +石灰 5% +水 74%）等涂抹病部。发病率在 40% 以上幼林要进行皆伐，改造其他树种。

④成林后要及时修枝、间伐、通风透光。

⑤该病菌的锈孢子阶段常见到一种子霉菌能抑制锈孢子产生和溃疡斑扩展，可研究加以利用。

（十三）落叶松鞘蛾

1. 发生区域及危害程度

发生在苇河、亚布力等 26 个林业局。发生面积 25.8364 万亩。其中轻度危害 22.09 万亩，中度危害 3.58 万亩，重度危害 0.16 万亩。

2. 发生特点

1 年 1 代。9 月末、10 月初，幼虫发育至 5、6 龄时，钻出叶外，缀成鞘准备越冬。

此虫发生时树叶枯黄落叶，影响树木生长。其发生与环境条件有密切关系。阳坡重于阴坡，疏林重于密林，林缘重于林内，纯林重于混交林。

3. 防治措施

①加强营林措施。坚持营造混交林，合理抚育，严禁破坏林相。

②招引益鸟，保护和利用天敌。人工挂鸟巢，放养寄生蜂等生物手段防治该虫，效果明显。

③合理使用农药。在越冬幼虫开始活动后，落叶松芽苞开放前，使用杀虫烟剂，或在成虫期使用，可达到预期效果。在其他时期使用效果不佳。

（十四）红松流脂病

1. 发生区域及危害程度

发生在亚布力、兴隆等 13 个林业局，发生面积 8.7415 万亩。其中重度危害 0.2805 万亩。

2. 发生特点

该病发生在 15 ~ 30 年生红松人工林中，主要为害主干，也为害侧枝。发病一般从干基部至 2 米处，最高可达 2 米以上，该病是一种潜在性侵染病害，病菌是一种弱寄生菌，发病主要取决于诱病因子的存在与否，其中林龄是发病的重要条件，10 年以下的幼林不发病，10 年以后逐渐增多，到 30 年以后停止。抚育措施恰当与否是病害发生的关键，纯林、阳坡、过密或过稀、日灼、被压木、虫害等都有利于发病。

3. 防治措施

①营林措施防治：营造混交林，与椴、桦、色木槭、核桃楸等进行带状混交；加强幼林抚育、促进郁闭成林、提高抵抗能力；适时抚育间伐，10 ~ 15 年就应结合上层阔叶树间伐

进行透光。但抚育强度不能太大，分 2 ~ 3 次，进行逐年透光。

②药剂防治：在 4 月下旬至 5 月发病初期对病树喷洒松焦油加柴油(1∶1)；25% 琥珀酸铜胶悬剂 100 倍液；松焦油加汽油(1∶1)；代森锰锌 200 倍液；75% 百菌清 200 倍液。防治效果较好。

（十五）东方田鼠

1. 发生区域及危害程度

发生在苇河、方正等 26 个林业局，发生面积 54. 45 万亩。其中轻度危害 32. 09 万亩，中度危害 11. 43 万亩，重度危害 10. 941 万亩。

2. 发生特点

此鼠在夏季主要以植物的绿色部分为食，冬季主要取食植物的种子，并能储藏大量粮食，冬季和初春除吃储藏的粮食外，还大量啃食杨柳的根系和草根。随着近几年熟化丰产林基地工程的实施，东方田鼠种群数量有所增加，但多数危害农作物及沼泽植被，对靠近农田的造林地有一定的威胁。

3. 防治措施

同棕背䶄。

（十六）大林姬鼠

1. 发生区域及危害程度

发生在苇河、方正等 25 个林业局，发生面积 40. 1825 万亩。其中轻度危害 13. 57 万亩，中度危害 20. 46 万亩，重度危害 6. 15 万亩。

2. 发生特点

大林姬鼠主要栖息于林区，在针阔混交林，阔叶疏林，杨、桦、柞林和农田中都有栖息。该鼠主要以各种树木种子为食。由于食物里含有丰富的营养物质，所以该鼠耐饥力较强。但因寻找种子比较困难，因而活动范围比较大。活动时间以夜晚为主。有时因食物缺乏，白天也出外觅食。预计不会有大发生趋势。

3. 防治措施

同棕背䶄。

（十七）落叶松红腹叶蜂

1. 发生区域及危害程度

发生在带岭、穆棱、林口、东京城 4 个林业局。发生面积 5. 62 万亩。其中轻度危害 3. 86 万亩，中度危害 1. 46 万亩，重度危害 0. 3 万亩。

2. 发生特点

幼虫群居性为害针叶，有大发生趋势。海拔低的林地叶峰生长发育较快，出现时间较早。反之则较慢而迟。林分连续几年遭受虫害后，生长衰弱，发芽吐绿比未受害的林分晚 15 ~ 20 天。在成虫产卵高峰期，由于新梢长度不够，则成虫很少在此新梢上产卵。初夏气候变冷或有寒流，松林新梢或产卵枝发生冻害，可使卵和初龄幼虫大量死亡。

3. 防治措施

①加强落叶松林抚育管理，增强树势，郁闭度保持在0.7～0.8之间。

②人工捕打，树下收集捕杀，特别是落叶松幼林面积不大时，捕杀成虫和幼虫，挖掘虫茧。也可在人工林内秋季或早春5月以前，结合抚育、除草并将落叶集中烧毁。

③保护或招引益鸟

④对初龄幼虫和成虫施放烟雾剂，每亩用量0.5～0.75千克；或用马拉硫磷乳剂2份，敌敌畏乳剂1份，加水250倍喷杀。

(十八) 高山鼠兔

1. 发生区域及危害程度

发生在带岭、海林林业局。发生面积1.21万亩。其中轻度危害0.15万亩，中度危害0.97万亩，重度危害0.08万亩。

2. 发生特点

高山鼠兔一般群居于林中岩地，以石隙为洞穴。洞口形状不一，常在乱石间。冬季不冬眠，在积雪时常将洞口通于雪面上。雪上洞口直径约6～8厘米。早晨及傍晚活动较多，中午少见。以松子、榛子、橡实、植物的绿色部分及苔藓等为食。有越冬习性。主要寄主有红松、云杉、落叶松、樟子松等。

3. 防治措施

①物理机械防治：在林间布设大号鼠铗，按100只鼠铗控制2公顷布设。

②设立支架招引猛禽防治森林鼠害技术：3亩地1个，1公顷5个，杆高2.5米，横杆宽1米。

③溴敌隆类化学防治：在春秋两季分别进行。春季用复合型毒饵，秋季用单一型毒饵。按每亩100克投放，点行距5米×10米。

(十九) 云杉八齿小蠹

1. 发生区域及危害程度

发生在兴隆、通北、朗乡、柴河等4个林业局。发生面积25.84万亩。其中轻度危害0.67万亩，重度危害0.01万亩。种群发生呈下降趋势。

2. 发生特点

本林区1年发生1代。发生极不整齐，随时都可能找到卵、幼虫、蛹和成虫。条件适合时，可直接侵害健康立木，常和其他小蠹虫混同发生，造成森林大面积枯死。

3. 防治措施

①春季(不能迟于4月) 在开阔地上或秋季在林内任何地设置饵木。5月下旬小蠹虫开始活动时，于地面和树基周围喷洒杀虫药剂毒杀。

②6～8月份，采用DDVP、40%乐果乳油混合剂或高双氰、乐果混合剂喷(涂) 树干、林内，毒杀上树的小蠹虫。

③害虫刚侵入树干尚未造成严重危害前，用塑料薄膜捆绑树干熏蒸毒杀，效果较好。

④严密监测，搞好预报，用药及时，防治到位。

（二十）纵坑切梢小蠹

1. 发生区域及危害程度

发生在牡丹江林区的林口林业局。发生面积 0. 35 万亩。其中轻度危害 0. 04 万亩，中度危害 0. 18 万亩，重度危害 0. 13 万亩。

2. 发生特点

成虫在干基皮下过冬。当气温至 0℃左右时，侵入幼树根际皮下过冬。

3. 防治措施

（二十一）白杨透翅蛾

1. 发生区域及危害程度

发生在带岭、海林 2 个林业局。发生面积 0. 17 万亩，轻度危害。省内补充检疫对象。

2. 发生特点

1 年 1 代，以幼虫在枝干隧道内越冬，翌年 4 月初继续为害，5 月上旬开始化蛹。幼虫孵出后均由幼嫩柔软、易于咬破钻蛀的幼嫩枝腋、修枝剪品处及旧虫孔侵入。在侧枝和主干上幼虫钻入木质部与韧皮部之间，围绕树干钻蛀隧道，使树木养分输送受到影响，被害处逐渐肿胀，形成瘤状虫瘿，随树木的生长期而逐渐增大。树干中形成隧道，易风折。

3. 防治措施

①实行苗木检疫，防止远距离传播而扩大蔓延。对幼树在春秋两季各检查两次，发现虫瘿剪下烧毁。

②选用抗虫子树种，如小青杨和加拿大杨的杂交种对白杨透翅蛾有较强的抗性。

③保护天敌，招引啄木鸟。

④白杨透翅蛾蛹化特点是在羽化前已爬到化口处，蛹体的尾端在树干内部，大部分已经在树干外面。此时期可用人工捉拿虫蛹灭虫。

⑤在幼虫侵入口处的树干内注硫磷 400 倍液。培育抗虫树种。

⑥对 2 ~3 年生幼树，在卵及初孵羽化阶段，可用敌杀死煤油溶液(1:10) 涂抹产卵刻痕或用手指按压产卵刻痕处。

⑦烟剂熏杀成虫，对于集中连片郁密大的 5 年生以上的林地，在成虫羽化期，使用喷烟机喷洒烟雾剂防治。该项措施对气候及布点有一定的要求，要在专业人员的指导下实施。

（二十二）东北大黑鳃金龟

1. 发生区域及危害程度

发生在山河屯、通北林业局等 18 个林业局。发生面积 22. 03 万亩。其中轻度危害 14. 47 万亩，中度危害 6. 61 万亩，重度危害 0. 96 万亩。

2. 发生特点

苗圃害虫，发生面积虽不大，但对苗圃危害较为严重，种群发生呈平稳趋势。2 年 1 代。以成虫及幼虫越冬。无论生活期长短蛴螬均只有 3 龄。

蛴螬在土中的位置随季节而做周期性的上下移动，以适应温湿度变化。一般在春季天暖时上升至表土活动和危害，秋凉后潜入土壤深处越冬。

此虫的发生与土质及水分有密切关系，厩肥和腐殖质多的土地及淤土地发生多，壤土及砂质土壤土次之，砂土中最少。土壤温度对幼虫的活动影响很大，温度越高，幼虫活动深度越浅。土壤含水量在 10.2% ~25.7% 的幅度内，幼虫能正常生长，过干过湿，初龄幼虫会很快死亡。

3. 防治措施

①结合育苗技术进行防治：播种或换床前作毒土层；冬深耕、深翻可以增加蛴螬过冬死亡率，耕翻时随犁捉虫，灭除；施用厩肥一定要腐熟，可避免金龟子产卵；适当早播种，草木提前木质化，可以减轻为害。

②药剂防治：蛴螬密度较大，播种前每亩可撒钾拌磷（3911）立即耕入土中；苗期为害可打洞浇施钾拌磷等农药或人工捕杀；成虫期可喷雾 40% 乐果乳油于苗木上，灭杀交尾补充营养期成虫。

（二十三）槲寄生

1. 发生区域及危害程度

发生在带岭、穆棱、林口、东京城 4 个林业局。发生面积 8.23 万亩。其中轻度危害 7.78 万亩，中度危害 0.333 万亩，重度危害 0.11 万亩。

2. 发生特点

寄生于杨、柳、榆、桦、栎、梨、李、枫杨、赤杨、椵等属树木上。

3. 防治措施

①坚持每年清除 1 次冻青，控制其扩展，数年便见成效。

②果实成熟之前进行清除，除将已成熟的寄生植株砍去外，还必须除尽根出条和组织内部吸根延伸所及的枝条。

③冻青可入药，除害又得利，一举两得，较易推行。

④化学药物铲除槲寄生植物也有一定的效果。

（二十四）黄花蒿

1. 发生区域及危害程度

发生在大海林、柴河、带岭、南岔、兴隆等 12 个林业局。发生面积 3.26 万亩。其中轻度危害 2.21 万亩，中度危害 0.98 万亩，重度危害 0.07 万亩。

2. 生物学特性及发生特点

一年生草本。茎直立，高达 0.5 ~1.5 米。多分枝。叶互生，三次羽状深裂，基部及下部叶在花期枯萎。头状花序多数，球形，排成复总状或总状。总苞 2 ~3 层，外层苞片狭长圆形，绿色，边缘狭膜质；内层苞片椭圆形，边缘宽膜质。花筒状，黄色，边花雌性，10 ~20 朵，中央花两性，10 ~30 朵，均结实。瘦果长圆形，长约 0.6 毫米。

3. 关键识别特征

茎具纵条纹，叶三次羽状深裂，基部及下部叶花期枯萎。苞片边缘膜质，花筒状，黄色。

多生于山坡、林缘、荒地及居民点附近，侵入撂荒地先锋植物。

（二十五）车前草

1. 发生区域及危害程度

发生在亚布力、朗乡等23个林业局。发生面积15.85万亩。其中轻度危害14.71万亩，中度危害1.06万亩，重度危害0.08万亩。

2. 生物学特性及发生特点

车前科，车前属。一年生草本。主要分布在退垦地、农田、居民区。由于近年来退垦地造林较多，因此，该有害植物对退垦地造林有一些影响，但随着林分逐渐郁闭，影响也自然解除，所以对林地不会有大的影响。

（二十六）灰绿藜

1. 发生区域及危害程度

发生在亚布力、朗乡等9个林业局。发生面积2.98万亩。其中轻度危害2.01万亩，中度危害0.95万亩，重度危害0.01万亩。

2. 生物学特性及发生特点

一年生草本，株高30～50厘米，茎自基部分枝，分枝平卧或斜生，具绿色或紫红色条纹。叶互生，有柄，叶片矩圆状卵形或披针形，长2～4厘米，宽6～20毫米，叶缘具缺刻状牙齿，上面深绿色，下面灰白色或淡紫色，密生粉粒。花序穗状或复穗状，顶生或腋生；花两性和雌性；花被片3或4，肥厚，基部合生；雄蕊1～2。胞果伸出花被外，果皮薄，黄白色；种子赤褐色或暗黑色，直径约0.7毫米。花期6～9月。生于田边、路旁和水边轻盐碱地。关键识别特征：植物体有泡状粉，叶互生，叶片宽6～20毫米。胞果顶端露出花被。

六、普查存在的问题及原因分析

本次林业有害生物普查不同于一些种类的专项调查，普查内容多、任务量大，时间紧，黑龙江省森工系统虽然按期全面完成了普查各项任务，但在普查过程中存在一些实际问题：

(1)由于普查时间短，一些有害生物的生活史标本难以采集制作完整。

(2)由于森工林区有林地面积大，全部为山路，林业局距林场距离多在百十千米以上，相当一部分林业局距林场近200千米，各林业局、林场严重缺乏交通工具，一些普查人员在进行调查时，存在交通不便实际问题，以致错过有些有害生物种类的最佳调查期。

(3)普查资金不足，一些林业局普查工作受到一定程度影响。

(4)调查员业务素质参差不齐，各普查组的工作质量和普查任务完成量明显不同，一些林业局标本采集制作和图片拍摄质量较差。

此次林业有害生物普查工作已经结束，但黑龙江省森工林区的林业有害生物调查工作还要定期的开展，我们将以这次全国林业有害生物普查工作为契机，在今后工作中将林业有害生物监测、调查、检疫、防控治理等工作继续深入科学的开展，不断完善，坚持“预防为主，科学防控，依法治理，促进健康”的方针，紧密围绕新时期林业发展大局，积极推进森林健康，全面加强有害生物预防，严密防范外来林业有害生物入侵，切实保护黑龙江省森工国有林区森林资源，为促进林区生态环境和经济建设做出贡献。

黑龙江省大兴安岭林区
林业有害生物普查技术报告

根据国家林业局《关于在全国开展林业有害生物普查工作的通知》(林造发[2003]73 号)的文件精神和部署，结合实际，大兴安岭林业集团公司及时安排部署普查工作，制订普查方案，并按照技术方案及国家林业局下达的普查技术要点要求开展普查工作。

一、普查目的

通过普查，建立和完善黑龙江大兴安岭林区林业有害生物数据库，进一步掌握目前黑龙江省大兴安岭林区外来林业有害生物及本土危害严重的森林病虫害的危害状况，为国家制订预警方案、确定优先实施国家级工程治理项目及森林植物检疫有害生物、补充检疫有害生物、危险性病虫疫情数据奠定基础，提供科学依据。同时，为掌握黑龙江省大兴安岭林区疫情动态，制订黑龙江省大兴安岭林区预警方案，确定黑龙江省大兴安岭林区优先实施工程治理项目提供科学依据。

二、组织机构

本次普查，林业集团公司成立了普查领导小组，制订了普查方案，统一领导各县、局普查工作，领导小组组长由林业集团公司副总经理王金满担任，领导小组下设办公室，由地区森林病虫害防治总站负责办公室日常工作。聘请东北林业大学教授李成德等作为咨询顾问。

各县、局成立了相应的普查领导小组，全面负责本县、局的普查组织领导工作。领导小组下设办公室，由 2~3 人组成，负责制订本县、局的普查实施方案、普查人员的组织培训、指导完成外业调查和内业资料的汇总整理、标本制作，撰写普查技术报告、工作总结等。

三、普查范围和普查对象

(一) 普查范围

各县、局所辖区域的有林地(含荒漠植被、经济林)、苗圃、贮木场、木材加工厂、花圃等。调查的重点是黑龙江省大兴安岭林区重点保护区域、有害生物易发生区域，以及过去调查涉及不多的区域。

(二) 普查对象

1. 所有外来林业有害生物

包括从国(境) 外和 1980 年以后从区外传入的危害森林植物及其产品的病原微生物、有害昆虫、有害植物及鼠、兔、螨类等。

2. 危险性大的本土有害生物

指对森林植物及其产品造成危害最严重的本土有害生物(最多统计 20 种)，包括林业病原微生物、有害昆虫、有害植物及鼠、兔、螨类等。

四、普查内容与技术方法

（一）普查内容

1. 寄主植物普查

普查对象危害的植物种类(包括乔木、灌木、花卉等)，原则上要查到种。寄主植物种类大于20种的，按照不同科、属，至少列出主要的20种。

2. 普查对象分布地点

发生区域大的(指发生地点超过所在县、局级行政区域1/3以上的)，统计县、局级名称；新发现的或发生区域小的(指发生地点等于或小于所在县、局级行政区域1/3的)，统计林场名称(报送汇总资料时，包括林场级名称及所隶属的县、局级名称)。以上分布地点统计，必须注明所隶属的县、局。

3. 有害生物发生面积

危害种子园、母树林、苗圃、花圃、温室等种苗繁育基地的，以危害寄主植物的实际种植面积计算；危害其他林地的，以林业小班为单位计算发生面积。发生面积分为轻、中、重三个等级统计。

4. 危害木材的有害生物种类

需统计危害木材的(包括原木、板材、方材、木质包装材料、垫脚木和人造板等)有害生物种类、危害量(以立方米为单位)、危害程度，以及有害生物危害的贮木场、木材加工厂等的所在地名称、单位名称。

5. 外来有害生物来源调查

了解并记录传入地、传入时间、传入途径及方式等；外来有害生物入侵对当地经济、生态、社会影响的调查。

（二）普查方法

1. 外业调查

在有害生物发生盛期或表现症状期，以林场为单位，在林业作业图或林相图上以及根据种苗繁育基地、贮木场、木材加工厂等的所在地的分布情况及不同林型，确定踏查线路。重点区域及经过踏查发现有疫情的区域，要设立具有代表性的调查点或样方进行详查，并列出每个调查点或样方所在的位置以及所代表的面积。

（1）踏查。按照设计的调查路线，开展踏查。线路设计要具有一定的代表性，并且涵盖面要广，当发现有危害症状或有害生物时，应开展详查。

（2）详查。林地或种苗繁育基地每块标准地或样方调查株数为30～50株，其中人工林标准地或样方累计调查面积不应少于普查对象寄主植物分布面积的3%，天然林等应不少于0.2%；调查木材危害状况时，抽样率不应少于3%。需详细记录有害生物的种类、寄主、虫口密度和树木受害程度，采集相关标本及拍摄有害生物生物学或危害状的照片，并将有关数据填入调查表(测报用病虫鼠调查表)。

2. 内业整理和普查资料汇总

对外业调查的笔录、数据、照片等进行整理、归档；对采集的有害生物标本进行分类、鉴定。整理后的普查资料由各县、局森防站报送至地区森防总站，统一保存；各县、局森防站要在认真汇总的基础上，完成林业外来有害生物普查技术报告和工作总结，填写有关汇总表。

（三）标本鉴定

对在普查过程中各县、局森防站不能鉴定的有害生物种类，送往地区森防总站，如森防总站仍不能鉴定的，送至国家林业局外来林业有害生物检验鉴定中心鉴定。

五、林业有害生物发生现状

此次普查共计查到大兴安岭现有分布的林业有害生物 7 目 57 科 300 余种，均属本土有害生物，其中属于国家颁布危险性名单中的有害生物 28 种。通过普查，发现近年来发生危害较严重的林业有害生物发生情况如下：

松瘿小卷蛾：发生面积 150. 7 万亩，其中轻度发生 68. 9 万亩、中度发生 107. 9 万亩、重度发生 9. 91 万亩，平均危害率 3. 5%，全区均有发生。

落叶松毛虫：发生面积 34. 54 万亩，其中轻度发生 30. 93 万亩、中度发生 3. 21 万亩、重度发生 0. 4 万亩，平均危害率 10. 6%，发生地点为松岭、加格达奇、阿木尔等林业局。

棕背䶄：发生面积 47. 07 万亩，全部为中度发生，平均危害率 23. 2%，发生地点为加格达奇、松岭、新林、塔河、十八站、阿木尔、图强、西林吉等林业局。

云杉大、小墨天牛：发生面积 330. 06 万亩，其中轻度发生 74. 03 万亩、中度发生 156 万亩、重度发生 100. 03 万亩，平均危害率 55. 2%，发生地点为十八站、韩家园、松岭等林业局。云杉大、小墨天牛在全区木材加工厂、贮木场均有发生危害，云杉小墨天牛危害木材 135 万立方米，危害率为 50. 8%；云杉大墨天牛危害木材 23. 5 万立方米，危害率为 8. 9%。

落叶松八齿小蠹：发生面积 28 万亩，其中轻度发生为 10. 0 万亩、中度发生为 18. 0 万亩，平均危害率 3. 7%，发生地点为加格达奇、松岭等林业局。落叶松八齿小蠹在全区贮木场、木材加工厂均有发生危害，危害木材 138. 5 万立方米，危害率为 53. 58%。

松针红斑病：发生面积 26. 6 万亩，其中轻度发生 0. 14 万亩、中度发生 21. 02 万亩、重度发生 5. 44 万亩，平均危害率 23. 1%，发生地点为西林吉、十八站、新林、韩家园等林业局。

落叶松鞘蛾：发生面积 268. 09 万亩，其中轻度发生 266. 29 万亩、中度发生 1. 8 万亩，平均危害率 11. 3%，发生地点为西林吉、阿木尔、松岭、呼中、加格达奇等林业局。

落叶松球果花蝇：发生面积 21. 32 万亩，其中轻度发生 21. 12 万亩、中度发生 0. 2 万亩，平均危害率 4. 9%，发生地点为图强、加格达奇等林业局。

落叶松种子小蜂：发生面积 0. 45 万亩，其中轻度发生 0. 35 万亩、中度发生 0. 1 万亩，平均危害率 1. 3%，发生地点为加格达奇林业局。

二针松疱锈病：发生面积 0. 52 万亩，其中轻度发生 0. 26 万亩、中度发生 0. 18 万亩、重度发生 0. 08 万亩，平均危害率 60. 5%。

落叶松球蚜：发生面积 2. 6 万亩，全部为轻度发生，平均危害率 0. 6%，发生地点为呼中、加格达奇等林业局。

樟子松瘤锈病：发生面积 0.21 万亩，全部为轻度发生，平均危害率 9%，发生地点为呼中林业局。

黄褐天幕毛虫：发生面积 0.01 万亩，全部为中度发生，平均危害率 20%。

大兴安岭现有分布的有害植物有 9 种：藜、灰绿藜、巴天酸模、狗尾草、苍耳、黄花蒿、车前、窄叶野豌豆，黄香草木犀 。其只有分布，未构成危害。

六、发生趋势分析

(1) 落叶松八齿小蠹、云杉大、小黑天牛在过火林地蔓延，由于 2003 年在韩家园、十八站、松岭等林业局春季发生火灾，2004 年树木生长衰弱，死亡树木面积增加，造成小蠹及天牛发生面积加大，但 2004 年较 2003 年虫口密度明显下降。2005 年由于天敌捕食，降低了害虫的种群数量，抑制了害虫的发展；鸟类啄食过程的机械作用和落叶松八齿小蠹的危害，造成了死亡林木树皮的脱落，加快加重了树木枯干速度和枯干程度，有效地破坏了柱干害虫的生存环境，虫口密度明显下降，在大多数林分内已达不到发生起点标准。

(2) 松瘿小卷蛾发生面积 2004 年较往年有所下降，2005 年有反弹趋势。特别是在以往大面积营造的落叶松纯林内，寄主植物丰富，天敌数量少，繁殖率和成活率都很高，有虫株率平均达 90% 以上，因此造成松瘿小卷俄发生面积居高不下 。

(3) 棕背䶄发生有下降的趋势，但危害仍很严重。由于综合治理收效显著，发生势头有所遏制，但害鼠对化学药剂产生了抗药性，加上造林树种单一，为害鼠的危害创造了条件。

(4) 由于气候等因素的影响，红斑病有抬头的趋势。

(5) 落叶松毛虫发生面积较平稳，虽处于大发生周期，但由于监测及时，积极防治，不会造成危害。

(6) 由于林业生产活动破坏了生态系统的平衡、天敌生存条件的破坏，为林业有害生物的猖獗提供了条件。

七、存在问题及原因

(1) 由于黑龙江省大兴安岭林区森林资源面积大，此次普查外业时间较短，所以可能普查过程中存在漏查的病虫种类，生活史标本制作较少。

(2) 基层业务人员素质较低，专业技术水平不高，使普查工作质量受到影响。

(3) 资金短缺，交通工具不足，完成普查任务十分困难。

(4) 主观上对林业有害生物普查工作重要性认识不足，从而存在着应付了事的现象。

内蒙古自治区大兴安岭林区林业有害生物普查技术报告

根据国家林业局《关于在全国开展林业有害生物普查工作的通知》(林造发[2003]73号)和《关于印发林业有害生物普查技术要点的通知》精神，内蒙古森工集团及时印发了《关于开展林业有害生物普查工作的通知》(内森工集团字[2003]82号)，林业有害生物普查工作在林区全面展开。林区林业有害生物普查工作在各级领导重视下历经3年多时间，基本摸清了辖区内林业有害生物的种类、分布范围、危害程度。但由于时间紧，任务重，加上相关资料缺乏，与上级的要求还存在一定的差距，将在今后的工作中不断补充完善。

一、普查的目的及意义

随着全球经济贸易往来频繁，外来有害生物入侵及带来的危害日趋严重。根据调查统计，我国林业有害生物发生面积已经达到12000万亩以上，仅外来林业有害生物造成的损失达到560亿元。通过普查进一步掌握目前林区范围内外来林业有害生物及本土有害生物的种类、发生危害状况、分布范围及潜在危险性等；充实林业有害生物标本，特别是昆虫生活史标本；建立和完善内蒙古自治区大兴安岭林区的林业有害生物数据库；对加强区域间联防联治，制订切实有效的防范、封锁和扑灭措施，有效地防止危险性林业有害生物的传播蔓延均具有重要的现实和长远意义。

二、普查范围和对象

(一) 范　围

普查范围包括天然林(含灌木林)、人工林(生态林、防护林、经济林、森林公园、自然保护区、四旁绿化树等)、未成林造林地、苗圃、贮木场、木材加工厂等。面积12136.95万亩(2004年资源数据)。

(二) 普查对象

(1)境外入侵的林业有害生物：包括从国(境)外传入的危害森林植物及其产品的病源微生物、有害昆虫、有害植物及有害动物(鼠、兔、螨类)等。

(2)省际传播的林业有害生物：包括从1980年以来林区所辖区域以外的省(自治区、直辖市)传入的危害森林植物及其产品的病原病源微生物、有害昆虫、有害植物及有害动物(鼠、兔、螨类)等。

(3)危害性大的本土林业有害生物：对森林植物及其产品造成危害最严重的本土有害生物，包括林业病源微生物、有害昆虫、有害植物及有害动物(鼠、兔、螨类)等。

三、普查内容及技术方法

1. 普查内容

（1）寄主植物的种类。指有害生物危害的植物种类（包括乔木、灌木、花卉等），对有害生物危害的寄主种类大于20种的，按照不同科、属，至少列出主要的20种。

（2）有害生物的分布地点。发生区域大的（发生地点超过所辖林业局区域面积1/3以上的林场），统计到林业局的名称。新发现的或发生区域小的（发生地点等于或小于林业局面积的1/3的林场），统计到林场名称。以上分布地点统计，须注明所隶属的地区（市、县）。

（3）有害生物的发生面积。发生面积是指林业有害生物对林木造成轻度危害以上的面积。危害经济林（果园）、苗圃、花圃、温室等种苗繁育基地的，以危害寄主植物的实际面积计算，危害其他林地的，以林业小班为单元计算发生面积。具体按照《森林病虫害预测预报管理办法》的规定进行危害程度分级和面积统计，其中发生面积又分为轻、中、重三个等级进行统计。

2. 普查方法

（1）收集资料。林业有害生物的发生和扩散蔓延都有一个发生发展过程，历史资料正是人们在实践中不断积累和记录下来的，可为开展普查工作提供重要参考。本次普查正是以1980年普查记录为蓝本，确定林区新侵入种和新记录种，同时根据一些有害生物的历史分布、危害资料及森林资源状况，确定普查范围。

（2）确定普查的主要对象和重点。林区主要树种为落叶松、白桦、樟子松、偃松、云杉、山杨、甜杨、柳、榛、柞、稠李等，因此将危害这些树种的林业有害生物作为普查重点。另外，将风景名胜区、生态功能区、人为活动频繁区、木材加工厂等加工贮藏场所也作为重要普查点。

（3）外业调查。外业调查是整个普查工作的核心工作，林区成立了普查工作领导小组，各林业局抽调了专业技术骨干从事这项工作，开始外业调查之前，确定普查方案，根据历史林业有害生物发生情况，按照普查方案要求，合理地设计调查路线，设立调查点，确定每一种林业有害生物的调查时间等。采取踏查与标准地调查、实际调查与访谈、目测与实测、现场采集与灯诱相结合的方式进行。同时各基层森防站建立了养虫室，对采集到的不能鉴定的幼虫进行饲养，待成虫羽化后进行鉴别，极大提高了普查的质量和准确性。

①线路踏查。林区林业有害生物多发区分布在公路、铁路和居民区附近的天然林、人工林、火烧迹地和采伐迹地。针对这些地点，加大了踏查路线的密度，并使路线穿过了各主要森林类型和林业有害生物发生地。对人为干预相对较少天然林的踏查线路间距相对较大。对本土危害严重的有害生物，根据历史资料进行踏查路线设计。考虑到林业有害生物的生物学特性，踏查设在发生期进行。按每种有害生物分别记载小班踏查情况，记载了调查地点、有害生物、被害植物的中文名和拉丁学名。按规定填写危害部位和被害程度。并填写林业有害生物小班踏查记录表。

②贮木场调查。贮木场调查主要包括现场查看和抽样调查两部分。检查贮木场（木材加工厂）的现存木材是否有害生物，主要是通过表层和缝隙间看是否有新鲜蛀孔、蛀屑和爬虫活动情况，检查木材是否腐朽。同时了解贮木场木材材种、采伐时间、采伐地点和有害生物发生情况。一旦发现有害生物，进行抽样调查。木材危害状况调查采用表层随机抽样调查法

抽样，抽样率大于应调查数的3%。记载调查地点、有害生物种类、被害材树种、品名、产地、危害数量、被害程度，填写林业有害生物贮木场(木材加工厂)调查记录表。

③苗圃地调查。根据各林业局所辖区内现有苗圃分布情况，对苗圃地有害生物初步有所了解和掌握，再在危害程度不同的苗圃地内设立标准地进行调查，每块苗圃地按对角线方式设置若干标准地，标准地的数量不少于调查剖面积的1%。标准地大小根据苗木种类和苗龄而定，一般0.5~1平方米。每块标准地内苗木株数不少于100株，然后再按照对角线法进行抽样调查，样株数不少于100株。

④标准地调查。标准地调查是为了详细了解有害生物发生情况和危害程度。在踏查了解到的一般情况的基础上，对有危害症状的林业有害生物设立具有代表性的标准地进行详细调查。对于不同的林业有害生物，根据分布区域不同，寄主种类不同，危害的寄主部位和危害方式不同，根据每一类有害生物危害的特点，按照林木病害、林木虫害、有害植物和有害动物分别进行调查。

Ⅰ. 林木病害标准地调查

根据踏查结果，在发生危害的林分设置标准地。在标准地，通常以植株为单位进行调查，统计健康、感病和死亡的植株数量，计算感病率(感病指数)。对于某些枝梢、叶部或果实病害，也可以以枝梢、叶片、果实为单位，统计枝梢、叶片、果实的感病率(感病指数)。

叶部、枝梢、果实病害调查：每1000~2000亩设1块标准地，每块标准地面积3亩，至少有100株寄主植物，每块标准地随机抽取30株以上进行寄主植物，对植株上选取的枝梢、叶片、果实进行检查，统计感病株率和感病指数。将调查结果填入林木病害标准地调查表。

干(根)部病害调查：每1000亩设1块标准地，每块标准地面积3亩，标准地内至少有100株寄主植物，在每块标准地随机调查30株寄主植物进行调查，统计健康、感病和死亡的植株数量，计算感病株率和感病指数。将调查结果填入林木病害标准地调查表。

Ⅱ. 林木害虫标准地调查

根据害虫危害部位的不同，将林木害虫区分为叶部及枝梢害虫、蛀干害虫、种实害虫和地下害虫分别进行调查。

叶部、枝梢害虫调查：根据踏查结果，在发生危害的林分设置标准地。每1000~3000亩设1块标准地，每块标准地面积3亩，至少有100株以上寄主植物，在每块标准地内按对角线抽取30株以上的寄主植物进行调查，统计每株树上的害虫数量，观察树冠、枝梢的被害严重程度。将调查结果填入林木虫害标准地调查表。

蛀干害虫调查：每100亩设1块标准地，每块标准地面积3亩，标准地上至少有100株以上寄主植物，在每块标准地内按对角线抽样法抽查30株以上的样木，统计每株树上害虫数量，观察树冠、枝梢被害的严重程度。将调查结果填入林木虫害标准地调查表。

种实害虫调查：种实害虫调查在种子园、母树林和其他采种林分进行。每500亩设1块标准地，每块标准地面积1亩，按对角线取样法抽取5株以上的寄主植物，每样株在树冠上、中、下不同部位采种实10~100个，解剖调查被害率，调查情况详见林木虫害标准地调查表。已经采收的种子要了解其产地，并按植物检疫技术规程要求进行调查。

地下害虫调查：地下害虫调查主要是在苗圃、退耕还林地以及其他新造林地进行。主要调查方法是取样坑法，同一类型林地设 1 块标准地，在每个标准地上的设置不超过 10 个样坑，地坑在标准地上分布均匀，每 3 亩设 1 个样坑，样坑大小一般为 1 米 ×1 米或者 0.5 米 ×0.5 米。坑深一般要求到达害虫能够寄生深度。将调查结果填入林木虫害标准地调查表。

Ⅲ. 林业有害动物调查

在林区危害林木的有害动物包括鼠、兔、鼠兔、螨、红蜘蛛、软体动物及其他大型动物。目前危害最重的是鼠、兔类。本次普查主要是鼠兔类。根据活动习性可分为地下鼠、地上鼠和兔类(包括鼠兔)。

A. 地下鼠：地下鼠于春季 4 ~5 月份土壤解冻和秋季鼢鼠储粮期 9 ~10 月 2 次调查。调查方法为土丘系数法和切洞堵洞法。

土丘系数法：每种立地类型选择一块面积为 1 公顷的辅助标准地，统计标准地内的新土丘数。根据土丘挖开洞道，间隔 2 昼夜进行检查，凡封洞者即为有效洞。在有效洞布置弓箭，弓箭与洞口的距离为切开的洞口直径的 2 倍。1 昼夜检查 1 次，及时重设弓箭，连续捕杀 2 昼夜。然后统计捕获的鼢鼠数量计算土丘系数：

土丘系数 = 捕获鼢鼠数量/土丘数

各种立地类型标准地内的鼢鼠数量，以标准地内的土丘数量乘以土丘系数。计算结果为鼢鼠的相对数量。

鼢鼠密度(只/公顷) = 标准地内鼢鼠数/标准地面积

捕获率按下式计算：

$$p = [n/(N \times H)] \times 100\%$$

其中：p—捕获率；n—捕获鼢鼠数量；N—设置弓箭数；H—捕获昼夜数。

捕获率可作为鼢鼠密度的相对指标。

切洞堵洞法：在土丘不明显的情况下，利用鼢鼠的堵洞习性采取切洞堵洞法进行调查。具体做法是：每种立地类型选择一块面积为 1 公顷的辅助标准地，对怀疑有鼢鼠活动的洞道切开洞口 100 个(不足 100 个的按实际切洞数计算)，在切洞 1 昼夜后调查堵洞数，凡堵洞者即为有效洞口。然后采取弓箭射杀和挖捕相结合的方法，将其鼢鼠全面捕尽，以实捕鼢鼠数与有效洞口数相比较，得出相关系数。在固定标准地内以有效洞口数乘以相关系数即可得出鼠口密度。

B. 地上鼠：地上鼠根据其活动习性视具体情况而定。在踏查的基础上，在发生区域内，按每一种的立地条件、林型选设面积为 15 亩的标准地至少 20 块。调查时间为 4 月和 9 月各一次。采用鼠铗日线法。具体做法为：采用中号板铗，选择当地害鼠喜食的食饵，在每块标准地内，将 100 个鼠铗按 5 米 ×20 米平行线布放，间隔 24 小时进行检查，并替换已捕鼠铗，48 小时后收回全部鼠铗。并计算捕获率。

捕获率 = [捕获鼠数/(鼠铗数 ×2)] ×100%

C. 兔类(鼠兔)调查：野兔在调查时应根据踏查情况，每 100 公顷设一块标准地，标准地面积不小于 1 公顷，然后在标准地内选样小方 5 ~10 个，每个小样方的面积为 3 米 ×3 米，统计样方内的兔粪堆数，根据数理统计学方法推算出 1 公顷地内野兔的数量，分析发生情况及危害情况。

D. 林木受害情况调查：结合鼠口密度调查进行。采取样株调查法，将标准地大致划分为 10 ~ 15 块样方，从中随机抽取 3 块，样方内林木株数大于 100 株。在样方内每木调查。计算受害株率和死亡株率。

受害株率 =（受害株数/调查株数）×100%

（注：受害株数包括死亡株数）

死亡株率 =（死亡株数/调查株数）×100%

地下鼠：以树下或树侧有鼠洞，且针叶发黄、发灰，顶芽生长不正常判定为受害。

地上鼠：对于䶄鼠，以树干四周皮部 1/4 以上被啃食或侧枝被啃断 1 ~ 4 枝为林木受害的统计起点；对于田鼠，以树干四周皮部 1/4 以上被啃食，或侧枝被挖啃 1/4 为林木受害的统计起点。

野兔：以树干四周皮部 1/4 以上被啃食，或侧枝被挖啃 1/4 为林木受害的统计起点。

森林害鼠调查结束后，根据害鼠捕获率和林木受害情况统计害鼠发生程度，当两种统计方法的结果交叉时，按就高不就低原则处理。将调查结果填入森林鼠害（鼠兔）调查表。

Ⅳ. 林业有害植物调查

每 1000 ~ 3000 亩设 1 块标准地，每块标准地面积 3 亩左右，在标准地内调查有害植物的种类，对于侵占林地的种类，计算侵占林地的面积和比例，对于攀附有害植物，调查对林木的危害情况，并将结果填入林业有害植物调查表。

⑤标本采集及生态照片。采集林业有害生物标本和拍摄林业有害生物危害的生态照片是外业普查工作的重要内容之一，本次普查重点是要加强各类标本的采集制作，特别是成套生活史标本的采集制作工作，做好有害生物的分类和记录。同时加大生态照片的拍摄工作，为今后林业有害生物防治工作提供重要参考资料。

（4）内业整理。普查资料是林业有害生物自然生态的真实反映，具有很高的学术及应用价值，对今后开展林业有害生物防治工作具有重要的指导意义。因此将外业调查资料的记录、照片、录像等进行归档整理，将采集到林业有害生物标本进行鉴定、分类、保存，并完成普查工作总结和技术报告。

四、普查结果与分析

历时 3 年，普查工作在内蒙古自治区大兴安岭林区所辖 17 个企业局、2 个营林局和 2 个自然保护区全面展开，普查覆盖面积 664 万公顷。访问调查 800 余人次，贮木场（木材加工厂）25 个，苗圃 29 个，共设调查点 140000 余处，各类标准地 90000 块。采集到各类标本 82000 号次，标本 600 多种，制作林业有害生物生活史标本 200 多套 40 多种。向国家林业局上交 60 套 20 种。通过本次普查，较为全面掌握了内蒙古自治区大兴安岭林区主要林业有害生物的基本情况。其中外来林业有害生物有云杉淡绿吉松叶蜂（另有危害云杉的 3 种叶蜂没有鉴定）、云杉梢斑螟、青杨天牛、杨树烂皮病、苍耳和杨圆蚧。本土主要林业有害生物与过去相比，种类没有增加，但一些次要害虫上升为主要害虫，如中带齿舟蛾、落叶松尺蛾、落叶松腮扁叶蜂、黄褐天幕毛虫、落叶松球蚜等，落叶松红蜘蛛在普查中有分布，但没有再度发生成灾。1980 年以来发生面积 50 万 ~ 100 万亩以上的种类有：落叶松毛虫、落叶松鞘蛾、黄褐天幕毛虫、舞毒蛾、松针毒蛾、落叶松早落病、白桦尺蠖、中带齿舟蛾等；发生面积超过 10 万 ~ 50 万亩的种类有：棕背䶄、莫氏田鼠、樟子松红斑病、落叶松球果花蝇、云杉大黑天牛、落叶松八齿小蠹、落叶松尺蛾、杨干象、分月扇舟蛾、杨树溃疡病、杨树灰斑病、落叶松球蚜等；发生面积1万~10万亩的种类有：落叶松癌肿病、落叶松枯梢病、樟子松叶枯病、落叶松腮扁叶蜂、兔害、东北鼢鼠、杨毒蛾、刺槐种子小蜂(危害锦鸡儿)、榛实蟓、柳沫蝉、稠李巢蛾等。

(一) 外来林业有害生物种类、分布及发生情况

外来林业有害生物包括林木病害、虫害、有害植物和有害动物。在普查中我们把外来林业有害生物区分为境外传入和省际传播的林业有害生物。

1. 从境外传入的林业有害生物种类

从普查结果看，林区尚没有发现入侵并造成严重灾难的外来林业有害生物。

2. 省际传播的林业有害生物种类、分布和发生情况

由于造林绿化工作的需要及区域间往来频繁，省际传播林业有害生物已经相当普遍。本次普查将这类林业有害生物作为工作重点。发现新记录有9种：云杉淡绿吉松叶蜂(另有危害云杉的3种叶蜂没有鉴定)、云杉梢斑螟、青杨天牛、杨树烂皮病和苍耳、杨圆蚧。

(1) 云杉淡绿吉松叶蜂(另有危害云杉的3种叶蜂没有鉴定)。

①分布地点：库都尔、乌尔旗汉、图里河、根河、得耳布尔、莫尔道嘎、金河、阿龙山、满归、克一河、甘河、吉文、阿里河、大杨树、绰源、绰尔等林业局。

②寄主：云杉。

③危害部位：针叶。

④发生情况：重度发生，合计发生面积约为5000亩。

⑤传入时间：传入时间不详。发现时间为1996年。

⑥传入方式和途径：人为调运云杉苗木带入。

⑦传染源：黑龙江省、吉林省。

(2) 云杉梢斑螟。

①分布地点：库都尔、乌尔旗汉、图里河、根河、得耳布尔、莫尔道嘎、金河、阿龙山、满归、克一河、甘河、吉文、阿里河、大杨树、绰源、绰尔等林业局。

②寄主：云杉。

③危害部位：当年生针叶及嫩梢。

④发生情况：重度发生，每年发生面积约为1000多亩。

⑤传入时间：1996年发现。传入时间为1980年以后，具体传入时间不详。

⑥传入方式和途径：人为调运云杉苗木带入。

⑦传染源：黑龙江省、吉林省。

(3) 青杨天牛。

①分布地点：吉文林业局。

②寄主：杨树。

③危害部位：树干、侧枝。

④发生情况：轻度发生，面积约为3700亩。

⑤传入时间：不详。

⑥传入方式和途径：人为引入杨树苗木时传入。

(4) 杨树烂皮病。

①分布地点：吉文、绰源等林业局。
②寄主：杨树。
③危害部位：树干、大的侧枝。
④发生情况：轻度发生，发生面积约为500亩。
⑤传入时间：1990年以后。
⑥传入方式和途径：人为调入杨树苗木。
⑦传染源：黑龙江省、吉林省、辽宁省。
(5) 苍耳。
①分布地点：几遍布林区。
②危害部位：侵占林地。
③发生情况：轻度以下发生，面积约为10000亩。
④传入时间：不详。
⑤传入方式和途径：野生动物活动带入及人为活动带入。
(6) 杨圆蚧。
①分布地点：阿尔山林业局。
②寄主：杨树。
③危害部位：树干。
④发生情况：发生面积约为1亩。
⑤传入时间：1986年。
⑥传入方式和途径：人为从外省区调运杨树苗木带入。
⑦传染源：辽宁省、吉林省。

(二) 本土主要林业有害生物种类、分布和发生情况

内蒙古自治区大兴安岭林区分布的1000余种有害生物中，重大有害生物约有200余种，其中有害昆虫120多种，病害60多种，鼠兔类10多种，有害植物10多种。目前，能够造成严重经济损失的林业有害生物30多种。近年来，林区林业有害生物平均每年发生面积200万亩，影响森林生长量达到40万立方米，直接经济损失达到2亿多元，间接损失达到10亿元左右。现按危害严重程度将前20种林业有害生物报告如下：

(1) 落叶松毛虫。
①分类：落叶松毛虫属于鳞翅目枯叶蛾科。
②分布：全林区都有分布。
③寄主植物：兴安落叶松、长白落叶松、樟子松。
④危害部位：针叶
⑤发生情况：发生面积为87万亩，其中重度发生45万亩，中度发生23万亩，轻度发生19万亩。2003年致10多万亩落叶松林全部死亡，采伐木材15万立方米，2004年采取了飞机防治。

(2) 棕背䶄。
①分类：啮齿目仓鼠科田鼠亚科䶄属。
②分布：全林区。

③寄主植物：落叶松、樟子松、杨树、柳树等。

④危害部位：根皮、茎皮、干皮、梢。

⑤发生情况：发生面积约为35.5万亩，其中重度发生2.42万亩，中度发生8.50万亩，轻度发生24.58万亩。2005年在火烧迹地危害十分严重，与野兔共同危害造成20.58万亩人工造林地苗木全部被害，最高苗木被害率达到92%，苗木死亡率达到18%。

(3) 落叶松鞘蛾。

①分类：属于鳞翅目鞘蛾科。

①分布：全林区。

③寄主植物：兴安落叶松和长白落叶松。

④危害部位：针叶。

⑤发生情况：该虫在内蒙古自治区大兴安岭林区每隔5~7年大发生一次，每一次暴发期持续3~4年。发生面积达到280万亩次，其中重度发生90万亩次，中度发生120万亩次，轻度发生70万亩次。

⑥重点发生区：绰尔、绰源、阿尔山、乌尔旗汉、克一河等林业局。

(4) 落叶松八齿小蠹。

①分类：鞘翅目小蠹虫科齿小蠹亚科。

②分布：全林区。

③寄主植物：兴安落叶松、樟子松。

④危害部位：树干。

⑤发生情况：发生面积66.65万亩，其中重度发生0.65万亩，中度发生40万亩，轻度发生26万亩。

(5) 云杉大墨天牛。

①分类：鞘翅目天牛科。

②分布：全林区。

③寄主植物：落叶松、樟子松、云杉。

④危害部位：松树树干、云杉针叶和嫩枝。

⑤发生情况：发生面积72万亩，其中轻度发生30万亩，中度发生42万亩。

(6) 舞毒蛾。

①分类：属于鳞翅目毒蛾科。

②分布：绰尔、绰源、库都尔、图里河、伊图里河、金河、得耳布尔、莫尔道嘎、大杨树等林业局。

③寄主植物：杨、柳、桦、柞、榆、落叶松、樟子松等。

④危害部位：树叶。

⑤发生情况：轻度发生5.19万亩，中度发生2.12万亩，重度发生2.09万亩。

(7) 中带齿舟蛾。

①分类：属于鳞翅目舟蛾科。

②分布：绰源、乌尔旗汉、库都尔、根河、图里河、得耳布尔等林业局。

③寄主植物：白桦。

④危害部位：树叶。

⑤发生情况：发生面积75万亩，其中重度发生40万亩，中度发生15万亩，轻度发生20万亩。

（8）黄褐天幕毛虫。

①分类：鳞翅目枯叶蛾科。

②分布：克一河、阿里河、大杨树、甘河、吉文、绰尔、库都尔、毕拉河等林业局。

③寄主植物：杨、柳、桦、柞、榛、榆。

④危害部位：树叶。

⑤发生情况：该虫曾于2000~2003年在内蒙古自治区大兴安岭林区大发生，分布面积约为200万公顷，仅2001年重度发生面积超过50万亩，最高虫口密度达到1株树上2000头。2004年重度发生28.5万亩，中度发生21.5万亩，轻度发生60万亩。

（9）白桦尺蠖。

①分类：鳞翅目尺蛾科。

②分布：绰源、乌尔旗汉、库都尔、根河、图里河、得耳布尔、甘河、金河、莫尔道嘎等林业局。

③寄主植物：桦树。

④危害部位：树叶。

⑤发生情况：该虫曾多次在林区暴发成灾，1981年在库都尔和乌尔旗汉林业局发生，发生面积达到20多万亩；1987年在乌尔旗汉、库都尔、图里河、毕拉河等林业局大发生，发生面积27万亩，1999~2000年在毕拉河林业局大发生，发生面积达到3万亩；1999年~2001年在绰源林业局与中带齿舟蛾相伴大发生，发生面积达到50万亩；2004~2006年在乌尔旗汉、库都尔、图里河、根河等林业局大发生，平均每株虫口密度达到24头每株，最高达到200头每株。与中带齿舟蛾、梦尼夜蛾伴随发生。

（10）松针红斑病。

①病源：病原菌为松穴褥盘孢菌。病菌在针叶表皮下生，开始呈腔室状，逐渐突破表皮外露成盘状。分生孢子盘黑色，单生或几个并生在一个子座上。子座黄褐色，分生孢子无色，线形。具3个隔膜。病菌在PDA培养基上生长慢，且产生红色素，将培养基染成红色。

②分布：几遍林区全境。绰尔、绰源、乌尔旗汉、图里河、伊图里河、克一河、甘河、阿里河、根河、金河、满归等林业局。

③寄主植物：樟子松、红松、偃松、云杉等。

④危害部位：针叶。

⑤发生情况：年平均发生2万亩左右。轻度发生1.72万亩，中度发生0.45万亩，重度发生0.27万亩。

（11）落叶松癌肿病。

①病源：属于子囊菌亚门盘菌纲柔膜菌目晶杯菌科小毛盘菌属的韦氏小毛盘菌。

②分布：全林区均有分布，但以阿尔山、绰源、乌尔旗汉、库都尔、克一河、甘河、金河、阿龙山、满归、得耳布尔、大杨树等林业局有局部较重危害。

③寄主植物：落叶松。

④危害部位：树干、树枝。

⑤发生情况：该病近几年来在克一河林业局严重发生，感病株率达到30%以上，树木

死亡率达到20%。发生面积达到5.4万亩，其中轻度发生5.17万亩，中度发生0.18万亩，重度发生0.05万亩。

(12) 莫氏田鼠。

①分类：莫氏田鼠属于啮齿目仓鼠科田鼠亚科田鼠属。别名为沼池田鼠。

②分布：阿尔山、绰源、乌尔旗汉、库都尔、图里河、克一河、吉文、根河、金河、满归、得耳布尔、莫尔道嘎。

③寄主植物：落叶松、樟子松、杨树、柳树等。

④危害部位：根、茎、枝、皮。

⑤发生情况：近年来，该鼠在内蒙古自治区大兴安岭林区发生危害呈上升趋势。仅2004年发生就达到24.09万亩，其中重度发生2.24万亩，中度发生4.52万亩，轻度发生17.33万亩。

(13) 红背䶄。

①分类：红背䶄属于啮齿目仓鼠科田鼠亚科䶄属。别名又叫红毛耗子、山鼠。

②分布：全林区。

③寄主植物：落叶松、樟子松、杨树、柳树等。

④危害部位：根、茎、枝、皮。

⑤发生情况：红背䶄的食物非常丰富，在夏季喜吃各种绿色植物，秋季则以种子为主。据寿振黄研究，红背䶄喜吃延胡索的球茎，凤毛菊的嫩枝，五福花，红脉巢菜，山芝麻，乌头等。根据内蒙古自治区大兴安岭林区多年来的鼠害防治工作发现，该鼠在秋季和翌年春季对林业造林成果危害非常严重，特别是对15年生左右的樟子松、落叶松新植苗、3年生左右的幼林取食危害特别重。该鼠是内蒙古自治区大兴安岭林区优势鼠种，近年来危害呈上升趋势，仅2004年发生达16万多亩，重度发生3.5万亩，中度发生4.5万亩，轻度发生8.0万亩。

(14) 落叶松早落病。

①病原：子囊菌亚门腔菌纲座囊菌目座囊菌科球腔菌属的落叶松球腔菌。

②分布：全林区均有分布。

③寄主植物：兴安落叶松。

④危害部位：树叶。

⑤发生情况：该病是内蒙古自治区大兴安岭林区落叶松重要病害之一，曾于1988年、1998年、1999年在林区大发生，使落叶松提前1个月落叶，造成了巨大的经济损失。近年来该病发生危害呈下降趋势，于天气干旱少雨有很大的关系。2004年发生面积为15.87万亩，其中重度发生0.5万亩，中度发生3.91万亩，轻度发生11.46万亩。

(15) 落叶松苗立枯病。

①病原：松苗立枯病的病原有两种：一种为半知菌亚门丝孢纲无孢目丝核菌属中的茄丝核菌，另一种是半知菌亚门丝孢纲瘤座孢目镰孢属中的尖镰孢霉。

②分布：全林区均有分布。

③寄主植物：兴安落叶松、长白落叶松、樟子松。

④危害部位：幼苗的茎、根。

⑤发生情况：根据普查，该病曾造成绰尔林业局苗圃数十万株苗木枯死，直接经济损失

5 万多元。2004 年发生 30 亩，造成 200 多万株幼苗受害。

（16）落叶松枯梢病。

①病原：子囊菌亚门腔菌纲座囊菌目座囊菌科球座菌属的落叶松球座菌。

②分布：绰尔、绰源、金河、得耳布尔、阿里河等林业局。

③寄主植物：兴安落叶松、长白落叶松。

④危害部位：树梢。

⑤发生情况：落叶松枯梢病是国内检疫性有害生物，其传播的途径除了自然传播以外，主要是人为通过调运带病植株和林产品而远距离传播，苗木、接穗、枝丫是直接带菌者，带有小枝梢的原木和小径木也能带菌。因此，应进行检疫及除害处理措施。并对未发病区实施保护区管理，严禁带病材料进入；对发病区实施疫区管理，严禁疫区苗木、接穗、枝丫的外运，发现病苗等应及时拔除、烧毁或深埋，对原木和小径木加强检疫和复检，避免其向外扩散。2004 年发生 900 亩。

（17）云杉小墨天牛。

①分类：云杉小墨天牛属于鞘翅目天牛科。

②分布：林区全境。

③寄主植物：兴安落叶松、樟子松、云杉。

④危害部位：木材害虫，侵害活立木、衰弱木、倒木的树干和大的侧枝。

⑤发生情况：该虫与大墨天牛混合发生，共同危害，对衰弱木、倒木、火烧木危害特别严重，大大降低木材的使用价值。近年来在火烧迹地危害特别严重，年均发生面积达到 28 万亩。

（18）杨干象。

①分类：该虫属于鞘翅目象虫科，又名为杨干隐喙象、杨干白尾象甲。

②分布：林区全境。

③寄主植物：柳树、杨树。

④危害部位：树干和大的侧枝。

⑤发生情况：在内蒙古自治区大兴安岭林区主要是危害公路两侧的柳树，合计发生面积超过 20 万亩。

（19）泰加大树蜂。

①分类：属于膜翅目广腰亚目树蜂总科树蜂科。

②分布：林区全境。

③寄主植物：落叶松、云杉。

④危害部位：濒死木、枯立木、新伐倒木的木质部和伐根。

⑤发生情况：合计发生危害木 500 立方米。

（20）落叶松球果花蝇。

①分类：林区共有 6 种。落叶松球果花蝇、落叶松球果花蝇、贝加尔球果花蝇、黑胸球果花蝇、斯氏球果花蝇、稀球果花蝇和黄尾球果花蝇危害落叶松球果和种子，属于双翅目花蝇科。

②分布：林区全境。

③寄主植物：落叶松和云杉。

④危害部位：主要危害的球果和种子。

⑤发生情况：重度发生面积超过 10 万亩。

（三）危害木材的有害生物普查情况

经过对采伐迹地、火烧迹地、贮木场、木材加工厂进行普查，发现危害木材的有害生物种类有以下几种：

（1）落叶松八齿小蠹。

（2）云杉八齿小蠹。

（3）云杉大墨天牛。

（4）云杉小墨天牛。

（5）麻长角天牛。

（6）杨干象。

（7）泰加大树蜂。

（四）检疫性有害生物普查情况

根据普查要求，对全国检疫对象在林区分布、发生及危害情况进行了详细普查，共普查到全国检疫对象 3 种和内蒙古自治区补充检疫对象 1 种，普查结果如下：

（1）杨干象：全国检疫对象。

（2）落叶松枯梢病：全国检疫对象。

（3）松疱锈病：全国检疫对象。

①病原：松芍锈菌。

②分布：阿尔山、乌尔旗汉、库都尔、图里河、伊图里河、得耳布尔、莫尔道嘎等林业局。

③寄主：樟子松、红松。

④危害部位：枝条、主干。

⑤发生情况：该病在林区主要危害樟子松，年平均发生面积约为 400 亩。

（4）青杨天牛：内蒙古自治区补充检疫对象。

五、普查成果

通过普查，较为全面地掌握了内蒙古自治区大兴安岭林区林业有害生物的分布和发生的基本情况的同时取得了以下成果：

(1)锻炼了队伍。通过普查，由专家和业务技术骨干的言传身教，使基层技术人员对林业有害生物，特别是危险性和检疫性林业有害生物有了更为清醒地认识，锻炼了一支基层专业人才队伍，提高了检疫执法责任感、使命感和神圣感。

(2)采集补充了大量标本，进一步完善林业有害生物数据库。通过普查工作的开展，采集了大量的林业有害生物标本，特别是生活史标本，充实了标本室。掌握了外来林业有害生物的种类、分布、发生危害情况、传播方式、侵染途径等，掌握了国家检疫对象和自治区补充检疫在林区的分布、寄主、发生危害情况，掌握了本土林业有害生物的种类、发生分布情况，建立了林区林业有害生物数据库，为今后制订科学的防治方案和检疫措施奠定了坚实的基础。

(3)开展普查宣传，提高了社会知名度。通过开展普查宣传活动，不但引起了社会的广泛参与和关注，也提高了各级森防机构的知名度和社会地位，为今后搞好林业有害生物防治检疫工作创造了良好的社会条件。

六、普查工作中存在的问题

(1)普查时间短。由于内蒙古自治区大兴安岭林区面积大，任务重，且植物生长期短，普查时间也较短，因此，在有限的时间内无法采集到全部林业有害生物，特别是生活史标本的采集制作更是难度大。由于时间紧，对某些重要的林业有害生物发生规律不能了解，对其危害程度普查不全面。这样就造成了普查的遗漏和不足。

(2)普查经费严重不足。虽然林管局积极筹措普查经费，但由于专项经费有限，不能满足普查工作的需要。

(3)普查技术力量薄弱。由于基层技术人员素质普遍较低，尽管采取了普查前开展了技术培训，明确了普查目的和技术要求，但在实际操作过程中存在标本采集数量有限，制作不规范，普查不全面，图片不清楚，严重影响到普查的质量和普查效果。

(4)普查工作的开展的不平衡。由于普查经费全部自筹，各个基层单位对普查工作的重视程度就不同，实力雄厚的基层单位在普查过程中主动性就强，普查质量和普查效果就好，而实力较弱的基层单位就只能是走马观花，不能保证普查的质量和效果。

七、对策建议

内蒙古自治区大兴安岭林区林业有害生物以危害人工纯林为主，由于人工纯林树种单一，造林年限时间短，生物群落简单，种群间相互关系不完善，稍有侵扰就打乱正常生物链秩序，一些本来是次要的有害生物，都有可能造成危害，不马上采取措施就会暴发成灾；过火林地林内卫生状况差，容易发生病虫害。鉴于这种情况，对林区林业有害生物防治工作发展提出以下建议：

(1)建立健全林业有害生物预测预警体系和重大外来林业有害生物灾害防控应急体系。不断完善管理体制，科学的预测和严格的检疫管理，增加投入，加强人员培训，建立岗位责任制，加大测报、防治、检疫新技术的应用和推广，提高防范外来有害生物和本土危害性有害生物的严重发生，维护森林生态平衡。

(2)加强营林措施，从源头上控制林业有害生物的发生。高度重视人工造林的质量和数量、效率和效益，加快推进营造混交林和采取封山育林措施，人为创造有利于林木生长的环境条件，扼制林业有害生物的发生。

(3)加强森林植物检疫工作，严防外来有害生物入侵。当前国际国内贸易频繁，加强检疫工作已经成为当务之急。因此，要加大检疫投入，强化管理，加强基础设施建设，提高从业人员素质，提高及时发现能力，及时封锁扑灭能力和控制疫情传播能力建设，争取实现“发现早，封得住，灭得了”的新兴检疫局面。

(4)逐年加大投入，建立稳定的投入机制。当前林业有害生物投入远远不能适应物价上涨水平，与当前的防控形势不相适应，也与生产需要有较大的差距。因此，对林业有害生物应逐年加大投入，并且建立一个相对稳定的投入机制确保林业有害生物防控工作顺利开展。

(5)加大生物防治力度，控制有害生物的发生。现在已经重视环境保护和科学防治，过去的化学防治造成自然生态环境不断恶化，使得一些有害生物越防治越猖獗。因此应充分利用各种天敌，寄生虫、菌类等控制灾害，使有害生物与天敌之间保持自然和谐的关系，避免造成大的生物灾害。

(6)突破关键技术，开展重大林业有害生物科技攻关。从目前林业有害生物防治工作实际出发，针对外来有害生物、本土林业有害生物、危险性林业有害生物快速检疫检验技术、监测预警技术开展科技攻关，完善林业有害生物数据库和决策管理系统，突破关键技术，使林业有害生物防治工作步入可持续发展之路。

林业有害生物中文名拉丁名索引

一画

二画

三画

四画

五画

六画

七画

八画

九画

十画

十一画

十二画

十三画

十四画

十五画

十六画

十七画以上

林业有害生物拉丁名中文名索引

A

B

C

D

E

F

G

H

M

N

Q

R

S

T

U

V

寄主植物中文名拉丁名对照

一画

一叶兰 *Aspidistra elatior*
一串红 *Salvia splendens*
一品红 *Euphorbia pulcherrima*

二画

十大功劳 *Mahonia fortunei*
丁香 *Syzygium aromaticum*
八角 *Illicium verum*
九里香 *Murraya paniculata*

三画

三角枫 *Acer buergerianum*
三角椰子 *Neodypsis decaryi*
三球悬铃木(法国梧桐) *Platanus orientalis*
大王椰子 *Roystonea regia*
大叶黄杨 *Buxus megistophylla*
大沙叶 *Pavetta arenosa*
大果圆柏 *Sabina tibetica*
万年青 *Rohdea japonica*
山苍子 *Litsea cubeba*
山杏 *Prunus sibirica*
山杨 *Populus davidiana*
山枇杷 *Eriobotrya cavaleriei*
山茱萸 *Cornus officinalis*
山茶 *Camellia japonica*
山荔枝 *Dendrobenthamia japonica* var. *chinensis*
山柳 *Salix pseudotangii*
山桃 *Prunus davidiana*
山核桃 *Carya cathayensis*
山葵 *Arecastrum romanzoffianum* var. *australe*
山楂 *Crataegus pinnatifida*
山楂属 *Crataegus*
千头椿 *Ailanthus altissima* cv. *Qiantouchun*
广玉兰 *Magnolia grandiflora*
卫矛 *Euonymus alatus*
女贞 *Ligustrum lucidum*
小叶女贞 *Ligustrum quihoui*
小叶杨 *Populus simonii*
小叶黄杨 *Buxus sinica* var. *parvifolia*
小叶锦鸡儿 *Caragana microphylla*
小叶榕(榕树) *Ficus microcarpa*
马尾松 *Pinus massoniana*
马拉巴栗(发财树) *Pachira macrocarpa*
马提罗亚刺桐 *Erythrina berteroana*
马褂木 *Liriodendron chinense*
马蔺 *Iris lactea* var. *chinensis*
马蹄莲 *Zantedeschia aethiopica*

四画

王棕 *Oreodoxa regia*
天竺葵 *Pelargonium* × *hortorum*
无花果 *Ficus carica*
元宝槭 *Acer truncatum*
云杉 *Picea asperata*
云南松 *Pinus yunnanensis*
木瓜 *Chaenomeles sinensis*
木麻黄 *Casuarina equisetifolia*
木棉 *Bombax malabaricum*
木棉属 *Bombax*
木槿 *Hibiscus syriacus*
巨丝兰 *Yucca elephantipes*
日本落叶松 *Larix kaempferi*
中华猕猴桃 *Actinidia chinensis*
贝叶棕 *Corypha gebanga*
毛白杨 *Populus tomentosa*
毛竹 *Phyllostachys pubescens*
毛刺桐 *Erythrina abyssinica*
毛泡桐 *Paulownia tomentosa*
长叶松 *Pinus palustris*
月季 *Rosa chinensis*
乌桕 *Sapium sebiferum*
凤仙花 *Impatiens balsamina*

凤凰木 *Delonix regia*

文竹 *Asparagus plumosus*

文冠果 *Xanthoceras sorbifolia*

火炬松 *Pinus taeda*

火炬树 *Rhus typhina*

火鹤 *Anthurium scherzerianum*

巴旦杏 *Prunus amygdalus*

巴关河苏铁 *Cycas baguanheensis*

巴拉卡棕属 *Balaka*

孔雀椰子 *Caryota urens*

水曲柳 *Fraxinus mandshurica*

水竹 *Phyllostachys heteroclada*

水杉 *Metasequoia glyptostroboides*

水柏枝 *Myricaria germanica*

五画

玉兰 *Magnolia denudata*

甘蔗 *Saccharum officinarum*

石楠 *Photinia serrulata*

石榴 *Punica granatum*

龙爪槐 *Sophora japonica* f. *pendula*

龙竹 *Dendrocalamus giganteus*

龙柏 *Sabina chinensis* cv. *Kaizuca*

龙脑香属 *Dipterocarpus*

龙眼 *Dimocarpus longan*

北京杨 *Populus* × *beijingensis*

田旋花 *Convolvulus arvensis*

仙人指 *Schlumbergera bridgesii*

仙人球 *Echinopsis tubiflora*

仙人掌 *Opuntia dillenii*

白皮松 *Pinus bungeana*

白杄 *Picea meyeri*

白骨壤 *Avicennia mariana*

白桦 *Betula platyphylla*

白格 *Albizia procera*

白榆(榆树) *Ulmus pumila*

白蜡 *Fraxinus chinensis*

瓜叶菊 *Cineraria cruenta*

令箭荷花 *Nopalxochia ackermannii*

印度木豆 *Cajanus cajan*

印度榕(橡皮树) *Ficus elastica*

冬青 *Ilex purpurea*

兰草属 *Cymbidium*

加杨(欧美杨) *Populus* × *canadensis*

加拿利海枣 *Phoenix canariensis*

加勒比松 *Pinus caribaea*

台湾海枣 *Phoenix hamceana* var. *formosana*

六画

地杨梅属 *Luzula*

亚麻 *Linum usitatissimum*

朴树(沙朴) *Celtis sinensis*

朴树属 *Celtis*

西谷椰子 *Metroxylon sagu*

夹竹桃 *Nerium indicum*

光叶加州蒲葵 *Washingtonia robusta*

刚竹属 *Phyllostachys*

肉桂 *Cinnamomum cassia*

华山松 *Pinus armandi*

华北落叶松 *Larix principis - rupprechtii*

华盛顿棕榈(华盛顿椰子) *Washingtonia filifera*

合欢 *Albizia julibrissin*

杂色刺桐 *Erythrina variegate*

灯台树 *Cornus controversa*

江南槐 *Robinia hispida*

祁连圆柏 *Sabina przewalskii*

红叶李 *Prunus cerasifera*

红皮云杉 *Picea koraiensis*

红松 *Pinus koraiensis*

红棕榈 *Latania lontaroidea*

七画

麦冬 *Ophiopogon japonicus*

赤松 *Pinus densiflora*

壳斗科 Fagaceae

花曲柳 *Fraxinus rhynchophylla*

花红(沙果) *Malus asiatica*

花椒 *Zanthoxylum bungeanum*

花楸属 *Sorbus*

克利椰子 *Syagrus schizophylla*

苏铁 *Cycas revoluta*

杜仲 *Eucommia ulmoides*

杜英 *Elaeocarpus decipiens*

杜鹃花 *Rhododendron simsii*

杏树 *Prunus armeniaca*

杉木 *Cunninghamia lanceolata*
杧果 *Mangifera indica*
杞柳 *Salix integra*
杨梅 *Myrica rubra*
杨属 *Populus*
李树 *Prunus salicina*
李属 *Prunus*
连翘 *Forsytia suspensa*
肖斑棕属 *Bentinckiopsis*
旱柳(柳树) *Salix matsudana*
吴茱萸 *Evodia rutaecarpa*
皂角 *Gleditsia sinensis*
含笑 *Michelia figo*
龟背竹 *Monstera deliciosa*
冷杉 *Abies fabri*
沙朴(朴树) *Celtis sinensis*
沙枣 *Elaeagnus angustifolia*
沙果 *Malus asiatica*
沙梨 *Pyrus pyrifolia*
沙棘 *Hippophae rhamnoides*
鸡冠刺桐 *Erythrina cristagalli*

八画

青冈 *Cyclobalanopsis glauca*
青皮竹 *Bambusa textilis*
青杆 *Picea wisonii*
青杨 *Populus cathayana*
青海云杉 *Picea crassifolia*
青檀 *Pteroceltis tatarinowii*
玫瑰 *Rosa rugosa*
茉莉 *Jasminum sambac*
苦楝 *Melia azedarach*
苹果 *Malus pumila*
苹果属 *Malus*
苜蓿 *Medicago sativa*
茅栗 *Castanea seguinii*
枇杷 *Eriobotrya japonica*
板栗 *Castanea mollissima*
松属 *Pinus*
枫杨 *Pterocarya stenoptera*
枫香 *Liquidambar formosana*
构树(楮) *Broussonetia papyrifera*
刺柏 *Juniperus oxycedrus*
刺桐 *Erythrina variegata*
刺葵类 *Phoenix* spp.
刺槐 *Robinia pseudoacacia*
枣树 *Ziziphus jujuba*
枣属 *Ziziphus*
欧美杨(加杨) *Populus* × *canadensis*
昙花 *Epiphyllum oxypetalum*
国王椰子 *Ravenea rivularis*
罗汉竹 *Phyllostachys pubescens* var. *heterocycla*
罗汉松 *Podocarpus macrophyllus*
垂柳 *Salix babylonica*
侧柏 *Platycladus orientalis*
爬山虎 *Parthenocissus tricuspidata*
金叶女贞 *Ligustrum vicaryi*
金边香龙血树 *Draceana marginata*
金脉刺桐 *Erythrina variegata* var. *orientalis*
金橘 *Fortunella margarita*
金橘属 *Fortunella*
金露梅 *Potentilla fruticosa*
鱼尾葵 *Caryota ochlandra*
鱼尾葵属 *Caryota*
油松 *Pinus tabulaeformis*
油茶 *Camellia oleifera*
油桐 *Vernicia fordii*
油棕 *Elaeis guineensis*
泡桐 *Paulownia fortuneii*
泡桐属 *Paulownia*

九画

珊瑚刺桐 *Erythrina corallodendron*
茶树 *Camellia sinensis*
胡枝子 *Lespedeza bicolor*
荔枝 *Litchi chinensis*
南亚松 *Pinus latteri*
南竹 *Phyllostachys edulis*
南京椴 *Tilia miqueliana*
柑橘 *Citrus reticulata*
柑橘属 *Citrus*
柚 *Citrus grandis*
柚木 *Tectona grandis*
枳 *Poncirus trifoliata*
柞树(蒙古栎) *Quercus mongolicus*
柏木 *Cupressus funebris*

柏树属 *Cupressus*
栀子 *Gardenia jasminoides*
枸杞 *Lycium chinense*
柳安 *Parashorea stellata*
柳杉 *Cryptomeria fortunei*
柳杉属 *Cryptomeria*
柳树(旱柳) *Salix matsudana*
柳属 *Salix*
栎属 *Quercus*
柿树 *Diospyros kaki*
柠条 *Caragana korshinskii*
厚皮树 *Lannea coromandelica*
厚朴 *Magnolia officinalis*
牵牛 *Pharbitis indica*
省藤属 *Calamus*
思茅松 *Pinus kesiya* var. *langbianensis*
香龙血树(巴西木) *Dracaena fragrans*
香须树(黑格) *Albizia odoratissima*
香梨 *Pyrus aromatica*
香椿 *Toona sinensis*
香榧 *Torreya grandis*
香蕉 *Musa nana*
复叶槭 *Acer negundo*
美国白蜡树 *Fraxinus americana*
美国沙松 *Pinus clausa*
洋椿 *Cedrela glaziorii*
结香 *Edgeworthia chrysantha*

十画

盐肤木 *Rhus chinensis*
桂花 *Osmanthus fragrans*
栲属 *Castanopsis*
桄榔 *Arenga pinnata*
桐花 *Hibiscus tiliaceus*
桤木 *Alnus cremastogyne*
桦树属 *Betula*
桃树 *Prunus persica*
核桃 *Juglans regia*
核桃楸 *Juglans mandshurica*
桉树属 *Eucalyptus*
栗树属 *Castanea*
翅果麻 *Kydia calycina*
蚊母树 *Distylium racemosum*
圆柏 *Sabina chinensis*
笔筒树 *Sphaeropteris lepifera*
臭椿 *Ailanthus altissima*
栾树 *Koelreuteria paniculata*
高山松 *Pinus densata*
高山榕 *Ficus altissima*
粉单竹 *Bambusa chungii*
酒瓶椰子 *Hyophorbe lagenlcaulise*
海枣 *Phoenix dactylifera*
海南苹婆 *Sterculia hainanensis*
海南铁 *Cycas hainanensis*
海桐 *Pittosporum tobira*
海桃椰子 *Ptychosperma eleyans*
海棠 *Malus spectabilis*
桑树 *Morus alba*
桑树属 *Morus*
桑科 Moraceae
绣球 *Hydrangea macrophylla*

十一画

黄山松 *Pinus taiwanensis*
黄牛木 *Cratoxylum cochinchinense*
黄杨 *Buxus sinica*
黄连木 *Pistacia chinensis*
黄栌 *Cotinus coggygria*
黄桐 *Endospermum chinense*
黄椰子 *Chrysalidocarpua lutescens*
黄檀 *Dalbergia hupeana*
萌芽松 *Pinus echinata*
菊花 *Dendranthema morifolium*
菊属 *Dendranthema*
菩提树 *Ficus religiosa*
梧桐 *Firmiana simplex*
雪松 *Cedrus deodara*
雀舌黄杨 *Buxus bodinieri*
野山茶 *Camellia cordifolia*
野山楂 *Crataegus cuneata*
野花椒 *Zanthoxylum simulans*
野蔷薇 *Rosa multiflora*
悬钩子属 *Rubus*
悬铃木 *Platanus acerifolia*
悬铃木属 *Platanus*
银杏 *Ginkgo biloba*
银海枣 *Phoenix sylvestris*
甜竹 *Phyllostachys flexuosa*
梨树 *Pyrus sorotina*
梨属 *Pyrus*

假槟榔 *Archontophoenix alexandrae*
猕猴桃属 *Actinidia*
麻竹 *Sinocalamus latiflorus*
麻栎 *Quercus acutissima*
琼楠属 *Beilschmiedia*
斑竹 *Phyllostachys bambusoides*

十二画

喜树 *Camptotheca acuminata*
散尾葵 *Chrysalidocarpus lutescens*
葛属 *Pueraria*
葛藤 *Pueraria lobata*
葡萄 *Vitis vinifera*
落叶松 *Larix gmelinii*
落叶松属 *Larix*
楮（构树） *Broussonetia papyrifera*
椰枣 *Phoenix daclylifera*
椰树 *Cocos nucifera*
棍棒椰子 *Hyophore verchaffeltii*
椤木石楠 *Photinia davidsoniae*
棕竹 *Rhapis excelsa*
棕榈 *Trachycarpus fortunei*
裂果沙松 *Pinus clausa* var. *immuginata*
紫丁香 *Syringa oblate*
紫玉兰 *Magnolia liliflora*
紫叶李 *Prunus cerasifera* f. *atropurpurea*
紫荆 *Cercis chinensis*
紫薇 *Lagerstroemia indica*
紫檀 *Pterocarpus santalinus*
紫穗槐 *Amorpha fruticosa*
紫藤 *Wisteria sinensis*
黑加仑 *Ribes nigrum*
黑松 *Pinus thunbergii*
黑格（香须树） *Albizia odoratissima*
鹅掌柴 *Schefflera octophylla*
湿地松 *Pinus elliottii*

十三画

蒲葵 *Livistona chinensis*
榄仁树 *Terminalia catappa*
楸树 *Catalpa bungei*
槐树 *Sophora japonica*
槐属 *Sophora*
榆树（白榆） *Ulmus pumila*
榆绿木 *Anogeissus acuminata* var. *lanceolata*
榆属 *Ulmus*
楹树 *Albizia chinensis*
蜀柏 *Sabina komarovii*
锦鸡儿 *Caragana sinica*
矮松 *Pinus virginiana*
新银合欢 *Leucaena leucocephala*
慈竹 *Sinocalamus affinis*

十四画

碧桃 *Prunus persica* f. *duplex*
蔷薇属 *Rosa*
榛树属 *Corylus*
槟榔 *Areca catechu*
榕树（小叶榕） *Ficus microcarpa*
榕树属 *Ficus*
酸枣 *Ziziphus jujuba* var. *spinosa*
酸梅 *Armeniaca mume*
蜡梅 *Chimonanthus praecox*
箣竹 *Bambusa stenostachya*
漆树 *Toxicodendron verniciflum*
槭 *Acer veitchii*
槭树属 *Acer*
樱花 *Cerasus yedoensis*
樱桃 *Cerasus pseudocerasus*
橡皮树（印度榕） *Ficus elastica*
橡胶 *Hevea brasiliensis*
樟子松 *Pinus sylvestris* var. *mongolica*
樟树 *Cinnamomum camphora*
橄榄树属 *Canarium*

十五画

暴马丁香 *Syringa reticulata* var. *mandshurica*
鹤望兰 *Strelitzia reginae*

十六画

橙 *Citrus sinensis*
糖棕 *Borassus flabelliformis*
糖槭 *Acer saccharum*

十八画以上

翻白叶 *Viburnum cylilndricum*
攀枝花苏铁 *Cycas panzhihuaensis*
蟹爪兰 *Zygopetalum mackayi*

参考文献

[1]萧刚柔．中国森林昆虫[M]．北京：中国林业出版社，1992.

[2]中国林业科学研究．中国森林病害[M]．北京：中国林业出版社，1984.

[3]袁嗣令．中国乔、灌木病害[M]．北京：科学出版社，1997.

[4]国家林业局植树造林司，国家林业局森林病虫害防治总站．中国林业检疫性有害生物及检疫技术操作办法[M]．北京：中国林业出版社，2005.

[5]中国科学院植物研究所．新编拉汉英植物名称[M]．北京：航空工业出版社，1996.

[6]中华人民共和国林业部林政保护司．中国森林病虫普查名录．内部资料，1988.

[7]中华人民共和国民政部．中华人民共和国行政区划简册·2008[M]．北京：中国社会出版社，2008.